高等学校农业工程类专业教学指导委员会推荐教材

高等学校农业水利工程专业核心课程教材

"十四五"时期水利类专业重点建设教材

"大国三农"系列规划教材

农业水利学

主　编　康绍忠

中国水利水电出版社

www.waterpub.com.cn

·北京·

内 容 提 要

本教材共分为十六章，包括绪论、土壤水盐运移与水碳过程、作物对环境胁迫的响应与灌溉排水要求、作物需水量与灌溉制度、灌水方法与技术、农业排水、灌区水土资源平衡分析、灌区水源与取水方式、灌溉排水系统规划布置、灌溉渠道系统设计、灌溉管道系统设计、排水沟道系统设计、农业水利工程的生态环境与社会经济影响评价、农业水利管理、农业水利现代化与智慧灌区、区域水土综合治理等内容，比较系统地总结了国内外农业水利科技发展、工程建设与管理的经验和成就，突出了农业水利科学、技术和工程知识，充分体现了现代农业水利与信息、农学、生物、生态环境相交叉的特色，强调了基础性、实用性、时代性、发展性和引领性，力求赋予这门传统学科新的时代气息。除了增加相关新理论、新方法、新知识的介绍外，本教材还增加了大量的例题和工程应用案例，以利于学生理解和掌握。

本教材是高等学校农业水利工程专业的通用教材，也可作为其他相关专业的教材和从事农业水利工作的工程师、技术员的参考书。

图书在版编目（CIP）数据

农业水利学 / 康绍忠主编. -- 北京 ：中国水利水电出版社，2023.9（2023.12重印）

高等学校农业工程类专业教学指导委员会推荐教材
高等学校农业水利工程专业核心课程教材 "十四五"时期水利类专业重点建设教材 "大国三农"系列规划教材

ISBN 978-7-5226-1779-4

Ⅰ．①农… Ⅱ．①康… Ⅲ．①农田水利－高等学校－教材 Ⅳ．①S27

中国国家版本馆CIP数据核字（2023）第172119号

书　　名	高等学校农业工程类专业教学指导委员会推荐教材 高等学校农业水利工程专业核心课程教材 "十四五"时期水利类专业重点建设教材 "大国三农"系列规划教材 **农业水利学** NONGYE SHUILIXUE
作　　者	主　编　康绍忠
出版发行	中国水利水电出版社 （北京市海淀区玉渊潭南路1号D座　100038） 网址：www.waterpub.com.cn E - mail：sales@mwr.gov.cn 电话：（010）68545888（营销中心）
经　　售	北京科水图书销售有限公司 电话：（010）68545874、63202643 全国各地新华书店和相关出版物销售网点
排　　版	中国水利水电出版社微机排版中心
印　　刷	天津嘉恒印务有限公司
规　　格	184mm×260mm　16开本　38.75印张　943千字
版　　次	2023年9月第1版　2023年12月第2次印刷
印　　数	3001—6000册
定　　价	**88.00元**

编 写 人 员 名 单

主　编：康绍忠（中国农业大学）

副主编：黄介生（武汉大学）
　　　　蔡焕杰（西北农林科技大学）

参　编：王全九（西安理工大学）
　　　　史海滨（内蒙古农业大学）
　　　　程吉林（扬州大学）
　　　　李光永（中国农业大学）
　　　　陈　菁（河海大学）
　　　　李明思（石河子大学）
　　　　康　健（中国农业大学）
　　　　朱　焱（武汉大学）
　　　　闫建文（内蒙古农业大学）
　　　　邹民忠（中国农业大学）

前　言

　　本教材是根据 2018—2022 年高等学校农业工程类专业本科核心课程教材规划要求编写的。

　　"农业水利学"是农业水利工程本科专业最重要的核心课程，是在"农田水利学"或"灌溉排水工程学"的基础上发展起来的。在我国进入新发展阶段，践行新发展理念，构建新发展格局的全新时代背景下，迫切需要突破传统思维，编写一部既具有中国特色，又能反映世界农业水利科技发展前沿和趋势，具有基础性、实用性、时代性、发展性和引领性的《农业水利学》教材。本教材着力体现"节水优先、空间均衡、系统治理、两手发力"的治水思路，寓价值观引导于知识传授之中，突出我国改革开放之后农业水利事业的发展成就，将"四个自信"的思政元素融入教材内容，以满足培养新时代高水平卓越人才的需要。

　　气候变化、强人类活动影响，极端气候灾害多发频发，使农业水利发展面临着重大挑战。传统的农业水利知识体系正在发生深刻变革，与生物、信息、新材料、新能源和资源环境技术的交叉以及服务领域的拓展催生了新的学科生长点。以大规模建设为特征的传统农业水利正在向以精准智慧管理和高质量发展为特征的现代农业水利转变，与信息技术的交叉渗透，催生了智能灌溉、智慧灌区和灌溉现代化新模式；"山水林田湖草沙是生命共同体""适水发展""绿色发展"理念正在深入人心，人们越来越重视农业水利工程的生态环境影响，构建节水防污生态灌区新模式，传统的以输水渠道衬砌为主要特征的灌区建设模式正在向关注生态景观效应的多功能生态渠道建设模式转变；过去仅给农作物灌溉的灌区用水模式已向人工林草和景观绿地灌溉、养殖业、生态、城乡生活和工业用水等方面拓展；传统的仅考虑粮食生产与水关系的灌区水资源配置在向基于水-食物-能源-环境系统关联（WFEE-Nexus）的水资源综合配置转变，更多地关注清洁能源利用和灌区固碳减排；传统的农田尺度土壤水盐运动模拟已向分布式区域水盐时空动态模拟拓展，在农田土壤-植物-大气连续体（SPAC）水分传输模型的基础上发展了基于 GIS 的分布式作物模型、灌区水循环与伴生过程模拟模型；在传统的基于水量平衡原理或作物产量与水的关系确定充分灌溉与非充分灌溉制度的基础上，发展了基于产量-品质-效益协同的节水调质高效灌溉优化决策方法，以满足新时代高品质农业发展和节本提质增效的需求；传统的单一灌溉排水技术与其他农艺和工程技术的协同正在越来越多地受到关注，田间工程规划在考虑灌水技术质量的基础上更多关注与农机作业效率以及节能减排等的协同，不同灌溉方法的单一灌水功能已向水肥药一体化施用的多功能转变，由单一节水目标向节水节肥节药一体化目标转变。

在编写过程中，我们充分考虑了农业水利的这些深刻变革和对新知识的需求，重点关注以下六个方面的关系：

（1）继承和创新的关系。在保持原有《农田水利学》知识体系合理部分的基础上，坚持理念创新、方法创新、内容创新，将本教材与国际学科前沿的发展相结合，创新和完善现代农业水利学的知识体系，避免与原有教材的简单重复。

（2）理论和实践的关系。在突出理论知识系统性和课程内容基础性的基础上，强调理论与工程实践创新的密切结合，注重教材的实用性。尽量避免过于抽象的理论阐释，增加大量的工程案例和例题，做到通俗易懂，富有亲和力，激发学生的学习兴趣。

（3）普适性与特殊性的关系。由于我国地域辽阔，不同区域的自然条件差别较大，农业水利问题和采取的工程措施有很大差别，因此，本教材根据面向全国、兼顾不同区域特点的原则，除了介绍普适性的基本内容外，也适当考虑了一些区域性的特殊问题，不同院校可根据实际需要加以取舍。

（4）传授知识与培养能力的关系。除了理论公式和基本知识的介绍外，增加了帮助学生理解如何应用这些理论解决工程实际问题以及利用综合思维和系统方法解决复杂问题的案例，培养学生解决实际问题的能力。

（5）不同类型高校人才培养需求的关系。针对一流高水平大学卓越人才培养的需要，增加了土壤水碳过程、作物耗水遥感监测、智能灌溉、农业水效率监测与评价、智慧灌区等一些前沿热点理论与发展方向的介绍，使其具有引领性；针对地方高校工程应用型人才培养的需要，编入了更多的工程实际应用案例。在保持农业水利学基本知识体系的基础上，合理兼顾，以满足不同层次高校不同培养目标的要求。

（6）课堂讲授与课外自学的关系。课堂讲授学时少，讲授的内容有限，为了满足部分学生的求知欲，不仅增加了一些新的知识内容，而且配套了帮助学生拓展知识和理解难点的视频资料，另在每章安排了思考与练习题、推荐读物等。

本教材由中国农业大学康绍忠教授拟定编写大纲，在征求参编者意见和多次讨论的基础上，确定教材大纲和任务分工。具体编写分工如下：第 1 章（康绍忠）、第 2 章（王全九）、第 3 章（康绍忠、康健）、第 4 章（康绍忠）、

第 5 章（李光永）、第 6 章（黄介生、朱焱）、第 7 章（康绍忠、王全九、邹民忠）、第 8 章（史海滨、闫建文）、第 9 章（李光永）、第 10 章（李光永）、第 11 章（李明思）、第 12 章（黄介生）、第 13 章（陈菁、康绍忠）、第 14 章（蔡焕杰、康绍忠、陈菁）、第 15 章（蔡焕杰、程吉林）、第 16 章（程吉林、史海滨）。全书由康绍忠任主编，黄介生、蔡焕杰任副主编，由康绍忠统稿。毛晓敏、郝新梅协助翻译了全书的英文标题。初稿完成后，天津农学院王仰仁，河海大学郭相平、王振昌，西北农林科技大学曹红霞，中国水利水电科学研究院张宝忠，中国农业大学杜太生等协助主编对相关章节进行了审校，并邀请中国水利水电科学研究院龚时宏、北京林业大学苏德荣、西北农林科技大学马孝义、河海大学缴锡云、西安理工大学费良军、清华大学尚松浩、天津农学院王仰仁等进行了审稿。参加审稿和协助审校的同志提出了许多宝贵的意见和建议，对提高教材的质量起到了重要的作用。粟晓玲、陆红娜、鲁笑瑶、缑天宇、张晓涛、陈金亮、周惠萍、史良胜、王文娥、韩宇、丁日升、张书函协助主编补充完善了相关内容，或对相关例题进行了核算，编辑整理了相关配套视频资料。新疆农垦科学院、吉林省农业科学院、水利部水土保持生态工程技术研究中心、浙江省平湖市水利局、新疆坎儿井研究会、内蒙古河套灌区水利发展中心、四川都江堰水利发展中心、安徽淠史杭灌区管理总局、大禹节水集团股份有限公司等单位提供了有关视频资源，在此一并表示衷心的感谢。

本教材的编者，大都是读着 1980 年原武汉水利电力学院主编的《农田水利学》成长起来的，这部教材先后再版 3 次，24 次印刷 12 万余册，培养了数以十万计的农业水利工程人才。要在此基础上编写一部引领学科和行业发展的《农业水利学》新教材，极具挑战性。承担原教材主编和主要修订工作的郭元裕、张蔚榛、许志方、刘肇祎等多位尊敬的老师已先后离世，原教材的主审西北农林科技大学朱凤书老师及其他参加编写、修订与审稿的老师也已进入耄耋之年，我们也已大学毕业 40 余年，正在或即将淡出工作岗位，但大家都感觉有责任把老一辈开创的事业传承下去，勇于承担了这一富有挑战性的任务。由于我们水平有限，工作忙碌，时间紧迫，教材中的错误和不妥之处在所难免，恳请读者批评指正。

编者

2023 年 8 月

目　录

第 1 章

绪论

1.1 我国的水资源特点与灌溉排水分区
(Characteristics of water resources and zoning of irrigation and drainage in China)

1.1.1 水资源分布特征 (Distribution characteristics of water resources)

水资源由天然降水形成。我国年均降水量 648.4mm，低于全球陆地平均降水量约 20%。受季风气候及地势的影响，降水时空分布不均。年均降水量从东南的 1600mm 递减到西北的不足 200mm，且有 80% 以上的降水集中在 6—9 月，形成了东南多雨、西北干旱和夏秋多雨、冬春干旱的特点，旱涝灾害多发、并发问题突出。

我国多年平均水资源总量 28405 亿 m³，居世界第 6 位，其中河川径流量 27328 亿 m³，地下水资源量 8226 亿 m³，二者重复量 7149 亿 m³。但是，我国人均水资源量仅 1983m³，不足世界人均水平的 1/3；每公顷耕地水资源占有量 21000m³，仅为世界平均水平的 1/2。我国水资源与其他社会经济资源的空间分布不匹配，国土、耕地面积和人口、GDP 分别占全国 36%、40%、54% 和 56% 的南方地区其水资源量占 81.4%，而国土、耕地面积和人口、GDP 分别占全国 64%、60%、46% 和 44% 的北方地区其水资源量仅占 18.6%。气候变化加剧了我国干旱发生的程度，干旱发生频率加快，受干旱影响的面积增大。

1.1.2 农业生产与水资源利用的关系 (Relationship between agricultural production and water resources utilization)

水资源是保障农业生产的最主要条件之一。灌溉农业利用全球 22% 的农田生产了 40% 以上的粮食，而雨养农业用 78% 的农田生产了不到 60% 的粮食，灌溉农业的单产是雨养农业的 2.5 倍。人口增加、水资源制约、气候变化、食物需求增加等因素是导致食物危机的主要原因。为满足人口持续增长和生活水平改善的需要，农业生产的规模和强度在过去几十年中迅速扩大，干旱缺水和水污染已成为世界农业可持续发展和食物安全保障的重要制约因素。农业是最主要的水资源消耗大户，其用水量占全球总用水量的 70%，一些非洲和亚洲国家的农业用水比例达 85%~90%。过去 100 年全球用水量的增幅是同期人口增幅的 2 倍以上，预计到 2025 年，全球有 18 亿人口将生活在严重缺水的环境中，2/3 的人口面临水资源短缺，高度依赖灌溉农业的地区（如非洲、南亚和我国的北方地区）更容易出现严重缺水。

农业生产是气候、土壤、水、种子、肥料、耕作、植保等多种因素共同作用的结果，水与农业生态系统其他各要素之间既相互依赖，又相互制约，水在其中是最活跃的因子，水环境的状况和相关变化对农业生产过程中的播种、田间管理、收获和产量水平具有决定性影响。农业生产中有一句谚语，"有收无收在于水，收多收少在于肥"，充分揭示了这一深刻道理。

我国耕地资源稀缺，农业水资源供给不足，且降雨量的时空分布与农作物生产需求不完全一致，南方和北方各地区的主要农产品生产均离不开农业水利建设。新中国成立以来，全国先后建成多种类型的蓄水、引水和提水灌溉工程以及排水工程，发展大、中、小型灌区，农田灌溉面积成倍增长，大大提高了农业综合生产能力。占全国耕地面积约50%的灌溉面积上每年生产了占全国总量约75%的粮食、90%以上的经济作物。灌溉对我国粮食增产贡献率大致为36.27%。通过建设农业水利设施，高效利用水资源发展灌溉农业，扩大灌溉耕地的面积和比重，满足养殖业供水需求，无疑是提高农业综合生产能力最可靠的措施。

我国以占全球6%的淡水资源、9%的耕地，养活了全球21%的人口，农业灌溉功不可没。2021年我国总用水量5920.2亿 m^3，其中农业用水量3644.3亿 m^3，占61.56%，而发达国家农业用水比例多在50%以下。我国粮食产能与水资源的分布不匹配，南方水多但粮食产能不足，北方水少但还得依靠"南水北调"或以牺牲生态环境为代价来维持"北粮南运"。不仅如此，我国的灌溉水有效利用率和单方灌溉水的产粮数还低于节水先进国家的水平。缓解水资源短缺和区域灌溉用水增加导致的生态环境问题，迫切需要降低农业灌溉用水量，然而盲目减少灌溉用水量将导致农业生产能力下降，威胁国家食物安全和农产品有效供给。如何根据水资源承载力发展适水农业，大力提高农业用水效率，成为破解农业用水短缺与粮食持续稳产高产矛盾的关键。

1.1.3　灌溉排水分区及其评价（Zoning and evaluation of irrigation and drainage）

与世界许多国家相比，我国的农业普遍对灌溉排水的需求更紧迫。按照我国农业水土资源的分布特点和农业用水状况，可以将主要农业区分为灌溉农业区和雨养农业区。雨养农业区主要是北方半干旱区，也包括一部分南方丘陵山地，这些地区没有灌溉条件，作物生长完全依赖降雨。对灌溉农业区，按照农业发展对灌溉排水的不同要求和农作物灌溉需水程度，还可细分为常年灌溉区、不稳定灌溉区和补充灌溉区三个区域。

（1）常年灌溉区。年降水量小于400mm的地带，主要包括西北内陆、黄河中游部分地区。作物主要有小麦、玉米、棉花、油葵、甜菜、红枣、葡萄和瓜类等，干旱和土壤盐碱化严重。在这一地带，由于年降水总量和各季节的降水分配都难以满足农作物正常生长发育的需要，灌溉需要指数（即灌溉水量占作物总需水量的比值）一般均大于0.5～0.6。常年灌溉是农业发展的必要条件。排水则是由于防治土壤盐渍化的要求，包括降低灌区地下水位和排除淋洗水量。

（2）不稳定灌溉区。年降水量在400～1000mm的地带，主要包括黄淮海平原、汾渭平原和东北大部分地区。作物主要有小麦、玉米、水稻、大豆、马铃薯、蔬菜、苹果等。由于受季风的强烈影响，降水变化极不均匀，经常出现干旱年份和干旱季节，而且常常春旱秋涝，涝中有旱，涝后又旱，因而农作物对灌溉的要求很不稳定，特别是秋熟作物。在干旱年份，黄淮海地区秋熟作物的灌溉需要指数高达0.7～0.8，而湿润年份只有0.3左右。但是生长期在冬春的小麦，对灌溉的要求较高，也较稳定，灌溉需要指数在 0.5 左右。在东北，水稻灌溉需要指数达到 0.5 左右，旱作要求较低，干旱年份为 0.2～0.3，湿润年份则无灌溉要求。在这个地带，排涝要求较高，随着降水频率的不同，排水模数（24h 内要求排出的水层深度）变化在 10～40mm/d 间。灌溉排水是该区域作物稳产高产的重要保证。

（3）补充灌溉区。年降水量大于 1000mm 的地带，包括长江中下游地区、珠闽江地区、海南、台湾及部分西南地区。作物以水稻、小麦、油菜、玉米、果蔬、甘蔗和热带作物为主。年降水总量虽然丰沛，由于年际及季节分配不均，经常出现春旱和秋旱，加之大面积种植水稻及作物复种指数高，各季水稻仍需人工补充水量，灌溉需要指数为 0.3～0.6，旱作物在湿润年间不需要灌溉，但在干旱年份也需要进行补充灌溉，灌溉需要指数在 0.1～0.3 之间。排涝要求普遍高于不稳定灌溉带，排水模数为 20～50mm/d。在这一地带，灌溉保证了水稻面积的扩大和复种指数的提高，排水同样是农作物稳产的基本保证，特别是长江中下游平原低洼地区、太湖流域河网地区以及珠江三角洲等地，汛期外河水位经常高于地面，内水不能自流外排，洪水和渍涝威胁比较严重。

由此可见，我国农业发展，一方面具有较好的自然条件，但另一方面也存在着旱洪涝碱等不利因素。因此，兴修水利工程，大力开展灌溉、抗旱、防洪、除涝、排渍、治碱等水利工作，对发展我国农业生产具有十分重要的意义。

1.2　我国农业水利发展概况
(Development of agricultural water conservancy in China)

1.2.1　我国古代农业水利成就 (Achievements of agricultural water conservancy in ancient China)

数千年来，我们的祖先在发展农业生产的同时，一直在和水旱灾害进行不懈的斗争，写下了光辉灿烂的农业水利史。相传夏商时期，黄河流域已出现了"沟洫"，即古代兼作灌溉排水的渠道。春秋时期，楚国在今安徽省寿县建成了芍陂，引蓄淠河水灌溉，这是我国有历史记载的最早的蓄水灌溉工程。春秋早期的《管子·地员》就对地下水水质和埋藏深度以及和地表土壤性质、作物种类、产量高低的关系等都有所说明。公元前 422 年，魏文侯任西门豹为邺令，在今河北临漳一带主持兴建了我国最早的大型渠系引漳十二渠。公元前 256 年，秦昭襄王令蜀守李冰主持修建了我国古代最大的灌溉工程——都江堰，其规划布局合理、设计构思巧妙，除利用石人水尺以测量水位的设计外，渠道进水口位置选择与弯道环流现象的应用等也都有重要意义。2000 多年来，都江堰工程在农业生产中始终发挥着巨大作用。现经改建、扩建，灌溉面积已达 72.6 万 hm^2。秦汉时期较大的灌溉工程还有陕西的郑国渠、白渠、龙首渠，广西的灵渠，以及宁夏的秦渠、汉渠和唐徕渠等。其中龙首渠大型无压隧洞标志了当年测量和施工的较高水平。当时的凿井开采地下水以及井壁衬砌技术已较成熟，并且已知在开采井水灌溉时利用光照提高水温。《史记》中出现了"坎儿井"的记载，时称"井渠"，是荒漠地区特殊的灌溉系统，普遍存在于新疆吐鲁番地区。西汉末至三国时期还发明了一些灌溉和利用水力驱动的机械，如翻车（又名龙骨水车）、渴乌（虹吸管）等。

隋、唐、宋时期，农业水利进入巩固发展时期，并迅速向南方发展，新的建设主要有蓄水塘堰、拒咸蓄淡工程和滨湖圩田等。如浙江鄞县（今宁波市鄞州区）东钱湖、广德湖、小江湖等工程均创自唐代，其中东钱湖灌田 1.3 万余 hm^2，至今还在兴利。806—820年在今江西韦丹一带兴修大小陂塘 598 座，共灌田 4 万 hm^2。至 1174 年江南西路（包括今赣东、赣北、皖南及江苏西部）共修陂塘 2245 座，灌田 13.3 万余 hm^2。唐宋时期，灌溉机械有较大发展，南方各地普遍使用水车，包括翻车和筒车等。在田间灌溉技术方面，唐代已在灌区内各支渠之间和支渠控制范围内各斗渠之间，根据各种作物需水迫切程度的不同实行轮灌，还根据作物不同生育阶段的需水以及当地气候的季节变化确定灌溉制度等。同时，水利法规渐趋完备，唐有《水部式》、宋有《农田水利约束》等。元、明、清时期农业水利得到了进一步发展。元初郭守敬倡导将前代灌区（包括唐徕渠、汉延渠以及其他 10 个灌区）均加恢复，共灌田 60 多万 hm^2。元代《王祯农书》中有灌溉篇专门论述灌溉工程的历史沿革和多种灌溉工程的形制，对于灌溉提水工具也有记述。明代徐光启所著的《农政全书》也有大量的农业水利工程技术记载，《泰西水法》是我国最早介绍西方农业水利技术的著述。清康熙、雍正年间又在宁夏新建大清渠和惠农渠，宁夏因得引黄灌溉之利农业渐趋兴盛，遂有"天下黄河富宁夏"之说。1719 年在台湾彰化市南建成的八堡圳，灌溉面积达 2.2 万多 hm^2。清代《授时通考》中也收有不少关于农业水利的内容。

1.2.2 我国近代农业水利事业的发展（Development of agricultural water conservancy in modern China）

19 世纪末，西方农业水利科学技术开始在我国应用。民国时期，近代水利先驱李仪祉主持陕西水政，先后主持兴建关中泾、洛、渭、梅、沣、黑及陕南汉、褒、湑各惠渠等大型自流灌区。渠道及建筑物等的勘测、规划、设计、施工都引用西方技术，采取新手段并使用混凝土等新材料，是较早的一批近代灌溉工程，其中泾惠渠至 1940 年灌溉面积超过 4 万 hm^2。其他各省也相继兴建了一些不同类型的农业水利工程，如绥远省（今内蒙古自治区中部、南部地区）政府在河套开民生渠，渠起包头县（今包头市）之磴口，尾入大黑河，长 72km。新疆在 1938—1943 年完成水利工程 15 处，灌田 9.33 万余 hm^2。至1944 年，全疆有水渠 1578 条，灌溉面积 112 万 hm^2。台湾 1930 年完工的嘉南大圳可灌田 14.67 万 hm^2。与此同时，从南方的广东、江苏到北方的陕西、宁夏等地，相继开展了一些灌溉排水的科学研究工作。

综上所述，我国的农业水利有着悠久的历史，历代劳动人民创造了很多宝贵的治水经验，在我国水利史上放射着灿烂的光辉。但是漫长的封建社会，压抑着劳动人民的积极性和创造性，农业水利建设发展缓慢，严重阻碍了我国农业生产的发展。

1.2.3 新中国农业水利建设成就与经验（Achievements and experience of agricultural water conservancy construction in New China）

新中国的成立，为我国农业水利事业的发展开创了无限广阔的前景。70 多年来，我国农业水利事业得到了巨大发展，主要江河得到了不同程度的治理，黄河扭转了过去经常决口的险恶局面，淮河流域基本改变了"大雨大灾、小雨小灾、无雨旱灾"的多灾现象，海河流域基本解除了洪、涝、旱、碱等四大灾害的严重威胁。我国已建成水库 98000 多座，总库容 8983 亿 m³；持续开展了以发展灌溉面积为核心的大规模农业水利建设，实施大中型灌区续建配套与节水改造，大力发展节水灌溉，同时，开展"五小水利"、农村河塘清淤整治等建设。已建成大中型灌区 7800 多处，灌排泵站装机 2700 多万 kW；现有塘坝、小型泵站、机井等独立运行的小型农业水利工程 2000 多万处，大中型灌区末级渠道、小型灌区固定渠道近 300 万 km，固定灌溉管道约 180 万 km，相应的配套建筑物近 700 万座。我国各省（自治区、直辖市）灌溉面积的分布见表 1.1。截至 2018 年，我国有效灌溉面积从新中国成立时的 1600 万 hm² 扩大到 7454 万 hm² 以上，其中农田有效灌溉面积 6827 万 hm²，位居世界第一；节水灌溉面积 3613 万 hm²，其中喷、微灌面积 1134 万 hm²；灌溉水利用系数达到 0.568，单方灌溉水的产粮数超过 1.6kg；排涝面积 2167 万 hm²。农业水利事业发展为促进农业生产、抵御自然灾害和保障食物安全与农产品有效供给提供了有力保障。

表 1.1　　　　　　　2018 年我国灌溉面积和节水灌溉面积（按地区分）　　　　单位：$10^3 \, hm^2$

地区	灌溉面积					耕地实灌面积	节水灌溉面积			
	总计	耕地灌溉面积	林地灌溉面积	果园灌溉面积	牧草灌溉面积		合计	喷灌	微灌	低压管灌
合计	74541.8	68271.6	2510.0	2645.6	1114.6	58573.6	36134.72	4410.52	6927.02	10565.77
北京	212.1	109.7	59.5	41.7	1.2	97.0	211.22	31.85	22.27	148.52
天津	329.7	304.7	18.2	6.8		275.1	245.73	4.49	2.96	178.24
河北	4835.6	4492.3	124.7	210.7	7.9	4066.4	3591.43	252.02	145.00	2775.15
山西	1625.2	1518.7	47.9	53.2	5.4	1481.8	985.18	78.36	53.34	599.40
内蒙古	3816.3	3196.5	85.2	10.3	524.3	2621.9	2925.95	637.58	1103.41	413.69
辽宁	1762.0	1619.6	29.7	106.5	6.5	1374.9	968.00	163.47	367.00	266.50
吉林	1922.2	1893.1	2.9	12.3	14.0	1431.3	800.60	373.44	230.35	145.41
黑龙江	6146.9	6119.6	9.9	6.6	10.7	4896.5	2150.97	1598.56	84.72	11.76
上海	207.2	190.8	16.1	0.3		275.1	146.84	3.42	1.18	76.90
江苏	4468.0	4179.8	149.2	129.4	9.5	3777.3	2767.23	48.92	50.75	185.31
浙江	1565.0	1440.8	49.9	73.5	0.8	1323.7	1117.65	72.72	55.29	98.52
安徽	4625.6	4538.3	36.9	49.7	0.7	3633.0	1025.27	138.61	23.47	84.62
福建	1234.0	1085.2	54.8	90.0	4.0	891.7	700.53	138.46	66.72	103.73
江西	2119.2	2032.0	26.8	60.3		275.1	595.61	28.20	42.49	56.06
山东	5832.3	5236.0	213.8	375.4	7.2	4805.4	3372.32	145.80	121.28	2371.80
河南	5408.3	5288.7	62.8	56.5	0.3	4549.1	1997.86	179.89	43.58	1242.94
湖北	3122.8	2931.9	115.2	69.2	6.6	2479.9	488.53	126.06	73.44	187.98
湖南	3261.4	3164.0	47.9	48.9	0.6	2440.4	431.05	15.98	10.14	55.73
广东	2070.5	1775.2	57.6	237.7		275.1	418.22	21.61	12.99	38.30

续表

地区	灌溉面积					耕地实灌面积	节水灌溉面积			
	总计	耕地灌溉面积	林地灌溉面积	果园灌溉面积	牧草灌溉面积		合计	喷灌	微灌	低压管灌
广西	1786.2	1706.9	12.8	66.6		275.1	1137.73	42.85	81.83	171.06
海南	350.7	290.5	38.9	20.4	0.9	217.1	95.16	8.86	20.13	26.45
重庆	696.9	696.9				423.7	249.20	12.90	4.16	69.76
四川	3181.5	2932.5	100.6	139.1	9.2	2406.5	1762.71	47.30	38.04	137.61
贵州	1139.1	1132.2	1.7	4.5	0.7	941.0	341.01	31.72	23.72	89.38
云南	2011.7	1898.1	29.0	77.1	7.6	1584.5	941.18	49.04	142.31	202.71
西藏	467.8	264.5	35.2	24.9	143.2	250.0	31.93	2.20	0.76	17.87
陕西	1431.8	1275.0	19.9	135.6	1.3	1045.6	965.52	35.67	67.21	364.09
甘肃	1550.2	1337.5	150.6	44.6	17.4	1168.6	1066.21	38.51	257.56	231.39
青海	295.8	214.0	38.0	3.5	40.3	190.5	129.38	2.40	11.38	48.68
宁夏	623.0	523.4	43.8	39.5	16.3	473.2	385.69	41.65	151.38	43.47
新疆	6442.9	4883.5	830.5	450.7	278.3	4715.1	4088.84	37.97	3618.17	122.75

注 资料来源于 2019 年《中国水利统计年鉴》，节水灌溉面积除表中所列三类外，还包括渠道防渗面积。

随着我国农业水利建设的不断发展，出现了许多宏伟的农业水利工程，如灌溉面积超过 1000 万亩的四川都江堰灌区、安徽淠史杭灌区、内蒙古河套灌区和新疆叶尔羌河灌区；装机容量超过 4 万 kW 的江苏江都排灌站，国内装机功率最大、总扬程高达 713m 的甘肃景泰川电力提灌工程，亚洲装机功率最大、排涝能力达到 360m³/s 的江苏临洪东排涝泵站，以及流量超过 15m³/s、净扬程达 50m 的世界上最大的水轮泵站——湖南青山水轮泵站等。此外，还有南水北调、引黄济青、引滦入津、引大入秦、引黄入卫、引汉济渭等一批规模巨大的调水工程。

我国农业水利建设的蓬勃发展，创造和积累了许多有益的经验，主要有六点：①在大力发展灌溉的同时，要充分重视排水，做到排灌协同，蓄泄兼顾；②地表水、地下水和多种水资源联合利用，发展井渠结合灌溉系统，充分利用水资源，节约水资源；③生产、生活和生态用水统一配置，水资源高效利用与水源涵养和水环境保护有机结合；④灌溉排水需要与农业生产的其他多种因素有机协调，共同为提高资源利用率、土地产出率、劳动生产率服务；⑤以水定需，做到区域水土资源平衡和适水发展，避免因不合理利用水资源而导致地下水漏斗等生态环境问题；⑥因地制宜，针对不同地区的具体情况，采取不同的治理措施。例如，在山区、丘陵区的规划治理方面，各地的经验是在管好、用好大中型水库的同时，大力整修塘堰和小水库，充分利用当地径流，建立大、中、小、蓄、引、提相结合的"长藤结瓜"灌溉系统。南方圩区的经验是在保证防洪安全的前提下，搞好除涝灌溉，控制地下水位；采用等高截流、建闸控制、内外分开、联圩并垸、撇洪改河、留湖蓄水、分级排水、自排与抽排结合。北方平原地区成功地探索出旱涝碱综合治理的经验。我国还研究采用了许多适合不同特点的农业水利技术：在灌溉技术方面，在进行土地平整，采用小畦灌和细流沟灌的同时，还发展了喷微灌等新技术；在水稻灌溉方面，改变了传统的淹灌方式，推广了浅、湿、薄、晒相结合的灌溉技术；为了提高灌溉水利用率，对许多渠道进行了衬砌或者发展管道灌溉技术；新疆地区根据水、土、热资源状况发展起来的膜下滴灌技术，具有明显的节水、省肥和增产效果，改变了传统较粗放的农业用水方式，对提高作物产量和水资源利用效率发挥了重要作用。雨水集蓄利用技术在北方干旱区和南方丘陵山区得到广泛应用。

总之，新中国成立 70 多年来，我国的农业水利建设取得了巨大成就，对抗御旱、涝、渍、碱灾害，改良土壤，建设高标准农田，保障国家食物安全和农产品有效供给，促进农村经济发展和生态环境改善等产生了重大作用。但是我国水资源并不丰富，特别是北方地区水资源短缺，供需矛盾突出；有的灌排工程设施还不配套，有的老化失修严重，灌溉除涝保证率低，效益不高；灌区管理水平还较低，创新能力不足，用水监控体系尚未健全，信息化水平远不能满足精准管水和用水的需求；一些地区贯彻适水发展理念不够，盲目扩大灌溉面积和引用水量，灌区绿色发展和生态健康面临严峻挑战。我国的农业水利事业发展还不能适应当今和未来农业生产与国民经济发展的需要。因此，大力发展农业水利仍是今后水利建设与管理的长期任务，不仅要继续提高抗御旱、涝、渍、碱灾害的能力，而且要提高科学管理水平，改进技术装备，进一步扩大灌溉、除涝、排渍、治碱工程的经济、生态和社会效益。实现农业水利现代化，把农业水利事业推向更新的高度，是未来面临的重要任务。

1.3　世界农业水利发展概况
(Development of agricultural water conservancy in the world)

1.3.1　世界灌溉事业的发展（Development of irrigation in the world）

人类最初的文明由农业灌溉而兴起。尼罗河、幼发拉底河和底格里斯河、印度河和黄河流域既是古人类文明的发祥地，也是世界古代灌溉兴起的地方。非洲尼罗河的灌溉可追溯到公元前 4000 年之前。公元前 3400 年左右美尼斯王朝在古埃及孟菲斯城附近修建了截引尼罗河洪水的淤灌工程，这是有文字记载的最早的灌溉工程。公元前 2300 年前后在法尤姆盆地建造了美尼斯水库，通过水渠引尼罗河洪水，经调蓄后用于灌溉。美索不达米亚的幼发拉底河和底格里斯河流域的灌溉也可追溯到公元前 4000 年左右的古巴比伦时期。约公元前 2000 年，汉谟拉比时代灌溉规模扩大，渠网纵横，干渠用砖衬砌，接缝填以沥青，当时的灌溉面积达 260 万 hm^2 以上。约公元前 1000 年兴建的钮姆卢水库可向两岸的渠系供水，渠深 10～16m，宽度约 120m。公元前 600—前 560 年间，新巴比伦的空中花园采用了细密的雨滴灌溉，这是现代喷灌的最初形式。公元初期，波斯的萨珊王朝修四大干渠引幼发拉底河水，灌溉今伊拉克中部地区。南亚印度河流域在公元前 2500 年左右已有引洪淤灌。在中世纪的 1000 多年中，南亚次大陆建造了数万座水坝用于灌溉。1915 年建成的三合渠（位于现巴基斯坦），引杰赫勒姆河水穿过杰纳布河和拉维河，是世界较早的跨流域引水工程；1932 年完成的苏库尔闸引水工程，是当时世界最大的有控制的引水灌溉渠系，引水流量 1346m^3/s，灌溉面积 300 万 hm^2。印度从 19 世纪起建有大量大型灌

溉渠。如改建高韦里河三角洲渠系上的古大阿尼卡特坝，可灌田 44 万 hm²；1836—1866
年建大渠 4 条，灌田约 200 万 hm²，其中有当时世界最大的引水工程戈达瓦里河三角洲渠
系。到 20 世纪 30 年代，印度开始应用现代工程技术修建大型自流灌溉工程，同时发展小
型提水灌溉和井灌；至 60 年代末，印度灌溉面积达 3800 万 hm²。中亚阿姆河、锡尔河流
域的灌溉始于公元前 6 世纪。十月革命后苏联开始兴建现代灌溉工程，主要集中在中亚。
美洲灌溉可追溯到古老的玛雅文明和印加文明时期。秘鲁的灌溉历史至少在公元前 1000
年就已开始。公元 1—600 年间是灌溉大发展的时期，此后印加帝国统治的 1000 年，灌溉
又得到进一步发展。阿根廷于 1577 年兴建了杜尔塞河引水工程。墨西哥等地的灌溉工程
则至 16—17 世纪才出现较多的记载。美国自 1847 年开始，在西部 17 州进行以灌溉为主
的水利综合开发，迅速发展灌溉事业，技术水平也提高得很快，20 世纪 50—60 年代大规
模发展喷灌，到 2016 年喷灌面积达 1234.7 万 hm²，占总灌溉面积（2474 万 hm²）的
49.9%。20 世纪世界上跨流域调水逐渐普遍，其中最著名的有美国加利福尼亚州调水工
程、澳大利亚古尔加底输水工程等。

　　世界灌溉事业近 200 年来发展很快。1800 年左右，全世界有灌溉面积 800 万 hm²，20
世纪初增加到 4800 万 hm²，1950 年达到 9600 万 hm²，20 世纪 60 年代末超过 2 亿 hm²，2018
年 3.04 亿 hm²。灌溉面积占耕地面积的比例由 1950 年的 7% 增加到 2018 年的 22.4%。世
界部分国家的灌溉面积见表 1.2，中国是灌溉面积最大的国家，其次为印度、美国、巴基
斯坦、伊朗、印度尼西亚、土耳其、墨西哥等。世界约有 2/3 以上的灌溉面积分布在亚
洲，因为年降水量小和年内分配与作物生长不适应，灌溉面积占总面积的比例较大。欧洲
西部一些国家，因雨量较丰沛，且分布较均匀，灌溉设施一般较少。

表 1.2　　　　　　　　　　　　世界部分国家的灌溉面积

国家	耕地面积 /Mhm²	灌溉面积 /Mhm²	灌溉面积占 耕地面积/%	资料来源	年份
中国	122.500	65.870	53.800	ICID-NC	2017
印度	169.400	62.000	36.600	ICID-NC	2010
美国	129.516	23.480	18.129	USDA	2017
巴基斯坦	31.200	19.080	61.100	ICID-NC	2018
伊朗	13.900	8.460	61.000	ICID-NC	2019
印度尼西亚	46.000	6.722	14.600	FAO	2014
土耳其	23.900	6.650	27.800	ICID-NC	2020
墨西哥	25.700	6.500	25.300	FAO	2014
巴西	86.600	5.800	6.700	ICID-NC	2013
孟加拉国	8.500	5.217	61.400	ICID-NC	2017
泰国	21.300	4.736	22.200	ICID-NC	2011
越南	10.200	4.585	44.800	FAO	2011
俄罗斯	124.700	4.500	3.600	ICID-NC	2012
乌兹别克斯坦	4.800	4.312	90.400	ICID-NC	2016

续表

国家	耕地面积/Mhm²	灌溉面积/Mhm²	灌溉面积占耕地面积/%	资料来源	年份
埃及	3.700	3.650	97.500	ICID-NC	2017
西班牙	17.188	3.636	21.154	ICID-NC	2015
伊拉克	7.000	3.550	50.700	ICID-NC	2020
阿富汗	7.900	3.208	40.600	FAO	2002
罗马尼亚	9.200	3.149	34.200	FAO	2014
日本	4.419	2.893	65.467	ICID-NC	2020
法国	19.328	2.600	13.452	ICID-NC	2017
秘鲁	5.500	2.580	46.600	FAO	2012
意大利	9.121	2.420	26.532	ICID-NC	2013
阿根廷	40.200	2.357	5.900	FAO	2010
缅甸	12.300	2.295	18.600	FAO	2014
澳大利亚	47.307	2.150	4.545	ICID-NC	2017
土库曼斯坦	2.000	1.869	93.500	ICID-NC	2013
沙特阿拉伯	3.647	1.620	44.420	FAO	2014
摩洛哥	8.700	1.600	18.400	ICID-NC	2020
南非	12.900	1.600	12.400	ICID-NC	2017
菲律宾	10.900	1.520	13.900	ICID-NC	2008
希腊	3.725	1.517	40.725	ICID-NC	2013
厄瓜多尔	2.500	1.500	60.500	FAO	2010
阿塞拜疆	2.200	1.430	66.200	ICID-NC	2013
叙利亚	5.700	1.341	23.400	FAO	2010
阿尔及利亚	8.400	1.230	14.600	FAO	2012
哈萨克斯坦	29.500	1.200	4.100	ICID-NC	2013
智利	1.746	1.109	63.517	FAO	2007

当今世界灌溉发展的趋势是：①灌溉方法仍将以地面灌溉为主，喷微灌面积会有较大的发展；②为提高灌溉水利用效率，缓解水资源紧缺程度，衬砌渠道、管道输水将日益发展，新的绿色生态衬砌渠道会有更多应用；③灌溉技术与农艺技术紧密结合，以非充分灌溉、调亏灌溉、节水调质高效灌溉、水肥药一体化为中心的综合节水技术模式会在农业节水丰产提质增效与绿色发展中发挥更大作用；④改进灌区管理，提高自动化和智能化程度，3S 技术、人工智能、"互联网＋"、大数据、云计算，以遥感、无人机载红外、光谱、激光雷达以及地面观测为一体的空—天—地一体化监测技术等将得到广泛应用，智慧灌区将会有较大的发展，甚至会出现"无人灌区"。

1.3.2　排水事业的发展（Development of drainage in the world）

公元前 5 世纪中叶，古希腊历史学家希罗多德曾记载了尼罗河谷的排水工程。荷兰的农业排水历史悠久，在世界上享有盛名。公元 4 世纪，荷兰就开始利用人工海堤进行围海造田。荷兰低于海平面的面积约占国土面积的 1/4，排除渍水和控制地下水位是其农田排水的主要任务，暗管排水技术在世界上处于领先地位。英国的排水始于 13 世纪，1724 年首先使用鼠道式暗渠，1764 年出现了有压地下水的沼泽地排水方法，1843 年发明圆形瓦管制造机，19 世纪后半叶又发明了挖沟机。100 多年来，在世界其他地区，由于农业灌溉的急剧发展，土壤次生盐碱化日益突出，进一步推动了排水技术的发展。美国于 1849—1850 年建立了《沼泽地法案》，排水自东向西发展，除沼泽排水外，还发展灌区排水，大量使用瓦管暗沟，到 1960 年排水面积约 4100 万 hm^2。20 世纪 50 年代初，日本大规模地发展排水事业；到 80 年代中期，暗管排水面积达水田排水面积的 1/3，农田排水工程施工基本上实现了机械化，大部分排水系统的闸、站建筑物都实现了管理自动化，做到了雨量、水位、流量和水质等的遥测和遥控。在其他发达国家，目前也都实现了排水工程施工和管理的现代化。全世界（除中国外）有人工排水设施的土地总面积约 1.02 亿 hm^2，世界部分国家的排水面积见表 1.3，其中美国 4750 万 hm^2，加拿大 946 万 hm^2。此外，意大利、德国、波兰、日本、法国、荷兰、立陶宛、匈牙利、澳大利亚和芬兰等国有人工排水设施的土地面积也均超过 200 万 hm^2。

表 1.3　　　　　　　　　　　世界部分国家的排水面积

国家	排水面积/Mhm^2	年份	来源	国家	排水面积/Mhm^2	年份	来源
美国	47.500	2017	ICID－NC	克罗地亚	0.760	1990	CEMAGREF
加拿大	9.460	2017	ICID－NC	爱沙尼亚	0.640	2017	ICID－NC
意大利	5.300	2005	ICID－NC	挪威	0.610	2012	ICID
德国	4.900	1993	ICID	斯洛伐克	0.600	1997	ICID
波兰	4.210	1999	ICID	希腊	0.520	2002	ICID
日本	3.033	2020	ICID－NC	西班牙	0.300	2014	CEMAGREF
法国	3.000	2017	ICID－NC	爱尔兰	0.254	2010	ICID－NC
荷兰	3.000	2010	ICID－NC	奥地利	0.200	1997	ICID
立陶宛	2.580	2011	ICID	瑞士	0.160	2002	CEMAGREF
匈牙利	2.300	2003	ICID－NC	以色列	0.100	1987	ICID
澳大利亚	2.170	2017	ICID－NC	斯洛文尼亚	0.080	2007	ICID－NC
芬兰	2.000	2019	ICID－NC	比利时	0.070	1996	ICID
丹麦	1.770	2012	ICID	葡萄牙	0.040	2002	CEMAGREF
拉脱维亚	1.580	1995	ICID	沙特阿拉伯	0.040	1992	CEMAGREF
英国	1.200	2017	ICID－NC	智利	0.035	2006	ICID
韩国	1.150	2016	ICID－NC	塞浦路斯	0.020	2000	ICID
瑞典	1.100	1996	ICID	波多黎各	0.020	2000	ICID
捷克	1.070	2011	ICID				

目前，世界农业排水新技术的发展主要有以下几方面：①控制排水得到广泛应用，其主要技术是在田间排水系统的出口设置控制设施，通过调节控制设施来调节田间的地下水位，达到排水再利用、治理渍害、减少排水对承泄区污染的目的。②农业排水的环境影响研究受到广泛关注，包括有利的影响和不利的影响，有关对化肥、农药的转化和流失的影响响已有大量研究。③农业排水向组合排水以及排灌相结合的方向发展。在涝渍农田治理中，明沟排涝、暗管排渍是很有效的排水组合方式。在有适宜水文地质条件的灌区，为防止土壤盐渍化，采用明沟与竖井、明沟与暗管组合排水方式均收到良好效果。④农业排水管理向科学化、现代化方向发展。适时适量排水，进行排水自动化控制是现代精准农业对排水技术发展的必然要求，以信息技术、激光、红外遥测、遥控等新技术为支撑的排水技术得到研发和广泛应用。一些经济发达国家和地区以灌区或排区为单元，排水管理实现了数据自动采集与处理、实时过程跟踪与再现、涝情可视化和排水调控自动化等。

未来世界农业排水技术发展的趋势是：①由重视农田排涝向重视农田排渍转变；②由静态排水指标研究发展到动态排水指标研究；③由涝、渍分别研究发展到涝渍综合研究；④由仅考虑作物产量的排水指标发展到既考虑产量又重视品质；⑤由一次涝渍过程对作物的影响研究发展到多过程涝渍对作物影响的研究。

1.3.3　世界农业水利持续发展的需求与挑战（Demands and challenges of sustainable development of world agricultural water conservancy）

据各大权威机构预测，2035 年世界人口将达到 88 亿～90 亿，2050 年将达到 96 亿～100 亿，比 2018 年末人口分别增长约 17% 和 29%，这无疑将对全球食物供给带来巨大的挑战。《世界粮食与农业展望：2050 年前景》中提到，到 2050 年，全球粮食产量需在 2005—2007 年的基数上增长一倍以上才能满足人口增长对于粮食的需要；通过对全球 108 个国家和地区粮食增产前景的预测结果表明，在耕地资源持续减少的背景下，到 2050 年，全球粮食增产主要来源于作物单产的提高，其中发展中国家预计的粮食增产约 80% 来自单产和耕种集约化程度的提高。以中国为代表的 19 个土地资源稀缺国家超过 80% 的适耕地已经被利用，预计耕地面积扩大对其粮食增产的贡献率仅为 2%。因此，发展灌溉排水事业仍将是未来保障全球食物安全和农产品有效供给的重要措施。但全球水资源短缺，充分认清目前及未来面临的水资源安全和食物安全形势，找准农业水资源高效利用的核心问题，明晰农业生产中不同尺度的水循环转化规律与消耗机理，通过科技进步与管理改革提高水的利用效率，发展高水效农业是解决全球水危机和保障食物安全与农业可持续发展的根本途径。

1.4　农业水利学的研究对象与基本内容
(Research object and basic contents of agricultural water conservancy discipline)

1.4.1　农业水利学的定义与研究对象（Definition and research object of agricultural water conservancy discipline）

农业水利学是一门研究农田（包括林地、草地）水循环及其伴生过程的变化规律与调节措施，改变和调节地区水情变化，消除农业旱涝渍碱灾害，改善水土环境，实现区域水土平衡和水资源高效利用，为农业（包括种植业、养殖业、人工经济林业）可持续发展和美丽乡村建设服务的学科。

降水、入渗、蒸散发和径流是农田水循环过程的四个最重要的环节，这四者构成的水循环途径既伴生着土壤盐分运动、农业化学物迁移、作物水碳耦合与生长等相关过程，也决定着农田的水分状况和水量平衡。农田水分状况一般是指农田土壤水、地面水和地下水的状况及其相关的盐分、养分、通气、热、碳状况。长期干旱无雨会造成农田土壤水分不足；长期暴雨和地下水位过高，会使农田地表积水或土壤水分过高，导致涝渍或盐碱灾害，增加温室气体排放。农田水分不足或过多都会影响作物的正常生长和产量与品质，调节农田水分状况的措施是灌溉与排水。灌溉措施是按照作物正常生长发育的需要，通过灌溉系统和田间灌溉方法科学地将水输送和分配到田间，以补充农田水分的不足，避免作物因缺水而影响产量和品质；排水措施是通过修建排水系统将农田内多余的水分（包括地表水和地下水）排入承泄区（河流或湖泊等），使作物免遭农田涝渍的影响。在地下水位较高的易渍易碱地区，排水系统还有控制地下水位和排盐的作用。

随着农业生产发展以及人类开发利用水资源能力的不断提升，农业水利措施从改变和调节农田本身的水循环与伴生过程逐渐发展到改变和调节更大范围的地区水循环与水情。地区水情主要是指地区水资源的数量、质量和分布情况与动态及其相关的水生态环境状况。我国幅员辽阔，水土资源分布不匹配，水资源在不同地区以及不同年份和季节分配不均，供水和需水在时间和空间上不协调，时旱、时涝或旱涝交替出现。这是影响农业高产稳产的一个重要原因。所以，发展农业水利，首先要根据水土资源禀赋，通过各种工程措施，改变和调节地区水情，实现区域水土资源平衡，改善区域水生态环境。调节地区水情的措施主要是蓄水保水和地区间调水、排水。蓄水保水措施是指通过修建水库、河网和控制利用湖泊、地下水库以及大面积的水土保持和田间蓄水措施，就地入渗储存雨水，拦蓄当地径流和河流来水，改变水量在时间上（季节或多年范围内）和地区间（河流上下游之间、高低地之间）的分布状况。用水时期借引水渠道及取水设施，自水源（河流湖泊、水库、地下含水层等）引水，以满足区域用水需求。通过蓄水保水措施还可以削减河流洪峰流量，减小河流泥沙和洪水损失，增加枯水流量以及干旱年份的水量储备，改善区域生态环境。调水、排水措施主要是通过引水渠道或排水沟道，使地区之间或河流之间的水量互相调剂，从而改变水量在地区之间的分布状况。某一地区水资源缺乏时，可借人工河道自水源充足地区调配水量，我国已建成的南水北调东、中线工程以及引滦入津工程和引黄济青工程等，都是调水工程的典型例子。汛期某一地区水量过多时，则可通过排水河道将多余的水量调送至地区内部的蓄水设施存储，或调送至水量较少的其他地区，我国许多减河和分洪工程以及"长藤结瓜"式灌溉系统就属于此类。

农业水利学是在传统农田水利学与灌溉排水工程学的基础上不断发展和完善的，其研究范畴不断地由农田拓展到包括种植业和养殖业的农业生产过程，由单纯的农作物拓展到林草绿地和生态景观；由农田土壤水盐运动拓展到区域土壤水盐平衡、土壤碳平衡以及土壤-植被-大气系统水碳耦合；由基于作物需水量与农田水量平衡的丰水高产灌溉，拓展到水资源不足条件下基于作物水分生产函数的非充分灌溉，利用作物缺水补偿效应和生长冗余控制的调亏灌溉以及基于作物水分-产量-品质耦合关系的节水调质高效灌溉；由单一灌水技术拓展到作物水肥一体化；由传统的灌溉排水工程建设向灌溉排水系统精准管理转变，促进灌区现代化和智慧化；更加关注太阳能、风能、生物质能等新能源在灌溉排水中的应用以及农业节水固碳减排，农业水利工程的生态环境影响与灌溉的可持续性；由传统的以需定供的农业水源开发利用模式向以水定需、适水发展的农业水源开发利用模式转变；由常规水源拓展到非常规水资源利用以及农业多水源联合配置，由单一水资源配置拓展到水-食物-能源-环境关联系统的优化调控。

随着学科发展和社会经济发展的需要，农业水利学融入了生物、信息、新材料、新能源、生态环境等一系列新技术，具有多学科交叉、各种学科和高技术互相渗透的明显特征。当前"互联网＋"、大数据、云计算等正在引领信息技术和产业进入一个转折期，无时不在、无处不在的信息网络环境推动农业水利规划、设计、建设和管理方式发生深刻改变。信息新技术与农业水利学交叉渗透，催生智能灌溉排水、智慧灌区、灌区现代化新模式，发展出农业水利信息学新方向。利用农业水信息与作物表型高通量智能感知、农业水转化与作物生产过程的智能认知、灌溉排水智能决策以及灌溉物联网和灌溉排水系统的智能测控等知识体系，促进农业水利管理向智慧精准转变，使农业水利管理水平得到极大提升。

1.4.2 农业水利学的基本内容（Basic contents of agricultural water conservancy discipline）

现代农业水利学的基本内容主要包括以下四个方面：

1. 灌溉排水原理与技术

为了科学调节农田水分和盐分状况，需要精确地预测土壤水盐运动与水碳过程，在了解干旱、涝渍和盐碱对作物影响的基础上科学确定作物灌溉排水指标；精确估算作物需水量，了解作物生长、产量和品质与土壤水盐之间的关系，根据水资源条件科学制定作物丰水高产灌溉制度、非充分灌溉制度和节水调质高效灌溉制度；科学确定适合不同区域特点的高效节水灌溉发展模式，采用高效节水和有利于农机作业的田间灌溉方法与排水方法，为农作物健康生长创造良好的水土环境条件，促进作物节水、丰产、提质、增效和农业绿色发展。该部分的基本内容包括：土壤水盐运动与水碳过程、作物对环境胁迫的响应与灌溉排水要求、作物需水量与灌溉制度、灌水方法与技术、农业排水。

2. 灌区规划设计与建设

灌区一般是指有可靠水源和引、输、配水渠道系统和相应排水沟道的灌溉区域，它是依靠自然环境提供的光、热、土地资源，加上人为选择的作物和安排的作物种植结构等人工调控手段，而组成的一个具有很强社会性质、半人工、开放式的生态系统。为了科学地做好灌区规划设计和建设，必须坚持山水林田湖草沙系统治理和灌排协同的原则，对灌溉排水系统进行统一规划布置。需要确定灌区灌溉需水量、农村人畜饮用水量、城镇工业与生活需水量、生态需水量以及灌区水源可供水量，了解灌区需水量和水源可供水量对气候变化和人类活动的响应，充分挖掘雨水、再生水、海水、空中水、矿井水、苦咸水等非常规水资源的利用潜力，优化配置当地地表水、地下水、再生水和外调水等多种水资源。对灌区水-食物-能源-环境关联系统优化调控，坚持以水定需与适水发展原则，科学确定灌区适度的灌溉农业规模，做到区域水土资源平衡。做好灌溉渠道或管道系统以及排水沟道或暗管排水系统的科学规划与合理布置，做到山、水、田、林、路和居民点的综合规划与优化布置，既便于灌溉排水和控制地下水位，又适应机耕和农田生态保护、居民生活和美丽乡村建设；建设新型绿色高效生态灌溉排水渠道系统；采用先进的大型灌溉渠道防渗抗冻胀技术和高效的灌溉排水工程机械化施工方法，满足灌溉排水系统经济、高效建设及绿色可持续的需要。评价农业水利工程的生态环境和社会经济影响。该方面的基本内容有：灌区水土资源平衡分析、灌区水源与取水方式、灌溉排水系统规划、灌溉渠道系统设计、灌溉管道系统设计、排水沟道系统设计、农业水利工程的生态环境与社会经济影响评价。

3. 农业水利管理与现代化

加强农业水利管理、促进农业水利现代化是发挥农业水利工程效益和实现灌溉排水可持续发展的关键。农业水利管理的具体内容有灌区管理、小型农业水利工程管理、农业水量测控、灌溉排水科学试验、农业水利管理体制与农业水价等方面。农业水利现代化是一种发展的理念，是一个不断追求的发展过程，是工程设施现代化、管理方式现代化、创新能力现代化的系统集成，最终实现节水高效、生态健康和高质量发展。农业水利现代化的标志是工程完善、管理科学、创新驱动、智慧精准、节水高效、生态健康、高质量发展。农业水利现代化应该通过广泛应用信息、生物、生态环境、新材料、新能源、智能制造等高新技术，实现工程设施、管理方式和创新能力的现代化改造，大幅度提高工程受益区水土资源利用效率、土地产出率、劳动生产率和农产品供给质量与市场竞争力，用技术创新和制度创新双轮驱动农业水利高质量发展。为了实现农业水利现代化，需要强化创新驱动农业水利发展能力建设，加强智慧灌区建设，主要解决灌区信息的智能感知、灌区智能认知模型系统、灌区智能决策系统等技术难题，建设节水、生态、高效、智慧、创新型的现代化灌区。该方面的基本内容有：农业水利管理、农业水利现代化与智慧灌区。

4. 区域水土综合治理

农业水利学在传统的灌溉排水工程规划设计与建设管理的基础上，从更广的视角解决区域水土综合治理问题。区域水土综合治理需要以山水林田湖草沙系统治理为出发点，秉承"绿水青山就是金山银山"的新发展理念，在协调农业生产-水资源-生态环境耦合关系的基础上，统筹考虑生产、生活和生态用水；"节水优先、空间均衡、系统治理、两手发力"；以水定地、以水定产、以水定居、以水定绿，聚焦提升山水林田湖草沙系统服务支撑能力、农林牧渔生产系统增产增效能力以及乡村宜居环境质量，支撑食物安全、乡村振兴、生态文明和美丽中国建设。需要由传统的工程观、技术观转变为与科学观、系统观、市场观、生态观、全球观和未来观相结合的综合视角观察和思考问题，推动区域水土综合治理。该方面的基本内容包括：区域水土综合治理的概念和基本原则、山丘区水土综合治理、平原圩区水土综合治理和北方平原地区水土综合治理等。

1.4.3　农业水利学科发展趋势与需进一步研究的问题（Trend in agricultural water conservancy discipline development and issues that should be further studied）

1. 农业水利学科发展现状与趋势

水资源紧缺是影响食物安全和农产品有效供给的主要因素，充分依靠科技进步提高农业水资源利用效率，在保障优质高产的前提下大幅度减少农业用水量，是解决全球水危机并保障食物安全与农业可持续发展的根本途径，也是农业水利科学研究的重大任务。

改革开放后，我国的农业水利科研工作取得了较大进展，先后开展了全国主要作物的需水量与灌溉制度研究，绘制了全国作物需水量等值线图；土壤水盐运动规律和土壤-植物-大气连续体水热碳通量变化规律的研究有较大的进展；对主要作物的水分生产函数和非充分灌溉制度、调亏灌溉、根系分区交替灌溉以及产量与品质协同的节水调质高效灌溉进行了大量的研究，调亏灌溉与非充分灌溉技术在灌溉用水紧缺地区得到了大面积应用。我国的农业节水新产品与新材料开发方面，研制出了基于高分子材料的输配水管材与管件，以及可提高抗堵能力和压力补偿能力的新型灌水器、注肥均匀且浓度可调的注肥器、低成本和高性能的自洁高效过滤系统等微灌设备，开发的喷微灌技术产品出口到国外。在再生水绿地灌溉、养殖沼液滴灌技术方面也有较多研究和应用。3S 技术广泛应用于农业水管理研究，智慧灌区初现雏形。在灌排工程系统分析和灌排工程经济领域也取得较大的进展，灌溉水资源高效利用更注重水质与水量的统一管理，决策支持技术、大系统多目标模拟优化模型技术和资源价值的定量方法等已在灌区水资源管理中应用；在需水预测中考虑地表水、地下水、外调水等多种水源，提出了支持地表水、地下水联合运用的多目标多阶段优化管理的原理和方法；建立了多水源多作物灌区优化配水整合模型和整合随机调度模型，提高了灌溉水资源的利用效率。适合我国不同区域特点、以高效节水灌溉和水肥一体化为中心的综合节水技术集成模式在不同地区得到大面积成功应用。控制排水与湿地、水塘相结合，有效地处理了排水中的氮、磷污染物质。排水再利用提高了水的利用效率，在我国南方山区、平原湖区、北方井渠结合区得到普遍应用。排水指标研究由静态发展到动态，由涝、渍分开发展到涝渍兼治，由一次涝渍过程的影响发展到多次涝渍过程，由主要考虑农作物生长和产量有关指标到考虑可耕性以及与肥料流失相关的指标等。

但是，在取得这些重要成果的同时，在灌区水循环模型与模拟软件、绿色高效节水灌溉设备、大型灌溉排水渠（管）道施工机械、智能灌溉与智慧灌区、非常规水资源开发利用、灌区水环境和水生态研究等若干领域与发达国家还存在一定的差距。特别是有关研究的长期定位观测与数据积累、试验仪器设备、高新技术应用等方面严重制约着我国农业水利学科领域科研水平的提高。

农业水利学科的应用性很强，国家需求决定其发展过程和发展方向，其地域性也很强，地域特点决定其研究重点和水平。从发展特征来看，农业水利科学研究的目标趋于综合性，研究手段趋于多元性，从着重对自然科学技术的研究，逐步转变为自然科学技术与管理及经济学研究的有机结合与融合；更多地呈现出综合性和交叉性的特点，已由传统的只强调提高作物产量，向提高作物品质、增加农业效益的研究发展，由研究作物水分-产量关系向作物水分-产量-品质关系研究发展，由作物模型研究向作物生长、产量、品质相结合的综合模型方向发展。农田水分研究也逐渐向多学科交叉延伸，如水、热、盐的耦合运移，冻融条件下土壤中水盐运移，地下水-土壤-植物-大气连续体中的水热、水盐、水肥运移和水碳耦合，土壤水分运动的随机理论和尺度问题等，土壤水运动机理研究也更加深入，如优先流、土壤水参数确定及空间变异性等；灌溉水利用效率提升的单要素、单过程研究在向多要素协调、多过程耦合方向发展。农业水资源的开发利用从单纯考虑水量配置向综合考虑水量与水质耦合调控方向发展；更多地关注灌溉排水的生态环境影响以及未来气候变化和人类活动对农业水资源系统的影响；在灌溉对环境影响方面，由过去单纯研究灌溉条件下的水分溶质运动，逐步转向各种农业化学物质在作物-土壤-地下水系统中运移规律的研究，探讨化肥、农药、污染物、细菌、病毒在土壤中吸附、解吸、传输的过程和机理以及区域地下水、土壤水和溶质运移的空间变异性和随机理论。未来会更多地关注灌区现代化的研究，重视 3S、人工智能、"互联网＋"、大数据、云计算、高通量监测等新技术的应用以及智能灌溉、智慧灌区的研究。

2. 农业水利学科领域需进一步研究的问题

虽然农业水利科学研究取得了重要的进展，但仍然还存在着一些亟待解决的科技问题，主要有以下几方面：

（1）作物生命需水信息精准感知与过程控制。包括：表征作物生命需水信息的叶片萎蔫、叶片含水量、叶水势等水分状况指标的直接感知，叶气孔导度、叶温或冠层温度、茎秆或果实微变形、茎液流等水分生理响应指标的接触式感知，叶绿素含量、叶厚、冠层温度、株高、叶面积指数、生物量等作物水分响应表型指标的无人机搭载 RGB 成像、红外热成像、多光谱成像、激光雷达及高光谱成像的空基作物表型成像遥感监测以及航空遥感等，需进一步研究作物表型参数和生命需水信息的关系，构建更高精度的需水信息遥感反演模型，探索利用机器学习以及融合多源数据信息进一步提高精度的方法。识别作物生命需水状态，鉴别影响作物生命需水状态的生理与环境因子，解析作物生命需水的关键水分生理及生化过程，探索减少作物奢侈蒸腾提高水分利用效率和对作物生命需水进行多过程和全要素协同调控的优化途径。

（2）多尺度水循环及其伴生过程的量化表征与尺度理论。包括：气候变化与强人类活动影响下多尺度水循环及其伴生过程的耦合模拟；水土介质物理-化学-生物过程及其耦合作用机理；灌区水循环与地表生态过程、能量循环的耦合作用机制。探讨从点尺度、农田尺度到灌区尺度的水循环及其伴生过程的尺度效应与尺度转换，气候变化对多尺度水循环及其伴生过程影响的降尺度分析，描述农业水循环及其伴生过程尺度效应的理论与方法等。

（3）新型高效灌水器及大型喷微灌系统的节能与稳定性。包括：基于计算流体动力学（computational fluid dynamics，CFD）理论、计算结构动力学（computational structural dynamics，CSD）理论、粒子图像测速（particle image velocimetry，PIV）技术的新型绿色高效喷微灌灌水器设计理论与抗堵塞机理及其新产品研制；大型节能型低压滴灌系统水量分布均匀性与系统设计方法；过滤与压力流量调节设备性能模型表达与参数优化等。

（4）新型绿色高效生态灌溉排水渠道系统建设。包括：新型绿色高效生态灌溉排水沟渠的结构型式和建设技术，探索生物基绿色高效生态渠道防渗抗冻胀新材料，混凝土渠道衬砌生态处理，植生型防渗砌块技术，植物-工程措施复合护坡，原生态植被防护等生态渠道形式，建设通过植物吸收和截留、基质和底泥吸附及细菌和微生物降解等作用的生态景观型灌溉排水系统，充分发挥其面源污染防治、气候调节、水源涵养、废物处理、生物多样性保护、土壤保持和提供美学景观等方面的功能。

（5）绿色低成本非常规农业新水源开发与安全利用。主要指雨水、再生水、海水、空中水、矿井水、苦咸水等非常规水资源的高效开发与农业安全利用，主要解决雨水的低成本绿色高效收集与利用、再生水安全高效利用、海水和地下苦咸水的淡化利用等问题，特别是采用太阳能的海水和地下咸水淡化利用技术，包括低成本高效太阳能蒸馏器材料的选取、各种热性能的改善以及将它与各类太阳能集热器配合使用。

（6）水-食物-能源-环境关联系统优化调控。包括：水资源与粮食生产时空耦合机制，生态环境系统对水资源的响应及适应机制，粮食生产-水资源-生态系统平衡机制，面向生态环境健康的水资源利用阈值，水-食物-能源-环境关联系统（water，food，energy and environment nexus，WFEE）作用机理与适应机制，水-食物-能源-环境关联系统安全评价，水-食物-能源-环境关联系统优化调控等。

（7）农业水系统对气候变化响应的辨识与旱涝预警。包括：辨识与量化气候变化对农业水系统的影响，探索气候变化下农业供水系统的风险性与不确定性及适应性，农业旱涝致灾的气象-作物-土壤水动力学机制，基于陆面生态-水文过程的区域旱涝预警模型，以及区域旱涝预警智能不确定集方法和旱涝致灾生态损益曲线等。

（8）智能灌溉与智慧灌区。包括：解决集天气预报、灌溉水源预报和作物生命需水预报于一体的供需水信息预报以及优化配水和自动灌溉的智能化灌溉决策和控制；探索定向改变或随机变化灌溉系统结构参数或性能参数，达到实时、精准目的的智能变量灌溉技术；构建具有智能监测、解译、模拟、预警、决策和调控能力的智慧灌区，突破灌区信息智能感知、灌区智能认知模型系统和灌区智能决策系统技术，全面实时感知灌区水情、墒情、作物表型、生态环境等信息，快速、精准、自主调控水源、输配水及排水系统等工程设施及设备，实现作物丰产优质高效的水量、水质和生态等多目标的最优化管理。

思 考 与 练 习 题

1. 简述农业生产和水资源的关系。
2. 我国灌溉分区的主要依据是什么？各个灌溉分区有什么特点？
3. 我国古代和近代农业水利发展有哪些成就？
4. 新中国农业水利事业发展取得了哪些成就？有什么成功的经验？
5. 我国灌溉排水发展中还存在哪些问题或不足？
6. 世界灌溉排水技术未来发展有哪些趋势？
7. 如何应用现代高新技术促进农业水利发展和现代化？
8. 农业水利学与传统农田水利学或灌溉排水工程学相比较有什么新的特点？
9. 农业水利学包括哪些基本内容？它们有什么联系？
10. 简述农业水利学的发展趋势与未来科技难题。

推 荐 读 物

［1］ Glenn J H，Robert G E. Design and Operation of Farm Irrigation Systems ［M］. 2nd edition. St. Joseph：American Society of Agricultural and Biological Engineers，2007.

［2］ Rodney L H，Delmar D F，William J E，et al. Soil and Water Conservation Engineering ［M］. 7th edition. St Joseph：American Society of Agricultural and Biological Engineers，2012.

［3］ Kang S Z，Zhang L，Trout T. Special issue on improving agricultural water productivity to ensure food security under changing environments ［J］. Agricultural Water Management，2017，179：1 - 4.

［4］ Molden D. Water for Food，Water for Life：A Comprehensive Assessment of Water Management in Agriculture ［C］. London：International Water Management Institute：Earthscan，2007.

［5］ 冯广志. 中国灌溉与排水 ［M］. 北京：中国水利水电出版社，2005.

数 字 资 源

1.1 水-水利与水安全　　1.2 水资源空间格局的合理调配　　1.3 灌溉排水与食物安全　　1.4 农业适水发展与高水效农业　　1.5 农村供水与人畜饮水安全

1.6 内蒙古河套灌区　　1.7 四川都江堰灌区　　1.8 安徽淠史杭灌区　　1.9 新疆坎儿井　　1.10 水润河套

1.11 河套水赋　　1.12 Hetao Irrigation District in Inner Mongolia

参 考 文 献

［1］ "10000 个科学难题"农业科学编委会. 10000 个科学难题（农业科学卷）［M］. 北京：科学出版社，2011.

［2］ 郭元裕. 农田水利学 ［M］. 3 版. 北京：中国水利水电出版社，1997.

［3］ 蔡焕杰，胡笑涛. 灌溉排水工程学 ［M］. 3 版. 北京：中国农业出版社，2020.

［4］ 陆红娜，康绍忠，杜太生，等. 农业绿色高效节水研究现状与未来发展趋势 ［J］. 农学学报，2018，8 (1)：155 - 162.

［5］ Kang S Z，Zhang L，Trout T. Special issue on improving agricultural water productivity to ensure food security under changing environments ［J］. Agricultural Water Management，2017，179：1 - 4.

［6］　康绍忠. 农业水土工程学科路在何方［J］. 灌溉排水学报，2020，39（1）：1-8.

［7］　康绍忠. 加快推进灌区现代化改造，补齐国家粮食安全短板［J］. 中国水利，2020，（9）：1-5.

［8］　康绍忠，霍再林，李万红. 旱区农业高效用水及生态环境效应研究现状与展望［J］. 中国科学基金，2018，（3）：208-212.

［9］　姚汉源. 中国水利史纲要［M］. 北京：水利电力出版社，1987.

［10］　张楚汉，王光谦. 水利科学与工程前沿［M］. 北京：科学出版社，2017.

［11］　中国科学技术协会，中国农业工程学会. 2014—2015 农业工程学科发展报告［M］. 北京：中国科学技术出版社，2016.

第2章
土壤水盐运移与水碳过程

　　土壤是由矿物质、有机质、水分、空气和生物等组成的能够生长植物的陆地疏松表层，既为植物根系生长提供空间，也为植物生长提供了必需的营养物质。因此，各种物质在土壤中存在的数量及其空间分布，直接决定着植物根系吸收水分和营养物质的难易程度和数量，进而影响植物生长及产量和产品质量。

2.1　土壤水分运动
(Soil water movement)

　　土壤水分通常是指吸附于土壤颗粒上和存在于土壤孔隙中的水，主要来源于大气降水（雨、雪等）和农田灌溉。土壤水分运动是陆地水循环的重要过程，是大气水、植物水、地表水与地下水相互作用的纽带。当水分进入干燥的土壤后，水分受土壤颗粒表面分子引力、毛管力、重力等的作用。按照水分所受的作用力，将土壤水分分为以下四种类型：

　　(1) 吸湿水：指干燥土粒从土壤空气中吸附的气态水，是由土粒表面的分子引力所引起的，这种引力把偶极水分子吸引到土粒的表面上。土壤吸附力的大小和吸湿水的数量，取决于单位质量土壤颗粒的表面积、胶体颗粒和可溶性物质的数量。吸湿水含量受土壤空气湿度、质地、有机质和盐分含量等因素的影响。由于土壤颗粒对水分的吸持能力很强，吸湿水不能被植物吸收利用。

　　(2) 薄膜水：当土壤吸湿水达到最大数量时，土壤颗粒的分子引力不能再从空气中吸附水分子，但在土粒表面仍有剩余的分子引力，这种力仍可吸附一部分液态水，并在吸湿水层外部形成较薄的膜状液态水，称为薄膜水。薄膜水含量取决于土壤质地、有机质含量等。当薄膜水的水膜厚度达到最大时的土壤含水量（包括吸湿水和薄膜水）称为土壤最大分子持水量。一般土壤最大分子持水量为最大吸湿量的 $2 \sim 4$ 倍。因薄膜水移动速度慢，植物仅可部分利用。

　　(3) 毛管水：当土壤水的数量超过薄膜水的最大含量后，便形成不受土壤颗粒的分子引力影响而移动性较大的自由水，这种水分受土壤毛管力的作用，可在直径为 $2 \times 10^{-6} \sim 20 \times 10^{-6}$ m 的毛管孔隙中保持和运动，故称毛管水。毛管水含量取决于土壤质地、结构、土壤构造及地下水埋深等，它能被植物吸收利用。根据土壤水分来源，可将毛管水分为毛管上升水和毛管悬着水。土壤中毛管悬着水达到最大数量时的土壤含水量称为田间持水量，它是单位体积土壤能保持的最大水量，通常作为确定农田灌水量的重要参数。

　　(4) 重力水：当土壤中水的含量超过土粒的分子引力和毛管力作用范围，水分可在重力作用下沿土壤孔隙流动，这部分土壤水称为重力水。

此外，植物产生永久凋萎时的土壤含水量称为凋萎系数，并将其看成土壤有效水分的下限，而田间持水量则被认为是土壤有效水分的上限。土壤水分有效性是指土壤水分能否被植物吸收利用及其利用的难易程度，通常认为最大土壤有效水分是田间持水量与凋萎系数之差。

在土壤水分运动和作物生长过程中，上述四类土壤水分各自具有独特的功能，吸湿水和薄膜水是土壤水分运动和能量传递的基础，毛管水是供植物吸收的主要水分类型。在灌溉或降水入渗时，重力水占有的空间是向下层土壤输送水分的主要通道；在重力水排空后，其所占的空间成为气体传输的主要通道。

2.1.1　土壤水能态与孔隙分布（Soil water energy and pore distribution）

土壤水分如同其他物质一样具有能量，但其能量大小与土壤理化性质密切相关。土壤水分所具有的能量也与孔隙分布有关，可利用土壤水分能量分析土壤孔隙分布状况。

1. 土壤水能态

按照经典物理学，物质所具有的能量分为动能和势能，而土壤水分运动速度较慢，一般不考虑其动能。土壤水分能量通常是指势能，简称土水势（ψ）。土水势定义为单位数量的土壤水分从标准参考状态移动到某一土壤水分状态时，环境对土壤水分所做的功。如环境对土壤水分做功，土水势为正；否则，土水势为负。标准参考状态是指在一定高度、某一特定温度、标准大气压下的纯净自由水。通常将土水势分为重力势、压力势、基质势和溶质势。

（1）重力势（ψ_g），是指土壤水分受到地球引力作用所产生的势能，其大小与所处的位置有关。当土壤水分所处的位置为 z，质量为 M，体积为 V，其所具有的重力势为

$$\psi_g = \pm Mgz = \pm \rho gzV \qquad (2.1)$$

式中：ψ_g 为重力势，J；g 为重力加速度，m/s^2；ρ 为土壤容重，kg/m^3；z 为垂向距离，m；M 为质量，kg；V 为体积，m^3。

重力势是一个相对量，与选择的参考面位置有关。位于参考面以上土壤水分的重力势为正值，符号取"＋"号；位于参考面以下土壤水分的重力势为负值，符号取"－"号。当然，参考面可以任意选择，在分析田间水分运动问题时，一般选在地表或地下水水面处。垂直坐标 z 的原点设在参考面上，其方向或取向上为正，或取向下为正，根据实际需要而定。

在实际应用时，可将重力势表示为单位质量、单位体积或单位重量形式。通常利用单位重量的土壤水分重力势进行表达，具体表示为

$$\psi_g = \pm z \qquad (2.2)$$

（2）压力势（ψ_p）。当土壤饱和时其水分所承受的压力超过标准大气压时，由于压力差存在，对土壤水分所做的功称为压力势，单位质量水体压力势大小取决于相对标准大气压的压强差（ΔP），即

$$\psi_p = \Delta P \qquad (2.3)$$

式中：ψ_p 为压力势，m；ΔP 为压强差，m。

当土壤处于饱和状态，某一深度的土壤受到超过标准大气压的静水压强（H_p），该点单位质量土壤水分的压力势为

$$\psi_p = gH_p \tag{2.4}$$

单位重量土壤水分所具有的压力势为

$$\psi_p = H_p \tag{2.5}$$

对于饱和土壤，压力势为正。对于非饱和土壤，一般认为土壤孔隙与大气相联通，土壤各点所承受的压强为大气压，因此一般不考虑压力势。当土壤中存在封闭孔隙时，土壤中封闭气体会传递压力势。

（3）基质势（ψ_m）。土壤颗粒所具有的巨大表面积和土壤孔隙所形成的毛管力对土壤水分具有吸持力。这种吸持力降低的土壤水分自由能称为基质势。吸持作用愈强，土壤水分的基质势愈低。基质势一般为负，并随着土壤含水量增加而升高。当土壤水分达到饱和状态时，基质势为 0。

由于土壤水分所受的土壤吸持作用比较复杂，难以从理论上计算基质势，通常采用实验方法进行测定，主要有张力计、离心机和压力膜等测定方法。

为了应用方便，将负的基质势（ψ_m）称为土壤水吸力（h），表示为

$$h = -\psi_m \tag{2.6}$$

（4）溶质势（ψ_s）。土壤溶液中的溶质离子或分子对土壤水分具有吸引力，这种吸引力降低土壤水分的自由能。溶质对土壤水分自由能的影响程度称为溶质势。在其他条件相同的情况下，含有溶质的土壤水分的溶质势为负，纯净自由水的溶质势为 0。单位体积土壤水分的溶质势可用下式计算：

$$\psi_s = -\frac{C}{\mu g \rho_w} RT \tag{2.7}$$

式中：ψ_s 为溶质势，m；R 为气体热力学常数，取 8.314J/(mol·K)；T 为热力学温度，K；C 为单位体积溶液中所含的溶质质量，kg/m³；μ 为溶质摩尔质量，kg/mol；ρ_w 为水的密度，kg/m³。

溶质势的产生是由于可溶性物质（如可溶性盐等）溶解于土壤溶液中，在半透膜作用下，产生了能量差。由于土壤本身半透膜特征比较小，如果仅研究水分在土壤中的运动，通常可不考虑溶质势。但作物根系具有半透膜特征，水分从土壤向作物体传输时，必须考虑溶质势的作用。此外，盐碱土易于表现出半透膜特征，在分析水分在盐碱土中的运动时也需要考虑溶质势的作用。

土水势（ψ）由重力势（ψ_g）、基质势（ψ_m）、压力势（ψ_p）和溶质势（ψ_s）等分势组成，因此土水势可表示为

$$\psi = \psi_g + \psi_m + \psi_p + \psi_s \tag{2.8}$$

土水势单位可为 m、cm 等长度单位（单位重量的土水势），或为 Pa 或 bar 等压强单位，不同单位之间的换算关系为：1bar = 100000Pa = 1020cm 水柱高度 = 10.2m 水柱高度。

由于土水势是一个相对值，在计算时，首先需要确定参考面，同时要判断土壤水分是否处于能量平衡状态。能量平衡状态是指在土-水系统中，各位置土水势相等，土壤水不

发生运动，处在静止状态。当能量处于非平衡状态，土壤中各位置土水势不相等。

2. 土壤水分特征曲线与土壤孔隙分布

（1）土壤水分特征曲线，是指土壤基质势与土壤含水量的关系，表示在非饱和状态下土壤水分所具有的能量与所含水分数量之间的关系，也可表示土壤水吸力与含水量的关系，如图 2.1（a）所示。

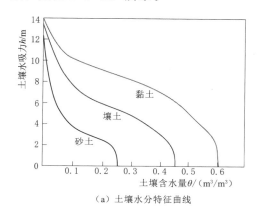
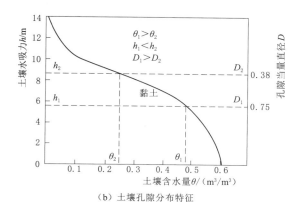

（a）土壤水分特征曲线　　　　　　　（b）土壤孔隙分布特征

图 2.1　土壤水分特征曲线和相应的土壤孔隙分布特征

土壤水分特征曲线受到众多因素的影响，主要包括土壤质地、容重、有机质含量、温度、湿润过程等。通常土壤黏粒含量愈高，同一吸力下，土壤含水量愈高。对于砂质土壤而言，一般在高吸力部分土壤水分特征曲线比较陡，而在低吸力部分土壤水分特征曲线比较平缓；在同一土壤含水量下，土壤水吸力随着容重增加而增加；随着土壤有机质含量增加，团聚体含量愈高，土壤水分特征曲线的低吸力段变得比较平缓；土壤温度通过改变土壤水分黏滞性和表面张力而影响土壤水分特征曲线。一般随着温度升高，土壤水吸力会降低。

通常利用经验公式描述土壤水吸力（h）与土壤含水量（θ）的关系，常用的经验公式如下：

$$\frac{\theta - \theta_r}{\theta_s - \theta_r} = \left(\frac{h_d}{h}\right)^N \tag{2.9}$$

$$\frac{\theta - \theta_r}{\theta_s - \theta_r} = \left[\frac{1}{1 + (\alpha h)^n}\right]^m \tag{2.10}$$

式中：θ_s 为饱和土壤含水量，m^3/m^3；θ_r 为滞留土壤含水量，m^3/m^3；h_d 为进气吸力，m；h 为土壤水吸力，m；N 为形状系数，$0 < N < 1$。

式（2.9）是布鲁克斯（Brooks）-科里（Corey）（1964）提出的土壤水分特征曲线表达式。当土壤处于饱和状态时，土壤水吸力等于进气吸力，该公式描述了脱水过程的土壤水分特征曲线。式（2.10）是范德朗奇（van Genuchten）（1980）提出的土壤水分特征曲线表达式，其中 n 和 m 是参数，且 $m = 1 - 1/n$，一般 $1 < n < 2$，α 是与进气吸力相关的参数（m^{-1}）。当土壤含水量处于饱和状态时，土壤水吸力为 0，该公式描述了吸湿过程的土壤水分特征曲线。

（2）土壤孔隙分布。土壤孔隙是土壤水分运动的通道，自然界的土壤孔隙形状各异，可以利用 CT 等技术直接测定。为了定量分析土壤孔隙与水分运动的关系，按照等面积或体积原则，把土壤中形状各异的孔隙概化成圆形毛管。假定土壤孔隙分布服从于土壤水分特征曲线，将土壤水分特征曲线公式与毛管水垂直上升高度公式相结合，就可以分析土壤孔隙大小分布。

若农田存在浅层地下水，地面利用薄膜覆盖，土壤中的水处于能量平衡状态。选取地下水水面为参考面，沿垂直向上方向，测定地下水水面以上各位置的高度及其对应的土壤含水量，就可获得土壤水分特征曲线。地下水水面以上的各位置的高度既是测定的土壤含水量所对应的土壤水吸力，也是相应的毛管水垂直上升高度。因此，毛管水垂直上升高度被视为土壤水吸力。

毛管水垂直上升高度与毛管直径之间存在如下关系：

$$h_r = \frac{3 \times 10^{-5}}{D} \tag{2.11}$$

式中：h_r 为毛管水垂直上升高度，m；D 为毛管直径，m。

结合式（2.9），土壤含水量所对应的当量孔隙直径（即对应的毛管直径）表示为

$$D = \frac{3 \times 10^{-5}}{h_d} \left(\frac{\theta - \theta_r}{\theta_s - \theta_r} \right)^{1/N} \tag{2.12}$$

利用式（2.11）和式（2.12），就可将土壤水吸力 h 换算成当量孔隙直径，如图 2.1 (b) 所示。当吸力为 h_1 时，当量孔隙直径大于 D_1 的土壤孔隙中未填充水分，只有当量孔隙直径不大于 D_1 的孔隙中充满水，相应的土壤含水量为 θ_1；当吸力由 h_1 增加到 h_2 时（$h_1 < h_2$），当量孔隙直径大于 D_2 的孔隙中的水被排出，只有当量孔隙直径不大于 D_2 的孔隙中保持着水分，相应的土壤含水量为 θ_2。当土壤水吸力由 h_1 增加为 h_2 时，从当量孔隙直径为 D_1 至 D_2 的土壤孔隙中的水分被排出，被排出的水分体积为 $\theta_1 - \theta_2$。据此可分析土壤孔隙分布，并可进一步分析土壤水分的有效性。同时注意，上述公式确定的是孔隙当量直径，并非真实土壤孔隙大小。

3. 土壤水分特征曲线的滞后效应

土壤水分特征曲线与土壤水分变化过程密切相关。对于同一土壤，恒温下测定的土壤水分特征曲线表明，土壤水吸力与土壤含水量之间的关系不是单值的对应关系。即在相同土壤水吸力下，脱水过程的含水量高于吸水过程的含水量，这种现象通常称为土壤水分特征曲线的滞后效应（图 2.2，图中 h_d 为进气吸力）。从土壤饱和含水量（A 点）脱水至风干土壤含水量（B 点）的脱湿过程（土壤水分由湿到干），或风干土壤含水量（B 点）吸水到土壤饱和含水量（A 点）的吸湿过程（土壤水分由干到湿），两条土壤水分特征曲线不重合。根据这一变化特征，将土壤水分特征曲线分为脱湿曲线和吸湿曲线。一般砂质土壤的滞后效应较黏质土壤表现得

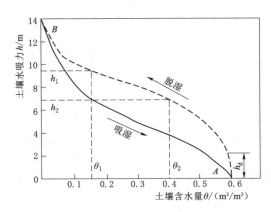

图 2.2　土壤水分特征曲线的滞后现象

更为明显，主要是由于砂质土壤孔隙大小的不均匀程度比黏质土壤更显著。

产生滞后效应的原因较多，目前对滞后效应的解释存在三种理论：瓶颈理论、接触角理论和弯月面延迟形成理论。这些理论仅能做定性解释，无法对其进行定量描述。

在实际农业生产中，农田土壤会同时发生降雨（或灌溉）入渗、土壤蒸发和根系吸水等过程，导致土壤剖面存在着某些位置水分减少，有些位置水分增加。因此，土壤剖面同时会发生吸湿和脱湿现象，难以准确区分和表征。为了便于应用，无论土壤处于脱湿或吸湿过程，选定同一公式描述土壤水分特征曲线，并进行土壤水吸力与含水量间的转换。

【例 2.1】 采用式（2.9）描述土壤水分特征曲线，已知某一壤土的 θ_s 和 θ_r 分别为 $0.50\text{m}^3/\text{m}^3$ 和 $0.05\text{m}^3/\text{m}^3$，$h_d$ 为 0.45m，N 为 0.6。试计算土壤水吸力为 1m 和 2m 时对应的土壤含水量及相应的孔隙当量直径。

【解】 步骤 1：将式（2.9）转化为土壤含水量（θ）的表达式：

$$\theta = \theta_r + (\theta_s - \theta_r)\left(\frac{h_d}{h}\right)^N$$

步骤 2：把相应的参数代入上式，土壤含水量表示为

$$\theta = 0.05 + (0.5 - 0.05)\left(\frac{0.45}{h}\right)^{0.6}$$

步骤 3：利用上式计算土壤水吸力为 1m 和 2m 所对应的土壤含水量分别为 $0.33\text{m}^3/\text{m}^3$ 和 $0.23\text{m}^3/\text{m}^3$。

步骤 4：把相应的参数代入式（2.12），土壤含水量相应的孔隙当量直径计算公式为

$$D = \frac{3 \times 10^{-5}}{0.45}\left(\frac{\theta - 0.05}{0.50 - 0.05}\right)^{1/0.6}$$

步骤 5：利用上式计算土壤含水量为 $0.33\text{m}^3/\text{m}^3$ 和 $0.23\text{m}^3/\text{m}^3$ 所对应的孔隙当量直径分别为 $3.02 \times 10^{-5}\text{m}$ 和 $1.45 \times 10^{-5}\text{m}$。

【答】 土壤水吸力为 1m 和 2m 时对应的土壤含水量分别为 $0.33\text{m}^3/\text{m}^3$ 和 $0.23\text{m}^3/\text{m}^3$，相应的孔隙当量直径分别为 $3.02 \times 10^{-5}\text{m}$ 和 $1.45 \times 10^{-5}\text{m}$。

2.1.2　土壤水分运动基本原理（Principles of water movement in soils）

土壤水分运动服从质量守恒和能量守恒定律，并从能量高处向能量低处运动。目前普遍采用达西（Darcy）公式和土壤水分运动基本方程来描述土壤水分运动过程。

1. 达西公式

达西根据饱和砂柱渗透试验，获得了垂直一维条件下的达西公式：

$$q = k_s \frac{\Delta\psi}{\Delta z} = k_s \frac{\Delta(\psi_p + \psi_g)}{\Delta z} = k_s\left(\frac{\Delta\psi_p}{\Delta z} + 1\right) \tag{2.13}$$

式中：q 为土壤水分通量，即单位时间通过单位土壤面积的水量，m/s；$\Delta\psi$ 为土柱两端势能之差，m；Δz 为土柱高度，m；k_s 为土壤饱和导水率，m/s；ψ_p 为压力势，m；ψ_g 为重力势，m。

式（2.13）描述了垂直一维条件下土壤水分通量，而对于二维或三维空间的土壤水分运动过程，达西公式表示为

$$q = -k_s \nabla\psi \tag{2.14}$$

式中：$\nabla\psi$ 为土水势梯度；负号表示水流方向与土水势梯度方向相反。

达西公式是在饱和条件下建立的，而自然界土壤大部分处于非饱和状态，饱和与非饱和土壤水分运动存在显著差异。饱和土壤的孔隙全部被水充满（不考虑封闭气体），而非饱和土壤孔隙部分被水分填充，导水孔隙存在显著差异；饱和与非饱和土壤水分所具有的能量不同，饱和土壤基质势为 0，仅具有重力势、压力势和溶质势，而非饱和土壤水分具有基质势、重力势、压力势和溶质势；饱和土壤导水率为常数，而非饱和土壤导水率是土壤含水量（或基质势）的函数。

为了描述非饱和土壤水分运动，理查兹（Richards）将饱和土壤水分运动的达西公式引入非饱和土壤中，获得非饱和土壤水分运动的达西公式，即

$$q = -k(\theta)\nabla\psi \tag{2.15}$$

式中：$k(\theta)$ 为非饱和土壤导水率，m/s；θ 为土壤含水量，m^3/m^3；$\nabla\psi$ 为土水势梯度。

若土壤水分仅在垂直方向上运动，式（2.15）表示为

$$q = -k(\theta)\frac{\partial\psi}{\partial z} \tag{2.16}$$

对于三维土壤水分运动，式（2.15）表示为

$$q = -k(\theta)\left(\frac{\partial\psi}{\partial x} + \frac{\partial\psi}{\partial y} + \frac{\partial\psi}{\partial z}\right) \tag{2.17}$$

式中：x、y 和 z 为水平向和垂直向坐标；其余符号意义同前。

由式（2.15）可以看出，土壤水分通量取决于非饱和土壤导水率和土水势梯度。非饱和土壤导水率是指单位土水势梯度作用下，单位时间通过单位土壤面积的水量。它是土壤含水量（或土壤水吸力）的函数，随着土壤含水量的增加而增加。

如利用布鲁克斯-科里和范德朗奇提出的土壤水分特征曲线［式（2.9）和式（2.10）］表征土壤孔隙分布，根据哈根-泊肃叶（Hagen-Poiseuille）管流理论描述任意直径孔隙的导水率，就可获得非饱和土壤导水率表达式：

$$k(\theta) = k_s\left(\frac{\theta-\theta_r}{\theta_s-\theta_r}\right)^{\frac{2+3N}{N}} \tag{2.18}$$

$$k(\theta) = k_s\left\{1-\left[1-\left(\frac{\theta-\theta_r}{\theta_s-\theta_r}\right)^{1/m}\right]^m\right\}^2\left(\frac{\theta-\theta_r}{\theta_s-\theta_r}\right)^{0.5} \tag{2.19}$$

式（2.18）为布鲁克斯-科里非饱和导水率模型，式（2.19）为范德朗奇非饱和导水率模型。这两个模型将土壤水分特征曲线与非饱和导水率曲线有机结合，只要获得土壤水分特征曲线和饱和土壤导水率就可以确定非饱和土壤导水率，有效解决了田间非饱和导水率难以准确测定的难题。

【例 2.2】 农田土壤剖面由上向下设有 A、B 两个观测点，相距 0.1m。实测 A、B 两点的基质势分别为 -0.2m 和 -0.6m，土壤剖面的平均导水率为 0.1m/d，水流处于稳定状态。试判断水流方向，并计算 1d 内通过 A 和 B 两点之间 $1m^2$ 面积的水量。

【解】 步骤 1：选 B 点为参考面，坐标以向上为正。

步骤 2：计算 A 和 B 两点的土水势：

$$\psi_A = \psi_{mA} + \psi_{gA} = -0.2 + 0.1 = -0.1(m)$$

$$\psi_B = \psi_{mB} + \psi_{gB} = -0.6 + 0 = -0.6(\text{m})$$

步骤 3：计算两点之间的势梯度：

$$\Delta\psi/\Delta z = (\psi_A - \psi_B)/(z_A - z_B) = (-0.1 + 0.6)/0.1 = 5$$

步骤 4：计算土壤水分通量：根据式（2.16）可得，土壤水分通量为

$$q = -k(\theta)\frac{\Delta(\psi_m + \psi_g)}{\Delta z} = -0.50\text{m/d}$$

式中负号代表水分由 A 点向 B 点方向运动，与坐标方向相反。

步骤 5：计算 1d 内通过 A 和 B 两点之间 1m^2 面积的水量：

$$Q = |q|t = 0.50 \times 1 \times 1 = 0.5(\text{m}^3)$$

【答】　1d 内通过 A 和 B 两点之间 1m^2 面积的水量为 0.5m^3，水分由 A 点向 B 点方向运动。

2. 土壤水分运动基本方程

达西公式描述了任意时刻的非饱和土壤水分运动通量，但没有反映质量守恒特征。因此，将达西公式和质量守恒定律结合，就可获得非饱和土壤水分运动基本方程，即理查兹方程。下面以垂直方向上土壤水分运动为例进行说明。

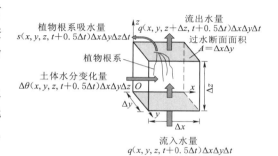

图 2.3　根区单元体土壤水量平衡

假定土壤水分不可压缩，土壤基质在水分运动过程中保持不变，对于任一微小单元土体（假定长、宽、高分别为 Δx、Δy、Δz，如图 2.3 所示），根据质量守恒定律有

$$Q_{\text{in}} = Q_{\text{out}} + \Delta W - S_r \qquad (2.20)$$

式中：Q_{in} 为 Δt 时段内流入土体的水量，m^3；Q_{out} 为 Δt 时段内流出土体的水量，m^3；ΔW 为 Δt 时段内土体含水量的变化量，m^3；S_r 为 Δt 时段内植物根系吸收的水量，m^3。

式（2.20）是代数形式的质量守恒定律，式中各项可以利用相应水分变化的物理特征进行描述，其中 Q_{in} 表示为

$$Q_{\text{in}} = q(x,y,z,t+0.5\Delta t)\Delta x \Delta y \Delta t \qquad (2.21)$$

式中：q 为 z 方向水分通量。由于 Δt 数值微小，可用 $t+0.5\Delta t$ 时刻的平均水分通量表示。

Q_{out} 表示为

$$Q_{\text{out}} = q(x,y,z+\Delta z,t+0.5\Delta t)\Delta x \Delta y \Delta t \qquad (2.22)$$

ΔW 表示为

$$\Delta W = \Delta\theta \Delta x \Delta y \Delta z \qquad (2.23)$$

其中

$$\Delta\theta = \theta(x,y,z,t+\Delta t) - \theta(x,y,z,t)$$

式中：$\Delta\theta$ 为 Δt 时段内土壤含水量的变化量。

S_r 表示为

$$S_r = S(x,y,z,t+0.5\Delta t)\Delta x \Delta y \Delta z \Delta t \qquad (2.24)$$

式中：$S(x,y,z,t)$ 为根系吸水速率，m/s。

结合式（2.20）~式（2.24），可得

$$q(x,y,z,t+0.5\Delta t)\Delta x\Delta y\Delta t=q(x,y,z+\Delta z,t+0.5\Delta t)\Delta x\Delta y\Delta t$$
$$+\theta(x,y,z,t+\Delta t)\Delta x\Delta y\Delta z$$
$$-\theta(x,y,z,t)\Delta x\Delta y\Delta z$$
$$-S(x,y,z,t+0.5\Delta t)\Delta x\Delta y\Delta z\Delta t \qquad (2.25)$$

式（2.25）两边同时除以 $\Delta x\Delta y\Delta z\Delta t$，整理可得

$$[q(x,y,z+\Delta z,t+0.5\Delta t)-q(x,y,z,t+0.5\Delta t)]/\Delta z+[\theta(x,y,z,t+\Delta t)$$
$$-\theta(x,y,z,t)]/\Delta t-S(x,y,z,t+0.5\Delta t)=0 \qquad (2.26)$$

当 Δz 和 Δt 分别趋近于无穷小时，式（2.26）变为

$$\frac{\partial\theta}{\partial t}+\frac{\partial q}{\partial z}-S(z,t)=0 \qquad (2.27)$$

式（2.27）称为土壤水分运动的连续方程，也就是微分形式的土壤水分运动的质量守恒定律。其中第一项代表了土壤水分数量（体积或质量）随时间的变化率，含水量代表了土壤水分数量；第二项代表了由于水分通量引起的土壤水分数量的变化率；第三项代表了由于植物根系吸水引起的土壤水分数量的变化率。

当田间土壤水分运动过程表现为三维运动时，则式（2.27）变为

$$\frac{\partial\theta}{\partial t}+\frac{\partial q_x}{\partial z}+\frac{\partial q_y}{\partial z}+\frac{\partial q_z}{\partial z}-S(x,y,z,t)=0 \qquad (2.28)$$

式中：q_x、q_y、q_z 分别为 x、y、z 三个方向的土壤水分通量，m/s。

将式（2.16）和式（2.17）分别代入式（2.27）和式（2.28），获得一维和三维土壤水分运动的基本方程：

$$\frac{\partial\theta}{\partial t}=\frac{\partial}{\partial z}\left[k(\theta)\frac{\partial\psi}{\partial z}\right]+S(z,t) \qquad (2.29)$$

$$\frac{\partial\theta}{\partial t}=\frac{\partial}{\partial x}\left[k(\theta)\frac{\partial\psi}{\partial x}\right]+\frac{\partial}{\partial y}\left[k(\theta)\frac{\partial\psi}{\partial y}\right]+\frac{\partial}{\partial z}\left[k(\theta)\frac{\partial\psi}{\partial z}\right]+S(x,y,z,t) \qquad (2.30)$$

当土体中无植物根系吸水时，$S(x,y,z,t)=0$。这样，垂向一维土壤水分运动基本方程表示为

$$\frac{\partial\theta}{\partial t}=\frac{\partial}{\partial z}\left[k(\theta)\left(\frac{\partial\psi_m}{\partial z}+1\right)\right] \qquad (2.31)$$

式中：z 为垂直坐标，向下为正，m。

水平一维土壤水分运动基本方程表示为

$$\frac{\partial\theta}{\partial t}=\frac{\partial}{\partial x}\left[k(\theta)\frac{\partial\psi_m}{\partial x}\right] \qquad (2.32)$$

式中：x 为水平坐标，m；t 为时间，s。

土壤水分运动基本方程可根据需要在表达形式上进行转换。如果着重考虑土壤基质势变化特征，则有

$$\frac{\partial\theta}{\partial t}=\frac{\mathrm{d}\theta}{\mathrm{d}\psi_m}\frac{\partial\psi_m}{\partial t}=C(\psi_m)\frac{\partial\psi_m}{\partial t} \qquad (2.33)$$

式中：$C(\psi_m)$ 为比水容量，1/m，表征单位土水势作用下单位体积土壤能释放的水量，可用于分析土壤供水能力。

如果重点考虑土壤含水量变化，式（2.33）可以变换为含水量的函数。为此，引入土壤水分扩散率的概念，定义为

$$D(\theta)=\frac{k(\theta)}{C(\theta)}=\frac{k(\theta)}{\mathrm{d}\theta/\mathrm{d}\psi_m} \tag{2.34}$$

式中：$D(\theta)$ 为土壤水分扩散率，$\mathrm{m^2/s}$。土壤水分扩散率可以解释为单位土水势作用下，土壤释放水分的速率。

相应的水平和垂向一维土壤水分运动基本方程分别表示为

$$\frac{\partial\theta}{\partial t}=\frac{\partial}{\partial x}\left[D(\theta)\frac{\partial\theta}{\partial x}\right] \tag{2.35}$$

$$\frac{\partial\theta}{\partial t}=\frac{\partial}{\partial z}\left[D(\theta)\frac{\partial\theta}{\partial z}\right]+\frac{\partial k(\theta)}{\partial z} \tag{2.36}$$

三维土壤水分运动基本方程表示为

$$\frac{\partial\theta}{\partial t}=\frac{\partial}{\partial x}\left[D(\theta)\frac{\partial\theta}{\partial x}\right]+\frac{\partial}{\partial y}\left[D(\theta)\frac{\partial\theta}{\partial y}\right]+\frac{\partial}{\partial z}\left[D(\theta)\frac{\partial\theta}{\partial z}\right]+\frac{\partial k(\theta)}{\partial z} \tag{2.37}$$

式中：符号意义同前。

3. 土壤水分运动的定解条件

土壤水分运动基本方程描述了广泛意义的土壤水分运动过程。如描述特定条件下土壤水分运动时，需根据具体情况给出土壤水分运动的定解条件，即初始条件和边界条件。

（1）初始条件，是指在初始时刻，被研究的土体的含水量或土水势分布状况。如果该时刻的土壤含水量分布均匀，则初始条件表示为

$$\theta(0,x)=\theta_i \tag{2.38}$$

式中：θ_i 为初始时刻的土壤含水量，$\mathrm{m^3/m^3}$。

（2）边界条件，是指在外界因素作用下，研究土体边界所具有的特定限制条件，通常将边界条件分为三种类型。

1）含水量（或土水势）边界（第一类边界条件）。在土壤水分运动过程中，土壤供水边界维持恒定的含水量或土水势，即

$$\theta(t,0)=\theta_1 \tag{2.39}$$

或

$$\psi(t,0)=\psi_1 \tag{2.40}$$

式中：θ_1 为边界处的土壤含水量，$\mathrm{m^3/m^3}$；ψ_1 为边界处的土水势，m。

2）通量边界（第二类边界条件）。土壤表面供水强度 $R(t)$ 维持不变，而且不产生地表径流，即

$$-D(\theta)\frac{\partial\theta}{\partial z}+k(\theta)=R(t) \tag{2.41}$$

这类边界条件适合于降雨或喷灌入渗等过程。

3）混合边界（第三类边界条件）。对于降雨入渗过程而言，在降雨初期，一般土壤入渗能力大于降雨强度，土壤表面不发生积水。随着降雨历时增加，土壤入渗能力降低，并

逐渐小于降雨强度，土壤表面发生积水，并产生地表径流。因此，混合边界可以分成两个阶段：①在土壤表面积水以前，降雨全部入渗，入渗强度等于降雨强度，属于通量边界，可利用式（2.41）表示；②在土壤表面发生积水后，表面土壤处于饱和状态，边界条件可以看成是含水量边界，可以利用式（2.39）表示。

由于土壤水分运动基本方程是一个偏微分方程，目前仍无法获得其精确解析解，通常采用半解析解或近似方法或数值计算方法进行求解。就半解析解或近似方法而言，主要通过概化土壤水分运动参数或水分通量或含水量和能量分布，求解土壤水分运动基本方程。目前常用的数值计算方法包括有限差分、有限元、边界元、无网格法等方法。近年来，由美国开发的 HYDRUS 等数值模拟软件已广泛用于模拟饱和-非饱和土壤水分运动，分析土壤剖面含水量和能量分布特征。

【例 2.3】 将初始土壤含水量（θ_i）为 $0.20\,\mathrm{m^3/m^3}$ 的壤土均匀装入直径为 $0.04\,\mathrm{m}$、高为 $1.0\,\mathrm{m}$ 的垂直土柱中，进行积水入渗和土壤蒸发实验。首先进行入渗实验，在土壤入渗 $18000\,\mathrm{s}$ 后，立即进行土壤蒸发实验，维持恒定土壤蒸发强度 $1.736\times10^{-8}\,\mathrm{m/s}$。采用范德朗奇公式描述土壤水分特征曲线和非饱和导水率，其中 $\theta_r=0.078\,\mathrm{m^3/m^3}$，$\theta_s=0.45\,\mathrm{m^3/m^3}$，土壤饱和导水率为 $4\times10^{-6}\,\mathrm{m/s}$，$\alpha=3.61/\mathrm{m}$，$n=1.56$。试计算入渗时间为 $0\,\mathrm{s}$、$6000\,\mathrm{s}$、$12000\,\mathrm{s}$ 和 $18000\,\mathrm{s}$ 时的土壤含水量分布，以及蒸发时间为 $3600\,\mathrm{s}$、$14400\,\mathrm{s}$ 和 $43200\,\mathrm{s}$ 时的土壤含水量分布。

【解】 土壤入渗和蒸发过程分为两个阶段进行计算。

（1）计算土壤入渗过程的土壤含水量分布。

步骤 1：初始条件确定：初始时刻的土壤含水量均匀分布，$\theta_i=0.20\,\mathrm{m^3/m^3}$。

步骤 2：边界条件确定：在入渗过程中表面土壤处于饱和状态，$\theta(0,t)=0.45\,\mathrm{m^3/m^3}$；下边界看成半无限自由排水边界，$-D(\theta)\dfrac{\partial\theta}{\partial z}+k(\theta)=0$。

步骤 3：将土壤水力参数、初始条件和边界条件等分别输入到 HYDRUS 软件中。

步骤 4：计算入渗时间为 $0\,\mathrm{s}$、$6000\,\mathrm{s}$、$12000\,\mathrm{s}$ 和 $18000\,\mathrm{s}$ 时的土壤含水量分布，其结果如图 2.4（a）所示。

（2）计算土壤蒸发过程的土壤含水量分布。

步骤 1：初始条件确定：土壤蒸发初始时刻的土壤含水量为入渗结束时的土壤含水量分布。

步骤 2：上边界条件确定：上边界条件为通量边界，土壤蒸发强度为 $1.736\times10^{-8}\,\mathrm{m/s}$，表示为

$$-D(\theta)\frac{\partial\theta}{\partial z}+k(\theta)=-1.736\times10^{-8}\,\mathrm{m/s}$$

下边界设为自由排水边界，表示为

$$-D(\theta)\frac{\partial\theta}{\partial z}+k(\theta)=0$$

步骤 3：将土壤水力参数、初始条件和边界条件等分别输入到 HYDRUS 软件中。

步骤 4：计算蒸发时间为 $3600\,\mathrm{s}$、$14400\,\mathrm{s}$ 和 $43200\,\mathrm{s}$ 时的土壤含水量分布，其结果如图 2.4（b）所示。

【答】　计算的入渗时间为 0s、6000s、12000s 和 18000s 时的土壤含水量分布，以及蒸发时间为 0s、3600s、14400s 和 43200s 时的土壤含水量分布如图 2.4 所示。

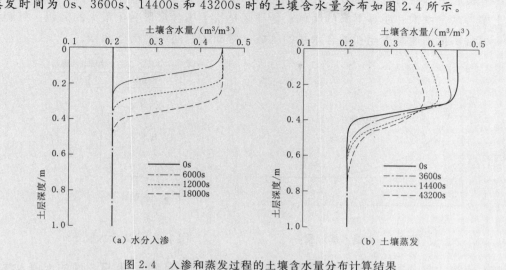

图 2.4　入渗和蒸发过程的土壤含水量分布计算结果

2.1.3　土壤入渗与土壤蒸发（Soil infiltration and evaporation）

1. 土壤入渗

土壤入渗是指降雨或灌溉条件下，水分通过地表进入土壤的过程，主要受控于供水强度和土壤入渗能力。充分供水条件下的土壤入渗特征称为土壤入渗能力，受土壤质地、容重、结构、前期含水量、有机质含量等影响；供水强度取决于供水速率和方式。当供水强度大于土壤入渗能力时，土壤入渗受控于土壤入渗能力；当供水强度小于土壤入渗能力时，土壤入渗受控于供水强度。

（1）土壤入渗物理过程，常用入渗率（i）和累积入渗量（I）来定量表征。入渗率（i）是指单位时间从单位面积地表进入土壤的水量。在土壤入渗初期，入渗率较大，随着时间延续，入渗率逐渐减小，并趋于稳定，将趋于稳定的入渗率称为稳定入渗率（图 2.5）。累积入渗量（I）是指一定时段（t）内通过地表进入土壤的累积水量，与入渗率的关系为

$$i = \frac{\mathrm{d}I}{\mathrm{d}t} \tag{2.42}$$

根据土壤水分所具有的能量状态和水分运动特征，土壤入渗过程可分成以下三个阶段：

1）湿润阶段。对于干燥土壤，在入渗初期，进入土壤的水分主要受土壤颗粒间分子引力作用，水分被土壤颗粒所吸附。当土壤含水量大于最大分子持水量时，这一阶段逐渐消失。

2）渗漏阶段。在土壤毛管力和重力作用下，水分在土壤孔隙中呈非稳定流动状态，并逐步填充土壤孔隙，直到全部孔隙被水分所充满而达到饱和。

3）渗透阶段。当土壤孔隙被水分充满而饱和时，水分在重力作用下呈稳定流动。

由于土壤水分运动受控于导水通道与能量分布，土壤含水量分布也存在差异。通常将

入渗过程中土壤含水量分布分为四个区，即饱和区、过渡区、传导区和湿润区（图 2.6）。饱和区是指积水入渗后，土壤表层存在薄的饱和层，厚度可能为数毫米或数厘米；过渡区是指土壤含水量由饱和明显下降的区域；传导区是指土壤含水量变化不大的区域；湿润区是指土壤含水量迅速减少至初始含水量的区域，湿润区的前缘称为湿润锋。

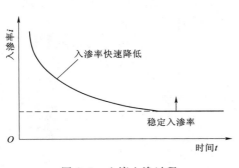

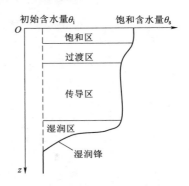

图 2.5　土壤入渗过程　　　　　图 2.6　土壤含水量分布

（2）土壤入渗公式，分为三种类型，即具有物理基础、经验性和概念性的土壤入渗公式。由于经验性和概念性的土壤入渗公式主要是对土壤入渗现象概化而建立的，所包含的参数一般难以与土壤水力参数（包括土壤水分特征曲线、非饱和导水率和土壤水扩散率）建立关系。具有物理基础的入渗公式是依据土壤水分运动基本方程而建立的，公式中的参数与土壤水力参数存在有机联系，便于推广应用。下面着重介绍一种常用的经验入渗公式和两种常用的具有物理基础的垂直一维土壤积水入渗公式。

1）考斯加可夫（Kostiakov）入渗公式。常用的形式为

$$i = i_1 t^{-\alpha} \tag{2.43}$$

$$I = \frac{i_1}{1-\alpha} t^{1-\alpha} \tag{2.44}$$

式中：i 为入渗率，m/s；I 为累积入渗量，m；t 为入渗时间，s；α 为经验指数，其值与土壤性质和初始含水量有关，变化在 $0.3 \sim 0.8$ 之间，轻质土壤 α 值较小、重质土壤 α 值较大；初始含水率愈大，α 值愈小；一般土壤多取 $\alpha = 0.5$；i_1 为第一个单位时间的土壤入渗率。

2）格林（Green）-阿姆普特（Ampt）积水入渗公式。格林和阿姆普特通过对土壤水分运动特征和土壤含水量分布的概化，获得了土壤积水入渗公式。假定土壤初始含水量均匀分布，土壤湿润锋面是水平的，在湿润锋面处存在一个固定不变的吸力，湿润锋面以上的土壤处于饱和状态。取土壤表面为参考面，垂向坐标向下为正，垂直一维非饱和达西公式可表示为

$$i = k_s \left(\frac{h_f + H + z_f}{z_f} \right) \tag{2.45}$$

式中：i 为土壤入渗率，m/s；z_f 为概化的湿润锋深度，m；h_f 为湿润锋面处的平均吸力，m；H 为土壤表面积水深度，m；k_s 为土壤饱和导水率，m/s。

根据质量守恒定律，累积入渗量为

$$I = (\theta_s - \theta_i) z_f \tag{2.46}$$

式中：θ_s 为土壤饱和含水量，$\mathrm{m^3/m^3}$；θ_i 为土壤初始含水量，$\mathrm{m^3/m^3}$。

根据累积入渗量与入渗率的关系，联立式（2.42）、式（2.45）和式（2.46）可得

$$\frac{\mathrm{d}z_f}{\mathrm{d}t} = \frac{k_s}{\theta_s - \theta_i} \frac{z_f + h_f + H}{z_f} \tag{2.47}$$

对上式进行积分，有

$$t = \frac{\theta_s - \theta_i}{k_s} \left[z_f - (h_f + H) \ln \frac{z_f + h_f + H}{h_f + H} \right] \tag{2.48}$$

式（2.45）、式（2.46）和式（2.48）构成了格林-阿姆普特积水入渗公式。

对于入渗时间比较短，h_f / z_f 较 $1 + H/z_f$ 大很多，重力势和压力势作用可忽略，这样入渗率和累积入渗量可分别表示为

$$i = \sqrt{\frac{(\theta_s - \theta_i) k_s h_f}{2t}} \tag{2.49}$$

$$I = \sqrt{2 k_s h_f (\theta_s - \theta_i) t} \tag{2.50}$$

通常认为湿润锋面的平均吸力可以根据非饱和土壤导水率计算，即

$$h_f = \int_{h_i}^{h_s} \frac{k(h)}{k_s} \mathrm{d}h \tag{2.51}$$

式中：h_s 为土壤表面含水量所对应的土壤水吸力，m；h_i 为初始土壤含水量所对应的土壤水吸力，m；$k(h)$ 为非饱和土壤导水率，$\mathrm{m/s}$；其余符号意义同前。

3）菲利普（Philip）积水入渗公式。菲利普认为土壤水分运动基本方程的解可用级数形式描述，建立了土壤初始含水量均匀分布条件下的垂直一维入渗公式，即

$$i(t) = \frac{1}{2} S t^{-0.5} + A \tag{2.52}$$

$$I(t) = S t^{0.5} + At \tag{2.53}$$

式中：S 为吸渗率，可根据土壤水分扩散率计算，$\mathrm{m/s^{0.5}}$；A 为常数，其值近似为饱和导水率，$\mathrm{m/s}$。

如果入渗时间较短，重力势作用可以忽略，此时的菲利普积水入渗公式可表示为

$$i(t) = \frac{1}{2} S t^{-0.5} \tag{2.54}$$

$$I(t) = S t^{0.5} \tag{2.55}$$

格林-阿姆普特入渗公式和菲利普积水入渗公式中的参数间存在一定关系，对比式（2.50）和式（2.55），有

$$S^2 = 2 h_f k_s (\theta_s - \theta_i) \tag{2.56}$$

上述积水入渗公式仅能计算土壤入渗率或累积入渗量，不能计算土壤含水量分布。在农业生产中，不仅关注土壤入渗率或累积入渗量，也需要了解土壤含水量分布。如需计算土壤含水量分布，可通过假定土壤水分通量或含水量分布，求解土壤水分运动基本方程，获得可以描述土壤水分过程和含水量分布的积水入渗公式。

【例 2.4】 在实验室开展一维垂向积水入渗实验，土壤初始含水量为 $0.03\text{m}^3/\text{m}^3$，饱和含水量为 $0.50\text{m}^3/\text{m}^3$，利用马氏瓶进行供水，不考虑压力势作用。实验开始后，定时观测不同入渗时间（t）及马氏瓶对应的水位，通过马氏瓶水位的变化计算累积入渗量（I），不同入渗时间对应的累积入渗量见表 2.1。试确定菲利普积水入渗公式中参数 S、A，并结合菲利普积水入渗公式确定格林-阿姆普特积水入渗公式中的参数 k_s 和 h_f。

表 2.1 观测的入渗时间和累积入渗量

入渗时间/s	0	60	300	600	1800	3600	5400	7200
累积入渗量/m	0	0.0079	0.0182	0.0263	0.0478	0.0808	0.0912	0.1010

【解】 步骤 1：利用式（2.53）拟合表 2.1 中的实验数据，并获得吸渗率 S 为 $0.001\text{m/s}^{0.5}$ 和 A 为 0.000004m/s。相应的入渗率公式为 $i(t) = 0.0005t^{-0.5} + 0.000004$，利用此式计算相应时间的入渗率，其结果见表 2.2。

步骤 2：利用式（2.46）计算格林-阿姆普特积水入渗公式的概化湿润锋深度（z_f），其结果见表 2.2。

表 2.2 不同入渗时间对应的土壤入渗率和概化湿润锋深度计算结果

入渗时间/s	0	60	300	600	1800	3600	5400	7200
z_f/m	0	0.0168	0.0387	0.0560	0.1017	0.1719	0.1940	0.2149
i/(m/s)		0.000069	0.000033	0.000024	0.000016	0.000012	0.000011	0.000010

步骤 3：利用式（2.45）的格林-阿姆普特积水入渗公式拟合表 2.2 中数据，获得 k_s 为 0.000005m/s 和 h_f 为 0.20m。

【答】 确定的格林-阿姆普特积水入渗公式的吸渗率 S 为 $0.001\text{m/s}^{0.5}$，A 为 0.000004m/s；格林-阿姆普特积水入渗公式的 k_s 为 0.000005m/s，h_f 为 0.20m。

2. 土壤蒸发

土壤蒸发是土壤中的水分经过土壤表面以水蒸气形式扩散到大气中的过程，它受控于大气蒸发能力和土壤供水能力。大气蒸发能力与太阳辐射、气温、空气湿度和风速等气象要素有关，土壤供水能力由土壤导水能力和土水势梯度决定。

根据土壤蒸发强度变化过程，可将土壤蒸发过程分为三个阶段，即大气蒸发能力控制阶段、土壤供水能力控制阶段和水汽扩散控制阶段，如图 2.7 所示。

（1）大气蒸发能力控制阶段。降雨或灌溉后，土壤供水能力较大，土壤有足够水分供给大气蒸发。这时土壤蒸发过程主要受大气蒸发能力控制。大气蒸发能力愈强，土壤蒸发量就愈大。在此阶段，表层土壤含水量降低较快。

（2）土壤供水能力控制阶段。随着表层土壤含水量降低，使表层及下层的土壤水吸力梯度逐渐增大，但土壤非饱和导水率随含水量降低的幅

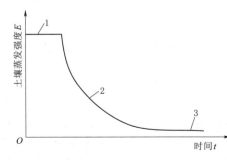

图 2.7 土壤蒸发强度随时间的变化过程
1、2、3—土壤蒸发过程的三个阶段

度更大，导致土壤向上输水能力下降，土壤供水能力逐步低于大气蒸发能力，土壤蒸发强度受控于土壤供水能力。土壤蒸发强度可用下式计算：

$$E = \frac{D_w W \pi^2}{4 z_w^2}$$

(2.57)

式中：E 为土壤蒸发强度，m/d；D_w 为平均土壤水分扩散率，m^2/d；W 为从地表至湿润锋处储存的水量，m；z_w 为湿润锋深度，m。

（3）水汽扩散控制阶段。地表形成干土层后，液态水通过干土层的传导已停止，水分运动主要以水汽扩散形式进行，土壤蒸发受控于干土层的水汽扩散速率，该阶段可持续数周或数月。

一般情况下，第一阶段只能维持数小时或几天，在外界条件相似的前提下，黏土的第一阶段较砂土持续时间长。质地越轻，第一阶段的土壤蒸发强度就越大。

【例 2.5】　某次降雨后，农田土壤剖面的湿润锋深度（z_w）为 0.5m，土壤剖面湿润区的平均体积含水量（θ_v）为 $0.2 m^3/m^3$，平均土壤水分扩散率（D_w）为 $4.63 \times 10^{-8} m^2/s$，土壤蒸发处于第二阶段。试计算土壤蒸发强度（$E$）。

【解】　步骤 1：从地表至湿润锋处储存的水量为

$$W = z_w \theta_v = 0.5 m \times 0.2 m^3/m^3 = 0.1 (m)$$

步骤 2：根据式（2.57）可知：

$$E = \frac{D_w W \pi^2}{4 z_w^2} = \frac{4.63 \times 10^{-8} \times 0.1 \times 3.14^2}{4 \times 0.5^2} = 4.56 \times 10^{-8} (m/s)$$

【答】　计算的土壤蒸发强度为 $4.56 \times 10^{-8} m/s$。

2.1.4　土壤-植物-大气连续体水分传输（Water flow in soil – plant – atmospheric continuum）

水分经过土壤，通过植物根系进入植物体，然后到达叶片表面，从叶片气孔扩散到大气的传输过程，可以视为一个统一的、连续的动态系统，被称为土壤-植物-大气连续体（soil – plant – atmosphere continuum，SPAC）。SPAC 的水分从能量高处向能量低处传输，传输通量与水势梯度成正比，与水流阻力成反比，并遵循质量守恒定律，如图 2.8 所示。

1. SPAC 水分传输基本原理

SPAC 水分传输不仅与土水势、根水势、叶水势和大气水势有关，而且与流经器官的水流阻力有关。目前解释水分沿植物体向上流动的理论大多认为，水分是以连续水柱的形式沿着水势梯度从土壤向叶片被动传输，其水分传输的驱动力是土壤与大气间的水势

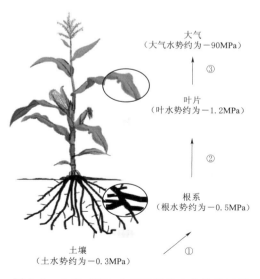

图 2.8　土壤-植物-大气连续体水分传输过程

差。SPAC 中的水分传输过程比较复杂，受到土壤、植物和大气等众多因素影响，涉及液态水的传输和气态水的扩散等过程。

由于植物体各部位水分传输通道、水流阻力和水势是动态变化的，水分运动处于非稳定状态。为了便于分析，通常假定 SPAC 水分传输近似为稳定流，其水流通量可以借助电学中的欧姆定律进行描述，即

$$q = \frac{\psi_s - \psi_r}{R_{sr}} = \frac{\psi_r - \psi_l}{R_{rl}} = \frac{\psi_l - \psi_a}{R_{la}} \tag{2.58}$$

式中：q 为水流通量，m/s；ψ_s 为土水势，m；ψ_r 为根水势，m；ψ_l 为叶水势，m；ψ_a 为大气水势，m；R_{sr} 为土壤和根系水流阻力，s；R_{rl} 为根系与叶片间水流阻力，s；R_{la} 为叶片与大气间水流阻力，s。

2. 根系吸水与 SPAC 水分传输

根系吸水决定着植物蒸腾过程，植物根系从土壤中吸收的水分，超过 99% 消耗于叶片的蒸腾。由于根系吸水是植物水分传输的起始过程，它直接控制着整株植物水分传输的数量，进而影响植物的生命活动、生长发育以及经济产量形成。

（1）根系吸水过程。根系吸水一般分为被动吸水和主动吸水。

1）被动吸水，指在蒸腾作用下，因水势梯度存在所驱动的植物根系吸水。由于蒸腾作用引发的水分不断从叶细胞中损失，造成细胞液浓度升高，使得溶质势和压力势降低，从而形成土壤→根→茎→叶→大气逐渐减小的水势分布。在水势梯度作用下，水分不断进入植物体，通过径向传导，依次经根系的表皮→皮层→内皮层→中柱等，到达木质部。然后经轴向传导，沿着根木质部向上输送至茎导管到达叶片气孔，并最终散失至大气中，连续不断补充因蒸腾而损失的水分。此时，植物体主要充当输送水分的通道，一旦蒸腾作用停止，根系吸水则会减弱甚至停止。

2）主动吸水，指由根压作用所驱动的土壤水分进入根系，并将根部的水分压到地上部的过程。根压使土壤中的水分不断补充到根部，从而形成根系的主动吸水。禾本科植物的根压一般小于 0.2MPa。通常认为植物在吸水过程中，主动吸水与被动吸水两种机制均存在。高大植物或蒸腾作用强烈时，以被动吸水为主；幼嫩植物或成年植物在蒸腾作用被抑制时，则主要以生理性的主动吸水为主。

根系吸水受内在因素和外在因素的影响，内在因素通常是指植物自身因素（如根系长度及其分布等），外在因素包括土壤因素（如土壤含水量、通气状况等）和气象因素（如气温、辐射等）。

（2）SPAC 水分传输与根系吸水模型。

1）SPAC 水分传输模型，如前所述，在植物生长条件下，考虑根系吸水的垂直一维水分传输过程可以表示为

$$\frac{\partial \theta}{\partial t} = \frac{\partial}{\partial z}\left[D(\theta)\frac{\partial \theta}{\partial z}\right] + \frac{\partial k(\theta)}{\partial z} + S(z,t) \tag{2.59}$$

$$\left[-K(\theta)\left(\frac{\partial \theta}{\partial z} - 1\right)\right]_{z=0} = E(t) \quad t > 0 \tag{2.60}$$

$$\theta(z,0) = \theta_i(z) \quad 0 \leqslant z \leqslant L \tag{2.61}$$

$$\theta(L,t)=\theta_L(z)\quad t>0 \tag{2.62}$$

式中：$E(t)$ 为土壤蒸发强度时取负值，$E(t)$ 为土壤入渗率时取正值，m/s；L 为垂向的深度，m；$\theta_L(z)$ 为下边界实测的土壤含水量，m^3/m^3；其余符号意义同前。

式（2.60）为考虑农田土壤蒸发或入渗时的上边界条件（第二类边界条件），式（2.61）为初始条件，式（2.62）为下边界条件（第一类边界条件）。

2）根系吸水模型，可分为微观模型和宏观模型两类。微观模型主要描述微观土壤区域内水分向根系的运动过程，将每个单根视为无限长、半径均匀及均匀吸水的圆柱体，整体的根系用一系列单根来描述，侧重于描述根系吸水机理。由于该类模型假设条件多，且所需的参数难以获取，在实际中少有应用。宏观模型将根-土系统看成一个整体，把根系吸水引入土壤水分运动基本方程中［式（2.29）或式（2.30）］。在实际应用中，宏观模型比微观模型具有明显优势，在田间或野外都可直接应用。

当考虑土壤水分和盐分共同胁迫时，根系吸水模型可表示为

$$S(z,t)=\alpha(h)\beta(EC_e)S_{\max}(z,t) \tag{2.63}$$

式中：$S_{\max}(z,t)$ 为最大根系吸水速率，表示不存在水分和盐分胁迫条件下的根系吸水速率，s^{-1}；$\alpha(h)$ 和 $\beta(EC_e)$ 分别为土壤水分和盐分胁迫系数；h 为土壤水吸力，m；EC_e 为土壤饱和浸提液的电导率，dS/m；其余符号意义同前。

显然，在无水分、盐分和养分胁迫下，式（2.63）中的 $\alpha(h)=1$，$\beta(EC_e)=1$。

土壤水分胁迫系数的函数表达形式多样，一般采用费德斯（Feddes）等提出的分段线性函数表示［图 2.9（a）］：

$$\alpha(h)=\begin{cases}0 & h>h_1 \text{ 或 } h\leqslant h_4\\ (h-h_1)/(h_2-h_1) & h_2<h\leqslant h_1\\ 1 & h_3<h\leqslant h_2\\ (h-h_4)/(h_3-h_4) & h_4<h\leqslant h_3\end{cases} \tag{2.64}$$

式中：h 为土壤水吸力；h_1、h_2、h_3、h_4 为影响根系吸水的土壤水吸力阈值。当土壤水吸力 h 高于 h_1 时，由于土壤含水量过高，透气性较差，植物根系无法从土壤中吸收到水分；h_2、h_3 分别为最适宜植物根系吸水的土壤水吸力上、下限值；h_1 为厌氧点，h_4 通常对应植物出现永久凋萎时的土壤水吸力，当土壤水吸力小于 h_4 时植物根系无法从土壤中吸收到水分。

不同植物的土壤水吸力阈值不同，可通过试验确定，也可通过查阅相关文献资料获取。

土壤电导率（或含盐量）越高则溶质势越低，根系吸收土壤水分的难度逐渐增加。因此，土壤盐分胁迫系数可表示为土壤电导率的函数，可采用马斯（Maas）提出的分段线性函数表示［图 2.9（b）］：

$$\beta(EC_e)=\begin{cases}1 & EC_e<EC_e^*\\ 1-a(EC_e-EC_e^*) & EC_e\geqslant EC_e^*\end{cases} \tag{2.65}$$

式中：EC_e 为土壤饱和浸提液的电导率，dS/m；EC_e^* 为植物根系吸水速率从最大值开始衰减时对应的土壤饱和浸提液电导率的临界值（植物的耐盐阈值），dS/m。

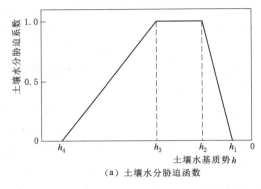
（a）土壤水分胁迫函数

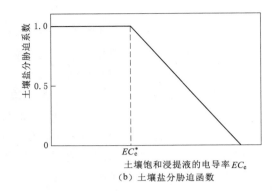
（b）土壤盐分胁迫函数

图 2.9　土壤水分胁迫函数及土壤盐分胁迫函数

当 $EC_e < EC_e^*$ 时，盐分对根系吸水速率没有影响，此时的根系吸水速率等于根系最大吸水速率；但当 $EC_e \geqslant EC_e^*$ 时，EC_e 每升高 1dS/m 则植物根系的吸水速率相应下降 a。不同植物的 EC_e^* 和 a 的取值不同，可通过试验确定，也可通过查阅联合国粮食及农业组织（FAO）的相关文献资料获取。

3）最大根系吸水速率模型。较为简单的最大根系吸水模型如下：

a. 线性函数模型。认为最大根系吸水速率从地表向下呈线性递减，因此 $S_{max}(z,t)$ 可表示为

$$S_{max}(z,t) = a - bz \tag{2.66}$$

式中：a 为地表处的 $S_{max}(z,t)$，s^{-1}；b 为 $S_{max}(z,t)$ 随土层深度变化的衰减系数，$m^{-1}s^{-1}$。

b. 基于根长密度的最大根系吸水速率模型。认为所有根系均具有相同的吸水能力，假定根长密度与最大根系吸水速率呈线性正比关系，$S_{max}(z,t)$ 表示为

$$S_{max}(z,t) = c_r L_d(z,t) \tag{2.67}$$

式中：$L_d(z,t)$ 为根长密度，表示单位体积土壤中的根系长度，m/m^3；c_r 为潜在根系吸水系数，$m^3/(m \cdot s)$，表示在最优土壤水分条件下单位长度根系单位时间内吸收水分的体积，对同一植物而言 c_r 为常数。

在研究农田土壤水分运动问题时，可应用 HYDRUS、SWAP 等数值模拟软件，模拟分析考虑土壤水分、盐分胁迫的根系吸水和土壤水分运动过程。

2.2　土壤盐分运移与盐分平衡
(Salt transport and balance in soils)

土壤盐碱化严重威胁着旱区农田可持续利用，在了解土壤盐分运移规律的基础上，发展有效的盐碱地改良方法和农田土壤盐分调控措施是提升盐碱地生产能力的重要任务。

2.2.1　土壤盐分运移基本理论（Principles of salt transport in soils）

土壤盐分是指土壤中所含盐分离子的种类和数量，包括钙、镁、钠、钾、氯、硫酸

根、碳酸根和重碳酸根等离子，是盐碱土分类、命名和改良的重要依据。由于土壤中含有大量有机和无机物质，与盐分离子间发生物理、化学和生物作用，对土壤盐分的运移和转化具有直接的影响。盐分在土壤中运移与转化的速度和数量决定于土壤盐分自身特征及其与土壤物质间的作用程度。

1. 土壤盐分运移的物理过程

目前常用对流弥散理论描述土壤盐分运移过程，将土壤盐分运移的物理过程分为对流、分子扩散和机械弥散三个过程。

（1）对流，指在土壤水分运动过程中，同时挟带的盐分运移的过程。由于对流作用所引起的土壤盐分运移通量与土壤水分通量和盐分浓度有关，表示为

$$J_c = qc \tag{2.68}$$

式中：J_c 为对流引起的盐分通量，$kg/(m^2 \cdot s)$；q 为土壤水分通量，m/s；c 为土壤盐分浓度，kg/m^3。

（2）分子扩散，是由于分子热运动所引起的盐分混合和分散的过程，其运移方向是由浓度高处向浓度低处运移。土壤盐分扩散服从于费克（Fick）第一定律，即

$$J_{ds} = -D_s \frac{\partial c}{\partial z} \tag{2.69}$$

式中：J_{ds} 为土壤盐分扩散通量，$kg/(m^2 \cdot s)$；D_s 为土壤盐分扩散系数，m^2/s；z 为垂向坐标，m。

土壤盐分扩散系数是土壤含水量的函数，与土壤盐分浓度无关，即

$$D_s = D_w a e^{b\theta} \tag{2.70}$$

式中：D_w 为自由水的盐分扩散系数，m^2/s；a 和 b 为经验系数，奥尔森（Olsen）和肯珀（Kemper）认为土壤水吸力在 $0.03 \sim 1.5MPa$ 时，$b=10$、$a=0.001 \sim 0.005$，且随着土壤黏性增大，a 值减小。

（3）机械弥散。由于土壤颗粒和孔隙分布在微观尺度上的不均匀性，每个细小孔隙中的流速方向和大小都不同，溶液在其流动过程中盐分不断被分散后进入更为纤细的通道，使盐分占有越来越大的渗流区域，盐分的这种运移过程称为机械弥散，其盐分运移通量表示为

$$J_h = -D_h \frac{\partial c}{\partial z} \tag{2.71}$$

式中：J_h 为土壤盐分机械弥散通量，$kg/(m^2 \cdot s)$；D_h 为土壤盐分机械弥散系数，m^2/s。

贝尔（Bear）认为在非团聚的多孔介质中，机械弥散系数与孔隙水平均流速成正比，即

$$D_h = m|v| \tag{2.72}$$

式中：m 为弥散度，与土壤理化性质和盐分特性有关，m；v 为土壤孔隙水平均流速，m/s。

（4）土壤盐分通量方程。土壤盐分通量由对流、分子扩散和机械弥散作用共同引起，可表示为

$$J_s = -D_s \frac{\partial c}{\partial z} - D_h \frac{\partial c}{\partial z} + qc \tag{2.73}$$

一般情况下，土壤中的盐分运移过程同时存在着分子扩散和机械弥散作用。由于机械弥散和分子扩散作用在土壤中均引起盐分分散，但因微观流速不易测定，机械弥散与分子扩散作用也难以区别，同时两者所引起的盐分运移通量表达式的形式基本相同，所以常把两种作用联合考虑，并称之为水动力弥散作用。同样把分子扩散系数和机械弥散系数相加，称为水动力弥散系数。

水动力弥散所引起的土壤盐分运移通量表示为

$$J_{dh} = -D_{dh}\frac{\partial c}{\partial z} \tag{2.74}$$

其中

$$D_{dh} = aD_w e^{b\theta} + m|v|$$

式中：J_{dh} 为土壤水动力弥散所引起的盐分通量，$kg/(m^2 \cdot s)$；D_{dh} 为土壤水动力弥散系数，m^2/d。

土壤盐分通量也可表示为

$$J_s = -D_{dh}\frac{\partial c}{\partial z} + qc \tag{2.75}$$

式中：符号意义同前。

由式（2.75）可看出，水动力弥散所引起的土壤盐分运移方向可能与水分运动方向相同，也可能相反，主要取决于盐分浓度梯度。三种物理过程对土壤盐分运移的作用程度，需要根据具体情况进行分析。通常对流和机械弥散作用较分子扩散作用大许多。在实际田间土壤盐分运移中，一般对流作用最大，机械弥散作用次之，分子扩散作用相对最小。对流与水动力弥散作用的贡献度与土壤性质、土壤盐分浓度及其分布、供水方式和土壤含水量等有关。

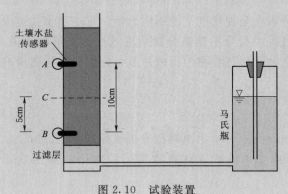

图 2.10 试验装置

【例 2.6】 将容重为 $1350kg/m^3$ 风干后过筛（0.002m）的壤土，均匀填装到垂直有机玻璃土柱中，在土柱侧面相距 0.1m 的两个监测点 A 和 B 处分别安装经过校准的土壤水盐传感器。土柱顶部敞开，采用马氏瓶从土柱底端进行供水（图 2.10），供水的盐分浓度为 $6kg/m^3$。连续供水 1h 时，已知土柱上部监测点 A 处和下部监测点 B 处的水分通量分别为 0.000002m/s 和 0.000003m/s，实测土壤盐分浓度分别为 $3kg/m^3$ 和 $6kg/m^3$。已知土壤水动力弥散系数（D_{dh}）为 $0.003m^2/d$。试采用差分方法计算土柱 A 和 B 监测点中间位置 C 处的盐分通量，并比较对流与水动力弥散作用的大小。

【解】 步骤 1：根据土壤盐分通量方程式（2.75），土壤盐分通量等于水动力弥散通量与对流通量之和。

步骤 2：计算土壤水分通量。中点位置 C 处的土壤水分通量为 A 和 B 观测点处土壤水分通量的平均值，即 0.0000025m/s。

步骤 3：采用差分方法计算土壤盐分通量，具体公式为

$$J_{sc}=-D_{dh}\frac{\partial c}{\partial z}+qc=-D_{dh}\frac{c_A-c_B}{0.1}+0.0000025\left(\frac{c_A+c_B}{2}\right)$$

步骤 4：将 A、B 两点处的土壤盐分浓度 $c_A=3kg/m^3$ 和 $c_B=6kg/m^3$ 代入上式，计算获得供水 1h 时，土柱 A 和 B 点中间位置 C 处的土壤盐分通量为 $0.000012kg/(m^2 \cdot s)$，其中对流所引起的盐分通量为 $0.000011kg/(m^2 \cdot s)$，水动力弥散所引起的盐分通量为 $0.000001kg/(m^2 \cdot s)$，分别占土壤盐分通量的 91.7% 和 8.3%。

【答】 供水 1h 时土柱 C 处的土壤盐分通量为 $0.000012kg/(m^2 \cdot s)$，其中对流和水动力弥散的盐分通量分别占总土壤盐分通量的 91.7% 和 8.3%，以对流作用为主。

2. 土壤盐分穿透曲线

（1）土壤盐分穿透曲线的定义。按一定容重将土样均匀装填到长为 L、直径为 D 的水平或垂直土柱中。首先利用某一种溶液将土柱饱和（或维持某一含水量），并使出流溶液流速 v 维持恒定，然后利用另一种浓度为 c_0 的盐分去置换原始溶液，同时测定出流溶液的浓度 $c(t)$，以及出流体积或时间。根据测定资料点绘相对浓度 $c(t)/c_0$ 与孔隙体积数 N（出流溶液体积与土柱被溶液所充满的孔隙体积之比）的关系曲线（图 2.11），称之为土壤盐分穿

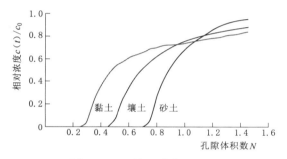

图 2.11 土壤盐分穿透曲线

透曲线。把置换原始溶液的盐分称为示踪元素或置换溶液，把原始溶液称之为被置换溶液。将土柱长度 L 除以溶液流速 v 所得的时间 t_0 称之为平均穿透时间，与平均穿透时间对应的孔隙体积数为平均穿透孔隙体积数。将示踪元素刚被检测到的孔隙体积数称之为最小穿透孔隙体积数。

土壤盐分穿透曲线描述了相对浓度 $c(t)/c_0$ 与孔隙体积数 N 的关系，由图 2.11 可以看出，砂土的盐分穿透曲线变化较陡，黏土的盐分穿透曲线变化相对较缓，而且砂土的最小穿透体积数大于黏土。

（2）土壤盐分穿透曲线的类型。根据土壤盐分输入方式和土壤性质，通常将土壤盐分穿透曲线分为不同类型。按照示踪元素输入方式，分为连续输入型和脉冲输入型土壤盐分穿透曲线；按照试验土壤结构特性，分为扰动土和原状土盐分穿透曲线；按照试验土样含水量状况，分为饱和和非饱和土壤盐分穿透曲线。

（3）土壤盐分穿透曲线的用途。土壤盐分穿透曲线的用途主要包括：利用土壤盐分穿透曲线分析土壤质地、容重、有机质含量以及其他化学物质特性等对土壤盐分运移特性的影响；利用原状土与扰动土的盐分穿透曲线分析土壤结构对土壤盐分运移的影响；利用饱和与非饱和土壤的盐分穿透曲线分析土壤孔隙导水能力的差异，以及不同大小孔隙对盐分运移的作用程度；利用土壤盐分穿透曲线推求土壤水动力弥散系数，并可用于分析土壤盐分淋洗特征，确定合理淋洗水量和淋洗时间。

3. 土壤盐分运移基本方程

（1）对流弥散方程。类似于土壤水分运动基本方程推导过程，根据质量守恒定律，土壤单元体的盐分质量变化量等于流入和流出的盐分质量之差，可推导出土壤盐分运移的连续方程：

$$\frac{\partial}{\partial t}(\rho c_s + \theta c) = -\frac{\partial J_s}{\partial z} \pm R_s \tag{2.76}$$

式中：ρ 为土壤容重，kg/m^3；θ 为土壤含水量，m^3/m^3；c_s 为土壤颗粒上吸附的盐分含量，kg/kg；R_s 为盐分源汇项，$kg/(m^3 \cdot s)$，如土壤盐分发生沉淀等现象，R_s 为汇，符号取负，如土壤发生风化等过程生成盐分，R_s 为源，符号取正；其余符号意义同前。

将土壤盐分通量方程式（2.75）与土壤盐分运移的连续方程式（2.76）联立，就可得到土壤盐分运移的对流弥散方程。一维土壤盐分运移的对流弥散方程表示为

$$\frac{\partial}{\partial t}(\rho c_s + \theta c) = \frac{\partial}{\partial z}\left(D_{dh}\frac{\partial c}{\partial z}\right) - \frac{\partial(qc)}{\partial z} \pm R_s \tag{2.77}$$

式中：符号意义同前。

对于对流弥散方程可根据实际情况进行简化，下面分析常见的几种情况。

1）惰性-非吸附性盐分。惰性-非吸附性盐分离子是指盐分不与土壤固相发生吸附与解吸过程，且盐分离子本身也不发生任何化学反应，因而 c_s 和 R_s 均为 0。例如氯离子带有负电荷，在碱性土壤中不与土壤固体颗粒和有机质发生吸附作用，而且不发生化学反应。只有与负离子间具有排斥作用，但一般不予考虑。对流弥散方程表示为

$$\frac{\partial(\theta c)}{\partial t} = \frac{\partial}{\partial z}\left(D_{dh}\frac{\partial c}{\partial z}\right) - \frac{\partial(qc)}{\partial z} \tag{2.78}$$

如果土壤水分运动属于稳定流，对流弥散方程表示为

$$\frac{\partial c}{\partial t} = D\frac{\partial^2 c}{\partial z^2} - v\frac{\partial c}{\partial z} \tag{2.79}$$

其中 $$D = D_{dh}/\theta \quad v = q/\theta$$

式中：D 仅与水分流速有关；其余符号意义同前。

2）惰性-吸附性盐分。对于某些盐分离子，虽然在土壤中不发生化学和生物反应，但与土壤固相间存在着吸附作用，如钠离子等，对流弥散方程表示为

$$\frac{\partial(\rho c_s + c\theta)}{\partial t} = \frac{\partial}{\partial z}\left(D_{dh}\frac{\partial c}{\partial z}\right) - \frac{\partial(qc)}{\partial z} \tag{2.80}$$

如果土壤水分运动处于稳定流，对流弥散方程表示为

$$\frac{\rho}{\theta}\frac{\partial c_s}{\partial t} + \frac{\partial c}{\partial t} = D\frac{\partial^2 c}{\partial z^2} - v\frac{\partial c}{\partial z} \tag{2.81}$$

对于等温线性吸附过程，吸附在土壤颗粒上的盐分含量（c_s）与土壤溶液的盐分浓度（c）间存在的函数关系表示为

$$c_s = k_d c \tag{2.82}$$

式中：k_d 为等温吸附系数，m^3/kg。

对式（2.82）求导得

$$\frac{\partial c_s}{\partial t} = k_d \frac{\partial c}{\partial t} \tag{2.83}$$

将式 (2.83) 代入式 (2.81) 得

$$\left(1 + \frac{\rho k_d}{\theta}\right)\frac{\partial c}{\partial t} = D\frac{\partial^2 c}{\partial z^2} - v\frac{\partial c}{\partial t} = R\frac{\partial c}{\partial t} \tag{2.84}$$

其中

$$R = 1 + \rho k_d / \theta$$

式中: R 为滞留因子。

为了对比分析不同性质盐分离子的运移特征, 将式 (2.84) 变为

$$\frac{\partial c}{\partial t} = D_r\frac{\partial^2 c}{\partial z^2} - v_r\frac{\partial c}{\partial z} \tag{2.85}$$

其中

$$D_r = D/R \qquad v_r = v/R$$

式中: D_r 为滞留水动力弥散系数; v_r 为盐分离子运移速度。对于非吸附性盐分离子其运移速度与水分运动速度相同, 而吸附性盐分离子的运移速度较非吸附性盐分离子慢。这也是农田土壤盐分淋洗过程中, 不同土壤盐分离子分布差异性明显的原因。

(2) 对流弥散方程求解。在稳定条件下, 对流弥散方程大多可以利用数理方法获得其解析解。而在非稳定条件下, 一般难以获得其解析解, 常利用数值方法进行计算。近年来开发的 HYDRUS 等数值模拟软件, 可求解具体条件下的土壤水分运动基本方程和土壤盐分对流弥散方程, 已广泛用于模拟农田土壤水分和盐分运移过程及其分布特征。

下面就稳定条件下土壤盐分运移的对流弥散方程的定解条件和解析解进行说明。对于一个垂直半无限土柱, 土壤水分运动处于稳定状态, 孔隙水流速为 v, 初始土壤盐分浓度为 0, 从土柱上端连续输入一定浓度 (c_0) 的盐分, 利用式 (2.84) 描述土壤盐分运移过程, 具体定解方程表示为

$$R\frac{\partial c}{\partial t} = D\frac{\partial^2 c}{\partial z^2} - v\frac{\partial c}{\partial z} \tag{2.86}$$

$$c(z,0) = 0 \tag{2.87}$$

$$\left(-D\frac{\partial c}{\partial z} + vc\right)\bigg|_{z=0} = vc_0$$

$$\frac{\partial c(\infty, t)}{\partial z} = 0 \tag{2.88}$$

利用数理方法, 获得其解析解为

$$\frac{c(z,t)}{c_0} = \frac{1}{2}erfc\left[\frac{Rz - vt}{2(DRt)^{0.5}}\right] + \left(\frac{v^2 t}{\pi DR}\right)^{\frac{1}{2}}\exp\left[\frac{-(Rz - vt)^2}{4DRt}\right] - f(z,t) \tag{2.89}$$

其中

$$f(z,t) = \frac{1}{2}\left(1 + \frac{vz}{D} + \frac{v^2 t}{DR}\right)\exp\left(\frac{vz}{D}\right)erfc\left[\frac{Rz + vt}{2(DRt)^{0.5}}\right]$$

式中: $erfc$ 为余误差函数; 其余符号意义同前。

这样可以利用式 (2.89) 计算任意时间土壤剖面的盐分浓度分布。

2.2.2　潜水蒸发与土壤盐分累积 (Phreatic water evaporation and soil salt accumulation)

潜水是埋藏在地表以下, 具有自由表面的重力水。潜水蒸发指浅层地下水向土壤包气

带输送水分，并通过土面蒸发和植物蒸腾进入大气的过程，是地下水向土壤和大气输送水分的主要方式。在潜水蒸发的同时，挟带地下水中的盐分向土壤表层聚积，常引起土壤次生盐碱化。

1. 潜水蒸发的动力学特征

潜水蒸发主要受控于大气蒸发能力和土壤输水能力，大气蒸发能力与太阳辐射、气温、水气压、风速有关，土壤输水能力与土壤导水能力、土壤水势分布、地下水埋深等有关。为了便于理解潜水蒸发的动力学特征，以稳定潜水蒸发（即潜水蒸发强度维持恒定）为例进行分析。

取潜水面处为参考面和垂向坐标原点，坐标向上为正。根据达西公式，稳定潜水蒸发强度表示为

$$E = k(h)\left(\frac{\mathrm{d}h}{\mathrm{d}z} - 1\right) \tag{2.90}$$

式中：E 为稳定潜水蒸发强度，m/s；z 为垂向坐标，m。

利用式（2.18）表征土壤非饱和导水率，即

$$k(h) = k_s\left(\frac{\theta - \theta_r}{\theta_s - \theta_r}\right)^{\frac{2+3N}{N}} = k_s\left(\frac{h_d}{h}\right)^{2+3N} \tag{2.91}$$

式中：$k(h)$ 为非饱和土壤导水率，m/s；h 为土壤水吸力，m；h_d 为进气吸力，m；其余符号意义同前。

对式（2.91）求导得

$$\mathrm{d}h = \frac{-h\,\mathrm{d}k(h)}{(2+3N)k(h)} \tag{2.92}$$

将式（2.92）代入式（2.90）并积分，有

$$\int_0^{z_0} -\frac{2+3N}{h}\mathrm{d}z = \int_{k_s}^{k_{z_0}(h)} \frac{\mathrm{d}k(h)}{E + k(h)} \tag{2.93}$$

并有

$$\ln\frac{E + k_{z_0}(h)}{E + k_s} = -(2+3N)\int_0^{z_0} \frac{1}{h}\mathrm{d}z \tag{2.94}$$

根据积分中值定理有

$$\int_0^{z_0} \frac{1}{h}\mathrm{d}z = \frac{z_0}{\alpha h_d} \tag{2.95}$$

式中：α 为土壤水吸力分配系数，$\alpha \geqslant 1$；z_0 为潜水埋深，m；$k_{z_0}(h)$ 为地面处土壤非饱和导水率，m/s。

因此，稳定潜水蒸发强度可表示为

$$E = \frac{k_s\left[\mathrm{e}^{-\frac{(2+3N)z_0}{\alpha h_d}} - \left(\frac{h_d}{h(z_0)}\right)^{2+3N}\right]}{1 - \mathrm{e}^{-\frac{(2+3N)z_0}{\alpha h_d}}} \tag{2.96}$$

式中：$h(z_0)$ 为地面处土壤水吸力，m。

由式（2.96）可看出，随着潜水埋深（z_0）增加，稳定潜水蒸发强度（E）逐渐降

低。当地下水埋深一定时，随着大气蒸发能力增加，地表处土壤含水量逐渐减少，相应的土壤水吸力 $h(z_0)$ 增加，稳定潜水蒸发强度也逐渐增大。当 $h(z_0)$ 趋于无穷大时，稳定潜水蒸发强度（E）则趋于最大值。此时，大气蒸发能力继续增加，稳定潜水蒸发强度不会再增加，这个最大稳定潜水蒸发强度即为潜水极限蒸发强度（E_{max}），可表示为

$$E_{max} = \frac{k_s(e^{-\frac{(2+3N)z_0}{ah_d}})}{1 - e^{-\frac{(2+3N)z_0}{ah_d}}}$$

（2.97）

由上式可以看出，潜水极限蒸发强度取决于土壤水分特征曲线和非饱和导水率及地下水埋深。

2. 潜水蒸发计算方法

潜水蒸发可利用土壤水分运动基本方程或经验公式进行计算。利用土壤水分运动基本方程计算潜水蒸发需要采用数值计算方法。而经验公式法形式简单、计算方便，现仍在生产中广泛采用。下面介绍两种常用的潜水蒸发经验公式。

（1）阿维里杨诺夫潜水蒸发公式。苏联学者阿维里杨诺夫提出的潜水蒸发经验公式为

$$E = E_0 \left(1 - \frac{H}{H_{max}}\right)^\eta$$

（2.98）

式中：E_0 为水面蒸发强度，m/s；H 为潜水埋深，m；H_{max} 为潜水停止蒸发的土壤深度（也称潜水极限蒸发深度），m；η 为与土壤质地和植被情况有关的经验常数，一般为 1～3。

（2）指数型潜水蒸发经验公式。河海大学叶水庭等根据实测资料，提出了指数型潜水蒸发经验公式：

$$E = \mu \Delta h = E_0 e^{-\gamma H}$$

（2.99）

式中：γ 为衰减系数，由实测资料分析确定；E_0 为水面蒸发强度，m/s；Δh 为计算时段内地下水位变幅，m；μ 为土壤给水度，1/s；H 为潜水埋深，m。

【例 2.7】　新疆某灌溉试验站所处区域常年干旱少雨，蒸发强烈。该站开展了不同地下水位埋深的潜水蒸发试验，试验期间的水面蒸发强度平均为 5.50×10^{-8} m/s，不同地下水埋深的潜水蒸发强度见表 2.3，土壤质地为粉壤土。试分别利用阿维里杨诺夫潜水蒸发公式和指数型潜水蒸发经验公式计算当地某日不同埋深（0.25m、1.00m、2.00m、3.00m）的潜水蒸发强度。

表 2.3　　　　　　　　　　　　观测的潜水蒸发强度

潜水埋深/m	0.25	0.50	1.00	1.50	2.00	2.50	3.00	3.50
日均潜水蒸发强度/(10^{-8} m/s)	2.77	2.16	0.98	0.73	0.58	0.36	0.08	0.02

【解】　步骤 1：阿维里杨诺夫潜水蒸发公式和指数型潜水蒸发经验公式［式（2.98）和式（2.99）］中的 $E_0 = 5.50 \times 10^{-8}$ m/s。

步骤 2：确定阿维里杨诺夫潜水蒸发公式中的参数 H_{max}。采用趋势分析方法，取潜水

蒸发强度小于 $1.1 \times 10^{-10}\,\mathrm{m/s}$ 的地下水埋深为潜水极限埋深（$H_{\max}$），其值为 $4.00\mathrm{m}$。利用式（2.98）拟合实测资料，获得的参数 η 为 2.92。

步骤 3：利用式（2.99）对表 2.3 中数据进行拟合，获得的 γ 为 1.40。

步骤 4：将参数 E_0、H、$H_{\max}$ 及 η 和 γ 分别代入式（2.98）和式（2.99），计算不同埋深的潜水蒸发强度，其结果见表 2.4。

【答】 利用阿维里杨诺夫潜水蒸发公式和指数型潜水蒸发经验公式计算的当地某日不同地下水埋深下的潜水蒸发强度见表 2.4。

表 2.4　　　　　　　　　　不同潜水埋深潜水蒸发强度计算结果

	潜水埋深/m		0.25	1.00	2.00	3.00
潜水蒸发强度 /$(10^{-8}\,\mathrm{m/s})$	阿维里杨诺夫潜水蒸发公式	$E = E_0\left(1 - \dfrac{H}{H_{\max}}\right)^{\eta}$	4.56	2.37	0.73	0.10
	指数型潜水蒸发经验公式	$E = E_0 e^{-\gamma H}$	3.88	1.36	0.33	0.08

从表 2.4 可以看出，阿维里杨诺夫潜水蒸发公式和指数型潜水蒸发经验公式计算的潜水蒸发强度存在一定差异，在实际应用时需结合具体情况选择适宜的公式。

3. 土壤盐分累积

在潜水蒸发的同时，地下水中的盐分随着水分运动向上层土壤运移，并积聚在表层土壤中。土壤盐分累积数量主要取决于潜水蒸发强度和地下水矿化度。由于潜水蒸发强度与土壤输水能力、大气蒸发能力和地下水埋深有关，因此，土壤盐分累积主要取决于大气蒸发能力、土壤输水能力和地下水埋深与矿化度。潜水蒸发引发的土壤盐分累积具有明显的表聚性，土壤剖面中盐分含量表层最高，下层逐渐减少。

某一时段的潜水蒸发引发的土壤盐分增加量，如不考虑水动力弥散作用，可利用下式近似计算：

$$\Delta S_g = E_g C_g \tag{2.100}$$

式中：ΔS_g 为时段内潜水蒸发引发的土壤盐分增加量，kg；E_g 为时段内潜水蒸发量，m^3；C_g 为时段内平均潜水矿化度，$\mathrm{kg/m}^3$。

对于 [例 2.7] 所示的潜水蒸发，如潜水矿化度为 $5\mathrm{kg/m}^3$，土壤容重为 $1500\mathrm{kg/m}^3$，按照给定日均潜水蒸发强度，潜水埋深为 0.5m、1.0m 和 2.0m 时，利用式（2.100）估算的 7d 内单位面积土壤剖面盐分增加量分别为 $0.065\mathrm{kg/m}^2$、$0.030\mathrm{kg/m}^2$ 和 $0.018\mathrm{kg/m}^2$。因此，通过降低潜水埋深，控制潜水蒸发，可有效抑制土壤盐分的累积。

2.2.3　农田土壤盐分平衡（Soil salt balance in farmland）

自然条件下，盐分主要通过灌溉、施肥、地下水补给、植物残留物、河流与渠道侧渗等过程输入到农田土壤中，而农田土壤又通过生物吸收、地表径流和农田退水、农田排水以及与地下水的交换等过程向外部环境输出盐分。因此，农田土壤中的盐分以多种途径与周围环境间不断地进行交换，处于一种动态平衡。根据质量守恒定律，农田土壤盐分平衡方程可表示为

$$\Delta S = S_A + S_I + S_G + S_c + S_R - S_0 - S_g - S_S - S_d \tag{2.101}$$

式中：ΔS 为某时段内农田土壤储盐量的变化量，kg；S_A 为施肥输入的盐分量，kg；S_I 为灌溉输入的盐分量，kg；S_G 为地下水补给土壤的盐分量，kg；S_c 为植物残留物补给土壤的盐分量，kg；S_R 为河流湖泊侧渗输入的盐分量，kg；S_o 为生物吸收的盐分量，kg；S_g 为淋洗输入到地下水的盐分量，kg；S_S 为随地表径流或农田退水流失的盐分量，kg；S_d 为农田排水所排出的盐分量，kg。

当 $\Delta S > 0$，表明农田土壤发生积盐现象；当 $\Delta S < 0$，表明农田土壤发生脱盐现象；当 $\Delta S = 0$，表明农田土壤盐分达到平衡状态。

在北方干旱地区，作物根区土壤盐分平衡主要取决于潜水蒸发输入的盐分和灌溉水对土壤盐分的淋洗作用。通常以作物耐盐度作为土壤盐分的控制阈值，依据根区土壤水分和盐分平衡原理，确定淋洗根区盐分所需的灌溉水量。根据对流弥散理论，在忽略分子扩散作用时，将式（2.75）变为

$$\frac{J_s}{q} = -\frac{m}{\theta}\frac{\mathrm{d}c}{\mathrm{d}z} + c \tag{2.102}$$

式中：J_s/q 为土壤盐分通量浓度；其余符号意义同前。

由式（2.102）可以看出，提高土壤盐分通量浓度，就可以提高单位水体向下挟带盐分的数量。一般土壤含水量愈低，土壤盐分通量浓度愈大。在节水灌溉实践中，通过调节地表供水强度和选择适宜的土壤含水量进行土壤盐分淋洗，可有效提高单位水体挟带土壤盐分的数量。这是滴灌技术比传统地面灌淋洗盐分效率高的原因，也是新疆等地采用膜下滴灌技术和"干播湿出、头水洗盐"模式，大面积开发利用盐碱地的理论依据。世界各国相继研发了不同类型农田土壤盐分平衡模型，如 Salt Model 和 Drainmod 等，用于模拟分析不同情景下农田土壤盐分平衡和优化农田水盐管理措施。

2.3　农田生态系统生产力与农田碳平衡
(Ecosystem productivity and carbon balance in farmland)

农田生态系统的碳平衡过程主要包括植被和土壤两大碳库与环境（大气和水体等）之间的碳输入和输出过程，以及碳库组分间的迁移与转化过程（图 2.12）。对植被碳库而言，光合作用是最重要的输入过程，而植物地上部呼吸（R_p）和根际自养呼吸（R_a）则是主要的输出过程。对土壤碳库而言，输入的碳包括秸秆还田等，碳输出则主要是土壤呼吸（R_s），而土壤呼吸过程可分为根际自养呼吸（R_a）和土壤微生物等的异养呼吸（R_h）。

2.3.1　土壤呼吸基本过程（Basic process of soil respiration）

土壤呼吸是土壤中有机体（植物根

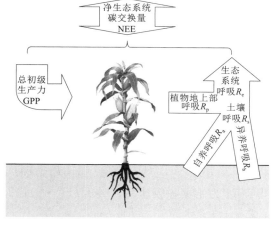

图 2.12　农田碳循环过程

系、土壤微生物、土壤动物等）和含碳矿物分解释放并向大气排放 CO_2 的过程。通常关注的土壤呼吸主要是根系呼吸和土壤微生物呼吸。根系呼吸和土壤微生物呼吸所消耗的物质来源和种类不同，根系呼吸利用了细胞间的糖类、蛋白质、脂质等。农田土壤及其表层存在大量的植物凋落物、根系残留物等，经过酶作用形成新的产物，微生物将这些产物转化为 CO_2。因此，植物凋落物、根系残留物数量和类型决定了微生物呼吸强度。在自然生态系统中，土壤呼吸与地上部分凋落物数量呈正相关关系。土壤有机碳是陆地生态系统最大的碳库，而土壤呼吸是土壤碳库向大气输出碳的主要途径。因此，土壤呼吸的微小变化有可能对全球气候变化产生明显的影响。当然，土壤呼吸产生 CO_2 也为植物光合作用提供了碳源，大气 CO_2 浓度直接影响着光合效率。同时，土壤呼吸也是表征土壤质量和土壤肥力的重要指标，在一定程度上体现了土壤养分的供应能力。此外，土壤呼吸速率也可反映土壤对环境胁迫的适应性以及氧气交换能力。

为了明确土壤呼吸变化特征和发展有效土壤呼吸调控方法，人们发展了不同类型的土壤呼吸测定方法，概括起来主要有两种，即气室法和梯度法。气室法分为开路和闭路两种，通过采集不同时间的气体，确定土壤呼吸速率。现有大型测定仪可自动对单点或多点的土壤呼吸进行测量。梯度法是通过测量不同土壤层次的 CO_2 浓度及土壤扩散率，利用费克定律计算土壤呼吸的方法。采取这些方法确定土壤呼吸速率均需测定 CO_2 浓度，目前测量 CO_2 浓度的主要方法有碱液吸收方法、气相色谱法和红外线方法。红外线方法应用非常广泛，它具有设备简单、检测速度快等特点，特别适合原位快速测量。近年来研发的小型红外 CO_2 探头，可对不同土层 CO_2 浓度进行连续动态监测。该方法简单易行，可长期连续测量，能反映不同土壤层次 CO_2 通量及浓度变化。

2.3.2 土壤呼吸影响因素（Influencing factors of soil respiration）

土壤呼吸是一个复杂生物化学过程，受自然因素和人类活动的强烈影响，通常各因素相互耦合发挥作用。土壤呼吸作用的季节性、年际间变化和区域分布差异性等特征都是各种因素耦合作用的结果。

1. 温度

温度对土壤呼吸的影响主要通过对微生物的活性以及根系生长发挥作用。微生物生活的最适宜温度在 $25 \sim 35℃$ 之间，$27℃$ 为最佳温度，$40℃$ 以上则其活性显著降低。随温度升高，土壤微生物活性增强，土壤呼吸量也随之增大。但温度过高，会限制土壤微生物活性，土壤呼吸量下降。温度对土壤呼吸作用的影响与土壤含水量有关，在不受土壤水分限制的情况下，土壤呼吸速率与温度呈正相关关系，通常采用线性、指数或幂函数描述土壤呼吸速率，即

$$R_s = a + bT_s \tag{2.103}$$

$$R_s = a e^{bT_s} \tag{2.104}$$

$$R_s = a(T_s + 10)^b \quad 或 \quad R_s = aT_s^b \tag{2.105}$$

式中：R_s 为土壤呼吸速率，$mol/(m^2 \cdot s)$；T_s 为温度，$℃$；a、b 为常数。

2. 土壤含水量

土壤含水量通过影响根和微生物的生理活动、土壤二氧化碳和氧气传输特征而影响土

壤呼吸过程。当土壤含水量成为胁迫因子时，随着土壤含水量增加，土壤呼吸速率会增加。当达到某一含水量时，土壤呼吸速率达到最大值。通常认为与土壤呼吸速率最大值相应的土壤含水量为田间持水量。

3. 土壤养分

影响土壤呼吸的养分要素主要包括有机质、速效氮等，在温度和土壤水分相对稳定的情况下，其有机碳含量是决定土壤 CO_2 释放通量的重要因素。有机质是土壤呼吸的主要碳源，是微生物进行分解并释放 CO_2 的物质基础。土壤含氮量影响微生物活性，进而影响其呼吸速率。土壤呼吸速率与 pH 值、CO_3^{2-}、HCO_3^- 等离子和速效钾含量呈正相关关系，与 SO_4^{2-}、Ca^{2+}、Mg^{2+}、Na^+ 等离子表现为负相关关系。

4. 人类活动

人类活动通过改变根系生长和微生物活动场所及环境条件，对土壤呼吸过程产生影响，主要包括灌溉排水、施肥、耕作和作物种植等。

灌溉排水改变土壤的含水量、温度、盐分离子组成和含量、透气性，改善了根系和微生物生长环境，影响土壤呼吸速率。灌溉方式、灌水量、灌溉水质及灌溉排水等均对土壤呼吸过程产生重要影响。

施肥增加了土壤 C、N、P 等营养元素的含量，促进了植物根系生长和微生物活动，增加了土壤呼吸。施肥类型、方式和施肥制度等显著影响农田土壤呼吸过程。

耕作改变了土壤结构、构造、孔隙分布和有机质含量，影响土壤与近地表气体交换过程，改善了土壤水热气环境，影响根系生长和微生物活性，进而影响土壤呼吸速率和过程。

作物类型及其配套栽培技术通过增加地表覆盖度、土壤有机质含量及改善土壤结构和施肥方式，影响土壤呼吸过程。

农田向大气排放的温室气体除 CO_2 外，还有 CH_4 和 N_2O 等。CO_2、CH_4 和 N_2O 被认为是农田排放的主要温室气体。农业 N_2O 排放量占全球人为 N_2O 排放量的 60%，CH_4 约占 50%。随着灌溉、施肥量增加，CH_4 和 N_2O 等温室气体排放量会增加。覆膜栽培能够显著降低 CH_4 的排放，提高氮肥利用率；施用硝化抑制剂能有效减少 N_2O 排放。

南方水稻栽培区，稻田排干水分（晒田）可有效减少 CH_4 排放量，但 N_2O 排放量有所增加。稻田淹水时，土壤 O_2 浓度减少使氧化还原电位降低，产甲烷菌大量繁殖；此外，稻田中多糖类物质分解为产甲烷菌提供了丰富的营养物质，导致稻田 CH_4 排放量增加。迄今为止，农业灌溉、排水和施肥等对主要温室气体排放的影响效应仍存在较大不确定性。

2.3.3　农田净生态系统生产力与碳交换量（Net ecosystem productivity and carbon exchange in farmland）

1. 农田净生态系统生产力

（1）光合作用，是植物利用光能，将二氧化碳（CO_2）、水（H_2O）转化为碳水化合物和氧气（O_2）的过程。

$$CO_2 + 2H_2O \xrightarrow[\text{叶绿体}]{\text{光}} CO_2 + 4H + O_2 \rightarrow (CH_2O) + H_2O + O_2 \tag{2.106}$$

植物光合特征取决于植物固定 CO_2 过程、光强和水分供应。基于植物固定 CO_2 的生物化学途径，可将植物分成三大类，即 C_3 植物（如小麦、大麦、土豆、水稻、棉花等）、

C_4 植物（如玉米、谷子和高粱等）和 CAM 植物（如菠萝、剑麻等）。一般而言，在强光高温地带，C_4 植物的生产能力比 C_3 植物要高；但在辐射量和温度较低的区域，C_3 植物则会表现出优势。高纬度 C_3 植物占优势，低纬度 C_4 植物占优势。CAM 植物夜间固定 CO_2 时由于储存的有机酸有限，其生产能力极低。

通常利用光合速率表征光合效率，光合速率是指单位时间、单位光合机构（干重、叶面积或叶绿素等）固定的 CO_2 或释放的 O_2 或积累的干物质量，用 mol CO_2/($m^2 \cdot s$) 表示。光合速率是光合机构运转状况的指示剂和选育与鉴定优良品种的重要指标之一，它也是光合作用不受光能供应限制即光饱和条件下表征光合效率高低的重要指标。在其他条件一致的情况下，高光合速率总是形成高产量、高光能利用率。影响光合效率的环境因素包括光合有效辐射、温度、水分、CO_2 浓度等。

（2）植被生产力，反映了植物通过光合作用吸收大气中的 CO_2，将光能转化为化学能，同时累积有机干物质的过程，体现了农田生态系统在自然条件下的生产能力，是估算地球承载能力和评价生态系统可持续发展的重要指标。

1）总初级生产力（gross primary productivity，GPP），指单位时间单位面积上的植被通过光合作用，吸收太阳能同化 CO_2 制造的有机物。它代表了所有进入农田生态系统的碳和能量，大约一半的总初级生产力被植物自养呼吸消耗。总初级生产力可采用下式计算：

$$GPP = \varepsilon f(T_{amin}) \cdot f(VPD) \cdot PAR \qquad (2.107)$$

式中：GPP 为总初级生产力，kgC/($m^2 \cdot s$)；ε 为最大光能利用率，kgC/MJ；$f(T_{amin})$ 为气温的修正因子；$f(VPD)$ 为水汽压差修正因子；PAR 为植被吸收的光合有效辐射，MJ/($m^2 \cdot s$)。

通常利用 GPP 表示日尺度到年尺度上生态系统的总光合作用，没有扣除光合器官叶片暗呼吸作用消耗的碳量，它决定了进入农田生态系统的初始物质和能量。

2）净初级生产力（net primary productivity，NPP），指单位时间单位面积上的植被进行光合作用与自养呼吸作用消耗的有机碳差值，代表生产的有机物质数量，反映了气候、土壤、植物等特征对植物生产能力的影响，常用于评价气候变化、灌溉和排水等人类活动对植物生产能力的影响及变化趋势。

$$NPP = GPP - R_{ap} \qquad (2.108)$$

式中：NPP 为净初级生产力，kgC/($m^2 \cdot s$)；R_{ap} 为生态系统自养呼吸作用消耗的有机质含量，kgC/($m^2 \cdot s$)，其值等于 $R_a + R_p$；NPP 为植物地上部生物量与地下部生物量中的碳含量之和，通常为植物地上部和地下部生物量的 40%～50%。NPP 体现了植物固定和转化光合产物的效率，也决定了可供利用的物质和能量。

植物净初级生产力确定方法主要有两种，即直接测定法和模型计算法。直接测定法相对比较简单，测定内容主要包括植物现存生物量、枯枝落叶和被其他生物食用或分解的量。模型计算法主要考虑气象因素、灌溉排水、施肥和农业管理等措施的影响，下面介绍目前两种常用的植物净初级生产力计算模型。

a. 迈阿密（Miami）模型主要用于计算自然降雨条件下的植被净初级生产力，即

$$NPP_1 = \frac{3}{1 + e^{1.315 - 0.119T}} \qquad (2.109)$$

$$NPP_2 = 3(1 - e^{-0.664P})\tag{2.110}$$

式中：NPP_1 为年均气温限制下的净初级生产力，$kgC/(m^2 \cdot a)$；NPP_2 为年降雨量限制下的净初级生产力，$kgC/(m^2 \cdot a)$；T 为年平均气温，℃；P 为年降雨量，m。

根据最小因子限制定律，取 $NPP = \min(NPP_1, NPP_2)$ 作为最终的植被净初级生产力。

b. 桑斯维特-玛瑟（Thornthwaite - Memorial）模型是在统计分析大量的植物净初级生产力和耗水特征基础上建立的，即

$$NPP = 3[1 - e^{-0.9695(ET - 0.02)}]\tag{2.111}$$

式中：NPP 为年均净初级生产力，$kgC/(m^2 \cdot a)$；ET 为植物实际耗水量，$m/(m^2 \cdot a)$。

由式（2.111）可以看出，植物年均净初级生产力与实际耗水量直接相关。因此，影响植物实际耗水的灌溉排水措施和农业管理措施都对植物净初级生产力产生影响。

3）净生态系统生产力（net ecosystem productivity，NEP），指净初级生产力减去异养呼吸消耗之后剩余的碳量，即

$$NEP = NPP - R_h = GPP - R_e\tag{2.112}$$

式中：NEP 为净生态系统生产力，$kgC/(m^2 \cdot a)$；R_h 为生态系统异养呼吸消耗的有机质含量，包括土壤有机质、枯枝落叶层和粗木质残体呼吸及根际微生物和共生菌根菌的呼吸，$kgC/(m^2 \cdot a)$；R_e 为生态系统呼吸，即单位地表面积单位时间生态系统所有有机体呼吸消耗的有机质含量，$kgC/(m^2 \cdot a)$。

净生态系统生产力表征了陆地与大气之间的净碳通量或碳储量的变化速率。在稳定的自然生态系统中，NEP 接近生态系统净碳累积速率，其大小受大气 CO_2 浓度、物种组成、气候条件、养分等的制约。

2. 农田净生态系统碳交换量

（1）总生态系统碳交换量（gross ecosystem exchange，GEE），表示大气与生态系统的总 CO_2 交换量。GEE 在数值上等于总生态系统生产力（gross ecosystem productivity，GEP），近似等同于 GPP，但符号相反，即

$$GEE = -GPP\tag{2.113}$$

（2）净生态系统碳交换量（net ecosystem exchange of carbon，NEE），定义为大气-植被界面的净 CO_2 通量，常用涡度相关法测定。涡度相关法是通过协方差原理测量植被冠层与大气界面之间垂直气流动态和气体浓度的差异，进而计算 NEE。NEE 为负值，表示生态系统从大气中吸收 CO_2。

如果忽略 NEE 和 NEP 计算方法的误差及无机过程中的 CO_2 气体通量，在数值上 NEE 与 NEP 相等，即

$$NEE = -NEP\tag{2.114}$$

此外，光合有效辐射（PAR）与白天净生态系统碳交换量（NEE）之间的函数关系可用米凯利斯-曼顿（Michaelis - Menten）方程表示：

$$NEE = R_{ed} - P_{max} \cdot PAR/(K_m + PAR)\tag{2.115}$$

式中：P_{max} 为最大光合速率，$\mu mol/(m^2 \cdot s)$；R_{ed} 为白天的生态系统呼吸，$\mu mol/(m^2 \cdot s)$；K_m 为米凯利斯-曼顿方程常数。

植被生产力是人类社会存在和发展的基础，在维持全球大气温室气体浓度、调节全球气候格局等方面扮演着重要的角色。陆地生态系统植被生产力的计算及模拟的准确与否直接决定了叶面积指数、凋落物、土壤呼吸、土壤碳等碳循环要素的计算精度，也关系到能否准确评估陆地生态系统对人类社会可持续发展的承载能力。植被生产力和农田生态系统碳交换量计算模型的研究经历了从最初的简单统计模型、遥感数据驱动的过程模型到动态全球植被模型等多个发展阶段。遥感数据因其能够提供时空连续的植被变化特征，在区域评估和预测研究中扮演了不可替代的角色。自 20 世纪 90 年代以来，随着多种中高分辨率卫星数据的应用，以及全球范围内涡度相关通量站点的建立，已经发展了众多基于遥感数据的植被生产力模型，特别是基于光能利用率原理的过程模型得到了快速发展，构建了众多应用于区域和全球的植被生产力、农田生态系统碳交换量遥感模型。

【例 2.8】 我国西北内陆绿洲灌溉农业区，土壤为石灰性沙漠土，试验地玉米 4 月 5 日播种，9 月 15 日收获。该试验处理为全生育期施纯氮 $450kg/hm^2$，随水滴施 10 次，每次 $45kg/hm^2$。播种后定期测得全生育期的根际自养呼吸和土壤呼吸碳排放量分别为 $500kgC/hm^2$ 和 $5500kgC/hm^2$；在收获时测定根系生物量，并且设置样方测定地上部生物量（包括地上部各器官及凋落物），实测的玉米地上与地下部总生物量为 $22500kg/hm^2$，其碳含量为 45%。试根据上述资料，估算该试验处理的玉米全生育期农田净生态系统碳交换量及农田净生态系统生产力。

【解】 步骤 1：结合式（2.112）、式（2.114）和图 2.12 可知，农田净生态系统碳交换量 $NEE = -NEP = R_h - NPP = R_s - R_a - NPP$，其中 R_s 为土壤呼吸碳排放量，R_a 为土壤自养呼吸碳排放量，NPP 为植物地上与地下部的固碳总量。计算玉米地上和地下部的固碳总量 $NPP = 22500 \times 0.45 = 10125 (kgC/hm^2)$。

步骤 2：根据土壤呼吸和根际自养呼吸实测数据，计算得到农田净生态系统碳交换量，即 $NEE = R_s - R_a - NPP = 5500 - 500 - 10125 = -5125 (kgC/hm^2)$。

步骤 3：计算净生态系统生产力，$NEP = -NEE = 5125 kgC/hm^2$。

【答】 玉米生长季农田净生态系统碳交换量及农田净生态系统生产力分别为 $-5125 kgC/hm^2$ 和 $5125 kgC/hm^2$。

NEE 计算结果表明，施肥处理的玉米田生态系统从大气中吸收 CO_2，吸收量为 $5125 kgC/hm^2$，该处理表现为大气 CO_2 的碳汇。

2.3.4　农田土壤碳平衡（Soil carbon balance in farmland）

土壤是陆地生态系统中最大的碳库，包括有机碳和无机碳。由于土壤碳酸盐等无机碳变化相对缓慢，人们重点关注土壤有机碳的变化，农田土壤有机碳主要分布在根区 0～1m 深度的土体内。农田生态系统受人类活动干扰最为频繁，在自然因素和农业生产的共同作用下，土壤碳转化较为剧烈。农田土壤碳平衡可概括为两个方面，即土壤碳输入和输出。土壤碳输入主要包括农田施肥、秸秆还田、根茎叶和动植物的残留物等；土壤碳输出主要包括土壤呼吸、随径流或退水流失的碳、随排水而输出的有机碳和无机碳等。农田土壤碳平衡方程可以表示为

$$\Delta C = C_F + C_S + C_C - C_o - C_r - C_d \tag{2.116}$$

式中：ΔC 为研究时段内土壤碳储量变化量，kgC/hm^2；C_F 为农田施肥输入的碳，kgC/hm^2；C_S 为秸秆还田输入的碳，kgC/hm^2；C_C 为根茎秆叶和动物的残留物滞留的碳，kgC/hm^2；C_o 为随径流或退水流失碳，kgC/hm^2；C_r 为土壤呼吸输出的碳，kgC/hm^2；C_d 为随排水而输出的碳，kgC/hm^2。

【例 2.9】 我国北方农区某春小麦田碳平衡试验设置 3 个处理：对照 T1（不施有机肥）、秸秆还田（T2）（$4000kg/hm^2$）、施加有机肥（T3）（$750kg/hm^2$）。试验区地势平坦，无排水系统，采用静态箱—红外 CO_2 分析法测定土壤呼吸参数，并同时观测环境条件。有机肥中全碳含量约为 20%，秸秆中全碳含量约为 45%；T1、T2 和 T3 处理全生育期测定的土壤呼吸碳排放量分别为 $300kgC/hm^2$、$800kgC/hm^2$ 和 $350kgC/hm^2$。在春小麦成熟期，选取长势均匀一致的植株，采集小麦地上部及根系，T1、T2 和 T3 处理测定的根茎秆叶滞留的碳分别为 $250kgC/hm^2$、$280kgC/hm^2$ 和 $270kgC/hm^2$，不考虑动物的残留物滞留的碳。试分析不同施肥处理对土壤碳平衡的影响。

【解】 步骤 1：由于田间地势平坦，随径流或退水流失的碳可忽略，$C_o=0$；随排水而输出的碳可忽略，$C_d=0$；因此，式（2.116）可以简写为：$\Delta C=C_F+C_S+C_C-C_r$。

步骤 2：计算农田秸秆还田输入的碳：$4000kg/hm^2 \times 0.45=1800kgC/hm^2$。

步骤 3：农田施肥输入的碳：$750kg/hm^2 \times 0.20=150kgC/hm^2$。

步骤 4：计算不同处理农田土壤的碳输出和输入量，其结果见表 2.5。

表 2.5 　　　　　　　春小麦生长季农田土壤碳平衡分析 　　　　　　单位：kgC/hm^2

处理	农田施肥输入的碳 C_F	秸秆还田输入的碳 C_S	根茎秆叶滞留的碳 C_C	土壤呼吸输出的碳 C_r	土壤碳储量变化量 ΔC
T1	0	0	250	300	−50
T2	0	1800	280	800	1280
T3	150	0	270	350	70

步骤 5：分析不同处理土壤碳平衡的影响。由表 2.5 可知，T1 对照处理（不施有机肥），春小麦生长季碳的输入量略小于输出量，表明土壤碳库亏缺 $50kgC/hm^2$；在秸秆还田（T2）和施加有机肥（T3）的处理，春小麦生长季的土壤碳库盈余分别为 $1280kgC/hm^2$ 和 $70kgC/hm^2$，表明春小麦田秸秆还田及施用有机肥使土壤碳平衡呈现碳汇。土壤碳储量变化量主要来源于根茎秆叶滞留的碳和外源施用的碳，如秸秆还田及施用有机肥等。

【答】 不施有机肥处理，土壤碳库亏缺 $50kgC/hm^2$，土壤表现为碳源；秸秆还田和施加有机肥处理，春小麦生长季的土壤碳库分别盈余了 $1280kgC/hm^2$ 和 $70kgC/hm^2$，土壤碳平衡表现为碳汇。秸秆还田的固碳效果大于施用有机肥处理。

土壤碳平衡包含多个过程，可根据不同生态系统的分类和相应实测数据，分析其碳密度和分布面积计算净初级生产力，进而评估区域乃至全球尺度上的碳平衡。全球碳循环中，土壤碳库是大气碳库的 3 倍，是森林和其他植被碳库的 5 倍。

由于农田生态系统碳通量受到灌溉排水措施的强烈影响，灌溉排水通过改变土壤温度、水分、养分、微生物活动等状况，影响作物生长、土壤呼吸及相关温室气体的排放。

合理灌排有利于营造作物生长的良好环境，植物根系和地上生物量增长幅度大，消耗 CO_2 数量增多，同时土壤有机质含量也将增加，土壤固碳作用增强。同时，种植不同作物的农田生态系统碳通量也存在显著差异，稻田温室气体排放量相对较大，也是 CH_4 的主要排放源。采取合理灌排模式，控制稻田 CH_4 等温室气体排放，是减少农田生态系统碳排放的重要任务。因此，在农业生产实践中，既要考虑其经济效益，也要重视农田碳平衡。采取施用有机肥、保护性耕作、轮作与覆盖等措施可有效增加农田土壤有机质含量及土壤碳储量，减缓温室气体排放。

目前已发展了多种类型土壤碳平衡的计算机模型（如 DAISY、DNDC、NCSOIL 等），可利用相关模型结合田间实测的数据定量描述土壤碳平衡对气候变化、植被类型及种植结构的响应与反馈过程，进而预测土壤碳储量的动态变化，评估典型农田管理措施下土壤碳储量的变化趋势，探讨不同管理措施的土壤固碳潜力，为减少农田温室气体排放提供可靠依据，为政府部门制定碳达峰与碳中和政策等提供科学数据支持。

思 考 与 练 习 题

1. 说明土水势的定义及其各分势的计算方法。

2. 简述利用土壤水分特征曲线分析土壤孔隙分布的方法。

3. 说明 Green－Ampt 入渗公式基本假定，并分析其合理性。

4. 土壤盐分通量考虑了哪些作用的影响，简要分析这些作用产生的原因。

5. 简述土壤-植物-大气连续体水分传输的主要过程及其基本原理。

6. 简述根系吸水的主要原因及其主要影响因素。

7. 参考土壤水分运动基本方程的推导方法，推导垂向一维土壤盐分运移基本方程。

8. 分析滴灌和地面灌溉条件下土壤水分运动和盐分运移特征。

9. 简述土壤呼吸基本过程，并分析南方稻田和北方雨养旱地农田土壤呼吸影响的异同点。

10. 简述农田净生态系统生产力的概念及其与碳交换量之间的定量关系。

11. 我国西北某地农田中粉壤土的田间持水量平均为 $0.3 \text{m}^3/\text{m}^3$，灌溉前测定农田土壤剖面的容重和质量含水量随土层深度的变化见表 2.6。试计算在不造成地表径流的情况下，0.05m 灌水量所能湿润的土壤厚度；如需要湿润的土壤厚度为 0.6m 时，需要多少灌溉水量。

表 2.6　　　　　　农田灌溉前不同土层的土壤容重和质量含水量测定结果

土壤深度/m	土壤容重/(kg/m^3)	土壤质量含水量/%
0～0.05	1280	0.05
0.05～0.15	1320	0.08
0.15～0.30	1360	0.10
0.30～2.00	1430	0.12

12. 一个高为 0.6m 的土柱置于水槽上，此土柱底部（$z=0$）处于饱和状态（$h=0$），

土柱顶部（$z=0.6$m）处于稳定蒸发状态，5 支张力计依次安装在土柱上（$z=0.1$m、0.2m、0.3m、0.4m 和 0.5m 处），当张力计读数不再随时间发生变化时，由下至上依次记录张力计的读数分别为 -0.2m、-0.3m、-0.5m、-0.8m、-1.0m 水柱高度，这时土柱顶部蒸发强度（$E=0.006$m/d）等于通过土柱的水分通量。试计算土壤非饱和导水率 $K(h)$。

13. 将容重为 1350kg/m^3 的非盐碱土，均匀填装到垂直有机玻璃土柱中。试验装置及各监测点的位置如图 2.10 所示，土柱底部与带刻度的马氏瓶（直径 0.1m）相连接，在定水头下自动供给浓度为 0.6mol/L 的 NaCl 溶液。供水 2h 时，土柱上部监测点 A 处和下部监测点 B 处的土壤基质势分别为 -0.2m 和 -0.4m，实测的土壤盐分浓度分别为 2kg/m^3 和 4kg/m^3。假定土壤平均导水率为 0.000001m/s，水动力弥散系数（D_{dh}）恒定为 0.0015m^2/d。试计算土柱 A 和 B 监测点中间位置 C 处的水分通量及盐分通量，并计算 1d 内通过 C 处的水量和盐分量。

14. 南方某试验田全生育期施碳酸氢铵 600kg/hm^2。水稻播种后在生育前期、中期及后期测得根际自养呼吸碳排放量分别为 100kgC/hm^2、280kgC/hm^2 和 320kgC/hm^2，土壤呼吸碳排放量分别为 800kgC/hm^2、2200kgC/hm^2 和 4100kgC/hm^2；在水稻生育前期、中期及后期分别测定水稻植株的地上与地下部生物量总重为 5500kg/hm^2、14800kg/hm^2 和 22500kg/hm^2，水稻植株碳含量为 40%。试计算水稻生育前期、中期与后期的农田净生态系统碳交换量及农田净生态系统生产力。

推　荐　读　物

[1] Kirkham M B. Principles of Soil and Plant Water Relations [M]. Burlington：Elsevier Academic Press，2005.

[2] Jury W，Horton R. Soil Physics [M]. 6th edition. New York：John Wiley & Sons，Inc.，2004.

[3] 雷志栋，杨诗秀，谢森传. 土壤水动力学 [M]. 北京：清华大学出版社，1988.

[4] 王全九，单鱼洋. 旱区农田土壤水盐调控 [M]. 北京：科学出版社，2017.

[5] 于贵瑞，孙晓敏. 中国陆地生态系统碳通量观测技术及时空变化特征 [M]. 北京：科学出版社，2008.

数　字　资　源

| 2.1　土壤水分运动微课 | 2.2　土壤盐分运移微课 | 2.3　农田生态系统生产力与碳平衡微课 | 2.4　土壤入渗试验 |

参 考 文 献

［1］ Barry D A, Parlange J Y, Sanderr G C, et al. A class of exact solutions for Richards' equation ［J］. Journal of Hydrology, 1993, 42 (3): 29 – 46.

［2］ Brooks R H, Corey A J. Hydraulic Properties of Porous Media ［M］. Fort Collins: Colo. State Univ. , 1964.

［3］ Hillel D, Ralph S B. A descriptive theory of fingering during infiltration into layered soils ［J］. Soil Science, 1988, 146 (1): 51 – 55.

［4］ Hillel D. Environmental Soil Physics ［M］. New York: Academic Press, 1998.

［5］ Green W H, Ampt G A. Studies on soil physics: 1. Flow of air and water through soils ［J］. Journal of Agricultural Science, 1911, 4 (1): 1 – 24.

［6］ Jury W, Horton R. Soil Physics ［M］. 6th edition. New York: John Wiley & Sons, Inc. , 2004.

［7］ Philip J R. The theory of infiltration: 1. the infiltration equation and its solution ［J］. Soil Science, 1957, 83 (5): 345 – 357.

［8］ Wang Q J, Shao M A, Horton R. A modified Green – Ampt equation for layered soils and muddy water infiltration ［J］. Soil Science, 1999, 164 (7): 445 – 453.

［9］ Wang Q J, Horton R, Shao M A. Algebraic model for one – dimensional infiltration and soil water distribution ［J］. Soil Science, 2003, 168 (10): 671 – 676.

［10］ Timlin D, Ahuja L R. Enhancing Understanding and Quantification of Soil – Root Growth Interactions ［M］. American Society of Agronomy Publisher, 2013: 93 – 117.

［11］ Ning S R, Chen C, Zhou B B, et al. Evaluation of normalized root length density distribution models ［J］. Field Crops Research, 2019, 242: 107604.

［12］ 雷志栋, 杨诗秀, 谢森传. 土壤水动力学 ［M］. 北京: 清华大学出版社, 1988.

［13］ 康绍忠, 刘晓明, 熊运章. 土壤-植物-大气连续体水分传输理论及其应用 ［M］. 北京: 水利电力出版社, 1994.

［14］ 邵明安, 王全九, 黄明斌. 土壤物理学 ［M］. 北京: 高等教育出版社, 2006.

［15］ 于强. 农业生态过程与模型 ［M］. 北京: 科学出版社, 2007.

［16］ 王全九. 土壤物理与植物生长模型 ［M］. 北京: 中国水利水电出版社, 2016.

［17］ 王全九, 樊军, 王卫华, 等. 土壤气体传输与更新 ［M］. 北京: 科学出版社, 2017.

［18］ 王全九, 单鱼洋. 旱区农田土壤水盐调控 ［M］. 北京: 科学出版社, 2017.

［19］ 于贵瑞, 孙晓敏. 中国陆地生态系统碳通量观测技术及时空变化特征 ［M］. 北京: 科学出版社, 2008.

［20］ 汉克斯 R J, 阿希克洛夫特 G L. 应用土壤物理-土壤水和温度的应用 ［M］. 杨诗秀, 等, 译. 北京: 水利电力出版社, 1984.

第3章

作物对环境胁迫的响应
与灌溉排水要求

作物生长环境中的气候、土壤、生物、地形等各种因素都对其生长发育和产量甚至品质产生不同程度的影响，有些作用大，有些影响小。光、热、水分、养分和空气这些环境因素是作物生命活动不可缺少的，是作物生长的基本条件。

作物与环境的相互作用，通过生理过程，最终反映在作物的产量和品质上，而所有环境因素的最佳组合，可以最大限度地发挥出作物品种的产量及品质潜力。农业生产的发展过程就是人们不断认识、协调作物与环境的关系，即协调作物生长发育的要求与环境限制因子之间矛盾关系的过程。

在自然条件下，无论作物的环境适应性多强，总有某些环境因子不能完全满足其正常生长和高产、优质的需要。调节和改善作物生长发育的环境条件，是实现高产、优质、高效、绿色生产的关键，因此对作物与环境的关系进行调控是必要的。

灌溉排水措施是调控作物与环境关系的必要手段，而了解作物对环境胁迫的响应是其重要的理论基础。人类通过灌溉排水措施干预作物和环境，协调作物与土壤水分及其相应的肥、气、热和土壤生物以及大气环境（降温灌溉、防冻灌溉）之间的关系，充分利用环境的有利条件，克服环境的不利影响，优化作物生育进程，使作物生产向着人类需要的方向发展。

3.1 作物对环境胁迫的响应与抗逆性
(Crop response to environmental stresses and its stress resistance)

3.1.1 作物对环境胁迫的响应（Crop response to environmental stresses）

对作物产生伤害的环境称为逆境，又称为环境胁迫（environmental stress）。作物所处的环境（气候、土壤、水分、营养供应等）是经常变化的，极少有作物在一生中完全生长在绝对适宜的环境中，经常伴随着诸多逆境，如干旱、涝渍、盐碱、土壤养分亏缺、高温、冷害等，严重影响着作物的产量与品质。

作物对环境胁迫的反应分为以下两种：

（1）弹性反应（elastic response），去掉环境胁迫之后，作物仍可恢复到原来的状态的反应。例如，适度干旱后复水作物生长仍可恢复到正常水平。

（2）塑性反应（plastic reaction），去掉环境胁迫之后，作物发生了一些变化，不能恢复到原来的正常状态，但仍可继续生活下去。例如，作物经历重度干旱后复水虽然还可以继续生长，但很难达到正常水平，会造成减产。

如果环境变化太剧烈，则不管是引起弹性反应还是塑性反应的环境胁迫，都会使作物受到伤害而死亡。其伤害的形式可分为以下两种：

（1）原生伤害（primary injury），①原生直接伤害，即逆境直接使生物膜受害，导致透性改变；②原生间接伤害，即细胞质膜受伤后，进一步导致作物代谢作用的失调，影响正常的生长发育。

（2）次生伤害（secondary injury），由环境胁迫引起的次生胁迫造成的伤害。例如，盐分胁迫的原生伤害是盐分本身对作物细胞质膜的伤害及其导致的代谢失调；而由于盐分过多，使土壤水势下降，产生水分胁迫而使作物根系吸水困难的伤害，称为次生伤害。

环境胁迫使作物受伤害的原因如下：

（1）使作物细胞脱水，膜系统破坏，一切位于膜上的酶活性紊乱，各种代谢活性无序进行，透性加大。

（2）使作物光合速率下降，同化产物形成减少，因为组织缺水引起气孔关闭，叶绿体受伤，有关光合过程的酶失活或变性。

（3）使呼吸速率也发生变化，其变化进程因胁迫种类而异。冰冻、高温、盐碱和涝渍胁迫时，呼吸逐渐下降；零上低温和干旱胁迫时，呼吸先升后降。

（4）诱导糖类和蛋白质转变成可溶性化合物增加，这与合成酶活性下降，水解酶活性增强有关。

3.1.2 作物对环境胁迫的适应与抗逆性（Crop adaptation to environmental stresses and its stress resistance）

在长期的进化和适应过程中，不同环境条件下生长的作物就会形成对某些环境胁迫的适应能力，即能采取不同的方式去抵抗各种胁迫。作物对各种胁迫的抗御能力，称为抗逆性（stress resistance），简称抗性。

具体来说，作物抗逆性的大小取决于环境胁迫的程度和持续时间、作物的遗传潜力即种类和品种的差异，以及年龄和发育阶段。例如番茄和棉花，在幼龄阶段耐盐性小，在孕蕾阶段耐盐性较高，到开花期则降低。一般情况下，作物在生长盛期抗逆性比较小，进入休眠以后，抗逆性增大；营养生长期抗逆性较强，开花期抗逆性较弱。

作物有各种各样抵抗或适应环境胁迫的本领。在形态上，有以根系发达、叶片变小适应干旱胁迫；有扩大根部通气组织以适应涝渍胁迫；有生长停止，进入休眠，以迎接冬季低温来临，等等。在生理上，以形成胁迫蛋白、增加渗透调节物质和调节作物激素［如脱落酸（ABA）］水平的方式，提高作物细胞对各种胁迫的抵抗能力。

3.1.3 作物对环境胁迫的补偿效应（Crop compensatory effect to environmental stresses）

作物在长期的适应和进化过程中，不仅逐渐形成了对各种胁迫的抵抗能力，而且在胁迫得到改善时还会在生理生化代谢和生长发育等方面产生明显的补偿或超补偿效应，以弥补胁迫期间对作物造成的伤害和损失，这种补偿现象普遍存在，是作物抵御环境胁迫的重要调节机制。

作物对环境胁迫的补偿效应，有个体水平上的补偿和群体水平上的补偿。如禾谷类作物产量构成因子穗数、粒数和粒重之间，前期不利条件对单位面积穗数造成的不利影响，可在后期的每穗粒数或粒重上加以补偿；前期遭受动物牧食的草类后期可表现出明显的补偿或超补偿效应。

作物在特殊生长发育阶段，经历短期适度干旱胁迫之后重新补充水分，不论根系或地上部分都会获得很快的生长，表现出明显的补偿效应。如对玉米开花期进行干旱与复水处理，穗长、穗粗及穗干物质重均存在明显的补偿生长，复水后对产量的补偿表现为百粒重的增加。

作物不仅对同一环境胁迫因子的变化存在补偿效应，而且在不同因子之间也存在补偿效应。例如，一般来说，作物经历干旱胁迫后，叶片气孔导度会下降，叶绿素含量和净光合速率显著降低；但在干旱胁迫时施用氮肥，虽然叶片蒸腾速率减弱，但叶绿素含量、叶片吸光强度和净光合速率增加，会使短时的水分利用效率显著提高。因而认为，因干旱胁迫导致净光合速率和短时水分利用效率的减少可通过增施氮肥得到部分补偿。充分认识这些规律并加以挖掘利用，会有助于农业资源高效利用和绿色发展，如生产中广泛应用的调亏灌溉、水稻控制灌溉以及以肥调水和水肥一体化等措施就是成功利用作物补偿效应的典型案例。

3.2　作物对干旱胁迫的响应与灌溉要求
(Crop response to drought stress and irrigation requirement)

3.2.1　干旱及其对作物生产的影响 (Drought and its impact on crop production)

没有水就没有生命，作物与水的关系十分密切。水是作物主要的组成成分，一般禾谷类作物的含水量为鲜重的 $60\%\sim80\%$，而块茎作物和蔬菜的含水量多达 90% 以上。水分在作物生理中的主要作用如下：

（1）水是很多物质的溶剂，土壤中的矿物质、氧、二氧化碳等都必须先溶于水后才能被作物吸收和在体内运转。

（2）水能维持细胞和组织的紧张度，使作物器官保持直立状况，以利于各种代谢的正常进行。

（3）水是光合作用制造有机物的原料，它还作为反应物参与作物体内多种生物化学过程。

（4）水能调节作物温度变化，由于有较大的热容量，当温度剧烈变动时，能缓和原生质的温度变化，以保护原生质免受伤害。

在作物生长发育过程中，经常会遇到干旱胁迫的威胁。从作物生产角度来说，干旱是因长期无雨或少雨，灌溉无保障，使土壤水分不足、作物水分平衡遭到破坏而减产的农业气象灾害，从古至今都是人类面临的主要自然灾害。随着社会经济发展和人口增加，水资源短缺日趋严重，这也直接导致了干旱地区的扩大与干旱化程度的加重，干旱化趋势已成为全球关注的问题。

从气象学的角度，干旱一般分为三种类型：①气象干旱，不正常的干燥天气时期，持续缺水足以影响区域引起严重水文不平衡；②水文干旱，在河流、水库、地下水含水层、湖泊和土壤中低于平均含水量的时期；③农业干旱，降水量不足的气候变化，对农作物或牧草产量足以产生不利影响。

从农业生产的角度，干旱一般也可分为三种类型：①土壤干旱，由于土壤缺水，作物根系吸收不到足够的水分去补偿蒸腾消耗所造成的危害；②大气干旱，空气十分干燥，经常伴有一定的风力，虽然土壤并不缺水，但由于强烈的蒸腾，使植株供水不足而形成的危害；③生理干旱，不良的土壤环境条件使作物生理过程发生障碍，导致植株水分平衡失调所造成的损害。这类不良的条件有土壤温度过高、过低、土壤通气不良、土壤溶液浓度过高以及土壤中积累某些有毒的化学物质等。

干旱对作物的主要危害如下：

（1）破坏原生质的机能。在高温缺水条件下，原生质的水合力降低，胶粒分散度变小，原生质由溶胶态向凝胶态变化，使原生质的生理机能遭到破坏。

（2）改变各种生理过程。水分不足时，作物叶片气孔关闭，蒸腾减弱，光合作用显著下降，而水解作用加强，呼吸消耗增多，细胞代谢和生长发育受阻。

（3）引起体内水分重新分配。干旱时作物各部位的水分重新分配，一般是幼叶向老叶夺取水分，使老叶提前凋萎，减少光合面积。幼苗还向其他组织夺水，使这些组织受害。

（4）使细胞遭受机械损伤。当干旱缺水时，细胞壁较硬的细胞收缩到一定程度，会停止收缩，而原生质继续收缩就会拉裂。如果细胞壁薄而软，它就会与原生质一起向内尽量收缩，整个细胞折叠，原生质也会受到机械损害而死亡。那些在干燥中尚能生存的细胞，当再度吸水，尤其是骤然大量地再度吸水时，由于细胞壁吸水膨胀时的速度远远超过原生质体吸水膨胀的速度，所以细胞会再次遭受机械损害，即细胞壁突然向外扩张而把原生质撕破，使细胞死亡。

干旱对作物的危害程度与其发生的季节和程度、作物种类、品种、生育期有关。春季干旱影响春播，或造成春播作物缺苗，并影响越冬作物的正常生长。7—8月在我国北方的伏旱，影响玉米、高粱、水稻的正常生长，造成棉花的蕾铃脱落；在南方，影响早、中稻的正常灌浆和晚稻的移栽成活。秋旱影响秋作物的产量及越冬作物的播种。伏旱和秋旱都会使土壤的底墒不足而加剧翌年的春旱。

3.2.2 作物的抗旱性（Crop drought stress resistance）

作物忍受和抗御干旱使其不致引起明显受害和减产的性能，称为抗旱性。抗旱性强的作物具有的特征是：在形态结构方面表现为叶面积小，表皮角质层发达，常有茸毛，叶组织较紧密，栅状组织和叶脉都很发达，根系生长较深。在生理方面的特征是保卫细胞对光照、水分变化非常敏感，早晨气孔开放较大，中午体内水分缺少时关闭较早。干旱时能抑制分解酶的活性，使转化酶和合成酶的活性不会因干旱而降低太快。此外，细胞液有较大的渗透压，吸水能力较强，原生质有较大的黏滞性，亲水性大，抗凋萎能力较强，缺水时原生质的渗透破坏程度很小。

不同作物的抗旱性有明显差异。例如，在主要作物中，水稻的抗旱性最差，遇干旱无灌溉的条件时减产严重，大麦、小麦、黑麦、燕麦、花生等作物抗旱性中等，糜子、高粱、胡麻、粟、马铃薯、甘薯、绿豆等作物抗旱性较强。作物对不同类型干旱的反应是不同的，例如一些豆科作物根系发达，抗土壤干旱的能力强，但不能忍受大气干旱；玉米抗大气干旱能力强而不能忍受土壤干旱。

作物抗旱性是抗旱和合理灌溉的重要基础。在水源有限的地区，应选种抗旱性较强的作物，也可以通过一些措施来提高作物的抗旱性。例如，播前对种子进行干旱锻炼或采用抗旱包衣剂进行处理，在苗期进行蹲苗，合理施用磷、钾、硼、铜等矿质肥料等。

3.2.3　作物对干旱胁迫的适应及其补偿效应（Adaptation and compensatory effects of crop to drought stress）

干旱胁迫对作物的影响，从适应到伤害有一个过程。只要不超过适应范围的缺水，往往在复水后，可产生水分利用和生长上的补偿效应，对形成最终产量有利或无害，这就是作物适度缺水的补偿效应。如棉花、玉米"蹲苗"控水，促进根系下扎；控制水稻无效分蘖的"晒田"使土壤水分适当亏缺，能有效地控制无效分蘖的增长速度，对增产有显著作用。但在使用这种适度水分胁迫的补偿效应时要防止发展成为非适度水分胁迫的有害影响，其关键在于根据作物种类与品种、各生育时期对干旱的敏感性及前期土壤水分状况等，控制干旱的时间及允许程度。

科学控制作物对干旱胁迫的自适应功能，能达到节水丰产优质高效的目标。根据作物的生理抗逆机制和对水分胁迫的适应能力，发展了一些主动的利用作物适度缺水补偿效应的灌溉方法，如调亏灌溉、控制性根系分区交替灌溉等。

调亏灌溉（regulated deficit irrigation，RDI）是 20 世纪 70 年代中后期以来出现的一种节水灌溉方法，它是基于作物的生理生化作用受到遗传特性或生长激素的影响，在作物生长发育的某些阶段主动施加一定的干旱胁迫，即人为地让作物经受适度的干旱锻炼，可有效抑制过盛的营养生长或改善光合产物在不同组织器官间的分配，促进光合产物更多地向生殖生长转移，提高其经济产量而舍弃营养器官的生长量及有机合成物的总量，同时因营养生长减少还可提高作物种植密度和总产量，减少棉花、果树等作物的剪枝工作量，改善作物品质。国内外已在小麦、玉米、水稻、棉花、甜菜、甘蔗及果树、蔬菜等作物上得到了广泛应用。

控制性根系分区交替灌溉（alternate partial root - zone irrigation，APRI）是根据作物根系干旱信号传递与气孔最优调节、部分根区湿润刺激根系补偿效应等理论提出的一种节水灌溉方法。它强调作物根区土壤垂直剖面或水平面的某个区域保持干燥，另一部分根系区域灌水湿润，交替控制部分根系干燥、部分根系湿润，以利于交替使不同区域根系经受一定程度的水分胁迫锻炼，刺激根系生长及吸收功能的补偿效应；同时，作物部分根系处于水分胁迫时产生干旱信号 ABA 传输至地上部叶片，调节气孔保持最适开度，达到以不牺牲作物光合产物积累而大量减少其奢侈的蒸腾耗水，实现节水的目的。同时还可减少两次灌水间隙期间棵间土壤湿润面积，从而减少棵间蒸发损失；因湿润区向干燥区的侧向水分运动而减小深层渗漏，从而明显提高水分利用效率。控制性根系分区交替灌溉已在玉米、棉花等宽行距作物及果树、蔬菜中应用，取得了明显的节水优质增产效果。

3.2.4　作物应对干旱与温度胁迫的灌溉要求（Crop irrigation requirement under drought and temperature stresses）

在自然条件下，由于气候、地形、水文地质、土壤等多方面的原因，特别是水资源在空间上和时间上分配不均,降水在年内和年际间变化很大,因而使作物所需水分往往得不到适时适量的满足。水分不足的现象在很多地方存在,并且严重地威胁着农业生产。因此,在有条件的地区,必须开发水资源,修建灌溉工程,保证遇旱能灌,同时,必须搞好用水管理,根据作物需水特性进行合理灌溉。

作物合理灌溉,应根据作物生长发育与水分的关系,采用正确的灌溉措施。通过调节地面水、地下水和土壤水,改善农田水分状况,满足作物的水分需求。同时,还必须做到经济用水,注意与其他农业措施结合,达到高产、省水、节能、降低成本的目的。需要在一定的气候、土壤和农业技术条件下,根据作物生长发育对水分的需求确定合理的灌溉制度。灌溉制度的具体确定方法将在第 4 章介绍。为使作物不致因水分不足而减产,应在作物开始缺水受旱之前及时灌水。

在水资源紧缺,灌溉水源不能充分满足作物全生育期需水要求时,应根据作物不同生育阶段对干旱缺水的敏感性差异,把有限的灌溉水灌到作物需水临界期或作物对缺水最敏感的时期,尽可能地减少作物产量损失。对干旱缺水最为敏感的阶段称为作物需水临界期,该期缺水对作物产量有非常大的影响,而一般该期灌溉的效果也最好。不同作物由于其生长发育习性不同,需水临界期也不相同,如玉米的需水临界期为授粉期,此时受旱的减产程度可达 50% 以上;大豆的需水临界期在生殖生长阶段,而小麦的需水临界期则为孕穗期。表 3.1 是 1979 年联合国粮农组织(FAO)推荐的不同作物的需水临界期。

表 3.1　　　　　　　　　　1979 年 FAO 推荐的不同作物的需水临界期

作物种类	需水临界期	作物种类	需水临界期
小麦	孕穗	芜菁	可食根部迅速膨大
大麦	孕穗	结球甘蓝	结球及膨大
燕麦	出穗—抽穗	菜花	播种—开花
玉米	授粉	莴苣	收获前
高粱	分蘖—孕穗	萝卜	块根膨大
小粒谷类	孕穗—抽穗	甜菜	出苗后 3~4 周
马铃薯	块根形成	番茄	花形成及果实迅速膨胀到收获
大豆	开花和结果	西瓜	开花
豆类	开花和结荚	草莓	果实生长
豌豆	开始开花和豆荚膨胀	柑橘	开花和结果
花生	开花和种子生长	桃	果实成熟前的迅速生长
棉花	开花和结桃	樱桃	果实成熟前的迅速生长
苜蓿	晒干草为刚收割之后,种子生产为开始开花时	杏	花芽生长和开花
		橄榄	开始开花前和果实膨大
向日葵	开花—种子生长	甘蔗	最高营养生长
茎椰菜	结球及膨大	烟草	开花

除了满足其正常生长发育的水分条件外,灌溉还可以在炎热和低温条件下使作物免受高低温胁迫的伤害。灌溉在温暖的季节与时期可以降温,在寒冷的季节可以保温。一般对10cm 深度的土壤,冬灌保温效应在 1℃ 左右,夏灌降温效应为 1～3℃。具体效应大小,因天气、土壤、植被以及灌水量、水温与面积等条件而异。对近地面气温的影响一般为1.5～2.5m,其效应随高度递减。冬灌保温主要原因是灌水增加了土壤热容量和导热率;夏灌降温主要是加大了蒸发蒸腾所消耗的潜热;冷暖过渡季节灌溉,因作物蒸发蒸腾关系一般是白天降温、夜间保温。

大范围喷灌对改善田间小气候有明显的效应。在夏季,喷灌水滴笼罩田间,增加近地表空气的湿度,给作物造成凉爽湿润的小气候环境,有利其生长。晚秋和春季,有些地方受寒潮袭击,加上辐射的影响,容易出现霜冻,如在霜冻出现前进行喷灌,则可提高贴地面层空气的相对湿度,这样潮湿空气除吸收地面长波辐射外,还因水汽凝结而放出潜热,从而阻止近地面层气温急剧下降。当气温继续下降时,因灌溉而黏着作物体表和浮悬于近地面层的小水滴,在由水变成冰的过程中,每克水放出 334J 热量,可使植株温度保持在0℃ 左右,不致破坏其内部细胞组织,使作物免受冻害。对大辣椒生长的观测结果表明,未喷灌的冻伤率达 44.7%,而喷灌的冻伤率只有 0.7%。秋季防霜试验表明,在高粱叶面,温度达到 0℃ 以下时,喷灌可使温度提高 3.3℃,保证作物正常发育,提高产量。温室生产中,在炎热的中午如果采用雾灌,可以明显增大叶片气孔开度,降低叶片温度,增加作物光合作用,避免高温对作物造成的不利影响。

3.2.5 作物干旱胁迫诊断与灌水指标(Diagnosis of crop drought stress and irrigation indexes)

3.2.5.1 作物干旱胁迫诊断指标分类及其优缺点

我国劳动人民很早就总结出了"看天、看地、看作物"的灌水经验。随着科学技术的发展,人们开始采用气象指标、土壤指标和作物指标作为是否需要灌水的定量诊断指标。土壤指标是诊断作物缺水的一种最古老的方法,似乎可以说自从有灌溉农业以来,就开始采用这种方法。最早是用手来感觉及用眼来观察土壤颜色,凭经验判断是否缺水,发展到现在用各种方法测定土壤水分状况。从理论上讲,作物的水分状况应从作物本身考虑,无论是土壤水分状况和大气的蒸发需求都不能准确表示作物干旱胁迫状况,只有测定适宜的作物参数,才能准确地表明作物何时需要灌溉。

近半个世纪,遥感技术的发展为大面积评价和监测作物干旱胁迫状况提供了一种新的现实途径。热红外、多光谱和高光谱、微波、激光雷达等已经在作物干旱胁迫状况监测中得到广泛应用。近年来发展了一系列新的依据作物水信息精确感知而精确确定灌水时间和灌水定额的方法,其中许多方法是基于感知作物对缺水的响应,特别是通过非接触式的作物表型参数测量,而不是直接感知土壤水分状况。作物干旱胁迫响应信息精准监测与诊断指标主要有如下三类:

(1)作物干旱胁迫状况的直接测量。通过直接的作物水分状况测量,包括叶片萎蔫、叶组织含水量、叶水势、木质部空化(栓塞)等实现。但这些指标一般不能表示需用多少水,某些指标由于对环境条件敏感会导致短时间的波动大于处理之间的差异,确定灌水的临界阈值需要订正。例如，在美国东南部的手动控制、变量灌溉侧喷系统（variable - rate lateral irrigation system）下，采用压力室测定叶水势，当棉花需要灌溉的叶水势最低阈值为 $-0.7MPa$ 时，其灌溉量减少了 10%，而相对于 $-0.4MPa$ 和 $-0.5MPa$ 的阈值，皮棉产量并没有减少。因此，棉花生产中采用 $-0.7 \sim -0.5MPa$ 范围的叶水势作为灌水指标可以获得足够的产量和较高的水分利用效率。

（2）作物干旱胁迫响应感知指标的接触式测量。通过直接的作物干旱胁迫响应测量实现。具体指标包括叶气孔导度、叶温或冠层温度、茎秆或果实微变形、茎液流等，这是不离体无损伤测量，非常敏感；一般不能表示需用多少水；确定灌水的临界阈值需要订正。茎秆微变形和茎液流传感器可以直接用于灌溉系统自动控制。茎秆直径日最大收缩量（maximum daily shrinkage，MDS）是茎秆直径微变化的重要参数，可以体现作物细胞吸水、失水循环和热胀冷缩。信号强度（signal intensity，SI）是一种新型的作物干旱评价指标，一般通过非充分灌溉条件下的 MDS 和液流量（sap flow，SF）分别除以充分灌溉条件下的 MDS 和 SF 计算得出（SI_{MDS}，SI_{SF}）。研究表明，非充分灌溉条件下，SI_{MDS} 可用于诊断杏树的干旱状况，或用于精准确定杏树的灌水时间。还有研究表明，与 SI_{SF} 相比，SI_{MDS} 对桃树水分变化更敏感，作为灌水指标更加精确。目前这类方法在研究中采用较多，在灌溉实践中的应用还较少，还需要进一步发展和完善。

（3）作物表型干旱胁迫响应的非接触式测量。包括手持式、便携式作物表型测量（手持式叶绿素荧光仪、手持式高光谱仪、智能手持式高光谱成像仪、便携式叶绿素荧光成像仪等）；温室紧凑型或大型传送带式作物表型成像分析平台［叶绿素荧光成像技术、光谱成像技术（包括 RGB 成像、高光谱成像、红外热成像等）］；无人机遥感作物表型分析平台（遥感无人机平台搭载 RGB 成像、红外热成像、多光谱成像、激光雷达及高光谱成像单元组成的空基作物表型成像分析平台）；航空遥感。这类方法是不离体无损伤测量；整合了环境效应，非常敏感；但表型参数和干旱胁迫状况的关系校准比较复杂；一般不能表示需用多少水，确定灌水的临界阈值需要订正；而且仪器比较昂贵，需要专业技术人员操作。这类方法还处于大量的研究和开发阶段，在未来精准灌溉中应用前景广阔。

作物表型信息反映了作物的生长发育状况，它包括叶绿素含量、叶厚、冠层温度、株高、叶面积指数、生物量等。干旱胁迫下作物光合作用会受到显著影响，叶绿素含量是决定光合作用的重要指标。因而可以直接利用叶绿素含量反映干旱胁迫状况，主要有通过叶绿素测量仪观测和利用遥感建立植被指数与叶绿素含量的统计模型两种方法。

冠层温度是一种非接触诊断作物干旱胁迫的指标，红外热成像仪是测量作物冠层温度的高通量工具，利用热成像数据得到的作物水分胁迫指数（crop water stress index，CW-SI）可显示作物冠层水分状态从而指导灌溉。最初学者们利用手持式红外热成像仪进行作物干旱胁迫的研究，然而作物冠层温度随时间变化，利用该设备难以同时进行多点作物冠层温度的测定，随着科技进步，无人机搭载红外热成像仪快速获取冠层温度为大面积观测提供了一种新的高效和可靠的方法。但机载红外热成像仪不易剔除土壤、风等外界环境因素对反演结果的影响，且难以识别较小的温度差异信息，因而需要选择合适的飞行时间和飞行高度。

叶面积指数和生物量是作物生长周期重要的表型参数，作物干旱胁迫下如何将其准确反演是作物遥感监测的热点。目前主要通过多光谱、高光谱相机测量，利用一系列植被指数与相应地面实测数据构建统计模型，或利用机器学习的方法进行研究，取得了不错的结果。但该方法缺乏明确的物理意义，且需要大量地面实测数据参与反演以保证精度，近年来通过采集植株点云数据，以获得其形态和结构数据的主动遥感设备激光雷达被引入。然而农作物一般种植密度大且植株高度较低，仅激光雷达的单一数据源不太适合部分作物表型信息的提取，因此还需要融合其他数据信息以提高精度。通过这些精确的作物干旱响应表型监测与精准灌溉结合必将对提高作物水分利用效率（water use efficiency，WUE）起到重要作用。

3.2.5.2　常用的几种作物灌水指标

1. 气象指标

由于影响干旱的因素很多，造成干旱的原因不同，各地气候、地理条件差异很大，目前难以采用全国统一的评判标准，各地也可选用本地区的研究成果。

（1）连续无雨日数。指作物在需水临界期的连续无有效降水日数，不同等级干旱的参考值见表3.2。一般水资源有保障的条件下，应在中度干旱之前对作物进行灌水。

表 3.2　　　　　　作物需水关键期连续无有效降水日数与干旱等级关系参考值　　　单位：d

地域	轻度干旱	中度干旱	严重干旱	特大干旱
南方	10～20	21～30	31～45	>45
北方	15～25	26～40	41～60	>60

注　无有效降水指日降水量小于2mm。

（2）干燥程度。用大气单个要素或要素组合反映空气干燥程度和干旱状况。如温度与湿度的组合，高温、低湿与强风的组合等，可用湿润系数反映，计算式如下：

$$K_1 = \frac{R}{0.10 \sum T} \tag{3.1}$$

或
$$K_2 = \frac{2R}{E_0} \tag{3.2}$$

式中：R 为计算时段的降水量，mm；$\sum T$ 为同期0℃以上的活动积温，℃·d；E_0 为同期直径20cm小型蒸发皿的水面蒸发量，mm；K_1、K_2 为湿润系数。

不同等级干旱的 K_1、K_2 参考值见表3.3。在水资源有保障条件下，一般 K_1、K_2 分别降低到0.80或0.60时应对作物进行灌溉。

表 3.3　　　　　　　　　　湿润系数与干旱等级关系参考值

干旱等级	轻度干旱	中度干旱	严重干旱	特大干旱
K_1	1.00～0.81	0.80～0.61	0.60～0.41	≤0.40
K_2	1.00～0.61	0.60～0.41	0.40～0.21	≤0.20

上述气象指标的优点是资料容易获取，计算简单，应用方便；缺点是仅考虑了气象干旱的情况，没有考虑地下水水文地质条件及作物不同生育阶段对干旱的响应，因而不够全面，应用起来有其局限性。

2. 土壤水分指标

目前，生产中常用土壤含水量或土水势作为作物是否需要灌水的指标，通常有以下几种表示方法：

（1）土壤含水量。作物只能在适宜的土壤含水量变化范围内正常生长。当土壤含水量降低到一定的程度时，作物开始受到干旱胁迫。随着土壤含水量降低，作物干旱胁迫加剧。因此，土壤含水量可以反映作物的水分状况。在生产实际中一般把土壤含水量占 $60\%\sim70\%$ 的田间持水量作为作物需要灌水的指标（土壤允许含水量最小值，不同作物、不同生育阶段不同）。

土壤含水量可采用烘干法、张力计法、电阻法、中子法、γ 射线法、时域反射法、频率反射法、探地雷达法和遥感方法等监测，各种方法的优缺点和适用条件不同，在实际中应根据具体情况选用。

采用土壤含水量作为作物干旱诊断和灌水指标的优点是测量方便，而且可以通过设定的土壤含水量变化范围直接计算灌水定额，管理较为方便。缺点是不同土壤在相同含水量条件下，作物干旱程度有所差异，必须通过试验加以确定。而且作物干旱是气象、土壤、盐分等综合作用的结果，单纯采用土壤含水量不够全面。

（2）土壤相对有效含水量。为避免不同类型土壤持水特性所产生的含水量绝对数值的差异，可用土壤相对有效含水量诊断作物干旱状况并作为灌水指标：

$$A_W = \frac{\theta - \theta_{WP}}{\theta_F - \theta_{WP}} \tag{3.3}$$

式中：A_W 为土壤相对有效含水量；θ 为根系活动层的平均土壤含水量，m^3/m^3；θ_F 为土壤田间持水量，m^3/m^3；θ_{WP} 为凋萎系数，m^3/m^3。

作物的受旱状况可根据表 3.4 的 A_W 值确定。在水资源有保障的条件下，当 A_W 小于 $0.30\sim0.40$ 时应对作物进行灌水。

表 3.4　　　　　　　　土壤相对有效含水量 A_W 范围与作物受旱状况表

土壤相对有效含水量 A_W 范围	受旱状况	土壤相对有效含水量 A_W 范围	受旱状况
$A_W \leqslant 0.1$	严重干旱	$0.25 < A_W < 0.5$	轻度干旱
$0.1 < A_W \leqslant 0.25$	中等干旱	$A_W \geqslant 0.5$	适宜

（3）土水势。由于土壤类型差异，相同土壤含水量或相对有效含水量条件下，土壤水分对作物的有效性并不相同。如在相同土壤含水量条件下，由于砂土的土水势较高，对作物的有效性高于黏土。因此，土水势相比土壤含水量更能反映土壤水分状况对作物的影响。土水势可用张力计测定，使用较为简便。在自动灌溉系统中，土水势是常用的灌水指标之一。一般当冬小麦根系活动层的土水势降低到 -30kPa、马铃薯降低到 -25kPa、油菜降低到 -35kPa、茶树降低到 -10kPa 以下时，应进行灌水。

利用土壤水分监测作物水分状况，由于土壤水分（含水量或土水势）仅是在农田上几个点的测定值，因此，这就假定了农田中土质、灌溉水的田间分布及作物生长都是均匀的，只有这样土壤水分的测定值才能代表整个田间状况。但由于土壤性质和作物的空间变异很大，仅用一两个点准确代表整块田的水分状况是很困难的。进一步讲，土壤水分状况只是间接或部分地反映了作物的水分状况。尽管如此，用土壤水分指标作为灌水指标在目前仍不失为一种比较可靠的方法。

3. 作物水分生理指标

灌溉的主要目的是提供作物生长所需的水分，当作物开始遭遇干旱胁迫时，首先会反映在作物水分生理指标上。因此，用各种水分生理指标判别作物缺水状况是最直接的方法，目前所采用的水分生理指标主要有以下几种：

（1）叶水势。叶水势影响作物的生长、光合作用以及同化物运输，是直接反映作物水分状况的指标。当叶水势降低至一定程度时，叶片生长速率降低、光合速率下降，产生作物水分胁迫现象。通常叶水势总是随着土壤含水量的不断减少而下降。

利用叶水势作为灌水指标，较土壤水分指标更为准确和及时。几种主要作物需要灌水的临界叶水势见表 3.5。

表 3.5　　　　　　　　　　作物需要灌水时的临界叶水势

作物种类	生育阶段	叶水势临界值/MPa
冬小麦	分蘖—拔节	−0.9～−1.1
	拔节—抽穗	−1.1～−1.2
	灌浆	−1.3～−1.4
	乳熟	−1.5～−1.6
春小麦	分蘖—拔节	−0.8～−0.9
	拔节—抽穗	−0.9～−1.0
	灌浆	−1.1～−1.2
	乳熟	−1.4～−1.5
棉花	现蕾	−1.2
	花铃	−1.4
	成熟	−1.6
夏玉米	出苗—抽雄	−0.6～−0.7
	抽穗—灌浆	−0.5～−0.6
	灌浆—乳熟	−0.8～−0.9
大豆	结荚—灌浆	−0.4～−0.5
	灌浆—乳熟	−0.5～−0.6
甜菜	叶形成	−0.6～−0.7
	根果形成	−0.8
苜蓿	苗期—再生	−0.26～−0.52
	现蕾	−0.6～−1.1
	开花	−1.4～−1.8

不同地区、不同作物、不同生育期或同一植株的不同部位需要灌水的临界叶水势都不完全相同。由于叶水势在一天中随大气条件的变化而变化，同时也受土壤养分和土壤结构

等因素的影响，只有设法排除这些干扰才能用叶水势准确地指示作物干旱胁迫程度。为达此目的，可用黎明前叶水势作为灌水指标，因为夜间空气比较湿润，气孔关闭，蒸腾停止，作物可通过根系吸水使叶水势与土壤水势达到平衡。

（2）叶细胞液浓度。叶细胞液浓度测试方法简单、快速。在干旱缺水条件下，作物吸水减少，叶片组织的细胞液浓度相应提高。当叶细胞液浓度达到一定数值时，就会开始对作物生长发育产生不良影响。叶细胞液浓度对作物生长发育的影响与品种、生育阶段有关，作物受旱需要灌水的临界叶细胞液浓度见表3.6。

表3.6　　　　　　　　作物受旱需要灌水的临界叶细胞液浓度

作物种类	生育阶段	受旱时的细胞液浓度临界值/%
春小麦	拔节—抽穗	5.5～6.5
	灌浆	6.5～7.5
	乳熟	8.0～9.0
棉花	现蕾	11.0～12.0
	花铃	13.5～15.0
	吐絮	14.0～16.0
冬小麦	分蘖—拔节	7.0～8.0
	拔节—抽穗	8.0～10.0
	灌浆	9.5～12.0

作物叶细胞液浓度与测定时间和部位有关。如冬小麦、玉米，一般取顶部第一片完全展开叶，取样时间在上午9：00以前。

（3）冠层温度。作物叶片吸收太阳辐射，使叶片温度有升高的趋势。通过蒸腾作用，液态水在叶气孔腔内转化为气态水，同时消耗热量，使叶片温度降低。当水分供应不足时，蒸腾耗水量和耗热量降低，作物叶片和冠层温度增加。因此，叶片和冠层的温度可以反映作物干旱胁迫状况。

单个叶片的温度与其所处位置有关。如面向太阳的叶片要比倾斜叶片的温度高，水平叶片比垂直叶片温度高。由于单个叶片温度难以反映作物整体干旱胁迫状况，而且测定不便，目前一般采用冠层温度作为作物整体干旱胁迫状况的评价指标。作为灌水标准的冠层温度指标主要有以下几种：

1）日温度胁迫指数。它是指缺水与不缺水时作物冠层温度的差值。一般认为，在一定时间内，当缺水地块作物的冠层温度平均值高于不缺水地块达到一定数值时（如1.0℃），作物需要灌水。

2）日缺水度。假定环境因素（水汽压、净辐射、风速等）在很大程度上可由空气温度来代表，利用午后作物冠层温度 T_c 与空气温度 T_a 的差值反映作物的干旱胁迫程度：

$$S_{DD} = T_c - T_a \tag{3.4}$$

式中：S_{DD} 为日缺水度，℃；T_c 为冠层温度，℃；T_a 为空气温度，℃。

S_{DD} 在某个阶段或全生育期中累积数值越大，表示作物受旱状况越严重。根据试验可以确定需要灌水的临界日缺水度值。

3）基于上下基线的作物干旱胁迫指数。冠层温度与气温差（$T_c - T_a$）很明显地受到除土壤水分状况以外的其他环境参数的影响，如空气饱和差、净辐射和风速等的影响，日温度胁迫指标和日缺水度不足以说明作物干旱胁迫在时间和空间上随环境的巨大变化，为此，一些学者提出了作物干旱胁迫指数的概念。

Idso 等认为，当充分供水时，作物冠层温度与气温的差（$T_c - T_a$）和空气饱和差（VPD）呈线性关系。因此，他们将充分供水时 $T_c - T_a$ 与 VPD 之间的这一线性关系定义为下基线（lower baseline）。随着作物根系层土壤水分的消耗，作物蒸腾速率减小，冠层温度升高，$T_c - T_a$ 与 VPD 之间关系的数据点就会位于下基线的上部。当蒸腾完全停止时，$T_c - T_a$ 将达到一个极限值——上基线（upper baseline），上基线依赖于空气温度而与 VPD 无关，一般在 1～5 之间。所以对任意给定的 VPD 就存在有 $T_c - T_a$ 的上限和下限值，根据测定的冠层温度 T_c、T_a 和 VPD 值，即可计算作物干旱胁迫指数 CWSI，如图 3.1 所示。

$$CWSI = BC/AC \qquad (3.5)$$

式中：BC 和 AC 的意义如图 3.1 所示。

CWSI 在 0～1 之间变化，充分供水时 CWSI = 0；严重缺水，作物蒸腾停止时，CWSI = 1。一般来说，当 CWSI > 0.3～0.4 时应对作物进行灌水。

4）基于相对蒸发蒸腾量的作物干旱胁迫指数。作物蒸发蒸腾对干旱反应敏感，当发生干旱时，作物蒸发蒸腾减少。因此，可以用相对蒸发蒸腾量的减少表示作物干旱胁迫状况，即

$$CWSI = 1 - ET_a/ET_m \qquad (3.6)$$

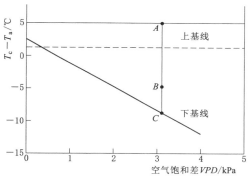

图 3.1　Idso 法计算作物干旱胁迫
指数（CWSI）示意图

式中：CWSI 为作物干旱胁迫指数；ET_a 和 ET_m 分别为缺水作物和充分灌溉作物的蒸发蒸腾量，mm 或 mm/d。

把计算 ET_a 和 ET_m 的 Penman - Monteith 模型［见式（4.68）］代入式（3.6），可得到以冠层温度为基础的作物干旱胁迫指数计算式：

$$CWSI = \frac{\gamma(1 + r_c/r_a) - \gamma^*}{\Delta + \gamma(1 + r_c/r_a)} \qquad (3.7)$$

其中　　　　　　　　　　　$$\gamma^* = \gamma(1 + r_{cp}/r_a)$$

r_c/r_a 的值可由下式给出：

$$\frac{r_c}{r_a} = \frac{\gamma r_a R_n/(\rho C_p) - (T_c - T_a)(\Delta + \gamma) - VPD}{\gamma[(T_c - T_a) - r_a R_n/(\rho C_p)]} \qquad (3.8)$$

式中：R_n 为地表净辐射，W/m^2；ρ 为空气密度，kg/m^3；C_p 为空气定压比热，$J/(kg \cdot ℃)$，一般取 $1013J/(kg \cdot ℃)$；γ 为湿度计常数；r_a 为空气动力学阻力，s/m；r_c 为冠层阻力，s/m；Δ 为饱和水汽压-温度曲线的斜率；r_{cp} 为充分供水条件下潜在蒸发蒸腾时的作物冠层阻力，s/m，一般取 $50\sim70s/m$；VPD 为空气饱和差，kPa；其余符号意义同前。

若土壤供水充分，无干旱发生时 $r_c \rightarrow r_{cp}$，则 $CWSI = 0$；严重干旱，作物气孔关闭，蒸腾停止时 $r_c \rightarrow \infty$，此时 $CWSI = 1$。即 $CWSI$ 在 $0\sim1$ 之间变化。一般来说，当中午 1：00 左右 $CWSI > 0.35\sim0.40$ 时应对作物进行灌水。该方法计算 $CWSI$ 需要已知净辐射、冠层温度、气温、空气饱和差和空气动力学阻力。

【例 3.1】 2020 年 7 月 10 日中午甘肃武威绿洲农业高效用水国家野外科学观测研究站监测的气温 T_a 为 30.23℃，玉米冠层温度 $T_c = 28.83℃$，地表净辐射 $R_n = 180W/m^2$，空气饱和差 $VPD = 2.12kPa$，湿度计常数 $\gamma = 0.055kPa/℃$，空气密度 $\rho = 0.94kg/m^3$，空气定压比热 $C_p = 1013J/(kg \cdot ℃)$，饱和水汽压-温度曲线的斜率 $\Delta = 0.17kPa/℃$，空气动力学阻力 $r_a = 52s/m$。请根据上述资料计算当地玉米的干旱胁迫指数 $CWSI$，并判断是否需要灌水。

【解】 步骤 1：根据式（3.8）计算 r_c/r_a：

$$\frac{r_c}{r_a} = \frac{\gamma r_a R_n/(\rho C_p) - (T_c - T_a)(\Delta + \gamma) - VPD}{\gamma [(T_c - T_a) - r_a R_n/(\rho C_p)]}$$

$$= \frac{0.055 \times 52 \times 180/(0.94 \times 1013) - (28.83 - 30.23) \times (0.17 + 0.055) - 2.12}{0.055 \times [(28.83 - 30.23) - 52 \times 180/(0.94 \times 1013)]}$$

$$= 2.047$$

步骤 2：计算 γ^*，其中充分供水条件下的作物冠层阻力 r_{cp} 定义为 $0.01s/m$，则

$$\gamma^* = \gamma(1 + r_{cp}/r_a) = 0.055 \times (1 + 0.01/52) = 0.055(kPa/℃)$$

步骤 3：把上述计算结果代入式（3.7），计算 $CWSI$：

$$CWSI = \frac{\gamma(1 + r_c/r_a) - \gamma^*}{\Delta + \gamma(1 + r_c/r_a)} = \frac{0.055 \times (1 + 2.047) - 0.055}{0.17 + 0.055 \times (1 + 2.047)} = 0.334$$

步骤 4：根据 $CWSI$ 的计算结果判断玉米是否需要灌水：因为 $CWSI$ 的值为 0.334，小于需要灌水的临界值 0.4，所以不需要灌水。

【答】 计算的当地玉米干旱胁迫指数 $CSWI$ 为 0.334，目前不需要灌水。

随着遥感技术的发展，20 世纪 60 年代开始，通过卫星遥感监测土壤水分来间接监测作物干旱胁迫状况，主要监测方法有：热惯量法、作物干旱胁迫指数法、植被指数距平法、植被供水指数法、植被状态指数法、温度状态指数法、温度植被干旱指数法、高光谱法、微波遥感法。不同的遥感监测方法应用范围不同，对于裸土一般采用热惯量法；作物覆盖下采用植被指数法。20 世纪 90 年代以来，国内外学者逐渐从卫星遥感监测土壤水分转变为直接遥感探测作物干旱胁迫状况，目前监测方法主要包括基于光谱反射率的水分光谱指数法和辐射传输模型。近年来，随着光谱和作物水分关系研究的不断深入，发展了许

多可以用来监测作物水分的光谱指数，包括干旱胁迫指数、归一化水分指数、全球植被水分指数、短波红外干旱胁迫指数等。

3.3　作物对涝渍胁迫的响应与排水要求
（Crop response to inundation and waterlogging stresses and its drainage requirement）

3.3.1　作物对涝渍胁迫的响应（Crop response to inundation and waterlogging stresses）

水分不足固然对作物生长不利，但水分过多对作物也有害。水分过多对作物的伤害为涝渍灾害。涝渍包含涝和渍两部分，涝是因降雨量过大，不能及时排出，以致农田积水，超过作物耐涝能力而形成，作物除根系受害外，地上的部分茎叶等器官也淹没在水中而受害。渍则是指土壤滞水或地下水位过高，排泄不畅，导致土壤水分经常处于饱和状态，作物根系活动层土壤含水量过高，大气与土壤内部的气体交换削弱或停止，作物根系处于严重缺氧的土壤中而受害。但涝渍在多数地区是共存的，有时难以截然分开，故而统称为涝渍或涝渍胁迫。

在涝渍胁迫下，作物受水分本身的危害较小，通过水分过多诱导产生的次生胁迫则严重影响作物的生长发育。由于液相取代气相而导致的氧气亏缺、二氧化碳和乙烯过剩等会对作物的形态结构、生理生化过程及产量组成等造成严重影响。另外，涝渍胁迫由于降低根系吸收能力和改变土壤养分形态还会引起部分养分亏缺和某些还原性离子过多两种胁迫。

任何作物都不能耐受长期的淹水缺氧环境。淹水后，根系是受害最早、最重的器官，根生长受抑制并多死亡，根系体积缩小，干重降低，分支和根毛减少，根尖变褐，根系逐渐变黑，甚至腐烂，导致作物严重倒伏。叶片生长速度降低，新生叶窄而长，叶鞘及叶片紫色或紫红色，并从下部叶开始变黄，逐渐向上推进，以致枯死脱落。株高、干重以及叶面积都不同程度降低，穗粒数和千粒重下降，产量减少。

涝渍胁迫对作物生理代谢的危害主要表现在气孔关闭，叶片萎蔫，导致光合和蒸腾作用下降，进而羧化酶活性降低，有机物合成与外运减少；有机物向根部运输受阻，离子主动吸收机制受到强烈抑制，离子比例失调，受淹植株都不同程度地表现出缺 N 和缺 P 症状，如叶片变黄，茎叶变成紫色等。叶中氧自由基增加、丙二醛积累，保护酶活性下降、质膜透性剧增、离子渗漏量增加，严重时蛋白质分解，原生质结构破坏而致死。

涝渍胁迫导致作物厌氧伤害，其原因主要有两方面：①缺氧降低了作物的生态需氧，引起土壤氧化还原电位降低，还原性物质（如 Fe^{2+}、Mn^{2+}、CH_4、H_2S 等）积累，直接毒害根系；②缺氧减少了作物的生理需氧，呼吸作用从有氧型变为无氧型，能荷降低；发酵产物乙醇、乙醛等积累，产生毒害；乳酸解离和液泡 H^+ 外渗等引起细胞酸中毒。现在多数认为缺氧条件下细胞质酸化是导致缺氧耐性较低的作物品种根尖细胞死亡的主要原因。同时无氧呼吸释放能量少，可溶性糖被大量消耗，而光合作用大大降低甚至停止，分解大于合成，生长严重受阻，甚至作物呼吸停止而死亡。

3.3.2 作物耐涝渍能力（Crop inundation and waterlogging tolerance）

作物对涝渍胁迫的忍耐程度用耐涝渍能力指标反映，较好的通气系统、不定根形成和皮孔增生等是耐涝渍能力强作物适应涝渍胁迫的普遍特征，因此是耐涝渍能力评价的重要指标。从作物本身考虑，存活率和耐涝渍胁迫萌发性是评价耐涝渍能力强弱的最直接标准。耐涝渍能力不同的作物其种子在涝渍胁迫下发芽情况差异极显著，长期涝渍胁迫下强耐涝渍性作物的存活率明显高于弱耐涝渍性作物。根系生长状况及活力与作物耐涝渍能力也有一定的相关性。

生理代谢的变化是作物适应涝渍胁迫的重要方式。耐涝渍能力不同作物的醇脱氢酶（ADH）活性、光合作用特性、气孔参数、根系淀粉含量以及保护酶系活性等指标在涝渍胁迫下差异显著。涝渍胁迫下作物叶片硝酸还原酶（NR）活性和细胞相对质膜透性差异显著，也可作为作物本身耐涝渍能力的评价指标。

作物耐涝渍能力的大小，随作物种类不同而异。水稻是水生作物，较大的细胞间隙在植株体内形成通气系统，能将叶部光合作用放出的氧输送到根部，故水稻能在有水层的条件下生长发育，但如长期水层过深，也会形成涝害或渍害。旱作物中一般需水多的作物、浅根作物耐渍能力较强，高秆作物比矮秆作物耐涝。作物在不同生育阶段的耐涝程度也不同，例如水稻在孕穗期受涝害最严重；抽穗期和拔节期次之；乳熟期、分蘖期和苗期的受涝害程度依次减轻。因此在充分掌握作物涝渍胁迫敏感期的基础上，还可能在涝渍胁迫不敏感时期适当减少不必要的排水，以进行淹水锻炼，提高后期的耐涝能力。

由于作物耐涝渍机制的复杂性，单个生理指标有明显的局限性，因此必须综合分析作物形态结构、生长、生理代谢反应等方面的变化，才能科学评价作物的耐涝渍性强弱。但由于国内外对作物耐涝渍性的研究较少，对耐涝渍性机理了解不够深入，对形态、生长和生理代谢指标间的关系了解不足，因此还有必要研究作物形态、生长和生理代谢各指标之间的关系，建立耐涝渍性作物品种筛选的指标体系。

1. 作物耐涝指标

田间受水淹达一定水深和持续一定时间，作物生长受抑制，严重时则死亡绝收。如淹水深度和淹水时间在作物忍耐范围之内能将水排出，作物生长不受显著影响，减产较少。根据各地经验，旱作物的耐涝指标见表 3.7。由表中可看出高粱是最耐涝的作物。水稻淹水过深、时间过长，也会影响生长发育和产量。雨季若能在作物耐涝范围内将水排出，可不致影响产量。

表 3.7　　　　　　　　　　　几种旱作物的耐涝时间和耐涝水深

作物种类	生育阶段	耐涝时间/d	耐涝水深/cm
棉花	花铃	1～2	5～10
玉米	抽穗	1～1.5	8～12
	孕穗—灌浆	2	8～12
	成熟	2～3	10～15
甘薯	—	2～3	7～10

作物种类	生育阶段	耐涝时间/d	耐涝水深/cm
高粱	孕穗	6～7	10～15
	灌浆	8～10	15～20
	乳熟	15～20	15～20
大豆	开花	2～3	7～10
水稻	分蘖	2～3	6～10
	拔节	5～7	15～20
	孕穗	8～10	20～30
小麦	分蘖—成熟	1	10
春麦	孕穗	1	10～15
	成熟	2～3	10～15

2. 作物耐渍指标

在农田中，地下水位过高，会使作物根层土壤含水量过高而产生渍害引起减产。各种作物在不同生育期有不同深度的根系活动层及其所要求的适宜土壤含水量。作物根系活动层内土壤含水量的大小与地下水埋深密切相关。在地下水位过高时，根系活动层内土壤含水量将超过土壤适宜含水量，地下水位过低时又将小于土壤适宜含水量，只有当地下水位保持一定深度范围时才符合作物生长发育要求，否则都将引起作物减产。表 3.8 的结果表明地下水埋深越大，根系密集层和主根越深，根量越多，活力也越强。由于根系发育较好，有利于地上部植株生长。

表 3.8 　　　　　　　　　　　　　**不同地下水埋深对根系的影响**

地下水埋深/m	根数	根长/cm	根色	枯萎老叶数
0.70	26.4	8.5	灰白色	2.0
0.63	22.6	6.9	灰白色	2.5
0.60	16.8	7.0	白色	3.0
0.59	16.2	7.4	浅黄色	3.0
0.35	11.4	6.6	棕黄色	4.0

据河南省人民胜利渠灌区的试验观测分析，棉花地夏季地下水埋深不到 0.3m 时几乎无收；地下水埋深从 0.3m 降到 1.0m 时，可增产皮棉 750kg/hm² 左右；从 1.0m 降到 1.5m，可增产 50% 左右；从 1.5m 降到 2.0m 时，还可增产 30% 左右，再往下降则增产不明显。适宜的地下水位不仅与作物种类、生育期有关，而且也决定于土壤的理化性质、土壤质地等。据国外资料，在不同质地的土壤上地下水位对作物产量的影响如图 3.2 所示。图中的所有曲线表明地下水位过高条件下，当地下水位下降时产量都有所增加，而且地下水位有一最优范围，当地下水位下降超过这一范围时则产量再次下降。地下水位的最优范围因土壤质地等不同而异，产量随地下水位升降变化的情形也各不一样。这一现象即可解释为当地下水位过高时地下水通过毛管作用或直接上升至根层，造成水分过多，土壤

气、热状况不良，相反水位过低时地下水又得不到利用，而地下水靠毛管力上升的高度又与土壤质地、孔隙状况及土体结构等有关的缘故。因此，不同地区不同土壤上各种作物不同生育期适宜的地下水埋深应通过试验和调查分析确定。

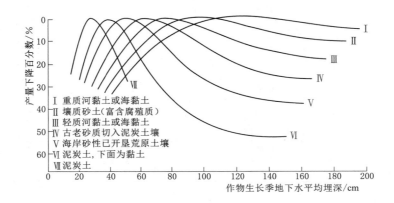

图 3.2　不同土壤作物产量随生长季地下水埋深的变化

水稻虽然需要在淹水条件下生长，但降低地下水位，适时协调稻田的水、肥、气、热条件，是进一步提高产量的重要措施。适宜的地下水位可以合理地调节稻田渗漏量，促进水分交换，改善通气条件，增加水稻根系活力，及时排除土壤中的有毒物质，又使水温、地温稳定，不至于过多地漏水漏肥。广东省水稻各生长期稻田的适宜地下水埋深见表 3.9。

表 3.9　　　　　　　　　广东省水稻各生长期稻田的适宜地下水埋深

生育期	适宜地下水埋深/cm	生育期	适宜地下水埋深/cm
前期	10～20	晒田阶段	30～60
中期	30～40	后期	20～40

稻田在淹灌期为了防渍需要一定的渗漏量，把满足水稻不受渍害影响的渗漏量称为适宜渗漏量，通常用每天渗漏的水层厚度即渗漏强度表示。该指标与水稻种类和生育期、土质、土壤中有毒物质的种类、浓度及农业措施等有关（表 3.10）。

表 3.10　　　　　　　　　南方部分地区稻田适宜渗漏量

单位	稻别	生育前期 /(mm/d)	生育中期 /(mm/d)	生育后期 /(mm/d)	备注
江苏省水利科学研究院	晚稻	10	>10	<10	
上海市农业科学院	早稻	3～5	9～15	9～15	田测法，产量 7500kg/hm^2 以上
江西省水利科学院	早、晚稻	3	14	14	坑测法
广东省水利科学研究院	早稻	8～10	18～20	18～20	坑测法
	晚稻	8～10	8～10	18～20	

作物的耐渍指标，是农田排水设计和管理的重要依据，它随作物种类和生育阶段不同

而异。在受渍害的土地上，无论作物、牧草和林木都难以生长。过高的地下水位，应在作物能忍受的时间内降至允许的深度。防治渍害要控制地面水，还应降低地下水位。一般旱作物的耐渍能力较低，要求受渍时间较短，要求地下水适宜埋深也较大。据华北、长江流域一带调查和试验取得的主要作物耐渍指标见表 3.11。

表 3.11　　　　　　　　　　　主要作物耐渍指标

作物	生长期	生长期要求的地下水埋深/cm	短期允许的地下水埋深/cm	允许受渍（雨后降至短期允许埋深）天数/d
小麦	生长前期	80～90	60～80	15
	生长后期	100～120	90～100	8
玉米	幼苗—拔节	50～60	40～50	6～8
	拔节—成熟	80～100	60～80	3～4
棉花	幼苗—现蕾	60～80	40～50	3～4
	现蕾—吐絮	110～150	70～80	6～7
高粱	幼苗—拔节	50～60	30～40	12～15
	抽穗—成熟	80～100	50～60	10～12
大豆	幼苗—花芽分化	60～80	30～40	10～12
	开花结荚—成熟	80～100	50～60	8～10

3.3.3　作物应对涝渍胁迫的排水要求（Crop drainage requirement under inundation and waterlogging stress）

涝渍胁迫对作物危害很大，轻则减产，重则死亡。防御涝渍胁迫最为有效的措施当属兴修水利，及时让降水排出去，不至于作物长期受淹或土壤持水量处于较高水平。为使作物不受涝渍的危害，应根据作物的耐涝渍能力，尽快在一定时间内排除地面涝水或土壤滞水。农田排水措施有工程措施、耕作措施和生物措施等。工程措施包括地面排水（明沟）、地下排水（暗沟、暗管、鼠道等）和竖井排水等。关于排水系统的规划设计将在第 12 章具体介绍。耕作措施，如垄沟、开沟作畦（高畦深沟、沟洫台田）和中耕松土等，可以加强地面径流或土壤蒸发，减少土壤水分过多对作物的危害。生物措施主要是指通过种植根系深、耗水多的农作物或树木来降低地下水位，又称生物排水。以上各种排水措施各有优缺点，应根据当地具体情况和条件合理采用。

3.4　作物对盐分胁迫的响应与控盐要求
（Crop response to salt stress and salt control requirement）

我国是土壤盐渍化比较严重的国家，主要分布于东北平原、黄淮海平原、西北内陆干旱区、黄河河套和东南沿海的 19 个省（自治区、直辖市）；面积大、分布广、类型多，对区域农业发展构成了严重的威胁。了解作物对盐分胁迫的响应与控盐要求是科学治理和利用盐渍化土壤的重要基础。

3.4.1 作物对盐分胁迫的响应与耐盐性（Crop response to salt stress and its salt tolerance）

1. 盐分过多对作物的伤害

作物遭受盐害的外观症状是新叶生长速率减慢，大量老叶特别是叶尖呈焦褐色，然后相继死亡。从生理上讲，盐害一般可分为两类，即原初盐害和次生盐害（图3.3）。原初盐害又包括直接原初盐害和间接原初盐害。直接原初盐害主要指盐分胁迫对质膜的直接影响。质膜是外界盐分进入细胞的第一道屏障。质膜受到盐分胁迫后，将发生一系列的胁变，它的组分、透性、运输、离子流都会受到影响而发生变化，使膜的正常生理功能受到伤害。现在认为，这种膜伤害主要表现在膜脂过氧化作用增强、质膜ATP酶活性下降等。质膜产生胁变以后，即进一步影响细胞的代谢，在不同程度上破坏细胞的生理功能，这就是间接原初盐害。

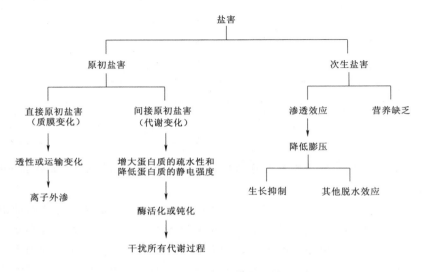

图3.3 盐分胁迫对作物的伤害

次生盐害是由于土壤盐分过多，提高了土壤溶液的浓度，使土壤水势降低，对作物产生渗透胁迫，造成吸水困难，严重时引起作物细胞脱水。轻则生长不良，重则导致作物体死亡。另外，由于离子间的竞争引起的某些营养元素（如钾）缺乏，可进一步干扰作物的新陈代谢。

2. 作物的耐盐性及其影响因素

作物耐盐性，即作物正常生长所能承受土壤盐分最大含量的能力，取决于作物种类、品种、生育阶段，土壤的物理性质、肥力状况、盐分组成和气候条件等。它是制定盐渍土改良标准的依据，也是因地种植、充分发挥盐渍土生产潜力的依据。影响作物耐盐性的主要因素如下：

（1）盐分类型。作物耐盐性大小与盐分种类有关，不同盐类对作物的毒害作用不同，即同一种作物对不同盐类的抵抗能力不同。从表3.12可以看出，玉米对 Na_2CO_3 的抗性最小，其次为 NaCl，最大的抗性是 $MgSO_4$；小麦对 $MgSO_4$ 的抗性最小，其次为 $MgCl_2$，最大的抗性是 NaCl。

表 3.12　　　　　　　　　　　不同盐类对不同作物的毒性程度

等级	白羽扇豆	苜蓿	小麦	玉米	高粱	燕麦	棉花	甜菜
1	$MgSO_4$	$MgSO_4$	$MgSO_4$	Na_2CO_3	$MgCl_2$	$MgSO_4$	$MgSO_4$	$MgSO_4$
2	$MgCl_2$	$MgCl_2$	$MgCl_2$	$NaCl$	$MgSO_4$	$MgCl_2$	$MgCl_2$	$MgCl_2$
3	Na_2CO_3	Na_2CO_3	Na_2CO_3	$NaHCO_3$	Na_2CO_3	Na_2CO_3	Na_2CO_3	Na_2CO_3
4	$NaHCO_3$	Na_2SO_4	$NaHCO_3$	Na_2SO_4	$NaHCO_3$	$NaHCO_3$	Na_2SO_4	$NaHCO_3$
5	Na_2SO_4	$NaCl$	Na_2SO_4	$MgCl_2$	Na_2SO_4	Na_2SO_4	$NaCl$	Na_2SO_4
6	$NaCl$	$NaHCO_3$	$NaCl$	$MgSO_4$	$NaCl$	$NaCl$	$NaHCO_3$	$NaCl$

注　等级越大，毒性越小。

（2）土壤水分与地下水。土壤水分直接影响土壤的盐溶液浓度。有研究表明，当土壤含水量为田间持水量的 60％时，即使土壤含盐量达到 0.4％（占干土重的百分数），某些小麦、大麦品种仍能全部发芽。地下水位的高低因影响土壤含水量和根系对地下水的吸收以及土壤含盐量的变化，从而影响作物生长。一般地下水矿化度越高，所要求的地下水埋深越大。

（3）大气因素。一般情况下，高湿度可以降低作物的蒸腾，缓和由盐度所产生的一些水分不平衡效应。另外，在湿润条件下，作物的鲜重/干重比率将会增大，从而减少作物体内电解质的浓度，使作物避免盐害。许多作物在干、热条件下生长的耐盐性比湿、冷条件下差，大气湿度高能增加作物的耐盐性。温度可以影响作物对盐的吸收和运输、蒸腾作用以及整个生化过程，因而对作物的耐盐性有一定影响。大多数情况下，低温可以增大作物的耐盐性，而高温则起相反作用。辐射对作物耐盐性影响的一般规律是，高光强降低作物的耐盐性，低光强可以提高作物的耐盐性。CO_2 是作物光合作用的原料，空气中 CO_2 的浓度为 400ppm❶ 左右，如果适当提高 CO_2 的浓度，不但可以提高作物的净光合速率，还可以降低作物的盐害，相对提高作物的耐盐性。

综上所述，作物的耐盐性不是一成不变的。这就要求，在开发利用盐碱地时，要根据盐碱地类型、地下水、气候条件等确定种植结构及其栽培管理措施。

3. 作物耐盐性指标

作物耐盐性指标一般用耐盐度表示，通常以作物停止生长或坏死，边缘灼伤，继而失去膨压、落叶和最后植株死亡，作为作物生存极限盐度指标。不同作物的耐盐度相差很大，如对有一定耐盐性的甜菜种子的萌发，0.5％NaCl 即可产生抑制作用，而盐生作物种子在 10 倍于这种浓度的 NaCl 中也可以萌发。一般豆类作物（如豌豆、菜豆）的生存极限盐度较低，禾本科草本作物（如黑麦、燕麦、小麦、大麦等）中等，一些牧草和经济作物（如苏丹草、苜蓿、向日葵、甜菜和饲用甜菜）较高。

作物耐盐度大小与其生育阶段也有一定关系。同一作物不同生育阶段其耐盐度不同。番茄和棉花苗期的耐盐度都比较小，孕蕾期耐盐度增大，到开花期则又降低。水稻也会随生长发育过程而失去对盐分的敏感性，在孕穗期以后对盐不再敏感。但大麦幼苗阶段较之萌发过程对盐分要敏感得多。我国河北、山东盐渍土地区各种作物及其不同生育期的耐盐度见表 3.13。

---

❶　1ppm＝0.0001％。

表 3.13　　　　不同作物苗期和生育盛期的耐盐度（耕层 0～20cm 内的土壤含盐量）　　单位：g/kg

耐盐性	作物种类	苗期	生育盛期
强	甜菜	5.0～6.0	6.0～8.0
	向日葵	4.0～5.0	5.0～6.0
	蓖麻	3.5～4.0	4.5～6.0
	穄子	3.0～4.0	4.0～5.0
较强	高粱、苜蓿	3.0～4.0	4.0～5.5
	棉花	2.5～3.5	4.0～5.0
	黑豆	3.0～4.0	3.5～4.5
中等	冬小麦	2.2～3.0	3.0～4.0
	玉米	2.0～2.5	2.5～3.5
	谷子	1.5～2.0	2.0～2.5
	大麻	2.5	2.5～3.0
弱	绿豆	1.5～1.8	1.8～2.3
	大豆	1.8	1.8～2.5
	马铃薯、花生	1.0～1.5	1.5～2.0

4. 提高作物耐盐性的途径

应用传统方法和基因工程等方法培育耐盐品种，是提高作物耐盐性的根本途径，但目前还难以奏效。因此，应用化学药剂诱导、施肥以及其他各种栽培管理措施提高作物耐盐性就成为必要。

例如，播前采用逐渐提高盐浓度的浸种法进行种子处理，可以提高作物的耐盐性，已成功应用于棉花等作物上。利用一定浓度的微量元素处理作物种子或作基肥、追肥施用，也可以提高其耐盐性。采用外源脱落酸（ABA）叶面喷施水稻幼苗、吲哚乙酸（IAA）处理小麦种子以及采用赤霉素（GA）、细胞分裂素（CTK）均可以提高作物的耐盐性。盐胁迫条件下，接种丛枝菌根真菌（AMF）处理的玉米，其耐盐性也明显提高。

3.4.2　盐渍土的控盐排水要求（Requirements for salt control and drainage of salt - affected soils）

在盐碱地或地下水矿化度较高的地区，除考虑一般治涝除渍外，还应考虑防治土壤盐渍化的要求，地下水位要严格控制在临界深度以下，或者满足一定的地下水位降落速度与地下水排蒸比要求。

1. 地下水临界深度

地下水临界深度是指防止土壤发生盐渍化的最小地下水埋深，它随气候、土壤性质和地下水矿化度而异，也受灌溉和排水技术措施以及农业耕作措施等人为因素影响，所以地下水临界深度是变化的。必须根据各地的实际条件来确定，或在当地进行试验测定。

在生产实际中，一般用毛管水强烈上升高度 h_s 确定地下水临界深度 h_k，即

$$h_k = h_s + h_c \tag{3.9}$$

式中：h_c 为安全超高，m，在地下水矿化度、灌溉排水、农业耕作等技术措施较差的地

区可采用根系活动层深度。

根据河南、山东、河北、内蒙古等地经验，现行农田排水工程技术规范提出的临界深度见表 3.14。在蒸发强烈地区，地下水临界值宜取较大值，反之宜取小值。

表 3.14　　　　　　　　　　　　地下水临界深度　　　　　　　　　　　　单位：m

土壤质地	地下水矿化度/(g/L)			
	<2.0	2.0～5.0	5.0～10.0	>10.0
砂壤、轻壤	1.8～2.1	2.1～2.3	2.3～2.6	2.6～2.8
中壤	1.5～1.7	1.7～1.9	1.8～2.0	2.0～2.2
重壤、黏土	1.0～1.2	1.1～1.3	1.2～1.4	1.3～1.5

2. 地下水位降落速度

为防止土壤次生盐渍化，地下水位的降落速度必须达到一定标准，即要求在一定时间内，将地下水位从某一起始埋深排降到适宜的控制深度，达到抑制土壤返盐的目的。对于盐渍化地区，汛期内土壤在降雨的淋洗作用下处于脱盐状态，这个时期的地下水控制应以满足防渍要求为标准；而在春、秋季返盐期内则应以防止土壤过量积盐为依据，在允许的排水时间内将地下水位降至临界深度。根据我国一些盐渍化地区的排水试验结果，采用 8～15d 将灌溉或降雨引起升高的地下水位降至临界深度，一般可取得较好的防治效果。

3. 地下水排蒸比

排蒸比（η）是指从土壤中排出的重力水与蒸发蒸腾的水量之比。在盐渍化地区的排水地段内，地下水位动态主要受作物蒸发蒸腾和排水的影响而降落，于是提出用适宜的排蒸比作为盐碱地的排水标准。

灌溉、冲洗或降雨的水量向土壤入渗前和人工排水以后，原始地下水位以上整个土壤剖面的盐量平衡方程可表示为

$$M_i W_i + S_b = M_0 W_d + M_\omega W_e + S_a \tag{3.10}$$

式中：M_i、M_0、M_ω 分别为入渗水、原始地下水和入渗后上层地下水的矿化度，kg/m^3；W_i、W_d、W_e 分别为引起地下水位上升和降落过程中单位面积的入渗水量、排水量和地下水蒸发量，m^3/hm^2；S_b、S_a 分别为入渗水淋洗土壤前、后单位面积内整个土壤剖面内的总含盐量，kg/hm^2。

令 $\Delta S_d = S_b - S_a$，为淋洗脱盐量。设入渗前和排水后的整个土壤剖面内总含水量变化不大，则可以认为 $W_i \approx W_d + W_e$。根据排蒸比的定义可将式（3.10）改写为如下形式：

$$\eta = \frac{W_d}{W_e} = \left(\frac{M_i}{M_\omega} + \frac{\Delta S_d}{M_\omega W_e} - 1 \right) \frac{M_\omega}{M_0 - M_i} \tag{3.11}$$

令：$\Delta S_e = M_\omega W_e$ 为蒸发积盐量；$G = \Delta S_d / \Delta S_e - 1 = (\Delta S_d - \Delta S_e) / \Delta S_e$ 为有效脱盐量与蒸发积盐量的比值，简称脱盐比；$R = M_i / M_0$ 为来自灌溉或降雨的入渗水矿化度与原始地下水矿化度之比。近似采用 $M_\omega = (M_0 + M_i)/2$，则式（3.11）经变化整理后有如下形式：

$$\eta = \frac{W_d}{W_e} = \frac{2R + G(1+R)}{2(1-R)} \tag{3.12}$$

若无淋洗要求，可取 $G = 0$，此时，$\eta = R/(1-R)$。由于一个地区的灌溉水和原始地

下水的矿化度不难取得，因而 R 值比较容易确定。但脱盐比 G 的确定比较复杂，该值与土壤物理特性、土壤中的原始含盐量和盐分类型、历次淋洗的脱盐率等水盐动态的机理，以及要求的改良时间等因素有关。一般来说，地下水矿化度高的地区，土壤盐渍化程度较重，相应的淋洗脱盐率也高，G 值应取大一些，如改良时间稍长，则 G 值可适当小一些；对于蒸发量大的地区，为防止土壤积盐过快，G 值取大一些较好；但对于防止土壤次生盐渍化的良好耕地来说，主要是维持土壤盐分的相对稳定，不一定要求整个土壤剖面内脱除盐分，故 G 应取小一些，甚至可取 $G=0$；对于改良盐碱化地区，一般要求 G 值在 1 左右，较高要求 G 值在 2 左右。由于各类地区条件复杂，要求采用的排水标准不同，排蒸比 η 的变化范围较大。根据防盐、改盐对脱盐比的不同要求，表 3.15 给出了 G 取 0、1、2 时相应 η 值的计算结果。

表 3.15　　　　　　　　　　　　G 值的选用及相应 η 值的计算结果

R	η		
	$G=0$	$G=1$	$G=2$
0.50	1.00	2.50	4.00
0.40	0.67	1.83	3.00
0.30	0.43	1.36	2.30
0.20	0.25	1.00	1.75
0.10	0.11	0.72	1.33
0.05	0.05	0.61	1.16
≈ 0.0	≈ 0.0	≈ 0.50	≈ 1.0

4. 冲洗定额与冲洗排水量

为达到脱盐标准，每单位面积上所需的冲洗水量即为冲洗定额。冲洗定额大小与冲洗前土层含盐量、盐分在土壤中的分布状况、冲洗脱盐标准、土壤理化性质、冲洗水的水质以及水文地质条件和排水条件等有关。由于影响因素复杂，最好由试验确定冲洗定额。在缺乏试验和调查资料时，可用下式估算：

$$M = M_1 + M_2 + E - P \tag{3.13}$$

式中：M 为冲洗定额，mm；M_1 为在计算冲洗层内，田间持水量与冲洗前土壤储水量之差，mm；M_2 为排除冲洗层过多盐分所需的水量，也是需要通过排水措施排除的水量，故又称为冲洗排水量，mm；E 为冲洗期内蒸发损失的水量，mm；P 为冲洗期内可利用的降水量，mm。

冲洗排水量 M_2，我国常用排盐系数法计算，即

$$M_2 = \frac{1000 H \gamma_d (S_0 - S_a)}{K_d} \tag{3.14}$$

式中：H 为要求的或计划要达到的脱盐深度，m；γ_d 为计划冲洗层土壤的平均干容重，kg/m³；S_0、S_a 分别为冲洗前的土壤含盐量和冲洗后要求达到的土壤含盐量，以占干土重的百分数表示，一般麦类作物为 $0.1\% \sim 0.3\%$，棉花为 $0.2\% \sim 0.4\%$，土壤盐分组成以氯盐为主时取低值，以碳酸盐为主时取高值；K_d 为排盐系数，即单位冲洗水量所能排

除的土壤盐量，kg/m³，它取决于土壤初始含盐量、盐分组成及水文地质条件等，一般初始土壤含盐量越大，其值也越大，排水沟深度越深、间距越小，其值越大，具体由试验确定。

【例3.2】 新疆阿拉尔市某玉米地为达到播种标准需进行冲洗脱盐，土壤质地为砂壤土，播前土壤含水量 θ_w 为 $0.18\text{cm}^3/\text{cm}^3$，田间持水量 θ_F 为 $0.30\text{cm}^3/\text{cm}^3$，干容重 γ_d 为 1.4g/cm^3，根区平均土壤含盐量 S_0 为 0.32%（土壤质量比，下同），排盐系数 K_d 为 30kg/m^3。为保证出苗率，需保证60cm土层深度的平均含盐量 S_a 低于 0.10%，冲洗期内蒸发损失约3mm，未发生降水。试求冲洗定额 M。

【解】 步骤1：计算田间持水量与冲洗前土壤储水量之差 M_1：
$$M_1 = (\theta_F - \theta_w)H = (0.30 - 0.18) \times 600 = 72 \text{(mm)}$$

步骤2：计算冲洗排水量 M_2：
$$M_2 = \frac{1000H\gamma_d(S_0 - S_a)}{K_d} = \frac{1000 \times 0.60 \times 1.4 \times 1000 \times (0.32\% - 0.10\%)}{30} = 61.6 \text{(mm)}$$

步骤3：计算冲洗定额 M：
$$M = M_1 + M_2 + E - P = 72 + 61.6 + 3 - 0 = 136.6 \text{(mm)}$$

【答】 该玉米地的冲洗定额为136.6mm。

3.5　作物对养分胁迫的响应与水肥一体化调控
（Crop response to nutrient stress and integrated regulation of water and fertilizers）

3.5.1　作物对营养胁迫的响应及养分需求（Crop response to nutrient stress and nutrient demand）

作物吸收的营养物质主要是无机化合物，包括碳、氢、氧、氮、磷、钾、硫、镁、钙、铁、锌、锰、铜、钼、硼、氯等16种元素。它们的来源和状态不同，碳来自空气中的二氧化碳，氢来自水，氧来自空气中的二氧化碳和氧气、还有土壤中的水，其他的一切营养元素都来自土壤（图3.4）。它们多以离子状态，通过根叶进入作物体内。

作物从土壤里吸收的营养元素的需要量是不一样的，对氮的需要量最大，磷次之，钾再次之，其他的就更少了，最少的是锌、锰、铜、硼、钼等，这些一般称为微量元素。土壤里的各种元素的含量因土壤类型而异，肥沃的土壤所含的营养元素较多，特别是氮、磷、钾都比较丰富，而瘠薄的土壤所含的营养元素则比较少，甚至某些土壤的某一元素特别多，或者某一元素特别少。在某些营养元素不足的情况下，作物就生长不好。只有人为地施入所缺少的营

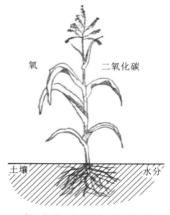

氧　　二氧化碳

土壤　　水分

氮，磷，钾，硫，镁，钙，锌，锰，铁，
铜，钼，硼，氢，氧，氯

图3.4　作物从土壤和空气中
吸收的元素

养物质，作物才能获得高产。不同作物对各种矿质元素的需求也不完全一样，所有的作物，没有不需要氮、磷、钾、硫、镁、钙、铁、锌、铜的。

氮是作物体内许多重要有机化合物的组分，如蛋白质、核酸、叶绿素、酶、维生素、生物碱和一些激素等都含有氮素。氮素也是遗传物质的基础。在所有的生物体内，蛋白质最为重要，它常处于代谢活动的中心地位。

磷是构成大分子物质的结构组分，是核酸和核蛋白、磷脂等多种重要化合物的组分，积极参与碳水化合物代谢、氮素代谢、脂肪代谢等作物体内的代谢，对提高作物抗旱和抗寒等抗逆性以及适应能力有重要作用。

钾有高速透过生物膜且与酶促反应关系密切的特点。它能促进叶绿素合成，改善叶绿体结构，促进叶片对 CO_2 的同化；还能促进光合产物运输，激化酶的活性，促进有机酸代谢，增强作物抗旱、抗高温、抗寒、抗盐、抗病、抗倒伏、抗早衰等性能。

硫是半胱氨酸和蛋氨酸的组分，因此也是蛋白质的组成，在蛋白质合成和代谢中起重要作用；在光合作用电子传递和叶绿体中酶的激活以及硫酸盐还原、N_2 还原和谷氨酸的合成等方面也有重要作用，对提高作物抵御干旱、热害和霜害等灾害的能力有重要意义。

镁在叶绿素合成和光合作用中起重要作用，当镁原子与叶绿素分子结合后，才具备吸收光量子的必要结构，才能有效地吸收光量子进行光合碳同化反应。镁作为核糖体亚单位联结的桥接元素，能保证核糖体稳定的结构，为蛋白质的合成提供场所，能激活作物体内若干种酶的活性及功能。

钙能稳定生物膜结构，在作物对离子的选择性吸收、生长、衰老、信息传递以及作物的抗逆性等方面有着重要作用。同时，钙对稳固细胞壁、促进细胞伸长和根系生长，参与第二信使传递，起渗透调节和酶促作用。

铁是作物叶绿素合成所必需的，参与作物体内氧化还原反应和电子传递以及作物呼吸作用；锌是作物某些酶的组分或活化剂，参与生长素代谢、光合作用中 CO_2 的水合作用，促进蛋白质代谢以及生殖器官发育，提高抗逆性；铜参与作物体内氧化还原反应，构成铜蛋白并参与光合作用，参与氮素代谢，影响固氮作用，还会促进花器官的发育。

不同作物或同一作物的不同品种的养分需求不同；作物不同，所需养分的形态不同；同一作物在不同生育期的养分需求也不同。谷类作物对各种元素的需要比较均匀，薯类作物需要较多的钾，叶菜类蔬菜需要较多的氮。作物在整个生育期内，对各种营养元素的需求量是不同的，在营养生长时期，需要较多的氮，而生育后期则需要较多的磷，因此农业上想夺得高产，不是施肥越多越好，而是必须根据土壤成分、作物种类以及生长状况予以补充。

3.5.2　作物营养胁迫诊断与施肥（Diagnosis of crop nutritional stress and fertilization）

3.5.2.1　作物营养胁迫诊断

营养元素是作物正常生长的物质基础，种植作物要想得到连年丰产，就必须根据作物对各种营养元素的需要和土壤的供应状况，用施肥的方法适当地给以补充。施肥量一般采用土壤分析、作物分析、观测作物的生长状况和施肥试验等方法确定。

作物缺乏某一元素所表现出的症状是能观察出来的。水稻缺氮时，叶片淡绿，氮肥充足时叶片浓绿。玉米生长后期缺氮，下部的叶色变黄，从叶尖开始沿着中脉向下发展，最后尖端枯萎。生长在石灰质较多的土壤上的苹果、桃等果树缺铁时，枝条顶端的幼叶常有明显的缺绿现象；这种土壤中缺锌时，果树的幼叶生长缓慢或停止生长。但在大田作物中很少出现这种现象，这并不一定说明已经满足了对各种元素的需要。因此，还必须采用其他方法配合起来，才能确定营养条件是否合适。

　　作物体内的元素含量，在一定程度上可以反映作物的营养状况，一般来说，某一营养元素缺乏时，体内的含量也少些。因此，作为营养诊断方法除观察作物生长状况外，还可以分析作物体内营养元素的多少。含量过低，证明营养条件不能满足作物的需要，有些元素含量过多可能造成危害（表 3.16）。以氮素而论，它是以铵态和硝酸态被根部吸收进入作物体内的，这些物质经过作物各部分的输导组织，运送到可以合成蛋白质的地方。硝酸态氮在作物体内的分布是根部含量最多，地上部渐少。在白天光合作用很强，硝酸态氮被转化为蛋白质，所以叶内的硝酸态氮较少。如果想用硝酸态氮作为氮素营养指标，最好是在白天分析上部的叶片。当氮素供给水平高时，作物体内以酰胺态氮储存起来，所以生产上常用酰胺的含量作为施用氮肥的指标。

表 3.16　　　　　　　　**各种营养元素在不同作物中的正常或异常含量参考值**

元素种类	作物名称或部位	生育期	与生长状况有关的含量（占干物质重的％或 mg/kg）		
			缺乏	正常	过量
碳	各种整株作物	成熟期		44％	
氢	各种整株作物	成熟期		6％	
氧	各种整株作物	成熟期		44％	
氮	苹果叶	生长季中期	<1.48％	1.65％～1.80％	
	桃树叶	生长季中期		3.50％	
磷	苹果叶	生长季中期	<0.10％	0.12％～0.39％	
	桃树叶	生长季中期	<0.11％	0.14％～0.34％	
	大豆叶	开花期	0.19％	0.27％	
	番茄叶	刚成熟	0.10％～0.18％	0.44％～0.90％	
钾	苹果叶	生长季中期	0.45％～0.93％	1.53％～2.04％	
	玉米叶	—	0.58％～0.78％	0.74％～1.49％	
	番茄叶	4—5 月	0.28％～1.44％	1.40％～2.40％	
钙	苹果叶	—	0.56％	1.10％	
	玉米整体	拔节孕穗	0.18％～0.32％	0.38％～0.42％	
	大豆下部叶	开花中期		3.40％	
	番茄叶	移栽后 65d	0.79％～0.96％	0.82％～1.78％	
镁	苹果叶	7 月	0.02％～0.33％	0.21％～0.53％	
	玉米叶	—	0.07％	0.20％	
	马铃薯叶	7 月	0.16％～0.33％	0.40％～0.86％	
硫	玉米上部	—	0.04％	0.08％	
	桃树叶	5—9 月		0.18％	0.3％～0.35％
	大豆上部	—	0.14％	0.23％	

元素种类	作物名称或部位	生育期	与生长状况有关的含量（占干物质重的%或mg/kg）		
			缺乏	正常	过量
铁	甜玉米	乳熟期	24～56mg/kg	56～178mg/kg	
	大豆上部	出苗后34d	28～38mg/kg	44～60mg/kg	
	番茄幼苗	—	93～115mg/kg	107～250mg/kg	
硼	苹果叶	—	15～20mg/kg	25～34mg/kg	
	桃树叶	春季	11～19mg/kg	17～40mg/kg	91～196mg/kg
	甜菜叶	—	6～13mg/kg	10～44mg/kg	
	番茄叶	7—8月		34～150mg/kg	263～1416mg/kg
	玉米叶	10月		27～72mg/kg	179mg/kg
锰	苹果叶	7月	2～18mg/kg	25～50mg/kg	
	大豆叶	出苗后30d	2～3mg/kg	14～102mg/kg	173～999mg/kg
	番茄叶	10月	5.6mg/kg	70～398mg/kg	
	番茄果实	10月	0.2mg/kg	2mg/kg	
锌	苹果叶	—	3～22mg/kg	6～40mg/kg	
	玉米叶	开花期	9mg/kg	31～37mg/kg	
	番茄叶	结果期	9～15mg/kg	65～198mg/kg	526～1489mg/kg
铜	苹果叶	—	2～3mg/kg	5～6mg/kg	
	番茄叶	—		3～12mg/kg	
钼	玉米叶	—		1mg/kg	
	棉花叶	出苗后65d	0.5mg/kg	113mg/kg	
	番茄叶	移栽后8周	0.13mg/kg	0.68mg/kg	

3.5.2.2 作物合理施肥的原则与施肥量确定

1. 作物合理施肥的原则

作物生长要从土壤中吸收营养物质，因此就必须不断地用施肥的办法加以补充，否则营养物质会继续减少，产量就不断下降。一般根据作物种类和生育时期对肥料需要的特性、土壤结构和肥力、肥料种类和性质进行施肥。

肥料的种类很多，如有机肥料与无机肥料、天然肥料与化学肥料、固体肥料与液体肥料、常量元素肥料与微量元素肥料。不同肥料必须采用不同的施肥技术。肥料的使用方法基本上可以分为两大类：一类是土壤施肥，由作物根系吸收；另一类是根外施肥，喷洒在地上部，由茎叶来吸收。从肥料的状态来看，还可以分为固体、液体和气体三种。固体肥料施到土壤里必须溶解在水中作物才能吸收。液体肥料如氨水一定要用水稀释才能使用，否则会对作物造成伤害。气体肥料如二氧化碳，目前只能在温室或塑料大棚内使用。

土壤施肥一般分为表层施肥与深层施肥两种方法。硫酸铵、硝酸铵、尿素等氮素肥料，为了避免反硝化作用或转化为气体损失掉，最好施在深层，铵离子易被土壤颗粒吸附，不易流失。磷肥和钾肥在土壤里向下运移很慢，所以在表层施用效果不大，如果土壤表层湿度较大，根系也能吸收。根外喷施的肥料最常用的是微量元素，因为作物对微量元素的需要量极少，喷在作物的茎叶上被吸收后就够用了。

2. 作物施肥量的确定

肥料施用与作物产量的关系，多年来就为科学工作者所重视。农业化学家李比希（J. V. Liebig）提出了最小养分律，即如果土壤中某一必需养分不足，即使其他各种养分充足，作物产量也难以提高。也就是说，作物产量是受最小养分所支配。与"最小律"相对应的有"最大律"，即养分过多会限制作物产量的提高，甚至减产。例如土壤缺氮，如不断增施氮肥，产量会不断增加，但增产达到某种程度后，再继续增施氮肥，产量非但不能增加，反而会下降。

在上述研究的基础上，又发展了米采利希（E. A. Mitscherlich）方程，简称为米氏方程。由于土壤中最缺的养分不断地增加与产量的增加并非成正比，米采利希在此基础上，用数学公式阐明作物养分与产量的关系。该定律简述为：作物各生长因子如保持适量，仅有一个生长因子在改变（dx），此生长因子增加所增加的作物产量 $\left(\dfrac{dy}{dx}\right)$，和该生长因子增加至极限时所得到的最高产量（$Y_{max}$）与原有产量（$y$）之差成正比，即

$$\frac{dy}{dx} \propto (Y_{max} - y) \tag{3.15}$$

或

$$\frac{dy}{dx} = c(Y_{max} - y) \tag{3.16}$$

式中：c 为比例常数，又称为效应常数。

对式（3.16）进行积分，可得

$$\lg(Y_{max} - y) = \lg Y_{max} - cx \tag{3.17}$$

如种子和土壤中原含有效养分为 B，则

$$\lg(Y_{max} - y) = \lg Y_{max} - c(x + B) \tag{3.18}$$

式中，Y_{max} 和 c 可通过田间试验求得，根据德国科学家的试验资料，N、P_2O_5、K_2O 的效应系数分别为 0.122、0.60 和 0.93，产量的单位是 $100kg/hm^2$。

此后，又提出了费佛尔（Pfeiffer）方程，即作物产量与施肥量之间的抛物线方程：

$$y = a + bx + cx^2 \tag{3.19}$$

式中：a 为不施肥的产量水平；b、c 为效应系数。

费佛尔方程表明，当施肥量很低时，作物产量与施肥量呈线性关系，当施肥量超过最高产量所需的用量时，产量非但没有增加，反而会下降。

根据这些方程，可以确定一定目标产量下的需肥量，作为养分管理的依据。但是，这些方程也有很大的局限性，例如同样的施肥总量，但在不同阶段施用对产量的效应是不同的。因此，在生产实际中常采用非常简单的养分平衡法计算作物目标产量下的需肥量，其基本原理是作物的养分吸收量等于土壤本底与施肥二者养分供应量之和。施肥量与肥料养分供应量不完全相同，在土壤养分中，仅有部分养分被当季作物吸收利用，因此还要考虑肥料利用率等因素。该方法是以土壤养分测试为基础来确定施肥量，其计算式为

$$F = (F_y - F_s)/(f_f \times \eta_f) \tag{3.20}$$

式中：F 为目标产量下的作物施肥量，kg/hm^2；F_y 为目标产量下作物所需养分总量，kg/hm^2；F_s 为土壤本底养分供应量，kg/hm^2；f_f 为肥料中的养分含量，％，可在肥料的包装上看到；η_f 为肥料利用率，一般化肥的当季利用率为氮肥 30％～35％，磷肥 20％～25％，钾肥 25％～35％。

$$F_y = \frac{y_p}{100} f_{100} \tag{3.21}$$

式中：y_p 为目标产量，kg/hm^2，其值一般是当地作物 3 年平均产量再增加 10％～15％；f_{100} 为每形成 100kg 经济产量所需养分数量，kg，见表 3.17。

表 3.17　　　　　　　　不同作物形成 100kg 经济产量约需养分的数量

作物	收获物	从土壤中吸取氮、磷、钾的数量[①]/kg		
		N	P_2O_5	K_2O
冬小麦	籽粒	3.0	1.25	2.50
春小麦	籽粒	3.0	1.00	2.50
大麦	籽粒	2.7	0.90	2.20
荞麦	籽粒	3.3	1.60	4.30
水稻	稻谷	2.1～2.4	1.25	3.13
玉米	籽粒	2.57	0.86	2.14
谷子	籽粒	2.5	1.25	1.75
高粱	籽粒	2.6	1.30	3.00
甘薯	块根[②]	0.35	0.18	0.55
马铃薯	块茎	0.50	0.20	1.06
大豆[③]	豆粒	7.20	1.80	4.00
花生[③]	荚果	6.80	1.30	3.80
棉花	籽棉	5.00	1.80	4.00
油菜	菜籽	5.80	2.50	4.30
黄瓜	果实	0.40	0.35	0.55
茄子	果实	0.81	0.23	0.68
番茄	果实	0.45	0.50	0.50
胡萝卜	块根	0.31	0.10	0.50
萝卜	块根	0.60	0.31	0.50
洋葱	葱头	0.27	0.12	0.23
芹菜	全株	0.16	0.08	0.42
菠菜	全株	0.36	0.18	0.52
大葱	全株	0.30	0.12	0.40
西瓜	果实	0.25	0.02	0.29
柑橘（温州蜜柑）	果实	0.60	0.11	0.40
梨（20 世纪）	果实	0.47	0.23	0.48

作物	收获物	从土壤中吸取氮、磷、钾的数量[①]/kg		
		N	P_2O_5	K_2O
葡萄（玫瑰露）	果实	0.60	0.30	0.72
桃（白凤）	果实	0.48	0.20	0.76
甘蔗	茎秆	0.30	0.07	0.30

① 包括相应的茎、叶等营养器官的养分数量。

② 块根、块茎、果实、茎秆均为鲜重，籽粒为风干重。

③ 大豆、花生等豆科作物主要借助根瘤菌固氮，从土壤中吸取的氮素仅占 1/3 左右。

$$F_s = \frac{y_{nf}}{100} f_{100} \qquad (3.22)$$

式中：y_{nf} 为无肥区的作物产量，kg/hm^2；其余符号意义同前。

另外，F_s 也可通过简单的土壤取样化验来估算：

$$F_s = 10^{-2} f_{bd} h_s \gamma_d \qquad (3.23)$$

式中：F_s 为土壤本底养分供应量，kg/hm^2；f_{bd} 为土壤本底速效养分含量测定值，mg/kg；h_s 为土壤耕作层厚度，一般取 0.2m；γ_d 为耕作层的土壤干容重，一般取 $1300kg/m^3$。

【例3.3】　某地实测土壤速效氮含量为 64mg/kg、有效磷 14mg/kg、有效钾 50mg/kg。施用氮、磷、钾含量分别为 15%-15%-15% 的复合肥，肥料利用率分别是氮肥 35%，磷肥 25%，钾肥 35%；采用尿素和硫酸钾补充氮、钾营养时，尿素的氮含量为 46%，硫酸钾的钾含量为 44%。试估算该地春小麦目标产量 $9000kg/hm^2$ 下的施肥量。

【解】　步骤1：由表 3.17 查找春小麦每形成 100kg 经济产量所需养分数量。

春小麦每生产 100kg 籽粒需要吸收：氮（N）3.0kg、磷（P_2O_5）1.00kg、钾（K_2O）2.50kg。

步骤2：由式（3.21）计算目标产量下春小麦所需养分总量。因当地春小麦目标产量是 $9000kg/hm^2$，则需

氮（N）：　　　　　　　$(9000/100) \times 3.0 = 270.0 (kg/hm^2)$

磷（P_2O_5）：　　　　　$(9000/100) \times 1.0 = 90.0 (kg/hm^2)$

钾（K_2O）：　　　　　$(9000/100) \times 2.5 = 225.0 (kg/hm^2)$

步骤3：计算土壤本底养分供应量。实测该地土壤速效氮含量为 64mg/kg、有效磷 14mg/kg、有效钾 50mg/kg，由式（3.23）可推得土壤本底养分供应量等于实测土壤速效养分含量乘以折算系数 2.6，分别为

氮（N）：　　　　　　　$64 \times 2.6 = 166.4 (kg/hm^2)$

磷（P_2O_5）：　　　　　$14 \times 2.6 = 36.4 (kg/hm^2)$

钾（K_2O）：　　　　　$50 \times 2.6 = 130.0 (kg/hm^2)$

步骤4：计算作物的需肥量。

氮（N）：　　　　　　　$270.0 - 166.4 = 103.6 (kg/hm^2)$

磷（P_2O_5）：　　　　　$90.0 - 36.4 = 53.6 (kg/hm^2)$

钾（K₂O）：$\qquad$ 225.0－130.0＝95.0(kg/hm²)

步骤5：计算作物的施肥量。

如施用氮、磷、钾含量分别为15%-15%-15%的复合肥；肥料利用率：氮肥35%，磷肥25%，钾肥35%。以需求量最低的磷肥为基础，肥料施用量为：53.6/(15%×25%)＝1429.3(kg/hm²)。

若仅施1429.3kg/hm²的复合肥，氮和钾两种养分还不能满足目标产量的需要，还需要补充这两种营养的不足。若采用尿素和硫酸钾来补充氮、钾营养，尿素的氮含量为46%，硫酸钾的钾含量为44%。则需

补充尿素：(103.6－1429.3×0.15×0.35)/(46%×35%)＝177.4(kg/hm²)

补充硫酸钾：(95.0－1429.3×0.15×0.35)/(44%×35%)＝129.62(kg/hm²)

所以，目标单产9000kg/hm²的春小麦需要复合肥1429.3kg/hm²、尿素177.4kg/hm²、钾肥129.62kg/hm²。

【答】某地春小麦目标产量9000kg/hm²时，需要施用复合肥1429.3kg/hm²、尿素177.4kg/hm²、钾肥129.62kg/hm²。

3.5.3 作物水肥一体化技术（Technologies of integrated regulation of crop water and fertilizers）

随着现代农业发展，喷、微灌面积发展较快，所以生产中常利用喷、微灌系统把灌水和施肥（甚至施药）协同考虑，即所谓的作物水肥（药）一体化技术。但在实际应用中，只有当作物病虫害发生或预防时才施药，与灌水施肥不完全同步，更多的是采用水肥一体化技术，它是借助压力系统（或地形自然落差），将可溶性固体或液体肥料，按土壤养分含量和作物种类的需肥规律和特点，配兑成的肥液，与灌溉水一起通过可控管道系统供水、供肥，使水肥相融后，通过灌水器，均匀、定时、定量地浸润作物根系生长发育区域，使主要根系活动层土壤始终保持疏松和适宜的含水量，同时根据不同作物的需肥特点、土壤环境和养分含量状况，不同生育期需水、需肥规律进行不同生育期的需求设计，把水分养分定时定量并按比例直接提供给作物根部（图3.5），能实现水肥同步管理和高效利用，具有节水、节肥、节药，省工、省力、增产、增效的优点，实现了渠道输水向管道输水转变，由浇地向给作物供水转变，土壤施肥向作物施肥转变，农田打药向作物用药转变，分开施向水肥药耦合转变，单一技术向综合管理转变，传统农业向现代农业转变。

该技术的优点是灌溉施肥的肥效快、养分利用率高，可避免肥料施在较干的表土层

图 3.5　滴灌作物水肥一体化示意图
N—氮肥；K—钾肥；P—磷肥；＋—微量元素

易引起的挥发损失、溶解慢，肥料利用率低的问题；尤其避免了铵态和尿素态氮肥施在地表的挥发损失，既节约氮肥又有利于环境保护。据研究表明，水肥一体化技术比常规施肥节省肥料 30%～40%；同时，大大降低了因过量施肥而造成的环境污染。由于水肥一体化技术通过人为定量调控，满足作物在关键生育期的水肥供应，杜绝了任何缺素症状，因而在生产上可达到作物的产量和品质均良好的目标。作物水肥一体化调控技术具有如下特点：

（1）水肥均衡。传统的灌水和追肥方式，作物饿几天再撑几天，不能均匀地"吃喝"。而采用水肥一体化灌溉方式，可以根据作物需水需肥规律随时供给，保证作物"吃得舒服，喝得痛快"。

（2）省工省时。传统的沟畦灌施肥费工费时，非常麻烦。而使用滴灌，只需打开阀门，合上电闸，用工很少。

（3）节水省肥。滴灌水肥一体化，直接把作物所需的肥料随水均匀地输送到植株的根部，作物"细酌慢饮"，大幅度提高了肥料的利用率，水量也只有沟畦灌的 30%～40%。

（4）减轻病害。可以直接有效地控制土传病害的发生。

（5）控温调湿。能控制灌水量，降低湿度，提高地温。传统沟畦灌会造成土壤板结、通透性差，作物根系处于缺氧状态，造成沤根现象，而使用滴灌则避免了因浇水过大所引起的作物沤根、黄叶等问题。

（6）增加产量，改善品质，提高经济效益。

作物水肥一体化是一项综合技术，涉及农田灌溉、作物栽培和土壤耕作等多方面，其主要技术要领须注意以下四方面：

（1）设施设备选取。灌溉设备应当满足当地农业生产及灌溉、施肥需要，保证灌溉系统安全可靠。根据应用作物、系统设备、实施面积等选择施肥设备，施肥设备主要包括压差式施肥罐、文丘里施肥器、施肥泵、施肥机、施肥池等。根据地形、水源、作物分布和灌水器类型布设管线。在丘陵山地，干管要沿山脊或等高线进行布置。根据作物种类、种植方式、土壤类型和流量布置毛管和灌水器，具体方法将在第 5 章具体介绍。水肥一体化的灌水方式还可采用管道灌溉、喷灌、微喷灌、泵加压滴灌、重力滴灌、渗灌、小管出流等。特别忌用大水灌溉，以免造成氮素损失，降低水分利用率。

（2）水分养分管理。应根据作物需水规律、土壤水分、根系分布、土壤性状、设施条件和技术措施，制定灌溉制度，具体内容将在第 4 章介绍。在养分管理方面，优先施用能满足农作物不同生育期养分需求的液态或固态肥料，如氨水、尿素、硫铵、硝铵、磷酸一铵、磷酸二铵、氯化钾、硫酸钾、硝酸钾、硝酸钙、硫酸镁等肥料；固态以粉状或小块状为首选，要求水溶性强，含杂质少，一般不应用颗粒状复合肥；如果用沼液或腐殖酸液肥，必须经过过滤，以免堵塞滴头和管道。要按照作物目标产量、需肥规律、土壤养分含量和灌溉特点制定施肥制度。一般按目标产量和单位产量养分吸收量，计算农作物所需氮（N）、磷（P_2O_5）、钾（K_2O）等养分吸收量；根据土壤养分、有机肥养分供应和在水肥一体化技术下肥料利用率计算总施肥量；根据作物不同生育期需肥规律，确定施肥次数、施肥时间和每次施肥量。在确定灌溉施肥制度的基础上，做到水肥耦合，满足作物不同生育期水分和养分需要。充分发挥水肥一体化技术优势，适当增加追肥数量和次数，实现少量多次，提高养分利用效率。在生产过程中应根据天气情况、土壤墒情、作物长势等，及时对灌溉施肥制度进行调整，保证水分、养分主要集中在作物主根区。

（3）系统操作与维护保养。

1）肥料溶解与混匀：施用液态肥料时不需要搅动或混合，一般固态肥料需要与水混合搅拌成液肥，必要时分离，避免出现沉淀等问题。

2）施肥量控制：施肥时要掌握剂量，注入肥液的适宜数量大约为灌水量的 0.1%。例如灌水定额为 750m³/hm²，注入肥液大约为 750L/hm²；过量施用可能会使作物死亡以及环境污染。

3）每次施肥时应先滴清水，待压力稳定后再施肥，施肥完成后再滴清水清洗管道。施肥过程中，应定时监测灌水器流出的水溶液浓度，避免肥害。

4）要定期检查、及时维修系统设备，防止漏水。及时清洗过滤器，定期对离心过滤器集沙罐进行排沙。作物生育期第一次灌溉前和最后一次灌溉后应用清水冲洗系统。冬季来临前应进行系统排水，防止结冰爆管，做好易损部件保护。

（4）配套农艺措施。需要从品种选择、栽培技术、病虫害防治和田间管理等多方面配套，充分发挥作物水肥一体化技术的优势，不仅实现节水、节肥，更要达到作物高产、提质、增效的目的。例如，在我国西北内陆干旱区覆膜滴灌水肥一体化条件下，玉米种植密度可由传统沟畦灌溉的 82500～90000 株/hm² 提高到 115000～120000 株/hm²，产量提高 30% 以上。

思 考 与 练 习 题

1. 什么是作物环境胁迫？环境胁迫对作物会造成什么影响？

2. 简述干旱胁迫对作物的影响，避免作物干旱对灌溉有什么要求？

3. 简述作物干旱胁迫诊断指标的分类及其优缺点，具体说明利用冠层温度诊断作物干旱胁迫状况的基本原理和步骤。

4. 什么是作物耐涝渍能力？具体有什么指标？

5. 为了避免作物受涝渍胁迫的不利影响，对田间排水有什么要求？

6. 土壤盐渍化的影响因素有哪些？盐分胁迫会对作物产生哪些伤害？

7. 什么是作物的耐盐性指标？它受哪些因素影响？提高作物耐盐性的途径有哪些？

8. 为了避免土壤盐渍化对作物造成不利影响，控盐排水有什么具体要求？

9. 作物对养分有什么需求？如何估算一定目标产量下的作物施肥量？

10. 什么是作物水肥一体化技术？它有哪些优点，生产应用中有哪些具体操作要点？

11. 2021 年 8 月 1 日中午我国北方某地的气温 $T_a = 30.5℃$，玉米冠层温度 $T_c = 28.3℃$，地表净辐射 $R_n = 188.7W/m^2$，空气饱和差 $VPD = 2.8kPa$，湿度计常数 $\gamma = 0.055kPa/℃$，空气密度 $\rho = 0.94kg/m^3$，空气定压比热 $C_p = 1013J/(kg·℃)$，饱和水汽压-温度曲线的斜率 $\Delta = 0.575kPa/℃$，空气动力学阻力 $r_a = 42s/m$。试根据上述资料计算当地玉米的干旱胁迫指数 $CWSI$，并判断是否需要灌水。

12. 我国北方地区某玉米地为达到播种标准需进行冲洗脱盐，土壤质地为砂壤土，播

前土壤含水量 θ_w 为 $0.16\text{cm}^3/\text{cm}^3$，田间持水量 θ_f 为 $0.28\text{cm}^3/\text{cm}^3$，干容重 γ_d 为 $1.40\text{g}/\text{cm}^3$，根区土层平均土壤含盐量 S_0 约 0.35%（土壤质量比，下同），排盐系数 K_d 为 $35\text{kg}/\text{m}^3$。为保证出苗率，需保证 40cm 土层深度的平均土壤含盐量 S_a 低于 0.10%，冲洗期内蒸发损失约 18mm，未发生降水。试求冲洗定额 M。

13．某地实测土壤速效氮含量为 45mg/kg、有效磷为 12mg/kg、有效钾为 50mg/kg。若施用氮、磷、钾含量分别为 $15\%-15\%-15\%$ 的复合肥时，肥料利用率分别是氮肥 35%、磷肥 25%、钾肥 35%；采用尿素和硫酸钾补充氮、钾营养时，尿素的氮含量为 48%，硫酸钾的钾含量为 45%。试估算玉米目标产量 12000kg/hm^2 时的施肥量。

推　荐　读　物

[1]　Shabala S. Plant Stress Physiology [M]. 2nd edition. Boston，MA：CABI，USA，2017.

[2]　Kramer P J，Boyer J S. Water Relations of Plants and Soils [M]. New York：Academic Press，1995.

[3]　康绍忠. 农业水土工程概论 [M]. 北京：中国农业出版社，2007.

[4]　张富仓，胡田田，李伏生，等. 作物水肥高效利用理论与调控技术 [M]. 北京：中国农业科学技术出版社，2016.

数　字　资　源

3.1　无人机遥感作物表型监测系统

3.2　玉米水肥一体化滴灌系统配置与设备选择

3.3　玉米水肥一体化滴灌水肥管理制度

3.4　玉米水肥一体化系统安装与调试

3.5　玉米水肥一体化的田间管理

3.6　玉米水肥一体化滴灌系统管护

3.7　玉米水肥一体化滴灌设备收存与处理

参　考　文　献

[1]　娄成后，崔澂，阎隆飞，等. 作物栽培的生理基础 [M]. 北京：科学出版社，1980.

[2]　山仑，黄占斌，张岁岐. 节水农业 [M]. 北京：清华大学出版社，广州：暨南大学出版社，2000.

[3]　潘瑞炽. 植物生理学 [M]. 7 版. 北京：高等教育出版社，2012.

［4］ 康绍忠，蔡焕杰. 农业水管理学 ［M］. 北京：中国农业出版社，1996.

［5］ 康绍忠. 农业水土工程概论 ［M］. 北京：中国农业出版社，2007.

［6］ Kang J，Hao X，Zhou H，et al. An integrated strategy for improving water use efficiency by understanding physiological mechanisms of crops responding to water deficit：present and prospect ［J］. Agricultural Water Management，2021 （255）：107008.

［7］ 姚立生，崔世友. 作物耐盐性：多学科的研究进展 ［M］. 北京：中国农业科学技术出版社，2014.

［8］ 胡田田，康绍忠. 植物淹水胁迫响应的研究进展 ［J］. 福建农林大学学报（自然科学版），34 （1）：18 - 24.

［9］ 浙江农业大学. 作物营养与施肥 ［M］. 北京：中国农业出版社，2000.

［10］ 王健林，关法春. 高级作物生理学 ［M］. 北京：中国农业大学出版社，2013.

第 4 章

作物需水量与灌溉制度

作物需水量与灌溉制度是制定流域规划、地区水利规划以及灌排工程规划、设计、管理的基本依据。作物水分散失在农田水量平衡和热量平衡中占有重要地位，是地表水循环的关键环节，与作物生理活动和产量关系极为密切。

作物需水量的研究已有 100 多年的历史。1887 年，美国建立了农业试验站，测定了灌溉小麦、大麦、燕麦、玉米和园艺作物的需水量；1910—1913 年，Briggs 和 Shantz 在美国科罗拉多州 USDA 中部大平原试验站进行了包括有 55 种作物和品种的作物需水量试验，以此为基础在 1916 年提出了估算作物需水量的水面蒸发量方法。我国大规模的作物需水量试验工作始于 20 世纪 50 年代中后期，中央和大部分省（自治区、直辖市）都相继成立了灌溉试验研究机构和 200 多处灌溉站（场），在全国范围内对小麦、水稻、玉米、棉花、大豆、油菜等主要作物的需水量、需水规律、高产的土壤水分条件、灌溉制度等，进行了大量的试验研究。20 世纪 90 年代开展了全国灌溉试验资料系统整编和作物需水量等值线图协作研究，这些成果不仅为农业节水技术的研究和应用提供了理论指导，而且在我国的水资源评价、灌区节水规划、灌溉用水管理和流域规划等工作中得到了广泛采用。

4.1　作物需水量的基本概念与影响因素
(Basic concepts of crop water requirement and its influencing factors)

4.1.1　作物需水量相关的基本概念 (Basic concepts related to crop water requirement)

（1）作物需水量（crop water requirement，用 ET_c 表示）从理论上说是指生长在大面积上的无病虫害作物，土壤水分和肥力适宜时，在给定的生长环境中能取得高产潜力的条件下为满足植株蒸腾和土壤蒸发，以及组成植株体所需的水量。但在实际中，由于组成植株体的水量一般小于总需水量的 1%，而且其影响因素较复杂，难于准确计算，故一般将此忽略不计，即认为作物需水量是正常生长、达到高产条件下的植株蒸腾量与棵间蒸发量之和，常用 mm 或 m^3/hm^2 表示。

作物需水量中植株蒸腾（T_r）是指作物根系从土壤中吸入体内的水分，主要通过叶片的气孔和角质层扩散到大气中的过程（图 4.1）。由于角质层蒸腾占比较少，植株蒸腾主要是气孔蒸腾。试验证明作物根系吸入体内的水分（S_r）有 99% 以上消耗于蒸腾，留在植株体内的储水量（ΔW_p）不足 1%。棵间蒸发（E_s）是指植株间

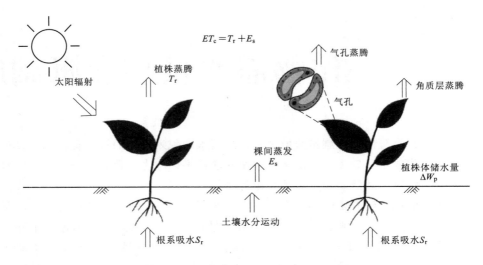

$$ET_c = T_r + E_s$$

太阳辐射

植株蒸腾 T_r

气孔蒸腾

气孔

角质层蒸腾

棵间蒸发 E_s

植株体储水量 ΔW_p

土壤水分运动

根系吸水 S_r

根系吸水 S_r

图 4.1　作物根系吸水与水分散失示意图

土壤或田面的水分蒸发。棵间蒸发和植株蒸腾都受气象因素的影响，但蒸腾因植株的繁茂而增加，棵间蒸发因植株造成的地面覆盖率加大而减小，二者互为消长。

（2）作物耗水量（crop evapotranspiration，用 ET 表示）指作物在正常或非正常生长条件下的植株蒸腾量和棵间蒸发量之和，有时也称为作物蒸发蒸腾量或腾发量，水文学、地理学和气象学中称为蒸散量或农田总蒸发量，常用 mm 或 m³/hm² 表示。

（3）作物需水系数与水分利用效率（crop water requirement coefficient and water use efficiency）。作物生产单位产量（如 1kg 小麦）的需水量称为需水系数，单位为 mm/kg 或 m³/kg；反之，作物每消耗单位水量（mm 或 m³）所形成的产量，称为作物水分利用效率，常用 WUE 表示，单位为 kg/mm 或 kg/m³。

（4）作物需水模系数（crop water demand modulus）指作物不同阶段的需水量占全生育期总需水量的比例，一般用百分数表示，反映作物需水量在全生育期的分配状况。该名词 20 世纪 80 年代前采用较多，目前较少采用。

（5）田间需水量与田间耗水量（field water requirement and field water use）。田间需水量是以田间为主体考虑的，一部分用于满足作物需水要求；另一部分则用于改善田间土壤条件，如控制适宜的渗漏量可以更新稻田水分和淋洗土壤中的有毒物质，还包括泡田需水量，在有盐碱化的地区也包括冲洗压盐、改良土壤所必需的水量。因此，田间需水量等于作物需水量加上创造良好田间生态环境所必需的水量。田间耗水量则是在实际条件下田间所消耗的水量，它等于作物耗水量加上稻田渗漏量、水田泡田水量、盐碱地冲洗压盐水量。两者的单位均为 mm 或 m³/hm²。

4.1.2　作物需水量的影响因素（Influencing factors of crop water requirement）

作物需水量的影响因素如下：

（1）作物因素。不同种类作物的需水量有很大的差异，凡生长期长、生长速度快、叶面积大、根系发达的作物，需水量较大，反之需水量较小。就小麦、玉米、水稻而言，生产相同的干物质或产量，水稻的需水量最大，其次是小麦，玉米的需水量最小。同一类作物，不同品种的需水量也有较大差异，如耐旱品种需水量较小。作物叶片气孔密度、气孔开度、叶面积、叶片形态（叶倾角、卷缩或伸展）、根系深度和数量以及构型等均对作物需水量产生影响。

（2）气象因素。太阳辐射、气温、日照、空气湿度、风速、降水等气象因素都对作物需水量有较大影响。当日照长、辐射强、气温高、空气干燥、风速大时，作物需水量增大，反之则减小。就水文年型而言，湿润年作物需水量小，干旱年则相对较大。气象因素对作物需水量的影响，往往是几个因素同时作用，很难将各个因素的影响分开。从物理角度来讲，最有理论依据又最便于应用的表示气象因素对作物需水量影响的参数是大气蒸发力，即大气中存在的一种控制各种下垫面蒸发过程的能力，是一个重要的天气、气候特征，是各种蒸发过程的共同原因或依据，它与蒸发面的类型无关，蒸发力的大小接近于自由水面蒸发量 E_0 值。

（3）土壤因素。影响作物需水量的土壤因素主要有质地、颜色、有机质、养分、微生物活动等。一般而言，在土质疏松肥沃、持水性能较好的土壤生长的作物，其需水量就大。就土壤颜色而言，黑褐色土壤吸热较多，其蒸发较大；而颜色较浅的黄白色土壤反射较强，相对蒸发较少。土壤有机质含量高，作物根系和植株生长相对较好，作物需水量也会较大。作物根际是作物、微生物和土壤相互影响最强烈的区域，根系生长与构型和根际微生物间相互作用，根际共生微生物，例如细菌、丛枝菌根真菌（arbuscular mycorrhizal fungi，AMF）、根瘤菌及根际促生菌（plant growth - promoting rhizobacteria，PGPR）等有利于宿主作物改良根系结构并提高吸收水分养分的功能，当然也对作物根系吸水和需水量产生影响。

（4）农艺技术。农艺技术水平的高低直接影响作物需水量。粗放的农业栽培技术，可增加土壤水分的无效消耗。灌水后适时耕耙保墒、中耕松土，会使土壤表面形成一个疏松层，可减少作物需水量。作物种植密度会影响叶面积指数，从而影响作物需水量。作物残茬覆盖或覆膜栽培比裸土对太阳辐射有更高的反射率，可抑制棵间土壤蒸发，降低作物需水量。灌溉方法和灌水时间同样是影响作物需水量的重要因素。

4.1.3　几种主要作物的需水量及其变化规律（Water requirement and its temporal variation in different growth stages for some main crops）

同一作物在不同生育阶段的需水量不同。在作物苗期，需水量较小；随着作物生长和叶面积增大，需水量不断增大，当作物进入生长盛期，需水量增加很快；叶面积最大时，作物需水量出现高峰；到作物成熟期，需水量又迅速下降。每种作物都有需水高峰期，一般处于生长旺盛阶段，如冬小麦有两个需水高峰期，一是冬前分蘖期，二是开花至乳熟期；大豆的需水高峰在开花结荚期；谷子的需水高峰在开花至乳熟期；玉米的需水高峰在抽雄至乳熟期。表 4.1 列出了我国部分地区通过试验获得的几种主要作物不同生育阶段的需水量、日需水量、需水模系数以及全生育期总需水量。

表 4.1   我国部分地区几种主要作物不同生育阶段的需水量与需水模系数

作物	地区	年份	生育阶段	需水量与需水模系数		
				需水量 /mm	日需水量 /(mm/d)	需水模系数 /%
冬小麦	河南新乡	2006—2009	播种—越冬	82.67	1.14	17.86
			越冬—返青	32.03	0.55	6.92
			返青—拔节	34.83	2.37	7.53
			拔节—抽穗	137.07	3.15	29.62
			抽穗—灌浆	50.53	4.86	10.92
			灌浆—成熟	125.67	4.07	27.15
			全生育期	462.80	2.00	100.00
夏玉米	河南新乡	2007—2009	播种—拔节	111.23	3.00	30.63
			拔节—抽雄	82.33	4.45	22.67
			抽雄—灌浆	65.17	5.46	17.95
			灌浆—成熟	104.40	3.07	28.75
			全生育期	363.13	3.65	100.00
春玉米	甘肃武威	2012—2014	苗期	137.43	2.95	22.14
			拔节	137.90	5.14	22.22
			抽雄吐丝	153.47	6.04	24.73
			灌浆成熟	191.80	4.05	30.91
			全生育期	620.60	4.24	100.00
棉花	河南新乡	1998—2010	苗期	52.10	1.58	11.36
			现蕾	89.77	3.46	19.57
			花铃	259.07	4.51	56.48
			吐絮	57.73	1.41	12.59
			全生育期	458.67	2.80	100.00
葡萄	甘肃武威	2006—2009	发芽	12.60	1.40	3.88
			抽穗展叶	70.00	2.12	21.53
			开花	56.90	2.47	17.50
			果实膨大	94.70	2.49	29.13
			成熟	47.30	2.05	14.55
			落叶	43.60	1.25	13.41
			全生育期	325.10	2.02	100.00
温室番茄	河南新乡	2008—2009	苗期	59.85	1.60	18.06
			开花坐果	107.40	3.07	32.40
			结果采收	164.20	3.68	49.54
			全生育期	331.45	2.83	100.00

注   温室番茄为滴灌，其余均为地面灌溉。

4.2　作物需水量及其计算方法
(Crop water requirement and its estimation methods)

因为作物需水量测定需要大量的人力或者昂贵的仪器设备，不可能在很密集的区域范围内布设测量设施，实测的作物需水量数据也不能满足灌溉用水管理的需求，一般仅作为建立作物需水量计算与预报模型时的验证数据。作物需水量的计算方法很多，概括起来主要有四类：第一类是经验公式法；第二类是作物系数法，目前在国际上较为通用，具体又包括单作物系数法和双作物系数法；第三类是直接计算作物需水量的半理论公式法；第四类是利用遥感反演作物需水量，这种方法可以获得作物需水量的区域分布，越来越多地受到人们的关注。

4.2.1　经验公式法 (Empirical methods)

计算作物需水量的经验公式法是先从影响作物需水量的因素中，选择一个或几个主要因素，建立作物需水量与这些因素之间的经验统计公式，用此计算作物需水量。我国过去采用较多的经验公式主要有水面蒸发量法、积温法、产量法和多因素法等，但由于经验公式有较强的区域和作物局限性，其使用范围受到很大限制。

1. 以水面蒸发量为参数的需水量计算法（简称 α 值法或蒸发皿法）

大量研究表明，作物需水量与水面蒸发量存在相关关系。因此，可以用水面蒸发量计算作物需水量，即

$$ET_c = \alpha E_0 \tag{4.1}$$

或

$$ET_c = \alpha E_0 + b \tag{4.2}$$

式中：ET_c 为某时段内的作物需水量，mm 或 mm/d；E_0 为 ET_c 同时段的水面蒸发量（E601 型蒸发皿或 80cm 口径蒸发皿测定值），mm 或 mm/d；α 为需水系数，或称蒸发皿系数，即作物需水量与水面蒸发量的比值，随作物生育阶段而改变，由实测资料确定，一般条件下，其值水稻为 0.80~1.50，小麦为 0.30~0.90，棉花为 0.34~0.90，玉米为 0.33~1.00，谷子为 0.50~0.72；b 为经验常数。

应用该法时必须注意蒸发皿的规格、安设方式及观测场地的规范化。若蒸发皿的规格与安装方式统一，对于水稻及土壤水分充足的旱作物，此法的误差一般小于 20%~30%。但对于土壤水分不充足的旱作物，其需水量显著地受土壤含水量的影响，故误差较大。

2. 以产量为参数的需水量计算法（简称 K 值法）

作物产量反映了水、土、肥、热、气、光照诸因素及农业措施的综合影响。在一定的条件下，作物需水量随产量增加而增加，但是需水量增加并不与产量成比例，如图 4.2 所示。从图中可以看出，单位产量的作物需水量（即需水系数）随产量的增加而逐渐减小，说明当作物达到一定产量水平后，要进一步提高产量就不能仅靠增加水量，而必须同时改善作物生长所必需的其他条件。用作物产量计算作物需水量的表达式为

$$ET_c = KY \tag{4.3}$$

或

$$ET_c = KY^n + c \tag{4.4}$$

式中：ET_c 为作物全生育期总需水量，mm 或 m^3/hm^2；Y 为作物单位面积产量，kg/hm^2；K 为需水系数，通过试验确定；n、c 分别为经验指数和常数，通过试验确定。

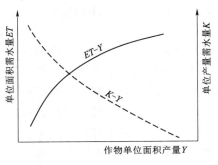

图 4.2　作物需水量与产量关系

产量法使用简便，只要确定了计划产量便可计算出需水量，同时此法使需水量与产量相联系，有助于进行灌溉经济分析计算。旱作物在土壤水分不能充分满足需求的情况下，需水量随产量的提高而增大，用此法计算较可靠，误差多在 30% 以下。但对于土壤水分充足的旱田和水稻田，需水量主要受气象条件控制而与产量的相关关系不明显，用此法计算误差较大。此外，该法只能用于计算全生育期的总需水量，不能用来计算各阶段的需水量。

3. 以多因素为参数的需水量计算法

以多因素为参数计算作物需水量的经验公式在国内外很多，有的选取水面蒸发量和产量作参数，有的以水面蒸发量和土壤含水量作参数，也有选取更多因素作参数的。我国曾经采用的主要是水面蒸发量法、产量法，即

$$ET_c = aE_0Y^n + b \tag{4.5}$$

或

$$ET_c = dE_0 + fY^m + g \tag{4.6}$$

式中：ET_c、E_0、Y 的意义及单位同前；a、d、f 为经验系数；n、m 为经验指数；b、g 为经验常数，均可通过实测资料分析确定。

此法以水面蒸发量和产量分别代表气象因素和非气象因素的影响，考虑影响因素较为全面，计算误差可以减小；缺点是只能计算全生育期总需水量，不能计算各阶段的需水量。

为了获得作物某一生育阶段的需水量，在生产实践中，习惯采用所谓需水模系数法进行分配。需水模系数一般由田间实测或应用类似地区资料得出。在计算时，先确定全生育期作物需水量，然后按照各生育阶段需水规律，用需水模系数进行分配，即

$$ET_{ci} = \frac{1}{100}K_i \cdot ET_c \tag{4.7}$$

式中：ET_{ci} 为第 i 生育阶段作物需水量，mm 或 m^3/hm^2；K_i 为第 i 生育阶段需水模系数，%。

4.2.2　作物系数法（Crop coefficient method）

1. 单作物系数法

在充分供水条件下，作物需水量仅受大气和作物因素影响。通常利用参考作物蒸发蒸腾量估算作物需水量：

$$ET_c = K_c \cdot ET_0 \tag{4.8}$$

式中：ET_c 为作物需水量，mm/d；ET_0 为参考作物蒸发蒸腾量，mm/d，反映气象条件对作物需水量的影响；K_c 为作物系数，反映不同作物之间的差别，其影响因素众多，如天气、耕作、土壤、水分管理、作物生长等。

联合国粮农组织灌溉排水丛书第 56 分册（以下简称 FAO-56）推荐使用 Penman-

Monteith 公式计算 ET_0，并把 ET_0 定义为一种假想的参考作物冠层的蒸发蒸腾速率，假设作物高度为 0.12m，固定的叶面阻力为 70s/m，反射率为 0.23，类似于表面开阔、高度一致、生长旺盛、地面完全覆盖的绿色草地的蒸发蒸腾量。这使计算公式实现了统一化、标准化，目前被作为计算 ET_0 的国际标准方法。

ET_0 不受土壤含水量和作物种类的影响，故可以分两步计算作物需水量：第一步，基于气象因素，用经验、半经验或理论方法计算 ET_0；第二步，考虑作物种类和生育期的影响，对 ET_0 进行调整或修正，而计算出作物需水量。在非充分灌溉条件下，还需考虑土壤水分条件，修正得到干旱胁迫下的作物实际耗水量。

单作物系数法计算简单，被广泛应用于作物需水量的计算与预报。

（1）参考作物蒸发蒸腾量 ET_0 计算。ET_0 均按日历时段（日、旬或月），根据当时的气象条件分阶段计算，其方法很多，这里仅介绍几种常用的计算方法，可根据气象资料的多少和具体条件选用。

1）布莱尼-克雷多公式（Blaney – Criddle equation）。

$$ET_0 = c[p(0.46T + 8)] \tag{4.9}$$

式中：ET_0 为计算月份的平均参考作物蒸发蒸腾量，mm/d；T 为计算月份的平均气温，℃；p 为月内理论日照时数占全年理论日照时数的百分数；c 为根据白天最低相对湿度、日照时数、风速确定的修正系数，可由 FAO – 56 查表获得。

该公式所需气象因素易于取得，计算简易，主要适用于干旱半干旱地区。

2）辐射公式（Radiation equation）。在只有气温、日照、云量或辐射量等数据，而没有实测风速和平均相对湿度的地区，可采用辐射公式，即

$$ET_0 = c(WR_s) \tag{4.10}$$

式中：ET_0 为某计算时段内平均参考作物蒸发蒸腾量，mm/d；R_s 为按等效蒸发水层深度计算的太阳辐射，mm/d；W 为按温度和高度确定的权重系数；c 为根据白天平均湿度和白天风速确定的修正系数。

采用该方法需要已知计算时段内的平均实测日照时数和温度，估算相对湿度和风速，并根据 FAO – 56 提供的最大可能日照时数表和大气层顶理论太阳辐射表，结合具体地区、月份等估算出 ET_0。

3）哈格瑞斯公式（Hargreaves equation）。对于缺乏湿度和风速的地区可采用该公式：

$$ET_0 = C_0 R_a (T + 17.8)(T_{max} - T_{min})^{0.5} \tag{4.11}$$

式中：T、T_{max} 和 T_{min} 分别为计算时段内的平均气温、最高气温和最低气温，℃；R_a 为大气层顶的理论太阳辐射，可根据纬度计算或由 FAO – 56 提供的大气层顶理论太阳辐射表查出；C_0 为系数，当 R_a 以等效蒸发水层深度 mm/d 为单位时，$C_0 = 2.3 \times 10^{-3}$，而当 R_a 以 MJ/($m^2 \cdot$ d) 为单位时，$C_0 = 9.39 \times 10^{-4}$，当 R_a 以 W/m^2 为单位时，$C_0 = 8.11 \times 10^{-5}$。

4）蒸发皿公式（Pan evaporation equation）。如果仅有水面蒸发数据，可以采用蒸发皿方法计算，即

$$ET_0 = K_p E_{pan} \tag{4.12}$$

式中：E_{pan} 为计算时段的日平均蒸发皿蒸发量，mm/d；K_p 为蒸发皿系数，与蒸发皿类

型、安装地点周围的环境等因素有关。

为了计算方便，FAO-56 给出了相关的 K_p 值，可根据具体情况查表确定。

5）彭曼公式（Penman equation）。根据能量平衡原理和水汽扩散理论，1948 年彭曼提出的 ET_0 计算公式曾在国际上广泛应用。后经多次修改，形成多种形式的修正公式，其中 1979 年 FAO 推荐的修正公式为

$$ET_0 = \frac{0.0864 \frac{P_0}{P} \frac{\Delta}{\gamma} R_n + 0.26(e_s - e_a)(1 + Cu_2)}{\frac{P_0}{P} \frac{\Delta}{\gamma} + 1.0} \tag{4.13}$$

式中：ET_0 为参考作物蒸发蒸腾量，mm/d；P_0 和 P 分别为海平面标准大气压和计算地点的实际大气压，取 100Pa；R_n 为地表净辐射，W/m²；Δ 为饱和水汽压与温度曲线在日平均气温时的斜率，取 100Pa/℃；γ 为湿度计常数，取 100Pa/℃；e_a 为实际水汽压，100Pa；e_s 为饱和水汽压，取 100Pa；u_2 为 2m 高度处的风速，m/s；C 为风速修正系数。

彭曼公式仅需气温、水汽压、日照时数和风速等普通气象资料就可计算出 ET_0，有较强的理论基础，计算误差较小，是应用较多的公式之一。

6）彭曼-蒙蒂斯公式（Penman-Monteith equation）。在彭曼综合法的基础上，蒙蒂斯（Monteith）1965 年提出了理论基础更强的 Penman-Monteith 公式。它以能量平衡和水汽扩散理论为基础，既考虑了作物的生理特征，又考虑了空气动力学参数的变化。FAO-56 在对 ET_0 重新定义的基础上推荐采用 Penman-Monteith 公式计算：

$$ET_0 = \frac{0.0353\Delta(R_n - G) + \gamma \frac{900}{T+273} u_2(e_s - e_a)}{\Delta + \gamma(1 + 0.34u_2)} \tag{4.14}$$

式中：ET_0 为参考作物蒸发蒸腾量，mm/d；R_n 为地表净辐射，W/m²；G 为土壤热通量，W/m²；T 为日平均气温，℃；u_2 为 2m 高处的风速，m/s；e_s 为饱和水汽压，kPa；e_a 为实际水汽压，kPa；Δ 为饱和水汽压与温度曲线的斜率，kPa/℃；γ 为湿度计常数，kPa/℃。

式（4.14）是基于农田辐射平衡原理（图 4.3）得到的。根据斯蒂芬-玻尔兹曼定律，物体表面的辐射强度与其绝对温度的四次方成正比；同时由辐射的维恩位移定律可知，物体的峰值波长 λ_{max} 与表面绝对温度的乘积等于常数 2897.6μm·K。物体表面温度在 600K 以下时，其辐射以长波辐射为主；当表面温度大于 1100K 时，以短波辐射为主。太阳表面温度很高，其辐射主要是短波辐射；而地表的温度相对较低，其辐射主要是长波辐射。由图 4.3 可知，大气层顶的理论太阳辐射 R_a 在传输至地表的过程中，被空气吸收、云层反射和空气漫散射，最终以直接辐射和天空辐射的形式到达地表，其值为入射短波辐射 R_s，同时 R_s 又会反射一部分回大气，即出射短波辐射 αR_s；大气吸收的短波辐射使大气增温，大气向地表发射长波辐射 R_{lain}，同时地表也会反射入射的大气长波辐射，即地表反射的大气逆辐射 R_{laout}；地表还会发射长波辐射 R_{lsout}；入射与出射的长波辐射之差为地表有效长波辐射 R_{nl}。

式（4.14）中所需参数计算方法如下：

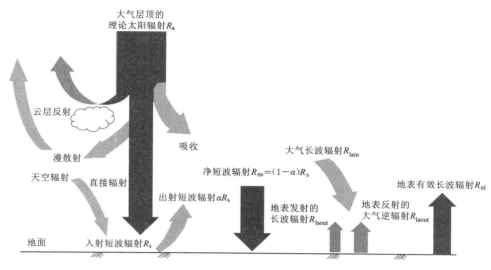

图 4.3　白天农田辐射平衡

地表净辐射（R_n）是农田接收的净短波辐射（R_{ns}）与损失支出的地表有效长波辐射（R_{nl}）之差（图 4.3），即

$$R_n = R_{ns} - R_{nl} \qquad (4.15)$$

其中

$$R_{ns} = (1-\alpha)R_s \qquad (4.16)$$

$$R_s = \left(a_s + b_s \frac{n}{N}\right)R_a \qquad (4.17)$$

$$R_a = \frac{G_{sc} d_r}{\pi}(\omega_s \sin\varphi \sin\delta + \cos\varphi \cos\delta \sin\omega_s) \qquad (4.18)$$

$$R_{nl} = 5.675 \times 10^{-8}\left(\frac{T_{\max,k}^4 + T_{\min,k}^4}{2}\right)(0.34 - 0.14\sqrt{e_a})\left(1.35\frac{R_s}{R_{so}} - 0.35\right) \qquad (4.19)$$

$$R_{so} = (0.75 + 2\times 10^{-5}Z)R_a \qquad (4.20)$$

$$d_r = 1 + 0.033\cos\left(\frac{2\pi}{365}J\right) \qquad (4.21)$$

$$\delta = 0.409\sin\left(\frac{2\pi}{365}J - 1.39\right) \qquad (4.22)$$

$$\omega_s = \arccos(-\tan\varphi \tan\delta) \qquad (4.23)$$

$$N = \frac{24}{\pi}\omega_s \qquad (4.24)$$

式中：R_a 为大气层顶的理论太阳辐射，W/m^2；G_{sc} 为太阳常数，取 $1367W/m^2$；d_r 为日地天文单位距离的倒数；ω_s 为太阳时角，rad；φ 为纬度，rad；δ 为太阳赤纬角，rad；J 为日序，以月为计算单位时，$J = 30.4m - 15.2$，m 为月序；R_s 为入射短波辐射，W/m^2；n 为实际日照时数，h；N 为理论日照时数，h；n/N 为相对日照时数；a_s、b_s 为回归常数，与地区有关，如果没有标定值，推荐 a_s 取 0.25，b_s 取 0.50；α 为地表反照率，对于假想的牧草参考作物为 0.23；R_{so} 为计算得到的晴空辐射，W/m^2；R_{nl} 为地表有效长波

辐射，W/m^2；$T_{max,k}$ 为日最高热力学温度，K；$T_{min,k}$ 为日最低热力学温度，K；e_a 为实际水汽压，kPa；R_s/R_{so} 为相对短波辐射（被限制到不大于 1.0）；Z 为海拔高度，m；其余符号意义同前。

土壤热通量：

$$G = c_s \frac{T_i - T_{i-1}}{0.0864 \Delta t} \Delta z \tag{4.25}$$

式中：G 为土壤热通量，W/m^2；c_s 为土壤热容量，$MJ/(m^3 \cdot ℃)$；T_i 为时间 i 的空气温度，℃；T_{i-1} 为时间 $i-1$ 的空气温度，℃；Δt 为时段长度，d；Δz 为有效土壤深度，m。

若时段为 1d 和 10d，土壤热通量相对较小，可将其忽略不计，即 $G_{day} \approx 0$。若时段为 1 个月，假设土壤热容量恒定，其值为 $2.1MJ/(m^3 \cdot ℃)$，并假定 1m 土壤深度，可用下式估算 G_{month}：

$$G_{month,i} = 0.81(T_{month,i+1} - T_{month,i-1}) \tag{4.26}$$

式中：$T_{month,i-1}$ 为前一个月的平均气温，℃；$T_{month,i+1}$ 为后一个月的平均气温，℃。

湿度计常数：

$$\gamma = 0.00163 \frac{P}{\lambda} \tag{4.27}$$

式中：P 为大气压，kPa；λ 为水的蒸发潜热，其值取 2.45MJ/kg 或 $\lambda = 2.501 - 2.361 \times 10^{-3} T_{mean}$；$T_{mean}$ 为最高和最低空气温度的平均值，℃。

大气压 P(kPa)：

$$P = 101.3 \left(\frac{293 - 0.0065Z}{293} \right)^{5.26} \tag{4.28}$$

式中：Z 为计算地点的海拔高度，m。

最高和最低空气温度的平均值：

$$T_{mean} = \frac{T_{max} + T_{min}}{2} \tag{4.29}$$

式中：T_{max} 为最高空气温度，℃；T_{min} 为最低空气温度，℃。

平均饱和水汽压：

$$e_s = \frac{e_s(T_{max}) + e_s(T_{min})}{2} \tag{4.30}$$

式中：$e_s(T_{max})$、$e_s(T_{min})$ 分别为温度是 T_{max} 和 T_{min} 时的饱和水汽压，kPa，采用如下两式计算：

$$e_s(T_{max}) = 0.6108 \exp \left(\frac{17.27 T_{max}}{T_{max} + 237.3} \right) \tag{4.31}$$

$$e_s(T_{min}) = 0.6108 \exp \left(\frac{17.27 T_{min}}{T_{min} + 237.3} \right) \tag{4.32}$$

饱和水汽压与温度曲线的斜率：

$$\Delta = \frac{4098 \left[0.6108 \exp \left(\frac{17.27 T_{mean}}{T_{mean} + 237.3} \right) \right]}{(T_{mean} + 237.3)^2} \tag{4.33}$$

当无实测实际水汽压时，可用下式计算：

$$e_a = \frac{e_s(T_{max})\dfrac{RH_{min}}{100} + e_s(T_{min})\dfrac{RH_{max}}{100}}{2} \qquad (4.34)$$

式中：RH_{min}、RH_{max} 分别为最小和最大相对湿度，%。

如果仅有平均相对湿度，则实际水汽压：

$$e_a = \frac{RH_{mean}}{100}\left[\frac{e_s(T_{max}) + e_s(T_{min})}{2}\right] \qquad (4.35)$$

式中：RH_{mean} 为时段平均相对湿度，%。

当无距地面 2m 高处的实测风速时，可采用其他高度的风速换算：

$$u_2 = u_z \frac{4.87}{\ln(67.8z - 5.42)} \qquad (4.36)$$

式中：u_2 为距地面 2m 高处的风速，m/s；u_z 为 z 高度的实测风速，m/s；z 为实测风速的高度，m。

Penman - Monteith 方法不需要专门的地区率定和风函数等，使用一般气象资料（湿度、温度、风速和实际日照时数）即可计算，上述公式可以计算每小时、日、旬、月的参考作物蒸发蒸腾量。按小时计算时，气象数据一般可采用自动气象站的气温、风速、相对湿度或实际水汽压、地表净辐射的小时平均值。土壤热通量白天为 $0.1R_a$，夜间为 $0.5R_a$。

当某些气象数据缺失时，可优先考虑利用邻近气象站的资料，也可按照 FAO - 56 提供的方法进行计算。

【例 4.1】　已知某地的地理纬度 φ 为北纬 37.80°，海拔高度 Z 为 1581m。2013 年 8 月 15 日监测的大气压 P 为 83.62kPa，日平均气温 T 为 26.97℃，最高气温 T_{max} 为 29.26℃，最低气温 T_{min} 为 18.96℃，最大相对湿度 RH_{max} 为 67.50%，最小相对湿度 RH_{min} 为 33.90%，风速 u_2 为 0.90m/s，实际日照时数 n 为 11.8h。试用 Penman - Monteith 方法计算该日参考作物蒸发蒸腾量 ET_0。

【解】　步骤 1：计算饱和水汽压与温度曲线的斜率 Δ。首先利用式（4.29）计算日最高和最低气温的平均值 T_{mean}：

$$T_{mean} = \frac{T_{max} + T_{min}}{2} = \frac{29.26 + 18.96}{2} = 24.11(℃)$$

然后根据式（4.33）计算 Δ：

$$\Delta = \frac{4098\left[0.6108\exp\left(\dfrac{17.27 T_{mean}}{T_{mean} + 237.3}\right)\right]}{(T_{mean} + 237.3)^2} = \frac{4098 \times \left[0.6108\exp\left(\dfrac{17.27 \times 24.11}{24.11 + 237.3}\right)\right]}{(24.11 + 237.3)^2}$$

$$\approx 0.18(kPa/℃)$$

步骤 2：计算空气水汽压差 $e_s - e_a$。首先根据式（4.31）、式（4.32）计算温度为 T_{max} 和 T_{min} 时的饱和水汽压：

$$e_s(T_{max}) = 0.6108\exp\left(\frac{17.27 T_{max}}{T_{max} + 237.3}\right) = 0.6108\exp\left(\frac{17.27 \times 29.26}{29.26 + 237.3}\right) \approx 4.07(kPa)$$

$$e_s(T_{\min}) = 0.6108\exp\left(\frac{17.27T_{\min}}{T_{\min}+237.3}\right) = 0.6108\exp\left(\frac{17.27\times18.96}{18.96+237.3}\right) \approx 2.19(\text{kPa})$$

然后利用式（4.30）计算空气饱和水汽压 e_s：

$$e_s = \frac{e_s(T_{\max}) + e_s(T_{\min})}{2} = \frac{4.07+2.19}{2} = 3.13(\text{kPa})$$

同时利用式（4.34）计算空气实际水汽压 e_a：

$$e_a = \frac{e_s(T_{\min})\dfrac{RH_{\max}}{100} + e_s(T_{\max})\dfrac{RH_{\min}}{100}}{2} = \frac{2.19\times\dfrac{67.50}{100} + 4.07\times\dfrac{33.90}{100}}{2} \approx 1.43(\text{kPa})$$

则空气水汽压差为

$$e_s - e_a = 3.13 - 1.43 = 1.70(\text{kPa})$$

步骤 3：计算地表净辐射 R_n。第一根据式（4.21）计算日-地相对距离的倒数 d_r，其中 2013 年 8 月 15 日为第 $31+28+31+30+31+30+31+15=227\text{d}$，因此日序 J 为 227。于是有

$$d_r = 1 + 0.033\cos\left(\frac{2\pi}{365}J\right) = 1 + 0.033\cos\left(\frac{2\times3.14\times227}{365}\right) \approx 0.98$$

第二是利用式（4.22）计算太阳赤纬角 δ：

$$\delta = 0.409\sin\left(\frac{2\pi}{365}J - 1.39\right) = 0.409\sin\left(\frac{2\times3.14\times227}{365} - 1.39\right) \approx 0.24(\text{rad})$$

第三是利用式（4.23）计算太阳时角 ω_s，先将纬度 φ 的单位由度转换为弧度：

$$\varphi = 37.8° \times 3.14/180 \approx 0.66(\text{rad})$$

则 ω_s 为

$$\omega_s = \arccos(-\tan\varphi\tan\delta) = \arccos(-\tan0.66\times\tan0.24) \approx 1.76(\text{rad})$$

第四是把上述计算的相关参数代入式（4.18）计算大气层顶的太阳辐射 R_a，其中 G_{sc} 为太阳常数，取值 1367W/m^2，则

$$R_a = \frac{G_{sc}d_r}{\pi}(\omega_s\sin\varphi\sin\delta + \cos\varphi\cos\delta\sin\omega_s)$$

$$= \frac{1367\times0.98}{3.14} \times (1.76\sin0.66\sin0.24 + \cos0.66\cos0.24\sin1.76)$$

$$\approx 430.98(\text{W/m}^2)$$

第五是把计算的 R_a 和海拔高度 Z 代入式（4.20）计算晴空辐射 R_{so}：

$$R_{so} = (0.75 + 2\times10^{-5}Z)R_a = (0.75 + 2\times10^{-5}\times1581)\times430.98 \approx 336.86(\text{W/m}^2)$$

第六是利用式（4.24）计算最大可能日照时数 N：

$$N = \frac{24}{\pi}\omega_s = \frac{24}{3.14}\times1.76 \approx 13.45(\text{h})$$

第七是利用式（4.17）计算入射短波辐射 R_s，其中回归常数 a_s、b_s 采用 FAO-56 的推荐值，分别为 0.25 和 0.50，则

$$R_s = \left(a_s + b_s\frac{n}{N}\right)R_a = \left(0.25 + 0.50\times\frac{11.80}{13.45}\right)\times430.98 \approx 296.80(\text{W/m}^2)$$

第八是利用式 (4.19) 计算地表有效长波辐射 R_{nl}：

$$R_{nl} = 5.675 \times 10^{-8} \left(\frac{T_{max,k}^4 + T_{min,k}^4}{2} \right) (0.34 - 0.14 \sqrt{e_a}) \left(1.35 \frac{R_s}{R_{so}} - 0.35 \right)$$

$$= 5.675 \times 10^{-8} \times \left[\frac{(273.16 + 29.26)^4 + (273.16 + 18.96)^4}{2} \right]$$

$$\times (0.34 - 0.14 \sqrt{1.43}) \times \left(1.35 \times \frac{296.80}{336.86} - 0.35 \right)$$

$$\approx 64.32 (W/m^2)$$

第九是利用式 (4.16) 计算净短波辐射 R_{ns}，其中地表反照率 α 取 0.23，则

$$R_{ns} = (1 - \alpha) R_s = (1 - 0.23) \times 296.80 \approx 228.54 (W/m^2)$$

最后利用式 (4.15) 计算地表净辐射 R_n：

$$R_n = R_{ns} - R_{nl} = 228.54 - 64.32 = 164.22 (W/m^2)$$

步骤 4：利用式 (4.27) 计算湿度计常数 γ，其中水的蒸发潜热 λ 为

$$\lambda = 2.501 - (2.361 \times 10^{-3}) T_{mean} = 2.501 - (2.361 \times 10^{-3}) \times 24.11 \approx 2.44 (MJ/kg)$$

把 λ 计算结果和大气压 P 代入式 (4.27)，则湿度计常数 γ 为

$$\gamma = 0.00163 \frac{P}{\lambda} = 0.00163 \times \frac{83.62}{2.44} \approx 0.056 (kPa/℃)$$

步骤 5：根据式 (4.14) 计算参考作物蒸发蒸腾量 ET_0，日尺度计算时土壤热通量 G 忽略不计，则

$$ET_0 = \frac{0.0353 \Delta (R_n - G) + \gamma \frac{900}{T + 273} u_2 (e_s - e_a)}{\Delta + \gamma (1 + 0.34 u_2)}$$

$$= \frac{0.0353 \times 0.18 \times 164.22 + 0.056 \times \frac{900}{26.97 + 273} \times 0.90 \times 1.70}{0.18 + 0.056 \times (1 + 0.34 \times 0.90)}$$

$$\approx 5.14 (mm/d)$$

【答】 利用 Penman - Monteith 方法计算的某地 2013 年 8 月 15 日参考作物蒸发蒸腾量 ET_0 为 5.14mm/d。

　　(2) 单作物系数的确定。作物系数 K_c 可以通过作物需水量试验确定，其值等于实测的充分供水条件下的作物需水量 ET_c 与参考作物蒸发蒸腾量 ET_0 的比值。我国对主要作物的 K_c 进行了大量的测定研究，一些站点的 K_c 试验结果见表 4.2。K_c 表现出生长初期较小、生长盛期增大、生长末期又减小的规律，对于有资料的地区可直接采用。对于无资料的地区，可采用表 4.3 的 FAO-56 推荐值或根据具体情况进行计算。

　　FAO-56 将作物生育期划分为 4 个阶段：初期、发育期、中期和后期。初期是指从播种开始的早期生长阶段，土壤根本或基本未被作物覆盖，地面覆盖率小于 10%；发育期是指初期结束到作物有效覆盖土壤表面的一段时间，地面覆盖率 70%~80%；中期是指从充分覆盖到成熟开始，叶片开始变色衰老的一段时间；后期是指从中期结束到生理成熟或收获的一段时间。

表 4.2 我国不同地区主要作物的 K_c 值

作物种类	各月或全生育期	代表站点				
		河南郑州	河北藁城	山东莱河	江苏淮阴	安徽蚌埠
冬小麦	10 月	0.60	0.50	1.14	0.65	1.18
	11 月	0.80	0.40	1.23	0.85	1.15
	12 月	0.60	0.25	0.77	0.85	1.25
	1 月	0.35	0.25	0.77	0.70	1.13
	2 月	0.45	0.35	0.77	0.65	1.14
	3 月	0.85	0.80	0.77	0.80	1.07
	4 月	1.30	1.45	1.22	1.20	1.16
	5 月	1.00	1.05	1.23	1.55	0.87
	6 月	0.60	0.90	0.68	1.10	—
	全生育期	—	—	1.05	—	1.06
		辽宁延平	内蒙古巴彦淖尔	青海乐都	宁夏银川	
春小麦	3 月	—	—	0.64	0.50	
	4 月	0.82	0.55	0.68	0.50	—
	5 月	1.03	0.81	1.07	1.43	
	6 月	1.24	1.16	1.05	1.31	
	7 月	1.30	1.42	0.98	0.61	
	全生育期	1.08	0.92	0.93	1.12	
		山东莱河	河北藁城	河南新乡	陕西杨凌	
夏玉米	6 月	0.59	0.65	0.85	0.51	
	7 月	0.92	0.84	1.32	1.05	—
	8 月	1.27	0.94	1.79	1.43	
	9 月	1.06	1.34	1.26	1.28	
	全生育期	1.08	0.89	1.14	1.07	
		辽宁建平	内蒙古通辽	陕西延安	陕西汉中	
春玉米	4 月	0.43	—		0.55	
	5 月	0.46	0.45	0.75	0.79	—
	6 月	0.55	0.62	0.79	0.78	
	7 月	1.25	1.51	1.64	1.18	
	8 月	0.99	1.39	1.68	0.95	
	9 月	0.70	1.21	1.25	1.25	
	全生育期	0.99	0.90	1.07	1.07	
		湖南洞庭湖区	广东粤北	广西桂北	浙江双林	湖北江北
早稻	4 月	1.00	1.39	1.02	—	1.00
	5 月	1.03	1.29	1.12	0.93	1.09

续表

作物种类	各月或全生育期	代表站点				
早稻	6 月	1.48	1.45	1.14	1.08	1.30
	7 月	1.45	1.19	1.03	1.11	1.20
	全生育期	—	—	—	—	—
晚稻		湖南洞庭湖区	广东粤北	广西桂北	浙江双林	湖北江北
	7 月	0.90	1.12	—	—	1.01
	8 月	1.29	1.30	1.05	1.07	1.09
	9 月	1.43	1.53	1.15	1.12	1.26
	10 月	1.18	1.51	1.12	0.96	1.10
	11 月	1.00	1.49	1.10	1.16	—
	全生育期	—	—	—	—	—
中稻		安徽滁州	四川简阳	云南全省	湖北全省	陕西汉中
	5 月	1.02	1.10	1.30	1.35	1.20
	6 月	1.13	1.50	1.50	1.50	1.28
	7 月	1.27	1.60	1.70	1.40	1.72
	8 月	1.33	1.50	1.80	0.94	2.01
	9 月	1.05	1.40	1.50	1.24	1.98
	全生育期	1.24	1.50	1.50	1.24	1.56
棉花		山东鲁西南	河北望都	新疆石河子		
	4 月	0.54	0.78	—	—	—
	5 月	0.60	0.62	0.37	—	—
	6 月	0.73	0.73	0.56	—	—
	7 月	1.24	1.07	0.92	—	—
	8 月	1.40	1.21	0.82	—	—
	9 月	1.26	0.89	—	—	—
	10 月	0.95	0.74	—	—	—
	全生育期	0.98	0.75			

表 4.3　　　　　　　　　　　　FAO - 56 推荐的单作物系数 K_c

作物		K_{cini}	K_{cmid}	K_{cend}	最大作物高度 h_{cmax}/m
棉花		0.35	1.15~1.20	0.70~0.50	1.2~1.5
向日葵		0.35	1.00~1.15	0.35	2.0
春小麦		0.30	1.15	0.25~0.40	1.0
冬小麦	有冻土层	0.40	1.15	0.25~0.40	1.0
	无冻土层	0.70	1.15	0.25~0.40	
谷物玉米		0.30	1.20	0.60~0.35	2.0

作物	K_{cini}	K_{cmid}	K_{cend}	最大作物高度 h_{cmax}/m
甜玉米	0.30	1.15	1.05	1.5
谷物高粱	0.30	1.00~1.10	0.55	1.0~2.0
甜高粱	0.30	1.20	1.05	2.0~4.0
水稻	1.05	1.20	0.90~0.60	1.0

注 适用于空气湿度约45%、风速约2m/s，无水分胁迫，管理良好，生长正常，且大面积高产的条件。

表4.3中FAO-56推荐的不同作物初期、中期和后期的作物系数值 K_{cini}、K_{cmid}、K_{cend} 是在空气湿度约45%、风速约2m/s，无水分胁迫，管理良好，生长正常，且大面积高产的特定状况下的参考值，在实际应用中应根据当地的气候条件、湿润频率和作物状况进行修正。发育期的作物系数由不同阶段作物系数绘制作物系数曲线图插值获得。

初期土壤蒸发在作物需水量中占主导地位，因此确定 K_{cini} 时需考虑降水或灌溉的影响。土壤蒸发分两个阶段：在第一阶段，潜在蒸发速率 $E_{s0}=1.15ET_0$，所需时间 $t_1=TEW/E_{s0}$。当湿润间隔时间 $t_w < t_1$ 时，也就是整个过程处在蒸发的第一阶段时，$K_{cini}=1.15$；当土壤蒸发处在第二阶段时，即 $t_w > t_1$，K_{cini} 计算式为

$$K_{cini}=\frac{TEW-(TEW-REW)\exp\left[\dfrac{-(t_w-t_1)E_{s0}\left(1+\dfrac{REW}{TEW-REW}\right)}{TEW}\right]}{t_wET_0}$$ （4.37）

式中：TEW 为土壤蒸发层最大可供蒸发水量，mm，其值等于田间持水量减去风干含水量（一般占干土重的2%~5%）；REW 为土壤表层易蒸发水量（≈10mm）；t_w 为湿润间隔时间，d；t_1 为第一阶段蒸发所需时间，d；E_{s0} 为土壤蒸发速率，mm/d；ET_0 为参考作物蒸发蒸腾量，mm/d。

中期和后期作物系数 K_{cmid}、K_{cend} 的修正式为

$$K_c=K_{c(tab)}+[0.04(u_2-2)-0.004(RH_{min}-45)]\left(\frac{h_c}{3}\right)^{0.3}$$ （4.38）

式中：$K_{c(tab)}$ 为FAO-56给定的标准状况下的 $K_{cmid(tab)}$、$K_{cend(end)}$（表4.3）；u_2 为作物生长中期或后期2m高度处的日平均风速，m/s，1m/s≤u_2≤6m/s；RH_{min} 为作物生长中期或后期的日最小相对湿度，%，20%≤RH_{min}≤80%；h_c 为作物生长中期或后期的平均株高，m，0.1m≤h_c<10m。

当没有最小相对湿度 RH_{min} 资料时，可近似用最高气温 T_{max} 和最低气温 T_{min} 计算：

$$RH_{min}=100\times\frac{\exp\left(\dfrac{17.27T_{min}}{T_{min}+237.3}\right)}{\exp\left(\dfrac{17.27T_{max}}{T_{max}+237.3}\right)}$$ （4.39）

在求得单作物系数 K_c 和参考作物蒸发蒸腾量 ET_0 后，即可根据式（4.8）计算作物需水量 ET_c。

【例 4.2】 在［例 4.1］的基础上，另已知 2013 年玉米初期为 4 月 28 日—6 月 8 日，发育期为 6 月 9 日—7 月 9 日，中期为 7 月 10 日—8 月 28 日，后期为 8 月 29 日—9 月 12 日，其中中期平均最小相对湿度 RH_{min} 为 43.49%，风速 u_2 为 1.15m/s，株高 h_c 为 1.50m；后期平均最小相对湿度 RH_{min} 为 36.96%，风速 u_2 为 1.03m/s，株高 h_c 为 1.67m。初期平均湿润间隔时间 t_w 为 8d，土壤田间持水量 θ_F 为 0.29cm³/cm³，风干含水量 $\theta_{风干}$ 为 0.05cm³/cm³，土壤表层蒸发深度 z_e 为 0.20m，试用单作物系数法计算 2013 年 8 月 15 日的玉米需水量。

【解】 由于表 4.2 没有给出某地玉米的单作物系数 K_c，并且 FAO-56 推荐的各生育阶段的玉米单作物系数为特定状况下的参考值，因此在实际应用中应根据当地的天气和作物情况进行调整。

步骤 1：确定玉米初期作物系数 K_{cini}。首先确定土壤蒸发层最大可供蒸发水量 TEW：

$$TEW = 1000(\theta_F - \theta_{风干})z_e = 1000 \times (0.29 - 0.05) \times 0.20 = 48(\text{mm})$$

然后根据［例 4.1］计算得到 ET_0 为 5.14mm/d，则第一阶段的蒸发速率 $E_{s0} = 1.15ET_0 \approx 5.91$mm/d，另土壤表层易蒸发水量 REW 取值为 10mm，则所需时间 $t_1 = REW/E_{s0} = 1.70$d $< t_w = 8$d，土壤蒸发处在第二阶段时，根据式（4.37）计算 K_{cini}：

$$K_{cini} = \cfrac{TEW - (TEW - REW)\exp\left[\cfrac{-(t_w - t_1)E_{s0}\left(1 + \cfrac{REW}{TEW - REW}\right)}{TEW}\right]}{t_w ET_0}$$

$$= \cfrac{48 - (48 - 10)\exp\left[\cfrac{-(8 - 1.70) \times 5.91 \times \left(1 + \cfrac{10}{48 - 10}\right)}{48}\right]}{8 \times 5.14} \approx 0.82$$

步骤 2：计算玉米中期作物系数 K_{cmid}。查表 4.3 可得 FAO-56 推荐的玉米 $K_{cmid(tab)}$ 为 1.20，另玉米中期平均最小相对湿度 RH_{min} 为 43.49%，风速 u_2 为 1.15m/s，株高 h_c 为 1.50m，根据 K_{cmid} 的修正式（4.38）：

$$K_{cmid} = K_{cmid(tab)} + [0.04(u_2 - 2) - 0.004(RH_{min} - 45)]\left(\frac{h_c}{3}\right)^{0.3}$$

$$= 1.20 + [0.04 \times (1.15 - 2) - 0.004 \times (43.49 - 45)]\left(\frac{1.50}{3}\right)^{0.3}$$

$$\approx 1.18$$

步骤 3：计算后期作物系数 K_{cmid}。查表 4.3 可得 FAO-56 推荐的玉米 $K_{cend(tab)}$ 为 0.60，另后期平均最小相对湿度 RH_{min} 为 36.96%，风速 u_2 为 1.03m/s，株高 h_c 为 1.67m，根据 K_{cend} 的调整式（4.38）：

$$K_{cend} = K_{cend(tab)} + [0.04(u_2 - 2) - 0.004(RH_{min} - 45)]\left(\frac{h_c}{3}\right)^{0.3}$$

$$= 0.60 + [0.04 \times (1.03 - 2) - 0.004 \times (36.96 - 45)]\left(\frac{1.67}{3}\right)^{0.3}$$

$$\approx 0.59$$

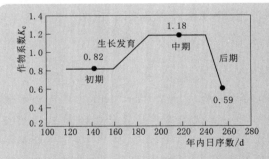

图 4.4　玉米作物系数 K_c 曲线

步骤 4：绘制玉米作物系数 K_c 曲线。根据 K_{cini}、K_{cmid}、K_{cend} 以及生育阶段信息，即可绘制 K_c 曲线，如图 4.4 所示。

步骤 5：根据绘制的玉米作物系数曲线推求 8 月 15 日（日序数 227）当天的 K_c：

$$K_c = K_{cmid} = 1.18$$

步骤 6：利用式（4.8）计算 8 月 15 日玉米 ET_c：

$$ET_c = K_c \cdot ET_0 = 1.18 \times 5.14 = 6.07 \text{(mm/d)}$$

【答】　用单作物系数法计算的某地 2013 年 8 月 15 日玉米需水量为 6.07mm/d。

（3）干旱胁迫下实际作物耗水量计算。在干旱缺水时，土壤含水量降低，土壤毛管传导率减小，供水不足，根系吸水速率降低，作物遭受干旱胁迫，引起叶片含水量减小，气孔阻力增大，从而导致作物蒸发蒸腾速率降低。干旱胁迫下的作物耗水量 ET_a 是充分供水条件下的作物需水量 ET_c 和土壤干旱胁迫系数 K_θ 的乘积，即

$$ET_a = K_\theta \cdot ET_c = K_\theta K_c \cdot ET_0 \tag{4.40}$$

式中：K_θ 为土壤干旱胁迫系数；其他符号意义同前；ET_a 和 ET_c 的单位均为 mm/d。

国内外提出了许多关于 K_θ 的计算方法，这里仅介绍 FAO-56 推荐的方法。

根区土壤含水量也可用根区消耗的水量 D_r 表示。当土壤含水量为田间持水量时，根区消耗的水量为零，即 $D_r = 0$。当根区消耗掉易利用的土壤水分（RAW）时，即 $D_r = RAW$ 时，干旱胁迫开始发生，作物蒸发蒸腾受到土壤水分限制而减小。土壤干旱胁迫系数 K_θ 计算方法如下：

$$K_\theta = \frac{TAW - D_r}{TAW - RAW} \quad D_r > RAW \tag{4.41}$$

式中：TAW 为土壤总有效水量，mm；D_r 为根区消耗的水量，mm；RAW 为易利用的土壤水量，mm。当 $D_r \leqslant RAW$ 时，$K_\theta = 1.0$。

土壤总有效水量 TAW（mm）是土壤田间持水量与凋萎含水量之间的水量，用下式计算：

$$TAW = 1000(\theta_F - \theta_{wp})z_r \tag{4.42}$$

式中：θ_F 为田间持水量，cm^3/cm^3；θ_{wp} 为凋萎系数，cm^3/cm^3；z_r 为根区深度，m。

易利用的土壤水量 RAW 为干旱胁迫发生前作物能从根区内吸收的土壤水分：

$$RAW = \rho \cdot TAW \tag{4.43}$$

式中：ρ 为干旱胁迫发生前根区消耗的土壤水分占土壤总有效含水量的比例。

ρ 随作物种类、作物需水量 ET_c 的大小而变化。FAO-56 提供了不同作物在 $ET_c = 5\text{mm/d}$ 时的 ρ 值，在该条件下冬小麦、夏玉米的推荐 ρ 值为 0.55。实际应用时，根据作物需水量 ET_c 值对推荐 ρ 值进行修正，即

$$\rho = \rho(\text{推荐值}) + 0.04(5 - ET_c) \tag{4.44}$$

【**例 4.3**】　在 [例 4.1]、[例 4.2] 的基础上，另已知该站土壤凋萎含水量 $\theta_{\rm wp}$ 为 0.14cm³/cm³，8 月 15 日的玉米根系深度 z_r 为 0.90m，根区消耗水量 D_r 为 110mm。试计算干旱胁迫下该日的玉米实际耗水量。

【**解**】　步骤 1：计算土壤干旱胁迫系数 K_θ。

第一，根据式 (4.42) 计算土壤总有效含水量 TAW：

$$TAW = 1000(\theta_{\rm F} - \theta_{\rm wp})z_r = 1000 \times (0.29 - 0.14) \times 0.90 = 135(\text{mm})$$

第二，根据式 (4.44) 计算 ρ，其中 FAO-56 推荐的 ρ 值为 0.55，则

$$\rho = \rho(\text{推荐值}) + 0.04(5 - ET_c) = 0.55 + 0.04 \times (5 - 6.07) \approx 0.51$$

第三，根据式 (4.43) 计算易利用的土壤含水量 RAW：

$$RAW = \rho \cdot TAW = 0.51 \times 135 = 68.85(\text{mm})$$

第四，根据式 (4.41) 计算土壤干旱胁迫系数 K_θ，因为 $D_r > RAW$，则有

$$K_\theta = \frac{TAW - D_r}{TAW - RAW} = \frac{135 - 110}{135 - 68.85} \approx 0.38$$

步骤 2：根据式 (4.40) 计算作物实际耗水量 ET_a：

$$ET_a = K_\theta \cdot ET_c = K_\theta K_c \cdot ET_0 = 0.38 \times 1.18 \times 5.14 \approx 2.30(\text{mm/d})$$

【**答**】　计算得到该站 2013 年 8 月 15 日干旱胁迫下的玉米实际耗水量为 2.30mm/d。

2. 双作物系数法

双作物系数法把作物系数分为基础作物系数（K_{cb}）和土壤蒸发系数（K_e）两部分，K_{cb} 反映作物蒸腾变化，K_e 反映棵间土壤蒸发变化，即

$$K_c = K_{cb} + K_e \tag{4.45}$$

式中：K_{cb} 为表土干燥而根区土壤水分满足作物需水要求时 ET_c/ET_0 的比值；K_e 为灌溉或降水后由于表土湿润使棵间土壤蒸发强度在短时间内增加而对 ET_c 产生的影响。

相应的作物需水量计算式为

$$ET_c = (K_{cb} + K_e)ET_0 \tag{4.46}$$

式中：符号意义同前。

（1）基础作物系数 K_{cb} 的计算。K_{cb} 可通过表 4.4 中 FAO-56 给定的特定标准状况下（即半湿润气候区，空气湿度约 45%，风速约 2m/s，无水分胁迫，管理良好，生长正常，大面积高产的作物条件）作物初期、中期和后期的基础作物系数（$K_{cb(tab)}$），以及相应的气象资料和作物高度数据，利用式 (4.38) 计算。

表 4.4　　　　　　　　　　　　　FAO-56 推荐的基础作物系数 K_{cb}

作物	K_{cbini}	K_{cbmid}	K_{cbend}
棉花	0.15	1.10~1.15	0.50~0.40
向日葵	0.15	0.95~1.10	0.25
春小麦	0.15	1.10	0.15~0.30
冬小麦	0.15~0.50	1.10	0.15~0.30

续表

作物	K_{cbini}	K_{cbmid}	K_{cbend}
谷物玉米	0.15	1.15	0.50~0.15
甜玉米	0.15	1.10	1.00
谷物高粱	0.15	0.95~1.05	0.35
甜高粱	0.15	1.15	1.00
水稻	1.00	1.15	0.70~0.45

注 适用于空气湿度约 45%、风速约 2m/s，无水分胁迫，管理良好，生长正常，且大面积高产的条件。

（2）土壤蒸发系数 K_e 的计算。灌溉或降水后，农田土壤表层湿润，K_e 达到最大值，当表层土壤干燥时 K_e 最小。$K_e ET_0$ 代表了棵间土壤蒸发量。K_e 的计算式为

$$K_e = K_r(K_{cmax} - K_{cb}) \leqslant f_{ew} K_{cmax} \qquad (4.47)$$

式中：K_{cmax} 为灌溉或降水后的最大作物系数值；K_{cb} 为基础作物系数；K_r 为表层土壤蒸发衰减系数；f_{ew} 为发生棵间蒸发的土壤占全部土壤的比例，其值在 0~1 之间。

K_{cmax} 的计算式为

$$K_{cmax} = \max\left\{ 1.15 + [0.04(u_2 - 2) - 0.004(RH_{min} - 45)]\left(\frac{h_c}{3}\right)^{0.3}, (K_{cb} + 0.05) \right\}$$
$$(4.48)$$

式中：1.15 为在灌溉或降水后 3~4d 表土湿润对 K_{cb} 的影响效应，如果灌溉或降水频繁，如 1~2d 一次，土壤很少有机会吸收热量，那么系数 1.15 可以减小到 1.1 左右；其余符号意义同前。

计算 K_{cmax} 的时间尺度可以从天到月。

K_r 主要取决于表层土壤水分损失量。在土壤蒸发的第一阶段，即大气蒸发力控制阶段，灌溉或降水后土壤含水量达到田间持水量时，棵间土壤蒸发量最大，表层土壤累积蒸发量等于易蒸发水量，所以 $K_r = 1$。在土壤蒸发的第二阶段，即土壤含水量限制阶段，棵间土壤蒸发量随着表层土壤含水量的减少而减少，K_r 值为

$$K_r = \frac{TEW - D_{e,i-1}}{TEW - REW} \qquad (4.49)$$

式中：TEW 为土壤蒸发层最大可供蒸发水量，mm；REW 为土壤表层易蒸发水量，约为 10mm；$D_{e,i-1}$ 为第 $i-1$ 天的表层土壤水累计蒸发量，mm，FAO-56 给出的计算公式非常烦琐，可根据经验取值。

FAO-56 给出的典型土壤 TEW 和 REW 以及相应的土壤水分特征参数值见表 4.5。

发生棵间蒸发的土壤占全部土壤的比例 f_{ew} 可根据下式计算：

$$f_{ew} = \min(1 - f_c, f_w) \qquad (4.50)$$

式中：f_c 为作物冠层覆盖度；$1 - f_c$ 为平均土壤裸露系数，其值为 0.01~1；f_w 为降水或灌溉后的地表湿润系数，见表 4.6。

表 4.5　　　　　　　　不同土壤类型的土壤水分特征参数（FAO - 56，1998）

土壤类型	土壤水分特征参数			水分蒸发参数	
	田间持水量 θ_F /(m³/m³)	凋萎含水量 θ_{wp} /(m³/m³)	$\theta_F - \theta_{wp}$ /(m³/m³)	土壤表层易蒸发水量 REW /mm	土壤蒸发层最大可供蒸发水量 $TEW(z_e=0.1\text{m})$ /mm
砂土	0.07～0.17	0.02～0.07	0.17～0.29	2～7	6～12
壤质砂土	0.11～0.19	0.03～0.10	0.20～0.24	4～8	9～14
砂壤土	0.18～0.28	0.06～0.16	0.05～0.11	6～10	15～20
壤土	0.20～0.30	0.07～0.17	0.06～0.12	8～10	16～22
粉砂壤土	0.22～0.36	0.09～0.21	0.11～0.15	8～11	18～25
粉砂	0.28～0.36	0.12～0.22	0.13～0.18	8～11	22～26
粉砂黏壤土	0.30～0.37	0.17～0.24	0.13～0.19	8～11	22～27
粉砂黏土	0.30～0.42	0.07～0.07	0.16～0.20	8～12	22～28
黏土	0.32～0.40	0.03～0.10	0.13～0.18	8～12	22～29

表 4.6　　　　　　FAO - 5 给出的降水或灌溉后的地表湿润系数（f_w）

地表湿润方式	地表湿润系数	地表湿润方式	地表湿润系数
降水	1.0	沟灌—窄沟	0.6～1.0
喷灌	1.0	沟灌—宽沟	0.4～0.6
漫灌	1.0	沟灌—交替沟灌	0.3～0.5
畦灌	1.0	滴灌	0.3～0.4

（3）干旱胁迫下计算作物耗水量的双作物系数法。干旱胁迫下的作物耗水量 ET_a 受土壤含水量的影响，所以在式（4.46）的基础上引入土壤干旱胁迫系数 K_θ，即

$$ET_a = (K_\theta K_{cb} + K_e)ET_0 \qquad (4.51)$$

式中：K_θ 为土壤干旱胁迫系数，体现作物根区土壤含水量不足时对作物耗水的影响，其值采用式（4.41）计算。

【例 4.4】　在［例 4.1］、［例 4.2］和［例 4.3］的基础上，另已知某地土壤质地为砂壤土，采用畦灌，上次灌水截止到 8 月 14 日的土壤表层蒸发量的累积深度 $D_{e,i-1}$ 为 15mm，8 月 15 日冠层覆盖度 f_c 为 0.80。试用双作物系数法计算该日玉米的实际耗水量。

【解】　步骤 1：计算基础作物系数 K_{cb}。查表 4.4 可得 FAO - 56 推荐的玉米基础作物系数 $K_{cbini(tab)}$、$K_{cbmid(tab)}$、$K_{cbend(tab)}$ 分别为 0.15、1.15、0.50，由于 RH_{min} 不是 45% 或风速不是 2m/s 时，且 $K_{cbmid(tab)}$ 和 $K_{cbend(tab)}$ 均大于 0.45，则采用式（4.38）对 K_{cbmid} 和 K_{cbend} 进行修正：

$$K_{cbmid} = K_{cbmid(tab)} + \left[0.04(u_2 - 2) - 0.004(RH_{min} - 45)\right]\left(\frac{h_c}{3}\right)^{0.3}$$

$$= 1.15 + \left[0.04 \times (1.15 - 2) - 0.004 \times (43.49 - 45)\right]\left(\frac{1.50}{3}\right)^{0.3} \approx 1.13$$

$$K_{cbend} = K_{cbend(tab)} + \left[0.04(u_2 - 2) - 0.004(RH_{min} - 45) \right] \left(\frac{h_c}{3} \right)^{0.3}$$

$$= 0.50 + \left[0.04 \times (1.03 - 2) - 0.004 \times (36.96 - 45) \right] \left(\frac{1.67}{3} \right)^{0.3} \approx 0.49$$

与 [例 4.2] 类似可绘制基础作物曲线，由此可得 8 月 15 日的 $K_{cb} = K_{cbmid} = 1.13$。

步骤 2：计算土壤蒸发系数 K_e。

第一，利用式 (4.48) 计算最大作物系数 K_{cmax}：

$$K_{cmax} = \max \left\{ 1.15 + \left[0.04(u_2 - 2) - 0.004(RH_{min} - 45) \right] \left(\frac{h_c}{3} \right)^{0.3}, (K_{cb} + 0.05) \right\}$$

$$= \max \left\{ 1.15 + \left[0.04 \times (1.15 - 2) - 0.004 \times (43.49 - 45) \right] \left(\frac{1.50}{3} \right)^{0.3}, (1.13 + 0.05) \right\}$$

$$= 1.18$$

第二，查表 4.5 可得，$REW = 8mm$，$TEW = 18mm$。

第三，由于 $D_{e,i-1} = 15mm > REW$，判断此日土壤蒸发处于蒸发递减的第二阶段，可用式 (4.49) 计算蒸发衰减系数 K_r：

$$K_r = \frac{TEW - D_{e,i-1}}{TEW - REW} = \frac{18 - 15}{18 - 8} = 0.30$$

第四，查表 4.6 可得，降水或灌溉后畦灌的地表湿润系数 $f_w = 1.0$，故由式 (4.50) 可计算得裸间蒸发土壤占全部土壤的比例 f_{ew}：

$$f_{ew} = \min(1 - f_c, f_w) = \min(1 - 0.80, 1.0) = 0.20$$

最后，利用式 (4.47) 得到土壤蒸发系数 K_e：

$$K_e = K_r(K_{cmax} - K_{cb}) = 0.30 \times (1.18 - 1.13) = 0.015 \leqslant f_{ew} K_{cmax} = 0.20 \times 1.18 = 0.236$$

步骤 3：根据 [例 4.3] 计算结果可得 K_θ 为 0.38。

步骤 4：计算干旱胁迫下玉米实际耗水量 ET_a：

$$ET_a = (K_\theta K_{cb} + K_e)ET_0 = (0.38 \times 1.13 + 0.015) \times 5.14 \approx 2.28 (mm/d)$$

【答】 利用双作物系数法计算的某地 2013 年 8 月 15 日干旱胁迫下玉米实际耗水量 ET_a 为 2.28mm/d。

4.2.3 直接计算作物需水量的半理论公式法（Semi - theoretical method for directly calculating crop water requirement）

目前，直接计算作物需水量的半理论公式中常用的有单源 Penman - Monteith 模型（以下简称 P-M 模型）、双源 Shuttleworth - Wallace 模型（以下简称 S-W 模型）和多源 Clumping 模型（以下简称 C 模型）。P-M 模型将作物冠层看成位于动量源汇处的一片大叶，将作物冠层和土壤当作一层。该模型因其计算简洁而被广泛采用。许多研究表明，P-M 模型可以较好地计算稠密冠层的作物需水量或耗水量。Shuttleworth 和 Wallace 于 1985 年将植被冠层、土壤表面当作两个既相互独立又相互作用的水汽源，建立了适于宽行作物需水量或耗水量计算的 S-W 模型。由于该模型较好地考虑了土壤蒸发，因而有效地提高了作物叶面积指数较小时的需水量或耗水量计算精度。C 模型作为一种较为简单的多层模型，突破了 S-W 模型中关于下垫面冠层均匀分布的理论假设，将土壤蒸发进一步细分为冠层盖度范围内的土壤蒸发和裸露地表的土壤蒸发，其理论更加完善和合理。由于 S-W 模型和 C 模型包含的参数多，获取困难，除了在科学研究中应用外，在农业水管理和灌溉制度设计中较少应用，因而，此处仅介绍直接计算作物需水量的 P-M 模型及参数确定。

P-M 模型的基本表达式如下：

$$\lambda ET = \frac{0.0864\Delta(R_n - G) + (\rho C_p \cdot VPD/r_a)}{\Delta + \gamma(1 + r_c/r_a)} \tag{4.52}$$

式中：λET 为作物蒸发蒸腾消耗的潜热通量，$MJ/(m^2 \cdot d)$；λ 为水的汽化潜热，MJ/kg；ET 为作物需水量或耗水量，mm/d 或 mm/h；Δ 为饱和水汽压与温度曲线的斜率，$kPa/℃$；R_n 为地表净辐射，W/m^2；G 为土壤热通量，W/m^2；ρ 为空气密度，kg/m^3；C_p 为空气定压比热，$MJ/(kg \cdot ℃)$；VPD 为空气饱和水汽压差，kPa；γ 为湿度计常数，$kPa/℃$；r_a 为空气动力学阻力，s/m；r_c 为冠层阻力，s/m。

冠层阻力 r_c 一般采用 Jarvis 模型计算，该模型根据作物气孔导度对一系列单一控制环境因子的响应，假设各环境变量对气孔导度的影响函数各自独立，得到了一个阶乘性多环境因子变量综合模型，具体表达式如下：

$$r_c = \frac{r_{STmin}}{LAI_e \prod\limits_i F_i(X_i)} \tag{4.53}$$

式中：r_{STmin} 为最小气孔阻力，s/m，根据实测资料，取值 $146s/m$；LAI_e 为有效叶面积指数（当 $LAI \leqslant 2$ 时，$LAI_e = LAI$；当 $LAI \geqslant 4$ 时，$LAI_e = LAI/2$；当 $2 < LAI < 4$ 时，$LAI_e = 2$）；X_i 为某一环境变量；$F_i(X_i)$ 为环境变量 X_i 的胁迫函数 $[0 \leqslant F_i(X_i) \leqslant 1]$，其表达式为

$$F_1(R_n) = \frac{0.0864R_n}{1100} \frac{1100 + a_1}{0.0864R_n + a_1} \tag{4.54}$$

$$F_2(T_a) = 1 - a_2(25 - T_a)^2 \tag{4.55}$$

$$F_3(VPD) = 1 - a_3 VPD \tag{4.56}$$

$$F_4(\theta) = \begin{cases} 1 & \theta_z \geqslant \theta_F \\ \dfrac{\theta_z - \theta_{wp}}{\theta_F - \theta_{wp}} & \theta_F < \theta_z < \theta_{wp} \\ 0 & \theta_z \leqslant \theta_{wp} \end{cases} \tag{4.57}$$

式中：R_n 为地表净辐射，W/m^2；T_a 为气温，$℃$；θ_z 为根区土壤含水量，cm^3/cm^3；θ_F 为田间持水量，cm^3/cm^3；θ_{wp} 为凋萎含水量，cm^3/cm^3；a_1、a_2 和 a_3 为经验系数，通过多元回归最优化拟合获得。

空气动力学阻力 r_a 采用下式计算：

$$r_a = \frac{\ln[(z-d)/(h_c-d)]\ln[(z-d)/z_0]}{k^2 u} \tag{4.58}$$

式中：k 为卡曼常数，取值为 0.41；z 为参照高度，即风速与温湿度测量高度，m；d 为零平面位移，m，它是一个概念性的量，利用它可使粗糙表面之上的风速廓线成为对数分

布，即风速 u 与 $\ln(z-d)$ 之间是直线关系；u 为参照高度处的水平风速，m/s；z_0 为粗糙度，m。

粗糙度 z_0 和零平面位移 d 随作物高度 h_c 和叶面积指数 LAI 的改变而变化，其计算式为

$$z_0 = \begin{cases} z_0' + 0.3h_c X^{0.5} & 0 < X < 0.2 \\ 0.3h_c(1-d/h_c) & 0.2 \leqslant X < 1.5 \end{cases} \qquad (4.59)$$

$$d = 1.1h_c \ln(1+X^{0.25}) \qquad (4.60)$$

$$X = c_d \cdot LAI$$

式中：h_c 为作物高度，m；z_0' 为裸地的粗糙度，取 0.01m；c_d 为拖曳系数，取 0.07。

【例 4.5】 在 [例 4.1]～[例 4.3] 基础上，另已知 2013 年 8 月 15 日玉米株高 $h_c = 1.78$m，叶面积指数 $LAI = 3.50$，最小气孔阻力 $r_{STmin} = 146$s/m，根区土壤含水量 $\theta_z = 0.22$cm³/cm³，有关环境变量胁迫函数中的经验系数 $a_1 = 2.85$，$a_2 = 0.0016$，$a_3 = 0.0025$，空气密度 $\rho = 0.96$kg/m³，空气定压比热 $C_p = 1.013 \times 10^{-3}$MJ/(kg·℃)。试利用 Penman - Monteith 模型直接计算该日玉米需水量。

【解】 步骤 1：用 Penman - Monteith 模型计算玉米需水量，首先要明确蒸发蒸腾潜热 λET 与蒸发蒸腾水层深度的关系。当温度为 20℃ 时，λ 约为 2.45MJ/kg，即 2.45MJ 能量可汽化 1kg 或 0.001m³ 水。因此 2.45MJ/m² 能量能使 0.001m 或 1mm 深度的水汽化。所以，以 MJ/(m²·d) 为单位的蒸发蒸腾量用 λET 来表示，它就是用 Penman - Monteith 模型计算的潜热通量。

步骤 2：根据 [例 4.1] 计算结果可知，该日饱和水汽压与温度曲线斜率 $\Delta = 0.18$kPa/℃，地表净辐射 $R_n = 164.22$W/m²，日尺度计算时土壤热通量 G 忽略不计，空气饱和水汽压差 $VPD = e_s - e_a = 1.70$kPa，湿度计常数 $\gamma = 0.056$kPa/℃。

步骤 3：计算空气动力学阻力 r_a。根据式 (4.60) 计算零平面位移 d，其中 X 为

$$X = c_d \cdot LAI = 0.07 \times 3.50 = 0.245$$

$$d = 1.1h_c \ln(1+X^{0.25}) = 1.1 \times 1.78 \times \ln(1+0.245^{0.25}) \approx 1.04 \text{(m)}$$

根据式 (4.59) 计算粗糙度 z_0，因 $0.2 < X < 1.5$，则

$$z_0 = 0.3h_c(1-d/h_c) = 0.3 \times 1.78 \times (1-1.04/1.78) \approx 0.22 \text{(m)}$$

因此，利用式 (4.58) 计算空气动力学阻力 r_a，其中参考高度 z 为 2m：

$$r_a = \frac{\ln[(z-d)/(h_c-d)]\ln[(z-d)/z_0]}{k^2 u_2}$$

$$= \frac{\ln[(2-1.04)/(1.78-1.04)]\ln[(2-1.04)/0.22]}{0.41^2 \times 0.90} \approx 2.53 \text{(s/m)}$$

步骤 4：计算冠层阻力 r_c。根据式 (4.54) 计算辐射胁迫函数 $F_1(R_n)$：

$$F_1(R_n) = \frac{0.0864 R_n}{1100} \frac{1100 + a_1}{0.0864 R_n + a_1} = \frac{0.0864 \times 164.22}{1100} \times \frac{1100 + 2.85}{0.0864 \times 164.22 + 2.85} \approx 0.83$$

根据式 (4.55) 计算温度胁迫函数 $F_2(T_a)$：

$$F_2(T_a) = 1 - a_2(25 - T_a)^2 = 1 - 0.0016 \times (25 - 26.97)^2 \approx 0.99$$

根据式 (4.56) 计算 VPD 胁迫函数 $F_3(VPD)$：

$$F_3(VPD) = 1 - a_3 VPD = 1 - 0.0025 \times 1.70 \approx 1.00$$

根据式 (4.57) 计算土壤水分胁迫函数 $F_4(\theta)$：

$$F_4(\theta) = \frac{\theta_z - \theta_{wp}}{\theta_F - \theta_{wp}} = \frac{0.22 - 0.14}{0.29 - 0.14} \approx 0.53$$

利用式 (4.53) 计算冠层阻力，由于 LAI 为 3.50，故有效叶面积指数 LAI_e 为 2.0，则

$$r_c = \frac{r_{STmin}}{LAI_e \prod_i F_i(X_i)} = \frac{146}{2 \times 0.83 \times 0.99 \times 1.0 \times 0.53} \approx 167.62 (\text{s/m})$$

步骤 5：根据式 (4.52) 计算该日玉米需水量 ET，其中：

$$\frac{\rho C_p \cdot VPD}{r_a} = \frac{0.96 \times 1.013 \times 10^{-3} \times 1.70}{2.53} \approx 6.53 \times 10^{-4} [\text{MJ} \cdot \text{kPa}/(\text{m}^2 \cdot \text{℃} \cdot \text{s})]$$

因计算时间为日尺度，故

$$\frac{\rho_a C_p \cdot VPD}{r_a} = 86400 \times 6.53 \times 10^{-4} \approx 56.42 [\text{MJ} \cdot \text{kPa}/(\text{m}^2 \cdot \text{℃} \cdot \text{d})]$$

则作物蒸发蒸腾消耗的潜热通量：

$$\lambda ET = \frac{0.0864 \Delta (R_n - G) + (\rho C_p \cdot VPD/r_a)}{\Delta + \gamma(1 + r_c/r_a)} = \frac{0.0864 \times 0.18 \times (164.22 - 0) + 56.42}{0.18 + 0.056 \times (1 + 167.62/2.53)}$$
$$\approx 14.94 [\text{MJ}/(\text{m}^2 \cdot \text{d})]$$

由于水的汽化潜热 $\lambda = 2.45 \text{MJ/kg}$，则需水量 ET 为

$$ET = 14.94/2.45 \approx 6.10 [\text{kg}/(\text{m}^2 \cdot \text{d})] = 6.10 (\text{mm/d})$$

【答】　利用 Penman-Monteith 模型直接计算的某地 2013 年 8 月 15 日玉米需水量为 6.10mm/d。

4.2.4　基于遥感数据的计算方法（Calculating crop water requirement based on remote sensing data）

近年来，基于遥感数据计算作物需水量的方法已在农业水管理中广泛应用。遥感可以快捷、周期地获取大范围的二维甚至三维分布的地表电磁波信息，它已越来越广泛地应用在农业、地理、地质、海洋、水文、气象环境监测、地球资源勘探等多个方面。在农业水利中，遥感数据在水土资源动态变化监测、作物种植面积提取、作物长势监测和估产及作物水分亏缺诊断等方面已有广泛的应用。

通过可见光和红外遥感获取土壤水分状况或通过建立光谱反射率与土壤含水量经验关系来实现，或结合光谱植被指数和热红外遥感获取的陆地表面温度提取土壤水分信息，从而进行农田水分时空动态估计，诊断农作物缺水程度以指导灌溉。也可以利用遥感数据建立区域作物需水量或耗水量的遥感计算方法，并根据气象数据计算出潜在蒸发蒸腾量，从而对作物缺水状况作出评价。

根据农田能量平衡方程 $\lambda ET = R_n - H - G$（其中 λET 是蒸发潜热，R_n 是地表净辐射，H 是大气感热，G 是土壤热通量），Bastiaansen 等提出了遥感反演区域作物需水量或耗水量的陆面能量平衡算法模型 SEBAL（surface energy balance algorithm for land）方法，即利用遥感数据反演得到的地表温度 T_s、地表反射率 α 和归一化植被指数 $NDVI$，

得出不同地表类型的地表净辐射 R_n、大气感热 H 和土壤热通量 G 后，用余项法逐像元地计算区域作物需水量或耗水量的分布。

SEBAL 方法主要优点是物理基础较为坚实，适合于不同气候条件的区域；另外，它可以利用各种具有可见光、近红外和热红外波段的卫星遥感数据，并结合常规地面资料（如风速、气温、地表净辐射等）计算能量平衡的各分量，从而可得出不同时空分辨率的 ET 分布图。

1. 计算地表净辐射 R_n

地表净辐射 R_n 是地表能量、动量、水分输送与交换过程中的主要来源，如图 4.3 所示，它可根据地表辐射平衡方程由入射能量减去出射能量求得

$$R_n = (1-\alpha)R_s + R_{lain} - R_{lsout} - R_{laout} \tag{4.61}$$

$$R_{lain} = \sigma \varepsilon_a T_{0ref}^4 \tag{4.62}$$

$$R_{lsout} = \sigma \varepsilon T_s^4 \tag{4.63}$$

$$R_{laout} = (1-\varepsilon)R_{lain} \tag{4.64}$$

式中：R_n 为地表净辐射，W/m^2，其值通常白天为正，夜晚为负；α 为反照率；R_s 为到达地表的入射短波辐射，W/m^2；R_{lain} 为到达地表的长波辐射，W/m^2；R_{lsout} 为地面自身发射的长波辐射，W/m^2；R_{laout} 为地表反射的部分大气逆辐射，W/m^2；σ 为 Stefan – Boltzman 常数，其值为 $5.67 \times 10^{-8} W/(m^2 \cdot K^4)$；$\varepsilon_a$ 为大气比辐射率；T_{0ref} 为参考高度的空气温度，K，可以取灌水充足的作物表面温度；T_s 为地表温度，K；ε 为地表比辐射率。

（1）计算地表反照率 α。

$$\alpha = \frac{\alpha_{toa} - \alpha_{path-radiance}}{\tau_{sw}^2} \tag{4.65}$$

式中：α_{toa} 为大气外反照率；$\alpha_{path-radiance}$ 为太阳辐射在传输过程中大气各组分及气溶胶微粒散射后到达传感器的辐射占比，其值通常在 $0.025 \sim 0.04$ 之间；τ_{sw} 为大气单向透射率，即在地面与大气层顶部测得的瞬时太阳辐射之比。

式（4.65）中的大气外反照率为

$$\alpha_{toa} = \sum c_\lambda \rho_\lambda \quad (\lambda = 1,2,3,4,5,7) \tag{4.66}$$

式中：c_λ 为 λ 波段的权重系数，是指波段 λ 的谱辐射值占总辐射的百分比，$\sum c_\lambda = 1$；ρ_λ 为 λ 波段的大气外光谱反射率，其值为

$$\rho_\lambda = \frac{\pi L_\lambda}{ESUN_\lambda d_r^2 \cos\theta} \tag{4.67}$$

式中：d_r 为日地天文单位距离的倒数；$ESUN_\lambda$ 为大气外光谱辐照度，$W/(m^2 \cdot \mu m \cdot sr)$；$\theta$ 为太阳天顶角，是太阳高度角的余角，太阳高度角可以从遥感数据的元数据文件中获取，rad；L_λ 为 λ 波段的光谱辐射亮度，指面辐射源在辐射传输方向上的单位立体角内，通过垂直于该方向单位面积、单位波长范围内的辐射通量，$W/(m^2 \cdot \mu m \cdot sr)$。

$$L_\lambda = \left(\frac{LMAX_\lambda - LMIN_\lambda}{Q_{calmax} - Q_{calmin}}\right) \times (Q_{cal} - Q_{calmin}) + LMIN_\lambda \tag{4.68}$$

式中：Q_{cal} 为像元灰度值；Q_{calmax} 为最大灰度值，即 $Q_{calmax} = 255$；Q_{calmin} 为最小灰度值；$LMAX_\lambda$ 和 $LMIN_\lambda$ 分别为遥感器所接收到的 λ 波段的最大和最小辐射亮度，即相对应于

$Q_{calmax} = 255$ 和 $Q_{calmin} = 0$（美国国家陆地卫星数据集产品，National Landsat Archive Production System，NLAPS）或 $Q_{calmin} = 1$（1 级产品生成系统，The Level 1 Product Generation System，LPGS）时的最大和最小辐射亮度。

式（4.65）的大气单向透射率 τ_{sw}，在晴空且较为干燥的大气条件下有

$$\tau_{sw} = 0.75 + 2 \times 10^{-5} Z \qquad (4.69)$$

式中：Z 为海拔高度，可以从数字高程模型（digtal elevation model，DEM）数据中获得，m。

（2）计算大气比辐射率 ε_a。

$$\varepsilon_a = 1.08(-\ln\tau_{sw})^{0.265} \qquad (4.70)$$

式中：τ_{sw} 为式（4.69）计算的大气单向透射率。

（3）计算地表比辐射率 ε。地表比辐射率为物体的辐射出射度与同温度、同波长下的黑体辐射出射度的比值，可通过它与 NDVI 的经验关系求取，即

$$\varepsilon = 1.009 + 0.047\ln NDVI \qquad (4.71)$$

式中：NDVI 为归一化植被指数，其值大于 0；否则假定 $\varepsilon = 1$（如水体）。

NDVI 计算式如下：

$$NDVI = \frac{\rho_4 - \rho_3}{\rho_4 + \rho_3} \qquad (4.72)$$

式中：ρ_4、ρ_3 分别为近红外、红光波段的反射率，由式（4.67）计算得到。

（4）计算地表温度 T_s。地表温度可以由热红外波段通过大气校正法、单窗算法或单通道法反演。SEBAL 方法在利用 Plank 公式由陆地卫星 7 号（LANDSAT 7 ETM＋）第 6 波段计算出地面物体的亮度温度后，将结果经过地表比辐射率简单校正后获得地表温度，即

$$T_s = \frac{K_2}{\ln\left(\dfrac{K_1}{L_6} + 1\right)\varepsilon^{0.25}} \qquad (4.73)$$

式中：L_6 为 LANDSAT 7 ETM＋第 6 波段的大气外光谱辐射强度；$K_1 = 666.09 \text{W}/(\text{m}^2 \cdot \mu\text{m} \cdot \text{sr})$；$K_2 = 1282.71\text{K}$，均为热红外波段校正参数。

（5）计算到达地表的入射短波辐射 R_s。

$$R_s = G_{sc}\cos\theta d_r^2 \tau_{sw} \qquad (4.74)$$

式中：G_{sc} 为太阳常数，其值为 $1367\text{W}/\text{m}^2$；其余符号意义同前。

2. 计算土壤热通量 G

土壤热通量是由于传导作用而存储在土壤中的那部分能量，其大小与热流方向的温度梯度、土壤热容量、热传导率成正比，在能量平衡中是一个相对较小的量，直接计算较为困难，一般通过 G 与 T_s、R_n、α、NDVI 的统计关系求得，根据卫星过境时间进行适当修正。

$$G = \frac{T_s - 273.16}{\alpha}\left[0.0032\frac{\alpha}{c_{11}} + 0.0062\left(\frac{\alpha}{c_{11}}\right)^2\right](1 - 0.978 NDVI^4)R_n \qquad (4.75)$$

式中：c_{11} 为卫星过境时间对 G 的影响，过境时间在地方时 12 时以前 c_{11} 取 0.9，在 12—14 时之间取 1.0，在 14—16 时之间取 1.1；其余符号意义同前。

3. 计算大气感热 H

大气感热 H 是由于传导和对流作用而散失到大气中的那部分能量，是大气稳定度、

风速和表面粗糙度的函数，其计算式为

$$H = \frac{\rho C_p \cdot dT}{r_a} \tag{4.76}$$

$$\rho = 349.635 \frac{\left(\dfrac{T - 0.0065Z}{T}\right)^{5.26}}{T} \tag{4.77}$$

式中：ρ 为空气密度，kg/m^3；C_p 为空气定压比热，$MJ/(m^2 \cdot d)$；dT 为两个高度间的温差，K；r_a 为空气动力学阻力，s/m；T 为空气温度，K；Z 为海拔高度，m。

计算大气感热的公式中，H、dT 和 r_a 均是未知量，且彼此直接相关，SEBAL 方法利用 Monin-Obukhov 相似理论对方程进行迭代求解，步骤如下。

（1）根据稳定表面风廓线关系计算摩擦风速的空间分布，稳定表面的风廓线关系为

$$\frac{u_z}{u_*} = \frac{\ln\dfrac{z}{z_{0m}}}{k} \tag{4.78}$$

式中：u_z 为高度 z 处的风速，m/s；u_* 为摩擦风速，m/s；k 为卡曼（Karman）常数，其值为 0.41；z_{0m} 为动量传输表面粗糙度，m，可用如下经验公式计算：

$$\begin{cases} z_{0m} = 0.005 + 0.5\left(\dfrac{NDVI}{NDVI_{max}}\right)^{2.5} & NDVI \geqslant 0 \\ z_{0m} = 0.001 & NDVI < 0 \end{cases} \tag{4.79}$$

（2）根据气温在一定范围内随海拔高度增加而降低，在区域内选定某一参考高度 Z_{ref}，利用 DEM 数据对地表温度 T_s 进行校正：

$$T_s^* = T_s - 0.0065(Z - Z_{ref}) \tag{4.80}$$

式中：Z 为 DEM 数据中的海拔高度值，单位应与 Z_{ref} 一致。

（3）假设 dT 与地表温度 T_s^* 呈线性关系，即

$$dT = cT_s^* + d \tag{4.81}$$

式中：c、d 为参数，通过在遥感影像上选定两个极端"指示"像元——"热（干）点""冷（湿）点"来确定。

"热（干）点"指干燥的天然裸地或没有作物覆盖的休耕农田，假设在"热（干）点"满足 $H \approx R_n - G_0$，即可利用能量完全用于表面加热，作物蒸发蒸腾量约为 0；"冷（湿）点"指影像中水分供应充足、处于潜在作物蒸发蒸腾水平的像元，一般出现在刚灌水后的农田，在"冷（湿）点"$H \approx 0$，即可利用能量完全用于作物蒸发蒸腾，基于此假设得到 dT 值。

（4）计算空气动力学阻力 r_a，即

$$r_a = \frac{\ln(z_2/z_1)}{ku_*} \tag{4.82}$$

式中：z_1 取值通常略高于植被冠层的平均高度，z_2 取值略低于边界层高度，实际应用中一般取 $z_1 = 0.01m$，$z_2 = 2m$；其余符号意义同前。

（5）将 dT 和 r_a 代入式（4.76），得到大气感热 H。

（6）由于地表加热导致近地层大气处于不稳定状态，SEBAL 方法应用 Monin-Obukhov 相似理论，引入大气热量传输与动量传输的稳定度订正因子 ψ_h 和 ψ_m，并计算

Monin - Obukhov 长度 L，对空气动力学阻力 r_a 进行校正后，迭代求解 H。ψ_h 和 ψ_m 的具体计算方法如下：

$$L = -\frac{\rho C_p u_*^3 T_s}{kgH} \tag{4.83}$$

1）$L > 0$，稳定状态：

$$\psi_{m(z)} = \psi_{h(z)} = -5\left(\frac{z}{L}\right) \tag{4.84}$$

2）$L < 0$，非稳定状态：

$$x_{(z)} = \left(1 - 16 \times \frac{z}{L}\right)^{0.25} \tag{4.85}$$

$$\psi_{m(z)} = 2\ln\frac{1 + x_{(z)}}{2} + \ln\frac{1 + x_{(z)}^2}{2} - 2\arctan x_{(z)} + 0.5\pi \tag{4.86}$$

$$\psi_{h(z)} = 2\ln\frac{1 + x_{(z)}^2}{2} \tag{4.87}$$

3）$L = 0$，中性状态：

$$\psi_m = \psi_h = 0 \tag{4.88}$$

式中：g 为重力加速度，取 $9.81\,\text{m/s}^2$；$x_{(z)}$ 为 z 高度的参数；其余符号意义同前。

（7）将 $\psi_{h(z_1)}$、$\psi_{h(z_2)}$ 和 $\psi_{m(z_x)}$ 代入下列公式中，对 r_a 进行校正。

$$r_a = \frac{\ln(z_2/z_1) - \psi_{h(z_2)} + \psi_{h(z_1)}}{ku_*} \tag{4.89}$$

$$u_* = \frac{ku_x}{\ln\left(\dfrac{z_x}{z_{0m}}\right) - \psi_{m(z_x)}} \tag{4.90}$$

一般重复运行步骤（5）～步骤（7），直到得到稳定的大气感热 H。

4. 计算潜热 λET 和作物需水量 ET

SEBAL 模型应用 Slob 经验公式，利用日入射短波辐射量 R_{s24} 计算日净辐射量 R_{n24}：

$$R_{n24} = (1 - \alpha)R_{s24} - c_s \tau_{sw} \tag{4.91}$$

式中：c_s 可以通过实测的日净辐射量拟合得到，模型中取值 110；其余符号意义同前。

通过引入蒸发比 w，并假设影像获取时刻的瞬时蒸发比在 24h 内大致保持不变，从而将计算得到的瞬时 ET 扩展为日 ET 值（ET_{24}）。

$$w = \frac{\lambda ET}{R_n - G} = \frac{R_n - G - H}{R_n - G} \tag{4.92}$$

ET_{24} 可表达为

$$ET_{24} = \frac{w(R_{n24} - G_{24})}{\lambda} \tag{4.93}$$

式中：G_{24} 为日土壤热通量，W/m^2；λ 为水的汽化潜热，MJ/kg，是温度的函数。

将 ET_{24} 换算为日蒸发蒸腾速率（mm/d）：

$$ET_{24} = \frac{86400w(R_{n24} - G_{24})}{[2.501 - 0.002361(T_s - 273.16)] \times 10^6} \tag{4.94}$$

上述基于遥感数据计算作物需水量的过程可编制程序利用计算机进行计算，图 4.5 给出了其计算的通用电算框图。

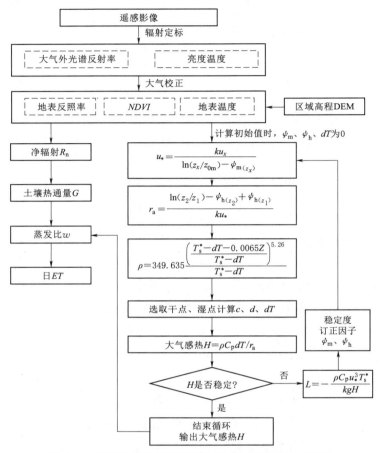

图 4.5 基于遥感数据计算作物需水量的通用电算框图

【例 4.6】 已获取某灌区 2011 年 8 月 1 日 LAND-SAT7 ETM＋遥感影像数据，研究区 DEM 数据如图 4.6 所示，其地理纬度为北纬 $37.7° \sim 38.5°$，经度为东经 $102.3° \sim 102.9°$。LANDSAT7 卫星过境时间为地方时 10：33：18，各个波段的最大辐射亮度、最小辐射亮度、反射波段的 c_λ、$ESUN_\lambda$ 见表 4.7，最大像元灰度值为 255，最小像元灰度值为 1。监测的 10m 高度处平均风速 为 2.05m/s。日照时数为 9.3h，研究区内像元 A 地理位置 $38.05°N$，$102.5°E$，海拔高度为 1484m，日地相对 距离 $1/d_r = 1.015$，太阳天顶角 θ 为 $33.05°$，各个波段的 灰度值见表 4.8。试给出通过 SEBAL 方法计算该像元日 ET 的具体过程并通过计算机编程计算出该研究区日 ET 的空间分布。

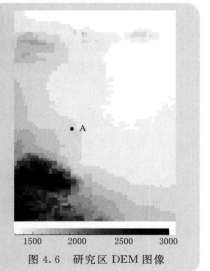

图 4.6 研究区 DEM 图像

表 4.7　　　　　　　　　　各个波段的最大、最小辐射亮度

波段	1	2	3	4	5	6	7
$LMAX$	293.700	300.900	234.400	241.100	47.570	17.040	16.540
$LMIN$	−6.200	−6.400	−5.000	−5.100	−1.000	0.000	−0.350
c_λ	0.2934	0.2741	0.2311	0.1555	0.0336	—	0.0122
$ESUN_\lambda/[\mathrm{W}/(\mathrm{m}^2\cdot\mu\mathrm{m})]$	1969.00	1840.00	1551.00	1044.00	225.70	—	82.07

表 4.8　　　　　　　　　　像元 A 各个波段的灰度值

波段	1	2	3	4	5	6	7
Q_{cai}	30	39	43	84	71	143	53

【解】　步骤 1：计算大气外光谱反射率和亮度温度。

根据式 (4.68) 计算各个波段的辐射亮度：

$$L_1 = \left(\frac{LMAX_1 - LMIN_1}{Q_{calmax} - Q_{calmin}}\right)(Q_{cal} - Q_{calmin}) + LMIN_1$$

$$= \left(\frac{293.7 + 6.200}{255 - 1}\right) \times (30 - 1) - 6.200$$

$$\approx 28.041[\mathrm{W}/(\mathrm{m}^2\cdot\mu\mathrm{m}\cdot\mathrm{sr})]$$

各个波段的辐射亮度见表 4.9。

表 4.9　　　　　　　　　　各个波段的辐射亮度

波 段	1	2	3	4	5	6	7
$L_\lambda/[\mathrm{W}/(\mathrm{m}^2\cdot\mu\mathrm{m}\cdot\mathrm{sr})]$	28.041	39.574	34.586	75.351	12.385	9.526	3.108

根据式 (4.67) 计算反射波段的大气外光谱反射率：

$$\rho_1 = \frac{\pi L_1}{d_r^2 ESUN_1 \cos\theta} = \frac{3.14 \times 28.041 \times 1.015^2}{1969.00 \times 0.838} = 0.055$$

各个反射波段的反射率见表 4.10。

表 4.10　　　　　　　　　　各个反射波段的反射率

波段	1	2	3	4	5	7
ρ_λ	0.055	0.083	0.086	0.279	0.212	0.146

利用波段 6 的辐射亮度计算亮度温度，$K_1 = 666.09\mathrm{W}/(\mathrm{m}^2\cdot\mu\mathrm{m}\cdot\mathrm{sr})$、$K_2 = 1282.71\mathrm{K}$。

$$T_6 = \frac{K_2}{\ln(K_1/L_6 + 1)} = \frac{1282.71}{\ln(666.09/9.526 + 1)} = 300.993(\mathrm{K})$$

步骤 2：计算地表净辐射 R_n。

利用式 (4.66) 计算大气外反照率：

$$\alpha_{toa} = \sum c_\lambda \rho_\lambda = 0.2934 \times 0.055 + 0.2741 \times 0.083 + 0.2311 \times 0.086$$

$$+ 0.1555 \times 0.279 + 0.0336 \times 0.212 + 0.0122 \times 0.146 \approx 0.111$$

利用式 (4.69) 和 DEM 数据计算大气单向透射率：

$$\tau_{sw} = 0.75 + 2 \times 10^{-5} \times Z = 0.75 + 2 \times 10^{-5} \times 1484 \approx 0.780$$

利用式 (4.65) 计算地表反照率，其中 $\alpha_{path\text{-}randiance} = 0.03$：

$$\alpha = \frac{\alpha_{toa} - \alpha_{path\text{-}radiance}}{\tau_{sw}^2} = \frac{0.111 - 0.03}{0.780^2} \approx 0.133$$

利用上述方法得到的研究区地表反照率分布如图4.7所示。

利用式（4.72）计算归一化植被指数 $NDVI$：

$$NDVI = \frac{\rho_4 - \rho_3}{\rho_4 + \rho_3} = \frac{0.279 - 0.086}{0.279 + 0.086} \approx 0.529$$

利用式（4.71）计算地表比辐射率 ε：

$$\varepsilon = 1.009 + 0.047\ln NDVI = 1.009 + 0.047 \times \ln 0.529 \approx 0.979$$

利用式（4.73）和通过波段6计算得到的亮度温度计算地表温度 T_s：

$$T_s = \frac{T_6}{\varepsilon^{0.25}} = \frac{300.993}{0.979^{0.25}} \approx 302.594 (K)$$

利用式（4.70）计算大气比辐射率 ε_a：

$$\varepsilon_a = 1.08(-\ln \tau_{sw})^{0.265} = 1.08 \times (-\ln 0.780)^{0.265} \approx 0.747$$

利用式（4.74）计算到达地表的入射短波辐射 R_s：

$$R_s = G_{sc}\cos\theta d_r^2 \tau_{sw} = \frac{1367 \times 0.838}{1.015^2} \times 0.780 \approx 867.311 (W/m^2)$$

利用式（4.62）、式（4.63）、式（4.64）计算到达地表的长波辐射 R_{lain}、地面自身发射的长波辐射 R_{lsout} 以及地表反射的部分大气逆辐射 R_{laout}，其中灌水充足的植被表面温度为290.65K。

$$R_{lain} = \sigma \varepsilon_a T_{0ref}^4 = 5.67 \times 10^{-8} \times 0.747 \times 290.65^4 \approx 302.263 (W/m^2)$$

$$R_{lsout} = \sigma \varepsilon T_s^4 = 5.67 \times 10^{-8} \times 0.979 \times 302.594^4 \approx 465.379 (W/m^2)$$

$$R_{laout} = (1-\varepsilon)R_{lain} = (1-0.979) \times 302.263 \approx 6.348 (W/m^2)$$

利用式（4.61）和图4.7资料计算地表净辐射：

$$\begin{aligned} R_n &= (1-\alpha)R_s + R_{lain} - R_{lsout} - R_{lrout} \\ &= (1-0.133) \times 867.311 + 302.263 \\ &\quad - 465.379 - 6.348 \\ &\approx 582.495 (W/m^2) \end{aligned}$$

利用上述方法得到的研究区地表净辐射空间分布如图4.8所示。

步骤3：计算土壤热通量 G。

LANDSAT的过境时间在地方时12时以前，c_{11}取0.9，通过式（4.75）计算土壤热通量 G，土壤热通量的空间分布如图4.9所示。

$$\begin{aligned} G &= \frac{T_s - 273.16}{\alpha} \times \left[0.0032 \times \frac{\alpha}{c_{11}} + 0.0062 \times \left(\frac{\alpha}{c_{11}}\right)^2 \right] \\ &\quad \times (1 - 0.978 NDVI^4) \times R_n \\ &= \frac{302.594 - 273.16}{0.133} \times \left[0.0032 \times \frac{0.133}{0.9} + 0.0062 \times \left(\frac{0.133}{0.9}\right)^2 \right] \\ &\quad \times (1 - 0.978 \times 0.529^4) \times 582.495 \approx 72.409 (W/m^2) \end{aligned}$$

0.0 0.1 0.2 0.3 0.4 0.5

图 4.7　研究区地表反照率

图 4.8　研究区地表净辐射

（单位：W/m²）

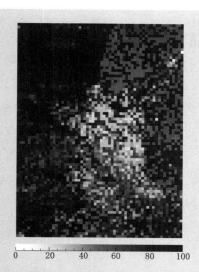

图 4.9　土壤热通量

（单位：W/m²）

步骤 4：计算大气感热 H。

首先通过式（4.79）计算传输表面粗糙度，$NDVI$ 最大值为 0.853。

$$z_{om}=0.005+0.5\times\left(\frac{NDVI}{NDVI_{max}}\right)^{2.5}=0.005+0.5\times\left(\frac{0.529}{0.853}\right)^{2.5}\approx0.156(m)$$

研究区内选定某一参考高度 $Z_{ref}=1374m$，利用 DEM 数据对 T_s 进行校正：

$$T_s^*=T_s-0.0065(Z-Z_{ref})=302.594-0.0065\times(1484-1374)=301.879(K)$$

通过迭代法计算大气感热。气象站点观测的 10m 高度处的风速为 2.05m/s，代入式（4.78）计算摩擦速度初始值及 200m 处的稳定风速，其中卡曼常数为 0.41。

$$u_*(0)=\frac{ku_{10}}{\ln(z_{10}/z_{om})}=\frac{0.41\times2.05}{\ln(10/0.156)}\approx0.202(m/s)$$

$$u_{200}=\frac{u_*(0)\times\ln(z_{200}/z_{om})}{k}=\frac{0.202\times\ln(200/0.156)}{0.41}\approx3.526(m/s)$$

用式（4.82）计算空气动力学阻力 r_a 初始值：

$$r_a(0)=\frac{\ln(z_2/z_1)}{ku_*}=\frac{\ln(2/0.01)}{0.41\times0.202}\approx63.974(s/m)$$

用校正后的地表温度代替气温通过式（4.77）计算空气密度 ρ 初始值：

$$\rho(0)=349.635\frac{\left(\frac{T-0.0065Z}{T}\right)^{5.26}}{T}=349.635\times\frac{\left(\frac{301.879-0.0065\times1484}{301.879}\right)^{5.26}}{301.879}$$

$$\approx0.976(kg/m^3)$$

在遥感影像上选定两个极端"指示"像元——"热（干）点""冷（湿）点"计算参数 c、d，通过上述计算过程可得"热（干）点"和"冷（湿）点"各项指标的值，见表 4.11。

表 4.11 "热（干）点"和"冷（湿）点"各项指标的值

"指示"像元	R_n	G	$\rho(0)$	$r_a(0)$	T_s^*
"热（干）点"	351.073	95.140	0.939	94.628	317.779
"冷（湿）点"	614.893	45.463	1.001	59.625	292.317

c、d 的初始值按照下式计算，其中空气定压比热 $C_p = 1004 J/(kg \cdot K)$。

$$c(0) = \frac{(R_{nhot} - G_{hot})r_{ahot}}{C_p \rho_{hot}(T_{shot}^* - T_{scold}^*)} = \frac{(351.073 - 95.14) \times 94.628}{1004 \times 0.939 \times (317.779 - 292.317)} \approx 1.009$$

$$d(0) = -cT_{scold}^* = -1.009 \times 292.317 \approx -294.948$$

通过 c、d 初始值的计算，利用式（4.81）、式（4.76）、式（4.83）得到 dT、大气感热 H、Monin-Obukhov 长度 L 的初始值：

$$dT(0) = cT_s^* + d = 1.009 \times 301.879 - 294.948 \approx 9.648(K)$$

$$H(0) = \frac{\rho C_p dT}{r_a} = \frac{0.976 \times 1004 \times 9.648}{63.974} \approx 147.781(W/m^2)$$

$$L(0) = -\frac{\rho C_p u_*^3 T_s^*}{kgH} = -\frac{0.976 \times 1004 \times 0.202^3 \times 301.879}{0.41 \times 9.81 \times 147.781} = -4.102$$

$L < 0$，非稳定状态，$z_1 = 0.01m$，$z_2 = 2m$，$z_r = 200m$，利用式（4.84）～式（4.88）计算稳定度订正因子：

$$x_{(z_1)} = \left(1 - 16 \times \frac{z_1}{L}\right)^{0.25} = \left(1 - 16 \times \frac{0.01}{-4.102}\right)^{0.25} \approx 1.010$$

$$x_{(z_2)} = 1.722, x_{(z_{200})} = 5.287$$

$$\psi_{m(z_{200})} = 2\ln\frac{1 + x_{(z_{200})}}{2} + \ln\frac{1 + x_{(z_{200})}^2}{2} - 2\arctan x_{(z_{200})} + 0.5\pi$$

$$= 2 \times \ln\frac{1 + 5.287}{2} + \ln\frac{1 + 5.287^2}{2} - 2 \times \arctan 5.287$$

$$+ 0.5 \times 3.14 \approx 3.765$$

$$\psi_{h(z_1)} = 2\ln\frac{1 + x_{(z_1)}^2}{2} = 2 \times \ln\frac{1 + 1.010^2}{2} \approx 0.020$$

$$\psi_{h(z_2)} = 1.369$$

将 $\psi_{h(z_1)}$、$\psi_{h(z_2)}$ 和 $\psi_{m(z_x)}$ 代入式（4.90）和式（4.89）中，对摩擦速度、空气动力学阻力进行校正：

$$u_*(1) = \frac{ku_x}{\ln\left(\frac{z_x}{z_{0m}}\right) - \psi_{m(z_x)}} = \frac{0.41 \times 3.526}{\ln(200/0.156) - 3.765} \approx 0.426(m/s)$$

$$r_a(1) = \frac{\ln(z_2/z_1) - \psi_{h(z_2)} + \psi_{h(z_1)}}{ku_*} = \frac{\ln(2/0.01) - 1.369 + 0.020}{0.41 \times 0.426} \approx 22.611(s/m)$$

同时用 $dT(0)$ 校正式（4.77）的空气密度：

$$\rho(1) = 349.635 \frac{\left(\frac{T_s^* - dT - 0.0065Z}{T_s^* - dT}\right)^{5.26}}{T_s^* - dT} = 349.635 \times \frac{\left(\frac{301.879 - 9.648 - 0.0065 \times 1484}{301.879 - 9.648}\right)^{5.26}}{301.879 - 9.648}$$

$$\approx 1.003(kg/m^3)$$

采用校正后的空气动力学阻力、空气密度计算新的参数 c、d，进而计算 dT、H、

L。迭代计算 10 次得到稳定的大气感热，区域大气感热如图 4.10 所示。

$$H = 116.454 \text{W/m}^2$$

步骤 5：计算作物日 ET。

首先通过上面过程得到的地表净辐射、土壤热通量、大气感热代入式（4.92）计算蒸发比：

$$w = \frac{\lambda ET}{R_\text{n} - G} = \frac{R_\text{n} - G - H}{R_\text{n} - G} = \frac{582.495 - 72.409 - 116.454}{582.495 - 72.409} \approx 0.772$$

然后用式（4.22）计算太阳赤纬角 δ，用式（4.23）计算太阳时角 ω_s，用式（4.18）计算大气层顶的太阳辐射 R_{a24}：

$$\phi = 38.05° \approx 0.664 \text{rad}$$

$$\delta = 0.409 \sin\left(\frac{2\pi}{365}J - 1.39\right) = 0.409 \times \sin\left(\frac{2 \times 3.14}{365} \times 213 - 1.39\right) \approx 0.312$$

$$\omega_\text{s} = \arccos(-\tan\varphi\tan\delta) = \arccos(-\tan 0.664 \times \tan 0.312) \approx 1.826$$

$$R_{a24} = \frac{G_{sc}}{\pi} \times d_\text{r} \times (\omega_\text{s}\sin\varphi\sin\delta + \cos\varphi\cos\delta\sin\omega_\text{s})$$

$$= \frac{1367}{3.14 \times 1.015} \times (1.826 \times \sin 0.664 \times \sin 0.312 + \cos 0.664 \times \cos 0.312 \times \sin 1.826)$$

$$\approx 459.226 (\text{W/m}^2)$$

用式（4.24）计算理论日照时数，用式（4.17）计算入射短波辐射 R_{s24}：

$$N = \frac{24}{\pi}\omega_\text{s} = \frac{24}{3.14} \times 1.826 = 13.957(\text{h})$$

$$R_{s24} = \left(a_\text{s} + b_\text{s}\frac{n}{N}\right)R_{a24} = \left(0.25 + 0.5 \times \frac{9.3}{13.957}\right) \times 459.226 = 267.805 (\text{W/m}^2)$$

用式（4.91）计算日地表净辐射量 R_{n24}：

$$R_{n24} = (1 - \alpha)R_{s24} - c_\text{s}\tau_{sw} = (1 - 0.133) \times 267.805 - 110 \times 0.780 \approx 146.387 (\text{W/m}^2)$$

结合蒸发比和日地表净辐射量通过式（4.94）计算日 ET，计算时取 $G_{24} = 0$，研究区日 ET 空间分布如图 4.11 所示。

图 4.10　大气感热（单位：W/m²）

图 4.11　日 ET（单位：mm/d）

$$ET_{24} = \frac{86400w(R_{n24}-G_{24})}{[2.501-0.002361\times(T_s^*-273.16)]\times 10^6}$$

$$= \frac{86400\times 0.772\times 146.387}{[2.501-0.002361\times(301.879-273.16)]\times 10^6}$$

$$\approx 4.01(\text{mm/d})$$

【答】 基于遥感数据计算的研究区某一像元日 ET 为 4.01mm/d，研究区日 ET 空间分布如图 4.11 所示。

4.3 作物灌溉制度
(Irrigation scheduling)

作物灌溉制度是指某种作物在一定的气候、土壤等自然条件和一定的农业技术措施下，为了达到节水、高产、优质、高效，所制定的适时适量的灌溉方案，包括作物播种前（或水稻插秧前）及全生育期内的灌水次数、每次灌水日期和灌水定额及灌溉定额。灌水定额是指一次灌水单位面积上的灌水量，各次灌水定额之和称为灌溉定额。灌水定额及灌溉定额常以 m^3/hm^2 或 mm 表示，它是灌区规划与管理的重要依据。长期以来，人们都是按充分灌溉条件下的灌溉制度规划、设计灌溉工程。当灌溉水源充足时，也是按照这种灌溉制度进行灌水。常用以下三种方法确定充分灌溉条件下的灌溉制度：

（1）总结群众丰产灌水经验。经过多年的生产实践，各地群众都总结了不少灌溉经验，为制定灌溉制度提供了重要依据。应根据设计要求的水文年型，调查这些年份不同作物的灌水次数、灌水时间、灌水定额及灌溉定额。根据调查资料，可以分析确定这些年份的灌溉制度。相同作物，在湿润年份及南方地区的灌水次数少，灌溉定额小；在干旱年份及北方地区的灌水次数较多，灌溉定额较大。

（2）根据灌溉试验资料制定灌溉制度。长期以来，我国各地的灌溉试验站已进行了多年灌溉试验，积累了一大批相关的试验资料，为制定灌溉制度提供了重要的依据。但是，在选用试验资料时，必须注意不同地区的试验条件，不能一概照搬。表 4.12 给出了我国不同地区不同水文年份根据灌溉试验获得的地面灌溉条件下一些作物灌溉制度试验结果。

表 4.12　　我国不同地区不同水文年份的作物灌溉制度试验结果

作物	地区	水文年份	灌水次数	灌水定额/(m^3/hm^2)	灌溉定额/(m^3/hm^2)
玉米	辽宁中部	一般年	2	550~600	1125~1200
		干旱年	4	600~825	2700~3300
		特旱年	5	650~900	3750~4275
	陕西关中东部	偏湿年	2	600~750	1275~1500
		一般年	3	650~750	1950~2100
		干旱年	4	650~750	2475~2700
	陕西关中西部	偏湿年	1	750~975	750~975
		一般年	2	600~750	1200~1425
		干旱年	3	625~750	1875~2250

续表

作物	地区	水文年份	灌水次数	灌水定额/(m³/hm²)	灌溉定额/(m³/hm²)
玉米	河南豫北	一般年	1	675	675
		干旱年	2	675	1350
		特旱年	3	700	2100
	河南豫南	一般年	0	0	0
		干旱年	1	675	675
		特旱年	2	675	1350
	山东鲁北	一般年	2	675	1350
		干旱年	3	650	1950
		特旱年	4	675	2700
	山东鲁南	一般年	1	675	675
		干旱年	2	675	1350
		特旱年	3	650	1950
	山西晋中	一般年	2~3	600~750	1200~1800
		干旱年	2~3	750~900	1500~2250
小麦	甘肃民勤	偏湿年	4	750~900	3150
		一般年	5	750~900	3900
		干旱年	6	750~900	4500
	陕西关中	偏湿年	1~2	600~750	750~1225
		一般年	1~2	600~750	750~1350
		干旱年	2~3	600~1050	1350~1875
	新疆乌鲁木齐	一般年	5~6	750~900	4000~4650
大豆	黑龙江	一般年	2	300~375	750
		干旱年	3	300~375	1125
		特旱年	4	300~375	1425
	辽宁	一般年	2~4	450~675	1000~2700
		干旱年	3~4	450~900	1500~3600
		特旱年	4~5	475~1050	2175~4500
	安徽淮北	一般年	1	600	600
		干旱年	2	600	1200
		特旱年	3	600	1800
水稻	黑龙江	一般年	4	300~500	1200~1500
	陕西汉中	偏湿年	8	泡田 1500，375~450	4650
		一般年	10	泡田 1500，375~450	5475
		干旱年	13	泡田 1500，375~450	6675

注　灌水日期根据不同年份降水分布状况确定。

（3）按水量平衡法制定灌溉制度。水量平衡法以作物各生育期内水层变化（水田）或土壤计划湿润层内水分变化（旱田）为依据，要求在作物各生育期内水层变化或土壤计划湿润层内的含水量维持在作物适宜水层深度或允许最大、最小土壤含水量之间，以保证作物正常生长的水分条件。应用时要参考、结合前两种方法的结果，这样才能使得所制定的灌溉制度更为合理与完善。下面分别介绍应用水量平衡法确定旱作物和水稻灌溉制度的方法。

4.3.1 旱作物灌溉制度确定方法（Determining irrigation schedule for dryland crops）

1. 农田水量平衡方程

用水量平衡原理制定旱作物灌溉制度时，通常以作物主要根系吸水层作为灌水时的土壤计划湿润层，并要求该土层内的储水量能保持在作物所要求的范围内，不会产生土壤深层渗漏。因此，在作物整个生育期中任何一个时段 t，土壤计划湿润层内的水量平衡如图 4.12 所示，可表示为

$$W_t - W_0 = W_T + P_0 + K + M - ET \tag{4.95}$$

式中：W_t、W_0 分别为时段末与时段初土壤计划湿润层内的储水量；W_T 为由于计划湿润层增加而增加的水量；P_0 为土壤计划湿润层内保存的有效降水量；K 为时段 t 内的地下水利用量，即 $K = kt$，k 为时段 t 内日平均地下水利用量；M 为时段 t 内的灌水量；ET 为时段 t 内的作物需水量，即 $ET = et$，e 为时段 t 内日平均作物需水量。式（4.95）中各项的单位为 mm 或 m^3/hm^2。

为了满足作物正常生长的要求，土壤计划湿润层的含水量（或储水量）必须经常保持在一定的范围之内，即通常要求不小于最小允许含水量 θ_{min}（或最小允许储水量 W_{min}）和不大于最大允许含水量 θ_{max}（或最大允许储水量 W_{max}）。当土壤计划湿润层内的平均含水量（或储水量）降低到或接近于最小允许值（θ_{min} 或 W_{min}）时，即需进行灌溉，以补充消耗的土壤水分，维持作物正常生长。

假如，某时段内没有灌溉也没有降水，土壤计划湿润层深度也无变化，随着时间的推移，土壤储水量将降至下限，如图 4.13 所示，其水量平衡方程可写为

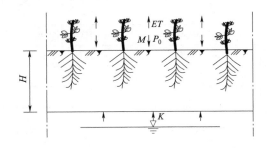 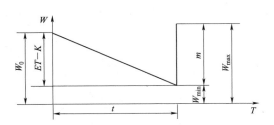

图 4.12　土壤计划湿润层水量平衡　　　　图 4.13　土壤计划湿润层内储水量变化

$$W_{min} = W_0 + K - ET \tag{4.96}$$

式中：W_{min} 为土壤计划湿润层内允许最小储水量，m^3/hm^2 或 mm；其余符号意义同前。

由式（4.96）可推算出灌水的时间间隔（d）为

$$t=\frac{W_0-W_{\min}}{e-k} \tag{4.97}$$

而这一时段末的灌水定额 m（用 mm 表示）则为

$$m=W_{\max}-W_{\min}=1000H(\theta_{\max}-\theta_{\min}) \tag{4.98}$$

式中：H 为土壤计划湿润层深度，m；$\theta_{\max}$、$\theta_{\min}$ 分别为土壤计划湿润层允许最大和最小含水量，cm^3/cm^3；其余符号意义同前。

若灌水定额用 m^3/hm^2 表示时，其数值等于式（4.98）结果乘以 10。

同理，可计算出其他时段在不同情况下的灌水时间间隔和灌水定额，从而确定作物全生育期的灌溉制度。

【例 4.7】　已知某地区玉米地 2018 年 7 月 1 日的初始土壤含水量 θ_0 为 $0.21cm^3/cm^3$，7 月上旬日平均作物需水量 $e=5.6mm/d$，日平均地下水利用量 $k=1.1mm/d$，土壤计划湿润层深度 $H=0.6m$，其允许最大含水量 $\theta_{\max}$ 和允许最小含水量 $\theta_{\min}$ 分别为 $0.25cm^3/cm^3$ 和 $0.15cm^3/cm^3$，该时期无降水。试计算下一次该灌水的时间间隔和灌水定额。

【解】　步骤 1：利用式（4.97）计算下一次灌水的时间间隔。

$$W_0=H\theta_0=600\times0.21=126(mm)$$
$$W_{\min}=H\theta_{\min}=600\times0.15=90(mm)$$
$$t=(W_0-W_{\min})/(e-k)=(126-90)/(5.6-1.1)=8(d)$$

步骤 2：利用式（4.98）计算下一次的灌水定额。

$$m=1000H(\theta_{\max}-\theta_{\min})=1000\times0.6\times(0.25-0.15)=60(mm)=600m^3/hm^2$$

【答】　该地玉米 7 月 1 日以后的下一次灌水时间间隔为 8d、灌水定额为 60mm 或 $600m^3/hm^2$。

2. 水量平衡法参数的确定

（1）土壤计划湿润层深度，指旱田灌溉时，计划调节、控制土壤水分状况的土层深度，一般可取为作物主要根系活动层深度。它随作物种类、品种、生育阶段、土壤性质以及地下水埋深等因素而变化。在作物生长初期，一般采用 30~40cm；随着作物生长和根系发育，需水量增多，计划湿润层深度也应逐渐增加；至生长末期，由于作物根系停止发育，需水量减少，计划湿润层深度不宜继续加大，一般不超过 80~100cm。在地下水位较高的盐渍化地区，计划湿润层深度不宜大于 60cm。计划湿润层深度应通过试验确定，表4.13 给出了冬小麦、玉米和棉花各生育阶段的土壤计划湿润层深度与适宜含水量。

表 4.13　冬小麦、玉米和棉花各生育阶段的土壤计划湿润层深度与适宜含水量

作物种类	生育阶段	计划湿润层深度 /cm	土壤适宜含水量 （以占田间持水量的百分数计）/%
冬小麦	出苗	30~40	55~60
	三叶	30~40	55~60
	分蘖	40~50	55~60
	拔节	50~60	55~60

作物种类	生育阶段	计划湿润层深度 /cm	土壤适宜含水量 (以占田间持水量的百分数计)/%
冬小麦	抽穗	50～80	60～75
	开花	60～100	60～75
	成熟	60～100	60～75
玉米	幼苗	30～40	60～80
	拔节	40～50	55～60
	孕穗	50～60	60～70
	抽穗开花	60～80	70～75
	灌浆成熟	80	70～75
棉花	幼苗	30～40	60～65
	现蕾	40～60	60～70
	开花结铃	60～80	70～80
	吐絮	60～80	50～70

（2）土壤适宜含水量及允许最大、最小含水量。适宜作物生长的含水量称为土壤适宜含水量，它随作物种类、生育阶段、施肥状况、土壤性质（包括盐分状况）等因素而变化，一般通过试验或调查总结群众经验确定。表4.13中数据可供参考。

由于作物需水的持续性及灌溉或降水的间歇性，计划湿润层内的土壤含水量不可能经常保持在最适宜含水量水平。为了保证作物正常生长，应将土壤含水量控制在允许最大含水量（θ_{max}）与允许最小含水量（θ_{min}）之间变化。允许最大含水量一般以不致产生深层渗漏和满足作物对土壤通气状况的要求为原则，故一般可取为田间持水量（θ_F），即 $\theta_{max} = \theta_F$，各种土壤的田间持水量见表4.14。作物允许最小含水量（θ_{min}）应大于凋萎含水量，以作物生长不受严重抑制而显著影响产量为准，一般以占田间持水量的百分数计，可参考表4.13中的下限值。

表4.14   各种土壤的田间持水量 θ_F

土壤类型	孔隙率 (体积)/%	田间持水量 θ_F	
		占土壤体积/%	占孔隙率/%
砂土	30～40	12～20	35～50
砂壤土	40～45	17～30	40～65
壤土	45～50	24～35	50～70
黏土	50～55	35～45	65～80
重黏土	55～65	45～55	75～85

在土壤盐渍化较严重的地区，往往由于土壤溶液浓度过高而妨碍作物吸取正常生长所需的水分，因此还要根据作物不同生育阶段允许的土壤溶液浓度作为控制条件来确定允许最小含水量。

（3）有效降水量（P_0），指入渗到土壤计划湿润层内能被作物有效利用的降水。一般认为小于 2mm（也有认为小于 5mm）的降水对作物无实际意义，为无效降水；降水过大会产生径流和深层渗漏，也为无效降水。因此，有效降水量一般采用下式计算：

$$P_0 = P - P_径 - P_渗 \tag{4.99}$$

式中：P 为降水量，mm；P_0 为有效降水量，mm；$P_径$ 为地面径流量，mm；$P_渗$ 为深层渗漏量，mm。

生产实践中通常采用下列简化方法求取 P_0：

$$P_0 = \sigma P \tag{4.100}$$

式中：σ 为降水有效利用系数。

σ 值与一次降水量、降水强度、降水延续时间、土壤性质、作物生长状况、地面坡度及覆盖情况以及计划湿润层深度等因素有关，应根据具体条件通过试验确定。无试验资料时可参考下列数值，当 $P < 2mm$ 时，$\sigma = 0$；当 $2mm \leqslant P \leqslant 50mm$ 时，$\sigma = 1.0 \sim 0.8$；当 $P > 50mm$ 时，$\sigma = 0.7 \sim 0.8$。

（4）地下水利用量（K），指地下水借助土壤毛细管作用上升至土壤计划湿润层而被作物吸收利用的水量，其大小与地下水埋深、土壤性质、作物种类、作物需水强度、计划湿润层含水量等有关，且随灌区地下水动态和各阶段计划湿润层深度不同而变化。如内蒙古河套灌区地下水埋深 $1.5 \sim 2.5m$ 时，春小麦地下水利用量为 $60 \sim 120mm$；河南省人民胜利渠地下水埋深 $1.0 \sim 2.0m$ 时，土壤质地为中壤土，冬小麦地下水利用量可占作物耗水量的 20%。由此可见，地下水利用量是相当可观的，在设计灌溉制度时，必须根据当地或条件类似地区的试验、调查资料估算。表 4.15 给出了陕西省主要作物地下水利用量占耗水量 ET 的百分数，供参考。必须指出，在轻度盐渍化威胁的地区，应根据地下水位在临界深度以下的要求来考虑地下水利用量；在盐渍化威胁严重的地区，不应考虑地下水利用量。

表 4.15　　　　　　陕西省主要作物地下水利用量占耗水量的百分数　　　　　　　　%

地点	土壤质地	作物	地下水埋深/m					
			1.0	1.5	2.0	2.5	3.0	3.5
渭惠渠	粉砂壤土	冬小麦	31.9	24.9	21.2	17.7	14.6	5.0
		夏玉米	48.5	40.5	27.5	24.5	15.1	6.2
泾惠渠	中壤土	冬小麦	53.8	31.3	15.6	14.6	10.9	4.9
		棉花	39.2	28.0	8.5	3.0	2.5	—

（5）由于土壤计划湿润层深度增加而增加的水量。作物生育期内土壤计划湿润层深度是不断变化的，由于计划湿润层深度增加，作物可利用一部分深层土壤的原有储水量，W_T（用 mm 表示）可按下式计算：

$$W_T = 1000(H_2 - H_1)\bar{\theta} \tag{4.101}$$

式中：H_1 为时段初计划湿润层深度，m；H_2 为时段末计划湿润层深度，m；$\bar{\theta}$ 为（$H_2 - H_1$）土层中的平均土壤含水量（体积比），cm^3/cm^3。

若 W_T 用 m^3/hm^2 表示时，其数值等于式（4.101）结果乘以 10。

3. 旱作物播前灌水定额的确定

播前灌水的目的在于保证作物种子发芽和出苗所必需的土壤含水量或储水于土壤中以供作物生育后期之用。播前灌水往往只进行一次，其灌水定额一般可按下式计算：

$$M_1 = 1000H(\theta_{max} - \theta_0) \tag{4.102}$$

式中：M_1 为播前灌水定额，mm；H 为土壤计划湿润层深度，m；θ_0 为灌前计划湿润层深度内平均土壤含水量（体积比），cm^3/cm^3。

对于盐渍化地区旱作物播种前一般需要淋洗压盐才适宜播种，淋洗压盐水量 M_s 是为使土壤脱盐达到预期标准，单位面积上所需要的灌水量，也称为淋洗压盐定额，其值与淋洗前土壤含盐量、盐分组成及其在土壤中的分布状况、水文地质条件、排水条件和不同作物要求的排盐标准有关。根据新疆阿拉尔等地棉花试验，若仅冬灌淋洗盐分，淋洗压盐定额为 $3000\sim3600m^3/hm^2$；若采用冬春两次淋洗盐分，则淋洗压盐定额为冬灌 $1800\sim2400m^3/hm^2$ ＋春灌 $300\sim450m^3/hm^2$；若仅春季播种前淋洗盐分，则淋洗压盐定额一般为 $1200\sim1800m^3/hm^2$。在缺少试验资料时，可采用式（3.14）计算。

4. 根据水量平衡图解法拟定旱作物的灌溉制度

以棉花灌溉制度为例，在采用水量平衡图解法拟定灌溉制度时，将图分成上下两部分（图4.14），上半部分是水量平衡各分项随时间的变化，以向上为正；下半部分是土壤计划湿润层储水量随时间的变化，以向下为正。其步骤如下：

（1）根据各旬的计划湿润层深度 H 和作物所要求的计划湿润层土壤含水量的上限和下限，计算出 H 土层内允许储水量上限 W_{max} 及下限 W_{min}，绘于图4.14上。

（2）绘制作物需水量 ET 累积曲线，由于计划湿润层增加而增加的水量 W_T 累积曲线、地下水利用量 K 累积曲线以及净耗水量（$ET - W_T - K$）曲线。

（3）根据设计降水量，求出有效降水量 P_0，逐时段绘于图4.14上。

（4）自作物生长初期土壤计划湿润层储水量 W_0，逐旬减去（$ET - W_T - K$）值，即自 A 点引平行于（$ET - W_T - K$）直线，当遇有降水时再加上有效降水量 P_0，即得计划湿润层土壤实际储水量（W_t）曲线。

（5）当 W_t 曲线接近于 W_{min} 时，即进行灌水。灌水时期除考虑水量盈亏的因素外，还应考虑作物各生育阶段的生理要求，与灌水相关的农业技术措施以及灌水和耕作的劳动组织等。灌水定额的大小要适当，不应使灌水后土壤储水量大于 W_{max}，也不宜给灌水技术的实施造成困难。灌水定额值也像有效降水量一样加在 W 曲线上。

（6）如此继续进行，即可得到全生育期的各次灌水定额、灌水时间和灌水次数。

（7）生育期灌溉定额 $M_2 = \sum m_i$，m_i 为各次灌水定额。

根据上述原理，也可列表或者编程计算，计算时段采用1旬或5d，计算也十分简便。

播前灌水定额（或盐渍化地区淋洗压盐定额）（M_1 或 M_s）加上生育期灌溉定额（M_2），即得旱作物的总灌溉定额 M：

$$M = M_1（或 M_s）+ M_2 \tag{4.103}$$

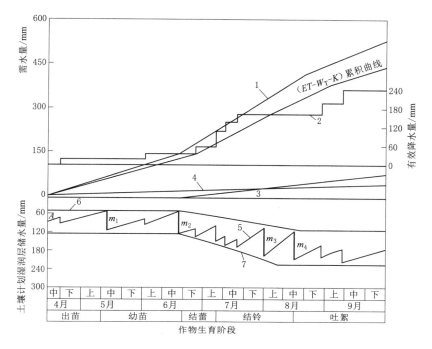

图 4.14　棉花灌溉制度设计

1—作物需水量 ET 累积曲线；2—有效降水量 P_0 累积曲线；3—由于计划湿润层增加而增加的
水量 W_T 累积曲线；4—地下水利用量 K 累积曲线；5—计划湿润层储水量 W_t 曲线；
6—计划湿润层允许最小储水量 W_{min} 曲线；7—计划湿润层允许最大储水量 W_{max} 曲线

　　用水量平衡方法制定灌溉制度，如果作物耗水量和降水量资料比较精确，其结果比较
接近实际情况。对于比较大的灌区，由于自然地理条件差别较大，应分区制定灌溉制度，
并与前述调查和试验结果相互核对，以求比较切合实际。

4.3.2　水稻灌溉制度确定方法（Determining irrigation schedule for rice）

　　水稻的耕作栽培方法与旱作物完全不同，但按水量平衡原理确定灌溉制度的方法与旱
作物基本类似。在制定水稻灌溉制度时，应注意：①水稻不同生育阶段需在田面维持一定
深度的水层，根系层土壤多数时间处于饱和状态，应考虑稻田的深层渗漏；②确定水稻灌
溉制度时，应以淹水层深度的变化为依据；③我国水稻栽培一般采用育秧移栽或直播方
式，因此水稻灌溉制度可分为泡田期和生育期两个阶段进行分析。

　　1. 泡田定额计算

　　泡田定额是指水稻在插秧或直播前，首先对田块进行灌水，使田块在一定深度的土层
达到饱和并在田面建立水层的水量。泡田定额可用下式确定：

$$M_1 = h_0 + S_1 + e_1 t_1 - P_1 \tag{4.104}$$

式中：M_1 为泡田定额，mm；h_0 为插秧或直播时田面所需的水层深度，mm；S_1 为泡田
期的渗漏量，即开始泡田到插秧或直播期间的总渗漏量，mm；t_1 为泡田期的日数，d；
e_1 为在 t_1 时段内水田的平均蒸发强度，可用水面蒸发强度代替，mm/d；P_1 为在 t_1 时段

内的降水量，mm。

泡田定额与当地的土壤、地势、地下水埋深等因素有密切关系，通常可由相类似田块上的实测资料确定。一般在 $h_0=30\sim50\text{mm}$ 情况下，泡田定额的数值参见表 4.16。盐渍化地区泡田定额还需要考虑淋洗压盐的水量需要。

表 4.16 　　　　　　　　不同土壤及地下水埋深的水稻泡田定额　　　　　　　单位：mm

地下水埋深	黏土和黏壤土	中壤土和砂壤土	轻砂壤土
≥2m	75～120	120～180	150～240
<2m	—	105～150	120～215

2. 水稻生育期内灌溉制度的确定

在水稻生育期中的任何一个时段（t）内，稻田水层的变化可用如下水量平衡方程表示：

$$h_2=h_1+P+m-ET-S-d \tag{4.105}$$

式中：h_1 为时段初田面水层深度，mm；h_2 为时段末田面水层深度，mm；P 为时段内降水量，mm；m 为时段内的灌水定额，mm；ET 为时段内水稻需水量，mm；S 为时段内适宜渗漏量，mm；d 为时段内的排水量，mm。

稻田渗漏量 S 与土壤质地、土壤结构、地下水位、田面水层深度等因素有关。适当的渗漏量可以排除有毒物质积累，有利于促进根系发育，提高根系吸收能力。表 4.17 列出了我国浅灌稻田水稻全生育期日平均渗漏量值。

如果时段初的稻田处于适宜水层上限（$h_{\max}$），在经过一个时段的消耗（$ET+S$）后，田面水层降至适宜水层下限（$h_{\min}$），此时段若无降水，则需进行灌溉，灌水定额为

$$m=h_{\max}-h_{\min} \tag{4.106}$$

表 4.17 　　　　　　　　浅灌稻田水稻全生育期日平均渗漏量　　　　　　　单位：mm/d

土壤质地	地下水埋深/m				
	0.1～0.5	0.6～1.0	1.1～1.5	1.6～2.0	2.1～3.0
黏土	0.1～0.4	0.5～0.8	0.8～1.2	1.2～1.5	1.5～2.5
黏壤土	0.2～0.9	0.9～1.4	1.4～2.0	2.0～2.5	2.5～4.0
壤土	0.5～1.5	1.5～2.6	2.6～3.8	3.8～4.9	4.9～7.0
沙壤土	1.8～3.3	3.3～6.3	6.3～9.3	9.3～12.3	12.3～16.5

这一过程可用图 4.15 所示的图解法表示。如在时段初的淹水层为 A 点，应按①线耗水（$ET+S$）至适宜水层下限（B 点），即需进行灌水，灌水定额为 m；如果时段 t_1 内有降水 P，则降水后使得田面水层回升高度为 P，再按②线开始耗水至 C 点时再进行灌溉；如降水 P' 很大，超过允许最大蓄水深度 H_p，则多余的部分需要排除，其排水量为 d，然后按③线耗水至 D 点时进行灌溉。如此进行直至水稻成熟即可制定出其相应的灌溉制度。表 4.18 中列出了稻田适宜水层下限（$h_{\min}$）、适宜水层上限（$h_{\max}$）和降水后允许最大蓄水深度（H_p）。

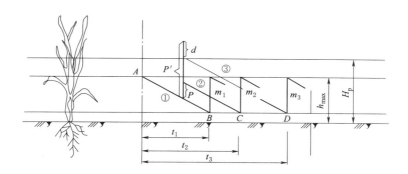

图 4.15　水稻生育期内任一时段水田水层深度变化

表 4.18　稻田适宜水层下限（h_{min}）、上限（h_{max}）和降水后允许最大蓄水深度（H_p）　单位：mm

生育阶段	早稻			中稻			晚稻		
	h_{min}	h_{max}	H_p	h_{min}	h_{max}	H_p	h_{min}	h_{max}	H_p
返青	5	30	50	10	30	50	20	40	70
分蘖前	20	50	70	20	50	70	10	30	70
分蘖末	20	50	80	30	60	90	10	30	80
拔节—孕穗	30	60	90	30	60	120	20	50	90
抽穗—开花	10	30	80	10	30	100	10	30	50
乳熟	10	30	60	10	20	60	10	20	60
黄熟	10	20			落干			落干	

根据上述原理，当确定水稻各生育阶段的适宜水层 h_{max}、h_{min}、H_p 以及各阶段需水强度后，便可用图解法或列表法推求水稻灌溉制度。

应当指出，这里所介绍的仅是某一具体年份某一种作物的灌溉制度，如果需要求出多年的灌溉用水系列，还需求出每年各种作物的灌溉制度。为了节省时间，各种作物的灌溉制度均可编制程序利用计算机进行计算。图 4.16 给出了计算水稻和旱作物灌溉制度的通用电算框图。

　　【例 4.8】　某灌区地下水埋深较浅，土壤为黏壤土，以某设计年早稻为例，其基本资料包括早稻生育期各生育阶段需水量、稻田阶段渗漏量、田间耗水量和每日田间耗水量（表 4.19）；生育期逐日降水量见表 4.20 第（7）栏；早稻采用浅灌深蓄方式，各生育阶段适宜水层深度参照灌溉试验站资料选取表 4.20 中早稻数值，黄熟期自然落干，其值列入表 4.20 第（3）、（4）、（5）栏；泡田定额 100mm。试采用列表法推求水稻灌溉制度。

　　【解】　根据式（4.105）和式（4.106）进行淹灌水层变化和灌水量、排水量计算，具体过程列于表 4.20。

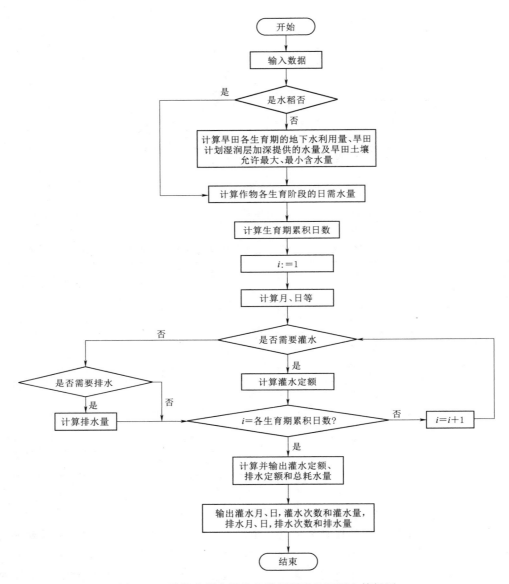

图 4.16 计算水稻和旱作物灌溉制度的通用电算框图

表 4.19	某灌区早稻逐日田间耗水量计算							
早稻生育期	返青	分蘖前	分蘖末	拔节—孕穗	抽穗—开花	乳熟	黄熟	全生育期
起止日期	4月25日—5月2日	5月3日—10日	5月11日—26日	5月27日—6月12日	6月13日—27日	6月28日—7月6日	7月7日—14日	4月25日—7月14日
天数/d	8	8	16	17	15	9	8	81
早稻阶段需水量 ET/mm	24	48	96	127.5	120	27	24	466.5
稻田阶段渗漏量 S/mm	8	8	16	17	15	9	8	81

续表

早稻生育期	返青	分蘖前	分蘖末	拔节—孕穗	抽穗—开花	乳熟	黄熟	全生育期
田间耗水量/mm	32.0	56.0	112.0	144.5	135.0	36.0	32.0	547.5
日田间耗水量/(mm/d)	4	7	7	8.5	9	4	4	

表 4.20　　　　某灌区某年早稻生育期灌溉制度计算

月	日	生育期	h_{min}	h_{max}	H_p	逐日田间耗水量/mm	逐日降水量/mm	淹灌水层变化/mm	灌水量/mm	排水量/mm
(1)		(2)	(3)	(4)	(5)	(6)	(7)	(8)	(9)	(10)
4	24							10.0		
	25							6.0		
	26						7.7	9.7		
	27	返青期	5	30	50	4.0		5.7		
	28						7.4	9.1		
	29							5.1		
5	30						61.0	50.0		12.1
	1							46.0		
	2							42.0		
	3							35.0		
	4						16.0	44.0		
	5						12.9	49.9		
	6	分蘖前	20	50	70	7.0		42.9		
	7							35.9		
	8							28.9		
	9							21.9		
	10							44.9	30	
	11						6.7	44.6		
	12							37.6		
	13						24.3	54.9		
	14						5.3	53.2		
	15							46.2		
	16	分蘖末	20	50	80	7.0		39.2		
	17						21.5	53.7		
	18							46.7		
	19							39.7		
	20						1.9	34.6		
	21							27.6		

续表

日期		生育期	设计淹灌水层/mm			逐日田间耗水量/mm	逐日降水量/mm	淹灌水层变化/mm	灌水量/mm	排水量/mm
月	日		h_{min}	h_{max}	H_p					
(1)		(2)	(3)	(4)	(5)	(6)	(7)	(8)	(9)	(10)
5	22							20.6		
	23							43.6	30	
	24	分蘖末	20	50	80	7.0		36.6		
	25							29.6		
	26							22.6		
	27							54.1	40	
	28							45.6		
	29							37.1		
	30							28.6		
	31							60.1	40	
6	1							51.6		
	2							43.1		
	3							34.6		
	4	拔节—	30	60	90	8.5		26.1		
	5	孕穗						57.6	40	
	6							49.1		
	7							40.6		
	8							32.1		
	9						2.3	25.9		
	10						5.3	22.7		
	11							54.2	40	
	12							45.7		
	13							36.7		
	14							27.7		
	15							18.7		
	16							9.7		
	17							30.7	30	
	18	抽穗—	10	30	80	9		21.7		
	19	开花						12.7		
	20						2.5	36.2	30	
	21						2.1	29.3		
	22							20.3		
	23							11.3		

续表

日期		生育期	设计淹灌水层/mm			逐日田间耗水量/mm	逐日降水量/mm	淹灌水层变化/mm	灌水量/mm	排水量/mm
月	日		h_{min}	h_{max}	H_p					
(1)		(2)	(3)	(4)	(5)	(6)	(7)	(8)	(9)	(10)
6	24	抽穗—开花	10	30	80	9		32.3	30	
	25							23.3		
	26						10.0	24.3		
	27							15.3		
	28	乳熟	10	30	60	4.0		11.3		
	29							37.3	30	
	30							33.3		
7	1							29.3		
	2							25.3		
	3							21.3		
	4							17.3		
	5							13.3		
	6						4.6	13.9		
	7	黄熟	落干			4.0				
	...									
	14									
		Σ				515.5*	191.5		340	12.1

* 未包括黄熟期耗水。

用 $h_始 + \sum P - \sum C + \sum m_i - \sum(ET - S) = h_末$ 进行校核,即 $10 + 191.5 - 12.1 + 340 - 515.5 = 13.9$(mm),与 7 月 6 日淹灌水层相符,计算无误。

说明:在插秧后的 3~5d 以内,允许田面水层略低于适宜水层下限,避免过早灌水引起漂秧。

例如,起始日 4 月 24 日末水层深 $h_1 = 10$mm(泡田后建立的田面水层)。则 25 日末水深为 $h_2 = 10 + 0 + 0 - 4 = 6$(mm);26 日为 $h_2 = 6 + 7.7 + 0 - 4 = 9.7$(mm);30 日为 $h_2 = 5.1 + 61.0 - 4 = 62.1$(mm),超过蓄水上限,应排水 12.1mm,使水层保持在 50mm。

又如 5 月 10 日,$h_2 = 21.9 + 0 + 0 - 7 = 14.9$(mm),低于淹水层下限,需进行灌水。灌水量按灌水上限 50mm 控制,在 5 月 10 日灌水 30mm,水层为 44.9mm。

如此进行逐日计算,即可求得生育期灌溉制度成果,见表 4.21。

表 4.21　　　　　　　　　某灌区某年早稻生育期设计灌溉制度

灌水次数	灌水日期	灌水定额	
		mm	m^3/hm^2
1	5 月 10 日	30	300

灌水次数	灌水日期	灌水定额	
		mm	m^3/hm^2
2	5 月 23 日	30	300
3	5 月 27 日	40	400
4	5 月 31 日	40	400
5	6 月 5 日	40	400
6	6 月 11 日	40	400
7	6 月 17 日	30	300
8	6 月 20 日	30	300
9	6 月 24 日	30	300
10	6 月 29 日	30	300
合　计		340	3400

因泡田定额为 100mm，则总灌溉定额为 $M=M_1+M_2=100+340=440\,(mm)=4400m^3/hm^2$。

3. 稻虾模式下水稻灌溉制度的调整

稻虾综合种养模式又称稻虾模式，近年来在长江中下游比较常见。根据稻田内水稻种植和小龙虾养殖在季节间和年际间安排的不同，主要有稻虾轮作和连作两种典型模式，稻田全年淹水在 320d 以上。因此，在这种模式下不能完全依靠水量平衡法确定灌溉制度，需要根据稻田养殖对象的需水要求进行适当调整。

（1）稻田小龙虾养殖期灌溉要求。水稻收获后晒田 25d 左右，待稻蔸枯黄开始灌水，逐渐增加田间水深至 10～20cm。10 月下旬至 12 月上旬，随着气温逐渐降低应适当补水使田间水深至 20～30cm；12 月中下旬至翌年 2 月上旬小龙虾越冬期，田间水深宜维持 30～40cm，使稻桩露出水面 10～15cm。翌年 2 月中下旬至 4 月上旬，随着气温逐渐升高，调节田间水深至 20～30cm。晴天适当降低水位，阴雨天或气温急剧降低前一天的上午，适当加新水提高水位。4 月中旬至 5 月底，随着气温逐渐升高，逐步增加田间水深至 40cm 左右。

（2）稻作期水管理。对于小龙虾养殖期结束后种植水稻、不进行小龙虾养殖的稻田，水管理与一季中稻或中稻与小麦（或油菜）轮作的稻田相同。对于稻虾连作和仅实行稻虾共作的稻田，稻作期水管理要兼顾水稻生长和小龙虾养殖的要求。小龙虾在稻田内活动宜从晒田后开始，一直持续到黄熟期排水，应科学进行田间水管理。兼顾水稻和小龙虾生长需要，田面水深宜维持 8～12cm；高温天气过程从防止水稻热害和维持小龙虾适宜的水温条件，可加深田面水深至 15～20cm；日最高气温 40℃ 左右时，可加深田面水层至 20～25cm。根据小龙虾的生活习性，可在 8 月中旬抽取养殖沟中的水灌溉养殖田内的水稻或周边非养殖稻田的水稻，进行干沟晒沟，直到养殖沟的底部出现开裂、底泥发白为止。

4.4　作物水分生产函数与非充分灌溉制度
（Crop water production function and deficit irrigation scheduling under insufficient water supply）

非充分灌溉是水资源不足条件下灌溉水量不能充分满足作物生长发育全过程需水量的灌溉。非充分灌溉不追求单位面积上产量最高，允许一定限度的减产。在可用灌溉水量不足时，把有限的水量在作物间或作物生育期内进行最优分配，允许作物在水分非敏感期经受一定程度的水分亏缺，把有限的水量灌到对作物产量贡献最大的水分敏感期，使减产最小以获得最大的效益，即解决有限水量在不同生育阶段的最佳分配问题，依据的是作物水分生产函数模型。非充分灌溉也称不充足灌溉、限额灌溉。

非充分灌溉与调亏灌溉基本在同一时期提出。非充分灌溉指的是灌溉时的作物耗水量小于充分灌溉时的作物需水量，不能保证作物各个生育阶段都能处于水分最佳状态，非充分灌溉将会导致作物减产，它是应对干旱逆境的一种被动适应策略。调亏灌溉是一种主动利用适度干旱胁迫正效应的节水灌溉方法，在作物生长的某一阶段人为主动施加适度干旱胁迫，使作物经受适度干旱锻炼，通过作物自身的生理调节实现高水分利用效率，提高作物后期的抗旱能力，可以不减产甚至增产。

4.4.1　作物水分生产函数（Crop water production function）

作物水分生产函数是指在农业生产水平基本一致的条件下，作物所消耗的水资源量与作物产量之间的关系，也称为作物水分-产量模型。主要分为两大类：一类是作物产量与全生育期耗水量之间的关系；另一类是作物产量与不同生育阶段耗水量之间的关系。前者主要用于灌溉规划时进行经济分析，如有限水量在不同作物之间的合理分配。后者可预测不同生育阶段缺水对作物产量的影响，适于在用水管理过程中运用，将有限水量合理分配至作物每个生育阶段。

1. 以全生育期耗水量为变量的作物水分生产函数

（1）全生育期耗水量绝对值模型。包括线性和非线性两种形式：

$$Y = a_1 + b_1 ET \tag{4.107}$$

$$Y = a_2 + b_2 ET + c_2 ET^2 \tag{4.108}$$

式中：Y 为作物产量，kg/hm^2；ET 为作物耗水量，mm 或 m^3/hm^2；a_1、b_1、a_2、b_2、c_2 为经验系数。

大量研究表明，只在 ET 较小时产量 Y 随 ET 线性增加。当 Y 达到一定水平后，再继续增产要靠其他农业措施。因此线性关系一般只适用于灌溉水源不足、管理水平不高的中低产地区。随着水源条件改善和管理水平提高，Y 与 ET 表现出显著的非线性增加关系。Y 随 ET 的增加幅度开始较大，然后逐渐减小，直到 Y 达到最大值；其后 Y 随 ET 增加而逐渐减小。

该类模型形式简单，使用方便。但对于不同站点和不同年份，经验系数变化较大，需要根据具体站点的试验资料进行订正。

（2）全生育期耗水量相对值模型。由于年际间和地区间大气蒸发力不同，作物达到同样产量时，其耗水量也不相同。由此，提出了作物相对产量与相对耗水量之间关系的作物水分生产函数。这类模型有多种，具有代表性的是 Stewart 模型。

$$1-\frac{Y_{\mathrm{a}}}{Y_{\mathrm{m}}}=K_{\mathrm{y}}\left(1-\frac{ET_{\mathrm{a}}}{ET_{\mathrm{m}}}\right) \tag{4.109}$$

式中：Y_{a}、Y_{m} 分别为作物缺水时的实际产量和充分供水时的最高产量，kg/hm^2；ET_{a}、ET_{m} 分别为缺水和充分供水时作物全生育期实际和最大耗水量，mm 或 m^3/hm^2；K_{y} 为作物产量反应系数，FAO 灌溉排水丛书第 33 分册推荐的 K_{y} 值见表 4.22。

表 4.22 几种主要作物产量反应系数

粮食作物	水稻	春小麦	冬小麦	玉米	高粱	大豆
K_{y}	1.20	1.15	1.00	1.25	0.90	0.85
经济作物	棉花	花生	向日葵	甘蔗	甜菜	烟草
K_{y}	0.85	0.70	0.95	1.20	0.70~1.10	0.90
果树蔬菜牧草	甘蓝	柑橘	葡萄	西红柿	西瓜	苜蓿
K_{y}	0.95	0.80~1.10	0.85	1.05	1.10	0.70~1.10

该模型在一定程度上消除了气候、品种变化对作物产量与水分关系的影响，因而较绝对值模型有更好的时间和空间延伸特性，即年际间和地区间作物产量反应系数 K_{y} 变化较小，试验数据的拟合精度也较高。

2. 以作物生育阶段耗水量为变量的水分生产函数

由于作物对不同生育阶段的缺水敏感程度不同，产量不仅与全生育期的总耗水量有关，更取决于总耗水量在各个生育阶段的分配状况。因此，提出了反映作物产量与各阶段耗水量关系的水分生产函数。该类模型很多，其中有代表性的是相加模型和相乘模型。

（1）相加模型有许多种，这里仅介绍常用的 Blank 模型。

$$\frac{Y_{\mathrm{a}}}{Y_{\mathrm{m}}}=\sum_{i=1}^{n}K_{yi}\left(\frac{ET_{ai}}{ET_{mi}}\right) \tag{4.110}$$

式中：Y_{m}、Y_{a} 分别为充分灌溉作物的最高产量和不同生育阶段缺水的实际产量，kg/hm^2；K_{yi} 为 i 阶段缺水的作物产量反应系数；n 为生育阶段数；其余符号意义同前。

（2）相乘模型也有许多种，这里仅介绍应用最广泛的 Jensen 模型。

$$\frac{Y_{\mathrm{a}}}{Y_{\mathrm{m}}}=\prod_{i=1}^{n}\left(\frac{ET_{ai}}{ET_{mi}}\right)^{\lambda_i} \tag{4.111}$$

式中：λ_i 为作物产量对 i 阶段缺水的敏感指数；其余符号意义同前。

相加模型将各生育阶段缺水对产量的影响进行叠加，没有考虑连旱的情况，而且当作物在某个生育阶段受旱死亡时，仍能得到不为零的产量，形式上不够合理。相乘模型则在一定程度上克服了上述缺陷。

我国对 Jensen 模型进行了较多研究，得到的几种典型作物不同生育阶段的缺水敏感指数见表 4.23。

表 4.23　　　　　　　　几种典型作物不同生育阶段的缺水敏感指数 λ_i

作物	生育阶段	代表地区					
		河南新乡	河南郑州	河北望都	安徽宿县	山东石马	山西潇河
冬小麦	出苗—越冬	0.114	0.150	0.054	0.268	0.077	0.096
	越冬—返青	0.081	0.011	0.007	0.062	0.036	0.084
	返青—拔节	0.138	0.154	0.063	0.377	0.115	0.106
	拔节—抽穗	0.147	0.173	0.227	0.595	0.220	0.210
	抽穗—灌浆	0.164	0.242	0.478	0.595	0.162	0.274
	灌浆—成熟	0.128	0.174	0.040	0.298	—	0.224
		宁夏王太堡	内蒙古凉城	河北涿鹿	—	—	—
春小麦	出苗—分蘗	0.110	0.057	0.017			
	分蘗—拔节	0.217	0.226	0.067			
	拔节—抽穗	0.195	0.404	0.266			
	抽穗—灌浆	0.383	0.379	0.054			
	灌浆—成熟	0.092	0.238	0.078			
		河南新乡	河北望都	山东石马	山西利民	山西潇河	山西汾西
夏玉米	苗期—拔节	0.016	0.029	0.076	0.035	0.049	0.051
	拔节—抽雄	0.152	0.225	0.292	0.157	0.149	0.160
	抽雄—灌浆	0.174	0.150	0.441	0.255	0.173	0.170
	灌浆—成熟	0.089	0.035	0.238	0.141	0.103	0.074
		河北唐海[1]	广西桂林[2]	广西桂林[3]	—	—	—
水稻	苗期—分蘗	0.182	0.085	0.209			
	拔节—孕穗	0.452	0.314	0.489			
	抽穗—开花	0.639	0.629	0.206			
	灌浆—成熟	0.121	0.298	0.059			
		河北藁城	河北望都	河北临西	山东马东	山东刘庄	陕西夹马口
棉花	播种—出苗	0.023	0.002	0.033	0.477	0.039	0.313
	出苗—现蕾	0.062	0.132	0.282	0.477	0.039	0.313
	现蕾—开花	0.125	0.317	0.223	0.286	0.124	0.420
	开花—吐絮	0.016	0.131	0.164	0.434	0.243	0.650
	吐絮—成熟	0.012	0.042	0.120	0.083	0.085	0.382

[1]　为中稻。
[2]　为早稻。
[3]　为晚稻。

作物缺水敏感指数 λ_i 随作物生育期变化，表现为前期小、中期大、后期又减小。在全生育期内，缺水敏感指数的大小反映了不同生育阶段作物对缺水的敏感程度。通常情况下，作物在关键需水期，如小麦的拔节—抽穗期和抽穗—灌浆期，其 λ_i 大于其他非关键需水期。另外，环境因素对 λ_i 也有影响，不同年份的 λ_i 值并不稳定，常表现出干旱年的

λ_i 大于湿润年的。因此,某阶段的 λ_i 值与阶段的土壤含水量、气温、降水量或空气湿度、叶水势等因素有关。

4.4.2 作物非充分灌溉制度制定(Determination of deficit irrigation schedule under insufficient water supply)

在水资源不足条件下,如何把有限的灌溉水量合理分配到作物不同生育阶段,以获得较高的产量或效益,或者使缺水造成的减产损失最小,是确定非充分灌溉制度的关键。在我国北方干旱及半干旱地区,往往根据不同生育阶段缺水对作物产量影响的程度不同,将有限的水量用于作物缺水敏感期,即所谓的灌"关键水",而在其他非敏感阶段,可减少灌水量或不灌水,这是非充分灌溉的主要形式。在我国南方稻作区,则采用"浅、湿、晒"三结合的非充分灌溉技术,如间歇灌溉、控制灌溉等,通过降低灌溉下限、减少灌水定额,达到节水高效的目的。

非充分灌溉制度是在有限灌溉水量条件下,以获取最佳的产量或收益为目标,对作物灌水时间、灌水定额进行优化。对于某一种作物,有限灌溉水量在不同生育阶段的分配模式会影响作物产量。对于灌区而言,有限灌溉水量在不同作物间以及作物生育期内的分配,也会影响灌区作物总产量和灌溉效益,因此,非充分灌溉制度优化必须以作物水分生产函数为基础。

4.4.2.1 非充分灌溉制度优化方法

非充分灌溉制度优化是以单位面积产量或总效益最大为目标,对有限的可供水量在作物各生育期内灌水定额进行优化,以此构建系统最优化数学模型。由于作物各生育阶段的灌溉决策过程是一阶段可分的最优化问题,常可用动态规划法求解。

(1)目标。以单位面积产量或总效益最大为目标。

(2)约束条件主要包括:①土壤含水量或田间水层深度约束;②水量约束,可供灌溉的总水量约束;③变量可行域约束,灌水定额、灌溉定额和作物耗水量约束等。

(3)变量主要包括:①决策变量,作物各生育阶段的灌水量;②阶段变量,以作物生育阶段为阶段变量;③状态变量,对旱作物,其状态变量为各阶段初可供灌溉水量及计划湿润层内可供作物利用的土壤水量;对水稻,状态变量为各阶段初可供灌溉水量及初始田面蓄水深度。

(4)初始条件。对旱作物为第一阶段土壤计划湿润层的初始储水量;对水稻为第一阶段的初始田面蓄水深度。

(5)策略。由各阶段决策组成全过程的策略,即最优灌溉制度。

4.4.2.2 非充分灌溉制度优化设计实例

以北方某地区的冬小麦非充分灌溉制度优化设计为例。根据当地的非充分灌溉试验,将冬小麦全生育期划分为 6 个生育阶段,各阶段的参数见表 4.24。

表 4.24 冬小麦非充分灌溉制度优化设计基本参数

生育阶段	播种—分蘖	分蘖—返青	返青—拔节	拔节—抽穗	抽穗—乳熟	乳熟—成熟
多年平均耗水量 ET_i/(m^3/hm^2)	288.0	420.0	946.5	922.5	805.5	831.0
中等年有效降雨量 P_i/(m^3/hm^2)	66.0	220.5	126.0	33.0	990.0	214.5

生育阶段	播种—分蘖	分蘖—返青	返青—拔节	拔节—抽穗	抽穗—乳熟	乳熟—成熟
计划湿润层深度 H/m	0.3	0.4	0.5	0.6	0.8	0.8
计划湿润层适宜储水量下限 $W_{\min}/(\text{m}^3/\text{hm}^2)$	608	810	1013	1215	1620	1620
计划湿润层适宜储水量上限 $W_{\max}/(\text{m}^3/\text{hm}^2)$	810	1081	1351	2026	2701	2701
计划湿润层增加而增加的水量 $W_T/(\text{m}^3/\text{hm}^2)$	0	16.5	16.5	21.0	42.0	0
地下水补给量 $K/(\text{m}^3/\text{hm}^2)$	57.6	84.0	189.3	184.5	161.1	166.2
缺水敏感指数 λ_i	0.099	0.041	0.037	0.290	0.209	0

（1）数学模型。

1）目标函数。以单位面积产量最大为目标，采用 Jensen 模型，构建目标函数：

$$F = \max\left(\frac{Y_a}{Y_m}\right) = \max \prod_{i=1}^{n} \left(\frac{ET_{ai}}{ET_{\max i}}\right)^{\lambda_i} \quad i = 1, 2, \cdots, 6 \tag{4.112}$$

式中：F 为目标函数；Y_m、Y_a 分别为充分灌溉作物的最高产量和非充分灌溉作物的实际产量，kg/hm^2；ET_{ai} 为 i 生育阶段非充分灌溉作物的实际耗水量，mm 或 m^3/hm^2；$ET_{\max i}$ 为 i 生育阶段充分灌溉作物的最大耗水量，mm 或 m^3/hm^2；其余符号意义同前。

2）约束条件。

a. 全生育期可供水量约束：

$$\sum_{i=1}^{n} m_i = M \tag{4.113}$$

式中：m_i 为 i 生育阶段的灌水定额，mm 或 m^3/hm^2；M 为作物全生育期单位面积总可供灌溉水量，mm 或 m^3/hm^2。

b. 计划湿润层土壤水量平衡约束。因为制定旱作物灌溉制度时，通常要求土壤计划湿润层深度内的储水量保持在作物所要求的范围内，此时深层渗漏量为 0，于是有

$$W_i = W_{i-1} + P_i + K_i + W_{Ti} + m_i - ET_{ai} - S_i \tag{4.114}$$

式中：W_i、W_{i-1} 为 i 和 $i-1$ 生育阶段的计划湿润层储水量；K_i 和 S_i 分别为 i 生育阶段地下水补给量和深层渗漏量；W_{Ti} 为 i 生育阶段计划湿润层增加而增加的水量；其余符号意义同前。式（4.114）中各项的单位为 mm 或 m^3/hm^2。

c. 变量可行域约束。

（a）决策变量 m_i 可行域：

$$0 \leqslant m_i \leqslant m_{ki} \tag{4.115}$$

式中：m_{ki} 为 i 生育阶段计划湿润层的灌水量上限，一般以不产生深层渗漏为原则，取土壤含水量为田间持水量。

本例中土壤的田间持水量为 $0.35\text{cm}^3/\text{cm}^3$，以此计算各阶段决策变量灌水定额的可行域，并决定其离散步长。如阶段 1，计划湿润层深度 $H_1 = 0.3\text{m}$，则 $m_{k1} = 450\text{m}^3/\text{hm}^2$。考虑到当地用水习惯，各阶段的灌水定额均取相同值 $450\text{m}^3/\text{hm}^2$。

（b）状态变量 q_i 可行域：设对应于耦合约束式（4.113）的状态变量为 q_i，则该状态变量的离散步长同样取 $450\text{m}^3/\text{hm}^2$，$q_i = [0, 450, 900, 1350, 1800]$。

（c）计划湿润层储水量 W_i 的可行域：

$$W_{\text{min}i} \leqslant W_i \leqslant W_{\text{max}i} \tag{4.116}$$

式中：计划湿润层土壤含水量的下、上限分别取凋萎系数和田间持水量计算。

本例中土壤的凋萎系数取 $0.20\text{cm}^3/\text{cm}^3$。该状态变量可行域内的离散值，为计算方便各阶段平均离散6点。

d. 初始条件：

$$W_0 = 1000 H \theta_0 \tag{4.117}$$

式中：W_0 为时段初计划湿润层储水量，mm；θ_0 为时段初的含水量，cm^3/cm^3；H 为计划湿润层深度，m。

（2）求解方法与步骤。由上述模型特点可知，该模型是决策变量为 m_i 的二维动态规划模型。为此，以作物生育阶段为阶段变量，$i=1,\ 2,\ \cdots,\ 6$；对应于约束式（4.113）、式（4.114）的状态变量为 $(q_i、W_i)$。

考虑到作物生育期初始条件已知，为此可用动态规划顺序递推方法，其递推方程如下：

1）阶段 $i=1$：

$$g_1(q_1,W_1) = \max_{m_i}\left(\frac{ET_{\text{a}1}}{ET_{\text{max}1}}\right)^{\lambda_1} \tag{4.118}$$

对应式（4.113）的状态变量 q_1，在 $[0,\ M]$ 内离散；若 $M=1800\text{m}^3/\text{hm}^2$（表4.25），则 $q_1=[0,\ 450,\ 900,\ 1350,\ 1800]$。

对应式（4.114）的状态变量 W_1，在 $W_{\text{min}1} \leqslant W_1 \leqslant W_{\text{max}1}$ 内离散；由表4.24可知，$608 \leqslant W_1 \leqslant 810$，平均取6点离散。

已知状态变量 (q_1,W_1)，$ET_{\text{a}1}$ 由式（4.114）得

$$ET_{\text{a}1} = W_0 + (P_1 + K_1 + W_{\text{T}1} - S_1) + m_1 - W_1 \tag{4.119}$$

式中：W_0 由式（4.117）计算。

由此，可计算决策变量 m_1 以及对应的目标值；m_1 应满足，$0 \leqslant m_1 \leqslant m_{\text{k}1}$。

2）阶段 i：

$$g_i(q_i,W_i) = \max_{m_i}\left(\frac{ET_{\text{a}i}}{ET_{\text{max}i}}\right)^{\lambda_i} g_{i-1}(q_{i-1},W_{i-1}) \tag{4.120}$$

对应式（4.113）的状态变量 q_i，在 $[0,\ M]$ 内离散；对应式（4.114）的状态变量 W_i，在 $W_{\text{min}i} \leqslant W_i \leqslant W_{\text{max}i}$ 内离散。

已知状态变量 (q_i,W_i)，$ET_{\text{a}i}$ 由式（4.114）得

$$ET_{\text{a}i} = W_{i-1} + (P_i + K_i + W_{\text{T}i} - S_i) + m_i - W_i \tag{4.121}$$

且 $$ET_{\text{min}i} \leqslant ET_{\text{a}i} \leqslant ET_{\text{m}i} \tag{4.122}$$

计算决策变量 m_i；m_i 同时满足 $0 \leqslant m_i \leqslant m_{\text{k}i}$ 及 $0 \leqslant m_i \leqslant q_i$。

由式（4.113）和式（4.114）可知，状态转移方程为

$$q_{i-1} = q_i - m_i \tag{4.123}$$

$$W_{i-1} = W_i - (P_i + K_i + W_{\text{T}i} - S_i) - m_i + ET_{\text{a}i} \quad i=2,\cdots,6 \tag{4.124}$$

由此递推，可获得小麦全生育期最优灌溉制度 (m_i^*)（$i=1,\ 2,\ \cdots,\ 6$）对应的最优目标值（单位面积产量最大值）为 $F^*\{=g_6^*(q_6^*,W_6^*)\}$。

　　根据上述步骤，可得到中等水文年冬小麦非充分灌溉制度优化结果（表 4.25），冬小麦产量随灌溉定额的增大而增加；不灌水其产量为充分灌溉产量的 60% 左右；灌 1 次水（450m³/hm²）产量约为充分灌溉产量的 75%；灌 2 次水（总灌水量 900m³/hm²）产量约为充分灌溉产量的 86%；灌 3 次水（总灌水量 1350m³/hm²）产量约为充分灌溉产量的 95%。若再增加灌水次数，产量增加并不明显。因此，对于该地区，冬小麦灌水 2~3 次、总灌水量 900~1350m³/hm² 是较优的灌水方案。关于灌水时间，若灌 2 次水，均在拔节—抽穗期；若灌 3 次水，除拔节—抽穗期灌两次外，另一次应在播种—分蘖期。

表 4.25　　　　　　　　某灌区中等水文年冬小麦非充分灌溉制度优化结果

可供灌溉水量 /(m³/hm²)	各阶段灌水量/(m³/hm²)						相对产量 Y/Y_m
	播种—分蘖	分蘖—返青	返青—拔节	拔节—抽穗	抽穗—乳熟	乳熟—成熟	
0	0	0	0	0	0	0	0.5668
450	0	0	0	450	0	0	0.7481
900	0	0	0	900	0	0	0.8595
1350	450	0	0	900	0	0	0.9468
1800	450	0	450	900	0	0	0.9827

4.4.3　作物产量—品质协同的节水调质高效灌溉制度（Water - saving，quality - improving，and high - efficiency irrigation scheduling based on coordinating crop yield and quality）

　　传统灌溉理论一般以作物高产为目标，因此很多地区为了追求高产投入大量的水、肥等资源，不仅造成资源浪费和环境污染，还形成了高投入—高产量—高污染、低品质—低价格—低效益的恶性循环。随着社会经济发展和人民生活水平的提高，消费者更多地关注农产品的品质。

　　节水调质高效灌溉是从作物水分—品质响应的生理机制出发，筛选水分敏感型品质参数，进行作物综合品质评价，建立作物水分—品质—产量—效益综合模型，通过精量灌溉调控作物体内的信息流动，进而调控作物品质，在保证一定产量的前提下用较少耗水量产出更高质量的农产品，最终实现节水、丰产、优质、高效和对环境友好的目标。

　　作物品质是一个综合概念，不同作物的品质指标也不是完全相同的，而是随着作物种类不同而变化。对于番茄、苹果、桃、梨、甜瓜等果蔬类作物，其品质指标可分为外观、口感、营养和储藏等类别，外观品质指标包括果实大小、形状、均匀度和颜色指数等，口感品质指标包括可溶性固形物、可溶性糖、有机酸和糖酸比等，营养品质指标包括维生素、矿物质、蛋白质、氨基酸、膳食纤维等，储藏品质指标包括果实硬度和含水量等。然而对于制种玉米来说，种子活力是表征其作物品质的主要指标，反映种子活力的指标包括种子浸出液电导率、发芽率、根长、苗长、发芽指数和抗氧化酶活性等。

　　灌溉是改变作物水分状况最直接的管理措施，因此可以采用合理的灌溉制度改变作物体内信息流动和生理代谢过程从而调控作物品质。近年来，国内外学者就灌溉对果蔬品质的影响进行了大量研究，结果表明适时适度的干旱胁迫对改善果蔬品质是十分有效和必要的，但品质改善程度与作物种类、缺水时间和缺水水平相关。例如，干旱胁迫虽然降低了酿酒葡萄果实的大小，但增加了果实糖分、酚类和花青素的含量，增大了果皮与果肉比例，提高了酿酒质量。与充分灌溉相比，作物节水调质灌溉降低桃果实的单果重量，增加可溶性固形物含量，增大表皮桃毛密度和果皮厚度，降低储藏时的水分损失量，延长货架时间。节水调质灌溉可促进苹果果实早熟，后期或全生育期适度干旱胁迫均有利于果实可溶性固形物含量、硬度和果皮颜色红度的提高。番茄上的大量节水调质灌溉试验表明适时适量的水分亏缺虽然一定程度地降低了产量，但明显地改善了果实品质，提高了可溶性固形物、可溶性糖、有机酸、番茄红素、维生素 C 和 β-胡萝卜素等口感和营养品质指标，增加了果实颜色指数，增大了果实硬度等。此外，在猕猴桃、脐橙、草莓、香梨、西瓜、梨枣、辣椒等作物上的研究也得到了相似结果或结论。

传统的只考虑产量为目标的灌溉制度优化决策方法主要适用于收获籽粒干重作为最终产量的粮食作物，如水稻、小麦、玉米等。对于蔬菜瓜果类作物，消费者对果实品质的要求日益提高，传统的单纯考虑产量为目标的灌溉制度优化方法，已不能满足生产中的水分管理要求，而需要构建基于产量—品质协调的节水调质灌溉制度优化设计方法。国内外专家在该领域进行了大量研究，在高品质农业的灌溉水管理中可参考采用。

思 考 与 练 习 题

1. 什么是作物需水量？影响作物需水量的因素有哪些？如何计算作物需水量？

2. 简述作物系数和参考作物蒸发蒸腾量的概念及其确定方法。

3. 简述用遥感反演作物需水量的基本原理和具体步骤。

4. 什么是灌溉制度？除了传统的供水充分条件下的充分灌溉制度外，还有哪些灌溉制度？

5. 确定不同条件下的灌溉制度有哪些方法？试述用水量平衡原理确定灌溉制度的具体步骤。

6. 作物水分生产函数有哪几类？如何利用作物水分生产函数以及作物水分—产量—品质耦合关系确定非充分灌溉制度和节水调质高效灌溉制度？

7. 南方稻虾模式下确定水稻灌溉制度时有什么特殊要求？

8. 已知某灌区的地理纬度为北纬 36.60°，海拔为 1218m。2018 年 7 月 18 日监测的大气压为 88.56kPa，2m 高度处空气温度为 28.9℃，最高气温为 31.6℃，最低气温为 19.9℃，空气最大相对湿度为 69.6%，最小相对湿度为 35.8%，距地面 2m 高的风速为 1.2m/s，日照时数为 10.9h。试用 Penman - Monteith 公式计算当地该日参考作物需水量。

9. 在习题 8 的基础上，另已知 2018 年玉米初期为 4 月 28 日—6 月 6 日，发育期为 6 月 7 日—7 月 11 日，中期为 7 月 12 日—8 月 25 日，后期为 8 月 29 日—9 月 15 日，其中中期平均最小相对湿度 RH_{min} 为 40.5%，风速 u_2 为 2.5m/s，株高 h_c 为 1.60m；后期平均最小相对湿度 RH_{min} 为 30.6%，风速 u_2 为 2.1m/s，株高 h_c 为 2.15m。初期平均湿润间隔时间 t_w 为 7d，土壤田间持水量 θ_F 为 0.285cm³/cm³，风干含水量 $\theta_{风干}$ 为 0.05cm³/cm³，土壤表层蒸发深度 z_e 为 0.20m，试用单作物系数法计算 2018 年 8 月 15 日的玉米需水量。

10. 以南方某水稻灌区某年早稻为例，早稻各生育阶段需水量、稻田渗漏量见表 4.26，生育期逐日降水量见表 4.27；各生育阶段适宜水层深度选取表 4.18 所列早稻数值，黄熟期自然落干，泡田定额 100mm。试采用列表法推求水稻灌溉制度。

表 4.26　　　　　　　　　　某灌区早稻各生育阶段需水量与稻田渗漏量

生育阶段	返青	分蘖前	分蘖末	拔节—孕穗	抽穗—开花	乳熟	黄熟	全生育期
日期	4 月 25 日 — 5 月 4 日	5 月 5— 10 日	5 月 11— 25 日	5 月 26 日 — 6 月 12 日	6 月 13— 25 日	6 月 26 日 — 7 月 6 日	7 月 7— 14 日	4 月 25 日 — 7 月 14 日
天数/d	10	6	15	18	13	11	8	81
阶段需水量 ET/mm	26	40	85	140	128	31	22	472
阶段渗漏量 S/mm	20	12	28	38	26	22	16	162

表 4.27　　　　　　　　　　　某灌区早稻生育期的降水量

日期	4 月 28 日	5 月 6 日	5 月 8 日	5 月 12 日	5 月 17 日	5 月 19 日	5 月 23 日	5 月 24 日	5 月 28 日	6 月 1 日	6 月 5 日	6 月 12 日	6 月 16 日	6 月 25 日	6 月 28 日	7 月 1 日	7 月 4 日
降水量/mm	10.1	17.3	5.6	15.2	23.5	12.1	32.1	11.1	24.5	6.5	10.2	8.2	45.2	5.3	22.8	7.1	5.3

11. 北方某灌区地下水埋深在地表 5m 以下；土壤质地为黏壤土，0~60cm 平均干容重为 1.45g/cm³，田间持水量 θ_F 为 0.25cm³/cm³。春小麦 4 月 10 日播种，播前土壤含水量 θ_0 为 0.21cm³/cm³，生育期允许土壤含水量上限为田间持水量，允许土壤含水量下限为 60% 的田间持水量，不同生育阶段的时间及土壤计划湿润层深度见表 4.28，生育期内降水与各旬平均需水量分别见表 4.29 和表 4.30。试用水量平衡图解法设计该灌区春小麦的灌溉制度。

表 4.28　　　　北方某灌区春小麦不同生育阶段的时间及土壤计划湿润层深度

生育阶段	播种	苗期	分蘖	拔节—孕穗	抽穗—开花	灌浆—成熟
日期	4 月 23 日	4 月 23 日— 5 月 6 日	5 月 7—17 日	5 月 18— 29 日	5 月 30 日— 6 月 19 日	6 月 20 日— 7 月 10 日
计划湿润层深度/m	0.4	0.4	0.6	0.6	0.8	0.8

表 4.29　　　　　　　　北方某灌区春小麦生育期的降水量

日期	5 月 9 日	5 月 18 日	5 月 26 日	7 月 20 日	8 月 2 日
P/mm	25.6	16.2	27.4	12.8	18.5

表 4.30　　　　　　　　　北方某灌区春小麦不同月份的需水量

月份	4 月			5 月			6 月			7 月			8 月		
旬	上	中	下	上	中	下	上	中	下	上	中	下	上	中	下
ET/(mm/d)	0.9	1.1	1.2	1.8	2.0	2.9	3.5	4.1	4.9	5.5	6.1	6.6	6.0	5.2	4.7

12. 北方某灌区根据当地的非充分灌溉试验，冬小麦全生育期划分为 6 个生育阶段，各阶段的耗水量、有效降水量、地下水补给量、土壤计划湿润层深度、适宜储水量上下限

等相关参数见表 4.31。试用 Jensen 模型构建目标函数，优化该灌区可供水量分别为 $1500\text{m}^3/\text{hm}^2$、$1250\text{m}^3/\text{hm}^2$、$1000\text{m}^3/\text{hm}^2$ 和 $750\text{m}^3/\text{hm}^2$ 时的冬小麦非充分灌溉制度。

表 4.31　　　　　　　　　　　冬小麦非充分灌溉制度优化设计基本参数

生育阶段	播种—分蘖	分蘖—返青	返青—拔节	拔节—抽穗	抽穗—乳熟	乳熟—成熟
多年平均耗水量 $ET_i/(\text{m}^3/\text{hm}^2)$	250	400	850	900	800	750
中等年有效降水量 $P_i/(\text{m}^3/\text{hm}^2)$	60	250	125	45	750	225
土壤计划湿润层深度 H/m	0.3	0.4	0.5	0.6	0.8	0.8
计划湿润层适宜储水量下限 $W_{min}/(\text{m}^3/\text{hm}^2)$	600	900	1150	1250	1500	1500
计划湿润层适宜储水量上限 $W_{max}/(\text{m}^3/\text{hm}^2)$	815	1050	1250	2050	2750	2750
计划湿润层增加而增加的水量 $W_T/(\text{m}^3/\text{hm}^2)$	0	18	18	25	45	0
地下水补给量 $K/(\text{m}^3/\text{hm}^2)$	50	75	175	175	160	165
缺水敏感指数 λ_i	0.099	0.084	0.157	0.305	0.211	0.075

推 荐 读 物

[1] Allen R G，Pereira L S，Raes D，et al. Crop Evapotranspiration：Guidelines for Computing Crop Water Requirements ［C］. Irrigation and Drainage Paper，No. 56，FAO，Rome，1998.

[2] Doorenbos J，Kassam A H. Yield Response to Water ［C］. Irrigation and Drainage Paper，No. 33，FAO，Rome，1981.

[3] 康绍忠，孙景生，张喜英，等. 中国北方主要作物需水量与耗水管理 ［M］. 北京：中国水利水电出版社，2018.

[4] 许迪，刘钰，杨大文，等. 蒸散发尺度效应与时空尺度拓展 ［M］. 北京：科学出版社，2015.

[5] 陈亚新，康绍忠. 非充分灌溉原理 ［M］. 北京：中国水利水电出版社，1995.

数 字 资 源

4.1 参考作物蒸发蒸腾量 ET_0 计算微课

4.2 遥感反演作物耗水量 ET 微课

4.3 作物节水调质高效灌溉制度微课

参 考 文 献

[1] 郭元裕. 农田水利学 ［M］. 3 版. 北京：中国水利水电出版社，1997.

[2] 蔡焕杰，胡笑涛. 灌溉排水工程学 ［M］. 3 版. 北京：中国农业出版社，2020.

[3] 康绍忠，孙景生，张喜英，等. 中国北方主要作物需水量与耗水管理 ［M］. 北京：中国水利水

电出版社，2018.

［4］　Allen R G，Pereira L S，Raes D，et al. Crop Evapotranspiration：Guidelines for Computing Crop Water Requirements ［C］. Irrigation and Drainage Paper，No. 56，FAO，Rome，1998.

［5］　Doorenbos J，Pruitt W O. Guidelines for Predicting Crop Water Requirements ［C］. Irrigation and Drainage Paper，No. 24，FAO，Rome，1977.

［6］　Doorenbos J，Kassam A H. Yield Response to Water ［C］. Irrigation and Drainage Paper，No. 33，FAO，Rome，1981.

［7］　陈玉民，郭国双，王广兴，等. 中国主要作物需水量与灌溉 ［M］. 北京：中国水利水电出版社，1995.

［8］　康绍忠，蔡焕杰. 农业水管理学 ［M］. 北京：中国农业出版社，1996.

［9］　陈亚新，康绍忠. 非充分灌溉原理 ［M］. 北京：水利电力出版社，1995.

［10］　康绍忠，杜太生，孙景生，等. 基于生命需水信息的作物高效节水调控理论与技术 ［J］. 水利学报，2007，38（6）：661－667.

［11］　杜太生，康绍忠. 基于水分-品质响应关系的特色经济作物节水调质高效灌溉 ［J］. 水利学报，2011，42（2）：245－252.

第5章

灌水方法与技术

灌水方法是指根据作物需水、土壤和气象等因素，按制定的灌溉制度，通过各种工程技术措施将灌溉水送到田间并转化为土壤水湿润根区土壤，以满足作物需水的方法的总称。实现灌水方法的技术要求及相应的田间工程措施称为灌水技术。

5.1 灌水方法的分类与评价
(Classification and evaluation of irrigation methods)

5.1.1 灌水方法的分类及适用条件 (Types of irrigation methods and their applicable conditions)

灌水方法一般按照水输送到田间的方式和湿润土壤的方式来分类，主要有以下几类：

1. 地面灌溉

地面灌溉是指水从地表面进入田间并借重力和毛细管作用浸润土壤，也称为重力灌水法。按其湿润方法，又分为畦灌、沟灌、淹灌等类型。

（1）畦灌。用田埂将灌溉土地分隔成一系列小畦。灌水时，将水引入畦田后，在畦田上形成很薄的水层，沿畦长方向流动，在流动过程中主要借重力作用逐渐渗入土壤。

（2）沟灌。在作物行间开挖灌水沟，水从输水沟进入灌水沟后，在流动的过程中主要借重力和毛细管作用湿润土壤。和畦灌比较，其明显的优点是不会破坏作物根部附近的土壤结构，不会导致田面板结，能减少土壤蒸发损失，适用于宽行距作物。

（3）淹灌（又称格田灌溉）。用田埂将灌溉土地划分成许多格田，灌水时，使格田内保持一定深度的水层，借重力作用湿润土壤，主要适用于水稻等作物。

地面灌溉是最古老的也是目前应用最广泛的一类灌水方法。该类方法技术较简单，易于掌握，投资低，但传统的地面灌也存在灌溉水利用率低、投入劳动力多、用水管理不便、灌水质量不易保证、平整土地工作量大等缺点，畦灌和淹灌还易破坏土壤团粒结构、地面容易形成板结。

除以上三种地面灌水方法之外，还有一种所谓的"漫灌"方法，它是在田间不修畦、沟、坡等任何田间工程，灌水时从渠道上扒口放水，任其在地面漫流，借重力作用浸润土壤的粗放灌溉方法。这种灌溉方法灌水均匀度很差，灌溉水浪费大，易破坏土壤结构，易抬高地下水位，会导致渍害和土壤次生盐碱化。目前农田灌溉一般严禁采用漫灌。

2. 喷灌

利用专门设备将灌溉水以有压水的形式送到灌溉地段，并由喷头喷射到空中散成细小的水滴，像天然降雨一样进行灌溉。喷灌主要分为管道式喷灌和机组式喷灌两大类。

（1）管道式喷灌是将水源、水泵与喷头由压力管道连接起来实现喷洒灌溉的系统。根据管道的可移动性，又分为固定式、半固定式和全移动式系统。

（2）机组式喷灌是将喷头、管道、水泵、动力机、机架等按一定配套方式组合起来能独立在田间移动实现喷洒灌溉的一种灌水机械。机组式喷灌又可分为定喷机组式和行喷机组式系统。

喷灌的突出优点是对地形适应性强，机械化程度高，灌水均匀，灌溉水利用系数高，并可调节空气湿度和温度。但投资较地面灌溉高，而且灌水质量受风的影响较大。

3. 微灌

通过管道系统与安装在末级管道上的灌水器，将作物所需的水和养分以较小的流量，均匀地直接输送到作物根部附近土壤的一种灌水方法。与传统的地面灌和喷灌相比，微灌仅湿润作物根区附近的部分土壤，因此，又称为局部灌溉。按其田间的出水方式可分为滴灌、微喷灌、涌泉灌（小管出流灌）等。

（1）滴灌是通过末级管道上的出水口或滴头，将压力水以间断或连续的水流形式灌到作物根区附近土壤的灌水形式。滴头置于地面时，称为地表滴灌；滴头置于地面以下，将水直接施到地表下的作物根区，称为地下滴灌。

（2）微喷灌是利用直接安装在毛管上或与毛管连接的微喷头，将压力水以喷洒状的水流形式喷洒在作物根区附近土壤表面的一种灌水形式，简称微喷。

（3）涌泉灌又称小管出流灌，通过置于作物根部附近的涌泉头或小管向上涌出的小水流或小涌泉将水灌到土壤表面的一种灌水方法。

微灌为小流量高频灌溉，灌水均匀并且节水，可有效防止深层渗漏和减少地表水分蒸发，灌水利用效率高，可按作物需求适时适量地向作物根区供水供肥，使作物根系活动层土壤始终处于良好的水、热、气和养分状况；省工、节能；对土壤和地形的适应性强。但微灌一次性投资相对较高，微灌灌水器出口很小，易被水中的矿物质或有机物堵塞。

4. 低压管道输水灌溉

低压管道输水灌溉俗称管灌，以管道代替渠道输水，通过一定的压力，将灌溉水由管道输送到分水口，由分水口分水直接进入田间沟畦或在分水口处连接软管输水进入沟畦对农田实施灌溉的方法，田间仍属地面灌溉。目前，我国采用的管道输水灌溉一般是指低压管道输水灌溉，管道的出水口处压力为 0.002～0.003MPa，管网的设计工作压力一般在 0.2～0.4MPa。

低压管道输水灌溉与土渠输水灌溉相比，可减少输水渗漏和防止蒸发损失；节省输水时间，缩短轮灌周期；节省管理用工，降低劳动强度；节约土地；井灌区低压管道输水比土渠输水节水 30% 左右，节能 20% 左右。与喷灌、微灌相比，工程一次性投资较小，运行费较低，近年来在我国各地推广迅速，已经成为一项主要的节水灌溉工程措施。

5. 其他灌水方法

为提高灌水效率，适应各地的自然特点和作物种植，人们改进和创建了各种其他的灌水方法，主要有闸管灌、波涌灌、膜上灌/膜下灌、坐水种等类型。

上述灌水方法都有一定的适用范围，应根据水源、土壤、地形条件和所种植的作物，因地制宜地选用。各种灌水方法的适用条件见表 5.1。

表 5.1　　　　　　　　　　　　各种灌水方法的适用条件

灌水方法		作物	地形	水源	土壤
地面灌溉	畦灌	密植作物（小麦、谷子等）、牧草、某些蔬菜	坡度均匀，坡度不超过 0.2%	水量充足	中等透水性
	沟灌	宽行作物（棉花、玉米等）、某些蔬菜	坡度均匀，坡度不超过 2%～5%	水量充足	中等透水性
	淹灌	水稻	平坦或局部平坦	水量丰富	透水性小
喷灌		经济作物、蔬菜、大田作物	较平坦	水量较少	适用于各种透水性
微灌	滴灌	果树、瓜类、蔬菜、宽行作物（如棉花等）	各种复杂地形	水量缺乏，水质杂质少	适用于各种透水性
	微喷灌	果树、花卉			
	涌泉灌	果树			
管灌		各种作物	坡度均匀，坡度不超过 0.2%	水量充足	中等透水性

5.1.2　灌水方法的基本要求（Evaluation guidelines of irrigation methods）

随着生产的发展，灌水方法或灌水技术也在不断改进，先进而合理的灌水方法应达到以下几方面的要求：

（1）适时适量。能够按照作物需求提供所需要的水分。

（2）灌水均匀。能按拟定的灌水定额将灌溉水均匀地供给作物。

（3）灌溉水利用率高。输水损失和深层渗漏小，能使灌溉水保持在作物可以吸收到的土壤深度内，不产生田间水土流失。

（4）对土壤团粒结构破坏小。灌水后能使土壤保持疏松状态，表土不形成结壳，以减少地表蒸发。

（5）对地形的适应性强。应能适应各种地形坡度和田块，土地平整工程量小。

（6）田间劳动强度低，具有较高的劳动生产率。便于实现机械化和自动化，田间管理所需要的人力少。

（7）便于和其他农业措施相结合。易于与实行水肥（药）一体化、冲洗盐碱、调节田间小气候等相结合。此外，要有利于中耕、收获等农业操作，对田间交通影响少。

（8）田间占地少。有利于提高土地利用率，使得有更多土地用于作物栽培。

（9）建设投资与运行管理费用低。

5.2　地面灌溉
（Surface irrigation）

5.2.1　畦灌（Border irrigation）

1. 畦灌的田间工程

畦灌所需要的田间工程如图 5.1 所示。用临时修筑的土埂将灌溉土地分隔形成一系列的长方形田块，即灌水畦，又称畦田。灌水时，灌溉水从输水垄沟或直接从田间毛渠引入畦田后，在畦田田面上形成很薄的水层，沿畦长坡度方向均匀流动，在流动过程中主要借重力作用，以垂直下渗方式逐渐湿润土壤。

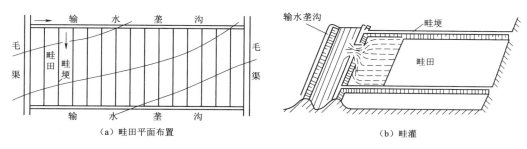

（a）畦田平面布置　　　　　　　　　　（b）畦灌

图 5.1　畦灌田间工程

畦灌方法主要适用于灌溉窄行距密植作物或撒播作物，如小麦、谷子等粮食作物，花生、芝麻等油料作物，以及牧草和密植蔬菜等。

2. 畦灌的灌水特征

畦灌灌溉过程一般包括水流推进、退水两个阶段。在推进阶段，灌溉水流沿田面向前推进，水流边向前推进边向土壤中入渗，并会形成一个明显的湿润前锋。退水过程一般从田间停止供水后田块首段裸露开始，地面形成一消退落干尾锋，如图 5.2 所示。

畦灌条件下，田间各断面的入渗时间存在一定差异，使得田间各点灌水量存在差异，并可能产生深层渗漏损失（图 5.3）。表征畦灌田间灌水质量的指标主要包括以下两个：

（1）田间灌水效率，指灌水后储存于土壤计划湿润层的水量与实际灌入田间总水量的比值，即

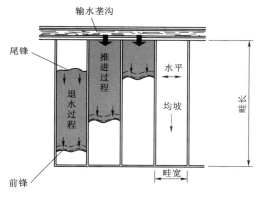

图 5.2　畦灌灌溉水流推进过程

$$\eta_f = W_s / W_f \qquad (5.1)$$

式中：η_f 为田间灌水效率；W_s 为灌后储存在土壤计划湿润层中的水量，m^3；W_f 为实际灌入田间的总水量，m^3。

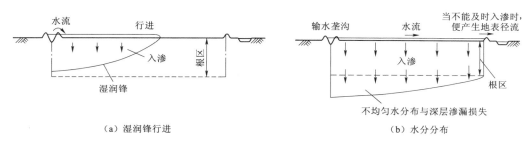

（a）湿润锋行进　　　　　　　　　　　　（b）水分分布

图 5.3　畦灌土壤剖面湿润锋行进与水分分布

（2）田间灌水均匀系数，指灌溉水在田间各点分布的均匀程度，可用下式计算：

$$C_u = \left(1 - \frac{\overline{\Delta Z}}{\overline{Z}}\right) \tag{5.2}$$

式中：C_u 为灌水均匀系数；$\overline{\Delta Z}$ 为灌后各测点的实际储水深度与平均储水深度离差绝对值的平均值，m；$\overline{Z}$ 为灌后土壤平均储水深度，m。

3. 畦灌的灌水技术要素

畦灌的灌水质量与畦田规格、入畦流量、放水时间、地面坡度及平整情况、土壤透水性能等有关。实际工程中，一般是根据土壤、地面坡度和平整度、农业机具等因素合理确定畦灌的技术要素，包括畦田规格、入畦单宽流量和放水时间等，使得灌水均匀，减少深层渗透。

（1）畦田规格。畦田规格的大小对灌水质量的好坏影响很大。

畦长：若田面纵坡大，则畦长宜短；纵坡小时，则畦长可稍长。若土壤透水性强，则畦长宜短；土壤透水性弱时，畦长可稍长。总之，畦长的选择应能保证田面灌水均匀、田间水利用系数高，并便于农机具作业和田间管理。一般自流灌区的畦长以 30～100m 为宜；在提水灌区和井灌区，畦长宜短，一般为 30～50m，甚至更小。

畦宽：畦宽主要取决于畦田的土壤性质和农业技术要求以及农机具的宽度。通常畦宽多按当地农机具宽度的整倍数确定，一般约 2～4m。在水源流量小时或井灌区，为了迅速在整个田面上形成流动的薄水层，一般畦田的宽度较小，为 0.8～1.2m。

畦灌属重力灌水法，因此沿畦长方向的田面应有合适的纵坡。适宜的畦田田面纵坡一般为 0.001～0.003，最大可达 0.02，但畦田田面纵坡过大，容易冲刷土壤。一般要求畦田田面无横向坡度。

（2）灌水技术要素之间的关系。

1）灌水时间 t 内渗入水量 H_t 应与计划的灌水定额 m 相等，即

$$m = H_t = \frac{i_1}{1-\alpha} t^{1-\alpha} = i_0 t^{1-\alpha} \tag{5.3}$$

其中 $\qquad\qquad\qquad i_0 = i_1/(1-\alpha)$

式中：i_1 为在第一个单位时间末的土壤渗吸系数（或渗吸速度），m/h；i_0 为在第一个单位时间内的土壤平均渗吸速度，m/h；α 为指数，其值根据土壤性质及最初土壤含水量而定，一般为 0.3～0.8，轻质土壤 α 值较小，重质土壤 α 值较大；土壤的初始含水量愈大，α 值愈小，即渗吸速度在时间上的变化愈缓；H_t 为灌水时间 t 内渗入土壤的水深，m；m 为灌水定额，m。

根据式（5.3）可求得畦灌的延续时间 t：

$$t = \left(\frac{m}{i_0}\right)^{\frac{1}{1-\alpha}} \tag{5.4}$$

2）畦田长度与入畦单宽流量。进入畦田的灌水总量应与畦长 L 上达到灌水定额 m 所需的水量相等，即

$$3.6qt = mL \tag{5.5}$$

式中：q 为入畦单宽流量，即每米畦宽上的灌水流量，L/(s·m)；t 为灌水延续时间，h。

由上式即可计算相应的畦田长度或入畦单宽流量。

3）改水成数。为了使畦田上各点土壤湿润均匀，应使水层在畦田各点停留的时间接近。为此，在实践中往往采用及时封口的方法，即当水流到离畦尾还有一定距离时，就封闭入水口，使畦内剩余的水流向前继续流动，至畦尾时则全部渗入土壤。一般将封口时畦田水流推进的距离与畦长的比例，称为改水成数。根据不同的计划灌水定额、土壤透水性、坡度、畦长和单宽流量等条件，可以采用七成改水、八成改水、九成改水或十成改水（满流改水）等。当土壤透水性较小、畦田田面坡度较大、灌水定额不大时，可采用七成或八成改水；当土壤透水性强、畦田田面坡度小、灌水定额又较大时，宜采用九成改水。封口过早，会使畦尾灌水不足，甚至漏灌；封口过晚，畦尾又会产生跑水、积水现象，浪费灌溉水量。总之，正确控制封口改水，可以防止畦尾漏灌或发生跑水流失。据各地灌水经验，在一般土壤条件下，畦长 50m 时宜采取八成改水，畦长 30～40m 时宜采取九成改水，畦长小于 30m 时应采取十成改水。

畦灌的灌水技术要素应通过试验与理论计算相结合的方法确定，或根据当地或邻近地区的实践经验确定。表 5.2 给出了旱作畦灌技术要素的参考值，单宽流量一般为 3～8L/(s·m) 或 10.8～28.8m³/(h·m)。而对于井灌区，为节约用水和提高灌水质量，常采用小畦灌溉，单宽流量一般为 2～3L/(s·m) 或 7.2～10.8m³/(h·m)。

表 5.2　　　　旱作畦灌技术要素的参考值

土壤透水性 /(m/h)	畦田比降 /‰	畦长 /m	单宽流量 /[L/(s·m)]	单宽流量 /[m³/(h·m)]
强（>0.15）	<2	40～60	5～8	18.0～28.8
	2～5	50～70	5～6	18.0～21.6
	>5	60～100	3～6	10.8～21.6
中（0.10～0.15）	<2	50～70	5～7	18.0～25.2
	2～5	70～100	3～6	10.8～21.6
	>5	80～120	3～5	10.8～18.0
弱（<0.10）	<2	70～90	4～5	14.1～18.0
	2～5	80～100	3～4	10.8～14.1
	>5	100～150	3～4	10.8～14.1

【例 5.1】　某灌区小麦设计灌水定额为 750m³/hm²，畦田宽为 3m，畦埂高为 0.20m，畦田纵向坡度为 0.3‰，设计入畦单宽流量 $q=4$L/(s·m)。经土壤入渗试验测定，第一个单位时间内土壤平均入渗率 $i_0=120$mm/h，入渗指数 $\alpha=0.38$。试确定畦田灌水时间和畦田长度。如果其他参数不变，仅畦田长度改为 100m，试计算入畦单宽流量。

【解】　灌水定额 $m=750$m³/hm²$=75$mm$=0.075$m，入渗率 $i_0=120$mm/h$=0.12$m/h。

利用式（5.4），计算畦田灌水时间：

$$t=\left(\frac{m}{i_0}\right)^{\frac{1}{1-\alpha}}=\left(\frac{0.075}{0.12}\right)^{\frac{1}{1-0.38}}\approx0.47(\text{h})$$

利用式 (5.5) 计算畦田长度:

$$L = \frac{3.6qt}{m} = \frac{3.6 \times 4 \times 0.47}{0.075} = 90.24 \text{(m)}$$

如果畦田长度改为 $L = 100\text{m}$, 代入式 (5.5) 可得入畦单宽流量:

$$q = \frac{Lm}{3.6t} = \frac{100 \times 0.075}{3.6 \times 0.47} \approx 4.43 [\text{L/(s} \cdot \text{m)}]$$

【答】 计算的畦田灌水时间为 0.47h, 畦长 90.24m; 如果灌水时间不改变, 畦长改为 100m 时的入畦单宽流量需增大为 4.43L/(s·m)。

经与表 5.2 比较, 上述结果与表中给出的参考值基本一致。

从以上传统的经验设计方法可以看出, 该方法概念清晰、计算简单, 但存在以下不足之处:

a. 畦田纵向坡度大、糙率小, 则畦长较长, 反之, 畦长较短, 但在上述设计中没有考虑畦田纵向坡度和田面糙率对畦田长度的影响。

b. 没有考虑沿畦田的灌水均匀系数, 即没有考虑灌水改水成数对均匀性的影响。

c. 无法给出所能达到的灌水效率、灌水均匀度、深层渗漏率、尾水率等灌水质量指标, 因而无法评价设计结果的优劣, 也难以对畦灌设计方案进行优选比较。

近几十年来国内外在模拟地面灌溉水流运动和灌水质量评价方面取得了较大的进展, 提出了更为科学的地面灌溉设计方法。地面灌溉过程中的水流在田面的流动与下渗是同时进行的, 因此从水力学角度可将地面灌溉田面水流运动看成是透水界面上的非恒定流, 一般可用一维非恒定流运动方程, 并考虑土壤入渗因素建立数学模型。主要数学模型有水量平衡模型、完全水流动力学模型、零惯量模型和运动波模型。这些模型计算比较复杂, 但是可以较好地模拟畦灌水流运动及入渗过程。下面简要介绍这四种地面灌溉水流运动模型, 以及基于地面灌溉水流运动模型的畦灌设计方法。

4. 基于地面灌溉水流运动模型的畦灌设计

地面灌溉田面水流运动可以认为是透水地板上的明渠非恒定流, 主要有以下四种数学模型:

(1) 完全水流动力学模型。畦灌水流运动可用非恒定流的圣·维南方程描述:

连续方程 $$\frac{\partial h}{\partial t} + \frac{\partial q}{\partial x} + i = 0 \tag{5.6}$$

动量方程 $$\frac{1}{g}\frac{\partial v}{\partial t} + \frac{v}{g}\frac{\partial v}{\partial x} + \frac{\partial h}{\partial x} = S_0 - S_f + \frac{vi}{2gh}$$

式中: h 为田面水流水深, m; t 为放水时间, s; q 为田面水流单宽流量, $\text{m}^3/(\text{s} \cdot \text{m})$; x 为任意时刻田面水流推进的距离, m; i 为土壤入渗率, m/s; g 为重力加速度, m/s^2; v 为地表水流平均速度, m/s; S_0 为畦田纵坡; S_f 为水力阻力坡降, 可由谢才公式求得。

$$S_f = \frac{q^2 n^2}{h^{10/3}} \tag{5.7}$$

式中: n 为曼宁糙率。

(2) 零惯量模型。由于畦灌水流流速相对较小, 式 (5.6) 中的各惯性项可予忽略,

故得

$$\frac{\partial h}{\partial t} + \frac{\partial q}{\partial x} + i = 0$$

$$\frac{\partial h}{\partial x} = S_0 - S_f \tag{5.8}$$

（3）运动波模型。在地面灌溉时，地表水深较小，$\frac{\partial h}{\partial x}$ 可以忽略，零惯量模型进一步简化为运动波模型，即

$$\frac{\partial h}{\partial t} + \frac{\partial q}{\partial x} + i = 0 \tag{5.9}$$

$$S_0 = S_f$$

（4）水量平衡模型。该模型是人们最早提出的地面灌溉水流运动的数学模型。在假定田面积水深度不变且不计蒸发损失的情况下，根据质量守恒原理，进入田块的总水量等于地面积水量与入渗水量之和，即

$$qt = \int_0^l h(x,t)\mathrm{d}x + \int_0^l Z(x,t)\mathrm{d}x \tag{5.10}$$

式中：$h(x,t)$ 为田面水流推进长度内距首端 x 处的田面水流水深，m；$Z(x,t)$ 为 t 时段内距首端 x 处的入渗水深度，m；l 为停止灌水时的水流推进长度，m；其他符号意义同前。

上述四种模型中，完全水流动力学模型模拟精度最高，其次为零惯量模型和运动波模型。但模型越完整，计算越复杂，边界条件的处理和数值模拟的实现越困难。国内外开发了相关的计算软件进行计算，如 WinSRFR 模拟软件便是一个代表性的计算软件，该软件是由美国农业部旱地农业研究中心开发的一个地面灌溉设计综合软件包，其功能包括地面灌溉参数分析、模拟、设计及运行分析。该软件的分析模块可以用来分析评价田间灌溉观测数据，估计入渗参数等；模拟模块可以评价地面灌溉的灌水效率、深层渗漏率、灌水均匀度等；设计模块可根据基础数据计算出一个设计结果可行域，从可行域中选择满意的设计方案；运行管理模块可以对地面灌溉入流流量、灌水时间、改水成数等运行管理参数进行优化。该软件各模块详细使用方法可见本章的参考文献 [2]。

5.2.2　沟灌（Furrow irrigation）

1. 沟灌的田间工程

沟灌是在作物行间开挖灌水沟，灌溉水由输水沟或毛渠进入灌水沟后，在流动的过程中，借重力和土壤毛细管作用从沟底和沟壁渗透，向作物根系层补充水分的一种灌溉方法。沟灌所需要的田间工程如图 5.4 所示。

沟灌方法主要适用于灌溉宽行距作物，如玉米、马铃薯、果树、蔬菜等。

2. 沟灌的灌水技术要素

为了使沟灌达到灌水均匀，应根据土壤质地、地形坡度、土地平整情况等通过试验合理确定沟灌的灌水技术要素，即灌水沟间距、长度、入沟流量和放水时间。

（1）灌水沟间距。沟灌入渗既有重力作用下的向下入渗，又有土壤毛细管作用下的侧向入渗浸润，其横向浸润范围主要取决于土壤的透水性能、灌水沟中的水深和水流时间长

短。对于轻质土，毛管作用弱，重力下渗作用强，其土壤湿润范围呈长椭圆形；而对于重质土，毛管作用较强烈，故其土壤湿润范围呈扁椭圆形，如图5.5所示。为了使土壤湿润均匀，灌水沟的间距应使土壤的浸润范围互相连接。因此在透水性较强的轻质土壤，灌水沟沟距应小；而透水性较弱的重质土壤，沟距应适当加宽。

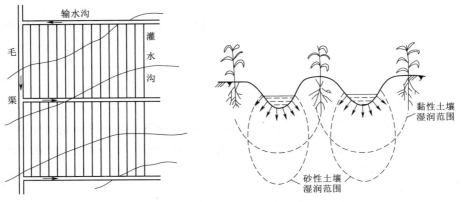

图5.4　沟灌布置　　　　图5.5　灌水沟底部两侧土壤湿润范围

灌水沟的间距除应和沟灌的湿润范围相适应外，还应满足农业耕作和栽培的要求，一般情况下，灌水沟间距应与作物的行距相一致。不同土质条件下灌水沟间距参考值见表5.3。

表5.3　　　　　　　　　　　不同土质条件的灌水沟间距参考值

土质	轻质土壤	中质土壤	重质土壤
间距/cm	50～60	65～75	75～80

（2）灌水沟沟长与入沟流量、沟底比降和放水时间。灌水沟依据其沟尾是否封闭，可分为封闭沟和流通沟。封闭沟的沟尾通常用土坝堵死。流通沟的尾部不封闭，其尾水需要回收再利用。我国沟灌技术主要采用封闭沟灌水，其基本布置形式如图5.4所示。

对于封闭沟沟灌，一般有以下两种情况：

1）当水流进入封闭沟后，在流动过程中一部分渗入土壤；在沟口供水停止后，沟中仍存蓄着一部分水量，再经过一段时间，才能逐渐完全渗入土壤，称为满流沟灌。这种灌水方式下的各灌水技术要素之间有如下关系。

a. 放水时间 t 内渗入土壤中的水量与灌水停止后在沟中存蓄的水量之和等于设计灌水定额：

$$maL = (b_0 h + P_0 \bar{i}_t t)L \tag{5.11}$$

其中

$$b_0 = b + \varphi h$$

$$P_0 = b + 2\gamma h \sqrt{1 + \varphi^2}$$

式中：h 为灌水沟中的平均蓄水深度，m；a 为灌水沟间距，m；m 为灌水定额，m；L 为沟长，m；b_0 为灌水沟中的平均水面宽度，m；b 为灌水沟底宽，m；φ 为灌水沟边坡系数；P_0 为在时间 t 内灌水沟的平均有效湿周，m；γ 为灌水沟边坡土壤毛管作用对湿周的影响系数，土壤毛细性能越好，系数越大，一般 γ 值为 $1.5\sim2.5$；t 为放水时间，h；

$\overline{i}_t$ 为 t 时间内的土壤平均入渗速度或入渗率，m/h。

b. 沟长与沟底比降及沟中水深的关系：

$$L = \frac{h_2 - h_1}{i} \tag{5.12}$$

式中：h_1、h_2 分别为灌水停水时灌水沟沟首水深和沟尾水深，m；i 为灌水沟的沟底比降。

为了使土壤湿润均匀，灌水沟沟首、尾水深之差值不应超过 0.07m。

c. 入沟流量与灌水时间的关系：

$$t = \frac{maL}{3.6q} \tag{5.13}$$

式中：q 为入沟流量，L/s；其余符号意义同前。

依据式（5.11）~式（5.13）可以分别计算出灌水时间、灌水沟沟长和入沟流量。

2）沟中水流在灌水期间全部下渗到土壤计划湿润层，灌水停止后，沟内不存蓄水量，称为细流沟灌。这种情况一般发生在地面坡度较大，土壤透水性小的地区。此时各灌水技术要素之间的关系如下：

a. 灌水时间 t：由于在停止灌水后沟中不存蓄水量，所以在灌水时间 t 内的入渗水量等于计划灌水定额，即

$$maL = P_0 \overline{i}_t tL = P_0 i_0 t^{1-\alpha} L \tag{5.14}$$

$$t = \left(\frac{am}{i_0 P_0} \right)^{1/(1-\alpha)} \tag{5.15}$$

b. 灌水流量与灌水沟沟长的关系见式（5.13）。

由上述沟灌的灌水技术要素之间的关系可以看出，要获得较好的灌水均匀度，提高田间水的利用率，就必须合理选择技术要素，并使各技术要素互相协调，一般应通过试验确定。

通常当地面坡度较小，土壤透水性较强，土地平整较差时，灌水沟应短些，入沟流量应大些。否则会延长灌水时间，使上下游湿润不均匀，上游还可能产生深层渗漏。根据灌溉试验结果和生产实践经验，对于砂壤土，沟长一般为 30~60m；而对于黏性土，一般为 60~100m。入沟流量一般为 0.2~1.5L/s。表 5.4 给出了灌水沟长度、沟底比降和入沟流量的参考值，可供无实测资料时参考。

表 5.4　　　　　　　　灌水沟长度、沟底比降和入沟流量的参考值

土壤透水性/（m/h）	沟底比降/‰	沟长/m	入沟流量/（L/s）
强（>0.15）	<2	30~40	1.0~1.5
	2~5	40~60	0.7~1.0
	>5	50~100	0.7~1.0
中（0.10~0.15）	<2	40~80	0.6~1.0
	2~5	60~90	0.6~0.8
	>5	70~100	0.4~0.6

土壤透水性/(m/h)	沟底比降/‰	沟长/m	入沟流量/(L/s)
弱（<0.10）	<2	60～80	0.4～0.6
	2～5	80～100	0.3～0.5
	>5	90～150	0.2～0.4

【例 5.2】 某玉米田采用封闭沟灌，灌水定额为 $750\text{m}^3/\text{hm}^2$，灌水沟间距为 0.6m，灌水沟坡度 i 为 0.002，底宽为 0.2m，边坡系数为 1.0，沟中平均蓄水深为 6cm，灌水时间 t 内的土壤平均入渗率 $\overline{i_t}=100\text{mm/h}$，指数 $\alpha=0.5$，影响系数 $\gamma=2.0$，测得灌水停水时灌水沟的沟首和沟尾水深 h_1、h_2 分别为 2cm 和 8cm。试求单沟灌水时间、灌水沟长度和单沟流量。

【解】 灌水定额：$m=750\text{m}^3/\text{hm}^2$，即 $m=75\text{mm}=0.075\text{m}$；$b=0.2\text{m}$，$\varphi=1.0$，$h=0.06\text{m}$，$a=0.6\text{m}$；$\overline{i_t}=100\text{mm/h}=0.1\text{m/h}$，$i=0.002$

灌水沟中的平均水面宽度：$b_0=b+\varphi h=0.2+1.0\times0.06=0.26(\text{m})$

平均有效湿周：$P_0=b+2\gamma h\sqrt{1+\varphi^2}=0.2+2\times2\times0.06\times\sqrt{1+1.0^2}\approx0.54(\text{m})$

代入式（5.11）得单沟灌水时间：

$$t=\frac{ma-b_0h}{P_0\overline{i_t}}=\frac{0.075\times0.6-0.26\times0.06}{0.54\times0.1}\approx0.54(\text{h})$$

根据式（5.12），$h_2-h_1=8-2=6(\text{cm})=0.06\text{m}$，则沟长为

$$L=\frac{h_2-h_1}{i}=\frac{0.06}{0.002}=30(\text{m})$$

根据式（5.13），单沟入沟流量为

$$q=\frac{maL}{3.6t}=\frac{0.075\times0.6\times30}{3.6\times0.54}\approx0.69(\text{L/s})$$

【答】 计算的灌水时间为 0.54h，灌水沟长度为 30m，单沟流量为 0.69L/s。

5.2.3 淹灌（Basin irrigation）

采用淹灌法，要求格田能及时灌溉、排水、调节水层深度，田面水层深浅一致，排水落干时田面不留积水，土壤干湿相同，不使肥料流失和避免病虫害蔓延。

格田供水和排水方式有传统的串灌串排和灌排分开两种。传统的串灌串排是格田和格田之间互相串通，水由毛渠进入第一个格田后，一个一个格田地串灌下去，排水也如此，最后排至毛沟，如图 5.6（a）所示。这种方式格田不能独立控制水量，田面冲刷严重，容易损伤稻苗，水肥易于流失，灌水互相干扰，田面受水不均，浪费水量，应避免使用。受地形条件限制必须串灌串排格田时，其串联数量不得超过三块。灌排分开也称为单灌单排、分田灌排等，它是每个格田都设有独立的进、出水口，如图 5.6（b）所示。这种方式灌排分开，互不干扰，易于控制水量，能按作物生长要求控制水层深度，可避免水肥流失，防止病虫害蔓延。

平原区水稻格田长度宜为 60～120m，宽度宜为 20～30m。山丘区可根据地形、土地平整及耕作措施等调整。盐碱地冲洗灌溉格田长度宜为 50～100m，宽度宜为 10～20m。

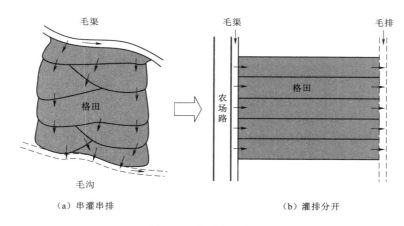

（a）串灌串排　　　　　　　　　　　（b）灌排分开

图 5.6　水稻格田布置
（箭头方向为水流方向）

进入格田的流量应根据实验确定，无资料时可按下式计算：

$$q=\left(\frac{h}{t}+\bar{i}_t\right)A \qquad\qquad (5.16)$$

式中：q 为单个格田的灌水流量，m^3/h；h 为需要建立的水层深度，m；t 为建立水层深度所需要的时间，h；$\bar{i}_t$ 为土壤的平均入渗速度，m/h；A 为单个格田的面积，m^2。

格田灌溉要求田面水层深浅一致，排水落干时田面不留水层，土壤干湿均匀，为此，格田的田面必须平整，地面坡度应小于 1/1000，一般以 0.0005 左右最好，格田面积大小可视地形、土壤性质而定，平原区格田一般为 2～5 亩（1334～3335m²），丘陵区格田一般为 1～3 亩（667～2001m²）。为适应机械化的要求，在地形平坦条件下，可加大格田面积。格田内地面高差以不大于 3cm 为宜，水深相差应小于 5cm。

5.2.4　其他节水型地面灌溉技术（Other water - saving surface irrigation techniques）

1. 小畦灌

小畦灌是指将传统的畦田规格缩小，即"长畦改短畦，宽畦改窄畦，大畦改小畦"，采用小定额灌水，达到灌水均匀、减少深层渗漏和提高灌水效率的目的，同时可减轻土壤冲刷。

小畦灌的畦田宽度为：自流灌区 2～3m，机井提水灌区 1～2m。畦长为：自流灌区 30～50m，机井和高扬程提水灌区 30m 左右。地面坡度为 1/400～1/1000 时，单宽流量为 2.0～4.5L/(s·m)，灌水定额为 300～675m³/hm²。

2. 长畦分段灌

小畦灌虽然具有节水和提高灌水质量的效果，但需要增加田间输水沟，畦埂也多。长畦分段灌技术可避免上述问题，该技术是将长畦分成若干个没有横向畦埂的短畦，采用地面纵向输水沟或塑料软管，将水送到畦田，由长畦尾端向上游或由长畦首端向下游依次逐段向短畦内供水，直至全部短畦灌完为止，如图 5.7 所示。

3. 水平畦灌

纵、横向地面坡度均为零的畦灌称为水平畦灌。其特点是田面平整度高、入畦流量大

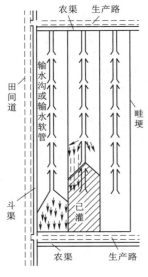

图 5.7　长畦分段灌

且能迅速布满整个田块。水平畦灌是建立在激光控制土地精细平整技术应用基础上的一种地面灌溉技术，自 20 世纪 80 年代以来，在一些发达国家应用较多。由于畦田平整（地块田面平均高差在 ±1.5cm 以内），加之入畦流量大，入畦薄层水流能在短时间内迅速覆盖整个畦田，从而达到灌水均匀度高、深层渗漏水量小、田间水利用系数高的目的。水平畦田规格的设计取决于供水流量、土壤入渗特性等因素，一般在 $4hm^2$ 左右，较大的可达到 $16hm^2$。

4. 隔沟交替灌

隔沟交替灌灌水时隔一沟灌一沟，在下一次灌水时，只灌上次没有灌过的沟，实行交替灌溉。试验表明，隔沟交替灌溉时，根系一半区域保持干燥，而另一半区域灌水湿润，在干旱区可促进根系向深层发展，根系产生的缺水信号，使作物叶片气孔开度减小，有利于减少奢侈蒸腾，提高作物水分利用效率；提高根系水分吸收能力，增加根系对水、肥的利用；使光合产物在不同器官之间得以优化分配，提高了果实品质；减少灌溉水的深层渗漏和株间蒸发损失，比常规沟灌和固定隔沟灌节水 15％以上。隔沟交替灌溉主要用于宽行种植的大田作物及果树。

5. 闸管灌

闸管灌是运用闸管替代田间土毛渠或垄沟将灌溉水输送到田间，并通过其上的闸阀控制，向沟（畦）配水进行灌溉，如图 5.8 所示。

图 5.8　闸管灌

田间闸管是一条可以在田间移动的输水和放水管道，沿管道一侧带有许多小型简易闸门或可以关闭、打开的出水口。闸门的间距可与沟（畦）间距一致，并且闸门开度可以调节，用以控制进入沟（畦）的流量。

田间闸管分为柔性闸管和硬闸管两种。柔性闸管有时也称作地面软管，一般采用塑料、橡胶或帆布等材料制成，具有造价低、易于应用等优点，但使用寿命相对较短；硬闸管采用抗老化 PVC 或铝合金等材料，配有快速接头，可根据沟（畦）条件在田间组装使用。与柔性闸管相比，硬闸管使用寿命长，但造价相对较高。

闸管灌可减少垄沟的输水损失，特别适合在井灌区与低压管道输水灌溉配套使用。

6. 波涌灌

波涌灌又称涌流灌溉、间歇灌溉。它是利用安设在沟畦首端管道及其上带有的可以自控开关的阀门，向沟（畦）实施间歇性供水，每次灌水水流向前推进一定距离后，间隔一个时段，然后进行下一时段的灌水，水流形似波涌推进，如此放水停水，按一定周期，交替性地向畦（沟）中供水，直到最终完成灌溉。

试验表明，这种间歇供水与停水，可使土壤表面形成阻渗的致密层，降低土壤入渗率，其入渗过程如图 5.9 所示。间歇积水入渗第 1 周期的入渗过程与相应入渗时段的连续积水入渗过程相同，在第 2、3 周期，开始时的土壤入渗率大于相同受水时段的连续积水入渗率，但随后迅速陡变而小于连续积水入渗率，并趋于平稳。从周期的平均入渗率来分析，一方面，间歇积水较连续积水的平均入渗率为小，这说明间歇积水入渗较连续积水入渗有明显的减渗性。另一方面，还可减少地面糙率，加快地表水流推进速度，减少深层渗漏。由于上一周期水流推进的作用，使得田间表面土块崩解，土壤团聚体强烈消散和分散，而在退水和停水期的作用下，土壤表面变得致密而光滑，糙率减小，断面流速增大。第 2 周期的平均推进速度比第 1 周期的平均推进速度大 50% 左右，而第 3 周期比第 1 周期大得更多。

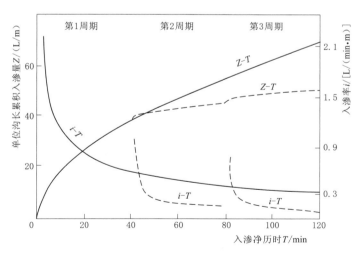

图 5.9　连续供水及间歇供水的入渗过程

波涌灌较传统地面沟（畦）灌具有灌水均匀、省水、容易实行小定额灌溉和自动控制等优点，但波涌灌需要专门的波涌灌装置，投资费用较高。适宜在砂壤土和中壤土的沟（畦）灌溉中应用。

7. 覆膜地面灌

覆膜地面灌是我国在地膜覆盖栽培的基础上，结合传统地面沟灌、畦灌发展起来的新型地面节水型灌水技术，包括膜上灌、膜下灌等类型。

（1）膜上灌，是将地膜平铺于畦或沟中，利用地膜输水并通过作物的放苗孔和灌水孔入渗给作物的灌溉方法。由于水流为膜上水流，流动速度快，加之地膜的保水作用，可达到节水、增产的目的。目前在干旱地区应用于多种作物灌溉。

（2）膜下灌，有膜下沟灌和膜下滴灌两种。膜下沟灌是地膜覆盖在灌水沟上，灌溉水流在膜下的灌水沟中流动，以减少土壤水分蒸发。该技术主要应用于条播作物和大棚、日光温室。膜下滴灌是将滴灌带铺设在膜下，目前在我国西北地区应用广泛。覆膜地面灌存在的主要问题是：地膜回收困难，部分地膜残留在土壤中，会对土壤造成污染。

5.3 喷灌
(Sprinkler irrigation)

喷灌是喷洒灌溉的简称。它是利用专门设备将有压水送到灌溉地段，将水喷到空中，散成水滴降落田间，供给作物水分的一种先进的灌溉方法。

喷灌具有以下优点：

（1）省水。可以控制喷水量和灌水均匀性，避免地面灌时容易产生的地面径流和深层渗漏损失，因而可以提高灌溉水利用率，节约灌溉用水。

（2）省工。可以实现高度的机械化，提高生产效率，尤其是采用自动化操纵的喷灌系统，更可节省大量的劳动力。喷灌取消了田间的输水沟渠，减少了杂草生长，免除了整修沟渠和清除杂草的工作。

（3）省地。采用管道输水，无需田间的灌水沟渠和畦埂。与地面灌溉相比较，喷灌可增加耕地 7%～10%。

（4）增产。喷灌可以采用较小灌水定额对作物进行浅浇勤灌，便于严格控制土壤水分，使之与作物需水相适应；喷灌对耕作层土壤不产生机械破坏作用，可保持土壤团粒结构，使土壤疏松、孔隙多、通气条件好，促进养分分解、微生物活跃，提高土壤肥力；喷灌可以调节田间小气候，增加近地表层温度，夏季可降温，冬季可防霜冻，还可淋洗茎叶上的尘土，促进呼吸和光合作用，因而给农作物创造了良好的生活环境，促进作物生长发育，达到增产的目的。

（5）提高品质。许多地方的实践都证明，喷灌不仅能增产，还能提高产品质量。如茶叶喷灌，不仅产量得到提高，而且品质也能提高一等。果树喷灌可以大幅度提高一二级果比例。

喷灌的缺点和局限性表现在：①投资较高；②喷灌受风和空气湿度影响大；美国得克萨斯州试验表明，当风速小于 4.5m/s 时，蒸发飘移损失小于 10%；当风速增至 9m/s 时，损失达 30%；我国通过在宁夏、陕西、云南、河南、湖北、北京、福建、新疆等 8 个省（自治区、直辖市）的测定结果表明，在相对湿度为 30%～62%、风速 0.24～6.39m/s 的情况下，喷洒水损失为 7%～28%；③耗能较大，喷灌为压力灌溉，除自压喷灌系统外，喷灌系统都需要加压，消耗一定的能源。

5.3.1　喷灌系统的组成与分类（Components and classification of sprinkler irrigation systems）

1. 喷灌系统的组成

喷灌系统通常由水源、加压设备、管道系统和喷头等四部分组成。

（1）水源：河流、渠、水库、山塘、湖泊、井泉等都可作为喷灌系统的水源。

（2）加压设备：包括水泵与动力机。喷灌系统常用水泵有离心泵、自吸离心泵、深井潜水电泵等。动力机有电动机、柴油机、汽油机，有时也用手扶拖拉机或拖拉机代替，还可采用太阳能光伏供电等形式。对于有自压条件的地方，可采用蓄水池自压系统。

（3）管道系统：包括管道、竖管和管件。管道一般有干管、分干管和支管三级，小型工程可能只有干管和支管两级。为避免作物影响喷头的喷洒，常在支管上装竖管再接喷头，竖管高度一般为 0.5～2.5m。为了连接和控制管道系统，管道之间配有一定规格和数量的管道附件，如弯头、三通、四通、各种接头（伸缩接头、异径接头、快速接头）、各种阀门（闸阀、逆止阀）以及安全保护装置等。

（4）喷头：是喷灌的专用设备，是喷灌系统的重要部件，其作用是将有压力的集中水流，通过喷头孔嘴喷洒出去，在空气或粉碎装置的阻力作用下，将水分散成细小的水滴，均匀地喷洒在田间。

将喷头、水泵、动力、输水管道以及行走等设备连成一个可移动的整体，称为喷灌机组或喷灌机。

2. 喷灌系统的分类

喷灌系统的分类方法很多。按设备组成分类有管道式喷灌系统和机组式喷灌系统，按喷洒特征分类有喷水时喷头位置相对地面不动的定喷式喷灌系统和喷头在行走移动过程中进行喷洒作业的行喷式喷灌系统，如图 5.10 所示。另外，按系统获得压力的方式分类有加压喷灌和自压喷灌系统。

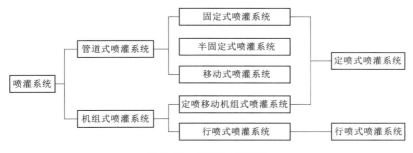

图 5.10　喷灌系统分类

（1）定喷式喷灌系统，包括固定式、半固定式及移动式三种管道式喷灌系统和定喷移动机组式喷灌系统。

a. 固定式喷灌系统。干管、支管多埋入地下，喷头装在与固定支管连接的竖管上。在整个灌溉季节，水泵、各级管道直到喷头（有时喷头可以装卸，轮灌或非灌溉季节卸下来进行保养）固定不动（图 5.11）。固定式喷灌系统操作方便，易于管理和养护，运行成本低，工程占地少，有利于自动化控制及综合利用。但是，由于喷灌设备固定在一个地块上，设备利用率低，需要大量管材，单位面积投资较高。同时，固定在田间的竖管，对机械耕作有一定的妨碍。因此，固定式喷灌系统只适用于灌水次数频繁、经济价值高的蔬菜及经济作物，以及地面坡度陡、局部地形复杂，其他方式灌溉有困难的山丘区。

b. 半固定式喷灌系统。它的主要设备部分（如动力、水泵及干管）都是固定的，干管埋入地下，在干管上装有的许多给水栓、支管和喷头是移动的。在一个位置上接上给水栓进行喷洒，喷洒完毕即可移至下一个位置。由于支管可以移动提高了设备利用率，从而减少了设备数量，降低了系统投资，如图5.12所示。

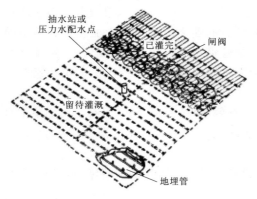

图 5.11　固定式喷灌系统　　　　图 5.12　半固定式喷灌系统田间作业

c. 移动式喷灌系统。与固定式喷灌系统的区别在于水泵及动力、干管、支管、竖管及喷头均可移动，干管、支管铺设在地表。

这种喷灌系统还可将喷灌的水泵、动力组合在一起形成一个便于移动的首部，与可移动的管道系统一起形成一个机组，又称为轻小型移动机组式喷灌系统，该种系统在一个灌溉季节里，一套设备可以在不同地块上轮流使用，灵活机动。这种小型移动式喷灌机有手抬式、手推车式、手扶拖拉机式等多种形式，图5.13为一种手推车式全移动喷灌机。

另外，还有一种滚移式喷灌机，这种喷灌机的喷洒支管上装有若干滚轮作为轮轴，在支管的中部安装有驱动车，借助内燃机驱动，使得喷洒支管滚移到定喷位置进行喷灌作业，如图5.14所示。供水水泵和干管可以是固定式也可以是移动式的。

（2）行喷式喷灌系统。常见的行喷式喷灌系统有绞盘式喷灌机、中心支轴式喷灌机、平移式喷灌机等。

1）绞盘式喷灌机由绞盘车和喷头车两部分组成。它的支管是PE半软管，喷头是远射程高压喷头或桁架车带一组散水式喷头。其供水方式与半固定式喷灌系统一样，由增压设备和干管通过给水栓向支管供水。在工作时，喷头车置于地块一端，先将连接通水软管的喷头车或桁架车移至地块另一端，这时绞盘上的软管全部放开，通水后喷头开始喷洒，同时绞盘在水涡轮作用下开始缓慢转动，将软管逐渐缠绕到绞盘上，喷头车或桁架车也随之由远程向近端拉动，拉至绞盘前停止喷洒，将喷灌车移至下一个工作位置，重复以上步骤进行下一条幅的喷洒（图5.15）。

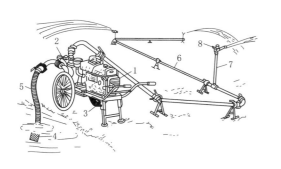

图 5.13　手推车式移动喷灌机

1—柴油机；2—自吸泵；3—机架；4—滤网；

5—进水管；6—薄壁铝合金管；7—竖管；

8—喷头

图 5.14　滚移式喷灌机

1—水源；2—抽水机组；3—输水干管；4—给水栓；

5—连接软管；6—钢圈式轮；7—喷头；

8—喷洒支管；9—驱动车

图 5.15　绞盘式喷灌机

　　绞盘式喷灌机的优点是操作相对容易，省工，有一定的爬坡能力。缺点是喷灌强度大，入机压力较大（0.6～0.9MPa）。

　　2）中心支轴式喷灌机是将装有喷头的喷灌管道支承在间距为 25～70m 的可以自动行走的若干塔架上（图 5.16）的一种多支点大型喷灌机。工作时喷灌管道就像时针一样围绕中心支轴旋转，管道上的喷头同时喷水，旋转一周可以灌溉一个半径略大于喷灌管道长度的圆形面积（图 5.17）。

　　中心支轴式喷灌机工作时，由固定式或移动式输水管给水栓送水，也有的就在支轴中心处打机井，直接由水泵抽取机井中的水供水。压力水由中心支轴下端进入，经支管到各个喷头喷洒至田间，驱动机构带动各塔架的行走机构，使整个喷洒支管绕中心支轴作缓慢转动，实现行走喷洒。

　　3）平移式喷灌机的外形和中心支轴式喷灌机很相似，也是由十几个塔架支承一根很长的喷洒支管，一边行走一边喷洒，如图 5.18 所示。但它的运动方式和中心支轴式不同，中心支轴式的支管是转动，而平移式的支管是横向平移。

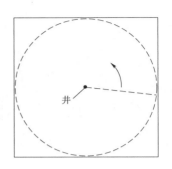

图 5.16　中心支轴式喷灌机　　　　图 5.17　中心支轴式喷灌机工作形式

（虚线里为灌溉区域）

图 5.18　平移式喷灌机

平移式喷灌机的缺点主要是：喷洒时整机只能沿垂直支管方向作直线移动，而不能沿纵向移动，相邻塔架间也不能转动。为此，平移式喷灌机在运行中必须有导向设备。另外，平移式喷灌机取水的中心塔架是在不断移动的，因而取水点的位置也在不断变化。一般采用的方法是渠道取水和拖移的软管供水。

各类喷灌系统的优缺点、结构特征及适用条件见表 5.5。

表 5.5　　　　　　　　各类喷灌系统的优缺点、结构特征及适用条件

类型	优点	缺点	结构特征	适用条件
固定式	操作方便、省工、效率高，占地少，易管理、便于自动化，运行成本低，喷洒质量高	投资大，设备利用率低，竖管对机耕有影响	管道和喷头固定	灌水频繁，适宜经济价值高的蔬菜和经济作物，也适用于城市园林、绿地、运动场
半固定式	支管重复使用，降低投资，操作较方便，占地少，效率高，喷洒质量较好	人工移管比较费时费力，尤其是黏重土壤，而且易损坏庄稼	支管和喷头可移，干管固定	适宜矮秆大田粮食作物

类型	优点	缺点	结构特征	适用条件
移动式	设备利用率高，投资少，占地少，喷洒质量较好	干管、支管需拆卸、搬移，劳动强度大，效率较低，易损坏庄稼	管道和喷头全部可移	适于一套设备多井喷灌，尤其适于不稳定的河滩地灌溉和不宜地埋管道的高寒地区以及临时抗旱等
轻小型移动机组	一次投资少，使用灵活，结构简单，便于综合利用	机组移动稍难，喷洒质量较差，劳动强度稍大，控制面积小	结构简单，多为人工或拖拉机移动	适于零星分散土地、分散小水源、家庭果园、菜园、集雨和水窖节水灌溉
滚移式喷灌机组	投资较少，结构较简单	机组移动不便，维修有一定难度	结构简单，多为牵引机移动	有一定技术条件、集中使用，多用于矮秆大田作物
绞盘式喷灌机	结构较为简单，定位工作时劳动强度小	入机压力要求较高（0.6～0.9MPa），机组移位困难	拖拉机移动，喷头小车边走边喷，支管为PE半软管	适于甘蔗、牧草等喷灌
中心支轴式喷灌机、平移式喷灌机	喷洒质量最好，抗风干扰较强，效率高，劳动强度小，自动化程度高，操作方便	结构复杂、耗用钢材多，大于7°坡时行走有困难	支管以中心支轴为圆心旋转或以中心支架平移，喷头直接布置在支管上，支管边移动边喷洒	地形平坦、连片的大块土地（20hm² 以上），适用于技术条件、经济条件较好的大型农场

5.3.2　喷头（Sprinkler）

喷头是喷灌系统的关键设备，喷头性能好坏以及使用是否得当，对喷洒质量、系统工作可靠性和经济性起决定作用。按工作压力大小，喷头可分为低压喷头（近射程喷头）、中压喷头（中射程喷头）和高压喷头（远射程喷头），各类喷头的特性见表5.6。

表 5.6　　　　　　　　　　　　　　喷头分类和特性

类别	工作压力/MPa	射程/m	喷头流量/(m³/h)	特点及应用范围
低压喷头（近射程喷头）	<0.2	6～15.5	<2.5	射程近，喷洒范围小，水滴打击强度小，耗能少。主要用于苗圃、菜地、温室、草坪、园林、自压喷灌的低压区或行走式喷灌机
中压喷头（中射程喷头）	0.2～0.5	15.5～42	2.5～32	喷灌强度适中，适用范围广，多用于大田作物、果园、草坪、菜地及各类经济作物
高压喷头（远射程喷头）	>0.5	>42	>32	喷洒范围大，但水滴打击强度大，耗能多，多用于对喷洒质量要求不高的大田、草原和除尘等

1. 喷头的分类

（1）按结构型式，喷头可分为固定式喷头和旋转式喷头两类。

1）固定式喷头又称为散水式喷头，在喷灌过程中，所有部件相对竖管是固定不动的，水流全圆或扇形喷洒，由于水流分散，射程较小，喷灌强度较大。但其结构简单，没有旋转部件，工作可靠，要求的工作压力较低，一般水滴比较细，常用在公园、草地、苗圃、温室等处，另外还适用于中心支轴式喷灌机和平移式喷灌机。

2）旋转式喷头又称为射流式喷头，是目前使用得最普遍的一种喷头形式。压力水流通过喷管及喷嘴形成 1 股（或 2～3 股）集中水舌射出，水舌内存在涡流，在空气阻力和粉碎机构（粉碎螺钉、粉碎针或叶轮）的作用下，水舌被粉碎成细小的水滴。同时，转动机构使喷管和喷嘴绕竖轴缓慢旋转，这样水滴就会较均匀地喷洒在喷头的四周，形成一个半径等于喷头射程的圆形或扇形湿润面积。

根据是否装有扇形机构，分为全圆转动的喷头和扇形喷洒的喷头两大类。在平坦地区的固定式或半固定式喷灌系统，除地边、地角处，一般用全圆转动的喷头就可以了；而在山坡地上或遇较大风时，常要求用扇形喷洒。移动式喷灌机为保证喷灌质量和留出干燥的退路，也要求用扇形喷洒喷头。旋转式喷头由于水流集中，射程可达 30m 以上，是中射程和远射程喷头的基本形式。

（2）根据转动机构，目前农业灌溉常用的旋转式喷头有水平摇臂式、垂直摇臂式、叶轮式、全射流式等类型。园林草坪灌溉一般采用地埋升降式可调角度的齿轮驱动喷头、固定或旋转散射喷头等类型。

1）水平摇臂式喷头。它的转动机构是一个装有弹簧的摇臂，在摇臂的前端有一个偏流板和一个勺形导水片。喷灌前这个偏流板和导水片置于喷嘴的正前方。当开始喷灌时水舌通过偏流板或直接冲到导水片上，并从侧面喷出，由于水流的冲击力使摇臂转动 60°～120°并把摇臂弹簧扭紧；然后在弹簧力作用下摇臂又回位，使偏流板和导水片进入水舌，在水舌对偏流板的切向附加力的作用下加速；最后敲击喷体（即喷管、喷嘴、弯头等组成的一个可以转动的整体）使喷管转动 3°～5°，于是进入第二个循环（每个循环周期为 0.2～2.0s 不等）。如此周期往复就使喷头不断旋转。其结构形式如图 5.19 和图 5.20 所示。

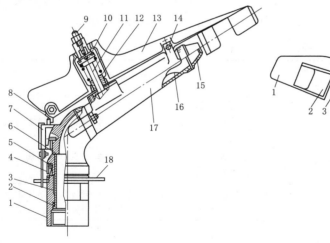

图 5.19 单喷嘴带换向机构的水平摇臂式喷头结构
1—空心轴套；2—减磨密封圈；3—空心轴；4—防砂弹簧；
5—弹簧罩；6—喷体；7—换向器；8—反转钩；
9—摇臂调位螺钉；10—弹簧座；11—摇臂轴；
12—摇臂弹簧；13—摇臂；14—打击块；
15—喷嘴；16—稳流器；17—喷管；
18—限位环

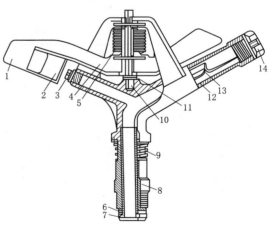

图 5.20 双喷嘴摇臂式喷头结构
1—导水板；2—挡水板；3—小喷嘴；4—摇臂；
5—摇臂弹簧；6—三层垫圈；7—空心轴；
8—轴套；9—防砂弹簧；10—摇臂轴；
11—摇臂垫圈；12—大喷管；
13—整流器；14—大喷嘴

2）垂直摇臂式喷头。它是靠改变射流方向产生的反作用力推动其间隙旋转的。其主要结构部件如图 5.21 所示，包括喷嘴、喷管、喷体、导流器、摇臂轴、配重等。

高速射流从喷嘴射出冲击摇臂导流器，摇臂获得能量，冲击力分成向下和向左两个分力，水平切向分力使喷体转动一定角度（2°～6°），垂直向下的分力使反作用铲向下摆动，离开水舌，并把后面的平衡重举起，使水舌暂时停止对反作用铲的冲击作用。当摇臂的动能完全转换为平衡重的位能时，在平衡重的作用下，反作用铲又开始向上运动，并迅速切入水舌而进入第二个循环，这样就使喷头在间歇发生的反作用力作用下，周而复始地进行间歇旋转。

3）叶轮式喷头。它是利用水流冲击叶轮获得动力矩的旋转式喷头，喷出的水流速度较大，叶轮转速很快，一般需要蜗轮蜗杆降速，使喷头慢速旋转。

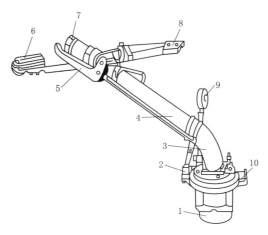

图 5.21　垂直摇臂式喷头结构

1—空心轴套；2—换向架；3—喷体；4—喷管；
5—反转摇臂；6—摇臂；7—喷嘴；
8—平衡重；9—压力表；10—挡块

图 5.22 为一种双喷嘴叶轮式喷头的结构图，其流道部分由空心轴、喷体、主喷管、副喷管、稳流器、主喷嘴及副喷嘴等零件组成，驱动机构由叶轮、叶轮轴、轴接头、小蜗杆、小涡轮、大蜗杆、大涡轮等零件组成，扇形换向机构包括换向器、限位销、推杆等零件，旋转部分的密封一般采用径向胶圈。

4）全射流式喷头。它是一种反作用式喷头，通过水流反作用力获得转动力矩，利用水流附壁效应改变射流方向的旋转式喷头。喷灌的压力水流通过喷头出口处的射流原件时，射流原件不仅完成射流的均匀喷洒任务，而且还改变射流的偏转方向，并和其辅助构件（换向器等）共同完成喷头的自动正、反向均匀旋转的任务，因此称为全射流式喷头。该种喷头的最大优点是运动部件少，无撞击部件，构造较简单。

图 5.23 为一种全射流式喷头的结构简图，这种喷头由流道（空心轴、喷体、喷管、稳流器、射流元件等）、驱动机构、旋转密封机构和换向机构（换向器、塑料管、限位销等）几部分组成。与其他喷头不同的是，全射流式喷头的射流元件既是喷嘴，又是喷头的驱动机构。

2. 喷头的结构参数和性能指标

（1）喷头的结构参数。

1）进水口直径，指喷头空心轴或进水口管道的内径，单位为 mm。我国常以进水口公称直径命名喷头型号。

2）喷嘴直径，指喷头出口直径，即喷嘴流道的等截面段的直径，单位为 mm。喷嘴直径反映喷头在一定压力下的过流能力。在一定范围内，当压力相同时，喷嘴直径越大流量越大，射程越远，但雾化程度下降。

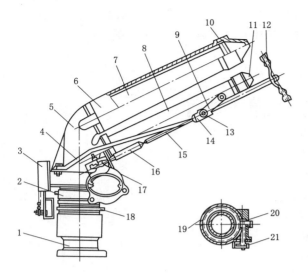

图 5.22　双喷嘴叶轮式喷头结构

1—接座；2—定位螺钉；3—换向机构；4—推杆；
5—弯管；6—主喷管；7—稳流器；8—副喷管；
9—夹叉；10—主喷嘴；11—副喷嘴；12—叶轮；
13—夹叉轴承；14—调节拉片；15—叶轮轴；
16—轴接头；17—小蜗杆；18—限位销；
19—大涡轮；20—大蜗杆；21—小涡轮

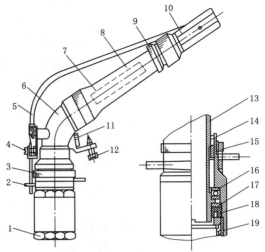

图 5.23　全射流式喷头结构

1—管接头；2—限位销；3—锁紧螺母；4—换向器；
5—塑料管；6—喷体；7—稳流器；8—喷管；
9—锁紧螺母；10—射流元件；11—副喷嘴；
12—雾化针；13—空心轴；14—滚针；
15—小挡圈；16—轴承；17—大挡圈；
18—U形密封圈；19—空心轴套

3）喷射仰角，指喷嘴出口射流轴线与水平面的夹角，单位为（°）。在压力和流量相同的情况下，喷头射程和喷洒水量的分布在很大程度上取决于喷射仰角。适宜的喷射仰角能获得较大射程，从而降低喷灌强度和增大支管间距。常用旋转式喷头的喷射仰角多为 $27°\sim30°$，为了提高抗风能力，有些喷头采用 $21°\sim25°$ 的喷射仰角；对树下喷灌、温室喷灌或防霜等特殊用途，可采用喷射仰角小于 $20°$ 的低仰角喷头。

（2）喷头的性能指标。

1）工作压力，指喷头进水口下 20cm 处的竖管上测取的压力，通常用符号 h_P 表示，单位为 kPa（或 m）。

2）流量，即喷水流量。影响喷头流量的主要因素是喷头工作压力和喷嘴直径的大小。喷头流量可用管嘴出流量公式进行计算：

$$q=3600\mu A \sqrt{2gh_P} \tag{5.17}$$

式中：μ 为流量系数，取 $0.85\sim0.95$；A 为喷嘴过水断面面积，m^2；g 为重力加速度，m/s^2；h_P 为喷头工作压力，m；q 为喷头流量，m^3/h。

由上式可以看出，在喷嘴直径和喷头工作压力确定的情况下，影响喷头流量的主要参数是流量系数，流量系数大小一般应达到 0.9 以上。

3）射程，指在无风情况下，喷头正常工作时喷洒湿润圆的半径，即喷射水所能到达的最远距离，单位为 m。《农业灌溉设备　喷头　第 3 部分：水量分布特性和试验方法》（GB/T 27612.3—2011）中规定：喷头的射程是指最远点喷灌强度为 0.26mm/h 的那一点至喷头中心线的距离。

射程是喷头的一个重要水力性能指标。在流量相同的条件下，射程越大，单喷头的喷灌强度就越小。当喷头的结构参数已定时，喷头实际射程大小受喷头的工作压力、旋转速度和风速的影响。当喷头的工作压力在一定范围内变化时，射程随压力增大而增大，随风速和喷头转速增大而减小。

4）单喷头的喷灌强度。

a. 单喷头的点喷灌强度，是指在单位时间内，喷洒到土壤表面某点的水深，一般采用雨量筒进行测试，可用下式计算：

$$\rho_i = \frac{h_i}{t_i} \tag{5.18}$$

式中：h_i 为第 i 个雨量筒的喷洒水深，mm；t_i 为第 i 个雨量筒的受水时间，h。

b. 单喷头的平均喷灌强度，指在单位时间内单喷头喷洒在控制面积内的平均水深，计算公式如下：

$$\bar{\rho}_s = \frac{1000q\eta_P}{S} \tag{5.19}$$

式中：$\bar{\rho}_s$ 为单喷头的平均喷灌强度，mm/h；q 为喷头流量，$\mathrm{m^3/h}$；S 为单喷头喷洒控制的面积，$\mathrm{m^2}$；η_P 为喷洒水有效利用系数。

喷灌时，喷灌水在空中有蒸发和漂移损失以及冠层截留等，需要扣除这部分水量。η_P 与风速、气温、空气湿度、喷洒水的雾化程度、作物冠层等有关。一般在下列范围内取值：①风速低于 3.4m/s，$\eta_P = 0.8 \sim 0.9$；②风速为 3.4～5.4m/s，$\eta_P = 0.7 \sim 0.8$。

从上式可看出喷头的喷灌强度与喷头流量成正比，与喷头控制面积成反比。在有些情况下，喷头进行扇形喷洒，例如绞盘式喷灌机的喷洒，此时式（5.19）中的 S 是指喷洒扇形的面积。

5）雾化指标（ρ_d），指射流的碎裂程度，在一定程度上反映了水滴对作物或土壤的撞击能量大小。采用该指标的目的是控制水滴直径的大小，避免喷洒时对作物造成伤害，以及破坏土壤结构，造成板结。雾化指标采用下式计算：

$$\rho_d = 1000h_P/d \tag{5.20}$$

式中：ρ_d 为雾化指标；h_P 为喷头工作压力，m；d 为喷嘴直径，mm。

6）单喷头的水量分布特性。在喷头喷洒范围内，各点的喷灌强度与相应点位置间的关系，常用水量分布等值线图（图5.24）或水量分布曲线（图5.25）表示，它们是根据实测喷头喷洒范围内各点喷灌强度绘制的，水量分布的等值线图实际就是单位时间的等水深线图。

影响喷头水量分布的因素很多，如

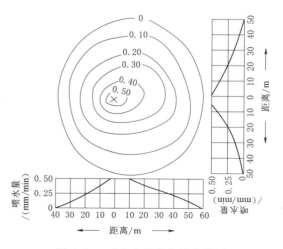

图 5.24　喷头水量分布等值线图

风、工作压力、喷头的结构和类型等。在有风时水量分布性能变差，所以在设计喷头的布置间距时，一定要考虑风的影响。

工作压力对水量分布的影响如图 5.25 所示，压力过高时，水量向近处集中，射程减小；压力过低时，粉碎不足，水量分布向中远处集中；压力适中时，射程最远，水量分布曲线呈三角形或梯形。

除了风和工作压力的影响，喷头本身的结构和类型也影响水量分布，如喷嘴的形状和锥角、喷头的转速、摇臂式喷头的打击频率等。

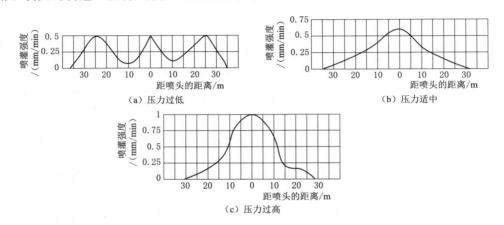

图 5.25　压力对喷头水量分布的影响

5.3.3　喷灌系统的主要技术参数（Main technical parameters of a sprinkler irrigation system）

喷灌系统的技术参数主要包括喷灌灌溉水利用系数、组合喷灌强度、喷灌均匀系数和雾化指标等，这些参数表征了喷灌的灌水质量。

1. 喷灌灌溉水利用系数

它包括了喷洒水利用系数和管道水利用系数两部分。按下式计算：

$$\eta = \eta_G \eta_P \tag{5.21}$$

式中：η 为喷灌灌溉水利用系数；η_G 为管道水利用系数，可在 $0.95 \sim 0.98$ 之间取值；η_P 为喷洒水有效利用系数。

2. 组合喷灌强度

从单喷头的水量分布特性可以看出，在所控制的面积内，单喷头的水量分布是不均匀的。因此在实际中，喷灌系统是按照多喷头组合布置的。

组合喷灌强度是指在多喷头同时喷洒时，在单位时间内地面的平均受水深度。它决定于喷头水力性能（喷水量和射程）、喷洒方式和布置间距等，可按下式计算：

$$\rho = \frac{1000q}{S_{有效}} \eta \tag{5.22}$$

多行多喷头同时喷洒时，一个喷头的有效控制面积为

$$S_{有效} = ab \tag{5.23}$$

式中：ρ 为组合喷灌强度，mm/h；$S_{有效}$ 为一个喷头的有效控制面积，m²；a 为喷头间距，m；b 为支管间距，m；其余符号意义同前。

喷头喷出的水首先落在土壤表面，然后渗入土壤到作物根系活动层，才能为作物根系所吸收。在喷灌中要求水落到土表后就立即渗入土壤，而不产生地面径流和积水，这就要求喷灌强度不超过土壤的入渗速率。对于定喷式喷灌系统，根据《喷灌工程技术规范》（GB/T 50085—2007），不同土壤以及不同地形坡度的允许喷灌强度可按表 5.7 和表 5.8 选用。

表 5.7　　　　　　　　　　　各类土壤的允许喷灌强度值

土壤质地	允许喷灌强度/(mm/h)	土壤质地	允许喷灌强度/(mm/h)
砂土	20	黏壤土	10
砂壤土	15	黏土	8
壤土	12		

表 5.8　　　　　　　　　　　坡地允许喷灌强度降低值

地面坡度/%	允许喷灌强度降低/%	地面坡度/%	允许喷灌强度降低/%
<5	0	13~20	60
5~8	20	>20	75
9~12	40		

注　有良好覆盖时，表中数值可提高 20%。

3. **喷灌均匀系数**

喷灌均匀系数是指在喷灌面积上水量分布的均匀程度，它是衡量喷灌质量好坏的主要指标之一。它与喷头结构、工作压力、喷头布置形式、喷头间距、喷头转速的均匀性、竖管的倾斜度、地面坡度和风速、风向等因素有关。

喷灌均匀系数也称为克里斯琴森（Christiensen）系数，按下式计算：

$$C_u = 1 - \Delta h / h \tag{5.24}$$

式中：C_u 为喷灌均匀系数，也可以用百分数表示；Δh 为喷洒水深的平均离差，mm；h 为喷洒水深的平均值，mm。

喷洒水深的平均值和喷洒水深的平均离差应根据各个测点代表的面积是否相等采用式（5.25）计算。

（1）测点所代表的面积相等时：

$$h = \sum h_i / n ; \Delta h = \sum |h_i - h| / n \tag{5.25a}$$

（2）测点所代表的面积不相等时：

$$h = \sum S_i h_i / \sum S_i ; \Delta h = \sum S_i |h_i - h| / \sum S_i \tag{5.25b}$$

式中：h_i 为第 i 测点的喷洒水深，mm；S_i 为第 i 测点所代表的面积，m²；n 为测点数。

在设计风速下，喷灌均匀系数不应低于 0.75；对于行走式喷灌系统，不应低于 0.85。

4. **雾化指标**

射流雾化不充分，水滴对其打击力就大，作物会被砸伤，表层土壤结构也会受破坏而板结，不利于作物生长；雾化过分，则水滴过细，易被风吹走，蒸发损失严重，且能量消耗很大，射程缩短，也是不适宜的。

喷灌的雾化程度和喷头工作压力、喷嘴直径、喷嘴流道与形状、喷射出后是否有粉碎装置以及风向、风速等因素有关，为了在设计时应用简便，考虑到主要影响因素是喷头工作压力和喷嘴直径，故在《喷灌工程技术规范》（GB/T 50085—2007）中规定：喷灌的雾化指标应根据喷头工作压力水头和主喷嘴直径的比值确定，以 h_P/d 表示，见式（5.20）。对于主喷嘴为圆形且不带碎水装置的喷头，不同作物的适宜雾化指标应满足表 5.9 的要求。

表 5.9   不同作物的适宜雾化指标

作物种类	雾化指标
蔬菜及花卉	4000～5000
粮食作物、经济作物及果树	3000～4000
牧草、饲料作物、草坪及绿化林木	2000～3000

5.3.4 喷灌系统规划设计（Sprinkler irrigation system planning and design）

1. 水量平衡分析与系统需要的最小流量

水量平衡分析的任务是通过灌区来水量与作物用水量计算，确定工程规模，如灌溉面积、蓄水工程的规模和大小等。水量平衡计算中，喷灌灌溉设计保证率应不低于 85%。当水源设计来水流量小于灌溉设计用水流量时，需要减小灌溉面积；当来水流量有时小于用水流量，而一定时段内的来水总量等于或大于用水总量时，可通过修建蓄水工程来调蓄。

当灌区内种植多种作物，且不同作物的灌水时间有可能重合时，可通过绘制灌水率图来推求系统所需的设计流量和流量过程。

当灌区只种植一种作物时，根据水量平衡原理，喷灌系统需要的最小流量为

$$Q_{\min} = \frac{10A}{t\eta} ET_{\text{cmax}} \tag{5.26}$$

式中：$Q_{\min}$ 为系统需要的最小流量，m^3/h；A 为系统控制面积，hm^2；ET_{cmax} 为喷灌月平均作物日净需水峰值，mm/d；t 为系统的设计日工作小时数，农作物喷灌可取 $12\sim 22\text{h}$，园林与运动场可取 $1\sim 12\text{h}$；η 为喷灌灌溉水利用系数。

也可以根据灌水定额和灌溉周期采用下式计算：

$$Q_{\min} = 10 \frac{m}{T} \frac{A}{t\eta} \tag{5.27}$$

式中：m 为灌水定额，mm；T 为灌水周期，d；其余符号意义同前。

上面计算的 $Q_{\min}$ 为系统所需要的最小流量，即满足作物需水的最小流量。工程设计中，由于轮灌组的划分和喷头流量的限制，喷灌系统的流量有时不可能恰好与 $Q_{\min}$ 吻合，但系统的设计流量 Q 必须大于或等于 $Q_{\min}$。

2. 喷灌系统管道布置

田间管道系统布置取决于田块形状、地面坡度、耕作与种植方向、灌溉季节的风速与风向、喷头的组合间距等因素。

（1）田间管道系统的布置原则。田间管道系统的布置一般应遵循以下原则：①喷洒支

管应尽量与耕作和作物种植方向一致；②喷洒支管尽量平行等高线布置，如果条件限制，应尽量避免逆坡布置；③在风向比较恒定的喷灌区，支管宜垂直于主风向布置，并避免平行主风向布置；④喷洒支管与上一级管道的连接，应避免锐角相交，支管铺设应力求平顺、减少折点。

（2）田间管道系统的布置形式。田间管道系统布置主要有两种形式：①"丰"字形布置（图 5.26）；②梳子形布置（图 5.27）。

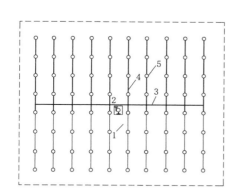 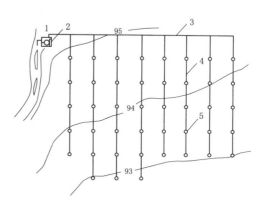

图 5.26　"丰"字形布置　　　　　　　　图 5.27　梳子形布置
1—机井；2—泵站；3—干管；4—支管；5—喷头　　1—水源；2—泵站；3—干管；4—支管；5—喷头

3. 喷头的组合间距

（1）喷头的组合形状。喷头的基本布置形式有矩形组合和平行四边形组合两种，如图 5.28 所示。

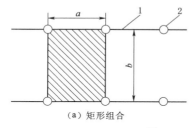 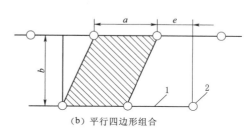

（a）矩形组合　　　　　　　　　　（b）平行四边形组合

图 5.28　喷头的基本布置形式
1—支管；2—喷头

一般情况下，无论是矩形组合还是平行四边形组合，应尽可能使支管间距 b 大于喷头间距 a，以利于节省支管（对固定式喷灌系统），或避免频繁移动支管（对于半固定式、移动式喷灌系统）。在有稳定风向时，宜采用 $b>a$ 的组合并应使支管垂直风向。当风向多变时，应采用等间距，即 $a=b$ 的组合，矩形布置变成了正方形布置，如图 5.29（a）所示。当平行四边形布置的 $e=a/2$，则平行四边形分为两个面积完全相等的等腰三角形，亦称等腰三角形组合，如图 5.29（b）所示。

（2）组合间距确定。喷头的组合间距与喷头水量分布、喷头射程等有关，也受喷灌强度的制约，且有一定均匀度要求。因此，组合间距的确定应在保证喷灌质量的前提下，与

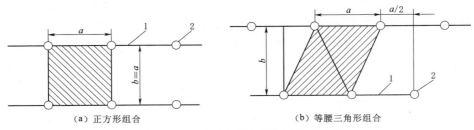

（a）正方形组合　　　　　　　　　　（b）等腰三角形组合

图 5.29　喷头正方形与等腰三角形布置

1—支管；2—喷头

喷头的选择结合进行。

当选定喷头后，理想的方法是在设计风速条件下进行各种组合间距的试验，从而选出最优组合方案。然而在实际工作中，这种实地试验方法很难做到，大多情况是采用计算方法确定。

组合间距应当使喷洒均匀度满足要求，并尽量做到经济合理。根据对喷头的大量测试，在满足均匀系数 $C_u = 75\%$ 条件下的组合系数见表 5.10。

组合系数 K_a、K_b 选定后，按下列公式计算组合间距：

$$a = K_a R \tag{5.28}$$
$$b = K_b R \tag{5.29}$$

式中：R 为喷头射程，m；其余符号意义同前。

表 5.10　　　　　　　　　　　　　　喷头组合系数

设计风速 v[①] /(m/s)	组合系数[②]	
	垂直风向 K_a	平行风向 K_b
0.3～1.6	1.0	1.3
1.6～3.4	1.0～0.8	1.3～1.1
3.4～5.4	0.8～0.6	1.1～1.0

① 在每一挡风速中可按内插法取值。

② 在风向多变采用等间距组合时，应选用垂直风向列的数值。

计算得到 a、b 后，还应根据管道的规格长度进行调整。移动支管的规格长度多为 4m、5m、6m，喷头间距 a 应向最近的节长整数倍调整。

（3）组合喷灌强度的校核。初步确定喷头组合间距后，需验算设计喷灌强度，组合后的喷灌强度 ρ 应小于土壤允许的喷灌强度 $\rho_允$。如果 ρ 大于 $\rho_允$，则需重新选择喷头，重复上述过程，直到满足要求。

【例 5.3】　某灌区采用移动管道式喷灌系统，单支管轮灌，地面平均坡度 6%，土质为黏壤土，作物要求雾化指标不小于 3500，灌溉季节风速不大于 3m/s，风向多变。试选择喷头并计算组合间距。

【解】　步骤 1：选择喷头及其参数。采用 PY-20 喷头，初选喷嘴直径 $d = 8$mm，相应的工作压力为 $P = 30$m，射程 $R = 20$m，流量 $q = 3.94$m³/h。按照式（5.20）雾化指标为：$\rho_d = \dfrac{1000h_P}{d} = \dfrac{1000 \times 30}{8} = 3750 > 3500$，满足雾化指标要求。

步骤 2：计算组合间距。因无固定风向，喷头用等间距布置，由表 5.10 查得组合系数为 $1.0 \sim 0.8$，选 $K_a = K_b = 0.9$，由式 (5.28) 和式 (5.29) 计算得：$a = b = 0.9 \times 20 = 18m$；选三节 6m 长的铝管为移动支管的基本单元，其中一节带阀管，亦正好为 18m，a、b 不需调整，可以满足 $C_u \geqslant 75\%$ 的要求。

步骤 3：校核组合喷灌强度。黏壤土的允许喷灌强度为 10mm/h，地面坡度为 $5\% \sim 8\%$ 时应降低 20%，所以有

$$\rho_允 = 10 \times (1 - 20/100) = 8 \text{(mm/h)}$$

因而，根据风速，选取喷洒水利用系数 $\eta_P = 0.85$，由式 (5.22) 得组合喷灌强度为

$$\rho = \frac{1000q}{ab}\eta_P = \frac{1000 \times 3.94}{18 \times 18} \times 0.85 \approx 10.34 \text{(mm/h)} > 8\text{mm/h}$$

因此，喷灌强度不符合要求，需重选喷头及其参数。

步骤 4：重选喷头及其参数进行各项计算。改用喷嘴直径 $d = 7mm$ 的 PY-20 喷头，相应的工作压力 $P = 30m$，$R = 19m$，$q = 2.96m^3/h$，此时雾化指标为：$\rho_d = \dfrac{1000h_P}{d} = \dfrac{1000 \times 30}{7} \approx 4286 > 3500$，雾化程度符合要求。

选 $K_a = K_b = 0.9$，得 $a = b = 0.9 \times 19 = 17.1\text{(m)}$，按管道规格长度调整为 $a = b = 18m$，组合喷灌强度为

$$\rho = \frac{1000q}{ab}\eta = \frac{1000 \times 2.96}{18 \times 18} \times 0.85 \approx 7.77 \text{(mm/h)} < 8\text{mm/h}$$

因 $\rho < \rho_允$，喷灌强度符合要求。

【答】　根据当地条件选择的喷头为 PY-20 型，其工作压力 $P = 30m$，喷嘴直径 $d = 7mm$；喷头组合间距 $a = b = 18m$。

4. 喷灌工作制度与轮灌组划分

喷灌工作制度包括喷头在一个工作位置上的喷洒时间、每日可喷洒的工作位置数、每次同时喷洒的喷头数和轮灌组划分。

(1) 一个工作位置上的喷洒时间与灌水定额、喷头参数和组合间距有关，用下式计算：

$$t = \frac{mab}{1000q\eta} \tag{5.30}$$

式中：t 为喷头一个工作位置上喷洒的时间，h；a 为喷头间距，m；b 为支管间距，m；m 为设计净灌水定额，mm；q 为喷头流量，m^3/h。

(2) 每日可喷洒的工作位置数用下式计算：

$$n_d = \frac{t_d}{t} \tag{5.31}$$

式中：n_d 为每日可喷洒的工作位置数；t_d 为每日喷灌作业时间，h；其余符号意义同前。

(3) 每次同时喷洒的喷头数用下式计算：

$$n_P = \frac{N_P}{n_d T} \quad (5.32)$$

式中：n_P 为每次同时喷洒的喷头数；N_P 为灌区内喷点总数；T 为设计灌水周期，d。

（4）轮灌组划分。最大轮灌组数用下式计算：

$$N_s = \frac{N_P}{n_P} \quad (5.33)$$

式中：符号意义同前。

一个喷灌系统计算出同时工作的喷头数后，必须根据喷点布置情况进行轮灌编组。轮灌编组应遵守下述原则：①各轮灌组的喷头数应尽量一致，使各轮灌组的流量保持在较小的变动范围之内；②应考虑流量分散原则，避免流量集中于某一条干管，以减少干管流量输水损失，并注意保持上级管道流量的平衡；③手动控制时，轮灌的编组应该使操作简单方便，便于运行管理。

5. 喷灌系统设计流量确定

喷灌工作制度和轮灌组数目确定后，便可计算系统设计流量，即

$$Q = q n_P \quad (5.34)$$

式中：Q 为系统设计流量，m^3/h；q 为喷头流量，m^3/h；n_P 为同时喷洒的喷头数。

同时，上式计算出的系统设计流量要大于或等于由式（5.26）或式（5.27）计算的系统需要的最小流量 Q_{min}。

6. 管网水力计算

管网水力计算的目的和任务是，在满足喷灌技术参数或质量指标条件下，通过水头损失计算，确定各级管道的最优管径，合理选配加压泵；对压力管道进行水锤计算，以采取相应的安全防护措施。

（1）管道水头损失计算。

1）沿程水头损失。喷灌管道沿程水头损失一般采用下式计算：

$$h_f = f \frac{L Q^m}{d^b} \quad (5.35)$$

式中：h_f 为沿程水头损失，m；Q 为流量，m^3/h；L 为管长，m；d 为管内径，mm；f 为摩阻系数；m 为流量指数；b 为管径指数。

喷灌常用各种管材的 f、m 及 b 值见表 5.11。

表 5.11　　　　　　　　　喷灌常用各种管材的 f、m、b 值

管材		f	m	b
混凝土管、钢筋混凝土管	$n^{[1]} = 0.013$	1.312×10^6	2	5.33
	$n = 0.014$	1.516×10^6	2	5.33
	$n = 0.015$	1.749×10^6	2	5.33
钢管、铸铁管		6.250×10^5	1.9	5.10
硬塑料管		0.948×10^5	1.77	4.77
铝管、铝合金管		0.816×10^5	1.74	4.74

[1]　n 为粗糙系数。

2）等距等流量多喷头支管的沿程水头损失。喷灌支管可近似认为是等距等流量多口出流，其沿程水头损失一般采用多口系数法计算，即

$$h'_f = F h_f \tag{5.36}$$

$$F = \frac{N\left(\dfrac{1}{m+1} + \dfrac{1}{2N} + \dfrac{\sqrt{m-1}}{6N^2}\right) - 1 + X}{N - 1 + X} \tag{5.37}$$

式中：h'_f 为多口出流管的沿程水头损失，m；F 为多口系数，也可查表 5.12 和表 5.13 确定；N 为喷头或孔口数；X 为多口支管首孔位置系数，即支管入口至第一个喷头（或孔口）的距离与喷头（或孔口）间距之比。

3）局部水头损失。局部水头损失采用下式计算：

$$h_j = \zeta \frac{v^2}{2g} \tag{5.38}$$

式中：h_j 为局部水头损失，m；ζ 为局部阻力系数，可参考有关水力计算手册；v 为管道流速，m/s；g 为重力加速度，9.8m/s^2。

喷灌工程设计中，也可近似地认为喷灌管道系统的局部水头损失占沿程水头损失的 10%～15%。

（2）支管水力计算。支管是指直接安装竖管和喷头的那一级管道，支管水力计算的任务是确定支管管径和计算支管进口水头。

支管管径选得越大，支管水头损失就越小，同一支管上各喷头的实际工作压力和喷水量就越接近，喷洒均匀度就越高。但这样增大了支管的投资，对移动支管来说还增加了

表 5.12　　流量指数 $m=1.74$ 的多口系数 F 值

出水口数目 N	多口系数 F		出水口数目 N	多口系数 F	
	$X=1$	$X=0.5$		$X=1$	$X=0.5$
2	0.651	0.534	17	0.394	0.376
3	0.548	0.457	18	0.393	0.376
4	0.499	0.427	19	0.391	0.375
5	0.471	0.412	20	0.391	0.375
6	0.452	0.402	22	0.388	0.374
7	0.439	0.396	24	0.386	0.373
8	0.430	0.392	26	0.384	0.372
9	0.422	0.388	28	0.383	0.372
10	0.417	0.386	30	0.381	0.371
11	0.412	0.384	35	0.379	0.370
12	0.408	0.382	40	0.378	0.370
13	0.404	0.380	50	0.375	0.369
14	0.401	0.379	100	0.370	0.367
15	0.399	0.378	>100	0.365	0.365
16	0.396	0.377			

表 5.13   流量指数 $m=1.77$ 的多口系数 F 值

出水口数目 N	多口系数 F		出水口数目 N	多口系数 F	
	$X=1$	$X=0.5$		$X=1$	$X=0.5$
2	0.648	0.530	17	0.390	0.372
3	0.544	0.453	18	0.389	0.372
4	0.495	0.423	19	0.388	0.371
5	0.467	0.408	20	0.387	0.371
6	0.448	0.398	22	0.384	0.370
7	0.435	0.392	24	0.382	0.369
8	0.425	0.387	26	0.380	0.368
9	0.418	0.384	28	0.379	0.368
10	0.413	0.382	30	0.378	0.367
11	0.407	0.379	35	0.375	0.366
12	0.404	0.378	40	0.374	0.366
13	0.400	0.376	50	0.371	0.365
14	0.397	0.375	100	0.366	0.363
15	0.395	0.374	>100	0.361	0.361
16	0.393	0.373			

拆装、搬移的劳动强度。管径选得小,支管投资减少,移动作业的劳动强度降低,但由于运行时支管内水头损失增大,同一支管上各喷头的实际工作压力和喷水量差别增大,结果造成田面上各处受水量不一致,影响喷灌质量。

1) 20%准则。支管管径的选择主要依据喷洒均匀的原则。一般规定,同一条支管上任意两个喷头的流量差与喷头额定流量的比值不大于 10%。根据水力学原理,这一规定又可表达为"同一条支管上任意两个喷头之间的工作水头差应不大于喷头设计工作压力的 20%",即

$$H_{\max} - H_{\min} \leqslant 20\% h_P \tag{5.39}$$

显然,支管若在平坦的地面上或上坡铺设,其首末两端喷头间的工作压力差最大。若支管为下坡铺设,其最大的工作压力差并非一定发生在首末喷头之间,此时需要绘出压力水头线确定最大压力差。

2) 支管进口水头计算。根据水力学原理可知,如果支管长度为 L,沿支管的平均压力约在距离支管进口 $0.4L$ 处,要求此处的压力等于喷头的额定工作压力,这样才能使得支管上喷头的平均流量等于喷头额定流量。支管进口到距离支管进口约 $0.4L$ 处的水头损失约为支管总水头损失的 3/4,因此支管进口水头为

$$H_L = h_P + \frac{3}{4}\Delta h_f + h_s \pm 0.4\Delta Z \tag{5.40}$$

式中:H_L 为支管进口处的压力,m,上坡为 $+$,下坡为 $-$;h_P 为喷头工作压力,m;Δh_f 为支管的总水头损失,m;h_s 为喷头竖管高度,m;ΔZ 为支管首尾地形高差,m。

(3) 支管以上各级管道水力计算。支管以上各级管道水力计算的任务是确定管径,进而计算水头损失及管道进口水头。

一般情况下，这些管道的管径根据满足下一级管道流量和压力的前提下按费用最小的原则确定。管道的费用常用年费用表示。随着管径增大，管道投资造价（常用折旧费表示）随之增高，而管道年运行费随之降低。因此，客观上必定有一种管径，会使上述两种费用之和为最低，这种管径被称为经济管径。经济管径对应的流速称为经济流速。

对于小规模喷灌工程，可用如下经验公式确定支管以上各级管道的管径：

当 $Q < 120 \text{m}^3/\text{h}$ 时 $\qquad\qquad D = 13\sqrt{Q}$ （5.41）

当 $Q \geqslant 120 \text{m}^3/\text{h}$ 时 $\qquad\qquad D = 11.5\sqrt{Q}$ （5.42）

式中：Q 为管道设计流量，m^3/h；D 为管道内径，mm。

管径确定后，即可采用前面介绍的水头损失公式计算相应的水头损失和各级管道进口所需压力。

（4）喷灌系统的设计水头。

$$H = Z_g - Z_s + H_g + \sum h_f' + \sum h_j'$$ （5.43）

其中，干管进口的设计水头为

$$H_g = Z_d - Z_g + h_s + h_P + \sum h_f + \sum h_j$$ （5.44）

式中：H 为喷灌系统设计水头，m；H_g 为最不利轮灌组干管进口的设计水头，m；h_s 为典型喷点的竖管高度，m；h_P 为典型喷点喷头的工作水头，m；Z_g 为干管进口的地面高程，m；Z_s 为水源设计水位高程，m；Z_d 为典型喷点的地面高程，m；$\sum h_f'$ 和 $\sum h_j'$ 分别为水泵吸水管至干管进口的沿程水头损失和局部水头损失，m；$\sum h_f$ 和 $\sum h_j$ 分别为典型喷点至干管进口的沿程水头损失和局部水头损失，m。

由于各轮灌组工作时，输水路程和各管段的流量不同，故管道的水头损失也不相同。又由于灌区地形变化，各轮灌组喷头与水源水位的高差也常常有差别。因此，在喷灌系统运行过程中，各轮灌组要求水泵提供的扬程是变化的。为了确保任何情况下，喷头均能获得额定工作压力，就应找出扬程的最大值，并以此来选配水泵，这就是喷灌系统的设计扬程。

对于一些较为简单的喷灌系统，在地形平坦、轮灌组简明（管道流量变化简单）的情况下，直接就可看出出现最大扬程的轮灌组别（常常就是输水路线最远的那一组），此时系统设计扬程便可计算。但在另一些喷灌系统中，情况常常并不那么简单，比如灌区地形起伏较大时，有的轮灌组虽输水路程远，水头损失大，但可能地形高程较低。相反有的轮灌组水头损失虽较小，但可能地形高程较高，此时常不能明显看出究竟哪一组要求的总扬程大。又比如有的喷灌系统虽然地形简单或平坦，但由于轮灌编组较为复杂（数条支管同时运行），使得各级管道流量变化比较复杂，这时也不一定最远支管工作时所需扬程为最大。当出现上述这些情况时，就必须从输水路程、管道流量和地形高差等方面进行认真分析，找出若干有可能出现扬程最大的轮灌组别，通过计算加以比较后确定系统的设计扬程。

上述扬程是根据最不利轮灌组计算的最大扬程，也是选配水泵的扬程，它一般大于其他轮灌组所需的扬程，但不论哪个轮灌组工作，水泵必须在最佳允许工作范围内工作。必要时，可在某些轮灌组进口安装调压设备。

7. 管道纵剖面设计和结构设计

（1）管道纵剖面设计。管道纵剖面设计的主要内容是确定各级固定管道在立面上的位置及各种管道附件的位置。在起伏的管道上，高处的位置要考虑设置进排气阀，低谷的位置则要考虑设置泄水阀。地埋管道的埋深（管顶距地面的垂直距离）应当根据当地的气象条件、地面荷载和机耕要求确定。管道在公路下埋深为 0.7～1.2m，在机耕道下埋深为 0.6～0.9m，在北方寒冷地区埋深应在最大冻土层深度以下，若浅埋管道，必须采取可靠的防冻措施。

管道纵剖面设计的成果应绘制出管道纵剖面图。管道纵剖面图包括输水干管、配水干管、分干管，以及固定地埋支管的纵剖面图。有时喷灌系统地埋管道很多，可选择有代表性的管道，绘制纵剖面图。管道的纵剖面图通常高程比例尺取 1：100 或 1：200；水平比例尺取 1：1000 或 1：2000。

管道的纵剖面图应绘出地面线、管底线，并标出控制阀、三通、四通、弯头、异径管、进排气阀、泄水阀、安全阀、伸缩节等所在位置。如果管道中设有镇墩和支墩，亦应标注位置。管道纵剖面图的底栏，一般应包括桩号、地面高程、管底高程和挖深等项。纵剖面图中应有图例说明。

（2）管道系统结构设计。在各级管道的平面位置和立面位置确定后，进行管道系统的结构设计，主要包括以下内容：

1）在支管入口处应安装控制阀门，其后安装压力表，以保证喷头工作压力和流量的稳定。当干管固定、支管移动时，压力表随支管移动。

2）地埋固定管道上的阀门，应修建阀门井，其尺寸应便于操作检修。

3）对温度和不均匀沉陷比较敏感的固定管道，应设置柔性接头。柔性接头的设置间距大小视管材、管径、地形、地基等情况而定。对于长管道，特别是塑料管要考虑热胀冷缩问题，一般 100m 左右应设置伸缩节，以消除轴向力，防止管道破坏。对于管道基础软弱或湿陷性地基应采取基础处理和防沉陷措施。

4）对于管径较大或有一定坡度的固定管道，为了使管道在任何方向不发生位移，应设置必要的镇墩和支墩。

镇墩通常设置于管道的转弯处及某些长管段（管长超过 30m），它的作用是承受由管道传来的各种力，使管段不发生任何位移。镇墩多用块石混凝土或混凝土建造，厚度 0.4～0.7m。镇墩的基础应坐落在冻土层以下的坚实土层上。镇墩尺寸的确定，应分析作用于镇墩上的各种力的组合情况，并校核其对抗滑和抗倾斜的稳定性及地基承载能力。其具体设计可参阅有关书籍。

支墩用来支持管道并起传递所受垂直压力的作用，其尺寸视管径的大小及土质好坏而定。当采用混凝土预制块时，一般墩厚 0.15～0.30m，宽 0.3～1.0m。

5.4　微灌
（Micro irrigation）

微灌是按照作物需求，通过管道系统与安装在末级管道上的灌水器，将水和作物所需的养分以较小的流量，均匀、准确地直接输送到作物根部附近土壤的一种水肥一体化灌水方法。它具有以下优点：

（1）省水。按作物需水要求适时适量地灌水，仅湿润根区附近的土壤，显著减少了灌溉水损失。

（2）省工。管网供水，操作方便，劳动效率高，而且便于自动控制，因而可明显节省劳力；同时微灌是局部灌溉，大部分地表保持干燥，减少了杂草的生长以及用于除草的劳力和除草剂费用；肥料和药剂可通过微灌系统与灌溉水一起直接施到根系附近的土壤中，不需人工作业。

（3）灌水均匀。能够做到有效地控制每个灌水器的出水流量，灌水均匀度可达 85% 以上。

（4）增产。能将水和肥适时适量地供到作物根区土壤，为作物根系创造良好的水、热、气、养分环境，可实现高产稳产，提高产品质量。

（5）对地形的适应性强。可在复杂的地形条件下有效工作。

但是，微灌系统投资一般要高于地面灌；灌水器出口很小，易被水中的矿物质或有机物质堵塞，如果使用维护不当，会使整个系统无法正常工作，甚至报废。

5.4.1　微灌系统组成（Components of a micro irrigation system）

典型的微灌系统通常由水源、首部枢纽、输配水管网、灌水器以及管网压力流量控制调节装置等五部分组成，如图 5.30 所示。

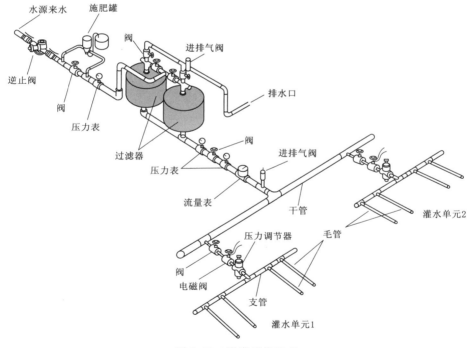

图 5.30　微灌系统组成

（1）水源。江河、渠道、湖泊、水库、井、泉等均可作为微灌水源，其水质需符合微灌要求。

（2）首部枢纽。包括加压设备（水泵、动力机）、注肥（药）设备、过滤设备、控制监测计量仪表（如控制器、控制阀、进排气阀、压力和流量仪表等）。

（3）输配水管网。输配水管网的作用是将首部枢纽处理过的水按照要求输送分配到每个灌水单元，包括干管、支管和毛管三级管道。毛管是微灌系统的最末一级管道，其上安装有灌水器。

（4）灌水器。直接施水的设备，其作用是削减压力，将水流变为水滴或细流或喷洒状后施入土壤。

（5）管网压力流量控制调节装置。用于调节微管管道系统中的压力或流量的设备，如手动或电动阀门、压力调节器或调压阀、节流阀、冲洗阀以及进排气阀等。

5.4.2　灌水器与过滤施肥装置（Emitter，filter and fertilizer injector）

1. 灌水器

（1）灌水器分类。按结构和出流形式分类，灌水器有滴头、微喷头、小管灌水器（涌水器）等三类。滴头流量一般不大于 8L/h。将滴头与毛管制造成一个整体，称为滴灌带（管）。内嵌式滴灌带（管）是在毛管制造过程中将预先制造好的滴头镶嵌在毛管内的滴灌带（管），如图 5.31 所示。薄壁热合滴灌带（图 5.32）是在制造薄壁管的同时，在管的一侧或中间部位热合出各种形状流道的滴灌带。微喷头主要有旋转式和折射式两种（图 5.33），其喷水流量一般不超过 250L/h。小管灌水器（涌水器）由 $\phi4$ 塑料管和稳流器连接插入毛管壁而成，如图 5.34 所示。

图 5.31　内嵌式滴灌带（管）

（2）灌水器流量与压力关系。灌水器流量和压力的关系是灌水器的重要特性之一，用下式计算：

$$q = kh^x \tag{5.45}$$

式中：q 为灌水器流量，L/h；h 为工作水头，kPa；k 为流量系数；x 为流量指数（亦称为流态指数）。

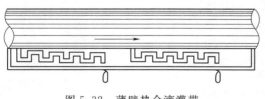

图 5.32　薄壁热合滴灌带
（图中箭头为水流方向）

流量指数 x 反映了灌水器流量对压力变化的敏感程度。当灌水器内水流为完全紊流时，x 约等于 0.5，流量与压力水头的平方根成正比，当压力变化 20% 时，流量仅变化 10%；x 等于或接近于 0 时的灌水器称为压力补偿灌水器。

（3）灌水器制造偏差。由于制造工艺和材料收缩变形等原因，工厂生产的灌水器之间会有一定的流量差异，通常用制造偏差表示灌水器的制造精度，一般要求不大于 7%。制造偏差用下式计算：

$$C_v = \frac{S}{\bar{q}} \tag{5.46}$$

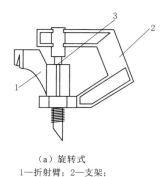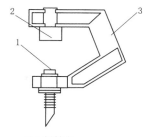

（a）旋转式　　　　　　　　　（b）折射式
1—折射臂；2—支架；　　　　　1—喷嘴；2—折射锥；
3—喷嘴　　　　　　　　　　　　3—支架

图 5.33　微喷头

$$S = \sqrt{\frac{1}{n-1} \sum_{i=1}^{n} (q_i - \overline{q})^2} \tag{5.47}$$

$$\overline{q} = \frac{\sum\limits_{i=1}^{n} q_i}{n} \tag{5.48}$$

式中：C_v 为灌水器制造偏差；S 为样本的标准差；$\overline{q}$ 为样本中灌水器的平均流量，L/h；q_i 为样本中每个灌水器的流量，L/h；n 为灌水器的样本个数。

2. 过滤设备

微灌系统中灌水器出口孔径很小，极易被水源中的污物和杂质堵塞。湖泊、库塘、河流等灌溉水源都不同程度地含有各种污物和杂质，即使水质良好的井水，也会含有一定数量的砂粒和可能产生化学沉淀的物质。因此，对灌溉水源进行严格的净化处理，是保证微灌系统正常运行、延长灌水器使用寿命和保证灌水质量的关键措施。

灌溉水中所含污物及杂质分为物理、化学和生物等三类。物理污物及杂质是悬浮在水中的有机或无机的颗粒，有机质主要包括死的水藻、硅藻、叶

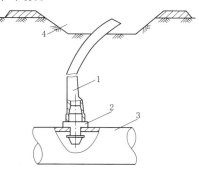

图 5.34　小管灌水器
1—$\phi 4$ 塑料管；2—稳流器；
3—毛管；4—渗水沟

子碎片、鱼、蜗牛、种子和其他植物碎片以及细菌等，无机杂质主要是黏粒和砂粒；化学污物及杂质主要指溶于水中的某些化学物质，如碳酸钙和碳酸氢钙等，在一定条件下，这些物质会变成不可溶的固体沉淀物，造成灌水器的堵塞；生物污物或杂质主要包括活的菌类、藻类等微生物和水生动物等。它们进入系统后可能繁殖生长而造成管道断面减小或使灌水器堵塞。

最常用的消除化学污物和生物污物的方法有氯化处理和加酸处理两种。氯化处理是将氯加入水中，当氯溶于水时起着很强的氧化剂的作用，可以杀死水中藻类真菌和细菌等微生物。加酸处理可以预防和消除部分可溶物的沉淀（如碳酸盐和铁等），酸也可以防止系统中微生物的生长。

微灌系统中对物理杂质的处理设施与设备主要包括拦污栅、沉淀池、过滤器等。主要的过滤器形式有以下几种：

（1）旋流水砂分离器，又称离心式过滤器，如图 5.35 所示。其工作原理为：当压力水流由进水口以切线方向进入旋流室后做旋转运动，水中的泥沙颗粒被抛向分离室壁面方向，在重力作用下沿壁面渐渐向下沉淀，向储污室汇集，最后通过排污管排出过滤器。旋流中心的较清洁的水通过分离器顶部的出水口进入灌溉供水管道。旋流水砂分离器一般用于含沙量较多的水源，其缺点是不能除去与水比重相近或比水轻的有机杂物，特别是水泵起动和停机时过滤效果下降，会有较多的砂粒进入系统。因此，旋流水砂分离器只能作为初级过滤，下游还需有砂过滤器或筛网过滤器进行第二次处理。

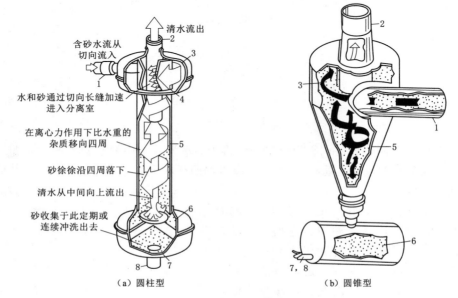

图 5.35　旋流水砂分离器

1—进水管；2—出水管；3—旋流室；4—切向加速孔；
5—分离室；6—储污室；7—排污口；8—排污管

（2）砂过滤器，利用砂作为过滤介质，如图 5.36 所示。砂过滤器既可过滤有机质也可过滤无机杂质，但需要定期进行反冲洗。

（3）筛网过滤器，一般由滤芯、壳体、顶盖等部分组成，滤芯为尼龙筛网或不锈钢筛网，如图 5.37 所示。筛网过滤器主要用于过滤灌溉水中的砂和漂浮物等污物。

（4）叠片过滤器，是用带有沟槽的薄塑料圆片（或叠片）作为过滤介质，其结构形式如图 5.38 所示，水流通过叠片时，泥沙被拦截在叠片沟槽中。

应根据水源水质、过流量以及灌水器出水口的大小选择过滤器：①水源含砂量较大时，可选择水砂分离器作为初级过滤，再与其他三种过滤器进行组合；当水中的藻类等有机物较多时，不应选择筛网过滤器；②过滤器的过流量应与相应的管道过流量相互匹配；③过滤精度应根据灌水器出水口的大小选择，根据实践经验，一般要求过滤器的滤孔大小应为灌水器孔径大小的 $1/7\sim1/10$。

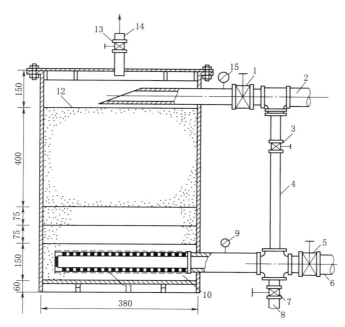

图 5.36　砂过滤器

1—进水阀；2—进水管；3—反冲洗阀；4—反冲洗管；5—出水阀；6—出水管；7—排水阀；8—排水管；
9—压力表；10—集水管；11—筛网；12—过滤砂；13—排污阀；14—排污管；15—压力表

3. 注肥（药）装置

微灌系统中向压力管道注入可溶性肥料或农药溶液的设备称为注肥（药）装置。常用的注肥装置有以下几种：

（1）压差式施肥罐利用调压阀上下游的压力差将肥液注入系统，如图 5.39 所示。

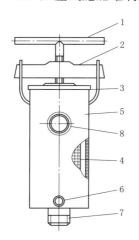 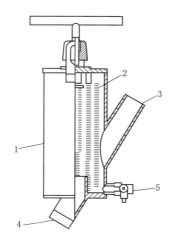 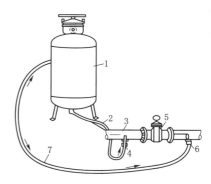

图 5.37　筛网过滤器

1—手柄；2—横旦；3—顶盖；
4—滤芯；5—壳体；6—冲洗阀门；
7—出水口；8—进水口

图 5.38　叠片过滤器

1—壳体；2—塑料叠片；
3—进水口；4—出水口；
5—冲洗阀

图 5.39　压差式施肥罐

1—储液罐；2—进水管；3—辅水管道；
4—进水阀门；5—调压阀门；
6—输液阀门；7—输液管

193

（2）文丘里注肥装置利用水流通过文丘里装置产生的负压将肥液桶中的肥液吸入灌溉管道，如图 5.40 所示。

（3）注射泵利用高压小流量泵将肥液注入到灌溉管道中，包括水压力驱动和电力驱动等多种形式的泵。图 5.41 为一种电力驱动的活塞注肥泵。

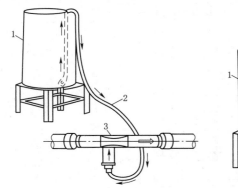

图 5.40　文丘里注肥装置　　　　　　图 5.41　电力驱动的活塞注肥泵
1—开敞式肥液罐；2—输液管；3—文丘里装置　　　1—肥液桶；2、4—输液管；3—活塞泵；5—输水管道

5.4.3　微灌工程设计技术参数（Technical parameters of micro irrigation engineering design）

微灌工程设计技术参数是保证微灌系统满足作物需水和满足微灌系统工程要求的重要指标，主要包括微灌设计补充强度、土壤湿润比、灌水均匀度、流量偏差率、灌溉水利用系数等。

1. 微灌设计补充强度

（1）需水强度，即微灌作物日均需水量。微灌只湿润部分土壤，与地面灌溉和喷灌相比，地面蒸发损失较小，一般应根据当地试验资料确定需水强度，无实测资料时，可采用联合国粮农组织推荐的方法：

$$ET_{cm} = k_r ET_c \tag{5.49}$$

$$k_r = \frac{G_e}{0.85} \tag{5.50}$$

式中：ET_{cm} 为微灌作物需水强度或微灌作物日均需水量，mm/d；k_r 为作物遮阴率对需水量的修正系数，当由式（5.50）计算出的数值大于 1 时，取 $k_r = 1$；G_e 为作物遮阴率，又称作物覆盖率，随作物种类和生育阶段而变化，对于大田和蔬菜作物，取 0.8～0.9，对于果树作物，根据树冠半径和果树所占面积计算确定；ET_c 为地面灌溉条件下的作物需水量，mm/d，可采用第 4 章的相关方法计算。

（2）设计需水强度 I_c，指在设计条件下微灌的作物需水强度，或称为设计日均需水量，一般取与灌溉保证率一致的设计典型年灌溉季节月平均需水强度峰值作为设计需水强度，即

$$I_c = \max_{i=1}^{12} (ET_{cmi}) \tag{5.51}$$

式中：I_c 为设计需水强度，mm/d；ET_{cmi} 为第 i 月的微灌作物需水强度或微灌作物日均需水量，mm/d；在无资料时，可参阅表 5.14 选取，但要根据本地区经验进行论证。

表 5.14　　　　　　　　　　　微灌设计需水强度 I_c 参考值

植物种类	I_c/(mm/d)		植物种类	I_c/(mm/d)	
	滴灌	微喷灌		滴灌	微喷灌
葡萄、树、瓜类	3～7	4～8	蔬菜（露地）	4～7	5～8
粮、棉、油等植物	4～7	—	冷季型草	—	5～8
蔬菜（保护地）	2～4	—	暖季型草	—	3～5

注　干旱地区宜取上限值；在灌溉季节敞开棚膜的保护地，按露地选取设计需水强度；葡萄、树等选用涌泉灌时，设计需水强度可参照滴灌选择。

（3）设计灌溉补充强度。作物所需的水量来源于天然降水、地下水补充、土壤中原有的水量和人工灌溉所补给的水量。微灌的灌溉补充强度是指为了保证作物正常生长必须由微灌系统提供的水量，设计灌溉补充强度是指在设计条件下微灌的灌溉补充强度，它是确定微灌系统最大供水能力的依据，取决于微灌设计需水强度、灌溉保证率、降水量和土壤盐分等条件，通常有以下两种情况：

1）在年降水量小于 250mm 的干旱地区，应考虑盐分淋洗，淋洗水量的大小与作物、土壤和灌溉水中的盐分含量有关，一般可取设计需水强度的 1.0～1.1 倍。微灌设计灌溉补充强度可用下式计算：

$$I_a = (1.0～1.1) I_c \tag{5.52}$$

式中：I_a 为微灌设计灌溉补充强度，mm/d；其余符号意义同前。

2）对于湿润、半湿润半干旱地区，微灌作为一种补充灌溉，微灌设计灌溉补充强度可用下式计算：

$$I_a = I_c - P_0 \tag{5.53}$$

式中：P_0 为有效降雨量，对于降雨分布比较均匀的地区，可取典型年作物需水峰值月份的日均有效降雨量，mm/d；对于降雨不均匀的地区，在计算系统的最大灌水能力时，建议取 $P_0 = 0$；其余符号意义同前。

【例 5.4】　某干旱地区果园位于北纬 40°30′，地面高程 1011.00m，地面翻耕无杂草，冬季有严重霜冻。7 月平均气温 28.5℃，平均日照时数 11.5h，平均相对湿度 55%，最大相对湿度 80%，有效降水量 31.5mm。2m 高处的风速 0.4m/s，苹果树已种植 10 年，如果 7 月为耗水高峰期，果树对地面的覆盖率或遮阴率为 0.7。试计算该月的果树需水量、设计需水强度、设计灌溉补充强度和 7 月的总净灌溉需水量。

【解】　步骤 1：计算果树需水量。根据所提供的资料，用第 4 章介绍的方法计算出果树需水量为 $ET_c = 6.6$ mm/d。

步骤 2：计算微灌需水强度。已知果树对地面的覆盖率 $G_c = 0.7$，按式（5.50）计算覆盖率修正系数 $k_r = G_c/0.85 = 0.7/0.85 \approx 0.82$。由式（5.49）计算微灌需水强度：$ET_{cm} = k_r ET_c = 0.82 \times 6.6 \approx 5.41$（mm/d）。

步骤 3：计算设计需水强度。按式（5.51），7 月为需水高峰期，因此，$I_c = ET_{cm} = 5.41$ mm/d。

步骤 4：计算设计灌溉补充强度。该果园处于干旱地区，按式（5.52），设计灌溉补充强度 $I_a = 1.1 \times I_c \approx 5.95$（mm/d）。

步骤 5：计算 7 月果园总净灌溉需水量。7 月的天数为 31d，$W_n = 5.95 \times 31 = 184.45(\text{mm})$。

【答】 7 月该果园的果树需水量、设计需水强度和设计灌溉补充强度分别为 6.6mm/d、5.41mm/d 和 5.95mm/d，总净灌溉需水量 184.45mm。

2. 微灌土壤湿润比

在计划湿润层内，微灌湿润土体与总土体的体积比称为土壤湿润比。在实际应用中，常以地表以下 20～30cm 深度处的湿润面积占总面积的比值表示。影响土壤湿润比的因素有毛管和灌水器的布置、灌水器流量和灌水量大小、土壤质地等。

（1）计算土壤湿润比的方法。

1）对于单行毛管直线布置（图 5.42），湿润比可按以下公式计算：

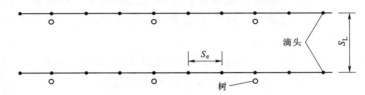

图 5.42　单行毛管直线布置

点源入渗时（滴头间距较大，湿润体没有形成连续的湿润带）：

$$p = \frac{0.785 D_w^2}{S_e S_L} \times 100\% \tag{5.54}$$

线源入渗时（滴头间距较近，湿润体形成了连续的湿润带）：

$$p = \frac{S_w}{S_L} \times 100\% \tag{5.55}$$

式中：p 为土壤湿润比；D_w 为单个出水口土壤水分扩散直径，m；S_w 为湿润带宽度，m；S_e 为灌水器（滴头）或出水点间距，m；S_L 为毛管间距，m。

表 5.15 列出了不同土壤类别、不同灌水器流量和间距时的土壤湿润比，可供微灌系统设计时查用。

表 5.15　　　　　　　　　　　　土壤湿润比 p 值

毛管间距 S_L /m	灌水器或出水点流量/(L/h)														
	<1.5			2.0			4.0			8.0			>12.0		
	对粗、中、细结构的土壤推荐的毛管上的灌水器或出水点的间距 S_e/m														
	粗 0.2	中 0.5	细 0.9	粗 0.3	中 0.7	细 1.0	粗 0.6	中 1.0	细 1.3	粗 1.0	中 1.3	细 1.7	粗 1.3	中 1.6	细 2.0
	p/%														
0.8	38	88	100	50	100	100	100	100	100	100	100	100	100	100	100
1.0	33	70	100	40	80	100	80	100	100	100	100	100	100	100	100
1.2	25	58	92	33	67	100	67	100	100	100	100	100	100	100	100
1.5	20	47	73	26	53	80	53	80	100	80	100	100	100	100	100
2.0	15	35	55	20	40	60	40	60	80	60	80	100	80	100	100

续表

毛管间距 S_L /m	灌水器或出水点流量/(L/h)														
	<1.5			2.0			4.0			8.0			>12.0		
	对粗、中、细结构的土壤推荐的毛管上的灌水器或出水点的间距 S_e/m														
	粗0.2	中0.5	细0.9	粗0.3	中0.7	细1.0	粗0.6	中1.0	细1.3	粗1.0	中1.3	细1.7	粗1.3	中1.6	细2.0
	p/%														
2.4	12	28	44	16	32	48	32	48	64	48	64	80	64	80	100
3.0	10	23	37	13	26	40	26	40	53	40	53	67	53	67	80
3.5	9	20	31	11	23	34	23	34	46	34	46	57	46	57	68
4.0	8	18	28	10	20	30	20	30	40	30	40	50	40	50	60
4.5	7	16	24	9	18	26	18	26	36	26	36	44	36	44	53
5.0	6	14	22	8	16	24	16	24	32	24	32	40	32	40	48
6.0	5	12	18	7	14	20	14	20	27	20	27	34	27	34	40

注 表中所列数值为单行直线毛管、灌水器或出水点均匀布置，每一灌水周期在施水面积上灌水量为 40mm 时的土壤湿润比。

【例5.5】 某菜地土壤为砂壤土，采用滴灌技术，两行蔬菜布置一条毛管，毛管间距为 $S_L=1.5$m，灌水器流量 $q=2.0$L/h。试确定滴灌灌水器间距和土壤湿润比。

【解】 已知 $q=2.0$L/h，$S_L=1.5$m，土壤为中等结构，查表 5.15 得土壤湿润比 $p=53\%$，滴头间距 $S_e=0.7$m。

【答】 该菜地滴灌灌水器间距为 0.7m，土壤湿润比为 53%。

2）对于双行毛管平行布置（图 5.43），其湿润比可按下式计算：

$$p=\frac{p_1S_1+p_2S_2}{S_r}\times100\% \tag{5.56}$$

式中：S_1 为一对毛管的窄间距，m；可根据给定的流量和土壤类别，查表 5.15 当 $p=100\%$ 时推荐的毛管间距；p_1 为与 S_1 相对应的土壤湿润比；S_2 为一对毛管宽间距，m；p_2 为根据 S_2 查表 5.15 所得的土壤湿润比；S_r 为作物行距，m。

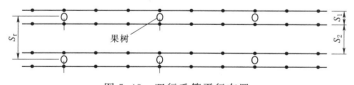

图 5.43 双行毛管平行布置

【例5.6】 某梨园土壤为中等结构，梨树的行距 $S_r=6.0$m，毛管双行布置，滴头流量 $q=4.0$L/h。试确定土壤湿润比、灌水器（滴头）间距和毛管间距。

【解】 已知 $q=4.0$L/h，中等结构土壤，使一对窄行毛管间全部土壤湿润（$p_1=100\%$）的毛管间距 $S_1=1.2$m（查表 5.15）。于是 $S_2=6.0-1.2=4.8$(m)，查表 5.15 得与 S_2 相对应的 $p_2=24\%$，因此双行毛管布置的土壤湿润比为

$$p=\frac{p_1 S_1+p_2 S_2}{S_r}=\frac{100\%\times1.2+24\%\times4.8}{6}\times100\%\approx39\%$$

同时查表 5.15 得到灌水器间距为 1.0m

【答】 该梨园滴灌的土壤湿润比为 39%，灌水器间距为 1.0m，毛管窄间距为 1.2m，毛管宽间距为 4.8m。

3）对于单行毛管绕树环状多出水点布置（图 5.44），其湿润比可按下式计算：

$$p=\frac{nS_e S_w}{S_t S_r}\times100\% \tag{5.57}$$

式中：n 为每棵树的滴头数，个；S_e 为灌水器（滴头）或出水口间距，m；S_w 为湿润带宽度，为表 5.15 中当 $p=100\%$ 时对应的毛管间距 S_L 值，m；S_t 为树的株距，m；S_r 为树的行距，m。

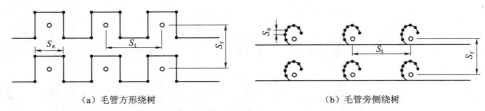

（a）毛管方形绕树 （b）毛管旁侧绕树

图 5.44 单行毛管绕树环状多出水点布置的两种形式

【例 5.7】 某果园的果树株距为 6m，行距为 7m，土壤为中等结构的砂壤土，选用流量为 4L/h 的滴头，每株树下安装 8 个滴头。试确定滴头间距和土壤湿润比。

【解】 已知 $q=4.0$L/h，树的株距 $S_t=6$m、行距 $S_r=7$m，中等结构土壤，查表 5.15，$S_e=1.0$m，当 $p=100\%$ 时的 $S_w=S_L=1.2$m。因此，土壤湿润比为

$$p=\frac{nS_e S_w}{S_t S_r}\times100\%=\frac{8\times1.0\times1.2}{6\times7}\times100\%\approx23\%$$

【答】 确定的滴头间距为 1.0m，土壤湿润比为 23%。

（2）设计土壤湿润比。设计土壤湿润比与地区、作物、微灌形式等有关。无试验资料时，可参考表 5.16 选取。

表 5.16 微灌设计土壤湿润比参考值

植物种类	设计土壤湿润比/%		植物种类	设计土壤湿润比/%	
	滴灌、涌泉灌	微喷灌		滴灌	微喷灌
果树	30~40	40~60	蔬菜	60~90	70~100
乔木	25~30	40~60	小麦等密植作物	90~100	—
葡萄、瓜类	30~50	40~70	马铃薯、甜菜、棉花、玉米	60~70	
草、灌木	—	100	甘蔗	60~80	

注 干旱地区宜取上限值。

3. 灌水均匀度与流量偏差率

为了保证灌水质量和提高灌溉水利用效率，要求微灌工程的实测灌水均匀系数 C_u 达

到 0.85 以上，C_u 可用下式计算：

$$C_u = 1 - \frac{\dfrac{\sum\limits_{i=1}^{N} |q_i - \overline{q}|}{N}}{\overline{q}} \tag{5.58}$$

式中：C_u 为克里斯琴森均匀系数；$\overline{q}$ 为同时灌水的所有灌水器的平均流量；q_i 为同时灌水的第 i 个灌水器的流量；N 为同时灌水的灌水器个数。

微灌系统设计中，一般通过控制灌水小区或灌水单元的流量偏差获得所要求的灌水均匀系数。

微灌系统中，一条支管和所控制的毛管称为灌水小区或灌水单元，如图 5.45 所示。每个灌水小区中有多条毛管，每条毛管上又有几十个甚至上百个滴头或灌水器，由于水流在管道中流动产生水头损失，每个灌水器的出流量都是不相同的。这种流量的差异，一般用流量偏差表示：

$$q_v = \frac{q_{max} - q_{min}}{q_a} \times 100\% \tag{5.59}$$

式中：q_v 为流量偏差；q_{max} 为灌水小区中灌水器最大流量，L/h；q_{min} 为灌水小区中灌水器最小流量，L/h；q_a 为灌水器设计流量或平均流量，L/h。

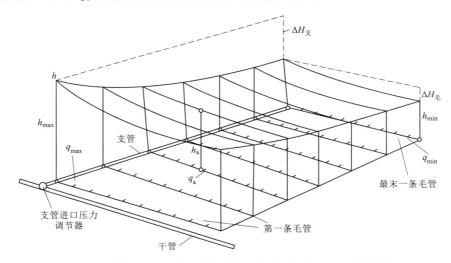

图 5.45　灌水单元中灌水器流量与工作水头的关系（平地情形）

微灌系统灌水小区内灌水器设计允许流量偏差应满足如下要求：

$$[q_v] \leqslant 20\% \tag{5.60}$$

式中：$[q_v]$ 为灌水器设计允许流量偏差。

灌水小区中灌水器的最大水头和最小水头与流量偏差的关系为

$$\left. \begin{aligned} h_{max} &= (1 + 0.65 q_v)^{\frac{1}{x}} h_a \\ h_{min} &= (1 - 0.35 q_v)^{\frac{1}{x}} h_a \end{aligned} \right\} \tag{5.61}$$

式中：$h_{\max}$ 为灌水小区中灌水器最大水头，m；$h_{\min}$ 为灌水小区中灌水器最小水头，m；x 为灌水器流量指数；h_a 为灌水器设计水头，m。

灌水小区内，灌水器工作水头偏差率与流量偏差率之间的关系可由下式表达：

$$h_v = \frac{h_{\max} - h_{\min}}{h_a} \times 100\% = \frac{q_v}{x}\left(1 + 0.15\,\frac{1-x}{x}q_v\right) \times 100\% \tag{5.62}$$

式中：h_v 为灌水器工作水头偏差。

若选定了灌水器，则可用下式求出与流量偏差相应的灌水小区中允许的最大水头差：

$$\Delta H_s = h_{\max} - h_{\min} \tag{5.63}$$

4. 灌溉水利用系数

灌溉水利用系数 η 为微灌满足作物需水和淋洗水量占灌溉供水量的百分比。它主要与灌水均匀系数、过滤冲洗、管道渗漏、管道冲洗、土壤盐分淋洗等有关，一般应满足：①滴灌：$\eta \geqslant 0.9$；②微喷灌和涌泉灌：$\eta \geqslant 0.85$。

5. 系统日供水时数 t_d

系统设计时，应留出一段非运行时间用于系统检修和其他预想不到的停机故障等。一般日供水时间 t_d 不应大于 22h。

5.4.4　微灌工程规划（Micro irrigation engineering planning）

1. 水量平衡计算与微灌系统需要的最小流量

与喷灌水量相同，水量平衡的任务是通过灌区来水量与作物用水量计算，确定工程规模。水量平衡计算中，以地下水为水源的微灌工程，灌溉设计保证率不应低于 90%，其他情况下灌溉设计保证率不应低于 85%。当水源设计来水流量小于灌溉设计用水流量时，需要减小灌溉面积；当来水流量有时小于用水流量，而一定时段内的来水总量等于或大于用水总量时，可通过修建蓄水工程来调蓄。

微灌系统的流量应满足作物需水要求，在水源供水量稳定且不需调蓄时，系统所需的最小设计流量为

$$Q_{\min} = \frac{10A}{t_d \eta} I_a \tag{5.64}$$

式中：$Q_{\min}$ 为微灌系统需要的最小流量，m^3/h；A 为灌溉面积，hm^2；I_a 为设计灌溉补充强度，mm/d；t_d 为系统日供水时数，h/d；η 为微灌灌溉水利用系数。

2. 微灌设计灌溉制度

微灌只湿润部分根区土壤，其灌溉制度与全面积灌溉有很大不同，微灌灌溉周期短，灌水定额小。

（1）最大净灌水定额由计划湿润层深度、作物允许的土壤含水率上下限、土壤质地和湿润比决定，用下式计算：

$$m_{\max} = zp(\theta_{\max} - \theta_{\min}) \tag{5.65}$$

式中：$m_{\max}$ 为最大净灌水定额，mm；z 为微灌土壤计划湿润层深度，mm，根据各地的

经验确定，蔬菜适宜土壤湿润层深度为 200～300mm，大田作物为 300～600mm，果树为 1000～1200mm；p 为设计土壤湿润比；$\theta_{\max}$ 为适宜土壤含水量上限（占土体的百分数），取田间持水量的 80%～100%；$\theta_{\min}$ 为适宜土壤含水量下限（占土体的百分数），一般取田间持水量的 60%～80%。

（2）设计灌水周期。

$$T \leqslant T_{\max} \tag{5.66}$$

$$T_{\max} = m_{\max}/I_{c} \tag{5.67}$$

式中：T 为设计灌水周期，d；$T_{\max}$ 为最大灌水周期，d；I_{c} 为设计需水强度或设计日均需水量，mm/d。

灌水周期与每次的净灌水定额、作物根系深度等有关，对于浅根作物可以采用逐日灌、隔天灌或每周灌 2 次，即所谓的高频灌溉。

（3）设计灌水定额。

$$m_{j} = TI_{c} \tag{5.68}$$

$$m_{m} = m_{j}/\eta \tag{5.69}$$

式中：m_{j} 为设计净灌水定额，mm；m_{m} 为设计毛灌水定额，mm；其余符号意义同前。

（4）一次灌水延续时间为通过灌水器将灌水量灌到毛灌水定额所需要的灌水时间：

$$t = \frac{m_{m}S_{e}S_{L}}{q_{a}} \tag{5.70}$$

式中：t 为一次灌水延续时间，h；S_{e} 为灌水器间距，m；S_{L} 为毛管间距，m；q_{a} 为灌水器设计流量或平均流量，L/h；其余符号意义同前。

对于绕树布置 n 个灌水器时：

$$t = \frac{m_{m}S_{r}S_{t}}{nq_{a}} \tag{5.71}$$

式中：S_{r}、S_{t} 分别为果树的株距和行距，m；其余符号意义同前。

3. 微灌系统布置

（1）毛管和灌水器布置。毛管和灌水器的布置方式取决于作物种类、土壤和所选用灌水器的类型。

1）单行毛管直线布置。毛管顺作物行向布置，在满足微灌土壤湿润比的条件下，每条毛管或滴灌管（带）可以灌溉一行作物（图 5.42 和图 5.46），也可灌溉多行作物（图 5.47），这种布置方式适用于密植果树或玉米、棉花和蔬菜等密植大田作物等。在西北干旱半干旱地区以及东北寒冷地区，为减少蒸发和提高地温，一般将滴灌带布置在地膜下，这种形式称为膜下滴灌。

2）双行毛管平行布置。当滴灌成龄大株行距果树或需水量大的作物时，可采用双行毛管平行布置的形式，沿树行两侧各布置一条毛管或滴灌管，如图 5.43 所示。

3）单行毛管绕树布置。当滴灌成龄大株行距果树时，为达到作物需水和满足土壤湿润比的要求，也可将毛管绕树布置，增加每棵树下的滴头数量，起到增大湿润比的作用，如图 5.44 所示。

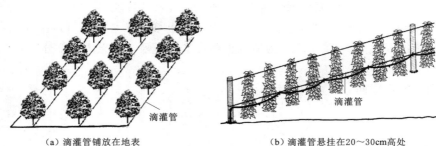

（a）滴灌管铺放在地表　　　　　　　（b）滴灌管悬挂在20～30cm高处

图5.46　果树滴灌毛管或滴灌管（带）布置

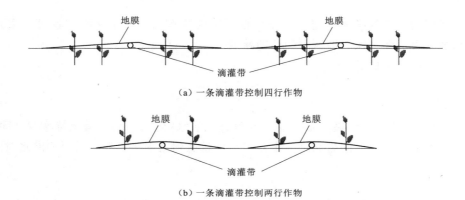

（a）一条滴灌带控制四行作物

（b）一条滴灌带控制两行作物

图5.47　棉花、玉米等作物膜下滴灌带布置

（2）干、支管的布置。干、支管的布置取决于地形、水源、作物和毛管的布置，应达到管理方便、工程费用少的要求。在山丘区，干管多沿山脊或等高线布置。支管则垂直于等高线向两边的毛管配水。在水平地形，干、支管应尽量双向控制，以节省管材，如图5.48所示。温室大棚内滴灌管沿着种植行向布置，支管垂直于滴灌管布置。

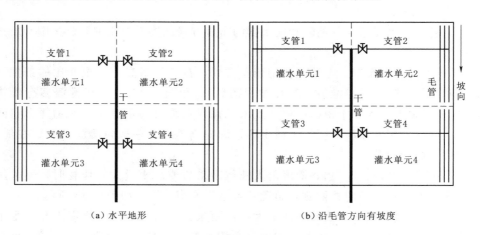

（a）水平地形　　　　　　　　　　　（b）沿毛管方向有坡度

图5.48　微灌干、支、毛管布置
（图中虚线表示灌水单元分界线）

（3）首部枢纽布置。首部枢纽一般在系统首部集中布置，包括过滤器、注肥装置、控制阀和压力流量仪表等。根据田间管理需求，在田间支管进口或轮灌组进口处可设置田间小首部。对如温室大棚群等系统运行流量变幅较大的系统，可配置变频调速设备。

（4）微灌轮灌组。微灌系统通常采用轮灌的工作制度，每个轮灌组控制的面积应尽可能相等或接近，轮灌组的个数可用下式计算：

$$N = \frac{n_{总} q_a}{1000 Q_a} \tag{5.72}$$

式中：$n_{总}$ 为整个灌溉面积上的灌水器总数，个；q_a 为灌水器设计流量或平均流量，L/h；Q_a 为系统设计流量，m^3/h。

最大轮灌组数应满足下式：

$$N \leqslant N_{max} = \frac{t_d T}{t} \tag{5.73}$$

式中：N_{max} 为最大轮灌组数目；t_d 为系统日供水时数，h/d；t 为一次灌水延续时间，h；T 为设计灌水周期，d；其余符号意义同前。

5.4.5　微灌系统设计（Micro irrigation system design）

微灌系统管网是由若干个灌水小区组成的，每个灌水小区中有支管、多条毛管，每条毛管上又有几十个甚至上千个滴头或灌水器。微灌管网设计的目标：一是保证每个灌水小区内灌水器的出流量基本一致，即保证灌水小区内灌水器的压力变化在允许的范围内；二是在满足灌水均匀的前提下，使管网投资尽可能小。微灌系统设计的方法和步骤介绍如下：

1. 系统设计流量

一个微灌系统中通常会有多个轮灌组，一个轮灌组由一个灌水小区或多个灌水小区组成，最大轮灌组的流量即系统设计流量，同时设计流量还必须大于水量平衡计算中得到的系统所需的最小流量。

$$Q_a = \sum_{i=1}^{n_m} Q_{zi} = \frac{n_0 q_a}{1000} \tag{5.74}$$

$$Q_a \geqslant Q_{min} \tag{5.75}$$

式中：Q_a 为系统设计流量，m^3/h；Q_{zi} 为同时工作的第 i 个灌水小区的流量，m^3/h；n_m 为同时工作的灌水小区数量；n_0 为同时工作的灌水器个数；其余符号意义同前。

2. 管道水头损失

管道沿程水头损失按下式计算：

$$h_f = f \frac{L Q^m}{d^b} \tag{5.76}$$

式中：h_f 为沿程水头损失，m；f 为摩阻系数；Q 为管道流量，L/h；d 为管道内径，mm；L 为管长，m；m 为流量指数；b 为管径指数。

需要注意的是，虽然式（5.76）与 5.3 节中喷灌采用的计算式（5.35）二者的形式是相同的，但考虑到微灌小流量的特殊性，式（5.76）中的流量 Q 的单位为 L/h，而式（5.32）中 Q 的单位为 m^3/h，相应地，与式（5.76）相应的微灌用各种管材的 f、m、b 值见表 5.17。

表 5.17　　微灌用各种管材的 f、m、b 值

管材			f	m	b
硬塑料管			0.464	1.77	4.77
聚乙烯管（LDPE）	$D>8mm$		0.505	1.75	4.75
	$D\leqslant8mm$	$Re^{①}>2320$	0.595	1.69	4.69
		$Re\leqslant2320$	1.750	1.00	4.00

① Re 为雷诺数。

微灌系统的支管、毛管为等距、等量分流且末端无出流的多孔管道时，其沿程水头损失可按 5.3 节中式（5.36）和式（5.37）多口系数法计算。微灌聚乙烯 PE 管沿程水头损失计算用得多口系数 F 见表 5.18。

表 5.18　　微灌聚乙烯 PE 管道沿程水头损失计算用多口系数 F 值

N	$m=1.75$		N	$m=1.75$		N	$m=1.75$	
	$X=1$	$X=0.5$		$X=1$	$X=0.5$		$X=1$	$X=0.5$
2	0.650	0.533	15	0.398	0.377	28	0.382	0.370
3	0.546	0.456	16	0.395	0.376	29	0.381	0.370
4	0.498	0.426	17	0.394	0.375	30	0.380	0.370
5	0.469	0.410	18	0.392	0.374	32	0.379	0.370
6	0.451	0.401	19	0.390	0.374	34	0.378	0.369
7	0.438	0.395	20	0.389	0.373	36	0.378	0.369
8	0.428	0.390	21	0.388	0.373	40	0.376	0.368
9	0.421	0.387	22	0.387	0.372	45	0.375	0.368
10	0.415	0.384	23	0.386	0.372	50	0.374	0.367
11	0.410	0.382	24	0.385	0.372	60	0.372	0.367
12	0.406	0.380	25	0.384	0.371	70	0.371	0.366
13	0.403	0.379	26	0.383	0.371	80	0.370	0.366
14	0.400	0.378	27	0.382	0.371	100	0.369	0.365

微灌管网中各种连接部件（如灌水器、接头、三通、旁通、弯头等）、阀门等会产生局部水头损失，当参数缺乏时，微灌系统局部水头损失可按沿程水头损失一定比例估算，干管和支管局部水头损失扩大系数可取 $k=1.05\sim1.10$，毛管局部水头损失扩大系数可取 $k=1.1\sim1.2$。首部枢纽中，水表、过滤器、施肥装置等产生的局部水头损失应使用企业产品样本上的测定数据。

【例 5.8】　有一滴灌支管，内径 $D=32mm$，管长 $L=120m$，有 20 个出水口，出水口的间距 $S=6m$，每个出水口的流量 $q=220L/h$。试计算该支管的沿程水头损失。

【解】　步骤 1：计算管道流量：

$$Q = 20 \times q = 20 \times 220 = 4400 (\text{L/h})$$

步骤 2：利用式（5.76）计算管道沿程水头损失，支管的水头损失扩大系数 k 取 1.05，由表 5.18 查得沿程水头损失系数 f 以及指数 m、b 分别为 0.505、1.75 和 4.75，于是有

$$h_f = k \times 0.505 \times \frac{Q^{1.75}}{D^{4.75}} L = 1.05 \times 0.505 \times \frac{4400^{1.75}}{32^{4.75}} \times 120 \approx 10.72 (\text{m})$$

步骤 3：支管的出水口 $N = 20$，查表 5.19 得多口系数 $F = 0.389$（$X = 1$），支管沿程水头损失为

$$\Delta H = F \times h_f = 0.389 \times 10.72 \approx 4.17 (\text{m})$$

【答】　计算的该支管沿程水头损失为 4.17m。

3. 微灌灌水小区中允许水头差的分配

灌水小区中水头差由支管的水头差和毛管水头差两部分组成，它们各自所占的比例由于所采用的管道直径和长度不同，可以有许多种组合，因此需要把水头差合理地分配给支管和毛管。

允许水头差的最优分配比例受所采用的管道规格、管材价格、灌区地形条件等因素的影响，需要经过技术经济论证才能确定。在平坦地形条件下，初步的允许水头差可按下列比例分配：

$$\Delta H_{支} = \Delta H_{毛} = 0.5 \Delta H_s \tag{5.77}$$

式中：$\Delta H_{支}$ 为支管允许的最大水头差，m；$\Delta H_{毛}$ 为毛管允许的最大水头差，m；ΔH_s 为灌水小区允许的最大水头差，m。

采用全压力补偿式灌水器时，可将允许水头差全部分配给支管。

【例 5.9】　某微灌系统设计灌水器流量偏差率 $q_v = 0.2$，现有两种灌水器，第一种灌水器的流量-压力关系为 $q = 0.41 h^{0.685}$，第二种灌水器的流量-压力关系为 $q = 0.632 h^{0.5}$，设计工作水头均为 $h_a = 10\text{m}$。试求灌水小区中支管、毛管允许的水头差，并说明流量指数对允许水头偏差的大小是如何影响的。

【解】　步骤 1：根据式（5.61）用第一种灌水器的流量-压力关系计算允许的最大水头和最小水头：

第一种灌水器允许的最大水头

$$h_{max} = (1 + 0.65 q_v)^{\frac{1}{x}} h_a = (1 + 0.65 \times 0.2)^{\frac{1}{0.685}} \times 10 \approx 11.95 (\text{m})$$

第一种灌水器允许的最小水头

$$h_{min} = (1 - 0.35 q_v)^{\frac{1}{x}} h_a = (1 - 0.35 \times 0.2)^{\frac{1}{0.685}} \times 10 \approx 8.99 (\text{m})$$

步骤 2：利用式（5.63）计算第一种灌水器的灌水小区允许的最大水头差：

$$\Delta H_s = h_{max} - h_{min} = 11.95 - 8.99 = 2.96 (\text{m})$$

步骤 3：利用式（5.77）计算第一种灌水器的支、毛管允许的水头差：

$$\Delta H_{支} = \Delta H_{毛} = 0.5 \Delta H_s = 0.5 \times 2.96 = 1.48 (\text{m})$$

步骤 4：根据式（5.61）用第二种灌水器的流量-压力关系计算允许的最大水头和最

小水头：

第二种灌水器允许的最大水头 $h_{\max}=(1+0.65\times0.2)^{\frac{1}{0.5}}\times10\approx12.77(\text{m})$

第二种灌水器允许的最小水头 $h_{\min}=(1-0.35\times0.2)^{\frac{1}{0.5}}\times10\approx8.65(\text{m})$

步骤 5：利用式 (5.63) 计算第二种灌水器的灌水小区允许的最大水头差：

$$\Delta H_s=h_{\max}-h_{\min}=12.77-8.65=4.12(\text{m})$$

步骤 6：利用式 (5.77) 计算第二种灌水器的支管、毛管允许的水头差：

$$\Delta H_支=\Delta H_毛=0.5\Delta H_s=0.5\times4.12=2.06(\text{m})$$

【答】 第一种和第二种灌水器的灌水小区支管、毛管允许水头差分别为 1.48m 和 2.06m。从计算结果可看出，对于两种流量指数不同的灌水器，流量指数越小的灌水器，灌水小区或支管、毛管的最大允许水头差值越大。从经济和抗堵塞角度，采用流量指数较小的灌水器较好。

4. 毛管水力计算

毛管水力计算的任务是根据灌水器的流量和允许流量偏差，计算毛管的最大允许长度，并根据地块和轮灌组划分等确定实际使用长度，按实际使用长度，计算毛管进口水头。

(1) 毛管最大铺设长度。毛管水头差等于毛管允许的最大水头差时的毛管长度称为毛管允许最大铺设长度。

对于平地的情况，毛管允许极限铺设长度可用下式计算：

$$L_m=\text{INT}\left(\frac{5.446\Delta H_毛\,d^{4.75}}{kSq_a^{1.75}}\right)^{0.364}S+S_0 \tag{5.78}$$

式中：L_m 为毛管允许最大铺设长度，m；q_a 为滴头设计流量，L/h；S 为毛管上出水孔或滴头的间距，m；d 为毛管内径，mm；k 为毛管局部损失扩大系数，可取 1.1；S_0 为毛管首端第一个出水孔与毛管进口处之间的距离，m。

坡度不等于 0 时，其毛管允许最大铺设长度可参阅《微灌工程技术规范》 (GB/T 50485) 计算。

【例 5.10】 某果园地形平坦，果树株距为 $S=5\text{m}$，采用内径为 $d=16\text{mm}$ 的毛管，毛管首端第一个出水孔距离毛管进口的距离为 $S_0=2.5\text{m}$，每株树绕树安装 6 个滴头，滴头流量-压力关系为 $q=0.632h^{0.5}$，设计水头 $h_a=10\text{m}$，滴头设计流量 2L/h，滴头流量指数 $x=0.5$，局部水头损失扩大系数 $k=1.1$。试计算设计流量偏差率为 $q_v=10\%$ 时的毛管最大允许铺设长度。

【解】 步骤 1：计算毛管上每个出水孔的流量。毛管在每株树处有一个出水孔，每个出水孔处安装 6 个滴头，因此，每个出水孔的流量为

$$q_a=2\times6=12(\text{L/h})$$

步骤 2：计算当 $q_v=0.1$ 时灌水小区中支毛管允许的最大水头差。利用式 (5.61) 和式 (5.63)，可得

$$\Delta H_s=h_{\max}-h_{\min}=h_a\left[(1+0.65q_v)^{\frac{1}{x}}-(1-0.35q_v)^{\frac{1}{x}}\right]$$

$$=10\times\left[(1+0.65\times10\%)^{\frac{1}{0.5}}-(1-0.35\times10\%)^{\frac{1}{0.5}}\right]\approx2.03(\text{m})$$

步骤 3：由式（5.77）计算毛管允许的最大水头差：
$$\Delta H_{毛}=0.5\times\Delta H_s=0.5\times2.03\approx1.02(\text{m})$$
步骤 4：由式（5.78）计算毛管最大允许铺设长度：
$$L_m=\text{INT}\left(\frac{5.446\Delta H_{毛}\ d^{4.75}}{kSq_a^{1.75}}\right)^{0.364}S+S_0=\text{INT}\left(\frac{5.446\times1.02\times16^{4.75}}{1.1\times5\times12^{1.75}}\right)^{0.364}\times5+2.5$$
$$\approx122.5(\text{m})$$

【答】　该果园设计流量偏差率 $q_v=10\%$ 时的毛管最大允许铺设长度为 122.5m。

（2）毛管实际取用长度与实际水头损失。上面计算的是毛管允许最大铺设长度，在田间实际布置时，应根据田块尺寸并结合支管布置以及轮灌组划分进行适当调整，但实际铺设长度必须小于允许最大铺设长度。然后根据毛管实际铺设长度，考虑地形高差后，计算出毛管的实际水头差 $\Delta H_{毛实际}$。此时，支管实际允许的水头差 $\Delta H_{支实际}$ 变为
$$\Delta H_{支实际}=\Delta H_s-\Delta H_{毛实际} \tag{5.79}$$

5．支管水力计算

支管水力计算的任务是确定支管长度和管径，使支管最大水头差等于或接近于由式（5.79）计算的实际允许水头差。

（1）灌水小区支管长度确定。确定支管长度时，应同时考虑灌水小区的流量与微灌系统设计流量的匹配关系，即使各轮灌组（由一个或若干个支管单元组成）的流量等于或接近于系统设计流量 Q_a。

（2）支管水头损失的计算方法。如果将每条毛管（毛管单向布置）或每对毛管（毛管双向布置）看作是支管上的一个出水口，则支管也为多口出流管。若支管上出水口的间距相同，并且每个出水口的流量也相同（即支管每个出口所带的毛管长度相同），则支管为多口等距等量出流管道。在确定了支管长度的基础上，可采用多口出流管水头损失计算公式（5.76）和式（5.36），通过试算的办法确定支管直径，使得支管的水头损失小于等于由式（5.79）计算得到的 $\Delta H_{支实际}$。

在支管水力计算中可能遇到均一管径和变径两种情况。

1）均一管径支管。对于较短的支管或逆坡铺设的支管，一条支管采用一种管径，水头损失的计算方法如前所述，可采用式（5.76）和式（5.36）计算。

2）变径支管。由于支管内的流量自上而下逐段减小，为了节省管材，减少工程投资，通常将一条支管分段设计成几种直径，这种支管称为变径支管，如图 5.49 所示。

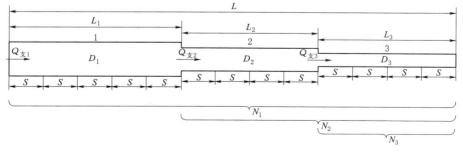

图 5.49　变径支管水力计算示意图

计算每一段支管的水头损失时，可将某段支管及其以下的长度看成与计算段直径相同的支管，则

$$\Delta H_{支i} = \Delta H'_{支i} - \Delta H'_{支i+1} \tag{5.80}$$

式中：$\Delta H_{支i}$ 为第 i 段支管的水头损失，m；$\Delta H'_{支i}$ 为第 i 段支管及其以下管长的水头损失，m；$\Delta H'_{支i+1}$ 为与第 i 段支管直径相同的第 $i+1$ 段支管以下长度的水头损失，m。

如果采用 PE 管作为支管，则

$$\Delta H_{支i} = k \times 0.505 \times \frac{Q_{支i}^{1.75} L'_i F'_i - Q_{支i+1}^{1.75} L'_{i+1} F'_{i+1}}{D_i^{4.75}} \tag{5.81}$$

若每条毛管的流量相等，即支管上每个出水口的流量相同，为 $Q_{单孔}$，则

$$\Delta H_{支i} = k \times 0.505 \times Q_{单孔}^{1.75} \times \frac{N_i^{1.75} L'_i F'_i - N_{i+1}^{1.75} L'_{i+1} F'_{i+1}}{D_i^{4.75}} \tag{5.82}$$

式中：$Q_{支i}$、$Q_{支i+1}$ 为分别为第 i 和第 $i+1$ 段支管进口流量，m³/h；F'_i、F'_{i+1} 分别为第 i 和第 $i+1$ 段支管及其以下管道的多口系数；L'_i、L'_{i+1} 分别为第 i 和第 $i+1$ 段支管及其以下管道总长度，m；D_i 为第 i 段支管直径，mm；k 为局部水头损失加大系数，对于支管，可取 $k=1.05 \sim 1.1$；N_i、N_{i+1} 分别为第 i 和第 $i+1$ 段支管及其以下出水口数目；其余符号意义同前。

【例 5.11】 有一微灌 PE 支管，总长 $L=100$m，进口流量 $Q_{支1}=10000$L/h，双向给毛管配水，每条毛管流量为 250L/h，毛管间距 $S=5$m。支管分 3 段，第 1 段长 $L_1=40$m，第 2 段长 $L_2=30$m，第 3 段长 $L_3=30$m，相应支管段内径分别为 $D_1=40$mm，$D_2=32$mm，$D_3=25$mm。试计算各段的水头损失和支管的总水头损失。

【解】 步骤 1：按式（5.82）计算各段支管水头损失。因支管是双向分水，每个出水口控制 2 条毛管，其流量为 $Q_{单孔}=2 \times 250=500$（L/h）；取局部损失加大系数 $k=1.05$，支管全长为 100m，第 1 段支管及其以下支管（包括第 1 段、第 2 段和第 3 段支管）长度 $L'_1=100$m，出水口数 $N_1=100/5=20$，第 2 段及其以下支管（包括第 2 段和第 3 段支管）长度 $L'_2=60$m，出水口数 $N_2=60/5=12$，第 3 段支管长度 $L'_3=30$m，出水口数 $N_3=30/5=6$，$m=1.75$，$x=1$ 时，查表 5.19 得各管段相应的多口系数别为：$F'_1=0.389$，$F'_2=0.406$，$F'_3=0.451$。各段水头损失的具体计算如下：

第 1 段：$\Delta H_{支1} = k \times 0.505 \times Q_{单孔}^{1.75} \dfrac{N_1^{1.75} L'_1 F'_1 - N_2^{1.75} L'_2 F'_2}{D_1^{4.75}}$

$$= 1.05 \times 0.505 \times 500^{1.75} \times \frac{20^{1.75} \times 100 \times 0.389 - 12^{1.75} \times 60 \times 0.406}{40^{4.75}}$$

$$\approx 3.77 \text{（m）}$$

第 2 段：$\Delta H_{支2} = k \times 0.505 \times Q_{单孔}^{1.75} \dfrac{N_2^{1.75} L'_2 F'_2 - N_3^{1.75} L'_3 F'_3}{D_2^{4.75}}$

$$= 1.05 \times 0.505 \times 500^{1.75} \times \frac{12^{1.75} \times 60 \times 0.406 - 6^{1.75} \times 30 \times 0.451}{32^{4.75}}$$

$$\approx 3.13 \text{（m）}$$

第 3 段：$\Delta H_{支3} = k \times 0.505 \times Q_{单孔}^{1.75} \dfrac{N_3^{1.75} L'_3 F'_3}{D_3^{4.75}}$

$$=1.05\times0.505\times500^{1.75}\times\frac{6^{1.75}\times30\times0.451}{25^{4.75}}$$

$$\approx2.0(\text{m})$$

步骤 2：计算支管的总水头损失：$\Delta H_{支}=\Delta H_{支1}+\Delta H_{支2}+\Delta H_{支3}=3.77+3.13+2.0=8.90(\text{m})$。

【答】 该支管各段的水头损失和总水头损失分别为 3.77m、3.13m、2.0m 和 8.90m。

（3）支管各出水口压力分布。为使毛管获得足够的工作水头，支管内任一出水孔处（即毛管进口处）的水头 $h_{支i}$ 应大于或等于该处毛管进口要求的工作水头 $h_{毛i}$，并且支管最大的水头差应小于允许的水头差 $\Delta H_{支实际}$。

支管上各点的水头分布如图 5.50 中的线 1。如果灌水小区内毛管长度不相同，则毛管进口所需要的水头是不相同的，如图 5.50 中的线 2。支管任一点的水头可以由下而上或自上而下逐段按下式计算：

$$h_{支i}=h_{支i+1}+\Delta H_{i+1}-(Z_i-Z_{i+1}) \tag{5.83}$$

或

$$h_{支i}=h_{支i-1}-\Delta H_i+(Z_{i-1}-Z_i) \tag{5.84}$$

式中：$h_{支i}$、$h_{支i+1}$、$h_{支i-1}$ 分别为支管第 i、$i+1$、$i-1$ 断面处的水头，m；ΔH_{i+1}、ΔH_i 分别为支管第 i 和 $i-1$ 段的水头损失，m；Z_i、Z_{i+1}、Z_{i-1} 分别为支管第 i、$i+1$、$i-1$ 断面处的地面高程，m。

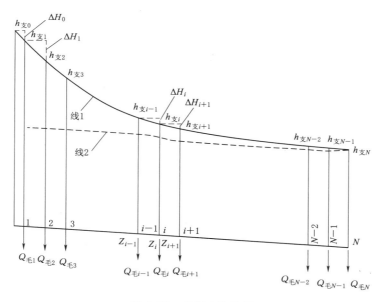

图 5.50　支管水头分布

线 1—沿支管水头分布线；线 2—毛管进口要求的工作水头线

6. 干管水力计算

干管的作用是将灌溉水输送并分配给支管，管径选择主要基于投资和能耗而定。干管各段管径可采用经验公式（5.41）和式（5.42）进行初选，按最不利的轮灌组计算水头损失，结合地形高差，确定最不利轮灌组的干管进口设计水头。

7. 系统设计水头

系统设计水头应在最不利轮灌组条件下按下式计算：

$$H = Z_g - Z_s + H_g + \Delta H_{首部} \tag{5.85}$$

其中，干管进口设计水头为

$$H_g = Z_d - Z_g + h_0 + \sum h_f + \sum h_j \tag{5.86}$$

式中：H 为系统设计水头，m；H_g 为最不利轮灌组干管进口设计水头，m；h_0 为典型灌水小区进口的工作水头，m；$\Delta H_{首部}$ 为滴灌系统首部的总水头损失，即干管进口至水源设计水位处的总水头损失，包括泵管、水泵出口至干管进口管段、阀门、接头、过滤器和水表等的沿程和局部水头损失，m；Z_g 为干管进口处地面高程，m；Z_s 为水源设计水位高程，m；Z_d 为典型灌水小区进口的地面高程，m；$\sum h_f$ 和 $\sum h_j$ 分别为典型灌水小区进口至干管进口的沿程水头损失和局部水头损失，m。

根据最不利轮灌组计算的系统设计水头和流量选择相应的水泵型号，一般所选择的水泵扬程流量参数应略大于系统设计水头和流量。

8. 水量平衡复核与节点的压力均衡

根据最不利轮灌组选定水泵型号后，还应核算其他轮灌组的水泵工作点，以确定水泵是否在高效区工作。

计算其他轮灌组工作条件下干管在各支管分水口处的压力，然后根据支管分水口处的干管压力与支管进口的压力要求，确定分干管管径或支管进口压力调节器的规格和型号，也可在支管进口与第一条毛管之间安装一定长度的较小管径规格的管段来消除支管进口多余的压力。

从同一节点取水的各条管道同时工作时，应比较各条管道对该节点的水头要求。可按其中最大水头要求作为该节点的设计水头，其余管道应根据节点设计水头与该管道要求的水头之差在其进口设置调压装置或调整管道管径。

5.5 地下滴灌
(Subsurface drip irrigation)

地下滴灌是微灌技术的一种形式，它是通过地下输配水管网和安装在耕作深度以下可以多年使用的地下灌水器（滴灌管、带），把水、肥（药）缓慢渗入到作物根区土壤，再借助毛细管作用或重力作用将水分扩散到作物根层供作物吸收利用的一种水肥一体化灌水方法。

地下滴灌灌水器的安装深度因作物、土壤、害虫、气候等而异。对于每年需要回收和/或更换滴灌管（带）的浅埋滴灌系统（深度小于 20cm），由于这种浅埋滴灌系统的特性与管理和地表滴灌非常相似，一般将这些浅埋系统归为地表滴灌系统。另外，通过管壁上的毛细孔出水的地下渗灌，由于其水力特性与管理和地下滴灌有大的差异，也不属于本节地下滴灌的范畴。

据有关资料统计，美国目前地下滴灌面积占微灌面积的 6.56%，已应用在玉米、棉花、蔬菜、果树等 30 多种作物的灌溉中。我国自 1974 年引入滴灌技术以来，对果树、大田作物、蔬菜等作物的地下滴灌技术进行了相关研究和田间应用。除了投资较高外，目前还存在诸多技术与管理问题，但地下滴灌的显著优点和巨大的节水潜力仍受到人们的普遍重视。

5.5.1　地下滴灌的优点与存在的问题（Advantages and problem of subsurface drip irrigation）

1. 优点

与其他灌水方法相比，地下滴灌具有显著的优点，主要表现在以下几个方面：

（1）具有更显著的节水效果。灌水器埋在地表以下，不会产生地表径流，减少了土壤水分蒸发损失。在正确安装和适宜运行管理情况下，深层渗漏也可得到有效控制。

（2）肥料利用率高并具有良好的环境效应。地下滴灌技术可适时适量地将水、营养物质和农药精确而直接地送到作物根区，并且实行小定额高频次的灌溉制度，硝态氮随灌溉水渗漏至土壤深层的可能性较其他灌溉技术小，减少了对土壤和地下水的污染。

（3）能够提高产量和改善农产品品质。由于地下滴灌可明显降低地表湿度，土壤结皮少、不板结，为作物生长创造了良好的土壤环境，可减少或防止病虫害的发生，提高作物产量，改善农产品品质。

（4）减少杂草生长。灌后地面较干燥，抑制了杂草的发芽和生长。

（5）方便管理，不影响地面的各种活动。即使滴灌灌水期间，相对干燥的土壤表面不影响田间劳作和农机具作业。

（6）延长了滴灌系统的寿命。埋在地下的管道可以防止紫外线辐射老化，延长系统的使用寿命，避免每年更换滴灌带。

（7）节省劳力。地下滴灌系统固定埋设在耕作层以下，不需要经常搬动和铺设。

2. 存在的主要问题

国内外对地下滴灌进行了较为广泛的研究，积累了多方面的经验，但目前还依然处于试验和小面积推广阶段。地下滴灌存在的主要问题包括以下几个方面：

（1）灌水器易堵塞。地下滴灌堵塞远比地表滴灌系统复杂，除与地表滴灌一样存在由于水质引起的物理化学堵塞外，还存在另外两个造成堵塞的诱因：一是负压吸泥，灌溉管道停水后，毛管中产生的负压将滴头周围土壤细颗粒吸入滴头而堵塞滴头；二是根系入侵，灌水器出口处的土壤含水量较高，植物根系的向水性生长可能会使根毛伸入滴头引起堵塞。另外，多年生作物的根可能会夹住滴灌管，阻止或减少管中水流。

（2）不利于作物出苗。地下滴灌带一般埋设在 25cm 以下，由于重力作用，土壤水分向下运移较多，如果灌水量小，可能会导致表层土壤水分不够，影响种子萌芽和出苗。如果要使表层土壤水分满足出苗要求，就必须增大灌水定额，这样又会产生深层渗漏。美国和澳大利亚、以色列一般采用的方式是在萌芽阶段采用喷灌或地面灌溉，这就增加了投资费用。

（3）难以适应不同行距作物或轮作。由于地下滴灌是固定式系统，很难适应轮作或不同行距的作物。采用小滴灌带间距实行全面积灌溉，却又不经济。

（4）易产生盐分积累。在盐碱地或采用微咸水灌溉，地下滴灌可能会导致盐分在湿润体边缘累积，影响作物生长。

（5）鼠害和虫害。在干旱地区，地鼠和某些虫子撕咬滴灌带，会导致滴灌带损坏。

（6）废弃滴灌带处理难。当地下滴灌系统被废弃时，埋入地下的废弃塑料管难以被回收处理。

（7）成本较高。与其他灌溉方法相比，地下滴灌的初始投资成本较高。

（8）运行管理要求严格。由于地下滴灌埋于地下，系统发生故障后，检查、维修时间长，费用高，特别是由鼠害和虫害引起的管道泄漏，定位和修复较难，因此对系统日常运行管理要求严格。

5.5.2　地下滴灌系统设计与管理（Design and management of subsurface drip irrigation system）

1. 滴灌带选择

地下滴灌不宜使用太薄的滴灌带，地面机械行走、土壤本身硬化或倒塌可能会使滴灌带变形，减少了系统流量和灌水均匀度。一般要求滴灌带壁厚大于 0.38mm，滴灌带直径可选择 16mm 及以上的滴灌带，地下滴灌一般采用 0.8～1.4L/h 的小流量滴头。有研究认为采用缝隙式出水口或带有舌片的滴头可以减少负压吸泥问题；也有人认为将氟乐灵（一种除草剂）与塑料原料混合制造含有氟乐灵的滴头，或采用含有铜片的滴头，可减少滴头受到根系入侵，这些措施的效果还有待于更多的田间试验验证。

2. 过滤器选择

与所有微灌系统一样，水质过滤对于确保地下滴灌系统正常运行和系统寿命至关重要。然而，对于地下滴灌系统，一般使用寿命需要超过 10 年，并且大都采用小流量滴头。因此水质过滤显得更加重要。应严格按照"滴头流道尺寸∶过滤掉的颗粒尺寸为 10∶1"的原则选择过滤器。

3. 设置集中式排水冲洗管

地下滴灌系统中，一般将滴灌管（带）末端用排水冲洗管连接在一起，便于集中冲洗滴灌管带，如图 5.51 所示。

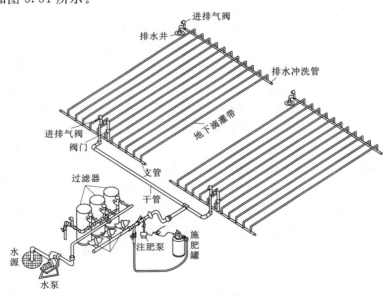

图 5.51　地下滴灌系统

4. 布置安装进排气阀

在系统干管、支管的局部高处安装足够数量的进排气阀，可有效减缓负压吸泥堵塞滴头。

5. 埋设深度与间距

埋设深度与间距是地下滴灌两个重要的设计参数，它们主要取决于作物、土壤和滴头流量等，可通过数值模拟与田间试验进行确定。目前，实践中滴灌带布置间距为 0.75～2m，埋深在 25～35cm 之间。

6. 地下滴灌系统运行管理

（1）防止根系入侵堵塞滴头。比较成功的方法是，每隔半年，利用滴灌施肥系统将氟乐灵施入到滴头出口周围的土壤，可以有效避免根系向滴头出水口生长。

（2）严格进行水质过滤与管道冲洗。对于地下滴灌系统，应比地表滴灌系统有更严格的水质管理，过滤器应定期进行冲洗和维护。应定期冲洗支管、毛管，以去除管中土壤颗粒和其他沉淀。

（3）定期注酸和注氯，以减少管道内碳酸钙沉淀和防止微生物生长。

（4）地下滴灌的管道和滴头埋入地下，管道水的跑漏很难直接观测到，更难评估系统运行和应用的均匀性。因此，应仔细监控系统流量计和压力表，以确定系统按照设计要求运行正常，及时发现问题。

（5）应严格按照制定的灌溉制度进行灌溉，灌溉管理不当可能导致灌溉不足，从而降低作物产量和品质，或导致过度灌溉，造成土壤透气性差和深层渗漏。

5.6　田间自动化灌溉系统
(Automatic field irrigation systems)

灌溉自动控制具有节约水、肥、能量、人工等优点，可基本消除在灌溉过程中人为因素造成的不利影响，提高操作的准确性，有利于灌溉的科学管理和先进灌溉技术的推广。

依据灌溉的控制模式，田间自动化灌溉系统可分为开环控制和闭环控制两种。所谓开环控制通常是需要操作人员的参与制定灌溉决策并设定灌溉的参数，比如灌溉的开始时间和结束时间作为灌溉系统启动和停止的约束条件。在闭环控制条件下，灌溉控制器可以根据土壤、天气或作物长势等情况，依据传感器的反馈数值和内部的控制算法自动做出灌溉决策，并进行灌溉过程的自动控制。灌溉控制器所依据的指标包括土壤水分指标、作物水分生理指标和气象指标三种类型，具体见第 3.2.5 节。

5.6.1　自动化灌溉系统的构成（Components of an automatic irrigation system）

1. 定时控制灌溉系统

定时控制灌溉系统的基本组成如图 5.52 所示。定时控制灌溉系统主要由定时器或时序控制器、控制命令电缆、电磁阀和继电器构成。定时器或时序控制器是系统的核心部件，通常安装在系统的合适部位。定时控制系统规模较小，控制设备数量不多，控制距离较近，控制命令通常通过控制电缆传送到执行设备。

定时控制灌溉系统的运行过程是通过灌溉管理人员预先将开始灌溉时间、每站灌水运

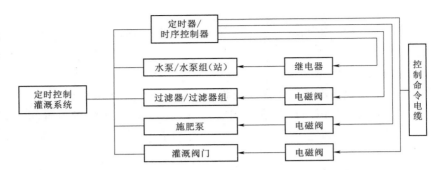

图 5.52　定时控制灌溉系统的基本组成

行时间和运行方式等参数输入控制器，控制器自动执行并发出控制命令自动启闭水泵、阀门，按设定的规定时间和轮灌顺序进行灌溉，实现自动化灌溉。

定时控制灌溉系统在灌溉中的应用减少了手动操作的随意性，提高了灌溉运行时间的准确性和灌溉运行的有序性，但由于没有信息反馈和控制调节，灌溉过程完全按照预设的固定模式执行，缺乏灵活性，控制程序的设置依赖于管理人员的经验和相关参考数据，灌水量精确性的把握不足。

2. 中央计算机控制灌溉系统

中央计算机控制灌溉系统是以可编程控制器为核心的高级智能灌溉控制系统，可编程控制器控制功能强，具有数据采集处理和通信联网能力，向上拓展可以连接通用的中央计算机，向下拓展可以连接不同的远程控制模块和现场控制设备，同时可以选择各种智能测量控制传感器进行系统集成，形成一个具有完整调控功能的灌溉控制系统。

典型的中央计算机控制灌溉系统主要由中央计算机、可编程控制器（PLC）、田间远程控制单元（RTU）、电磁阀、传感器和仪表、数据信息和控制命令传输系统等部件构成。中央计算机控制灌溉系统基本组成如图 5.53 所示。

可编程控制器（PLC）是智能化灌溉中央计算机控制系统的核心，可编程控制器具有定时控制功能，又具有条件反馈和调节控制功能，可以实现复杂的灌溉控制过程。

中央计算机安装控制程序，能够与可编程控制器进行双向实时通信，通过可编程控制器实现对现场设备的控制操作。中央计算机提供操作简单、友好的动态人机运行界面，实现数据信息长期存储，可以作为网络化控制的服务中心。

田间远程控制单元（RTU）是为实现大规模的灌溉控制而设计的现场控制设备，能够接受来自灌溉控制器的执行指令，实行现场就近控制，保证控制的准确性和可靠性。高级的田间远程控制单元既具有连接水泵、电磁阀等控制执行机构的功能，还可以连接各类传感器和仪表，实现现场数据信息的采集。

电磁阀是实现田间灌溉阀门自动控制的枢纽设备，它通过电缆直接连接到中心可编程控制器或就近的田间远程控制单元，根据可编程控制器上设置的灌溉施肥程序自动执行来自控制器的运行指令，实现灌溉阀门的自动启闭。

传感器和仪表是用于监控灌溉系统运行状况的传感设备，可以采集灌溉系统本身的设备运行信息、土壤和气象等环境信息，以及作物生理响应信息，传感器或仪表可以作为灌

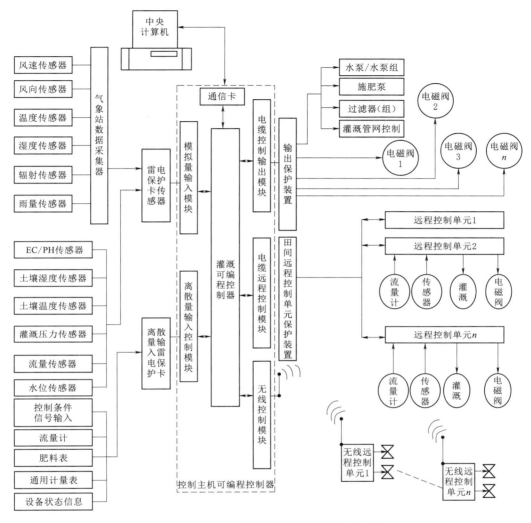

图 5.53 中央计算机控制灌溉系统基本组成

溉控制条件实现智能灌溉控制。灌溉自动控制系统的传感器和仪表主要包括液位计、压力传感器、温度/湿度传感器、雨量传感器、风速/风向传感器、流量计、EC/PH 传感器、土壤水分和电气设备状态传感器等。

5.6.2 自动化控制系统通信模式 (Automatic control system communication mode)

灌溉控制器根据通信方式大致可分为多线控制器、无线控制器和两线控制器等三类，其应用范围见表 5.19。

1. 多线控制器

多线控制器是灌溉领域最早期的控制器，典型的多线控制器如图 5.54 所示。多线控制器有交流式，也有直流式。交流式输入电压为 220V，输出额定值为 24V。直流式控制器的电池电压一般为 10V。连接控制器的电磁阀电磁头相应也为交流、直流，电磁阀一般为常闭式。当控制输出的电流抵达电磁头时，在电磁力的作用下，将活塞吸起，打开阀门

表 5.19　　　　　　　　　　　　　常用灌溉控制器类型与应用范围

控制器类型	特征	应用范围与条件
多线控制器	布线量大，施工及后期维护检修难度大，控制器价格便宜	一般用于阀门数量比较少的情况，如小型的绿地、花园等
无线控制器	无需布线，安装方便，需要更换电池或太阳能板供电	一般适用于季节性大田作物，如玉米、棉花、小麦等
两线控制器	布线很少，供电与控制信号共线传输	适用于规模化农场，需要控制阀门数量较多的情况。通常用于大型公园、园林景观或多年生的宿根作物，如果园等。同时也比较适合集中连片的温室种植

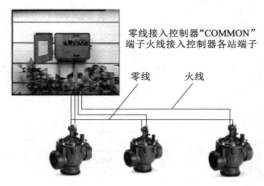

零线接入控制器"COMMON"端子火线接入控制器各站端子

零线　　　火线

图 5.54　典型的多线控制器

泄水孔，打开电磁阀。控制器的作用就是根据作物需水要求，按照操作人员编制的灌溉程序，定时启闭电磁阀，实施灌溉。

这种多线控制器带有许多终端，每个电磁阀均需要一条独立的电缆与控制器连接，当阀门数量较多时，用线量过大，因此在当前规模化种植的农业领域，很少应用。目前这种多线控制器基本用在别墅草坪或庭院的小规模灌溉系统。

2. 无线控制器

无线控制器与电磁阀之间基于 Zigbee 协议，通过 2.4GHz 频段进行无线通信，在电磁阀与控制器之间不需要布设信号线，施工较为方便，如图 5.55 所示。

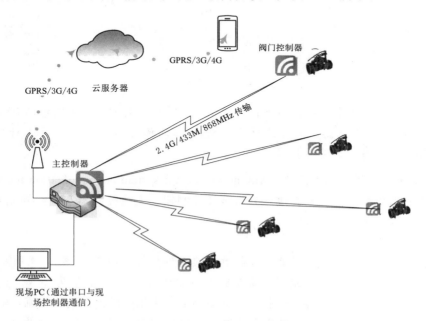

GPRS/3G/4G　阀门控制器

GPRS/3G/4G

GPRS/3G/4G　云服务器

2.4G/433M/868MHz 传输

主控制器

现场PC（通过串口与现场控制器通信）

图 5.55　典型的无线控制器与电磁阀

　　由于 2.4GHz 频段为各国共同的免执照频段，无须授权许可，只需要遵守一定的发射功率（一般低于 1W），并且不要对其他频段造成干扰即可自由使用，因此目前的无线灌溉控制系统均采用 2.4GHz 频段传输。但是 2.4GHz 的频率较高，无线信号传输损耗大，控制器发出的控制信号，较难准确送达到较远的阀门端，造成阀门无法正常运作。另外，高频信号波长较短，绕射能力较差，如果田间出现遮挡物，将会导致信号无法正常传输。如一些无线灌溉系统在作物苗期的时候，自控系统可以正常运行，但当植株长高以后，特别是玉米、棉花等，由于作物冠层本身造成的信号遮挡，会导致无线控制信号的丢失。近年来 LoRa 远距离无线传输技术的发展能弥补这一缺陷。

　　3. 两线控制器

　　两线控制器仅通过一条双芯信号线与田间的电磁阀及解码器相连接，如图 5.56 所示。每个电磁阀均配置一个解码器，解码器的功能相当于一个网卡，可以为电磁阀分配一个地址。每个解码器有唯一的地址，控制器通过这一地址来识别解码器。当控制器发送一个指令激活某一地址时，所有系统内的解码器都将收到这一指令，但只有与指令相对应的解码器会做出反应并开启或关闭对应的阀门。同时解码器会将状态信号传回控制器。两线控制器减少了大量线缆的使用开支和挖沟、铺设工作，使配线更为简单，并且信号传输稳定，便于修理维护。

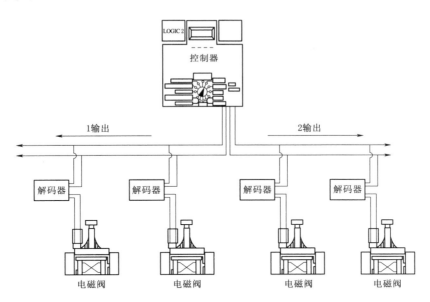

图 5.56　两线控制器线路典型布置

5.6.3　自动化灌溉系统关键设备（Main equipments for an automatic irrigation system）

　　1. 灌溉控制器

　　灌溉控制器用于对灌溉系统进行控制。开环灌溉控制器对灌溉的控制通常基于灌溉管理员的经验来控制何时进行灌溉，以及每次灌溉的灌水定额。这类灌溉控制器具有定时或定流量等参数设置，根据用户给定的参数操作电磁阀，进而对灌溉系统进行启、停的简单控制。闭环控制模式通常会基于传感器（土壤墒情、土水势、气象、作物冠层温度等）的反馈作为灌溉的依据，基于内部的模型自行判断灌溉系统的启动与停止时间。在20世纪90年代末期，很多的灌溉控制器均采用本地控制的模式，需要灌溉管理员在现场进行灌溉参数的设置。随着互联网的发展，一些灌溉控制器逐步增加了网络通信功能，使灌溉管理员可以通过网络，对灌溉控制器的运行进行远程管理和操作，提高了灌溉系统管理的便利性。为了对大量的灌溉控制器统一管理，出现了一些灌溉管理综合服务云平台。通过云服务器的建立，下游各台灌溉控制器可以借助公有云服务，实现远程综合的灌溉管理，进一步降低了网络远程控制的成本。

2. 电磁阀

自动控制系统中常用电磁阀作为控制阀，安装在管道系统的干管和支管上，通过接收控制器的指令来控制各个区域灌溉的启动与停止。

电磁阀可分为电磁头和主阀体两大部分。主阀体可以分为阀座、阀盖、隔膜、弹簧四大部分，如图5.57所示。其中隔膜由一种软质材料制成，把主阀体内部分为上腔（控制室）和下腔（水流主通道）且隔开，是控制阀门启闭的最主要部件。

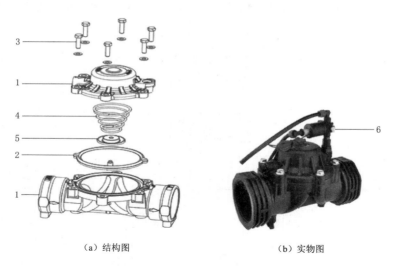

（a）结构图　　　　　　　　（b）实物图

图 5.57　电磁阀结构

1—阀座与阀盖；2—隔膜；3—螺栓与垫圈；4—弹簧；5—弹簧垫片；6—电磁头

作为先导阀的电磁头，在电磁力的作用下，可控制主阀体上腔（启动室）充水和泄水，从而使阀门的上、下腔产生压差，使隔膜在水压力的作用下压紧在阀座上或脱离阀座，来控制阀门的开启或关闭。

3. 压力传感器

压力传感器是能感受压力信号，将压力信号转换成电信号的器件或装置。通常由压力敏感元件和信号处理单元组成。被测介质的压力直接作用于传感器的膜片上（不锈钢或陶瓷），使膜片产生与介质压力成正比的微位移，使传感器惠斯登电桥失去平衡，对应转换为电信号，转换输出一个对应于这一压力的标准信号。

在灌溉管网系统中，一般采用压力传感器监测水泵出口或阀门出口的供水压力，并把监测数据传送到灌溉控制器进行逻辑判断。当系统压力过低或过高时，通过灌溉控制器进行自动调节或给管理员发送报警信息。

5.7　灌溉技术发展趋势
(Development trend in irrigation technology)

1. 灌溉渠网管道化，灌溉供水自来水化

在美国，灌区支渠以下的输水系统大部分采用地埋管道输水，地表采用可移动快速连接铝制管材和塑料软管进行闸管灌和波涌灌。以色列通过国家输水管道工程实现了输水管网化和引、输、灌水的自动化，既避免了在输水过程中因蒸发和渗漏而引起的损失，又实现了水资源的高效应用。日本早在 20 世纪 80 年代，就有一半以上的新建渠系实现了管道化。虽然我国在井灌区已经基本实现了低压管道输水，但大中型渠灌区渠网管道化还处于试点阶段。需要研发大口径新型高分子、复合材料管材以及配套的调压调流设备，提高管道输水与田间灌水配套水平，包括提高数字化、自动化技术水平以及设备标准化和系列化等。

2. 灌溉施肥（药）一体化技术

如第 3.5.3 节所述，水肥（药）一体化是促进现代农业转型升级与绿色发展的迫切需要，不仅能节水、节肥、节药、节劳，可减少农业面源污染，而且还可提高产量和品质，具有很好的发展前景。目前微灌水肥一体化施用技术已经基本普及，但与地面灌溉、喷灌配套的水肥一体化施用技术与设备还需要进一步研究，特别是如何实现水肥（药）一体化施用已引起人们的极大关注。

3. 变量灌溉技术

变量灌溉技术（variable rate irrigation）是一种优化灌溉用水的精准农业技术，始于 20 世纪 90 年代初的美国。大多数农田内的地形、坡度、土壤物理特性并不均匀，由此引起的作物生长与产量空间变异会引起作物耗水量的不均匀性，传统的均匀灌溉管理模式有可能使局部灌溉过量或不足，不仅可能导致作物减产和灌溉水利用效率降低、浪费水资源和能源，而且还可通过径流和深层渗漏对地表和地下水造成污染。全球定位系统（global positioning system，GPS）、地理信息系统（geographic information system，GIS）、遥感技术（remote sensing，RS）的发展，使得能够因地块的空间差异而定量确定作物需水量，通过变量技术（variable rate technology，VRT）实施精准灌溉管理。它通过土壤水分与作物生长信息监测，或采用天空地一体化智能感知，对土壤和作物信息辨识与决策，借助变量灌溉控制设备在整个田块内不同位置按需灌溉不同的水量，实现定量决策、变量投入，更精准地满足田块内所有作物的需水要求，整体提高作物产量和水分生产效率。变量灌溉的实现除需要常规的灌溉系统外，还需要变量灌水施肥/药装置、定位系统、变量控制系统。变量灌溉技术虽然还处于大面积应用的前期研究阶段，但是应用前景广阔。

4. 智慧灌溉技术

通过"互联网＋""云计算"和"大数据"等现代信息技术对现有灌溉技术的升级，实现基于土壤墒情预报、作物生长和水分动态信息监测，运用模糊人工神经网络技术、数据通信技术和网络技术，建立具有智能监测、传输、智能诊断预报和智慧决策功能的作物智慧灌溉技术是未来发展趋势。

思 考 与 练 习 题

1. 科学合理的灌水方法应达到哪些要求？

2. 简述灌水方法的分类、特点与适用范围。

3. 畦灌和沟灌的灌水技术要素有哪些？它们是如何影响灌水质量的？

4. 何为节水型畦灌和沟灌？

5. 何为波涌灌？其节水机理是什么？

6. 喷灌为什么可以节约灌溉水量、提高作物产量和改善其品质？

7. 喷灌的局限性主要表现在哪里？

8. 喷灌系统由哪几部分组成？各部分的作用是什么？

9. 喷灌系统有哪些类型？各类型的特点和适用范围如何？

10. 喷头有哪些类型？

11. 表征喷头性能指标的参数有哪些？它们的物理意义是什么？

12. 简述单喷头水量分布的特点、影响因素及表示方法。

13. 表征喷灌系统灌水质量的主要技术参数有哪些？

14. 喷灌系统的喷灌强度和均匀度如何测定？

15. 喷灌系统管网布置的原则有哪些？

16. 喷头组合间距如何确定？

17. 什么叫喷灌支管水力计算的 20% 准则？喷灌支管管径如何确定？

18. 喷灌系统的设计流量如何确定，如何校核？

19. 试述喷灌系统的设计步骤。

20. 简述微灌的种类与优缺点。

21. 试述微灌系统的组成。

22. 微灌灌水器有哪几种类型？什么是流量指数？如何选择灌水器？

23. 过滤器有哪几种类型？不同类型的特点和适用条件如何？

24. 微灌工程设计的主要技术参数包括哪些？

25. 微灌作物需水量与传统地面灌条件下的作物需水量有何区别？如何计算？

26. 什么是微灌土壤湿润比？如何确定？

27. 微灌灌水器的间距和毛管间距确定的依据是什么？

28. 什么是微灌灌水均匀度和流量偏差？如何保证微灌系统的灌水均匀度？

29. 微灌灌溉制度与地面灌、喷灌的灌溉制度比较，有何异同？

30. 微灌管网水力学计算的目的和任务是什么？简述其计算步骤。

31. 微灌灌水小区内支管、毛管水头差如何分配？

32. 低压管道输水灌溉为何节水？系统由哪几部分组成？

33. 某灌区种植小麦，灌水定额 $m=750\mathrm{m}^3/\mathrm{hm}^2$，土壤透水性中等。由土壤渗吸试验资料得第 1 小时内平均渗吸速率 $i_0=150\mathrm{mm/h}$，$\alpha=0.5$，地面纵向坡度为 0.002。

（1）计算灌水时间（h）；

（2）选择畦田长度和宽度（m）；

（3）计算入畦单宽流量 $[\mathrm{L}/(\mathrm{s \cdot m})]$。

34. 某地种植玉米，采用沟灌，土壤透水性中等，顺沟灌方向的地面坡度 $J=0.003$，采用灌水定额 $m=600\mathrm{m}^3/\mathrm{hm}^2$。要求：

（1）确定灌水沟的间距、长度与流量；

（2）计算灌水沟的灌水时间。

35. 某一面积 $100\mathrm{hm}^2$ 的小麦灌区，采用喷灌，系统日工作时间 16h，小麦需水高峰期日均需水量 6mm/d，灌溉水利用系数 0.85。试求喷灌系统需要的最小流量，并分析各计算参数对结果的影响。

36. 有一铺设在平地上的薄壁铝合金支管，其外径为 76mm，壁厚为 1.5mm，每节管长 6m。安装有 ZY_1 型喷头，喷嘴直径为 6mm，喷头额定工作压力为 300kPa，喷头流量为 $2.35\mathrm{m}^3/\mathrm{h}$，支管上喷头间距为 18m，支管进口与离开支管的第一个喷头之间的距离为 9m。试计算支管的最大铺设长度和支管进口水头。

37. 果园面积为 $20\mathrm{hm}^2$，果树株行距为 $3\mathrm{m}\times3\mathrm{m}$，土壤为砂壤土，需水高峰期日均需水量为 6mm/d，采用内嵌式滴灌管灌溉，滴灌管滴头间距为 1m，滴头流量为 2.3L/h，湿润直径为 0.8～1m。

（1）试确定系统需要的最小流量；

（2）滴灌管如何布置才能满足要求。

38. 某一内径为 16mm 的滴灌管，滴头间距为 0.3m，滴头流量-压力关系为 $q=0.69h^{0.524}$，滴头工作压力为 10m，系统设计灌水器流量偏差率 $q_\mathrm{v}=0.2$。

（1）计算灌水小区中支管、毛管允许的水头差；

（2）计算毛管的最大铺设长度，并计算其水头损失；

（3）如果支管长度为 100m，毛管在支管两侧采用"丰"字形布置，毛管铺设长度采用极限长度，试确定支管的直径。

推　荐　读　物

[1] Stetson L E, Mecham B Q. Irrigation [M]. 6th edition. Virginia：American Irrigation Association，Falls Church，2011.

[2] Freddie R L，James E A，Francis S N. Microirrigation for Crop Production [M]. Amsterdam：Elsevier，2007.

[3] Jack K，Ron D B. Sprinkler and Trickle Irrigation [M]. New Jersey：The Blackburn Press，2000.

数 字 资 源

5.1 卷盘式
喷灌机

5.2 玉米中心
支轴式喷灌
技术

5.3 玉米滴灌
技术

5.4 玉米膜下
滴灌技术

5.5 玉米地下
滴灌技术

参 考 文 献

［1］ 郭元裕. 农田水利学［M］. 3 版. 北京：中国水利水电出版社，1997.

［2］ 蔡守华. 旱作物地面灌溉节水技术［M］. 郑州：黄河水利出版社，2012.

［3］ 水利部农村水利司. 节水灌溉工程实用手册［M］. 北京：中国水利水电出版社，2005.

［4］ 中华人民共和国住房和城乡建设部，中华人民共和国国家质量监督检验检疫总局. 节水灌溉工程技术标准：GB/T 50363—2018［S］. 北京：中国计划出版社，2018.

［5］ 中华人民共和国住房和城乡建设部，中华人民共和国国家质量监督检验检疫总局. 灌溉与排水工程设计标准：GB 50288—2018［S］. 北京：中国计划出版社，2018.

［6］ 中华人民共和国住房和城乡建设部，中华人民共和国国家质量监督检验检疫总局. 喷灌工程技术规范：GB/T 50085—2007［S］. 北京：中国计划出版社，2007.

［7］ 中华人民共和国住房和城乡建设部，国家市场监督管理总局. 微灌工程技术标准：GB/T 50485—2020［S］. 北京：中国计划出版社，2020.

［8］ 中华人民共和国国家质量监督检验检疫总局，中国国家标准化管理委员会. 管道输水灌溉工程技术规范：GB/T 20203—2017［S］. 北京：中国计划出版社，2017.

［9］ 李光永，郑耀泉，曾德超. 地埋点源非饱和土壤水运动的数值模拟［J］. 水利学报，1996，27（11）：47 - 51.

［10］ 黄兴法，李光永. 地下滴灌技术的研究现状与发展［J］. 农业工程学报，2002，17（2）：176 - 181.

［11］ 莫彦，李光永，蔡明坤，等. 基于 HYDRUS - 2D 模型的玉米高出苗率地下滴灌开沟播种参数优选［J］. 农业工程学报，2017，33（17）：105 - 112.

［12］ 王荣莲，龚时宏，李光永，等. 地下滴灌防根系入侵的方法和措施［J］. 节水灌溉，2005（2）：5 - 7.

［13］ Mo Y，Li G Y，Wang D. A sowing method for subsurface drip irrigation that increases the emergence rate，yield，and water use efficiency in spring corn［J］. Agricultural Water Management，2017，179：288 - 295.

［14］ Mo Y，Li G Y，Wang D，et al. Planting and preemergence irrigation procedures to enhance germination of subsurface drip irrigated corn［J］. Agricultural Water Management，2020，242：1 - 12.

第6章

农业排水

农田地表积水或土壤水分过多，或者地下水位过高，常常导致作物受到涝渍或盐分胁迫，进而影响作物生长，造成作物减产。为了防止或消除涝渍或盐分胁迫对作物生长的不利影响，就需要通过排水进行调控。本章主要介绍农业排水的基本概念和基本方法，排水系统的规划与设计分别在第9章和第12章介绍。

6.1　农业排水的任务
(Objectives of agricultural drainage)

农业排水主要指农田排水，也包含畜禽养殖和水产养殖等养殖场排水。农田排水主要是通过地表或地下排水工程排除农田多余的水分，为农作物生长提供适宜的水、热、养分环境和通气状况，防止土壤盐碱化。有时为便于机械作业，也需要通过排水将土壤水分控制在适宜的范围。农业排水的任务包括除涝排水、防渍排水、盐碱地排水、稻田排水和养殖场排水等。

6.1.1　除涝排水 (Surface drainage for inundation control)

除涝排水主要是排除因降雨过多而产生的农田地表积水。在有些特定的情况下，农田周边山洪入侵、河湖漫溢或溃堤、海潮侵袭、邻近高地的客水汇入以及季节性冻融地区的春夏季融雪等也会导致农田地表积水。

农田的产流过程在水田和旱地中有所不同。降雨发生后，水田的水层随之上升，如果水层深度未达到水稻的耐淹水深，则不产生地面排水；反之，超出部分就需要排除。旱地由于不允许地表积水，降雨后有一部分水通常会入渗到土壤中，当表层土壤达到饱和，或者降雨强度超过表层土壤入渗能力时，就会产生地表积水，这部分水就需要通过地表排水系统排除。

农田的汇流过程主要与排水区的大小、地形特点、土地利用情况、排水沟网的密度、区域内是否存在滞涝湖泊等相关。通常排水区域面积越大，其汇流过程越长，在汇流过程中遇到的水流阻力以及因此而产生的水流滞蓄越多，因此，涝水在从田间排向干沟出口的过程中，单位面积的排涝流量就会越来越小，尽管在这个过程中由于排涝面积的不断增大排涝流量一般会逐渐增大。

不同土地利用的地面排水过程如图6.1所示。农田排水从降雨到产流再到汇流的过程既不同于城市排水，也不同于林地排水。城市排水由于地面大多被沥青、混凝土等人工材料覆盖，降雨入渗大为减少，大多变成地表径流由地势高处向地势低处汇流，汇流速度快，排水口处的流量峰值大且峰现时间早。林地则由于大量的树冠截留，落到地面的降雨

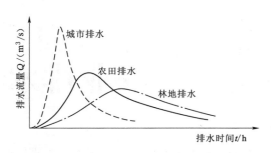

图 6.1　不同土地利用的地面排水过程

减少，减少了地面排水流量，排水过程相对平缓，当然由于林地大多位于山丘岗坡地带，又有加快汇流的作用，其排水过程较为复杂。而农田通常地势平坦，无论旱地还是水田都有一定的土壤入渗及蓄水作用，因而会在一定程度上削减地面排水流量，延缓汇流时间。

由于降雨覆盖的区域范围一般较大，区域内往往不仅有农田，还可能有工厂、村庄、林地等，种植的作物也可能有多种，因此，在进行除涝排水系统的规划设计时，需要考虑不同作物和不同土地利用对除涝需求的不同，分区或分段确定设计标准，合理进行工程布局与设计。

除涝排水流量较大，一般采用明沟排水的方式。农田涝水首先排入末级排水沟，再逐级通过斗沟、支沟和干沟排向干沟出口，最后排入排水承泄区。在经济发达地区或排水沟穿过城镇等特殊情况下也可采用暗沟或管道的方式。

6.1.2　防渍排水（Subsurface drainage for waterlogging control）

和涝灾不同，渍害主要是因降雨过多或地下水位过高引起土壤水分过多，超过作物要求的适宜含水率，导致作物减产的一种灾害。降雨后，雨水入渗使得土壤水分上升，当根系层含水率超过田间持水量时，土壤水分将会在重力的作用下向下运移补充地下水，引起地下水位上升。当地下水位上升到作物根系层甚至地表时，就会影响到作物根系的通气状况，从而产生渍害，影响作物产量。

渍害的产生受气候、地形、土壤质地、水文地质等多种因素的影响。渍害通常发生在湿润半湿润地区，且大多发生在平原地区、滨海地区和冲垄谷地。平原地区，湖泊洼地较多，江河纵横，汛期水位较高，地下水也因此常保持较高水位，降雨后地下水位容易升高。滨海地区，江河水位由于受到海潮的顶托容易引起地下水位上升。冲垄谷地，由于受周边地表水和地下水汇集的影响，地下水位通常较高，也容易产生渍害。土壤质地对渍害的影响主要表现在土壤的渗透性，黏质土地区由于渗透性较差，地下水位易升不易降，更容易造成渍害。另外，当耕作层以下存在不透水层且位置较浅时，地下水位也容易上升造成渍害。

我国的渍害田主要分布在长江中下游平原、珠江三角洲、东北三江平原、松辽平原、黄淮海平原及南方各省，据不完全统计，南方 16 省（自治区、直辖市）有近 1000 万 hm^2 渍害田，其中冲垄谷地渍害田占 52.9%，平原地区占 39.2%，滨海地区占 7.9%。

渍害的基本防治措施主要是排水。农田外围通过修建截流沟、截渗沟拦截地表水和地下水以防其进入农田；农田内部则通过修建明沟或暗管排除多余的水分，降低地下水位。

因降雨产生的渍害往往是涝渍相连，农田内部的排水系统应同时满足除涝和防渍的要求。由于防渍要求的排水沟（管）间距通常较小，若采用明沟排水，往往占用大量的耕地，同时将大规模农田分隔成小块的农田，影响耕作效率，此种情况下，可采用明暗结合的排水方式，暗管主要用于防渍，明沟主要用于除涝。

6.1.3　盐碱地排水（Drainage for salinity control）

盐碱地是土壤表层积聚有盐渍土的土地，广泛分布于世界各地，盐渍土较多的国家包括巴基斯坦、印度、中国、美国、阿富汗、伊拉克、哈萨克斯坦、土库曼斯坦、墨西哥、叙利亚、土耳其和澳大利亚等。我国约有盐渍土总面积 9913 万 hm^2，主要分布在西北、华北、东北及沿海地区。其中，盐渍化耕地面积为 920.94 万 hm^2，占全国耕地面积的 6.62%。

1. 盐渍土的成因

盐渍土是岩石风化形成的成土母质中的可溶性盐分在一定的气候、地形地貌、水文地质、生物作用及人类活动等条件下，通过地表水、地下水的溶解、运移、沉淀和聚积而形成的。影响盐渍土的主要环境因素如下：

（1）气候条件。气候因素中以降水和地面蒸发对土壤盐渍化的影响最大。通常采用蒸降比即蒸发量与降水量的比值来表征一个地区的干湿情况。当蒸降比小于 1 时，蒸发量小于降水量，土壤水盐总体向下迁移，一般不会受到土壤盐渍化的危害。反之，若蒸发量大于降水量，土壤中的盐分随水分积聚到地表，从而产生土壤盐渍化，且蒸降比越大，土壤盐渍化的风险也越大。我国长江以南地区气候湿润，降水充沛，蒸降比一般小于 1，除沿海局部地区受海潮浸渍存在一定面积的滨海盐渍土以外，一般不存在土壤盐渍化问题。长江以北地区则由于降水量较少，蒸降比均大于 1，且从东到西逐步上升，西北干旱半干旱地区蒸降比高达几十甚至 100 以上，所以我国的盐渍土主要分布在北方干旱、半干旱地区及滨海地区。

（2）地形条件。地形高低不同，土壤沉积母质的粗细及其排列厚薄也不同，同时也影响地表水、地下水及土壤中盐分的运动。盐分的迁移多是以水为载体，由于各种盐类的溶解度不同，随着地形自高向低处运移，溶解度小的钙、镁碳酸盐和重碳酸盐类首先沉积，溶解度大的氯化物和硝酸盐类则可以移动到较远的下游地区，地表水和地下水的矿化度也随之逐渐提高，从而使得土壤盐分从山麓、坡地到平原、滨海低地形成了化学分异（图6.2）。

（3）成土母质。我国大部分平原地区都属于第四纪沉积物，主要包括河湖沉积物、海相沉积物、洪积物和风积物等。不同沉积类型的特性不同，对土壤盐渍化的影响也有所不同。河湖沉积物在我国平原及河谷地区分布最为广泛。由于大量的水盐向湖盆汇集，积水湖洼地边沿一般都有较大面积的盐渍土分布，积盐强度除受气候、地形因素影响外，还与河湖洼地出流条件和河湖水矿化度高低有关。

（4）水文及水文地质条件。盐溶于水并随水移动，因此，水文及水文地质条件，特别是地表径流、地下径流的运动规律及其水化学特性对土壤盐渍化的发生和分布有着十分重要的影响。地

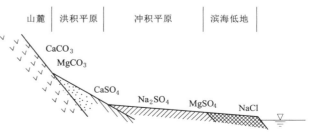

图 6.2　从山麓到滨海低地的盐类沉积

表径流主要通过引水灌溉或河水泛滥将河水中的盐分引入土体，或通过河道侧渗抬高地下水位并将河水中的盐分带入地下水中。地下径流对土壤盐渍化的影响则更为直接，其空间上的运动将直接导致土壤盐分的运移及土壤盐分的重新分布。同时地下水的埋深及其矿化度对土壤盐渍化的影响更为明显，埋深较浅，高于地下水临界深度时，由于地下水的蒸发将其中的盐分源源不断地带到地表，造成土壤盐渍化，地下水矿化度越高，盐渍化越严重。

（5）人类活动。人类不合理的生产活动也会造成土壤盐渍化，称为次生盐渍化。如超量灌溉导致地下水位大幅度上升，渗漏引起渠道两侧地下水位升高，有灌无排导致地下水位上升和土壤盐分的不断积累，采用微咸水及劣质水灌溉导致土壤中盐分增加，不适当的施肥导致土壤板结、土壤盐分增加等等，都是造成土壤盐渍化的重要原因。

2. 盐渍土的分类与分级

盐渍土的分类与分级目前国内外没有统一的标准。关于盐土的含盐量指标，国内目前一般采用的标准如下：当表土（一般厚度 20～30cm）含盐量超过 6～20g/kg 即认定为盐土，其中氯化物盐类的下限为 6g/kg，硫酸盐盐类的下限为 20g/kg，氯化物硫酸盐或硫酸盐氯化物盐类的下限为 10g/kg；当表土含盐量超过 5g/kg 且土壤可溶盐中苏打含量超过 5mmol/kg 时，则归为苏打盐土。碱土的划分一般以碱化度（exchangeable sodium percentage，ESP）和 pH 值为指标。碱化度是指单位质量干土中所含代换性钠占阳离子代换总量的百分率。目前一般将 pH 值>9，$ESP>30\%$，且表土含盐量不超过 5g/kg 的土壤划为碱土。

土壤盐渍化程度的分级主要是用来表征其对作物生长的危害程度，它受到气候、土壤含盐量、盐分组成、土层厚度、作物品种及生育阶段等因素的影响。由于我国各地自然条件差异较大，盐分种类较多，不同地区的作物耐盐性也存在差异，因此很难制定统一的分级标准。考虑到土壤盐分的分布一般是向表层积聚，且盐分在种子发芽和幼苗期对作物危害最严重，目前国内各地区确定土壤盐渍化分级标准时大多以 0～20cm 或 30cm 土层的含盐量为准，也有部分标准以 0～50cm 或更深土层为准计算。还有部分地区以作物苗期缺苗程度为依据分级。我国部分地区的土壤盐渍化分级情况见表 6.1～表 6.3。

土壤碱化程度的分级国内外也没有统一的标准，目前一般根据碱化度的多少来分级，碱化度小于 5% 为非碱化土，5%～10% 为轻度碱化，10%～15% 为中度碱化，15%～25% 为强碱化。

表 6.1　　　　　　　　　　**山东近代黄河三角洲土壤盐分分级标准**

盐渍化程度	土壤含盐量/(g/kg)		综合指标	开发利用难易程度
	表土层	0～100cm	作物生长状况	
轻	<2	<1	地边田垄有返盐现象，作物生长轻度受抑制，局部缺苗断垄	易
中	2～4	1～3	小麦、玉米等作物缺苗较重，出现少量小块盐斑（10%～30%），棉花、高粱等轻微缺苗断垄	较易
重	4～8	3～5	植株参差不齐，农地盐斑较多（30%～50%）	较难

表 6.2　　　　　　　　　　　　　　甘肃盐化土分级标准

盐渍化程度		作物生长情况	土壤含盐量/(g/kg)			
			SO_4^{2-} 为主		Cl^- 为主	
			0~30cm	0~100cm	0~30cm	0~100cm
非盐化土		正常	<4	<3	<3	<2
盐化土	轻	稍有抑制	4~8	3~6	3~5	2~4
	中	中等抑制	8~12	6~10	5~8	4~6
	重	严重抑制	12~20	10~15	8~12	6~10
盐土		死亡	>20	>15	>12	>10

表 6.3　　　　　　　　　　　新疆盐化土分级标准（适用于大田作物）

盐渍化程度		极轻盐渍化	轻度盐化	中度盐化	重度盐化	盐土
土壤含盐量/(g/kg)	土层深度 0~15cm	<6.24	6.24~7.51	7.51~8.16	8.16~15.70	>15.7
	土层深度 0~30cm	<5.54	5.54~7.27	7.27~8.66	8.66~13.45	>13.45
	土层深度 0~60cm	<4.25	4.25~6.49	6.49~8.15	8.15~12.16	>12.16
	土层深度 0~100cm	<3.91	3.91~4.91	4.91~5.97	5.97~8.95	>8.95
缺苗面积		<1/10	1/10~1/3	1/3~1/2	>1/2	个别成活
作物生长		正常	稍受抑制	中等抑制	严重抑制	大多死亡
作物减产		0	10%~20%	20%~50%	50%~80%	100%

盐渍土的盐分常以离子态存在于土壤溶液中，主要的阳离子有钠（Na^+）、钾（K^+）、镁（Mg^{2+}）、钙（Ca^{2+}）等，阴离子有碳酸根（CO_3^{2-}）、重碳酸根或碳酸氢根（HCO_3^-）、氯离子（Cl^-）和硫酸根（SO_4^{2-}）等，通常称为八大离子。这些离子结合而成的常见盐类有碳酸钙（$CaCO_3$）、碳酸氢钙 [$Ca(HCO_3)_2$]、碳酸镁（$MgCO_3$）、碳酸氢镁 [$Mg(HCO_3)_2$]、碳酸钠（Na_2CO_3）、碳酸氢钠（$NaHCO_3$）、硫酸钙（$CaSO_4$）、硫酸镁（$MgSO_4$）、硫酸钠（Na_2SO_4）、氯化钙（$CaCl_2$）、氯化镁（$MgCl_2$）、氯化钠（$NaCl$）等。

盐分对作物的危害程度主要取决于盐分的含量和盐分的种类。不同盐分的溶解度不同，通常溶解度越高的盐分对作物的危害越大。同一种盐分，浓度不同其渗透压不同，渗透压越高对作物的危害越大。盐分对作物的危害程度还与作物品种有关，相同的盐分对不同作物的危害程度也不同。常见的土壤盐分中，钠盐以 Na_2CO_3 毒性最大，其次是 $NaHCO_3$ 和 $NaCl$，Na_2SO_4 毒性最小，不同钠盐的危害程度比例关系大体为 Na_2CO_3：$NaCl$：Na_2SO_4=10：5：1。镁盐中，$MgCl_2$ 毒性最大，$MgSO_4$ 其次，$MgCO_3$ 和 $Mg(HCO_3)_2$ 毒性很小，几乎无害。钙盐中，$CaCl_2$ 危害极大，$CaCO_3$、$Ca(HCO_3)_2$ 和 $CaSO_4$ 基本上都无毒害。各种有害盐类对作物的危害程度大致可按下列顺序排列：Na_2CO_3>$MgCl_2$>$NaHCO_3$>$NaCl$>$CaCl_2$>$MgSO_4$>Na_2SO_4。由于实际的土壤盐分大多为两种或两种以上盐分混合而成的复合盐，而不同盐分之间往往存在拮抗作用，因此，实际的土壤盐分对作物的危害较单盐要有所减轻。

3. 盐渍土的分区

我国盐渍土的分布十分广泛，秦岭—淮河以北的各个省区及滨海地区均有分布。按照气候、地形、水文地质及盐渍土的类型等综合特点，可将我国盐渍土地区划为五个区：

（1）西北内陆干旱盐渍土地区。主要包括新疆、青海、甘肃河西走廊和内蒙古西北大部分地区，是我国盐渍土面积最大的地区。这些地区荒地资源丰富，开垦潜力大。其特点是降水量少，蒸发强烈，气候干燥，年平均降水量 100～300mm，最低 10mm。地下水矿化度一般为 3～5g/L，高的可超过 10g/L。盐渍土主要有盐化草甸土、盐化荒漠土、碱化荒漠盐土、沼泽化盐土。土壤盐分除盐滩和盐湖附近以氯化物为主外，多以硫酸盐为主。

（2）黄河中上游半干旱盐渍土地区。主要包括青海和甘肃两省的东部、宁夏和内蒙古的河套地区及陕西和山西的河谷平原。该地区气候较干旱，春季多风，降水稀少，年均降水量 140～300mm，平均蒸发量 1600～2300mm。因有黄河及其支流的良好水源条件，其灌溉历史悠久，土壤次生盐渍化较为普遍。

（3）华北盐渍土地区。主要包括黄河下游两岸低洼地区、海河流域中下游及黄淮平原地区。该地区年降水量 400～800mm，但地势低平，排水困难，一到雨季，常发涝灾。雨季一过，又出现旱灾。春季干旱多风，蒸发强烈，地表积盐。土壤主要为黄河冲积物，质地较轻。土壤盐分以硫酸盐及氯化物为主，局部地区有重碳酸盐。

（4）东北盐渍土地区。主要是东北的三江平原、松嫩平原、西辽河流域及呼伦贝尔地区。该地区气候比较湿润，年降水量大多在 500～700mm 之间，冬季严寒，春季干旱。多为冲积平原，地势平坦，地下水埋深一般 2m 左右，地下水矿化度 2～5g/L，局部可达 10g/L。盐渍土以重碳酸盐和碳酸盐为主。

（5）滨海盐渍土地区。主要包括长江以北的山东、河北、辽宁等省及江苏北部的沿海冲积平原及长江以南的浙江、福建、广东等省沿海地带，其特点是地势平坦，地下水受海水顶托，出流不畅。年降水量南部约 1000mm，北部约 600mm。地下水埋深一般 0.5～2.5m，地下水矿化度在 10g/L 以上，高的可达 30～40g/L。土壤含盐量也较高，1m 土层平均在 4g/kg 以上，局部高达 50g/kg，盐分以氯化物为主。

4. 盐碱地淋洗排盐

尽管各地盐渍土的成因不相同，但最终影响土壤盐渍化的关键因素主要是地下水埋深、矿化度及土壤水盐运动。当地下水埋深较浅时，蒸发作用使下层土壤及地下水中的盐分通过土壤毛管向上运动并积聚在地表，造成土壤盐渍化。因此，治理盐碱地的关键：一是将地下水位控制在一定的深度以下，通常以地下水临界深度为控制标准（参见 3.4.2节）；二是通过灌溉淋洗压盐，将积聚在土壤表层的盐分淋洗到作物根层以下，然后通过排水系统排出农田。

明沟和暗管是盐碱地区采用较多的排水方式，有时也采用竖井排水、生物排水和干排水的方式。在设计盐碱地排水系统时，明沟、暗管等排水工程的深度通常按照地下水临界深度确定（参见 6.3.1节），但由于地下水位是动态变化的，很难将地下水位一直控制在地下水临界深度以下，一劳永逸地根除土壤盐渍化。实际上，在广大的北方干旱半干旱地区，夏季作物生育期由于普遍需要灌溉，往往会引起地下水位的短时上升，从而造成生育期末土壤返盐的现象，为了保证第二年作物能够正常生长，通常在非生育期要利用淡水对土壤进行淋洗，将积聚在土壤耕作层的盐分淋洗到耕作层以下，并通过排水系统排出农田。

淋洗排水也称冲洗排水，其目的不同于除涝排水或防渍排水，不是排除农田的过剩水分，而是排除土壤中的有害盐分。为了将盐分排出作物根层，首先需要通过灌水将土壤中的盐分溶解，然后再通过灌溉水的入渗将根层土壤中多余的盐分淋滤到土壤深层的地下水中，最后通过排水沟或暗管将含盐的地下水排出农田，淋洗后作物根层的土壤含盐量应保持在耐盐阈值以内。因此，淋洗排水的关键是需要有足够的淋洗水量。淋洗定额的确定方法见 3.4.2 节。

6.1.4　稻田排水（Drainage in paddy fields）

稻田通常有以下几方面的排水需求：①除涝；②晒田；③保持适宜的渗漏强度；④保证机械耕作需要的土壤承载能力；⑤控制水旱轮作需要的土壤水分和地下水埋深。

水稻一般生长在湿润地区，降水较多。尽管水稻是喜水作物，但如果淹水深度和淹水时间超过其耐淹能力，也会导致作物减产甚至绝收，因此，需要有足够的排水能力以防止涝灾的发生。

稻田大部分生育阶段都处于淹水或湿润状态，但在分蘖期末，为了增加土壤的含氧量，抑制无效分蘖和基部节间伸长，促使茎秆粗壮、根系发达，往往需要晒田，将田面水层排干，并使土壤表面出现干裂。此时，稻田排水就成为不可缺少的措施。

水稻收割前，为了便于机械收割作业，也需要排干田面水分并将地下水位降到一定的深度，以保证机械行走所需要的土壤承载力。

近年来，随着节水灌溉技术的推广普及，传统的以淹水为主的水稻栽培模式逐步被间歇式灌溉所取代，但仍有部分生育期采用淹水栽培。在淹水栽培的情况下，稻田需要保持一定的渗漏强度，以促进稻田的水分交换，排除土壤中的有害物质，维持稻田根层良好的通气状况。根据我国各地经验，稻田适宜的渗漏强度为 2～8mm/d，黏性土取较小值，砂性土取较大值。稻田渗漏强度主要受根层土壤质地、地下水埋深、排水沟（管）间距等因素的影响，因此，要维持适宜的渗漏强度，需要通过排水沟（管）将地下水位控制在适宜的深度。

此外，我国南方不少地区的稻田，往往采取稻麦轮作或稻油轮作等水旱轮作模式，水稻生长结束后，需要将地下水位控制在适宜的深度，以保障旱作物生长所需要的水分条件。

6.1.5　养殖场排水（Drainage from animal husbandry）

养殖场是将一定数量的畜禽等驯化动物或者鹿、麝、狐、貂、水獭、鹌鹑等野生动物集中到特定区域内统一饲养、繁殖的场所，养殖规模较大的主要有猪、羊、牛、鸡、鸭等，集约化畜禽养殖在提升养殖效率的同时带来了严重的环境污染问题。据农业农村部、国家统计局及生态环境部 2020 年 6 月发布的《第二次全国污染源普查公报》显示：2017 年全国水污染物排放化学需氧量（COD）2143.98 万 t，氨氮（$NH_4^+—N$）96.34 万 t，总氮（TN）304.14 万 t，总磷（TP）31.54 万 t；其中畜禽养殖排放的水污染物中，COD 1000.53 万 t、NH_4^+—N 11.09 万 t、TN 59.63 万 t、TP 11.97 万 t，分别占全国水污染物排放量的 46.7%、11.5%、19.6% 和 38.0%，因此畜禽养殖业污染物排放已成为全国水污染物排放的主要来源之一。

在传统的散户养殖方式下，可以通过养殖场周边的农田土地来消纳处理养殖过程中产生的废水。然而在规模化养殖场，大量投入的饲料、滞留的残渣、饲养区域清理产生的污水混合畜禽粪便尿液所产生的综合污水中含有大量的 COD、氮、磷、有机质、病原微生物等，存储和处理的难度加大，并且由于周围的农田不足以消纳，若运送到较远的土地又需要解决运输及二次污染的问题。因此，很多养殖场采取原位存储或排放的方式，但是这种方式又很容易造成水、土、大气的污染，并增加人畜共患病传播的风险。

一般来说，大规模畜禽养殖的废水具有两个明显的特征。一是污水产生量大，易造成环境污染。以生猪养殖为例，水冲洗粪工艺每万头猪每日排放冲洗水约 200t，年排放约 7.3 万 t；干清粪工艺每万头猪每日排放冲洗水约 100t，污水年排放量约 3.65 万 t。而养殖场产生的废水为高浓度有机废水，其中还含有部分消毒水、重金属等污染物，如果无害化处理或资源化利用不当，易对地下水及养殖场周围地表水造成污染。二是养殖废水养分浓度高，可作为资源开发利用。畜禽养殖废水中的高浓度氮磷物质，如果回收利用得当，可作为肥料使用。处理后的污水则可用于农田灌溉，节约水源。

目前养殖废水循环利用模式主要有四种：一是种养结合，即通过养殖场的自有农田或者周围配套农田来消纳养殖废水；二是循环利用，即通过过滤、筛分等初级处理去除养殖废水中的固体杂质，过滤水可用于冲洗圈舍；三是沼气能源化利用，即通过沼气发酵工程处理养殖废水，产生沼气；四是达标排放，即通过一系列技术处理，使养殖废水中的污染物浓度降低，达到环境排放标准后排出。

我国的畜禽种类及产生的养殖废水污染物特征、排放标准与农田灌溉水质标准见表 6.4 和表 6.5。从表中可以看出，畜禽养殖废水中的各污染物浓度均远高于畜禽养殖业废水的排放标准和农田灌溉水质标准。因此，如何处理畜禽养殖废水，降低养殖废水中污染物的浓度，使养殖废水达标排放并且实现合理化利用，同时减少处理利用过程中对环境的污染，是畜禽养殖排水的主要任务。

表 6.4 　　　　　　　　　　　畜禽养殖废水污染物特征　　　　　　　　　单位：mg/L

畜禽种类	清粪方式	COD	生化需氧量（BOD）	NH_4^+—N	TN	TP	固体悬浮物（SS）
猪	干清粪	2510~2710	3850~4820	234.0~228.0	317.0~423.0	32.7~52.4	3000~5800
	水泡粪	15600~16800	6000~7500	127.0~1780.0	141.0~1970.0	32.1~293.0	15000~18000
肉牛	干清粪	887	2214	22.1	41.1	5.3	3347
奶牛	干清粪	918~1050	685~2633	41.6~60.4	57.4~78.2	16.3~20.4	1192~7823
蛋鸡	水冲洗	2740~10500	17000~32000	70.0~601.0	97.5~748.0	13.2~59.4	

表 6.5　　　　　　　　国家畜禽养殖业排放标准与农田灌溉标准　　　　　　　　单位：mg/L

标准名称	适用范围	COD	BOD	NH_4^+—N	TN	TP	SS
《畜禽养殖业污染物排放标准》 （GB 18596—2001）		400	150	80		8.0	200
《农田灌溉水质标准》 （GB 5084—2021）	水田	150	60				80
	旱地	200	100				100
	蔬菜	100①/60②	40①/15②				60①/15②

① 加工、烹调及去皮蔬菜。
② 生食类蔬菜、瓜果草本类水果。

6.2　农业排水方式
（Agricultural drainage methods）

农业排水方式有多种分类方法，按照是否需要机械提水可分为自流排水和抽水排水。当排水承泄区水位低于排水区域排水口水位时，一般采用自流排水；反之，需要通过水泵抽排。

按照排水的对象可分为地面排水和地下排水，地面排水主要是排除农田地表积水，如除涝排水；地下排水主要是排除土壤中多余的水分，或降低地下水位，如防渍排水、盐碱地淋洗排水等。

按照排水的季节还可分为汛期排水和日常排水。汛期多发暴雨，以排除地表径流为主。而日常排水主要是控制地下水位和土壤水分。

按照排水的汇集和输送方式又可分为明沟排水、暗管排水、竖井排水、其他排水方式以及组合排水等。下面主要介绍这几种排水方式的特点。

6.2.1　明沟排水（Ditch drainage systems）

明沟排水是农田排水最主要的方式，适用于地面排水和地下排水。地面排水时，农田积水沿着田面坡度在重力的作用下排向田块末端的排水明沟，然后通过农沟、斗沟、支沟、干沟等各级排水沟流向排水出口。地下排水时，则通过控制田块两侧的末级排水沟水位，使农田地下水位与末级排水沟水位产生落差，通过持续的排水，将地下水位控制到作物的适宜埋深或地下水临界深度。

明沟排水的优点是排水速度快，施工简单，建设成本相对较低，维护管理也比较方便。在有些地区排水沟可用作滞蓄涝水或用于通航等。其缺点是占用土地面积较大，特别是采用明沟进行地下排水时，沟深往往较大，这一问题更为突出。明沟将田块分割为较小的单元，不利于田间交通和机械化耕作，需修建桥涵等交叉建筑物。沟内易生杂草，在沙质土地区，排水沟还容易坍塌淤积，每2～3年甚至每年都需要清淤。

排水明沟通常不加衬砌。为防止边坡坍塌等确需衬砌时，应保持一定的透水性，以利于两侧农田的排水，同时也有利于维持农田生态环境。

明沟排水系统通常由多级排水沟道组成，而末级排水沟的沟深和间距则是决定整个系统布局的基本参数。末级排水沟的沟深和间距取决于排水的目的和要求，与田面坡度、田块的土质、农田所在区域的水文地质条件以及农业机械耕作的要求等因素有关；对于盐渍化农田，还与土壤含盐量的大小等有关。

6.2.2　暗管排水（Pipe drainage systems）

暗管排水是通过埋设在地下的透水管道排除土壤中多余水分的一种方式，其特点是可以加快地下排水的速度，主要用于地下排水。暗管排水不适用于地面排水，通常需要与明沟结合才能完成区域范围的农田排水。

暗管排水的优点是不占用耕地，不影响田间交通和耕作。其缺点主要是施工要求高，投资往往较明沟排水大。此外还存在堵塞的风险，经过一段时间的运行后，其排水能力往往会有不同程度的下降。

暗管排水系统通常有单级暗管系统和多级暗管系统。单级暗管系统只有一级吸水管，吸水管为透水的多孔管，吸水管汇集的田间地下排水直接排向明沟。多级暗管系统除了有吸水管以外，还有集水管系统。吸水管将地下排水排向集水管，集水管再将水排向明沟。集水管可以是多孔管或无孔管，可以进一步分为支管和主管。

6.2.3　竖井排水（Well drainage systems）

竖井排水是利用竖井抽取地下水降低地下水位的一种方式。由于竖井排水能产生较大的地下水位降深，多用在北方地区以防止土壤盐渍化。如果所在地区地下水矿化度较低，可将抽出的地下水用于灌溉或其他用途，实行井灌井排。反之，则抽出的地下水还需排出区外，或就地进行淡化处理后利用。因此，竖井排水往往还需与明沟或管道系统结合使用。

竖井排水的优点主要有：在局部高低起伏的洼地，可以避免土地平整和布置较多的排水明沟，减少土方工程，同时减少耕地占用面积；地下水位降深大，控制土壤盐渍化效果好，一旦表层土壤脱盐就不易再次返盐。

其主要缺点有：竖井与明沟和暗管相比工程结构相对复杂，同时还需要配套相应的动力，其建设和运行成本较高；容易过度排水，导致地下水位下降过深，影响周边地区以地下水为水源的其他用户的用水，不适宜小范围的排水。

在涝渍灾害频发的地区，一般需要在较短的时间内将农田地表水排除或将农田地下水位降到作物的耐渍深度，如果采用竖井排水的方式，需要的竖井密度大且效果较差，一般不采用竖井排水。

竖井排水对水文地质条件有较高的要求，含水层的透水性过大或过小都不适宜采用竖井排水。

6.2.4　其他排水方式（Other drainage methods）

除了上述排水方式外，还有一些其他的排水方式，简要介绍如下：

（1）鼠道排水（Mole drainage），是利用特制的机具（鼠道犁），在地表以下一定深度处挤压土层而形成鼠洞状通道（图6.3），以排除农田多余的水分。这种方式一般用在黏质土地区，主要用于加快地表积水的下渗和向排水沟的汇集。由于黏质土渗透性较差，鼠道排水对于控制地下水位作用较小。鼠道排出的水一般直接进入明沟排水系统。其优点是不占地，施工简单，排水效果较好；缺点主要是使用寿命短。

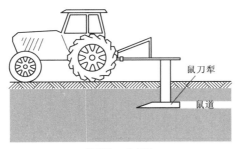

（a）鼠道施工示意图　　　　　　　　　　　（b）鼠道横剖面

图 6.3　鼠道

（2）生物排水（Bio-drainage），是在渍害或盐渍化农田周边或渠道两侧种植树或灌木，通过庞大的根系吸取地下水，从而降低地下水位，防止农田遭受渍害或盐渍化威胁的排水方式。

树木具有很强的蒸腾能力。据研究，每千克杨、柳、榆树鲜叶的蒸腾速率可达 $0.5\sim0.8\mathrm{kg/h}$，一棵成年杨、柳树每年可蒸腾地下水 $80\sim90\mathrm{m}^3$。据新疆下野地镇多年的定位观测，林带中心的地下水位比农田低 72cm，影响范围可达 150m。若在排水沟两侧或在农田上按一定的距离布置一条宽 18m、长 1000m 的防护林带，在地下水位 $1\sim2\mathrm{m}$ 深的地区，全年生育期排水量可达 2 万～2.5 万 m^3，相当于一条排水性能良好的排水沟。

（3）干排水（Dry drainage），也称干排盐或旱排盐，是一种用于干旱半干旱地区控制土壤盐分的方法。其基本做法是在盐渍化地区的农田中留出一些相对低洼的荒地，在灌溉作用下邻近的农田土壤盐分被淋洗到地下水中，由于荒地的地下水位和地势均较低，在地下水流的作用下，农田的盐分被带到邻近荒地地下水中，再经过蒸发带到地表并滞留在荒地中，从而达到控制灌溉农田盐分的目的。与以往通过排水设施排盐的方法相比，该方法不需修建排水设施，但需要占用部分土地，且盐分不能直接排向区域外。荒地经过一段时间的盐分累积后其蒸发积盐能力会逐渐降低，运行一段时间后需要进行处理，以保持足够的蒸发能力。该方法近年来在我国内蒙古、新疆等地有所应用。

6.2.5　组合排水（Combined drainage systems）

组合排水是将明沟、暗管、竖井等不同的排水方式组合起来排除多余地表水和地下水的方式。由于排水地区的自然条件和农业种植结构的不同，对排水的需求也常常是多方面的，单一的排水方式有时不能满足要求，这时就需要实施组合排水。常见的组合排水形式有明沟与暗管结合，明沟与鼠道结合，明沟与竖井结合，明沟与生物排水结合，明沟与干排水结合，暗管与竖井结合等，其中以明沟和暗管结合最为普遍（图 6.4），明沟更适宜于地表排水，而暗管则适宜于地下排水，因此两者结合适用于除涝、排渍、防治土壤盐渍化等多种排水需求。其余的组合则更适用于一些较为特殊的情形，比如鼠道通常与明沟结合用于局部土质较为黏重、地表排水不够顺畅的情形；生物排水和干排水多与明沟排水或暗管排水结合用于盐渍化较为严重的农田排水排盐；竖井则常与明沟或暗管结合用于井灌井排相结合的情形。

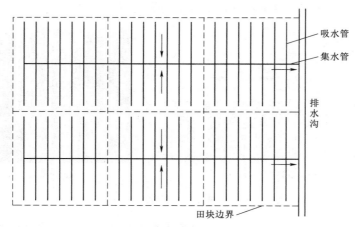

图 6.4　明沟暗管组合排水系统

对于一个具体的排水区域而言，需要综合考虑区域面临的排水需求、工程投资及经济效益以及排水对生态环境的影响等因素加以选定。

6.3　田间排水工程
（Field drainage works）

田间排水工程是整个排水工程系统的基本单元，一般指农沟控制的农田范围内的农沟、毛沟、腰沟、墒沟及暗管等排水工程，农沟为最末一级固定排水沟，毛沟、腰沟、墒沟为临时性排水沟。田间排水工程的沟深（暗管埋深）、间距等技术要素决定了排水工程的排水效果、布局、规模及投资。因此，科学确定田间排水工程的技术要素十分重要。下面分别介绍明沟、暗管、竖井三种排水方式的技术要素确定方法。

6.3.1　明沟排水（Ditch drain）

采用明沟排水时，其技术要素主要包括田间排水沟的沟深和间距。此时田间排水沟往往兼有地面排水和地下排水的双重任务，其沟深和间距需要考虑不同的排水要求确定。

设计田间排水沟时，一般先根据作物地下水位控制要求等初步确定排水沟的深度，然后再确定相应的间距。

1. 末级排水沟的沟深

一般情况下，地面排水对沟深要求较低，只要低于地面，断面足以通过所要求的排涝流量即可，所以末级排水沟的沟深一般取决于控制地下水位的要求，同时还要考虑末级排水沟的间距、农田土质、边坡稳定性和施工条件等。如图 6.5 所示，末级排水沟沟深可按式（6.1）确定：

$$D = h_w + h_c + S \tag{6.1}$$

式中：h_w 为作物要求的防渍深度或地下水临界深度，m；h_c 为两沟之间的中心点地下水位与末级排水沟水位之差，其大小与末级排水沟的间距 L、农田土质有关，一般不小于 0.2m；S 为排水农沟中的水深，排地下水时沟内水深一般取 0.1～0.2m。

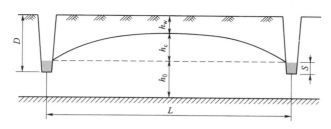

图 6.5 末级排水沟的沟深

2. 末级排水沟的间距

确定末级排水沟的间距要考虑的因素和沟深有所不同，除了要考虑地下排水的要求外，还需考虑地面排水的要求，两者对排水沟间距的要求有较大的差别，其间距计算方法也大不相同。

（1）排除地表水要求的末级排水沟间距。排除地表水的末级排水沟最主要的任务就是要在一定的时间将田面积水排除或排至作物的耐淹深度。排水沟的间距不同，排水效果包括排水时间和田面淹水情况相应地也就不同。如图 6.6 所示，末级排水沟的间距越大，田面积水从田块首端流到田块尾端需要的时间越长，田块淹水的时间也越长，田块尾端的淹水深度也越深。但田块淹水时间和淹水深度除了受排水沟间距的影响外，还受到降雨强度、田块土壤的渗透性、田面坡度、田面平整度和粗糙度、作物种类及生育阶段等众多因素的影响。因此，很难通过理论方法推求排除地表水的末级排水沟间距，实际工程中，一般根据地形条件、耕作要求、田块大小和田间灌溉渠道的布置等情况选定，农沟间距一般为 $100 \sim 300 \mathrm{m}$，有条件的地方最好通过试验观测分析确定。

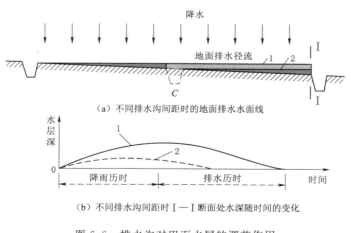

（a）不同排水沟间距时的地面排水水面线

（b）不同排水沟间距时 I—I 断面处水深随时间的变化

图 6.6 排水沟对田面水层的调节作用
1—开挖排水沟 C 以前；2—开挖排水沟 C 以后

（2）控制地下水位要求的末级排水沟间距。采用明沟控制地下水位时，主要针对防渍或防止土壤盐渍化两种情况，需要在降雨期间防止地下水位上升到一定的高度，或者降雨后在规定的时间将地下水位降到防渍深度，或者灌溉淋洗后将地下水位降到地下水临界深度以下。

控制地下水位要求的排水沟间距与土壤的渗透性、给水度、不透水层深度等因素有关。土壤渗透系数越大，含水层厚度越大，土壤给水度越小，满足一定地下水位控制要求的排水沟间距越大；反之排水沟间距越小。

末级排水沟的间距与沟深互为关联。在允许的时间内要求达到的地下水埋深一定时，排水沟的深度越大，末级排水沟的间距越大；反之间距越小。当末级排水沟深度一定时，排水沟间距越小，地下水位下降速度越快，排水沟间距越大，地下水位下降速度越慢。当排水沟间距一定时，沟深越大，地下水位下降速度越快；沟深越小，地下水位下降速度越慢。

实际进行田间排水工程设计时，一般要综合考虑排涝和控制地下水位的要求、机械耕作所要求的田块规格、末级灌溉渠道的布置以及占地面积的大小等因素，并结合当地的工程经验确定末级排水沟间距。表6.6是我国部分地区通过试验资料分析得出的不同土质、不同沟深时旱作农田控制地下水位要求的排水沟间距的大致范围，可供参考。如果可以收集到农田土壤的水力传导度、土壤水分特征曲线等相关资料，也可以采用土壤饱和渗流理论分析估算末级排水沟的间距，参见6.3.3节。

表6.6　　　　　　　　　控制地下水位的田间排水沟间距　　　　　　　　　单位：m

沟深	砂性土壤	轻砂壤土	中壤土	重壤土	黏土
1.0～1.2	150	120～150	65	30	30
1.5～1.7	250	200～250	120	70	60
2.0～2.2	400	300～400	180	120	100

6.3.2　暗管排水（Pipe drain）

暗管排水一般用于控制农田地下水位，其主要技术要素除了埋深和间距外，还包括暗管的管材、外包料、管径和坡度等。

1. 暗管埋深

暗管埋深主要根据作物要求的地下水埋深、土壤剖面特征以及施工设备的要求确定。由于现有埋管机械所限，暗管深度一般不宜超过2.5m，否则难以施工且成本昂贵。此外，由于暗管可能承受来自农业机械作业产生的荷载，暗管深度一般不能小于0.6m。实际工程中，还要考虑作物根系层深度、地下水埋深、不透水层深度、暗管出口的排水条件以及是否需要防冻胀等情况。也可采用类似于式（6.1）的公式计算，但此时式（6.1）中排水沟水位由暗管中心点代替，且不考虑暗管中的水位深度。

对于有渍害威胁的农田，一般根据防渍要求的适宜地下水埋深确定暗管埋深，但同时也要考虑利用地下水补给土壤水分以满足作物的需要。根据各地经验，稻作区以晒田期或乳熟落干期地下水埋深控制要求为准，暗管埋深一般在0.6～0.8m范围。水旱轮作区，旱作物对地下水埋深控制要求较高，小麦田暗管埋深宜采用0.8～1.2m，棉田宜采用1.2～1.5m。

对于盐渍化农田，则需要考虑当地地下水临界深度、地下水实际埋深及动态变化、不透水层深度以及淋洗定额等因素综合确定。

2. 暗管间距

暗管埋深确定之后，可根据排渍标准确定暗管间距。生产实践中，常采用理论公式计算、田间试验法和经验数据法等三种方法。理论公式计算可以很方便地设定不同排水方案，在已知有关水文地质参数的情况下，根据排渍或防治土壤盐渍化的控制条件选用适当的公式，即可计算出符合设计要求的暗管间距（参见 6.3.3 节）。但最大的问题是如何获取准确的水文地质参数，水文地质参数的误差可能导致计算结果的巨大差异。田间试验法是在排水地区选择有代表性的地段，开展现场暗管排水试验，根据实测资料检验不同暗管埋深、间距组合的排渍效果。由于一切数据都是来自田间实测的结果，该方法最能反映实际情况，但需要大量工程投资，试验周期长，同时由于试验处理有限，仅靠田间试验未必能找到最优的暗管工程规格。经验数据法十分简便，所需的参数也很少，但结果的可靠性差。三种方法各有优缺点，实际应用时常将三种方法结合起来，互相补充、印证，最后通过技术经济分析比较确定。

3. 暗管管材

暗管管材可分为刚性材料和柔性材料两大类。刚性管材主要有混凝土管，柔性管材有各类塑料管。目前国内外应用最广泛的为塑料管，但混凝土管和黏土瓦管等其他管材也偶有应用。

（1）塑料管，是应用高分子材料制成的一种柔性管材。其重量轻、寿命长、耐腐蚀、长度大、易于搬运和机械化埋管。塑料管种类较多，按材质分，有聚乙烯（polyethylene，PE）和聚氯乙烯（polyvinyl chloride，PVC）两种，目前欧洲各国多采用 PVC 管，美国和日本则多用 PE 管。在相同规格的情况下，由于 PE 管的比重较 PVC 管小，因而其重量要比 PVC 管轻。PE 的脆化温度达 $-30℃$ 甚至更低，而 PVC 的脆化温度为 $0℃$，所以 PE 的低温韧性较 PVC 好。但 PVC 管的弹性模量大，其承载力较 PE 管大。

塑料管按外形可分为光滑管、波纹管（图 6.7）和塑料片三种。光滑管应用最早，其长度一般不超过 6m。由于光滑管的承压强度较低，而且管长有限，不便于挖沟铺管机连续铺设，20 世纪 60 年代开始逐步被波纹管取代。波纹管有平行环形、单螺旋形、双螺旋形三种，是目前应用最多的管材。波纹管的主要优点是当部分管孔或外包层堵塞时，土壤中的水可通过螺旋波纹流到未堵塞的部分进入暗管。此外，波纹管的抗压强度比光滑管要大 2 倍以上，其管壁薄，用料省，造价比光滑管低。但由于波纹的影响，其糙率系数比光滑管大（光滑管 $n=0.012$，波纹管 $n=0.014\sim0.016$）。塑料片一般厚度在 1mm 以下，片上有孔眼，片的边缘有插口或锯齿，通过卷管机把塑料片插口或锯齿互相插接扣紧成为塑料管埋入地下，这种管的最大特点是出厂时成带状，可打卷成捆，运输方便。

（a）波纹管

（b）混凝土管

图 6.7　暗管管材

（2）混凝土管。混凝土管尺寸一般比塑料管大，内径为 15～20cm 或更大，水可通过管段之间的接缝或管壁上的透水孔进入。其缺点是在酸性或盐影响（特别是受到硫酸盐侵蚀）的土壤中容易变质。

（3）其他管材。除了上述暗管管材外，以往生产中常用的管材还有石屑水泥管、粉煤灰管、水泥滤水管、竹管、瓦管等。

管材的选择首先要考虑其透水性能和抗压强度，其次应耐酸碱和腐蚀，同时，还要考虑施工方便和经济合理性。

4. 暗管外包料

暗管外包料是指包裹或填充在排水暗管周围的材料。其作用是阻止土壤颗粒进入暗管，以免造成过水断面减少甚至堵塞，稳定暗管周围的土壤，改善暗管通道的渗水能力。外包料通常分为滤层和裹层两种。滤层是充填于暗管周围用于防止土壤细颗粒进入暗管的外包层；裹层是放置在暗管上部或周围用于改善暗管透水性的外包层。

外包料一般分为有机材料、无机材料和合成材料三大类。有机材料一般都是采用农业生产的副产品，如稻草、稻壳、麦秸、棕皮、椰衣、芦苇、木屑等，这类材料能就地取材，价格低廉，使用较为普遍。无机材料包括砂、砾石、贝壳等，其耐久性强，只要级配得当，可满足暗管埋设于各种土壤的透水防砂要求。其缺点是重量大、运输和施工不便、投资较高。合成材料主要是化纤制品，多加工成束状纤维和网状制品，目前常用的有合成纤维丝、土工织物和无纺布等。

5. 暗管管径

暗管管径大小关系到排水效果及工程投资，而暗管管径的确定主要与排水流量及流态、管道水力坡度、管壁糙率等有关。排水暗管由于埋设于农田土壤中，为了防止管中水流冲蚀暗管周围的外包料和土壤，应尽量使其在无压状态下运行。

计算管径时，吸水管与集水管的公式有所不同。吸水管从管首到出口，由于排水的汇入，其流量沿管长方向逐步增加，一般按非均匀流计算。而集水管主要起输送排水的作用，两个吸水管之间的集水管段流量则是一定的，可按均匀流计算。

（1）均匀流计算。均匀流的情况下，光滑管的排水流量与管径和暗管坡度的关系可由达西-韦斯巴赫（Darcy – Weisbach）公式导出：

$$i = \frac{z}{L} = \frac{\lambda}{d} \frac{v^2}{2g} \tag{6.2}$$

式中：i 为暗管水力坡降，m/m；z 为水头损失，m；L 为管段长度，m；d 为暗管内径，m；v 为管内流速，m/s；λ 为阻力系数。

阻力系数 λ 取决于管壁糙率 n 和暗管排水流态（层流或紊流），水流流态通常由雷诺数 Re 判定。对于管流，雷诺数可由下式计算：

$$Re = \frac{vd}{\mu} \tag{6.3}$$

式中：μ 为流体的运动黏滞系数，对于 $10℃$ 的水，$\mu = 1.31 \times 10^{-6} \text{m}^2/\text{s}$；$v$ 为暗管内水流的平均流速，m/s；d 为暗管的内径，m。

根据试验，光滑管（瓦管及光滑塑料管）的 λ 与 Re 有如下关系：

$$\lambda = aRe^{-0.25} \tag{6.4}$$

式中：a 为局部不规则（管道接头、缝隙等）引起的管线变化系数，对于清洁管，$a=0.4$。

对于满流管道，暗管流量 $Q = \pi v d^2 / 4$，根据式（6.2）、式（6.3）、式（6.4）可得

$$Q = 30a^{-0.572} d^{2.714} i^{0.572} \tag{6.5a}$$

对于清洁光滑管，上式可变换为

$$Q = 50d^{2.714} i^{0.572} \tag{6.5b}$$

对于波纹塑料管，λ 与 Re 的关系较为复杂，韦斯林（Wesseling）和霍马（Homma）发现此种情况下的水流计算更适合采用曼宁（Manning）公式：

$$v = \frac{1}{n} R^{2/3} i^{1/2} \tag{6.6}$$

式中：n 为糙率；R 为水力半径，m，暗管满流时，$R = d/4$。

根据式（6.6），此种情况下暗管满流时的流量为

$$Q = \frac{\pi}{4} d^2 v = \frac{\pi}{4} d^2 \frac{1}{n} \left(\frac{d}{4}\right)^{2/3} i^{1/2} = \frac{0.312}{n} d^{2.67} i^{0.5} \tag{6.7}$$

对于波纹塑料管，取 $n=0.014$，则上式变为

$$Q = 22d^{2.667} i^{0.5} \tag{6.8}$$

（2）非均匀流计算。非均匀流的流量沿管线是逐步增加的，管线上任一点的流量可由下式表示：

$$Q_x = qBx \tag{6.9}$$

式中：x 为管线任一点距上游管首的距离，m；q 为排水模数，即单位面积的排水量，m/s；B 为一条暗管的排水宽度，通常与暗管间距一致，m。

对于光滑管，由式（6.5a）可得

$$i = 26.3 \times 10^{-4} a d^{-4.75} Q^{1.75} \tag{6.10}$$

将式（6.9）代入式（6.10）得

$$i = \frac{\mathrm{d}z}{\mathrm{d}x} = 26.3 \times 10^{-4} a d^{-4.75} (qB)^{1.75} x^{1.75} \tag{6.11}$$

如图 6.8 所示，根据暗管首尾的水头条件（$x=0$，$z=0$；$x=L$，$z=H$），对式（6.11）积分得

$$H = 0.364 \times 26.3 \times 10^{-4} a d^{-4.75} Q_L^{1.75} L \tag{6.12}$$

定义暗管平均水力坡降 $\bar{i} = \dfrac{H}{L}$，代入式（6.12）可得

$$Q_L = qBL = 1.78 \times 30a^{-0.572} d^{2.714} \bar{i}^{0.572} \tag{6.13}$$

式中：Q_L 为暗管出口处的流量，$\mathrm{m^3/s}$。

对于清洁管，$a=0.4$，有

$$Q_L = 89d^{2.714} \bar{i}^{0.572} \tag{6.14}$$

类似地，可推导出非均匀流条件下波纹塑料管的暗管流量为

$$Q_L = 38d^{2.67} \bar{i}^{0.50} \tag{6.15}$$

不同条件下的暗管管径可根据上述流量公式计算并结合市场产品规格选用。

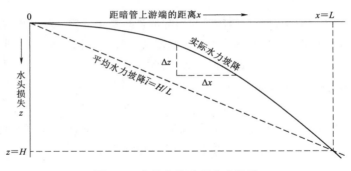

图 6.8　非均匀流暗管水力坡降

6. 暗管坡度

暗管坡度关系到暗管排水效果、管径大小及投资、暗管的稳定运行等。流量一定时，坡度大，需要的管径小、投资小，流速更大，不宜产生泥沙淤积，但可能造成部分管段有压流，管内水流对暗管周围的外包料和土壤造成冲蚀；反之，需要的管径大，流速小，容易造成泥沙淤积。管内径小于或等于 100mm 时，可采用 1/1000～1/600；管内径大于 100mm 时，可采用 1/1500～1/800。在地形平坦地区，吸水管首尾的埋深差值不宜大于 0.4m。

6.3.3　控制地下水位要求的末级排水沟和暗管间距计算（Calculating spacing of ditches and pipes for subsurface drainage）

控制地下水位要求的末级排水沟和暗管间距的计算通常分为恒定流和非恒定流两种情形。

1. 恒定流情况下的末级排水沟和暗管间距

首先，以均匀入渗完整沟排水（图 6.9）为例说明排水沟的间距计算。完整沟表示含水层厚度较薄，沟底切穿整个含水层，此时，可假设地下水流动满足裘布依-福希海默（Dupuit - Forchheimer）假定，仅存在水平向流速，不考虑垂向分量。当农田发生降雨时，若入渗补给保持均匀强度 ε 并与排水沟的排水流量相等，地下水面将保持在稳定的深度，此时的地下排水即为恒定流。

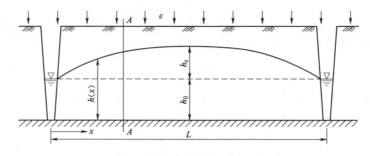

图 6.9　恒定流情况下的完整沟排水

根据达西定律，沿沟长方向 $A—A$ 剖面单位长度的流量可表示为

$$q_x = -Kh\frac{\mathrm{d}h}{\mathrm{d}x} \tag{6.16}$$

式中：q_x 为沿排水沟方向单位长度的排水流量，$\mathrm{m^2/d}$；K 为饱和水力传导度，$\mathrm{m/d}$；h 为沿 x 方向任意位置处稳定的地下水位高度，m；$\mathrm{d}h/\mathrm{d}x$ 为沿 x 方向水力梯度，$\mathrm{m/m}$。

恒定流情况下，两条排水沟中间断面到 A—A 断面之间入渗的水量都将经过 A—A 断面排入排水沟，因此有

$$q_x = -\varepsilon\left(\frac{L}{2}-x\right) \tag{6.17}$$

式中：ε 为降雨入渗强度，$\mathrm{m/d}$；L 为排水沟间距，m；x 为 A—A 断面到排水沟的距离，m。

恒定流情况下，进入 A—A 断面的水量应与流出断面的水量相等，因此有

$$q_x = -Kh\frac{\mathrm{d}h}{\mathrm{d}x} = -\varepsilon\left(\frac{L}{2}-x\right) \tag{6.18}$$

上式可变换为

$$Kh\,\mathrm{d}h = \varepsilon\left(\frac{L}{2}-x\right)\mathrm{d}x \tag{6.19}$$

由图 6.9 可知，当 $x=0$ 时，$h=h_0$；$x=L/2$ 时，$h=h_0+h_c$。对上式积分：

$$\int_{h_0}^{h_0+h_c} Kh\,\mathrm{d}h = \int_0^{L/2}\varepsilon\left(\frac{L}{2}-x\right)\mathrm{d}x \tag{6.20}$$

式中：h_0 为排水沟水面至含水层底板高度，m；h_c 为距离排水沟 $L/2$ 位置处地下水位距排水沟水面线的高度，m。

由式 （6.20） 可得

$$\varepsilon = \frac{4K\left[(h_0+h_c)^2-h_0^2\right]}{L^2} \tag{6.21}$$

由上式可得恒定流情况下的排水沟间距公式，该式常被称为胡浩特（Hooghoudt）公式：

$$L = \sqrt{\frac{8Kh_0h_c+4Kh_c^2}{\varepsilon}} \tag{6.22}$$

当透水层厚度大于沟深时，排水沟称为非完整沟，地下水向排水沟汇集的垂向分量不容忽略，见图 6.10。此时，由于地下水流进入排水沟时发生急剧收缩而产生局部水头损失，为了简化起见，依然借用式 （6.22） 进行排水沟间距计算，但需要引入一修正因子 α，称为非完整沟修正系数，通过将透水层厚度折算为有效厚度，从而将局部水头损失转换为透水层厚度的减少。修正后排水沟间距计算公式（瞿兴业，1962）为

$$L = \sqrt{\frac{(8Kh_0h_c+4Kh_c^2)\alpha}{\varepsilon}} \tag{6.23}$$

$$\alpha = 1\Big/\left(1+\frac{8\overline{h}}{\pi L}\ln\frac{2\overline{h}}{\pi B}\right)$$

$$\overline{h} = h_0+\frac{h_c}{2} \tag{6.24}$$

式中：B 为排水沟内水面宽，m；$\overline{h}$ 为地下透水层平均厚度，m。

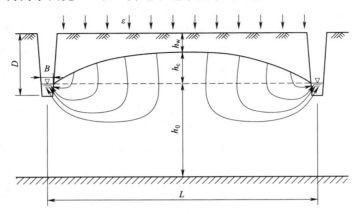

图 6.10　恒定流情况下的非完整沟排水

将式（6.24）代入式（6.23）可得非完整排水沟的间距：

$$L=\sqrt{\left(\frac{4\overline{h}}{\pi}\ln\frac{2\overline{h}}{\pi B}\right)^2+8\overline{h}\frac{Kh_c}{\varepsilon}}-\frac{4\overline{h}}{\pi}\ln\frac{2\overline{h}}{\pi B} \qquad (6.25a)$$

注意式（6.25a）适用于透水层有限深的情况。而当透水层无限深，即透水层厚度远远大于沟深时，上边界均匀入渗恒定流情况，排水沟间距的计算式（瞿兴业，1962）为

$$L=\frac{K\pi h_c}{\varepsilon\ln\dfrac{2L}{\pi B}} \qquad (6.25b)$$

式中：符号意义同前。

【例 6.1】　某南方多雨地区，规划建立排水系统控制地下水位，设计排水沟水位在地面以下 1.0m，沟水位至不透水层深度为 4.5m，沟内水深 0.2m，沟内水面宽 0.4m，设计降雨入渗强度为 0.02m/d。要求在降雨期间排水地段中心地下水位上升高度不超过 0.6m（即地下水位控制在地面以下 0.4m），土壤渗透系数为 1m/d。试计算排水沟间距。

【解】　由题意可知，此为透水层有限深非完整沟间距计算，利用方程式（6.25a）。

$h_c=0.6$m，$h_0=4.5$m，$\overline{h}=4.8$m，$\varepsilon=0.02$m/d，$K=1$m/d，$B=0.4$m，代入式（6.25a）得

$$\begin{aligned}L&=\sqrt{\left(\frac{4\overline{h}}{\pi}\ln\frac{2\overline{h}}{\pi B}\right)^2+8\overline{h}\frac{Kh_c}{\varepsilon}}-\frac{4\overline{h}}{\pi}\ln\frac{2\overline{h}}{\pi B}\\&=\sqrt{\left(\frac{4\times4.8}{\pi}\ln\frac{2\times4.8}{\pi\times0.4}\right)^2+8\times4.8\times\frac{1\times0.6}{0.02}}-\frac{4\times4.8}{\pi}\ln\frac{2\times4.8}{\pi\times0.4}\\&=36.14-12.43=23.71(\text{m})\end{aligned}$$

【答】　计算的该地区排水沟间距为 23.71m。

对于暗管排水的情况，如图 6.11 所示，此时地下水向暗管的排水与图 6.10 所示的非完整沟类似，除了水平向的流动以外，也存在垂直方向的流动，因此，也可采用非完整排水沟情况下的间距计算公式（6.25a）计算暗管的间距，但需将排水沟内水面宽 B 用暗管

直径 d 代替。

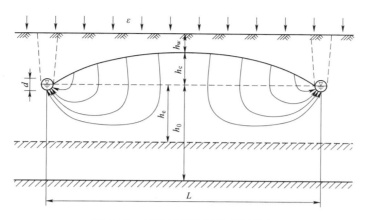

图 6.11   恒定流情况下的暗管排水

此外，也可通过将式（6.25a）中的暗管水位到不透水层的深度 h_0 折算为有效深度 h_e 来考虑地下水流向暗管汇集过程中因急剧收缩产生的局部水头损失，进而得到排水暗管间距的计算公式（Hooghoudt，1940）：

$$L = \sqrt{\frac{8Kh_e h_c + 4Kh_c^2}{\varepsilon}} \tag{6.26}$$

其中，有效深度 h_e 采用范德莫伦-韦塞林公式（van der Molen and Wesseling，1991）计算：

$$\left.\begin{array}{l} h_e = \dfrac{\pi L}{8\left[\ln\dfrac{L}{\pi r_e} + F(x)\right]} \\[4mm] x = \dfrac{2\pi h_0}{L} \end{array}\right\} \tag{6.27a}$$

式中：r_e 为暗管有效半径，主要考虑到暗管管壁只有一小部分可进水，可参照表 6.7 确定。

$$F(x) = 2\sum_{n=1}^{\infty}\ln[\coth(nx)] = \sum_{i=1}^{\infty}\frac{4e^{-2ix}}{i(1-e^{-2ix})} \quad (n=1,2,3,\cdots; i=1,3,5,\cdots) \tag{6.27b}$$

当 $x < 0.5$ 时：

$$F(x) = \frac{\pi^2}{4x} + \ln\frac{x}{2\pi} \tag{6.27c}$$

表 6.7   暗管有效半径

暗管类型	外径/mm	有效半径 r_e/mm
波纹塑料管	89.0	10.0
波纹塑料管	114.0	15.1

暗管类型	外径/mm	有效半径 r_e/mm
带合成外包料的波纹塑料管	114.0	40.0
波纹塑料管	140.0	10.3
波纹塑料管	165.0	14.7
带有 1.6mm 接缝的陶管	127.0	3.0
带有 3.2mm 接缝的陶管	127.0	4.8
波纹塑料管＋砾石外包料（边长为 $2a$ 的方形截面）	$2a$	1.177a

注 引自美国农业工程协会（ASAE）标准，1998。

采用式（6.26）和式（6.27）计算时，由于暗管间距 L 与有效深度 h_e 互为关联，需要反复迭代计算。通常可先假定一个不小于根系层深度的 h_{e0}，根据式（6.26）计算出相应的 L_0，再根据式（6.27）计算出相应的 h_{e1}，然后再计算出 L_1，直到前后两次计算的暗管间距接近相等。

另外，还可用渗流阻抗系数（ϕ）表示地下水流进入排水沟（管）时发生急剧收缩而产生的局部水头损失，此时非完整排水沟（管）渗流量的计算公式（瞿兴业，1962）[《农田排水工程技术规范》（SL/T 4—2020）] 如下：

$$L = \frac{Kh_c}{\varepsilon\phi} \tag{6.28}$$

$$\phi = \frac{1}{\pi}\ln\frac{2h_0}{\pi B} + \frac{L}{8h_0} \tag{6.29a}$$

$$\phi = \frac{1}{\pi}\ln\frac{2L}{\pi B} \tag{6.29b}$$

$$\phi = \frac{1}{\pi}\ln\frac{h_0}{\pi\sqrt{h_c d}} + \frac{L}{8h_0} \tag{6.30a}$$

$$\phi = \frac{1}{\pi}\ln\frac{L}{\pi\sqrt{h_c d}} \tag{6.30b}$$

1）当 $L > 2h_0$ 时，明沟按式（6.29a）计算，暗管按式（6.30a）计算。

2）当 $L \leqslant 2h_0$ 时，明沟按式（6.29b）计算，暗管按式（6.30b）计算。

【例 6.2】 某地由于地下水位过高，规划铺设暗管控制地下水位，采用 PVC 波纹管。要求降雨期间排水流量为 0.001m/d，排水地段中心地下水位控制在地面以下 1.0m，暗管埋深 2.0m，暗管直径 0.1m，透水层底板在地面以下 6.8m，土壤渗透系数为 0.14m/d。试采用《农田排水工程技术规范》（SL/T 4—2020）推荐公式计算暗管间距。

【解】 由题意可知，需采用式（6.28）计算。

$h_c = 1.0$m，$h_0 = 4.8$m，$\varepsilon = 0.001$m/d，$K = 0.14$m/d，$d = 0.1$m。

由于 ϕ 与暗管间距 L 有关，因此需要试算。

假设 $L = 50$m，此时 $L > 2h_0$，得

$$\phi = \frac{1}{\pi}\ln\frac{h_0}{\pi\sqrt{h_c d}} + \frac{L}{8h_0} = 1.80$$

则
$$L = \frac{Kh_c}{\varepsilon\phi} = \frac{0.14 \times 1}{0.001 \times 1.80} = 78 (\text{m})$$

说明假设的间距过小。调整 L，直到假设的间距与试算的间距基本相等，即为最终解，此时 $L = 64\text{m}$。

【答】 计算的该地排水暗管间距为 64m。

2. 非恒定流情况下的末级排水沟和暗管间距

我国南方地区雨季比较集中，一次降雨强度较大，但延续时间不太长。雨后，首要的任务是排除涝水，然后通过地下排水系统排除渍水，按照设计排渍标准，排水系统应保证在雨后规定时间内控制田间地下水位回落至某一埋深，这种情况属于非稳定流排水计算问题。

（1）不考虑蒸发影响的计算公式。在控制标准中，所规定的计算地下水位回落时间不太长时，计算中可近似地忽略潜水蒸发，采用不考虑蒸发影响的计算公式，其中又分以下两种情况：

1）第一种情况，一次降雨或灌水后地下水回落过程的非恒定流计算公式。排水沟布置如图 6.12 所示，排水沟穿透透水层底板，雨后（指地面径流基本排除后）地下水位上升至某一高度 h_0，此时，假设地下水流为一维运动，水位变化小于水位的绝对值，沟水面至透水层底板厚度为 D，含水层平均厚度为 $\overline{D}$ [在 t 时刻近似等于 $D + h_1/2$，h_1 为 t 时刻两沟（管）中间位置的水头，若 D 远大于地下水位变动，则可近似取为 D]，以沟水面为基准，则沟水面以上地下水位 h 满足以下方程：

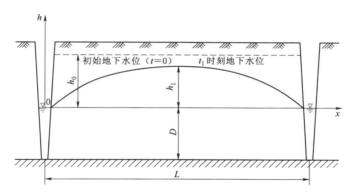

图 6.12 非恒定流排水沟

$$KD\frac{\partial^2 h}{\partial x^2} = \mu \frac{\partial h}{\partial t} \tag{6.31}$$

其初始条件为 $h(x,t)|_{t=0} = h_0$；边界条件为 $h(x,t)|_{x=0} = h(x,t)|_{x=L} = 0$。对式（6.31）求解，可得

$$L = \pi \left(\frac{K\overline{D}t}{\mu}\right)^{1/2} \left(\ln \frac{4h_0}{\pi h_1}\right)^{-1/2} \tag{6.32}$$

式中：h_1 为降雨停止后任一时间 t 两排水沟中间位置的地下水位，m；μ 为给水度。

式（6.32）被称为 Glover 公式。若初始地下水位不是一个平面，而是四次抛物线型，则该式中的 $4/\pi$ 变为 1.16，此时式（6.32）则称为 Glover - Dumm 公式。

非均匀流情况也可以采用 Van Schilfgarde 公式（1965）计算间距：

$$L = 3\left(\frac{K\overline{D}t}{\mu}\right)^{1/2}\left[\ln\frac{h_0(2\overline{D}+h_1)}{h_1(2\overline{D}+h_0)}\right]^{-1/2}$$ （6.33）

注意式（6.32）和式（6.33）不考虑局部水头损失。若为有限深透水层非完整沟或暗管，则需考虑局部水头损失，可采用以下两种方式进行计算：

一是引入 Hooghoudt 提出的等效深度 h_e 代替排水沟或暗管水面至透水层底板的距离，其计算公式为

$$L = \pi\left(\frac{Kh_e t}{\mu}\right)^{1/2}\left(\ln\frac{4h_0}{\pi h_1}\right)^{-1/2}$$ （6.34a）

二是引入非完整沟（管）修正因子 α ［计算见式（6.24）］，以 $\alpha\overline{D}$ 代替 $\overline{D}$ 进行计算，此时计算公式为

$$L = \pi\left(\frac{K\alpha\overline{D}t}{\mu}\right)^{1/2}\left(\ln\frac{4h_0}{\pi h_1}\right)^{-1/2}$$ （6.34b）

当透水层无限深时，其排水沟或暗管间距公式推导过程如下：

将任一时间的地下水面和排水流量近似按照稳定流考虑，则排水流量采用瞿兴业（1962）推导的计算公式：

$$q = \frac{K\pi h}{\ln\frac{2L}{\pi B}}$$ （6.35）

则 dt 时段内两沟中间一点地下水位下降值 dh 与排水流量 q 之间的关系如下：

$$-\varphi_1\mu L\,dh = \frac{K\pi h}{\ln\frac{2L}{\pi B}}dt$$ （6.36）

式中：$\mu L\,dh$ 为沟间地段各点均下降 dh 时排出的水量，由于沟间地下水位并非均匀下降，靠近沟或者暗管处下降较小，因此需乘以考虑浸润曲线形状的修正系数 φ_1，对于明沟一般取为 0.7～0.8，暗管取为 0.8～1.0。

将式（6.36）从 0 到 t 时刻进行积分变换，整理后可得

$$L = \pi\frac{Kt}{\varphi_1\mu}\left(\ln\frac{2L}{\mu B}\right)^{-1}\left(\ln\frac{h_0}{h_1}\right)^{-1}$$ （6.37）

式中：B 为暗管直径或明沟水面宽；其余符号意义同前。

试验表明，以上各式计算结果与实测资料相差均在 10% 以内。因此，在排水设计中均可采用。

2）第二种情况，雨后排水沟或暗管间地下水面已基本达到稳定（即计算起始时刻地下水面为弯曲形）的情况，可用瞿兴业（1962）推导的公式：

$$L = \frac{Kt}{\mu\varphi\phi\ln\dfrac{h_0}{h_1}}$$ （6.38）

式中：h_0 为初始时刻沟水面以上地下水位；h_1 为 t 时刻两沟中间位置处地下水位；φ 为排水地段内地下水面线形状校正系数，对于明沟，$\varphi = 0.7～0.8$，对于暗管，$\varphi = 0.8～$

0.9；ϕ 为存在地下水面曲线时的渗流阻抗系数，明沟按式（6.29a）和式（6.29b）计算，暗管按式（6.30a）和式（6.30b）计算，但应将公式中 $\sqrt{h_c d}$ 更换为 $\sqrt{\bar{h} d}$，其中 $\bar{h}$ 为水位降落过程平均作用水头，可按式（6.39）计算。

$$\bar{h} = \frac{h_0 - h_1}{\ln \frac{h_0}{h_1}} \text{ 或 } \bar{h} = \sqrt{h_0 h_1} \tag{6.39}$$

式中：符号意义同前。

【例 6.3】 某地设计排水系统，排水沟深 1.8m，沟内水深 0.2m，沟内水面宽 0.4m，地下水位在地面以下 1.6m，不透水层深 11.6m。降雨后地下水位上升至地面；降雨停止后，地下水位逐渐回落。根据作物生长需求，在降雨停止后 4d，地下水埋深应下降至 0.8m；土壤饱和水力传导度 $K = 1\text{m/d}$，给水度 $\mu = 0.05$。试计算排水沟的间距。

【解】 由题意可知，此为非完整沟非恒定流，需用式（6.34b）计算排水沟间距，其中非完整沟修正因子采用式（6.24）计算，因为修正因子与沟间距有关，需迭代计算。由于透水层厚度远大于地下水位变化，因此，近似取沟水位至透水层底板厚度为含水层平均厚度，即 $\overline{D} = 10\text{m}$，$h_1 = 0.8\text{m}$，$h_0 = 1.6\text{m}$，$t = 4\text{d}$，$K = 1\text{m/d}$，$\mu = 0.05$。

将采用完整沟间距计算公式（6.32）求得的结果作为迭代初值：

$$L = \pi \left(\frac{K \overline{D} t}{\mu} \right)^{1/2} \left(\ln \frac{4 h_0}{\pi h_1} \right)^{-1/2} = \pi \times \left(\frac{1 \times 10 \times 4}{0.05} \right)^{1/2} \left(\ln \frac{4 \times 1.6}{\pi \times 0.8} \right)^{-1/2} = 91.9 (\text{m})$$

此时，计算非完整沟修正因子：

$$\alpha = \frac{1}{1 + \frac{8\overline{D}}{\pi L} \ln \frac{2\overline{D}}{\pi B}} = \frac{1}{1 + \frac{8 \times 10}{\pi \times 91.9} \ln \frac{2 \times 10}{\pi \times 0.4}} = 0.566$$

将计算的非完整沟修正因子代入式（6.34b），可得

$$L = \pi \left(\frac{K \alpha \overline{D} t}{\mu} \right)^{1/2} \left(\ln \frac{4 h_0}{\pi h_1} \right)^{-1/2} = \pi \times \left(\frac{1 \times 0.566 \times 10 \times 4}{0.05} \right)^{1/2} \left(\ln \frac{4 \times 1.6}{\pi \times 0.8} \right)^{-1/2} = 69.15 (\text{m})$$

根据新的间距计算值 69.15，计算修正因子 $\alpha = 0.495$，再次计算间距为 64.66m，再反复迭代；最终求得排水沟间距为 63m。

【答】 计算的该地排水沟间距为 63m。

（2）考虑蒸发影响的计算公式。降雨以后，地下水的一部分因为重力作用自暗管排出，另一部分通过田面向大气蒸发排泄。在排水初期，地下水面接近地表或计算地下水位降落的计算时段较长时，地下水的蒸发可能占有相当的比重。为此，应采用考虑蒸发影响的计算公式，否则，所求得的暗管间距可能偏小。考虑蒸发影响时排水沟（管）布置如图 6.13 所示，假设降雨后初始地下水位水平。

一般而言，潜水蒸发随着地下水埋深增大而减小，常采用下式计算：

$$\varepsilon = \varepsilon_0 (1 - d/d_\varepsilon)^n \tag{6.40}$$

式中：ε、ε_0 分别为潜水蒸发量和水面蒸发量，m/d；d 为地下水埋深，m；d_ε 为潜水蒸发极限埋深，m；n 为经验参数。

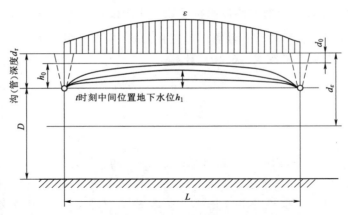

图 6.13　考虑蒸发影响时排水沟（管）布置

此时，地下水运动方程满足下式：

$$\mu \frac{\partial h}{\partial t} = \alpha K \overline{D} \frac{\partial^2 h}{\partial x^2} - \varepsilon_0 (1 - d/d_\varepsilon)^n \tag{6.41}$$

张蔚榛通过求解该方程，得到了潜水蒸发影响下（$n=1$ 时）排水沟（管）的间距计算公式：

$$L = \sqrt{\frac{\alpha K D t \left(\overline{b} + \dfrac{\pi^2}{4} \right)}{4(d_\varepsilon - d_0)/\pi - \dfrac{\pi(d_\varepsilon - d_r)}{\overline{b} + \dfrac{\pi^2}{4}}}} \tag{6.42}$$

其中

$$\overline{b} = \frac{\varepsilon_0 L^2}{d_\varepsilon \alpha K D}$$

式中：d_0 为初始时刻地下水埋深，m；d_r 为沟（管）深度，m；其余符号意义同前。该公式考虑了两沟间不同埋深处潜水蒸发强度的空间差异。

瞿兴业（1981）通过将任一时间内的排水流量和地下水位按照稳定流考虑，并将两沟（管）间的潜水蒸发强度近似以 $L/2$ 位置处的潜水蒸发强度表示，推导得到以下计算公式：

$$\left. \begin{aligned} L &= \frac{Kt}{\varphi \mu \phi \left(\ln \dfrac{d_p - d_0}{d_p - d_1} - bt \right)} \\ d_p &= \frac{m_q d_r + b d_\varepsilon}{m} \\ m &= m_q + b \\ m_q &= \frac{K}{\mu \varphi \phi L} \\ b &= \frac{\varepsilon_0}{\mu d_\varepsilon} \end{aligned} \right\} \tag{6.43}$$

式中：φ 为排水地段内地下水面线形状校正系数；ϕ 为存在地下水面曲线时的渗流阻抗系数；d_0 为初始时刻地下水埋深，m；d_1 为 t 时刻两沟（管）中间位置地下水埋深，m。

【例 6.4】　西北干旱区某地为防止土壤盐渍化，拟布设暗管排水系统控制农田地下水位，农田面积为 600m×100m（图 6.14），不透水层深 10m，含水层渗透系数为 0.9m/d，给水度为 0.07，冬灌定额为 0.25m，地下水临界深度为 1.5m，冬灌后地下水位上升至地面，灌水停止后，地下水位逐渐回落，根据排水需求，设计排水模数为 0.01m/d，在冬灌停止后 15d 内，地下水埋深应下降至 1.2m。试设计暗管的埋深、间距、管材、管径、坡度等。

【解】　由图 6.14 知，本题中的暗管排水系统由吸水管和集水管两级组成，吸水管需确定其管材、管径、坡度、埋深、间距，集水管只确定管材、管径和坡度，其埋深按吸水管出口深度确定。

图 6.14　暗管布置

（1）管材及外包料。吸水管可采用 PVC 波纹管，外包料采用无纺布包裹加砂砾石增强透水性；集水管可采用 PVC 光滑管。

（2）埋深。由题意可知，地下水临界深度为 1.5m，由式（6.1）可算得吸水管埋深为 1.7～1.8m，此处取为 1.8m。

（3）间距。依题意，冬灌后 15d 内地下水埋深应下降至 1.2m，需用式（6.34a）计算吸水管间距。其中 $\mu=0.07$，$K=0.9$m/d，$h_e=8.2$m，$t=15$d，$h_0=1.8$m，$h_1=0.6$m。

$$L=\pi\left(\frac{Kh_e t}{\mu}\right)^{1/2}\left(\ln\frac{4h_0}{\pi h_1}\right)^{-1/2}=\pi\times\left(\frac{0.9\times8.2\times15}{0.07}\right)^{1/2}\left(\ln\frac{4\times1.8}{\pi\times0.6}\right)^{-1/2}=108(\text{m})$$

考虑实际田块大小，可垂直长边方向均匀布置 6 条吸水管，间距为 100m。

（4）坡度。根据 6.3.2 节中所述暗管坡度的确定方法，暗管内径小于 100mm 时，坡度采用 1/600～1/1000；管内径大于 100mm 时，暗管坡度可采用 1/800～1/1500。此处吸水管和集水管坡度均取为 1/1000。由于吸水管长度为 100m，则其首尾端高度差为 0.1m，因此布设吸水管时，其首端埋深取 1.75m，尾端埋深取 1.85m。

（5）管径。吸水管内径可按非均匀流公式（6.15）计算，集水管内径则按均匀流公式（6.8）计算，其设计排水流量分别为

吸水管：　　　　$Q_{吸}=qA=0.01\text{m/d}\times100\text{m}\times100\text{m}=100(\text{m}^3/\text{d})$

集水管：　　　　$Q_{集}=0.01\text{m/d}\times100\text{m}\times600\text{m}=600(\text{m}^3/\text{d})$

其管径分别为　　$d_{吸}=\left(\frac{Q_{吸}}{38i^{0.5}}\right)^{1/2.67}=\left(\frac{100}{38\times0.001^{0.5}}\right)^{1/2.67}=5.2(\text{cm})$

$$d_{集}=\left(\frac{Q_{集}}{22i^{0.5}}\right)^{1/2.67}=\left(\frac{600}{22\times 0.001^{0.5}}\right)^{1/2.67}=12.6(\text{cm})$$

结合市场产品规格，选用吸水管管径 90mm，集水管管径 160mm。

【答】 综合以上计算结果，暗管设计方案如下：吸水管管材为 PVC 波纹管，外包料为无纺布和砂砾石，内径为 90mm，吸水管埋深为 1.8m，间距为 100m，坡度为 1/1000。集水管管材为 PVC 光滑管，内径为 160mm，坡度为 1/1000。

6.3.4 竖井排水（Well drainage）

与灌溉机井不同，排水竖井主要用于控制浅层地下水位（也称潜水位）以防止土壤盐渍化或渍害。其井型结构、井深和井的布局及井距也因此与灌溉机井有所不同。

我国竖井排水大多用于北方干旱半干旱地区，在地下水水质良好的地方，通常采用井灌井排相结合的方式。井的布局与设计需要兼顾灌溉对水量水质和控制地下水位的要求。

1. 井型结构及井深

井型结构及井深主要考虑潜水含水层的透水性及厚度确定。潜水含水层透水性整体较好时，可以打浅机井或真空井，井管自上而下全部采用滤水管。如砂层埋深在地表以下一定深度，但砂层以上无明显的隔水层时，为了使单井保持一定的出水量，水井可打至含水砂层，抽水时虽然出水量的一部分来自下部砂层，但由于上部土层无明显的隔水作用，大面积抽水时潜水位也可随之下降，因此，可以保证形成一定的潜水位降深和浅层地下库容，有利于承受上部来水、促进土壤脱盐和地下水的淡化。

2. 排水竖井布局及井距

排水竖井在平面上一般多按等边三角形或正方形布置。由单井的有效控制面积可求得单井有效控制半径 R 和井距 L，如图 6.15 所示。

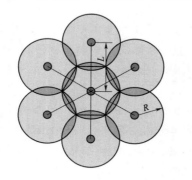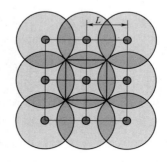

（a）等边三角形（梅花形）布置（$L=R\sqrt{3}$）　　　　（b）正方形布置（$L=R\sqrt{2}$）

图 6.15　竖井平面布置

竖井仅用于排水时，井距主要取决于潜水层厚度、透水性以及控制地下水位的要求。采用竖井排水时，地下水位由初始较高的水位逐步下降到控制土壤盐渍化或防止渍害所要求的地下水位，这一过程中，地下水向竖井的汇聚为非恒定流。因此，在已知潜水层厚度及相关水文地质参数的情况下，可根据单井非恒定流公式计算地下水位的降深并反求井距。

如图 6.16 所示，潜水含水层竖井排水时的地下水流动依然采用裘布衣-福希海默假设（即流向抽水井的水流为水平流）求解。潜水位到不透水层的深度设为 h，距抽水井中心半径为 r 的圆柱面面积为 $2\pi rh$，根据达西定律，通过该断面流向抽水井的地下水流量可表示为

$$-Q=-K\,\frac{\mathrm{d}h}{\mathrm{d}r}2\pi rh \qquad (6.44)$$

取半径分别为 r_1 和 r_2 的两个断面积分：

$$\frac{Q}{2\pi K}\int_{r_1}^{r_2}\frac{\mathrm{d}r}{r}=\int_{h_1}^{h_2}h\,\mathrm{d}h \qquad (6.45)$$

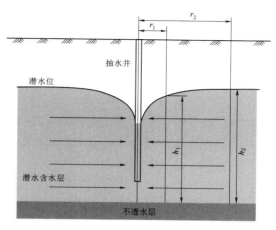

图 6.16　潜水含水层竖井排水

可得

$$Q=\frac{\pi K(h_2^2-h_1^2)}{\ln\dfrac{r_2}{r_1}} \qquad (6.46)$$

若 r_1 和 r_2 分别取井半径 r_w 和距离井中心较远处没有地下水位降的一点 r_e，并定义导水系数 $T=K\bar{h}$，$\bar{h}=\dfrac{h_w+h_e}{2}$，则有

$$h_e-h_w=\frac{Q}{2\pi T}\ln\frac{r_e}{r_w} \qquad (6.47)$$

对于非恒定流完整井且含水层土质均匀的情况，通常采用泰斯（C. V. Theis）公式计算。该公式可用于计算抽水开始后任何时间距井中心任意距离 r 处的地下水位降深：

$$S=h-h_w=\frac{Q}{4\pi T}\int_u^{\infty}\frac{\mathrm{e}^{-u}}{u}\mathrm{d}u=\frac{Q}{4\pi T}W(u) \qquad (6.48a)$$

$$W(u)=-0.5772-\ln u-\sum_{n=1}^{\infty}(-1)^n\,\frac{u^n}{n\,n!} \qquad (6.48b)$$

$$u=\frac{r^2}{4at} \qquad (6.48c)$$

$$a=T/\mu \qquad (6.48d)$$

式中：$W(u)$ 为井函数；a 为压力传导系数，m^2/d；t 为自抽水开始起算的时间，d；μ 为潜水含水层给水度。

采用群井排水时，任一点的地下水位降深受到多口井的共同作用，可以采用单井产生的降深进行叠加：

$$S=\sum_{i=1}^{n}S_i=\sum_{i=1}^{n}\frac{Q_i}{4\pi T}W\!\left(\frac{r_i^2}{4at}\right) \qquad (6.49)$$

式中：S_i 为第 i 口井抽水引起的水位降深，m；Q_i 为第 i 口井的抽水流量，m^3/d；r_i 为

第 i 口井与计算点的距离，m。

根据式（6.49）即可计算出在要求的时间 t 内水位下降的深度 S。如 S 符合防止土壤盐渍化或防渍的要求，则拟定的布局方案可作为备选方案之一；再通过多种方案比较，即可选定最优方案。

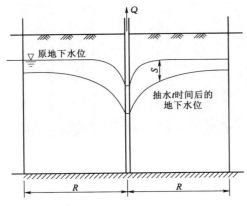

图 6.17　均匀布井时的地下水位降深

对于图 6.15 所示的等边三角形或正方形布置的井群，每个单井控制的面积相同，可近似作为圆形处理，在这一面积内各点地下水位降深的大小，仅与井的出水量和含水层的水文地质参数 T、μ 有关，因此，每个水井控制区可以单独考虑，如图 6.17 所示。

在水井呈等边三角形布置时，单井有效控制半径 $R = L/\sqrt{3}$；正方形布置时，$R = L/\sqrt{2}$（L 为井的间距）。当水井抽水时间较长，达到 $t > 0.4\dfrac{R^2}{a}$ 时，距离抽水井中心 r 的任一点地下水动水位降深 S 可用下式计算：

$$S = \frac{Qt}{\mu \pi R^2} + \frac{Q}{2\pi kh}\left(0.5\frac{r^2}{R^2} - 0.75 + \ln\frac{R}{r}\right) \tag{6.50a}$$

$$S = \frac{\varepsilon t}{\mu} + \frac{Q}{2\pi T}\left(0.5\frac{r^2}{R^2} - 0.75 + \ln\frac{R}{r}\right) \tag{6.50b}$$

式中：Q 为井的抽水流量，$\mathrm{m^3/d}$；ε 为单位面积的排水量，m。

在 $r = R$ 处，$\dfrac{r}{R} = 1$，$\ln\dfrac{R}{r} = 0$，此时有

$$S = \frac{\varepsilon t}{\mu} - \frac{Q}{8\pi T} = \frac{Qt}{\mu \pi R^2} - \frac{Q}{8\pi T} \tag{6.51}$$

在 $r = r_{\mathrm{w}}$（r_{w} 为井半径）处，即在抽水井内，由于 $0.5\left(\dfrac{r_{\mathrm{w}}}{R}\right)^2$ 趋近于 0，此时有

$$S = \frac{\varepsilon t}{\mu} + \frac{Q}{2\pi T}\left(\ln\frac{R}{r_{\mathrm{w}}} - 0.75\right) = \frac{\varepsilon t}{\mu} + \frac{Q}{2\pi T}\left(\ln\frac{R}{r_{\mathrm{w}}} - \ln 2.115\right) \tag{6.52}$$

化简得

$$S = \frac{\varepsilon t}{\mu} + \frac{Q}{2\pi T}\ln\frac{0.473R}{r_{\mathrm{w}}} \tag{6.53}$$

根据排水要求的地下水位降深 S 和允许的时间 t，由式（6.51）即可反求 R，进而求得井距 L：

$$R = \sqrt{\frac{Qt}{\mu \pi\left(S + \dfrac{Q}{8\pi T}\right)}} \tag{6.54}$$

对于等边三角形布局井群，井距为 $L = \sqrt{3}R$；对于正方形布局井群，井距为 $L = \sqrt{2}R$。

6.4　控制排水与农业面源污染管控
（Controlled drainage and control measures of agricultural non – point source pollution）

如前所述，农业排水在防治涝渍灾害及土壤盐渍化、改善农业生产条件、提升农产品产量和品质方面有着十分重要的作用，但随着农田多余的水分被排出，农田内的化肥、农药、盐分等化学物质也被一同排向下游水体，从而造成水体污染，即农业面源污染或非点源污染。此外，如果农业排水系统设计不当、管理不善，会导致排水区水资源流失、自然湿地退化甚至消失以及下游地区洪涝灾害加重等问题。因此，在进行农业排水系统的规划设计和运行时，除了要满足除涝排渍和防治土壤盐渍化等方面的要求外，还应控制排水水质，尽可能减少对生态环境的负面影响。

6.4.1　控制排水（Controlled drainage）

传统的农田排水系统通常不设置控制建筑物，因而在实际运行过程中，只要排水沟水位低于农田地下水位或者农田田面水位就会产生排水。而实际上，由于农作物对农田水分的要求是动态变化的，不加控制的排水有可能导致过度排水，不仅会造成农田水分的损失，而且还会增加农田化肥、农药的排放，从而增大对下游水体的污染风险。因此，可根据排水区的具体情况在田块或排水沟出口设置控制装置或建筑物，综合考虑农作物的用水需求及对下游环境的影响，实行控制排水，减少不必要的农田水分及化肥、农药的流失。

控制排水在国外已有广泛的应用。20 世纪 90 年代末，荷兰开始调整防洪思路，过去发生涝渍灾害时，通常是尽快地将涝水排向下游，而现在则尽可能利用河流沿岸的自然湿地等滞蓄涝水，以减缓向下游的排放。对于一些自然蜿蜒的小河，过去往往裁弯取直以加快排水，现在则反过来将一些人工河流修复为自然蜿蜒的状态，以减缓上游涝水的下泄，从而减少下游地区的洪涝损失。

在美国和加拿大，控制排水结合地下灌溉被用于农田水分及养分管理。降雨时通过控制排水设施控制管道排水以蓄存雨水，并将氮和其他养分的排放损失降至最低，干旱时则可将蓄存的水分和养分供给作物使用。

我国淮北平原 20 世纪 80 年代由于大规模排水大沟的兴建导致过度排水，同时由于缺乏蓄水设施又造成干旱季节农田用水短缺。为了解决这一问题，当地在排水大沟内建坝蓄水，对排水进行控制，同时又减少了农田水分的流失，为干旱季节提供了用水水源。宁夏、湖北、广东、江苏等地也开展了有关控制排水的试验研究，但目前控制排水技术尚未得到广泛应用。

1. 控制排水的目标及适用条件

控制排水的目标主要有以下三个方面：

（1）保持适宜的土壤水分状况，防止排除过多的水分。对于旱田，通过维持适宜的地下水位，使土壤根区保持适宜的水分和通气状况，但又不使地下水位过低；对于水田，则是通过控制适宜的稻田水深，降雨时不排出过多的地面水，以此提高农田水分利用率。

（2）减少农田养分的损失，以减少对下游水体的污染。

（3）将根层盐分控制在适宜范围的同时，尽量避免深层土壤盐分的排出。

控制排水一般比较适于下列情形：

（1）控制范围内的农田基本水平或田面坡度小于 0.5％。

（2）田面较为平整，田块内最大高差不大于 30cm。

（3）土质均匀且相对较深，具有良好的导水性。

（4）土层下部不超过 3m 深处存在与土壤表面平行的不透水层或弱透水层。

而丘陵坡地、地形陡峭或起伏较大的地形通常不适合采用控制排水。

2. 控制排水的布局及技术要求

控制排水的布局主要是控制装置或建筑物的位置选择，一般可设置在各级排水沟（管）的末端出口处，但具体设置几级以及设置在哪一级排水沟出口，应考虑排水区域内的地形及土壤条件确定。其基本原则是控制区内的地面坡度较为平缓，土质较为均匀且透水性适中，设置控制建筑物以后，其上下游之间的排水沟水位及地下水位可以形成一定的落差。当排水区地形复杂或坡度较大时，控制建筑物需要在农沟或斗沟出口设置；当排水区地形平坦时，控制建筑物可只在斗沟或支沟出口处设置。

控制排水的目标是尽可能减少不必要的农田水分排出和养分流失，因此，只要不影响作物的正常生长，可以将农田地下或地表（水田）水位维持在较高的水平。而作物正常生长要求的地下或地表水位在不同的生育阶段有所不同，控制建筑物的底板高程一般应以保证排水区内所有作物要求的最低水位为准进行设计。高程过低或排水沟深度过深容易导致排水过度。

此外，设置控制排水建筑物时，还应考虑排水再利用的可能性，并结合灌溉系统的布置进行排水系统的布置，以保证排水沟的水能得到再利用。

3. 控制排水装置及建筑物

灌溉系统中控制水位和流量的建筑物大多可用于明沟排水的控制，控制排水所需的建筑物或装置相对灌溉渠系建筑物来说功能较为简单，主要是控制水位，对流量控制一般没有要求，可采用简单的开闭结构或可调节堰来控制（图 6.18）。但由于排水沟往往比灌溉渠携带更多的漂浮物，因此需要选择容易通过碎屑的结构。

暗管排水的控制装置主要用于调节地下水位，同时必须能排除最大的排水流量，主要有两种类型：插板式和浮动式，如图 6.19 所示。插板式控制装置主要通过在一个竖直的槽内插入不同数量的叠板来控制地下水位的高度，价格低廉，但需要手工操作。浮动式系统主要通过可调浮子控制橡胶活门来调节水位，可按照事先设定的水位进行自动控制。

6.4.2　农业面源污染管控（Control measures of agricultural non-point source pollution）

农业面源污染是指在农业生产活动中，溶解的或固体的污染物，如氮、磷、农药及其他有机或无机污染物质，从非特定的地域，通过地表径流、农田排水和地下渗漏进入水体引起水质污染的过程。典型的农业面源污染包括农田径流（化肥、农药流失）和地下排水、农村地表径流、未处理的农村生活污水、农村固体废弃物及小型分散畜禽养殖和池塘水产养殖等造成的污染。

农业面源污染来源分散复杂，难以溯源，排放过程具有明显的不确定性、随机性和空间异质性，污染物的排放区和受纳区难以准确辨识，大部分污染物在进入水体后浓度相对

（a）不锈钢旋转堰　　　　　　（b）橡胶坝　　　　　　（c）太阳能自动调节堰

（d）手动调节堰　　　　　　　　　　（e）V形堰

图 6.18　明沟排水控制建筑物

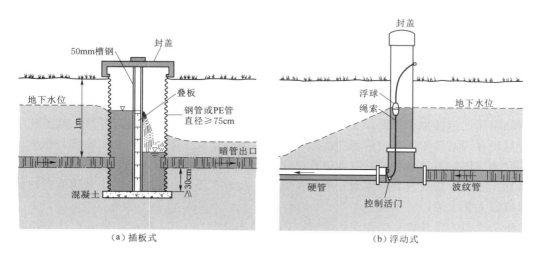

（a）插板式　　　　　　　　　　　　（b）浮动式

图 6.19　暗管排水控制装置

较低，造成治理难度加大，传统的脱氮除磷工艺去除效率较低且成本高，见效慢。因此，农村面源污染的管控必须因地制宜，从污染物的排放、迁移、污染成灾等过程入手，实行"源头减量—过程阻滞—末端修复"的全过程控制。

1. 源头减量

源头减量即通过农村生产生活方式的改变来实现面源污染产生量的最小化，可通过减少化肥农药用量或者减少排水量两种途径实现。减少化肥用量的方法，针对高度集约化农田，有基于作物产量与肥料效应函数的氮肥优化技术、按需施肥技术、平衡施肥技术、有机无机配合技术及新型缓控释肥技术等，也可通过调整种植制度如改稻麦轮作为稻-绿肥轮作、稻-蚕豆轮作或稻-休闲来减少化肥投入量；也可通过施用肥料增效剂、土壤改良剂等增加土壤对养分的固持，从源头上减少养分流失。针对果园的养分流失，可采用果园生草覆盖技术，既可减少土壤的地表径流，也可增加果园有益昆虫的数量，增加生物多样性而减少果树病虫害的发生，减少农药用量。针对分散畜禽养殖和农村固废，改传统的养殖方式为生态养殖方式，如改变传统的水冲圈养猪方式为生物发酵床养殖，并加强对畜禽粪便以及农村固废的管理和无害化处理，减少露天堆放，从而减少污染的发生。针对陆域水产养殖，可采用优化投饵方式，并循环用水，实现养殖废水的循环利用，从而达到污染物的零排放或最小排放。减少农药用量的方法，有绿色生物防控技术、低磷低毒农药技术、农药高效降解技术等。

近年来，通过施加生物炭来削减大田面源污染中氮磷流失的方法也开始得到广泛研究和应用。生物炭是生物有机材料在缺氧或低氧环境中经高温裂解后的固体产物。由于生物炭具有疏松多孔的结构，对污染物的去除具有较好的效果。

从源头上减少排水量，则需要对水分进行优化管理，旱地采用水肥一体化技术，水田采用节水灌溉技术，坡耕地采用保护性耕作技术等。源头减量技术的应用要兼顾作物产量和经济效益，并结合区域环境特征，因地制宜。

2. 过程阻滞

农村面源污染虽然在排放源头实施控制，但是仍然不可避免地有一部分污染物随淋溶或径流排放到水体，对水质造成污染。过程阻滞就是在污染物向水体的迁移过程中，通过一些物理的、生物的以及工程的方法对污染物进行拦截阻滞和强化净化，延长其在农田或排水沟的停留时间，最大化减少其进入水体的污染物量。目前常用的技术有两大类：一大类是农田内部的拦截，如稻田生态田埂技术（通过适当增加排水口高度、在田埂上种植一些植物等阻断径流）、生物篱技术、生态拦截缓冲带技术；另一大类是污染物离开农田后的拦截阻滞，包括生态拦截沟渠、生态丁型潜坝、生态护岸边坡及前置库等。这类技术多通过对现有沟渠塘的生态改造和功能强化，或者额外建设生态工程，利用物理、化学和生物的联合作用对污染物特别是氮磷进行强化净化和深度处理，不仅能有效拦截、净化农田污染物，还能汇集处理农村地表径流以及农村生活污水等，实现污染物中氮磷等的减量化排放或最大化去除。

生态拦截沟渠是典型的面源污染过程阻滞技术。如图 6.20 所示，生态拦截型沟渠系统主要由工程部分和植物部分组成，沟渠采用带孔的硬质板材构建而成，沟内每隔一定距离设置一小型的拦截坝（高度为 $10\sim20$cm），也可放置一些多孔的拦截箱，拦截箱内装有能高效吸附氮磷的基质，沟底、沟壁以及拦截箱内均可种植能高效吸收氮磷的植物。通过工程和植物的有效组合，农田排水中的氮磷通过植物吸收、基质吸附、泥沙沉降以及流速减缓等被有效去除。有研究表明生态拦截型沟渠对稻田径流排水中氮磷的去除率可分别达到 $48\%\sim65\%$ 和 $40\%\sim70\%$。

生态拦截技术的应用需结合区域环境特征和地形地貌状况，因地制宜，兼顾生态功

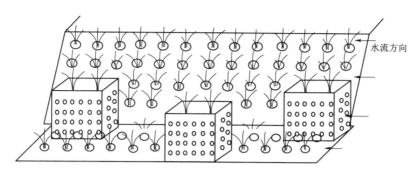

图 6.20 生态拦截型沟渠系统

能、环境功能和景观功能，在充分利用和改良现有沟渠塘的基础上注重氮磷养分资源的回用，从而提高拦截效率，实现污染水体的生态修复。

3. 末端修复

末端修复是继源头减量、过程阻滞之后，改善和恢复排水承泄区水环境的重要工程，是治理农业面源污染不可缺少的最后一环。末端修复技术主要有水体修复的生态浮床技术、水生植物恢复技术、生态护坡技术，以及适度清淤、食藻虫引导的生态修复技术等。

生态浮床技术是运用无土栽培的原理，采用现代农艺和生态工程措施，将陆生或水生植物移栽到污染水面，通过植物吸收、吸附，微生物降解等作用以净化水体的一种技术。该技术具有投资少、见效快、管理方便等优点，是一种行之有效的水体原位生态修复技术。例如，上海市郊区汇丰河治理工程中，应用生态浮床为主的技术体系，使水体主要污染物的氨氮、总氮和总磷分别降低了 69.9%、80.7% 和 63.5%。江苏无锡直湖港支流王店桥浜采用水稻作为浮床植物进行水体修复，水体氨氮降低了 19.1%，总磷降低了 22.3%；通过收获水稻，直接从水体中去除氮 $316.5kg/hm^2$、磷 $148.5kg/hm^2$，不仅改善了水质，而且收获了水稻，产生了一定的经济效益。

水生植物修复要点是，依据植物功能选择合适的植物种类，按照一定的结构进行布局，形成沉水植物-挺水植物-浮游植物相互交错的立体结构，满足整个水体的生态净化与修复功能。选择水生植物恢复技术时，应充分考虑水体主要污染物种类和来源，分段或分区实施，并依据当地物种因地制宜进行植物的区间配置。在恢复过程中，要注意补种或收割，以维持一定的配置比例和适度的生物量，实现长效净化水质、逐步完善生态系统结构的目的。

4. 人工湿地

人工湿地是由人工模拟自然湿地建造和控制的，由土壤-植物-微生物形成的生态系统，是利用生态系统中的物理、化学和生物的直接和协同作用，通过过滤、吸附、沉淀、离子交换、植物吸收和微生物降解来实现排水水质净化的一种技术。

与传统的水污染处理技术相比，该技术建设运行成本低，耗能少，出水水质好，运行维护方便，系统配置可塑性强，对负荷变化适应性强，有较强的有机物、营养物质去除能力，生态环境效益显著。

（1）人工湿地的组成及分类。人工湿地一般由 5 部分组成：①具有各种透水性的基质，如土壤、砂、砾石、卵石等；②适于在饱和水和厌氧基质中生长的湿地植物，如芦苇、香蒲、灯芯草、水葱、大米草、水花生、稗草等；③在基质表面下或表面上流动的水；④好氧或厌氧微生物种群；⑤无脊椎或脊椎动物。

按照填料和水的位置关系，人工湿地可分为表面流人工湿地和潜流人工湿地。潜流人工湿地按照水流方向，分为水平潜流人工湿地和垂直潜流人工湿地。

1）表面流人工湿地。表面流人工湿地的水面位于填料表面以上，水深一般为 0.3～0.5m，水流呈推流式前进，如图 6.21 所示。污水从池体入口以一定的速度缓慢流过湿地表面，部分污水或蒸发或渗入地下，出水由溢流堰流出。这种湿地靠近水表面部分为好氧层，较深部分及底部通常为厌氧层，具有投资省、操作简便、运行费用低等优点，但占地面积大，水力负荷小，去污能力有限。湿地系统运行受气候影响较大，夏季有滋生蚊蝇的现象，产生不良气味，冬季容易结冰，处理效果差。

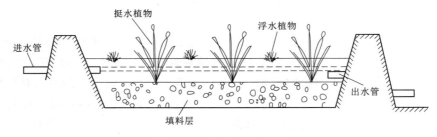

图 6.21　表面流人工湿地

2）潜流人工湿地。潜流人工湿地的污水在湿地床表面下经水平和垂直方向渗滤流动，通过植物传递到根际的氧气有助于污水的好氧处理，并可以充分利用填料表面生长的生物膜、丰富的植物根系及表层土和填料进行土壤物理、化学和土壤微生物的生化作用等，提高处理效果和处理能力。

a. 水平潜流人工湿地。水平潜流人工湿地（图 6.22）的水流从进口起在根系层中沿水平方向缓慢流动，出口处设集水装置和水位调节装置。系统中好氧生化反应所需的氧气主要来自大气复氧。与表面流人工湿地相比，潜流人工湿地受气温的影响相对较小，水力负荷大，对 BOD、COD_{Cr}、SS、重金属等污染物的去除效果好，且少有恶臭和滋生蚊蝇等现象。但该系统比表面流人工湿地系统的造价高，其脱氮除磷效果不如垂直潜流人工湿地。

b. 垂直潜流人工湿地。垂直潜流人工湿地又分单向垂直潜流人工湿地（图 6.23）和复合垂直潜流人工湿地（图 6.24）。单向垂直潜流人工湿地的水流方向为垂直流向，通常为下行流，出水系统一般设在湿地底部，采用间歇进水方式。垂直潜流人工湿地表层为渗透性良好的砂层，水力负荷一般较高，因而对氮、磷去除效果较好，但需要对进水悬浮物浓度进行严格控制。

复合垂直潜流人工湿地由两个底部相连的池体组成，污水从一个池体垂直向下（向上）流入另一个池体后垂直向上（向下）流出。复合垂直潜流人工湿地可选用不同植物多级串联使用，通过增加污水停留时间和延长污水的流动路线来提高人工湿地对污染物的去除能力，通常采用连续运行方式，具有较高的污染负荷。

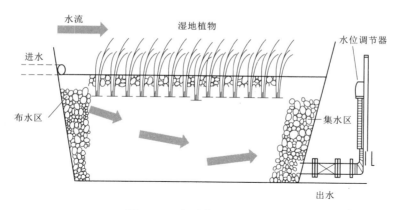

图 6.22　水平潜流人工湿地

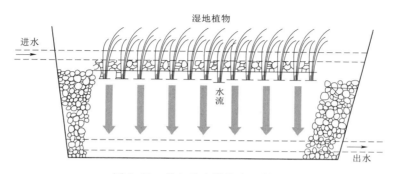

图 6.23　单向垂直潜流人工湿地

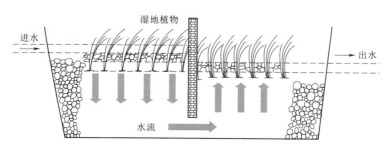

图 6.24　复合垂直潜流人工湿地

实际工程中，可以根据污水处理的需要将几个相同或不同类型的人工湿地组合在一起，形成一个污水处理系统。组合方式可分为并联式、串联式和混合式。

（2）人工湿地植物分类和配置。人工湿地植物分为水生、湿生和陆生三大类。水生类型包括挺水植物、浮水植物、浮叶植物和沉水植物，湿生类型包括湿生草本植物和湿生木本植物，陆生类型包括陆生草本植物和陆生木本植物。

人工湿地系统水质净化的关键在于工艺和植物的选择及应用配置。植物具有良好的生态适应能力和生态营建功能；管理简单、方便是人工湿地生态污水处理工程的主要特点之一。若能筛选出净化能力强、抗逆性相仿，而生长量较小的植物，将会减少管理上尤其是对植物体后续处理上的许多麻烦。一般应选用当地或本地区天然湿地中存在的植物。

所引种的植物必须具有较强的耐污染能力。水生植物对污水中的 BOD_5、COD、TN、TP 主要是靠附着生长在根区表面及附近的微生物去除的，因此应选择根系比较发达、对污水承受能力强的水生植物。

人工湿地处理系统中常会出现因冬季植物枯萎死亡或生长休眠而导致功能下降的现象，因此，应着重选用常绿或冬季生长旺盛的水生植物类型。

所选择的植物应避免对当地的生态环境构成隐患或威胁，具有生态安全性；具有一定的经济效益、文化价值、景观效益和综合利用价值。

若所处理的污水不含有毒、有害成分，植物的综合利用可从以下几个方面考虑：

1）作饲料，一般选择粗蛋白含量大于 20%（干重）的水生植物。

2）作肥料，应考虑植物体含肥料有效成分较高，易分解。

3）生产沼气，应考虑发酵、产气植物的碳氮比，一般选用植物的碳氮比为（25~30.5）：1。

4）作工业或手工业原料，如芦苇可用来造纸，水葱、灯芯草、香蒲、莞草等都是编制草席的原料。

不同的人工湿地类型具有不同的水质与水位、水流特性，因此，对植物的配置要求也不相同，表面流人工湿地水位相对较深，要求植物为耐深水的水生和湿生植物类型；潜流人工湿地水位在填料表层以下，可选不耐深水挺水植物、湿生和陆生植物类型。

各种类型湿地植物的主要品种及其人工湿地类型配置见表6.8。

表6.8　　　　　　　　各种类型湿地植物的主要品种及其人工湿地类型配置

植物类型		主要品种	人工湿地类型配置
水生	挺水植物	香蒲、菖蒲、黄菖蒲、石菖蒲、千屈菜、水鬼蕉、花叶芦竹、再力花、旱伞草、水生美人蕉、姜花、灯芯草、薰草、席草、荸荠、慈姑、皇冠草、茭草、香根草、香菇草、水莎草、纸莎草、马蹄莲、水芹菜、梭鱼草、荷花、德国鸢尾、节节草、皇竹草、藕草、薏苡、水葱、荻、芦苇、泽泻、水毛花、黑三棱、萤蔺等	表面流、潜流人工湿地，植物塘，浮床栽培
	浮水植物	槐叶萍、凤眼莲、浮萍、满江红、大藻等	表面流人工湿地、植物塘
	浮叶植物	睡莲、荇菜、菱、萍蓬草、王莲、水罂粟、水鳖、芡实、莼菜、水雍菜、水龙、眼子菜等	表面流人工湿地、植物塘
	沉水植物	狐尾藻、苦草、黑藻、金鱼藻、菹草、大茨藻、小茨藻、竹叶眼子菜、光叶眼子菜、石龙尾、生水马齿等	表面流人工湿地、植物塘
湿生	湿生草本	海芋、野芋、水蓼、芭蕉、水仙、春羽、龟背竹、三白草等	表面流、潜流人工湿地，浮床栽培
	湿生木本	水杉、落羽杉、池杉、中山杉、垂柳、欧美杨等	表面流、潜流人工湿地，浮床栽培
陆生	陆生草本	尊距花、吉祥草、苎麻、羽衣甘蓝、金盏菊、红叶甜菜、龙舌兰、虎耳草、香石竹、玉簪、萱草、绣球花、紫鸭拓草等	表面流、潜流人工湿地，浮床栽培
	陆生木本	木槿、木芙蓉、小叶女贞、夹竹桃、栀子花、八角金盘、棕榈、法国冬青	表面流、潜流人工湿地，浮床栽培

　　(3) 人工湿地净化排水水质的作用机理。人工湿地净化排水水质的机理主要是利用基质-微生物-植物复合生态系统的物理、化学和生物的三重协调作用，通过过滤、吸附、沉淀、离子交换、植物吸收和微生物分解来实现对污水的净化。

　　在排水流过湿地床的过程中，悬浮颗粒物首先通过植物的根系以及湿地填料的拦截、吸附、沉降等作用从污水中去除，排水中的有机物随着时间的推移被植物根际微生物和填料上生成的生物膜逐渐降解，无机物被截留成为湿地床的一部分。

　　植物在湿地去除排水污染物过程中起着十分重要的作用。首先植物可以通过根系直接吸收农田排水中的 NH_4^+，NO_3^- 和 PO_4^{3-} 等；其次，植物还可通过其生命活动改变根系周围的微环境，从而影响污染物的转化过程和去除速度。但总的来说，植物通过吸收而带走的养分与金属量都只占排水污染物总量的一小部分，而且被吸收的污染物大部分还聚积在根内。湿地植物有适应缺氧土壤条件的结构和特征，如发达的通气组织可占到植物体积的 $60\%\sim70\%$，以利于氧气在体内运输并传送到根区，不仅可以满足植物在无氧环境中的呼吸需要，而且能促进根区的氧化还原反应与好气微生物活动。湿地植物密度会影响植物减缓水流的速度，从而带来悬浮颗粒吸附与沉降的差异。另外，植物还为微生物的活动提供巨大的物理表面，植物根系表面也是重金属和一些有机物沉积的场所。有些植物（如芦苇）的根系分泌物还能杀死污水中的大肠杆菌和病原菌。

　　土壤是湿地的基质与载体，其去污过程来自离子交换、吸附、络合作用、沉降反应等。土壤对污水中磷和重金属的净化作用主要是通过上述反应实现的，其反应产物最终吸附或沉降在土体内，使土体内这些元素的含量急剧升高，几年之后即可高达进水浓度的10 倍以上乃至 1000 倍以上。植物根系的吸收、滞留与腐烂，土体内无机与有机成分对金属的强烈吸收很可能是土壤具有强大积聚能力的原因。

　　微生物是人工湿地污水处理系统中净化排水的核心，污染物在湿地土壤中的降解和转化主要靠微生物来完成。人工湿地为好氧、兼性厌氧及厌氧微生物的同时生存提供了有利生境。由于植物根系输送氧气的作用，使得根区周围依次呈现出好氧、厌氧及缺氧状态。氧的不同分布状态引起微生物种类的分布不同：紧靠根区的区域为好氧性菌落，根区往外依次为兼氧性、厌氧性菌落。好氧微生物将排水带来的有机物分解为 NO_3^-、PO_4^{3-}、SO_4^{2-} 等离子供植物吸收利用；远离根区的还原态区域则为厌氧微生物的主要活动场所，如硝酸盐还原细菌和发酵细菌，将有机物分解为 CO_2、NH_3、H_2S、H_3P、CH_4 等气体，并挥发进入大气。

　　除了湿地中的植物、基质和微生物等成分的分别作用外，更多的还是这些成分的相互作用，使得湿地具有强大的净化功能。湿地土壤支撑着湿地动植物与微生物的生命过程，土壤的任何性状发生改变都可能影响到生物的生长发育及其对环境的作用，从而影响到它们的净化效果。微生物种群对湿地土壤的很多化学反应产生重要影响，土壤中各种元素的循环与转化都与微生物作用密切相关，而这些微生物过程又受土壤氧化还原势和 pH 值的强烈影响。微生物的生物量与土壤的氧化还原势有着明显的相关性。植物除了吸收与吸附功能外，其根际微生物系统也是一个重要的净化场所。

　　湿地系统成熟后，填料表面和植物根系由于大量微生物的生长而形成生物膜。当排水流经湿地时，被填料及根系阻挡截留，有机污染物则通过生物膜的吸收、同化及异化作用而被去除。即湿地床中有机物去除是物理的截留沉淀和生物的吸收降解共同作用的结果。有关研究表明，废水中的不溶性 BOD（约占废水总 BOD 的 50%）和 COD 可在进水沿程 5m 内通过截留而被快速除去。

（4）人工湿地净化排水水质典型案例。水力停留时间是人工湿地排水处理系统设计的重要参数之一，它对于去除排水中氮、磷、农药及悬浮物等有着重要的意义。潜流湿地往往可以在相对较小的处理单元内增加水力停留时间，而表面流湿地则需要相对较长的处理单元来实现相同的水力停留时间。某地为了提高现有表面流人工湿地的氮、磷、农药拦截能力，增加表面流人工湿地的水力停留时间，增强水体氮磷及悬浮物的消减能力等，设计了一种氮磷拦截潜流坝。

1）设计原则。将灌排沟渠来水合理分配到湿地，削减暴雨期间的水量负荷以及进水中的氮、磷含量；不影响上游农田耕作，不改变灌排沟渠塘原有功能；湿地建成后具有较好的景观效果，湿地的部分植物产品可创造经济效益。

2）湿地及潜流坝构建。浅塘湿地由原来洼地改建而成，原有植物主要为芦苇，经过改造后形成两个水面面积相同的浅塘湿地——生态塘1和生态塘2。其中生态塘2中布设有潜流坝，同时为了景观效果和减少投资，在生态塘2中设计有人工岛。人工岛由原有洼地土壤堆砌而成，人工岛两侧有2个潜流坝，2个潜流坝宽度均为4m，长6m；人工岛面积为100m²，生态塘1宽度为22m，长度为45m；生态地2宽度为25.3m，长度为45m。2个生态塘示意图如图6.25所示。进水用直径为30cm波纹管由原农田排水沟引入，2个进水口高度一致，位置相同。在2个生态塘出水口设置2个拦水节制闸。2个生态塘进水量一致，平均日进水量200m³，构建潜流坝成本为1000元/m。

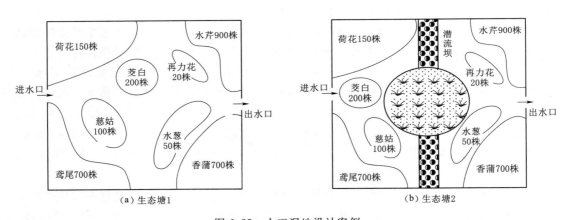

图 6.25　人工湿地设计案例

3）设计方法。潜流坝主要应用于农田生态沟渠塘拦截排水中氮、磷、农药等物质的表面流人工湿地，坝体高80cm，长度依据具体沟渠塘宽度而定，宽度为4~6m，潜流坝两侧有透水墙，宽度为40cm，由空心砖垒砌而成。透水墙中间设置有砾石填料层，高度为40cm，考虑到工程投资，砾石填料层就近取料，可采用鹅卵石、废砖块、煤渣、水泥块等。砾石填料层的砾石粒径在靠近进水口一端为5~8cm，然后向出水口一端砾石粒径逐渐降低到1~2cm。为了更好地吸收排水水体中的氮、磷、农药，在砾石填料层上方有土壤覆盖层，高度为 40cm，土壤覆盖层上可以种植常绿草本植物和灌木（图 6.26）。为了防止来水过量漫过潜流坝，在潜流坝中部埋设有溢流管，高度距坝底 50cm，溢流管直径为 20cm，溢流管数量按照潜流坝长度每 2m 一根来设置。当农田排水沟渠系统中水体通过氮磷拦截潜流坝时，能有效增加水力停留时间，并且由于设置了砾石填料层，能使水体中的悬浮污染物得到沉降和吸附，氮磷拦截潜流坝上的植物也可以有效吸收水体中的氮磷等污染物，最终实现对水体氮磷等污染物的有效拦截。

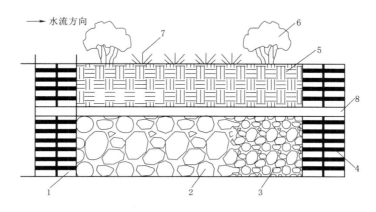

图 6.26 潜流坝断面

1—透水墙（进水侧）；2—砾石填料层（砾石粒径为 5~8cm）；3—砾石填料层（砾石粒径为 1~2cm）；
4—透水墙（出水侧）；5—土壤覆盖层；6—常绿灌木；7—常绿草本植物；8—溢流管

4）植物配置。选择除具有普通水生植物适应性强、生物量大的优点外，还具有观赏性好、四季常绿或者短休眠特性的植物。最终在生态塘四周和边坡布置垂柳，护坡植物选择多年生黑麦草、高羊茅、早熟禾、小冠花、狗牙根等，在生态塘内布置常绿水生植物水芹、路易斯安娜鸢尾、狐尾藻，其他水生植物如菖蒲、香蒲、茭白、慈姑、荷花、水葱、再力花等。人工岛上种植垂柳、小叶黄杨、女贞、石楠等灌木，潜流坝上种植小叶黄杨、女贞、石楠等灌木及多年生黑麦草、高羊茅、早熟禾、小冠花、狗牙根等护坡植物。

5）排水氮磷拦截效率。无潜流坝生态塘 1 排水水体铵态氮和总氮的平均去除率分别为 68.7% 和 62.6%，带潜流坝生态塘 2 排水水体铵态氮和总氮的平均去除率分别为 77.1% 和 69.8%，分别较生态塘 1 高出 8.3% 和 7.2%。无潜流坝生态塘 1 排水水体总磷的平均去除率为 34.6%，带潜流坝生态塘 2 排水水体总磷的平均去除率为 51.6%，说明潜流坝对排水氮磷具有较强的去除能力。

6）经济效益分析。构建潜流坝成本为 1000 元/m，虽然潜流坝的投入比常规表面流湿地有所增加，但具有潜流坝的生态塘 2 较无潜流坝的生态塘 1 每年平均可以减少排放铵态氮 12.4kg、总氮 28.5kg、总磷 3.65kg。同时该潜流坝占地面积小，节约了土地成本，并且具有较强的拦水阻流作用，增加排水水流的渗流时间，延长水力停留时间，同时潜流坝上的植物也可以有效吸收排水水体中的氮磷等。因此，构建氮磷拦截潜流坝在经济上和去除排水水体氮磷污染物功效上是可行的。

6.5　农业排水再利用
(Reuse of agricultural drainage water)

农业排水再利用通常是指农田灌溉产生的多余水分排出农田后，经过适当处理再次用于农田灌溉或其他用水的生产活动。尽管近年来节水灌溉得到了大力推广，但在实际生产过程中，不可避免地会产生农田水分的流失，比如北方干旱半干旱地区盐碱地的淋洗排盐、稻作农田的渗漏排水等。在水资源短缺的地区，农业排水作为一种补充水源加以再利用，一定程度上可以缓解水资源不足的矛盾，同时也可以充分利用排水中的养分，并减少对下游水体的污染。自20世纪60年代开始，排水再利用在世界各国得到较为广泛的应用，如埃及每年农业排水的40％在与尼罗河水混合后被重复利用，美国得克萨斯州、加利福尼亚州、科罗拉多州等地区利用农业排水灌溉棉花、甜菜、苜蓿等作物，澳大利亚使用排水灌溉小麦和水稻等。我国宁夏银北、甘肃景电、山东簸箕李等灌区自20世纪80年代开始开展了排水再利用的试验研究和生产应用，取得了良好的效果。

农业排水再利用可以发生在上下游相邻的田块、区域和灌区之间。在山丘区，特别是南方水田地带，若田块之间存在高差，类似梯田，高处田块的排水常常排向低处的相邻田块而被再利用。在灌区尺度上，如果上游排水沟的排水可排入下游灌溉渠道，或者上游灌区的排水能够进入下游灌区的干渠，也可实现区域或灌区尺度的排水再利用。当然，也可通过提水泵站将排水送回同一个田块、区域或灌区，从而实现内部循环再利用。

农田水分在从上游流向下游的过程中，还可以多次重复利用。在这个过程中，由于排水水质会逐步下降，在规划设计排水再利用系统时，有时需要从上游到下游种植对水质要求不同的植物。农业排水除了可用于农田灌溉外，也可用于其他用水，比如林地用水、野生动物栖息地和湿地用水等。

6.5.1　排水量和排水水质 (Quantity and quality of drainage water)

排水量和排水水质是决定能否实施农业排水再利用的关键。而影响排水量和排水水质的因素有很多，包括气候条件、灌排方式、灌溉制度、耕作施肥方式、作物种植结构、土壤质地、地下水位等。

对于某一个具体的灌区，其气候条件、灌排方式、种植结构、土壤质地等条件基本上是一定的，这时决定排水量的主要是灌溉制度。对旱地来讲，当灌水量超过田间持水量时，灌水量越大，排水量越大。但从节水灌溉的角度考虑，通常要尽量避免灌水量超过田间持水量。因此，在作物生育期，除非发生较大的降雨，一般不会产生大量的排水。而在非生育期，北方干旱半干旱地区，为了防止土壤盐渍化，通常会进行秋浇或冬春灌洗盐，此时，往往会产生较为稳定的排水。对稻田来讲，农田水分除了要满足作物需水量以外，在有些生育阶段，还需要维持一定的渗漏强度，也会因此产生较为稳定的排水。

除了北方地区的洗盐排水和稻田的渗漏排水以外，还有一些可能导致排水的不确定因素。比如农民的灌水习惯，如果灌水定额不能严格控制，就会产生不同程度的排水。另一个非常重要的影响排水的不确定因素就是降雨，严格来讲，降雨产生的排水不属于排水再利用的范畴，但降雨产生的排水很难与多余的灌溉水分产生的排水严格划分，因此在研究农业排水再利用时通常要一并加以考虑。

当不考虑降雨时，排水量可采用水量平衡的方法进行估算，即由灌入田块或灌区的水量减去作物耗水量。但当考虑降雨时，排水量的计算需要考虑产汇流机制，采用更复杂的水文模型估算。排水量进入排水沟以后，并非完全能再利用。排水的本来目的就是要防止涝渍灾害和土壤盐渍化，或者为农业机械耕作提供良好的土壤条件，因此，存留在当地排水沟的水量必须首先满足上述排水要求，多余的水必须排向下游。

排水再利用需满足用水部门的水质要求。实施排水再利用前，应对水质进行检测并根据水质情况进行相应的处置。农田排水中通常含有一定数量的氮磷等养分和一些有利于作物生长的微量物质，为了避免过度施肥，提高养分利用率，施肥时应扣除排水再利用量中的养分含量。农田排水中对作物生长不利的化学物质主要是高浓度盐分和重金属等。高钠钙镁浓度的排水用于灌溉可能导致土壤结构不稳定，使土壤板结，从而降低土壤生产力。硼等有毒微量元素会干扰作物的最佳生长，而硒和砷等微量元素会随所灌溉的作物进入食物链。对于这类排水，可根据当地条件，采用淡水对其进行稀释，也可将其用于耐盐作物、树木、灌木和饲料作物，也可通过人工或天然湿地净化后加以利用。

6.5.2　农业排水再利用模式（Reuse patterns of agricultural drainage water）

农业排水再利用受地形条件、排水水质、作物对水质的要求以及当地水资源条件等因素的影响有不同的工程模式。目前常用的模式主要有两类。

1. 上游排水用于下游

该模式一般适用于山丘区或有一定坡度的平原区。当排水水质较好时，上游排水沟（管）可直接进入下游灌溉渠道，或将上游排水沟与下游排水渠道合二为一。

当排水水质不能满足要求时，可根据当地淡水水源的来水情况，采取排水与淡水混合利用或交替利用的方式进行灌溉。交替灌溉有两种方式：一是采用淡水灌溉盐分敏感的作物，排水灌溉耐盐度较高的作物；二是在作物萌芽期和幼苗期等盐分敏感期，采用淡水灌溉，在盐分不敏感期，采用排水灌溉。此外，也可在排水沟下游设置人工湿地，将上游排水排入湿地进行净化处理后，再供给下游农田灌溉。

还可根据水质情况和不同作物的耐盐程度，从上游往下游逐级种植不同耐盐程度的作物。如图 6.27 所示，在最上游，可种植对盐分比较敏感的作物，如蔬菜、水果、大豆、玉米等，所产生的排水由于水量减少、盐分浓度上升，其下游可种植耐盐作物，如棉花、甜菜等，再下游则可种植耐盐性更强的乔木和灌木，最下游则种植盐生植物。种植盐生植物后的排水最终进入蒸发池。

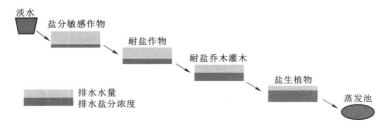

图 6.27　多级农田排水综合利用系统

2. 排水经泵站提水后再利用

该模式一般用于同一个田块、区域或灌区的内部循环利用（图 6.28）或者邻近地势

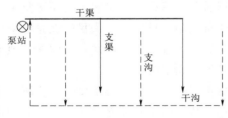

图 6.28 排水经泵站提水后用于同一灌区

较高的其他地区。当排水水质满足要求时，可直接利用。如排水水质不满足要求，同样可以与淡水混合或交替使用，也可通过将排水先排入人工湿地经净化后再采用泵站提水。

回顾过去的发展历程，农业排水经历了从早先服务于开垦土地到保护农田不受暴雨淹没，再到维持适宜的土壤水分；排水方式从地表排水到地下排水，从自流排水到抽水排水；排水技术从明沟排水到鼠道排水、暗管排水、竖井排水、干排水、生物排水等不同的阶段。20 世纪 80 年代以来，随着水资源短缺、农业面源污染问题的不断显现，排水再利用、控制排水、生态排水沟等技术应运而生，在农业生产中的应用也日渐广泛。农业排水技术作为一项服务于农业同时又对农村环境有着重要影响的技术，未来将向着多目标和精细化的方向发展。

思考与练习题

1. 农业排水的任务有哪些？
2. 农业排水方式有哪些？其优缺点及适用条件如何？
3. 如何确定明沟与暗管的沟深及间距？
4. 试推导完整沟情况下排水沟间距恒定流计算公式。
5. 控制排水的目标是什么？哪些情况下容易发生过度排水？
6. 影响农业排水水质的因素有哪些？
7. 农业面源污染的防治措施有哪些？
8. 排水水质净化的人工湿地由哪几部分组成？有哪些类型？
9. 农业排水再利用有哪些模式？
10. 某南方多雨地区，规划建设排水系统控制地下水位，设计排水沟水位在地面以下 1.2m，沟水位至不透水层深度为 4.8m，沟内水深 0.25m、水面宽 0.45m，设计降雨入渗强度为 0.03m/d。要求在降雨期间排水地段中心地下水位上升高度不超过 0.7m（即地下水位控制在地面以下 0.5m），土壤渗透系数为 0.85m/d。试计算排水沟间距。
11. 某地由于地下水位过高，规划铺设暗管控制地下水位，采用 PVC 波纹管。要求降雨期间排水流量为 0.002m/d，排水地段中心地下水位控制在地面以下 1.2m，暗管埋深 1.8m，暗管直径 0.12m，透水层底板在地面以下 7m，土壤渗透系数为 0.12m/d。试采用 Hooghoudt 公式计算暗管间距。
12. 某地设计排水系统，排水沟深 1.6m，沟内水深 0.25m，沟内水面宽 0.45m，地下水位在地面以下 1.6m，不透水层深 10m。降雨后地下水位上升至地面。降雨停止后，地下水位逐渐回落。根据作物生长需求，在降雨停止 4d 后地下水埋深应下降至 0.8m，土

壤渗透系数 $K=1.2\text{m/d}$，给水度 $\mu=0.045$。试计算排水沟的间距。

13. 某地规划建设暗管排水工程控制地下水位，暗管埋深 1.8m，采用 PVC 波纹管，管径为 0.12m，透水层厚度为 8.5m，土壤渗透系数为 1.1m/d，给水度为 0.055，降雨后地下水位位于暗管以上 0.8m，要求 8d 后地下水埋深降至暗管以上不超过 0.3m。试采用 Hooghoudt 等效深度法计算暗管间距。

推 荐 读 物

[1] Tanji K K, Kielen N C. Agricultural Drainage Water Management in Arid and Semi - arid Areas [C]. Irrigation and Drainage Paper, No. 61, FAO, Rome, 2002.

[2] 国际土地开垦和改良研究所. 排水原理和应用（Ⅰ）：基础科目 [M]. 北京：农业出版社，1980.

[3] 国际土地开垦和改良研究所. 排水原理和应用（Ⅱ）：田间排水与流域径流的理论 [M]. 北京：农业出版社，1981.

[4] 国际土地开垦和改良研究所. 排水原理和应用（Ⅲ）：勘测和调查研究 [M]. 北京：农业出版社，1983.

[5] 国际土地开垦和改良研究所. 排水原理和应用（Ⅳ）：排水系统的设计与管理 [M]. 北京：农业出版社，1983.

[6] 王遵亲，祝寿泉，俞仁培，等. 中国盐渍土 [M]. 北京：科学出版社，1993.

[7] 尹军，崔玉波. 人工湿地污水处理技术 [M]. 北京：化学工业出版社，2006.

[8] Huffman R L, Delmar D F, William J E, et al. Soil and Water Conservation Engineering [M]. 7th edition. St. Joseph, Michigan：ASABE, 2013.

[9] 沙金煊. 农田地下水排水计算 [M]. 北京：水利电力出版社，1983.

[10] 张蔚榛. 地下水非稳定流计算和地下水资源评价 [M]. 武汉：武汉大学出版社，2013.

数 字 资 源

| 6.1 暗管排水微课 | 6.2 控制地下水位的末级排水沟（管）间距计算微课 | 6.3 千岛湖典型流域氮磷转化过程监测与净水农业示范 | 6.4 浙江平湖市农业节水减排控制面源污染模式 |

参 考 文 献

[1] 郭元裕. 农田水利学 [M]. 3 版. 北京：中国水利水电出版社，1997.

[2] 施胜，侯勇，王新锋. 我国畜禽养殖废水处理模式的研究进展 [J]. 黑龙江畜牧兽医，2021 (21)：29 - 35.

[3] 杨林章，施卫明，薛利红，等. 农村面源污染治理的“4R”理论与工程实践：总体思路与“4R”治理技术 [J]. 农业环境科学学报，2013，32 (1)：1 - 8.

［4］ 邵孝侯，胡秀君，周钧，等. WRSIS 系统在我国南方水稻灌区农业面源污染控制中的应用［J］. 江苏农业科学，2013，41（4）：291－294.

［5］ 卢少勇，张彭义，余刚，等. 人工湿地处理农业径流的研究进展［J］. 生态学报，2007，27（6）：2627－2635.

［6］ 吴晓磊. 污染物质在人工湿地中的流向［J］. 中国给水排水，1994，10（1）：40－43.

［7］ 姜翠玲，崔广柏. 湿地对农业非点源污染的去除效应［J］. 农业环境保护，2002，21（5）：471－473，476.

［8］ 丸山利辅，等. 灌溉排水［M］. 日本：养贤堂，1990.

［9］ 鲁沁 J N. 农田排水［M］. 叶和才，译. 北京：中国工业出版社，1965.

［10］ 简·范席福家德. 农业排水［M］. 胡家博，译. 北京：水利出版社，1982.

［11］ 瞿兴业，余玲，石凤霞，等. 国内外暗管排水技术综述［R］. 北京：水利水电科学研究院，1980.

［12］ 瞿兴业. 均匀入渗情况下均质土层内地下水向排水沟流动的分析［J］. 水利学报，1962（6）：1－20.

［13］ 王少丽，许迪，刘大刚. 灌区排水再利用研究进展［J］. 农业机械学报，2016，47（4）：42－48.

［14］ 日本农业土木学会. Advanced Paddy Field Engineering［M］. 日本：信山社，1999.

［15］ 郑存虎. 盐碱地暗管排水改碱技术［M］. 北京：中国计量出版社，2003.

［16］ 张华，张友义. 农田地下排水技术［M］. 北京：水利电力出版社，1984.

［17］ 严思诚. 农田地下排水［M］. 北京：水利电力出版社，1986.

［18］ Hoffman G J，Evans R G，Jensen M E，et al. Design and Operation of Farm Irrigation Systems［C］. 2nd edition. ASABE，2007.

［19］ 王罗春，白力，时鹏辉，等. 农村农药污染及防治［M］. 北京：冶金工业出版社，2019.

第7章

灌区水土资源平衡分析

灌区是指有可靠水源，引、输、配水渠道系统和相应排水沟道的灌溉区域。我国水利行业的标准规定，控制面积在 20000hm^2（30 万亩）以上的灌区为大型灌区，控制面积在 $667\sim20000\text{hm}^2$（1 万～30 万亩）的灌区为中型灌区，控制面积在 667hm^2（1 万亩）以下的灌区为小型灌区。据统计，到 2022 年我国有大型灌区 456 处、中型灌区 7340 多处、小型灌区 1000 多万处。近年来，由于农业水土资源的高强度开发利用，灌区面临着水资源短缺、水土资源失衡、水环境退化和水生态恶化等多重威胁，灌区水土资源平衡分析是科学配置水资源和确定合理灌区规模的重要依据，对于最大限度发挥水土资源的生产、生活和生态功能，实现灌区经济社会可持续发展和生态环境健康具有重要的意义。

7.1 灌区需水量
(Water demand in irrigation districts)

7.1.1 灌区需水量计算（Water demand calculation in irrigation districts）

随着经济社会发展，灌区功能不断拓展，它不仅为农田灌溉供水，而且也为农村生活与养殖业、城镇生活、城乡工业与乡镇企业以及生态供水。特别是大型灌区，近年来除灌溉之外的其他用水比例显著上升。如四川都江堰灌区的灌溉用水比例下降到不足总引水量的 50%。因此，在灌区建设或现代化改造时，必须综合考虑生产、生活和生态需水要求，合理规划灌溉规模、渠系和建筑物供水能力。

灌区需水量采用下式计算：

$$W_{\text{GQ}} = W_{\text{GG}} + W_{\text{YZ}} + W_{\text{SH}} + W_{\text{GF}} + W_{\text{ST-RB}} \tag{7.1}$$

式中：W_{GQ} 为灌区需水量，m^3；W_{GG} 为灌溉需水量，m^3；W_{YZ} 为养殖业需水量，m^3；W_{SH} 为乡镇生活需水量，m^3；W_{GF} 为乡镇工副业需水量，m^3；$W_{\text{ST-RB}}$ 为需人工补给的生态需水量，m^3。

1. 灌溉需水量

灌溉需水量（W_{GG}）是指灌溉农田需从水源取用的水量，与灌溉面积、作物种植、土壤、水文地质和气象条件等密切相关。目前，灌溉需水量通常是根据 4.3.1 节和 4.3.2 节确定的作物灌溉定额，以及种植面积、作物种类进行计算，即

$$W_{\text{GG}} = \sum_{i=1}^{n} A_i M_i \tag{7.2}$$

式中：M_i 为第 i 种作物的灌溉定额，m^3/hm^2；A_i 为第 i 种作物的灌溉面积，hm^2；n 为作物种类数量。

如综合分析灌区灌溉需水量，也可利用综合灌溉定额 $M_{综}$ 进行计算，即

$$W_{GG} = M_{综} A \tag{7.3}$$

式中：A 为全灌区的总灌溉面积，hm^2。

综合灌溉定额 $M_{综}$ 为

$$M_{综} = \sum_{i=1}^{n} \alpha_i M_i \tag{7.4}$$

式中：M_i 为第 i 种作物的灌溉定额，m^3/hm^2；α_i 为第 i 种作物灌溉面积占全灌区灌溉面积的比值；n 为作物种类数量。

在计算灌溉需水量时，应根据计算目的选择相应的计算方法。由于综合净灌溉定额是评估全灌区灌溉用水是否合适的一项重要指标，可用于与自然条件及作物种植面积比例类似的灌区进行对比，为种植结构调整和节水灌溉技术应用提供依据；也可用于大型灌区的不同灌溉渠系控域（如支渠控制范围）内，进行灌溉需水量合理性对比分析。因此，对于小型灌区或在没有特别要求的情况下，一般利用直接推算法计算。

特别需要注意，对于一些大型灌区，由于不同地区的气候、土壤、作物类型存在明显差异，因而同种作物的灌溉制度也不同。因此，须先对灌区进行分区，然后计算各分区的灌溉需水量，汇总全灌区的灌溉需水量，或者采用分布式水文模型进行模拟计算，采用较多的有 SWAT 模型等。

【例 7.1】 某灌区的农作物种植面积、种植比例及灌溉定额见表 7.1。试利用直接推算法和综合灌溉定额法分别计算灌区总灌溉需水量。

表 7.1　　　　　　　某灌区农作物种植面积、种植比例及灌溉定额

农作物名称	种植面积/万 hm^2	种植比例/%	灌溉定额/(m^3/hm^2)
棉花	10.05	65.51	4152
果园	5.00	32.57	6840
水稻	0.18	1.16	15747
瓜菜	0.02	0.16	759
其他	0.09	0.60	1234

【解】 步骤 1：采用直接推算法计算灌区总灌溉需水量。由式（7.2）可知，灌溉需水量 W_{GG}＝棉花种植面积×棉花灌溉定额＋果园种植面积×果园灌溉定额＋水稻种植面积×水稻灌溉定额＋瓜菜种植面积×瓜菜灌溉定额＋其他种植面积×其他灌溉定额，即

$$W_{GG} = (10.05 \times 4152 + 5.00 \times 6840 + 0.18 \times 15747 + 0.02 \times 759$$
$$+ 0.09 \times 1234) \times 10^4 = 7.89 \times 10^8 (m^3)$$

步骤 2：采用综合灌溉定额法计算灌区总灌溉需水量。由式（7.4）可知，灌区综合灌溉定额 $M_{综净}$＝棉花种植比例×棉花灌溉定额＋果园种植比例×果园灌溉定额＋水稻种植比例×水稻灌溉定额＋瓜菜种植比例×瓜菜灌溉定额＋其他种植比例×其他灌溉定额，即

$$M_{综} = 65.51\% \times 4152 + 32.57\% \times 6840 + 1.16\% \times 15747 + 0.16\%$$
$$\times 759 + 0.6\% \times 1234 = 5139 (m^3/hm^2)$$

由式 (7.3) 可知，灌区总灌溉需水量 $W_{GG} = M_综 \times$ 总灌溉面积，故得

$$W_{GG} = 5139 \times (10.05 + 5.00 + 0.18 + 0.02 + 0.09) \times 10^4 = 7.88 \times 10^8 \, (m^3)$$

【答】　采用直接推算法和综合灌溉定额法计算的某灌区总灌溉需水量分别为 7.89 亿 m^3 和 7.88 亿 m^3。

2. 养殖业需水量

养殖业需水量 (W_{YZ}) 主要包括畜牧业和渔业的需水量，按下式计算：

$$W_{YZ} = 365 \times \left(\sum_{i=1}^{n} M_{SXi} N_i + M_{YY} A_{YY} \right) \qquad (7.5)$$

式中：W_{YZ} 为养殖业全年的需水量，m^3；M_{SXi} 为第 i 种畜禽的日平均需水量，$m^3/$（头·d）；N_i 为第 i 种畜禽的数量；M_{YY} 为渔业单位面积日需水量，$m^3/$（hm^2·d）；A_{YY} 为渔业养殖面积，hm^2。

各种畜禽养殖日平均需水量可参考表 7.2 采用。渔业养殖的日需水量可近似采用当地的水面蒸发量进行计算。

表 7.2　　　　　　　　　畜禽养殖的日平均需水量标准　　　　　单位：$10^{-3} m^3/$（头·d）

牲畜	用水量	牲畜	用水量
乳牛	70~120	马、驴、骡	40~50
育成牛	50~60	羊	5~10
母猪	60~90	鸡、兔	0.5
育肥猪	20~30	鸭	1.0

【例 7.2】　某灌区 2018 年畜禽养殖种类及数量见表 7.3，当地年水面蒸发量 1700mm。试计算该灌区养殖业需水量。

表 7.3　　　　　　　　　某灌区 2018 年畜禽养殖种类及数量

养殖种类	数量	单位	养殖种类	数量	单位
渔业	0.0607	万 hm^2	驴	0.11	万头
乳牛	2.65	万头	家鸡	135.54	万只
育肥猪	25.04	万头	家兔	18.23	万只
羊	24.39	万只			

【解】　步骤 1：利用式 (7.5) 和表 7.2 畜禽饲养的日需水量标准以及表 7.3 畜禽养殖种类和数量，计算的畜禽饲养需水量为

$$W_{YZ1} = 365 \times (2.65 \times 95 + 25.04 \times 25 + 24.39 \times 7.5 + 0.11 \times 45$$
$$+ 135.54 \times 0.5 + 18.23 \times 0.5) \times 10^4 \times 10^{-3}$$
$$= 417.02 \times 10^4 \, (m^3)$$

步骤 2：计算渔业养殖需水量，单位面积年需水量近似采用当地的水面蒸发量 1700mm，故渔业养殖需水量为

$$W_{YZ2} = 1700 \times 10^{-3} \times 0.0607 \times 10^4 = 1031.9 \times 10^4 (m^3)$$

步骤 3：计算该灌区养殖业需水量：

$$W_{YZ} = W_{YZ1} + W_{YZ2} = 417.02 + 1031.9 = 1448.92 \times 10^4 (m^3)$$

【答】 经计算某灌区 2018 年养殖业需水量为 1448.92 万 m^3。

3. 乡镇生活需水量

乡镇生活需水量（W_{SH}）包括居民区的生活需水量和浇洒道路需水量等，但浇洒道路需水量一般为每次 $1 \sim 1.5 L/m^2$，每日浇洒 $2 \sim 3$ 次，此水量相对较少。所以，$W_{SH}(m^3)$ 可近似按下式计算：

$$W_{SH} = 365 \times (M_{SH} N_p) \tag{7.6}$$

式中：M_{SH} 为每人日平均生活需水量，$m^3/(人 \cdot m^2)$；N_p 为灌区乡镇人口数量。

乡镇生活需水量人均标准 M_{SH} 按《室外给水设计规范》（GB 50013—2018）确定，见表 7.4。

表 7.4 居住区日平均生活需水量标准 单位：$10^{-3} m^3/(人 \cdot d)$

分区	给水设备类型				
	室内无给排水卫生设备，从集中龙头取水	室内有给水龙头，但无卫生设备	室内有给水排水卫生设备，但无淋浴设备	室内有给水排水卫生设备和淋浴设备	室内有给水排水卫生设备，有淋浴及集中热水供应
Ⅰ	$10 \sim 20$	$20 \sim 40$	$55 \sim 90$	$90 \sim 125$	$130 \sim 170$
Ⅱ	$10 \sim 25$	$30 \sim 45$	$60 \sim 95$	$100 \sim 140$	$140 \sim 180$
Ⅲ	$20 \sim 35$	$40 \sim 65$	$65 \sim 100$	$110 \sim 150$	$145 \sim 185$
Ⅳ	$25 \sim 40$	$40 \sim 70$	$65 \sim 100$	$120 \sim 160$	$150 \sim 190$
Ⅴ	$10 \sim 25$	$25 \sim 40$	$55 \sim 90$	$100 \sim 140$	$140 \sim 180$

注 根据气候、地形等条件，将全国分成 5 个区，具体区域分布如下：

第Ⅰ分区：黑龙江、吉林、内蒙古全部，新疆、西藏、辽宁大部分，河北、山西、陕西偏北小部分，宁夏偏东部分。

第Ⅱ分区：北京、天津、河北、山东、山西、陕西的大部分，甘肃、宁夏、辽宁南部，河南北部，青海偏东，江苏偏北。

第Ⅲ分区：上海、浙江全部，江西、安徽、江苏大部分，福建北部，湖南、湖北东部，河南南部。

第Ⅳ分区：广东、台湾全部，广西大部分，福建、云南南部。

第Ⅴ分区：贵州全部，四川、云南大部分，湖南、湖北西部，陕西、甘肃秦岭以南地区，广西偏北小部分。

4. 乡镇工副业需水量

乡镇工副业需水量 W_{GF} 通常根据产值进行计算，即

$$W_{GF} = \sum_{i=1}^{n} M_{GFi} P_{GFi} \tag{7.7}$$

式中：M_{GFi} 为第 i 种行业单位产量的需水量（或其他单位产量的需水量），m^3/t；P_{GFi} 为第 i 种行业年计划产量（或其他单位产量数），t；n 为工副业行业数。

乡镇工副业需水量标准可采用国家或地方标准，也可参考表 7.5 和表 7.6 取值。

表 7.5　　　　　　　　　乡镇工业单位产量的需水量标准

企业种类	单位产量的需水量	企业种类	单位产量的需水量
水泥	$1\sim3m^3/t$	酿酒	$20\sim50m^3/t$
豆制品加工	$5\sim15m^3/t$	制糖	$15\sim30m^3/t$
造纸	$500\sim800m^3/t$	化肥	$2\sim5.5m^3/t$
缫丝	$900\sim1500m^3/t$	制植物油	$7\sim10m^3/t$
棉布印染	$200\sim300m^3/t$	屠宰（猪）	$1\sim2m^3/头$
塑料制品	$100\sim220m^3/t$	酱油	$4\sim5m^3/t$
制砖	$0.7\sim1.2m^3/4$ 块		

表 7.6　　　　　　　　　乡镇企业及专业户副业的需水量标准

企（副）业种类		用水性质	产品单位	单位产品需水量/m³
饮料厂		汽水及冷却用水	每千瓶汽水	2.4（Ⅰ）
冷饮厂		棒冰及冷却用水	每千支棒冰	6.2（Ⅰ）
冷冻厂		冰块及冷却用水	每立方米人造冰	7.4（Ⅲ）
豆制品厂	集体	加工水豆腐	每 50kg 黄豆	1.64（Ⅰ），1.69~2.78（Ⅲ）
	专业户	加工水豆腐	每 50kg 黄豆	0.76（Ⅰ）
	专业户	加工干豆腐	每 50kg 黄豆	0.32（Ⅰ）
食品厂		糕点用水	每 50kg 原料	0.05（Ⅰ），0.03（Ⅲ）
		加工烙饼	每 10kg	0.98（Ⅳ）
屠宰场		屠宰用水	每头猪	0.57~0.75（Ⅲ）
榨油场			每 50kg 豆油	0.15（Ⅰ）
绣衣厂		洗涤纺织品用水	每百件绣衣	2.86（Ⅳ）
机绣厂		洗涤纺织品用水	每百件绣衣	6.23（Ⅳ）
竹品厂		浸泡竹子原料	每百捆（约 1500kg）	6.25（Ⅳ）
电线厂		冷却原料	每百千克	7.33（Ⅳ）
电镀厂		冲洗镀件	每吨小型铁件	22.7（Ⅲ）
			每吨小型铝件	27.5（Ⅲ）

注　（Ⅰ）表示需水分区，余类推；不同分区的范围同表 7.4。

【例 7.3】　某灌区工副业生产情况见表 7.7。试计算该灌区的乡镇工副业需水量。

表 7.7　　　　　　　　　灌区乡镇工业与企业类型及产量

工业种类	产量	企（副）业种类	产量
棉布印染厂	200 万 t	豆制品厂（专业户）	1.86 万 t（加工黄豆）
制糖厂	1.73 万 t	镀铁厂	2.07 万 t
缫丝厂	0.79 万 t	榨油厂	0.81 万 t
水泥厂	10.05 万 t	饮料厂	0.89 万瓶
食用植物油厂	1.67 万 t	屠宰场	1.44 万头
屠宰场	4.87 万头		

【解】 步骤1：利用式（7.7）和表7.5给出的需水量标准，计算灌区乡镇工业需水量：

$$W_{GF1} = (200 \times 250 + 1.73 \times 20 + 0.79 \times 1000 + 10.05 \times 2 + 1.67 \times 8$$
$$+ 4.87 \times 1.5) \times 10^4 = 5.09 \times 10^8 (m^3)$$

步骤2：利用式（7.7）和表7.6给出的需水量标准，计算灌区乡镇企业需水量：

$$W_{GF2} = (1.86 \times 0.76 \times 10^3 / 50 + 2.07 \times 22.7 + 0.81 \times 0.15 \times 10^3 / 50$$
$$+ 0.89 \times 2.4 / 1000 + 1.44 \times 0.6) \times 10^4 = 78.56 \times 10^4 (m^3)$$

步骤3：计算灌区乡镇工副业需水量：

$$W_{GF} = W_{GF1} + W_{GF2} = 5.09 \times 10^8 + 0.007856 \times 10^8 = 5.098 \times 10^8 (m^3)$$

【答】 某灌区的乡镇工副业需水量为 5.098 亿 m^3。

5. 生态需水量

生态需水量是指维持灌区内生态系统健康稳定的需水量，它不仅与灌区的生物群落结构有关，还与灌区的气候、土壤、地质、水文条件及水质等密切相关。灌区生态需水量首先要满足维持生态系统健康稳定对水资源量的需要，其次是要使水质能保证水生生态系统处于健康状态。生态需水量存在一个临界值，当现实生态系统的水量、水质处于这一临界值时，生态系统基本稳定健康；当水量、水质高于这一临界值时，生态系统则向更健康稳定的方向演替，处于良性循环的状态；反之，生态系统将向不稳定的方向发展。因此，一般把维持生态系统现状而不继续恶化的需水量称为最小生态需水量，把保持生态系统健康稳定的需水量称为适宜生态需水量。

灌区生态需水量主要包括灌区内人工防护林与天然植被的生态需水量（W_{FL}，m^3）、城镇绿地与园林生态需水量（W_{CZ}，m^3）、湖泊湿地生态需水量（W_{HS}）以及补充地下水平衡的生态需水量（W_G，m^3）等，即

$$W_{ST} = W_{FL} + W_{CZ} + W_{HS} + W_G \tag{7.8}$$

由于不同类型灌区其生态服务功能不同，要根据灌区具体情况确定生态需水量所包含的内容。如大型灌区内部可能进行城镇建设，就应包含城镇绿地与园林生态需水量。地下水未超采的灌区就不包含补充地下水平衡的生态需水量。

（1）人工防护林与天然植被的生态需水量。人工防护林包括农田防护林、防风固沙林等，在内陆干旱区绿洲灌区内一般还分布天然植被。农田防护林的主要功能在于改善林网内的小气候（温度、湿度等），减少作物耗水，减轻干热风、风沙、霜冻等危害，促进农作物生长。防风固沙林在北方土地荒漠化防治中发挥着举足轻重的作用。灌区内的荒漠植被对防风固沙和维持灌区生态系统稳定也有重要作用。

人工防护林与天然植被的生态需水量采用下式计算：

$$W_{FL} = \sum_{i=1}^{n} ET_{FLi} A_{FLi} \tag{7.9}$$

式中：W_{FL} 为人工防护林与天然植被的生态需水量，m^3；ET_{FLi} 为第 i 类防护林与天然植被的耗水量，m^3/hm^2，可用作物系数法计算；A_{FLi} 为第 i 类防护林与荒漠植被的面积，hm^2；n 为人工防护林与天然植被的类型数。

（2）城镇绿地与园林生态需水量，采用下式计算：

$$W_{CZ} = \sum_{i=1}^{n} ET_{CZi} A_{CZi} \tag{7.10}$$

式中：W_{CZ} 为城镇绿地与园林生态需水量，m^3；ET_{CZi} 为第 i 类绿地与园林的耗水量，可用作物系数法计算，m^3/hm^2；A_{CZi} 为第 i 类绿地与园林面积，m^2；n 为绿地与园林的类型数。

（3）湖泊湿地生态需水量，指保障湖泊湿地生态系统正常发挥其功能而必需的一定数量和质量的水，包括湖泊湿地蒸发渗漏需水量、湖泊湿地水生生物及栖息地需水量、环境稀释需水量、景观保护与建设需水量等。由于不同类型的湖泊湿地生态环境、社会和经济特性的差异较大，其计算方法也有所不同，可根据全年的水域面积变化、水域与湿地的水面蒸发量、植被耗水量和渗漏量进行计算：

$$W_{HS} = \sum_{i=1}^{n} (E_{HSi} + F_{HSi}) A_{HSi} \tag{7.11}$$

式中：W_{HS} 为湖泊湿地的生态需水量，m^3；E_{HSi} 为第 i 类湖泊湿地的水面蒸发量或植被耗水量，m；F_{HSi} 为第 i 类湖泊湿地的平均渗漏量，m；A_{HSi} 为第 i 类湖泊湿地的面积，m^2；n 为湖泊湿地划分的类型数。

在实际计算中，对于永久性湿地，可以认为其 50% 为水域，50% 为低覆盖度草地；对于季节性湿地（沼泽），可以认为其 30% 为水域，50% 为低覆盖度草地，20% 为裸地。水域的 E_{HSi} 可用水面蒸发量替代，低覆盖度草地的 E_{HSi} 可用作物系数法计算。

（4）地下水平衡的生态需水量，是以生态地下水位为约束而补充地下水亏缺量和超采量所需要的地下水回灌水量，其计算式为

$$W_G = \sum_{i=1}^{n} \mu_i A_i (H_{ni} - H_{wi}) \tag{7.12}$$

式中：W_G 为地下水平衡的生态需水量，m^3；μ_i 为第 i 分区单元地下水含水层的平均给水度；A_i 为地下水亏缺区第 i 分区单元的面积，m^2；H_{ni} 和 H_{wi} 分别为地下水亏缺区第 i 分区单元的现状水位和维持生态稳定的生态地下水位，m；n 为地下水亏缺区的分区单元数量。

如果地下水埋深较浅，在蒸发作用下地下水中盐分将在表土积聚，使土壤发生盐渍化，不利于作物和生态植被生长；若地下水埋深较深，地下水不能通过毛管上升到达作物或生态植被根系活动层，使土壤干化，植被衰退，向荒漠化发展。所以，灌区地下水位应保持在一个合适的范围内，其上限是指潜水强烈蒸发埋深，下限是潜水蒸发的极限深度。

综上所述，由于气候和地形条件不同，一些灌区天然降水不能满足植被和湿地等需水要求，需要水源工程进行补给，需人工补给的生态需水量 W_{ST-RB}（m^3）可表示为

$$W_{ST-RB} = (W_{FL} + W_{CZ} + W_{HS} + W_G) - P(A_{FL} + A_{CZ} + A_{HS}) \tag{7.13}$$

式中：P 为计算时段的平均降水量，m；A_{FL}、A_{CZ}、A_{HS} 分别为灌区内人工防护林与天然植被总面积、城镇绿地与园林总面积和湖泊湿地总面积，m^2；其余符号意义同前。

【例 7.4】　我国北方某灌区 2018 年降水量 534mm，参考作物需水量 1070mm，水面蒸发量 1700mm。农田防护林面积 1000hm²，城镇绿地与园林面积 18000hm²，永久性湖

泊湿地面积 $6000hm^2$，其中各类用地主要植被类型和相应的作物系数见表 7.8。灌区内湖泊湿地日平均渗漏量为 $0.01mm/d$，三个分区的地下水埋深、生态地下水埋深及地下含水层平均给水度见表 7.9。试计算该灌区 2018 年需人工补给的生态需水量。

表 7.8   灌区不同土地利用类型的面积和不同植被的作物系数

土地利用类型	植被/覆盖种类	面积/hm²	作物系数 K_c
人工防护林	杨树	650	0.85
	槐树	350	0.75
城镇绿地与园林生态	灌木丛	4650	0.5
	草坪	8900	0.6
	树林	4450	0.7
湖泊湿地	水域	3000	—
	低覆盖度草地	3000	0.6

表 7.9   灌区不同分区的面积和地下水状况

地区	面积/万 hm²	地下水埋深/m	生态地下水埋深/m	地下水含水层平均给水度 μ
第一分区	3.5	8.2	5.4	0.15
第二分区	2.8	5.9	3.1	0.18
第三分区	3.7	2.3	1.9	0.12

【解】 步骤 1：计算人工防护林与天然植被的生态需水量。根据式 (7.9)，W_{FL}＝杨树林面积×杨树林蒸发蒸腾量＋槐树林面积×槐树林蒸发蒸腾量，其中蒸发蒸腾量由单作物系数法求得，因此有

$$W_{FL} = 650 \times 10^4 \times 0.85 \times 1070 \times 10^{-3} + 350 \times 10^4 \times 0.75 \times 1070 \times 10^{-3}$$
$$= 872.05 \times 10^4 (m^3)$$

步骤 2：计算城镇绿地与园林生态需水量。根据式 (7.10)，W_{CZ}＝灌木丛面积×灌木丛蒸发蒸腾量＋草坪面积×草坪蒸发蒸腾量＋树林面积×树林蒸发蒸腾量，其中蒸发蒸腾量由单作物系数法求得，故有

$$W_{CZ} = 4650 \times 10^4 \times 0.5 \times 1070 \times 10^{-3} + 8900 \times 10^4 \times 0.6 \times 1070 \times 10^{-3}$$
$$+ 4450 \times 10^4 \times 0.7 \times 1070 \times 10^{-3} = 1.15 \times 10^8 (m^3)$$

步骤 3：计算湖泊湿地的生态需水量。湖泊湿地的生态需水量由永久水域水面蒸发量、低覆盖度草地蒸发蒸腾量及湖泊湿地渗漏量组成，根据式 (7.11) 有

水面蒸发量 $W_{HS1} = 3000 \times 10^4 \times 1700 \times 10^{-3} = 0.51 \times 10^8 (m^3)$

草地蒸发蒸腾量 $W_{HS2} = 3000 \times 10^4 \times 0.6 \times 1070 \times 10^{-3} = 0.19 \times 10^8 (m^3)$

湖泊湿地渗漏量为日平均渗漏量、渗漏面积与时间的乘积，即

$$W_{HS3} = 3000 \times 10^4 \times 0.01 \times 10^{-3} \times 365 = 0.001 \times 10^8 (m^3)$$

湖泊湿地生态需水量为上述三项之和，即

$$W_{HS} = W_{HS1} + W_{HS2} + W_{HS3} = (0.51 + 0.19 + 0.001) \times 10^8 = 0.701 \times 10^8 (m^3)$$

步骤 4：计算地下水平衡的生态需水量。由式 (7.12) 得

$$W_G = 0.15 \times 3.5 \times 10^4 \times 10^4 \times (8.2 - 5.4) + 0.18 \times 2.8 \times 10^4 \times 10^4 \times (5.9 - 3.1)$$
$$+ 0.12 \times 3.7 \times 10^4 \times 10^4 \times (2.3 - 1.9) = 3.06 \times 10^8 (\text{m}^3)$$

步骤 5：计算需要人工补给的灌区生态需水量。由式（7.13），得到需要人工补给的灌区生态需水量 W_{ST-RB} 为

$$W_{ST-RB} = (0.087 + 1.15 + 0.70 + 3.06) \times 10^8 - 534 \times 10^{-3}$$
$$\times (1000 + 18000 + 6000) \times 10^4 = 3.66 \times 10^8 (\text{m}^3)$$

【答】 该灌区 2018 年需人工补给的生态需水量为 3.66 亿 m^3。

7.1.2 典型年灌区需、用水过程线（Hydrographs of typical annual water demand and water use in irrigation districts）

1. 设计典型年的选择

灌区需水量主要由降水、地表水和地下水来供给。对一个灌区来说，地下水可利用量是相对比较稳定的，而降水量在年际之间变化很大。因此，各年的灌区需水量也存在较大的差异。在规划设计灌溉工程时，首先要确定特定的水文年份，作为规划设计的依据。通常把这个特定的水文年份称为设计典型年。根据设计典型年的气象资料计算的灌区需水量称为设计灌区需水量。在灌区需水量中，灌溉需水量的占比一般较大。灌溉需水量和需要灌区水源工程补给的生态需水量随不同年份变化较大，而养殖业、乡镇生活和工副业的需水量在不同年份之间相对稳定。因此，根据历年降水量资料，采用数理统计方法进行频率分析，确定不同干旱程度的典型年份，如中等水文年（降水量频率为 50%）、中等干旱水文年（降水量频率为 75%）以及干旱年（降水量频率为 85%～90%）等，并以这些典型年的降水量资料作为计算设计灌区需水量的依据。

2. 典型年灌区需水过程线

由于灌区需水量受降水过程影响比较显著，因此需要根据典型年降水过程，确定灌区需水过程。为了较为清晰介绍灌区需水过程确定方法，下面结合表 7.10 进行说明。

（1）灌溉需水过程。对于某种作物，在典型年内的灌溉面积、灌溉制度（生态需水可类似处理）确定后［如表 7.10 中的 (1)～(7) 项］，则用式 (7.2) 推算出各次灌水的灌溉需水量［见表 7.10 中的 (8)～(13) 项］。由于灌溉制度本身已确定了各次灌水的时期，故在计算各种作物每次灌水的灌溉需水量的同时，也就确定了某年内各种作物的灌溉需水量过程线［把表 7.10 中的 (1) 项与 (8)～(13) 项联系起来］。全灌区任何一个时段内的灌溉需水量是该时段内各种作物（包括生态植被）灌溉需水量之和，按此可求得典型年全灌区灌溉需水量过程［见表 7.10 中的 (14) 项］。

（2）其他需水过程。养殖业、乡镇生活、工副业的需水量可按相应的定额标准和养殖规模、人口数量、工副业规模，利用式 (7.5)、式 (7.6) 和式 (7.7) 计算，结果见表 7.10 中的 (16)～(18) 项。

（3）灌区需水过程。灌区需水量包括灌溉需水量（包括生态需水量），养殖业、乡镇生活、工副业需水量之和。由于作物灌溉和生态供水，与养殖业、乡镇生活、工副业供水的方式差异较大，两者的计算结果分别列在表 7.10 中 (14) 和 (19) 项，两者之和即为灌区需水量。

3. 典型年灌区用水过程线

上面计算了灌区各用水部门或对象的需水量，由于灌区供水由水源经各级渠道输送到田间或其他用水的地方，部分水量损失掉（主要是渗漏与蒸发损失），故水源工程供给灌区的水量（称灌区用水量）应为灌区需水量与损失水量之和，这样才能满足不同用水部门得到的需水量之要求。

当灌区只有作物灌溉用水（包括生态用水）时，通常将灌溉需水量 W_{GG} 与灌溉用水量 $W_{GG用}$ 之比值 η_1 作为衡量灌溉水量损失的指标，$\eta_1 = W_{GG}/W_{GG用}$，称为灌溉水利用系数。已知灌溉需水量 W_{GG} 后，可用 $W_{GG用} = W_{GG}/\eta_1$ 计算灌溉用水量［表 7.10 中的（15）项为（14）项除以灌溉水利用系数 0.60］。

当灌区还要给养殖业、乡镇生活和工副业供水时，因为供水方式与农作物灌溉相差较大，其水利用系数也有较大差异，养殖业、乡镇生活和工副业需水量与其需要从渠首引入的水量的比例，称为其他供水的水利用系数，用 η_2 表示。已知养殖业需水量 W_{YZ}、乡镇生活需水量 W_{SH} 和工副业需水量 W_{GF} 后，可用 $W_{QT} = (W_{YZ} + W_{SH} + W_{GF})/\eta_2$ 计算其用水量［表 7.10 中的（20）项为第（19）项除以其他水利用系数 0.74］。灌区用水量则等于灌溉用水量与其他用水量之和［表 7.10 中的（21）项等于（15）项和（20）项之和］。注意当利用灌区渠道为养殖业、乡镇生活和工副业供水时，在夏季灌溉季节一般能得到充分保证；由于渠道工作制度的限制，在冬季供水流量较小时，则需要在灌区内修建相应的蓄水设施以满足供水需求。

η_1 的大小与灌区各级渠（管）道的长度、流量、沿渠土壤、水文地质条件、渠（管）道工程状况、灌水技术和灌溉管理水平等有关。在管理运用过程中，可采用第 14.6.2 节介绍的方法确定。我国南方各省，在规划设计中，一般大中型灌区和小型灌区 η_1 分别取为 0.60~0.70、0.70~0.80。若考虑防渗措施，则 η_1 可采用较大数值；若无防渗措施，可取较小数值。实际上，在目前管理条件下，一些已建大型灌区大多只能达到 0.50~0.60。η_2 主要与渠（管）道系统、乡镇供水工程状况和工副业用水管理水平等有关，而与田间灌水技术无关，其值一般高于 η_1。当养殖业、乡镇生活和工副业用水量占比较小时，可用 η_1 近似代替灌区水利用系数 $\eta_{水}$；但当其他用水占比超过 5%~10% 时，应根据灌溉用水量（包括生态用水量）与其他用水量的比例，由 η_1 和 η_2 加权平均计算灌区水利用系数。

4. 多年灌区需、用水频率曲线

上面介绍了某一具体年份灌区需、用水过程的计算方法。在利用长系列法进行大、中型水库的规划设计或作多年调节水库的规划及管理运行计划时，常须获得多年灌区需水量和用水量，此时可按照以上方法逐年推求。

根据多年灌区需、用水量系列，利用数理统计原理求得年灌区需、用水量的理论频率曲线。通常可采用 P-III 型曲线进行分析，经验点据与理论频率曲线配合较好。一般变差系数 C_v 为 0.15~0.45，偏态系数 C_s 为 C_v 的 1~3 倍。在一定条件下，灌区需、用水量频率曲线的统计参数应能进行地区综合，制定出等值线图或分区图。但是，由于灌区需、用水量的影响因素十分复杂，而且随着国民经济的发展、用水结构变化、灌溉技术和农业技术进步，以及气候变化影响，灌区需、用水量变化的不确定性增强，需要系统综合地分

表 7.10　某灌区中旱年年需、用水过程推算表（直接推算法）

作物及灌溉面积/10⁴hm²　时间（月·旬）		各种作物各次灌水定额/(m³/hm²)						各种作物各次灌溉需水量/10⁴m³						灌溉需水量/10⁴m³	灌溉用水量/10⁴m³	养殖业需水量/10⁴m³	乡镇生活需水量/10⁴m³	工副业需水量/10⁴m³	其他需水量/10⁴m³	其他用水量/10⁴m³	灌区用水量/10⁴m³
		双季早 $A_1=2.94$	中稻 $A_2=0.84$	一季晚 $A_3=0.42$	双季晚 $A_4=2.49$	旱作 $A_5=1.80$	生态 $A_6=1.0$	双季早 A_1	中稻 A_2	一季晚 A_3	双季晚 A_4	旱作 A_5	生态 A_6								
(1)		(2)	(3)	(4)	(5)	(6)	(7)	(8)	(9)	(10)	(11)	(12)	(13)	(14)	(15)	(16)	(17)	(18)	(19)	(20)	(21)
1	上															60	48	40	148	200	200
	中															60	48	40	148	200	200
	下															60	48	40	148	200	200
2	上															60	48	140	248	335	335
	中															60	48	140	248	335	335
	下															60	48	140	248	335	335
3	上															60	48	140	248	335	335
	中															60	48	140	248	335	335
	下															60	48	140	248	335	335
4	上															60	48	240	348	470	470
	中	1200（泡）						3528						3528	5880	60	48	240	348	470	6350
	下						800							800	1333	60	48	240	348	470	1803
5	上	300	1350（泡）				900	882	1134				900	2916	4860	170	60	250	480	649	5509
	中															170	60	250	480	649	649
	下	1103	1500				900	3243	1260				900	5403	9005	170	60	250	480	649	9654
6	上	401	750				1000	1179	630				1000	2809	4682	180	70	260	500	676	5358
	中	1001	1800	1200（泡）				2943	1512	504				4959	8265	180	70	260	510	689	8954
	下	600	1050				1100	1764	882				1100	3746	6243	180	70	260	510	689	6932

作物及灌溉面积/10⁴hm²〔时间(月·旬)〕	各种作物各次灌水定额/(m³/hm²)						各种作物各次灌需水量/10⁴m³						灌溉需水量/10⁴m³	灌溉用水量/10⁴m³	养殖业需水量/10⁴m³	乡镇生活需水量/10⁴m³	工副业需水量/10⁴m³	其他需水量/10⁴m³	其他用水量/10⁴m³	灌区用水量/10⁴m³
时间(月·旬)	双季早 A_1=2.94	中稻 A_2=0.84	一季晚 A_3=0.42	双季晚 A_4=2.49	旱作 A_5=1.80	生态 A_6=1.0	双季早 A_1	中稻 A_2	一季晚 A_3	双季晚 A_4	旱作 A_5	生态 A_6								
7 上		1050	900	600(泡)		1200		882	378	1494		1200	3954	6590	180	70	260	510	689	7279
7 中			900	900	750				378	2241	1350		3969	6615	170	70	260	500	676	7291
7 下				1200		1000				2988		1000	3988	6647	170	70	260	500	676	7323
8 上			1500			800			630			800	1430	2383	170	70	260	500	676	3059
8 中															170	60	260	490	662	662
8 下				900		800				2241		800	3041	5068	70	60	260	390	527	5595
9 上															60	60	260	380	514	514
9 中						600						600	600	1000	60	60	250	370	500	1500
9 下															60	60	250	370	500	500
10 上															60	48	150	258	349	349
10 中															60	48	150	258	349	349
10 下															60	48	150	258	349	349
11 上															60	48	140	248	335	335
11 中															60	48	140	248	335	335
11 下															60	48	40	148	200	200
12 上															60	48	40	148	200	200
12 中															60	48	40	148	200	200
12 下															60	48	40	148	200	200
全年内	4605	7500	4500	3600	750	9100	13539	6300	1890	8964	1350	9100	41143	68571	3420	1978	6410	11808	15958	84529

注 1. 全灌区面积 $A=6.003\times10^4\,\text{hm}^2$。
　　2. 灌溉水利用系数 $\eta_1=0.60$。
　　3. 养殖业、生活和工副业的水利用系数 $\eta_2=0.74$。

析其变化特征。

灌区需、用水量频率曲线可用于推求代表年灌区需、用水量；在采用数理统计法进行多年调节计算时，可用它与来水频率曲线进行组合，推求多年调节兴利库容或用于其他水文水利计算问题。

7.1.3　灌区需、用水量对变化环境的响应与预测（Response of water demand and use in irrigation districts to changing environment and its prediction）

如前所述，在灌区设计中可用灌区需、用水量频率曲线推求代表年灌区需、用水量。但在灌区管理中，为了应对未来各种可能的变化，需要预测变化环境下灌区需、用水量的变化，确定科学的水管理应对措施。随着科学技术的发展，在未来变化环境下的灌区需、用水量通常采用分布式模型进行预测。变化环境指的是在气候变化和人类活动双重影响下地球自然系统环境的改变，分为气候变化和人类活动影响两个方面，而这两个方面又相互影响。人类活动造成的温室气体排放将进一步加剧未来气候变暖并影响气候系统的所有部分，其中温度和降水等气候变量将会发生显著变化。温度升高和降水的不确定性直接影响作物和生态植被的耗水过程与灌区需、用水量，所以研究灌区需、用水量对变化环境的响应与预测对未来变化环境下的灌区水管理具有重要的意义。

7.1.3.1　灌区需、用水量对变化环境响应的模拟（Response of water demand in irrigation districts to changing environment and its simulation）

1. 分布式模型工具

随着信息技术的快速发展，灌区需、用水已由传统的宏观水量平衡计算发展到日益成熟的分布式水文模型模拟。20 世纪 90 年代以来，在水资源可持续利用、全球变化对水循环影响等研究需求的推动下，作为探索与发现复杂水文现象机理与规律有效途径之一的分布式水文模型受到了极大的关注，在建模思想、理论和技术等方面有了长足的发展。国内外学者构建了不同特点的灌区水循环和需、用水量模拟的分布式模型，如 SWAT、VIC、TOPMODEL、SHE、IHDM 等，并已被广泛应用。分布式模型最显著的特点是与数字高程模型（DEM）结合，分析基于物理过程的水循环时空变化特征，进行分布式过程描述和结果输出。分布式模型考虑了水文参数和过程的空间异质性，将灌区离散成很多较小单元，水分在离散单元之间运动和交换。这种假设与自然界下垫面的复杂性和降水时空分布不均匀性导致的流域产汇流高度非线性的特征相符，所揭示的水循环物理过程更接近客观世界，能更真实地模拟灌区需、用水量和灌区水循环过程。

2. 模拟单元划分

以灌区分布式 SWAT 模型为例，该模型借助地理信息系统（GIS）平台，根据灌区 DEM 提供的高程、坡度、坡向等地形参数，基于最陡坡度原则和最小集水面积阈值的概念，对整个灌区提取河网与分水岭，并对河网进行分级和编号。灌区是以输配水渠系与排水沟网覆盖的灌域为单元进行用水管理，而 SWAT 模型是以集水区为单元进行模拟。为使 SWAT 模型在灌区内划分的子灌区与灌域内干支渠系覆盖的灌域基本一致，往往以骨干渠道与排水沟覆盖的区域为划分标准，通过设置合理的上游集水区面积阈值，并添加和删除部分水流网格聚集点，最终将灌区划分成符合实际灌域的子灌区。然后每个子灌区将土地利用图和数字高程图进行叠加分析，选择土地利用类型。当子灌区内部土地类型经过运算确定后，再将土壤类型图与其叠加，进一步处理每一种土地利用下的土壤类型，最后生成一种土地利用类型和一种土壤类型的组合体的水文响应计算单元（hydrological response unit，HRU）。在 HRU 划分过程中，可设置一定的阈值来分别消除子灌区中较小比重的土地利用类型和特定土地利用类型中所包含的较小比重的土壤类型以提高模型运算效率。对于每个模拟单元，根据气象驱动、土壤属性、种植结构、农业管理措施（种植制度、灌溉制度、施肥制度等）这些非空间属性数据，独立计算水文循环的各个部分及其定量转化关系，并进行灌区需、用水量等分量的汇总演算（图 7.1）。

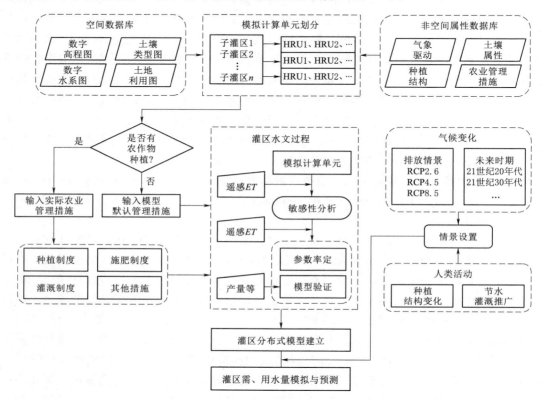

图 7.1　灌区分布式需、用水量模拟流程图（以 SWAT 模型为例）

3. 模型订正与参数确定

为能更合理地体现灌区下垫面特征，需要对分布式需、用水量模型 SWAT 的结构进行相应改进，如在农田水量平衡要素、灌溉制度、渠系渗漏、多水源联合利用以及作物生长等方面进行订正或增添新的参数化方案，进一步完善灌区分布式模型的构建，以便提高模型模拟精度，并更好地预测不同情景下灌区需、用水量与水循环过程的演变趋势。

当模型的结构、模拟内容与日期等初步确定并运行成功后，则需要对模型进行参数率定与不确定性分析，其中敏感性分析是参数校准的前提。其目的是分析哪个或者哪类参数对模拟结果的影响最大，从而有针对性地对其进行调整，以更好地将模拟值与实际观测值匹配。在参数敏感性分析和率定方法中，序列不确定度拟合算法（sequential uncertainty fitting algorithm，SUFI - 2）是一种高效且成本低廉的全局优化方法。该算法同时考虑了建模过程中所有不确定性来源，包括模型结构、参数、观测数据、模型输入条件等。SU-FI-2 算法是利用拉丁超立方（Latin-hyper cube，LH）随机采样方法取得模拟参数值并代入到 SWAT 模型中，再计算目标函数值。SUFI-2 算法步骤主要包括：确定目标函数；确定参数的初始区间范围；选定最为敏感的参数区间；确定第一轮 LH 设计；进行 LH 设计得到 n 种参数组合；评价每个参数组合；参数不确定性分析。

以利用 SWAT 模型对我国甘肃河西走廊黑河流域中游农区需、用水量过程模拟为例，对模型模拟过程进行介绍。由于农区河道受人类取用水活动的强烈干扰，并且水资源主要用于作物消耗，故以 ET 为目标变量进行参数敏感性分析和率定。根据表 7.11 所列结果，SWAT 模型与需水量计算过程中敏感性排序前 10 位有关的参数，主要包括土壤蒸发补偿系数（ESCO）、最大冠层截留量（CANMX）、土壤有效含水量（SOL_AWC）、土壤容重（SOL_BD）、植物吸水补偿系数（EPCO）、收获指数（HVSTI）、浅层地下水再蒸发系数（GW_REVAP）、SCS 径流曲线参数（CN2）、最大气孔导度（GSI）、产生基流的浅层含水层水深阈值（GWQMN）。这些参数主要涉及灌区需、用水量演变中的作物生长与蒸发蒸腾、径流、地下水等控制过程。在敏感性分析基础上，通过 SUFI-2 算法并结合遥感 ET 数据反复调整各敏感参数的取值范围，使模拟结果及各评价指标达到最优，从而完成 SWAT 模型构建，并得到最优参数值（表 7.11）。

表 7.11　SWAT 模型与灌区需、用水量计算过程有关的参数敏感性分析与率定结果

参数[①]	定义	$t-stat$[②]	$p-value$[③]	排序	取值范围	率定值
v_ESCO.hru	土壤蒸发补偿系数	30.256	0.000	1	[0, 1]	0.94
v_CANMX.hru	最大冠层截留量/mm	−24.339	0.000	2	[0, 100]	16.25
r_SOL_AWC.sol	土壤有效含水量/(mm/mm)	16.072	0.000	3	[−0.3, 0.3]	−0.05
r_SOL_BD.sol	土壤容重/(g/cm³)	9.717	0.000	4	[−0.3, 0.3]	0.24
v_EPCO.hru	植物吸水补偿系数	−8.870	0.000	5	[0, 1]	0.10
v_HVSTI.crop.dat	收获指数	−1.750	0.082	6	[0.01, 1.25]	0.52
v_GW_REVAP.gw	浅层地下水再蒸发系数	1.622	0.107	7	[0.02, 0.2]	0.05
r_CN2.mgt	SCS 径流曲线参数	−1.342	0.181	8	[−0.3, 0.3]	−0.21
v_GSI.crop.dat	最大气孔导度/(m/s)	−1.141	0.255	9	[0, 5]	1.77
v_GWQMN.gw	产生基流的浅层含水层水深阈值	−1.137	0.257	10	[0, 5000]	800

①　v_表示参数值被给定值代替，r_表示参数乘以 1+给定值。

②　t-stat 表示参数的敏感性，其绝对值越大，说明参数越敏感。

③　p-value 表示 t-stat 的显著性水平，该值越小，代表参数被偶然指定为敏感参数的可能性越小。

模型模拟效果评价指标主要包括纳什效率系数（NS）、确定性系数（R^2）、相对偏差（RB）、均方根误差（RMSE）等：

$$NS = 1 - \frac{\sum_{i=1}^{n}(x_{mi} - x_{si})^2}{\sum_{i=1}^{n}(x_{mi} - \overline{x}_m)^2} \tag{7.14}$$

$$R^2 = \frac{\left[\sum\limits_{i=1}^{n} (x_{mi} - \overline{x}_m)(x_{si} - \overline{x}_s) \right]^2}{\sum\limits_{i=1}^{n} (x_{mi} - \overline{x}_m)^2 \sum\limits_{i=1}^{n} (x_{si} - \overline{x}_s)^2} \tag{7.15}$$

$$RB = \frac{\sum\limits_{i=1}^{n} (x_{si} - x_{mi})}{\sum\limits_{i=1}^{n} x_{mi}} \tag{7.16}$$

$$RMSE = \sqrt{\frac{1}{n} \sum\limits_{i=1}^{n} (x_{si} - x_{mi})^2} \tag{7.17}$$

式中：x_{mi} 为实测值；x_{si} 为模拟值；$\overline{x}_m$ 为实测平均值；$\overline{x}_s$ 为模拟平均值；n 为时间序列长度。

4. 不同情景的灌区需、用水量模拟

在灌区分布式需、用水量模型构建完成并运行成功后，即可利用其模拟不同年份或不同气候变化、人类活动（主要包括种植结构调整、节水灌溉等）情景下的灌区需、用水量（图 7.1），并可提出未来变化环境影响下的灌区用水适应性管理措施。

7.1.3.2 灌区需、用水量对变化环境响应评估 (Evaluation of response of water demand in irrigation districts to environmental change)

1. 气候变化对灌区需水量的影响

目前国内外学者普遍采用趋势统计分析法、增量情景法以及模型模拟来定量表征历史气候变化对灌区需、用水量的影响，其中趋势统计分析法是在分析灌区需、用水量长期演变趋势的前提下，结合相关气象因素的变化趋势来评估气候变化的影响。增量情景法是假定温度、降水等气象要素按照一定比率增加，进而输入模型评估各气候情景下灌区需、用水量的变化，但这种情景完全基于人为假定，并不代表真实的气候变化状况，不能反映气象要素变化的大气环境物理机制。模型模拟法是在气候模式预测的气象条件基础上，驱动具有多过程物理机制的分布式灌溉需水量模型，从而模拟气候变化影响下的灌区需水量演变，灌区需水量除以灌区水利用系数，即可获得灌区用水量。

2. 土地利用/覆被变化对灌区需、用水量的影响

土地利用/覆被变化（land-use/cover change，LUCC）对不同时间和空间尺度上的灌区需、用水量都会产生一定影响。土地利用/覆被变化直接引起近农田蒸发蒸腾、截留、下渗等水循环要素的改变而导致灌区需、用水量的变化。LUCC 对灌区需、用水量影响评价可以通过实验灌区法、灌区水循环模型模拟等不同方式开展。由于实验灌区法需要详细的长系列观测资料，且成本很高，灌区水循环模型模拟的方式有着物理基础明确、易于控制等优点而被广泛采用，特别是与 GIS 和遥感结合的分布式水循环模型，能够灵活地设置土地利用变化情景，模拟不同土地利用变化情景下的灌区需、用水量等。

评估 LUCC 对灌区需、用水量的影响，首先要求灌区分布式需、用水量模型能够与 GIS 技术和遥感数据紧密结合，这样能够很好地从遥感数据获取和分析 LUCC 数据，并且能够表达土地利用的时空差异特征及其对灌区需、用水量过程的影响；其次是能够模拟土地覆被变化条件下的灌区需、用水量过程变化，模型参数能够反映土地覆被变化的时空变化特征。

3. 节水技术与农艺措施对灌区需、用水量的影响

灌区需、用水量受作物栽培技术等农艺措施以及节水技术水平共同作用。栽培技术是影响作物生长状况的关键，直接影响作物长势从而引起灌区需、用水量变动，渠系升级改造、灌溉方式改进、地膜覆盖等节水技术可有效减少灌溉水源在渠系输配和转化过程中的损失来减少灌区需、用水量。

灌区分布式需、用水量模型可以长时间、连续模拟不同农艺措施与节水灌溉对灌区需、用水量的影响。模型中的农业管理模块大多包括作物种植过程中的各种管理措施，能够直接评估其对灌区需、用水量的影响程度。

7.1.3.3　考虑变化环境影响的灌区需、用水量预测（Prediction of water demand and use in irrigation districts considering the impact of changing environment）

1. 未来气候变化情景

未来气候变化对灌区需、用水量影响的预测，一般遵从"未来气候情景设计-分布式需、用水量模型-影响评估"的模式。当前，广泛使用的是将大气环流模型（general circulation model，GCM）与陆面灌区需、用水量模型进行耦合，即陆-气耦合。未来气候情景目前通常采用联合国政府间气候变化专门委员会（Intergovernmental Panel on Climate Change，IPCC）第五次评估报告中的 RCP2.6、RCP4.5、RCP8.5 三种情景。各排放情景详细信息描述见表 7.12。其中 RCP2.6 为缓和型排放情景，辐射强迫在 2100 年前达到 $3W/m^2$ 的峰值后下降到 $2.6W/m^2$，CO_2 浓度稳定在 490ppm，升温幅度 2℃ 以内；RCP4.5 为中度排放情景，辐射强迫到 2100 年稳定在 $4.5W/m^2$，CO_2 浓度保持 650ppm 水平；RCP8.5 为最高排放情景，该路径下辐射强迫呈现不断上升趋势，到 2100 年大于 $8.5W/m^2$，CO_2 浓度将大于 1370ppm。

表 7.12　　　　　IPCC 第五次评估报告中温室气体排放情景 RCPs 特征信息

类型	路径形式	2100 年辐射强迫	2100 年 CO_2 当量浓度
RCP2.6	到达峰值后下降	$<3W/m^2$	490ppm
RCP4.5	不超过目标达到平稳	$4.5W/m^2$	650ppm
RCP8.5	不断上升	$>8.5W/m^2$	$>1370ppm$

GCM 模式选定后，采用统计降尺度模型（statistical downscaling model，SDSM）进行气象数据降尺度。在我国气候变化研究中，美国国家环境预报中心（National Centers for Environmental Prediction，NCEP）和欧洲中期天气预报中心（European Centre for Medium - Range Weather Forecasts，ECMWF）构建的两种再分析资料得到了广泛的应用。近年来大量结果表明，ECMWF 第二代 40 年再分析资料（ERA - 40）在描述地表降水、气温和气压等气象要素的时空演变规律时，在我国大部分地区要优于 NCEP，尤其是西部地区。因此，首先根据实测站点日观测资料以及 ERA - 40 再分析资料筛选预报因子（大气环流因子），然后 SDSM 根据选定的预报因子和预报量（气温、降水等气象要

素）建立统计关系，通过有效对偶单纯形法确定多元回归方程的参数，即对模型进行参数率定。模型确定后，即可运用 GCM 情景生成器降尺度生成 RCP2.6、RCP4.5、RCP8.5 三种情景下的未来最高气温、最低气温、降水等数据。为了有效驱动灌区分布式需、用水量模型，往往需要利用历史观测数据对未来气象数据进行修正，然后进行灌区需、用水量的预测，修正公式普遍采用：

$$T_{cor} = T_{obs} + (T_{rcp} - T_{base})$$ (7.18)

$$P_{cor} = P_{obs} \times \frac{P_{rcp}}{P_{base}}$$ (7.19)

式中：T_{cor} 和 P_{cor} 分别为修正后的温度和降水数据；T_{obs} 和 P_{obs} 分别为历史实测温度和降水数据；T_{rcp} 和 P_{rcp} 分别为统计降尺度模拟的三种 RCP 情景下的未来温度和降水数据；T_{base} 和 P_{base} 分别为统计降尺度模拟的基准期温度和降水数据。

未来气候变化情景通常还需要考虑 CO_2 浓度变化，美国国家海洋和大气管理局（National Oceanic and Atmospheric Administration，NOAA）监测的全球 CO_2 浓度历史数据及预测结果显示，历史时期 CO_2 浓度呈稳定地持续增加趋势，由 1961 年的 317ppm 增加到 2020 年的 414ppm，平均 CO_2 浓度为 358ppm。不同 RCP 情景下 CO_2 浓度变化趋势与各情景设定的浓度路径变化形式一致：即 RCP2.6 情景下 CO_2 浓度先增加后降低；RCP4.5 情景下 CO_2 浓度不断增加直至达到稳定；而 RCP8.5 情景下 CO_2 浓度呈现持续上升的趋势。至 2050 年，RCP2.6、RCP4.5 和 RCP8.5 情景下 CO_2 浓度分别可达443ppm、487ppm 和 541ppm；至 2080 年，RCP2.6、RCP4.5 和 RCP8.5 情景下 CO_2 浓度分别可达 432ppm、531ppm 和 758ppm。

已有研究表明，在未来 RCP 情景下，温度持续增高，作物耗水量增加；而同时伴随的大气 CO_2 浓度增加又会影响作物气孔开度而使蒸发蒸腾量减少；另一方面，CO_2 浓度增加还会使作物叶面积和株高增加，从而增大蒸发蒸腾量，二者的综合影响具有极大的复杂性和变异性。以黑河中游农区为例，通过考虑三种不同情景的组合对未来气候变化影响下的农区需、用水量进行预测：①只考虑气象因子（如温度和降水等）变化对需、用水量的影响，不考虑 CO_2 浓度升高的影响，情景设定为 NC；②考虑气象因子变化以及 CO_2 浓度升高使作物气孔导度减小的作用对需、用水量的影响，情景设定为 GC；③同时考虑气象因子的变化、CO_2 浓度升高使作物气孔导度减小的作用以及 CO_2 浓度升高使作物冠层高度 H、叶面积指数 LAI 增加的作用对需、用水量的影响，情景设定为 GCLH。

根据 SWAT 模型预测的黑河中游农区未来用水量结果（图 7.2），2021—2050 年阶段 3 种 RCP 情景下，灌溉用水量可达到 16.93 亿～17.37 亿 m^3（NC）、14.91 亿～15.39 亿 m^3（GC）、14.92 亿～15.40 亿 m^3（GCLH）；2051—2080 年阶段三种 RCP 情景下，灌溉用水量可达到 16.93 亿～19.25 亿 m^3（NC）、14.90 亿～15.94 亿 m^3（GC）、14.92 亿～16.00 亿 m^3（GCLH）。2021—2050 年阶段 RCP4.5 情景下灌溉用水量比其他两种 RCP 情景更大，而 2051—2080 年阶段灌溉用水量表现为 RCP8.5 情景＞RCP4.5 情景＞RCP2.6 情景。虽然考虑到 CO_2 浓度升高的影响后，灌溉用水量有所减少，但仍然超过

了 14 亿 m³，甚至在 RCP8.5 情景下达到了 16 亿 m³，表明农业用水在未来气候变化影响下需求量较大。

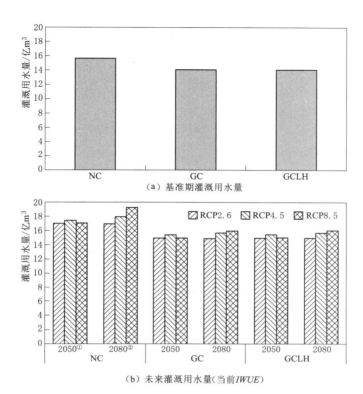

（a）基准期灌溉用水量

（b）未来灌溉用水量（当前 *IWUE*）

图 7.2 基准期和未来不同 RCP 情景下黑河中游农区灌溉用水量

①2050 表示未来时期 2021—2050 年阶段；②2080 表示未来时期 2051—2080 年阶段。

2. 人类活动情景（Human activity scenarios）

农业生产结构的优化能够实现最大的经济效率，在时间和空间上对有限的水资源更高效地利用。根据黑河流域生态-水文过程集成研究结果，在黑河中游农业区以单位种植面积效益最大和作物整体水分生产力最大为目标，通过建立给定农业用水下的种植结构优化模型，发现该地区种植结构优化粮经饲比例宜由现状 19.4：78.7：1.7 调整为 16.0：76.2：7.8。在此基础上，即可结合分布式需、用水量模型 SWAT 并设置此种植结构变化情景来预测灌区需、用水量的演变趋势。

灌区灌溉渠系分布复杂，近年来全国大中型灌区进行了大范围的渠道衬砌，并且大力发展喷微灌等节水灌溉技术，灌溉水利用系数得到显著提升。通过设定两个未来时期灌溉水利用系数（*IWUE*）规划情景（①*IWUE* = 0.60；②*IWUE* = 0.65），预测未来不同 RCP 情景下，*IWUE* 提高后黑河流域中游农区灌溉用水量情况（图 7.3）。结合图 7.2 和图 7.3 结果，当 *IWUE* = 0.60 时，在未来 RCP 情景下，灌溉用水量将比当前 *IWUE* 情景平均减少约 2.40 亿 m³，而 *IWUE* = 0.65 时，灌溉用水量将比当前 *IWUE* 情景平均减少约 3.45 亿 m³，表明提高灌溉水利用系数可以有效地减少灌区用水量。

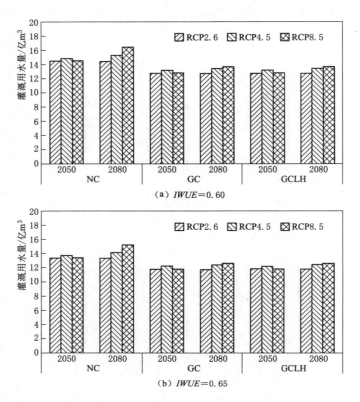

图 7.3　不同灌溉水利用系数（*IWUE*）规划下黑河中游农业区灌溉用水量

2050、2080、NC、GC、GCLH 各符号含义同前。

7.1.4　灌水率（Irrigation rate）

1. 灌水率的定义

灌水率是指灌区单位面积上所需要的灌溉净流量，由下式计算：

$$q_{i,k} = \frac{\alpha_i m_{i,k}}{864 T_{i,k}} \tag{7.20}$$

式中：$q_{i,k}$ 为第 i 种作物第 k 次灌水的灌水率，m³/(s·100hm²)；α_i 为第 i 种作物（或生态植被）的比例，其值为该作物的灌溉面积与灌区灌溉面积之比；$m_{i,k}$ 为第 i 种作物第 k 次灌水的灌水定额，m³/hm²；$T_{i,k}$ 为第 i 种作物第 k 次灌水的灌水延续时间，d。

由上述公式可以看出，某种作物某次灌水的灌水率与灌水定额、种植比例和灌水延续时间有关。当作物种植比例和灌水定额一定时，灌水延续时间是影响灌水率的主要因素。作物灌水延续时间应根据作物种类、灌水条件、灌区规模与水源条件以及前茬作物收割期等因素确定。灌水延续时间越短，作物对水分要求将越容易及时满足，但渠（管）道的设计流量加大，渠（管）系工程量增加。对于万亩以上灌区，主要作物灌水延续时间可按表7.13选取，面积大者取大值；对于面积较小的灌区或井灌区，取值可按表7.13中数值适当减小。如一条农渠，灌水延续时间一般在 12～24h。

2. 灌水率图及其修正

设计灌水率是渠（管）首取水流量和渠（管）道设计的依据。对于灌区规划设计而言，为了确定设计灌水率，一般先针对某一设计代表年计算出灌区各种作物每次灌水的灌水率（表 7.14），并将所得灌水率绘成直方图，称为初步灌水率图，如图 7.4 所示。

初步灌水率图中各时期灌水率大小相差悬殊，造成渠（管）道输水流量和水位（压力）变化较大，影响渠（管）道安全运行。而且渠（管）道输水断断续续，不利于管理。如以其中最大的灌水率设计渠（管）道流量，势必偏大，不经济。为此，必须对初步灌水率图进行修正，尽可能消除灌水率高峰和短暂停水现象。初步灌水率图修正应遵循以下原则：

表 7.13　万亩以上灌区作物灌水延续时间

作物	时期	灌水延续时间/d
水稻	泡田	7～15
	生长期	3～5
冬小麦	播前	10～20
	冬灌	20～40
	拔节前	10～15
	拔节后	10～15
棉花	播前	10～25
	苗期	8～15
	花铃	8～15
	吐絮	8～15
玉米	播前	10～20
	拔节	10～15
	抽穗	8～12
生态植被		15～20

（1）修正后的灌水率图应与水源供水条件相适应。

（2）尽量保证作物需水临界期的灌水和重要阶段的生态补水不变，若需要提前或推迟灌水或补水日期，一般前后不宜超过 3d，且以提前为主。若同一种作物连续两次灌水均需变动，灌水日期不应一次提前一次推后。

表 7.14　　　　　　　　　　　　灌水率计算表

作物	作物占灌区面积比/%	灌水次数	灌水定额/(m³/hm²)	灌水时间			延续时间/d	灌水率/[m³/(s·100hm²)]
				始	终	中间		
小麦	50	1	975	9月16日	9月27日	9月22日	12	0.047
		2	750	3月19日	3月28日	3月24日	10	0.043
		3	825	4月16日	4月25日	4月21日	10	0.048
		4	825	5月6日	5月15日	5月11日	10	0.048
棉花	25	1	825	3月27日	4月3日	3月30日	8	0.030
		2	675	5月1日	5月8日	5月5日	8	0.024
		3	675	6月20日	6月27日	6月24日	8	0.024
		4	675	7月26日	8月2日	7月30日	8	0.024
谷子	25	1	900	4月12日	4月21日	4月17日	10	0.026
		2	825	5月3日	5月12日	5月8日	10	0.024
		3	750	6月16日	6月25日	6月21日	10	0.022
		4	750	7月10日	7月19日	7月15日	10	0.022

| 作物 | 作物占灌区面积比/% | 灌水次数 | 灌水定额/(m³/hm²) | 灌水时间 | | | 延续时间/d | 灌水率/[m³/(s·100hm²)] |
				始	终	中间		
玉米	50	1	825	6月8日	6月17日	6月13日	10	0.048
		2	750	7月2日	7月11日	7月7日	10	0.043
		3	675	8月1日	8月10日	8月6日	10	0.039
生态植被	30	1	600	4月21日	5月10日	5月1日	20	0.010
		2	450	6月15日	6月30日	6月22日	16	0.010
		3	900	7月22日	8月10日	8月1日	20	0.016
		4	750	9月1日	9月20日	9月11日	20	0.013

注 灌区面积 $A = 6.003 \times 10^4 \text{hm}^2$；作物占灌区面积比的累计值为复种指数。

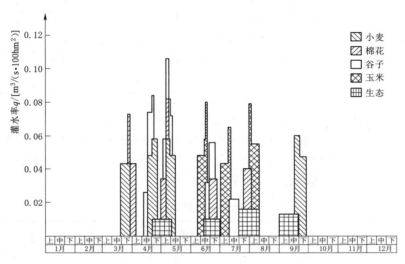

图 7.4 某灌区初步灌水率图

（3）修正后的灌水率应当比较均匀，使得渠（管）道水位和流量不发生剧烈变化。作为设计渠（管）道用的设计灌水率，应选取延续时间较长（例如 20～30d）的最大灌水率值，如图 7.5 中的 q_d，而不是短暂的高峰值，这样不致设计的渠（管）道断面过大，增加工程量。短期的峰值不应大于设计灌水率的 120%（短历时的大流量需要可由渠堤超高部分断面来满足），最小灌水率不应小于设计灌水率的 40%。

（4）避免经常停水，特别应避免小于 5d 的短期停水，保证渠（管）道安全运行。

当上述要求不能满足时可适当调整作物组成。按照上述原则，修正后的灌水率图如图 7.5 所示。

根据经验，以灌溉供水为主的万亩以上水稻灌区的设计灌水率一般为 0.0675～0.09m³/(s·100hm²)；万亩以上旱作灌区的设计灌水率一般为 0.03～0.0525m³/(s·100hm²)；水旱田均有的大中型灌区，其综合净灌水率可按水旱田面积比例加权求得。对于控制灌溉面积较小的灌区，由于要在短期内集中灌水，设计灌水率一般远较上述经验数值大。

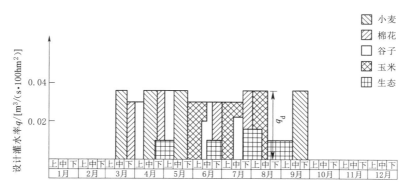

图 7.5　某灌区修正后的灌水率图

如前所述，在灌水率确定过程中仅仅考虑了农作物灌溉和生态植被供水，所以在修正的灌水率图上还应根据渠道实际运行和供水状态，加上养殖业、乡镇生活、工副业的实际供水需求量，或在渠道设计流量计算中加以考虑，否则设计的渠道断面满足不了供水要求。

7.2　灌区水土资源平衡计算
(Analysis of water and land resource balance in irrigation districts)

灌区水土资源平衡计算是在了解灌区需水量的基础上，综合考虑灌区内水资源供应能力和需求状况，分析水资源余缺情况，合理协调水资源供求关系，以寻求水土资源平衡。水土资源平衡计算是一项复杂而细致的工作，往往贯穿于灌区规划的始终。

灌区水土资源平衡状况主要与灌区用水和可供水的变化相关，受自然和人为因素的影响。

（1）自然因素主要包括气候变化、地形地貌、土壤质量、生态环境状况等。由于全球气候变化，降水时空分布和气温变化直接影响灌区水资源转化及其生活、生产和生态需水过程。同时，气候变化所引发的突发性洪涝和旱灾等极端气候事件，同样改变灌区水土资源平衡状况。在气候变化驱动下，地表环境改变影响着灌区水循环过程和土地利用方式，进而改变了灌区水土资源平衡状况。

（2）人为因素主要包括土地利用、农业生产方式及发展规模、节水灌溉水平及应用面积、生态环境建设规模与方式、农业科技投入及先进技术推广程度、市场需求与供给变化、资源的管理水平及优化配置能力等。例如，随着生态环境建设和保护性耕作措施的实施，土地质量会显著提升，农业生产和生态环境保护对水资源的需求也会发生变化，水土资源平衡状况将会发生改变。

灌区水土资源平衡应遵循以水定需与适水发展的原则。灌区规划时不仅要求从总量上了解灌区年内水资源盈亏状态，还应强调数量、时间和空间的统一。由于地形、土壤、土地利用方式或水利设施状况的差异，不同地形部位、土壤类型、土地利用方式、水利设施状况下地块的水资源供需状况不同，因此既要考虑到灌区水资源在数量上能否实现总量的供需平衡，也要辨别空间上哪些地块可能会发生不平衡；同时，由于年内水资源供需平衡会不断变化，也应针对干旱等缺水时段的水资源平衡状况进行分析，从而为灌区设计时布置灌溉排水设施和调整农作物种植结构提供依据。

灌区水土资源总量供需平衡计算包括可利用的水资源量计算（如 8.2.2 节和 8.3.4 节）、用水量分析（如 7.1.2 节）和供需平衡计算等内容。灌区可利用的水资源量 W_{AT} 是指在经济合理、技术可行和生态环境容许的条件下，一定水平年和保证率情况下，通过各种工程措施可控制利用的、满足一定水质要求的水量，主要包括：①可利用的地表水资源量 W_S，通过兴建水库、坑塘或蓄水池对大气降水形成的地表径流进行拦蓄利用，以及对过境江水、河水进行利用，它一方面受水量和引水能力的限制，另一方面也受取水许可和流域水资源平衡分配量的制约；②可利用的地下水资源量 W_G，指在一定的技术经济条件下，在整个开采期内不明显袭夺已有水源地、不发生危害性环境地质灾害的条件下，通过一定的开采措施，允许开采利用的水量；③可利用的非常规水资源量 W_F，包括可利用的天然雨水、微咸水和再生水等。

灌区需水总量是指各灌区用水部门在一定的保证率下所需要的水量总和。如第 7.2.2 节所述，由于灌区供水由水源经各级渠道输送到田间或其他用水的地方，部分水量损失掉（主要是渗漏与蒸发损失），故水源工程供给灌区的水量（称灌区用水量）应为灌区需水量与损失水量之和，这样才能满足不同用水部门得到需水量之要求。所以，灌区水量供需平衡分析实质上是供用水平衡分析。当灌区可利用的水资源量大于用水总量 $W_{GQ用}$ 时，水资源总量供需能够实现平衡，说明灌区规划方案在水土资源平衡方面是可行的；当可利用的水资源总量小于用水总量 $W_{GQ用}$ 时，灌区水资源总量供需无法实现平衡，说明灌区规划方案在水土资源平衡方面是不可行的，这种情况下，可通过减少土地开发量、兴建小型水利设施或采用节水灌溉方式、改变作物种植结构进行调整。

季节性水土资源平衡分析主要是针对季节性干旱等缺水时段所进行的分析。此时，如果可利用的水资源量大于用水量，水土资源能够实现平衡；如果可利用的水资源量小于用水量，水土资源无法实现平衡，则需要考虑是否能进一步采取工程措施以增加可供水量，或适当调整农作物种植结构。季节性水土资源平衡分析需要更为详细的水文观测或实验数据，也需要对灌区农作物种植制度、土壤状况和水资源利用情况有较为全面的掌握。

灌区可用的水资源量（W_{AT}）表示为

$$W_{AT} = W_S + W_G + W_F \tag{7.21}$$

式中：W_{AT} 为灌区可用水资源量，m^3；W_S 为灌区可用的地表水资源量，m^3；W_G 为灌区可用的地下水资源量，m^3；W_F 为灌区可用的非常规水资源量，m^3。

灌区要做到以水定需、适水发展，实现水土资源平衡，就需要采取工程调节措施保证灌区可用水资源量（W_{AT}）大于或等于灌区用水量（$W_{GQ用}$），即

$$W_{AT} \geqslant W_{GQ用} = (W_{GG} + W_{ST-RB})/\eta_1 + (W_{YZ} + W_{SH} + W_{GF})/\eta_2 \tag{7.22}$$

式中：η_1 为灌溉水利用系数（包括作物灌溉和生态用水）；η_2 为养殖业、乡镇生活和工副业用水的水利用系数；其余符号意义同前。

若灌区用水量（$W_{GQ用}$）大于可用水资源量（W_{AT}），可采取跨区域或流域调水，增加

灌区可用水资源量，以满足用水的要求；当无水可调或调水成本较高时，则需要压缩灌溉面积或者根据灌区实际情况科学配置水资源，并采取降低各行业用水定额，压减高耗水行业规模，调整农业种植结构，大力推广节水型种植、养殖及生产和生活方式等多种措施，降低灌区用水量，达到水土资源平衡和适水发展。

如果灌区可用水资源量满足用水量要求，但灌区水源的来水过程与灌区用水过程不匹配，则需要修建水资源调蓄工程，使灌区供水与用水过程相匹配。

7.3　灌区水资源合理配置与灌区规模
（Water resources allocation and scale of irrigation districts）

在已知灌区可用水资源量且不能完全满足各行业用水需求时，需要进行合理配置，科学确定灌溉、养殖、生活、工副业、生态用水的比例以及灌区发展规模，实现高质量发展。

7.3.1　灌区水资源配置（Water resources allocation in irrigation districts）

灌区水资源配置可为区域内的农业生产提供稳定、可靠的水资源保障。灌区合理的灌溉规模、种植结构可有效降低农业生产过程对水资源和能源的消耗，提供多元化的食物安全选择。科学的环境管理有助于灌区生产、生活与生态功能的持续改善及提升，促进灌区经济社会的可持续发展。

1. 目标函数

灌区水资源配置应综合考虑水-粮食-能源-环境的关系，其目标函数一般包括：

（1）农作物总产量最大。

$$\max F_1 = \max F_{\text{IWEU}} = \max \sum_{i=1}^{n} A_i Y_i \tag{7.23}$$

式中：A_i 为第 i 类农作物种植面积，hm^2；Y_i 为第 i 类农作物的单位面积产量，kg/hm^2；n 为农作物类型数。

（2）能源净消耗最小。

$$\min F_2 = \min F_{\text{ENC}} = \min \sum_{i=1}^{n} (A_i EI_{Ai} - A_i EO_{Ai}) + EI_{\text{GF}} Y_{\text{GF}} \tag{7.24}$$

$$Y_{\text{GF}} = P_{\text{GF}} SW_{\text{GF}}$$

式中：F_{ENC} 为能源消耗，MJ/hm^2；EI_{Ai} 和 EO_{Ai} 分别为单位面积第 i 类农作物生产所消耗的能源（包括农业机械、灌溉、化肥、种子、电力等）和输出的能源（如秸秆），MJ/hm^2；EI_{GF} 和 Y_{GF} 分别为工副业单位产值的能源消耗和工副业总产值，其单位分别为 MJ/元 和元；P_{GF} 为工副业的单方水净效益，元/m^3；SW_{GF} 为工副业供水量，m^3。

（3）灌区净效益最大。

$$\max F_3 = \max F_{\text{NB}} = \max \sum_{i=1}^{n} A_i (Y_i P_i - C_i) + P_{\text{YZ}} SW_{\text{YZ}} + P_{\text{GF}} SW_{\text{GF}} \tag{7.25}$$

式中：F_{NB} 为灌区净效益，元；P_i 为第 i 类农产品的单价，元/kg；C_i 为第 i 类农作物生产单位面积投入的成本，包括劳力、种子、灌溉、化肥、农药、能源以及环境治理和生态修复的成本，元/hm^2；P_{YZ} 为养殖业的单方水净效益，元/m^3；SW_{YZ} 为养殖业的供水量，m^3。

（4）灌区用水量最小。

$$\min F_4 = \min F_{IW} = \min\left(\sum_{i=1}^{n} A_i M_i\right)/\eta_1 + SW_{YZ} + SW_{ST\text{-}RG} + SW_{SH} + SW_{GF} \tag{7.26}$$

式中：F_{IW} 为灌区用水量，m^3；M_i 为第 i 类农作物的灌溉定额，m^3/hm^2；SW_{SH} 和 $SW_{ST\text{-}RG}$ 分别为分配给生活和生态部门的水量；η_1 为灌溉水利用系数。

2. 约束条件

（1）土地资源约束。灌区作物种植面积应小于允许开发利用的耕地面积，即

$$\sum_{i=1}^{n} A_i \leqslant a_p A_t \tag{7.27}$$

式中：a_p 为允许开发利用的耕地面积比例；A_t 为最大耕地面积，hm^2。

（2）水资源承载力约束。灌区分配给灌溉、养殖、乡镇生活、工副业和生态的供水量之和应小于可利用的水资源量，即

$$\left(\sum_{i=1}^{n} A_i M_i\right)/\eta_1 + SW_{YZ} + SW_{ST\text{-}RG} + SW_{SH} + SW_{GF} \leqslant W_S + W_G + W_F \tag{7.28}$$

式中：W_S、W_G、W_F 分别为灌区可用的地表水、地下水和非常规水资源量，万 m^3；其余符号意义同前。

（3）能源消耗约束。灌区能源消耗应小于允许最大能源消耗，即

$$\sum_{i=1}^{n} (A_i EI_{Ai} - A_i EO_{Ai}) + EI_{GF} Y_{GF} \leqslant EA_t \tag{7.29}$$

式中：EA_t 为灌区允许最大能源消耗，MJ/hm^2；其余符号意义同前。

（4）生活和生态环境需水约束。灌区分配的生活用水 SW_{SH} 和生态用水 $SW_{ST\text{-}RG}$ 应分别满足生活需水和生态需水要求，即

$$SW_{SH} \geqslant W_{SH}/\eta_2 \tag{7.30}$$

$$SW_{ST\text{-}RG} \geqslant W_{ST\text{-}RG}/\eta_1 \tag{7.31}$$

式中：W_{SH} 和 $W_{ST\text{-}RG}$ 分别为生活需水和生态需水；η_2 为生活、养殖业和工副业水利用系数；其余符号意义同前。

（5）粮食安全约束。灌区生产的粮食应大于灌区粮食总需求，即

$$\sum_{i=1}^{m} Y_i A_i \geqslant P_{op} FD_{\min} \tag{7.32}$$

式中：P_{op} 为灌区人口；m 为粮食作物种类；$FD_{\min}$ 为灌区人均最小粮食需求，kg/人；其余符号意义同前。

（6）养殖业和工副业的供水量不应大于需水量。

$$SW_{YZ} \leqslant W_{YZ}/\eta_1 \tag{7.33}$$

$$SW_{GF} \leqslant W_{GF}/\eta_2 \tag{7.34}$$

式中：W_{YZ} 和 W_{GF} 分别为养殖业和工副业的需水量；其余符号意义同前。

（7）变量非负约束。

3. 求解方法

灌区水资源在不同用水部门间的优化配置是一个多目标优化问题，可采用大系统分解协调技术、嵌套遗传算法、逐步优化方法、理想点法等方法求解，具体求解时可用专门的计算软件或编写计算机程序进行计算。

理想点法是一种将多目标规划问题转化为单目标规划问题的方法。首先求解各单目标满足约束（即目标空间）的最优解及最优目标值 F_p^{OPT}，向量函数 $\boldsymbol{F}(\boldsymbol{X}) = (F_1^X, F_2^X, \cdots, F_p^X)^{\text{T}}$ 的一个理想点为 $\boldsymbol{F}^{\text{OPT}} = (F_1^{\text{OPT}}, F_2^{\text{OPT}}, \cdots, F_p^{\text{OPT}})$，通过求取目标空间中一定范数意义下的一个点，使这个点与理想点的加权距离最小，这个点即为多目标问题的最优解，即

$$\min F = \min \left[\sum_{P=1}^{L} \omega_p^k \left(\frac{F_p^{\text{OPT}} - F_p}{F_p^{\text{OPT}}} \right)^k \right]^{1/k} \tag{7.35}$$

式中：L 为单目标函数的数量；ω_p^k 为第 p 个目标的权重，F_p^{OPT} 为第 p 个单目标优化问题的理想解；F_p 为第 p 个目标函数；k 为度量目标函数值与理想目标值偏差的范数，$k=1$，表示目标函数 F_p 与理想点分量 F_p^{OPT} 偏差的加权和最小；$k=2$，表示为 F_p 与理想点分量 F_p^{OPT} 的欧氏距离最小；$k \to \infty$ 表示最大偏差最小。

【例 7.5】 北方某灌区耕地面积为 10000hm²，灌区可用的水资源总量为 6000 万 m³，每年应保障生产粮食总量不少于 4200 万 kg，粮食作物允许最大种植比例为 0.85。粮食作物和林果充分灌溉的净灌溉定额分别为 4000m³/hm² 和 7000m³/hm²，产量分别为 6000kg/hm² 和 12000kg/hm²，施肥及人工等平均成本分别为 2500 元/hm² 和 6000 元/hm²，平均能源消耗成本分别为 450 元/hm² 和 1000 元/hm²，平均环境治理成本分别为 100 元/hm² 和 200 元/hm²，生态修复成本平均分别为 150 元/hm² 和 250 元/hm²，单位面积平均能源消耗分别为 1.0MJ/hm² 和 1.2MJ/hm²，平均能源输出分别为 0.7MJ/hm² 和 1MJ/hm²，产品平均价格分别为 2 元/kg 和 5 元/kg；灌溉水费为 0.2 元/m³。灌区灌溉水利用系数为 0.6，乡镇生活及工副业水利用系数为 0.85，工副业和养殖业单方水净效益分别为 15 元/m³ 和 10 元/m³，工副业单位产值的能源消耗为 0.001MJ/元，灌区允许的最大能源消耗为 9200MJ，灌区需人工补给的最小生态需水量为 220 万 m³，乡镇生活最小需水量 90 万 m³，养殖业和工副业需水量分别为 30 万 m³ 和 40 万 m³。在确保生活需水和最小生态需水条件下，以总产量和净效益最大以及水资源利用和能源净消耗最小为目标，协同保障粮食供给和生态环境安全，确定灌区种植业、生态、乡镇生活、养殖业与工副业配水量、最优种植结构以及各目标值。

【解】 步骤 1：构建单目标函数模型。设粮食作物种植面积为 A_1，林果种植面积为 A_2。由式（7.23）~式（7.26）和相应已知条件构建单目标函数：

$$\max F_1 = 0.6A_1 + 1.2A_2$$
$$\min F_2 = 0.3A_1 + 0.2A_2 + 150SW_{\text{GF}}$$
$$\max F_3 = 0.8A_1 + 5.115A_2 + 10SW_{\text{YZ}} + 15SW_{\text{GF}}$$
$$\min F_4 = (0.4A_1 + 0.7A_2)/0.6 + SW_{\text{YZ}} + SW_{\text{ST-RG}} + SW_{\text{SH}} + SW_{\text{GF}}$$

四个单目标函数具有共同的约束条件，根据式（7.27）~式（7.34）得约束条件：

$$\begin{cases} 7000 \leqslant A_1 \leqslant 8500 \\ A_1 + A_2 \leqslant 10000 \\ (0.4A_1 + 0.7A_2)/0.6 + SW_{YZ} + SW_{ST\text{-}RG} + SW_{SH} + SW_{GF} \leqslant 6000 \\ 0.3A_1 + 0.2A_2 + 150SW_{GF} \leqslant 9200 \\ SW_{SH} \geqslant 105.88 \\ SW_{ST\text{-}RG} \geqslant 366.67 \\ SW_{YZ} \leqslant 50 \\ SW_{GF} \leqslant 47.06 \\ A_2 \geqslant 0 \\ SW_{YZ} \geqslant 0 \\ SW_{GF} \geqslant 0 \end{cases}$$

步骤 2：求解各单目标满足约束条件的理想目标值。分别以式（7.23）～式（7.26）为目标函数，以式（7.27）～式（7.34）为约束条件，求得 4 个单目标的理想目标值 F_p^{OPT} 分别为 5085.38 万 kg、2100MJ、10147.91 万元、5139.22 万 m^3。

步骤 3：将多目标优化问题转化为单目标优化问题。将各理想目标值 F_p^{OPT} 代入式（7.32），并取 $k=1$，假设各目标权重相等，$\omega_p = 0.25$，得到转化后的单目标函数：
$$\min F = 1 - 1.16 \times 10^{-4} A_1 - 2.63 \times 10^{-4} A_2 - 4.86 \times 10^{-5} SW_{SH} - 4.86 \times 10^{-5} SW_{ST\text{-}RG}$$
$$- 2.95 \times 10^{-4} SW_{YZ} - 0.0183 SW_{GF}$$

以上式为目标函数，约束条件同步骤 1，求解该线性规划得到 $A_1 = 7000$，$A_2 = 655.14$，$SW_{SH} = 105.88$，$SW_{ST\text{-}RG} = 366.67$，$SW_{YZ} = 50$，$SW_{GF} = 46.46$。

步骤 4：计算灌区配水量。由步骤 3 计算得到粮食作物种植面积为 7000hm^2，林果种植面积 655.14hm^2，则灌区配水量为：（7000×0.4+655.14×0.7）÷0.6+50+366.67+105.88+46.46=6000（万 m^3）。

【答】 以总产量和净效益最大以及水资源利用和能源净消耗最小为目标，协同保障粮食供给和生态环境安全，确定灌区种植业、乡镇生活、生态、养殖业和工副业配水量分别为 5431.00 万 m^3、105.88 万 m^3、366.67 万 m^3、50 万 m^3 和 46.46 万 m^3；最优种植结构为粮食作物 7000hm^2、林果作物 655.14hm^2。协调后的四个目标值为 4986.17 万 kg，9200MJ，10147.91 万元，6000 万 m^3。

7.3.2　灌区规模（Scale of irrigation districts）

灌区规模的确定应主要根据灌区水资源配置和水土资源平衡分析结果，遵循"节水优先、引调水结合、以水定需、适水发展"的原则，通过灌区水土资源的合理开发、优化配置、节约高效、科学管理，全面促进灌区人口、资源、环境和经济的协调发展。

对新建灌区，应以节水增效为中心，结合灌区的水土资源现状、地形地貌特征、社会经济状况等，合理确定灌区规模。对已建灌区，应先复核其规模现状，研究灌区的续建配套及扩建潜力。通常，根据当地农业发展计划已经确定了灌区作物种植面积及比例，但灌区总灌溉面积取决于水源条件，在水资源较丰富的地区，最简单的方法是在扣除灌区养殖业、乡镇生活、工副业的用水量后，利用包括生态植被在内的综合灌溉定额推求灌区规模 $A(\text{hm}^2)$：

$$A = \frac{\eta_1}{M_{\text{综}}}\left(W_{\text{AT}} - \frac{W_{\text{YZ}} + W_{\text{SH}} + W_{\text{GF}}}{\eta_2}\right) \tag{7.36}$$

式中：W_{AT} 为典型年灌区可用的水资源量，m^3；W_{YZ}、W_{SH}、W_{GF} 分别为灌区养殖业、乡镇生活、工副业的需水量，m^3；$M_{\text{综}}$ 为包括生态植被在内的综合灌溉定额，m^3/hm^2，可采用式（7.4）计算；η_1 为灌溉水利用系数；η_2 为养殖业、乡镇生活和工副业用水的水利用系数。

【例 7.6】　某灌区人口 30.7 万，满足某设计保证率的可用水资源量 19.2 亿 m^3，灌区养殖业需水量 2448.87 万 m^3、工副业需水量 1695.09 万 m^3，灌区包括生态植被在内的综合灌溉定额为 $6139\text{m}^3/\text{hm}^2$，包括生态植被在内的灌溉水利用系数为 0.55，其他用水的利用系数 0.75。试计算该灌区可发展的灌溉面积。

【解】　步骤 1：计算乡镇生活需水量。根据表 7.4，取日平均生活需水量为 $105 \times 10^{-3}\text{m}^3/(\text{人} \cdot \text{d})$，利用式（7.6）计算乡镇生活需水量为

$$W_{\text{SH}} = 365 \times 105 \times 10^{-3} \times 30.7 \times 10^4 = 1176.58 \times 10^4 (\text{m}^3)$$

步骤 2：计算灌区可发展的灌溉面积。由式（7.36）求得可发展的灌溉面积为

$$A = \frac{0.55}{6139} \times \left(19.2 \times 10^8 - \frac{2448.87 \times 10^4 + 1176.58 \times 10^4 + 1695.09 \times 10^4}{0.75}\right)$$
$$= 16.57 \times 10^4 (\text{hm}^2)$$

【答】　该灌区可发展的灌溉面积为 $16.57 \times 10^4 \text{hm}^2$。

在水资源紧缺条件下，一个灌区或某个区域的用水规模不能简单地依据灌区需水量的大小来确定，而需要权衡灌区的食物安全、生态环境健康、经济发展等多个目标。对地处水资源紧缺、生态脆弱地区的新建灌区，应在保障生态用水基础上，按照以水定地、水资源高效可持续利用、种植结构优化、产业协调发展的原则，采用多要素协同优化方法合理配置灌区水资源，根据 7.3.1 节优化配置的灌区灌溉用水量确定灌区面积规模。

如果已建灌区的水资源供需情况发生变化，灌区水源来水下降使得灌区发展受限，而压缩灌区规模不利于经济社会和谐发展时，可在局部灌域采用喷微灌等高效节水灌溉技术和非充分灌溉制度，以维持灌区的面积规模。

【例 7.7】　北方某已建灌区的耕地面积为 1 万 hm^2，根据灌区水资源优化配置结果，农业灌溉可用水资源量为 3600 万 m^3。灌区主要种植粮食作物和林果，达到最高产量的灌溉定额分别为 $4000\text{m}^3/\text{hm}^2$ 和 $5000\text{m}^3/\text{hm}^2$，其中粮食作物最高产量为 $6000\text{kg}/\text{hm}^2$。为了保障粮食安全，每年应保障生产粮食总量不少于 3900 万 kg，粮食种植面积不小于灌区耕地面积的 65%。如采用节水灌溉技术，在保持原产量不变情况下，粮食作物和林果可节约灌溉水量 10%；如进一步采取调亏灌溉方式，灌溉定额减少 20%，粮食作物单产降低 10%。试分析该灌区的水土资源平衡状况，并根据以水定需与适水发展的要求合理确定灌区灌溉面积规模以及应采取的调控措施。

【解】 步骤1：计算灌区灌溉需水量。根据灌区粮食作物和林果的种植面积及相应的现状灌溉定额，计算的灌区灌溉需水量为：$W_{GG} = 6500 \times 4000 + 3500 \times 5000 = 4350 \times 10^4 (\text{m}^3)$。

步骤2：分析灌区水土资源平衡状况。步骤1的计算结果表明，灌区农业灌溉需水量4350万 m^3，已超过了农业灌溉可用水资源量3600万 m^3。因此灌区需要通过调整种植结构、采用节水灌溉技术、实施调亏灌溉方式或者减小灌溉定额与休闲耕作等措施，满足以水定需与适水发展的要求。

步骤3：对比多种方式确定调控方案。

(1) 采取调整种植结构和休闲耕作措施。为了保证粮食生产，粮食作物最小灌溉面积为 $3900 \times 10^4 / 6000 = 6500 (\text{hm}^2)$，按照现状灌溉定额，粮食作物需水量为 $6500 \times 4000 = 2600 \times 10^4 (\text{m}^3)$，则林果灌溉面积为 $(3600 - 2600) \times 10^4 / 5000 = 2000 (\text{hm}^2)$。因此，总灌溉面积为 $6500 + 2000 = 8500 (\text{hm}^2)$。有 1500hm^2 耕地需要采取休闲耕作措施，土地资源未得到充分利用，显然这种调整方案不尽合理。

(2) 采取调整种植结构和节水灌溉技术相结合措施。采取节水灌溉技术后，保证粮食生产要求的粮食作物最小种植面积仍为 6500hm^2，粮食作物灌溉需水量为 $6500 \times 4000 \times 0.9 = 2340 \times 10^4 (\text{m}^3)$，则林果灌溉面积为 $(3600 - 2340) \times 10^4 / (5000 \times 0.9) = 2800 (\text{hm}^2)$。因此，总灌溉面积为 $6500 + 2800 = 9300 (\text{hm}^2)$。仍有 700hm^2 耕地需要采取休闲耕作措施，土地资源仍未得到充分利用。

(3) 采取调整种植结构与节水灌溉技术和粮食作物实施调亏灌溉方式相结合措施。为了满足粮食生产的需水要求，并尽可能寻求最大的经济效益，部分粮食作物可以采取调亏灌溉方式。若灌区30%的粮食作物采取调亏灌溉方式，单位面积灌溉水量减少20%，相应的粮食单产减少10%。假设至少粮食作物灌溉面积为 x_1 时才能满足保障粮食安全的要求，需要满足 $0.7x_1 \times 6000 + 0.3x_1 \times 5400 \geqslant 3900 \times 10^4$，那么至少需要粮食作物灌溉面积为 6701hm^2。这样粮食作物灌溉需水量为 $6701 \times 4000 \times 0.7 \times 0.9 + 6701 \times 4000 \times 0.3 \times 0.8 \times 0.9 = 2267.6 \times 10^4 (\text{m}^3)$。可用于林果灌溉水量为 $(3600 - 2267.6) \times 10^4 = 1332.4 \times 10^4 (\text{m}^3)$，这样林果节水灌溉面积为 $1332.4 \times 10^4 / (5000 \times 0.90) = 2961 (\text{hm}^2)$。因此总灌溉面积为 9662hm^2，仍有 338hm^2 耕地需要采取休闲耕作方式。

(4) 采取调整种植结构与节水灌溉技术和粮食作物实施调亏灌溉方式及减少林果灌溉定额相结合的措施。为了扩大林果灌溉面积，在上述措施实施的基础上，进一步采取减少林果灌溉定额方式，以满足灌区的水土资源平衡要求。假设林果的灌溉定额减少比例为 x_2，则有 $3299 \times 5000 \times 0.9 \times (1 - x_2) = 1332.4 \times 10^4 (\text{m}^3)$，计算得到 $x_2 \approx 0.102$，即 3299hm^2 林果的灌溉定额需要减少 10.2%，才能满足灌区的水土资源平衡要求。

【答】 灌区现状灌溉需水量为4350万 m^3，已超出了农业灌溉可用的水资源量3600万 m^3，需要采取调整种植结构、压缩灌溉面积或者采用节水灌溉技术和实施调亏灌溉方式及减少林果灌溉定额等措施，才能实现灌区的水土资源平衡。

思　考　与　练　习　题

1. 除了灌溉需水量外，灌区还有哪些方面的需水量？如何计算？

2. 什么是灌水率？如何设计灌水率？

3. 在规划设计灌溉工程时为何要确定设计典型年？简述其确定方法。

4. 试述灌区水土资源平衡的影响因素及其分析方法。

5. 简述灌区水资源配置有哪些目标函数和约束条件？具体如何确定？

6. 我国北方某灌区面积 8.1 万 hm^2，某典型水文年各种作物（包括生态植被）的面积占比和灌水次数、各次的灌水定额、灌水起止时间以及灌水延续时间见表 7.15。试计算各次的灌水率，绘制初步灌水率图，并根据相关要求绘制修正灌水率图。

表 7.15　　　　　　　　　北方某灌区灌水率计算的基本资料

作物	作物占灌区面积比[①]/%	灌（供）水次数	灌水定额/(m^3/hm^2)	灌（供）水时间			延续时间/d
				始	终	中间	
小麦	50	1	975	9 月 16 日	9 月 27 日	9 月 22 日	12
		2	750	3 月 19 日	3 月 28 日	3 月 24 日	10
		3	825	4 月 16 日	4 月 25 日	4 月 21 日	10
		4	825	5 月 6 日	5 月 15 日	5 月 11 日	10
棉花	25	1	825	3 月 27 日	4 月 3 日	3 月 30 日	8
		2	675	5 月 1 日	5 月 8 日	5 月 5 日	8
		3	675	6 月 20 日	6 月 27 日	6 月 24 日	8
		4	675	7 月 26 日	8 月 2 日	7 月 30 日	8
谷子	25	1	900	4 月 12 日	4 月 21 日	4 月 17 日	10
		2	825	5 月 3 日	5 月 12 日	5 月 8 日	10
		3	750	6 月 16 日	6 月 25 日	6 月 21 日	10
		4	750	7 月 10 日	7 月 19 日	7 月 15 日	10
玉米	50	1	825	6 月 8 日	6 月 17 日	6 月 13 日	10
		2	750	7 月 2 日	7 月 11 日	7 月 7 日	10
		3	675	8 月 1 日	8 月 10 日	8 月 6 日	10
生态植被	20	1	600	4 月 21 日	5 月 10 日	5 月 1 日	20
		2	750	6 月 1 日	6 月 30 日	6 月 16 日	30
		3	600	7 月 10 日	8 月 10 日	7 月 26 日	31
		4	600	9 月 1 日	9 月 20 日	9 月 11 日	20

①　作物占灌区面积比的累计值为复种指数。

7. 我国北方某灌区耕地面积 2.1 万 hm^2，人口 12.5 万，可用水资源量 1.2 亿 m^3，养殖业、工副业的需水量分别为 800 万 m^3、500 万 m^3。灌区主要种植玉米、蔬菜和果树，其比例分别为 50%、30% 和 20%，另有占灌区面积 20% 的生态植被需要灌溉，灌溉定额分别为 3000m³/hm²、4500m³/hm²、4000m³/hm²、1500m³/hm²，包括生态植被在内的灌溉水利用系数为 0.65，其他用水的水利用系数为 0.80。试用综合灌溉定额法确定该灌区可发展的灌溉面积。

8. 我国北方某灌区的耕地面积为 1.5 万 hm²，可用水资源量为 18000 万 m³，养殖业、乡镇生活、工副业和生态需水量分别为 450 万 m³、750 万 m³、800 万 m³ 和 2500 万 m³。棉花、粮食作物和林果充分灌溉的灌溉定额分别为 4500m³/hm²、4200m³/hm² 和 6000m³/hm²，充分灌溉棉花、粮食作物和林果的产量分别为 4500kg/hm²、6000kg/hm² 和 12000kg/hm²。棉花、粮食作物和林果的施肥、人工、能源输入、环境治理及生态修复的成本平均分别为 12000 元/hm²、3500 元/hm² 和 9000 元/hm²，单位面积平均能源消耗分别为 1.3MJ/hm²、1.0MJ/hm² 和 1.2MJ/hm²，平均能源输出分别为 0.4MJ/hm²、0.7MJ/hm² 和 1.0MJ/hm²，棉花、粮食作物和林果的平均价格分别为 10 元/kg、2 元/kg 和 5 元/kg，灌溉水价为 0.2 元/m³。灌溉水利用系数为 0.55，养殖业、乡镇生活及工副业水利用系数为 0.8，工副业和养殖业单方水净效益分别为 18 元/m³ 和 12 元/m³，允许的最大能源消耗为 4400MJ。为了保障区域农产品安全，要求每年粮食生产总量不少于 6000 万 kg，每年棉花总产量不少于 500 万 kg。试根据以水定需和适水发展的要求，以总产量和净效益最大以及水资源利用和能源净消耗最小为目标（假设目标重要性相同），协同保障粮食供给和生态环境安全，确定灌区农业与养殖业、乡镇生活、工副业、生态的配水量及其最优种植结构。

推 荐 读 物

[1] 康绍忠，赵文智，黄冠华，等. 西北旱区绿洲农业水转化多过程耦合与高效用水调控：以甘肃河西走廊黑河流域为例 [M]. 北京：科学出版社，2020.

[2] 雷志栋，杨诗秀，胡和平，等. 对塔里木河流域绿洲"四水转化"关系的认识 [C]//塔里木河流域水资源、环境与管理：塔里木河流域水资源、环境与管理学术讨论会论文集. 北京：中国环境科学出版社，1998.

[3] 徐淑琴，付强，王晓岩. 灌区水资源可持续利用规划理论与实践 [M]. 北京：中国水利水电出版社，2010.

[4] 刘昌明. 西北地区生态环境建设区域配置与生态环境需水量研究 [M]. 北京：科学出版社，2004.

数 字 资 源

7.1 灌区需、用水量
对变化环境的响应
与预测微课

参 考 文 献

[1] 康绍忠，蔡焕杰. 农业水管理学 [M]. 北京：中国农业出版社，1996.

[2] 粟晓玲，康绍忠. 生态需水的概念及其计算方法 [J]. 水科学进展，2003，14 (6)：740-744.

[3] 雷志栋，苏立宁，杨诗秀，等. 青铜峡灌区水土资源平衡分析的探讨 [J]. 水利学报，2002 (6)：9-14.

[4] 林志慧，刘宪锋，陈瑛，等. 水-粮食-能源纽带关系研究进展与展望 [J]. 地理学报，2021，76 (7)：1591-1604.

[5] Owen A，Scott K，Barrett J. Identifying critical supply chains and final products：An input-output approach to exploring the energy-water-food nexus [J]. Applied Energy，2018，210：632-642.

[6] Xiao Z，Yao M，Tang X，et al. Identifying critical supply chains：an input-output analysis for food-energy-water nexus in China [J]. Ecological Modelling，2019，392：31-37.

[7] 彭少明，郑小康，王煜，等. 黄河流域水资源-能源-粮食的协同优化 [J]. 水科学进展，2017，28 (5)：681-690.

[8] 林耀明，任鸿遵，于静洁，等. 华北平原的水土资源平衡研究 [J]. 自然资源学报，2000，15 (3)：252-258.

[9] 张展羽，俞双恩. 水土资源分析与管理 [M]. 北京：中国水利水电出版社，2006.

[10] 郑连生. 适水发展与对策 [M]. 北京：中国水利水电出版社，2012.

[11] 付银环，郭萍，方世奇，等. 基于两阶段随机规划方法的灌区水资源优化配置 [J]. 农业工程学报，2014，30 (5)：73-81.

第8章
灌区水源与取水方式

　　灌区水源是灌区的重要组成部分，正确合理选择灌溉水源和灌溉取水方式，以及选定适合的灌溉设计标准并进行水利计算，是灌溉工程规划设计的重要内容之一，对于充分利用水土资源，经济而有效地建设灌区，具有十分重要的意义。随着水资源短缺不断加剧，充分利用各种灌溉水源与设计合理取水方式，将地下水、地表水、雨水、微咸水、污水、海水等多水源综合利用，是实现水资源可持续利用和农业持续发展的必由之路。

8.1　灌区水源
(Water sources in irrigation districts)

　　灌区水源是指天然水资源中可用于灌区内灌溉、养殖、农村生活和乡镇工业、农村生态建设的水体，主要包括地表水和地下水。其中地表水包括河流、湖泊、沼泽、水库、塘堰等容纳的水体，以及经过处理的城镇排水等。地下水一般是指潜水和可更新的深层地下水。此外，在缺水山区，可通过坡面、道路等集雨工程收集雨水，有条件也可将海水和高矿化度地下水淡化处理后用作灌区水源。用途不同对水源水质的要求也会不同，如农村生活用水对水质要求较高，需选用较好的深层地下水；而经过处理的城镇排水水质较差，可用于园林绿化。所以需根据相应的水质标准进行灌区水源规划。

　　为了扩大灌区灌溉面积和提高灌溉保证程度，需要充分利用各种灌溉水源，将雨水、地表水、地下水、浅层微咸水、城市生活污水和灌溉回归水等综合开发利用，实现水资源可持续利用和农业可持续发展。

8.1.1　灌区水源类型与特点（Types and characteristics of water sources in irrigation districts）

　　1. 地表水

　　地表水分为河流水、湖泊与水库水和坑塘水三种。河流水具有流程长、汇流面积大、取用方便的特点，但是水中含悬浮物和胶态杂质较多，水量不稳定。流量与水质随季节和地理位置的变化而变化，洪水期水量大，水温和浑浊度高；枯水期水量小，水温和浑浊度低。同一河流的上下游水温、水质相差也很悬殊。湖泊与水库水的水体大，水量充足，取用方便，其水质、水量受季节的影响一般比河流水源小。坑塘水一般多为"死水"，水体较小，水质相对较差。

　　2. 地下水

　　地下水是指在一定期限内，能提供给人类使用的，且能逐年得到恢复的地下淡水量。地下水按照分布特征主要包括：上层滞水、潜水、承压水、裂隙水、岩溶水和泉水。上层滞水是存在于包气带中局部隔水层之上的具有自由水面的地下水。潜水是埋藏在地下第一个稳定隔水层之上,具有自由表面的重力水。承压水是充满于两个隔水层之间的地下水。泉水是具有较高水头涌出地表的地下水,有包气带泉、潜水泉和自流泉等。总体上看,地下水有水质好、处理难度低、处理构筑物少、占地面积小等优点,但需做好前期水文地质勘测,合理开采利用。

3. 雨水

在一些地表水和地下水比较缺乏或开采利用困难的地方,降水是主要水源,降水的利用被作为水资源利用的主要形式。雨水利用则是指对雨水的原始形式和在最初转化为径流或地下水、土壤水阶段的利用,可以称之为对雨水的一次利用。雨水利用的形式很多,可以分为雨水直接利用和集蓄利用。直接利用是指采用如深耕耙耱、覆盖保墒、丰产沟种植、土垄覆膜富集雨水、梯田、水平沟、鱼鳞坑等措施,增加雨水的入渗量,是旱作农业中作物对雨水的直接利用方式。雨水集蓄利用工程是指采取人工措施,高效收集雨水,加以蓄存和调节利用的微型水利工程。它主要可以用于无其他水源地区的人畜饮用水,可作为发展庭院经济和小面积节水灌溉所需的水源,主要适用于年降水量大于 250mm、地表水和地下水缺乏、或季节性缺乏、或开发利用地面水和地下水十分困难的地区(如半干旱和半湿润易旱区、西南岩溶地区、海岛、沿海地区)。

4. 再生水

再生水是指废污水经适当处理,达到一定的水质标准与满足某种使用要求后,可以进行有益使用的水。再生水可用于地下水回灌用水,工业用水,农、林、牧业用水,城市非饮用水,景观环境用水等。在中国北方城市,处理后的城市污水和工业废水已经成为城市绿地和某些郊区农田的主要灌溉水源之一。但若水质处理不严格,使用再生水灌溉会导致农田土壤质量恶化,造成作物减产,甚至使地下水、土壤和农产品受污染。不过和海水淡化、跨流域调水相比,在经济上再生水具有明显的优势。

5. 微咸水及海水

含盐量 0.2% ~ 0.5% 的水或矿化度(即每升水含有的矿物质含量)在 2 ~ 5g/L 的水称为微咸水。据统计,我国地下微咸水资源约 200 亿 m^3/a,其中可开采量为 130 亿 m^3/a,绝大部分存在于地下 10 ~ 100m 处,宜于开采利用。中国微咸水资源分布广,主要分布在易发生干旱的华北、西北以及沿海地带。如今我国缺水地区除了充分利用微咸水进行农田灌溉(直接灌溉、咸淡水混灌、咸淡水轮灌)和发展养殖业以外,还可以通过淡化技术处理,用于人畜饮用。

海水是海中或来自海中的水,溶解有较多氯化钠(通常同时还有其他盐类物质),是主要的咸水水源。随着科技发展,海水淡化技术方兴未艾,处理成本是决定其广泛应用的重要因素。我国海水淡化的成本已经降至 4 ~ 7 元/m^3,苦咸水淡化的成本则降至 2 ~ 4 元/m^3。

8.1.2 灌区水源的基本要求(Basic quality criteria for water sources in irrigation districts)

1. 水质要求

灌区水源的水质主要是指水的化学、物理性状、水中含有物的成分及其含量。作为灌溉水源,水质要求主要包括含沙量、含盐量及水温等。灌区水源不仅应符合作物生长和发育的要求,还要兼顾工业、人畜饮用以及养殖中鱼类等水生动植物生长的要求等。

(1)灌溉用水的水质要求。

1）水温。水温对农作物的生长影响颇大，水温偏低，对作物的生长起抑制作用；水温过高，会降低水中溶解氧的含量并提高水中有毒物质的毒性，妨碍或破坏作物、鱼类等的正常生长和生活。因此，灌溉水要有适宜的水温。麦类根系生长的适宜温度一般为15～20℃，最低允许温度为2℃；水稻生长的适宜温度一般不低于20℃。泉水、井水和水库底层水温度常偏低，应采取适当措施，如延长输水路程，实行迂回灌溉，或采取水库分层取水等措施以提高水温。总之，应根据各种作物以及作物各生育阶段对温度的要求和各地的自然特点，采用适当的调节措施。

2）含沙量。灌溉对水中泥沙的要求主要指泥沙的数量和组成。粒径小的泥沙具有一定肥力，送入田间对作物生长有利，但过量输入，会影响土壤的通气性，不利于作物生长。粒径过大的泥沙，不宜入渠，以免淤积渠道，更不宜送入田间。灌溉水允许含沙粒径一般为 0.005～0.01mm，允许含沙量视渠道输水能力而定；粒径为 0.01～0.1mm 的泥沙，可少量输入田间；粒径为 0.1～0.15mm 的泥沙，一般不允许入渠。

3）含盐量。鉴于作物耐盐能力有一定限度，灌溉水的含盐量（或称矿化度）应不超过许可浓度，一般应小于 2g/L。土壤透水性能和排水条件较好的地区，可允许灌溉水的矿化度略高；反之应降低。含有钙盐的灌溉水，由于危害不大，其矿化度可较高；一般要求含有钠盐的灌溉水允许的矿化度是：Na_2CO_3 应小于 1g/L，NaCl 应小于 2g/L，Na_2SO_4 应小于 3g/L。如果灌溉水的矿化度过高，可以咸淡水交替灌溉，或咸淡水混合后灌溉。同时，一般需在非生育期进行淋洗灌溉。

4）有害物质。灌溉水中含有汞、铬、铅等重金属和非金属砷以及氰和氟等元素，具有一定的毒性。这些有毒物质，有的可直接使灌溉后的作物、饮用过的人畜或生活在其中的鱼类中毒；有的可在生物体摄取这种水分后经过食物链的放大作用，逐渐在较高级生物体内富集，造成慢性累积性中毒。因此，灌溉用水对有毒物质的含量需有严格的限制。

灌溉水质应满足《农田灌溉水质标准》（GB 5084—2021）的要求，其分为灌溉水质基本控制项和选择控制项，详见表 8.1 和表 8.2。

表 8.1 灌溉水质基本控制项目限值

序号	项目类别		作物种类		
			水田作物	旱地作物	蔬菜
1	pH 值		5.5～8.5		
2	水温/℃	≤	35		
3	悬浮物/(mg/L)	≤	80	100	60[①]，15[②]
4	五日生化需氧量（BOD_5）/(mg/L)	≤	60	100	40[①]，15[②]
5	化学需氧量（COD_{Cr}）/(mg/L)	≤	150	200	100[①]，60[②]
6	阴离子表面活性剂/(mg/L)	≤	5	8	5
7	氯化物（以 Cl^- 计）/(mg/L)	≤	350		
8	硫化物（以 S^{2-} 计）/(mg/L)	≤	1		
9	全盐量/(mg/L)	≤	1000（非盐碱土地区），2000（盐碱土地区）		
10	总铅/(mg/L)	≤	0.2		

续表

序号	项目类别		作物种类		
			水田作物	旱地作物	蔬菜
11	总镉/(mg/L)	≤	0.01		
12	铬（六价）/(mg/L)	≤	0.1		
13	总汞/(mg/L)	≤	0.001		
14	总砷/(mg/L)	≤	0.05	0.1	0.05
15	粪大肠菌群数/(MPN/L)	≤	40000	40000	20000[①]，10000[②]
16	蛔虫卵数/(个/10L)	≤	20		20[①]，10[②]

① 加工、烹调及去皮蔬菜。

② 生食类蔬菜、瓜类和草本水果。

表 8.2　　　　　　　　　　　　灌溉水质选择控制项目限值

序号	项目类别		作物种类		
			水田作物	旱地作物	蔬菜
1	氰化物（以 CN^- 计）/(mg/L)	≤	0.5		
2	氟化物（以 F^- 计）/(mg/L)	≤	2（一般地区），3（高氟区）		
3	石油类/(mg/L)	≤	5	10	1
4	挥发酚/(mg/L)	≤	1		
5	总铜/(mg/L)	≤	0.5	1	
6	总锌/(mg/L)	≤	2		
7	总镍/(mg/L)	≤	0.2		
8	硒/(mg/L)	≤	0.02		
9	硼/(mg/L)	≤	1[①]，2[②]，3[③]		
10	苯/(mg/L)	≤	2.5		
11	甲苯/(mg/L)	≤	0.7		
12	二甲苯/(mg/L)	≤	0.5		
13	异丙苯/(mg/L)	≤	0.25		
14	苯胺/(mg/L)	≤	0.5		
15	三氯乙醛/(mg/L)	≤	1	0.5	
16	丙烯醛/(mg/L)	≤	0.5		
17	氯苯/(mg/L)	≤	0.3		
18	1,2-二氯苯/(mg/L)	≤	1.0		
19	1,4-二氯苯/(mg/L)	≤	0.4		
20	硝基苯/(mg/L)	≤	2.0		

① 对硼敏感作物，如黄瓜、豆类、马铃薯、笋瓜、韭菜、洋葱、柑橘等。

② 对硼耐受性较强作物，如小麦、玉米、青椒、小白菜、葱等。

③ 对硼耐受性强作物，如水稻、萝卜、油菜、甘蓝等。

利用或选择灌溉水源时，各项水质指标应符合国家标准；否则，应采取相应工程技术措施，改变水中含有物的数量，排除某些含有物，改善水的温度等物理指标，以适应灌溉要求。

（2）养殖用水的水质要求。

1）畜禽养殖的水质要求。畜禽养殖对水源的基本要求为：水量要充足，要能满足养殖场生产、生活、消防及建筑施工用水；畜禽养殖场可共享周边地区的自来水设施，或灌区供水系统。但为确保场内不断水，必须建造自己的水塔或贮水池。水源周围100m范围内不存在污染源（工业污染源、农业污染源和生活污染源等），尽量避免在化工厂、农药厂和屠宰场等附近寻找水源。如果选择地面水作为饮用水水源，应该根据水质的实际情况进行必要的净化、沉淀和消毒；如果选择井水作为饮用水水源，需要加盖井盖，避免鸟粪及其他可能引起水质污染的物质进入。

畜禽养殖饮用水水源的选择应该符合《无公害食品　畜禽饮用水水质》（NY 5027—2008）中规定的水质标准。当水源水质不满足安全指标时，需进行水质处理，使其达标后方可采用。

2）水产养殖的水质要求。为防止和控制渔业水域水质污染，保证鱼、虾、贝、藻类正常生长、繁殖和水产品的质量，农业中海水和淡水的水产养殖的水源水质应满足《渔业水质标准》（GB 11607—1989）。

（3）农村饮水的水质标准。农村居民生活饮用水水质应满足《地表水环境质量标准》（GB 3838—2002）或者《地下水质量标准》（GB 14848—2017）中集中式饮用水水源地标准限值要求。农村居民生活饮用水水源地水质需满足《生活饮用水卫生规范》（GB 5749—2006）的要求，若有超标项目，须经自来水厂净化处理，达标方可饮用。

2. 水位及水量要求

灌区对水源在水位方面的要求，应该保证灌溉和其他所需供水的控制高程；在水量方面，应满足灌区不同时期的用水需求。灌区水源未经调蓄之前，都是受自然条件（降雨、蒸发、渗漏等）的综合影响而随时间变化，不但各年的流量过程不同，而且同一年内不同时期的流量过程也不同。但灌区需用水量则有它自身的规律，所以未经调蓄的水源与灌区需用水间常发生不协调的矛盾，即灌区需水较多时，水源来水可能不足；或供水需较高水位时，水源的水位却较低，这就使水源不能满足灌区需用水要求。因此，常需采用壅水坝、水库等工程措施，以抬高水源的水位和调蓄水量；或修建抽水泵站，将所需的水量提高到灌区需用水要求的控制高程。有时也可以调整用水制度，如采用节水灌溉技术、调整作物种植结构，以适应灌区需用水量对水源水量的要求，使之与水源条件相适应。水产养殖工作中，应根据养殖鱼类的种类，调节适宜的水位及水量，加强对水下空间的利用。

8.2　地表水取水方式及水利计算
(Surface water abstraction methods and their hydraulic calculation)

灌区取水方式依水源类型、水位和水量的状况而定。利用地面径流，可以有各种不同的取水方式，如无坝引水、有坝引水、抽水取水、水库取水等。

8.2.1　地表水取水方式（Surface water abstraction methods）

1. 无坝引水

无坝引水是一种较简单的自流取水方式。当灌区附近河流水位、流量均能满足灌区供水要求时，即可选择适宜的位置作为取水口修建进水闸引水自流灌溉或供水，形成无坝引水。在丘陵山区，灌区所处位置较高，可自河流上游水位较高的地点 A（如图 8.1 中的 A 点）引水，借修筑较长的引水渠，取得自流灌溉或供水的水头。

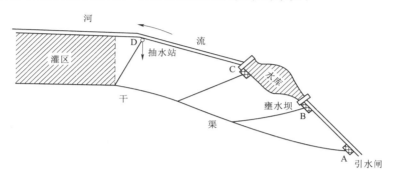

图 8.1　灌区取水方式

A—无坝引水；B、C—有坝引水；D—抽水取水

无坝引水工程简单、投资省、施工易、工期短、收效快，但因其不能控制河道水位，故常受河水涨落、泥沙运动以及河床变迁等因素影响。枯水期或河道主流偏离取水口时，引水往往得不到保证，严重时取水口甚至被泥沙淤塞不能使用，而且在引水过程中，会引入大量的泥沙，使渠道淤积而不能正常工作。

无坝渠首位置的选择，对保证灌区用水，减少泥沙入渠起着决定作用。在选择渠首位置时，必须详细了解河岸的地形地质情况，河道洪水特性，含沙量及河床演变规律等。无坝渠首一般应设在河岸坚固、河床较稳定、河流弯道的凹岸处。因为河槽主流总是靠近凹岸，同时还可利用弯道环流的作用，引入表层泥沙含量较少的水流，防止泥沙流入渠口和底沙进入渠道。一般取水口宜设在凹岸中点的偏下游处，该处横向环流作用最强，同时避开了凹岸水流顶冲的部位。其距离弯道凹岸顶点的距离可按下式计算：

$$L = KB \sqrt{4\frac{R}{B} + 1} \tag{8.1}$$

式中：L 为引水口至弯道段凹岸顶点的距离（弧长），m；B 为弯道水面宽度，m；R 为弯道段河槽中心线曲率半径，m；K 为经验系数，取值范围为 0.6～1.0，一般可取 0.8。式（8.1）中各变量在工程中的位置如图 8.2 所示。

此外，渠首位置还应选在干渠路线较短，且渠道纵剖面较平稳，即不经过陡坡、深谷及坍方的地段，以减少工程量和节约工程投资。引水渠轴线与河道水流所成的夹角应为锐角，通常采用 30°～45°。

若因灌区位置及地形条件限制，无法把渠首布置在凹岸而必须放在凸岸时，可把渠首放在凸岸中点的偏上游处，此处泥沙淤积较少。

无坝引水渠首一般由拦沙坎、进水闸、泄水闸、冲沙设施等组成，一般分为引水渠式渠首和导流堤（引水坝）渠首（图 8.3 和图 8.4）。进水闸控制入渠流量，冲沙闸冲走淤积在进水闸前的泥沙，而导流堤一般修建在中小河流中，平时发挥导流引水和防沙作用，枯水期可以截断河流，保证引水。渠首工程各部分的位置应相互协调，以有利于防沙取水为原则。

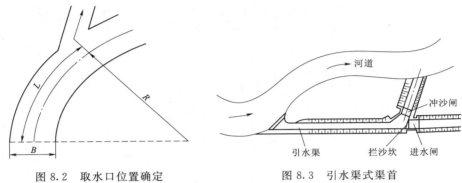

图 8.2　取水口位置确定　　　　　图 8.3　引水渠式渠首

图 8.5 是历史悠久、闻名中外的四川都江堰水利工程，它的进水口正好位于岷江凹岸顶点的下游，整个枢纽包括用于分水的鱼嘴，导流的金刚堤，排沙、溢洪的飞沙堰。都江堰水利工程已经运行了 2270 多年，是无坝引水的典范。

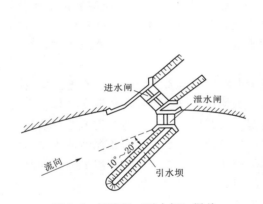

图 8.4　导流堤（引水坝）渠首　　　　图 8.5　四川都江堰水利工程布置

2. 有坝引水

当河流水量虽较丰富，但水位较低时，可在河道上修建壅水建筑物（坝或闸），抬高水位，自流引水，形成有坝引水的方式。如图 8.1 中的 B 点和 C 点。在灌区位置已定的情况下，此种型式与有引渠的无坝引水相比较，虽然增加了拦河坝（闸）工程，但引水口一般距灌区较近，可缩短干渠线路长度，减少工程量。在某些山丘区洪水季节虽然流量较大，水位也够，但洪、枯季节流量、水位均变化较大，为了便于枯水期引水也需修建临时性低坝。

有坝引水枢纽主要由拦河坝（闸）、进水闸、冲沙闸及防洪堤等建筑物组成。

（1）拦河坝（闸）。拦河坝拦截河道，抬高水位，以满足灌区引水的要求，汛期则在溢流坝设坝顶溢流，下泄河道洪水。因此，坝顶应有足够的溢洪宽度，在宽度受到限制或上游不允许壅水过高时，可降低坝顶高程，改为带闸门的溢流坝或拦河闸，以增加泄洪能力。此时，应加强管理，在洪水到来时段能够及时开闸泄洪。

（2）进水闸。进水闸用以引水，主要有以下两种型式：

1）侧面引水。进水闸过闸水流方向与河流方向正交，如图 8.6 所示。由于这种取水方式在进水闸前不能形成有力的横向环流，因而防止泥沙入渠的效果较差，一般只用于含沙量较小的河道。

2）正面引水。这是一种较好的取水方式。进水闸过闸水流方向与河流方向一致或斜交，如图 8.7 所示。这种取水方式能在引水口前激起横向环流，促使水流分层，表层清水进入进水闸，而底层含沙水流则涌向冲沙闸而被排掉。

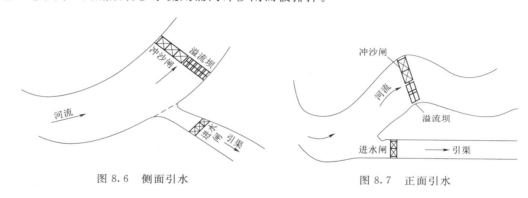

图 8.6　侧面引水　　　　　　　　　　　图 8.7　正面引水

（3）冲沙闸。冲沙闸是多沙河流低坝引水枢纽中不可缺少的组成部分，它的过水能力一般应大于进水闸的过水能力，冲沙闸底板高程应低于进水闸底板高程，以保证较好的冲沙效果。

（4）防洪堤。为减少拦河坝上游的淹没损失，在洪水期保护上游城镇、交通的安全，可在拦河坝上游沿河修筑防洪堤。

此外，若有通航、过鱼、过木和发电等综合利用要求，尚需设置船闸、鱼道、筏道及电站等建筑。

3. 抽水取水

当河流水量比较丰富，但灌区位置较高，而修建其他自流引水工程又较困难或不经济时，可就近采取抽水取水方式，如图 8.1 中的 D 点。这样，干渠渠线最短、工程量小，但增加了机电设备及年运行费用。一般抽水提水可以分为单站分级控制、多站分级控制、多站分区控制、单站集中控制等形式（图 8.8），实际中需根据灌区的地形、水源、能源等条件及建站目的具体选取。

4. 水库取水

河流的流量、水位均不能满足用水要求时，必须在河流的适当地点修建水库进行径流调节，以解决来水和用水之间的矛盾，并综合利用河流水源，这是河流水源较常见的一种取水方式。采用水库取水，必须修建大坝、溢洪道和进水闸等建筑物，工程较大且有相应的库区淹没损失，因此必须慎重选择建库地址，但水库能充分利用河流水资源，这是优于

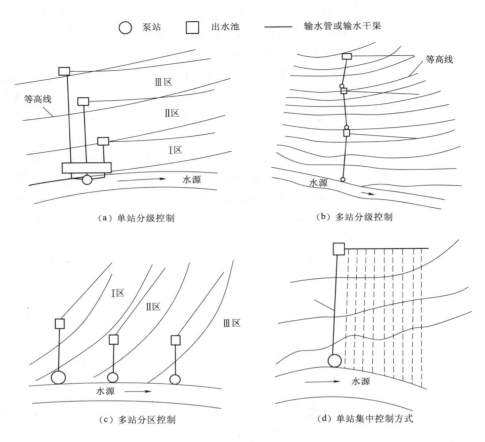

图 8.8 抽水取水布置方式

其他取水方式之处。

在选择使用上述几种取水方式时，需进行经济技术比选，然后确定较优的取水方式。同时，各方式除单独使用外，有时还能综合使用多种取水方式，引取多种水源，形成蓄、引、提相结合的灌溉系统。即便只是水库取水方式，也可以对水库泄入原河道的发电尾水，在下游适当地点修建壅水坝，将它抬高引入渠道，以充分利用水库水量及水库与壅水坝间的区间径流。

8.2.2 灌区引水设计标准（Design standards for water intake in irrigation districts）

灌区引水设计标准一般采用灌区供水保证率，由于供水工程的水源不同和引水用途也不同，并受经济、社会、环境的影响，灌区引水保证率的计算比较复杂。以地表水为水源的供水工程主要采用典型年法或时历年法计算。灌区引水工程的水利计算可以分析天然来水情况和灌区需水要求之间的协调程度，并确定协调这些矛盾的工程措施及其规模，如灌区面积、坝的高度、进水闸尺寸、抽水泵站装机容量和水库库容等。灌区水利工程的水利计算，一般应根据蓄水工程、引水工程和提水工程等不同情况进行，虽然目的及要求相同，但计算内容则有差异。

灌区用水主要包括灌溉、养殖、农村生活和工副业以及生态的用水。其中养殖、农村生活和工副业用水量相对稳定，供水保证率应在 90% 以上；生态用水根据地区水源条件确定，用水量也相对稳定。对于灌溉以外用水比例较高的灌区，需优先满足养殖、农村生活和工业用水，即从水源来水量中减去灌溉以外用水量，然后作为灌溉水源进行调节计算。本节主要以灌溉为例介绍引水工程的水利计算，而蓄水工程和提水工程的水利计算已在其他有关课程中叙及。

进行引水工程的水利计算以前，必须首先确定引水工程的设计标准。实际工作中多将灌区灌溉设计保证率作为引水工程的设计标准。灌区灌溉设计保证率是指灌区用水量在多年期间能够得到充分满足的概率，一般以正常供水的年数或供水不破坏的年数占总年数的百分数表示。例如灌溉设计保证率 $P=80\%$，表示引水设施在长期运用过程中，平均每 100 年可保证 80 年正常供水。

为了修正以样本资料推测总体规律的某些不合理的地方，灌区设计保证率常用下式进行计算，即

$$P=\frac{m}{n+1}\times100\% \tag{8.2}$$

式中：P 为灌区设计保证率；m 为引水设施能保证正常供水的年数；n 为引水设施供水的总年数，一般不少于 30 年。

灌区设计保证率是一项在经济分析基础上产生的指标，由于它综合反映了灌区用水和水源供水两方面的影响，因此能较好地表达引水工程的设计标准。灌区设计保证率因各地自然条件、经济条件不同而有所不同，一般在 50%～95% 之间。在缺水地区，多以旱作物为主，其灌区设计保证率可低一些；而丰水地区，多以水稻为主，灌区设计保证率可高一些；至于同一地区，以水稻为主的灌区，其灌区设计保证率应比旱作物为主的灌区高一些。灌区设计保证率需考虑水文气象、水土资源、作物组成、灌区规模、灌溉方式和经济效益等因素，具体可参照表 8.3。

表 8.3　　　　　　　　　　　　　　　灌区设计保证率参考值

灌溉方式	地区	作物种类	灌溉设计保证率/%
地面灌溉	干旱地区 或水资源紧缺地区	以旱作物为主	50～75
		以水稻为主	70～80
	半干旱半湿润地区 或水资源不稳定地区	以旱作物为主	70～80
		以水稻为主	75～85
	湿润地区 或水资源丰富地区	以旱作物为主	75～85
		以水稻为主	80～95
	各类地区	牧草和林地	50～75
喷灌、微灌	各类地区	各类作物	85～95

值得指出的是破坏年份的缺水量如果不超过年需水量的 5%，对灌区作物产量影响很小。所以，在实际工作中，常以缺水量不超过 5% 的年份，也作为水量保证的年份。

8.2.3　地表引水工程的水利计算（Hydraulic calculation of surface water intake projects）

1. 无坝引水工程的水利计算

无坝引水工程水利计算的任务，主要是根据河流天然来水情况，确定经济合理的灌溉面积、其他供水规模、灌区引水规模以及进水建筑物的尺寸。有 3 种情况：①在灌区面积和引水规模已定的情况下，依灌区供水设计保证率要求，确定进水建筑物尺寸；②进水建筑物的尺寸已定，根据河流来水情况，确定满足既定灌区供水设计保证率下的灌溉面积、其他供水规模和引水规模；③根据灌区供水设计保证率的要求，同时确定灌溉面积与其他用水规模、引水规模和进水建筑物尺寸。各种情况下的具体计算内容主要包括确定设计引水流量、闸前设计水位、闸后设计水位和进水闸闸孔尺寸等。

（1）设计引水流量的确定。在河流流量及水位对灌区用水和其他用水有保证的情况下（例如在大江大河上引水，引水流量占河流流量比重显然甚小），无坝引水枢纽的设计引水流量可采用以下方法计算：

1）长系列法。所谓长系列法，是根据灌溉面积、灌溉需水量、灌溉水利用系数，以及养殖业、乡镇生活、工副业、人工补给生态的需水量和历年的灌水率图，求得灌区历年灌区用水流量过程线，并选择各年引水和用水紧张时期（如灌溉临界期）内，灌水延续时间大于或等于 20d 的最大用水流量，作为该年的灌区最大引水流量；然后以此进行频率分析，选择其中符合灌区供水设计保证率的流量，作为设计引水流量。

长系列法由于考虑了历年灌区用水流量的实际变化情况，所以，如选取的系列年组具有足够的代表性，其成果是可靠的。对于比较重要的大、中型工程，宜采用此法，其缺点是计算工作量较大。

2）设计代表年法。由于灌区除灌溉外的其他供水定额相对稳定，此法主要针对灌溉水量进行计算。根据灌区历年灌溉定额或灌溉期降雨量，进行频率分析，选择 2～3 个相当于灌区灌溉设计保证率年份，作为设计代表年，然后作各设计代表年灌区用水过程线，以确定各设计代表年的灌区最大引水流量（方法与长系列法相同），从中选择一个最大的灌区引水流量，再考虑其他供水定额后作为设计引水流量。由于设计代表年法是按选定的年份进行分析，故计算工作量显然较长系列法为小，如选取的设计代表年具有较好的代表性，则成果还是可靠的。按照前述方法选定的设计引水流量，如河流在灌溉临界期内相应频率的流量能够予以满足，即设计引水流量小于或等于频率与设计保证率相同的河流流量的 30%，则原定设计灌溉面积和其他供水即可落实；如河流流量不能予以满足，则可对历年灌溉临界期河流的最低旬（或月）平均流量进行频率分析，选取相当于灌区供水设计保证率的流量的 1/3～1/4 作为设计引水流量，并以此确定设计灌溉面积和其他供水规模。

（2）闸前设计水位的确定。为了确定闸前设计水位 z（图 8.9），首先应确定外河设计水位 z_1。外河设计水位一般可以按设计引水流量的相应水位确定，一般由取水工程处的河流水位-流量关系曲线获得。对于大江大河的引水工程，则可根据历年灌溉临界期的最低旬（或月）平均水位进行频率分析，选取相当于灌区供水设计保证率的水位作为外河设计水位。如果大江大河枯水位比较稳定，也可以选取历年灌溉临界期的最低水位，加以平均，作为外河设计水位。

在外河设计水位确定之后，便可将与外河设计水位相应的河流平均流量 Q_1 减去设计引水流量 $Q_{设引}$ 得到引水后的河流流量 Q_2，并根据 Q_2 查河流水位-流量关系曲线获得引水后河流相应的水位 z_2。此外，还应考虑引水时闸前有一定流速引起的水面降落 Δz（图 8.9），则闸前设计水位为

$$z = z_2 - \Delta z \tag{8.3}$$

式中：z 为闸前设计水位，m；z_2 为与 Q_2 相对应的外河水位，由水位-流量关系曲线查得，m；Δz 为引水时部分位能转换为动能后所形成的闸前水位降落。

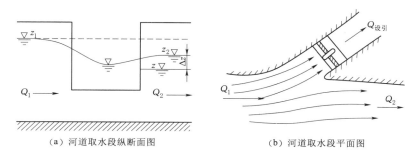

（a）河道取水段纵断面图　　　　（b）河道取水段平面图

图 8.9　闸前设计水位

Δz 值可按下述经验公式计算：

$$\Delta z = \frac{3}{2} \times \frac{K}{1-K} \times \frac{v_2^2}{2g} \tag{8.4}$$

其中

$$v_2 = \frac{Q_1 - Q_{设引}}{A_2} = \frac{Q_2}{A_2} \tag{8.5}$$

$$K = Q_{设引} / Q_1$$

式中：K 为取水系数，为引水流量 $Q_{设引}$ 与引水前河流流量 Q_1 之比值；v_2 为与水位 z_2 相应的河流平均流速，m/s；A_2 为相应于水位 z_2 时下游河道的过水断面面积，m^2。

由式（8.4）可以看出，Δz 值的大小与取水系数 K 直接有关。南方山丘区，小河流上的无坝引水工程取水系数一般在 30% 以下，若取 $K = 0.3$，$v_2 = 1.0 \text{m/s}$，则 $\Delta z \approx 0.03\text{m}$，设计时可取此值进行估算；而自大江大河引水时，取水系数 K 往往很小，由式（8.4）计算的 Δz 甚微，设计时一般可以忽略不计，即取闸前设计水位 $z \approx z_2$。

若闸前引水渠较长，则闸前设计水位还应减去引水渠中的水头损失。

（3）闸后设计水位的确定。闸后设计水位一般是根据灌区高程控制要求确定的干渠渠道水位，但这一水位还应根据闸前设计水位扣除过闸水头损失加以校核。如果不能满足要求，则应以闸前水位扣除过闸水头损失作为闸后设计水位，而将灌区范围适当缩小，或者向上游重新选择新的取水地点。

（4）进水闸闸孔尺寸的确定及校核。进水闸闸孔尺寸主要指闸底板高程和闸孔的净宽，在确定这些尺寸时，它们之间是互为前提、互相影响的，在满足灌区高程控制要求的前提下，对于同一设计流量，闸底板高程定得低些，闸孔净宽可小一些；相反，闸底板高程定得高些，闸孔净宽就需要大些。设计时必须根据建闸处地形、地质条件，河流挟沙情况等综合考虑，反复比较，以求得经济合理的闸孔尺寸。

如闸底板高程已经确定，根据过闸设计流量、闸前及闸后设计水位，即可按水力学的方法判别过闸水流状态并采用相应的计算公式计算闸孔净宽，如果过闸水流状态为宽顶堰淹没出流，则闸孔宽度可按下式计算：

$$B_0 = \frac{Q_{设引}}{\sigma_s \varepsilon m \sqrt{2g} H_0^{3/2}} \qquad (8.6)$$

式中：B_0 为闸孔净宽，m，若分孔，则为 nb（n 为孔数，b 为每孔净宽）；$Q_{设引}$ 为过闸设计引水流量，相当于某一灌区供水设计保证率的灌溉临界期最大引水流量，m^3/s；σ_s 为淹没系数，与闸前及闸后水位有关，可查水力学中有关参数表确定；ε 为侧收缩系数，与边墩及中墩形状、个数及闸孔净宽有关，可参阅水力学中有关公式计算或查表确定；m 为宽顶堰流量系数，与进口是否设置底坎以及底坎形状有关，可查水力学中有关参数表确定；H_0 为包括行近流速水头的闸前堰顶总水头，m。

【例8.1】 根据某灌区需水量核算，灌区的设计引水流量 $Q_{设引}=312.3 m^3/s$，河流水位高于闸后水位，为自由出流。试计算该闸门的闸孔净宽。

【解】 因为是自由出流，根据水力学闸孔出流相关参数计算公式，计算出淹没系数 σ_s 为1，闸门的侧向收缩系数 ε 为0.991，宽顶堰流量系数 m 取0.34，经测量包括行近流速在内的闸前堰顶总水头为1.999m。根据式（8.6）进行闸孔净宽计算：

$$B_0 = \frac{312.3}{1 \times 0.991 \times 0.34 \times \sqrt{2 \times 9.8} \times 1.999^{\frac{3}{2}}} = 74.08 (m)$$

【答】 计算的闸孔净宽为74.08m。

在进行闸孔净宽计算时，由于侧收缩与闸孔净宽有关，故存在一个试算过程。可以先不考虑侧收缩影响，计算闸孔总净宽 B_0，再结合分孔情况，计入侧收缩影响，检验闸孔的过水能力。

大型引水工程在设计计算后，必要时还应通过模型试验，加以验证。

在实际引水工程设计中，设计条件有时比较复杂，灌溉临界期往往不止一个，如按某一灌溉临界期设计进水闸尺寸，还应按另一个灌溉临界期的引水流量进行校核，以满足保证年份内各个时期的灌溉和其他用水要求。

2. 有坝引水工程的水利计算

有坝引水工程的水利计算与无坝引水工程类似，不同之处在于增加了壅水建筑物的影响，即有坝引水可能引取的流量，不但与河流天然来水流量有关，而且与壅水建筑物抬高后的河流水位有关。有坝引水工程水利计算的内容主要是在给定灌区面积情况下，确定设计引水流量、拦河坝高度、拦河坝上游防护设施及进水闸尺寸等。若需对灌区范围进行选定，则由于设计引水流量与灌区面积、作物组成、灌溉设计标准以及其他供水是相互联系的，在具体计算中，常先假定灌溉面积和作物组成以及灌区供水设计保证率，然后计算灌溉和其他需要的设计引水流量；如果河道的流量不能满足灌区引水的要求，则应适当调整灌溉面积或降低设计标准或其他需水规模等，并重新进行计算，最后通过方案比较，合理确定设计引水流量和灌区的范围。

（1）设计引水流量的确定。

1）长系列法。所谓长系列法，就是当河流来水可以充分利用时，首先计算历年（或历年灌区用水临界期）的渠首河流来水过程线和已定灌区的用水过程线。再逐年比较这两个过程，统计出河流来水满足灌区用水的保证年数。如 n 年系列中，保证供水的年数为 m，则可采用式（8.2）计算得到该灌区的灌溉保证率。如果计算得到的灌区灌溉保证率与该灌区拟定的灌溉设计保证率相一致，则系列年中的最大引水流量即为所求的设计引水流量；如果计算得到的灌区灌溉保证率与拟定的灌区灌溉设计保证率不一致，则需增加或减少灌区用水量，以便与水源相适应。当水源水量不足时，主要以改变灌区农业用水量为主，如调整灌区灌溉面积或改变作物种植结构与比例，也可适当调整其他用水规模等。重复以上计算，使两者一致起来，最后确定设计引水流量。

其具体步骤如下：

a. 选择有代表性的系列年组。

b. 计算历年（或历年灌区用水临界期）的河流来水和灌区用水过程。一般采用 5 日或旬作为计算时段计算河流来水和灌区用水过程。

c. 逐年进行引水水量平衡计算（可采用表格形式计算，见表 8.4），将表中同一时段可以引取的河流来水量与灌区用水量逐一进行比较，取两者中较小的数字作为实际引水量，填入该栏。当同一时段的实际引水量小于灌区用水量时，即表示该时段的灌区引水量不能得到保证，就出现灌区用水遭到破坏，即供水不能满足要求的情况。

表 8.4　　　　　　　　　某灌区历年引水量平衡计算表

年	月	旬	可以引取的河流来水量/$10^4 m^3$	灌区用水量/$10^4 m^3$	实际引水量/$10^4 m^3$	引水保证情况（＋）或（－）
(1)	(2)	(3)	(4)	(5)	(6)	(7)=(6)-(5)
2006	4	中	1000	400	400	＋
		下	1200	700	700	＋
	5	上	500	800	500	－
		⋮	⋮	⋮	⋮	⋮
⋮	⋮	⋮	⋮	⋮	⋮	⋮

d. 统计系列年组 n 中河流来水满足灌区用水的保证年数 m，按式（8.2）计算灌区供水保证率。

e. 如按上式计算得到的灌区供水保证率与设计所要求的灌区供水设计保证率相一致，则可在引水量平衡计算表内实际引水量一栏中，选取其中最大的实际引水量 $W(10^4 m^3)$，按下式计算设计引水流量：

$$Q = \frac{W \times 10^4}{86400t} \tag{8.7}$$

式中：Q 为设计引水流量，m^3/s；t 为采用的计算时段，d。

长系列法考虑了历年的引水流量与灌区用水量的实际变化及配合，只要所选取的系列年组有足够的代表性，其成果一般比较可靠，但工作量比较大。

2）设计代表年法。设计代表年法是选择某几个代表年份，进行引水量平衡计算，其计算方法与长系列法相同，但该法仅就选定的代表年份进行计算，故计算工作量较小，在选取的设计代表年具有一定代表性时，成果的可靠性还是较高的。

具体计算步骤如下：选择设计代表年，由于仅选择一个年份作为代表，具有很大的偶然性，故可按下述方式选择一个代表年组：①对渠首河流历年（或历年灌溉临界期）的来水量进行频率分析，按灌区所要求的供水设计保证率，选出 2～3 年作为设计代表年，并求出相应年份灌区用水过程；②对灌区历年用水关键期与河流来水量相关的因子进行频率分析，对于以农业灌溉为主的灌区可以采用作物生长期降雨量或灌溉定额；对于其他用水（如工业、生活用水）占有较高比例的灌区，则需同时考虑其他用水临界期用水保证程度，一般选择同期降雨量；选择频率接近灌区所要求的供水设计保证率的年份 2～3 年作为设计代表年，并根据水文资料，查得相应年份渠首河流的来水过程；③由上述一种或两种方法所选得的设计代表年中，选出 2～6 年，组成一个设计代表年组。

对设计代表年组中的每一年，进行引水量平衡计算与分析（具体计算方法同长系列法），如在引水量平衡计算中发生破坏情况，主要采取缩小灌溉面积，改变作物组成，或者减小其他用水或降低设计标准等措施，并重新计算。

选择设计代表年组中实际引水流量最大的年份，作为设计代表年，并以该年最大引水流量作为设计流量。

3）设计灌水率法。设计引水流量还可以采用设计灌水率法，设计灌水率值 $q_d[\mathrm{m}^3/(\mathrm{s}\cdot 100\mathrm{hm}^2)]$ 可采用 7.1.4 节介绍的方法确定，并按下式确定渠首设计引水流量：

$$Q_{设引}=q_d A/100\eta_水 \tag{8.8}$$

式中：$Q_{设引}$ 为渠首设计引水流量，m^3/s；q_d 为设计灌水率值；A 为灌溉面积，hm^2；$\eta_水$ 为灌区水利用系数。

然后统计历年作物生长期或灌溉临界期中渠首河段最小五日（或旬）平均流量，并绘制频率曲线，根据渠首设计引水流量 $Q_{设引}$，在频率曲线上查得相应频率 P，此值就是灌溉保证率，如 P 小于灌溉设计保证率 $P_设$，则应减小灌溉面积或改变作物组成，或减小其他用水规模以减小供水率值。此法将灌区用水视为固定不变，这与实际情况有出入，故仅适用于初步规划阶段。

（2）拦河坝高度的确定。根据一般规划设计经验，拦河坝的高度应满足下述三方面的要求：①应满足灌区要求的引水高程；②在满足灌区引水要求的前提下，使筑坝后上游淹没损失尽可能小，亦即在宣泄一定设计频率洪水的条件下，使溢流坝（或闸）的壅水高度最小；③适当考虑综合利用的要求，如发电、通航、过鱼等。

这些要求事实上既统一又矛盾，如对灌溉和发电效益而言，拦河坝高些为好；但拦河坝越高，上游淹没损失越大，防洪工程造价也越高。因此，必须通过多方面的调查研究，设计方案需反复比较论证。

一般地说，坝顶高程常先根据灌区引水高程初步拟定，然后结合河床地形地质条件、坝型和建材以及溢流坝段工程量和坝上游防洪工程的大小等进行综合比较确定。

1）溢流坝段的坝顶高程 $z_溢$ 的计算。坝顶高程（图 8.10）可按下式计算：

$$z_溢=z_{设计}+\Delta z+\Delta D_1 \tag{8.9}$$

式中：$z_溢$ 为拦河坝溢流段坝顶高程，m；$z_{设计}$ 为设计相应于设计引水流量的干渠渠首水位，m；Δz 为渠首进水闸过闸水头损失，一般为 $0.15 \sim 0.3$m；ΔD_1 为安全超高，一般中、小型工程取 $0.2 \sim 0.3$m。

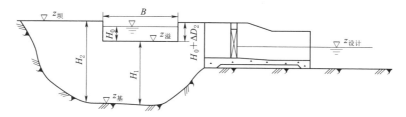

图 8.10　拦河坝坝顶高程计算

坝顶高程 $z_{溢}$ 减去坝基高程 $z_{基}$，即得溢流坝的高度 H_1：

$$H_1 = z_{溢} - z_{基} \tag{8.10}$$

2）非溢流段的坝顶高程 $z_{坝}$ 的计算。

$$z_{坝} = z_{溢} + H_0 + \Delta D_2 \tag{8.11}$$

$$H_0 = \left(\frac{Q_M}{\varepsilon m B \sqrt{2g}} \right)^{2/3} \tag{8.12}$$

式中：ΔD_2 为安全超高，按坝的级别、坝型及运用情况确定，一般可取 $0.4 \sim 1.0$m；H_0 为溢流坝段溢洪时的壅水高度，m；Q_M 为相应于某一设计标准的洪峰流量，$\mathrm{m^3/s}$；B 为拦河坝溢流段宽度，m，若是分孔，净宽应为 nb（n 为孔数，b 为每孔宽）；m 为溢流坝流量系数；ε 为侧收缩系数；其余符号意义同前。

此时，非溢流段的坝高 H_2 为

$$H_2 = z_{坝} - z_{基} \tag{8.13}$$

【例 8.2】　某干渠渠首水位为 3.5m，$z_{基} = 0.5$m，设计洪峰流量 $Q_M = 56.0 \mathrm{m^3/s}$，$m = 0.49$，$\varepsilon = 0.946$，$B = 4.0$m，取 $\Delta z = 0.20$，$\Delta D_1 = 0.25$，$\Delta D_2 = 0.40$。试求溢流坝坝顶高程、溢流坝高度、非溢流段坝顶高程和壅水高度。

【解】　根据式（8.9）进行溢流坝坝顶高程的计算：

$$z_{溢} = z_{设计} + \Delta z + \Delta D_1 = 3.5 + 0.2 + 0.25 = 3.95(\mathrm{m})$$

根据式（8.10）进行溢流坝高度的计算：

$$H_1 = z_{溢} - z_{基} = 3.95 - 0.5 = 3.45(\mathrm{m})$$

根据式（8.12）进行壅水高度的计算：

$$H_0 = \left(\frac{Q_M}{\varepsilon m B \sqrt{2g}} \right)^{2/3} = \left(\frac{56.0}{0.946 \times 0.49 \times 4.0 \times \sqrt{2 \times 9.8}} \right)^{2/3} = 3.60(\mathrm{m})$$

根据式（8.11）进行非溢流段坝顶高程的计算：

$$z_{坝} = z_{溢} + H_0 + \Delta D_2 = 3.95 + 3.60 + 0.4 = 7.95(\mathrm{m})$$

【答】　计算得溢流坝坝顶高程为 3.95m，溢流坝高度为 3.45m，壅水高度为 3.60m，非溢流段坝顶高程为 7.95m。

（3）拦河坝防洪校核及上游防洪设施确定。进行防洪校核，首先要确定设计标准。中小型引水工程的防洪设计标准，一般采用 10 ～ 20 年一遇洪水设计，100 ～ 200 年一遇洪水校核。

根据一定标准的设计洪水和初步拟定的坝高，便可根据河床情况，选取一个溢流宽度，用式（8.12）计算坝上的壅水高度 H_0。此项计算往往与溢流段坝高的计算交叉进行。

计算得到坝顶壅水高度后，可按稳定非均匀流推求出上游回水曲线，计算方法详见水力学教材有关章节。根据回水范围，可调查统计筑坝后的淹没情况（淹没面积及搬迁等）。对一些重要的城镇和交通要道则应增设防洪堤和抽水排涝工程等进行防护。防洪堤的长度按防护范围而定，堤顶高程则根据设计洪水回水水位加超高（一般为 0.5m）来决定。若坝上游的淹没情况严重，且所需防护工程的工程量过大，则必须考虑改变拦河坝的结构型式，如增长溢流坝段的宽度，降低固定坝高，加设泄洪闸或活动坝等，以降低回水高度，减少上游回水淹没。如某灌溉引水工程，将 3m 高固定坝改为 2m 高，上设 1m 高的活动坝，设计洪水期的回水长度由 2560m 减小到 1160m，大大减小了上游的淹没损失。

可见，拦河坝的尺寸、形式及上游防护工程受多方面影响。在规划设计时，应根据具体情况，对各种可能采取的坝高和坝型及其造成的淹没损失和需要的防护工程做多方案比较，从中选取最优方案。

（4）进水闸尺寸确定。进水闸的尺寸取决于过闸水流状态、设计引水流量、闸前及闸后设计水位等，而闸前设计水位 $z_{前}$ 又与设计时段河流来水流量有关（图 8.11）。

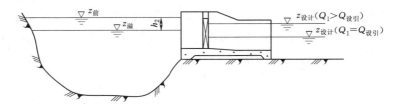

图 8.11　有坝引水闸前设计水位计算

1）当设计时段河流来水流量等于设计引水流量（$Q_1 = Q_{设引}$）时：

$$z_{前} = z_{溢} - \Delta D_1 \tag{8.14}$$

式中：符号意义同前。

2）当设计时段来水流量大于设计引水流量（$Q_1 > Q_{设引}$）时：

$$z_{前} = z_{溢} + h_2 \tag{8.15}$$

式中：h_2 为相应于设计年份灌溉临界期河流流量 Q_1 减去引水流量 $Q_{设引}$ 后的河流流量 Q_2 的溢流水深，可按式（8.12）计算，当 h_2 较小时，可略去不计。

如有引水渠，式（8.14）和式（8.15）中还需考虑引水渠中水头损失。闸后设计水位的确定和闸孔尺寸的具体计算方法，与无坝引水工程中有关部分相同，这里不再赘述。

8.3　地下水取水方式与均衡计算
(Groundwater abstraction methods and balance calculation)

8.3.1　地下水资源的类型及特点（Types and characteristics of groundwater resources）

1. 地下水的主要类型

埋藏在地面以下地层（如砂、砾石、砂砾土及岩层）的孔隙、裂隙、孔洞等空隙中的重力水，称为地下水，而蓄积地下水的上述土层和岩层则称为含水层。在黏性土质或透水率低的岩层（或土层）中，地下水不容易通过，这种岩层称为不透水层。不透水层和含水层不是绝对的，而是相对的概念，地下水含水层的分布如图 8.12 所示。

（1）孔隙水。存在于松散岩层孔隙中的地下水称为孔隙水，根据地下水的埋藏条件，又可分为潜水和层间水。

1）潜水。潜水是在地表以下第一个稳定的隔水层以上含水层中的地下水，又称浅层地下水。潜水具有自由水面，其补给来源主要为大气降水（包括融雪水），在靠近河流、湖

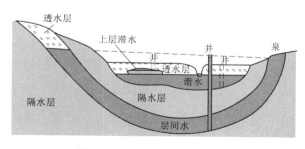

图 8.12　地下水含水层的分布

泊、洼地、人工渠道的地区，也可以从附近的地表水得到补给。因而，潜水的水位、水量在很大程度上取决于气候条件和附近河流的水文状况。在多雨季节，潜水位因雨水补给而上升；久旱不雨，由于蒸发和开采，潜水位则下降。在大多数情况下，潜水的埋藏分布区与补给区基本上是一致的。在山区，如新疆天山北麓玛纳斯地区和甘肃河西走廊祁连山北麓，由于融雪水的入渗，成为浅层地下水的主要补给来源。

2）层间水。埋藏于两个隔水层之间的地下水称为层间水，层间水又分无压层间水和有压层间水两种类型。在两个隔水层之间的含水层内，如重力水未完全充满，地下水仍具有与潜水相同的自由水面，地下水运动的性质与潜水完全相同，称为无压层间水。含水层完全充满水，并在压力水头作用下，使上下隔水层都承受压力（对上隔水层为浮托力）的层间水，称为承压水。

由于层间含水层上下均有隔水层或弱透水层阻隔，其补给区在含水层露出地面的地方，因而补给区和分布区并不一致，有时相距甚远。承压含水层的压力水头取决于补给区的地面高程（或水面高程）与排泄区的高程，在承压水地区打井，当钻孔穿透上隔水层后，地下水压力水位便能自动上升至一定高度。压力水头超出地面者称为自流井，如地势较高，压力水头升不到地面者，称为非自流井。

（2）裂隙水和溶洞水。地壳上坚硬的岩层亦称基岩，基岩在其发育的过程中由于风化作用、构造作用或成岩作用形成了纵横交错的裂隙，储存和运动在基岩裂隙中的地下水称裂隙水。裂隙水可能是有压的承压水，也可能是无压的潜水，这主要视补给、排泄条件和岩层的构造而定。由于水的作用，石灰岩、白云岩等可溶性岩层受到侵蚀，并溶蚀成宽大的裂隙和体积不等的洞穴。埋藏在这些洞穴中的水叫作溶洞水。溶洞水有承压的，也有无压的，多数由大气降水补给，因而其水量大小随季节而变。山前冲积洪积扇和平原地区，由于河流的沉积作用，形成不同厚度（数十米至上千米）的沉积层，地下水的主要埋藏形式是潜水和承压水。而在山区，基岩裸露，开发地下水主要是寻找裂隙水和溶洞水。另外在丘陵山区及黄土塬边沟谷处，常见有地下水的天然露头称为泉，这是由于含水层、含水的地下溶洞或裂隙等被切割，在适宜的地形地质条件下形成的。泉根据出露性质可分为上升泉和下降泉两大类。排泄承压水的水流具有一定压力能自动喷出者称为上升泉，如图

8.13（a）所示。排泄潜水者称为下降泉，如图 8.13（b）所示。

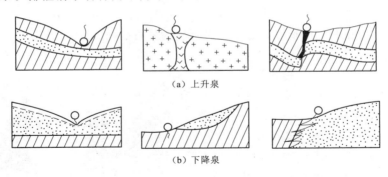

（a）上升泉

（b）下降泉

图 8.13　泉的分类

2. 地下水资源的特点

供农业开采利用的地下水资源可分为两部分：一部分是可以补给的地下水资源，另一部分是原来储存在含水层中的地下水资源。前者是指在开采过程中地下水含水层所接受的垂直和水平方向的补给，后者是指开发利用以前储存在含水层中的水量。可以开发利用的地下水资源的多少除取决于区域水文地质条件外，还与开采条件有关。由于潜水（包括潜水–半承压水）和承压水在补给和开采条件上有着显著不同，其地下水资源各有特点。

（1）浅层地下水（包括潜水和潜水–半承压水）。潜水含水层可以直接承受大气降水或渠道河流坑塘等地表水体的补给，在地下水位接近地表的情况下，也容易消耗于潜水蒸发。水的垂直交替和水平运动都十分频繁。

降雨入渗是潜水的主要补给来源。在地形条件、地表平整度、作物覆盖等基本相同的前提下，降雨入渗补给地下水量主要取决于降雨（包括雨量大小、降雨历时、降雨强度和前期雨量的大小等）、土壤质地和地下水的埋深。

潜水蒸发强度与土壤输水性能、地下水埋深和气象条件有着密切的关系。在地下水埋深较小的情况下，潜水蒸发主要取决于外界蒸发条件（常以水面蒸发为指标）。随着地下水埋深的增大，土壤向地表的输水能力减弱，蒸发量的大小将主要取决于土壤的输水能力。

降雨入渗补给量 p_r 和潜水蒸发量 E_g 可以采用专门的均衡试验场资料，也可根据地下水动态资料，利用下式计算：

$$p_r \text{ 或 } E_g = \mu \Delta h \tag{8.16}$$

式中：μ 为土壤的给水度；Δh 为由于降雨入渗补给或蒸发引起地下水的上升或下降值，m；p_r 和 E_g 的单位与 Δh 相一致。

在与潜水相邻的承压含水层，压力水位高于潜水位的地区，下部含水层还可以通过弱透水层向上部潜水越层补给，称为顶托补给。其补给强度 ε 一方面取决于弱透水层厚度 m' 和渗透系数 k'，另一方面也取决于含水层之间的水位差 ΔH（图 8.14），可用下式计算：

$$\varepsilon = k' \frac{\Delta H}{m'} \tag{8.17}$$

　　此外，潜水还接受来自开采区外的地下水补给，即侧向补给。

　　潜水可以开采利用的储存量指在开采过程中地下水静水位与开采前水位之间的土层中储存的水量 W（但仅能动用一次）。单位面积上的可开采潜水储量 W 等于可开采前后水位差 ΔS_1 乘以给水度 μ，即

$$W = \mu \Delta S_1 \tag{8.18}$$

　　潜水给水度 μ 表示单位面积含水层中潜水位每下降一个单位深度时，由于含水层的疏干而释放出来的水量，μ 为无因次值。在潜水位下降以前，地下水面以下土层中的含水量为饱和含水量 θ_s，地下水面以上包气带中由于土层的毛管作用也含有一定的水分，其相对稳定的含水量分布如图 8.15 中的 $abcd$ 线所示。b 点含水量为田间持水量 θ_F，在地下水位下降时，地下水面以上的土壤水分也随之向下移动，若地下水位下降某一深度 ΔH 后保持不变，经过一定时间后，地下水面以上又形成一个稳定的含水量分布曲线 $aefg$，e 点的含水量亦为田间持水量 θ_F。显然，潜水位下降 ΔH 时，单位面积含水层所释放出来的水量为水位下降前后两个含水量分布曲线之间所包围的面积（阴影部分）$bcdgfe$。由于 bcd 与 efg 两曲线平行下移了 ΔH，由此 $bcdgfe$ 的面积与长方形 $hdgi$ 的面积（即疏干层放出的水体）是相等的。疏干层的给水度为

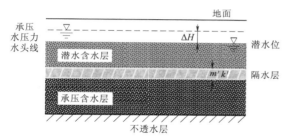

图 8.14　越层补给

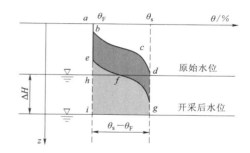

图 8.15　不同深度土壤的含水量分布

$$\mu = \frac{\Delta H(\theta_s - \theta_F) \times 1}{\Delta H \times 1} = \theta_s - \theta_F \tag{8.19}$$

也就是说，由于水位下降，土层疏干的给水度等于土壤饱和含水量与田间持水量的差值。该值可以通过室内或野外试验求得。各种岩层（土质）的给水度见表 8.5。

表 8.5　　　　　　　　　　　　各种岩层（土质）的给水度

岩层（土质）	给水度	岩层（土质）	给水度
黏土	0.020～0.035	粉砂	0.060～0.080
亚黏土（壤土）	0.030～0.045	粉细砂	0.070～0.100
粉质亚砂土（粉砂壤土）	0.030～0.050	细砂	0.080～0.110
亚砂土（砂壤土）	0.035～0.060	中细砂	0.085～0.120
黄土	0.025～0.050	中砂	0.090～0.130
黄土状亚黏土	0.020～0.050	中粗砂	0.100～0.150
黄土状亚砂土	0.030～0.060	粗砂	0.130～0.150

（2）深层承压水。承压水埋藏在地下一定的深度，承压含水层上下均有透水性较弱的隔水层（弱透水层）阻隔，不能直接承受当地大气降雨、河渠和灌水入渗补给，开采区内部地下水的补给仅有来自相邻弱透水层产生的弹性释水和相邻含水层之间的越层补给。

与潜水一样，在开采区地下水下降漏斗范围未达到承压含水层的补给区（补给源）以前，区外（相邻地区）对开采区的补给只是含水量在空间的重新分配，只有在地下水位下降漏斗范围扩大到含水层补给边界后，才会产生侧向补给。

和潜水不同，承压含水层埋藏深度较大，在开采过程中，地下水压力水位未下降到承压含水层顶板以前，并不发生含水层的疏干现象。含水层中所释放出的水量将由两部分组成：一部分是由于压力水位下降，含水层中水体膨胀而释放出的水量；另一部分是由于压力水位降低，地下水的浮托力减小，含水层所承受的压力加大，造成含水层的土壤骨架压缩，孔隙减少而释放出的水量。自承压含水层中释放出的这两部分水量常称为承压含水层的弹性释水或弹性储量。单位面积承压含水层可以释放出的总水量，即为可以开发利用的弹性储量，其计算公式与可开采利用的潜水储存量类似，即

$$W = \mu_e S_1 \tag{8.20}$$

式中：μ_e 为承压含水层的弹性释水系数（或承压含水层给水度），它与潜水给水度具有显著不同的概念；其余符号意义同前。

一般认为水是不可压缩的，但实际上水和沙层受压时，在一定程度上都是可以压缩的，并且可以近似地认为符合弹性变形规律，即单位体积所产生的体积变化与压力的变化成正比，即

$$\beta_\omega = \frac{\dfrac{\Delta V_1}{V_\omega}}{\Delta P} \tag{8.21}$$

$$\beta_s = \frac{\dfrac{\Delta V_2}{V_s}}{\Delta P} \tag{8.22}$$

式中：β_ω 和 β_s 分别为水和土的压缩系数，kPa^{-1}；V_ω 和 V_s 分别为初始时水和土的体积；ΔV_1 和 ΔV_2 分别为由 ΔP 的压力（kPa）变化而引起的水和土的体积变化。

$\dfrac{\Delta V_1}{V_\omega}$ 和 $\dfrac{\Delta V_2}{V_s}$ 一般称为应变。由于压力水头与压力之间的关系为 $\Delta P = \gamma \Delta H$（$\gamma$ 为水的容重），故

$$\beta_\omega = \frac{\dfrac{\Delta V_1}{V_\omega}}{\gamma \Delta H} \quad 或 \quad \gamma\beta_\omega = \frac{\dfrac{\Delta V_1}{V_\omega}}{\Delta H} \tag{8.23}$$

$$\beta_s = \frac{\dfrac{\Delta V_1}{V_\omega}}{\gamma \Delta H} \quad 或 \quad \gamma\beta_s = \frac{\dfrac{\Delta V_1}{V_\omega}}{\Delta H} \tag{8.24}$$

单位体积的含水层在发生单位水头变化时，土壤骨架的压缩为 $\gamma\beta_s$，对于单位宽度、单位长度、厚度为 m 的整个含水层，土壤骨架的压缩应为 $\gamma m\beta_s$，如含水层孔隙率为 n，在发生单位水头变化时，由于水体膨胀而释放出的水量应为 $\gamma nm\beta_\omega$。以上两部分相加，即

得承压含水层的给水度或弹性释水系数：

$$\mu_e = \gamma m \beta_s + \gamma n m \beta_\omega = \gamma m (\beta_s + n\beta_\omega) \tag{8.25}$$

根据各地资料，含水层孔隙率 n 在 $0.1 \sim 0.3$ 之间变化，水的压缩系数变化较小，$\beta_\omega = (5 \sim 6) \times 10^{-5} \text{kPa}^{-1}$；而含水层的压缩系数变化较大，一般 $\beta_s = (1 \sim 50) \times 10^{-5} \text{kPa}^{-1}$。

我国北方一些地区承压含水层抽水试验资料表明，μ_e 在 $5 \times 10^{-5} \sim 6.5 \times 10^{-4}$ 之间变化，一般含水层埋藏越深，土层越密实，孔隙率越小，在含水层厚度相同的情况下，可开发的弹性储量越少。

【例 8.3】　设某一含水层的厚度为 2.0m，且 $n = 0.2$，$\beta_\omega = 5 \times 10^{-5} \text{kPa}^{-1}$，$\beta_s = 21 \times 10^{-5} \text{kPa}^{-1}$。试求承压含水层的给水度。

【解】　根据式（8.25）计算承压含水层给水度：

$$\mu_e = \gamma m \beta_s + \gamma n m \beta_\omega = \gamma m (\beta_s + n\beta_\omega) = 9.8 \text{kN/m}^3 \times 2.0 \text{m} \times (21 \times 10^{-5} \text{kPa}^{-1}$$
$$+ 0.2 \times 5 \times 10^{-5} \text{kPa}^{-1}) = 4.31 \times 10^{-3}$$

【答】　计算的承压含水层给水度为 4.31×10^{-3}。

8.3.2　地下水取水建筑物（Groundwater intake facilities）

由于不同地区的地质地貌和水文地质条件不同，地下水开采利用方式和取水建筑物形式也不相同。根据不同的开采条件，大致可分为垂直取水建筑物、水平取水建筑物和双向取水建筑物三大类。

1. 垂直取水建筑物

（1）管井。管井是在开采利用地下水中应用最广泛的取水建筑物，它不仅适用于开采深层承压水，也是开采浅层水的有效形式。由于水井结构主要是由一系列井管组成，故称为管井。当管井穿透整个含水层时，称为完整井，穿透部分含水层时，称为非完整井。根据我国北方一些地区农田用水经验，井深在 60m 以内，井径以在 $700 \sim 1000$mm 之间为宜；$60 \sim 150$m 的中深井，井径可采用 $300 \sim 400$mm；150m 以上的深井，井径可取 $200 \sim 300$mm。由于管井出水量较大，一般采用机械提水，故通常也称为机井。

管井的一般结构如图 8.16 所示，把井壁管（亦称实管）和滤水器（亦称花管）连接起来，形成一个管柱，垂直安装在打成的井孔中，井壁管安装在隔水层处和不拟开采的含水层处，滤水器安装在开采的含水层处，管井最下一段为沉淀管（$4 \sim 8$m），用以沉淀流入井中的泥沙。在取水的含水层段，井管与井孔的环状间隙中，填入经过筛选的砾石（人工填料），以起滤水阻沙的作用；在填砾顶部的隔水层或不开采的含水层段，用黏土球止水，以防止水质不好的水渗入含水层，破坏水源。扶正器为确保下入的套管柱居于井筒中心而在套管外表面安装的刚性并富有弹性的扶正构架。此外在井管上端井口处，应用砖石砌筑或用混凝土浇筑，以便安装水泵和保护井口。

（2）筒井。筒井是一种大口径的取水建筑物，由于其

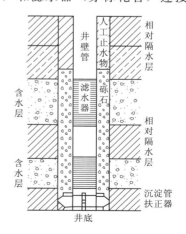

图 8.16　管井的一般结构

直径（一般为 1～2m）较大、形似圆筒而得名，有的地区筒井直径达到 3～4m，最大者至 12m，这种筒井又称为大口井。筒井多用砖石等材料衬砌，有的采用预制混凝土管作井筒。井筒的外形通常呈圆筒形、截口圆锥形、阶梯圆筒形等。筒井具有结构简单、检修容易、能就地取材等优点；但由于口径太大，井不宜过深（过深后，施工、建筑和用料等都有困难），因而筒井多用于开采浅层地下水，其深度一般为 6～20m，深者达 30m 左右。筒井有三个组成部分：①井台，是筒井的地上部分，起保护井身，安放提水机械和生产管理之用；②井筒，亦称旱筒，是含水层以上的部分；③进水部分，是埋藏在含水层的部分，故亦称水筒，是筒井中最主要的组成部分，地下水自含水层通过井壁（非完整井还通过井底）进入井中。筒井具体外形和结构如图 8.17 所示。

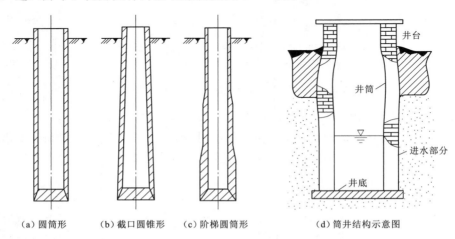

（a）圆筒形　　（b）截口圆锥形　　（c）阶梯圆筒形　　（d）筒井结构示意图

图 8.17　筒井形状及结构

2. 水平取水建筑物

（1）坎儿井。这种井主要分布在我国新疆山前洪积冲积扇下部和冲积平原。高山融雪水经过洪积冲积扇上部的漂砾卵石地带时，大量渗漏变为潜流。劳动人民采取开挖廊道的形式引取地下水。当地称这种引水廊道为坎儿井，如图 8.18 所示。

坎儿井工程由地下暗渠和竖井组成，地下暗渠是截取地下潜流和输水的通道。暗渠的比降小于潜流的水力坡降，为 0.1％～0.8％，暗渠出口处底部与地面相平，向上游开挖，逐渐低于地下水位，于是潜流就可以顺暗渠流出地面，进入引水渠。暗渠底部高于地下水位的部分起输水作用，顺水流方向开挖，暗渠底部低于地下水位的部分起集水作用，可垂直地下水流向开挖。暗渠断面为矩形，拱顶用木料和块石砌成。竖井与地面垂直，是暗渠开挖过程中出土和通风用的，又称工作井。立井间距为 15～30m，上游较稀，下游较密，每个坎儿井的立井由数十到百余个组成。坎儿井的下游与引水渠相接，可自流灌溉。

（2）卧管井。卧管井即埋设在较低地下水位以下的水平集水管道。集水管道与提水竖井相通，地下水渗入水平集水管，流到竖井，可用水泵提取灌溉。为增加卧管井的出水量，集水管埋置深度应在最低地下水位以下 2～3m。集水管长度为 100m 左右、间距为 300～400m，可用普通井管或水泥砾石管。为了防淤，周围应填砂砾料。

卧管井在地下水位高的沼泽化和盐渍化地块上，可起暗管排水作用，但用在抗旱上有一定局限性，因为在旱季随着地下水位的降低，卧管井的出水量将显著减少。另外，卧管埋置较深，施工和检修工作量都很大。

（3）截潜流工程。在山麓地区有许多中、小河流，由于砂砾、卵石的长期沉积，河床渗漏严重，除洪水季节外，平时河中水量很小，大部分水量经地下沙石层潜伏流走，特别是在干旱季节，河床往往

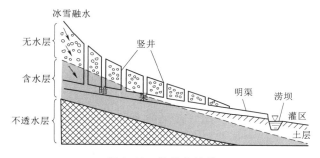

图 8.18　坎儿井结构

处于干涸状态。在这些河床中筑地下坝（截水墙），拦截地下潜流，称为截潜流工程，通常也称"干河取水"或"地下拦河坝"工程，如图 8.19 所示。

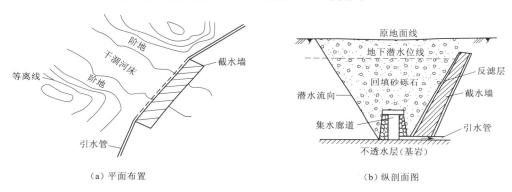

（a）平面布置　　　　　　　　　　　　（b）纵剖面图

图 8.19　截潜流工程

3. 双向取水建筑物

为了增加地下水的出水量，有时采用水平和垂直两个方向相结合的取水形式，称为双向取水建筑，如辐射井即属于这种形式。

在大口竖井动水位以下，

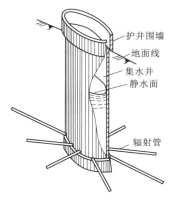

图 8.20　辐射井结构

穿透井壁，按径向沿四周含水层安设水平集水管道，以扩大井进水面积，提高井的出水量。由于这些水平集水管呈辐射状，因而称为辐射井（图 8.20）。

辐射管的作用在于集取地下水。大口竖井除具有较好的集水作用外，主要是为打辐射管提供施工场所，并把从辐射管流出的水汇集起来供水泵抽取，因此又把辐射井中的大口竖井叫作"集水井"。辐射管沿井管周长均匀分布，其数目一般为 3～8 个，长度视要求的水量和土质而定。集水井直径应根据辐射井施工要求而定，一般以 3m 为宜。在黄土和裂隙黏土、亚黏土等黏土层中钻成的辐射孔，一般不需要下水平滤水管，只需要在辐射孔的出口处打进 1m 左右长的护筒。在沙性土层中钻孔则需安装滤水管，以防止

孔壁坍塌。为了增加水头和出水量，辐射孔的位置应布设在集水井下部。为了便于施工操作，并使集水井发生淤积时不致堵塞孔口，集水井的最下部应留一定沉沙段。

8.3.3　机井工程的布局（Layout of groundwater well works）

为使地下水的开发能够有计划和有控制地进行，在制订地下水开发利用规划时，应根据各含水层的可采资源，确定各层水井数目和开采水量，做到分层取水，浅、中、深合理布局。在浅层淡水比较充足的地区，以开采浅层水为主，将深层水作为后备水源，平时尽量减少深层水的开采量，留备大旱和连旱之年抗旱保收之用。在浅层淡水缺乏又无地面水可供利用的地区，为了保证工农业用水需要，在一定时期内可以有计划地开采深层水但必须预见到地下水位下降、地面下沉、碱水界面下移等出现的可能性，争取在这些现象发生之前，采取有效措施，确保农业和其他用水的需要。

1. 单井抽水非稳定流计算

（1）承压含水层单井抽水时非稳定流计算。图 8.21 表示单井从承压含水层抽水时地下水位的变化情况。根据达西定律，在某一时刻 t，通过距井（坐标中心）r（采用极坐标，以井为坐标原点）处断面（其周长为 $2\pi r$）的流量 q_1 为

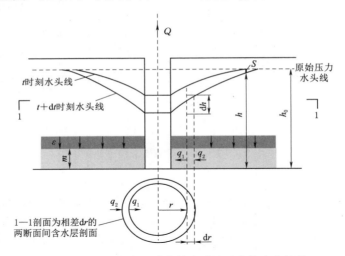

图 8.21　承压含水层单井抽水时地下水位变化情况

$$q_1 = q = -2\pi r k M \frac{\partial h}{\partial r} \tag{8.26}$$

式中：k 为含水层渗透系数；M 为含水层厚度；h 为压力水位高程（以含水层底板为基准面）。

式（8.26）中负值表示水流方向与坐标方向相反。在 r 变化 $\mathrm{d}r$ 时，q 的变化为 $\mathrm{d}q$，则上式可变为

$$\frac{\mathrm{d}q}{\mathrm{d}r} = -2\pi k M \frac{\partial \left(r \frac{\partial h}{\partial r} \right)}{\partial r} = -2\pi k M \left(r \frac{\partial^2 h}{\partial r^2} + \frac{\partial h}{\partial r} \right) \tag{8.27}$$

即

$$\mathrm{d}q = -2\pi kM\left(r\frac{\partial^2 h}{\partial r^2} + \frac{\partial h}{\partial r}\right)\mathrm{d}r \tag{8.28}$$

取距原点 r 处相差 $\mathrm{d}r$ 的两断面间含水层进行水量平衡分析（图 8.21）：

1）含水层的来水有：①水平方向来流量 $q_1 = q$；②垂直补给，可以是越层补给，也可以是越层损失（此时为负值）；若补给强度为 ε，则两断面间含水层所承受的总补给量为 $\varepsilon \times 2\pi r\mathrm{d}r$。

2）含水层的出流量为 $q_2 = q_1 + \mathrm{d}q$。

3）由于含水层内单位时间水位变化所蓄存或释放的水量为 $\frac{\partial h}{\partial t}\mu_e \times 2\pi r\mathrm{d}r$（$\mu_e$ 为承压含水层的弹性释水系数）。

列出水量平衡方程：来流量－出流量＝含水层在单位时间内蓄存（或释放）的水量。即

$$q + \varepsilon \times 2\pi r\mathrm{d}r - (q + \mathrm{d}q) = 2\pi r\mu\mathrm{d}r\frac{\partial h}{\partial t} \tag{8.29}$$

将式（8.28）代入式（8.29），经整理得

$$\frac{kM}{\mu_e}\left(\frac{\partial^2 h}{\partial r^2} + \frac{1}{r}\frac{\partial h}{\partial r}\right) + \frac{\varepsilon}{\mu_e} = \frac{\partial h}{\partial t} \tag{8.30}$$

或

$$a\left(\frac{\partial^2 h}{\partial r^2} + \frac{1}{r}\frac{\partial h}{\partial r}\right) + \frac{\varepsilon}{\mu_e} = \frac{\partial h}{\partial t} \tag{8.31}$$

式中：a 为压力传导系数，$a = \dfrac{T}{\mu_e} = \dfrac{kM}{\mu_e}$，$\mathrm{m}^2/\mathrm{d}$；$T$ 为导水系数，$T = kM$，m^2/d。若没有越层补给，式（8.30）与式（8.31）中 $\dfrac{\varepsilon}{\mu_e} = 0$。式（8.31）即为单井地下水非稳定流的基本方程。

在单井定流量抽（注）水时，如果：①含水层是均质各向同性；②含水层范围无限延伸（实际上是指在所计算的时间内含水层的边界位于抽水井影响范围以外）；③水和含水层假定为弹性体，并且从含水层中释放出的水量随着水头的降低而瞬时排出；④无垂直补给（$\varepsilon = 0$）；⑤含水层原始水位为水平；⑥抽水流量为定值 Q；⑦水井为完整井，则单井非稳定流基本方程式（8.31）的解为

$$S = h_0 - h = \frac{Q}{4\pi T}\int_{\frac{r^2}{4at}}^{\infty}\frac{\mathrm{e}^{-u}}{u}\mathrm{d}u = \frac{Q}{4\pi T}W(u) \tag{8.32}$$

$$u = \frac{r^2}{4at} \tag{8.33}$$

式中：S 为降深，m；h_0 为原始水位高程，m；h 为计算点在计算时间的水头，m；r 为计算点至抽水井的距离，m；t 为计算时间（自开始抽水时算起），d；Q 为抽水流量，m^3/d。

一般 $W(u)$ 称为井函数，该函数展开是一收敛级数，即

$$W(u) = -0.5772 - \ln u - \sum_{n=1}^{\infty}(-1)^n\frac{u^n}{nn!} \tag{8.34}$$

式（8.32）常称为泰斯（Thiem）公式。

$W(u)$ 值可自表 8.6 查得。根据式（8.34）即可求得单井抽水时任一时间 t、任一距离 r（距抽水井的距离）处的压力水位降深值。

表 8.6 井函数 $W(u)$ 表

u	1	2	3	4	5	6	7	8	9
$\times 10^{0}$	0.219	0.049	0.013	0.0038	0.0011	0.00036	0.00012	0.000038	0
$\times 10^{-1}$	1.82	1.22	0.91	0.7	0.56	0.45	0.37	0.31	0.26
$\times 10^{-2}$	4.04	3.35	2.96	2.68	2.47	2.3	2.15	2.03	1.92
$\times 10^{-3}$	6.33	5.64	5.23	4.95	4.73	4.54	4.39	4.26	4.14
$\times 10^{-4}$	8.63	7.94	7.53	7.25	7.02	6.84	6.69	6.55	6.44
$\times 10^{-5}$	10.94	10.24	9.84	9.55	9.33	9.14	8.99	8.86	8.74
$\times 10^{-6}$	13.24	12.55	12.14	11.85	11.63	11.45	11.29	11.16	11.04
$\times 10^{-7}$	15.54	14.85	14.44	14.15	13.93	13.75	13.6	13.46	13.34
$\times 10^{-8}$	17.84	17.15	16.74	16.46	16.23	16.05	15.9	15.76	15.65
$\times 10^{-9}$	20.15	19.45	19.05	18.76	18.54	18.35	18.2	18.07	17.95
$\times 10^{-10}$	22.45	21.76	21.35	21.06	20.84	20.66	20.5	20.37	20.25
$\times 10^{-11}$	24.75	24.06	23.65	23.36	23.14	−22.96	22.81	22.67	22.55
$\times 10^{-12}$	27.05	26.36	25.96	25.67	25.44	25.26	25.11	24.97	24.86
$\times 10^{-13}$	29.36	28.63	28.26	27.97	27.75	27.56	27.41	27.28	27.16
$\times 10^{-14}$	31.66	30.97	30.55	30.27	30.05	29.87	29.71	29.58	29.46
$\times 10^{-15}$	33.96	33.27	32.86	32.58	32.35	32.17	32.02	31.88	31.76

当 $u = \dfrac{r^2}{4at} \leqslant 0.05$，即 $t \geqslant 5 \dfrac{r^2}{a}$ 时，式（8.34）第三项可忽略不计，由式（8.32）得

$$S = \frac{Q}{4\pi T}\left(-0.5772 - \ln \frac{r^2}{4at}\right)$$

$$= \frac{Q}{4\pi T}\left(\ln \frac{4at}{r^2} - 0.5772\right)$$

$$= \frac{0.183Q}{T}\lg \frac{2.25at}{r^2} \tag{8.35}$$

在无垂直补给和侧向边界无限的承压含水层中的单井抽水，理论上是不可能出现稳定状态的。但随着抽水时间的增加，漏斗范围不断扩展，自含水层四周向水井汇流的面积不断增大，水井附近地下水压力水位的变化渐趋缓慢，在一定范围内接近稳定状态。取任意两点，其距井孔的距离为 r_1 及 r_2（$r_2 > r_1$），当抽水延续时间 $t \geqslant 5 \dfrac{r_2^2}{a}$ 时，r_1 及 r_2 处的水位降深均可按式（8.35）计算，即

$$S(r_1, t) = h_0 - h(r_1, t) = \frac{Q}{4\pi T}\ln \frac{2.25at}{r_1^2} \tag{8.36}$$

$$S(r_2,t)=h_0-h(r_2,t)=\frac{Q}{4\pi T}\ln\frac{2.25at}{r_2^2} \tag{8.37}$$

$$S(r_1,t)-S(r_2,t)=h(r_2,t)-h(r_1,t)=\frac{Q}{4\pi T}\left(\ln\frac{2.25at}{r_1^2}-\ln\frac{2.25at}{r_2^2}\right)$$

$$=\frac{Q}{4\pi T}\ln\frac{r_2^2}{r_1^2}=\frac{Q}{2\pi T}\ln\frac{r_2}{r_1} \tag{8.38}$$

若 r_1 取在井径处，即 $r_1=r_\omega$，则式（8.38）可改写为

$$h(r_2,t)-h(r_\omega,t)=\frac{Q}{2\pi T}\ln\frac{r_2}{r_\omega} \tag{8.39}$$

式中：$h(r_2,t)$ 为在抽水延续时间 $t\left(t>5\dfrac{r_2^2}{a}\right)$ 时，距井轴 r_2 处的水位高程，m；$h(r_\omega,t)$ 为在抽水延续时间 t 时，井的水位高程，m。

【例 8.4】　某水源井在承压含水层取水，抽水量 Q 为 $60\mathrm{m^3/d}$，含水层厚度 M 为 $4.2\mathrm{m}$，压力传导系数 a 为 $1.8\times10^5\mathrm{m^2/d}$，渗透系数 k 为 $8.96\mathrm{m/d}$。试计算抽水 5d 后，距离抽水井 20m 处的水位降深。

【解】　根据式（8.33）计算泰斯公式 $W(u)$ 中的 u：

$$u=\frac{r^2}{4at}=\frac{20^2}{4\times1.8\times10^5\times5}=1.1\times10^{-4}$$

根据计算出的 u 查表 8.6，可得 $W(u)=8.561$。

同时可得：$T=kM=8.96\times4.2=37.632(\mathrm{m^2/d})$。

根据式（8.32）计算抽水井降深：

$$S=h_0-h=\frac{Q}{4\pi T}W(u)=\frac{60}{4\times3.14\times37.632}\times8.561=1.087(\mathrm{m})$$

【答】　抽水 5d 后距离抽水井 20m 处的水位降深为 1.087m。

（2）潜水含水层单井抽水时非稳定流计算。在承压含水层中，水头的下降仅是压力的减小，它所引起的水的弹性膨胀和含水层的弹性压缩比较迅速，因而可以近似地假定弹性储量的释放（或储存）是瞬时完成的。但是，潜水含水层却不一样，地下水位的下降所引起的水量释放，是水自饱和土体中由于重力作用而排泄出来的，因而它不能瞬时完成，尤其是细粒土所组成的含水层更为明显。这种由潜水位下降引起的饱和带水缓慢排出的现象，称为滞后疏干（或滞后重力排水）。

布尔顿（S. N. Boulton）提出了考虑潜水含水层这种滞后疏干现象的分析方法。

假定在抽水开始以后某一时间 τ 和 $\tau+\mathrm{d}\tau$ 之间，潜水位下降 δh，潜水含水层释放（排出来）的水由单位面积含水层柱体中弹性释放出的水和滞后疏干排水两部分组成，两部分水的梯级计算方法如下：

（a）单位面积含水层柱体中弹性释放出的水的体积为 $\mu_e\delta h$，μ_e 是弹性释水系数。

（b）单位面积含水层柱体由于潜水位下降 δh，在任意时间 $t(t<\tau)$ 的滞后疏干排水强度 d_1 可用以下经验公式表示：

$$d_1=\delta h\alpha\mu_\mathrm{d}\mathrm{e}^{-\alpha(t-\tau)} \tag{8.40}$$

式中：μ_d 为潜水含水层的给水度；α 为经验系数。

单位面积含水层柱体单位时间的滞后重力排水强度的总和为

$$W_{t-\tau} = \alpha\mu_d \int_0^t \frac{\partial h}{\partial t} e^{-\alpha(t-\tau)} \mathrm{d}\tau \tag{8.41}$$

在考虑潜水疏干滞后作用的基础上，布尔顿假定含水层在抽水影响范围内是均质的，且厚度基本相同；含水层的侧向延伸是无限的；含水层底板为一水平隔水层；抽水井为完整井，井的半径可忽略；水井的出水量是稳定的。求得潜水运动的微分方程式为

$$kh\left(\frac{\partial^2 h}{\partial r^2} + \frac{1}{r}\frac{\partial h}{\partial r}\right) = \mu_e \frac{\partial h}{\partial r} + \alpha\mu_d \int_0^t \frac{\partial h}{\partial t} e^{-\alpha(t-r)} \mathrm{d}\tau \tag{8.42}$$

在潜水含水层中 $\mu_d \gg \mu_e$，一般 $\eta = \frac{\mu_d + \mu_e}{\mu_e}$，$\eta$ 值均很大，当 η 趋于 ∞ 时，求得地下水降深 $S(r,t) = h - h_0$ 的近似解为

$$S = \frac{Q}{4\pi kh_0}\int_0^\infty 2J_0\left(\frac{r}{B'}x\right)\left(1 - \frac{1}{x_2+1}e^{-\frac{atx^2}{x^2+1}} - F\right)\frac{\mathrm{d}x}{x} = \frac{Q}{4\pi T}W\left(u_e, u_d, \frac{r}{B'}\right) \tag{8.43}$$

式中：$F = \frac{x_2}{1+x_2}e^{-\frac{atx^2}{x^2+1}}$；$J_0(x)$ 为虚变量零阶第一类贝塞尔函数；$r = \sqrt{\frac{\eta-1}{\eta}}$；$B' = \sqrt{\frac{kh_0}{a\mu_d}}$；$u_e = \frac{r^2\mu_e}{4\kappa h_0 t}$；$u_d = \frac{r^2\mu_d}{4kh_0 t}$。

潜水含水层释水规律如图 8.22 所示。

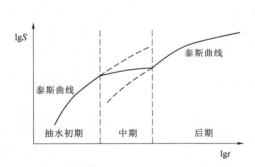

图 8.22　潜水含水层释水规律

第一阶段：抽水初期。由于压力降低，含水层被压缩，水体膨胀而引起弹性释水。水位变化和承压含水层释水过程相同，含水层给水度为弹性给水度 μ_e，水位降深曲线变化与泰斯曲线相同。第二阶段：抽水中期。此时地下水位急剧下降，含水层以上水体在重力作用下向下渗漏，如同越流补给的半承压水层一样。随水位降深减慢，偏离泰斯曲线，可能出现短时的"稳定阶段"。此阶段弹性释水和重力释水同时起作用，μ_e 由大到小变化，而潜水含水层的给水度 μ_d 则由小到大发展。第三阶段：抽水后期。到了抽水后期，重力排水与水位下降相近或相对稳定。延迟疏干的影响渐渐变得很小，疏干排水的滞后效应达到动平衡状态。此时，降深-时间曲线又与泰斯曲线相吻合。

在抽水初期潜水含水层释水规律满足泰斯曲线，基本属于弹性释水，式（8.43）可简写为

$$S = \frac{Q}{4\pi T}W\left(u_e, \frac{r}{B'}\right) \tag{8.44}$$

在抽水后期，式（8.43）可简写为

$$S = \frac{Q}{4\pi T}W\left(u_d, \frac{r}{B'}\right) \tag{8.45}$$

当抽水时间较长时，可以忽略井函数 $W\left(u_e, \dfrac{r}{B'}\right)$ 及 $W\left(u_d, \dfrac{r}{B'}\right)$ 中的 $\dfrac{r}{B'}$ 项，则式（8.44）和式（8.45）与承压含水层的泰斯公式一致。

前述各种含水层条件下水井计算公式中包含了渗透系数 k、导水系数 T、弹性释水系数 μ_e、给水度 μ_d、压力传导系数 $a\left(a=\dfrac{T}{\mu_d}\right)$ 等水文地质参数。如果已知这些参数，选定符合实际条件的计算公式，即可进行降深计算。如果进行抽水试验，取得抽水流量以及水位降深 S 等观测资料，可以用解释推断方法反求上述水文地质参数。

如果有若干水井同时工作或含水层有边界限制，则根据线性方程的解可以叠加的原理，应用源流叠加和镜像反射的方法，由单井公式可求得相应的水位降深，参见竖井排水相关计算。

2. 水井的距离

水井的平面布置应根据水文地质条件、地下水资源状况，并与地形、提水机械、老井和作物布局等情况结合起来考虑，保证在任何时间都能正常取水，在多年运用中取水量不减少，取水条件不恶化。

在大面积水文地质条件差异不大，地下水的补给比较充足，地下水资源比较丰富，地下水利用量与补给量基本平衡的情况下，均匀分布水井的间距主要取决于井的出水量和所能灌溉的面积。如水井的流量为 $Q(\mathrm{m^3/h})$，灌溉水利用系数为 η，每次灌水定额为 $m(\mathrm{m^3/hm^2})$，整个面积完成一次灌水所需要的时间为 $T(\mathrm{d})$，t 为水井每日工作时数（h），则单井灌溉面积 $A(\mathrm{hm^2})$ 为

$$A=\frac{QtT\eta}{m} \tag{8.46}$$

井的距离 D 应为

$$D=100\sqrt{\frac{QtT\eta}{m}} \tag{8.47}$$

式中：D 为抽水井的间距，m；其余符号意义同前。

式（8.47）主要用于抽水井近似方形布置的情况，其中的 Q 值是在有群井抽水动水位相互干扰情况下，静水位降深达到相对稳定时的单井出水量，这一水量常小于开采初期单井的出水量。在动水位的干扰下每口井出水量的大小与井距 D 有关，一般应根据试验或计算确定。

【例 8.5】 设某井灌区抽水井的流量 Q 平均为 $60\mathrm{m^3/h}$，灌溉水利用系数 $\eta=0.78$，灌水定额 $m=450\mathrm{m^3/hm^2}$，整个灌区完成一次灌水所需要的时间 $T=1\mathrm{d}$，机井每日的工作时间 $t=18\mathrm{h}$。试求该灌区的井距。

【解】 根据式（8.47）计算井距：

$$D=100\sqrt{\frac{QtT\eta}{m}}=100\times\sqrt{\frac{60\times18\times1\times0.78}{450}}=136.8(\mathrm{m})$$

【答】 计算的该灌区井距为 136.8m。

在地下水补给量不能满足灌溉用水需要的地区，应根据各含水层允许的开采模数和每

个水井的出水量确定单位面积上的井数和井距，根据平均受益的原则，在大面积内均匀布井。在这种情况下，每平方千米井数可按下式估算：

$$N = \frac{\varepsilon}{QtT} \tag{8.48}$$

式中：N 为每平方千米平均井数；ε 为开采模数，$m^3/(km^2 \cdot a)$；Q 为单井出水量，m^3/h；t、T 为水井每日工作时数（h）和每年工作日数（d）。

井的间距按下式计算：

$$D = 1000\sqrt{\frac{1}{N}} = 1000\sqrt{\frac{QtT}{\varepsilon}} \tag{8.49}$$

井距确定后，在具体布井时还要考虑地形、地下水流向、作物种植、输电线路等条件。在成排布井时，注意与地下水流向垂直，井位互相错开成梅花形，或根据具体情况布置，输电线路布置要求经济合理，变压器布置在负荷的中心成放射状为最好，还要打破乡村界限，进行全面规划，避免局部地方布井过密或形成空白点。在条件许可时，井位应尽可能布置在高地，以便于输水和控制最大的灌溉面积。

8.3.4　地下水均衡计算（Analysis and water balance calculation of groundwater resources）

为了在一个地区内合理调配使用地面水和地下水资源，在井灌区规划之前，必须首先进行地下水资源分析计算和评价。

浅层地下水直接接受大气降水及其他形式的补给，常年补给的水量比较丰富。因此，大面积的农田灌溉和其他供水应以开发利用浅层地下水为主，而以承压水为辅。由于浅层地下水补给随气象条件（降水、蒸发等）和水文条件（河流的流量、水位等）而变化，而灌溉用水量也随气象条件而变化，故各年的地下水补给量和灌溉用水量均不相同。干旱年份地下水补给量小，灌溉用水量大，开采量超过补给量时，将消耗一部分地下水储存量而形成水位下降。丰水年份降水量大，在地下水补给量超过开采量时，地下水位就会回升。在多年的地下水开发利用中以丰补歉，地下水位将会相对稳定。为此，对浅层地下水资源，不可能通过个别年份的分析做出正确的评价，而必须进行多年分析，如果地下水资源能满足一定的供水设计保证率的用水要求，将会有一个周期性相对均衡的地下水降深变化过程，其降深的最大值即是选取（或校核）提水设备的依据。当这一降深超过提水设备的允许值，或者由于超量开采，即多年平均开采量超过多年平均地下水补给量，地下水位在多年运用中持续下降而不能维持一个稳定的水位时，则应对规划的开采水平进行适当的修正，或者降低供水保证率，或者考虑采用其他水源以及人工回灌措施。

井灌区地下水资源分析计算包括以下内容。①分析地下水的补给、排泄条件，估算多年平均单位耕地面积上可以得到的地下水补给量和地区可以得到的总补给量，作为确定井灌规划的依据。②拟定不同的开发利用方案，计算各年灌溉用水量，进行地下水多年调节计算：ⓐ分析在多年运用情况下的地下水动态，在连续干旱年份动用的地下水储存量能否在丰水年得到回补，即地下水在多年的开发利用中能否达到动态平衡；ⓑ得出在达到动态平衡（周期性均衡）条件下的最大降深（一般出现在连续干旱年份之末）；ⓒ根据求得的降深和相应的供水设计保证率及技术经济条件，选择开采方案，确定可采水量和相应的设计降深，作为水井规划和选择提水设备的依据。

在地下水资源不能完全满足农业和其他用水需要（从多年运用的角度而言）的地区，可以考虑采用人工回灌措施，以补充地下水资源之不足。人工回灌，是借助某些工程措施，在非用水季节，将地表水（本地区的或从外区引进的）引入地下，利用含水层作为调蓄库容，进行季节性和多年的调节。在这种情况下，应根据不同回灌方案分析地下水多年动态变化，确定开采深度，选定最优回灌方案和制定地下水开发利用规划。

井渠结合地区，在地下水资源计算中，须计入渠灌的补给量，拟定不同的井渠结合方案进行比较，最后确定最优方案。

目前常用的区域性大面积浅层地下水资源分析计算方法有成因分析法（包括水量均衡法与非稳定流计算法）、统计分析法（相关分析法）。

水量均衡法是以一定均衡区（或均衡地段）作为一个整体进行分析计算的方法，它具有概念清楚、方法简便等优点，是目前生产实践中应用最广的方法之一。本节将着重介绍多年水量均衡法的基本概念和具体计算方法。

1. 地下水多年均衡的概念

地下水多年均衡指某一时段内某一地段内的地下水量的收支状况。将地下水均衡区作为一个整体进行水量均衡分析时，Δt 时段内的水量均衡方程式为

$$\mu \Delta HA = Q_i - Q_o + WA - VA \qquad (8.50)$$

式中：μ 为地下水位变幅范围内土层的给水度；ΔH 为在 Δt 时段均衡区平均的地下水位变幅，m；A 为均衡区面积，km²；Q_i 为均衡区在 Δt 时段的入流总量，$Q_i = q_i \Delta t$；Q_o 为均衡区在 Δt 时段的出流总量，$Q_o = q_o \Delta t$；V 为计算时段内单位面积的开采量；W 为计算时段内单位面积的补给（或消耗）量。

平均到单位面积上的水量均衡方程式为

$$\mu \Delta H = \frac{Q_i - Q_o}{A} + W - V \qquad (8.51)$$

对于潜水有

$$W = P_r + R_r + W_r + W_y - E_g \qquad (8.52)$$

式中：P_r 为计算时段 Δt 的降雨入渗补给量，m；R_r 为计算时段河流和渠道对地下水的补给量，m；W_r 为计算时段灌溉水对地下水的补给量，m；W_y 为计算时段的越层补给量，m；E_g 为计算时段的潜水蒸发量，m。

其中

$$W_r = \frac{k'}{M'} \Delta H' \Delta t \qquad (8.53)$$

式中：k' 为弱透水层的渗透系数；M' 为弱透水层的厚度，m；$\Delta H'$ 为开采含水层与相邻含水层的水位差，m。

对于承压含水层有

$$W = W_y + W_s \qquad (8.54)$$

式中：W_s 为计算时段弱透水层的释水量，m；其余符号意义同前。

在多年的运用过程中，地下含水层相当于一个地下水库，它的范围与开采区的范围基

本相同，而它的库容则取决于所使用的提水机械的吸水扬程（相当于地面水库的坝高）。和地面水库一样，地下水库有最高渍水位（汛期滞蓄渗入地下的渍水允许短期内达到的最高水位，与地面水库的最高洪水位相当）、正常高水位（根据保证作物高产和防止土壤盐渍化所允许长期保持的最高水位，一般防渍要求的地下水埋深为 1.5m，防盐碱要求的地下水埋深为 2.5～3.0m，这一水位相当于地面水库的正常高水位）和最低静水位（提水机械吸水扬程所允许达到的最低水位，相当于地面水库的死水位）等三个特征水位（图 8.23）。

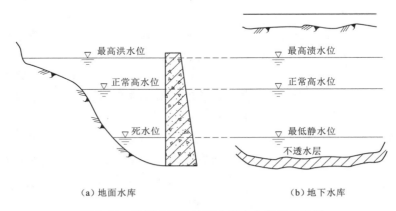

（a）地面水库　　　　　　　　　　　　　（b）地下水库

图 8.23　地下水库和地面水库水位库容对照图

多年均衡法的基本思想是将地下水含水层作为一个多年调节的地下水库，根据水量平衡原理，按照与地面水库相似的方法进行多年调节计算，确定地下水库的库容和最低静水位。地下水库的调节计算可从正常高水位开始，根据各年（或月）的补给量和开采量，逐年（或月）推算时段末的地下水埋深（或降深），经过多年调节计算，分析满足一定用水条件（如满足一定供水保证率）下多年达到的最大降深和干旱年份动用的地下水储存量（即兴利库容）能否在丰水年份得到完全回补。

2. 多年水量均衡计算的方法与步骤

由于水量均衡法是以某一划定的区域作为一个整体进行分析，因此，首先应将计算区域划分为若干均衡区，均衡区内根据条件的差异和计算要求又可分为若干均衡段。在划分均衡区、均衡段时，除了考虑水文地质条件、地形和地貌条件比较均一，区域边界补给和排泄条件比较清楚外，还要考虑地区的行政区划和开采状况，尽量使区域内机井密度、井灌率（指利用地下水灌溉的面积与耕地面积之比值）和地下水开采强度比较均匀。

在均衡区（段）确定后，为了进行均衡计算，必须首先确定各区（段）的均衡要素（如区内降雨补给、蒸发消耗、灌水补给、地面水补给、区外侧向补给等）。在有专门均衡试验场的地区，可根据均衡场资料确定均衡要素。

北方干旱半干旱地区一般多年平均补给量常小于多年平均用水量。在这种地区，单纯依靠天然地下水资源不能全部保证灌区用水需求。因此，在进行地下水资源的分析计算时，应拟定不同井灌率的灌溉用水方案，通过多年均衡计算，确定可能达到的最大降深。在有人工回灌条件下，则需根据可能的回灌方案进行多年均衡计算，以确定不同回灌方案下的可采水量和最大降深。在井渠结合地区，则需要根据不同的渠灌方案（渠灌面积、渠灌次数和渠灌水量），通过均衡计算，确定相应的地下水埋深，为选定适宜井渠结合方案提供依据。

地下水资源评价的多年均衡法可以采用时历法，也可以采用数理统计分析法。各种情况下具体计算要求虽有一定差异，但多年均衡计算的基本方法都是相同的。以下着重介绍多年均衡计算的时历法。

时历法是在一定的开采方案下根据历史上各年实测资料进行连续均衡计算的方法（以一年为一计算时段）。为了确定连续干旱年份可能达到的最大水位降深和判明多年范围内地下水是否可以回补，可以把系列中的连旱年份第一年作为均衡计算的起始时间。当系列较短时，可将这一时间以前的各年（来水较多的年份）排在实际系列终了年份的后面，作为水文周期循环出现。

【例 8.6】　已知某灌区面积 52km²，耕地占总面积的 70.3%，上层第一含水层底板埋深为 22.8m，土质大部分为亚砂土和亚黏土，含水层岩性为粉细砂和细砂，土壤给水度 μ 为 0.0468。该地区多年平均降雨量 350mm，多年平均地下水补给量 126.8mm，多年平均灌溉用水量 239.6mm。灌区的来水与用水情况见表 8.7 中（2）、（3）栏。试对灌区地下水进行多年均衡计算。

【解】　步骤 1：计算降雨入渗补给量和灌溉用水量。从 10 月到翌年 5 月，一般降雨很少，对地下水的补给可忽略不计，对 6—9 月的降雨量和雨季地下水位升高值进行相关分析，确定降雨对地下水的补给，见表 8.7 中（2）栏。将各种作物灌溉定额乘以该作物的种植面积，除以灌溉水利用系数后相加，即可得全灌区单位面积平均用水量，见表 8.7 中（3）栏。

步骤 2：进行地下水资源的多年均衡分析，即地下水库的多年调节计算。该地区多年平均地下水补给量 126.8mm，多年平均用水量为 239.6mm，如扣除灌溉水回渗量 10%，得到净灌溉用水量为 215.6mm。因此，补给量与地下水净灌溉用水量之比仅为 58.8%。表明地下水资源不能满足用水的需求。虽然本地区采用地下水灌溉的井灌率需要通过多年均衡计算确定，但从地下水补给的可能性看，最多不能超过 58.8%。为此，选取了 45%、50%、55% 等三种程度的井灌率，分别进行均衡计算。

采用时历法进行多年水量均衡计算，见表 8.7。从灌区实测资料中选择连续干旱的年份作为地下水平衡调节开始年份。选取 1991—2010 年 20 年系列，从 1991—1995 年连续 5 年干旱，自 1991 年（连旱年的第一年）开始计算。显然，实测资料系列越长，越接近真实情况，限于篇幅，本例仅取了 20 年系列为例。考虑到埋深在 3m 以内时地下水量大部分将消耗于潜水蒸发和沟渠排水，难以开发利用。为此，均衡计算的起算水位（正常高水位）自 3m 开始。兹以井灌率为 50% 为例说明计算方法与步骤。

首先将灌区各年补给和用水列入表 8.7 中（2）、（3）栏。根据各时段（年）补给与用水的均衡差值（4）栏，可求得各年地下水位变化值（均衡差除以给水度），将其列入（5）栏中。自 1991 年（开始时的地下水埋深为 3m）逐年推算多年均衡要求的地下水埋深，见表 8.7 中（6）栏。其中 2009 年降雨多，地下水补给量较大，地下水埋深为负值，显然不合理。设置地下水埋深为 0，表示地下水位已上升至地表处。

从表 8.7 中（4）、（5）栏可知，井灌率为 50％时，多年均衡后的地下水埋深最大值达到 7.43m。年均衡条件下能够满足灌溉要求的年份仅有 7 年，还有一年接近达到均衡。所以灌溉保证率不会超过 38.1％。说明单纯进行地下水的年调节运用，保证率是比较低的。为了提高保证率，还必须进行多年调节。

步骤 3：多年均衡的时历法计算。在灌区用水超过来水（补给）的年份，将动用地下水库容中多年存储的水量，但在多年过程中不同井灌率的情况下，灌溉用水能否得到保证，在连续干旱年份地下水可能达到的最大降深是多少，连旱年份动用的地下水储存量在多年内能否得到回补等问题，都要通过多年均衡（地下水库的多年调节）计算进行分析。

由于年内灌溉用水与补给（来水）在时间分配上存在着一定矛盾（北方许多地区灌溉用水大多在汛期以前，而降雨补给则在汛期），为了满足年内灌溉用水要求，还需要消耗一定地下水资源，即年调节库容，使得地下水位略有下降。在无复蓄的情况下（北方雨季集中，旱季降雨补给极少，汛前地下水位达到最低，每年只在汛期蓄水一次），年内最低水位（正常高水位至最低水位之间的库容即为多年均衡和年均衡要求的总库容）为年度开始时多年调节要求的水位，减去年用水要求的降深（即年用水量除以给水度）；年内最大埋深为年度初多年调节要求的地下水埋深加年用水要求的降深。年用水要求的降深列入表 8.7（7）栏中。

将上一年度多年均衡要求的地下水埋深［（6）栏］和年用水要求的地下水位降幅［（7）栏］相加即可求得满足灌溉用水要求所需要的地下水总埋深［（8）栏］。多年调节后的地下水埋深是年内地下水可能出现的最大埋深，多年调节后的地下水埋深最大值达到 9.53m，大于多年均衡地下水埋深。当年内有两个以上雨季或一个雨季但在汛期的情况下，需要通过逐月均衡单独计算年调节库容，然后与多年库容相加，也可以根据多年逐月补给和用水量系列，直接推求各年要求的最大埋深。

求得各年要求的地下水埋深后，将各年埋深自小到大按顺序排列［（9）栏］，即可计算出水泵提水能力达到（8）栏内所列各种埋深时的供水设计保证率［（10）栏］。

从表 8.7 可以看到，在井灌率为 50％的情况下，若农田用水得到保证，地下水最大埋深达到 9.53m（静水位）。在井灌率为 50％时，各年地下水位变化过程如图 8.24 所示。允许的最大地下水埋深与灌溉保证率的关系曲线如图 8.25 所示。

表 8.7   **井灌面积占耕地面积 50％时的地下水多年均衡计算**

年度	来水量（补给）/mm	用水量/mm	用水与来水差值/mm	地下水位变化值/m	多年均衡要求的地下水埋深/m	年用水要求的地下水位变幅/m	多年调节和年调节要求的地下水埋深/m	序号	供水保证率/%
(1)	(2)	(3)	(4)	(5)	(6)	(7)	(8)	(9)	(10)
					3.00				
1991	65.86	142.4	76.54	1.64	4.64	3.04	6.04	12	57.14
1992	120.22	125.4	5.18	0.11	4.75	2.68	7.32	14	66.67
1993	117.62	130.6	12.98	0.28	5.02	2.79	7.54	15	71.43
1994	68.50	142.7	74.2	1.59	6.61	3.05	8.07	16	76.19

续表

年度	来水量(补给)/mm	用水量/mm	用水与来水差值/mm	地下水位变化值/m	多年均衡要求的地下水埋深/m	年用水要求的地下水位变幅/m	多年调节和年调节要求的地下水埋深/m	序号	供水保证率/%
(1)	(2)	(3)	(4)	(5)	(6)	(7)	(8)	(9)	(10)
1995	100.72	117.5	16.78	0.36	6.97	2.51	9.12	17	80.95
1996	119.25	118.8	−0.45	−0.01	6.96	2.54	9.51	19	90.48
1997	98.50	120.5	22	0.47	7.43	2.57	9.53	20	95.24
1998	297.73	85.7	−212.03	−4.53	2.90	1.83	9.26	18	85.71
1999	105.97	106.8	0.83	0.02	2.92	2.28	5.18	6	28.57
2000	145.15	126.8	−18.35	−0.39	2.52	2.71	5.63	10	47.62
2001	74.81	107.3	32.49	0.69	3.22	2.29	4.81	5	23.81
2002	118.90	127.3	8.4	0.18	3.40	2.72	5.94	11	52.38
2003	150.88	103.3	−47.58	−1.02	2.38	2.21	5.61	9	42.86
2004	92.92	105.3	12.38	0.26	2.64	2.25	4.63	2	9.52
2005	90.17	120.4	30.23	0.65	3.29	2.57	5.21	7	33.33
2006	111.42	107.8	−3.62	−0.08	3.21	2.30	5.59	8	38.10
2007	201.62	134.0	−67.62	−1.44	1.77	2.86	6.07	13	61.90
2008	130.42	141.4	10.98	0.23	2.00	3.02	4.79	4	19.05
2009	234.02	123.3	−110.72	−2.37	0	2.63	4.63	3	14.29
2010	92.15	109.3	17.15	0.37	0.37	2.34	2.34	1	4.76
平均	126.84	119.8	−7.01	−0.15	3.65	2.56	6.34		

　　由图 8.24 和图 8.25 可知，在井灌率为 50% 的情况下，整个水文周期内干旱年份虽然地下水位有所下降，最大降深达到 9.53m，但丰水年份水位又逐渐回升，长期来看可以恢复到初始状态，表明用水是可以得到保证的。

图 8.24　多年均衡条件下地下水位变化过程

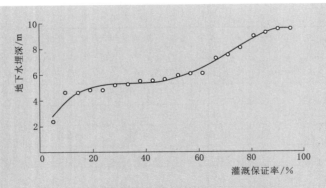

图 8.25　允许的最大地下水埋深与灌溉保证率关系

根据同样方法，可以求得井灌率为 45% 和 55% 时不同灌溉保证率情况下要求的地下水最大埋深。

【答】　该灌区的地下水多年水量均衡计算结果见表 8.7，计算表明随着灌水率和灌溉用水水平的提高，要求的最大埋深也逐渐增大，供水保证率越高，要求的地下水埋深也越大。

8.4　非常规水源开发利用
(Development and utilization of unconventional water resources)

非常规水源是指区别于传统意义上的地表水、地下水等（常规）水源，主要有雨水、再生水（经过再生处理的污水和废水）、海水、苦咸水等，这些水源的特点是经过收集处理后可以再生利用。各种非常规水源的开发利用具有各自的特点和优势，可以在一定程度上替代常规水源，使有限的水资源发挥出更大的效用。非常规水源的开发利用方式主要有再生水利用、雨水利用、海水淡化和海水直接利用、人工增雨、矿井水利用、苦咸水利用等。

8.4.1　雨水集蓄利用（Rainwater harvesting）

雨水集蓄利用是通过工程措施导引、收集雨水径流，并把它蓄存起来，作为一种有效水资源而予以利用的工程技术措施。

雨水集蓄利用已有悠久的历史。远古时期，人们为了在沙漠或其他干旱缺水地区生存和发展，就已开始集蓄利用雨水径流。世界上有些地方，人们收集屋顶上的雨水径流专门作为家庭用水。如在威尼斯，屋顶雨水集流和储存是直到 16 世纪为止 1300 年间的主要水源。雨水径流集蓄利用目前已在世界许多地方得到不断发展，包括发达国家中的美国、瑞典、澳大利亚、加拿大、以色列以及发展中国家如印度、孟加拉、印度尼西亚、马来西亚、新几内亚、加勒比群岛、突尼斯、约旦等，集蓄的雨水用于人畜饮用，冲厕，冷暖用水，草坪、果园、菜园以及大田作物灌溉等。

我国西北、华北的许多地区，雨水一直以多种形式被广泛地利用。陕北、晋西北部及甘肃、宁夏的许多地区，在中等干旱年情况下，其农作物产量仅能达到平原有灌溉条件地区的1/4左右。这些地区近几年果树等经济作物的种植面积迅速发展，只要有水源，即在需水关键期进行一两次限额灌水，就能大幅度提高产量，增加农民收入。因此，近30年来这些地区纷纷实施雨水集蓄利用工程，如甘肃的"121"工程、陕西的"甘露工程"、山西的"123"工程、宁夏的"窑窖工程"和内蒙古的"11338"工程等。我国南方山丘区为了应对季节性干旱，也建设了大量的雨水集蓄利用工程。通过雨水就地拦蓄入渗、覆盖抑制蒸发利用、雨水富集等技术，提高了雨水利用效率。

1. 雨水集蓄利用工程

雨水集蓄利用工程一般由四部分组成，即集水工程、截流输水工程、蓄水工程和灌溉工程。集水工程和截流输水工程是雨水集蓄利用工程的基础，蓄水工程是雨水集蓄灌溉工程的"心脏"，起着重要的调节作用，灌溉工程则是其目的。雨水集蓄利用工程总体布置如图8.26所示。

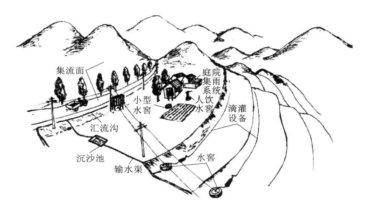

图 8.26 雨水集蓄利用工程总体布置

（1）雨水集蓄利用工程组成。

1）集水工程。集水工程是雨水集蓄利用工程中承接和收集天然降水的集水区建设，集水区布置类型依供水目的而异，可分为非耕地与耕地两大类。

a. 非耕地集雨区。目前普遍的做法是收集集雨区（含屋顶）、道路、荒山荒坡，以及经过拍实、硬化的弃耕地的雨水。为了提高集流效率，在条件允许时，需对集雨区的表面进行防渗处理，如硬化、铺膜、喷防渗材料等，主要有现浇混凝土、浆砌石、塑料薄膜、水泥土、瓦类、生物等集流面形式。

b. 耕地集雨区。利用耕地作为集雨区的方法有两种：一种是把耕地既作为灌区又作为水源地，降雨高峰期通过作物垄间覆膜，收集部分雨水并妥善蓄存，在作物最干旱时进行灌溉；另一种是在人均耕地较多的地方，采用土地轮休的办法，用塑料膜覆盖耕地作为集流面，第二年该集流面转为耕地，可另选一块地作为集流面。

集雨区面积大小与当地降雨量大小、集水的容积和集雨区的表面植被等因素有关。表8.8中列出了几种下垫面条件下集$1m^3$水所需集雨区的面积数据，可供参考采用。

表 8.8   集 $1m^3$ 水所需集雨区面积   单位：m^2

集雨区类型		降雨量/mm			
		400～450	450～500	500～550	550～600
非耕地集雨区	土路面	≥12.0	11.0	10.0	9.0
	沥青路面	≥4.4	4.0	3.6	3.2
	塑料薄膜	≥4.1	3.8	3.4	3.0
耕地集雨区	塑料薄膜	≥7.0	6.3	5.6	5.0

2）截流输水工程。截流输水工程的作用是把集水区汇集的雨水输入到蓄水区，并尽可能地减少输水损失。可以采用暗渠或管道输水，以减少渗漏和蒸发。基本类型有以下三种：

a. 屋面集流面的输水沟布置在屋檐落水下的地面上，庭院外的集流面可以用土渠或混凝土渠将水输入到蓄水工程。输水工程宜采用 20cm×20cm 的混凝土矩形渠、开口 20cm×30cm 的 U 形渠、砖石砌成的暗管（渠）或用 UPVC 管制作的管道。

b. 利用公路作为集流面且具有公路排水沟的截流输水工程，从公路排水沟出口处连接修建到蓄水工程，或按计算所需的路面长度分段修筑与蓄水工程连接。

c. 利用荒山荒坡作集流面时，可在坡面上每 20～30m 沿等高线修截流沟，截流沟可采用土渠，坡度宜为 1/50～1/30，截流沟应连接到输水渠。输水渠宜垂直等高线布置，并采用矩形或 U 形混凝土渠，尺寸按集雨流量确定。

土质和衬砌截流输水渠的坡度和断面尺寸可参考表 8.9 选用。

表 8.9   土质和衬砌截流输水渠的坡度和断面尺寸参考值

集流面面积/m^2			适宜坡度/%		截流输水渠断面尺寸/cm					
天然集流面		硬化集流面	土质	衬砌	底宽		沟渠深度		沟渠口宽	
湿润地区	半干旱地区				土质	衬砌	土质	衬砌	土质	衬砌
≤400	≤1000	≤150	1/(10～200)	1/(10～60)	10	10	15	17	25	25
400～600	1000～2000	150～300	1/(15～300)	1/(10～100)	10	10	15	17	25	25
600～1000	2000～3000	300～450	1/(20～400)	1/(15～120)	10	10	15	17	25	25
1000～1300	3000～4000	450～600	1/(30～500)	1/(20～140)	10	10	15	17	25	25
1300～1500	4000～5000	600～750	1/(40～800)	1/(25～150)	10	10	15	17	25	25

3）蓄水工程。修建蓄水工程的目的是把雨季多余的水蓄存起来，以备旱季使用。在水流进入蓄水工程之前，应设置沉淀、过滤设施，以防杂物进入水池。同时应在蓄水窖（池）的进水管（渠）上设置闸板并在适当位置布置排水口，在降雨开始时，先打开排水口，排掉脏水，然后再打开进水口，雨水经过过滤后流入水窖（池）蓄存，窖蓄满时可打开排水口把余水排走。适用于雨水集蓄的蓄水工程形式，主要有水窖、水窑、水池和水罐四种。

a. 水窖是一种建在地下的埋藏式蓄水工程。由于水窖具有基本不占用耕地，材料费少，容易保持良好水质，可以基本做到无蒸发和渗漏，北方水窖冬季不结冰，不破坏农田以及技术易为群众掌握等优点，是目前最主要的集雨蓄水工程形式，普遍用于北方地区，西南一些省（自治区、直辖市）也有应用。根据各地区开展集雨灌溉工程的经验，水窖形式以缸式和瓶式为主，主要的建筑材料为混凝土、水泥砂浆、砖以及土等，具体的布置形式及典型水窖结构如图 8.27 所示。水窖容积一般为 $40 \sim 60 \mathrm{m}^3$，若配以节水农业技术，每窖控制灌溉面积 $0.13 \sim 0.2 \mathrm{hm}^2$。

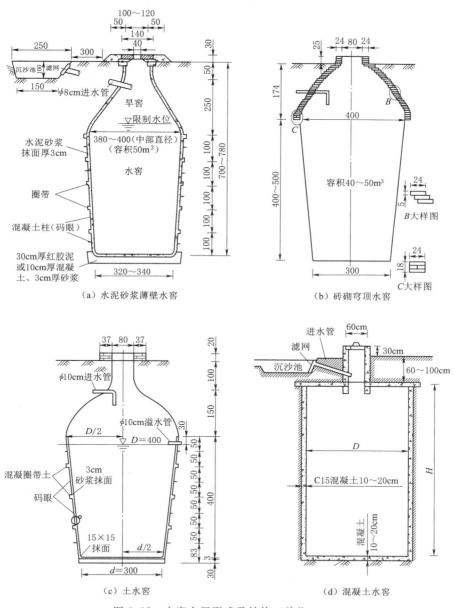

图 8.27 水窖布置形式及结构（单位：cm）

b. 水窖是在土和岩石的崖面底部，水平方向开挖进去而形成的蓄水工程。水窖也是埋藏式的蓄水工程，具有和水窖同样的优点。但由于水窖的修建必须要有崖面，其位置常常不能位于农户附近，用作人畜饮用水的蓄水工程时，使用上不如水窖方便。水窖结构如图 8.28 所示。

c. 水池是其顶部位于地面或地面以上的蓄水建筑物，蓄水容积比水窖、水窖都要大，一般在 $100m^3$ 以上，大的可达 $500m^3$ 或更大。由于水池大部分是开敞式的，在干旱地区会造成较大的蒸发损失，因此多用于我国南方比较湿润的地区。同时单池容积越大，其单位容积造价越低。水池分为开敞式和封闭式，按其形状可分为圆形和矩形。圆形水池在外部土压力下，受力条件要优于矩形水池，单位容积的结构表面积也要比同体积的矩形水池小 8％左右，因此，一般更多采用圆形水池结构。典型的圆形水池外观如图 8.29 所示。按其结构材料分为混凝土、浆砌石抹面、砖砌等。其中砖砌结构容易在冬季低温条件下受到冻融破坏，不宜在北方寒冷地区采用。

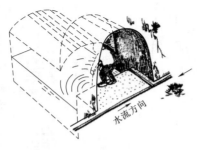 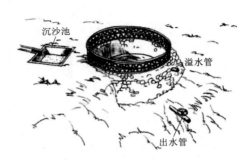

图 8.28　水窖结构　　　　　图 8.29　典型圆形水池外观

d. 水罐是为蓄存生活饮用水的一种形式，水罐的容积一般为 $1\sim3m^3$，蓄存的水量比较有限，主要用于东南沿海地区。由于南方湿润地区雨量丰富，水罐可以多次充蓄。水罐多在工厂制作，在市场上有售，按材料类型有钢丝网水泥砂浆、塑料和不锈钢三种。集流面为屋顶，通过屋檐下接水槽和落水管送入水罐，也有的利用温室顶棚集雨。

4）灌溉工程。由于受到蓄水工程水量的限制，不可能采用传统的地面灌溉方法进行灌溉。必须采用节水灌溉方法，如坐水种、地膜穴灌、膜下沟灌、渗灌和滴灌等，这样才能提高单方集蓄雨水的利用率。对于雨水集蓄灌溉工程，在地形条件允许时，应尽可能实行自流浇地。

（2）雨水集蓄利用工程的配套设施。为了充分发挥雨水集蓄利用工程的效益，配套设施的建设是不可缺少的。如为集蓄干净的水，需要在进水口设置拦污栅，利用天然土坡、土场院等进行集流时，应在进水处设置沉沙池，沉沙池尺寸应根据集流面大小和含沙量来确定。为充分蓄纳雨水及保护水源，需要建设输水及排水设施。此外为了更好地利用水源，需要配套机泵。

2. 雨水集蓄利用工程规划

（1）集流面面积的确定。

1）供水量的确定。设计供水量根据用水对象的用水需求确定。对于家庭生活用水工程，主要根据用水人口、用水牲畜数量以及用水定额计算确定，根据 2010 年颁布的《雨水集蓄利用工程技术规范》（GB/T 50596—2010）中的用水定额，半干旱地区为 20～

40L/（人·d），半湿润、湿润地区为 40～60L/（人·d）。对于灌溉工程，一般首先根据本地区农作物、林草的需水特性和可能集蓄的雨水数量，采用非充分灌溉原理，确定补充灌溉的次数和每次灌水量。缺乏资料时，可参照《雨水集蓄利用工程技术规范》（GB/T 50596—2010），不同作物集雨灌溉次数和灌水定额取值见表 8.10。对于畜禽养殖供水定额、农副产业加工用水量可参照第 4 章相关内容。

表 8.10　　　　　　　　　　不同作物集雨灌溉次数和灌水定额

作物	灌水方式	灌水次数		灌水定额 /（m³/hm²）
		降雨 250～500mm	降雨＞500mm	
玉米等旱田作物	坐水种、点灌	1	1	45～75
	地膜穴灌	2～3	2～3	45～90
	注水灌	1～2	1～3	45～100
	滴灌	2～3	2～3	45～75
	地膜沟灌	1～2	2～3	150～225
一季蔬菜	滴灌	5～8	6～10	150～180
	微喷灌	5～8	6～10	150～180
	点灌	5～8	6～10	90～150
果树	滴灌	2～5	3～6	120～150
	小管出流灌	2～5	3～6	150～240
	微喷灌	2～5	3～6	150～180
	点灌（穴灌）	2～5	3～6	150～180
一季水稻	"薄、浅、湿、晒"和控制灌溉		6～10	300～450

2）供水保证率。供水保证率是指对用水需求的保证程度，一般根据水资源条件，结合用水对象的重要程度确定。雨水集蓄利用工程的供水保证率可按《雨水集蓄利用工程技术规范》（GB/T 50596—2010）确定，见表 8.11。设计降雨是降雨频率等于供水保证率的年降雨量。年降雨频率的确定可采用经验频率或计算频率分布参数的方法确定。

表 8.11　　　　　　　　　雨水集蓄利用工程设计供水保证率

供水项目	家庭生活	集雨灌溉	畜禽养殖	小型加工业
保证率/%	90	50～75	75	75～90

3）集流效率的确定。集流效率是指集流面上收集到的雨水径流占相应降水量的比例，年平均集流效率是进行雨水集蓄利用工程设计的主要参数，两者的计算式如下：

$$RCE = \frac{W_R}{W_p} \times 100\%$$
(8.55)

式中：RCE 为集流效率，%；W_R 为集流面上的径流量，m³；W_p 为相应集流面上的降雨量，m³。

$$RCE_y = \frac{\sum\limits_{i=1}^{n} RCE_i \cdot R_i}{\sum\limits_{i=1}^{n} R_i} \tag{8.56}$$

式中：RCE_y 和 RCE_i 为年平均、年内第 i 次降雨的集流效率，%；R_i 为年内各次降雨量，mm。

影响集流效率的因素很多，主要有当次降雨的特性（降雨量和降雨强度）、集雨面材料性能、集流面前期含水量，以及集流面坡度、坡向和坡长等。此外，降雨过程的气温、风速等都对集流效率有一定影响。降雨量和强度增加、集雨面前期含水量高、集雨面坡度较大都会提高集流效率。不同材料集流面集流效率的大小依次为裸露塑料薄膜、混凝土、水泥瓦、机瓦、塑料膜覆砂（或覆土）、青瓦、三七灰土、原状土夯实、原状土。同时施工质量好坏对集流效率也有重要影响。因此，《雨水集蓄利用工程技术规范》（GB/T 50596—2010）规定，年集流效率应根据各种材料集流面在不同降雨情况下的观测试验资料确定。缺乏资料的地区可参照表 8.12 取值。

表 8.12 　　　　　不同降雨量地区不同材料集流面年集流效率　　　　　　%

集流面材料	多年平均降雨量		
	250～500mm	500～1000mm	1000～1500mm
混凝土	73～80	75～85	80～90
水泥瓦	65～75	70～80	75～85
机瓦	40～55	45～60	50～65
手工制瓦	30～40	40～50	45～60
浆砌石	70～80	70～85	75～85
良好的沥青路面	65～75	70～80	70～85
乡村常用土路、土场和庭院地面	15～30	20～40	25～50
水泥土	40～55	45～60	50～65
固结土	60～75	75～80	80～90
完整裸露膜料	85～90	85～92	90～95
塑料膜覆中粗砂或草泥	28～46	30～50	40～60
自然土坡（植被稀少）	8～15	15～30	25～50
自然土坡（林草地）	6～15	15～25	20～45

注　引自《雨水集蓄利用工程技术规范》（GB/T 50596—2010）。

4）集流面面积的确定。集流面面积应根据设计供水保证率下的设计降雨量、集流面的集流效率与设计供水量确定。当采用单一集流面时，集流面面积的计算式为

$$S = 10^5 \frac{W}{kP_p} \tag{8.57}$$

式中：S 为集流面面积，m^2；W 为雨水蓄积利用工程的年设计供水量，m^3；k 为集流防渗材料的年集流效率，%；P_p 为设计年降水量，mm。

当几种集流面防渗材料联合应用时，集流面面积的计算式为

$$\sum_{i=1}^{n} S_i k_i = \frac{10^5 W}{k P_p} \tag{8.58}$$

式中：S_i 为第 i 种防渗材料的集流面积，m^2；k_i 为第 i 种防渗材料的集流效率；n 为集流面防渗材料种类。

【例 8.7】　某雨水集蓄利用工程的集流面材料为混凝土，年设计供水量 $40m^3$，防渗材料的年集流效率为 80%，设计年降水量为 400mm。试计算该雨水集蓄利用工程的集流面积。

【解】　根据式 (8.57) 计算集流面积：

$$S = \frac{10^5 W}{k P_p} = \frac{10^5 \times 40}{80 \times 400} = 125 (m^2)$$

【答】　计算的该雨水集蓄利用工程集流面积为 $125m^2$。

（2）蓄水容积的确定。蓄水容积主要用容积系数法和模拟计算法确定。

1）容积系数法。其计算式为

$$V = \frac{KW}{1 - \alpha} \tag{8.59}$$

式中：V 为蓄水容积，m^3；W 为全年供水量，m^3；α 为蓄水工程蒸发、渗漏损失系数，无资料时，可取 0.05~0.1；K 为容积系数，可参考表 8.13 取值。

表 8.13　　　　　　　　　雨水集蓄利用工程的容积系数 K

供水用途	多年平均降雨量		
	250~500mm	500~800mm	>800mm
家庭生活	0.55~0.60	0.50~0.55	0.45~0.55
旱作大田灌溉	0.83~0.86	0.75~0.85	0.75~0.80
水稻灌溉		0.70~0.80	0.65~0.75
大棚温室常年灌溉	0.55~0.60	0.40~0.50	0.35~0.45

【例 8.8】　某地多年平均降雨量 500mm，建设雨水集蓄利用工程主要用于旱作物灌溉，要求全年供水量达到 $1000m^3$，雨水集蓄利用工程蒸发、渗漏损失系数 α 为 0.05，试计算该雨水集蓄利用工程的蓄水容积。

【解】　首先根据给定多年平均降水条件，由表 8.19 取容积系数 K 为 0.85。

根据式 (8.59) 计算蓄水容积：

$$V = \frac{KW}{1 - \alpha} = \frac{0.85 \times 1000}{1 - 0.05} = 894.7 (m^3)$$

【答】　计算的该雨水集蓄利用工程的容积为 $894.7m^3$。

2）模拟计算法。有典型年法和长历时法两种。

模拟计算的原理与一般水库调节计算相同，不同的是在雨水集蓄利用的情况下，来水是由降雨形成的，因此必须根据降雨资料和集雨效率计算入流（径流）量。而由于集雨效率与每次降雨的雨量和雨强有关，因此雨水集蓄系统入流量的计算一般要按每场降雨逐次进行。雨水集蓄系统的场次入流量应将根据每场降雨的雨量和雨强所确定的集雨效率乘以降雨量得到，然后把每场次降雨产生的径流累计入每个计算时段（月或旬），得出全年的来水过程线。计算时段可采用旬或月。一般来讲，生活供水工程全年用水比较均匀，采用月作为计算时段可保证容积计算的足够精度；而雨水集蓄灌溉供水一年内只有几次，宜用旬作为计算时段，否则可能造成较大误差。随后进行供水过程计算。供水过程线应根据供水在年内的分配，按照计算时段统计。具体调节计算的基本方程为式（8.60）~式（8.62）。

$$V_{i+1}=V_i+F_{in}-W_s-L_{i,i+1} \tag{8.60}$$

式中：V_i、V_{i+1} 为 t_i、t_{i+1} 时刻的蓄水容积，m^3；F_{in} 为时段内的入流量，m^3；W_s 为 $t_i \sim t_{i+1}$ 时段内的供水量，m^3；$L_{i,i+1}$ 为时段内蓄水工程的蒸发渗漏损失量，m^3。

如果在时段中初始蓄水量或来水量太小，不足以满足供水量和损失量，则发生缺水，可表示为

$$W_s > F_{in}-(V_{i+1}-V_i)-L_{i,i+1} \tag{8.61}$$

如果初始蓄水容积大或时段内降雨量很大，则期末容积可能超过最大库容，则将发生弃水，用下式表示为

$$V_{max} < V_i+F_{in}-W_s-L_{i,i+1} \tag{8.62}$$

a. 典型年法。首先进行典型年选择。可以选择年降雨量接近设计保证率降雨量的年份作为典型年。应选择 2~3 个符合条件的典型年进行计算，选用计算结果中较大的蓄水容积作为设计容积。典型年也可以不按照年降雨量来选择，而选择关键期的降雨量等于或接近设计保证率降雨量的年份作为典型年。关键期是指一年内来水和用水之间缺口最大的时期，一般为枯水期末。对所选典型年的各月或各旬的降雨量按照设计年降雨量和该典型年降雨量的比值进行同倍比放大或缩小，使各典型年的降雨量都等于设计降雨量。随后，逐时段进行容积计算，起始时间应为蓄水容积等于零的时间，即不应按日历年计算而应按水文年来计算。蓄水容积为零的时间一般是在供水关键期末，对于生活供水工程，一般是在枯水季末，对于灌溉供水工程，北方地区一般是在 6 月中下旬。具体可以通过试算确定。

b. 长历时法。一般要求水文系列不短于 30 年，对雨水集蓄利用工程应要求有不少于 30 年的降雨资料。入流量与供水过程线的计算方法与上述典型年法相同。为确定设计保证率下的蓄水容积，可假定几个蓄水容积，计算在不同蓄水容积下发生缺水的年数并求得相应的供水保证率，绘制蓄水容积和保证率的关系曲线，从曲线上选择与设计保证率相应的蓄水容积。需要注意的是，这里所说的缺水年份是指年内任何一个计算时段发生缺水时，即认为是缺水。当采用模拟法计算确定集流面面积和蓄水工程容积时，如果计算结果与按照容积系数法所得结果不一致，则宜采用长历时法的计算结果，但《雨水集蓄利用工程技术规范》（GB/T 50596—2010）又规定，如其计算结果小于容积系数法计算结果的 0.9 倍，则为安全计，仍宜采用容积系数法的计算结果。

模拟计算法比较繁杂，一般借助计算机进行，且需大量降雨资料和集流效率试验成果，难以在雨水集蓄利用工程中普遍应用。广大基层技术人员确定雨水集蓄利用工程规模时，仍以容积系数法为主。而长历时法则可以由省（市）水利技术部门，根据本地区的资料进行计算，验证适合当地降雨和农业用水条件的容积系数，供县（乡）实施雨水集蓄利用工程的技术人员参考使用。

8.4.2　微咸水、咸水与海水利用（Utilization of brackish water, saline water and seawater）

1. 微咸水利用

淡水资源的短缺使得对微咸水的利用依赖性日益增加，也使得微咸水的利用途径更为广泛。以色列、美国、法国、日本、意大利、乌兹别克斯坦、阿拉伯、奥地利等国家利用微咸水已有较长的时间。如今我国缺水地区除了充分利用微咸水进行农田灌溉和发展养殖业以外，还可通过淡化技术处理，用于人畜饮用，以减少对深层地下淡水的开采，具体的微咸水利用包括如下几方面：

（1）农田灌溉。

1）微咸水直接灌溉。对于淡水资源十分紧缺的地区，可直接利用微咸水灌溉，以利于保障作物产量，但必须要防止灌溉后土壤中的盐分积累达到限制作物生长的水平。国内外研究表明，一定矿化度的微咸水可以用于农业灌溉，并不会对作物产量和土壤性质造成太大的影响。

2）咸淡水混灌。咸淡水混灌方式是在有碱性淡水的地区将其与咸水混合，克服原咸水的盐危害及碱性淡水的碱危害，或者将低矿化度的淡水和高矿化度的微咸水合理配比，改善灌溉水质，适于作物生长。

3）咸淡水轮灌。咸淡水轮灌是根据水资源分布、作物种类及其耐盐特性和作物生育阶段等交替使用咸水、淡水灌溉的一种方法，是一种较好的微咸水利用方式。在相同盐分水平下，咸水与淡水轮灌的作物产量高于咸淡水混灌的产量。在地下水埋深较浅的地区，用地下微咸水补充灌溉可降低地下水位，降低盐渍化风险，利用淡水进行盐分淋洗，补给地下水位，防治荒漠化的产生。在不同作物轮作或套种时，强耐盐作物用微咸水，弱耐盐作物用淡水；播前和苗期用淡水，而在作物生长的中、后期用微咸水，例如小麦初期用淡水灌溉，拔节以后用咸水灌溉。

微咸水利用主要面临的问题是增加土壤盐分会影响作物的生长、改变土壤的水盐分布和理化性质，因此必须控制盐分增加的危险。在进行微咸水利用时应注意以下几点：①要有良好的排水条件；②执行灌溉水质标准；③掌握不旱不灌的原则，按作物对水分需要适时灌溉；④如有淡水条件，尽量采用咸淡水轮灌；⑤咸淡水混合灌溉，可以增辟水源，改善水质；⑥采用配套农业措施，如平整土地，增施有机肥，选种耐盐作物；⑦利用微咸水灌溉引起根层土壤逐年积盐时，应当采取淋洗措施或者停灌。

（2）人畜饮用。对于淡水资源严重缺乏地区，当有可开采的浅层苦咸水时，可采用咸水淡化技术将含盐量 $2\sim5g/L$ 的微咸水，通过脱盐、降氟、净化后变成小于 $1g/L$ 的淡水，达到国家规定的饮用水标准。微咸水淡化利用是解决严重缺水地区人畜饮水问题的一条投资少、见效快、成本低的途径，咸水淡化设备排出的浓盐水可用于水产养殖，做到循环利用。

（3）水产养殖。地下微咸水水体理化性质稳定，无污染，比海水养殖安全。在排水不畅、不宜种植作物的盐碱洼地上，微咸水养殖效益更加明显。

2. 咸水与海水利用

淡水资源短缺已成为制约经济和社会可持续发展的重要因素之一。向大海要淡水，向高含盐量的苦咸水要淡水，已成为许多缺水国家开辟淡水资源的战略选择。

（1）海水、苦咸水分布及利用现状。我国沿海陆地海岸线长 18400km、岛屿海岸线长 14000km。理论上我国沿海的海水直接利用（如工业循环冷却水、生活用水、生态环境用水等）和海水淡化利用可取之不竭，但部分河口、近深海区域由于海水水质差或含盐量过高，近期开发利用将受到技术、投资、成本的制约。我国苦咸水分布总面积约占全国国土面积的 16.7%，具有开采价值的微咸水和中度苦咸水的资源量为 $20.05 \times 10^9 \, m^3/a$，其中中度咸水 $5.65 \times 10^9 \, m^3/a$。从流域分布看，黄河下游区和淮河、海河流域地区可开采量为 $12.90 \times 10^9 \, m^3/a$，占全国的 64.3%；黄河流域上中游地区可开采量为 $3 \times 10^9 \, m^3/a$，占全国的 15%；长江流域可开采量为 $2 \times 10^9 \, m^3/a$，占全国的 10%；其他地区占 10.7%。

我国海水、苦咸水开发利用起步较早，但海水、苦咸水淡化工程建设和脱盐技术、设备研发在近 10 年才得到较快发展。目前我国苦咸水年总利用量为 $7.62 \times 10^9 \, m^3$（占全国年可开发利用量的 38%），其中，苦咸水淡化年利用量约 $0.88 \times 10^9 \, m^3$，占年总利用量的 11.5%，主要是工业用水和城乡居民饮用水。例如，新疆南疆水资源十分紧缺，太阳能资源十分丰富，当地开发了利用太阳能的可移动苦咸水淡化车（图 8.30），淡化的苦咸水在当地生态建设、人畜饮水中发挥了重要作用。

（a）外形　　　　　　　　　　　　　（b）内部设施

图 8.30　新疆阿拉尔市可移动的太阳能苦咸水淡化车

（2）海水（咸水）淡化技术。海水（咸水）淡化处理技术是指将水中的多余盐分和矿物质去除得到淡水的工序。全球海水（咸水）淡化技术超过 20 余种，包括反渗透膜法、低温多效蒸馏法、多级闪蒸法、电渗析法、压汽蒸馏、露点蒸发法、水电联产、热膜联产，利用核能、太阳能、风能、潮汐能海水淡化技术等，以及微滤、超滤、纳滤等多项预处理和后处理工艺。从大的分类来看，主要分为蒸馏法（热法）和膜法两大类，其中低温多效蒸馏法、多级闪蒸法和反渗透膜法是全球主流技术。蒸馏法主要被用于特大型海水淡化处理及热能丰富的地方。反渗透膜法适用面非常广，且脱盐率很高，因此被广泛使用。由于海水淡化的方法较多，下面仅介绍低温多效蒸馏法、多级闪蒸法和反渗透膜法三种主要使用的海水淡化方法，具体工艺流程和淡化工程如图 8.31 和图 8.32 所示。

1）低温多效蒸馏法。低温多效海水淡化技术是指盐水的最高蒸发温度低于 70℃的蒸馏淡化技术，其特征是将一系列的水平管喷淋降膜蒸发器串联起来，用一定量的蒸汽输入

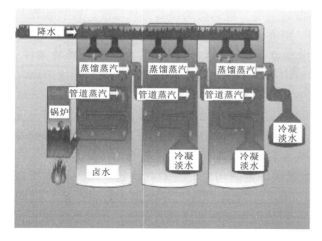

（a）低温多效蒸馏法工艺流程

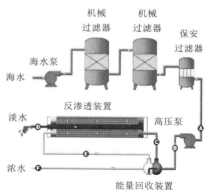

（b）多级闪蒸法工艺流程

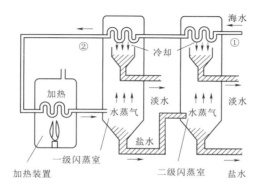

（c）反渗透膜法工艺流程

图 8.31　不同海水淡化方法工艺流程

（a）设备

（b）布置

图 8.32　海水淡化工程

首效，后面一效的蒸发温度均低于前面一效，然后通过多次的蒸发和冷凝，从而得到多倍于蒸汽量的蒸馏水的淡化过程。多效蒸发是让加热后的海水（咸水）在多个串联的蒸发器中蒸发，前一个蒸发器蒸发出来的蒸汽作为下一蒸发器的热源，并冷凝成为淡水。其中低温多效蒸馏法是蒸馏法中最节能的方法之一。低温多效蒸馏技术由于节能的因素，发展迅速，装置的规模日益扩大，成本日益降低，主要发展趋势为提高首效温度，提高装置单机造水能力；采用廉价材料降低工程造价，提高操作温度和传热效率等。

2）多级闪蒸法。所谓闪蒸是指一定温度的海水（咸水）在压力突然降低的条件下，部分海水（咸水）急骤蒸发的现象。多级闪蒸海水（咸水）淡化是将经过加热的海水（咸水），依次在多个压力逐渐降低的闪蒸室中进行蒸发，将蒸汽冷凝而得到淡水。全球海水（咸水）淡化装置仍以多级闪蒸法产量最大，技术最成熟，运行安全性高，主要与火电站联合建设，适合于大型和超大型淡化装置，主要在海湾国家采用。多级闪蒸技术的发展趋势主要是提高装置单机造水能力，降低单位电力消耗，提高传热效率等。

3）反渗透膜法。该法通常又称超过滤法，是利用只允许溶剂透过、不允许溶质透过的半透膜，将海水（咸水）与淡水分隔开的。在通常情况下，淡水通过半透膜扩散到海水（咸水）一侧，从而使海水（咸水）一侧的液面逐渐升高，直至一定的高度才停止，这个过程为渗透。此时，海水（咸水）一侧高出的水柱静压称为渗透压。如果对海水（咸水）一侧施加一大于海水（咸水）渗透压的外压，那么海水（咸水）中的纯水将反渗透到淡水中。反渗透膜法的最大优点是节能。它的能耗仅为电渗析法的 $1/2$，蒸馏法的 $1/40$。因此，从 1974 年起，美国、日本等发达国家先后把发展重心转向反渗透膜法。反渗透海水（咸水）淡化技术发展很快，工程造价和运行成本持续降低，主要发展趋势为降低反渗透膜的操作压力，提高反渗透系统回收率，减少预处理过程费用及时间，增强系统抗污染能力等。

8.4.3 污水资源化与再生水利用（Sewage recycling and reclaimed water utilization）

1. 污水资源化

污水资源化也就是污水再生利用，是把工业、农业和生活废水引到预定的净化系统中，采用物理的、化学的或生物的方法进行处理，使其达到可以重新利用标准的整个过程。污水经处理后又转化为可利用的水资源，既可以减少污染、保护环境，又可以增加水资源、缓解缺水危机。根据国内外经验，废水回收主要回用于工业循环水、区域非饮用供水；再生水用于农业、回补地下含水层，或作为城市绿化、环境卫生用水。

以色列的污水净化和回收利用技术处于世界先进水平，并立法规定要充分利用废水。城市中的水至少回用一次，污水回用后主要用于农业灌溉、工业企业、市民冲厕、河流复苏等方面。美国污水回用取得很大进展，1992 年美国国家环保局制定了《水再生利用导则》，俄罗斯、西欧各国、南非、新加坡和纳米比亚的污水回用也很普遍。

我国污水资源化利用尚处于起步阶段。2019 年，我国城镇污水排放量约 750 亿 m^3，但再生水利用量不足 100 亿 m^3，其比例不到城镇污水排放量的 14%。根据国家发布的《关于推进污水资源化利用的指导意见》，到 2025 年，全国地级及以上缺水城市再生水利用率要达到 25% 以上，京津冀地区要达到 35% 以上。

目前，国内外常用的污水处理技术有如下四种类型：

（1）生物污水处理技术，利用微生物新陈代谢功能，使污水中呈溶解和胶体状态的有机污染物被降解并转化为无害的物质，使污水得以净化。常用的技术有沸石生物再生技术、生物絮凝技术、曝气＋膜生物反应器技术等。沸石生物再生技术主要是应用沸石作为微生物载体，然后将微生物负载到颗粒状的沸石上，从而将污水中的氨氮等污染物质进行分解处理，图 8.33 为沸石去氨氮污水处理设备。沸石是由多种不同成分组成的，其中硅酸盐是主要的成分。目前在景观水净化方面多运用该项技术。生物絮凝技术主要利用微生物的代谢物质具有絮凝活性，能够吸附污水中的分散污染物，然后絮凝物沉降到水底并采取一定的方式进行分离，图 8.34 为生物絮凝污水处理流程，我国的河道水污染治理中多应用该项技术。曝气＋膜生物反应器技术将定制的膜生物反应器（MBR）安装在曝气池中，污水经过好

图 8.33　沸石去氨氮污水处理设备

氧曝气和生物处理之后，通过过滤膜被专用泵抽出来，图 8.35 为曝气＋膜生物反应器技术系统，在这个过程中，污水中的活性污泥和大分子有机物质将被截留，再进行深度处理。而被抽出的水，经过简单消毒净化之后，不仅可以达到排放标准，还可以作为再生水进行二次利用。

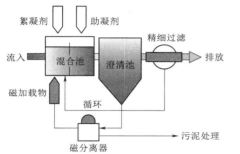

图 8.34　生物絮凝污水处理流程

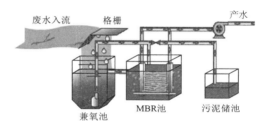

图 8.35　曝气＋膜生物反应器技术系统

（2）高压静电场水污染处理技术，通过物理方式实现污水处理。在高压静电场的作用下实现对污水中细菌以及藻类的灭杀。具体原理是：高压静电场对污水进行处理后，部分 O_2^-、HO_2^- 等具有一定的活性，当活性氧的含量达到一定程度时会直接破坏细菌的整体结构，从而将细菌杀灭。同时，当污水中的氧含量较高时就会导致污水中的溶解氧的量大大降低，从而导致水藻等水生生物因为缺少必要的氧气而出现死亡。此外，高压静电场污水处理技术减缓了菌群的新陈代谢速度，破坏了细菌等的正常生存环境，从而实现对污水的处理。高压静电场水处理技术能够抑制水中菌藻的生长，并且该技术的应用也较为环保，不会给环境带来二次伤害。

（3）水污染活性污泥处理技术，主要是指在人工充氧条件下，对污水和各种微生物群体进行连续混合培养，形成活性污泥。利用活性污泥的生物凝聚、吸附和氧化作用，分解去除污水中的有机污染物。当水中的有机物接触到活性污泥后，在微生物的作用下有机物会被快速分解成二氧化碳等成分。部分不溶性有机物通过活性污泥的作用可以转变为可溶性有机物。

（4）水污染酶处理技术，主要借助酶，实现对污水的处理。使用包埋等方法将酶和不

溶性载体进行结合，当酶和水接触就会发生一定的反应，酶就会悬浮在水中。酶的活性依然存在，酶可以促进微生物的代谢从而实现对水中污染物的消除。通过酶处理法对污水进行处理，不仅可以有效消除水中的有机污染物，还可以有效地消除重金属，从而保证污水经处理后达到排放标准。目前，该技术正在国内广泛使用，并取得了显著的效果。

2. 再生水利用

再生水是指废水或污水经适当处理后，达到一定的水质指标，满足某种使用要求，可以进行有益使用的水。和海水淡化、跨流域调水相比，再生水具有明显的优势。

（1）城市杂用及生态环境补水。为了保证城市居民的健康，再生水回用于城市杂用前应该经过严格的紫外照射等消毒过程；考虑到再生水运输需要区别于常规水源供水管道，为了节约成本，应该在城市内合理设置取水点，供环卫车辆补水，供水范围应涵盖风景区、森林公园、城市主要绿地、人员密集街道等；从保护环境质量的角度看，景观用水需要满足氮磷等指标，防止水体蓝绿藻的产生，在城市河道景观内可以种植一些具有净水能力的植物，以使水质达标和水体生态稳定。

（2）工业回用。在城市用水中，工业占比很大。面对需水量大、水价上涨的现实，工业企业除了提高水循环利用率以外，还要逐步将城市污水再生后回用。其中，冷却用水对水质要求低，且其需求量占工业用水的 80% 左右，是再生水工业利用的主要用户；对于一般锅炉补充用水和高压锅炉用水，水质要求高，一般需要经过软化、脱盐等工艺处理。

（3）农业利用。再生水已在许多国家和地区用于农业灌溉，尤其是一些干旱半干旱地区和经济发达的国家已有较成熟的技术。美国 50 个州中有 45 个州的再生水回用于农业，60% 的再生水回用于农业灌溉；以色列 60% 以上的再生水用于农业灌溉。

为安全利用再生水灌溉农田，不同的国家和组织制定了不同的相关标准。联合国粮农组织（FAO）曾出版《污水处理与灌溉回用》《污水灌溉水质控制》两部技术报告，对各国回用于农业灌溉的水质要求和污水处理方法提出了指导性意见。我国于 1979 年、1985 年、1992 年和 2021 年先后四次颁布《农田灌溉水质标准》（GB 5084），但还没有专门适用于再生水灌溉的有关标准和指南。

思 考 与 练 习 题

1. 灌区水源有哪些类型？不同类型的水源各有什么特点？

2. 简述灌区水源的基本要求。

3. 简述地下水资源的类型及其特点。

4. 简述井灌区地下水资源分析计算的基本步骤和方法。

5. 非常规水资源的类型与特点有哪些？

6. 雨水集蓄利用工程一般由哪几部分组成？

7. 简述微咸水的利用途径及其影响。

8. 简述再生水在农业中利用的途径及基本要求。

9. 地表取水方式有哪些形式？各自的特点及适用条件如何？

10. 针对不同开采条件，地下水取水方式分为几类？各类取水方式主要采用的取水建筑物是什么？

11. 灌区引水设计标准中的核心参数是什么？

12. 水井的井距计算涉及哪些主要参数？这些参数各自的含义是什么？

13. 灌区水源井配套水泵出水量为 $50\text{m}^3/\text{h}$，若设计灌水周期 T 取 6d，灌溉日工作时间 t 取 21h，设计毛灌水定额 m 为 $270\text{m}^3/\text{hm}^2$。试计算该水源井的可控最大灌溉面积。

14. 某地区承压含水层厚度为 40m，土壤的压缩系数 β_s 为 $10 \times 10^{-5}\text{cm}^2/\text{kg}$，水的压缩系数 β_ω 为 $5 \times 10^{-5}\text{cm}^2/\text{kg}$，土壤的孔隙率 n 为 0.3，水的容重 γ 为 $10^3\text{kg}/\text{m}^3$。试计算：

(1) 含水层弹性释水系数 μ_e 是多少？

(2) 当压力水位下降 30m 时，在 100km^2 内可以利用的地下水弹性储量是多少？

(3) 如果均匀开采，当压力水位下降 30m 时，因含水量压密而造成的地面沉降是多少？

15. 某地区承压含水层，压力传导系数 a 为 $1 \times 10^5\text{m}^2/\text{d}$，导水系数 T 为 $200\text{m}^2/\text{d}$。拟开采利用深层地下水发展井灌，灌水定额为 $750\text{m}^3/\text{hm}^2$，每天灌水 18h，每次灌水延续时间 10d，灌溉水利用系数为 0.85，单井抽水流量 Q 为 $50\text{m}^3/\text{h}$。试计算：

(1) 单井灌溉面积及井距是多少？每平方千米宜布置几口井？

(2) 单井抽水 5d 后，距离井中心 10m、50m、100m、200m、500m 及 1000m 各点的压力水位降深是多少？

(3) 假定初始水位水平，绘出压力水位降落漏斗曲线。

16. 根据灌区需水量核算，设计引水量 $Q_{设引}$ 为 $400\text{m}^3/\text{s}$。河流水位高于闸后水位，因为是自由出流，淹没系数 σ_s 为 1，闸门的侧向收缩系数 ε 为 0.882，宽顶堰流量系数 m 为 0.35，经测量包括行近流速在内的闸前堰顶总水头为 2m。试计算该闸门的闸孔净宽。

17. 某干渠渠首水位为 4.0m，$z_{基} = 0.5\text{m}$，$Q_M = 36.0\text{m}^3/\text{s}$，$m = 0.44$，$\varepsilon = 0.93$，$B = 7.5\text{m}$，取 $\Delta z = 0.25\text{m}$，$\Delta D_1 = 0.3\text{m}$，$\Delta D_2 = 0.45\text{m}$。求溢流坝坝顶高程、溢流坝高度、非溢流段坝顶高程和壅水高度。

18. 某雨水集蓄利用工程集流面的材料为混凝土，年设计供水量 50m^3，集流面的年集流效率为 80%，设计年降水量为 600mm。试计算该雨水集蓄利用工程需要的集流面积。

19. 某地多年平均降雨量 550mm，建设雨水集蓄工程主要用于大棚温室常年灌溉，要求全年供水量达到 1500m^3，雨水集蓄工程蒸发、渗漏损失系数 $\alpha = 0.1$。试计算该雨水集蓄利用工程的蓄水容积。

推 荐 读 物

[1] 李元红. 雨水集蓄利用工程技术 [M]. 郑州：黄河水利出版社，2011.
[2] 姜文来，唐曲，雷波. 水资源管理学导论 [M]. 北京：化学工业出版社，2005.
[3] 虎胆·吐马尔白. 地下水利用 [M]. 4 版. 北京：中国水利水电出版社，2008.
[4] 邓学成. 工程地质与水文地质 [M]. 北京：水利电力出版社，1992.
[5] 高廷耀，顾国维，周琪. 水污染控制工程 [M]. 3 版. 北京：高等教育出版社，2007.

数 字 资 源

8.1 地表取水
微课　　8.2 地下取水
微课　　8.3 横向环流
微课　　8.4 非常规水资源
开发利用
微课　　8.5 Rainwater
Harvesting and
Integrated Water
Management

8.6 天津武清区
农村生活污水
处理

参 考 文 献

[1] 郑连生. 广义水资源与适水发展 [M]. 北京：中国水利水电出版社，2009.

[2] 郭元裕. 农田水利学 [M]. 3 版. 北京：中国水利水电出版社，1997.

[3] 史海滨，田军仓，等. 灌溉排水工程学 [M]. 北京：中国水利水电出版社，2006.

[4] 金彦兆，周录文，唐小娟，等. 农村雨水集蓄利用理论技术与实践 [M]. 北京：中国水利水电出版社，2017.

[5] 胡爱兵，杨晨，丁年. 非常规水资源规划方法创新与实践 [M]. 北京：中国建筑工业出版社，2020.

[6] 王浩，汪林. 中国农业水资源高效利用战略研究：农业高效用水卷 [M]. 北京：中国农业出版社，2019.

[7] 邵东国，顾文权，林忠兵. 农业水资源规划与管理 [M]. 北京：中国水利水电出版社，2020.

[8] 李海燕. 地下水利用 [M]. 北京：中国水利水电出版社，2015.

第9章
灌溉排水系统规划布置

灌区的灌溉排水系统规划布置是否合理，直接关系灌区工程的投资、管理与效益以及能否满足灌溉、养殖、乡镇生活、工副业和生态用水的需求，对灌区生态景观格局也有很大影响。

9.1　灌溉排水系统的组成
(Composition of irrigation and drainage system)

灌溉排水系统（简称"灌排系统"）主要包括枢纽工程、渠（沟）道系统、蓄水工程、渠（沟）系建筑物、渠道防洪工程、排水承泄区以及田间灌排工程等。一个完整的灌排系统必须有灌有排、相互配合、协调运行，共同完成控制调节农田水分和区域水情的任务，以达到旱能灌、涝能排的目的，有些系统还可满足城乡供水、发电、航运、养殖等综合利用的要求。图 9.1 给出了一种典型的灌排系统组成。

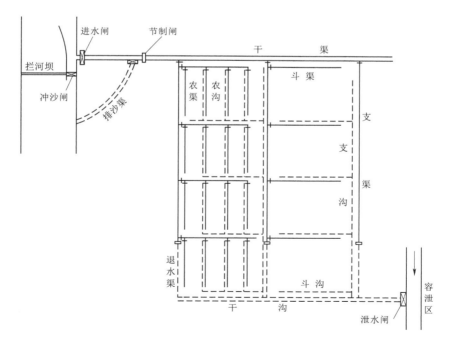

图 9.1　一种典型的灌排系统组成

（1）灌排枢纽工程，包括渠首取水枢纽和排水枢纽。渠首取水枢纽工程的任务在于按灌区农作物的需水要求，引取灌溉水源的水通过渠首的进水闸进入渠道，进水闸用来调节和控制进入渠系的流量。渠首工程可以是水库、河流上的闸、坝枢纽建筑物、提水泵站等，根据水源条件而定。水源的水量与水质以及取水方式等规划在第8章中已专门论述。对于排水条件差，需要采用提水排水的灌区，建有排水抽水站及其所属建筑物等排水枢纽工程。

（2）灌排渠（沟）道系统。从灌溉水源引取的灌溉水，需要通过各级灌溉渠道输送和分配到田间。灌溉渠道系统一般分为干、支、斗、农四级固定渠道。干、支渠主要起输水作用，称为输水渠道；斗、农渠主要起配水作用，称为配水渠道。较大的灌区多于四级，如总干、分干、分支等渠道，较小的灌区可少于四级。一般农渠是布置在灌水田块（条田）边界上的最末一级固定渠道。这些渠道规划布置确定后，一经修建，就要使用多年，所以称为固定渠道。除了灌溉渠道系统以外，还必须有完善的排水沟道系统，以便排除多余的地表径流和灌溉弃水以及控制地下水位，给作物创造良好的农田水分条件。与灌溉渠道系统相对应，排水沟道系统一般分为干、支、斗、农四级固定沟道，农沟以下的田间沟道组成田间排水网。农田中的多余地面水和地下水通过田间排水网汇集，然后经排水沟网和排水枢纽排泄到承泄区。

（3）蓄水工程。塘（堰）坝、坑塘、湖泊、河沟等是拦蓄当地径流、调节灌区引水和排水的重要措施，它是灌排系统中的重要组成部分。

（4）渠（沟）系建筑物。灌排渠系上用于衔接各级渠（沟）道和控制水位流量的水工建筑物称为渠（沟）系建筑物，它们是灌排系统不可缺少的重要组成部分。一般分为控制建筑物、交叉建筑物、衔接建筑物、输水建筑物、量水建筑物、泄水建筑物、防冲防淤建筑物等，如分水闸、节制闸、渡槽、倒虹吸、桥梁、跌水、陡坡、隧洞、涵管（洞）、量水堰、泄洪闸、退水闸、防洪闸、排水闸、挡潮闸等。

（5）渠道防洪工程，一般指保证渠系和建筑物的安全的控制洪水的堤防、导水堤、截流沟、退水渠以及泄水建筑物等。

（6）排水承泄区，用于承纳或宣泄从排水区排除的水量的区域，是灌排系统的重要组成部分，关系排水系统的排水效果和应采取的排水方式。承泄区要有足够的容积或泄水能力，并符合灌区自流排水要求的水位条件。河流、湖泊、溪涧、洼地、海洋等均可用作排水承泄区，其中河流和湖泊最常采用。

（7）田间灌排工程，指农渠（沟）以下的田间灌排渠（沟）系，包括毛渠、输水垄沟、畦、灌水沟、排水沟、排水暗管以及建筑物等，这些农田内部的沟渠主要起均匀分配水量、调节土壤水分状况和控制地下水位以及排除地表径流的作用。因为田间工程一般是在每季作物播种前后修筑的，所以是临时性工程（除暗管排水外）。农渠（沟）以下的灌排沟渠、建筑物以及土地平整、道路林带和格田畦田等，统称为田间工程。

图9.2给出了典型的排水沟道系统模式。

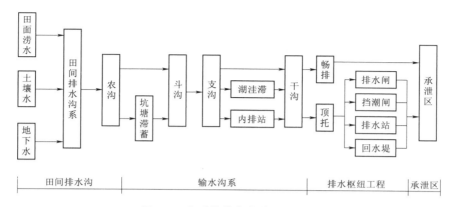

图 9.2 典型的排水沟道系统模式

9.2 灌排渠（沟）道系统规划布置
（Planning and layout of irrigation and drainage system）

9.2.1 灌排渠（沟）道系统规划布置的原则（Principles of system planning and layout）

灌排渠（沟）道系统是灌溉排水系统工程的重要组成部分。灌排渠（沟）道系统规划是否合理，对工程投资大小和管理运用，以及灌区生态景观格局都有很大影响。

灌溉和排水系统的规划布置应与流域治理规划、地区水利规划、农业现代化规划、土地利用规划和高标准农田建设规划有机衔接，秉承"山水林田湖草生命共同体"的发展理念，着眼长远，立足当前，因地制宜，讲求实效；根据灌区的自然条件和作物种植以及灾害情况等因素，协调灌溉与排水之间存在的矛盾，满足灌溉和排水要求，应灌排统一规划，做到灌有渠、排有沟、灌排分开，并能防御洪水的侵入；各级灌溉渠系和排水沟系布置应与耕作区、道路、林带、居民点和行政区划等规划相结合，以提高土地利用率，方便生产和生活，达到土地平整、集中连片、设施完善、农电配套、土壤肥沃、生态良好、抗灾能力强，与现代农业生产和经营方式相适应的旱涝保收、高产稳产的高标准农田。同时，统筹山、水、林、田、湖、草、沙等各要素进行综合治理，秉承以人为本、尊重自然、保护资源节约资源等原则，促进社会发展、实现水畅景美、人水和谐。

1. 灌溉干、支渠布置的原则

（1）为尽可能地扩大自流灌溉控制的面积，干、支渠一定要布置在灌区的较高位置，可以沿灌区上部边界与等高线成较小角度布置，也可以布置在灌区内部的分水岭上。对面积很小的局部高地宜采用提水灌溉或改种耐旱作物，不必据此抬高渠道高程。

（2）从节约投资与管理运用方便考虑，干、支渠要比较顺直，尽量使渠线最短，这样输水快，沿程损失少。但是遇到不利的地质条件时，也要合理地绕线，以达到既保证安全行水，又使基建投资和管理运行费最省。

（3）为了充分利用水资源，干、支渠的布置要有利于能将当地的小型塘库连接起来，以便统一调配水源。

（4）干、支渠布置除了考虑地形条件外，还应考虑行政区划和土地边界，尽可能使各用水单位都有独立的用水渠道，以便管理。

（5）干、支渠一般是常年行水的渠道，除灌溉以外，要考虑综合利用。如在山丘区可考虑集中落差，进行水力发电，在平原及圩区可考虑通航的需要。

（6）干、支渠布置要考虑排水系统的布置。一般不能破坏当地的天然排水水系，尽量减少干、支渠与天然河、沟相交。

（7）干渠上的主要建筑物及重要渠段的上游，应设置泄水渠、闸；干、支渠和重要位置的斗渠末端应设退水设施。

2. 排水干、支沟的布置原则

（1）排水系统应能满足除涝、防渍、控制地下水位、防止土壤盐碱化、改良盐碱土的要求。

（2）排水干、支沟的布置应位于其所控制排水面积的最低处，应尽量利用原有的天然河沟，不打乱自然排水流向，保证排水通畅，但可进行必要的截弯取直、扩宽加深、加固堤岸等措施。

（3）尽量做到高水高排，低水低排，自排为主，抽排为辅；能直接排入近旁河沟的排水支沟，就不必纳入干沟。即使排水区全部实行抽排，也应根据地形将其划分为高、中、低等片，以便分片分级抽排，当地洪涝水与外来客水分别排放。

（4）下级沟道的布置应为上级沟道创造良好的排水条件，使之不发生塞水。

（5）排水系统的承泄区如为河流，应选河水位低于干沟出口水位、河岸稳固平直的河段。尽量做到自流排水，万不得已时，需在干沟末端设泵站扬水排水。

9.2.2 不同类型区干、支渠（沟）系的规划布置［Planning and layout of main and branch channels（ditches）in different types of area］

干、支渠（沟）的布置形式主要取决于地形条件，一般可分为山丘型灌区、平原型灌区和圩垸型灌区 3 种类型。

1. 山丘型灌区

山丘型灌区地形比较复杂，地面起伏大，岗冲交错，坡度较陡，河床切割较深，比降较大，农田分散，地高水低。一般需要从河流上游引水灌溉，输水距离较长。所以，这类山丘型灌区干、支渠道的特点是：渠道高程较高，比降平缓，渠线较长而且弯曲较多，深挖、高填渠段较多，沿渠交叉建筑物较多。渠道常和沿途的塘坝、水库相连，形成"长藤结瓜"式灌溉系统，以求增强水资源的调蓄利用能力和提高灌溉工程的利用率。

山丘型灌区的干渠一般沿灌区上部边缘布置，大体上和等高线平行，支渠沿两溪间的分水岭布置。在丘陵地区，如灌区内有主要岗岭横贯中部，干渠可布置在岗脊上，大体和等高线垂直，干渠比降视地面坡度而定，支渠由干渠一次或两侧分出，控制岗岭两侧的坡地，如图 9.3 所示。为了灌溉高于干渠的土地，可在渠旁设置泵站。

小河流上的小型灌区，亦可采用干渠沿分水岭垂直等高线布置的形式，支渠则垂直干渠布置，如图 9.4 所示。

排水沟可根据地形布置，并与灌溉渠道相协调。沿干渠地势高的一侧要布置截流沟，将拦截的暴雨坡面径流就近泄入支流、小溪。

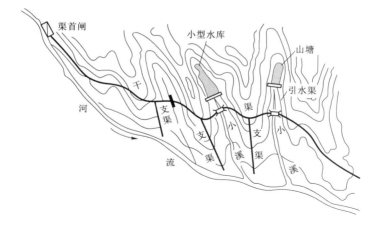

图 9.3　山丘型灌区干、支渠布置

2. 平原型灌区

（1）山麓平原型灌区灌排渠（沟）系的布置。许多中、小河流出山口后，两岸的地形类似扇形，一般具有靠近山麓，地势高、坡度较大、土质较轻、排水条件较好，涝渍问题并不严重，干旱问题较突出等特点。这些地区的灌排渠（沟）系规划具有类似的特点，干渠布置视地形条件而定，多沿山麓方向等高线布置，支渠垂直等高线布置，或干渠沿山麓方向等高线布置一段后垂直等高线布置，支渠自两侧分开；不设干排，支排直接进入河道，如图 9.5 所示。河北省石津灌区即属于这种类型。

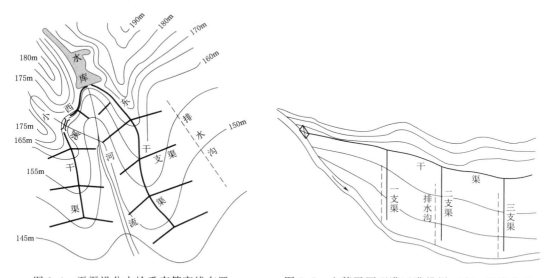

图 9.4　干渠沿分水岭垂直等高线布置　　　　图 9.5　山麓平原型灌区灌排渠（沟）系统布置

（2）冲积平原型灌区灌排渠（沟）系布置。冲积平原一般位于河流的中下游，其特点是，地形坡度较小，多有微地形起伏，或地形平坦开阔，耕地集中连片。土壤质地变化较多，土层较厚。潜水埋深一般较浅。具有易旱、易涝、易碱的特点。应采用灌排分开布置，各自成独立的自流灌排系统的形式。干渠多沿河道干流旁的高地布置，支渠大多与河流成直角或锐角布置。我国山西汾河灌区即属于这种类型。

我国黄河中、下游的灌区，由于黄河泥沙淤积将河床抬高，许多灌区是无坝引水渠首，总干渠（或干渠）沿河岸较高地带与河道平行或与河流成一定的角度布置，再垂直总干渠，结合微地形变化，将干渠（或支渠）布置在灌区内部的局部高地上。排水系统则多利用灌区内部的天然河沟作为干沟（或总干沟），在较低的位置布置排水沟。我国内蒙古河套灌区的灌排渠（沟）系统布置就是这种形式（图 9.6）。

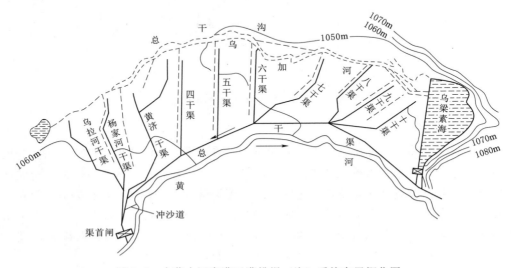

图 9.6　内蒙古河套灌区灌排渠（沟）系统布置概化图

3. 圩垸型灌区

圩垸型灌区主要分布在沿江、沿河、滨湖的低洼地区，系江湖冲积平原，地势平坦、河湖众多、水网密布、洪水期外河水位高于农田地面，为了防止江河洪水或潮汐的侵袭，在四周修筑防护堤，形成独立的区域。这类地区在长江下游叫圩，中游叫垸，统称为圩垸。这一类地区的主要问题是洪、涝、渍害较多，但是，由于它的雨量分配不均，也常出现干旱问题。圩内地形一般是周围高、中间低。灌溉干渠多沿圩堤布置，灌溉渠系通常只有干、支两级或斗、农两级。普遍采用机电排灌站进行提排、提灌。图 9.7 为典型的圩垸区灌排渠（沟）系统布置。

9.2.3　渠（沟）系建筑物规划（Planning of canal system buildings）

渠（沟）系建筑物是指在灌溉渠道或排水沟道系统上为了控制、分配、测量水流，通过天然或人工障碍，保证渠道安全运用而修建的建筑物的总称。渠（沟）系建筑物规划是否合理，对渠（沟）系工程的投资和渠系水利用率影响很大，同时对灌区交通、生产和生活的方便亦有影响。应当在渠系规划时同时做好渠（沟）系建筑物规划。

1. 控制建筑物

控制建筑物是指改变水流流量或水流方向的设施。常见的控制建筑物有引水建筑物和配水建筑物，主要由进水闸、分水闸、节制闸等组成，如图 9.8 所示。其主要作用是控制各级渠道的水位和流量，以满足渠道输水、配水和灌水要求。

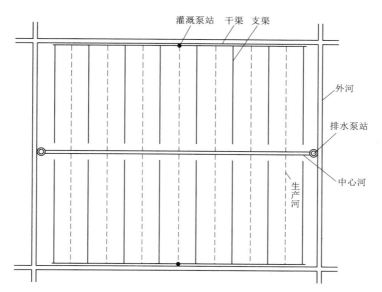

图 9.7　典型的圩垸区灌排渠（沟）系统布置

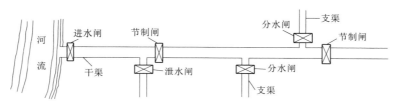

图 9.8　控制建筑物位置

（1）引水建筑物，指灌区用水从河流进入渠道所需的配套建筑物。从河流无坝引水时的引水建筑物就是渠首进水闸，其作用是调节引入干渠的流量；有坝引水的引水建筑物是由拦河坝、冲沙闸、进水闸等组成的灌区引水枢纽，其作用是壅高水位，冲刷进水闸前的淤沙，调节干渠的进水流量，满足灌区引水对水位、流量的要求。需要提水时修筑在渠首的水泵站和需要调节河道流量满足灌区用水要求时修建的水库，也均属于引水建筑物。

进水闸是从灌区水源引水的控制建筑物，起着控制全灌区引水流量的作用，是取水建筑物的主要组成部分。进水闸有开敞式和封闭式两种，采用无坝取水时多选用开敞式水闸；采用有坝取水或水库取水时多为封闭式涵闸。

（2）配水建筑物。

1）分水闸，是上级渠道向下级渠道分配水量的控制性建筑物，其位置一般设在干渠以下各级渠道的引水口处，斗、农级渠道的分水闸习惯上称为斗、农门。分水闸的分水角宜取 $60°\sim90°$，双股分水闸的分水角宜对称相等。分水闸的闸底高程宜与上级渠道的渠底齐平或稍高于上级渠底，闸室结构可采用开敞式或封闭式。

2）节制闸，是控制本级渠道某渠段水位和流量的控制建筑物，其主要作用是抬高上游渠道水位，便于下级渠道引水；控制上、下游水量，以便实行轮灌；截断渠道水流，保护下游主要建筑物或渠段的安全。节制闸的闸室结构宜采用开敞式。

2. 交叉建筑物

渠（沟）道穿越山岗、河沟、洼地、道路时，需要修建交叉建筑物。常见的交叉建筑物有渡槽、倒虹吸、涵洞等。

（1）渡槽，也称过水桥，渠道跨越河渠、溪谷、洼地和道路时所修建的一种桥式交叉渠系建筑物。如图9.9所示。渠道穿过河沟、道路时，如果渠底高于河沟最高洪水位或渠底高于路面的净空大于行驶车辆要求的安全高度时，可架设渡槽，让渠道从河沟、道路的上空通过。渠道穿越洼地时，如采取高填方渠道工程量太大，也可采用渡槽。

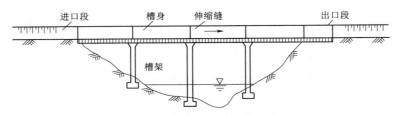

图9.9　输水渡槽（箭头为水流方向）

（2）倒虹吸，是用敷设在地面或地下的压力管道输送渠水穿过河流、洼地、道路等障碍的一种交叉建筑物，如图9.10所示。当渠道穿过河沟、道路时，如果渠道水位高出路面或河沟洪水位，但渠底高程却低于路面或河沟洪水位时；或渠底高程虽高于路面，但净空不能满足交通要求时，就要用倒虹吸。

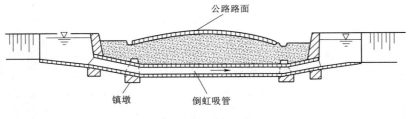

图9.10　倒虹吸

（3）涵洞，是渠（沟）道穿越填方渠堤、路基等障碍而埋设的一种输水、泄水交叉建筑物，如图9.11所示。当渠道与道路相交，渠道水位低于路面，而且流量较小时，常在路面下埋设涵洞。当渠道与河沟相交，河沟洪水位低于渠底高程，而且河沟洪水流量小于渠道流量时，可用填方渠道跨越河沟，在填方渠道下面埋设排洪涵洞。

3. 衔接建筑物

当渠道通过地势险峻或地面坡度较大的地段时，为了保持渠道的设计比降，防止渠道冲刷，避免深挖高填，减少渠道工程量，在保证自流灌溉控制水位的前提下，可把渠道分成上、下两段，中间用衔接建筑物连接，常见的衔接建筑物主要有跌水和陡坡，如图9.12和图9.13所示。一般当渠道通过跌差较小的陡坎时，可采用跌水；跌差较大、地形变化均匀时，多采用陡坡。

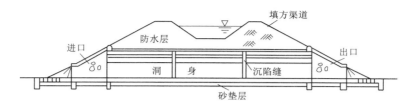

图 9.11　填方渠道下的涵洞

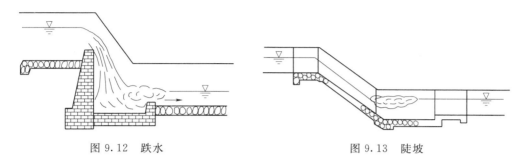

图 9.12　跌水　　　　　　　　　　图 9.13　陡坡

4. 泄水排洪建筑物

为了防止由于沿渠坡面径流汇入渠道或因下级（游）渠道事故停水而使渠道水位突然升高，威胁渠道安全运行，必须在重要建筑物（如渡槽、倒虹吸等）和大填方段的上游及山洪入渠处的下游修建泄水建筑物，泄放多余的水量或导引天然洪水径流安全汇入、排出、跨越或横穿渠道。常见的泄水排洪建筑物有泄水闸、退水闸或排水闸、排洪槽（桥）、渠下涵洞、溢流堰等。当渠道水位超过加大水位时，多余水量即自动溢出或通过泄水闸宣泄出去，确保渠道的安全运行。泄水建筑物具体位置应根据地形条件确定，选在能利用天然河沟、洼地等作为泄水出路的地方，以减少开挖泄水沟道的工程量。从多泥沙河流引水的干渠，常在进水闸后选择有利泄水的地形，设置泄水闸，开挖泄水渠，根据需要开闸泄水，冲刷淤积在渠首的泥沙。

5. 量水建筑物

为了测定渠道流量，达到科学用水、节约用水的目的，需要利用水闸等建筑物的水位-流量关系进行量水，但建筑物的变形以及流态不够稳定等因素会影响量水的精度。在现代化灌区建设中，要求在各级渠道进水闸下游，安装专用的量水建筑物或量水设备。量水堰是常用的量水建筑物，常用三角形薄壁堰、矩形薄壁堰和梯形薄壁堰等几种形式，具体将在 14.4 中介绍。

6. 输水建筑物

当渠道遇到山岭，采取绕行或明挖工程量太大、不经济时，可修建输水建筑物——隧洞，以穿过山岭。隧洞和涵洞的主要区别在于施工方法不同，隧洞是在山体中直接开凿衬砌而成；涵洞则是先明挖，后砌筑，再回填。在灌溉工程中，多采用无压输水隧洞，且洞底纵坡宜平缓，水流流速宜低。

除以上介绍的各种渠（沟）系建筑物外，还有为防止水流所挟带的泥沙淤积渠道而修建的沉沙池、冲沙闸等防淤建筑物；为防止江、河、湖、海水倒灌而修建的防洪闸、挡潮闸等挡水建筑物等，以及用于通行的农桥、交通涵洞等交通建筑物。

渠（沟）系建筑物规划布置时应遵循以下原则：

（1）灌溉渠道的渠系建筑物应按设计流量设计、加大流量校核，排水沟道的渠系建筑物仅按设计流量设计。同时应满足水面衔接、泥沙处理、排泄洪水、环境保护、施工、运行管理的要求，适应交通和群众生活、生产的需要。

（2）渠系建筑物宜布置在渠线顺直、水力条件良好的渠段，在底坡为急坡的渠段不应改变渠道过水断面形状、尺寸或设置阻水建筑物。

（3）渠系建筑物宜避开不良地质渠段。不能避开时，应选用适宜的布置形式或地基处理措施。

（4）顺渠向的渡槽、倒虹吸管、节制闸、陡坡与跌水等渠系建筑物的中心线应与所在渠道的中心线重合。跨渠向的渡槽、倒虹吸管、涵洞等渠系建筑物中心线宜与所跨渠道的中心线垂直。

（5）除倒虹吸管和虹吸式溢洪堰之外，渠系建筑物宜采用无压明流流态。

（6）在渠系建筑物的水深、流急、高差大等开敞部位，以及临近高压线、重要管线及有毒有害物质等位置，应针对具体情况分别采取留足安全距离、设置防护隔离设施或醒目的警示标牌等安全措施。

（7）渠系建筑物设计文件中应包含必要的安全运行规程、操作制度和安全监测设计。

9.2.4　渠道防洪规划（Planning of canal flood control）

山丘地区，渠道盘山修建，必然要截断天然汇流途径，形成一系列没有排水出路的排水地块，如不妥善解决，暴雨之后，山洪夺渠而入，便会冲毁渠堤及建筑物，淹没作物和村庄。渠道防洪的任务就是要解决被渠道截断的排水地块的排水出路问题，使得灌区的主要干、支渠在洪水期免遭洪水破坏，保证安全行水。

1. 渠道防洪规划的原则

（1）灌区的防洪要与灌排系统统一考虑。

（2）对灌区外部洪水，易受洪水威胁的傍山、丘陵、坡地渠道，可在渠道傍山的一侧，应按防洪标准分析计算洪水流量，修建导水堤或排洪沟、撇洪沟、截流沟等或采取其他防洪措施，将坡面汇集的径流输送到与渠道交叉的泄洪建筑物，就近排入河道或纳入排水干沟。保证渠道防洪安全，以防止外部洪水进入灌区。

（3）在有地下水侵入的地带，亦应布置地下水截流沟，将拦截的地下水就近排入河道或纳入干、支沟。如果作为可利用的水源，则应纳入其下的塘库或渠道。在水稻区与旱作区交界处亦应布置截流沟，防止抬高旱作区的地下水位。

（4）对小面积的坡面径流，当坡地植被较好、洪水泥沙较少时，亦可将其纳入渠道。对入渠的洪水，如小于渠道的泄洪能力，可在保证渠道安全的前提下，利用渠道作临时撇洪渠，输送到泄洪闸，泄入天然河沟。

（5）对灌区内部洪水，可采取修建水库、堤防，进行河道整治，开辟分洪、蓄滞洪工程等措施，蓄泄兼顾，综合治理。对洪水资源应合理利用。

（6）在泄洪建筑物的下游，做好排洪沟的规划，要保证排洪通畅。

（7）条件允许时，尽量采用渠下泄洪建筑物。

（8）在多雨地区，灌溉干、支、斗渠的尾部应设退水渠。急需退水时，可就近将渠道的余水泄入河道或下级排水沟。干渠的首段在需要调节流量和排沙的适当位置以及重要建筑物和渠段的上游，需布置泄水沟道，以保证渠系和建筑物的安全。

2. 渠道泄洪建筑物规划

（1）渠道泄洪建筑物的类型。渠道泄洪建筑物可分为非入渠泄洪建筑物和入渠泄洪建筑物两大类。

1）非入渠泄洪建筑物。非入渠泄洪建筑物是使山洪不进入渠道的建筑物，包括渠下泄洪涵洞（管）、渠下倒虹吸管及渠上泄洪渡槽等。非入渠泄洪建筑物设计时，应注意防止淤积和堵塞的问题，尤其是比较小的渠下涵管，更易因下游排泄不畅而淤塞。

2）入渠泄洪建筑物。入渠泄洪建筑物是将来自排水地块的山洪引入渠内，灌溉季节，可增辟引洪灌溉水源，非灌溉季节及洪水超过渠道泄洪能力时，由泄洪闸（堰）排泄入天然溪沟。它包括引洪入渠口、排泄已入渠洪水的排洪闸、溢洪侧堰、虹吸溢流堰等建筑物。

（2）渠道泄洪建筑物型式的选定。渠道与山洪沟相交，根据两者的高程不同，可分别采用以下立交建筑物：

1）当渠道挖方较深，山洪沟底高于渠道加大流量的水位时，可采用泄洪渡槽，将洪水从渠上排过。这种泄洪渡槽也称泄洪桥，洪水时排洪，平时可作为跨过渠道的桥梁，如图 9.14 所示。

2）渠道与较大的山洪沟相交，一般沟底及沟中的洪水位远低于渠底高程，这时多采用渠道渡槽跨过山洪沟，对于沟底低于渠底的较小山洪沟，亦可采用大填方渠道，在渠下沟底用排洪涵洞或涵管泄洪，但这时涵洞或涵管的断面要能保证安全泄洪。

3）对入渠洪水，渠道断面设计要考虑纳入的坡地径流量，并且在坡面径流汇入渠道前应设沉沙池，该段渠道亦必须加固，如图 9.15 所示。必要时，可在渠道纳入坡面径流的下游附近设泄洪闸，以便将超过渠道负担的流量排入泄洪沟。

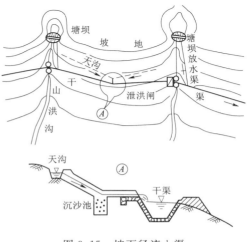

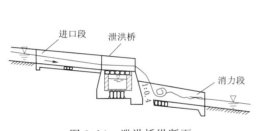

图 9.14　泄洪桥纵断面　　　　　　　图 9.15　坡面径流入渠

3. 渠道防洪标准

渠道防洪标准是指泄洪建筑物采用的设计洪水频率。根据渠道的流量大小可按表9.1取值。一般山洪沟都缺乏洪水资料，当设计重现期确定以后，可根据当地暴雨资料和坡面面积、坡度、植被及土质情况，可采用小面积汇流的方法计算设计洪水，或采用洪水调查推求设计洪水。

表 9.1　渠道防洪采用的洪水重现期

建筑物级别	渠道设计流量 /(m³/s)	设计防洪标准 (洪水重现期)/年
5	<5	10
4	5～20	20
3	20～100	30
2	100～300	50
1	>300	100

注　引自《灌溉与排水渠系建筑物设计规范》(SL 482—2011)。

9.3　斗、农渠（沟）及田间工程规划
(Planning of lateral/farm canal and field engineering)

斗、农渠及斗、农沟的规划布置不仅要考虑灌水、排水的效果，而且要考虑机耕、防风对条田田块大小的要求。因此，斗、农渠（沟）的规划布置要根据当地的作物、地形、土壤、水文地质条件和气候条件，以条田或格田规划为基础来进行。

田间工程通常指最末一级固定渠道（农渠）和固定沟道（农沟）之间的条田范围内的机井、灌水沟畦或管道灌溉系统、土地平整、土壤改良、田间道路、农田防护与生态环境保持、农田输配电以及其他农田建设工程。田间工程规划应综合考虑农业、水利、土地、林业、电力、气象等各方面因素，围绕提升农田生产能力、灌排能力、田间道路通行运输能力、农田防护与生态环境保护能力、机械化水平、科技应用水平、建后管护能力等要求，结合国土空间、农业农村现代化、水资源利用等规划，统筹推进山、水、林、田、湖、草、沙、路、电等统一规划、综合治理。田间灌排系统应工程配套完善、灌排自如、及时高效，能有效控制地下水位和防止土壤盐渍化，建设成为"田成方、土成型、渠成网、路相通、沟相连、土壤肥、旱能灌、涝能排、无污染、产量高"的农田，并达到集中连片、设施配套齐全、高产稳产、生态良好、抗灾能力强、与现代农业生产和经营方式相适应的高标准田园化农田的要求。

9.3.1　条田规划（Farm block planning）

条田是由固定的斗、农渠（沟）和田间道路以及防风林带围成的田块。它是进行农业耕作、灌溉排水、改良土壤的土地利用基本单元。除喷灌、微灌、管灌以及埋入地下的设施外，在条田内部的灌排设施一般是临时性的，在作物播种前后修建。

条田规划的内容包括条田大小、形状和方向的确定。规划应使灌溉、排水、防风效果好，机耕效率高，同时还应使田间工程量小，土地利用率高。下面分述灌溉、排水、防风、机耕对条田规划的要求。

1. 灌溉对条田的要求

对于地面灌溉而言，灌溉对条田的大小和方向有一定的要求。当地面坡度大于0.02时，为避免灌水产生田面冲刷和水土流失，宜将灌水沟、畦的方向与等高线成一定角度布置，使得田面水流坡度在0.002～0.006范围内。灌水方向与作物播种和主要的耕作方向

一致，一般是沿条田的长边方向进行。当地面坡度小于 0.006 时，灌水方向即条田长边方向一般宜与地面主要坡向一致。沟畦及格田的长度取决于灌水技术的要求，如第 5 章所述。

2. **排水对条田的要求**

排水对条田的要求主要是条田的宽度，即排水农沟的间距。根据土壤和水文地质条件，控制地下水位的农沟间距一般以 30～400m 为宜，见表 6.6。如尚不能满足排水的要求，则宜在条田内部设置临时毛排或用不影响耕作的暗管排水。

当地面坡度较大时，农沟与等高线成较小角度，沿条田长边布置，以便发挥排水沟的截流作用。地面坡度较小时，农沟及条田的长边宜沿地面主要坡向布置。

3. **防风对农田的要求**

林带可降低风速，减少蒸发，增加近地表空气湿度，减小干热风的危害，减小作物需水量，有利于作物生长和增产。林带防风的效果决定于主林带与风向的交角，林带的间距、密度、高度等因素。根据调查，当林带垂直风向时，在林带后树高 15 倍的范围内能使风速减小 25%～30%。如设计树高为 12～15m（10 年左右的林带平均高度），则主林带的间距约为 180～225m，此即条田的宽度。一般的布置方式是，主林带垂直（或接近垂直）于当地的主风向，沿条田长边种 4～6 行树，株距 1.5m，行距为 2～2.5m，副林带垂直主林带布置在条田短边，种树 4～6 行，形成农田防护林网。

4. **机耕对条田的要求**

机耕要求条田要有一定的长度，减少转弯时间和无效耗油区，以提高机耕效率。从有利于机耕这一因素考虑，条田的长度一般取 600～800m，宽度取 200～250m，面积约为 12～20hm^2。条田大了机耕效率高，斗、农渠（沟）相对占地少，土地利用率高，但条田太大，往往达不到灌溉、排水、防风的要求，而且平整土地的工程量也会增大。

还应注意条田规划应分片进行，在一个轮作区内的条田大小应尽量相等，土质应当接近。

综上所述，条田大小既要考虑除涝防渍和机械化耕作的要求，又要考虑田间用水管理要求，还要考虑地形地貌，因地制宜进行田块布置。综合考虑灌溉、排水、防风林带及机耕对条田规格的要求，平原区一般以宽度 100～200m、长度 400～800m 为宜，丘陵山区可适当减少。

9.3.2　斗、农渠（沟）及田间工程规划布置（Layout of lateral/farm canal and field engineering）

1. **斗、农渠（沟）布置**

（1）斗、农渠（沟）的规划布置原则和要求。斗、农渠（沟）负担着直接向用水单位配水和排水的任务，其布置直接影响着田间灌溉和排水的效果，所以在规划布置时，除考虑渠系布置总的要求外，更要密切地与土地利用规划和土地使用单位界限结合起来，使渠沟力求整齐，地块方正，有利于改良土壤、土地平整工程量较少、土地利用率高、渠沟的间距和长度适应农业生产管理和机械化作业要求等，并要考虑农田防护林带的布置要求。

（2）斗渠的规划布置。斗渠的长度和控制面积受地形影响较大。山区、丘陵地区的斗渠长度较短，控制面积较小。平原地区的斗渠较长，控制面积较大。我国北方平原地区一些大型自流灌区的斗渠长度一般为 $3\sim5km$，控制面积为 $200\sim333hm^2$。斗渠的间距主要根据机耕要求确定，和农渠的长度相适应。

（3）农渠的规划布置。农渠是末级固定渠道，控制范围为一个耕作单元。农渠长度根据机耕要求确定，在平原地区通常为 $500\sim1000m$，间距为 $200\sim400m$，控制面积为 $10\sim30hm^2$。丘陵地区农渠的长度和控制面积较小。在有控制地下水位要求的地区，农渠间距根据农沟间距确定。

（4）灌溉渠道和排水沟道的配合。灌溉系统和排水系统的规划要互相参照、互相配合、通盘考虑。斗、农渠和斗、农沟的关系则更为密切，它们的配合方式取决于地形条件，有以下两种基本形式：

1）灌排相间布置。在地形平坦或有微地形起伏的地区，宜把灌溉渠道和排水沟道交错布置，沟、渠都是两侧控制。一条农渠控制两块条田，农渠布置在局部高地上向两侧分水，农沟则在低洼地，同样承纳两块条田的排水。这种布置形式工程量较省，称为灌排相间布置，如图 9.16（a）所示。

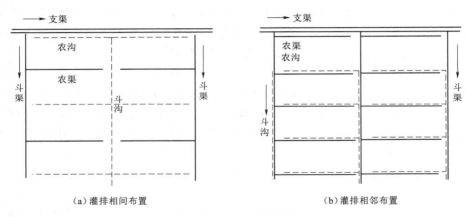

（a）灌排相间布置   （b）灌排相邻布置

图 9.16 斗、农渠（沟）布置

2）灌排相邻布置。在地面向一侧倾斜的地区，渠道只能向一侧灌水，排水沟也只能接纳一边的径流。农渠沿条田长边布置在条田较高的一边，农沟布置在条田长边较低的一边，斗渠布置在条田较高的短边，斗沟布置在条田低的短边，灌溉渠道和排水沟道并行，上灌下排，互相配合。一条农渠控制一块条田，按农渠与农沟的位置关系称为灌排相邻布置，如图 9.16（b）所示。

灌排相邻布置时，斗渠及斗沟有时可布置成两侧控制，即斗渠布置在局部起伏的脊地上向两侧分出农渠，斗沟布置在低洼处，两侧均可承纳农沟。但比较多的是斗渠与斗沟也采取相邻布置的形式。具体采用哪一种方式，要视地形条件而定。

相邻布置与相间布置的比较，对有控制地下水位的排水要求时，相邻布置的条田宽度应等于农沟间距。在相同的水文地质条件下，要求的排水农沟间距相同时，则相间布置条田宽度只有相邻布置的 $1/2$。从渗流条件看，相邻布置，农渠与农沟距离很近，两者水位相差很大，农渠有一部分水渗入农沟排走，造成水量浪费；相间布置时，农渠的渗漏水沿条田宽度方向流入农排。土壤质地轻,允许排水沟间距大时,可用相间布置。

斗、农渠及斗、农沟的布置主要根据地形条件,应使条田内部的平整土地工程量较小。一般地面坡度较大,但横向起伏小,地下水侧向补给明显的地区,宜采用相邻布置。地面坡度小、横向起伏较大、土壤质地轻时,可用相间布置。

2.条田内部的田间灌排渠(沟)系布置

(1)旱田田间灌排渠(沟)系布置。田间灌排渠(沟)系指条田内部的灌溉排水网,对于旱田来讲,主要包括毛渠、输水垄沟和灌水沟、畦,以及排水毛沟、农沟和斗沟等。田间灌排渠(沟)系布置有以下两种基本形式:

1)纵向布置。灌水方向垂直农渠,毛渠与灌水沟、畦平行布置,灌溉水流从毛渠流入与其垂直的输水垄沟,然后再进入灌水沟、畦,临时排水毛沟垂直灌溉输水垄沟,然后进入农沟和斗沟,如图9.17所示。毛渠一般沿地面最大坡度方向布置,使灌水方向和地面最大坡向一致,为灌水创造有利条件。这种布置的优点是在有微地形起伏的地区,毛渠可以双向控制,向两侧输水,可以减少土地平整工程量。地面坡度大于1%时,为了避免田面土壤冲刷,毛渠可与等高线斜交,可以减小毛渠和灌水沟、畦的坡度。缺点是播种、中耕及收割沿条田短边进行,机耕效率低。当地面坡度较大时,毛渠容易冲刷,需缩小毛渠间距,减小毛渠流量。

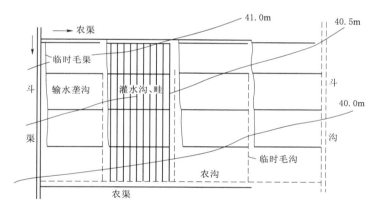

图 9.17　田间灌排渠(沟)系纵向布置

2)横向布置。灌水方向和农渠平行,毛渠和灌水沟、畦垂直,灌溉水流从毛渠直接流入灌水沟、畦,农沟垂直于毛渠,斗沟垂直于农渠,如图9.18所示。这种布置方式省去了输水垄沟和排水毛沟,减少了田间渠(沟)系长度,可节省土地和减少田间水量损失。毛渠一般沿等高线方向布置或与等高线有一个较小的夹角,使灌水沟、畦和地面坡度方向大体一致,有利于灌水,不会产生毛渠冲刷。播种、灌水、中耕沿条田长边进行,机耕效率高。缺点是中耕时机车跨过毛渠较多、效率低,地面坡度大时,灌水沟、畦容易产生田面冲刷,宜采用细流沟灌。

(2)水稻格田布置。水稻田淹灌需要在田间保持一定深度的水层。田间工程的一项主要内容就是修筑田埂,用田埂把平原区的条田或山丘区的梯田分隔成许多矩形或方形田块,称为格田。格田是平整土地、田间耕作和用水管理的独立单元。

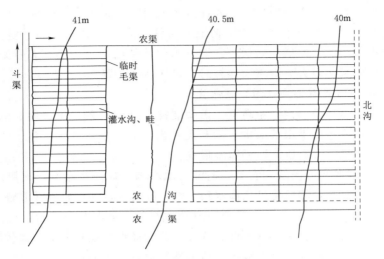

图 9.18　田间灌排渠（沟）系横向布置

田埂的高度要满足田间蓄水要求，一般为 20～40cm，埂顶宽为 30～40cm。

格田的长边通常沿等高线方向布置，其长度一般为农渠到农沟之间的距离。沟、渠相间布置时，格田长度一般为 100～150m；沟、渠相邻布置时，格田长度为 200～300m。格田宽度根据田间管理要求而定，一般为 15～20m。山丘区，地形复杂，地面坡度大，格田的长度和宽度应小些，格田面积一般为 $1/15～1/5hm^2$；平原地区，地形平坦，格田的长度、宽度和面积可适当大些，但也不宜过大，否则将增加土地平整工作量，导致田面水层深度不均匀，也不便于施肥、植保等田间管理工作的进行，其面积一般以 $1/5～1/3hm^2$ 为宜。

在山丘区的坡地上，农渠垂直等高线布置，可灌排两用，格田长度根据机耕要求确定。格田宽度视地形坡度而定，坡度大的地方应选较小的格田宽度，以减少修筑梯田和平整土地的工程量。

稻田区不需要修建田间临时渠网。在平原区，农渠直接向格田供水，农沟接纳格田排出的水量，每块格田都应有独立的进、出水口，如第 5 章图 5.6（b）所示。

9.3.3　道路林带规划（Planning of road and forest belt）

1. 田间道路工程（Farmland road engineering）

农村道路是指在农村范围内，用于村间、田间道路交通运输，并在国家公路网络体系之外，以服务于农村农业生产为主要用途的道路。农村道路一般可分为干道、支道、田间道和生产路四级。

田间道路工程包括田间道和生产路，田间道是指连接乡村道路，用于农业机械通往作业地块的主干田间道路；生产路则是指连接田间道用于农业机械进行田间作业等农业生产活动的田间道路。

（1）田间道路布置原则。田间道路是居民点、生产中心及农田之间联系的纽带，同农业生产过程直接相连，田间道路的布置应利于田间生产管理，既要考虑人畜作业的要求，又要为机械化作业创造条件。

田间道路规划布置应满足以下基本原则：

1）道路布置应与田、林、村、渠、沟等布置相协调，方便群众生产生活，统筹兼顾。

2）尽量少占耕地，少拆或不拆农房、不宜破坏已有的工程设施，不破坏环境。

3）原有道路可利用的，应尽量维修利用，维修后的道路应达到相应的设计标准。

4）平原地区道路尽量短顺平直，在丘陵地区应随地形变化而适当地弯曲。

5）主要道路应贯通，且与村庄干道相连。田间道布局应形成网状，平原区应通达度达到100％，丘陵区通达度应不低于90％。

6）新建道路系统，应沿灌、排渠道以及田块边缘布置，以减少交叉建筑物并使田块整齐，利于灌溉和机耕。

7）在干、支、斗渠上，可将一侧堤顶加宽作为道路。

（2）田间道路的建设规格。田间道的路面宽度以 3～6m 为宜，在大型机械化作业区的田间道路面宽度可适当放宽，具有农产品运输和生产生活功能的田间道路面宜硬化；田间道路基高度以 20～30cm 为宜，常年积水区可适当提高；在暴雨集中区域，田间道应采用硬化路肩，路肩宽以 25～50cm 为宜。横向田间道一般应沿田块的短边布设，也可布设在作业区的中间，沿田块的长边布设，使拖拉机两边均可进入工作小区以减少空行。

生产路路面宽度宜为3m以下，在大型机械化作业区的生产路路面宽度可适当放宽，生产路路面宜高出地面30cm，生产路宜采用砂石、泥结石类路面、素土路面。生产路一般设在田块的长边，其主要作用是为下地生产与田间管理作业服务。

（3）渠沟林路布置。渠沟林路应协调布置，以利于灌排、机耕、运输和田间管理，并且不影响田间作物的光照条件。斗渠、农渠外坡及田间道路旁宜两侧或一侧植树1～2行。一般可采用沟-渠-路、沟-路-渠、路-沟-渠等 3 种布置形式。

1）沟-渠-路布置。道路布置于灌水田块的上端，位于斗渠一侧，如图 9.19 所示。其

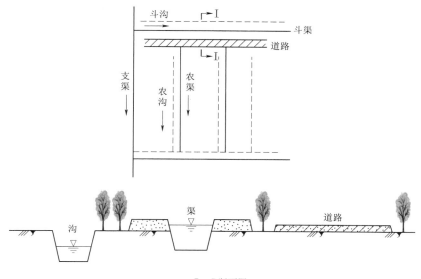

I—I 断面图

图 9.19　沟-渠-路布置

优点是：路一侧靠田，人机进田方便；道路位置较高，雨天不易积水，行车安全方便；道路穿越农渠，可以结合农门修建桥涵，节省工程量和投资；道路拓宽比较容易。这种布置的缺点是：道路要跨过全部下级农渠，需要修建较多的桥涵，路面起伏较大；渠沟紧邻，渠道渗漏损失较大；灌水季节道路比较潮湿。

2）沟-路-渠布置。道路布置在灌水田块的下端，在斗沟和斗渠之间，如图 9.20 所示。其优点是：道路不与农级沟渠相交，交叉建筑物少，路面平坦；渠靠田，灌水方便；渠离沟较远，渠道渗漏损失少。其缺点是：人机进田需穿越斗级沟渠，需在斗级沟渠上修建较多、较大的桥涵；今后道路拓宽比较困难。

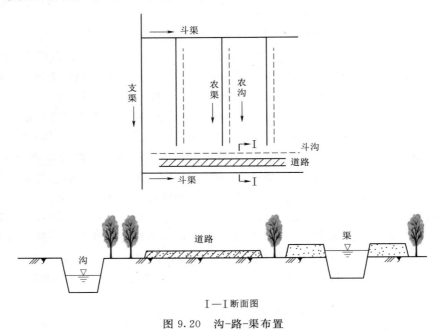

I—I 断面图

图 9.20　沟-路-渠布置

3）路-沟-渠布置。道路布置在灌水田块的下端，在斗沟一侧，如图 9.21 所示。其优点是：道路邻沟离渠，路面干燥，人机下田方便；渠靠田，灌水方便；挖沟修路，以挖作填，节省土方和劳力。其缺点是：道路要穿越所有农沟，需修建较多的桥涵；道路位置较低，多雨季节容易积水受淹；渠靠沟，渠道渗漏损失大。

2. 农田林网工程（Farmland forest network）

农田林网是指以保护农田，避免自然灾害，提高农区生物多样性，改善农村景观，保障农业生产条件和农民生活为主要目的的防护林网，可以防风固沙，改善农田小气候，对农田水分也具有涵养功能，净化农田空气，改善农田周围大气质量。而田间林带则是指以带状形式营造的具有防护作用的树林的总称。

（1）农田防护林带的结构类型。农田防护林带的结构类型主要是指因树种组成、栽植密度、种植点配置方式的不同而形成的外部形态特征。根据林带纵断面类型分为紧密结构、透风结构和稀疏结构。

1）紧密结构的林带。此种林带由主要树种、辅佐树种及灌木树种组成。树冠层次明

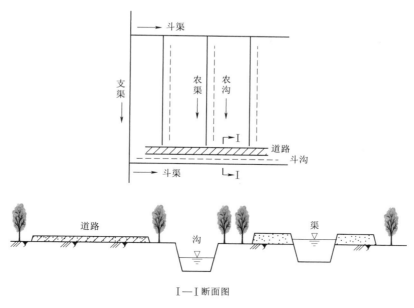

I—I 断面图

图 9.21　路-沟-渠布置

显，上、中、下三层紧密，如图 9.22 所示。由于这种林带在落叶前基本不透风、不透光，适用于干旱、风害极为严重的地区，或用于固定流沙，保护道路，但不适用于一般的农田。

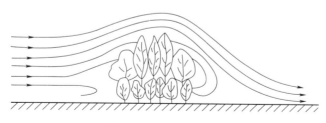

图 9.22　紧密结构林带

2）透风结构的林带。这种林带一般没有灌木，或仅边行有少量灌木。林冠多呈单层、两层，上部紧密不透风也不透光，而下部高度在 1～2m 透风，空隙大，如图 9.23 所示，适用于干旱、风沙危害较轻的一般风害地区。

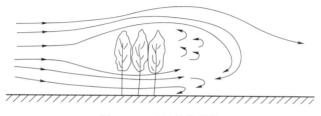

图 9.23　透风结构林带

3）稀疏结构的林带。此种林带林冠层次分明，分二层或三层。整个林带透风透光均匀，如图 9.24 所示。适用于干旱、风害轻微或无风害的地区。

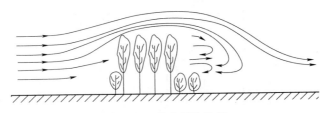

图 9.24　稀疏结构林带

（2）田间林带布置原则。农田林网工程建设应结合土地规划及农业水利工程建设进行规划布置，应满足以下基本原则：

1）农田林网规划设计应因地制宜，充分发挥林地主导功能。

2）要有利于保护和改善农村生态环境，妥善处理农业生产与森林覆盖率提升和农村环境整治之间的关系。

3）农田林网整体布局不得破坏农田基础设施，同时应满足农业生产大型机械作业要求，林网建设尽量减少对农田的遮阴，最大限度减少对农田产量的影响。

（3）田间林带布置方法。田间林带的布置主要是确定林带结构类型、林带走向、林带间距和林带宽度四个要素。

1）林带结构类型。设计农田防护林带应当根据当地自然灾害的特点以及上述不同林带结构的特点和适用条件，因地制宜地确定林带的结构类型。

2）林带走向。林带的方向取决于主害风方向。农田防护林由众多的网格组成，每个网格又由主林带和副林带组成。主林带是起主要防护作用的林带，其定向一般应垂直于主害风方向，一般要求偏离角度不超过 30°，同时尽可能与田间道路、灌排渠道方向一致。副林带起次要作用，其走向应与主林带成直角。

3）林带间距。林带间距的大小应当以发挥最大的防护效果，不过多占用耕地以及便于机械耕作为原则。主林带的间距要根据有效防护距离确定，一般为树高的 20～25 倍，间距为 200～400m。副林带的间距一般要大于主林带的间距，以 500～1000m 为宜。

4）林带宽度。林带必须有一定的宽度才能更好地发挥防护农田的效果，但应根据实际情况综合考虑。通常按主林带宽度 3～6m 栽植 3～5 行乔木、1～2 行灌木，副林带栽植 1～2 行乔木、1 行灌木布置。

9.3.4　土地平整规划（Planning of land leveling）

土地平整是为满足农田耕作、灌排需要而进行的田块修筑和地力保持措施的总称。在实施地面灌溉的地区，为了保证灌溉质量，需进行土地平整，削高填低、连片成方，并改良土壤、适应机械耕作。因此，平整土地是建设高产稳产农田的一项重要措施。

1. 土地平整的原则和要求

土地平整既要符合灌水技术的要求，又要便于耕作和田间管理，其基本原则和要求如下：

（1）土地平整涉及田、林、路、渠、村及作物布局，因此应遵循因地制宜的原则，全面规划，统筹安排。

（2）便于耕作、灌溉和田间管理。应以方田或条田为平整单元，单元的大小应符合前述条田规划的要求；每一平整单元内，经过平整后应达到规定的平整要求。旱作区要求平整后田面坡度应满足灌水技术要求，田块内各点高程应比最末一级固定渠道引水口处的渠底高程低，以利于灌溉和排水。例如，畦灌时的地面坡度以 0.001～0.004 较合适，最大不超过 0.01；沟灌要求地面坡度为 0.003～0.008，最大不超过 0.02。大多数情况下，为了减少土方，尽量使设计的田面坡度接近于原有的地面坡度。对于梯田，为了防止水土流失，常设计成外高内低的反坡，坡度以 0.1％～0.2％ 为宜，在易涝地区，要求在排水方向造成连续的坡降；还应满足一定的平整精度要求，畦田和水稻格田地面平整后高差应小于 5cm，水平畦灌高差应小于 1.5cm，沟灌地面高差小于 10cm。

（3）注意保留熟土层，改良土壤。在挖填土的地方，要注意保留 20～30cm 的熟土层在上面。平整后增施肥料，做到当年施工当年增产。对于一些易板结的重黏土，可结合进行加砂改良。结合平整土地，还可以填沟、平洼、拉直田埂和渠线，扩大耕地面积，改善耕作和水利条件。

2. 机械化平整土地的方法

目前国内外在农田土地机械化平整作业方面采用的方法主要有三种，分别是传统机械平地、激光控制平地和 GPS 或北斗卫星定位控制平地。

（1）传统机械平地，主要采用推土机、平地机、铲运机、装载机和挖掘机等农用工程机械。在平地作业过程中，推土铲的液压装置为手工控制，平地作业过程中操作人员无法准确地控制推土铲的升降高度，土地平整精度较低。但这种方法运移土方量大、费用较低，适合对平整程度差、地面起伏大的原始农田进行粗平作业。

（2）激光控制平地，是一种新型平地技术，既可实现农田精细平整，又能与现代大规模农业生产相适应。

激光控制平地系统主要由拖拉机、激光发射器、激光接收器、控制器、液压控制系统和铲运机具等部分构成，如图 9.25 所示。它是利用激光作为非视觉操平控制手段来控制液压平地机具刀口的升降，避免了常规平地设备因操作人员的目测判断带来的误差。利用激光发射器发出的旋转光束，在作业地块的定位高度上形成一光平面，此光平面就是平地机组作业时平整土地的基准平面，光平面可以呈水平，也可以与水平呈一倾角（用于坡地平整作业）。激光接收器安装在靠近平地铲的桅杆上，从激光束到平地铲铲刃之间的这段固定距离即为标高定位测量的基准。当接收器检测到激光信号后，将其转换为相应的电信号，并不停地将电信号发送给控制箱。控制箱接收到标高变化的电信号后，进行自动修

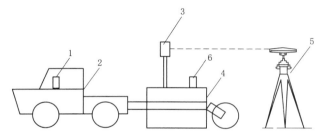

图 9.25　激光控制平地系统

1—控制器；2—拖拉机；3—激光接收器；4—铲运机具；5—激光发射器；6—液压控制系统

正，修正后的电信号控制液压控制阀，以改变液压油输向油缸的流向与流量，自动控制平地铲的高度，使之保持达到定位的标高平面，并随着拖拉机的前进进行平地作业。

由于激光感应控制系统比人工操控的精度和灵敏度高，从而大幅度提高了土地平整作业的精度。

（3）GPS 或北斗卫星定位控制平地。GPS 或北斗卫星定位控制平地系统主要由拖拉机、GPS 或北斗卫星定位基准站、天线、接收器、控制器、车载计算机、液压系统、平地铲等部分组成，如图 9.26 所示。

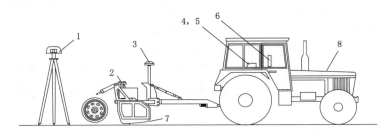

图 9.26　GPS 或北斗卫星定位控制平地系统
1—GPS 或北斗卫星定位基准站；2—液压系统；3—天线；4—接收器；
5—控制器；6—车载计算机；7—平地铲；8—拖拉机

土地平整作业之前，首先需要对平整地块进行三维地形测量，为设计合理的农田平整施工方案提供数据支持。驾驶拖拉机按照一定路径行驶，车载计算机通过 GPS 或北斗卫星定位接收机实时获取农田不同位置的经纬度坐标及高程，并对数据进行分析与处理，计算得到基准高程，即平地设计高程。随后，车载计算机将实时高程与基准高程进行比较，判断位置高低，并通过控制器向液压系统输出相应控制信号，控制平地铲升降。土地平整作业结束后，要对平整后地块再次进行三维地形测量，进行平整前后平地效果对比，对平整工程质量、平地效率以及土地平整精度进行定量评价。目前该技术成本高，而且受其接收机设备精度的影响，土地平整作业精度低于激光控制土地平整。

思 考 与 练 习 题

1．灌溉排水系统由哪几部分组成？各部分的功能如何？

2．灌溉干、支渠布置应遵循什么原则？不同类型灌区干、支渠如何布置？

3．不同类型区干、支渠（沟）系的规划布置的特点有哪些？

4．排水干、支沟的布置原则有哪些？

5．渠（沟）系建筑物有哪些？如何规划？

6．渠道防洪规划的原则有哪些？

7．条田规划包括哪些内容？影响条田规划的因素有哪些？

8．灌溉、排水、防风、机耕对条田规划有哪些要求？

9．斗、农渠（沟）布置一般采用什么方法？什么是相邻布置及相间布置？它们的适用条件如何？

10. 什么是条田内部的纵向布置和横向布置，它们的优缺点及采用条件如何？
11. 田间道路如何规划布置？
12. 渠沟林路布置形式有哪些？各有什么优缺点？
13. 农田林网工程的目的是什么？如何布置？
14. 土地平整的原则和土地平整的方法哪些？

推 荐 读 物

[1] 中华人民共和国住房和城乡建设部. 灌区规划规范：GB/T 50509—2009 [S]. 北京：中国计划出版社，2009.
[2] 戴菊英，尹飞翔. 灌区工程设计与实例 [M]. 郑州：黄河水利出版社，2021.

参 考 文 献

[1] 郭元裕. 农田水利学 [M]. 3 版. 北京：中国水利水电出版社，1997.
[2] 武明仁. 灌溉排水 [M]. 北京：中国农业出版社，1994.
[3] 蔡焕杰，胡笑涛. 灌溉排水工程学 [M]. 3 版. 北京：中国农业出版社，2020.
[4] 史海滨，田军仓，刘庆华，等. 灌溉排水工程学 [M]. 北京：中国水利水电出版社，2006.
[5] 王仰仁. 灌溉排水工程学 [M]. 北京：中国水利水电出版社，2014.
[6] 朱金兆，贺康宁，魏天兴. 农田防护林学 [M]. 北京：中国林业出版社，2010.
[7] 于颖多，焦平金. 滴灌自动化系统设计与运行管理 [M]. 郑州：黄河水利出版社，2017.
[8] 中华人民共和国农业部. 高标准农田建设标准：NYT 2148—2012 [S]. 北京：中国农业出版社，2012.
[9] 中华人民共和国住房和城乡建设部，中华人民共和国国家质量监督检验检疫总局. 灌溉与排水工程设计标准：GB 50288—2018 [S]. 北京：中国计划出版社，2018.
[10] 中华人民共和国水利部. 灌溉与排水渠系建筑物设计规范：SL 482—2011 [S]. 北京：中国水利水电出版社，2011.
[11] 中华人民共和国住房和城乡建设部. 农田防护林工程设计规范：GB/T 50817—2013 [S]. 北京：中国计划出版社，2013.

第 10 章

灌溉渠道系统设计

灌溉渠道担负着引水、输水和配水的任务，具有线路长、工程量大的特点。渠道设计是否合理直接关系工程投资的多少、灌溉效益的大小。如渠道断面过小，输水能力不足；渠道断面过大，水位偏低，自流灌溉面积偏小，还多占耕地加大工程量，造成浪费；渠床冲淤不稳定，将对运行管理造成困难。

10.1 灌溉渠道流量推算
(Calculation of flow in irrigation canal)

如第 7 章灌水率图表征的，连续供水的渠道在整个灌溉季节流量是变化的，设计渠道时，需要从变化的流量中取典型流量作为设计依据，这就是渠道的设计流量、最小流量和加大流量，其中设计流量起着决定性的作用。

10.1.1 渠道的三个特征流量 (Three characteristic flows in the canal)

1. 渠道设计流量

渠道设计流量又称为正常流量。它是在灌溉设计标准条件下，在全年灌溉期内延续时间较长而且是在正常运用情况下的最大流量，通常是根据设计灌水率和灌溉面积进行计算的。它是设计渠道断面和渠系建筑物尺寸的主要依据。其大小与灌溉面积、作物组成、灌溉制度、其他供水需求等以及渠道的工作制度、渠道输水损失等有关。

渠道在输水过程中，有部分流量因渠道渗漏沿途损失，这部分损失的流量称为输水损失流量，渠道设计中，必须计入输水损失流量。净流量与损失流量之和称为渠道的毛流量，也就是渠道的设计流量：

$$Q_{设} = Q_{毛} = Q_{净} + Q_{损} \tag{10.1}$$

式中：$Q_{设}$ 为渠道设计流量，$\mathrm{m^3/s}$；$Q_{毛}$ 为渠道的毛流量，$\mathrm{m^3/s}$；$Q_{净}$ 为渠道净流量，$\mathrm{m^3/s}$；$Q_{损}$ 为渠道输水损失流量，$\mathrm{m^3/s}$。

2. 渠道最小流量

渠道最小流量是指在灌溉设计标准条件下渠道需要通过的最小灌溉流量，通常用 $Q_{最小}$ 表示。以修正灌水率图上的最小灌水率作为计算渠道最小流量的依据。

为了保证对下级渠道正常供水，最小流量 $Q_{最小}$ 与设计流量 $Q_{设}$ 相差不宜过大，否则在用水过程中，有可能因水位不够而造成引水困难。一般规定，渠道最小流量以不小于渠道设计流量的 40% 为宜，渠道最小水深不小于设计水深的 60%。在实际灌水中，如某次灌水定额过小，可适当缩短供水时间，集中供水，使流量大于最小流量。

3. 渠道加大流量

灌溉工程在运行过程中，可能出现一些设计时未能预料到的变化，如灌溉面积扩大，作物种植比例调整，养殖业、乡镇生活和工副业以及生态用水增加，特大干旱年以及气候变化导致的引水量增加等，可能要求增加供水量；或渠道及渠系建筑物发生事故，在事故排除之后，需要增加引水量，以弥补事故影响而少引的水量；或在暴雨期间因降雨而增加渠道的输水流量等。这些情况都要求在设计渠道时留有余地，以保证渠道安全运行，即按加大流量来满足短时间内的输水要求。加大流量是用来确定渠道堤顶高程的依据，同时要按加大流量校核不冲流速。

渠道加大流量的计算是以设计流量为基础，将设计流量乘以"加大系数"，即

$$Q_{加大} = J Q_{设} \tag{10.2}$$

式中：$Q_{加大}$ 为渠道加大流量，$\mathrm{m^3/s}$；J 为渠道流量加大系数，见表 10.1；$Q_{设}$ 为渠道设计流量，$\mathrm{m^3/s}$。

表 10.1　　　　　　　　　　　　　渠道流量加大系数

设计流量/($\mathrm{m^3/s}$)	<1	1～5	5～20	20～50	50～100	100～300	>300
加大系数 J	1.35～1.30	1.30～1.25	1.25～1.20	1.20～1.15	1.15～1.10	1.10～1.05	<1.05

轮灌渠道控制面积较小，轮灌组内各条渠道的输水时间和输水流量可以适当调整，因此，轮灌渠道不考虑加大流量。

在提水灌区，渠首泵站设有备用机组时，干渠的加大流量按备用机组的提水能力而定。

10.1.2　灌溉渠道水量损失计算（Calculation of water loss in irrigation canal）

渠道的水量损失包括渠道水面蒸发损失、渠床渗漏损失、闸门或建筑物漏水和渠道退水等。水面蒸发损失一般不足渗漏损失水量的 5%，在渠道流量计算中常忽略不计。闸门漏水和渠道退水取决于工程质量和用水管理，可以通过提高施工质量、加强管理养护等措施避免，在计算渠道流量损失时不予考虑。通常把渠床渗漏损失水量近似地看作渠道输水总损失水量。渠道渗漏损失水量与渠床土质、地下水埋深、渠道断面结构和水深、渠道输水时间等有关。

在灌区渠道系统规划设计中，常用经验公式和经验系数法估算渠系输水损失水量。

1. 经验公式法

常用的经验公式为

$$\sigma = \frac{A}{100 Q_{净}^{m}} \tag{10.3}$$

式中：σ 为每千米渠道输水损失系数；A 为渠床土壤透水系数；m 为渠床土壤透水指数；$Q_{净}$ 为渠道净流量，$\mathrm{m^3/s}$。

土壤透水性参数 A 和 m 应根据实测资料分析确定，在缺乏实测资料的情况下，可采用表 10.2 中的数值。

表 10.2 土壤透水性参数表

渠床土质	土壤透水性	A	m
黏土	弱	0.70	0.30
重壤土	中弱	1.30	0.35
中壤土	中	1.90	0.40
轻壤土	中强	2.65	0.45
砂壤土	强	3.40	0.50

渠道输水损失流量按式（10.4）计算：

$$Q_损 = \sigma L Q_净 \tag{10.4}$$

式中：$Q_损$ 为渠道输水损失流量，m^3/s；L 为渠道长度，km。

用式（10.4）计算的输水损失流量是在自由渗流条件下的损失流量。如灌区地下水位较高，渠道渗漏受地下水顶托影响，实际渗漏水量将会减小，通常按式（10.5）估算渠道的输水损失流量，即

$$Q'_损 = \gamma Q_损 \tag{10.5}$$

式中：$Q'_损$ 为有地下水顶托影响的渠道输水损失流量，m^3/s；γ 为地下水顶托修正系数，见表 10.3；$Q_损$ 为自由渗流条件下的渠道输水损失流量，m^3/s。

表 10.3 地下水顶托修正系数 γ

渠道净流量 /(m³/s)	地下水埋深/m					
	<3	3	5	7.5	10	15
0.3	0.82	—	—	—	—	
1	0.63	0.79	—	—	—	
3	0.50	0.63	0.82	—	—	
10	0.41	0.50	0.65	0.79	0.91	
20	0.36	0.45	0.57	0.71	0.82	
30	0.35	0.42	0.54	0.66	0.77	0.94
50	0.32	0.37	0.49	0.60	0.69	0.84
100	0.28	0.33	0.42	0.52	0.58	0.73

当采取渠道防渗措施时，其输水损失将随不同的防渗措施有不同程度的减少，此时可用式（10.6）或式（10.7）估算输水损失流量：

$$Q''_损 = \beta Q_损 \quad （无地下水顶托） \tag{10.6}$$

或

$$Q''_损 = \beta Q'_损 \quad （有地下水顶托） \tag{10.7}$$

式中：$Q''_损$ 为采取防渗措施后的输水损失流量，m^3/s；β 为采取防渗措施后渠床渗漏水量的折减系数，见表 10.4；其余符号意义同前。

表 10.4　　　　　　　　全断面衬砌渠道渗漏水量折减系数 *β*

防渗措施	*β*	备注
渠槽翻松夯实（厚度大于 0.5m）	0.30～0.20	
渠槽原状土夯实（影响厚度 0.4m）	0.70～0.50	
灰土夯实、三合土夯实	0.15～0.10	
混凝土护面	0.15～0.05	透水性很强的土壤，挂淤和夯实能使渗水量显著减少，可采取较小的 *β* 值
黏土护面	0.40～0.20	
人工夯填	0.70～0.50	
浆砌石	0.20～0.10	
沥青材料护面	0.10～0.05	
塑料薄膜	0.10～0.05	

2. 经验系数法

水利用系数是衡量灌区工程质量好坏、管理水平和灌水技术水平高低的一个综合性指标。总结已建成灌区的水量实测资料，可以得到各条渠道的毛流量和净流量以及灌入农田的有效水量，经分析计算，可以得出以下 4 个反映水量损失情况的水利用系数，以此作为渠道水量损失计算的经验系数。

（1）渠道水利用系数。渠道的净流量与毛流量的比值称为该渠道的渠道水利用系数，用符号 $\eta_{渠道}$ 表示：

$$\eta_{渠道}=\frac{Q_{净}}{Q_{毛}} \tag{10.8}$$

对任一渠道而言，从水源或上级渠道引入的流量就是它的毛流量，分配给下级各条渠道流量的总和就是它的净流量。渠道水利用系数反映一条渠道的水量损失情况，或反映同一级渠道水量损失的平均情况。

（2）渠系水利用系数。灌溉渠系的所有末级固定渠道放入田间的净流量与该渠系中最上一级渠道引水口处的毛流量的比值称为渠系水利用系数，用符号 $\eta_{渠系}$ 表示。农渠向田间供水的流量就是灌溉渠系的净流量，干渠或总干渠从水源引水的流量就是渠系的毛流量。渠系水利用系数等于各级渠道水利用系数的乘积，即

$$\eta_{渠系}=\eta_{干}\,\eta_{支}\,\eta_{斗}\,\eta_{农} \tag{10.9}$$

渠系水利用系数反映整个渠系的水量损失情况。它不仅反映灌区的自然条件和工程技术状况，还反映灌区的管理水平。提水灌区的渠系水利用系数通常高于自流灌区。

（3）田间水利用系数。实际灌入田间的有效水量（对旱作农田，指储存在计划湿润层中的灌溉水量；对稻田，指储存在格田内的灌溉水量）和末级固定渠道（农渠）放出水量的比值，称为田间水利用系数，用符号 $\eta_{田}$ 表示：

$$\eta_{田}=\frac{A_{农}\,m_{净}}{W_{农净}} \tag{10.10}$$

式中：$A_{农}$ 为农渠的灌溉面积，hm^2；$m_{净}$ 为净灌水定额，m^3/hm^2；$W_{农净}$ 为农渠供给田间的水量，m^3。

田间水利用系数是衡量田间工程状况和灌水技术水平的重要指标。在田间工程完善、灌水技术良好的条件下，旱作农田的田间水利用系数可达 0.9 以上，稻田的田间水利用系数可达 0.95 以上。

（4）灌溉水利用系数。实际灌入农田并储存在作物根系吸水层中的有效水量和渠首引入水量之比值称为灌溉水利用系数，用符号 η_1 表示。它是评价渠系工作状况、灌水技术水平和灌区管理水平的综合指标，按式（10.11）计算：

$$\eta_1 = \frac{Am_净}{W_毛} \quad 或 \quad \eta_1 = \eta_渠系\,\eta_田 \tag{10.11}$$

式中：A 为某次灌水灌区的灌溉面积，hm^2；$m_净$ 为某次灌水的净灌水定额，m^3/hm^2；$W_毛$ 为某次灌水渠首引入的总水量，m^3。

以上这些经验系数的数值与灌区大小、渠床土质和防渗措施、渠道长度、田间工程状况、灌水和供水技术水平以及管理水平等因素有关。在灌区规划设计时，应注意选用条件相近灌区的数值。

根据我国现阶段灌区建设的具体情况，在进行灌区设计时，水稻灌区田间水利用系数不低于 0.95，旱作物灌区田间水利用系数不低于 0.9。渠系水利用系数和灌溉水利用系数可参考表 10.5 选取。

表 10.5　　　　　　　　渠系水利用系数和灌溉水利用系数参考表

灌区类型	大型灌区（>20000hm²）	中型灌区（667~20000hm²）	小型灌区（<667hm²）	地下水灌区
渠系水利用系数	>0.55	>0.65	>0.75	>0.90
灌溉水利用系数	>0.50	>0.60	>0.70	>0.80

注　引自《灌溉与排水工程设计标准》（GB 50288—2018）。

如第 7 章 7.1.2 所述，当灌区还要给养殖业、乡镇生活和工副业供水时，因为供水方式与农作物灌溉相差较大，其水利用系数也有较大差异，养殖业、乡镇生活和工副业需水量与其需要从渠首引入的水量的比例，称为其他供水的水利用系数，用 η_2 表示。η_2 主要与渠（管）道系统、乡镇供水工程状况和工副业用水管理水平等有关，而与田间灌水技术无关，其值一般高于 η_1。当养殖业、乡镇生活和工副业用水量占比较小时，可用 η_1 近似代替灌区水利用系数 $\eta_水$；但当其他用水占比超过 5% 时，应根据灌溉用水量（包括生态用水量）与其他用水量的比例，由 η_1 和 η_2 加权平均计算灌区水利用系数。

10.1.3　渠道的工作制度（Canal working mode）

渠道的工作制度也称渠道的配水方式，一般有续灌和轮灌两种。渠道的工作制度不同，设计流量的推算方法也不同。

1. 续灌

在一次灌水延续时间内，连续输水的渠道称为续灌渠道，把对应的这种工作方式称为续灌。续灌方式具有灌水时间长、渠道流量小、断面小、工程量小、输水损失较大等特点。为使各用水单位收益均衡，避免因水量过分集中而造成灌水组织和生产安排的困难，一般灌溉面积较大的灌区，干、支渠多采用续灌，但有些灌区的干支渠也采用分组集中分段轮灌。

2. 轮灌

同一级渠道在一次灌水延续时间内，轮流供水的工作方式称为轮灌。实行轮灌的渠道称为轮灌渠道。实行轮灌时，同时工作的渠道长度短、缩短了各条轮灌渠道的输水时间、集中了输水流量，从而减少了输水损失，但是，加大了轮灌渠道的设计流量，也就增加了渠道和渠道建筑物的工程量，所以一般较大灌区，只在斗、农渠实行轮灌。

实行轮灌时，渠道分组轮流输水，分组方式可归纳为集中分组和插花分组两种。

(1) 集中分组。将邻近的几条渠道分为一组，上级渠道按组轮流供水，如图10.1 (a) 所示。采用这种分组方式，上级渠道的工作长度较短，输水损失水量较小。但相邻几条渠道可能同属一个生产单位，会引起灌水工作紧张。

(2) 插花分组。将同级渠道按编号的奇数或偶数分别分组，上级渠道按组轮流供水，如图 10.1 (b) 所示。这种分组方式的优缺点恰好和集中分组的优缺点相反。

考虑到作物一次灌水的时间、农业生产条件和群众用水习惯等因素，轮灌组数目不宜过多，一般以 2～3 组为宜，并应使各轮灌组灌溉面积相近，以利配水。

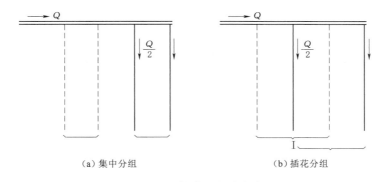

(a) 集中分组　　　　　　　　　(b) 插花分组

图 10.1　轮灌组划分方式

10.1.4　灌溉渠道设计流量推算 (Calculation of design flow in irrigation canal)

对于大、中型灌区，由于支渠数量多，如果逐条推算各条渠道的设计流量，工作量很大。为了简化计算，通常选择一条或几条有代表性的典型支渠（作物种植比例、土壤性质、灌溉面积等影响渠道流量的主要因素具有代表性），推算典型支渠及其以下斗、农渠的设计流量，计算典型支渠范围内的渠系水利用系数 $\eta_{支渠系水}$ 和灌溉水利用系数 $\eta_{支水}$，然后以此作为扩大指标或依据，进而推算其他相似各支渠的取水口的设计流量。推求各级渠道设计流量的步骤如下：

1. 调查收集资料

首先应了解各级渠道的控制面积、作物组成、灌区的设计灌水率、土壤类型以及透水特性参数，以及除灌溉以外的其他需水等情况。

2. 推求典型支渠及支渠以下各级渠道设计流量

(1) 选择渠道工作方式。以图 10.2 为例，支渠为末级续灌渠道，斗、农渠轮灌，轮灌组划分方式为集中编组，支渠以下同时工作的斗渠有 n 条，每条斗渠下同时工作的农

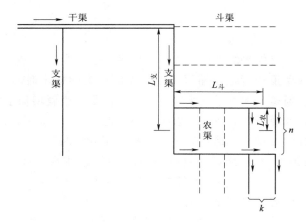

图 10.2　渠道工作方式与工作长度

渠有 k 条，则支渠以下同时工作的农渠有 nk 条。支、斗、农渠最大工作长度分别为 $L_支$、$L_斗$、$L_农$。$L_农$ 可取农渠长度的 $1/2$，$L_斗$ 和 $L_支$ 分别为自斗渠进口或支渠进口至最远一组轮灌组的平均位置处的长度。

由于轮灌渠道不是在整个灌水延续时间内连续输水，而是将上一级续灌渠道的流量分组轮流使用，因此，不能直接根据设计灌水率和灌溉面积自下而上地推算渠道设计流量。常用的方法是：根据轮灌组划分情况自上而下逐级分配末级续灌渠道（一般为支渠）的田间净流量，再自下而上逐级计入输水损失水量，推算各级渠道的设计流量。

（2）自上而下分配上一级续灌渠道的田间净流量。

1）计算支渠的田间净流量。支渠是连续供水，由支渠向下配水直接给田间的净流量 $Q_{支田净}$ 可按式（10.12）计算：

$$Q_{支田净}=\frac{A_支\,q_d}{100} \tag{10.12}$$

式中：$Q_{支田净}$ 为支渠的田间净流量，m^3/s；$A_支$ 为支渠的灌溉面积，hm^2；q_d 为设计灌水率，$m^3/(s \cdot 100hm^2)$。

2）计算支渠分配到每条农渠的田间净流量。斗、农渠为轮灌渠道，由于轮灌工作的渠道由上级渠道（支渠）集中供水，其设计流量不直接决定于本身的控制面积大小，而取决于上级渠道（支渠）供水流量的大小及同时工作的轮灌渠道数目。所以，由支渠配给每一条农渠的田间净流量应为

$$Q_{农田净}=\frac{Q_{支田净}}{nk} \tag{10.13}$$

式中：$Q_{农田净}$ 为农渠的田间净流量，m^3/s。

如果同一级轮灌渠道中各条渠道的控制面积不相等，就不能按上述平均分配净流量的方法进行，斗、农渠的田间净流量应按各条轮灌渠道所要灌溉的净面积占轮灌组灌溉面积的比例分配净流量。

（3）自下而上推算各级渠道的设计流量。

1）计算农渠的净流量：由农渠的田间净流量计入田间损失水量，求得农渠的净流量，即

$$Q_{农净}=\frac{Q_{农田净}}{\eta_田} \tag{10.14}$$

2）推算各级渠道的设计流量（毛流量）：由农渠的净流量自下而上逐级计入各级渠道输水损失，得到各级渠道的毛流量，即设计流量。毛流量的推算有以下两种方法：

　　a. 经验公式法：根据渠道净流量、渠床土质和渠道长度计算：

$$Q_{毛} = Q_{净}(1 + \sigma L) \tag{10.15}$$

式中：$Q_{毛}$ 为渠道的毛流量，m^3/s；$Q_{净}$ 为渠道的净流量，m^3/s；σ 为每千米渠道损失系数；L 为最下游一个轮灌组灌水时渠道的平均工作长度，km。

　　b. 经验系数法：根据渠道的净流量和渠道水利用系数计算：

$$Q_{毛} = \frac{Q_{净}}{\eta_{渠道}} \tag{10.16}$$

　　若采用经验公式法，依据式（10.15），农渠的毛流量为

$$Q_{农毛} = Q_{农净}(1 + \sigma_{农} L_{农}) \tag{10.17}$$

斗渠的毛流量为

$$Q_{斗毛} = Q_{斗净}(1 + \sigma_{斗} L_{斗}) = k Q_{农毛}(1 + \sigma_{斗} L_{斗}) \tag{10.18}$$

最后推得支渠的毛流量为

$$Q_{支毛} = Q_{支净}(1 + \sigma_{支} L_{支}) = n Q_{斗毛}(1 + \sigma_{支} L_{支}) \tag{10.19}$$

则可以求得典型支渠范围内的渠系水利用系数 $\eta_{支渠系水}$ 和灌溉水利用系数 $\eta_{支水}$：

$$\begin{cases} \eta_{支渠系水} = \dfrac{Q_{农净}\, nk}{Q_{支毛}} \\[2mm] \eta_{支水} = \dfrac{Q_{支净}}{Q_{支毛}} \end{cases} \tag{10.20}$$

　　3. 推求其他支渠的设计流量

　　当其他支渠与典型支渠条件相差不大时，可用求得的典型支渠的 $\eta_{支水}$ 由式（10.21）得到其他相似各支渠的设计流量：

$$Q_{其他支} = \frac{q_d A_{其他支}}{100 \eta_{支水}} \tag{10.21}$$

当条件相差太大时，应分别推求。

　　以上是斗、农渠控制面积相等，作物种植比例相同情况下的流量推算方法，如同级渠道控制的面积不等，自上而下分配净流量的方法是，对斗渠在一次轮灌中，各组之间按所要灌溉的面积比例分配轮灌时间，在组内对农渠可按各轮灌渠道所要灌溉的面积比例分配轮灌流量。

　　4. 干渠各渠段设计流量推算

　　干、支渠一般为续灌渠道，干渠渠道流量较大，上、下游流量相差很大，在求得各支渠取水口的毛流量后，要求分段推算设计流量，各渠段采用不同的断面。另外，续灌渠道的输水时间都等于灌区灌水延续时间，可以直接由下级渠道的毛流量推算上级渠道的毛流量。所以，干渠渠道设计流量的推算方法是自下而上逐级、逐段进行推算。

　　由于渠道水利用系数的经验值是根据渠道全部长度的输水损失情况统计出来的，它反映出不同流量在不同渠段上运行时输水损失的综合情况，而不能代表某个具体渠段的水量损失情况。所以，在分段推算续灌渠道设计流量时，一般不用经验系数估算输水损失水量，而用经验公式估算。具体推算方法以图 10.3 为例说明如下：

　　图中表示的渠系有 1 条干渠和 4 条支渠，各支渠的毛流量分别为 Q_1、Q_2、Q_3、Q_4，

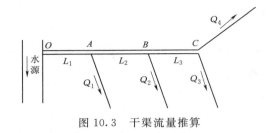

图 10.3 干渠流量推算

支渠取水口把干渠分成 3 段，各段长度分别为 L_1、L_2、L_3，各段的设计流量分别为 Q_{OA}、Q_{AB}、Q_{BC}，计算公式如下：

$$Q_{BC}=(Q_3+Q_4)(1+\sigma_3 L_3) \qquad (10.22)$$

$$Q_{AB}=(Q_{BC}+Q_2)(1+\sigma_2 L_2) \qquad (10.23)$$

$$Q_{OA}=(Q_{AB}+Q_1)(1+\sigma_1 L_1) \qquad (10.24)$$

【例 10.1】 已知某灌区总灌溉面积 $A_总=4853.33\text{hm}^2$。每块条田的有效面积 $A_{条田}=23.33\text{hm}^2$，一个条田内种植一种作物。干渠全长 17km，从干渠分出 4 条支渠，长度及控制灌溉面积见表 10.6，渠系布置如图 10.4 所示。灌区内主要作物为冬小麦、玉米、油菜，灌溉临界期各作物相应的灌水定额分别为 $900\text{m}^3/\text{hm}^2$、$750\text{m}^3/\text{hm}^2$、$600\text{m}^3/\text{hm}^2$；灌区设计灌水率为 $0.045\text{m}^3/(\text{s}\cdot100\text{hm}^2)$，沿渠土质为中黏壤土，田间水利用系数 $\eta_田=0.95$。试推求各级渠道的设计流量和灌溉水利用系数。

表 10.6　　　　　　　　　　支渠长度及其控制灌溉面积表

项目	一支	二支	三支	四支	合计
长度/km	3.2	4	3.6	5.6	
灌溉面积/hm²	840	1400	1120	1493.33	4853.33

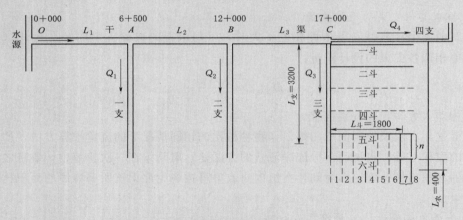

图 10.4 某灌区灌溉渠系布置（单位：m）

【解】 步骤 1：确定渠道的工作方式。干、支渠实行续灌，斗、农渠实行轮灌，以三支渠为典型，推算各级渠道的设计流量；确定同时工作的斗、农渠数，支渠下各斗渠控制条田数均为 8 块，且灌溉面积相等（每块条田均为 23.33hm^2），同时工作的斗渠有两条（$n=2$），每条斗渠同时给两条农渠（$k=2$）供水。

步骤 2：计算支渠及其所属农渠应送到田间的净流量。支渠配到田间的净流量为

$$Q_{支田净}=q_d A_支/100=0.045\times1120/100=0.504(\text{m}^3/\text{s})$$

由于三支渠内各农渠控制的灌溉面积相等，故每条农渠配给田间的净流量为

$$Q_{农田净}=Q_{支田净}/(nk)=0.504/(2\times2)=0.126(\text{m}^3/\text{s})$$

步骤 3：计算农渠的净流量。考虑田间水量损失，取田间水利用系数 $\eta_{田}=0.95$，则农渠的净流量为

$$Q_{农净}=\frac{Q_{农田净}}{\eta_{田}}=\frac{0.126}{0.95}=0.133(\mathrm{m^3/s})$$

步骤 4：计算农渠的设计流量和渠道水利用系数。因沿渠为中黏壤土，查表知：$A=1.9$，$m=0.4$；$L_{农}=0.8/2=0.4\mathrm{km}$。则农渠毛流量为

$$Q_{农毛}=Q_{农净}(1+\sigma_{农}L_{农})=Q_{农净}\left(1+\frac{A}{100Q_{农净}^m}\times L_{农}\right)$$

$$=0.133\times\left(1+\frac{1.9}{100\times0.133^{0.4}}\times0.4\right)=0.135(\mathrm{m^3/s})$$

则，农渠的渠道水利用系数为

$$\eta_{农}=\frac{Q_{农净}}{Q_{农毛}}=\frac{0.133}{0.135}=0.985$$

步骤 5：计算斗渠设计流量和渠道水利用系数。取 $L_{斗}=1.8\mathrm{km}$（图 10.4），根据已定轮灌方式，$Q_{斗净}=kQ_{农毛}=2\times0.135=0.270(\mathrm{m^3/s})$，$A=1.9$，$m=0.4$，则

$$Q_{斗毛}=Q_{斗净}(1+\sigma_{斗}L_{斗})=Q_{斗净}\left(1+\frac{A}{100Q_{斗净}^m}\times L_{斗}\right)$$

$$=0.270\times\left(1+\frac{1.9}{100\times0.270^{0.4}}\times1.8\right)=0.286(\mathrm{m^3/s})$$

则，斗渠的渠道水利用系数为

$$\eta_{斗}=\frac{Q_{斗净}}{Q_{斗毛}}=\frac{0.270}{0.286}=0.944$$

步骤 6：计算支渠的设计流量和渠道水利用系数。据 $Q_{支净}=n\times Q_{斗毛}=2\times0.286=0.572(\mathrm{m^3/s})$，$A=1.9$，$m=0.4$，支渠工作长度 $L_{支}$ 为支渠进口至最近一组轮灌组的平均位置处的长度，即：取 $L_{支}=3.2\mathrm{km}$（图 10.4），得支渠毛流量为

$$Q_3=Q_{支毛}=Q_{支净}(1+\sigma_{支}L_{支})=Q_{支净}\left(1+\frac{A}{100Q_{支净}^m}\times L_{支}\right)$$

$$=0.572\times\left(1+\frac{1.9}{100\times0.572^{0.4}}\times3.2\right)=0.615(\mathrm{m^3/s})$$

则，支渠的渠道水利用系数为

$$\eta_{支}=\frac{Q_{支净}}{Q_{支毛}}=\frac{0.572}{0.615}=0.930$$

步骤 7：计算支渠的灌溉水利用系数：

$$\eta_{支水}=\eta_{支}\eta_{斗}\eta_{农}\eta_{田}=0.930\times0.944\times0.985\times0.95=0.821$$

步骤 8：推求其他支渠的设计流量。

第一，确定各支渠配到田间的净流量。因各支渠控制面积不等，所以可分别求出各支渠的田间净流量：

一支渠 $Q_{1支田净}=0.045\times840/100=0.378(\mathrm{m^3/s})$

二支渠 $Q_{2支田净}=0.045\times1400/100=0.63(\mathrm{m^3/s})$

四支渠 $Q_{4支田净}=0.045\times1493.33/100=0.672(\mathrm{m^3/s})$

第二，确定各支渠的灌溉水利用系数。因属同一灌区，条件相似，可将典型支渠（三支渠）的灌溉水利用系数作为扩大指标，即一、二、四支渠采用与三支渠相同的灌溉水利用系数 $\eta_{支水}=0.821$。

第三，用渠系灌溉水利用系数求得各支渠的设计流量：

一支渠的设计流量 $Q_1 = \dfrac{Q_{1支田净}}{\eta_{支水}} = \dfrac{0.378}{0.821} = 0.46 \, (\mathrm{m^3/s})$

二支渠的设计流量 $Q_2 = \dfrac{Q_{2支田净}}{\eta_{支水}} = \dfrac{0.63}{0.821} = 0.77 \, (\mathrm{m^3/s})$

四支渠的设计流量 $Q_4 = \dfrac{Q_{4支田净}}{\eta_{支水}} = \dfrac{0.672}{0.821} = 0.82 \, (\mathrm{m^3/s})$

步骤9：推算干渠各段的设计流量。

第一，推算 BC 段的设计流量：

据 $Q_{BC净} = Q_3 + Q_4 = 0.615 + 0.82 = 1.435 \, (\mathrm{m^3/s})$，$A = 1.9$，$m = 0.4$，$L_3 = 5\mathrm{km}$，则

$$Q_{BC毛} = Q_{BC净}(1 + \sigma_{BC}L_3) = 1.435 \times \left(1 + \frac{1.9}{100 \times 1.435^{0.4}} \times 5\right) = 1.55 \, (\mathrm{m^3/s})$$

第二，推算 AB 段的设计流量：

据 $Q_{AB净} = Q_{BC毛} + Q_2 = 1.55 + 0.77 = 2.32 \, (\mathrm{m^3/s})$，$A = 1.9$，$m = 0.4$，$L_2 = 5.5\mathrm{km}$，则

$$Q_{AB毛} = Q_{AB净}(1 + \sigma_{AB}L_2) = 2.32 \times \left(1 + \frac{1.9}{100 \times 2.32^{0.4}} \times 5.5\right) = 2.49 \, (\mathrm{m^3/s})$$

第三，推算 OA 段的设计流量：

据 $Q_{OA净} = Q_{AB毛} + Q_1 = 2.49 + 0.46 = 2.95 \, (\mathrm{m^3/s})$，$A = 1.9$，$m = 0.4$，$L_1 = 6.5\mathrm{km}$，则

$$Q_{OA毛} = Q_{OA净}(1 + \sigma_{OA}L_1) = 2.95 \times \left(1 + \frac{1.9}{100 \times 2.95^{0.4}} \times 6.5\right) = 3.19 \, (\mathrm{m^3/s})$$

步骤10：计算灌溉水利用系数：

$$\eta_1 = \frac{q_d A_{总}/100}{Q_{OA毛}} = \frac{0.045 \times 4853.33/100}{3.19} = 0.685$$

【答】 该灌区三支渠及其以下的斗渠、农渠的设计流量分别为 $0.615\mathrm{m^3/s}$、$0.286\mathrm{m^3/s}$、$0.135\mathrm{m^3/s}$；一、二、四支渠的设计流量分别为 $0.46\mathrm{m^3/s}$、$0.77\mathrm{m^3/s}$、$0.82\mathrm{m^3/s}$；干渠 OA、AB、BC 各段的设计流量分别为 $3.19\mathrm{m^3/s}$、$2.49\mathrm{m^3/s}$、$1.55\mathrm{m^3/s}$；灌溉水利用系数为 0.685。

10.2　灌溉渠道纵横断面设计
(Longitudinal and cross section design of irrigation canal)

灌溉渠道设计流量确定之后，便可据此进行渠道纵横断面的设计。纵横断面设计的主要要求，一是具有足够的水位，以使整个灌溉面积均可实施自流灌溉；二是使渠道有足够

的输水能力，并具有稳定的渠床。渠道纵、横断面的设计是互相制约、互相关联的，两者相互交替，反复计算比较，从中找出一个合理的满足纵横断面各自要求又互相统一的设计方案。为了叙述方便，将渠道设计分为横断面结构设计与纵断面结构设计两部分予以介绍。

10.2.1　灌溉渠道横断面设计（Cross section design of irrigation canal）

1. 渠道横断面的形状

（1）按断面几何形状划分。渠道按断面几何形状划分，常见的断面形式有梯形断面、矩形断面、复合型断面、弧形底梯形断面、弧形坡脚梯形断面、U 形断面等，如图 10.5所示。

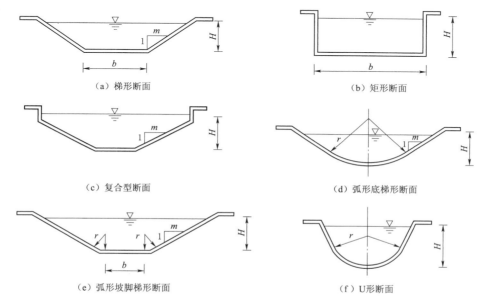

（a）梯形断面　　　　　　　　　　　　（b）矩形断面

（c）复合型断面　　　　　　　　　　　（d）弧形底梯形断面

（e）弧形坡脚梯形断面　　　　　　　　（f）U形断面

图 10.5　渠道横断面形式

渠道的断面形式依据土壤性质和施工材料进行选用。矩形断面和 U 形断面渠道一般用于小型渠道，梯形断面渠道具有较好的水力性能，是最为常见的断面形式。弧形底梯形断面或弧形坡脚梯形断面适应冻胀变形的能力较强，能在一定程度上减轻冻胀变形的不均匀性，在北方地区的大中型渠道上应用较多。在村镇及人员密集区，可采用暗渠，安全性高、水流不易被污染。

（2）按渠道填挖方划分。

1）全挖方渠道断面。当渠道穿过局部高地时，可修建挖方渠道，挖方渠道行水安全，便于管理，一般输水渠道（如干渠）多采用这种断面形式。为了防止坡面径流的侵蚀、渠坡坍塌以及便于施工和管理，除正确选择边坡系数外，当渠道挖深大于 5m 时，应每隔3～5m 高度设置一道平台。第一级平台的高程和渠岸（顶）高程相同，平台宽度约 1.5～2.0m。在平台内侧应设置集水沟，汇集坡面径流，并使之经过沉沙井和陡槽集中进入渠道，如图 10.6 所示。挖深大于 10m 时，不仅施工困难，边坡也不易稳定，应改用隧洞等。第一级平台以上的渠坡根据干土的抗剪强度而定，可尽量陡一些。

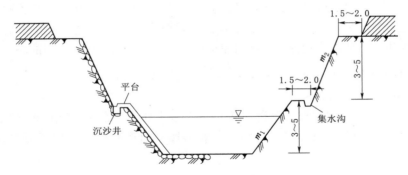

图 10.6　全挖方渠道横断面（单位：m）

m_1、m_2—边坡系数

2）全填方渠道断面。全填方渠道易于溃决和滑坡，因此要特别注意选择合适的边坡系数和注意施工质量。填方高度大于 3m 时，应通过稳定分析确定边坡系数，有时需在外坡脚处设置排水反滤体。填方高度很大时，需在外坡设置平台。位于不透水层上的填方渠道，当填方高度大于 5m 或高于 2 倍设计水深时，一般应在渠堤内加设纵横排水槽。填方渠道会发生沉陷，施工时应预留沉陷高度，一般增加设计填高的 10%。在渠底高程处，堤宽应等于 5～10 倍的渠道水深 h，根据土壤的透水性能而定。全填方渠道断面结构如图 10.7 所示。

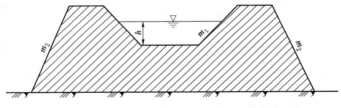

图 10.7　全填方渠道横断面

3）半挖半填渠道。半挖半填渠道断面如图 10.8 所示，挖方部分为筑堤提供土料，填方部分为挖方弃土提供场所，渠道工程费用少，当挖方量等于填方量（考虑沉陷影响，外加 10%～30% 的土方量）时，工程费用最少。挖填土方相等时的挖方深度 x 可按式（10.25）计算：

$$(b+m_1 x)x = (1.1\sim1.3)\times 2a\left(d+\frac{m_1+m_2}{2}a\right) \tag{10.25}$$

式中：a 为填方高度，m；b 为渠道底宽，m；d 为填方渠堤顶宽度，m；m_1 为渠道内边坡系数；m_2 为渠堤外坡边坡系数。系数 1.1～1.3 是考虑土体沉陷面增加的填方量，砂质土取 1.1，壤土取 1.15，黏土取 1.2，黄土取 1.3。

为了保证渠道的安全稳定，半挖半填渠道堤底的宽度 B 应满足以下条件：

$$B \geqslant 10(h-x) \tag{10.26}$$

式中：h 为渠道水深，m。

在山区修建盘山渠也常采用这种半挖半填断面形式。为了增加边坡的稳定性，减少渗漏损失，防止滑塌失事，一般正常水位不高于挖方断面，如图 10.9 所示。

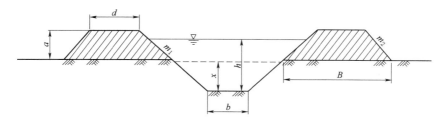

图 10.8　半挖半填断面

2. 灌溉渠道横断面设计原理

渠道横断面设计的主要内容是通过水力计算确定渠道横断面的结构型式与尺寸。为方便设计、施工和管理，渠道在一定长度的渠段内一般采用同样的断面形式、断面尺寸以及渠底比降，并且有大体一致的渠床粗糙度，符合明渠均匀流的水流条件。因此，灌溉渠道可以按明渠均匀流公式设计。

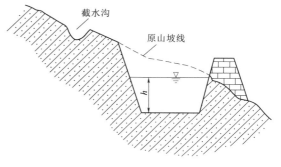

图 10.9　山区盘山渠道横断面图

明渠均匀流的基本公式为

$$V = C\sqrt{Ri} \tag{10.27}$$

式中：V 为渠道平均流速，m/s；C 为谢才系数，$\text{m}^{0.5}/\text{s}$；R 为水力半径，m；i 为渠底比降。

谢才系数常用曼宁公式计算：

$$C = \frac{1}{n}R^{1/6} \tag{10.28}$$

式中：n 为渠床糙率。

渠道设计流量为

$$Q = AC\sqrt{Ri} \tag{10.29}$$

式中：Q 为渠道设计流量，m^3/s；A 为渠道过水断面面积，m^2。

（1）渠道设计依据。渠道设计的依据除输水流量外，还有渠底比降、渠床糙率、渠道边坡系数、渠道断面的宽深比以及渠道的不冲不淤流速等。

1）渠底比降，是指在坡度均一的渠段内，渠段首末端渠底高差与渠段长度的比值。比降选择是否合理关系工程造价和控制面积，应根据渠道沿线的地面坡度、下级渠道进水口的水位要求、渠床土质、水源含沙量、渠道设计流量大小等因素，参考当地灌区管理运用经验，选择适宜的渠底比降。为了减少工程量，应尽可能选用和地面坡度相近的渠底比降。一般随着设计流量的逐级减小，渠底比降应逐级增大。干渠及较大支渠的上、下游流量相差很大时，可采用不同的比降，上游平缓，下游较陡。清水渠道易产生冲刷，比降宜缓，如安徽淠史杭灌区输水渠道的比降为 1/10000～1/28000。浑水渠道容易淤积，比降应适当加大，如河南人民胜利渠灌区的渠底比降为 1/1000～1/6000。提水灌区的渠道应在满足泥沙不淤的条件下尽量选择平缓的比降，以减小提水扬程和供水成本。黄土地区从多泥沙河流引水的渠道，满足不淤条件的渠底比降可参考原陕西省水利科学研究所的经验公式确定：

$$i = 0.275 n^2 \frac{(\rho_0 \omega)^{3/5}}{Q^{1/4}} \tag{10.30}$$

式中：ρ_0 为水流的饱和挟沙能力，$\mathrm{kg/m^3}$；ω 为泥沙平均沉速，$\mathrm{mm/s}$；其余符号意义同前。

在设计中，可参考表 10.7、表 10.8 先初选一个比降，计算渠道的过水断面尺寸，再按不冲流速、不淤流速进行校核，如不满足水位和稳定要求，再修改比降，重新计算。

表 10.7　　　　　　　　　　　　　山丘区渠道比降参考表

渠道类别	流量范围/(m³/s)	渠底比降
土渠	>10	1/5000~1/10000
	1~10	1/2000~1/5000
	<1	1/1000~1/2000
石渠	1/500~1/1000	

表 10.8　　　　　　　　　　　　　平原区渠道比降参考表

渠道名称	干渠	支渠	斗渠	农渠
渠道比降	1/10000~1/20000	1/5000~1/10000	1/3000~1/5000	1/1000~1/2000

2）渠床糙率 n，是反映渠床粗糙程度的参数。该值是否切合实际，直接影响设计成果的精度。如果取值大于实际值，设计的渠道断面就偏大，不仅增加了工程量，而且会因实际水位低于设计水位而影响下级渠道的进水。如果取值小于实际值，设计的渠道断面就偏小，输水能力不足，影响灌区供水。糙率值的正确选择不仅要考虑渠床土质和施工质量，还要估计建成后的管理养护情况。表 10.9 中的数值可供参考。

表 10.9　　　　　　　　　　　　　　　　渠床糙率 n

渠道类型	渠槽特征	灌溉渠道	泄（退）水渠道
土渠	流量大于 20m³/s		
	平整顺直，养护良好	0.0200	0.0225
	平整顺直，养护一般	0.0225	0.0250
	渠床多石，杂草丛生，养护较差	0.0250	0.0275
	流量 1~20m³/s		
	平整顺直，养护良好	0.0225	0.0250
	平整顺直，养护一般	0.0250	0.0275
	渠床多石，杂草丛生，养护较差	0.0275	0.0300
	流量小于 1m³/s		
	渠床弯曲，养护一般	0.0250	0.0275
	支渠以下的固定渠道	0.0275	0.0300
	渠床多石，杂草丛生，养护较差	0.0300	0.0350

渠道类型		渠槽特征	灌溉渠道	泄（退）水渠道
石渠		经过良好修整	0.0250	
		经过中等修整无凸出部分	0.0300	
		经过中等修整有凸出部分	0.0330	
		未经修整有凸出部分	0.0350～0.0450	
防渗衬砌渠槽	砌石	浆砌料石、石板	0.0150～0.0230	
		浆砌块石	0.0200～0.0250	
		干砌块石	0.0250～0.0330	
		浆砌卵石	0.0230～0.0275	
		干砌卵石，砌工良好	0.0250～0.0325	
		干砌卵石，砌工一般	0.0275～0.0375	
		干砌卵石，砌工粗糙	0.0325～0.0425	
	膜料	土料保护层	0.0225～0.0275	
	沥青混凝土	机械现场浇筑，表面光滑	0.0120～0.0140	
		机械现场浇筑，表面粗糙	0.0150～0.0170	
		预制板砌筑	0.0160～0.0180	
	混凝土	抹光的水泥砂浆面	0.0120～0.0130	
		金属模板浇筑，平整顺直，表面光滑	0.0120～0.0140	
		刨光木模板浇筑，表面一般	0.0150	
		表面粗糙，缝口不齐	0.0170	
		修整及养护较差	0.0180	
		预制板砌筑	0.0160～0.0180	
		预制渠槽	0.0120～0.0160	
		平整的喷浆面	0.0150～0.0160	
		不平整的喷浆面	0.0170～0.0180	
		波状断面的喷浆面	0.0180～0.0250	

3）渠道边坡系数 m，是反应渠道横断面边坡倾斜程度的一个指标，其值等于边坡在水平方向的投影长度和在垂直方向投影长度的比值。m 值的大小关系渠道边坡的稳定，以及渠道的工程量、占地、输水损失等。要根据渠床土壤质地和渠道深度等条件选择适宜的数值。大型渠道的边坡系数应通过土工试验和稳定分析确定；中小型渠道的边坡系数根据经验选定，梯形断面水深小于或等于 3m 的挖方渠道可参考表 10.10 确定。填方渠道填方高度小于或等于 3m 时，其内、外边坡最小边坡系数可按表 10.11 确定。

4）渠道断面的宽深比 α，是渠道底宽 b 和水深 h 的比值，即 $\alpha = b/h$。宽深比对渠道工程量大小、施工难易和渠床稳定都有很大影响。选择时既要考虑工程量、输水能力，又要考虑满足稳定、施工和通航等方面的要求。

表 10.10 挖方渠道最小边坡系数表

渠床条件	水深 h/m			渠床条件	水深 h/m		
	<1	$1\sim2$	$2\sim3$		<1	$1\sim2$	$2\sim3$
稍胶结的卵石	1.00	1.00	1.00	中壤土	1.25	1.25	1.50
夹砂的卵石和砾石	1.25	1.50	1.50	轻壤土、砂壤土	1.50	1.50	1.75
黏土、重壤土	1.00	1.00	1.25	砂土	1.75	2.00	2.25

表 10.11 填方渠道最小边坡系数表

渠床条件	流量 $Q/(m^3/s)$							
	>10		$10\sim2$		$2\sim0.5$		<0.5	
	内坡	外坡	内坡	外坡	内坡	外坡	内坡	外坡
黏土、重壤土、中壤土	1.25	1.00	1.00	1.00	1.00	1.00	1.00	1.00
轻壤土	1.50	1.25	1.00	1.00	1.00	1.00	1.00	1.00
砂壤土	1.75	1.50	1.50	1.25	1.50	1.25	1.25	1.25
砂土	2.25	2.00	2.00	1.75	1.75	1.50	1.50	1.50

a. 工程量最小。在渠道比降和渠床糙率一定的条件下，通过某一流量所需要的最小断面称为水力最优断面。采用水力最优断面的宽深比可使渠道工程量最小。梯形渠道水力最优断面的宽深比为

$$\alpha_0 = 2(\sqrt{1+m^2} - m) \qquad (10.31)$$

式中：α_0 为梯形渠道水力最优断面的宽深比；m 为梯形渠道的边坡系数。

根据式（10.31）可计算不同边坡系数相应的水力最优断面的宽深比，见表 10.12。

表 10.12 $m - \alpha_0$ 关系表

边坡系数 m	0	0.25	0.50	0.75	1.00	1.25	1.50	1.75	2.00	3.00
α_0	2.00	1.56	1.24	1.00	0.83	0.70	0.61	0.53	0.47	0.32

水力最优断面具有工程量最小的优点，小型渠道和石方渠道可以采用。但对大型渠道来说，窄深式的水力最优断面开挖深度大，可能受地下水影响，施工困难，而且渠道流速可能超过允许不冲流速，影响渠床稳定。所以，大型渠道常采用宽浅断面。可见，水力最优断面仅仅指输水能力最大的断面，不一定是最优的断面，渠道设计断面的最佳形式还要根据渠床稳定要求、施工难易等因素确定。

b. 断面稳定。窄深式的渠道断面容易产生冲刷，宽浅式的断面又容易淤积，二者都会使渠床变形。稳定断面的宽深比应满足渠道不冲不淤要求，它与渠道流量、水流含沙量、渠底比降等因素有关。在确定渠道断面时应结合当地已建成渠道运行的经验，比降小的渠道应选较小的宽深比，以增大水力半径，加快水流速度；比降大的渠道应选较大的宽深比，以减小流速，防止渠床冲刷。多地的科研工作者对灌溉渠道稳定断面的宽深比做了大量的研究工作，提出了不少的经验公式。

陕西省提出在多泥沙河道引水的渠道能保持断面稳定的渠道的横断面尺寸有下列关系：

水深：$\qquad h = \beta Q^{1/3}$　（系数 $\beta = 0.58 \sim 0.94$，一般可用 0.76）　　　　(10.32)

宽深比：当 $Q < 1.5\text{m}^3/\text{s}$ 时，　$\alpha = N_1 Q^{1/10} - m$　　　　　(10.33)

$\qquad\qquad$ 当 $Q = 1.5 \sim 50\text{m}^3/\text{s}$ 时，$\alpha = N_2 Q^{1/4} - m$　　　　(10.34)

其中：$N_1 = 2.35 \sim 3.25$，一般采用 2.8；$N_2 = 1.8 \sim 3.4$，一般采用 2.6。

对于一般的渠道，稳定渠槽平均情况符合下列关系式：

水深：$\qquad h = \beta Q^{1/3}$　（$\beta = 0.7 \sim 1.0$，一般可用 0.85）　　　(10.35)

宽深比：$\qquad \alpha = 3 Q^{1/4} - m$　　　　　　　(10.36)

从这些关系式可以看到，稳定渠槽的宽深比与设计流量有密切的关系，流量越大，宽深比越大。对于较小流量的渠道，其稳定渠槽的宽深比可直接采用表 10.13 中的数值。

表 10.13　　　　　　　　　　　　稳定宽深比参考数值

流量 $Q/(\text{m}^3/\text{s})$	<1	1~3	3~5	5~10	10~30	30~60
宽深比 α	1~2	1~3	2~4	3~5	5~7	6~10

c. 有利通航。有通航要求的渠道，应根据船舶吃水深度、船舶所需的水面宽度以及通航的流速要求等确定渠道的断面尺寸。渠道水面宽度应大于船舶宽度的 2.6 倍，船底以下水深应不小于 30cm。

5）渠道的不冲不淤流速。在稳定渠道中，允许的最大平均流速称为临界不冲流速，简称不冲流速，用 $v_{\text{不冲}}$ 表示；允许的最小平均流速称为临界不淤流速，简称不淤流速，用 $v_{\text{不淤}}$ 表示。在设计流量下，渠道的实际流速若大于不冲流速，渠道就会发生冲刷；若小于不淤流速，渠道便会淤积。为了保持渠道的纵向稳定，渠道的设计流速应符合以下条件：

$$v_{\text{不淤}} < v_{\text{设计}} < v_{\text{不冲}} \qquad\qquad (10.37)$$

a. 渠道的不冲流速。水在渠道中流动时，具有一定的能量，这种能量随水流速度的增加而增加，当流速增加到一定程度时，渠床上的土粒就会随水流移动，渠床土粒将要移动而尚未移动时的水流速度称为渠道的不冲流速。

渠道不冲流速和渠床土壤性质、水流含沙量、渠道断面水力要素等因素有关，应通过试验确定，或参考已建成渠道的运行经验而定。一般土质渠道的允许不冲流速为 $0.6 \sim 1.0\text{m/s}$，可参考表 10.14 数值。

表 10.14　　　　　　　　　　　　土质渠道的允许不冲流速

土质	允许不冲流速/(m/s)	土质	允许不冲流速/(m/s)	备注
轻壤土	0.60~0.80	重壤土	0.70~0.95	干容重为
中壤土	0.65~0.85	黏土	0.75~1.00	$1.3 \sim 1.7\text{t/m}^3$

注　表中所列允许不冲流速值为水力半径 $R = 1.0\text{m}$ 时的情况；当 $R \neq 1.0\text{m}$ 时，表中所列数值应乘以 R^a，指数 a 值可按下列情况采用：疏松的壤土、黏土，$a = 1/4 \sim 1/3$；中等密实和密实的壤土、黏土，$a = 1/5 \sim 1/4$。

土质渠道的不冲流速也可用 C·A·吉尔什坎公式计算：

$$v_{\text{不冲}} = K Q^{0.1} \qquad\qquad (10.38)$$

式中：$v_{\text{不冲}}$ 为渠道不冲流速，m/s；K 为根据渠床土壤性质而定的允许不冲流速系数，见表 10.15。

表 10.15　　　　　　　　　　渠床土壤允许不冲流速系数 *K* 值

非黏聚性土	*K*	黏聚性土	*K*
中砂土	0.45～0.50	砂壤土	0.53
粗砂土	0.50～0.60	轻黏壤土	0.57
小砾石	0.60～0.75	中黏壤土	0.62
中砾石	0.75～0.90	重黏壤土	0.68
大砾石	0.90～1.00	黏土	0.75
小卵石	1.00～1.30	重黏土	0.85
中卵石	1.30～1.45		
大卵石	1.45～1.60		

有衬砌护面的渠道的不冲流速，比土渠大得多，如混凝土护面的渠道允许最大流速可达 12m/s。但考虑到渠床的稳定，仍应限制衬砌渠道的允许最大流速在较小的数值。美国垦务局建议，无钢筋的混凝土衬砌渠道的流速不应超过 2.5m/s，因为流速太大的水流遇到裂缝和缝隙时，流速水头就转化为压能，会破坏衬砌。我国《灌溉与排水工程设计标准》（GB 50288—2018）建议的防渗衬砌渠道允许不冲流速见表 10.16。

b. 渠道的不淤流速。渠道水流的挟沙能力随流速的减小而减小，当流速小到一定程度时，部分泥沙就开始在渠道内淤积，泥沙将要沉积而尚未沉积时的水流速度称为渠道的不淤流速。渠道不淤流速主要取决于渠道水流含沙量和断面水力要素，在缺乏实际研究成果时，可选用有关经验公式计算，但要注意各自的应用条件。黄河水利科学研究院提出的不淤流速计算公式为

$$v_{不淤} = C_0 Q^{0.5} \tag{10.39}$$

式中：$v_{不淤}$ 为渠道不淤流速，m/s；C_0 为不淤流速系数，随渠道流量和宽深比而变，见表 10.17。

表 10.16　　　　　　　　　　防渗衬砌渠道允许不冲流速

防渗衬砌结构类别		允许不冲流速/(m/s)	防渗衬砌结构类别		允许不冲流速/(m/s)
砌石	干砌卵石（挂淤）	2.50～4.00	膜料（土料保护层）	黏土	<0.70
	浆砌石（单层）	2.50～4.00		砂砾料	<0.90
	浆砌石（双层）	3.50～5.00	沥青混凝土	现场浇筑	<3.00
	浆砌料石	4.00～6.00		预制铺砌	<2.00
	浆砌石板	<2.5	混凝土	现场浇筑	<8.00
膜料（土料保护层）	砂壤土、轻壤土	<0.45		预制铺砌	<5.00
	中壤土	<0.60		喷射法施工	<10.00
	重壤土	<0.75			

表 10.17　　　　　　　　　　　不淤流速系数 C_0 值

渠道设计流量和宽深比		C_0
$Q>10\text{m}^3/\text{s}$		0.2
$Q=5\sim10\text{m}^3/\text{s}$	$b/h>2.0$	0.2
	$b/h<2.0$	0.4
$Q<5\text{m}^3/\text{s}$		0.4

式 (10.39) 适用于黄河流域含沙量为 $1.32\sim83.8\text{kg/m}^3$、泥沙平均沉降速度为 $0.0085\sim0.32\text{m/s}$ 的渠道。

含沙量很小的清水渠道虽无泥沙淤积威胁，但为了防止渠道长草，影响输水能力，对渠道的最小流速仍有一定限制，通常要求渠道的设计平均流速宜控制在 $0.6\sim1.0\text{m/s}$，但不应小于 0.4m/s。清、浑水两用土渠的平均流速应按冲淤平衡渠道设计。

（2）渠道水力计算方法。在渠道的设计参数确定之后，便可进行水力计算。它的任务是以上述依据为已知条件，确定渠道的过水断面水深 h 和底宽 b 等尺寸及有关水力要素。

1）一般梯形断面。因为在明渠均匀流的计算式（10.27）中，水力半径 R 隐含 b 和 h 两个未知数，可用试算法求解渠道的断面尺寸，具体步骤如下：

a. 假设一对 b、h 值：一般先假设一个整数的 b 值，再选择适当的宽深比 α，用公式 $h=b/\alpha$ 计算相应的水深 h 值。

b. 计算渠道过水断面的水力要素：根据假设的 b、h 值计算相应的过水断面面积 A、湿周 P、水力半径 R 和谢才系数 C，计算公式如下：

$$A=(b+mh)h \tag{10.40}$$

$$P=b+2h\sqrt{1+m^2} \tag{10.41}$$

$$R=\frac{A}{P} \tag{10.42}$$

c. 用式（10.29）计算渠道流量：$Q=AC\sqrt{Ri}$。

d. 校核渠道流量：由于试算出来的渠道流量是假设断面所具有的输水能力，一般不等于渠道的设计流量。试算的目的就是通过修改假设的断面尺寸，使它的输水能力和设计流量相等或相近，一般要求误差不超过 5%，即选用的渠道断面尺寸应满足校核条件：

$$\left|\frac{Q_\text{设}-Q}{Q_\text{设}}\right|\leqslant0.05 \tag{10.43}$$

在试算过程中，如果计算流量和设计流量相差不大时，只需修改 h 值；二者相差很大时，就要修改 b、h 值。为了减少重复次数，常用图解法配合使用，在底宽不变的条件下，用 3 次以上的试算结果绘制 h-Q 关系曲线，在曲线图上查出渠道设计流量 $Q_\text{设}$ 相应的水深 h 作为设计水深 $h_\text{设}$，如图 10.10 所示。

e. 校核渠道流速：

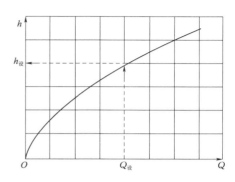

图 10.10　渠道的 h-Q 关系曲线

$$v_{设} = \frac{Q_{设}}{A} \tag{10.44}$$

渠道的设计流速应满足式（10.37）提到的校核条件：$v_{不淤} < v_{设} < v_{不冲}$，如不满足流速校核条件，就要改变渠道的底宽 b 值和渠道断面的宽深比，重复以上计算步骤，直到满足为止。

【例 10.2】 某灌溉渠道采用梯形断面，设计流量 $Q_{设} = 3.2\text{m}^3/\text{s}$，边坡系数 $m = 1.5$，渠道比降 $i = 0.0005$，渠床糙率系数 $n = 0.025$，渠道不冲流速为 0.8m/s，该渠道为清水渠道，无防淤要求，为了防止长草，最小允许流速为 0.4m/s。试求渠道过水断面尺寸。

【解】 步骤 1：初设 $b = 2\text{m}$，$h = 1\text{m}$，作为第一次试算的渠道底宽和水深。

步骤 2：计算渠道断面各水力要素。

根据式（10.40）～式（10.42）及式（10.28）：

$$A = (b + mh)h = (2 + 1.5 \times 1) \times 1 = 3.5(\text{m}^2)$$

$$P = b + 2h\sqrt{1 + m^2} = 2 + 2 \times 1 \times \sqrt{1 + 1.5^2} = 5.61(\text{m})$$

$$R = \frac{A}{P} = \frac{3.5}{5.61} = 0.624(\text{m})$$

$$C = \frac{1}{n}R^{1/6} = \frac{1}{0.025} \times 0.624^{1/6} = 36.98(\text{m}^{1/2}/\text{s})$$

步骤 3：由式（10.29）计算渠道输水流量 Q：

$$Q = AC\sqrt{Ri} = 3.5 \times 36.98 \times \sqrt{0.624 \times 0.0005} = 2.286(\text{m}^3/\text{s})$$

步骤 4：校核渠道输水能力：

$$\frac{Q_{设} - Q}{Q_{设}} = \frac{3.2 - 2.286}{3.2} = 0.286 > 0.05$$

从上看出，流量校核不满足要求，需更换 h 值，重新计算。再假设 $h = 1.1\text{m}$、1.15m、1.22m，按上述步骤进行计算，将结果列于表 10.18。

表 10.18 渠道过水断面水力要素计算结果

h/m	A/m	P/m	R/m	$C/(\text{m}^{1/2}/\text{s})$	$Q/(\text{m}^3/\text{s})$
1.0	3.50	5.61	0.624	36.98	2.286
1.1	4.02	5.97	0.673	37.45	2.760
1.15	4.28	6.15	0.697	37.66	3.012
1.22	4.67	6.40	0.730	37.96	3.390

按表 10.18 中的计算结果绘制 $h - Q$ 关系曲线（图 10.11），从曲线上查得：$Q_{设} = 3.2\text{m}^3/\text{s}$ 时，相应的设计水深 $h_{设} = 1.185\text{m}$。

步骤 5：校核渠道流速：

$$v_{设} = \frac{Q_{设}}{A} = \frac{3.2}{(2 + 1.5 \times 1.185) \times 1.185} = 0.715(\text{m/s})$$

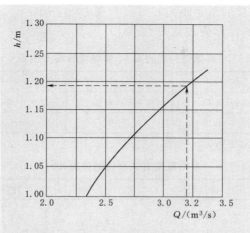

图 10.11　渠道的 h-Q 关系曲线

设计流速满足校核条件：$0.4 < v_{设} < 0.8$。所以，渠道设计过水断面的尺寸是：$b_{设} = 2.0$m，$h_{设} = 1.185$m。

【答】渠道过水断面底宽 $b_{设}$ 为 2.0m，设计水深 $h_{设}$ 为 1.185m。

2）水力最优梯形断面。在渠道比降和渠床糙率一定的条件下，通过设计流量所需要的最小过水断面称为水力最优断面。采用水力最优梯形断面时，可按以下步骤计算：

a. 计算渠道的设计水深。由梯形渠道水力最优断面的宽深比公式和明渠均匀流流量公式推得水力最优断面的渠道设计水深为

$$h_{设} = 1.189 \left[\frac{nQ}{(2\sqrt{1+m^2} - m)\sqrt{i}} \right]^{3/8} \tag{10.45}$$

b. 计算渠道的设计底宽：

$$b_{设} = \alpha_0 h_{设} \tag{10.46}$$

式中：$b_{设}$ 为渠道的设计底宽，m；α_0 为梯形渠道断面的最优宽深比。

c. 校核渠道流速。流速计算和校核方法与采用一般断面时相同。如设计流速不满足校核条件时，说明不宜采用水力最优断面形式。

3）U 形断面的水力计算。U 形断面接近水力最优断面，具有较大的输水输沙能力，占地较少，省工省料，而且由于整体性好，抵抗基土冻胀破坏的能力较强。因此，U 形断面受到普遍欢迎，在我国已广泛使用。U 形断面多采用混凝土现场浇筑或混凝土预制拼装。

图 10.12 为 U 形断面示意图，下部为半圆形，上部为稍向外倾斜的直线段。直线段下切于半圆，外倾角 $\alpha = 5° \sim 20°$，随渠槽加深而增大。较大的 U 形渠道采用较宽浅的断面。深宽比 $H/B = 0.65 \sim 0.75$，较小的 U 形渠道则宜窄深一点，深宽比可增大到 $H/B = 1.0$。

U 形渠道的衬砌超高 b_1 和渠堤超高

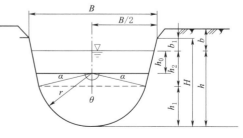

图 10.12　U 形断面示意图

399

b（堤顶或岸边到加大水位的垂直距离）可参考表 10.19 确定。

U 形断面有关参数的计算公式见表 10.20。

表 10.19 　　　　　　　　U 形渠道衬砌超高 b_1 和渠堤超高 b 值表

加大流量/(m³/s)	<0.5	0.5～1.0	1.0～10	10～30
b_1/m	0.1～0.15	0.15～0.2	0.2～0.35	0.35～0.5
b/m	0.2～0.3	0.3～0.4	0.4～0.6	0.6～0.8

注　衬砌体顶端以上土堤超高一般用 0.2～0.3m。

表 10.20 　　　　　　　　　　　U 形断面有关参数的计算公式

名称	符号	已知条件	计算式
过水断面	A	r、α、h_2	$\dfrac{r^2}{2}\left[\pi\left(1-\dfrac{\alpha}{90°}\right)-\sin 2\alpha\right]+h_2(2r\cos\alpha+h_2\tan\alpha)$
湿周	P	r、α、h_2	$\pi r\left(1-\dfrac{\alpha}{90°}\right)+\dfrac{2h_2}{\cos\alpha}$
水力半径	R	A、P	$\dfrac{A}{P}$
上口宽	B	r、α、H	$2\{r\cos\alpha+[H-r(1-\sin\alpha)]\tan\alpha\}$
直线段外倾角	α	r、B、H	$\tan^{-1}\dfrac{B/2}{H-r}+\cos^{-1}\dfrac{r}{\sqrt{(B/2)^2+(H-r)^2}}-90°$
圆心角	θ	r、B、H	$360°-2\left[\tan^{-1}\dfrac{B/2}{H-r}+\cos^{-1}\dfrac{r}{\sqrt{(B/2)^2+(H-r)^2}}\right]$
圆弧段高度	h_1	r、α	$r(1-\sin\alpha)$
圆弧段以上水深	h_2	r、α、h	$h-r(1-\sin\alpha)$
水深	h	r、α、h_2	$h_2+r(1-\sin\alpha)$
衬砌渠槽高度	H	h、b_1	$h+b_1$

U 形断面水力计算的任务是根据已知的渠道设计流量 Q、渠床糙率 n 和渠道比降 i，求圆弧半径 r 和水深 h。设计计算步骤如下：

a. 确定圆弧以上的水深 h_2。圆弧以上水深 h_2 和圆弧半径 r 有以下经验关系：

$$h_2=N_\alpha r \tag{10.47}$$

式中：N_α 为直线段外倾角为 α 时的系数，$\alpha=0$ 时的系数用 N_0 表示。直线段的外倾角 α 和 N_0 值都随圆弧半径而变化，见表 10.21。

表 10.21 　　　　　U 形渠道断面直线段的外倾角 α 和 N_0 值随圆弧半径的变化

r/cm	15～30	30～60	60～100	100～150	150～200	200～250
α/(°)	5～6	6～8	8～12	12～15	15～18	18～20
N_0	0.65～0.35	0.35～0.30	0.30～0.25	0.25～0.20	0.20～0.15	0.15～0.10

为了保持圆心以上的水深与 $\alpha=0$ 时相同，则应遵守以下关系：

$$N_\alpha=N_0+\sin\alpha \tag{10.48}$$

b. 求圆弧的半径 r。将已知的有关数值代入明渠均匀流的基本公式，就可得到圆弧半径的计算式：

$$r = \frac{\left[\pi\left(1-\dfrac{\alpha}{90°}\right)+\dfrac{2N_\alpha}{\cos\alpha}\right]^{1/4}\left(\dfrac{nQ}{\sqrt{i}}\right)^{3/8}}{\left[\dfrac{\pi}{2}\left(1-\dfrac{\alpha}{90°}\right)+(2N_\alpha-\sin\alpha)\cos\alpha+N_\alpha^2\tan\alpha\right]^{5/8}} \tag{10.49}$$

或

$$r = \frac{\left(\theta+\dfrac{2N_\alpha}{\cos\alpha}\right)^{1/4}\left(\dfrac{nQ}{\sqrt{i}}\right)^{3/8}}{\left[\dfrac{\theta}{2}+(2N_\alpha-\sin\alpha)\cos\alpha+N_\alpha^2\tan\alpha\right]^{5/8}} \tag{10.50}$$

式中：θ 为圆弧的圆心角，rad；Q 为渠道的设计流量，$\mathrm{m^3/s}$；r 为圆弧半径，m；α 为直线段的倾斜角，(°)。

c. 求渠道水深 h。由表 10.20 可知 $h_1 = r(1-\sin\alpha)$，于是有

$$h = h_1 + h_2 = r(1-\sin\alpha)+N_\alpha r = r(N_\alpha+1-\sin\alpha) \tag{10.51}$$

d. 校核渠道流速。计算过水断面面积：

$$A = \frac{r^2}{2}\left[\pi\left(1-\frac{\alpha}{90°}\right)-\sin2\alpha\right]+h_2(2r\cos\alpha+h_2\tan\alpha) \tag{10.52}$$

计算断面平均流速：
$$v = \frac{Q}{A}$$

该断面平均流速应满足不冲不淤要求。

【例 10.3】 某斗渠采用混凝土 U 形断面，$Q=0.8\mathrm{m^3/s}$，$n=0.014$，$i=1/2000$。试计算过水断面的圆弧半径 r 和水深 h。

【解】 步骤 1：计算圆弧半径 r。根据经验估计 $r=60\sim80\mathrm{cm}$，经查表 10.21，选择 $\alpha=10°$，$N_0=0.3$，利用式（10.48）得 $N_\alpha=N_0+\sin\alpha=0.3+\sin10°=0.474$。

圆心角：$\theta=180°-20°=160°=2.793(\mathrm{rad})$

由式（10.50）计算圆弧半径：

$$r = \frac{\left(\theta+\dfrac{2N_\alpha}{\cos\alpha}\right)^{1/4}\left(\dfrac{nQ}{\sqrt{i}}\right)^{3/8}}{\left[\dfrac{\theta}{2}+(2N_\alpha-\sin\alpha)\cos\alpha+N_\alpha^2\tan\alpha\right]^{5/8}}$$

$$= \frac{\left(2.793+\dfrac{2\times0.474}{\cos10°}\right)^{1/4}\left(\dfrac{0.014\times0.8}{\sqrt{0.0005}}\right)^{3/8}}{\left[\dfrac{2.793}{2}+(2\times0.474-\sin10°)\cos10°+0.474^2\tan10°\right]^{5/8}} = 0.657(\mathrm{m})$$

步骤 2：计算渠道水深。依据式（10.51）和式（10.47）以及表 10.20 有

$$h = r(N_\alpha+1-\sin\alpha)=0.657\times(0.474+1-\sin10°)=0.854(\mathrm{m})$$
$$h_1 = r(1-\sin\alpha)=0.657\times(1-\sin10°)=0.543(\mathrm{m})$$
$$h_2 = N_\alpha r=0.474\times0.657=0.311(\mathrm{m})$$

步骤 3：计算过水断面面积和渠道流速。由式（10.52）知：

$$A = \frac{r^2}{2}\left[\pi\left(1-\frac{\alpha}{90°}\right)-\sin2\alpha\right]+h_2(2r\cos\alpha+h_2\tan\alpha)$$

$$= \frac{0.657^2}{2}\times\left[3.1416\times\left(1-\frac{10°}{90°}\right)-\sin20°\right]+0.311\times(2\times0.657\times\cos10°$$

$$+0.311\times\tan10°)=0.949(\mathrm{m^2})$$

渠道流速：
$$v = \frac{Q}{A} = \frac{0.8}{0.949} = 0.843 (\text{m/s})$$

该流速值能满足混凝土渠道不冲不淤要求。

【答】 该斗渠的水断面的圆弧半径 r 为 0.657m，水深 h 为 0.854m。

前面几种渠道水力计算方法适用于清水渠道或含沙量不多的渠道断面设计。而对于从多泥沙河流引水的渠道，其设计情况比较复杂。因为这些引水河流一般夏季水浑，冬季水清，一年中来水的含沙量变化很大；而且渠道含沙量很大时的允许不淤流速 $v_{不淤}$ 常大于渠道含沙量很小时的允许不冲流速 $v_{不冲}$，所以，在确定这类渠道的设计流速 $v_{设}$ 时，如果以夏季不淤为标准，即 $v_{设} \geqslant v_{不淤}$，到了冬季，由于 $v_{设} > v_{不冲}$ 就会引起冲刷；同样，若以冬季不冲为标准，即 $v_{设} \leqslant v_{不冲}$，到了夏季，就会发生淤积。要解决这个矛盾，可设法使夏季的淤积量与冬季的冲刷量基本相等，允许渠道有时冲刷，有时淤积，但是在一定期间内（一年或若干年），使渠道保持冲淤平衡，这就是冲淤平衡的渠道设计思想。

（3）渠道过水断面以上部分的有关尺寸。

1）渠道加大水深。加大水深是渠道通过加大流量 $Q_{加大}$ 时的水深。计算加大水深时，渠道设计底宽 b_{d} 已经确定，明渠均匀流流量公式中只包含一个未知数，但由于公式形式复杂，通常还是用试算法，其计算的方法步骤与设计水深的方法相同。

如果采用水力最优断面，可近似用式（10.45）直接求解，只需将式中的 $h_{设}$ 和 Q 换成 $h_{加大}$ 和 $Q_{加大}$。

2）安全超高。为了防止风浪引起渠水漫溢，保证渠道安全运行，挖方渠道的渠岸和填方渠道的堤顶应高于渠道的加大水位，要求高出的数值称为渠道的安全超高，通常用经验公式计算。《灌溉与排水工程设计标准》（GB 50288—2018）建议按式（10.53）计算渠道的安全超高 Δh：

$$\Delta h = \frac{1}{4} h_{加大} + 0.2 \tag{10.53}$$

3）堤顶宽度。为了便于管理和保证渠道安全运行，挖方渠道的渠岸和填方渠道的堤顶应有一定的宽度，以满足交通和渠道稳定的需要。渠岸和堤顶的宽度可按式（10.54）计算：

$$D = h_{加大} + 0.3 \tag{10.54}$$

式中：D 为渠岸或堤顶宽度，m；$h_{加大}$ 为渠道的加大水深，m。

现行《灌溉与排水工程设计标准》（GB 50288—2018）规定，万亩以上灌区干、支渠堤顶宽度不应小于 2m，斗渠、农渠不宜小于 1m。

如果渠堤与主要交通道路结合，渠岸或堤顶宽度应根据交通道路要求确定。

10.2.2 渠道纵断面设计（Longitudinal section design of irrigation canal）

渠道既要能通过设计流量，又要满足水位控制高程的要求。渠道纵断面设计的任务，就是根据供水水位要求确定渠道的空间位置，包括设计水位高程、渠底高程、堤顶高程、最小水位等。

下面以某水库灌区渠系平面布置为例，如图 10.13 所示，说明渠道的纵断面设计。

1. 灌溉渠道水位推算

为了满足自流供水的要求，各级渠道入口处都应具有足够的水位。这个水位是根据灌

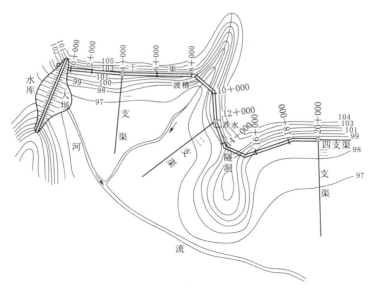

图 10.13　某水库灌区渠系平面布置

溉面积上控制点的高程加上各种水头损失，自下而上逐级推算出来的。现绘出上述实例的简图进行说明，如图 10.14 所示。

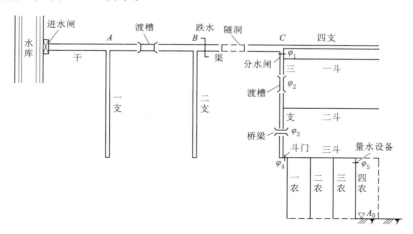

图 10.14　某水库灌区渠系平面布置概化

以 $H_{进}$ 表示支渠分水口要求的控制水位，则

$$H_{进}=A_0+\Delta h+\sum Li+\sum\varphi \tag{10.55}$$

式中：$H_{进}$ 为渠道进水口处的设计水位，m；A_0 为渠道灌溉范围内控制点的地面高程，m。控制点是指较难灌到水的地面，在地形均匀变化的地区，控制点选择的原则是：如沿渠地面坡度大于渠道比降，渠道进水口附近的地面最难控制；反之，渠尾地面最难控制；Δh 为控制点地面与附近末级固定渠道设计水位的高差，一般取 0.1～0.2m；L 为渠道的长度，m；i 为渠道的比降；φ 为水流通过渠系建筑物的局部水头损失，m，可参考表 10.22 选取。

表 10.22 　　　　　　　　　　　　渠道建筑物局部水头损失参考值　　　　　　　　　　　单位：m

渠别	控制面积	进水闸	节制闸	渡槽	倒虹吸	公路桥
干渠	$6667\sim26667hm^2$	0.1～0.2	0.10	0.15	0.40	0.05
支渠	$667\sim4000hm^2$	0.1～0.2	0.07	0.07	0.30	0.03
斗渠	$200\sim267hm^2$	0.05～0.015	0.05	0.05	0.20	0
农渠		0.05				

式（10.55）可用来推算任一条渠道进水口处的设计水位，推算不同渠道进水口设计水位时所用的控制点不一定相同，要在各条渠道控制的灌溉面积范围内选择相应的控制点。

如果各支渠分水口要求的水位高程 $H_{(1)}$、$H_{(2)}$、$H_{(3)}$、$H_{(4)}$ 确定后，便可参照水源引水高程、干渠比降，试定干渠的设计水位，如图 10.15 所示。为了满足所有支渠分水口要求的水位，根据初步拟定的干渠比降，可定出干渠设计水位线①线，但当水源引水高程不能满足由各支渠分水口水位推出的干渠渠首水位时，就需设法调整干渠水位线，可采用以下两种方法：

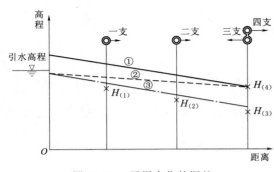

图 10.15　干渠水位的调整

（1）保持原干渠比降，放弃分水口水位较高的支渠（如四支渠）内部分高地的自流灌溉，干渠设计水位线改为图 10.15 中的③线。

（2）将干渠比降改缓，使干渠设计水位线（图 10.15 中的②线）既能满足各支渠引水要求，又不超过水源引水高程，这种做法的优点是能保证全灌区自流灌溉，但将干渠比降改缓后，工程量将增加，且对自多沙河流引水的干渠来水，易发生淤积，故需要重新设计干渠断面，并校核流速。

2. 渠道纵断面的水位衔接

在渠道设计中，常遇到建筑物引起的局部水头损失和渠道分水处上、下级渠道水位要求不同以及上下游不同渠段间水位不一致等问题。

（1）不同渠段间的水位衔接。由于渠段沿途分水，渠道流量逐段减小，在渠道设计中经常出现相邻渠段间水深不同的情况，上游水深，下游水浅。处理办法有以下三种：

1）如果上、下渠段设计流量相差很小时，可调整渠道横断面的宽深比，在相邻两渠段间保持同一水深。

2）在水源水位较高的条件下，下游渠段按设计水位和设计水深确定渠底高程，并向上游延伸，画出上游渠段新的渠底线，再根据上游渠段的设计水深和新的渠底线，画出上游渠段新的设计水位线。

3）在水源水位较低、灌区地势平缓的条件下，既不能降低下游的设计水位高程，也不能抬高上游的设计水位高程时，不得不用抬高下游渠底高程的办法维持要求的设计水位。在上、下两渠段交界处渠底出现一个台阶,破坏了均匀流的条件,在台阶上游会引起泥沙淤积,这种做法应尽量避免。为了减少不利影响,下游渠底升高的高度不应大于 20cm。

(2) 建筑物前后的水位衔接。渠道上的交叉建筑物 (渡槽、隧洞、倒虹吸等) 一般都有阻水作用,会产生水头损失,在渠道纵断面设计时,必须予以充分考虑。如建筑物较短,可将进、出口的局部水头损失和沿程水头损失累加起来 (通常采用经验数值),在建筑物的中心位置集中扣除。如建筑物较长,则应按建筑物的位置和长度分别扣除其进、出口的局部水头损失和沿程水头损失。

当沿渠地面坡度很陡或有突然变化时,在满足下一级渠道所要求的控制高程的条件下,可以布置跌水或陡坡,如图 10.13 中 12+000 处的跌水,跌水上、下游水位相差较大,由下落的弧形水舌光滑连接。但在纵断面图上可以简化,只画出上、下游渠段的渠底和水位,在跌水所在位置处用垂线连接。

(3) 上、下级渠道的水位衔接。在渠道分水口处,上、下级渠道的水位应有一定的落差,以满足分水闸的局部水头损失。渠道分水口的水位衔接,通常有两种处理方案:第一种方案是,上级渠道按正常流量通过时,下级渠道按正常流量取水,并以此确定下级渠道的渠底高程。在这种情况下,当上级渠道通过最小流量时,下级渠道的取水就得不到保证,必须修建节制闸抬高上级渠道的最小水位到从原来的 $H_{最小}$ 到 H_0',使闸前后的水位相差 δ,才能使下级渠道取得最小流量,如图 10.16 (a) 所示;第二种方案是,上级渠道通过最小流量,下级渠道也引取最小流量,并以此确定下级渠道的渠底高程 (相应的上下游水位差为 δ)。但在通过设计流量时,上、下级渠道之间将会有较大的水位差 ΔH,这时就要用分水闸 (开启不同的高度) 来控制进入下一级渠道的设计流量,如图 10.16 (b) 所示。

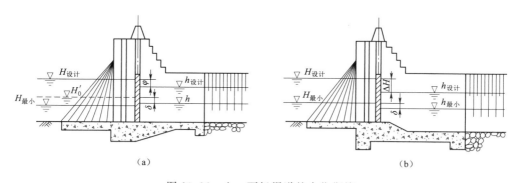

图 10.16　上、下级渠道的水位衔接

(4) 在下级渠道进行轮灌的情况下,如支渠向斗渠分水,斗渠的斗门和斗渠渠底高程按上、下级渠道同时通过设计流量设计。当支渠中的流量小于设计流量时,应依靠节制闸抬高水位,进行轮灌。设计时,最好使一个节制闸控制几个斗门分水,壅水曲线可近似地按水平线向上游延伸,误差不会太大,壅水段的堤顶高程要比经节制闸壅高后的水位高0.2m 以上,以便确保渠段安全,如图 10.17 所示。

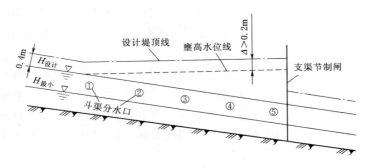

图 10.17 斗渠轮灌时，上下级渠道的水位衔接
①～⑤—斗渠分水口

3. **渠道纵断面图的绘制**

渠道纵断面图包括沿渠地面高程线、渠道设计水位线、渠道最低水位线、渠底高程线、堤顶高程线、分水口位置、渠道建筑物位置及其水头损失等，如图 10.18 所示。绘制的基本步骤如下：

(1) 绘制沿渠地面高程线。建立直角坐标系，横坐标表示桩号，纵坐标表示高程。根据渠道中心线的水准测量成果（桩号和地面高程）按一定的比例点绘出地面高程线。

(2) 标绘分水口和建筑物的位置。在地面高程线的上方，用不同符号标出各分水口和建筑物的位置。

(3) 绘制渠道设计水位线。参照水源或上一级渠道的设计水位、沿渠地面坡度、各分水点的水位要求和渠道建筑物的水头损失，确定渠道的设计比降，绘出渠道的设计水位线。该设计比降作为横断面水力计算的依据。如横断面设计在先，绘制纵断面图时所确定的渠道设计比降和横断面水力计算时所用的渠道比降一致，如二者相差较大，难以采用横断面水力计算所用比降时，应以纵断面图上的设计比降为准，重新设计横断面尺寸。所以，渠道的纵断面设计和横断面设计要交错进行，互为依据。

(4) 绘制渠底高程线。在渠道设计水位线以下，以渠道设计水深 h 为间距，绘制平行于设计水位的渠底高程线。

(5) 绘制渠道最低水位线。从渠底线向上，以渠道最小水深（渠道设计断面通过最小流量时的水深）为间距，绘制平行于渠底的最低水位线。

(6) 绘制堤顶高程线。从渠底线向上，以加大水深（渠道设计断面通过加大流量时的水深）与安全超高之和为间距，绘制平行于渠底的堤顶高程线。

(7) 标注桩号和高程。在渠道纵断面的下方画一表格（图 10.18），把分水口和建筑物所在位置的桩号、地面高程线突变处的桩号和高程、设计水位线和渠底高程线突变处的桩号和高程以及相应的最低水位和堤顶高程，标注在表格内相应的位置上。桩号和高程必须写在表示该点位置的竖线的左侧，并应侧写出。在高程突变处，要在竖线左、右两侧分别写出高、低 2 个高程。

(8) 标注渠道比降。在标注桩号和高程的表格底部，标出各渠段的比降。

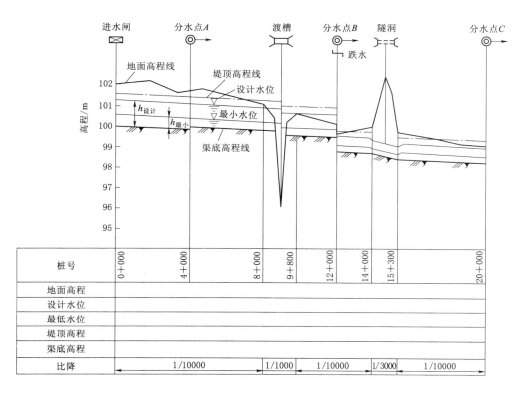

图 10.18　渠道纵断面

根据渠道纵、横断面图可以计算渠道的土方工程量，也可以进行施工放样。

10.3　渠道防渗与抗冻胀
（Canal anti - seepage and anti - frost heaving）

土质渠道水量损失较多，不仅降低了渠系水利用系数，减少了灌溉面积，浪费了宝贵的水资源，而且会引起地下水位上升，招致农田渍害。在有盐碱化威胁的地区，会引起土壤次生盐渍化。水量损失还会增加灌溉成本和农民的水费负担，降低灌溉效益。

渠道防渗是一项重要的提高渠系水利用系数的工程措施，具有以下作用：

（1）减少渠道渗漏损失，节省灌溉用水量，更有效地利用水资源。

（2）提高渠床的抗冲能力，防止渠坡坍塌，增加渠床的稳定性。

（3）减小渠床糙率，加大渠道流速，提高渠道输水能力。

（4）减少渠道渗漏对地下水的补给，有利于控制地下水位和防治土壤盐碱化。

（5）防止渠道长草，减少泥沙淤积，节省工程维修费用。

（6）降低灌溉成本，提高灌溉效益。

10.3.1 渠道防渗材料和防渗结构（Canal anti‐seepage material and anti‐seepage structure）

渠道防渗形式有土料防渗、水泥土防渗、砌石防渗、混凝土防渗、膜料防渗、沥青混凝土防渗、土壤固化剂固土防渗等，其中混凝土防渗和膜料防渗近年来最为常用，土壤固化剂固土防渗尚处于试验研究阶段。

选择渠道防渗形式应根据因地制宜、就地取材的原则，考虑当地的气候、地形、土质、地下水位等自然条件，渠道大小、输水方式、防渗标准、耐久性等工程要求，土地利用、材料来源、劳力、能源及机械设备等社会经济因素，表10.23给出了常见渠道防渗衬砌结构的主要特性和适用条件，可参照该表并结合当地实践经验，通过技术经济比较后确定。

表 10.23　　　　常见渠道防渗衬砌结构的主要特性和适用条件

防渗形式		主要原材料	允许最大渗漏量 /[$m^3/(m^2 \cdot d)$]	使用年限 /年	适 用 条 件
土料防渗	黏性土 黏砂混合土	黏性土、砂、石、石灰等	0.07～0.17	5～15	就地取材，施工简便，造价低，但抗冻性、耐久性较差，工程量大，质量不易保证，可用于气候温和地区的中、小型渠道
	灰土 三合土 四合土			10～25	
水泥土防渗	干硬性水泥土 塑性水泥土	壤土、砂壤土、水泥等	0.06～0.17	8～30	就地取材，施工较简便，造价较低，但抗冻性较差，可用于气候温和地区附近有壤土或砂壤土的渠道
砌石防渗	干砌卵石	卵石、块石、料石、石板、水泥、砂等	0.20～0.40	25～40	抗冻、抗冲、抗磨和耐久性好，施工简便，但防渗效果一般不易保证，可用于石料来源丰富且有抗冻、抗冲、抗磨要求的渠道
	浆砌块石 浆砌卵石 浆砌料石 浆砌石板		0.09～0.25		
沥青混凝土防渗	现场浇筑 预制铺砌	沥青、砂、石、矿粉等	0.04～0.14	20～30	防渗效果好，适应地基变形能力较强，造价与混凝土防渗衬砌结构相近，可用于有冻害地区，且沥青料来源有保证的各级渠道衬砌
膜料防渗	土料保护层 刚性保护层	膜料、土料、砂、石、水泥等	0.04～0.08	20～30	防渗效果好，质轻，运输量小，当采用土料保护层时，造价较低，但占地多，允许流速小，可用于中、小型渠道；采用刚性保护层时，造价较高，可用于各级渠道衬砌
混凝土防渗	现场浇筑	砂、石、水泥、速凝剂等	0.04～0.14	30～50	防渗效果、抗冲性和耐久性好，可用于各类地区各种运用条件下的各级渠道，喷射法施工宜用于岩基、风化岩基以及山丘区渠道
	预制铺砌		0.06～0.17	20～30	
	喷射法施工		0.05～0.16	25～35	

1. 土料防渗

土料防渗是以黏性土、黏砂混合土、灰土、三合土、四合土等为材料的防渗措施，有较好的防渗效果，易就地取材，技术简单、易掌握，造价低、投资少，但允许流速较低，一般可为0.75～1.0m/s，抗冲刷能力低，抗冻性差，适用于无冻害地区流速较低的渠道。

2. 水泥土防渗

水泥土为土料、水泥和水拌和而成的材料，因其靠水泥与土料的胶结而硬化，故类似混凝土，但水泥土的早期强度及抗冻性较差，因而，水泥土防渗宜用于气候温和的无冻害地区。

影响水泥土强度、抗冻性及抗渗性的主要因素是土料、水泥掺量和干容重，根据有关试验资料，增加土料中粗粒含量可提高水泥土的强度和抗冻性，增加土料中黏粒含量可提高水泥土的抗渗性能，因此土料中要含有一定数量的黏粒，但含量不能过多；水泥掺量越多，水泥固结土粒的能力越强，水泥土的抗压强度越高，抗冻性能越好。水泥土需要夯压密实，才能保证水泥土具有应有的强度，且随着干密度增大，抗冻和抗渗性能也相应提高。水泥土防渗层的厚度，宜采用 8～10cm，小型渠道不应小于 5cm。

3. 砌石防渗

砌石防渗具有就地取材、施工简单、抗冲、抗磨、耐久等优点。石料有卵石、块石、条石、石板等，砌筑方法有干砌和浆砌两种。

（1）块石衬砌防渗。衬砌的石料要质地坚硬、没有裂纹。石料的规格一般以长 4～50cm、宽 30～40cm，厚度不小于 8cm 为宜，要求石面比较平整。干砌勾缝的护面防渗效果较差，防渗要求较高时不宜采用，浆砌块石渠道断面有梯形护坡式和挡土墙式两种，如图 10.19 所示。前者工程量小，投资少、应用较普遍，后者多用于容易滑坍的傍山渠段和石料比较丰富的地区，具有耐久、稳定和不易受冰冻影响等优点。

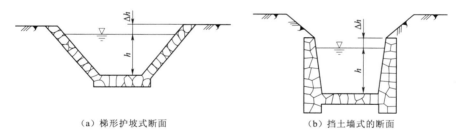

（a）梯形护坡式断面　　　　　　　（b）挡土墙式的断面

图 10.19　浆砌块石渠道断面

（2）卵石衬砌防渗。卵石衬砌也有浆砌和干砌两种。干砌卵石开始主要起防冲作用，使用一段时间后，卵石间的缝隙逐渐被泥沙充填，再经水中矿物盐类的硬化和凝聚作用，便形成了稳定的防渗层。卵石衬砌的施工应按先渠底、后渠坡的顺序铺砌卵石。浆砌卵石衬砌渠道的剖面如图 10.20 所示。

4. 混凝土防渗

混凝土防渗一般能减少渗漏损失 90%～95%，防渗效果好；使用年限一般可达 20 年以上，耐久性好；糙率小，一般为 0.014～0.017，可减少沿程水头损失；允许流速一般为3～5m/s，防冲性能好，缩小渠道断面，减少土方工程量和占地面积；强度高，能防止动、植物穿透或其他外力的破坏，便于管理；适用

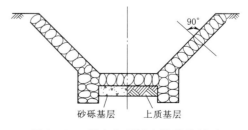

图 10.20　浆砌卵石衬砌渠道的剖面

于各种地形、气候和运行条件的大、中、小渠道。但混凝土防渗适应变形的能力差；在缺乏砂、石料的地区，造价较高。

混凝土衬砌渠道的施工方式有现场浇筑混凝土、喷射混凝土和预制混凝土构件装配，现场浇筑混凝土的优点是衬砌接缝少，造价较低；喷射混凝土具有强度高，厚度薄，抗渗、抗冻性好等优点；预制装配法的优点是受气候条件的影响小，混凝土质量易保证，能减少施工与行水的矛盾，预制混凝土板和 U 形渠槽应用最为普遍。

5. 膜料防渗

膜料防渗是利用不透水的土工膜来减小或防止渠道渗漏损失的技术措施。土工膜具有薄型、连续、柔软的特性，防渗性能好，一般可减少渗漏损失 90% 以上；适应变形的能力强；耐腐蚀性强，不受酸、碱和土壤微生物的侵蚀；质轻，运输便利；施工简便，群众易掌握，工期短；造价低。但土工膜在太阳光紫外线照射下，很容易老化，性能下降，因此膜料防渗一般采用埋铺式。

防渗膜料的基本材料是聚合物和沥青，种类很多，按材料性质可分为塑料类、橡胶类、沥青和环氧树脂类等；按结构可分为不加强土工膜（如塑料薄膜、直喷式土工膜）、加强土工膜（如沥青玻璃纤维布油毡）、复合型土工膜（如单面复合土工膜、双面复合土工膜）。目前我国渠道防渗工程普遍采用聚乙烯和聚氯乙烯塑料薄膜，其次是沥青玻璃纤维布油毡和复合土工膜。

塑膜的变形性能好、质轻、运输量小，一般宜优先选用。聚氯乙烯膜的抗拉强度较聚乙烯膜高，抗植物穿透能力较强，在芦苇等植物丛生地区，宜优先选用聚氯乙烯膜；聚乙烯膜耐低温、抗老化性能较聚氯乙烯膜好，在寒冷和严寒地区，可优先选用聚乙烯膜。中、小型渠道宜选用厚度为 0.18~0.22mm 的深色塑膜，大型渠道宜选用厚度为 0.3~0.6mm 的深色塑膜；对湿陷性土基、分散性土基、膨胀性土基、盐胀性土基和冻胀性土基应结合基土处理情况采用 0.2~0.6mm 的深色塑膜，比一般土基采用的防渗塑膜适当加厚。塑膜太薄时易被外力破坏、易老化、寿命短；深色塑膜的透明度差，较浅色膜的吸热量大，有利于抑制膜下的芦苇及其他杂草生长和防止冻害，所以，塑膜颜色以深色为佳。

沥青玻璃纤维布油毡，抗拉强度较塑膜大，施工中不易受外力破坏，虽然伸长率较塑膜小，中、小渠道防渗可选用。为提高油毡抗老化能力，保证工程寿命，应选用无碱或中碱（碱金属含量小于 12%）的玻璃纤维布机制的油毡，其厚度宜为 0.60~0.65mm。

复合土工膜具有防渗和平面导水的综合功能，抗拉强度较高，抗穿透和抗老化等性能好，可不设过渡层，但价格较高，适用于地质及水文地质条件差、基土冻胀性较大或标准较高的渠道防渗工程。根据工程具体条件可选用单面复合或双面复合土工膜，如用塑膜复合无纺布而成的复合土工膜，其厚度一般为 1~3mm。

埋铺式膜料防渗结构一般包括膜料防渗层、过渡层和保护层，如图 10.21 所示。

过渡层的作用是保护膜料不被渠基和保护层损伤，分膜下过渡层和膜上过渡层。土渠基一般可不设膜下过渡层，岩石和砂砾石渠基应设膜下过渡层；采用黏性土、灰土、水泥土作保护层时一般不设膜上过渡层，采用砂砾石、石料、现浇碎石混凝土或预制混凝土板作保护层时应设膜上过渡层；采用复合土工膜作防渗层时，土工织物侧一般不设过渡层。

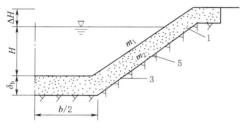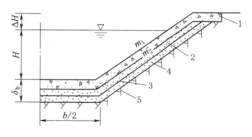

（a）无过渡层的防渗体　　　　　　　　（b）有过渡层的防渗体

图 10.21　埋铺式膜料防渗结构
1—保护层（水泥素土、土或混凝土、石料、砂砾石）；2—过渡层；3—膜料防渗层；
4—过渡层（土渠基时不设此层）；5—土渠基或岩石、砂砾石渠基

水泥土、灰土和水泥砂浆，具有一定的强度和整体性，宜用作膜上过渡层，土或砂料作膜上过渡层，应采取防止淘刷的措施。膜下过渡层一般宜采用粉砂、细砂等透水材料，以排除透过土工膜的水和地基内部的渗流水。

土、水泥土、砂砾、石料和混凝土等都可作膜料防渗的保护层。

6. 沥青混凝土防渗

沥青混凝土是以沥青为胶结剂，与矿粉、矿物骨料（碎石、砾石或砂）经过加热、拌和、压实而成的防渗材料，具有一定的柔性和黏附性，有一定的自愈能力和适应变形能力，防渗抗冻胀效果好，但存在施工工艺要求严格、高温下施工等不足。

沥青混凝土防渗结构一般包括封闭层、防渗层和整平胶结层。沥青混凝土防渗层一般为等厚断面，中、小型渠道厚度一般可为 50～60mm，大型渠道厚度可为 80～100mm；有抗冻要求的地区，渠坡防渗层可采用上薄下厚的断面，坡顶厚度可为 50～60mm，坡底厚度可为 80～100mm。

另外，近期人们发明了一种膜袋混凝土防渗技术。膜袋混凝土以机织膜袋（由高强化纤长丝机织成的双层袋状织物）作为"软体模板"，现场采用泵送混凝土现场浇筑充填一次成型。混凝土或水泥砂浆的厚度通过袋内吊筋袋、吊筋绳（聚合物如尼龙等）的长度来控制，混凝土或水泥砂浆固结后形成具有一定强度的板状结构或其他状结构，能满足工程的需要。土工膜袋作为一种新型的建筑材料，在江、河、湖、海的堤坝护坡、护岸、港湾、码头等防护工程中得到了应用。渠道防渗膜袋下层内侧有塑料膜能防渗，膜袋上层可排水。膜袋混凝土防渗的优点在于施工速度快，质量易控制，具有一定的防冻胀能力。

10.3.2　渠道防渗工程的冻害防治（Prevention and control of freeze damage in canal anti-seepage engineering）

在季节性冻土地区，细粒土壤中的水分在冬季负温条件下结成冰晶，使土壤体积膨胀，地面隆起，这种现象称为土壤的冻胀，在渠道衬砌的条件下，因衬砌层约束了土体的冻胀变形而产生了巨大的推力，称为冻胀力。衬砌层和冻土黏结在一起，还会产生切向冻胀力。在冻胀力的作用下，衬砌护面会遭受破坏。由于渠道断面各部位接受太阳辐射不均匀，各处温度就不同，土壤的冻深和冻胀量也不同，一般渠底和阴坡的冻胀量大于阳坡。渠床渗漏和地

下水上升毛管水的补给影响，使渠床下部土壤的含水量高于上部，也增加了下部土壤的冻胀量，因而，渠道的冻胀破坏以渠底和渠坡下部最为严重。

防治衬砌工程的冻害，要针对产生冻胀的因素，根据工程具体条件从渠系规划布置、渠床处理、排水、保温、衬砌的结构型式、材料、施工质量、管理维修等方面着手，全面考虑。

1. 回避冻胀法

回避冻胀是在渠道衬砌工程的规划设计中，注意避开出现较大冻胀量的自然条件，或者在冻胀性土地区，注意避开冻胀对渠道衬砌工程的作用。

（1）避开较大冻胀的自然条件。规划设计时，应尽可能避开黏土、粉质土壤、松软土层、淤土地带、沼泽和高地下水位的地段，选择透水性较强不易产生冻胀的地段或地下水位埋藏较深的地段，将渠底冻结层控制在地下毛管水补给高度以上。尽量使渠线走在地形较高的脊梁地带，避免渠道两侧有坡面水入渠。在有坡面渗水和地面回归水入渠的渠段，尽量做到渠、沟相结合，或者专设排水设施。沿渠道外两侧应规划布置林带，最好是多种柳树，因柳树根须发达，密集伸向水源，可以改善渠床土基，有利于防冻害。

（2）埋入措施。将渠道作成管或涵埋设在冻结深度以下的措施，可以免受冻胀力、热作用力等的作用，是一种可靠的防冻胀措施，它基本上不占地，易于适应地形条件，水量损失最小，管理养护方便，适用于地形起伏不规则的地区。

（3）架空渠槽。用桩、墩等构筑物支撑渠槽，使其与基土脱离，避开冻胀性基土对渠槽的直接破坏作用，但必须保证桩、墩等不被冻胀，此法形似渡槽，占地少，易于适应各种地形条件，不受水头和流量大小的限制，管理养护方便，但造价较高。

2. 削减冻胀法

当估算渠道最大冻胀变形值较大，且渠床在冻胀融沉的反复作用下，可能产生冻胀累积或后遗性变形情况时，可采用适宜的削减冻胀的措施，将渠床基土的最大冻胀量削减到衬砌结构允许变化范围内。

（1）置换法。是在冻结深度内将衬砌板下的冻胀性土换成非冻胀性材料（纯净的砂砾、砂卵石及中砂、粗砂）的一种方法，通常又称铺设砂砾石垫层。砂砾石垫层不仅本身无冻胀，而且能排除渗水和阻止下卧层水分向表层冻结区迁移，所以砂砾石垫层能有效地减少冻胀，防止冻害现象的发生。置换层的砂砾料应纯净，粉黏粒含量一般不宜大于3%，且需有畅通的排水设施相结合才能发挥应有的效果，特别是置换层有饱水条件，冻结时，必须保证冻结期置换层有排水出路。若衬砌缝漏水或旁渗水的含泥量足以能污染置换层时，应在置换层外围设置一层土工膜或加一层砂反滤层保护。

（2）隔热保温。将隔热保温材料（如炉渣、石蜡渣、沥青草、泡沫水泥、蛭石粉、玻璃纤维、聚苯乙烯泡沫板等）布设在衬砌体背后及地表面，以减轻或消除寒冷因素，并可减少置换深度，隔断下层土的水分补给，从而减轻或消除渠床的冻深和冻胀。目前采用较多的隔热保温材料是聚苯乙烯泡沫塑料，具有自重轻、强度高、吸水性低、隔热性好、运输和施工方便等优点，适用于强冻胀大中型渠道，尤其适用于地下水位高于渠底冻深范围且排水困难的渠道。聚苯乙烯泡沫板露天易老化，用在渠道防冻胀中要有保护层，保护层一般可采用混凝土板和浆砌石。

（3）压实法。压实法可使土的干密度增加，孔隙率降低，透水性减弱，密度较高的压实土冻结时，具有阻碍水分迁移、聚集，从而削减甚至消除冻胀的能力，据此，可以通过渠床的压实处理，来达到防止冻害的目的。

（4）防渗（隔水）、排水。当土中的含水量大于起始冻胀含水量，才明显地出现冻胀现象，因此，防止渠水和渠堤上的地表水入渗、隔断水分对冻层的补给，以及排除地下水，是防止地基土冻胀的根本措施。

3. 优化结构法

所谓优化结构法，就是在设计渠道断面和衬砌结构时采用合理的形式和尺寸，使其具有削减、适应或回避冻胀的能力。

弧底梯形断面和 U 形渠道已在许多试验和工程中证明对防止冻胀有效，弧底梯形断面和弧形坡脚梯形断面适用于大中型渠道，虽然冻胀量与梯形断面相差不大，但变形分布要均匀得多，消融后的残余变形小，稳定性强；U 形断面适用于小型渠道，冻胀变形中为整体变位，且变位较均匀，尤其是在斗渠改建中，可采用预制混凝土 U 形渠槽，施工简便，同时，有专用的成型设备，生产效率很高。

4. 加强运行管理

冬季不行水渠道，应在基土冻结前停水；冬季行水渠道，在负温期宜连续行水，并保持在最低设计水位以上运行。每年进行一次衬砌体的裂缝修补，使砌块缝间填料保持原设计状态，衬砌体的封顶应保持完好，不允许有外水流入衬砌体背后。及时维修各种排水设施，保证排水畅通；冬季不行水渠道，应在停水后及时排除渠内和两侧排水沟内的积水。

10.4　生态渠道设计
（Design of ecological canal）

生态渠道是指满足引水、输水和配水功能，且兼具农田生态保护功能和提供景观社会功能的渠道系统。

渠道衬砌防渗是一种重要的节水措施，传统衬砌渠道的护岸技术，具有坚固、美观、运行安全、管理方便等优点，在灌区农业的发展中发挥了巨大作用。近年来，传统衬砌渠道对生态环境的影响，逐步引起人们的关注。渠道衬砌后，虽然减少了渠道渗漏损失，但同时也切断了渠道水补给地下水的途径，在渠道渗漏损失是地下水的重要补给来源的地区，造成了地下水位下降。防渗衬砌渠道对水体自净能力、河岸生态转换、生物栖息地和绿色景观生态功能也带来了不利影响。新时期的灌区建设要求灌区生产力和生态环境统筹协调，如何协调防渗、边坡安全、景观和生态环境，人们提出了采用生态渠道，并进行了探索实践。

1. 生态渠道的主要结构型式

（1）复合生态衬砌方式。边坡采用"有限衬砌"，混凝土衬砌至正常灌溉设计水位，安全超高为草皮护坡，或采用不填缝浆砌石的边坡衬砌、浆砌石和混凝土结合的边坡衬砌等方式，如图 10.22 所示。

渠底采用混凝土全部或部分衬砌或采用黏土夯实防渗。在渠底和边坡上布置纵横向生态带，在生态带中填土种草。如图 10.23 所示为一种护坡不护底并设置纵横向生态带的渠

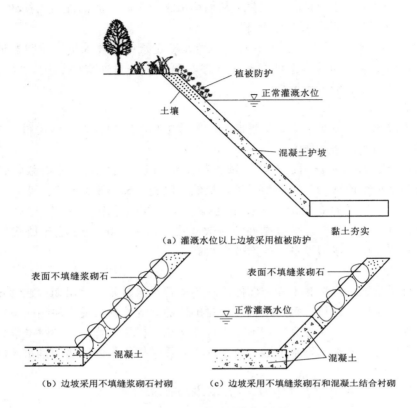

（a）灌溉水位以上边坡采用植被防护

（b）边坡采用不填缝浆砌石衬砌　　　（c）边坡采用不填缝浆砌石和混凝土结合衬砌

图 10.22　渠道边坡有限衬砌

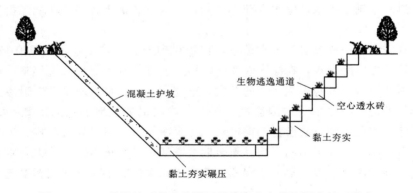

图 10.23　一种护坡不护底并设置纵横向生态带的渠道断面形式

道断面形式。渠底采用黏土夯实与碾压，保持土壤与水体的通透，渠道坡面采用传统的混凝土护坡，在护坡上分段每隔 50～100m 设置阶梯式横向生物逃逸通道，生态通道采用空心透水砖材料，孔眼中填土种草，砖下黏土夯实。图 10.24 为渠底采用部分混凝土衬砌并布置纵向生态带的方式。一般不在水工建筑物下游设置生态带，以避免冲刷破坏。

（2）植生型防渗砌块。植生型防渗砌块实践中有多种形式，一种是由不透水的混凝土

块和供水生植物生长的空心无砂混凝土框格组成
自嵌式防渗砌块，块体之间由凸起和凹槽的联结
紧密排列，无砂混凝土框格中填充土质，种植适
宜的水生植物（图 10.25）。一种是由不透水的混
凝土块和供水生植物生长的"日"字形混凝土
框格组成。在衬砌时将透水空心砖面朝上，错
落堆置形成台阶形式，在透水砖的"日"字形
中填土，种植各种耐水植物，形成阶梯状的护
岸形式（图 10.26）。另一种是利用多边形空心
砖，将耐水作物种植于空隙间（图 10.27），这种
护岸常用于缓坡。

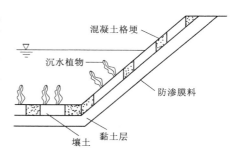

图 10.24　渠底采用部分混凝土
衬砌并布置纵向生态带

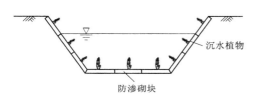

（a）采用植生型防渗砌块的生态渠道

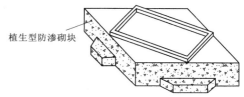

（b）空心无砂混凝土防渗砌块

图 10.25　一种植生型生态渠道

图 10.26　"日"字形混凝土框格衬砌

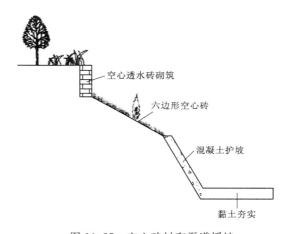

图 10.27　空心砖衬砌渠道缓坡

（3）生态护坡。比较常用的有两种方式：一种是纯植被护坡，人工种草取代混凝土衬
砌的纯植被护坡，适用于边坡较缓的工程；另一种是复合护坡，采用三维土工网垫、生态
袋、多孔生态混凝土等种植植物护坡。

另外，可设置逃生生态阶梯便于动物穿越渠道，在渠顶可设置生态走廊，也可在渠壁
预留生态栖息孔洞、在渠底两侧设置凹槽等为动物提供栖息空间。

2. 生态渠道设计原则

（1）保障输排水能力的原则。渠道的首要功能是输水，应注意合理确定渠道边坡和护

坡形式、纵横向生态带宽度以及渠道流速、比降和糙率，确保渠沟的输水能力。

（2）水资源有效保护的防渗原则。在水资源严重短缺的地区，防渗是确保灌溉面积和水资源高效利用的关键。因此，在渠道建设中，应优先考虑防渗问题。

（3）边护稳定原则。渠道护坡不仅要考虑防渗和景观因素，而且要确保渠道边坡稳定、结构安全。

（4）绿色护坡原则。绿色护坡是未来生态型灌区的要求，绿色植物护坡不仅改善景观效果，而且能截留和去除面污染物，节省护坡投资。

思 考 与 练 习 题

1. 什么是渠道的设计流量、加大流量和最小流量？各有何用途？

2. 什么是渠道水利用系数、渠系水利用系数、田间水利用系数和灌溉水利用系数，它们之间的关系是什么？

3. 详述渠道输水损失水量的估算方法。

4. 将一段渠道等分为两段，采用经验公式法计算输水损失水量，计算结果会有什么变化？试给出改进方法。

5. 详述渠道设计流量推算的具体步骤。

6. 某一渠道的田间净流量与渠道的净流量有什么区别？怎样计算？

7. 续灌渠道与轮灌渠道设计流量的推算方法有什么区别？

8. 详述渠道纵横断面设计的原理和步骤。

9. 如何推求支渠进水口处需要的控制水位？

10. 什么是渠道的允许不冲、不淤流速，怎样选定？

11. 渠道防渗的目的是什么？

12. 已知某渠道防渗前的渠道水利用系数为 0.6，为了减少渗漏损失量，采用混凝土防渗，其渗水量折减系数为 0.1，求防渗后的渠道水利用系数。

13. 试述严寒地区渠道护面冻胀破坏的原因。

14. 防治渠道护面冻胀破坏有哪些措施？

15. 什么是生态渠道，它有什么优点？

16. 某渠系由两级渠道组成。上级渠道长 5km。自渠尾分出两条长度均为 2km 的下级渠道。下级渠道的净流量为 $Q_{下净}=0.5 m^3/s$。渠道沿线的土壤透水性较强（$A=3.4$，$m=0.5$），地下水埋深大于 10m。试计算下级渠道的渠道水利用系数和上级渠道的渠系水利用系数及毛流量。

17. 某灌溉渠道采用梯形断面，设计流量 $Q_{设}=3.2 m^3/s$。边坡系数 $m=1.5$，渠道比降 $i=0.0005$，渠床糙率 $n=0.025$，渠道不冲流速为 0.8m/s，该渠道为清水渠道，为了防止长草，最小允许流速为 0.4m/s。试设计渠道过水断面的尺寸。

18. 某支渠控制灌溉面积 560hm²，下设 4 条斗渠，每条斗渠下设 6 条农渠，每条农渠长 1.5km，灌溉面积 140hm²，每条农渠长 1.0km，灌溉面积 23.33hm²，采用支渠续灌、斗农渠轮灌的工作制度，轮灌组的划分如图 10.28 所示。灌区土壤为重黏壤土，透水

性能参数 $A=1.3$，$m=0.35$。灌区地下水埋藏较深，对渠道渗漏没有影响。设计灌水率 $q_d=0.075\text{m}^3/(\text{s}\cdot100\text{hm}^2)$。田间水利用系数 $\eta_{\text{田}}=0.98$。

（1）试计算支斗渠的设计流量；

（2）试计算斗渠和支渠的渠道水利用系数以及支渠的渠系水利用系数。

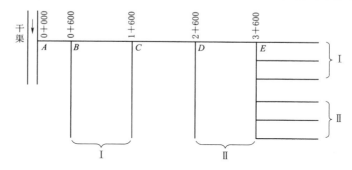

图 10.28　某灌区渠系布置示意图

推　荐　读　物

[1] 何武全. 渠道衬砌与防渗工程技术 [M]. 郑州：黄河水利出版社，2011.

[2] 水利部农村水利司. 节水灌溉工程实用手册 [M]. 北京：中国水利水电出版社，2005.

数　字　资　源

10.1　生态渠道

参　考　文　献

[1] 郭元裕. 农田水利学 [M]. 3 版. 北京：中国水利水电出版社，1997.

[2] 何武全. 渠道衬砌与防渗工程技术 [M]. 郑州：黄河水利出版社，2011.

[3] 水利部农村水利司. 节水灌溉工程实用手册 [M]. 北京：中国水利水电出版社，2005.

[4] 中华人民共和国住房和城乡建设部，中华人民共和国国家质量监督检验检疫总局. 节水灌溉工程技术标准：GB/T 50363—2018 [S]. 北京：中国计划出版社，2018.

[5] 中华人民共和国住房和城乡建设部，中华人民共和国国家质量监督检验检疫总局. 灌溉与排水工程设计标准：GB 50288—2018 [S]. 北京：中国计划出版社，2018.

[6] 杨洋，郭宗楼. 现代农业沟渠生态化设计关键技术及其应用 [J]. 浙江大学学报，2017，43（3）：377－389.

第 11 章

灌溉管道系统设计

灌区供水系统有两种主要类型：一种是渠道系统，另一种是管道系统。根据工作任务和控制方式的不同，管道系统可分为输配水管道和灌水管道。其中，灌水管道主要用于田间作物灌水；而输配水管道主要用于将灌区水资源从水源地输送并分配到各个用水户或种植区。本章重点介绍大型输配水管道系统的规划设计方法。由于输水管道和配水管道之间存在水量控制的级别之分，所以，输配水管道系统又被称为管网；通常这样的管道系统是固定管道并埋于地下。

管道输水系统不仅能很好地防止水量渗漏、蒸发、水质污染，还能避免管道冻胀破坏；同时还具有水量调配及控制灵活、减少灌区内交叉建筑物等优点。因此，在一些发达国家和部分发展中国家广泛应用。中国自古就有农民采用竹管输水灌溉的记载。在干旱地区和沙漠地区采用管道系统进行输配水更能显示其优势。目前，我国大力开展高标准农田建设，在田间采用管道灌溉、喷灌、滴灌技术的基础上，将输配水系统也建设成管道系统是灌区发展的必然趋势。为此，我国科研人员在管道化输配水工程领域开展了广泛的研究，不仅在管材研制、管网优化理论、水力计算工具开发等方面取得了重大成果，在管道施工技术、管网流态监控、管道泥沙处理等方面也取得了重要进展。

11.1 灌区输配水管道系统的组成与类型
(Components and classification of irrigation pipeline system for water delivery and distribution)

11.1.1 输配水管道系统组成 (Components of pipeline system for water delivery and distribution)

完整的输配水管道系统由首部枢纽、输配水管网、控制与监测设备以及附属建筑物等组成。

1. 首部枢纽

首部枢纽的作用是从水源取水，并进行适当的处理以符合输配水管道系统在水量、水压和水质三方面的要求，其形式主要取决于水源的种类。灌区输配水管道系统中的供水必须具有一定的压力。对于需要加压的管道系统，其首部枢纽必须设置水泵，应根据用水量和扬程大小选择适宜的水泵类型、型号以及相配套的动力机。在自然地形高差可利用的地方，可选择自压式管道系统，以节省投资。

在自流灌区或大、中型提水灌区以及河流水体中含有大量杂质的地区建设管道系统时，在取水处除了要设置进水闸和量水建筑物以外，还必须设置拦污栅、沉淀池或其他水质净化处理设施。

2. 输配水管网

输配水管网由管道、管件和附属设备构成。它的上端连接水源和首部枢纽，下端连接用水户或种植区（或田间）灌水系统，是向灌区供水的重要保障。

输配水管网通常分级工作；一般由干管、支管组成，各级管道所输送的流量依次减小。当管网控制面积较大时，也可在干管的上一级设置主干管（或称总干管），在干管的下级设置分干管；也可在支管的下级设置分支管。

输配水管网的工作压力由其输水时所产生的水头损失和田间灌溉系统首部所要求的工作压力决定。喷灌系统的首部工作压力一般都在 0.4MPa 以上；微灌系统的首部工作压力一般在 0.3MPa 左右；田间管道灌溉系统的首部工作压力一般在 0.2MPa 以下。如果田间灌溉系统与输配水管网不直接相连，那么输配水管网系统的末端压力应满足用水户或田间放水口（给水栓）的出流压力。

3. 控制与监测设备

输配水管网上的控制设备用于调控管道内水流状态（包括流量、压力和流向）和保障管道的正常工作。控制设备主要包括节制阀、分水阀、排空阀（冲沙阀）、通气阀，等等，如图 11.1 所示。有条件时，尽量将各种控制设备集中布置并放在阀门井内，减少管网上阀门井的数量。

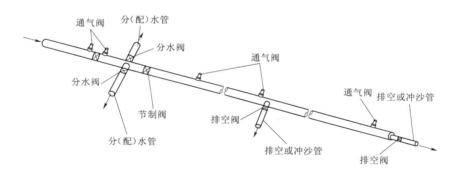

图 11.1　输配水管网控制设备布置

（1）节制阀。设置在干管的进口或管网分水结点的下游处，用以控制流量、应急和检修下游管段或设备时使用。节制阀是保证管网安全运行的基本设备。

（2）分水阀。用于将上级管道的水流向下级管道中分配，调整水流的流向和流量。分水阀设置在下级管道的入口处，是实现管网配水作用的关键设备。

（3）排空阀（冲沙阀）。如果水的含沙量大，需要在管网运行结束后将管网中的水体排空以便将泥沙排除，否则，当管道停水时，泥沙将在静水中沉积到管底，给下一轮输配水造成困难。所以，应在管网末端或干管轴线最低处设置排空阀（或称冲沙阀）。另外，当管道上游段出现问题需要检修时，也需要将该管段的水排空才能进行。因此，应该在管网上适当位置处设置若干排空阀。

（4）通气阀。管道进水时，水流挤压管道中的空气导致其压力上升，由于空气具有弹性，所产生的压力对管道运行造成危害。当管道排空水流时，管道内形成负压，如果不及时向管道内补充空气，管道将会被外部大气压或土压力压瘪。为了避免这些危害，必须在管道上设置若干通气阀，起到排气或进气作用。一般在管轴线起伏段的高处和顺流向下的弯处设置通气阀。为了防止操作节制阀时造成管道内产生水锤效应，应在顺坡管道的节制阀下游侧、逆坡管道的节制阀上游侧以及可能出现负压的其他部位设置通气阀。

（5）监测设备。与明渠输水不同，管网中的水流流态无法直接观察到。为了保证管网运行安全，必须时刻了解管网中的水流状态。因此，有必要在管网（各级管道）上设置若干监测设备，主要包括流速传感器和压力传感器。这些传感器通过信号网将所监测到的流态信号统一传输到管理中心，供管理人员分析使用。

4. 附属建筑物

管道系统的附属建筑物主要包括阀门井、监测井和镇墩等。

（1）阀门井。由于管网上的阀门需要经常操作，所以要为各种阀门建设专门的操作空间，即阀门井，如图 11.2 所示。应尽量将其他操作设备（不包括电力设备）放在同一个阀门井中以节省工程量。阀门井的进口应高出地面，干管上的阀门井应建能够综合应用的阀门房；井内应设积水坑便于潜水泵抽水。设计的阀门井应能方便工作人员的进出、维修操作和对设备进行更换及吊装。

（a）节制阀井　　　　　　　　　　　（b）通气阀井

图 11.2　管道工程阀门井

（2）监测井，是布设压力传感器和流速传感器的地方。由于需要经常维护这些传感器，而且传感器的布设位置有时与其他的设备位置不一致，因此要将其放在专门的监测井中，并且井内要做防水处理，保证传感器工作安全。

（3）镇墩。水流在管道内流动时与管壁之间产生摩擦力，即产生水头损失。在管道分水结点、变径、拐弯、变坡等处都会产生冲击水头损失；这些损失将导致管道沿管轴线移动，对管道的稳定性造成危害。因此，在管道变径、拐弯、变坡等处以及管道长度超过100m时都应设置镇墩，防止管道产生轴向移动，如图 11.3 所示。

（a）管段镇墩

（b）弯管镇墩

图 11.3　输水管道工程镇墩

11.1.2　输配水管道系统类型（Classification of pipeline system for water delivery and distribution）

灌区输配水管道系统的类型可以按照管道形式分类，也可以按照管网形式分类。

1. 按管道形式分类

（1）敞开式管道系统，是指沿管线不同部位设有自由水面调压塔（池）的管道系统，一般用于低压输配水管道系统。

（2）半封闭式管道系统，是指管道系统不完全封闭，输配水过程中出现自由水面。

（3）封闭式管道系统，是指水流在全封闭的管道中流动，输配水过程中不出现自由水面，一般用于高压输配水管道系统。

（4）多水源汇流管道系统，是指两个及以上水源汇流进入管网的管道输配水系统。

大型输配水管道系统往往因管线较长、承受压力较大等原因，多采用封闭式管道系统。

2. 按管网形式分类

可分为树枝状管网和环状管网，可根据地形情况或供水保证要求选用相应的管网类型。

（1）树枝状管网。由于树枝状管网的水流调配相对简单，所以在生产中采用得最多。一般由干、支管组成，其管线如同树枝状，又称树状管网，是自流灌区常用的输配水管网形式。树枝状管网的水力计算较为简单，水流控制方便，管线总长度较短，投资较低。然而，树枝状管道系统中各管道之间的水量难以相互调配，任一级管道因检修而停水时会造成其下级管道断水。树枝状管道系统有 4 个典型模式。

1）"E"字形管网，又称"梳齿"形管网，如图 11.4 所示。下级管道沿上级管道一侧串联布置，各个下级管道之间的进口压力分布不均匀。这样的管网布置简单，水力计算简单。

2）"丰"字形管网，又称"鱼骨"形管网，如图 11.5 所示。下级管道沿上级管道两侧并联布置，上级管道向两侧分水，两侧下级管道进口的压力相等，便于同时分水。但是，下级管道进水口压力沿着上级管道的分布不均匀。

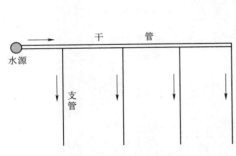

图 11.4 "E"字形管网

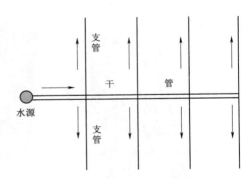

图 11.5 "丰"字形管网

3)"工"字形管网，如图 11.6 所示。上级管道始终在下级管道的中部向两侧下级管道分水，下级管道在上级管道的末端并联分水，各同级管道之间的进口压力都相等，整个管网的压力均匀系数高。"工"字形管网应用于地形平缓的灌区更有优势。然而，这种管网的管道用量大，所以只在特殊种植区采用，或作为田间灌溉管网应用。

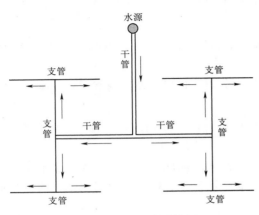

图 11.6 "工"字形管网

4）树枝状混合管网，是将"E"字形与"丰"字形混合布置的输配水管网形式。

（2）环状管网，指干、支管或干、支、分支等管线相互连接成环形的管网形式，上、下游级别不分明，水流根据管网运行时的压力差由压力高处流向压力低处，而压力差的方向并不固定。这种布置形式的管网压力分布较均匀，管道设计流量相同，供水保证率高，各条管道间水量调配灵活，有利于随机用水，适合于平原区的输配水系统。但是，环状管网的管线总长度较长，管材用量大，投资高于树状管网。

（3）树枝—环状混合管网，是在树枝状管网的基础上局部采用环状管网的布置形式。管网结构复杂，管理运营不方便。大型灌区输配水管道系统一般不用考虑水量相互调配问题，所以也不采用环状管网。

11.2　灌溉管道系统的规划布置
（Layout of irrigation pipeline system）

11.2.1　输配水管道系统规划布置的原则与要求（Principles and requirements of layout of water delivery and distribution pipeline system）

灌区输配水管道系统的规划布置应以地形特点为基础，先布置控制性管道，如主干管和难以供水的配水管道，再布置其他管道。管线尽量顺直，地埋管尽量与地面平行，以减少挖填方量。如果"管线顺直"与"平行地面"两者相矛盾时，应以管道运行时满足其水力安全要求为原则，必要时需重新调整管道系统的布置方案。具体的布置原则和要求如下：

（1）宜采用单水源系统布置；应使管道总长度最短，管道顺直，水头损失小，总造价低，运行管理方便。

（2）地埋式输配水管道系统应尽可能布置在坚实的地基上。管道布置应平行于沟、渠、路；尽量避开填方区以及可能发生滑坡或受山洪威胁的地带。当管道穿越铁路、公路或建筑物时，应采取保护措施。若管道因受地形条件限制而必须铺设在松软地基或有可能发生不均匀沉陷的地段时，则应对管道地基进行处理或增设支墩。管道埋设深度一般应在冻土层以下，且不应小于 0.7m。

（3）应与地形坡度相适应。平原地区的干管或支管宜垂直等高线布置；对于山丘区，一般将干管垂直等高线布置，支管平行等高线布置。管道系统的级数应根据管网控制面积、地形条件等因素确定。

（4）尽量减少管道起伏。当地形复杂，需要改变管道纵坡时，管道最大纵坡不宜超过 1:1.5，而且倾角应小于土壤的内摩擦角，并在其拐弯处或直管段长度超过 30m 时设置镇墩。管道布置应减少折点和起伏。地埋（固定）管道的转弯角应大于 90°；当转弯部分采用圆弧连接时，其弯曲半径不宜小于 130 倍的管道外径；当采用直线段渐近弯曲时，每段水流的折弯角不应大于 5°，且渐近弯道半径不宜小于 10 倍的管道外径。

（5）输配水管道系统的进口设计流量和设计压力应根据管网所需要的设计流量和大多数配水管道进口所需要的设计压力确定。若局部地区供水压力不足、提高全系统工作压力又不经济时，应采取增压措施，或采用不同等级的管材和不同压力要求的灌水方法。在进行各级管道水力计算时，应同时验算各级管道产生水锤的可能性以及水锤压力值，以便采取水锤防护措施；特别是在管道纵向拐弯处，应检验是否会产生水锤现象，并在此处的管道工作压力中预留 2～3m 水头的余压。

（6）各级管道必须设置分水阀和必要的节制阀。管道最低处应设置排空阀；寒冷地区采用防冻害措施。分水阀设置在各用水单位独立的配水口上，并应安装压力和流量监控设备。

（7）在水源引水口闸阀的下游（或水泵站出口闸阀的下游）以及可能产生水锤负压或水柱分离的管道处，应安装进气阀；在管道的驼峰处或管道最高处安装排气阀；顺坡管道节制阀下游、逆坡管道节制阀上游、逆止阀上游以及在水泵逆止阀的下游与闸阀的上游之间的管道处应安装水锤防护装置。

（8）尽可能发挥灌区输配水管网综合利用的功能，将灌区的各项用水需求相结合，使输配水管网的效益达到最高。

（9）输配水管网进口的上游应设置沉沙池等水质处理系统。其中，沉沙池的设计标准按照《水利水电工程沉沙池设计规范》（SL/T 269—2019）中的灌溉及供水工程沉沙池设计标准执行。在山丘区应根据地形高差对压力进行分级，根据不同压力级别布置不同的灌溉系统。

11.2.2 输配水管道系统的优化布置（Layout optimization of water delivery and distribution pipeline system）

管道系统布置中的优化工作主要解决两个问题：一是使管线总长度最短，所用的管件最少，节省投资成本；二是选择合适的管径，既要节省管材，又要使水头损失以及运行成本最低。这两个优化目标相互联系，但是也可按设计步骤分开优化。管线长度的优化采用图论方法较方便，例如"120°规划法"（类似于"工"字形布置原则），要求上级管道向下级管道并联配水，同时上、下级管道之间尽量保持120°夹角连接，使上、下级管道总长度较短。管径选择则要依据水力学理论。如果要综合考虑管长、管径、管材和其他因素来寻求管网优化布置方案，可采用传统的数学规划方法建立目标函数和相应的约束条件，通过求解方程组获得优化结果。除此以外，新的优化理论，如遗传算法、粒子群算法或其他优化方法都已在管网综合优化设计中得到了应用。

在新建灌区开挖管沟所受影响不大，可以实现管线长度优化布置和管径合理选择目标；但是，在已建成的灌区中各项施工都会受到较多限制，难以实现管线长度优化布置，只能对管径进行合理选择。对灌区老旧渠系进行管道化改造时，管道通常沿着现有的路、沟、林网等设施布置，方便施工。在管道系统运行安全原则和优化布置原则要求下，生产中已经形成了较为合理的管道系统布置模式，可供设计时参考。

1. 山丘区输配水管道系统布置

山丘区的输配水管道系统通常采用自压树枝状管网。当出水口（或给水栓）位置已知时，树枝状地埋管道系统的优化布置任务是寻找最佳的分水结点位置与田间出水口之间的连接方式，使分水结点到田间出水口之间的总距离最短或各个田间出水口之间的连接距离最短。水源在最高处，干管可沿山脊由高处向低处布置，支管宜平行等高线布置，如图11.7所示。梯田管网布置形式可以采用"丰"字形，或采用"丰"字形和"E"字形的混合布置。为了解决管道系统中压力分布不均衡和水锤问题，需要对管径进行合理选择。另外，为了防止管网上、下游因压力差太大而造成的管道破坏，在下游管道上应设通气阀或减压阀。

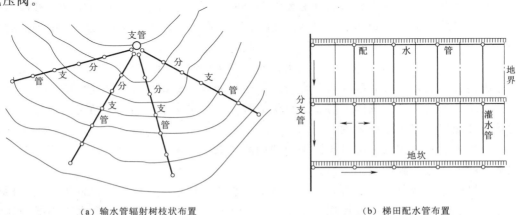

（a）输水管辐射树枝状布置　　　　　　　　　　（b）梯田配水管布置

图 11.7　山丘区输配水管网布置

　　山丘区通常采用多条干管从同一水源向不同方向输水，不仅分散了干管工作事故对灌区所造成的风险，也减轻了每条干管的输水负担；所以，山丘区的输水干管可按照单管工作形式布置。如果某一干管所控制的供水区域或灌溉面积较大，干管一旦出现事故而停水检修时将造成较大损失，此时干管必须按照双管并联工作形式布置（图 11.8），双管并联工作时的连接方式如图 11.9 所示。

图 11.8　干管双管并联布置

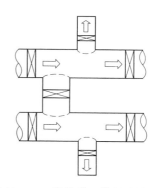
图 11.9　双管并联工作的连接方式

　　2. 平原区输配水管道系统布置

　　平原区输配水管道系统的布置以树枝状管网为主，多采用"E"字形和"丰"字形混合布置，如图 11.10 所示。管道系统的布置首先要解决首部压力问题，可以利用水库的水头自压输水，但是控制面积有限；也可以利用泵站加压供水。

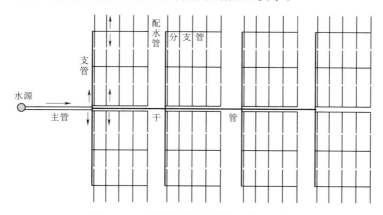
图 11.10　平原区输配水管网布置形式

　　由于平原区地形单一，干管可以控制较大的灌溉面积，所以干管控制的输配水管道系统较大。干管的工作事故对整个灌区所造成的风险也很大。为了保证供水安全，灌区的输水管道（特别是干管）宜采用 2 根等径管道并联输水，如图 11.8 所示。正常工作时，每根管道承担灌区总设计流量的 0.5 倍流量；当其中一根管道检修时，另一根管道需要承担灌区总设计流量的 0.5～0.75 倍流量。在两根输水管道的分水结点的上、下游处分别设置节制阀；在这两个节制阀之间靠近上游一侧，用联通管将两根输水管道联通，并用节制阀控制，如图 11.9 所示。

11.2.3　输配水管道的选择（Choice of water delivery and distribution pipeline）

输配水管道系统所用的管道易受环境和水质的影响，所以，管道不仅应有抗压、防渗能力，还应有耐腐蚀能力。目前常用的管道有混凝土管（或水泥管）、钢筋混凝土管（或钢丝网混凝土管、预应力钢筒混凝土管）、3PE防腐钢管（内外喷聚乙烯防腐层的钢管）、玻璃钢管和塑料管等，部分承压较大的骨干管道也可用球墨铸铁管。在选用管道时应根据工程特性，通过经济技术比较确定。

（1）同一区域宜选用同一种材料的管道；管线复杂或前后段压力相差1倍时，可根据不同条件分段选择不同材质的管道。

（2）选用的管道公称压力必须大于设计工作压力与残余水锤压力之和。

（3）选用的管道应该与管件及附属设备之间连接方便可靠，而且连接件的公称压力应大于管道的公称压力。

（4）当管道需埋设在硫酸盐浓度超过1%的土壤中时，不宜选用混凝土管和金属管。

（5）管道的工艺质量应满足相关规范要求。

1. 混凝土管道

由于混凝土管制作方便，原材料易于获得，有利于当地生产，所以许多地区都会采用混凝土管作为灌区输配水管道。混凝土管多用作地埋管，分为素混凝土管、水泥土管、石棉水泥管。制管用的混凝土强度等级应大于C20，管体抗渗性能实验的水压力应大于管道工作压力的2倍。

2. 钢筋混凝土管道

钢筋混凝土管的抗渗和抗压能力均比素混凝土管或水泥管高，而且可以制成更大的口径，常用于加压输配水管道系统中。在钢筋混凝土管的基础上发展出了钢丝网混凝土管，使管道的制作工艺更加简单。埋设钢丝网混凝土管时，管沟基础应采用90°土弧基础，管顶覆土厚度可达2.0m以上。

为了减轻钢筋混凝土管的重量，并增加其抗渗透性，发展出了预应力钢筒混凝土管（PCCP管），分为内衬式预应力钢筒混凝土管和埋置式预应力钢筒混凝土管。其中，内衬式预应力钢筒混凝土管是由钢筒和混凝土内衬（即混凝土管外侧包钢筒）组成管芯，然后在钢筒外侧缠绕预应力钢丝，最后在钢丝层外侧制作水泥砂浆保护层面，由此而制成管体。埋置式预应力钢筒混凝土管是由钢筒和钢筒内、外两层混凝土（即钢筒作为夹层埋置在混凝土管壁中部）组成管芯，然后在管芯混凝土外侧缠绕环向预应力钢丝，最后在钢丝层外侧制作水泥砂浆保护层面，由此而制成的管体。预应力钢筒混凝土管道比钢管的耐腐蚀性好，比钢筋混凝土管道的抗渗性能好，目前该种管道多用在长距离、大口径或高压力的输配水工程中。

3. 塑料管道

输配水工程中所采用的塑料管多为聚氯乙烯管、聚乙烯管和改性聚氯乙烯管。塑料管耐腐蚀，重量轻，施工安装方便，承受正压的能力优于其承受负压的能力。

当聚氯乙烯管的管径小于200mm时，宜采用黏结剂承插连接；当管径大于等于200mm时，宜采用橡胶圈承插连接。在计算管道长度时应将承插口长度减掉。聚乙烯管一般采用热熔连接。

4. 玻璃钢管道

当需要的管径较大、耐腐蚀要求高、市场上没有合适的大口径塑料管时，可采用玻璃钢管。玻璃钢管可以即时加工制作，工艺较塑料管简便。但是玻璃钢管较塑料管的重量大、质地脆。

11.3　输配水管道系统的工作制度
（Working scheme of water delivery and distribution pipeline system）

输配水管道系统的工作制度是指管道系统的运行工作顺序及进行输水和配水的方式。管道系统工作制度的合理性将直接影响各级管道的设计流量，进而影响全管网的投资和输配水质量。输配水管道系统常用的工作制度有轮灌配水、续灌配水和随机配水等 3 种方式，与灌区渠系输配水制度类似。

1. 轮灌配水

轮灌配水是指上一级管道按预先划分好的轮灌组分组或逐一向下一级管道配水，又称为"轮灌"。该配水方式可提高人工控制灌水的工作效率。分组轮灌时，为了提高管道利用率，降低管道系统造价，轮灌组的划分应遵循以下原则：

（1）应有利于提高管道设备的利用率和降低水头损失。地形地貌变化较大时，可将高程相近的农田分在同一轮灌组，同组内压力应相近。

（2）各轮灌组流量应相近，使整个管道系统的流量保持在较小的变动范围内。每一轮灌组中各管道的流量之和要与上一级管道供给的流量相适应。

（3）轮灌组内同时工作的管道应靠近，以便于控制和管理。

为了尽量减少管网中出现水锤现象，在轮灌组切换时应当先打开将要工作的配水管闸阀，然后再关闭已经完成灌水任务的配水管闸阀。

2. 续灌配水

续灌配水是指上一级管道向所有下一级管道同时配水，使整个管网都处在工作状态，所有田间出水口也都同时出水。因这种工作制度的特点是水流在管网中运行的时间与设计所规定的灌水时间完全相同，因而也称为"续灌"。

当管网控制面积大、配水管道级数和灌水管道数量多时，为了及时满足作物需水要求，使全灌区灌溉受益均衡，输水管道均应采用轮灌供水方式，而配水管道可续灌供水。

为了尽量降低水锤对管道系统的影响，续灌任务完成时，应先关闭上一级（或最上一级）管道的分水阀（或节制阀），然后再关闭下一级管道分水阀。

3. 随机配水

随机配水类似于城市自来水管网中的供水方式，满足管网上任意用户随时用水。当灌溉管道系统控制面积较大、灌区内的用水户较多，且各种作物种植比例分散、各用水户在各个时段的需水、用水要求又各不相同、且带有随意性时，应采用随机配水方式，或称按需配水方式。随机配水的特点是把输配水管网的各分水口的用水量均看成是相互独立的随机事件，每一分水口在任何时间的用水都从管网中取用，并把它们作为一个取用水计算单元；在此基础上应用概率论和数理统计法推算各级管道的设计流量。管网运行时应使各个分水口在任何时候都有水可用，各用水单位可按本单位需求随时开启分水阀配水。

随机配水方式会造成管网中频繁出现水锤现象，管道系统的水锤保护非常关键。

11.4 输配水管道系统设计流量与水力计算
(Calculation of design flow and hydraulic pressure in water delivery and distribution pipeline system)

输配水管道系统的水力计算主要包括确定管网及管道流量、管径、管网及管道工作压力以及计算管网和管道水锤，其目的是在满足输配水的要求下校核管网的水头压力和选择管材。

11.4.1 管网与管道的设计流量 (Calculation of design flow for pipeline and network)

管网设计流量是指为满足灌区需水要求而应从水源地引入管网的总流量，通常可由管道设计流量和管网工作制度推算。其中管道设计流量是指在供水过程中为满足该管道所服务的农田面积上的作物需水和其他需水要求而通过的最大流量，它取决于灌溉面积、作物种植结构、作物灌溉制度、其他供水需求和管网工作制度等因素。

1. 管网工作制度

管道输配水灌区的作物灌溉制度推算方法与渠灌区相同，输水管网的工作制度主要包括以下几种：

(1) 设计灌水周期。应按当地灌溉试验资料确定。无试验资料时，可参考邻近地区试验资料确定，也可按式 (11.1) 计算：

$$T_0 = \frac{m}{ET_{cdmax}} \qquad T_0 \leqslant T \tag{11.1}$$

式中：T_0 为计算灌水周期，d；T 为设计灌水周期，d；m 为设计灌水定额，mm；ET_{cdmax} 为灌溉控制区内作物最大日需水量，mm/d。

(2) 一天所要工作的田间出水口数量：

$$n_d = \frac{t_d}{t} \tag{11.2}$$

式中：t 为田间单个出水口灌水延续时间，h；t_d 为配水管道每日工作的小时数，h/d；n_d 为配水管道上一日需要工作的田间出水口数量，个/d。

(3) 整个管网同时工作的田间出水口数量：

$$n_g = \frac{N_g}{n_d T} \tag{11.3}$$

式中：n_g 为整个管网同时工作的田间出水口数量，个；N_g 为管网控制区内全部田间出水口数量，个；T 为设计灌水周期，d。

(4) 轮灌组数量：

$$N = \text{Int}\left(\frac{N_g}{n_g}\right) + 1 \tag{11.4}$$

式中：N 为灌区轮灌组数量，组；Int 表示对计算结果取整数；其余符号意义同前。

2. 田间单个出水口设计流量

$$q = \frac{ma}{1000t\eta_f} \tag{11.5}$$

式中：q 为田间单个出水口设计流量，m^3/h；a 为田间单个出水口所控制的灌溉面积，m^2；η_f 为田间水利用系数；其余符号意义同前。

3. 输配水管网设计流量

对于作物种类相对单一的小型管道输配水灌区，管网设计流量可根据同时工作的田间出水口数量 n_g 和单个出水口设计流量 q 确定，即

$$Q_0 = n_g q / \eta_水 \tag{11.6}$$

式中：Q_0 为输配水管网设计流量，m^3/h；$\eta_水$ 为管网水利用系数，按规范要求应大于0.9；其余符号意义同前。

对于作物种类较多的大型管道输配水灌区，管网设计流量应该由调整后的设计灌水率确定，即类似于大型渠灌区的渠系流量设计方法，或者按照式（11.7）计算：

$$Q_0 = 3.6 \times 10^5 \frac{q_d A}{\eta_{区水}} \tag{11.7}$$

式中：Q_0 为输配水管网设计流量，m^3/h；q_d 为灌区设计灌水率，$m^3/(s \cdot 100hm^2)$；A 为管网所控制的灌区总面积，hm^2；$\eta_{区水}$ 为管道灌区水利用系数，等于管网水利用系数与田间水利用系数之积 $\eta_{区水} = \eta_水 \eta_f$。

4. 管道设计流量

$$Q_{ij} = \frac{n}{n_g} Q_0 \tag{11.8}$$

式中：Q_{ij} 为第 ij 级（如：第 i 分干下的第 j 支管）管道的设计流量，m^3/h；n 为第 ij 级管道控制范围内同时打开的田间出水口数量，个；n_g 为整个管网上同时打开的田间出水口数量，个。

管网的水力计算结果应使同时工作的各田间出水口流量尽量均匀，即

$$q_{min} \geqslant 0.75 q_{max} \tag{11.9}$$

式中：q_{min} 为同时工作的田间各出水口的最小流量，m^3/h；q_{max} 为同时工作的田间各出水口的最大流量，m^3/h。

11.4.2　管径确定（Determination of pipe diameter）

确定各级管道后（或管段）的直径是管网水力计算的主要任务之一。在各管道设计流量确定后，选定管道流速即可确定出相应的管径。由于管道流速与水头损失和水锤压力有关，较大的管道流速虽然相应的管径较小，管材投资小，但易造成较大的水头损失或水锤破坏；而较小的管道流速相应的管径大，管材投资大。因此，选择管道流速时应综合考虑。一般先根据各种管材的适宜流速及经验初选管径，然后进行水力计算，评价所计算出的水头损失是否合理；经反复试算，最后选定出合理且符合市场生产规格标准的管径。初选管径可按式（11.10）计算：

$$D = 18.8 \sqrt{\frac{Q}{v}} \tag{11.10}$$

式中：D 为管道内径，mm；Q 为管道设计流量，m^3/h；v 为管内水流流速，m/s。

为了防止管道中产生水锤破坏，自压输水管道的管内流速不得大于 2.5m/s；加压输水管道的管内流速不得大于 2.0m/s。同时，为防止管内发生杂质淤积，管内流速不得小于 0.3m/s。计算管径时，管内流速可参考经济流速，见表 11.1。

表 11.1　　　　　　　　　　管道经济流速推荐表　　　　　　　　　　单位：m/s

管材	混凝土管	钢筋混凝土管	塑料管	金属管	薄膜管
经济流速	0.5～1.0	0.8～1.5	1.0～1.5	1.5～2.0	0.5～1.2

注　引自《管道输水灌溉工程技术规范》（GB/T 20203—2017）。

11.4.3　管道系统设计压力（Design water head of pipeline system）

输配水管道系统的设计压力是指管网进口处的总压力，它应满足管网控制范围内的最不利工况，即最难以灌水的农田中出水口所需的压力，在此基础上再加上沿程的各种水头损失；计算时还要考虑地形高差。一般将最难以灌水的田间出水口位置称为参考点。所以，管网设计压力应该从田间出口压力开始计算，所依据的理论是水力学中的伯努利方程。

输配水管道系统的设计压力用式（11.11）计算：

$$H_0 = Z_g - Z_0 + h_0 + \sum h_f + \sum h_j + h_g \tag{11.11}$$

式中：H_0 为管道系统设计压力，m；Z_0 为管道系统进口高程，m；Z_g 为管道系统控制范围内参考点所在的田间出水口的地面高程，m；h_0 为参考点出水口中心线与地面的高差，m；一般为 0.15m；$\sum h_f$、$\sum h_j$ 分别为管网进口至参考点出水口的管道沿程水头损失和局部水头损失，m；h_g 为田间出水口的压力，m，一般可取 2m。若田间出水口直接连接滴灌、喷灌或低压管道灌溉系统，此时的田间出水口压力应该等于滴灌、喷灌或低压管道灌溉系统的首部设计压力。

管网工作压力大于 1MPa 时称为高压管网。由于高压管网的管材以及水力控制成本较高，一般用于远距离或大型灌区输配水。当管网工作压力大于等于 0.3MPa，且小于等于 1MPa 时，称为中压管网，多数灌区的输配水管网压力都在这个范围内。对于小面积的灌区，其输配水管网工作压力一般大于等于 0.15MPa，且小于等于 0.3MPa。

对于水泵加压的管道系统设计扬程为

$$H_p = H_0 + Z_0 - Z_d + \sum h_{f0} + \sum h_{j0} \tag{11.12}$$

式中：H_p 为水泵站设计扬程，m；Z_d 为泵站前池水位或机井动水位，m；$\sum h_{f0}$、$\sum h_{j0}$ 分别为水泵吸水管进口至管网进口之间的管道沿程水头损失和局部水头损失，m；其余符号意义同前。

自压管网的管道设计压力是指管壁上所受到的最大瞬时压力，它是合理确定蓄水池（或水库）水位和容积，使其能满足管网压力和供水流量的依据，也是选择管道额定承压能力的依据之一。在自压管网中，地形高差可抵消一部分管道水头损失，使管道工作压力小于管网静水压力，但是水锤压力使管道内水压力升高；然而管道水锤压力最大值一般出现在阀门处，在水流阻力的作用下，水锤波离开阀门沿着管道传播时其压力值降低，所以管道设计压力不应小于最大工作压力与残余水锤压力之和，且不应小于静水压力。一般情况下，正常运行时管顶内水压力应保持大于等于 2m 的正压，局部位置不应出现负压。

11.4.4　管道水头损失（Water head losses of pipe）

1. 管道沿程水头损失

沿程水头损失 h_f 是流量与管径的指数函数，可按第 5 章式（5.35）计算。

地埋塑料管受管沟底部施工质量的影响，会出现起伏；另外，每节塑料管采用承插接头连接，会增加水头损失；所以，用式（5.35）计算出的地埋塑料管沿程水头损失 h_f 应乘以系数 1.2 为宜。

2. 局部水头损失

输配水管道系统的局部水头损失一般以流速水头乘以局部水头损失系数表示。对于某一管网上的总局部水头损失则等于该管网上所有局部水头损失之和，可按第 5 章式（5.38）计算。

在管网初步设计阶段，为简化局部水头损失计算，通常可取沿程水头损失的 10%～15%估算。

11.4.5　管道水锤计算及其防护（Calculation of water hammer and damage prevention）

在压力管道中，当流速突然变化而引起水流压力急剧上升或下降时，这一现象称为水锤或水击。如果压力急剧升高，称为正水锤；如果压力急剧下降，称为负水锤。农田灌溉中由于轮灌秩序管理不严格，会出现随意关、开田间出水口给水栓的现象，造成输配水管道中出现水锤。在轮灌组转换中，田间出水口开、关顺序不合理也会造成输配水管道中出现水锤。输配水管道系统中节制阀开启或关闭速度较快时也会引起水锤发生。加压管网中，水泵启动或突然停泵也是引起水锤的原因。由于水锤对管道运行安全有很大危害，所以在输配水管网设计中需要进行水锤校核计算和水锤消除设计。

管道中出现正水锤时，管壁膨胀，其轴向断面上受到急剧增大的拉应力作用。如果管道埋于地下，周围的土压力将会抵消管壁上因正水锤而增加的一部分拉应力。当管道中出现负水锤时，管壁收缩，其轴向断面上受到急剧增大的压应力作用，加上管外土荷载的作用，管壁将面临被破坏的风险。因此，埋于地下的输配水管道系统受到负压水锤破坏的危险大于正压水锤的破坏危险。

1. 水锤验算条件

（1）对于长距离输水管道或重要骨干管道，应做管道全程水锤模拟计算。

管道水锤压力计算依据管道非恒定流理论，由管道水流连续方程和运动方程组成。

1）水流连续方程：
$$\frac{\partial h}{\partial t}+\frac{a_w^2}{g}\frac{\partial v}{\partial x}+v\frac{\partial h}{\partial x}-v\sin\theta=0 \tag{11.13}$$

2）水流运动方程：
$$\frac{\partial v}{\partial t}+g\frac{\partial h}{\partial x}+v\frac{\partial v}{\partial x}+\frac{f|v|v}{2D}=0 \tag{11.14}$$

式中：h 为管道内的压力，m；v 为管道内流速，m/s；a_w 为水锤波速，m/s；θ 为管轴线与水平面之间的夹角，（°）；f 为沿程阻力系数；D 为管道内径，m；x 为沿管轴线的长度，m；t 为水流时间，s；g 为重力加速度，m/s^2。

$$a_w = \sqrt{\dfrac{K/\rho}{1 + \dfrac{K}{E}\dfrac{D}{\delta}c}} \qquad (11.15)$$

式中：δ 为管壁厚度，m；K 为水的体积弹性模数，Pa；c 为管道固定方式系数，当只在上游固定时 $c=1-\mu/2$，当管线全部固定时 $c=1-\mu^2$，当管线不固定时 $c=1$；μ 为管材的泊松比；E 为管壁材料弹性模数，Pa；$\sqrt{K/\rho}$ 为水中声速，一般取 1435m/s。

水锤波速 a_w 越大，水锤升压值越大。

由于 $a_w \gg v$，所以式（11.13）中 $v(\partial h/\partial x)$ 和 $v\sin\theta$ 可忽略不计。此外，由于式（11.14）是在水体密度 ρ 不变的假设上建立的，因此 $\partial v/\partial x \ll \partial v/\partial t$；而且管轴线是直线，流速 v 的方向不变，所以式（10.14）中 $v(\partial v/\partial x)$ 可忽略不计。

简化后的式（11.13）和式（11.14）表达的是等径直管道水锤波传播过程，通常采用特征线法进行数值求解。求解时需要已知初始条件和边界条件，在复杂管道结构处（管道变径、分岔、转向）需单独处理。具体计算方法可参考相关文献。目前基于 ANSYS FLUENT 和 ANSYS CFX 处理方法，都可以方便地解决管道水锤计算问题。

（2）对于输水距离不长的管道只需验算关键结点处的水锤压力，确定所应采取的水锤保护措施即可。

（3）出现以下情况时应进行水锤验算：

1）管网系统规模较大，管网沿线的地形复杂。

2）管道布设有易滞留空气和可能产生水柱分离的凸起部位。

3）阀门关闭历时小于或等于一个水锤相时（水锤压力从阀门处向管道尽头往返传递一次所需要的时间）。

4）对设有止回阀的上坡管道，应验算事故停泵时的水锤压力；未设止回阀时，应验算事故停泵时水泵机组的最高反转转速；对于下坡管道，应验算启闭阀门时的水锤压力。

2. 水锤压力计算要求

水锤压力计算应符合下列规定：

（1）如果阀门关闭历时等于或小于一个水锤相时，首先计算水锤相时：

$$T_t = \frac{2L}{a_w} \qquad (11.16)$$

式中：T_t 为水锤相时，s；L 为计算管段长度，m；a_w 为水锤波速，m/s。

然后计算所产生的直接水锤压力：

$$H_d = \frac{2Lv_0}{gT_t} \quad \text{或} \quad H_d = \frac{a_w v_0}{g} \qquad (11.17)$$

式中：H_d 为直接水锤压力，m；v_0 为闸门前的水流流速，m/s；其余符号意义同前。

（2）如果闸门关闭历时大于一个水锤相时，应计算瞬时关阀所产生的间接水锤压力：

$$H_i = \frac{2Lv_0}{g(T_t + T_s)} \qquad (11.18)$$

式中：H_i 为间接水锤压力，m；T_s 为阀门关闭历时，s；其余符号意义同前。

（3）瞬时完全关闭管道末端（下游）阀门时，应计算阀门前所产生的最大压力水头：

$$H_{max} = H + \frac{2Lv_0}{gT_t} = H + H_d \tag{11.19}$$

式中：H_{max} 为阀门前产生的最大压力水头，m；H 为管道正常运行压力水头，m；其余符号意义同前。

（4）瞬时部分关闭管道末端（下游）阀门时，应计算在阀门前所产生的最大压力水头：

$$H_{max} = H + \frac{2L(v_0 - v_t)}{gT_t} = H + H_d - \frac{2Lv_t}{gT_t} \tag{11.20}$$

式中：v_t 为瞬时部分关闭阀门后管道内所产生的流速，m/s；其余符号意义同前。

（5）缓慢关闭自压或恒压管道末端（下游）阀门时，应计算阀门前所产生的最大压力水头：

$$H_{max} = H + \frac{H}{2} \times \frac{T_b}{T_s} \left[\frac{T_b}{T_s} + \sqrt{4 + \left(\frac{T_b}{T_s} \right)^2} \right] \tag{11.21}$$

其中
$$T_b = \frac{Lv_0}{gH_p}$$

式中：T_b 为管道中水柱惰性时间常数；H_p 为水泵站设计扬程，m；其余符号意义同前。

（6）缓慢关闭水泵站出口（即管网首端）处阀门时，应计算阀门后所产生的最小压力水头：

$$H_{min} = H_0 - \frac{H_0}{2} \times \frac{T_b}{T_s} \left[\frac{T_b}{T_s} + \sqrt{4 + \left(\frac{T_b}{T_s} \right)^2} \right] \tag{11.22}$$

式中：H_0 为管网设计工作水头，m；其余符号意义同前。

3. 管道水锤防护

若计算的管道水锤压力超过了安全限度，应采取水锤防护措施，保护管道安全运行。因此，在对管道进行水锤防护设计时，重点关注的是可能出现的超限水锤压力，而不是实际的水锤压力。一般在下列情况下应采取水锤防护措施：

（1）出现水锤情况下，管道内的压力超过管材公称压力。

（2）出现水锤情况下，管道内出现负压。

（3）水泵最高反转转速超过额定转速的 1.25 倍。

当关阀历时符合下式要求时，可以不验算关阀水锤压力：

$$T_s \geqslant 40 \frac{L}{a_w} \tag{11.23}$$

$$a_w = \frac{1425}{\sqrt{1 + \frac{KD}{E\delta} c_p}} = \frac{1425}{\sqrt{1 + \alpha \frac{D}{\delta} c_p}} \tag{11.24}$$

$$a_0 = f / \delta$$

式中：T_s 为阀门关闭历时，s；a_w 为圆形管道内水锤波传播速度，m/s；K 为水的体积弹性模数，Pa，随水温和水压的增加而增大，2.5MPa 大气压以下，水温 10℃ 时 $K = 2.06 \times 10^9$ Pa；α 为水的弹性系数与管材的弹性系数之比，$\alpha = K/E$；c_p 为管材系数，其

中均质管 $c_p=1$，钢筋混凝土管 $c_p=1/(1+0.95\times a_0)$；a_0 为管壁环向含钢筋系数；f 为钢筋抗拉强度；E 为管材弹性模数，Pa，不同管材的 α、E 值可查表 11.2。

表 11.2　管材弹性模数（E）及水的弹性系数与管材的弹性系数之比（α）值表

管材	钢管	球墨铸铁管	铸铁管	混凝土管	钢筋混凝土管
E/Pa	206×10^9	160×10^9	108×10^9	20.6×10^9	20.6×10^9
α	0.01	0.013	0.02	0.10	0.10
管材	硬聚氯乙烯管	硬聚乙烯管	聚丙烯管	玻璃钢复合管	钢丝网水泥管
E/Pa	$2.8\times10^9\sim3\times10^9$	$1.4\times10^9\sim2\times10^9$	7.84×10^4	14.7×10^9	20.6×10^9
α	$0.74\sim0.69$	$1.47\sim1.03$	26.276	0.14	0.10

注　引自《管道输水灌溉工程技术规范》（GB/T 20203—2017）。

利用式（11.24）计算的水锤波传播速度 a_w 比用式（11.15）计算的值略小，是为了增大计算相时，提高安全标准。计算水锤波传播速度时需要已知管壁厚度 δ，但此时的 δ 仅仅是考虑了水锤压力后选择的值，属于初始值，不一定是最终管壁厚度。最终的管壁厚度应根据管道结构计算中所确定的管壁厚度以及管道水力计算所确定的初始管壁厚度进行选择，选取两者之间较大的值。

【例 11.1】　某一管道输配水灌溉系统，灌溉面积 $A=2520\text{hm}^2$，主要种植春小麦、春玉米、棉花；灌水方式为滴灌。水泵站从河道取水，并加压向灌区供水。灌区有 2 条主干管并联工作；主干管末端连接 3 条分干管，每条分干管控制 4～6 条支管；每条支管单侧布置 3 条分支管，每条分支管单侧控制 4 块农田，田块面积为 $600\text{m}\times250\text{m}$。各级管道管材均为 PVC-U 管，各级管道布置及长度见图 11.11 和表 11.3。由于灌水高峰期水质含

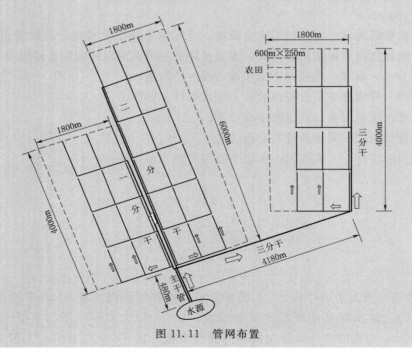

图 11.11　管网布置

沙量较高，所以，河水输送至农田后需要对水质进行二次处理，并重新加压进入田间滴灌系统。农田防护林网以榆树、速生杨和白蜡树为主，防护林采用沟灌和格田灌，林网年灌水 3～4 次，灌水定额 135mm，灌溉定额 540mm。输配水管网系统施行轮流配水，即在 3 条分干管之间采用轮灌方式配水。

表 11.3　　　　　　　　　　　　　　管道长度及灌溉面积

管别	主干管	一分干	二分干	三分干	支管	分支管
长度/m	840	3000	5000	7180	1200	1000
灌溉面积/hm²	2520	720	1080	720	179.9	60
灌溉作物		春小麦	棉花	春玉米		

对全灌区划分 7 个轮灌组，即同一分干管上同时运行 2 条支管，每条支管上同时运行 3 条分支管，所以每个轮灌组共有 6 条分支管同时运行，轮灌组面积 $A_d = 360\text{hm}^2$。按作物轮灌计划设计灌水周期（即全灌区灌水延续时间） $T = 10\text{d}$；每个轮灌组工作时间 1.43d；每天灌水小时数 $t = 20\text{h}$，每条分支管的灌水延续时间为 28.6h。由此得到灌区设计灌水率 $q_d = 0.093\text{m}^3/(\text{s} \cdot 100\text{hm}^2)$。假设田间水利用系数 $\eta_f = 0.9$。

试根据所给条件，初步规划并设计该灌区输配水管道系统的流量和压力，并对管道进行水锤压力校核。

【解】 步骤 1：管道设计流量计算。根据《管道输水灌溉工程技术规范》（GB/T 20203—2017）要求，设管网水利用系数为 $\eta_水 = 0.95$。该工程由 4 级管道组成，平均每级管道的水利用系数取为 $\eta_i = 0.987$。选择二分干（控制 3 个轮灌组）作为典型管道系统推算各级管道流量。由于灌区面积大，种植 3 种作物，所以，管道流量可用式（11.7）设计灌水率法计算。

（1）分支管流量。

$$Q_{净分干田} = q_d A = 0.093 \times 3.6 = 0.335 (\text{m}^3/\text{s})$$
$$Q_{毛分支} = Q_{净分干田}/(2 \times 3 \times \eta_i \times \eta_f) = 0.335/(2 \times 3 \times 0.987 \times 0.9)$$
$$= 0.0629 (\text{m}^3/\text{s}) = 226.3\text{m}^3/\text{h}$$

（2）支管流量。

$$Q_{净支} = 3 \times Q_{毛分支} = 3 \times 0.0629 = 0.189 (\text{m}^3/\text{s})$$
$$Q_{毛支} = Q_{净支}/\eta_i = 0.189/0.987 = 0.191 (\text{m}^3/\text{s}) = 687.6\text{m}^3/\text{h}$$

（3）分干管流量。

$$Q_{净分干} = 2 \times Q_{毛支} = 2 \times 0.191 = 0.382\text{m}^3/\text{s}$$
$$Q_{毛分干} = Q_{净分干}/\eta_i = 0.382/0.987 = 0.387 (\text{m}^3/\text{s}) = 1393.3\text{m}^3/\text{h}$$

（4）干管流量。

$$Q_{净主干} = Q_{毛分干} = 0.387\text{m}^3/\text{s}$$
$$Q_{毛主干} = Q_{净干}/\eta_i = 0.387/0.987 = 0.392 (\text{m}^3/\text{s}) = 1411.6\text{m}^3/\text{h}$$

由于主干管由两根管道并联组成，正常工作时，两根主干管各承担 50% 的总流量；当其中一根管道检修时，另一根管道承担 75% 的总流量。计算正常工作时单根主干管的流量为：$Q_{单主干0.5} = 0.5 \times Q_{毛主干} = 0.196\text{m}^3/\text{s} = 705.8\text{m}^3/\text{h}$。当单根主干管承担 75% 总流量时，计算管道流量为：$Q_{单主干0.75}=0.75\times Q_{毛主干}=0.294m^3/s=1058.7m^3/h$。

步骤 2：管径确定。PVC-U 管道为硬塑料管。根据表 11.1 选取硬塑料管经济流速为 $1.0\sim1.5m/s$，此处取 $v=1.48m/s$。参考当地国有塑化企业的 PVC-U 产品规格参数选取管径。根据式（11.10）进行管径初选计算。

（1）分支管。

$$D_{分支}=18.8\sqrt{\frac{Q_{毛分支}}{v}}=18.8\sqrt{\frac{226.3}{1.48}}=232.47(mm)$$

初选额定工作压力 0.8MPa、外径为 250mm 的 PVC-U 管，其壁厚 6.2mm，内径为 237.6mm。

（2）支管。

$$D_{支}=18.8\sqrt{\frac{Q_{毛支}}{v}}=18.8\sqrt{\frac{687.6}{1.48}}=405.25(mm)$$

初选额定工作压力 1.0MPa、外径为 450mm 的 PVC-U 管，其壁厚 13.8mm，内径为 422.4mm。

（3）分干管。

$$D_{分干}=18.8\sqrt{\frac{Q_{毛分干}}{v}}=18.8\sqrt{\frac{1393.3}{1.48}}=576.83(mm)$$

初选额定工作压力 1.0MPa、外径为 630mm 的 PVC-U 管，其壁厚 19.3mm，内径为 591.4mm。

（4）主干管。

$$D_{主干}=18.8\sqrt{\frac{Q_{单主干0.5}}{v}}=18.8\sqrt{\frac{705.8}{1.48}}=410.55(mm)$$

初选额定工作压力 1.0MPa、外径为 500mm 的 PVC-U 管，其壁厚 15.3mm，内径为 469.4mm。

步骤 3：验证不淤流速。依据《管道输水灌溉工程技术规范》（GB/T 20203—2017），在设计流量下，管道流速应不小于 0.3m/s；水泵加压管道输水灌溉系统设计流速不宜大于 2.0m/s。各级管道流速计算结果：分支管流速为 1.42m/s；支管流速为 1.36m/s；分干管流速为 1.41m/s；主干管流速按照正常输水工况和检修工况计算，$v_{0.5}=1.13m/s$，$v_{0.75}=1.70m/s$。

计算结果表明，所选择的各级管道的流速均满足不淤流速。选定的各级管道管径及其额定压力见表 11.4。

表 11.4　　　　　　　　　　　　各级管道管径计算表

管段	流量/(m³/h)	管材内径/mm	壁厚/mm	管材外径/mm	额定承载力/MPa
分支管	226.3	237.6	6.2	250	0.8
支管	687.6	422.4	13.8	450	1.0
分干管	1393.3	591.4	19.3	630	1.0
主干管	1411.6 (705.8)	469.4	15.3	500	1.0

步骤 4：管道沿程压力分布计算。设分支管出口压力为 2m，依据式（11.11）计算管道系统设计压力。首先沿着分支管、支管和分干管计算出沿程的各种水头损失、地形高差和节点压力。各级管道的沿程水头损失由式（5.35）计算；管道局部水头损失按沿程水头损失的 10% 估算；管材摩阻系数 $f = 0.948 \times 10^5$；流量指数 $m = 1.77$；管径指数 $b = 4.77$。计算结果为：主干管单管输送 50% 总流量时的进口压力为 22.63m；分干管中三分干的首部压力最大，其值为 22.63m；支管最大节点压力出现在三分干的支管进口处，其值为 11.24m；分支管的最大节点压力为 7.43m。

步骤 5：首部泵站扬程计算。对于水泵加压管道系统设计扬程用式（11.12）计算。泵站内的管网水头损失（泵站各吸水管进口至管网主干管进口之间的管道总水头损失）设为 1m，最不利工况时的水泵站总扬程为 23.63m，总流量为 0.392m³/s（1411.6m³/h）。考虑到水泵并联工作时总流量的增幅会随着并联水泵台数的增大而降低，总扬程会增大；所以，选择 1 台 IS250 - 200 - 315B 型单级单吸式离心泵（单泵额定流量 590m³/h、扬程 25m、效率 82%、转速 1480r/min、轴功率 46.48kW，汽蚀余量 5.3）与 1 台 IS300 - 250 - 315B 型单级单吸离心泵（单泵额定流量 880m³/h、扬程 25m、效率 83%、转速 1480r/min、轴功率 72.16kW，汽蚀余量 7.1m）并联运行，另再选 1 台 IS300 - 250 - 315B 型离心泵作为备用泵。当一分干和二分干输水时，水泵需要降速运行。

步骤 6：水锤压力验算及其防护。由式（11.16）～式（11.18）和式（11.24）计算水锤相时 T_t、直接水锤压力 H_d、间接水锤压力 H_i 和水锤波传播速度 a_w，其中水的弹性系数和管材弹性系数之比 α，对于硬聚氯乙烯管取值 0.72。

由于在相同条件下，直接水锤压力大于间接水锤压力，故采取偏不利条件，并利用式（11.19）进行管道安全验算。各级管道水锤计算结果见表 11.5。

表 11.5　　　　　　　　　　　直接水锤压力 H_d 计算表

分项	α	D/m	δ/m	c_p	a_w/(m/s)	L/m	T_t/s	v_0/(m/s)	H_d/m
分支管	0.72	0.2376	0.0062	1	266.50	1000	7.50	1.42	38.58
支管	0.72	0.4224	0.0138	1	296.89	1200	8.08	1.36	41.29
分干管	0.72	0.5914	0.0193	1	296.73	7180	48.39	1.41	42.66
主干管	0.72	0.4224	0.0138	1	296.56	840	5.67	1.13（$v_{0.5}$）	34.27
								1.70（$v_{0.75}$）	51.54

【答】　由于主干管最不利工况时的进口压力为 23.63m，相应的直接水锤压力 51.41m，计算得出管道最大压力 $H_{max} = 75.04$m，小于管道允许压力的 1.3 倍（100×1.3＝130m），故不采取水锤防护措施。由于分干管正常工作时的进口最大压力为 22.63m，直接水锤压力 42.66m，计算得出管道最大压力 $H_{max} = 65.29$m，小于管道允许压力的 1.3 倍（100×1.3＝130m），故不采取水锤防护措施。因支管正常工作时的最大压力 11.24m，直接水锤压力 41.29m，计算出管道最大压力 $H_{max} = 52.53$m，小于管道允许压力的 1.3 倍（100×1.3＝130m），故不采取水锤防护措施。因分支管正常工作时的最大节点压力 7.43m，直接水锤压力 38.58m，计算出管道最大压力 $H_{max} = 46.01$m，小于管道允许压力的 1.3 倍（80×1.3＝104m），故不采取水锤防护措施。

11.5 管道结构计算
(Calculation of pipeline structure)

11.5.1 管道结构计算要求 (Requirements for the calculation of pipeline structure)

在输配水管道系统设计中,首先要保证管网的运行安全。对管道进行水力计算时,仅仅考虑了灌区输配水要求和管道在内水压力作用下的安全问题,没有考虑外荷载对管道的破坏作用。尤其是对于大口径管道,其在相同壁厚时比小口径管道更容易产生结构性破坏。

埋入地下的管道在负压水锤和管道外部土压力以及车辆压力的作用下,最容易受到破坏;空管在被填埋时也容易受到破坏。所以在管网设计中,除了对管道进行水力计算外,还需要对管道进行结构计算,主要是确定管道的壁厚和强度,以保证其在最不利工况下能够抵御内、外荷载的作用。

1. 管道的荷载种类

管道结构计算一般采用结构力学中的极限状态法,应考虑作用在管道上的永久荷载和可变荷载。其中永久荷载包括管道自重、管道受到的竖向和侧向土压力、预加应力和管道中的水重等;而可变荷载包括管道上的地面人畜荷载、地面车辆交通荷载、地面堆积荷载、外水(地下水)压力和内水压力等。这些荷载可参考《给水排水工程管道结构设计规范》(GB 50332—2002)中的规定计算。

2. 管道的支护和填埋条件

管道的受力条件与其支护和填埋条件有关。管道埋入地下时,管沟底部是管道的基座。基座一般分为平面基础、弧形土基和刚性座垫三种形式,如图 11.12 所示。

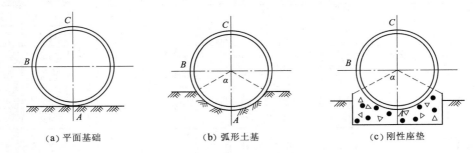

(a) 平面基础　　　　　　(b) 弧形土基　　　　　　(c) 刚性座垫

图 11.12　圆管基座形式

当管道铺在平面基础上时,管壁中的应力最大,只有在管径较小且土质良好时才采用这种方式。弧形土基包角 $2\alpha = 135°$ 时,管顶截面 C 的应力最小,座垫应力也不大,最为经济,所以弧形土基在输配水管网中应用较多。刚性座垫是将管道安置在纵向连续的砖石或混凝土座垫上,以减少软弱或不均质地基的不均匀沉陷对管道的影响,它与管道镇墩的作用不同。刚性座垫在输配水管网中应用较少,只有在通过局部坑洼、软土地段时才采用。

管沟主要有两种,即矩形管沟和梯形管沟,如图 11.13 所示。一般在土质较好、管径不大的情况下采用矩形管沟，以减少土方开挖量；而在土质软弱、管径较大、开挖较深的条件下，通常采用梯形管沟，以保证施工安全。

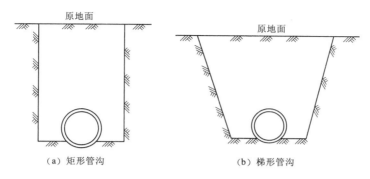

图 11.13　管沟形式

填埋管沟时，可以将填土与原地面平齐，也可以将填土隆起以增加覆盖层厚度，防止管道受到冻胀破坏。田间管道为了不影响农机具作业，一般都使填土与原地面平齐；而干、支管道在不经过交通道路时，可使填土隆起，既增加覆盖层厚度，还可减少管沟挖深。当管道穿过交通道路时，为了防止机动荷载直接作用在管道上，一般都用涵管或钢筋混凝土管作为管道的支护层，让涵管或钢筋混凝土管承受土面上的机动荷载，输水管道则穿过涵管或钢筋混凝土管布置。

3. 荷载组合

根据相关规范计算出各种永久荷载和可变荷载后，要对管道荷载进行组合，从中找出最不利工况。管道有以下可能的荷载组合：

（1）管道自重＋填土压力＋地面荷载＋内水压力。

（2）管道自重＋填土压力＋内水压力。

（3）管道自重＋内水压力。

（4）管道自重＋填土压力＋地面荷载。

（5）管道自重＋填土压力＋地面荷载＋管外地下水压力。

（6）管道自重＋填土压力＋管外地下水压力。

其中，组合（1）～（3）是在灌溉季节管道所受的荷载组合；而（4）～（6）是非灌溉季节空管时的荷载组合。采用何种荷载组合进行管道结构计算，应根据具体情况而定。

4. 计算管壁应力

在外荷载作用下管道将发生变形，管壁上将受到弯矩 M 和轴向力 N 的作用。当内力超过管壁的承载能力时，将造成管道破坏。在垂直荷载作用下，管顶处（图 11.12 中 C 点）出现最大正弯矩，使管壁内侧受拉，然后沿圆周方向逐渐减小；在垂直于作用力方向的直径两端（图 11.12 中 B 点）出现最大负弯矩，使管壁外侧受拉，到管底处（图 11.12 中 A 点）又转为最大正弯矩。

埋在地下的管道除了承受垂直荷载外，还承受水平荷载和均匀内水压力，它们也要引起管壁的变形和内力。因此，管道结构仅需计算出管顶、管底及一侧共三点的内力就能满足要求。

管道的横截面是一个三次超静定的环状结构，在外力及基础反力的作用下处于平衡状态，可应用"力法"求解封闭圆环的内力问题。根据管壁所受的内力计算出其拉、压应力，再根据规范要求的安全系数，评估管壁厚度是否满足安全要求。

5. 塑料管道结构计算

由于塑料管道重量轻、连接方便以及耐腐蚀，目前在灌区输配水管网中广泛应用。然而，塑料管道的柔性使其能够承受的外荷载有限，如果管道所受到的压力长期、持续地超过其额定压力的 2.5 倍，管道就会永久变形，不仅会缩短其使用寿命，还将影响管道的过流断面面积；如果断面面积缩小到原来的 98%，就会对水流产生明显的阻碍作用。因此，在塑料管道的结构计算中，选择管壁厚度的目的首先是要保证管道及其断面不变形。

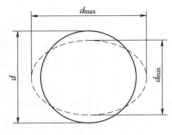

图 11.14　塑料管道在土压力作用下的断面变形

塑料管的管径变形率是指管道横断面由圆形变为椭圆形时，变形断面上的竖向直径 d_{min} 与变形前直径 d 的比值。管道在土压力作用下的断面变形如图 11.14 所示。

当塑料管的管径变形率为 5% 时，过水断面面积减少 0.25%；当管径变形率为 10% 时，过水断面面积减少 1%；所以，在塑料管道结构设计中，应控制管径的变形率不大于 5%。除了防止管道断面变形以外，还应控制塑料管道的局部弯曲，即管壁的纵向折弯现象。当外部的总压力 $\sum N$ 长期超过"土-管"体系的临界屈服压力时，非满管或空管就会被压扁或弯曲。"土-管"体系的临界屈服压力与密实土壤的变形和塑料管道的抗压扁能力有关，必须通过试验才能获得。在要求不太严格的情况下，可利用厂家测出的塑料管道环刚度 P_c 指标计算管壁截面失稳临界压力标准值。关于塑料管道结构计算方法可参考《埋地塑料给水管道工程技术规程》（CJJ 101—2016）。目前，常用 ABAQUS 或 MATLAB 等工程仿真平台来解决管道结构问题，ABAQUS 也可以处理非线性问题。

11.5.2　管道结构设计校核（Check of pipeline structural design）

为了保证设计出的管道能够满足输配水要求，还要对管道结构设计进行校核，特别是要保证管道在施工过程中的稳定性。

1. 承载力极限状态验算

管道承载力极限状态验算应符合《给水排水工程管道结构设计规范》（GB 50332—2002）的规定。管道结构的强度应满足：

$$\gamma_0 S \leqslant R_g \tag{11.25}$$

式中：γ_0 为管道的重要性系数，输水管 $\gamma_0 = 1.1$，配水管 $\gamma_0 = 1.0$，当输水管道设有调蓄设施时 $\gamma_0 = 1.0$；S 为作用效应组合的设计值，N/mm^2，即各项永久荷载和可变荷载对材料产生的内力或应力与其分项系数相乘后再进行组合所得到的组合内力，根据《给水排水工程管道结构设计规范》（GB 50332—2002）规定计算；R_g 为管道结构抵抗力强度设计值，N/mm^2。

（1）对于埋设在地下的柔性管道，应根据各项荷载的不利组合，计算管壁截面环向稳定性。计算时各项荷载均取标准值，并应保证环向稳定性抗力系数不低于 2.0。

（2）在施工过程中，管外水位高于管道时应计算管道抗浮稳定状态。

$$\frac{\sum F_{Gk}}{F_{fw \cdot k}} \geqslant K_f \tag{11.26}$$

式中：K_f 为浮托力抗力系数，取 1.1；$\sum F_{Gk}$ 为各种抗浮力作用的标准值之和，N/mm^2；$F_{fw \cdot k}$ 为浮托力标准值，N/mm^2。

（3）计算管道失稳的临界压力标准值：

$$F_{cr,k} = 4\sqrt{2E_d S_d} \tag{11.27}$$

式中：$F_{cr,k}$ 为管壁截面失稳的临界压力标准值，N/mm^2；E_d 为管道两侧土的变形综合模量，MPa，可按《给水排水工程管道结构设计规范》（GB 50332—2002）中附录 A 的要求确定；S_d 为柔性管道的环刚度值，MPa。

（4）对非整体连接的管道，在其敷设方向改变处（管道拐弯或变坡处）应作抗滑稳定验算；抗滑验算的稳定性抗力系数不应小于 1.5。

2. 正常使用极限状态验算

管道在正常运行时，其结构参数（如管道截面形状）在土压力以及地面移动荷载作用下会发生一定程度的改变，只要结构参数值的变化量在允许范围内，就可以保证管道结构不会向失稳状态发展。

（1）对于柔性管道在组合荷载下的变形，应按照准永久荷载的组合计算：

$$f_D = D_1 \frac{K_b r^3 (F_{sv \cdot k} + 2\psi_q q_{vk} r)}{E_p I_p + 0.061 E_d r^3} \tag{11.28}$$

式中：f_D 为管道在组合荷载下的最大竖向变形量，mm；K_b 为管道变形系数，应按照管道的敷设基础中心角确定，对于土弧基础，当中心角为 90°、120° 时，K_b 分别为 0.096、0.089；r 为圆管结构的计算半径，即自管中心至管壁中线的距离，mm；$F_{sv \cdot k}$ 为每单位长度管道上，管顶的竖向土压力标准值，kN/mm；q_{vk} 为地面车辆的轮压传递到管顶处的竖向压力标准值，kN/mm；ψ_q 为可变荷载的准永久值系数，取 0.5；D_1 为变形滞后效应系数，可根据管道胸腔回填土压实程度取 1.0~1.5；E_p 为管材弹性模量，MPa；I_p 为管壁的单位长度截面惯性矩，mm^4/mm；其余符号意义同前。

计算出的管道结构参数变化量应在允许值范围内。

（2）采用水泥砂浆等刚性材料作为防腐内衬的金属管道，在组合荷载作用下的最大竖向变形不应超过管道计算直径的 0.02~0.03。

（3）采用延展性良好的防腐涂料作为内衬的金属管道，在组合荷载作用下的最大竖向变形不应超过管道计算直径的 0.03~0.04。

（4）塑料管道在组合荷载作用下的最大竖向变形不应超过管道计算直径的 0.05。

3. 刚性管道验算

刚性管道结构计算的任务主要是控制管道截面的裂缝。管道的钢筋混凝土构件在组合荷载作用下，其计算截面的受力状态处于受弯、大偏心受压或受拉时，截面允许出现的最大裂缝宽度不应大于 0.2mm；计算截面的受力状态处于轴心受拉或小偏心受拉时，截面设计应按照不允许裂缝出现来控制。

11.6 管道系统附属设施
(Auxiliary facilities of pipeline system)

灌区输配水管网中的附属设施可分为附属设备和附属建筑物两类。附属设备主要指管道附件（简称管件），其在管网中用量很大，种类繁多。根据管件功能作用的不同，可分为控制附件、连接附件、监测附件。依据管件材料不同，可分为混凝土管件、塑料管件和金属管件。附属建筑物主要指管网的交叉建筑物、阀门井、观测井和镇墩。在输配水管网规划设计中，这些附属设施都要作为工程量及成本构成因素考虑在内。

1. 对管道附件的基本要求

对管件的要求主要有工艺质量、功能特性、管理维护等三个方面。其中，在工艺质量方面，管件应止水性能好、产生的水头损失小、满足承压要求、制作简单等；产品特性应适应各种应用环境；管理维护方面应方便安装更换、坚固耐用、防偷防损。总之，所选用的管件均应符合《管道输水灌溉工程技术规范》（GB/T 20203—2017）所规定的要求。

2. 连接附件

常用的管道连接附件主要有同径（等径）和异径（变径）的三通、四通、接头短管、弯头、堵头、渐变管、快速接头等。从材料方面可分为塑料连接件、混凝土连接件和金属连接件等，而金属连接件中又分球墨铸铁连接件和钢管连接件。所有这些连接件在被选用时都应该符合《管道输水灌溉工程技术规范》（GB/T 20203—2017）所规定的质量要求。

3. 控制附件

常用的控制附件常指各种阀门。当引用地表水时，在管网进口处设置的拦污栅、拦污网、沉沙池等设施也属于控制附件。控制附件的结构应该简单、操作或反应灵活、容易维修。

（1）通气阀。通气阀属于安全保护装置，主要用于消除或减缓管道内的正水锤或负水锤压力。目前，通气阀的种类和型号很多，可以根据工程具体情况选用。通气阀的孔径按式（11.29）计算：

$$d_c = 1.05D\sqrt{\frac{v}{v_a}} \tag{11.29}$$

式中：d_c 为通气阀的通气孔直径，mm；v_a 为通气流速，可取 45m/s；v 为管道内水流流速，m/s。

管道上设置的通气阀在管道水锤压力上升时可以及时将升压水流排除，以便降低管道压力。在管道压力上升但未超过公称压力的 1.5 倍时，通气阀的排放能力应达到管道的设计流量。

（2）配水控制装置。配水控制装置主要指分水阀，应满足设计压力和流量要求，且密封性好，安全可靠，操作维修方便，水流阻力小。有条件的工程应采用电动阀或电磁阀进行自动控制。

4. 交叉建筑物

有时输配水管网需要穿过路、沟、渠等地面设施，需要借助交叉建筑物进行穿越。交叉建筑物应该具有稳定性和密封性。

5. 镇墩

管网工程中镇墩用量很大，一般在管道出现下列情况之一时应设置镇墩：

（1）管内压力水头大于或等于 6m，且管轴线转角大于或等于 15°。

（2）管内压力水头大于或等于 3m，且管轴线转角大于或等于 30°。

（3）管轴线转角大于或等于 45°。

（4）管道末端、三通、弯头、出水口等关键连接处。

（5）管道长度超过 100m。

管道有坡度时，应通过受力分析确定镇墩位置。镇墩应设在坚实的地基上，用混凝土构筑。管道与沟壁之间的空隙应用混凝土填充到管道外径的高度。镇墩的最小厚度应大于 15cm，其支撑面积应符合抗滑、抗倾、稳定及地基强度等要求。

6. 监测设施

灌溉输配水管网运行时，有必要对主干管道或部分典型管段内的流量和压力通过专用设备进行监测。管道上的监测设备主要包括流量计和压力计；尽量选用水头损失小的流量计，例如电磁流量计、超声波流量计、涡轮流量计等。选用的流量计精度不应低于 3%。有条件的工程可以采用远程自动监测流量和压力。所有监测设备都应该牢固、耐用、定期标定。

11.7　灌溉输配水管道系统的运行管理
（Operational management of pipeline system for water conveyance and distribution）

验收后的输配水管网工程交给灌区管理单位使用。管理单位在运行管网系统时要对管网进行管理和维护。其中，管网运行管理包括水源运行管理和管道及附属设施运行管理。

11.7.1　水源管理 （Management of water sources）

水源运行管理主要包括维护水质标准、整修和保养水源工程设施、疏通水流通道等工作。

11.7.2　管道及附属设施的运行维护 （Operation and maintenance for pipeline and auxiliary facilities）

（1）灌溉输配水管道系统维护要求。输配水管道系统的运行维护工作根据管道系统运行前、运行中和运行结束等不同阶段而有不同的要求。其中，管道系统运行前的维护工作主要是保证管道畅通、不漏水、各种设备工作性能正常、各种工作场所无积水等。管道系统运行中的操作和管理要求包括：避免或减少管网中出现水锤现象，保证各种仪表或保护设施工作正常，保证监控设备工作正常。管道系统运行结束时的维护和保养要求为：管道放空、排沙，保养各种仪表和监控设备，对金属管件进行防锈处理。

（2）管道漏水监测和处理。检查管道漏水常用的方法有实地观察法、听漏法和分区检漏法。其中，实地观察法是从地面上观察漏水迹象。如果管道上部填土有浸湿痕迹或局部管线土面下沉，则可能出现了管道漏水。

听漏法又称声振法，是确定漏水部位的有效方法，一般在夜间采用，避免白天噪音干扰。将听漏棒的一端放在管线的地面或闸阀上，可以从听漏棒的另一端听到漏水声，需要凭经验判断；也可使用半导体检漏仪代替听漏棒监听漏水声，灵敏度高，但是易受杂音干扰。

分区检漏法是按管道分级、分段、分小区，利用量水装置测量管道输水损失量或压力损失量，若超过正常输水损失量或压力损失过多，表明该条、该段、该小区内的管道有损坏。

除了传统检漏方法以外，目前还用相关仪检测法、红外热成像检测法、气体示踪检测法、探地雷达检测法等。其中，相关仪检测法的原理与声振法类似。漏水点引起的振动沿管道向两侧传播，放在两侧不同距离的传感器收到某时刻漏水点发出的声波有一个时间差，这个时间差是由管道声速和漏点位置决定的。

红外热成像检测法运用光电技术检测物体热辐射的红外线特定波段信号，将该信号转换成可供人类视觉分辨的图像和图形。在管网区域作红外扫描测量时，若地下发生漏水，使局部地域与周围产生温度差，表明该地域红外辐射情况不同；红外图像能反映这一区别，据此可以发现漏点。

气体示踪检测法利用氢气比所有气体比重轻（比空气轻 14 倍）和黏度小的特点，能够快速由泄漏处渗透到地面而被仪器检测到，从而帮助检测人员找到管道漏水点位置。

探地雷达法利用电磁波扫描地下状态，从反射信号观察地下物体状态分布。但是，由于地下介质分层杂乱，对电磁波穿透程度有限制，所以该种方法只在特殊环境下使用。

【例 11.2】 西北地区某农场设计自压输配水灌溉管道系统，灌区水源为河水，灌溉面积 1.2 万 hm^2，由一套输配水管网供水，总干管设计流量 13.952m^3/s。河水首先通过渠道引至沉沙池（1000 万 m^3），然后由输水管道将灌溉水自压输送至田间（最大静水压力 1.2MPa）；田间采用滴灌技术。

灌区灌溉管网由骨干管网和田间管网两部分组成，其中骨干管网是输配水管网，分为三级，即两级干管和一级分干管，管径为 DN300～DN2800，总长 185km。田间管网是滴灌管网，由干管、支管和毛管组成，管径为 DE16～DE300，总长达百万千米。

总干管为 DN2800 埋置式 PCCP 管（预应力钢筒混凝土管），从沉沙池引水，由南向北沿山前冲洪积扇中部较平缓的地形埋设，长 8.13km，可控制灌溉面积 2 万 hm^2，其尾端分成东干管和西干管，其中西干管用于远期规划管网接口。东干管管径为 DN1800～DN2400，总长 11.6km，控制灌溉面积 1.2 万 hm^2。总干管和东干管从水源（沉沙池）引水。沉沙池设计水位 1386m，东干管尾端高程 1281m。输水管道系统沿线设排气、排水阀井和镇墩等附属设施。输水管网平面布置如图 11.15 所示，总干管和东干管分段示意图如图 11.16 所示。试根据所给条件，布置和设计该灌区的输配水管道系统，并配置附属设施。

【解】 步骤 1：设计方案。

（1）线路选择。输水线路的引水水源（沉砂池）设计水位高程为 1386m，干管尾端高程为 1281m，总水位差为 105m，可实现自流输水。骨干管网中的总干管和东干管上段

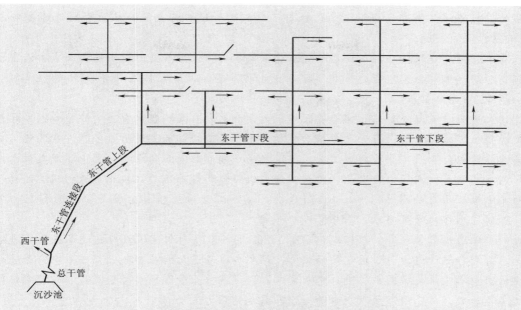

图 11.15　西北地区某农场灌区输配水管网平面规划布置

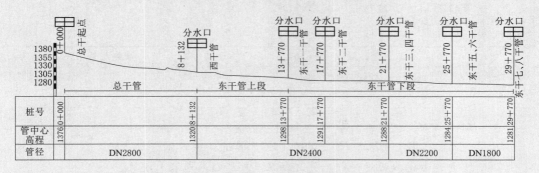

图 11.16　总干管和东干管分段示意

（高程单位为 m；桩号"8＋132"表示 8km＋132m；公称管径 DN 单位为 mm）

呈南北走向，沿线穿越山前冲洪积砾质平原、风积平原；土质渗透性强，气候干燥，大气蒸发强度大，而且常有野骆驼活动。该范围内地形宽广，在地形、地质、高程上为总干管的布置提供了十分优越的条件。从经济角度考虑，按管道线路最短的原则布置，各级干管基本上呈"丰"字形布置。

（2）管材选择。重点从适应性、经济性、施工难易程度等方面对地埋式 PCCP 管、玻璃钢管和球墨铸铁管等三种管材进行比选。由于 PCCP 管在工程造价上占有较大优势，加之国内设计行业力推 PCCP 管，最终确定：当管径 DN≥1600mm 时，推荐采用 PCCP 管材，保护层抗裂压力 2.45MPa；当管径 400mm≤DN＜1600mm 时，推荐采用玻璃钢管，抗压强度 1.0～1.6MPa；当管径 DN＜400mm 时推荐采用 PVC 管，抗内水压力 0.4～0.6MPa。

（3）管径选择。管径选择除满足用户用水量和水压要求外，还要考虑管材造价和运行费用。理论与实践证明，当输水量一定时，管径越大，管内流速越小，水头损失越小。该工程的管径选择主要考虑经济流速，根据已建成的管道工程经验，认为管内流速控制在2.5m/s 以内较合适。

骨干管网是自压输水，即积累地形落差提供水头。地形落差所提供的水头减去沿程水头损失和局部水头损失，即为骨干管网向田间管网提供的工作水头（0.35MPa）。

步骤 2：管道设计。

该工程为农业灌溉管网，由于灌区范围大，加之农业灌溉配水有一定的随意性，导致管网运行工况较为复杂。由于在冬季空管期，除了管道顶部的土压力以外，没有其他外荷载作用；所以，管网可分为两种工况，即灌溉高峰期和非灌溉储水期，其中非灌溉储水期的管网承受较大内水压力。因此，管道以静水压力作为设计压力。按正常运行状况的动水压力＋水锤压力与静水压力＋0.4MPa 进行比较，二者取大值作为骨干管网管材压力等级；田间管道压力等级为 0.63MPa。

（1）管道水力学计算。根据规范 GB/T 20203—2017 对田间灌溉所需流量及压力逐级推算，得到各级管道流量。通过管径试算，调整各级管道的水头损失，保证每个分干管分水口的出口水头满足田间系统进口水头需求。通过在分干管分水口处设置减压阀稳定田间系统工作压力，防止因灌区灌溉水量变化而引起的压力波动。

沿程水头损失由式（5.35）计算，局部水头损失按沿程水头损失的 10%计算：摩阻系数 f、流量指数 m、管径指数 b 见表 11.6。

表 11.6　　　　　　　　　　　　管材的 f、m、b 值

项目	（PCCP 管）糙率 $n=0.0125$	玻璃钢管	硬塑料管（PVC-U 管）
摩阻系数 f	1221400	86100	94800
流量指数 m	2	1.74	1.77
管径指数 b	5.33	4.74	4.77

（2）管道结构设计。根据厂家提供的 PCCP 管道、玻璃钢管和 PVC-U 管道刚度指标，结合管道内、外荷载强度进行验算，结果表明管道符合设计要求。

（3）消能设计。根据沉沙池水面高程和田间平均地面高程计算出田间管道系统在非灌溉时期的最大静水压达到 1.2MPa，远大于田间管道压力等级，该工程通过在分干管的分水口处设置减压阀稳定田间系统工作压力，防止因灌区灌溉水量变化而引起的压力波动，阀后压力设定值为 0.35MPa。

（4）管沟设计。根据国家标准《给水排水管道工程施工及验收规范》（GB 50268—2008），结合项目区土质、地下水等实际情况，确定本项目区管沟开挖底宽 B 为管道外径 D 与两侧工作面宽度 b 之和，即 $B=D+2b$。具体取值为：当 $D \leqslant 400$mm 时，$b=0.4$m；当 $400 < D < 1000$mm 时，$b=0.5$m；当 $1000 \leqslant D$，$b=0.75$m。

根据工程地质资料，管槽边坡 1:1.25，部分沙包地段边坡为 1:1.5。考虑管网安全和最大冻土深度，管顶以上覆土厚度大于等于 1.0m。

针对不同的管材，其管槽开挖和回填横断面等有不同的要求。

1）对于 PCCP 管，管槽底部需要铺设 0.3m 厚的砂砾石垫层；管中心线以下回填土必须夯实；中心线以上部位直接原土回填。

2）对于玻璃钢管，管槽底部要夯实。管槽分三层回填，其中管底至 0.7 倍管径高处采用原土夯填，0.7 倍管径高处至管顶 0.3m 以下和管顶 0.3m 以上分两层回填原土。

3）对于 PVC-U 管，管槽底部夯实。先回填土至管道半径以上厚度并夯实，再用机械回填原土。

根据设计资料介绍，该工程区的地表水对混凝土结构、钢制管件均无腐蚀性；但是，地下水及土壤对管道的腐蚀性较强，应选用防腐管材或对所选用的管材采取防腐措施。

PCCP 管需要采取防腐措施。制造 PCCP 管的原材料——水泥需采用抗硫酸盐水泥，同时在 PCCP 管外壁涂环氧煤沥青。玻璃钢管和 PVC-U 管为防腐管材，不需要再采取防腐措施。

步骤 3：管道附属设施。

骨干管道上的附属设施主要包括控制阀、超声波流量计、进人孔、压力表、水表、连接件、过滤系统等。

（1）控制阀。

1）进水阀。进水阀是指安装在各级管道入口的阀门，其作用是当灌溉开始时开启阀门使水流通过，而灌溉结束时关闭阀门切断水流。进水阀安装在总干管、东干管上段、各干管、各分干管和各支管的首端进水口处，各级管道上设置的进水阀共 610 个。

2）节制阀。当总干管、东干管下段或各级干管上的某处管道出现故障而需要排除时，若关闭故障所在管道的进水阀，则会引起该管道及其控制的管道均没有水流通过，进而使其控制范围内的作物得不到灌溉。为了减小影响，需在这些管道上设置节制阀，当关闭节制阀时，节制阀前的管道依然可以供水和灌溉作物。根据骨干管网设计和布置情况，在东干管下段每个分水口设一个节制阀，各干管上每隔 2~3 个分水口设一个节制阀。

3）水锤防护器。水锤防护器安装在节制阀的迎水面位置。在东干管下段和各干管末端的排水冲沙阀迎水面方向上也设水锤防护器。

4）通气阀。结合骨干管网的纵断面设计结果，在总干管、东干管上段和东干管下段，每隔 1km 左右设一处进、排气阀；在干管和分干管上，每隔 0.8km 设一处进、排气阀。

为方便检修，通气阀下游安装蝶阀，其规格和尺寸与通气阀配套。各级管道上设置的通气阀共 822 个。

5）排水冲沙阀。排水冲沙阀设置在管道局部低洼处和两节制阀之间最低处。在东干管下段、各干管和分干管的末端也设置排水冲沙阀，在管道检修或灌溉结束时进行排水或冲沙。其中东干管下段的末端，使用 DN400 蝶阀为排水冲沙阀，各干管末端使用 DE315mm 蝶阀作为排水冲沙阀；各分干末端使用 DE200mm 蝶阀作为排水冲沙阀。各级管道上设置的排水冲沙阀共 133 个。

6）减压阀。当分干管向田间支管提供的压力超过了田间所需要的压力时，需在分干管向支管分水的进口处设置减压阀。减压阀能将管道内的水压力调整到田间所需压力，保证田间滴灌系统正常运行。

依据两个因素确定减压阀的调压范围：一是根据设计管网压力分配情况，使分干管向支管提供的最大压力在 0.6MPa 以下；二是当管道流量比设计流量小时，使分干管向支管提供的压力大于设计的最大压力 0.6MPa。综合考虑，选择调压范围 0.1~1.0MPa 的减压阀，设置的减压阀共 500 个。

（2）超声波流量计。为了便于用水调度管理，实现定额灌溉，需设置流量观测设备。超声波流量计比较适用于大口径管道的流量测量，因此在总干管、东干管上段和各分干管进水阀后、距进水口大于等于 10 倍管径处，安装超声波流量计。各级管道上设置的超声波流量计共 64 个。

（3）进人孔。当管道出现故障需要排除时，为使工作人员确定故障的确切位置，便于对管道及时维护和检修，在管内径大于等于 1000mm 的管道上设置进人孔。因此，在总干管、东干管上段、东干管下段和部分干管上，结合节制阀及进、排气阀位置，设置进人孔，用以检查、维护管道。各级管道上设置的进人孔共 44 个。

（4）压力表。压力表安装在各级管道分水口处和各进、排气井内，用于观测管道内的压力状况。管网只有具备了完善的观测体系，才能及时平衡和调控各级阀门的开闭，以达到合理调配水的目的。根据管网的静水压力，选择量程为 0～1.0MPa 或 0～1.6MPa 的压力表。各级管道上设置的压力表共 92 个。

（5）水表。水表安装在分干管向支管分水的分水口处，用来计量一段时间内管道的水流总量或灌溉水量。选用超声波流量计，口径与支管配套。配套水表共 500 个。

（6）连接件。骨干管网连接件主要包括钢制三通、钢制变径、钢制四通、伸缩节和钢制弯头等，其中伸缩节用于规格大于等于 400mm 蝶阀与玻璃管道或 PCCP 管道的连接。钢制弯头设置在水平向转角处和竖向变坡处。

（7）过滤系统。经沉沙池沉淀后的灌溉水中含有大量的有机污物，在洪水期泥沙含量增大，放水涵洞运行时也会扰动洞口前沉积的泥沙等，这些污物均有可能进入管道内；所以，本自压输配水系统安全运行的关键之一是水质处理。水质过滤按二级设计，第一级位于各干管首端，为全自动反冲洗碟片过滤器；第二级位于各分干管首端，为全自动反冲洗网式过滤器。一期工程中，灌区共设置全自动过滤器 189 套。

思 考 与 练 习 题

1. 试论述我国建设管道化灌区的必要性；哪些地区更适合建设管道化灌区？请说明理由。

2. 如果从输配水管理和建设成本的角度考虑，平原地区采用哪种布置形式的输配水管网可能会更好一些？

3. 在输配水管网设计中，为什么除了进行水力计算以外，还要进行管道结构计算？管道结构计算中，重点是要解决哪些问题？

4. 输水管道施工中，管沟底部都要做夯实或硬化处理，为什么还要修建镇墩？两者的作用有何不同？

5. 如果取用的水源含有泥沙，有两种解决问题的方法：一是利用水库或沉淀池将水质处理达标以后再让其进入管网；二是在停灌期间利用管网上的冲沙阀将泥沙排出。哪一种方法更好？请说明理由。

6. 如图 11.17 所示，某小型灌区由 A、B、C、D 四个灌水单元组成，每个灌水单元面积约 100hm²，共用同一个水源，灌区坡向单一。现已知各灌水单元的出水口位置，试以管道长度最短为目标做出管道的优化布置方案，给出各管段的长度和相邻管段之间的夹角。

7. 如果将原来的渠灌区改造成管道输配水灌区，管网如何布置会更合理一些？请说明理由。

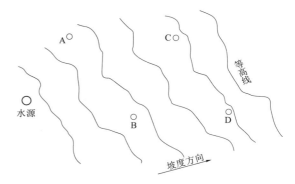

图 11.17　某小型灌区的地形等高线及坡度方向示意图

8. 输配水管道需要穿越盐渍土地区，所输送的水体有时会是微咸水。在设计管道系统时可选用哪几种管材？请根据管道运行时的条件分析并给出选择的依据。

9. 用一段硬聚乙烯塑料管给灌区输水，管长 1000m，管径 1m，管壁厚 3cm。管道出口处设截止阀用来控制管道流量，但是管道上没有设置水锤保护装置。试问为了保证管道运行安全，每次阀门关闭历时应该是多长时间？

推 荐 读 物

[1] 白丹. 灌溉管网优化设计 [M]. 西安：陕西科学技术出版社，1998.

[2] 杨建东. 实用流体瞬变流 [M]. 北京：科学出版社，2018.

[3] 黄清猷. 地下管道计算 [M]. 武汉：湖北科学技术出版社，1987.

数 字 资 源

11.1　管道灌溉　　11.2　用图论原理
　系统设计　　　　优化管网布置
　　　　　　　　　方案微课

参 考 文 献

[1] 蔡焕杰，胡笑涛. 灌溉排水工程学 [M]. 3 版. 北京：中国农业出版社，2020.

[2] 中华人民共和国国家质量监督检验检疫总局. 管道输水灌溉工程技术规范：GB/T 20203—2017 [S]. 北京：中国计划出版社，2017.

[3] 羊锦忠. 地下排灌工程 [M]. 2 版. 北京：水利电力出版社，1988.

[4] 联合国粮食及农业组织. 灌溉配水网的设计和最优化 [M]. 北京：中国农业科学技术出版社，1992.

[5] 杨绿乔，郑安涛，郑克敏. 塑料管道工程设计与施工 [M]. 北京：中国建筑工业出版社，1990.

[6] 李江. 长距离输水管道设计与安全防护关键技术 [M]. 南京：河海大学出版社，2020.

[7] 万五一. 长距离调水系统的瞬变流模拟与控制 [M]. 北京：中国水利水电出版社，2016.

[8] 周荣敏，雷延锋. 管网最优化理论与技术——遗传算法与神经网络 [M]. 郑州：黄河水利出版社，2002.

[9] 薛学月，梁俊斌，蒋婵. 基于移动传感器的大规模复杂供水管网监测研究进展 [J]. 计算机与数字工程，2021，49（2）：392-396.

[10] 胡少伟. 预应力钢筒混凝土管（PCCP）结构承载安全评价理论与实践 [M]. 北京：中国水利水电出版社，2011.

第 12 章

排水沟道系统设计

排水沟道系统是农业排水系统的主要形式。由于农业排水系统除了需要承接田间排水外，往往还需要承接区域内的天然径流和城镇排水，有时还需要存蓄天然径流，因此农业排水系统大多采用明沟排水，特别是骨干排水系统，一般都采用明沟，只有少数情形，如穿过城镇的排水沟，为了安全、美观等原因，才会考虑采用管道系统。

排水沟道系统的设计一般包括各级沟道的纵横断面设计、排水闸及排水泵站的设计及承泄区整治等，其主要依据是排水流量、水位或扬程。

12.1　排水流量计算
(Drainage discharge calculation)

排水流量是设计各级排水沟、排水泵站、排水闸等排水工程或评估已有排水工程的重要依据，分为排涝流量和排渍流量。排涝流量是排水区排除地面涝水时产生的流量，用于确定排水沟及排水建筑物的断面尺寸和规模。排渍流量又称日常排水流量，是降低农田地下水位时排除地下水所产生的流量，用于确定排水沟和排水建筑物的底部高程，也是暗管排水系统设计的主要依据。

12.1.1　设计排涝流量 (Design discharge of surface drainage)

确定设计排涝流量之前，首先需要明确设计标准。标准高，则规模大，可以防御大的涝渍灾害，但投资大，占用耕地多，设施利用率不高，可能造成的生态环境影响大，经济上不合理；反之，标准低，则规模小，尽管投资低，占用耕地少，对生态环境影响小，但由于不能满足排水要求，经济效益同样会降低。因此，需要综合考虑排水区的作物种类、土壤特性、水文地质和气象条件等因素，并结合当地社会经济条件和农业发展水平，统筹协调排水与灌溉、区域防洪、环境保护以及上下游地区的关系等，经技术经济优选确定合理的设计标准。

1. 除涝设计标准

除涝设计标准一般以排水区发生一定重现期的暴雨时作物不受涝作为标准。其中涉及暴雨重现期、暴雨历时和排涝时间。

（1）暴雨重现期。暴雨重现期的大小决定了雨量的大小。无论暴雨历时长短，通常重现期越长，暴雨雨量越大，所要求的排水工程规模就越大。合理地设计暴雨重现期最好通过经济效益分析和生态环境效应综合比较确定。但开展这一分析所需要的资料收集等工作难度大，一般采用相关技术规范推荐的标准。按照我国现行标准《灌溉与排水工程设计标准》（GB 50288—2018），除涝设计标准的暴雨重现期一般取 5～10 年，经济发达地区、城市郊区以及种植作物经济价值较高的地区也可根据当地条件采用 20 年的暴雨重现期。各地区设计排涝标准见表 12.1。

表 12.1　　　　　　　　　　　　各地区设计排涝标准

地区	设计暴雨重现期/年	设计暴雨历时和排涝时间
上海郊县（区）	10～20	1d 暴雨（200mm）1～2d 排出（蔬菜：当日暴雨当日排出）
江苏水网圩区	10 年以上	1d 暴雨（200～250mm）雨后 2d 排出
天津郊县（区）	10	1d 暴雨（130～160mm）2d 排出
浙江杭嘉湖地区	10	1d 暴雨 2d 排出；3d 暴雨 4d 排至作物耐淹深度
湖北平原地区	10	1d 暴雨（190～210mm）3d 排至作物耐淹深度
湖南洞庭湖地区	10	3d 暴雨（200～280mm）3d 排至作物耐淹深度
广东珠江三角洲	10	1d 暴雨 3d 排至作物耐淹深度
广西平原区	10	1d 暴雨 3d 排至作物耐淹深度
陕西交口灌区	10	1d 暴雨 1d 排出
辽宁中部平原区	5～10	3d 暴雨（150～220mm）3d 排至作物耐淹深度
吉林丰满以下第二松花江流域	5～10	1d 暴雨（118mm）1～2d 排出
黑龙江三江平原	5～10	1d 暴雨 2d 排出
安徽巢湖、芜湖、安庆地区	5～10	3d 暴雨（190～260mm）3d 排至作物耐淹深度
福建闽江、九龙江下游地区	5～10	3d 暴雨 3d 排至作物耐淹深度
江西鄱阳湖地区	5～10	3d 暴雨 3～5d 排至作物耐淹深度
河北白洋淀地区	5	1d 暴雨（114mm）3d 排出
河南安阳、信阳地区	3～10	3d 暴雨（140～175mm），旱作物雨后 1～2d 排出

注　引自《灌溉与排水工程设计标准》（GB 50288—2018）。

（2）暴雨历时和排涝时间。暴雨历时是形成排涝流量峰值的关键因素之一，对于农田排水来说，形成排水沟洪峰流量的多为较短历时的暴雨，且与排水面积有关。据华北平原地区实测资料分析，排水面积为 $100\sim500\text{km}^2$ 时，洪峰流量主要由 1d 暴雨形成；$500\sim1000\text{km}^2$ 时，洪峰流量一般由 3d 暴雨形成。另据黑龙江省三江平原近 100km^2 耕地的农作物减产率与暴雨历时的相关分析结果，农作物减产率与年最大 3d 降雨最密切，最大 1d 降雨次之。综合各地试验资料，我国目前采用的设计暴雨历时一般为 1～3d，具体可参考《灌溉与排水工程设计标准》（GB 50288—2018），根据排水区雨型和面积大小酌情选用。排涝时间一般根据发生暴雨时农作物不同生育期的耐淹水深和耐淹历时确定。旱作区可采用 1～3d 排至田面无积水；经济作物种植区可采用 1d 排至田面无积水；稻作区可采用 3～5d 排至允许蓄水深度。对于蓄涝条件好、调蓄容积较大的排区，可根据河网水位特性、调蓄能力等采用较长历时的设计暴雨进行涝水蓄泄演算。排水的起始时间，一般按排水区低洼处农田达到耐淹水深时即开始排水。

2. 设计排涝流量计算方法

设计排涝流量是排水区内因暴雨等原因导致的地表径流过程的峰值，即最大排涝流量。通常根据历年的暴雨观测资料推求。如排水区内有足够的河沟流量观测资料，也可通过流量观测资料推求设计排涝流量。如果地表排水来自融雪水或周边地区的地下径流等，则需采用水文模型等方法进行推求。

由暴雨产生的排涝流量过程受到暴雨强度及历时、排水区面积大小及形状、地形坡度、种植结构及土地利用情况、土壤性质、排水沟网密度及沟道比降等诸多因素的影响。

相同暴雨强度下排水区面积越大，排涝流量也越大，但单位面积的排涝流量（也称为排涝模数）一般会越小。这是由于暴雨径流在从田间排向干沟出口的过程中，受到地表对水流的阻力作用，一方面水流的流速随着流路的增长会逐步放缓；另一方面水流沿流路会发生滞留蓄水及入渗等而造成水流的损失，从而使得排涝模数峰值从田间到干沟出口逐步减小，如图 12.1 所示。当然，由于排水面积从田间到干沟出口是逐步增加的，排涝流量将逐级加大。

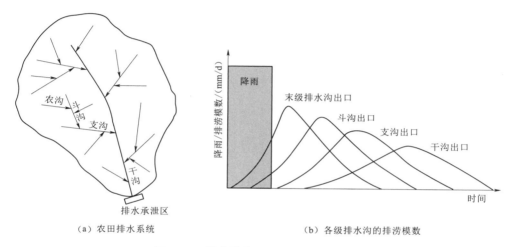

（a）农田排水系统　　　　　　　　　　（b）各级排水沟的排涝模数

图 12.1　排涝模数随排水沟级别的变化

由于影响暴雨径流过程的因素众多，如何根据设计暴雨推求设计排涝流量或设计排涝模数尚没有通用的理论方法，目前国内主要采用排涝模数经验公式法和平均排除法计算。

（1）排涝模数经验公式法。该方法选取设计净雨深和排水区面积为主要变量，而将其他众多影响暴雨径流关系的因素归结为系数或指数等综合参数，从而得到一个较为简单的排涝模数计算公式：

$$q = KR^m F^n \qquad (12.1)$$

式中：q 为设计排涝模数，$\mathrm{m^3/(s \cdot km^2)}$；$F$ 为排水沟设计断面所控制的排涝面积，$\mathrm{km^2}$；R 为设计净雨深，mm；K 为综合系数（反映河网配套程度、排水沟坡度、降雨历时及排水区形状等因素）；m 为峰量指数（反映排涝模数峰值与设计净雨量或排水总量的关系）；n 为递减指数（反映排涝模数与排涝面积的关系）。

式（12.1）中的 K、m、n 参数需要通过野外径流试验或调查统计分析得出。我国部分涝灾频发的地区 20 世纪 60—70 年代通过大量的实测资料，确定了这些参数的参考值，见表 12.2。但表中的数据年代较早，随着社会经济的发展，各地大规模土地开发利用导致下垫面条件改变，降雨径流关系可能发生了较大的变化，如 2010—2015 年期间武汉大学以湖北四湖地区 2005 年下垫面为基础，采用设计暴雨重现期分别为 5a、10a 和 20a 的 3d 暴雨，对不同面积排水区域的排涝流量进行了分析，得到了排水面积不大于 $500km^2$ 和大于 $500km^2$ 两种情况下的 K、m、n，其值都发生了较大的改变。因此，采用表 12.2 中 1960—1970 年代的参数所计算出来的排涝模数要小于近期的数值。其主要原因是该地区湖泊面积萎缩，交通、居民点等硬化面积增加，导致降雨产流增加、汇流加快。因此，在应用早期的参数时应充分分析其合理性，并根据情况加以修正。

表 12.2 部分地区排涝模数经验公式中参数的参考值

地区			适用排水面积 /km²	K	m	n	设计暴雨历时 /d	资料年代
安徽淮北平原地区			500～5000	0.026	1.00	−0.25	3	1960—1970
河南豫东及沙颍河平原区				0.03	1.00	−0.25	1	
山东	徒骇河地区			0.034	1.00	−0.25		
	沂沭泗地区	湖西地区	2000～7000	0.031	1.00	−0.25	3	
		邳苍地区	100～500	0.031	1.00	−0.25	1	
河北	黑龙港地区		>1500	0.058	0.92	−0.33	3	
			200～1500	0.032	0.92	−0.25	3	
	平原区		30～1000	0.04	0.92	−0.33	3	
山西太原平原区				0.031	0.82	−0.25		
辽宁中部平原区			50	0.0127	0.93	−0.176	3	
江苏苏北平原区			10～100	0.0256	1.00	−0.18	3	
			100～600	0.0335	1.00	−0.24	3	
			600～6000	0.049	1.00	−0.35	3	
湖北平原湖区			≤500	0.0135	1.00	−0.201	3	
			>500	0.0170	1.00	−0.238	3	
			≤500	0.0577	0.56	−0.072	3	2010—2015
			>500	0.0403	0.74	−0.150	3	

由于综合系数 K 考虑了很多因素，因而 K 值变动幅度较大。一般暴雨中心偏上游，净雨历时长，地面坡度小，流域形状系数小，河网调节程度大，则 K 值小；反之则大。当排水区域面积较大时，可分区采用不同的参数，以提高计算精度。

设计净雨深 R 的推求一般采用暴雨扣损法或降雨径流相关法。水田的净雨深通常采用暴雨扣损法计算，即

$$R = P - h_{田蓄} - ET \tag{12.2}$$

式中：P 为设计暴雨量，即除涝设计标准所确定的暴雨重现期和暴雨历时所对应的暴雨量，mm；$h_{田蓄}$ 为水田滞蓄水深，mm，由水稻耐淹水深确定；ET 为排涝时间（由除涝设计标准确定）内的水稻耗水量，mm。

旱地的净雨深一般采用降雨径流相关法推求，即

$$R = aP \tag{12.3}$$

式中：a 为径流系数。

若排水区域内既有水田又有旱地时，可采用按面积加权平均的方法推求设计净雨深。

计算设计净雨深时所采用的设计暴雨一般采用面雨量，当排水区域面积较小时，也可用点雨量代表面雨量。目前，我国各地的雨量站较多，一般都有长系列降雨观测资料，设计暴雨应尽量采用频率法推求，即用各年最大的一次面平均降雨量直接进行频率计算，按除涝设计标准确定的暴雨重现期求得设计暴雨量。如降雨观测资料较少，也可采用典型年法推求，即采用排水地区内某个涝灾严重的年份作为典型年，以该年的某次最大暴雨作为设计暴雨。

【例 12.1】　安徽淮北某排水区属于低洼易涝平原区，面积 500km²，该区 10 年一遇设计 1d 暴雨的面雨量为 102.0mm。该区主要为旱地，根据水文分析计算，其设计暴雨相应的径流系数为 0.55。试求该区 10 年一遇的最大排涝模数及排水干沟设计流量。

【解】　由于该排水区位于安徽淮北地区，可采用排涝模数经验公式法求解，根据表 12.2，该地区排涝模数经验公式参数分别为：综合系数 $K = 0.026$，峰量指数 $m = 1.00$，递减指数 $n = -0.25$。

设计净雨深：

$$R = aP = 0.55 \times 102 = 56.1 (\text{mm})$$

根据式（12.1）有

$$q = 0.026 R^{1.0} F^{-0.25} = 0.026 \times 56.1^{1.0} \times 500^{-0.25} = 0.308 [\text{m}^3/(\text{s} \cdot \text{km}^2)]$$

排水干沟的设计流量：

$$Q = qF = 0.308 \times 500 = 154.0 (\text{m}^3/\text{s})$$

【答】　10 年一遇的最大排水模数为 $0.308\text{m}^3/(\text{s} \cdot \text{km}^2)$，排水干沟的设计流量为 $154.0\text{m}^3/\text{s}$。

（2）平均排除法，假设排水面积上的设计净雨在规定的排水时间内以平均排涝流量或平均排涝模数排出，其计算公式如下：

$$Q = \frac{RF}{86.4t} \tag{12.4}$$

或

$$q = \frac{R}{86.4t} \tag{12.5}$$

式中：Q 为设计排涝流量，m^3/s；t 为设计排涝标准所设定的排涝时间，d；其余符号意义同前。

该方法中设计净雨深 R 的推求方法与排涝模数经验公式法相同。

该方法确定的排涝流量或排涝模数是一个平均值而非洪峰值，适于排涝过程比较平缓的情况，如地势平缓、调蓄能力较强的水网圩区和抽排区，其排涝模数峰值与平均排涝模数差别不大。而对地面坡度较大的排水区域，此法算得的排涝流量偏小，应谨慎使用。

【例 12.2】　南方某水网圩区，地势低洼，易生渍涝。该区总面积 120.0km²，其中旱地（包括村庄、道路占地）为 20.0km²，水田为 100.0km²。据分析，旱地径流系数为 0.5，水田允许滞蓄水深为 30.0mm，水稻日耗水量 4.0mm。现拟建设一排涝泵站，按 10 年一遇的 1d 暴雨 200.0mm，用平均排除法在 2d 内排完的标准进行设计。求排涝泵站的设计流量。

【解】 先求设计净雨深 R：

由式（12.2）可知，水田的设计净雨深 $R_1 = P - h_{田蓄} - ET = 200.0 - 30.0 - 4.0 \times 2 = 162.0 (\text{mm})$。

由式（12.3）可知，旱地的设计净雨深 $R_2 = aP = 0.5 \times 200.0 = 100.0 (\text{mm})$。

按照加权平均法，该排水区的设计净雨深为

$$R = \frac{R_1 F_1 + R_2 F_2}{F} = \frac{162.0 \times 100.0 + 100.0 \times 20.0}{120.0} = 151.7 (\text{mm})$$

根据式（12.4）得

$$Q = \frac{RF}{86.4t} = \frac{151.7 \times 120.0}{86.4 \times 2} = 105.3 (\text{m}^3/\text{s})$$

【答】 排涝泵站的设计流量为 $105.3 \text{m}^3/\text{s}$。

上述两种方法所推求的都是一个特定的（最大值或平均值）排涝模数或排涝流量。当排水区域存在较大的调蓄湖泊时，调蓄湖泊往往通过滞蓄部分涝水而减缓排涝过程，从而降低排水出口的排涝峰值，减少出口处的排水闸或排水泵站的规模。此种情况，就需要推求排水区域进入调蓄湖泊的设计排涝流量过程线。

设计排涝流量过程线的推求通常采用单位线法，即

$$Q_i = \frac{1}{10} \sum_{j=1}^{j=n} R_j u_{i-j+1} \quad (i = 1, 2, \cdots, n+m-1) \tag{12.6}$$

式中：Q_i 为时段 i 的排涝流量，m^3/s；R_j 为时段 j 净雨深，mm；n 为净雨时段数；u 为时段单位线数值，m^3/s；m 为单位线时段数。上述计算参数可根据省级暴雨洪水图集、水文手册等确定或实测率定。

12.1.2 设计排渍流量（Design discharge for waterlogging control）

设计排渍流量是按照排渍设计标准，将排水区地下水位下降到设计排渍深度所要求的排水流量。

排渍设计标准通常采用设计排渍深度表示。一般根据农作物不同生育阶段的耐渍深度、耐渍时间及农业机械作业的要求等确定。农作物在不同的生育阶段根系层深度不同，对渍害的敏感程度也不同，其耐渍深度也不同，见表 12.3，农作物的耐渍深度通常随着根系的生长而逐步增加。一般旱作物的渍害敏感期多为苗期，但耐渍深度较浅；而生长关键期如小麦、玉米的拔节期若发生渍害对产量的影响较大，此时的耐渍深度较深，对排水工程的要求更高，因此，设计排渍深度一般取农作物在整个生育阶段应满足

表 12.3 几种主要农作物不同生育期的耐渍深度

作物	生育阶段	耐渍深度/m
小麦	播种—出苗	0.5
	返青—分蘖	0.5~0.8
	拔节—成熟	1.0~1.2
棉花	幼苗	0.6~0.8
	现蕾	1.2~1.5
	花铃—叶絮	1.5
玉米	幼苗	0.5~0.6
	拔节—成熟	1.0~1.3
水稻	晒田	0.4~0.6

注 引自《农田排水工程技术规范》（SL/T 4—2020）。

的最大耐渍深度。

设计排渍深度除考虑农田排渍的要求外，还需要考虑农业机械耕作的要求。农业机械耕作要求的排渍深度主要取决于农业机械种类和土壤质地。农机种类不同，所要求的土壤承载力不同，因此要求控制的地下水位也不同。履带式拖拉机一般要求的最小地下水埋深为 0.4～0.5m，轮式拖拉机为 0.5～0.6m，重型拖拉机带动联合收割机作业时则为 0.9～1.0m。不同土质由于其持水和透水性能不同，土壤承载力也有差异，通常砂性土土壤承载力要较黏性土大，因此同样的农业机械要求的地下水位要比黏性土小。目前我国广泛使用的中、小型拖拉机要求的排渍深度一般为 0.6～0.8m。若农业机械耕作要求的排渍深度大于农田排渍要求的最大深度，则设计排渍深度应取农业机械耕作要求的最大排渍深度。

实际生产中，农田地下水位是动态变化的，并不总能控制在设计排渍深度。发生降雨后，农田地下水位会短暂上升，当超过耐渍深度时，就需要在作物的耐渍时间内将地下水位降至耐渍深度。设计排渍流量一般是取雨后地下水从高水位（通常按接近地表计算）下降到设计排渍深度所需的地下排水流量。单位面积的设计排渍流量则为设计排渍模数，可按下式计算：

$$q = \frac{\mu \Delta h}{t} \tag{12.7}$$

式中：q 为设计排渍模数，m/d；μ 为地下水位降深范围内土层的平均给水度；Δh 为地下水位从地表到设计排渍深度的降深值，m；t 为排渍时间，d，一般根据作物渍害敏感期的耐渍时间确定，缺乏相关试验资料时，可取 3～4d。

在土壤盐渍化地区，盐渍化的防治也是通过控制地下水位到地下水临界深度或者灌溉洗盐后通过排除地下水排盐，此时的地下水排水流量与排渍流量类似，其排渍模数计算如下：

$$q = \frac{\mu \Omega (h_t - h_0)}{t} - \bar{\varepsilon}_h \tag{12.8}$$

$$q = \frac{m - \varepsilon_0 t - \Delta \omega}{t} - \bar{\varepsilon}_h \tag{12.9}$$

$$\bar{\varepsilon}_h = \varepsilon_0 \left(1 - \frac{h_0 + h_t}{2h_\varepsilon} \right)^n \tag{12.10}$$

式中：q 为防治盐渍化的地下水排水模数或淋洗排盐的排水模数，m/d，式（12.8）和式（12.9）分别用于计算防治盐渍化的地下水排水模数和淋洗排盐时的排水模数；Ω 为排水地段内的地下水面形状修正系数，明沟取 0.7～0.8，暗管取 0.8～0.9；$\bar{\varepsilon}_h$ 为排水过程中的地下水平均蒸发强度，m/d；ε_0 为水面蒸发强度，m/d，根据当地条件可以不考虑蒸发影响时，取 $\varepsilon_0 = 0$；h_0 为起始地下水埋深，m；h_t 为设计地下水埋深，m，可用地下水临界深度替代；h_ε 为地下水极限蒸发深度，m；n 为地下水蒸发与埋深关系指数，为 1～3，可近似取 $n = 2$；m 为改良盐渍土的淋洗定额，m，根据各地经验或通过试验确定；$\Delta \omega$ 为淋洗排水前后的土壤储水量增值，m；t 为防止土壤返盐的排水时间或淋洗排水时间，d。

【例 12.3】 北方某地计划兴建排水工程，以满足冬季洗盐要求。根据试验观测，当地地下水埋深冬灌前通常为 2.0m，地下水矿化度为 2.2g/L，土质为砂壤土。地下水极限蒸发深度为 3.5m，冬灌期间当地水面蒸发强度为 4.0mm/d。冬灌前后土壤含水量增值为 0.1m。根据当地土质和土壤盐分状况，淋洗定额确定为 250mm，排水时间约为 10d。求淋洗排盐的排水模数。

【解】 采用式 (12.9) 推求淋洗排盐的排水模数。

(1) 计算排水过程中的地下水平均蒸发强度。

冬灌期间当地水面蒸发强度 $\varepsilon_0 = 4.0 \text{mm/d}$，冬灌前地下水埋深 $h_0 = 2.0\text{m}$，地下水极限蒸发深度 $h_e = 3.5\text{m}$，设计地下水埋深 h_t 采用地下水临界深度代替，该地区土质为砂壤土，地下水矿化度为 2.2g/L，根据第 3 章表 3.14，地下水临界深度为 2.1~2.3m，此处取 $h_t = 2.3\text{m}$。地下水蒸发与埋深关系指数取 $n = 2$，由式 (12.10) 得

$$\bar{\varepsilon}_h = \varepsilon_0 \left(1 - \frac{h_0 + h_t}{2h_e}\right)^n = 0.004 \times \left(1 - \frac{2.0 + 2.3}{2 \times 3.5}\right)^2 = 0.0006 (\text{m/d})$$

(2) 计算淋洗排盐时的排水模数。

冬灌淋洗定额 $m = 250\text{mm} = 0.25\text{m}$，淋洗排水前后的土壤储水量增值 $\Delta \omega = 0.1\text{m}$，淋洗排水时间 $t = 10\text{d}$，由式 (12.9) 得

$$q = \frac{m - \varepsilon_0 t - \Delta \omega}{t} - \bar{\varepsilon}_h = \frac{0.25 - 0.004 \times 10 - 0.1}{10} - 0.0006 = 0.01 (\text{m/d})$$

【答】 该地淋洗排盐的排水模数为 0.01m/d。

12.2 排水设计水位
(Designed water level of drainage systems)

排水沟道系统的设计水位包括排水沟、排水闸及排水泵站的设计水位。

12.2.1 排水沟的设计水位 (Designed water level of drainage ditches)

排水沟的设计水位包括排渍水位和排涝水位，前者用于确定排水沟沟深，后者主要用于确定排水沟堤顶高程。

1. 排渍水位

排渍水位又称日常水位，是为了保证作物正常生长排水沟需要维持的水位。设计排渍水位主要由设计排渍标准或者防治土壤盐渍化的标准决定。

按照 12.1 节所述的设计排渍标准和土壤盐渍化防治标准，设计工况下，农田地下水位应控制在设计排渍深度或地下水临界深度。由于地下水位从农田排向排水沟需要一定的水头，因此末端农沟的设计排渍水位应低于农作物要求的设计排渍深度或地下水临界深度（图 12.2），农沟的设计排渍水位 $z_{农渍}$ 可由下式计算：

$$z_{农渍} = A_0 - h_w - h_c \tag{12.11}$$

式中：A_0 为农田地面高程，m；h_w 为农作物要求的设计排渍深度或地下水临界深度，m；h_c 为两条农沟中间点地下水位排向农沟需要的水头，一般取 0.2~0.3m。

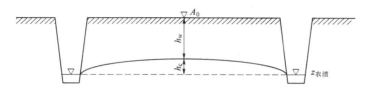

图 12.2　农沟设计排渍水位与设计排渍深度或地下水临界深度的关系

农田地下水排入农沟后，经过斗沟、支沟、干沟等多级排水沟才能排至外河或其他承泄区。要保证地下水顺畅地排入承泄区，各级沟道的设计排渍水位都需要考虑其自身的水面比降和局部水头损失。排水干沟出口的设计排渍水位，通常是选择离干沟出口最远处的低洼农田作为控制点，如图 12.3 (a) 的 A_0，首先根据式 (12.11) 求出其所在田块农沟的设计排渍水位 $z_{农渍}$，然后考虑农沟、斗沟、支沟、干沟各级沟道的比降及局部水头损失，按照式 (12.12) 逐级推算而得

$$z_{干渍} = z_{农渍} - \sum Li - \sum \Delta z \tag{12.12}$$

式中：$z_{干渍}$ 为排水干沟沟口的排渍水位，m；$z_{农渍}$ 为农沟设计排渍水位，m；L 为农、斗、支、干各级排水沟长度，m；i 为农、斗、支、干各级排水沟的水面比降，如为均匀流，则为沟底比降；Δz 为各级排水沟沿程局部水头损失，如过闸水头损失取 $0.05 \sim 0.1$m，上下级沟道在排地下水时的水位衔接落差一般取 $0.1 \sim 0.2$m。

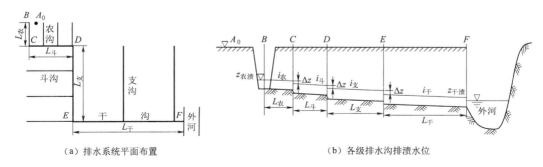

(a) 排水系统平面布置　　　　　　　(b) 各级排水沟排渍水位

图 12.3　干沟、支沟、斗沟、农沟的排渍水位推算

对于排渍期间外河水位较低的平原地区，如干沟有可能自流排除排渍流量时，按上式推得的干沟沟口处的设计排渍水位 $z_{干渍}$ 应不低于外河水位。否则，应适当减缓各级沟道的比降，争取自排。对于经常受外河水位顶托的平原水网圩区，则应利用泵站抽排，以使各级沟道维持所要求的排渍水位。

2. 排涝水位

排涝水位又称最高水位，是排水沟排除设计排涝流量时的水位，一般按以下两种情况分别采用不同的方法推求：

(1) 当承泄区水位较低，如汛期干沟出口处排涝水位始终高于承泄区水位，此时干沟设计排涝水位可按设计排涝流量确定，其余支沟、斗沟的设计排涝水位亦可由干沟的设计排涝水位按比降逐级推得；若干沟出口处排涝水位比承泄区水位稍低，如仍要争取自排，

就会产生壅水现象，此时干沟（甚至包括支沟）的设计排涝水位就应按壅水水位线设计，其两岸常需筑堤束水，形成半填半挖断面，如图12.4所示。

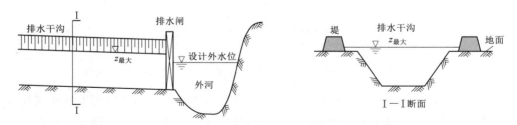

图12.4　排水出口壅水时干沟的半填半挖断面

（2）当承泄区水位很高、长期顶托无法自流外排时，干沟设计排涝水位分两种情况考虑：①没有内排站，此时设计排涝水位以离地面0.2～0.3m为宜，最高可与地面齐平，以防止漫溢。设计排涝水位以下的沟道断面应能承泄设计排涝流量，如排水沟有蓄涝任务，则设计排涝水位以下的断面还需满足蓄涝要求。干沟出口需设置排水闸挡水，待承泄区水位较低时相机排水；②有内排站，则干沟水位可以超出地面一定高度，但一般不应大于2～3m，相应沟道两岸亦需筑堤，使上游高处来水自流排除。部分低洼区无法自流排除时采用抽排。

12.2.2　排水闸及排水泵站的设计水位（Designed water level for sluice gates and pumping stations of drainage systems）

为防止承泄区水位较高时倒灌，或为了控制沟道排水，需在排水沟出口处修建排水闸；当无法自流排水时，需要在排水沟出口处修建排水泵站。排水闸和排水泵站的设计依据除了设计排水流量外，同样也需要设计水位。此时的设计水位包括设计内水位和设计外水位。

设计内水位是指干沟出口处的设计水位，包括设计排涝水位和设计排渍水位，其推求方法已在12.2.1节介绍。当排水区内设有二级排水泵站时，其设计内水位则为泵站进口侧相应排水沟的设计水位。

设计外水位是指与设计排涝标准相应的承泄区水位。一般分以下两种情况采取不同的处理方法：

（1）排水区设计暴雨与承泄区水位同频率遭遇的可能性较大时，按照设计排涝标准规定的排涝天数（3～10d）将承泄区历年相应天数的平均高水位按从高到低的顺序进行排频计算，选择与设计暴雨重现期相同频率的水位作为设计外水位。例如，排水区设计排涝标准为10年一遇1d暴雨3d排至作物耐淹水深，此时的排涝天数为3d，则首先统计承泄区历年连续3d最高的水位并计算其平均值即得历年的最高3d平均水位，然后进行频率计算，由于设计排涝标准的暴雨重现期为10年一遇，因此从承泄区历年最高3d平均水位系列中选择相当于10年一遇的水位，即为设计外水位。

（2）排水区设计暴雨与承泄区水位同频率遭遇的可能性较小时，按照设计排涝标准规定的排涝天数，取承泄区历年相应天数的平均高水位的多年平均值作为设计外水位。

目前我国部分地区采用的设计外水位见表12.4，可供规划设计时参考。

表 12.4　　　　　　　　　　　　　我国部分地区采用的设计外水位

地区		设计外水位/m	备注
广东	珠江、韩江	采用年最高洪水位的多年平均值	洪水区
	三角洲地区	采用 5 年一遇年最高水位	湖区
湖南	洞庭湖区	采用外江 6 月最高水位的多年平均值；以 5—8 月最高水位多年平均值中的最高值进行校核	大型排水站
湖北		采用与排水设计标准同频率、与设计暴雨同期出现的旬平均水位或采用暴雨设计典型排涝期间相应的日平均水位，也有采用江河警戒水位的	
江西	鄱阳湖地区	采用 10 年一遇 5d 最高平均水位	
		采用年最高水位的多年平均值	大型电排站
安徽		采用 5～10 年一遇汛期日平均水位	
江苏		采用历年汛期平均最高外水位设计按历年汛期最高外水位校核	中小型排水站
		采用 20 年一遇汛期最高外水位	大型电排站
福建		采用 5 年一遇洪水位	闽江下游
		采用 10 年一遇洪水位	九龙江下降
河南	安阳地区（黄河）	采用黄河 3 年一遇水位	考虑黄河淤积至 1970 年时的水位
	信阳地区（淮河）	采用河道堤防保证水位（5～20 年一遇）	
黑龙江		采用 20 年一遇汛期最高日平均水位	
天津		采用汛期最高洪水位	

感潮河段的设计外水位可与上述设计外水位的确定方法相同，即按照设计排涝标准确定的排涝天数，取历年相应天数内的高潮位与低潮位，按排涝天数的平均值（即连续高高潮与高低潮的半潮位）作频率计算，并取相应于排水区设计暴雨同频率的潮位作为设计潮水位。

需要注意的是，由于人类活动的干扰加剧，江河湖泊泥沙淤积与冲刷的影响，可能导致承泄区历年水位资料的一致性发生变化，即相同流量下，同一过水断面的水位会有所增高或下降，在分析承泄区的历年水位资料时，应对其一致性进行分析和校正。

12.3　排水沟断面设计
（Drainage ditch design）

排水沟断面包括横断面和纵断面，当排水沟的设计流量和设计水位确定后，便可对其纵横断面进行设计，包括确定沟道的水深、底宽、边坡系数等。

12.3.1　排水沟横断面设计（Cross section design for drainage ditches）

设计横断面时，一般先根据设计排涝流量计算沟道的断面尺寸，如有蓄涝、灌溉等要求，再按照相应的要求对断面尺寸进行调整。

1. 根据设计排涝流量计算排水沟断面尺寸

排水沟横断面一般是按恒定均匀流公式设计，我国大多采用曼宁公式，即

$$Q = \frac{1}{n} A R^{\frac{2}{3}} i^{\frac{1}{2}} \tag{12.13}$$

式中：Q 为设计排涝流量，m^3/s；A 为沟道过水断面积，m^2，排水沟通常采用梯形断面（图 12.5），底宽为 b，设计水深为 h，边坡系数为 m 时，$A = (b + mh)h$；R 为沟道横断面水力半径，m，对于梯形断面，$R = (b + mh)h/(b + 2h\sqrt{1+m^2})$；$n$ 为排水沟糙率；i 为沟道水面比降。

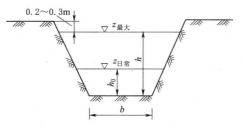

图 12.5　排水沟横断面

在设计排涝流量已知时，采用式（12.13）设计排水沟横断面的关键是确定合理的断面要素 n、m 及 i。

（1）排水沟糙率 n。由于排水沟常年有水，易生杂草，因此，其糙率一般比同样土质的灌溉渠道要大，通常取 $0.025 \sim 0.03$。为了便于农田地下水的排出，排水沟大多不加衬砌，但在土质稳定性较差容易坍塌的地区，也可采用具有一定透水性的材料进行衬砌，或采用草皮、干砌块石等进行护坡。此种情况，应根据衬砌或护坡材料选取适当的糙率。

表 12.5　　　　　　　　　　　　　　　土质排水沟边坡系数 m

土质	挖深			
	<1.5m	1.5~3m	3~4m	4~5m
砂土	2.5	3.0~3.5	4~5	≥5
砂壤土	2	2.5~3	3~4	≥4
壤土	1.5	2~2.5	2.5~3	≥3
黏土	1	1.5	2	≥2

（2）排水沟边坡系数 m，主要与沟道土质和沟深有关，土质越松，沟道越深，采用的边坡系数应越大。由于地下水汇入的渗透压力、坡面径流冲刷和沟内滞涝蓄水时波浪冲蚀等原因，沟坡容易坍塌，所以排水沟边坡一般比灌溉边坡要缓，设计时可参考表 12.5。对于衬砌排水沟，其边坡系数应相应减小。

（3）排水沟水面比降 i。均匀流情况下，水面比降与沟道的底坡相等，主要取决于排水沟沿线的地形和土质情况，一般要求与沟道沿线所经的地面坡降相近，并满足沟道不冲不淤的要求。对于连通内湖与排水闸的沟道，其底坡还取决于内湖和外河水位的情况；而对于连通排水泵站的沟道，其底坡须结合水泵安装高程的要求选取。

一般情况下，平原地区干沟底坡可选 $1/6000 \sim 1/20000$，支沟可选 $1/6000 \sim 1/10000$，斗沟可选 $1/2000 \sim 1/5000$。在排灌两用沟道内有反向输水的情况下，沟道底坡以平缓为宜，其方向则以排水方向为准。对于某些兼有灌溉、蓄涝要求的沟道，其底坡也可采用平底。同一沟道最好采用均一的底坡，以便施工。即使地面坡降变化较大时，同一沟道的底坡变化也要尽可能减少。

在承泄区水位顶托发生壅水现象的情况下，需要按恒定非均匀流公式推算沟道水面线，以确定沟道的断面以及两岸堤顶高程等。

2. 根据滞涝、灌溉要求校核排水沟断面尺寸

排水沟除了排除涝渍水的作用外，在许多地区还被用于滞蓄涝水、灌溉输水等其他用途。如平原水网圩区，由于汛期（5—10 月）外江（河）水位高涨、关闸期间圩内降雨径流无法自流外排，只能依靠水泵抽水抢排一部分，大部分涝水需要暂时蓄在田间以及圩垸内部的湖泊洼地和排水沟内，以便由水泵逐渐提排出去。除田间和湖泊蓄水外，需要由排水沟滞蓄的水量可按下式估算：

$$h_{沟蓄} = P - h_{田蓄} - h_{湖蓄} - h_{抽排} \tag{12.14}$$

式中：$h_{沟蓄}$ 为沟道蓄水量，mm；P 为设计暴雨量，mm，按设计排涝标准选定；$h_{田蓄}$ 为田间蓄水量，mm。水田地区按水稻耐淹深度确定，一般取 $30 \sim 50$mm，旱田则视土壤蓄水能力而定；$h_{湖蓄}$ 为湖泊洼地蓄水量，mm，根据排水区内部现有的或规划的湖泊蓄水面积及蓄水深度确定；$h_{抽排}$ 为水泵抢排水量，mm；$h_{沟蓄}$、$h_{抽排}$、$h_{湖蓄}$ 均为折算到全部排水面积上的平均水层。

整个排水区需要排水沟滞蓄的涝水量 $V_{滞} = h_{沟蓄} A$（A 为排水区面积），$V_{滞}$ 由干沟、支沟、斗沟各级沟道共同承担。如图 12.6 所示，排水沟的滞涝容积即图中最高滞涝水位与排渍水位之间的阴影部分，可用下式计算：

$$V_{滞} = \sum bhl \tag{12.15}$$

式中：b 为各级滞涝沟道的平均滞涝水面宽度，m；h 为沟道滞涝水深，m，一般为 $0.8 \sim 1.0$m；l 为各级滞涝沟道的长度，m。

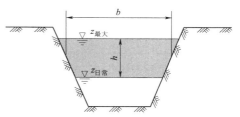

图 12.6　排水沟的滞涝容积

校核排水沟断面时，可先按排涝要求确定的沟道断面计算其滞涝容积 $V_{滞}$，如果这一容积小于需要沟道滞蓄的涝水量，可通过适当增加各级排水沟的底宽或沟深，或增加排水沟密度，或增加抽排水量，直至沟道蓄水容积能够满足滞涝要求为止。具体方案可通过多方案优选。

当利用排水沟引水灌溉时，水位往往形成倒坡或平坡，此时需要采用非均匀流公式推算其水面曲线，以校核排水沟的输水距离和水位等能否符合灌溉引水的要求，如不符合，则应调整排水沟的水力要素。

12.3.2　排水沟纵断面设计（Longitudinal section design for drainage ditches）

排水沟纵断面设计主要是为了从总体上把握排水沟的水面线及与上下级沟道的相对关系，以确保排水顺畅；同时把握排水沟水面线、沟底高程与地面高程之间的关系以及沟道挖填方情况，以保证工程的安全和经济。

排水沟设计中，斗沟、农沟一般根据防治盐渍化和稳定性要求确定横断面。对干沟及较大的支沟，则单独进行设计。设计时在沟道汇流处的上、下断面，沟道汇入外河处的断面，以及沟底坡降改变处的断面通常要进行水力计算。

排水沟一般为挖方断面。只有通过洼地或受承泄区水位顶托发生壅水时，为防止漫溢需在两岸筑堤，形成又挖又填的沟道。

设计排水沟的纵断面时，要求各级沟道之间在排渍时不发生壅水现象，即上、下级沟道水位衔接应有一定的水面落差 Δz，一般取 $0.1\sim0.2\text{m}$。在通过设计排涝流量时，沟道之间允许有短期的壅水，但沟道的最高水位应尽可能低于沟道两侧的地面高程 $0.2\sim0.3\text{m}$（受外河水位顶托和筑堤泄水的沟道除外）。此外，还需注意下级沟道的沟底不能高于上级沟道的沟底。

排水沟纵断面设计完成后，要绘制纵断面图（图 12.7）。其方法与步骤如下：

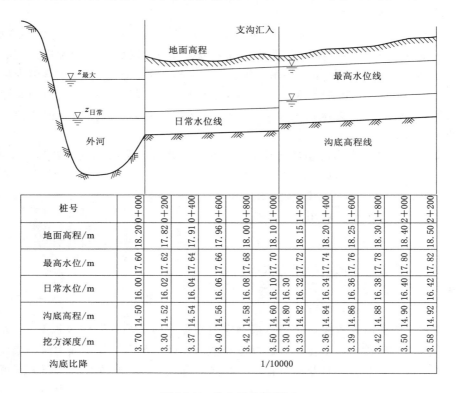

桩号	0+000	0+200	0+400	0+600	0+800	1+000	1+200	1+400	1+600	1+800	2+000	2+200
地面高程/m	18.20	17.82	17.91	17.96	18.00	18.10	18.15	18.20	18.25	18.30	18.40	18.50
最高水位/m	17.60	17.62	17.64	17.66	17.68	17.70	17.72	17.74	17.76	17.78	17.80	17.82
日常水位/m	16.00	16.02	16.04	16.06	16.08	16.10 / 16.30	16.32	16.34	16.36	16.38	16.40	16.42
沟底高程/m	14.50	14.52	14.54	14.56	14.58	14.60 / 14.80	14.82	14.84	14.86	14.88	14.90	14.92
挖方深度/m	3.70	3.30	3.37	3.40	3.42	3.50	3.30	3.33	3.36	3.39	3.42	3.50	3.58
沟底比降	1/10000											

图 12.7　排水干沟纵断面

（1）首先根据沟道的平面布置图，按干沟沿线各桩号的地面高程依次绘出地面高程线。

（2）根据干沟对控制地下水位的要求以及选定的干沟水面比降等，逐段绘出日常水位线。

（3）在日常水位线以下，根据设计排渍流量等要求确定干沟各段水深，定出沟底高程线。

（4）由沟底向上，根据设计排涝流量或蓄涝要求的水深，绘制干沟的最高水位线。

排水沟纵断面和横断面设计是相互联系的，需要配合进行。排水沟纵断面图的形式和灌溉渠道相似，但多绘成由右向左的倾斜形式，以便于从干沟出口处起算桩距。图上应注明桩号、地面高程、最高水位、日常水位、沟底高程、沟底坡降以及挖方深度等各项数据，以便计算沟道的挖方量。

12.4　承泄区整治
（Design of drainage outlets）

　　排水沟道系统的承泄区是指位于排水区域以外，承纳排水沟道系统排出水量的河流、湖泊、海洋或沼泽等。内陆干旱地区的排水承泄区除了内陆河流、湖泊外，也会选择下游沙漠地带或蒸发池。承泄区一般应满足下列要求：①具有足够的输水能力或容蓄能力，能及时排泄或容纳由排水区排出的全部水量；②水位较低，能自流排水，或抽排时间尽可能短；③具有稳定的河槽和安全的堤防；④具有与排水水质相应的水质净化或消解能力。

12.4.1　排水口位置的选择（Location of drainage outlets）

　　排水口位置的选择与承泄区的选择是相互关联的。从地形条件来讲，自然的排水口位置和承泄区都处于排水区的下游，在地形坡度较大的地区，天然排水路径比较明显，在靠近下游承泄区的地方选择排水口位置相对比较容易。但排水问题较为突出的往往是在平原地区，由于地形高差不明显，比如平原圩区，承泄区往往有多个选择，圩外可能有多条河流，圩内可能有湖泊，沿海地区则可能直接排向海洋，此时就需要进行方案比选。

　　一般来说，选择排水口的位置时，主要考虑以下因素：

　　（1）尽量选在排水区的最低处或其附近，并尽可能靠近承泄区水位低的位置，争取自排。

　　（2）地质、电力和交通条件较好，利于修建排水闸和排水泵站。

　　（3）尽量避开容易发生泥沙淤积的地方，以免阻碍排水。

　　（4）承泄区对排水水质要求较高时，选择适合兴建人工湿地的地方；需要泵站抽排时，排水口附近最好有设置调蓄池的地方。

　　对于内陆干旱地区，排水沟道系统的主要任务之一是防止土壤盐渍化，其排水多为地下水，矿化度通常较高，此时应尽量选择具有一定盐碱消纳能力的河流或湖泊作为承泄区。当河流或湖泊的消纳能力不足时，可选择附近合适的地点修建蒸发池或附近沙漠合适的地点作为承泄区。

　　当承泄区没有合适的地点作为排水口或水位、容量不能满足排水要求时，需对承泄区进行整治。

12.4.2　承泄区整治（Measures for improving drainage outlets）

　　承泄区整治的目的是降低承泄区的水位，增加蓄水容量，改善排水口的排水条件。一般有以下措施可供选择：

　　（1）疏浚河道：通过扩大泄洪断面，降低水位。

　　（2）退堤扩宽：河道疏浚后仍无法满足排水水位要求时，可采取退堤措施，扩大河道过水断面。退堤一般以一侧退建为宜，另一侧利用旧堤，以节省工程量。

　　（3）修建减流河道：在作为承泄区的河段上游，开挖新河，将上游来水直接分泄到江、湖和海洋中，以降低用作排水承泄区的河段水位。这种新开挖的河段常称减河。

　　（4）治理湖泊、改善蓄泄条件：如调蓄能力不足，可整治湖泊的出流河道、改善泄流条件，降低湖泊水位。在湖泊过度围垦的地区，可退田还湖，恢复湖泊蓄水容积。

（5）修建人工湿地：若排水水质较差，可在排水口附近修建人工湿地，将农田排水进行净化后再排入湖泊。

（6）清除河道阻障：临时拦河坝、捕鱼栅、孔径过小的桥涵等，往往造成壅水，应予清除，以满足排水要求。

思 考 与 练 习 题

1. 排水设计标准有哪些？各自的内涵及确定的原则是什么？
2. 简述设计排涝流量的推求方法。
3. 排水沟的设计水位有哪些？如何推求？
4. 排水闸和排水泵站的设计水位有哪些？如何推求？
5. 排水沟的横断面设计方法与灌溉渠道有何异同？
6. 简述排水沟的纵断面设计方法及步骤。
7. 排水承泄区应满足哪些要求？
8. 排水口的位置选择应考虑哪些因素？

推 荐 读 物

[1] 国际土地开垦和改良研究所. 排水原理与应用（Ⅳ）：排水系统的设计与管理 [M]. 北京：农业出版社，1983.
[2] Peter W，Muluneh Y. Irrigation and Drainage Engineering [M]. Switzerland：Springer，2016.

参 考 文 献

[1] 郭元裕. 农田水利学 [M]. 3 版. 北京：中国水利水电出版社，1997.
[2] Willem F V，Lambert K S，David W R. Modern Land Drainage–Planning，Design and Management of Agricultural Drainage Systems [M]. the Netherlands：A. A. Balkema Publishers，2004.
[3] 中华人民共和国水利部. 农田排水工程技术规范：SL/T 4—2020 [S]. 北京：中国水利水电出版社，2020.
[4] 中华人民共和国住房和城乡建设部. 灌溉与排水工程设计标准：GB 50285—2018 [S]. 北京：中国计划出版社，2018.

第13章

农业水利工程的生态环境
与社会经济影响评价

农业水利工程建设将极大地促进农业生产发展，保障农业持续稳定增产，具有重大的经济、社会和生态效益；但同时也会对生态环境产生一些负面影响，如江河湖泊水文情势变化，水库泥沙淤积和坝下河道冲刷，水库移民的生态与社会影响，淹没与阻隔对生物资源和物种多样性的影响，对水环境、大气环境、地质环境、人民健康的影响等。因此，开展农业水利工程的生态环境、社会、经济影响分析与评价，是提高农业水利工程建设与管理的科学化水平，促进水资源合理配置与区域可持续发展的重要环节。

13.1　农业水利工程的生态环境影响及其评价
(Impact of agricultural water conservancy projects
on ecological environment and its assessment)

13.1.1　农业水利工程对生态环境的影响（Impact of agricultural water conservancy projects on ecological environment）

1. 农业水利工程对区域水循环的影响

农业水利工程建设会不同程度地影响区域水循环，如灌溉工程改变了水循环过程，影响了区域地下水的补排关系。大面积灌溉增加了灌区蒸发量和土壤入渗，有利于降水形成和补充地下水；但对水源地来说，则是消耗水库（塘坝）蓄水量、河川径流量的过程。不同年份或不同地区，农业水利工程对区域水循环的影响有较大差别，丰水年份径流影响小，枯水年份影响较大；湿润地区影响较小，干旱地区影响较大。据测算，我国北方地区由于灌溉面积增加使蒸发量增加了5%，年径流量减小了30%；而东南沿海地区，同样情况下的年径流量仅减小5%左右。

我国西北内陆干旱区，由于过量引水灌溉造成下游河道断流、湖泊干涸的现象尤为突出，如河西走廊黑河流域中游共修建了29座平原水库，有90多个灌溉引水口，自20世纪60年代起流域下游开始出现断流现象，导致下游尾闾湖东居延海与西居延海干涸40多年，大片胡杨林枯死，引发了严峻的生态环境危机。2001年以来，通过对流域中游灌区实施节水改造，采用定期"全线闭口，集中下泄"的措施，才逐渐修复了下游东、西居延海的生态。

苏联时期，建设的卡拉库姆调水工程，将阿姆河和锡尔河天然河道改道，引入土库曼斯坦东部和乌兹别克斯坦中部，使河流水循环改变，直接导致了咸海水位的大幅下降和水域面积的大幅萎缩。2009年之后，其水域面积只剩下不足原有面积的1/10。随着咸海的大面积干涸，湖底盐碱裸露，进一步加剧了咸海地区生态环境不断恶化的形势，使咸海周围地区的沙质平原逐渐沙漠化、盐碱化，导致60%的垦区遭受到了灭顶之灾，几十年的努力化为乌有。

农业排水系统可以将排水区域多余的地表水、地下水快速排向下游地区，在改善区域农业生产条件的同时也改变了所在区域的水循环过程，使得流出排水区域的水量增加，排水区出口的排水流量峰值增大。增加的排水水量和流量峰值可能加大下游地区的洪涝风险，也可能导致排水区域内的水资源流失，如我国安徽省淮北地区就是一个典型案例。该地区总面积3.74万km²，其中平原区占98%，属于黄淮海平原的一部分，水土光热资源较为丰富，是安徽省主要的粮棉油生产基地。该区属暖温带半湿润季风气候区，多年平均年降水量750~980mm，但降雨时空分布不均，导致洪、涝、渍、旱灾害频繁发生。新中国成立以后，该地区开展了大规模的水利建设，尤其是20世纪80年代开始开展以排水大沟为单元的除涝工程配套建设，建成排水大沟1411条，沟深大多为4~5m，总长度12331.3km，总集水面积2.62万km²，占该地区总面积的70%，基本解决了长期困扰的涝渍灾害问题。但由于治理过程中片面追求高标准排涝，没有充分考虑灌溉问题，导致排水大沟过深过密，且普遍缺乏控制工程，加上该地区属于缓坡平原区，区内蓄水设施匮乏，结果排涝问题解决了，但又造成了大量的地表径流流失和地下水的过度排泄，从而导致当地水资源供需矛盾更加突出。20世纪90年代开始，该地区通过在排水大沟内筑坝蓄水，实行控制排水，在适度排水的同时，提高当地径流的利用率，有效缓解了当地水资源供需矛盾。

2. 农业水利工程对地下水位的影响

对于地表水灌区，灌水后地下水位上升，如果灌区排水系统完善，灌溉引起的地下水位上升就可以控制在一定范围内。对于提取地下水的井灌区，如果提取地下水太多，采补不平衡，则地下水位下降。

一般来说，地下水埋深应大于防止土壤盐渍化的临界地下水埋深，但若埋深过大又会对区域生态健康造成不利影响。所以，也要求地下水埋深控制在地下水生态水位之上。地下水生态水位是维持健康生态环境的潜水埋深。地下水埋深大于某植物种群所需的生态水位或小于临界地下水埋深时，生态就会发生退化。特别在干旱半干旱地区，地下水埋深过大，生态将发生严重退化。

例如，华北平原由于大面积井灌导致的地下水超采，使该区域形成了巨大的地下水漏斗，还带来了地面沉降、海水入侵等一系列的地质环境问题。此外，地下水位下降还使许多农用机井干枯、报废，不得不打深井替代，单井投入高且提水费用增大。地下含水层的形成经过了漫长的时间，一旦枯竭或破坏，其恢复极为困难。

又如西辽河是内蒙古科尔沁草原的母亲河，由于上游水利工程引水量增大，加之上游植被条件变化使地表径流大幅度减少，导致下游河道断流。因为下游无地表水可用，只能通过大量超采地下水解决工农业和生活用水，而地下水被超量开采后又缺乏地表水的补给，严重破坏了流域的水资源平衡，形成了恶性循环。由于大量超采地下水，通辽中心区的地下水位从1999年的11.18m下降到2004年的14.46m；中心漏斗区面积从65km²扩大到 170km^2；地下水位下降区从 1500km^2 扩大到 9200km^2，地下水位普遍下降 2~3m。这种局面严重威胁林草生存，加速草原生态环境恶化。作为通辽市主要树种的杨树，截止到 2002 年 6 月死亡 166 万株，一些地方的小叶杨、小青杨和白城杨 80% 死亡，直接原因是树根难以达到地下水层。

还有美国洛基山脉东部的大草原，地下水储量 3600 多亿 m^3 的奥加拉拉蓄水层是世界上最大的地下含水层，支撑了北美大平原地区棉花、高粱、小麦、玉米的灌溉需求。但随着用水量增加，地下水位下降、地下水枯竭，水资源的可持续利用面临严峻的威胁。

地表灌溉改变了地下水文条件，造成地下水位上升，对区域生态环境也会产生一定影响。如焉耆盆地深处西北腹地新疆天山南麓，属大陆性干旱气候，拥有内陆最大淡水湖——博斯腾湖。自 20 世纪 50 年代开辟为农垦区以来，不合理的灌溉方式、不完善的排水系统及大规模地表引水，导致地下水位急剧上升、博斯腾湖淡水收入减少，兼之特殊的气候与土壤条件，产生土壤次生盐渍化、地下水环境恶化及博斯腾湖水环境退化在内的一系列严重生态环境问题。甘肃永靖县黑方台自 1968 年始大面积引黄河水灌溉，常年引水灌溉造成的台塬地下水位大幅度升高，降低了土体的抗剪强度，导致台塬周边黄土滑坡频发。

3. 农业水利工程对水环境的影响

农业水利工程对水环境的影响主要表现为灌溉排水引起的地表水与地下水污染。由于灌排管理不科学，化肥农药施用不当，以及污水、微咸水灌溉，灌溉水会通过对土壤的冲洗、淋溶将土壤中的有害矿物质成分、盐碱、细菌、病毒、农药和化肥残留排入水体或渗入地下，污染地表水和地下水，导致水环境质量的恶化。而地下水一旦受到污染，治理十分困难。

在我国北方干旱半干旱地区，农田的化学物质除了化肥、农药外，土壤盐分也是一种重要的化学物质，农田排水尤其是淋洗排盐的过程中，土壤盐分也会随之进入排水沟系统并因此提高下游水体的矿化度。

4. 农业水利工程对气候环境的影响

农业水利工程对气候环境会产生一定的影响。大规模灌溉会造成局部地区空气温度、湿度、蒸发量的改变。灌区大量引水灌溉，会增大区域蒸发蒸腾量和空气湿度，而气温则相应降低。内蒙古河套灌区的相关资料表明，灌区内的空气湿度比其他不灌溉的区域普遍提高了 8%，地表年蒸发蒸腾量增加 300~400mm，且地表温度与气温的差值普遍升高 0.7℃。

小规模的灌溉也会对农田小气候产生影响，灌溉后的土地，由于土壤变湿，热容量显著增大，蒸发到空气中的水汽增多，蒸发消耗的潜热增大，使土壤温度和近地面空气温度的昼夜变化趋于缓和。如喷灌过程中，顺风侧温度明显下降，湿度明显增加。在冬天，灌水 3d 后，地表 50cm 高度处 10:00—17:00 时平均温度提高 1.1℃，相对湿度增加 8.9%。据此，在低温季节可以利用冬灌来提高地温，以保护作物越冬，利用灌水结冰的释热，可以预防霜冻的危害；高温季节可以利用喷灌或弥雾灌溉来降温，提高空气湿度，使作物免受高温和干热风的危害，提升作物产品和品质。

5. 农业水利工程对区域土壤环境的影响

合理灌溉可以调节土壤水、肥、气、热状况，改善作物的土壤环境条件，改良土壤。

反之，则破坏土壤结构，形成沼泽化、盐碱化，恶化土壤环境。

土壤水分和土壤空气共存于土壤孔隙中，土壤中的水分直接制约其通气状况。水多则气少，容易造成土壤闭气；水少则气多，土壤通气良好。水分过多及由之引起的地下水位抬高，土壤渍涝和沼泽化均可恶化土壤的通气状况。土壤水分状况还影响着土壤的热状况。水的容积热容量比空气大 3000 多倍，导热率比空气大 25～30 倍，土壤含水量高时，导热性显著提高，单位体积的热容量增大，灌溉土壤表面白天吸收的热量很快向下传导，表土的温度就不易升高，而夜间下层热量对流向上传导，表土温度不容易下降，这使得灌溉土壤昼夜温差较小，可以达到"以水调温"的目的。作物从土壤中吸收养分，必须以水为媒介，所以灌溉能提高作物对土壤养分的吸收能力。灌溉对微生物活动也有一定的影响作用，这样就可以达到"以水调肥"的目的。

在干旱、半干旱和部分半湿润地区，灌溉还直接影响土壤的水盐状况。土壤次生盐渍化主要是由于大量引水灌溉，大定额灌溉或只灌不排，抬升了地下水位，在强烈蒸发下土壤母质和地下水中所含盐分，迁移至耕地表面累积导致的。在西北内陆干旱区的绿洲灌区，如塔里木河中下游平原及河西走廊石羊河、黑河下游等地尤为突出。

6. 农业水利工程对区域生态景观和生物多样性的影响

农业水利工程建设不仅对区域水循环、地下水位、水环境、近地表气候环境产生影响，也对区域生态景观格局和生物多样性造成影响。灌溉特别是水田对维持农业生态系统的生物多样性具有巨大的正向作用。但由于修建水源工程及输水工程，导致生物多样性下降的案例也屡见不鲜。如蓄水工程的坝体对洄游性鱼类的阻滞作用、输配水渠道的衬砌硬化使得原来生活在沟渠的水生动植物失去栖息地、提水机泵对水生动物的伤害等。

在有些地区，农业排水系统建设也会改变区域生态景观格局。例如位于黑龙江省东北部的三江平原，总面积 10.89 万 km^2，该区域纬度高、海拔低，地势广阔低平，降水集中于夏秋季，河流水流缓慢，地表长期过湿或过多积水，形成了大面积沼泽和沼泽化植被，是我国面积最大的平原淡水沼泽。1949 年以前，该区人口稀少，耕地面积不足土地面积的 8%。20 世纪 50 年代，三江平原开始大规模农业开发，至 1999 年，共建设排水沟 11580 条，总长 14128km，大面积沼泽随之被开垦成农田，耕地面积由 1949 年的 78.6 万 hm^2（占土地面积的 7.2%）增加到 2015 年的 615.3 万 hm^2（占土地面积的 56.5%），沼泽湿地面积由 1949 年的 534.5 万 hm^2（占土地面积的 49.1%）下降到 2015 年的 68.6 万 hm^2（占土地面积的 6.3%）。沼泽湿地的大面积减少，使得三江平原的生态景观格局发生了显著的变化。如挠力河和别拉洪河流域，排水前其景观格局表现为大面积沼泽和湿草甸景观中镶嵌小面积泡沼、岛状林和灌丛湿地。到 2000 年，沼泽斑块基本消失，泡沼、岛状林湿地和灌丛湿地等小斑块景观数量急剧减少。据调查，三江平原核心区建三江地区 1975—2004 年 30 年间排水沟渠占农用地比例由 0.30% 提高到 4.52%，湿地面积由 80.8 万 hm^2 减少到 28.0 万 hm^2，景观破碎度由 0.09 提高到 1.25。与此同时，三江平原湿地生态环境的改变，导致珍稀濒危植物减少，杂类草植物种类增多，资源植物分布面积缩小，种群数量、生物量显著减少。三江平原本是多种濒危水禽极为重要的繁殖地，如东方鹳、丹顶鹤、白枕鹤、鸿雁等国家一二级保护动物，也是大量候鸟迁徙的驿站。由于栖息地被破坏，这些候鸟的数量急剧减少。应该指出，上述三江平原的案例是 20 世纪 50—80 年代以农业为主的发展过程中带有普遍性的现象，在农业开发的过程中，大量的围湖造田、围海造田、开山造田不可避免地改变了原有的自然生态环境，在这种改变中农业排水工程或者水利工程并不是主要原因，排水工程或者水利工程只是为这样的改变提供了条件，更重要的原因在于当地人口的增长和社会经济的发展需要而进行的农业开发。因此，如何协调好农业开发与生态环境保护的关系，是需要我们在工程实践中认真对待的问题。

13.1.2　农业水利工程的生态环境影响评价（Ecological environment impact assessment of agricultural water conservancy projects）

1. 农业水利工程生态环境影响评价内容和步骤

在我国的环境影响评价中，凡进行可行性研究的项目，环境影响评价可与可行性研究同时进行。环境影响评价包括初步评价（简称初评）和详细评价（简称详评）两种。初评主要是根据项目建议书，搜集分析现有资料、进行现场踏勘和必要的试验，在此基础上进行环境影响评价，一般不进行长期观测和试验，也不进行深入的专题研究。详评是在初评基础上进行，重点论证初评中不能证实的环境影响及对策，一般需进行长期观测、试验以及必要的专题研究。

农业水利工程必须进行环境影响初评，初评报告书经环保部门审查，凡能清楚说明项目的环境影响，对选址方案、环境经济效益优劣等能得出明确结论者，环保部门可以确定不进行详评，不能达到上述要求者及大型骨干工程都必须进行详评。详评内容和步骤如下：

（1）环境影响程度及范围分析。搜集农业水利工程建设的基本资料，如农业水利工程规划和拟建工程的开发任务、建设条件及工程特性等，以农业水利工程涉及的上下游、左右岸影响河段、灌溉区域为重点评价范围。

（2）工程所在流域、灌溉区域的环境现状调查和评价。调查和评价应包括影响范围内自然环境现状，如局地气候、水文、泥沙、水温、水质、地质、土壤、陆生生物、水生生物等；社会环境现状，如人体健康、景观与文物等。

（3）对主要评价要素受工程影响变化进行预测。将现状与预测结果进行比较，确定工程对环境影响的性质，如有利与不利、直接与间接、短期与长期、暂时与累计、明显与潜在、可逆与不可逆等，重点识别有重大影响的因子。

（4）环境影响评价。应根据环境状况调查提供的基础资料、环境影响预测的精度和工程对环境影响的程度确定。在评价过程中应慎重确定各环境因子在农业水利工程项目对环境综合影响中的相对重要程度。

（5）环境保护措施研究。环境保护措施应根据国家和地方法律、法规及相关规划，结合水功能区划、区域生态功能区划和灌区规划合理拟定。对各环境要素的保护措施应有针对性，突出生态环境保护措施和环境敏感区保护措施。对于在环境承受能力以内的影响，要有切实的限制措施，对可能导致环境恶化的影响，要有补偿或改善措施，并做出经济损益和投资估算。

（6）环境影响评价报告书编写。农业水利工程环境影响报告书的内容包括：①农业水利工程基本情况；②农业水利工程所属流域及灌溉区域自然环境社会环境简况；③农业水利工程所属流域及灌溉区域环境质量现状及主要环境问题；④农业水利工程环境影响评价适用标准；⑤农业水利工程对所属流域及灌溉区域环境近期和远期影响分析预测；⑥监测制度建议；⑦农业水利工程环境影响经济损益的简要分析；⑧结论与建议：包括对环境质量的影响、工程建设项目规模性质、选址是否合理、是否符合环保要求、采用的防治措施技术上是否可行、经济上是否合理、是否需要进一步评价等。

2. 农业水利工程生态环境影响评价方法

环境影响评价可以表征环境影响大小的相对值，便于进行环境对策及方案比较。在多要素评价时，需要研究并设计出一套分级评分指标体系和权重系数，以合理地确定一套具有可比性的数值结果，评价方法主要有以下几种：

(1) 德尔菲法，又称专家调查法，是 1964 年美国兰德公司创立的一种集体参与的评价方法，在决策评价领域得到广泛应用。德尔菲法具体评价步骤为：首先将综合评价的主要问题、构建的评价指标体系说明列成调查提纲，分别发放给相关专家，在各自独立互不知晓的情况下，各位专家根据自己的经验及专业知识作出评价，并采用无记名的方式反馈评价结果；然后调查者对数据进行统计处理，计算各专家评价意见的集中度、协调系数、变异系数，并对结果进行显著性检验；接着将反馈材料发给每位专家，以供下一轮评价时参考；经过 3～4 轮的咨询—反馈过程，若专家评价意见基本接近于正态分布，咨询—反馈结束，最后形成集体的评价结论。德尔菲法考虑了指标的重要度、专家权威系数，评价过程较严密、完善，但这种方法的主要缺点是所需时间较长，耗费人力、物力较多。

(2) 层次分析法，是 20 世纪 70 年代美国运筹学家 T. L. Saaty 提出的一种多目标决策分析方法，是解决复杂系统决策的灵活有效工具。层次分析法是将研究对象和问题分解为不同的组成因素，按照各个因素之间的相互影响以及隶属关系自上而下、由高到低排列成若干层次结构，在每一个层次上依照某一特定准则，根据客观实际情况对该层次各因素进行分析比较，对每一层要素的相对重要性进行定量表示，利用数学方法确定该层次各项因素的权重值，通过排序结果对问题进行分析和决策。其基本步骤为：首先将要决策的问题按总目标、各层子目标、评价准则直至具体备选方案的顺序分解为不同的层次，并建立递阶层次结构和两两判断矩阵；然后利用求判断矩阵特征向量的方法，求得每一层各要素对上一层要素的优先权重；最后采用加权的方法递阶归并各备选方案对总目标的最终权重，最终权重最大者即为最优方案。层次分析法虽然具有系统性、实用性和简洁性的优点，但也有其局限性，如只能从原有方案中选优，不能生成新方案；对最终结果有决定性影响的判断矩阵的优先权重，主要取决于人的主观判断，具有较大的主观性等。

(3) 灰色关联度法，是 1982 年邓聚龙创立的一种研究和处理复杂的贫信息系统问题的理论和方法，它从系统信息是否完备的角度出发，将系统分为白色系统、黑色系统和灰色系统。白色系统指具有充足信息量，发展规律较明显，可以较方便地定量分析描述，结果与参数较具体的系统；黑色系统指因素之间的关系较隐蔽，内部信息全部未知的系统；灰色系统介于二者之间，即既含有已知信息，又含有未确定信息的系统。该系统理论不是从系统内部特殊规律出发去研究系统，而是通过对系统某一层次观测资料进行数学处理，达到在更高层次上了解系统内部变化趋势、相互关系、控制过程的目的。由于灰色性广泛存在于各种系统中，系统的随机性和模糊性只是灰色性的两个不同方面。因而，灰色系统理论被广泛用于各个领域。

（4）模糊评判法，是解决具有大样本不确定评价问题的一种重要方法。它首先由因素集 V、评语集 U、因素评判集 R（从 V 到 U 的一个模糊映射）构成一个模糊综合评判模型，再根据各因素的相对重要性给定一个因素权重集 W，经过 W 与 R 的模糊合成，得到一个多因素综合评判集，然后对每一个评判对象进行逐一总评价。该方法能很好地处理人的判断偏好固有的模糊性及定性信息的模糊性，但模糊综合评判法会使贫信息问题产生"模型失效"，且在实际应用中起关键作用的权重集 W 往往根据经验人为确定，存在着过多的主观依赖性，如果专家失误或经验不足，得出的评价结论可靠性较差。

（5）多元统计法，包括主成分分析法、因子分析法等。该类方法是对数据和变量结构进行分析处理的一种多元统计方法，其基本思想是以最少的信息丢失将众多的原始变量浓缩成少数几个因子变量，用它们来概括和解释具有错综复杂关系的大量观测事实的评价方法。这些新的指标既彼此互不相关，又能综合反映原来多个指标的信息，是原来多个指标的线性组合，综合后的新指标称为原来指标的主成分。该方法由于消除了评价指标间相互关系的影响，从而有效减少指标选择的工作量，其权重系数是从信息量和系统效应角度综合确定，有助于客观评价各评价对象的现实关系。但由于采用较少的变量代表原始变量，在转换过程中容易造成原有指标信息的损失。

13.2　农业水利工程的社会影响及其评价
（Social impact and evaluation of agricultural water conservancy projects）

13.2.1　农业水利工程的社会影响（Social impact of agricultural water conservancy projects）

农业水利工程的社会效益与影响比较广泛，社会因素众多，关系复杂，许多影响是无形的，甚至是潜在的。农业水利工程的社会影响较大的有以下几个方面：

（1）改善农业生产条件。农业水利工程建设并投入运行后，改善了农业生产条件，增强了农业抗旱、除涝、降渍等抵御自然灾害的能力，提高了农业生产水平。如江苏省淮安市洪金灌区工程配套与现代化改造后，通过渠道的防渗护砌以及骨干建筑物的更新改造，有效改善了灌区的水利基础设施以及农业生产条件，增强了灌区农作物抵抗自然灾害的能力，提高了灌区水源调配能力，减少了跑水漏水现象，灌区水利用系数由 2015 年的 0.56 提高至 2020 年的 0.65，提高了灌溉效率和效益，为农业高产稳产提供了灌溉保障。

（2）优化农业产业结构，提高农民收入水平。农业水利工程建设为农业产业结构的调整提供了良好的基础条件，促进种植结构由单一向多样化转变。同时也在很大程度上解决了生产、生活用水，促进了林果业、绿色养殖业发展，改变了传统的以种植业为主的农业生产结构，为增加农民收入、促进农村经济发展创造了有利条件。如甘肃省景电灌区工程配套与现代化改造后，作物粮经比由 1995 年的 8∶2 优化至 2021 年的 3∶7，经济作物面积由 0.07 万 hm^2 增加至 0.65 万 hm^2，枸杞、玉米、葵花等作物产值不断提高，农民经济收入显著增加。

（3）改善农村面貌。农业水利工程与小城镇建设、土地整治和农村交通建设相结合，促进沟渠田林路桥涵闸站井配套成龙，渠道衬砌、道路硬化、田间园林化、耕作集约化、种植立体化；更新改造的泵站、涵闸等建筑物，设计新颖，结构合理，外形美观，功能齐全，水生态景观显著改善，灌区内村庄面貌焕然一新。如江苏省靖江农村河塘疏浚整治工程极大改善了靖江农村的水环境和水生态景观，河塘绿化以及垃圾清理使得农村卫生环境状况大为改观，村民的居住环境得到根本改善，增加了人民群众的幸福感和获得感，促进了乡村振兴。

（4）改善投资环境。农业水利工程的建设，降低了洪涝灾害的威胁，结合农村道路建设以及村镇建设，提高了农村基础设施的总体保障水平，改善了工程实施地区的投资环境，为当地招商引资提供了良好的基础条件，为农村经济的快速发展奠定了基础。如江苏省张家港市实施河道疏浚后，生态环境改善及防洪安全度提升使得投资环境大为改善，水清岸绿的优美环境吸引了大量的投资落户乡镇一级的工业集中区，促进了农村经济社会的高质量发展。

13.2.2　农业水利工程的社会影响评价（Social impact assessment for agricultural water conservancy projects）

农业水利工程社会影响评价，主要是在定量与定性分析相结合的基础上，采用有项目、无项目对比分析和多目标综合分析进行评价。

（1）定量与定性分析相结合的评价。定量是用数学语言进行描述，定量分析是对农业水利工程社会影响的数量特征、数量关系与数量变化的分析。定性分析是借助文字描述来说明事物的性质。在需要与可能的条件下，为了更准确地说明社会影响的性质或结论，应尽可能地利用直接或间接的数据。进行定性分析前，要制定定性分析的评价提纲。评价提纲一般采取提问的形式，针对每种需要定性分析的社会效益和影响，全面提出问题，并深入进行分析比较。

（2）有无对比分析评价。有无对比分析评价是通过有工程与无工程情况的对比分析进行评价，它是社会影响评价中常用的方法。通过有无对比分析，可以确定工程引起的社会变化，亦即各种社会效益和影响的性质与程度，从而判断项目存在的社会效益、社会风险和社会可行性。

有无对比分析中的无工程情况是指工程建设前的社会、经济、环境情况及其在工程建设的时间范围内可能的变化。对于经济、人文方面的统计数据，可以依据工程开工年或前一年或前几年的历史统计资料，采用一般的科学预测方法（如判断预测法、趋势外推法、类比法等）预测这些数据可能发生的变化。有工程情况是指工程运行中引起各种社会经济变化后的情况。有项目情况减去无项目情况，即为项目产生的效益或影响。

（3）综合分析评价。对单项社会效益和影响进行定量与定性分析评价后，还需进行综合评价，求得项目的综合社会效益，确定项目的社会可行性，得出社会影响评价结论。综合评价的方法很多，一般采用对比分析综合评价和多目标分析综合评价。

1）对比分析综合评价，是将社会评价的各项分析指标列入农业水利工程项目社会评价综合表中，对所列指标逐一进行分析，阐明每项指标的分析评价结果及其对项目的社会可行性的影响程度，逐步排除那些一般可行且影响甚微的指标，重点分析影响较大且存在风险的指标，权衡利弊得失，简要说明补偿措施及其费用，最后分析归纳，找出影响项目社会可行性的关键所在，提出项目社会评价的结论，从而得出项目从社会因素方面分析的可行程度。

对比分析综合评价比较直观，能够突出主要矛盾，结论容易被决策者认同和接受。因此，特别适用于社会效益巨大的农业水利工程项目的社会影响评价。

2）多目标综合分析评价，包括矩阵分析法、层次分析法、多层次模糊综合评价法等，可根据项目定量与定性分析指标的复杂程选用。对综合利用农业水利建设项目而言，由于指标多，内容复杂，定量与定性指标互相交叉，以采用多层次模糊综合评价为宜。多目标模糊综合评价就是对工程的多种影响因素进行总的评判。在综合评价中引入模糊集理论，称之为多目标模糊数学综合评价，这是因为农业水利工程建设项目对社会产生各种影响的判断往往带有一定的模糊性，因此，进行模糊数学综合评价有利于得出比较客观的结论。

（4）社会稳定性风险评估。对于一般性项目，仅需进行社会影响评价，对于重大农业水利工程建设项目可行性研究阶段，应同时开展社会稳定性风险评估，即对社会稳定风险进行调查分析，征询相关地方和群众意见，查找并列出风险点、风险发生的可能性及影响程度，提出防范和化解风险的方案措施，提出采用相关措施后的社会稳定风险等级建议。

13.3　农业水利工程经济效益评价
(Evaluation of the economic benefits of agricultural water conservancy projects)

13.3.1　农业水利工程经济效益（Economic benefits of agricultural water conservancy projects）

1. 农业水利工程经济效益的特点

农业水利工程经济效益与其他工程的效益相比，具有以下几个方面的特点：

（1）随机性。影响农业水利工程发挥效益的主要因素有降水、径流、洪水等自然因素，由于这些因素具有随机性，决定了农业水利工程效益也具有随机波动特征。因此，农业水利工程效益不适合用某一年的指标来分析，一般采用多年平均指标。而多年平均效益有时会弱化极值的作用，一般还需在计算多年平均效益的基础上，对某些特殊年份的效益进行单独计算，例如特大洪水年或特枯年的效益。

（2）复杂性。农业水利工程涉及面广，其效益在地区和部门之间有时相互一致，有时相互矛盾，有时相互交叉，其效益分析也比较复杂。例如，在上游建设灌溉工程，大幅度扩大灌溉面积，提高灌溉效益，致使下游用水量受到影响甚至出现严重缺水，不得不开采地下水，从而引起一系列生产、生态和生活问题。因此，有必要对农业水利工程效益进行全面分析，协调和处理好上下游、左右岸以及各地区、各部门之间的关系。

（3）可变性。农业水利工程在不同阶段，同一水文年型和价格水平的效益也不是恒定的，往往随时间推移而变化。如灌溉效益，随经济发展、技术水平提高、时间推移而逐步增大。另外，随着农业水利工程使用年限的增长，由于工程老化或维护成本上升，其效益随时间呈现逐步衰减趋势。因此，为了反映农业水利工程效益随时间变化的特点，在效益分析时要依据工程的特点研究效益的变化趋势和增长的速率。

（4）社会性。农业水利工程是国民经济的基础产业和基础设施，工程建成后，将对国家和地区的社会经济发展产生深远影响，其效益渗透到国民经济各部门和人民生活的各个方面，其中，一部分是能用货币表示其经济效益的内容，其中部分还可以计为本部门、本单位的财务效益；但更多的是表现为社会和生态效益。因此，对于农业水利工程效益的计算，除了用货币进行定量计算外，对一些难以用货币表示的可以用实物指标表示，不能用实物指标表示的则可用定性描述的方式加以评定。

2. 灌溉工程的经济效益

灌溉工程的经济效益是指有灌溉设施与无灌溉设施相比，所增加的农作物的主、副产品（麦秆、稻草等）的产量或产值，一般以多年平均效益值表示，必要时也应计算设计年效益和特大干旱年的效益，供决策参考。

（1）灌溉效益的特点。

1）兴建灌溉工程后，农业技术措施（如高标准农田建设、作物品种改良、耕作栽培、施肥等）一般也随之提高，因此农业增产是灌溉和农业技术措施综合作用的结果。灌溉效益只占农业总增产值中的一部分。

2）灌溉效益受自然条件的影响大，在不同地区或同一地区的不同年份，相同或类似的灌溉工程其灌溉效益可能差别很大。干旱地区或干旱年份灌溉效益较大，而湿润地区或丰水年份灌溉效益较小。

3）灌溉效益的大小也与作物种类有关。如粮食作物的灌溉效益较低，经济作物的灌溉效益较高。

（2）灌溉效益的计算方法。可采用分摊系数法、影子水价法、灌溉设计保证率法、缺水损失法等计算。在实际应用时宜根据具体情况选择合适的方法，对比较重要的灌溉工程，可以选择两种或多种计算方法，互相验证，以保证计算结果的可靠性。

1）分摊系数法。农业的增产通常是灌溉和其他农业技术措施共同作用的结果。在确定灌溉效益时，往往利用灌溉效益分摊系数对总增产进行效益分摊。分摊系数法是目前最常用的方法，其计算公式为

$$B = \sum_{i=1}^{n} \varepsilon_i A_i (y_i - y_{0i}) p_i \qquad (13.1)$$

式中：B 为灌溉效益，元；n 为灌区内作物种类数；ε_i 为第 i 种作物的灌溉效益分摊系数，即灌溉效益与总增产效益之比值；A_i 为第 i 种作物的种植面积，hm^2；y_{0i}、y_i 分别为无灌溉和有灌溉条件下第 i 种作物的单产，kg/hm^2；p_i 为第 i 种作物的影子价格，元/kg。

利用式（13.1）可计算多年平均灌溉效益，也可计算其他不同年型（如枯水年、丰水年、设计代表年等）的灌溉效益，但需要注意 ε_i、y_{0i} 和 y_i 均应采用相应年型的数据。

【例 13.1】 某灌区水稻、小麦、棉花面积分别为 1.51 万 hm^2、2.13 万 hm^2、0.13 万 hm^2，有灌溉的产量分别为 8130kg/hm^2、4447.5kg/hm^2、1035kg/hm^2，无灌溉的产量分别为 2722.5kg/hm^2、922.5kg/hm^2、337.5kg/hm^2。农产品的影子价格与国内市场

价格接近,分别为水稻 3.5 元/kg、小麦 2.58 元/kg、皮棉 26 元/kg,多年平均灌溉效益分摊系数取 0.2。试采用分摊系数法计算该灌区年农业灌溉效益。

【解】　根据式 (13.1),该灌区年农业灌溉效益为

$$B = \sum_{i=1}^{n} \varepsilon_i A_i (y_i - y_{0i}) p_i$$

$$= 0.2 \times 1.51 \times (8130 - 2722.5) \times 3.5 + 0.2 \times 2.13 \times (4447.5 - 922.5) \times 2.58$$

$$+ 0.2 \times 0.13 \times (1035 - 337.5) \times 26 = 5715.73 + 3874.26 + 471.51$$

$$= 10061.50 (万元)$$

【答】　该灌区的年农业灌溉效益为 10061.50 万元。

若其他农业技术措施在灌区建设前后基本相同,则灌溉效益分摊系数为 1.0。这是分摊系数法的一种特例,在生产实际中较少遇到。下面介绍确定灌溉效益分摊系数的两种常用方法。

a. 灌溉试验法。在灌区内选择土壤、水文等条件具有代表性的试验区,并分成若干试验小区进行对比试验。通常可以安排灌溉与不灌溉,农业技术措施水平一般与农业技术措施水平较高两两组合的四种处理(不灌溉,农业技术措施水平一般;灌溉,农业技术措施水平一般;不灌溉,农业技术措施水平较高;灌溉,农业技术措施水平较高),获得实验数据进行测算。

若以上四种处理的产量分别为 Y_1、Y_2、Y_3、Y_4,则

$$\varepsilon_{灌} = \frac{(Y_2 - Y_1) + (Y_4 - Y_3)}{2(Y_4 - Y_1)} \tag{13.2}$$

$$\varepsilon_{农} = \frac{(Y_3 - Y_1) + (Y_4 - Y_2)}{2(Y_4 - Y_1)} \tag{13.3}$$

式中:$\varepsilon_{灌}$ 为灌溉效益分摊系数;$\varepsilon_{农}$ 为农业技术措施效益分摊系数。

由式 (13.2) 可知,根据此项试验求得的 $\varepsilon_{灌}$ 代表了在农业技术措施水平一般和农业技术措施水平较高两种情况下平均的灌溉效益分摊系数,是对灌溉效益分摊系数的一种近似估计。$\varepsilon_{农}$ 也有类似的性质,同时 $\varepsilon_{灌} + \varepsilon_{农} = 1$。

【例 13.2】　某灌区进行水稻灌溉效益分摊系数试验,按照灌溉试验法设置四种处理:①不灌溉,农业技术措施水平一般;②灌溉,农业技术措施水平一般;③不灌溉,农业技术措施水平较高;④灌溉,农业技术措施水平较高。四种处理的产量分别为 2722.5kg/hm²、3267kg/hm²、6337.5kg/hm²、8130kg/hm²。试通过上述灌溉试验资料计算该灌区水稻灌溉效益分摊系数和农业技术措施效益分摊系数。

【解】　步骤 1:由式 (13.2) 计算灌区水稻灌溉效益分摊系数:

$$\varepsilon_{灌} = \frac{(Y_2 - Y_1) + (Y_4 - Y_3)}{2(Y_4 - Y_1)} = \frac{(3267 - 2722.5) + (8130 - 6337.5)}{2 \times (8130 - 2722.5)} = 0.22$$

步骤 2:由式 (13.3) 计算灌区其他农业技术措施效益分摊系数:

$$\varepsilon_{农} = \frac{(Y_3 - Y_1) + (Y_4 - Y_2)}{2(Y_4 - Y_1)} = \frac{(6337.5 - 2722.5) + (8130 - 3267)}{2 \times (8130 - 2722.5)} = 0.78$$

【答】　该灌区水稻灌溉效益分摊系数和其他农业技术措施效益分摊系数分别为 0.22 和 0.78。

必须指出，某一年的试验结果只能反映该年份的效益分摊情况，不能代表一般情况。因此需要进行多年的灌溉试验，并应包括丰水、平水、枯水等不同的水文年份，从而分析确定多年平均灌溉效益分摊系数。灌溉试验法确定灌溉效益分摊系数方法简单，所得结果也比较可靠，因此有灌溉试验站的地区应尽量采用这种方法。

b. 统计法。统计法是根据灌区建设前后的农业生产水平和农业产量的统计资料，分析确定灌溉效益分摊系数的一种方法。应用该方法时，需将灌区建设前后的发展分为三个阶段：①第一阶段：灌区建设之前，没有灌溉设施，农业技术也较落后。②第二阶段：灌区已建成的最初几年，其他农业技术措施虽然有所提高，但不起主导作用，农业增产主要是灌溉的作用。③第三阶段：指第二阶段以后的年份，灌溉条件仍然基本保持第二阶段的水平，其他农业技术措施水平开始有大幅度的提高，作物产量继续增加。因此，这一阶段与第一阶段相比的总增产效益应是灌溉和其他农业技术措施共同作用的结果。

若统计得到第一阶段、第二阶段、第三阶段的作物产量分别为 Y_1、Y_2、Y_3，则

$$\varepsilon_{灌}=\frac{Y_2-Y_1}{Y_3-Y_1} \tag{13.4}$$

$$\varepsilon_{农}=1-\varepsilon_{灌} \tag{13.5}$$

统计法适用于具有较可靠的农业生产技术措施水平和作物产量统计资料，并且三个阶段作物产量增加有明显规律的情况下，灌溉效益分摊系数的计算。统计法的缺点是忽视了第二阶段其他农业技术措施水平有所提高的增产作用，也忽视了第三阶段灌溉管理水平继续提高的增产作用，因而影响了计算精度。

在缺乏试验条件和统计资料的情况下，则可参考相邻地区的灌溉效益分摊系数，再结合本灌区的具体情况分析确定。

【例 13.3】 某灌区建设前水稻产量 2722.5kg/hm²，建设初期灌区全面受益，建设运行至第 10 年，水稻产量增加至 4267kg/hm²；之后农业技术措施水平不断提高，30 年后水稻产量增加至 7130kg/hm²。试用统计法计算该灌区水稻灌溉效益分摊系数和农业技术措施效益分摊系数。

【解】 步骤 1：由式（13.4）计算水稻灌溉效益分摊系数：

$$\varepsilon_{灌}=\frac{Y_2-Y_1}{Y_3-Y_1}=\frac{4267-2722.5}{7130-2722.5}=0.35$$

步骤 2：由式（13.5）计算其他农业技术措施效益分摊系数：

$$\varepsilon_{农}=1-\varepsilon_{灌}=1-0.35=0.65$$

【答】 用统计法计算的该灌区水稻灌溉效益分摊系数和其他农业技术措施效益分摊系数分别为 0.35 和 0.65。

2）影子水价法。在已开展灌溉水影子价格研究并取得合理成果的地区，可采用影子水价法计算灌溉效益，即

$$B=Wp_w \tag{13.6}$$

式中：W 为灌溉用水量，m³；p_w 为灌溉水影子价格，元/m³；其余符号意义同前。

3）灌溉设计保证率法。当灌区建设后，灌溉保证年份及非保证年份的产量均有试验

资料或调查资料时，多年平均灌溉效益为

$$\overline{B} = \sum \varepsilon_i A_i [\overline{y}_{Pi} P + \gamma_i \overline{y}_{Pi} (1-P) - \overline{y}_{0i}] p_i \tag{13.7}$$

式中：$\overline{B}$ 为多年平均灌溉效益，元；$\overline{y}_{Pi}$ 为灌区开发后保证年份第 i 种作物的平均单产，kg/hm^2；$\overline{y}_{0i}$ 为灌区开发前第 i 种作物的平均单产，kg/hm^2；γ_i 为灌区开发后非保证年份第 i 种作物的减产系数；P 为灌区灌溉设计保证率；其余符号意义同前。

【例 13.4】　某灌区种植水稻、小麦面积分别为 1.51 万 hm^2、2.13 万 hm^2；灌区建设前水稻、小麦的单产分别为 2722.5kg/hm^2、922.5kg/hm^2；灌区建成后水稻、小麦的单产分别为 8130kg/hm^2、4447.5kg/hm^2，灌区设计灌溉保证率 75%，非保证年份水稻、小麦的减产系数分别为 0.5、0.4，农产品的影子价格与国内市场价格接近，水稻、小麦分别为 1.75 元/kg、2.58 元/kg，多年平均灌溉效益分摊系数取 0.2。试用灌溉设计保证率法计算该灌区多年平均灌溉效益。

【解】　由式（13.7）计算灌区多年平均灌溉效益：

$$\begin{aligned}
\overline{B} &= \sum \varepsilon_i A_i [\overline{y}_{Pi} P + \gamma_i \overline{y}_{Pi} (1-P) - \overline{y}_{0i}] p_i \\
&= 0.2 \times 1.51 \times [8130 \times 75\% + 0.5 \times 8130 \times (1-75\%) - 2722.5] \times 1.75 + 0.2 \\
&\quad \times 2.13 \times [4447.5 \times 75\% + 0.4 \times 4447.5 \times (1-75\%) - 922.5] \times 2.58 \\
&= 2320.78 + 3141.03 = 5461.81 （万元）
\end{aligned}$$

【答】　用灌溉设计保证率法计算的该灌区多年平均灌溉效益为 5461.81 万元。

4）缺水损失法。缺水损失法按有灌溉、无灌溉工程条件下，作物减产系数的差值乘以灌溉面积及单位面积的正常产值计算灌溉效益，即

$$\overline{B} = \sum_{i=1}^{n} A_i (\gamma_{0i} - \gamma_i) y_i p_i \tag{13.8}$$

式中：γ_{0i}、γ_i 分别为无灌溉工程和有灌溉工程的多年平均减产系数；y_i 为有灌溉的作物产量，kg/hm^2；其余符号意义同前。

3. 排水工程的经济效益

排水工程的经济效益主要表现在涝、渍等灾害的减损程度上，即与工程修建前比较，修建工程后减少的那部分渍、涝灾损失。北方地区的排水工程主要是控盐，其效益主要表现在控制盐分后适生作物的产量增长。

（1）排水工程效益的特点。

1）排水工程效益主要表现为因修建排水工程而减小的作物涝渍灾害损失。大涝年份有时也包括减小的林、牧、副、渔业减产损失，房屋、设施、物资、工商业停业损失以及交通、电力、通信中断损失等。

2）排水工程效益与暴雨发生的季节、降水量、降水历时、作物类型以及地形等许多因素有关。若暴雨发生在作物对受淹较敏感的阶段，降水量较大且历时较短，作物经济价值较高，地形比较低洼，则排水工程效益较大。

3）排水工程效益年际间变化大，因此常用多年平均效益表示。为使计算结果比较准确、可靠，需要调查收集较长历史序列的暴雨和灾害资料。

4）排水工程效益的大小与农业生产水平有关。对于同样规模的排水工程，农业生产

水平较高地区的效益要高于农业生产水平较低地区的效益。对同一地区，随农业生产水平的提高，排水工程效益也随之提高，其增长比例等于或略低于农业生产增长率。

（2）排水工程效益计算方法。因为涝渍灾害损失主要表现为农业的减产损失，下面主要讨论农业生产的涝灾损失表示方法和治涝效益的计算方法。

1）涝灾的绝收面积和减产率。农业的涝灾损失常以绝收面积和减产率来表示，减产率为受涝区内损失的产量与不受涝的正常产量之比，常以百分数表示。某次涝灾的绝收面积和减产率的计算，一般先调查涝区轻灾、中灾、重灾、绝灾四种不同受灾程度的面积，并估算轻灾、中灾、重灾面积的减产率，然后用式（13.9）计算涝区的绝收面积：

$$A = k_1 a_1 + k_2 a_2 + k_3 a_3 + a \tag{13.9}$$

式中：A 为涝区折算后的总绝收面积；a_1、a_2、a_3、a 分别为遭受轻灾、中灾、重灾、绝灾的面积；k_1、k_2、k_3 分别为轻灾、中灾、重灾面积的减产率。

涝区平均的受灾面积率为

$$k = \frac{A}{F} \tag{13.10}$$

式中：k 为受灾面积率；F 为包括未受灾面积在内的涝区总面积。

涝区减产率也可按下式计算：

$$k = \frac{y - y'}{y} \tag{13.11}$$

式中：y 为涝区正常平均单产量；y' 为受灾后涝区平均单产量。

涝区总减产量 Δy 为

$$\Delta y = F(y - y') \tag{13.12}$$

或

$$\Delta y = kFy \tag{13.13}$$

式中：其他符号意义同前。

2）治涝效益。《水利建设项目经济评价规范》（SL 72—2013）中推荐的计算治涝效益的方法包括涝灾频率法和雨量涝灾相关法。涝灾频率法适用于计算已建工程的治涝效益，它是根据调查的涝灾资料，建立有排水工程、无排水工程的涝灾损失频率曲线（暴雨频率-绝收面积关系曲线），由此推算因兴建治涝排水工程而减免的涝灾损失。雨量涝灾相关法适用于工程的规划阶段。该法首先根据历史涝灾资料，求出无治涝排水工程时的暴雨量-绝收面积关系曲线，并计算出暴雨频率-绝收面积关系曲线。假定兴建治涝排水工程后，小于和等于工程治理标准的降雨不产生涝灾，超过治理标准后，增加的暴雨量-涝灾绝收面积关系与无工程时的暴雨量-绝收面积关系相同，从而可由任一超标准的暴雨量，确定其造成的绝收面积，由此可绘出兴建工程后的暴雨频率-绝收面积关系曲线。根据有排水工程、无排水工程时的暴雨频率-绝收面积关系曲线，可计算出因兴建排水工程而减免的涝灾损失。

排水工程的治碱、治渍效益应根据地下水埋深和土壤含盐量与作物产量关系的试验或调查资料，结合工程降低地下水位和土壤含盐量的功能分析计算。对于治涝、治渍和治碱有密切联系的工程，其效益又很难确切划分时，可结合起来计算工程的综合效益。

13.3.2 农业水利工程经济评价（Economic evaluation of agricultural water conservancy projects）

农业水利工程具有较强的社会公益性质，其经济评价一般以国民经济评价为主，必要时可再进行财务评价。国民经济评价是按照资源合理配置的原则，从国家整体的角度出发，考察项目的效益和费用，用影子价格、影子工资、影子汇率和社会折现率等经济参数分析计算项目对国民经济的净贡献，评价项目的经济合理性。国民经济评价能够反映项目对国民经济的真实贡献，因而在项目经济评价中有着重要的作用。

1. 基本步骤

进行国民经济评价时，首先应识别和计算项目的直接效益、间接效益、直接费用和间接费用，然后以货物的影子价格、影子工资、影子汇率和土地影子费用等计算项目固定资产投资、流动资金、年运行费、销售收入（或收益）、间接效益和间接费用等，并在此基础上进行国民经济评价。

费用与效益的比较是国民经济评价的基础。由于国民经济评价是站在整个国民经济的立场上来评价农业水利工程建设项目的经济合理性，因此评价中所指的费用是国民经济为农业水利工程建设投入的全部代价，所指的效益应是工程为国民经济作出的全部贡献。它们不仅包括项目的直接费用和直接效益，而且还包括间接费用和间接效益；不仅包括对社会产生的有形的费用与效益，即有形效果，而且还包括难以用货币计量的无形效果。对于无形效果可以利用某些物理指标表示，然后予以估价量化或用文字定性说明。

评价的步骤为：①识别和计算项目的直接效益；②估算项目固定资产投资；③估算流动资金；④估算年运行费或经营费用；⑤识别项目的间接效益和间接费用，能定量计算的应定量计算，难以定量计算的应作定性描述；⑥编制国民经济评价基本报表；⑦计算国民经济评价指标，并判断其经济合理性。

2. 经济评价指标

（1）经济净现值（economic net present value，ENPV），是指用社会折现率将计算期内各年的净效益折算到建设期初的现值之和。经济净现值是工程项目国民经济评价的一个重要指标，其计算式为

$$ENPV = \sum_{t=1}^{n} (B-C)_t (1+i_s)^{-t} \tag{13.14}$$

式中：B 为工程效益流入量；C 为工程费用流出量；$(B-C)_t$ 为第 t 年工程的净现金（即净效益）流量；i_s 为社会折现率；n 为计算期（包括建设期、投产期和正常运行期）；t 为计算期的年份序号，基准年（点）的序号为 0。

$ENPV$ 是反映工程项目对国民经济所作贡献的绝对指标。当 $ENPV>0$ 时，表示国家为该项目付出代价后，除得到符合社会折现率的效益外，还可得到超额效益；当 $ENPV=0$ 时，说明项目占用投资对国民经济所作的净贡献刚好满足社会折现率的要求；当 $ENPV<0$ 时，说明项目占用投资对国民经济所作的净贡献达不到社会折现率的要求，即项目投资效益达不到国家平均的资金增值水平，因此 $ENPV$ 反映了项目占用投资对国民经济净贡献的能力。

$ENPV$ 的评价准则为：当 $ENPV \geqslant 0$ 时，项目可行，$ENPV$ 越大，项目的经济效果越好；当 $ENPV<0$ 时，项目不可行。

由净现值函数可知，对一般的投资项目，经济净现值随社会折现率的增大而减小。因此社会折现率取值越大，项目经济评价越难通过。《水利建设项目经济评价规范》（SL

72—2013）规定：水利建设项目国民经济评价时，应采用国家规定的 8% 的社会折现率。对属于或兼有社会公益性质的水利建设项目，可同时采用 8% 和 6% 的社会折现率进行评价，供项目决策参考。

【例 13.5】 某农业水利工程项目投资 60 万元，建设期为 1 年，当年投资，次年收益，年运行费 8 万元，年效益 25 万元，运行期 15 年，社会折现率为 11%，固定资产余值为 0。试计算该农业水利工程项目的经济净现值，并判断该项目在经济上是否可行。

【解】 步骤 1：利用式（13.14）计算该农业水利工程项目的经济净现值，计算过程见表 13.1。

步骤 2：判断该农业水利工程项目的经济可行性，因为该项目经济净现值大于 0，因此在经济上可行。

【答】 该农业水利工程项目的经济净现值为 56.08 万元，在经济上可行。

表 13.1　　　　　某农业水利工程项目净现金流量和经济净现值流量计算表　　　　单位：万元

年末	费用		效益	净现金流量	净现金流量现值	累计净现值流量
	投资	年运行费		④＝③－②－①	⑤＝④×$\frac{1}{(1+i_s)^t}$	⑥＝∑⑤
	①	②	③	④	⑤	⑥
1	60	0	0	－60	－54.05	－54.05
2	0	8	25	17	13.80	－40.26
3	0	8	25	17	12.43	－27.83
4	0	8	25	17	11.20	－16.63
5	0	8	25	17	10.09	－6.54
6	0	8	25	17	9.09	2.55
7	0	8	25	17	8.19	10.74
8	0	8	25	17	7.38	18.11
9	0	8	25	17	6.65	24.76
10	0	8	25	17	5.99	30.75
11	0	8	25	17	5.39	36.14
12	0	8	25	17	4.86	41.00
13	0	8	25	17	4.38	45.38
14	0	8	25	17	3.94	49.32
15	0	8	25	17	3.55	52.88
16	0	8	25	17	3.20	56.08

（2）经济内部收益率。在国民经济评价中，经济净现值等于 0 时的社会折现率称为经济内部收益率（economic internal rate of return，EIRR），其计算式为

$$\sum_{t=1}^{n} (B-C)_t (1+EIRR)^{-t} = 0 \tag{13.15}$$

式中：符号意义同前。

经济内部收益率的评价标准是：当 $EIRR \geqslant i_s$ 时，项目可行，其值越大，经济效果越好；当 $EIRR < i_s$ 时，项目不可行。

（3）经济效益费用比（economic benefit cost ratio，EBCR），是社会折现率为 i_s 时的效益现值与费用现值之比值，其计算式为

$$EBCR = \frac{\sum_{t=1}^{n} B_t (1 + i_s)^{-t}}{\sum_{t=1}^{n} C_t (1 + i_s)^{-t}} \tag{13.16}$$

式中：符号意义同前。

经济效益费用比反映了资金以社会折现率为增值速度的情况下，工程项目单位费用所产生的效益。显然，当工程项目的经济效益费用比大于或等于 1 时，意味着资金以社会折现率为增值速度的条件下，工程项目的效益大于或等于费用，因此该工程项目经济效果是好的，工程项目是可以接受的。反之，若经济效益费用比小于 1，说明该工程项目在社会折现率下，所得效益小于费用，因此该工程项目经济效益不好，工程项目不应该被接受。

因此经济效益费用比的经济评价标准是：$EBCR \geqslant 1$ 时，工程项目可行，其值越大，经济效果越好；$EBCR < 1$ 时，工程项目不可行。

【例 13.6】 试计算［例 13.5］中某农业水利工程项目的经济效益费用比，并以此判断该项目在经济上是否可行。

【解】 步骤 1：计算式（13.16）中的费用流量、效益流量现值，计算过程见表 13.2。

表 13.2　　　　　　　某农业水利工程项目效益费用流量计算表　　　　　　　单位：万元

年末	费用		效益	费用流量	效益流量	费用流量现值	效益流量现值	累计费用流量	累计效益流量
	投资	年运行费							
	①	②	③	④=①+②	⑤=③	$⑥=④\times\dfrac{1}{(1+i_s)^t}$	$⑦=⑤\times\dfrac{1}{(1+i_s)^t}$	⑧=∑⑥	⑨=∑⑦
1	60	0	0	60	0	54.05	0.00	54.05	0.00
2	0	8	25	8	25	6.49	20.29	60.55	20.29
3	0	8	25	8	25	5.85	18.28	66.40	38.57
4	0	8	25	8	25	5.27	16.47	71.67	55.04
5	0	8	25	8	25	4.75	14.84	76.41	69.87
6	0	8	25	8	25	4.28	13.37	80.69	83.24
7	0	8	25	8	25	3.85	12.04	84.54	95.28
8	0	8	25	8	25	3.47	10.85	88.02	106.13
9	0	8	25	8	25	3.13	9.77	91.14	115.90
10	0	8	25	8	25	2.82	8.80	93.96	124.71
11	0	8	25	8	25	2.54	7.93	96.50	132.64
12	0	8	25	8	25	2.29	7.15	98.79	139.79
13	0	8	25	8	25	2.06	6.44	100.85	146.22

续表

年末	费用		效益	费用流量	效益流量	费用流量现值	效益流量现值	累计费用流量	累计效益流量
	投资	年运行费							
	①	②	③	④=①+②	⑤=③	⑥=④×$\frac{1}{(1+i_s)^t}$	⑦=⑤×$\frac{1}{(1+i_s)^t}$	⑧=∑⑥	⑨=∑⑦
14	0	8	25	8	25	1.86	5.80	102.70	152.02
15	0	8	25	8	25	1.67	5.23	104.37	157.25
16	0	8	25	8	25	1.51	4.71	105.88	161.96

步骤2：计算效益费用比为

$$EBCR = \frac{161.96}{105.88} = 1.53$$

步骤3：判断该农业水利工程项目的经济可行性：因为所计算的效益费用比 $EBCR$ 大于1，所以该农业水利工程项目在经济上可行。

【答】 该农业水利工程项目的效益费用比为1.53，在经济上具有可行性。

一般来说，$ENPV$、$EIRR$ 和 $EBCR$ 三个评价指标的评价结论是一致的，但是三者含义不同，为了对工程项目的经济效果有比较全面的了解，在实际评价时一般需要计算多个评价指标。

思 考 与 练 习 题

1. 农业水利工程对生态环境有哪些影响？如何评价农业水利工程的环境影响？

2. 试分析西辽河水利工程建设对内蒙古科尔沁草原生态环境的影响，如何解决该流域下游地下水位大幅度下降的问题？

3. 农业水利工程社会影响评价有哪些方法？

4. 农业水利工程效益有何特点？

5. 简述农业水利工程经济评价方法。

6. 什么是灌溉工程经济效益？

7. 如何确定灌溉效益分摊系数？

8. 某农业水利工程项目现金流量见表13.3，已知社会折现率为8%.试计算该工程项目的净现值、内部收益率和效益费用比，并判断该项目在经济上的可行性。

表13.3　　　　　　　　某农业水利工程项目现金流量表　　　　　　　单位：万元

序号	项目	时间/a						
		1	2	3	4	5	6~14	15
1	现金流入量			430	500	650	650	700
1.1	工程效益			430	500	650	650	650
1.2	回收固定资产余值							30

续表

序号	项目	时间/a						
		1	2	3	4	5	6～14	15
1.3	回收流动资金							100
1.4	项目间接效益							
2	现金流出量	300	400	400	400	400	400	400
2.1	固定资产投资	300	300					
2.2	流动资金		100	50				
2.3	年运行费			350	400	400	400	400
2.4	项目间接费用							
3	净现金流量	−280	−440	30	100	250	250	380

推　荐　读　物

［1］　鲁传一. 资源与环境经济学 ［M］. 北京：清华大学出版社，2004.

［2］　朱成立，陈丹. 灌排工程经济分析与评价 ［M］. 北京：中国水利水电出版社，2020.

［3］　中国水利经济研究会，水利部规划计划司. 水利建设项目社会评价指南 ［M］. 北京：中国水利水电出版社，1999.

［4］　国家计委投资研究所，建设部标准定额研究所. 投资项目社会评价指南 ［M］. 北京：经济管理出版社，1997.

［5］　水谷正一，津谷好人，富田正彦，等. 农业工程师伦理：从事例中学习 ［M］. 陈菁，潘悦，译. 北京：中国水利水电出版社，2021.

数　字　资　源

| 13.1　西北旱区农业水事活动的生态环境效应与节水固碳减排 | 13.2　内蒙古乌梁素海水生态环境保护 | 13.3　黑河流域灌溉农业发展的生态环境影响微课 |

参　考　文　献

［1］　施熙灿. 水利工程经济学 ［M］. 4 版. 北京：中国水利水电出版社，2010.

［2］　中华人民共和国水利部. 灌溉与排水工程技术管理规程：SL/T 246—2019 ［S］. 北京：中国水利水电出版社，2019.

［3］　国家环境保护总局，中华人民共和国水利部. 环境影响评价技术导则　水利水电工程：HJ/T 88—2003 ［S］. 北京：中国环境科学出版社，2003.

［4］ 中华人民共和国水利部. 水利建设项目经济评价规范：SL 72—2013 ［S］. 北京：中国水利水电出版社，2013.

［5］ 齐学斌，庞鸿宾. 节水灌溉的环境效应研究现状及研究重点 ［J］. 农业工程学报，2000.4 （16）：37－40.

［6］ 牛显春，涂宁宇，杜诚，等. 环境影响评价 ［M］. 北京：中国石化出版社，2021.

［7］ 张文洁，安中仁. 水利建设项目后评价 ［M］. 北京：中国水利水电出版社，2008.

［8］ 鲁传一. 资源与环境经济学 ［M］. 北京：清华大学出版社，2004.

［9］ 中国水利经济研究会，水利部规划计划司. 水利建设项目社会评价指南 ［M］. 北京：中国水利水电出版社，1999.

［10］ 史玲玲. 社会影响评价理论、方法与实证 ［M］. 北京：科学文献出版社，2017.

第 14 章

农业水利管理

为了发挥农业水利工程效益，促进灌溉农业可持续发展，必须大力加强农业水利管理，不断提高管理水平，做到科学灌排、计划用水、节约用水，提高灌排工程效益。同时，搞好农业水利管理不仅要掌握先进的科学技术和管理方法，而且要随着形势的发展建立起适合我国国情的管理体制和运行机制，并通过有偿服务和综合经营，不断壮大工程管理单位的经济实力，促进农业水利的高质量发展。

14.1 农业水利管理的主要任务
(Main tasks of agricultural water conservancy management)

结合我国国情并参照国外经验，农业水利管理包括组织管理、工程管理、用水管理、经营管理、环境管理和信息管理六个方面的内容。

1. 组织管理

组织管理是指建立和健全专业管理、民主管理和广大用水户广泛参与的管理系统。组织管理是完成工程管理、用水管理、经营管理、环境管理和信息管理任务的保证。农业水利管理组织应坚持按渠系水文边界统一管理、分段负责的原则，建立专业管理机构与群众合作用水管理组织相结合的基本管理体制。

2. 工程管理

工程管理主要是指对农业水利工程的检查、观测、养护、维修、改建、扩建、防汛和抢险等。工程管理应实行分级管理，即专业管理机构主要负责水源工程与干、支渠等骨干渠系工程；而农民合作用水组织则主要负责斗渠及其以下田间工程和小型农田水利工程的检查、观测、养护、维修、配套、改建以及重要工程防汛、抢险等工作；亦包括灌区范围内排水系统的工程管理以及土壤改良、水土保持等工程措施的管理。工程管理是做好用水管理的基础。

3. 用水管理

用水管理主要指利用灌排系统科学地调配水量、流量以及合理安排灌水、排水时间等，它对充分发挥灌排工程效益、有效地利用灌溉水源、提高灌水质量和效率、促进农业稳产高产和可持续发展起着重要作用。为了完成上述任务，用水管理还应包括灌溉试验、农业量水、在田间推行科学灌溉制度和节水灌溉技术等。用水管理是农业水利管理的主要内容。

4. 经营管理

经营管理指管理单位结合工程管理、用水管理开展的综合利用、多种经营以及水费征收等工作。农业水利工程专管单位的经营管理工作包括：推行经济核算和各种不同形式的岗位责任制；充分利用农业水利工程控制范围内的水土资源、技术、人力和设备优势，挖掘潜力，因地制宜地发展水产养殖业、农业、林业、牧业、工副业、商业、旅游业等多种经营项目，扩大农业水利工程的综合效益，增加收入，创造财富；组织实施灌区绿化工程；水费核算和水费计收；健全财务制度，做好财务、会计工作和各项统计工作；切实落实定编、定岗、定员的岗位责任制，做好职工岗位培训，以及农民管理员、灌水员的培训等。而农民用水合作组织则负责所管辖田间工程或小型农田水利工程范围内的多种经营与管理工作，千方百计地增加财务收入。

5. 环境管理

农业水利工程的生态环境影响监测评估和适应性调控是环境管理的主要任务。农业水利在兴利中也常伴有负面的影响，灌溉不当会造成沼泽化和盐渍化，排水会引起水质污染；上游兴灌溉或排水之利，下游可能会造成缺水或受涝之害；大规模的抽取地下水灌溉会产生大面积的地下水漏斗甚至地层沉降；水土资源的过度开发会破坏水的良性循环和地区水土资源平衡，造成土壤荒漠化等严重的生态环境问题。环境管理的目的在于保证农业水利得到长期稳定发展的同时，运用经济、法律、技术、行政、教育等手段，控制和减小农业水利工程的负效应，协调农业水利发展与保护环境、维护生态平衡之间的关系，使人类有一个良好的生存和生产环境。

6. 信息管理

信息技术的飞速发展及广泛应用，使科技、经济、文化和社会正在经历一场深刻的变化。20 世纪 90 年代以来，人类已经进入到以"信息化""网络化"和"全球化"为主要特征的经济发展的新时期，信息已成为支撑社会经济发展的重要资源，正在深刻改变着社会资源的配置方式、人们的价值观念及工作与生活方式。农业水利信息管理是对农业水利信息资源和信息活动的管理，包括相关信息收集、传输、加工、储存和服务等过程，它需要以迅速有效的手段将有用信息提供给相关部门和人员，使其成为决策、指挥和控制的依据。同时，必须保证信息准确，要求原始信息可靠，保持信息的统一性和唯一性，在加工整理信息时，既要注意信息的统一，也要做到计量单位相同，以免在信息使用时造成混乱。

14.2 灌区管理
(Management in irrigation district)

灌区管理的内容非常广泛，本节主要介绍灌区用水管理、排水管理和生态环境管理三部分。

14.2.1 灌区用水管理（Water utilization management in irrigation district）

灌区用水管理的主要任务是实行计划用水。计划用水是灌区用水管理的中心环节，也是灌区提高用水管理水平，充分发挥灌溉工程效益的重要措施。所谓计划用水，从农业角度讲就是按照作物和其他的需水要求及灌区水源的供水情况，结合农业生产条件与渠（管）系的工程状况，有计划地引水、蓄水、配水和灌水或供水，达到适时适量地调节土壤水分,满足作物高产稳产的需求,并在实践中不断提高单位水量的增产效益。

实行计划用水,需要在用水之前根据灌区对水量的需求、水源情况、工程条件以及农业生产的安排等,编制各级用水计划;在执行用水计划的过程中,视当时的实际情况(特别是当时的气象条件、水源情况),及时调整和修正用水计划,认真灵活地做好灌区水量的调配工作;在阶段用水结束后,要及时进行用水总结,为今后更好地推行计划用水积累经验。

14.2.1.1 灌区各级用水计划的编制

1. 灌区用水计划的类型与特点

灌区用水计划是指灌区从水源引水并向各用水单位(县、乡、村或农场)或各级渠(管)道配水的计划。它是水利管理单位引水和配水的依据,也是各用水单位安排灌溉或其他用水的依据。如果灌区缺乏用水计划,就会造成用水紊乱局面。引水条件方便的灌区上游,可能用水过多,不仅浪费水量,甚至引起地下水位上升,影响作物正常生长;灌区下游或边缘地区,往往用水不足或供水不及时,使作物遭受干旱而减产。因此,必须重视编制及执行用水计划。

我国各灌区的分布范围很广,地区自然条件有很大差异,在编制用水计划时必须考虑地区的自然、经济特点,因地制宜地编制用水计划。

(1)灌区用水计划的类型。用水计划一般可分为以下几种类型:

1)年度轮廓用水计划。它是由灌区管理机构在每个灌溉年度之前,根据水源的来水预报及各用水单位近几年的实际用水状况,综合确定出全年各灌季及下属各管理站的斗口水量、灌溉面积、水费征收等轮廓性的灌溉任务指标。年度轮廓用水计划不仅为编制全灌区各灌季的渠(管)系用水计划提供基本依据,也为各基层管理站实行全面责任承包提供基本的起点指标。因此它是灌区进行宏观决策,加强用水计划管理,提高管理水平及经济效益,深化改革的一个重要环节。

2)某灌季全渠(管)系用水计划。由灌区管理机构在每个灌溉季节之前,根据各主要作物的灌溉制度及实际需水状况,水源的来水预报及各级渠(管)道的水利用系数等,通过供、需水量的平衡分析,具体确定出各个轮期的渠系引水计划和配水计划。全渠(管)系用水计划是灌区管理部门从水源引水和向各用水单位配水的依据,编制和执行渠(管)系用水计划是灌区实行计划用水管理的一个中心环节。

3)干、支渠段的用水计划或管理站(所)用水计划。它是各基层管理站(所)及其所辖的干、支渠(管)段,向下属各配水段及各条斗渠或用水单位配水的计划。

4)用水单位的用水计划。它是渠(管)系用水计划的基础,是灌溉与农业技术措施相结合的重要环节。一般以斗渠为单位编制,并在每轮灌水前编制分次用水计划。内容包括划分轮灌组、安排轮灌顺序和轮灌时间,以及确定各组的灌溉用水量和配水比例等。

灌区用水计划应上下结合、分级编制。一般先由用水单位提出用水申请,由灌区管理机构编制水量平衡预算计划和灌区供水计划,经灌区代表大会或灌区管理委员会充分讨论审定后,再具体制定灌区配水计划,将水量分配至各管理站(段)和用水单位。如此由下而上、上下结合、分级编制的方法,可使水量分配合理,有利于建立良好的用水秩序,使编制的计划比较符合实际,避免水量浪费,并可使灌溉与各项农事活动紧密结合。

（2）不同地区用水计划的编制特点。干旱地区水源、降水条件比较稳定，编制用水计划可采取较长时间。即编制全年或灌溉季度的用水计划；在水源和降水情况多变的地区，宜编制较短时段的用水计划。如按灌溉季节或分次编制用水计划；在水库灌区，可将水库实存水量按用水单位的灌溉面积进行用水量预分，包干使用，浪费自负，节约归己。

实行多水源统一调度、联合运用。应充分挖掘水源潜力，增加灌溉水量，维持灌区地下水位的平衡，使灌区环境状况向良好方向发展。骨干水源与当地水源联合运用，不仅增辟了水源，而且相互调剂，有利于解决多水源的来水量与蓄水量不协调，以及来水时间与用水时间不协调的矛盾。

2. 灌区用水计划的编制

灌区用水计划一般包括渠（管）首引（取）水计划和灌区配水计划两大部分。

（1）引（取）水计划编制。渠（管）首引（取）水计划是由灌区管理机构编制的，是在预测计划年份各时期（月、旬）水源来水量和灌区用水量的基础上，进行供需水量的平衡计算。通过协调、修改，确定计划年内的灌溉面积，其他供水、取水时间，各时期内的取水量、取水天数和取水流量等。对于水库灌区，其取水计划就是水库的年度供水计划。以下仅讲述引水、提水灌区引（取）水计划的编制方法。

1）渠（管）首可能引取水量的分析与预测。渠（管）首可能引取的水量取决于河流水源情况及工程条件。因此，应首先分析灌区水源，在无坝引水和抽水灌区，需分析和预测水源水位和流量；在低坝引水灌区，一般只分析和预测水源流量。对于含沙量较大的水源，还要进行含沙量出现频率的分析。

a. 水源供水流量分析与预测。主要是要合理确定计划年内的径流总量及其季、月、旬（或 5d）的分配，即水源供水水量或流量的过程。目前采用的方法主要有成因分析法、平均流量法和经验频率法等。

成因分析法是利用实测的径流、气象系列资料，从成因上分析水文、气象等因子与水源径流的关系，并绘制相关图或建立降水径流相关方程式等。在此基础上也可根据前期径流和降水预报来估算河流的径流过程。

平均流量法是根据多年实测资料，按日平均流量，将大于渠首引水能力的部分削去，再按旬或 5d 求其平均值，作为设计的水源供水流量。这种方法虽然粗略，但所分析的成果接近多年出现的平均情况，且简单易行，只要有若干年水源水文资料即可开展工作，因而中小型灌区采用的较多。

经验频率法的水源供水流量最好根据气象、水文预报推算确定。对缺乏预报资料的情况，一般可根据渠（管）首水文站多年观测资料用经验频率方法分析确定。观测期限越长，河流水文资料越多，则分析成果的准确性也越大。一般至少应有连续 15 年以上的观测资料。经验频率法常采用分段真实年法和分段假设年法，分段真实年法，将各年该阶段的流量以递减顺序排列，取所选频率的年份，以该年内各旬（或 5d）平均流量作为水源供水流量；分段假设年法，将该阶段内多年实测流量，按旬（或 5d）平均后依递减顺序排列，取相应于所选频率的旬（或 5d）流量，作为阶段内各旬（或每 5d）的水源供水流量。供水阶段的划分，一般根据作物生长期、气象变化情况以及水源年内变化规律，将全年划分为 2~4 个阶段，或只分析年中某一个阶段。如北方划分为春灌、夏灌等，南方的水稻灌溉期可划分为泡田期、生育阶段灌溉期等。

b. 确定渠（管）首可能引取的流量。当水源的设计年来水流量确定以后，即可相应地确定渠（管）首可能引入的流量。

若水源仅供给一个灌区的用水，则可按照水源设计年来水流量对水源的控制能力及渠（管）首工程最大引水能力直接确定渠（管）首可能引入的流量。对于低坝引水灌区，当水源供水流量大于渠首引水能力时，以渠（管）首引水能力作为可能引入流量；当水源供水流量小于渠（管）首引水能力时，以水源供水流量作为可能引入流量。对于无坝引水灌区，渠（管）首的引水量与水源的水位关系很大，因而不仅要确定水源流量，还应确定水位，然后再根据这些水位、流量与渠（管）首进水闸（阀）底高程关系而求得渠（管）首可能引入的流量。对于抽水灌区，如水源流量大于水泵出水量很多，则水源分析应以水位为主。但在分析水位时，应考虑提水后水位的变化，并根据变化后的水位扬程及机械效率等因素确定每个时期水泵的出水量。在含沙量大的河流上，渠（管）首可能引入的流量还受泥沙含量的影响，对于这样的河流应分析其含沙量出现的频率。

若水源同时供给几个灌区用水，则应由上一级管理机构统筹分析水源情况和各灌区需水要求，确定各灌区的引水比例，以此来安排本灌区的引水量。

2）取水计划的编制。确定了渠首可能引入的流量后，再通过各时段灌区需水量的分析和预测，确定灌区需要的水量。然后根据需要可按灌溉季节或灌溉轮期进行供需水量的平衡计算，进而编制出灌区各灌溉季节的取水计划。

在平衡分析中，若某阶段可能的引水流量大于或等于灌区需要的流量，则以灌区需要的流量作为计划的引水流量；若可能的引水流量小于灌区需要的流量，则以可能的引水流量确定计划引水流量过程，使各阶段的计划引水流量不大于水源可能的引水流量。

a. 轮期的划分。轮期就是一个配水时段。把一个灌溉季节划分为若干个轮期，有利于协调供需矛盾，也有利于结合作物需水情况合理灌溉。一般在用水不紧张时，可将作物一次用水时间作为一个轮期；在用水紧张、水源不足时，为了达到均衡受益，可将作物一次用水时间划分为 2～3 个轮期。在划分轮期时，还要适当安排灌前试渠（管）、每轮末储备水、含沙超限引洪淤灌或停灌的天数。

b. 供需水量平衡计算。首先计算灌区需要的流量。应由下而上分别统计，整理出本灌溉季节各基层管理站及各级渠（管）系的作物种植面积、其他供水需求、各级渠（管）道水的利用系数，以及各月的气温、降雨量及各轮期河流来水流量等预报参数。灌区需要的流量包括灌溉需要的流量和其他用水流量，按下式计算：

$$Q_需 = \frac{Am_综}{86400T\eta_1} + \frac{W_{YZ} + W_{SH} + W_{GF} + W_{ST-RG}}{86400T\eta_2} \tag{14.1}$$

式中：$Q_需$ 为灌区需要的流量，$\mathrm{m^3/s}$；A 为灌溉面积，$\mathrm{hm^2}$；$m_综$ 为综合灌水定额，$\mathrm{m^3/hm^2}$；W_{YZ} 为养殖业需水量，$\mathrm{m^3}$；W_{SH} 为生活需水量，$\mathrm{m^3}$；W_{GF} 为工副业需水量，$\mathrm{m^3}$；W_{ST-RB} 为需人工补给的生态需水量，$\mathrm{m^3}$；T 为轮期用水天数，d；η_1 为灌区灌溉水利用系数；η_2 为灌区其他供水利用系数。

然后进行各轮期的供需水量平衡分析。若某轮期可能引入的流量 $Q_引$ 大于或等于灌区

需要的流量 $Q_{需}$，以灌区需要的流量作为计划的引水流量。若某轮期可能引入的流量 $Q_{引}$ 小于灌区需要的流量 $Q_{需}$，则必须进行用水调整：如缩小灌溉面积 A、降低综合灌水定额 $m_{综}$ 或延长轮期用水天数 T 等，如此反复修正，直至来用水量平衡且切合灌区用水实际；有条件的灌区还可利用补充水源以弥补水源流量不足。

c. 引（取）水计划的编制。根据修正后的水量平衡计划，可编制灌区引（取）水计划（表 14.1）。灌区引水计划一般按季度编制，如春灌引水计划或夏灌引水计划等。也有分次编制的，即在每次用水前编制，这样可使编制的计划与实际情况更加符合。

（2）灌区配水计划编制。灌区配水计划是将渠首计划引取的水量由上而下地逐级分配给各级渠（管）道或各用水单位，包括应分配的流量和水量、用水次序和用水时间等。我国各灌区多是按渠（管）系配水，故亦称渠（管）系配水计划。小型灌区一般只编一级配水计划，大型、中型灌区一般需编制二级或三级配水计划。例如，需编制二级配水计划时，由灌区管理机构编制向各管理站（段）的配水计划，将渠（管）首引水量分配给各管理站（段），再由管理站（段）编制渠（管）段配水计划，将水量按次序、时间分配给所辖的各支、斗渠（管）道。

灌区配水计划包括配水方式、配水水量、配水流量、配水时间（轮灌时）与配水顺序等内容。

1）配水方式选择。配水方式常采用续灌和轮灌两种。

a. 续灌。当水源比较丰富、供需水量基本平衡时，渠（管）首向全灌区的干、支渠（管）道采用同时连续供水的方式，即续灌配水。续灌时，水流分散，同时工作的渠（管）道长度长，渠（管）道渗漏损失大。其优点是全灌区的用水单位基本上可以同时取水灌溉，不致因供水不及时而引起作物受旱减产，对全灌区来说受益比较均衡。所以，这是向干、支渠（管）道配水的主要方式。但当水源来水量大幅度减少时，就不宜采用。否则水流分散后的干、支渠（管）的流量锐减，水位降低，不仅使渗漏损失增大，而且使斗、农渠（管）取水困难。因此，一般当渠（管）首引水流量降低到正常流量的 $30\% \sim 40\%$ 时，就不宜采用续灌，而采用轮灌配水方式。

b. 轮灌。在支、斗渠（管）或用水单位内部实行轮灌是正常的配水方式，即将支渠（管）引水的流量按次序轮流配给各斗渠，斗渠的流量又轮流配给各农渠（管）。采取轮灌配水方式，水流比较集中，同时工作的渠（管）道长度较短，渠道渗漏损失较小。但其缺点是有一些用水单位可能灌溉不及时，造成受益的不均衡。因此，在干渠（管）之间或干渠（管）上、下游段之间实行轮灌，是一种非常情况下的配水方式，只有当渠（管）首引水流量降低到一定限度时才能采用。

2）配水水量分配。通常采用按各单元灌溉面积比例分配水量或毛用水量比例分配水量两种方法。

a. 按各单元灌溉面积比例分配水量。该方法简单，缺点是没有考虑灌区内作物种类、土壤等的差异，计算比较粗略。在土壤一致、灌溉作物单一的灌区，多采用这种方法分配水量。另外，此方法实际上把渠（管）道输水损失的水量也按灌溉面积进行了分配，这在干支渠（管）输水损失较大、渠（管）道长度与其控制面积不相称时，配水的结果就不太合理。

表 14.1　某灌区某年冬小麦生长季供需水量平衡与引水计划表

轮次	用水时间 起	止	天数/d	作物种植面积/万hm² 作物	面积	作物需水阶段	灌溉面积/万hm²	灌水定额/(m³/hm²)	田间用水量/万m³	养殖业需水量 W_{YZ}/万m³	生活需水量 W_{SH}/万m³	工副业需水量 W_{GF}/万m³	需人工补给的生态需水量 $W_{ST\text{-}RG}$/万m³	轮次净用水量/万m³	渠首引入流量①/(m³/s)	河源来水流量/(m³/s)	灌溉水利用系数	其他供水利用系数
1	11月25日	1月10日	45	冬小麦	2.97	苗期冬灌	2.04	750	1530.0	400	410	460	354	3514	15.96	20.00	0.54	0.60
				其他	0.90	冬泡	0.40	900	360.0									
2	2月20日	3月16日	25	冬小麦	2.97	返青拔节	2.30	750	1725.0	240	265	280	240	3050	24.35	38.0	0.55	0.65
				其他	0.90	春灌	0.50	600	300.0									
3	4月21日	5月15日	25	冬小麦	2.97	抽穗灌浆	2.50	750	1875.0	260	280	315	260	3350	26.75	42.0	0.55	0.65
				其他	0.90		0.60	600	360.0									
合计	11月25日	5月15日	95		3.87		834		6150	900	955	1055	854	9914				

① 若灌区有其他用水需求时，渠首引水流量应根据实际增加其他用水流量。

【例 14.1】 某水库灌区的干渠布置如图 14.1 所示，灌区总灌溉面积为 4000hm²，东干渠控制面积为 2666.67hm²，西干渠控制面积为 1333.33hm²。因为东干渠控制面积大，且跨两个县，又将东干渠分为上、下两段配水，上段控制面积为 2000hm²，下段控制面积为 666.67hm²。在西干、东干的渠首处分别设立一个配水点，在县的界线设立一个配水点，控制东干渠下段。以该年第一次灌水为例，该次灌水干渠分水处的水量为 420 万 m³。请按灌溉面积比例计算不同配水点的配水量。

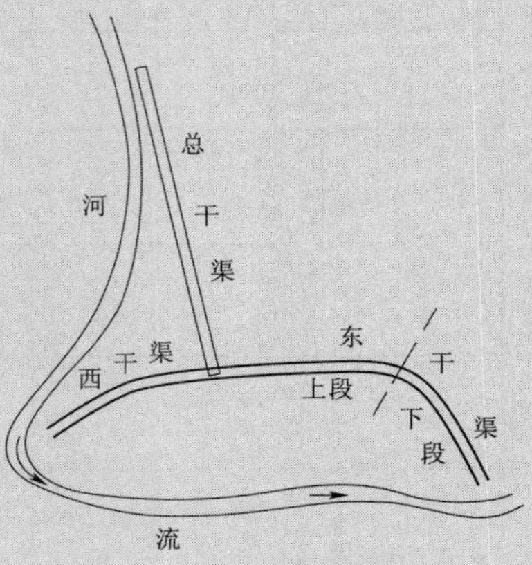

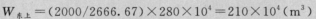

图 14.1　某水库灌区干渠布置

【解】　步骤 1：根据面积比例，计算西干渠的配水量：

$$W_{西干} = (1333.33/4000) \times 420 \times 10^4 = 140 \times 10^4 (m^3)$$

步骤 2：计算东干渠的配水量：

$$W_{东干} = (2666.67/4000) \times 420 \times 10^4 = 280 \times 10^4 (m^3)$$

步骤 3：计算东干渠上段的配水量：

$$W_{东上} = (2000/2666.67) \times 280 \times 10^4 = 210 \times 10^4 (m^3)$$

步骤 4：计算东干渠下段的配水量：

$$W_{东下} = (666.67/2666.67) \times 280 \times 10^4 = 70 \times 10^4 (m^3)$$

【答】　按灌溉面积比例计算的西干、东干以及东干上段和下段配水量分别为 $140 \times 10^4 m^3$、$280 \times 10^4 m^3$、$210 \times 10^4 m^3$ 和 $70 \times 10^4 m^3$。

b. 按各单元的毛用水量比例分配水量。用水量包括灌溉用水量和其他用水量。如果灌区内种植多种作物，每种作物灌水定额各不相同，在这种情况下就不能单凭灌溉面积分配水量，而应考虑不同作物及其不同的灌水量；同时其他用水量在不同单元也不相同。通常，采用的方法是先统计各用水单位（或配水点）的作物种类、灌溉面积、灌水定额、其他用水量、斗渠与干支渠（管）的水利用系数，然后分别计算出各配水单位需求的毛用水量，并按各配水单位的需求计算毛用水量的比例，计算出各用水单位的应配水量。为此，可通过考虑渠道输水损失加以修正。我国北方灌区内各部分的土壤条件、作物种类及其种植比例往往差别较大，一般多采用此法。

【例 14.2】　[例 14.1] 灌区不同单元的综合净灌水定额、其他需水量、内部工程可供水量和渠道水利用系数分别见表 14.2 中第（3）、（5）、（7）栏。请按各单元的毛灌溉用水量比例分配水量。

【解】　步骤 1：由各单元灌溉面积和综合净灌水定额相乘得田间净灌溉需水量，如表 14.2 第（4）栏。

步骤 2：由田间净灌溉需水量与单元其他需水量之和减去内部工程可供水量得渠道净需水量，如表 14.2 第（7）栏。

步骤 3：由渠道净需水量除以渠道水利用系数得需要的毛用水量，如表 14.2 第（9）栏。

表 14.2		某灌区某年毛用水量的配水比例计算表									
配水单位		灌溉面积 /hm²	综合净灌 水定额 /(m³/hm²)	田间净灌 溉需水量 /万 m³	单元其他 需水量 /万 m³	内部工程 可供水量 /万 m³	干支渠 渠道净 需水量 /万 m³	干支渠 渠道水 利用系 数	需要的 毛用水 量 /万 m³	配水比例/%	
										计算值	采用值
(1)		(2)	(3)	(4)=(2) ×(3)	(5)	(6)	(7)=(4) +(5) -(6)	(8)	(9)=(7) /(8)	(10)	(11)
东干渠	上段	2000	1200	240	25	50	215	0.69	312	81.9	82
	下段	666.67	1200	80	10	40	50	0.72	69	18.1	18
	合计	2666.67	1200	320	35	90	265		381	68.8	69
西干渠		1333.33	1050	140	20	30	130	0.75	173	31.2	31
灌区合计		4000		460	55	120	395		554		

步骤 4：由于该次水库的供水量为 420 万 m³，而表 14.2 中要求水库的供水量为 554 万 m³，供水量小于需水量，需按毛用水量比例确定配水比例，如表 14.2 第 (11) 栏采用值。

步骤 5：按表 14.2 确定的配水比例计算不同渠段得配水量，即

西干渠配水量：　　$W_{西干}=31\% \times 420 \times 10^4 = 130 \times 10^4 (\text{m}^3)$

东干渠应配水量：　　$W_{东干}=69\% \times 420 \times 10^4 = 290 \times 10^4 (\text{m}^3)$

东干渠上段应配水量$W_{东上}=82\% \times 290 \times 10^4 = 238 \times 10^4 (\text{m}^3)$

东干渠下段应配水量$W_{东下}=18\% \times 290 \times 10^4 = 52 \times 10^4 (\text{m}^3)$

【答】　按毛灌溉用水量比例计算的西干、东干以及东干上段和下段配水量分别为 $130 \times 10^4 \text{m}^3$、$290 \times 10^4 \text{m}^3$、$238 \times 10^4 \text{m}^3$ 和 $52 \times 10^4 \text{m}^3$。

3）配水流量和配水时间的确定。

a. 续灌时配水流量和配水时间的确定。在续灌配水条件下，渠（管）首取水的时间就是各续灌渠（管）道的配水时间。在续灌条件下，编制配水计划的主要任务就是把渠首的取水流量合理地分配到各配水点，即计算出各配水点的流量。

配水流量与配水水量的计算方法一样，有按控制面积的比例分配或按毛用水量的比例分配两种方法。

【例 14.3】　如 [例 14.1] 基本资料，若第一次灌水时渠首的取水流量为 $6.60\text{m}^3/\text{s}$。试按控制面积比例确定不同渠段的配水流量。

【解】　根据 [例 14.1] 的基本资料，按控制面积的比例计算的配水流量结果如下：

西干渠配水流量：$Q_{西干}=(1333.33/4000) \times 6.60 = 2.20 (\text{m}^3/\text{s})$

东干渠配水流量：$Q_{东干}=(2666.67/4000) \times 6.60 = 4.40 (\text{m}^3/\text{s})$

东干渠上段配水流量：$Q_{东上}=(2000/2666.67) \times 4.40 = 3.30 (\text{m}^3/\text{s})$

东干渠下段配水流量：$Q_{东下}=(666.67/2666.67) \times 4.40 = 1.10 (\text{m}^3/\text{s})$

【答】　按控制面积比例计算的西干、东干以及东干上段和下段配水流量分别为 $2.20\text{m}^3/\text{s}$、$4.40\text{m}^3/\text{s}$、$3.30\text{m}^3/\text{s}$、$1.10\text{m}^3/\text{s}$。

【例 14.4】 如表 14.2 的基本资料，试按毛用水量比例确定不同渠段的配水流量。

【解】 根据表 14.2 不同渠段毛灌溉用水量的比例，计算不同渠段的配水流量结果如下：

西干渠配水流量：$Q_{西干} = 31\% \times 6.60 = 2.05 (m^3/s)$

东干渠配水流量：$Q_{东干} = 69\% \times 6.60 = 4.55 (m^3/s)$

东干渠上段配水流量：$Q_{东上} = 82\% \times 4.55 = 3.73 (m^3/s)$

东干渠下段配水流量：$Q_{东下} = 18\% \times 4.55 = 0.82 (m^3/s)$

【答】 按毛灌溉用水量比例确定的西干、东干以及东干上段和下段配水流量分别为 $2.05 m^3/s$、$4.55 m^3/s$、$3.73 m^3/s$、$0.82 m^3/s$。

b. 轮灌时配水流量和配水时间的确定。在轮灌配水条件下，渠（管）首取水流量就是各轮灌渠（管）道的配水流量。在轮灌条件下，编制配水计划的主要任务就是划分轮灌组、确定各组的轮灌顺序与每一轮灌组或轮灌渠（管）道的配水水量和配水时间。轮灌组的划分详见第 10 章和第 11 章的相关内容。轮灌顺序的确定要根据有利于及时满足灌区内各种作物用水要求、有利于节约用水等条件来安排轮灌的先后顺序。一般遵循以下原则：①先远后近，尽量保证全灌区均衡灌水。②先高后低，由于高田、岗田位置高，渗漏大，易受旱，且当地水源条件一般较差，故应先灌。此外，高田、岗田灌溉后的渗漏水或灌溉余水流向低田、冲田，可以再度利用。③先急后缓。④根据市场经济的原则，按缴纳水费的具体情况确定配水的先后顺序。

轮灌配水条件下，各轮灌组或轮灌渠（管）道的配水时间与配水水量的计算方法一样，也是按灌溉面积比例分配或按毛用水量的比例分配，详见表 14.3。

（3）编制灌区配水计划表。将选择的配水方式、计算出的配水水量、配水流量和配水时间（轮灌时间）整理于一张表中，就得到配水计划表（表 14.3）。

表 14.3　　　　　　　　某灌区第一次、第二次灌水配水计划表

灌水次数	第一次				第二次				
灌水日期	6 月 2—9 日				7 月 6—15 日				
灌水历时/d	7.4				10				
配水方式	续灌				轮灌				
渠首取水流量/(m³/s)	6.60				4.00				
渠道名称	合计	西干渠	东干渠		合计	西干渠	东干渠		
配水比例/%	100	33.3	66.7	上段 75	100	31	69	上段	83
				下段 25				下段	17
配水水量/万 m³	420	140	280	上段 210	346	107	239	上段	198
				下段 70				下段	41
配水流量/(m³/s)	6.60	2.20	4.40	上段 3.30		4.00	4.00	上段	4.00
				下段 1.10				下段	4.00
配水时间/d	7.4				10	3.1	6.9	上段	5.74
								下段	1.19
配水水量、流量分配方法	按灌溉面积比例确定配水水量和流量				按灌区毛用水量的比例确定配水水量和配水时间				

14.2.1.2　灌区用水计划的执行

编制各级用水计划只是灌区实行计划用水管理的第一步，更重要的是要贯彻执行用水计划。

1. 渠（管）系水量调配

灌区渠（管）系水量调配是执行用水计划的中心内容。

（1）水量调配原则。灌区水量调配的原则是"水权集中，统筹兼顾，分级管理，均衡受益"。具体办法是按照作物灌溉面积、灌水定额、其他供水需求、渠（管）系水利用系数制定的用水计划和应变措施来调配水量，实行"流量包段、水量包干"制。

（2）水量调配要求。由管理局直属的配水站和专职配水人员负责灌区干支渠（管）水量调配工作，在引水、配水中要做到安全输水和"稳、准、均、灵"，"稳"即水位流量相对稳定；"准"即水量调配准确及时；"均"即各单位用水均衡；"灵"是要随时注意气象及水源变化及时灵活调配。

（3）渠（管）系水量调配的策略。灌区在实际供水期间，一般由各基层管理站在每天规定时间内向灌区配水中心提出第二天的需水流量申请，由配水中心按渠（管）系布置，由下而上逐级推算全灌区各级渠（管）系所需流量及渠（管）首的需水流量 $Q_{需}$，并依据水源的来水流量及工程引水条件确定出渠首的引水流量 $Q_{引}$，通过比较 $Q_{需}$ 与 $Q_{引}$，即可确定以下三种配水决策方案：

1）全渠（管）系按需配水。当 $Q_{需} < Q_{引}$，即灌区需水流量小于渠（管）首引水流量，执行按需配水方案，即按各管理站事先申报的需水流量配水。有些大灌区，若沿渠设有塘、库等蓄水工程，还需考虑充塘充库的水量。此外，为了满足或调节在实际用水中的流量变化，还应考虑一定比例的调配流量。有些灌区，还可考虑利用干渠（管）集中水位落差进行发电；若 $Q_{需} > Q_{引}$，但综合利用灌区内的塘、库蓄水及井、泉等多种水源有可能补充并满足灌区需求时，仍可考虑实行按需配水。

2）全渠（管）系按比例配水。当渠（管）首引水流量不能满足灌区需水流量（即 $Q_{需} > Q_{引}$）而灌区又无补充水源时，一般多采用按比例配水的方案，即按渠（管）系配水计划中预先确定好的各干支渠系的配水比例配水。

3）渠（管）系优化配水。当灌区水量不足时，可根据不同渠系的用水需求，应用系统工程优化技术进行优化分配，这里仅介绍关于灌溉水量的优化分配。

对有限灌溉水量进行时空最优分配一般基于非充分灌溉原理和作物水分生产函数，寻求全灌区或灌溉管理部门最大的经济效益。我国北方大多数自流引水灌区，水源的来水量与作物需水量之间的供需矛盾突出，优化配水能充分发挥单位水量最大的增产效益。国内外对灌溉水量的优化调配有许多研究，在此仅介绍比较实用的某一轮配水（或某一次灌水）增产效益最大为目标的优化配水模型。

某次灌水全灌区净灌溉增产值最大。其建模基础是基于分阶段作物水分生产函数推算出某一次灌水 3 种不同灌水处理（即充分灌溉、非充分灌溉及不灌）条件下所对应的作物产量，进而求出充分灌溉与非充分灌溉所相应的增产量与增产值，并在面积约束、水量约束、流量约束和最小灌溉面积约束下，求某次灌水全灌区净灌溉增产值最大。决策变量分别为某单位某作物充分灌与非充分灌的面积。

a. 灌区水分-产量模型的建立。对缺水灌区，在某次灌水中若采用充分灌溉只能灌溉一部分面积，此时可采用非充分灌溉获得全灌区最大的净灌溉增产值。为此，可根据作物水分生产函数，如 4.4.1 节相乘模型，分别推算出某作物在 k 阶段充分灌溉和非充分灌溉条件下的灌溉增产量：

$$\Delta Y_1 = Y_{mk} - Y_{nk} = Y_m \cdot \prod_{i=1}^{k-1} \left(\frac{ET_i}{ET_{mi}}\right)^{\lambda_i} \left[1 - \left(\frac{ET_{nk}}{ET_{mk}}\right)^{\lambda_k}\right] \tag{14.2}$$

$$\Delta Y_2 = Y_{dk} - Y_{nk} = Y_m \cdot \prod_{i=1}^{k-1} \left(\frac{ET_i}{ET_{mi}}\right)^{\lambda_i} \left[\left(\frac{ET_{dk}}{ET_{mk}}\right)^{\lambda_k} - \left(\frac{ET_{nk}}{ET_{mk}}\right)^{\lambda_k}\right] \tag{14.3}$$

式中：ΔY_1、ΔY_2 分别为某作物在 k 阶段充分灌溉和非充分灌溉条件下的灌溉增产量，kg/hm^2；Y_m 为该作物充分灌溉的最大产量，kg/hm^2；Y_{mk}、Y_{nk}、Y_{dk} 分别为该作物 k 阶段充分灌溉、不灌溉和非充分灌溉的预计产量，kg/hm^2；ET_{mk}、ET_{nk}、ET_{dk} 分别为该作物 k 阶段充分灌溉、不灌溉和非充分灌溉的蒸发蒸腾量，m^3/hm^2；i 为生育阶段编号。

b. 目标函数。

$$\text{Max} B_1 = \sum_{j=1}^{K} \{[\Delta Y_1(j)A_1(j) + \Delta Y_2(j)A_2(j)]P_c - [m_1(j)A_1(j) + m_2(j)A_2(j)]$$
$$P_w/[\eta_{田}(j)\eta_{斗}(j)] - [A_1(j) + A_2(j)]WP_d\} \tag{14.4}$$

式中：B_1 为某次灌水全灌区净灌溉增产值，元；$\Delta Y_1(j)$、$\Delta Y_2(j)$ 分别为 j 单元某作物充分灌与非充分灌的增产量，kg/hm^2；$A_1(j)$、$A_2(j)$ 分别为 j 单元某作物充分灌和非充分灌的面积，hm^2；P_c 为作物产品单价，元/kg；$m_1(j)$、$m_2(j)$ 分别为 j 单元某作物充分灌及非充分灌的灌水定额，m^3/hm^2；P_w 为用水单位的综合水费单价，元/m^3；$\eta_{田}(j)$、$\eta_{斗}(j)$ 分别为 j 单元田间和斗渠的水利用系数；W 为灌溉单位面积所需的工日，d/hm^2；P_d 为每个灌水工日应付的工资，元/d；j 为灌区下属用水单位（管理站或干支渠分水口）的编号，$(j=1, 2, \cdots, K)$；K 为全灌区下属用水单位（管理站或干支渠分水口）的数目。

c. 约束条件。

面积约束：

$$A_1(j) + A_2(j) \leqslant A_j(c) \tag{14.5}$$

水量约束：

$$\sum_{j=1}^{K} [m_1(j)A_1(j) + m_2(j)A_2(j)]/[\eta_{田}(j)\eta_{斗}(j)\eta_1(j)] \leqslant Q_L T \times 86400\eta_{总} \tag{14.6}$$

流量约束：

$$\{[m_1(j)A_1(j) + m_2(j)A_2(j)]/[\eta_{田}(j)\eta_{斗}(j)] + W(j)\}/\eta_1(j) \leqslant Q_2(j)T_1 \times 86400 \tag{14.7}$$

最小面积约束：

$$A_1(j) + A_2(j) \geqslant A_j(c)\alpha_j \tag{14.8}$$

非负约束：

$$A_1(j) \geqslant 0, A_2(j) \geqslant 0 \tag{14.9}$$

式中：$A_j(c)$ 为某次灌水 j 单元作物的种植面积，hm^2；$\eta_1(j)$、$\eta_{总}$ 分别为 j 单元干支

渠（管）、总干渠（管）的水利用系数；Q_L 为某轮期渠（管）首引水流量，m^3/s；T 为某次灌水的用水天数，d；$W(j)$ 为上一渠（管）段应给下一渠（管）段输送的水量，m^3；$Q_2(j)$ 为 j 单元干支渠（管）的正常流量，m^3/s；T_1 为 j 单元本次灌水实际的用水天数，d；α_j 为 j 单元最小灌溉面积约束系数；其余符号意义同前。

4）多种水源水量调配。蓄、引、提相结合的多种水源灌区，要统一配置、分级管理、合理调配水量。具体的多水源优化调配模型及其求解可参考 16.2.3 节相关内容。

5）渠井双灌情况下的水量调配。按照渠水和井水的不同特点合理调配，采取井水浇近、渠水灌远、渠水泡地、井水灌田等办法，经济利用水源，提高灌区水利用率。地下水质较差的地区，可采取"渠井掺合灌"或"井水救急，渠水冲洗"的办法。具体的地面水与地下水联合优化配置模型和求解可参考 16.4.3 节相关内容。

6）高含沙浑水淤灌情况下的水量调配。高含沙量引水既要多引洪水，又要避免淤渠，尽可能地把水、沙、肥资源输送到田间，发挥其改土、肥田和供给作物水分的作用。在水量调配中应采用：因渠制宜，按各渠输沙能力配水；因泥沙制宜，按灌区各地的土壤、作物对洪沙的不同要求，灵活调配，合理运用；集中配水，以水攻沙；连续用水，清浑结合，综合平衡。管道灌区不宜采用高含沙浑水淤灌。

7）加强观测记载，做好资料施测和水账结算。观测记载、施测技术资料是执行用水计划的一个重要内容，它可为编制用水计划，提高计划用水质量提供可靠的资料。一般应观测土壤水分、渠道水位、流量、地下水位及水盐动态，测定灌水定额及各级渠道和田间水的利用系数，开展灌水技术试验等。

水账是平衡水量和按量计费的依据。各分水闸（阀）、配水点、干支渠（管）段、斗口都要建立配水日志，定时观测水位（压力）、流量。当水位（压力）和流量变化时，要加测加记。各级管理组织根据记载的水位（压力）、流量及时结算水账，做到日清轮结，定期平衡水量。

2. 灌区水量实时调度

基于灌区现有骨干渠（管）系分布以及灌区用水情况，分析灌区不同水文年型作物灌溉制度和其他供水需求，基于大数据、云计算、物联网技术，综合分析渠（管）首引水量，采取基于动态轮灌的实时水源调度方案，对灌区水源及渠（管）系引水量进行科学分配。

灌区水资源实时调度应在灌区需水量的基础上进行，包括不同作物需水量和其他需水量及日、月有效降水的计算；对土壤墒情进行预测，包括各分区的地下水补给量计算、不同埋深条件下的土壤墒情预测；计算灌区需水量、毛灌溉用水量、其他需水量、渠（管）首总需水量以及渠（管）首可引水量。基于这些数据，按照相应的引水量分配指标，运用基于规则的分水方法，可以及时进行水量分配。灌区管理部门可以依据分配的水量进行调水，从而实现灌区引水量的实时调度。灌区水量的实时调度可以减少用水矛盾，提高灌区用水保证率，达到灌区水效益最大化，同时最大限度节约水量。

3. 用水计划的应变措施

灌区水源供水量及气象条件变化较大，旱涝交错，供需不协调的现象经常发生。在执行用水计划时，应先考虑自然特点，分析总结实践经验，制定应变措施，以适应可能遇到的各种情况。应变措施应以灌区具体情况而异，但概括起来有以下几种：

（1）渠（管）系轮灌配水措施。当水源流量减少到一定程度，可实行干支渠（管）轮灌，提高渠（管）系水利用系数，保证下游用水，促进均衡受益。

（2）引用高含沙水的措施。引高含沙水可缓和夏季供需矛盾，但要注意高含沙引水的特点及其适用条件。

（3）设置调配渠（管）道，进行流量调节。

（4）应用计算机编制动态用水计划。可根据水源来水流量和气象条件的变化，迅速修正用水计划。而且当灌区来水量不足，供需矛盾紧张时，可迅速做出渠（管）系水量优化调配方案，指导灌区实际用水管理。

（5）其他措施。在 1～2 轮用水后，安排 1～2d 的平衡用水，以平衡各干支渠（管）道用水量，在遇到降雨时还可推迟引水或减少整个轮期用水。

14.2.1.3　灌区计划用水总结

积累和分析实测资料，总结用水计划的执行情况，是不断提高灌区计划用水管理水平的一项重要措施。计划用水总结可以反映出灌区编制和执行用水计划的质量和水平。因此，灌区各级管理部门应当在某一时段用水结束后，及时地作出计划用水的工作总结。根据灌区用水实际，应及时进行以下四种不同时段及要求的用水总结：

（1）某一天的用水总结。由灌区配水中心及时分析全灌区各管理站及各干支渠（管）分水口（阀）某一日的实配水量，并算清各级渠（管）道实配的斗口水量、所灌溉的面积及应结算的水费等。

（2）某一轮期的用水总结。某一轮期用水结束，应及时结算各站及各干支渠（管）段的实配斗口水量、实结斗口水量、水量的对口率；田间实结水量、其他用水量、各主要作物实际灌溉面积、斗渠（管）水利用系数、净灌水定额、毛灌水定额、斗渠（管）灌溉效率、应结水费、实结水费、水费对口率以及亩均受水单价、斗口每立方米水单价等。轮期用水总结是灌区季节用水总结的基础。

（3）某一季节的用水总结。灌区季节用水总结就是将用水季节内各轮期用水总结信息汇总，其总结的项目与轮期用水总结类同。

（4）某一年度的用水总结。全年用水总结就是将各灌溉季节用水总结资料加以汇总分析，因而其总结项目也与轮期用水总结类同。

通过对某一灌溉季节或全年用水信息汇总统计，有助于全面掌握全灌区以及各基层管理站某一灌溉季节或全年用水情况、计划用水质量、管理水平以及最后水费征收等情况。

14.2.2　灌区排水管理（Drainage management in irrigation district）

排水管理是灌区管理的重要内容，在易涝、有盐碱化威胁的地区尤其重要。重视并做好排水系统管理工作，确保排水系统持续高效运行，对保障灌区防洪安全，减轻农田涝渍，防治土壤盐渍化，减少农业面源污染具有重要意义。灌区排水管理包括排水系统的运行、养护、维修、监测等内容。

1. 排水管理的任务与要求

（1）建立权责分明的排水系统管理组织和有效的管理制度。

（2）通过合理控制运用排水系统，及时排除涝水，减少洪涝损失；有效控制地下水位，提高作物产量，防治土壤盐碱化；在有条件的地区，合理控制排水蓄留时间，削减面源污染。

（3）检查、维修和养护排水系统，使其保持良好的运行状况，促进排水系统的可持续运行。

（4）观测和分析灌区水盐动态，为排水系统管理提供科学依据。

2. 排水系统的高效运用

要实现排水系统的高效运用，需要根据自然条件和作物生育期耐涝渍和耐盐碱能力制定合理的排水运行管理方案。可利用数学模型进行长序列排水水文模拟，分析排水区内不同土壤、种植形式以及水文气象条件变化对排水流量以及水质的影响，辅助制定和完善排水运行管理方案。此外，需要依据有关法律法规按照"安全第一、预防为主、统一领导、分级负责"的原则制定排水应急预案。正常情况下，排水系统要按排水调度方案进行管理，在超标准情况下，需要按排水应急预案管理。在排水工程运行过程中，需要随时掌握雨情、水情、旱情、涝情和土壤水盐状况，及时协调各项工程的排水与调控作用，充分发挥排水系统的整体效益。田间排水工程完善的地区，可实行控制排水。

3. 排水系统管护

（1）明沟排水工程管护，包括汛前检查、汛中巡查和汛后复查。汛前需要清除沟道内的杂草、淤积物、障碍物和废弃物，确保沟道的排水断面符合要求，对于存在安全隐患的沟堤和沟道断面应维修达到设计要求。汛中需要加强巡查，及时疏通阻水障碍物，出现险工、险段应及时抢修。汛后需要复查排水沟险工险段及汛期毁损沟段，及时编制修复计划，按原设计断面修复。

明沟管护的重点为防止雨水冲蚀沟道边坡，土堤出现雨淋沟、浪窝、塌陷或者填土区发生下陷时，需按原设计标准填补夯实；土堤、土坡的草皮护坡出现局部缺损时，需要及时修复，防止雨水冲刷；对已坍塌的边坡，要及时维修；需要经常清除沟中杂草和淤泥，根据淤积情况，排水干沟一般 2～3 年清淤一次、支沟一般 1～2 年清淤一次、斗农沟每年清淤一次；此外，还需要定期检查排水系统出口的出流条件，确保排水承泄区具有稳定的河槽或湖床、安全的堤防和足够的承泄能力。

（2）地下排水工程管护。在暗管工程运行初期，需要沿管线经常巡视，及时发现工程运行中存在的问题并整修，发现凹坑应及时填平。在暗管工程正常运行后，一般每年定期检修一次。每年灌溉前和暴雨后，需要对暗管出口及出口控制装置进行检查，如果暗管出流量明显减少或含沙量明显增多，表明存在管道堵塞、泄漏、破损等问题，应查找原因，及时处理。

暗管出口附近明沟段的边坡需要加固，以防止水流冲刷边坡导致坍塌。明沟段的杂草需要定期清除，以防止阻水。暗管出口段管壁或接缝处出现水流渗出时，需要及时整修，填土夯实加固。暗管出口还需要设置格栅，以防止小动物误入造成管道堵塞。

鼠道视出流减少情况，及时进行局部或全部更新。排水竖井运行期间，要记录出水量和含沙情况，发现异常时需查找原因处理。对暗管检查井、集水井等也要定期检查，有淤积和损坏时，需要及时清淤和维修。

（3）排水建筑物管护。按计划维护和定期检修是保障排水建筑物和各种设备长效运行的关键。钢闸门要每年油漆一次，以防止锈蚀，一般在非汛期进行。钢闸门局部变形的，要及时整平并油漆，防止闸门不能正常启闭，或关闭不严造成漏水。闸门的启闭设备、转动部件及限位装置等要在每年汛前进行维修，汛后进行保养。损坏或者老化的橡胶止水带要及时更换。破损的门墩要及时修复。

泵站前池的淤泥及拦污栅前的各种杂物需要经常清除，以防堵塞管道。各种井盖要加盖严密。对于排水泵站和竖井安装的水泵、动力机与电气设备，每年要全面检修一次，确保安全运行。寒冷地区要做好有关设施及设备的防冻保护。

4. 排水系统监测

排水系统监测是评价排水系统是否正常工作的重要手段，监测的内容包括排区涝、渍、盐碱、农业生产、工程运行及生态环境状况等。

为了定期监测地下水位和水质的变化情况，需要在灌区设置观测网。观测位置包括水源、骨干排水沟及排水承泄区。尽可能实施自动化监测，以获取连续监测数据。具体监测内容如下：

（1）涝灾。暴雨量及其历时、承泄区水位、排水流量及排水时间、农田受淹面积、成灾面积和绝收面积，以及淹水深度、治理区内村镇与工矿企业等受淹及损失情况等。

（2）渍害。土壤水分及其理化性状、地下水位变化，稻田渗漏率、排渍流量、农田受渍面积及受渍时间等。

（3）土壤盐碱化。土壤盐碱化分布及面积、作物根层土壤盐分和地下水矿化度、灌溉水量及矿化度、排水水量及矿化度等。

（4）农业生产。种植作物种类及面积、产量、农药化肥施用情况等。

（5）生态环境。土壤养分状况、排区及承泄区水环境与生态状况、排水沟及承泄区水质等。

农田排水再利用和控制排水的地区，需观测灌溉水水质、地下水位变化等情况。

14.2.3　灌区生态环境管理（Ecological environment management in irrigation district）

1. 灌区生态环境监测

灌区生态环境监测是分析灌排工程建设和运行对生态环境的影响，防止或减小灌溉排水工程负效应的基础。灌区生态环境监测主要包括监测项目和监测频率的确定、监测网的布设及监测工作的管理等。

合理的灌区生态环境监测网，应在灌区及受影响的附近区域布设，并符合下列要求：

（1）能控制监测环境因子的时空变化。

（2）尽量与灌溉排水观测项目共用。

（3）在未受影响的邻近地区，设立对比监测点。

灌区生态环境监测可分为长期定点监测和定期跟踪监测两类。应根据工程规模、运行要求、环境特点和保护对象等，确定各类监测项目、周期及频次。长期定点监测项目一般应包括地表水及地下水的水位、水量、水质、水温、气象、水文地质条件变化等；定期跟踪监测项目一般应包括土壤、农业生态、水生与陆生生物、人群健康等。

地表水水源保护区监测点每 $1km^2$ 范围内宜设 $2\sim3$ 个；地下水资源监测井每 $50\sim$

150km² 范围内宜设 1 个；土壤监测点每 30～100km² 范围内宜设 1 个。盐碱化地区、有污染源和地质条件变化的地区可适当加密。

要严格按照国家有关法规、规范、标准和方法进行监测工作，采取有效的质量控制措施，保证监测数据的准确性和可靠性。

2. 灌区生态环境的适应性调控

(1) 严格灌区水土资源综合规划，科学配置灌区水源。灌溉面积的发展要考虑水资源承载力，做到水土适配，实现适水发展。灌区的兴建和水资源的开发会改变区域水循环和水资源转化过程，要避免因水资源开发利用对生态环境的负面影响。灌区水源的分配应兼顾上游、中游、下游，不同地区的整体利益。灌区应对地表水、地下水、雨水、再生水等多种水资源进行联合配置，既要充分挖掘水资源利用潜力，又要保障灌区生态环境健康。

(2) 加强灌溉用水管理，大力发展节水灌溉。灌溉是用水大户，采取有效节水措施，提高灌溉水利用效率，是缓解灌区水资源供求矛盾的一个重要措施。应大力开展渠道防渗，管道输水，最大限度降低输水过程中的水量损失；采用节水型灌溉制度，推广非充分灌溉与调亏灌溉技术，提高有限灌溉水的生产率；加强灌溉用水管理，促进工程的良性运行，使有限的水资源获得最大的效益；改革水管理制度，按市场规律，理顺水费价格，完善各种用水管理的规章制度，运用经济、技术和法律手段鼓励节约用水和防治灌区水源污染；因地制宜地发展喷微灌等高效节水灌溉技术。

(3) 合理开采地下水，防止地下水位大幅度下降。从开源和节流两方面入手，采用人工回灌、限制超采等措施，达到地下水的采补平衡。在全方位节约用水的同时，开发其他水源，如利用微咸水、再生水、回归水灌溉等；调整开采方式，调整井位密度，深中浅井联合，多个含水层协调利用，缓解区域性地下水位下降趋势；采用人工回灌增加地下水补给量，稳定地下水位，控制地面沉降，防止海水（咸水）入侵，保持与改善地下水水质。

(4) 控制地下水位，防止土壤次生盐渍化。由 6.1.3 节可知，为了防止土壤次生盐渍化，地下水位应控制在临界深度之下。为达此目的，应加强灌溉管理，采取合理的灌水方法和技术，实行合理用水；建立完善的灌溉排水系统，控制地下水位上升，防止土壤次生盐渍化；实行井渠结合灌溉，合理利用地表水和地下水资源；做好渠道防渗工作；采用平整土地、精耕细作、培肥土壤、种植绿肥、营造防护林带等农业措施。

(5) 采用绿色灌排工程建设与运行模式。灌排工程建设的材料，应尽量采用竹基材料、石头等天然材料，并采用近自然工法修建，地下水位高的渠系或黏性土渠尽量不衬砌或采用生态渠道。大型灌排工程运行中注意节能减排或尽可能采用太阳能、风能等清洁能源。尽可能不扰动自然生态环境，不破坏农村水生动植物的栖息地，从而保护水生动植物种群的丰富性。

(6) 加强生态灌区建设，实现灌区高质量发展。生态灌区是在人与自然和谐理念指导下，以维持灌区生态系统的稳定及修复脆弱生态系统使其形成良性循环为目的，通过灌区水资源高效利用、水环境保护与治理、生态系统恢复与重构、水景观与水文化建设、灌区生态环境建设及监测管理等多方面的生态调控关键技术措施，形成的生产力高、灌区功能健全、水资源配置合理、生物多样性高而单位水量提供的生态服务功能最大的高质量发展灌区。生态灌区建设必须在可持续原则、水土资源有限原则和灌区系统自我净化原则下，提高灌区系统生物多样性和生态系统可持续性，进行现代化管理，实现高质量发展。

14.3 小型农田水利工程管理
(Management of small – scale irrigation and
water conservancy projects)

小型农田水利工程主要是指为解决耕地灌溉和农村人畜饮水而修建的田间灌排工程、小型灌区、灌区抗旱水源工程、小型水库、塘坝、蓄水池、水窖、水井、引水工程和中小型泵站等。小型农田水利工程具有投资少、见效快，使用管理灵活方便等优点，是解决山区、半干旱地区干旱缺水，保障农业生产的重要小型水利工程，对加快农村水利发展，促进乡村振兴具有重要作用。农业水利管理除了大中型灌区管理外，小型农田水利工程管理也是其重要内容。

14.3.1 小型农田水利工程管理的主要任务 (Main management tasks of small – scale irrigation and water conservancy projects)

水利工程管理的主要任务是保持工程建筑物和设备完整与运行安全，使其经常处于良好的技术状态；运行中应正确运用工程设备，以控制、调节、分配、使用水资源，充分发挥其灌溉、供水、排水、发电、航运、水产、环境保护等效益，防止事故发生；不断更新改造工程设备，改善经营管理，提高管理水平。

小型农田水利工程管理的主要任务包括：①工程检查观测；②工程养护管理；③运用工程进行水利调度；④更新工程设备，适当进行技术改造。工作中应贯彻执行水利工程管理的行政法规，根据工程实际制定、修订和执行技术管理规范、规程，并建立健全各项工作制度。

14.3.2 小型农田水利工程养护管理 (Maintenance and management of small – scale irrigation and water conservancy projects)

1. 小型水库及塘坝管理

小型水库和塘坝的主要区别在于蓄水库容的大小。小型水库库容 10 万～1000 万 m^3，库容在 10 万 m^3 以下的称塘堰，主要以蓄水灌溉为主，也有兼顾发电、养鱼等功能。为保证其安全运行，应加强日常检查维护。

(1) 坝体检查。对坝顶、坝坡、坝基、坝端、坝趾近区、坝端岸坡进行检查，包括有无裂缝、异常变形、崩塌、剥落、滑坡迹象、隆起、塌坑、架空、冲刷、堆积、蚁穴兽洞等。坝顶还应检查防浪墙有无开裂、架空、错位、倾斜等情况；迎水坡还应检查有无漩涡等异常现象；背水坡面还应检查有无湿斑、冒水、管涌等现象；排水系统有无堵塞、破坏；草皮护坡是否完好；滤水坝趾、集水沟、导渗减压设施等有无异常或破坏现象。除此之外还要检查坝下游有无沼泽化、渗水等现象。

(2) 输、泄水管检查。进水段有无堵塞、淤积，岸坡有无崩塌；管身内壁有无纵横向裂缝、渗水现象，放水时洞内声音是否正常，卧管是否堵塞，出口处的水量及浊度是否正常，关闸时是否有渗流水。

（3）溢洪道检查。进水段及陡槽有无坍塌、崩岸、堵塞、拦鱼等阻水现象。

（4）安全抢险。当水库出现险情时，首先应打开输水涵洞闸门，及时泄水、降低库水位，充分利用溢洪道溢洪，避免洪水漫过顶。各种险情抢险包括塌坑抢险、管涌抢险、裂缝抢险、滑坡抢险、渗漏抢险等。当小型农田水利工程（山塘）遇上超标准洪水、溢洪道及涵闸泄洪仍无法阻止洪水漫顶时，主要的抢险措施是就地取材，抢筑子堤。如抢护不及时，洪水漫顶可能冲毁大坝时，也可采用塑料布、篷布、软帘等覆盖坝顶和外坡，防止冲刷破坏。

2. 水窖管理

水窖是构筑在地表以下加盖封口的储水设施，其容积一般在 $100m^3$ 以下，可用于储存天然降雨或通过引水管（沟）、水泵提水等形式将雨水、泉水、渠水输送到窖中储存。水窖具有工艺简单、施工方便，有利于冬季防冻，能有效防止杂物入窖，安全可靠等优点。日常运用应注意管理维护。

（1）蓄水管理。在工程建成后，第一次使用要灌满水，避免水窖发生裂缝；每年雨季结束前将水窖蓄满水，坛式水窖蓄水不能高出最大直径处；降雨之前，应当清洁沉沙池，清理周围的阻碍物，保持进水管道的畅通；在水窖使用过程中，确保水窖底部留有不少于 $20\sim50cm$ 深度的余水，用于保护水窖混凝土，防止过干开裂，导致损坏；需要定期检测和清除水窖中的淤泥。定期检查水窖，发现水窖内部出现裂缝或者漏水状况，应及时处理。如集流面出现裂缝，应采用砂浆进行维修。

（2）水质管理。加强水窖水质管理，定期清理清洗和消毒。在雨季来临时，应清理集雨场，检查引水沟渠、沉淀池以及水窖的进出口状况。降雨前要清洁集流面，不使杂草、杂物流入窖内。收水后封闭进水道和窖口，用水后应及时加盖。水窖要及时清淤，避免窖水滋生细菌。用作饮用水的，要加明矾和漂白粉消毒，且须烧开后方可饮用。水窖应远离垃圾堆，防止生活用水被污染，影响人的身体健康。

（3）安全管理。加强水窖安全管理，井盖要盖好盖严。对于生活用水水窖，要有一定的保护设施，防止出现坍塌，谨防安全事故发生。

3. 蓄水池管理

蓄水池是利用天然地形修建的储存水的设施，蓄水池可以修建在地面以上，也可以建在地面以下或者半地上、半地下，应加强日常管理。

（1）适时蓄水。小水池用于拦蓄水池上游的径流、泉水或通过渠首或泵站将河水、渠水、泉水、井水引入池中储存，可采用长蓄短灌、蓄灌结合、多次交替方式，充分发挥蓄水与节水灌溉相结合的作用，以满足作物需水要求。

（2）定期检查维修工程设施。蓄水前要对池体进行全面检查，蓄水期要定期观测水位变化，做好记录。开敞式蓄水池没有保温防冻设施，秋灌后要及时排除池内积水，防止冬季池体结冰冻胀破坏；封闭式蓄水池除正常检查维修外，还要对池顶保温防冻铺盖和池外填土墙厚度进行定期检查维护。

（3）及时清淤。开敞式蓄水池可结合灌溉进行排泥，池底滞留泥沙通过人工清淤。封闭式矩形池清淤难度较大，除利用出水管引水冲沙外，还需要人工从检查口提吊，当淤积量不大时可两年清淤一次。

14.4 农业量水技术与测控一体化

（Agricultural water measuring technology and integrated measurement and control）

农业量水技术与测控一体化装置是合理调配水资源、正确执行灌溉用水计划、实行科学用水、加强用水管理、控制排水与面源污染的重要手段。

14.4.1 利用农业水利建筑物量水 （Water measurement using agricultural water conservancy buildings）

利用农业水利建筑物量水较为经济、简便，在有可能用农业水利建筑物量水的地方应优先考虑利用，缺点是需要事前对不同类型的建筑物量水性能逐个进行率定，工作量很大。

1. 闸、涵量水

对于平面直立启闭式闸门放水的单孔闸、涵，当其闸底平，闸后无跌坎，闸后底宽等于入口宽，在有闸控制自由出流时，流量按下式计算：

$$Q = \mu b h_{\mathrm{w}} \sqrt{2g(H - 0.65h_{\mathrm{w}})} \tag{14.10}$$

式中：Q 为过闸流量，$\mathrm{m^3/s}$；H 为闸前水深，m；b 为闸、涵孔宽，m；h_{w} 为闸门启闭高度，m；μ 为流量系数，因闸、涵进口翼墙形式的不同而有差异，如渐变翼墙的 μ 可取 0.60。

2. 渡槽量水

当渡槽的长度大于 20 倍最大水深时，流量可用明渠均匀流公式计算，即

$$Q = AC\sqrt{Ri} \tag{14.11}$$

$$C = \frac{1}{n}R^{1/6} \tag{14.12}$$

$$R = \frac{A}{\chi} \tag{14.13}$$

式中：Q 为过槽流量，$\mathrm{m^3/s}$；A 为过水断面面积，$\mathrm{m^2}$；C 为谢才系数，$\mathrm{m^{1/2}/s}$；R 为水力半径，m；n 为糙率；i 为水力比降；χ 为湿周，m。

3. 倒虹吸管量水

倒虹吸管的流量计算公式为

$$Q = \mu A\sqrt{2gZ} \tag{14.14}$$

式中：Q 为流量，$\mathrm{m^3/s}$；A 为过水断面面积，$\mathrm{m^2}$；Z 为上下游水位差，m；μ 为流量系数，与水头损失有关。μ 值可由实测求得，如无实测资料，可用下式计算：

$$\mu = \frac{1}{\sqrt{\lambda L/d + \sum \zeta}} \tag{14.15}$$

式中：λ 为管内摩擦系数（混凝土管 $\lambda = 0.022$）；L 为管长，m；d 为圆管内径，m；$\sum \zeta$ 为局部水损失系数的总和，一般包括拦污栅、进出口及弯曲等水头损失。

4. 跌水（或陡坡）量水

跌水（或陡坡）的断面，一般有矩形和梯形两种。对不同的跌水口断面，其流量计算公式不同。

矩形断面跌水：

$$Q = \mu b \sqrt{2g} H^{3/2} \tag{14.16}$$

梯形断面跌水：

$$Q = \mu (b + 0.8mH) \sqrt{2g} H^{3/2} \tag{14.17}$$

式中：Q 为流量，m^3/s；b 为跌水底宽，m；m 为梯形断面边坡系数；H 为上游水头，m，当来水流速大时，则应加上流速水头；μ 为流量系数，由试验求得。

14.4.2　利用专门量水设备量水（Water measurement by professional equipments）

专门量水设备种类很多，有量水堰及量水槽等，如长喉道量水槽、巴歇尔量水槽、U形渠道平底抛物线无喉段量水槽、三角形薄壁堰、闸前短管式量水放水闸等。这里仅介绍几种国内外常用的量水装置。

1. 长喉道量水槽

长喉道量水槽结构简单，施工容易，造价低廉，水头损失小，淹没出流的临界点高，量测精度高。图 14.2 是典型的长喉道量水槽的纵断面布置图，堰顶部分呈水平状，其长度不小于堰前最大水深的 1.5 倍，不大于其 10 倍，堰前用 1：3 或 1：2 的斜坡与原渠底相连，堰后用比较缓的斜面与渠底衔接。横断面可以是矩形、梯形、三角形或其他规则的曲线形状。各种喉部断面形状的长喉道量水槽水位-流量计算公式见表 14.4，表中符号意义如图 14.2 所示。各公式中，C_d 是考虑从上游测点到堰面水头损失的校正系数：

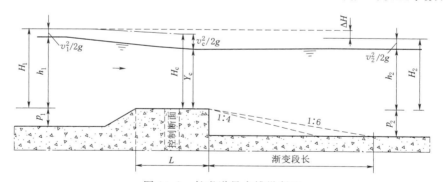

图 14.2　长喉道量水槽纵断面

H_1—堰前水头；h_1—堰前水位；H_c—堰上水头；Y_c—堰上水位；H_2—堰后水头；
h_2—堰后水位；ΔH—堰前与堰后水尺水头差；v_1—上游渠道水流速；v_c—堰上水流速；
v_2—下游渠道水流速；p_1—堰顶与上游渠底之间的高差；p_2—堰顶与下游渠底之间的高差；
L—堰顶长度

$$C_d = (H_1/L - 0.07)^{0.018} \quad 0.1 \leqslant H_1/L \leqslant 1.0 \tag{14.18}$$

C_v 是采用上游实测堰前水位 h_1 代替堰前水头 H_1 时加入的趋近流速水头系数：

$$C_v = \left(\frac{H_1}{h_1}\right)^{\mu} = \left(1 + \frac{\alpha_1 v_1^2}{2g h_1}\right)^{\mu} \tag{14.19}$$

式中：μ 与水位-流量关系中 h_1 的方次相同，如对矩形槽，$\mu=1.5$；其余符号意义同前。

表 14.4 　　　　　　　　各种喉部断面形状的长喉道量水槽水位-流量关系

喉部断面形状	水位-流量关系	相应的 Y_c
	$Q=C_dC_v\dfrac{2}{3}\left(\dfrac{2}{3}g\right)^{\frac{1}{2}}b_ch_1^{\frac{3}{2}}$	$Y_c=\dfrac{2}{3}H_1$
	$Q=C_dC_v\dfrac{16}{25}\left(\dfrac{2}{5}g\right)^{1/2}\left(\tan\dfrac{\theta}{2}\right)^{1/2}h_1^{5/2}$	$Y_c=\dfrac{4}{5}H_1$
	$Q=C_d(b_cY_c+Z_cY_c^2)[2g(H_1-Y_c)]^{1/2}$	$Y_c=\dfrac{3}{4}H_1$
	若 $H_1\leqslant1.25H_b$，$Q=C_dC_v\dfrac{16}{25}\times\left(\dfrac{2}{5}g\right)^{1/2}\times$ $\left(\tan\dfrac{\theta}{2}\right)^{1/2}h_1^{5/2}$	$Y_c=\dfrac{4}{5}H_1$
	若 $H_1>1.25H_b$，$Q=C_dC_v\dfrac{2}{3}\times\left(\dfrac{2}{3}g\right)^{1/2}\times$ $B_c\left(h_1-\dfrac{1}{2}H_b\right)^{3/2}$	$Y_c=\dfrac{2}{3}H_1+\dfrac{1}{6}H_b$
	$Q=C_dC_v\left(\dfrac{3}{4}f_cg\right)^{1/2}h_1^2$	$Y_c=\dfrac{3}{4}H_1$

2. 巴歇尔量水槽

巴歇尔量水槽是一种由明渠收缩段构成的量水装置。量水槽由进口收缩段、喉道、出口扩散段三部分组成（图 14.3）。全槽两壁直立，进口段槽底呈水平比渠底略有抬高，喉道部分槽底向下倾斜，在出口处又向上升起。量水槽的结构布置要保证在各种条件下控制段的水深均为临界水深。上游水位测点位于喉道上游，距喉道段首距离 $a=2/3A$，下游水位测点位于喉道末段以上 5cm 处。

巴歇尔量水槽的流量计算公式为

$$Q=Ch_1^n \tag{14.20}$$

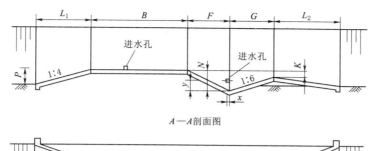

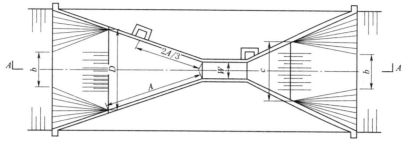

图 14.3 巴歇尔量水槽

L_1—上游护底长度；B—量水槽中心线进口到喉道首端距离；F—喉道长度；G—量水槽中心线出口到喉道末端距离；L_2—下游护底长度；P—量水槽进口与上游渠底高差；N—喉道首末端高差；y—下游水尺进水口与喉道末端高差；x—下游水尺进水口到喉道末端距离；K—喉道首端与量水槽出口的高差；b—渠底宽度；D—量水槽进口宽度；W—喉道宽度；c—量水槽出口宽度；A—上游侧墙长度

式中：C 为综合流量系数；h_1 为上游实测水头；n 为指数。

标准尺寸的巴歇尔槽有确定的系数和指数。根据量测的上游水深 h_1 和下游水深 h_2，判断出流状态。当自由出流（$h_2/h_1 < 0.7$）时，流量计算公式为

$$Q = 0.372W \left(\frac{h_1}{0.305} \right)^{1.569W^{0.026}} \tag{14.21}$$

式中：W 为喉道宽度；其余符号意义同前。

经验表明，当喉道宽度 $W = 0.5 \sim 1.5\mathrm{m}$ 时，上式可简化为

$$Q = 2.4Wh_1^{1.571} \tag{14.22}$$

当为潜没出流（$h_2/h_1 > 0.7$）时，流量计算公式为

$$Q' = Q - \Delta Q \tag{14.23}$$

其中

$$\Delta Q = \left\{ 0.07 \left\{ \frac{h_1}{\left[\left(\frac{1.8}{k} \right)^{1.8} - 2.45 \right] \times 0.305} \right\}^{4.57 - 3.14k} + 0.007 \right\} W^{0.815} \tag{14.24}$$

或

$$\Delta Q = 0.0746 \left\{ \left[\frac{h_1}{\left(\frac{0.928}{k} \right)^{1.8} - 0.747} \right]^{4.57 - 3.14k} + 0.093k \right\} W^{0.815} \tag{14.25}$$

式中：Q 为自由流算的流量；Q' 为潜没流时的流量；k 为潜没度，$k = h_2/h_1$；其余符号意义同前。

在巴歇尔量水槽基础上，我国一些灌区研究出了改良型的矩形无喉道量水槽，但不同尺寸量水槽的水头流量变化范围及流量公式不同，可根据灌区特点，配备量水手册供查算。

3. U形渠道平底抛物线无喉段量水槽

U形渠道平底抛物线形无喉段量水槽是西北农林科技大学朱凤书研制的一种适用于U形渠道的临界水深量水槽，如图 14.4 所示。

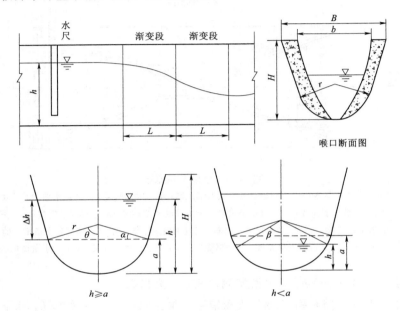

图 14.4 U形渠道平底抛物线形无喉段量水槽剖面

L—渐变段长度；H—渠道衬砌高度；B—U形渠道渠口宽；b—量水槽喉口宽度；r—U形渠道渠底半径；
Δh—渠道水位到弧顶的高差；h—渠道水深；a—底弧弓形高度；θ—底弧半弧心角角度；
α—外倾角；β—当 h<a 时渠中水位与弧心的角度

以不产生淹没出流为条件，量水槽流量公式为

$$Q = C_d C_v h^2 / \sqrt{P} \qquad (14.26)$$

式中：Q 为过槽流量，m^3/s；C_d 为流量系数；h 为水尺读数，m；P 为抛物线形状系数，m^{-1}；C_v 为行近流速修正系数，其计算式为

$$C_v = \left(1 + \frac{\alpha_0 C_d^2 C_v^2 h^3}{2gPA^2}\right)^2 \qquad (14.27)$$

式中：α_0 为行近渠中流速分布不均匀系数，行近渠顺直且较长时可取 $\alpha_0 = 1.0$；g 为重力加速度；A 为行近渠中水深为 h 时的过水断面面积，m^2，其计算式为

$$A = \frac{r^2}{2}\left(\pi\frac{\theta}{90} - \sin2\theta\right) + (h-a)[2r\sin\theta + (h-a)\cot\theta] \qquad (14.28)$$

式中：符号意义同前。

抛物线形状系数 P，随喉口断面收缩比和 U形渠形状而改变：

$$P = \frac{16H^3}{9\varepsilon^2 A_0^2} \qquad (14.29)$$

式中：H 为 U 形渠深，m；ε 为抛物线形喉口断面与 U 形渠断面的面积比，称为收缩比；A_0 为 U 形渠断面面积，m^2，按下式计算：

$$A_0 = \frac{r^2}{2}\left(\pi\frac{\theta}{90} - \sin 2\theta\right) + (H-a)[2r\sin\theta + (H-a)\cot\theta] \qquad (14.30)$$

式中：符号意义同前。

流量系数 C_d 按下列经验公式计算：

$$C_d = 1.96 P^{0.011}\varepsilon^{-0.13} \qquad (14.31)$$

由于式（14.27）中的 C_v 需要试算或者迭代计算，吕宏兴等假设流速水头与水深之比远小于 1，推导出如下流量公式：

$$Q = \frac{C_1 A^2}{h}\left(1 - \sqrt{1 - \frac{C_2 h^3}{A^2}}\right) \qquad (14.32)$$

式中：C_1、C_2 为系数，其余符号意义同前。

$$C_1 = \frac{gP^{0.5}}{2a_0 C_d} \qquad (14.33)$$

$$C_2 = \frac{4a_0 C_d^2}{2gP} \qquad (14.34)$$

【例 14.5】 某灌区一农渠 U 形渠道断面尺寸及抛物线量水槽参数为：底弧半径 $r = 0.10m$，渠道衬砌高度 $H = 0.30m$，外倾角 $\alpha = 9.5°$，喉口收缩比 $\varepsilon = 0.5$，实测的量水槽上游水尺 $h = 0.24m$。试计算斗渠流量。

【解】 步骤 1：求得底弧半弧心角角度：$\theta = 90° - \alpha = 80.5°$；底弧弓形高度：$a = r - r\sin\alpha = 0.0835m$。

步骤 2：因上游水深 $h \geqslant a$，将底弧半径 r、渠道衬砌高度 H、底弧半弧心角 θ 代入式（14.30），计算得到 U 形渠道断面面积 $A_0 = 0.0629m^2$；将底弧半径 r、上游水尺 h、底弧半弧心角 θ 代入式（14.28），计算得到 U 形渠道过水断面面积 $A = 0.0475m^2$。

步骤 3：将渠道衬砌高度 H、喉口收缩比 ε，计算得到的渠道断面面积 A_0 代入式（14.29），求得抛物线形状系数 $P = 48.53 m^{-1}$。

步骤 4：将抛物线形状系数 P、喉口收缩比 ε 代入式（14.31），计算得到流量系数 $C_d = 2.238$。

步骤 5：取流速分布不均匀系数 $a_0 = 1.0$，根据流量系数 C_d 和抛物线形状系数 P，分别由式（14.33）和（14.34）计算出系数 $C_1 = 15.232$、$C_2 = 0.042$。

步骤 6：将计算得到的渠道过水断面面积 A、上游水尺 h、系数的 C_1 和 C_2 代入式（14.32），可求得流量 $Q = 0.02 m^3/s$。

【答】 计算的灌区农渠流量为 $0.02 m^3/s$。

14.4.3 灌区水量一体化测控（Integrated water measurement and control in irrigation district）

在灌区渠道水量量测的基础上，实现水量量测与控制一体化和灌区用水实时调度是未来灌区管理的重要内容。

1. 灌区用水全程量测控系统

澳大利亚研制开发了一种一体化明渠全渠道自动控制系统，该系统通过计算机实现对整个灌区或部分灌溉区域的输配水模拟，利用无线传输网络实现对渠系网络的全局控制和水量调度。全渠道控制的关键设备为一体化测控槽闸，当整个系统中的某一孔闸门用水需求发生变化时，该孔闸门会自动把需水信息传送给此条渠道上的渠首进水闸门，渠首进水闸会根据下游闸门的用水需求实时调节自身过闸流量，以满足整条渠道内各个闸门发出的用水需求。与此同时，此条渠道内的各个闸门检测到因总的用水需求发生变化而引起渠道内水位变化时会自主实时调节闸门开度需求，将水位保持在适当水位，从而杜绝渠道末端溢流现象的发生，减少弃水。

与全渠道自动控制系统类似，中国灌溉排水发展中心等单位研究了一种灌区用水全程量测控系统，从水源取水、渠系配水、田间用水到农田排水等全过程对水流实施监测与控制，其主要过程包括蓄水、引水、提水、输水、配水、用水和排水等灌区重要节点。大中型灌区用水全程量测控技术框架示意如图 14.5 所示。

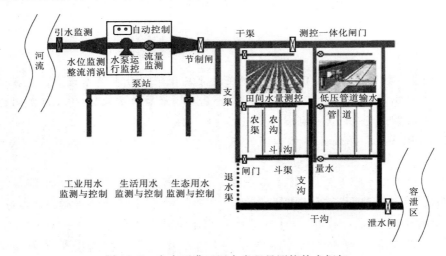

图 14.5　大中型灌区用水全程量测控技术框架

灌区用水全程量测控应综合规划，按照经济实用原则合理确定，设施布设应从水源开始，对于提水灌区还应包括泵站流量的监测与控制。水量量测控设施布设应考虑以下原则：①布设在输配水渠道的引水渠、输水渠、配水渠渠首等引水口下游适当位置且水流平稳处；②布设在闸门、渡槽、倒虹吸、涵洞、跌水等重要渠系建筑物处；③布设在管理单元的分水点或行政单元的分界点处；④布置顺序应从水源开始，先上游后下游，先干支后斗农，逐级向下延伸，优先保证用水单元分界点的计量和满足特定目的计量需求；⑤应分步实施，当条件不具备时，可适当扩大用水计量单元，当条件成熟后再逐步缩小计量单元，以提高灌区用水精细化管理水平。

灌区用水全程量测控技术的核心是量水设施的布局和选型。量测水设施应选择布设在渠道顺直、断面规则、渠床稳固和水流平顺处，以满足必要的水力学条件；控制设施位置选择应避免进口出现横向流和漩涡，出口应避免出现淹没流和回流。

2. 渠道水量测控一体化闸门

水量测控一体化闸门将自动控制闸门、水位流量测验设备，通过软件集成为测控一体化的智能系统，水位流量测验数据作为系统反馈输入，闭环控制闸门开度，从而实现按指定指令参数运行（水位、流量、闸门开度）。其硬件设计包括闸门机械本体、控制系统、水位流量测量系统、电源系统等。

电源系统包括太阳能架杆和支架、太阳能电池板、蓄电池组、充电控制器。

水位流量测量系统可采用各种自动量测方式，将数据上传给控制器和上位机。

控制系统将采集到的流量信息和终端用户发送的控制指令信息进行比对计算，根据用户指令控制闸门的开、关、停。

水量测控一体化闸门主要有以下形式：

（1）基于堰流特性的堰高可调测控一体化设备。堰流具有很好的水位稳定性，但作为渠道输配水的节制闸，则难以保证当上游来水发生变化时及时发挥上下调节作用，因此，对于灌溉渠道就需要通过调节堰顶高度来控制水流。近年来，基于堰流特性而开发的测控一体化设备在大中型灌区现代化改造中得到初步应用。这些闸门均为堰顶高度可以调节的薄壁堰，其过流能力的计算遵循一般的堰流规律。

（2）基于孔流特性的测控一体化设备。闸孔出流是大中型灌区节制水流和配置流量的重要措施，在大中型灌区续建配套和节水改造中，广泛采用了箱涵式测控一体化闸门和管涵式测控一体化闸门（图14.6）。测控一体化闸门是集流量计量、闸门控制、能源供给和无线通信等功能于一体的集成式轻型闸门，其中箱涵式为前后贯通的长方体测流设备与孔口式闸板高度融合而成的测控一体化闸门，管涵式为前后贯通的圆柱体测流设备与孔口式闸板高度融合而成的测控一体化闸门。这两种测控一体化闸门实质上为超声波时差法测量设备和平面闸门的组合体，测量箱完成计量功能，平面闸门完成控制功能，测控信息在控制器中实现融合。

（a）箱涵式测控一体化闸门　　（b）管涵式测控一体化闸门　　（c）孔口式闸门

图 14.6　孔口出流的测控一体化闸门

14.5 灌溉排水试验

（Irrigation and drainage experiment）

灌溉排水试验是一项为农业节水优质高产和绿色发展服务的水利、农业综合性科学试验工作，是探索作物需水规律，寻求优质增产高效、省水和省工的合理灌排方法与制度，以及先进的分水和配水方式等的途径，同时还为农业水利工程的规划设计和管理运用提供资料。

灌溉排水试验的内容很多，一般可归纳为灌溉试验、排水试验和用水管理试验三类，不论哪类试验，均应满足《灌溉试验规范》（SL 13—2015）和《农田排水试验规范》（SL 109—2015）的基本要求。

14.5.1 灌溉排水试验的基本准则（Norm criterion for irrigation and drainage experiment）

1. 灌溉排水试验的一般要求

灌溉排水试验要选准试验因素，合理确定处理和水平差异，必须设置对照处理，合理设置重复次数，并应满足如下要求：

（1）代表性。灌溉排水试验大多都是属于抽样观测。试验要有代表性，能够正确反映被研究总体的客观规律。田间布置要严格遵守随机抽样的原则，还要密切注意试验条件及试验过程所采用各种措施的代表性。

（2）准确性。由于试验是抽样观察，所以在实际中常用试验的精确性来判断其准确性。试验的精确性是指试验误差要尽可能的小，试验的结果要能代表样本的特征数及分布规律。

（3）重现性。重现性是指在相同的条件下重复试验，能获得相同的结果。试验没有重现性，它就完全失去了推广与应用的意义。要保证试验的重现性，除了试验要有较高的代表性和精确性外，同时还要树立严肃的工作作风和实事求是的科学态度，整个试验过程必须要有详尽而完善的记载，对试验资料绝不允许做任何主观的取舍或修改，对试验资料的整理和统计分析必须方法正确。

2. 灌溉排水试验场地的基本要求

对灌溉排水试验场地需进行周密选择，选择时应注意以下几点：

（1）代表性强。试验场地的气象、水文、地形、地貌、地质、土壤、水文地质和农业生产条件能代表所在灌区的一般情况，而且试验场地各处的土壤及其肥力、水文地质条件差异要尽量小。

（2）不受特殊地貌、水系及人为等条件的影响。场地避免在特高、特低处或灌区的边远地段，不邻靠河流、湖泊、水库、塘堰、大道、密林等，以免试验成果受这些特殊条件的影响。一般最好选在大片田块中间，四周均是种植同类作物。试验场地不要距村镇道路过近，以避免孩童玩弄、损伤仪器和畜禽践踏。

（3）水利条件较好，交通方便。试验场地最好处于水源能保证、灌排系统较健全的地方，以免因缺水或排灌不及时影响试验。

（4）与当地其他农业方面的试验田、样板田结合起来。这样能更好地学习、总结运用和提高群众的丰产经验，也有利于试验成果的推广。

试验场地附近还应有气象观测场，其位置亦应统筹考虑。应选在开阔平坦之处，附近不应有任何妨碍空气流通的阻碍物，如高墙、树林、建筑物等，必要时可在不同处理地段附近设置辅助性气象观测场。在试验开始前，试验地要进行土壤农化性状测定，测定指标包括土壤 pH 值或土壤酸碱度，阳离子代换量和代换性盐基总量，活性氮、磷、钾，土壤全氮和有机质，土壤质地、结构、容重等。如果地力不匀，需要进行土壤匀地处理与匀地播种；消除土壤等的障碍因素，布置好渠道和道路，修筑田埂及渠道，或者布置好田间灌水管网等。

3. 灌溉排水试验小区布置的要求

（1）田间试验小区。田间小区对比试验是灌溉排水试验的主体。选择试验小区时，一般应考虑以下条件：①自然条件和生产条件要有代表性；②小区之间的各种自然条件（土壤、地形、水质、前茬作物、土壤肥力等）差异最小；③土地要平整、面积要适宜，小区面积一般为 $60 \sim 300 \text{m}^2$，长宽比为 3∶1；④周围不受特殊地形、林木、水体或建筑物的影响和干扰；⑤有必要的水源、渠（管）道和交通道路条件；⑥附近要有适宜的对比区和隔离带。每个小区四周设保护区，以消除小区周围条件改变（主要是作物生长状况不同而引起的小气候的改变以及不同灌水处理所引起的水平侧渗）对小区产生的影响，保护区的处理应与小区相同，保护区的面积（宽度）不宜小于小区面积（宽度）的一半。

（2）田间试验小区的排列和重复。小区排列的顺序必须有利于消减土壤差异带来的误差，一般不应采用顺序排列，而应采用随机排列。试验必须设置重复，重复就是一个试验处理同时进行的次数。每个处理在田间同时布置了几个小区，则称为几次重复。小区试验一般不得少于 3 次重复。由于土壤肥力、土壤性质等在平面上分布是不均匀的，存在着空间变异性，而这些非处理的差异会影响作物的生长。因此，为了消除这些影响，增加重复次数可使试验结果更臻于准确。

4. 试验观测与数据整理的要求

（1）取样点选择与观测记录。取样点选择要有代表性，尽量在小区中间选点，各方面都有代表性；要有一定的重复，土壤含水量、淹水深度、地下水埋深、作物生育动态等观测指标均应有 3 次以上的重复；各个观测指标尽可能定位连续观测；如果不能定位连续观测，则要考虑上次取样的影响。

观测记录过程及所用的记录表格要规范化，要详细记录采样时间及采样地点，最好每页纸上都标注，便于核查与应用；记录所有的农事活动和天气变化，施肥、灌水、淹水等，每日天气变化和测定瞬时的天气状况，对于意外事件更要特别记录。保留好全部原始记录表格和记录本，归档管理。

（2）试验资料整理与分析。各种试验资料应及时进行整理，并进行显著性分析；一般以试验季为单位进行资料整理，有多年的连续性试验，要进行多年资料汇总分析。整理资料前，对原始数据要严格审查，对不符合实际情况或漏测的数据，要查找原因，实事求是处理。计量单位不一致要进行标准化处理。多重复试验，对每个重复数据审查认为合理后，再计算平均。

由于自然灾害、使用不正确的观测方法、观测仪器存在误差造成的错误资料，应舍弃。明显不合理又不能找出原因的资料，资料分析时暂不采用。一组资料中，如果缺测或错误数据超过总量的 1/3，或是关键性资料缺测或有错误，这一组资料作废。用直观方法不能判断正确与否的资料，可借助数理统计方法判断。采用以上办法处理的资料，应加标记，并附说明。

14.5.2　灌溉试验（Irrigation experiment）

1. 作物需水量与耗水规律试验

作物需水量与耗水规律试验的任务是测出作物在采用不同灌水方法时各生育阶段及全生育期的需水量或耗水量，阐明各种影响因素与耗水量的关系，寻求作物的需水规律，为灌区用水科学管理及灌溉工程规划设计提供依据。

测定作物需水量或耗水量主要有以下方法：

（1）蒸渗仪法。蒸渗仪（lysimeter）是常用的测定作物需水量或耗水量的装备，我国采用的测筒和测坑也属于蒸渗仪的不同类型。蒸渗仪是一种装有土壤，置于田间地下以模拟大田生长环境，表面裸露或覆盖作物，用来确定生长着的作物需水量或耗水量的容器。

按是否能称重，蒸渗仪分为非称重式和称重式两种形式，非称重式在国内应用较多。称重式有浮力式（水力式）、液压传感式和衡器式等。随着科学技术的发展和多学科交叉渗透，现代蒸渗仪已经实现了高精度自动化测控，可以模拟控制土壤剖面的水分吸力分布，并可同步测定土壤水分、温度、盐分分布以及作物表型状况。

按装土的容器是否有底，蒸渗仪分为有底和无底两种形式。有底蒸渗仪中，土壤通常为回填土，底部一般铺设 20cm 厚由砂和砾石组成的滤水层，基部设侧向排水管，排水流入渗漏水盛水器（图 14.7）。坑中土壤回填时应严格按照原有土层容重分层回填，这是保证测坑试验结果具有代表性的一个关键环节；无底蒸渗仪可用原状土，也可以为扰动回填土。对于非称重式蒸渗仪内的土壤水分变化通过先后两次测定的土壤含水量的差值计算。测定土壤含水量最好选择可以定点、连续测定的方法，如中子散射法、电阻法、TDR 法等。

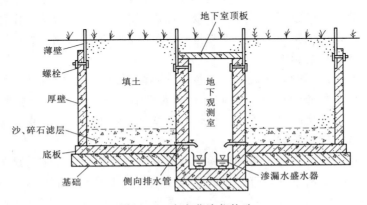

图 14.7　有底蒸渗仪构造

为了控制降雨，蒸渗仪上方通常还要安设防雨设施，即防雨棚（图 14.8）。单个大型称重式蒸渗仪一般在地下建有观测室，对于蒸渗仪群一般在地下建有观测廊道和观测室（图 14.9），以利于相关观测的方便进行。

图 14.8　大型非称重式蒸渗仪群及其
防雨棚（甘肃武威）

图 14.9　大型非称重式蒸渗仪群的地下
观测廊道（甘肃武威）

蒸渗仪应有一定的技术标准：不漏水，导热性低，耐冻，结构牢固，形状规整，一般为正方形或圆形，对于测坑，坑壁在地面以上部分应是薄壁，壁顶总面积不应超过坑内土壤表面积的 5%，测筒不宜小于 $0.36m^2$，测坑不宜小于 $4.0m^2$；蒸渗仪内装土深度宜在 $0.8 \sim 2.0m$ 范围内，根据试验作物容根层深度确定；蒸渗仪内土层下面的滤水层厚应在 20cm 以上，滤层底部的侧向排水管，应有调节装置；向蒸渗仪内灌水，应使器内的土壤湿润均匀。

将作物种植在蒸渗仪内进行试验，由于蒸渗仪内作物生长环境及需水条件与大田实际情况有一定差异，所测得的需水量或耗水量与产量结果往往与实际情况不相符合，易造成系统误差。优点是可以对土壤水量平衡方程中的有关项进行较为严格的控制，确保试验结果不受这些因子的影响。根据土壤水量平衡方程，蒸渗仪内的作物需水量或耗水量计算式为

$$ET = P + I + G - F + \Delta W \tag{14.35}$$

式中：ET 为某时段的作物需水量或耗水量，mm；P 为同时段的降水量，mm；I 为灌水量，mm；G 为地下水补给量，mm；F 为深层土壤渗漏量，mm；ΔW 为时段内土壤储水量的变化量，mm，直接称重获得，或通过两次土壤含水量测定结果利用下式计算：

$$\Delta W = \gamma_d (\theta_0 - \theta_t) H \tag{14.36}$$

式中：θ_0、θ_t 分别为计算时段初和时段末的土壤含水量（占干土重比例）；γ_d 为土壤干容重，g/cm^3；H 为计算土层深度，mm；其余符号意义同前。

蒸渗仪中的地下水补给可以通过有底形式加以排除，深层渗漏也可以通过控制灌水量和降雨量而得到控制或消除，降雨量也可以通过防雨棚而阻隔，在这样的条件下如果没有灌水，蒸渗仪内的作物需水量或耗水量就是两次称重的重量变化。

对于水稻需水量或耗水量的计算分两种情况，当田间无水层时用旱作物需水量或耗水量公式计算；当有水层时，其计算式为

$$ET = h_1 - h_2 + I + P - D \tag{14.37}$$

式中：h_1、h_2 分别为时段初和时段末田面水层深，mm；I、P、D 分别为计算时段内的灌水量、降水量和排水量，mm。

（2）田测法，是在大田条件下直接测定作物需水量或耗水量，其基本原理亦是水量平衡方程。田测法的优点是试验环境与作物生长所处的环境完全相同，有较强的真实性和代表性；缺点是易受环境条件的干扰。如果控制不好，有些项目测不准，则会影响测定精度。在田测法中，地下水补给量、地面径流量和深层渗漏量的测定非常困难，如果没有适宜的设备和技术，这些项目的测定结果可能产生较大的误差。使用田测法时，最好的解决方法是在试验过程中通过精细的设计和安排消除这些影响。试验时选择地下水位埋深较大的田块，比如大于 5m，即可基本认为地下水补给量为 0；地面径流量一般可通过修筑较高的田埂和控制灌水量来消除；通过控制灌水量及间隔时间，深层渗漏也基本可以消除。其难以控制的情况是强度高、持续时间长的降雨，可以引起较多的地面径流和深层渗漏。出现这种情况后，应该在雨后及时补测土壤含水量或田面水层深度，并对降雨前的土壤水分消耗量做出合理的估计，使误差减少到最低限度。如果设计合理，操作精细，田测法通常亦可取得较为满意的结果。但需要注意的是，上述土壤水分平衡方程假定没有水分侧向流动，在试验过程中需要尽可能保证这一点。试验布置时，应当在小区之间保留足够的保护区，以防止由高水分区向低水分区的水分侧渗。另外在测定小区的土壤含水量时也要避免在小区边缘选取样点，以确保测定结果的代表性。

（3）微气象学方法。

1）波文比-能量平衡法。利用波文比-能量平衡法测定作物需水量或耗水量的理论基础是能量平衡原理与近地层紊流扩散理论。波文（Bowen）于 1926 年提出用一个比值，即波文比（β）反映能量平衡中大气感热和潜热通量的比例关系，经推导得到潜热通量 λET 的计算式：

$$\lambda ET = \frac{R_n - G}{1 + \beta} \tag{14.38}$$

其中

$$\beta = \gamma \frac{\Delta T}{\Delta e} \tag{14.39}$$

式中：R_n 为地表净辐射，W/m^2；G 为土壤热通量，W/m^2；λ 为水的汽化潜热，J/kg；γ 为湿度计常数；ΔT 和 Δe 分别为两个高度的温度差和水汽压差，℃ 和 hPa。

因此，根据波文比-能量平衡系统（图 14.10）测得 R_n、G、两个高度的 T 和 e 后，计算两个高度间的 ΔT 和 Δe，将其代入式（14.38）和式（14.39），便可计算出 β 和 λET。

波文比-能量平衡法具有较多的理论假设和限制条件，当气象、作物等因素及仪器精度满足不了其条件时，会产生较大的误差，因此需要对其数据进行严格的筛选，选出满足条件的数据，并对不满足条件的数据剔除，选用适当的方法进行插补。

2）涡度相关法，提供了一种直接测定植被与大气间水、CO_2、热通量的方法（图 14.11）。涡度相关是指某种物质的垂直通量，即这种物质的浓度与其垂直速度的协方差。斯威巴克（Swinbank）提出利用涡度相关系统测量温度、湿度、风速的脉动值，从而计算近地层潜热通量（可转化为 ET）和大气感热：

图 14.10　波文比-能量平衡系统
（江苏南京）

图 14.11　葡萄园涡度相关测定系统
（甘肃武威）

$$\lambda ET = \lambda \rho_a \overline{w'q'} \qquad (14.40)$$

$$H = C_p \rho_a \overline{w'T'} \qquad (14.41)$$

式中：ρ_a 为空气密度，kg/m^3；w' 为垂直风速脉动值，m/s；q' 为比湿的脉动值，g/g；$\overline{w'q'}$ 为垂直风速与比湿脉动的协方差；λET 为蒸发潜热，W/m^2；ET 为作物需水量或耗水量，$kg/(m^2 \cdot s)$；λ 为水的汽化潜热，J/kg；H 为大气感热，W/m^2；C_p 为空气的定压比热，$J/(kg \cdot K)$；T' 为虚温的脉动值，K，虚温是在气压相等的条件下，具有和湿空气相等的密度时的干空气具有的温度，是气温和空气比湿的函数；$\overline{w'T'}$ 为垂直风速与虚温脉动的协方差。

式 (14.41) 表明，只需测量垂直风速与比湿、温度脉动的协方差，便可求出相应的通量。水汽通量除以汽化潜热便得到该时段内的作物 ET。

涡度相关法的原理较为简单，但有比较严格的适用条件，要求下垫面平坦均一、大气边界层内湍流剧烈且湍流间歇期短、研究对象一般在水平均匀的大气边界层内，而且对传感器的精度要求比较高。

上述作物需水量或耗水量测定，一般是与灌溉制度试验结合，即针对一种最优的灌溉制度与农业措施的处理，测定各生育阶段及全生育期的需水量或耗水量。有时为了探求不同条件下的需水规律，则可以安排不同品种、不同灌溉制度、不同农业措施（种植密度、施肥等）的处理，并进行需水量和耗水量的测定。

2. 作物灌溉制度试验

(1) 水稻灌溉制度试验，应针对当地的具体栽培品种进行。第一影响因素是生育阶段，水稻生育期一般划分为返青、分蘖、拔节孕穗、抽穗开花、乳熟和黄熟期；第二影响因素是水层控制深度（或用土壤含水量）。水层深度可设置为深层 5～7cm、浅层 3～5cm、薄层 1～2cm，土壤含水量控制可分为重晒 60%～70%、轻晒 80%～90%、晾田 100%饱和含水量。在水稻灌溉制度中水层与土壤含水量控制构成组合形式，这样可组合成不同水平。

水稻灌溉制度试验可有两种试验方案：一是根据经验组合成几种灌溉制度方案，进行单因子对比试验；二是将生育期化为多因素，不同生育期有不同水层，组成正交或均匀试验。单因子对比试验可进行浅、深、浅灌溉，浅、干、深、浅灌溉，间歇灌溉，湿润灌溉，群众丰产经验灌溉的对比；多因子均匀试验，如果将生育阶段作为因子，每因子设置多个水平，这样就可形成多因子多水平试验。

（2）旱作物灌溉制度试验。旱作物与水稻灌溉制度影响因素基本一致，水稻主要是不同生育期控制灌水水层，而旱作物是不同生育期控制土壤含水量，灌水时间可由土壤含水量差与日需水量计算得出。旱作物灌溉制度试验，可设计单因子对比和多因子组合试验。下面以玉米灌溉制度试验为例介绍旱作物灌溉制度试验方案设计。

1）单因子对比试验。根据玉米需水特性与当地群众灌溉经验，拟定试验方案（表14.5）。通过不同方案对比试验，选择产量高、水分利用效率高的方案作为灌溉制度推荐方案。

表 14.5　　　　　　　　玉米灌溉制度单因子对比试验处理表

方案名称	灌溉措施及灌水次数	灌水量
充分灌溉	以水平衡为基础，降雨不足，即用灌水补充，视降雨时间而定	满足计划湿润层水量（层深由土层厚度与作物生长期决定）
调亏灌溉	在作物特殊生长阶段施加适度干旱胁迫，进行亏水锻炼	
水肥耦合灌溉	在关键生育时期结合施肥同时灌水 2～3 次	
关键水灌溉	灌关键水，播种、拔节、灌浆期土壤含水量不足时灌水	
群众丰产经验	按当地丰产经验灌水，看天（雨）、看地（土水）、看苗	

2）多因子组合试验。将物候期作因素，划分为苗期、拔节、抽雄、灌浆和成熟五个阶段作为因素；以土壤控制含水量做水平，如设置三个水平，各生育期土壤含水量上下限有所区别，这样就组成五因素三水平处理的组合试验。

除一般灌溉制度试验外，还可以专门进行灌水时间、作物土壤适宜含水量、土壤计划湿润层深度、作物水分生产函数等试验。

对于灌溉制度试验，除了要调查、测记试验场地和试验方法的基本情况以外，重点是要在整个试验中进行气象及田间小气候、试区土壤水分或田面水层、作物及土壤性状等几个方面的专门观测。

3. 灌水方法试验

（1）地面沟畦灌灌水技术试验。沟畦灌灌水技术试验是要根据各灌溉地区不同的地面坡度，选择确定最佳沟畦长度与单宽流量或单沟入沟流量。沟畦灌水性质是一致的，试验时灌水流量以单宽流量或者单沟入沟流量计算，比降、灌水定额等影响因素相同，试验方法基本相同，通过比较均匀系数选择确定沟畦长和单宽流量，以畦灌为例说明。

选择在当地有代表性的地面比降，对灌水畦长度和单宽流量组成二因素四水平的处理。如沟长 L：25m、50m、75m、100m；单宽流量 q：5L/(s·m)、10L/(s·m)、

15L/(s·m)、20L/(s·m)，共 16 个小区（表 14.6）。试验小区排列可随机布置，当质地均匀时也可顺序布置，各小区间应设置隔离区作为保护区，试验重复应不少于 3 次。

表 14.6 试验小区处理

单宽流量 q /[L/(s·m)]	畦长 L/m			
	25	50	75	100
5	1	2	3	4
10	5	6	7	8
15	9	10	11	12
20	13	14	15	16

注　比降 $i=0.002$；灌水定额 $600\text{m}^3/\text{hm}^2$。

在灌水前一天测定各小区土壤含水量，每区测定点数可根据土壤含水量均匀情况而定，第二天进行试验，根据条件准备好量水设备，如三角堰、水表、流量计等。然后按处理对试验各小区进行灌水，以秒表计时，试验中记录灌水量、灌水历时、各小区水流速度、停灌时水深。灌水后 36～48h，沿畦长方向每区等距测定 10 点，每点间隔 20cm 测定深至 1m 的土壤含水量值，然后计算加权平均含水量，并计算出沿畦长方向的土壤湿润均匀系数。

对于不同的土壤、比降、灌水定额，重复上述试验。分析试验结果可确定适宜的畦长和单宽流量。

（2）喷灌灌水技术试验。喷灌田间试验要测试寻找最佳的使用方法、合理的布局、灌溉效果，并测试设备的性能，为设备改进、提高及设计、生产应用提出参数。主要包括以下试验：

1）喷灌雾化指标试验。衡量雾化好坏的指标有水滴大小、水滴密度和水滴打击力，三者间的平衡关系是喷灌机设计的重要参数，也是应用中选择适宜设备的指标。试验应选择不同压力与喷嘴直径之比（H/d）处理，对不同作物进行田间考核。考核指标有：土壤容重、喷灌前后土壤密实度、对作物不同生育阶段的生态变化、叶片、花果有无损伤及比例等。测量水滴打击力的方法有两种：一是直接测量水滴质量 m 和水滴落地速度 v 两参量，其中 m 用测量水滴直径即可换算，但 v 值测量较困难，需要高速摄像设备；二是用压力传感器，根据水滴打击在地面的动能，间接换算出水滴打击力 J 值。试验必须将水滴打击力与田间环境结合，通过对不同半径点的水滴测试，才能看出不同水滴打击力对土壤和作物的影响。

2）允许喷灌强度试验。允许喷灌强度决定于两个主要因素：一是土壤质地与结构；二是水滴大小与强度。试验是测定在各种边界条件下喷灌产生积水时的强度，产生积水就是临界值，即寻找的允许喷灌强度。试验喷灌强度通过调整喷洒摇摆旋转角度大小产生，测定项目包括雨量和水滴直径。试验中将采用的回转式喷头转角调整到设计角度，分别在各雨量筒处观察地面土壤含水量变化，当测点有积水产生时，即刻计量该雨量筒的喷灌水量，同时计量历时。当所有测点都出现积水后关机停喷。

3）喷灌支管间距与喷头组合试验。不同喷灌机类型要测试研究的内容不同，如固定式喷灌和半固定式喷灌，要测试支管和喷头间距；对大型时针式机组应研究喷头射程和间距；大型平移式机组喷头相同，主要研究喷头间距；单喷头绞盘式机组研究喷洒角度和两次喷洒重叠均匀度。衡量标准都是均匀度，其值越大越好。

4）风对喷灌均匀度影响试验。进行有风条件下的喷灌试验，利用自然风速，选择不同的有风天气进行试验。试验方法有两种：一是在田间组成喷灌系统，在不同风速下进行实测，计算喷灌水量分布情况；二是对要试验的单个喷头，在风力影响下实测单个喷头的水量分布情况，然后用计算机模拟进行组合。试验处理选择有风季节，不同风速和支管间距做试验因子，各处理水平根据当地条件安排，选择同一喷灌定额（如 20mm），根据喷洒直径布置量雨筒。

5）喷灌损失水量试验。包括三种类型：第一类是水滴在空中的蒸发损失试验，测量水滴在空中蒸发损失的方法有直接测量法和间接测量法。直接测量法可通过水量平衡原理，将喷嘴出流量与落地水量和植物截留量之和相减，即可得出在空中的蒸发损失。间接测量法是一种水盐平衡法，水蒸发盐分并不蒸发，利用水中盐分不变的原理，只要检测喷头喷嘴处的含盐量，再测出落地处的含盐量，即可推导出水量在空中的损失。第二类是植物截留量试验，采用水量平衡法，有两种方法：一种方法是分别在植物冠层和覆盖下的地面上布置雨量筒，并在植物茎秆下部设置截流漏斗，观察是否产生水分沿茎秆向下流动；第二种方法是同时在喷灌区域内不同作物地，在各种作物上都放置雨量筒，测定时要多人分工同时观察作物覆盖层下面的土壤表面是否有水滴降落，当发现有可计量的水滴后，即刻封闭雨量筒，截断来水，或即刻取出进行量测，这种方法比较方便，但需要试验人员较多。第三类是植物叶片截流水分蒸发损失试验，可与空气水滴蒸发试验同时进行。在喷洒条件下，剪下已淋水的叶片，称重后放回喷灌试验环境，在遮雨条件下令其蒸发，经过 $3\sim5\text{min}$ 后再称重，前后重量差即是历时 t 内的叶片蒸发损失。

（3）微灌灌水技术试验。

1）滴灌毛管布置方式试验。不同作物滴灌的田间管网和滴头布置有很大区别，衡量滴灌田间管网布置是否合理的主要标准是能否均匀地将水送入作物根区。一般沿作物行布置毛管，毛管长度影响首尾压差，行距由作物栽培技术决定。试验处理选择支管、毛管长度、滴头布置方式做试验因子。

2）滴灌灌水定额与湿润区试验。一般由田间试验、室内土箱试验、数学模拟试验 3 种试验配合进行。田间试验一般选择灌水定额、湿润比两因素三水平处理；室内土箱试验配合田间试验为数学模拟提供参数。模拟田间布置，开展单滴头、两滴头土槽模拟试验，进行二维水动力学观测。分析不同土壤、滴头试验，获得当地主要产品在典型土壤上的设计参数，包括灌水定额和土壤湿润比。数学模拟试验通过建立各种滴灌布置条件下的土壤水分运动数学模型，模拟土壤入渗过程和湿润体形状，探究适宜的灌水定额和灌水技术参数。

3）覆膜滴灌灌水试验。试验覆膜滴灌在当地的适应性，优选覆膜形式。选择多种灌溉方式作对比试验，表 14.7 为 7 种灌溉方式的对比试验处理，以覆膜滴灌为主。试验布置随机排列，3 次重复，试验小区之间应布置保护区。

表 14.7　　　　　　　　　　　　覆膜滴灌对比试验处理表

试验处理编号	Ⅰ	Ⅱ	Ⅲ	Ⅳ	Ⅴ	Ⅵ	Ⅶ
处理内容	覆膜滴灌	覆膜集水滴灌	覆膜微喷	覆膜沟灌	地下滴灌	滴灌	沟灌
试验观测项目	试验观测项目同步、内容一致						
灌水定额	统一按作物生育期土壤适宜含水量控制灌水定额，灌水次数可不同						
农业栽培	采用同一栽培模式						

4）滴灌防堵塞试验。产生堵塞的原因主要有物理、化学、生物、负压堵塞 4 种，不同类型堵塞的试验方法不同。一是防物理堵塞试验，目的是在多种过滤器中选择适宜本地水质条件的过滤器。如试验选择两种类型不同滤料粒和滤网孔径的过滤器进行室内对比试验。试验系统连接多种滴头（本地生产中采用的各种滴头、滴灌带）。二是防化学堵塞试验，试验处理选择已经结垢滴头，在室内试验。按试验处理配制不同浓度冲洗液，试验开始低压向管网注入冲洗液，当滴头有冲洗液流出后，停止注入，同时开始计时，按试验处理停机时间，时间到点更换水源，用清水加压冲洗，冲洗时间以检测不到冲洗液为准，进行试验前后对比观测。三是根系堵塞观察与预防试验，目的是测试不同药剂对根系向水性的影响及防堵塞效果，评价及选择防堵塞方案。试验处理选择不同药物，配制不同浓度，同时对施药时机也作处理，试验采用透明盆栽，以便于观测根系变化。四是防微生物堵塞试验，微生物堵塞是滴灌堵塞中最难处理的，需要观测滴头的堵塞过程，寻找不同杀菌药物冲洗的方法。五是防负压堵塞试验，防止负压堵塞主要集中在两个方面：①如何消除回流的负压；②防止颗粒物进入滴孔。试验也在这两方面进行，消除负压措施用真空阀，原理是在灌溉首部除正常安装止回阀外，再增加真空阀，当管道中产生负压（真空）后真空阀打开，空气进入，负压被消除。试验选择不同厂家的真空阀和不同厂家的防回流滴头进行对比筛选。

除此之外，还有变压地下滴灌灌水试验、组合地下滴灌灌水洗盐试验、渗灌埋深试验、变压渗灌试验等。

14.5.3　排水试验（Drainage experiment）

排水试验是为解决生产中存在的排水问题，或进行排水新技术示范推广、渍涝盐胁迫影响机理分析等而开展的专项试验。主要包括作物耐渍涝逆境胁迫试验、排水效果试验以及排水管理试验。除此之外，还可根据当地需要解决的特殊问题，安排一些专门性的试验。

1. 作物耐涝试验

作物耐涝试验也称为耐淹试验，其目的在于测定作物各生育阶段淹水深度和淹水历时对作物生长发育的影响，建立作物淹水程度与产量（品质）的关系，为确定排涝标准和排水技术模式提供依据。

耐涝试验需要考虑淹水时段、淹水深度和淹水历时等因素。淹水时段选择在易于发生涝灾且作物产量和品质对淹水敏感的时段。如长江中下游地区一般在 6—8 月，水稻处于分蘖或拔节期，玉米处于拔节—抽雄期；北方大豆开花期和棉花蕾铃期容易出现涝灾，滩地作物则易发生在季节性涨水期。

淹水深度与试验区水文、地形和作物株高等有关，一般最少选定 4 个不同的淹水深度进行试验。对于矮秆作物和蔬菜，可按株高的 1/4、2/4、3/4、4/4 安排。对于高秆作物，可按最大可能淹水深度为上限，设置不同的淹水深度。

淹水历时与淹水深度、作物耐淹特征有关，一般选择 4 个以上不同的淹水延续时间。淹水时段、淹水深度和淹水历时的组合，要结合试验区作物、气象和水文条件进行，尽量包括所有可能出现的淹水情景。

淹水试验常采用小区和测坑试验，边界条件与大田较为接近，成果精度较高。不具备上述条件时，也可采用测筒原位淹水法进行，其装置如图 14.12（a）所示。

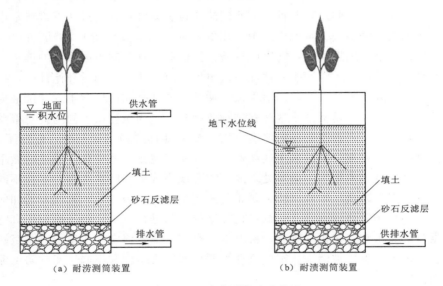

（a）耐涝测筒装置　　　　　　　　　　（b）耐渍测筒装置

图 14.12　渍涝测筒试验装置

观测项目包括受淹水直接或间接影响的环境和作物指标，与试验目的有关。常用的作物指标包括株高、茎粗、叶面积、分蘖数、干物质和经济产量、营养品质等。对于经济作物，还包括外观、加工品质指标等，如番茄的果径、硬度，叶菜类的外观品相、风味指标等。常用的环境指标包括水深、水（土）温、溶解氧浓度、电导率、pH 值、土壤氧化还原电位以及土壤肥力指标等。有条件时可观测与土壤微生物相关的指标，以利于进一步明确淹水胁迫的影响机制。

2. 作物耐渍试验

耐渍试验是为了明确渍害胁迫对作物生长发育的影响规律和机制，建立不同渍害程度与产量、品质的关系，为确定排渍设计标准及排水管理提供依据。

作物耐渍试验与耐涝试验基本相同。试验处理包括渍害发生的生育阶段、渍害程度。生育阶段的选择与当地降雨和排水条件有关，选择容易发生渍害的生育阶段，如雨季，或者受外界影响，导致地下水位升高的时段。

渍害程度包括两个因素，旱作物是地下水埋深和地下水降落速度，水田则是地下水降落速度和渗漏量。地下水降落速度以一次降雨或灌水后，地下水从设计深度降落到适宜埋深的天数计算。

针对旱作物可能发生的渍害时段，设定 3～5 个不同的地下水位控制埋深和降落速度进行组合试验。降落速度可采用匀速下降，或与大田水位下降同步。对于水田，在淹灌期间（水稻一般是分蘖期至乳熟期）设计 3～5 个渗漏量进行试验。晒田期设计 3～5 个地下水位降落速度处理，观测对分蘖和产量的影响。黄熟期根据收割机械对土壤承载力的要求，设计 3～5 个地下水位降落速度处理。

耐渍试验方法有田间试验、测坑试验和测筒试验 ［图 14.12 （b）］。田间试验成果的代表性强，但水位下降速度受排水工程条件控制，多用于地下水连续动态作为控制指标的耐渍试验。一般需结合不同的排水工程条件，如排水沟（管）的间距、深度等，以营造不同的地下水位埋深和降落速度场景。

试验应定期观测地下水位，分层测定土壤水势或含水量以及其他土壤理化指标，测量水质以及作物生育状况与产量、品质指标。

3. 排水模数试验

排水模数包括排涝模数和排渍模数。排水模数试验的目的是通过田间实测不同暴雨下试验区的产汇流过程线和径流量，计算排水区的排水模数，建立计算模型并确定模型参数。

（1）试验区选择。试验区所采用的排水模式应与设计工况相同或接近。如采用当地常用的明沟排水模式或明沟＋暗管排水模式等；试验区必须为独立封闭区，能与外水隔绝，并具有独立排水系统，有唯一出口。当有多个出口时宜封闭其他出口，或安装量水设备。在有外水入侵的山水交界处，需要设置截流沟，拦截并排除外水；排水出口处必须具备量水条件，并设置量水设备。最好能够采用量水堰或者管道量水设备量测，提高量水精度。为提高试验精度，一般选择不少于 3 个试验区同时开展试验。

（2）试验区下垫面资料调查。包括：试验区内排水沟坡度、长度；农田（水田、旱地）、道路、村庄以及坑塘、沟道的面积；作物种类及其地下水适宜埋深或地下水临界埋深等。

（3）试验观测项目。包括试验区出口处的流量（水量）及其随时间的变化过程，暴雨的雨量、雨强，排水期间的土壤蓄水量、水面蒸发量，坑塘水面降雨前后的水深，试验期间地下水位变化过程等。雨量和流量尽可能采用自记方式。采用人工记录时，流量测定频率不宜低于每小时 1 次，直至径流结束或趋于平稳。受自然气象条件影响，室外试验难以获得指定雨型的降雨，一般需要常年和多年观测。

（4）试验过程控制。排涝模数与设计排涝标准有关。暴雨产生的涝水，必须在规定的排涝时间内排除使作物不受涝害。因此排水出口和量水设施的过流能力，以及排水承泄区（河道）的排水能力，应能满足预设排水流量，否则需要进行改造。可根据附近资料估算可能的流量，在此基础上进行适当放大得到预设排水流量。

（5）资料分析。发生设计暴雨（或接近设计暴雨）时，根据降雨产流过程，将出口处的最大流量除以面积作为排涝模数。对于蓄水条件较好的平原、圩区，也可将排水量除以面积和设计排涝时间作为排涝模数。当暴雨雨量相同或相近，而出口流量（排水量）不同时，采用较大值作为排涝模数，使设计偏于安全。

当试验时段长度不足，未能捕捉到设计暴雨时，可根据历次降雨和产流资料，分析流量与降雨之间，以及与其他下垫面因素之间的关系，建立数学模型并确定模型参数。按照设计降雨，推算设计排水模数。为保证计算精度，雨量尽可能不采用外延资料。如设计暴雨为日雨量 150mm，实测降雨资料中尽可能包括高于和低于 150mm 的降雨观测结果。对具备条件者，可采用模拟降雨的方式进行补充试验。通过模拟不同雨强、雨型和下垫面条件，并对出口流量过程进行监测，为排水模数计算模型及其参数确定提供依据。

排渍模数试验可与排涝模数试验同步进行。排涝试验结束后，随着降雨结束和地下水位下降，出口处的排水流量逐渐下降并趋于稳定。当地下水位达到控制要求时，对应的排水流量除以排水面积即为排渍模数。考虑到排渍模数变化较小，对于人工监测情况，可每 6~12h 观测一次。观测延续时间不少于 3d。取其平均值作为排渍模数。

4．排水沟（管）深度与间距试验

该试验的目的在于针对当地的排水标准和自然条件，选取不同的排水沟（管）深度和间距组合，通过排水效果分析，筛选不同的组合，为田间排水工程设计提供依据。

（1）沟深和间距选择。为减少边界条件的影响，试验田块的长度应大于明沟或暗管间距的 3 倍。例如，若农沟的间距为 100m，则需要选择条田长度大于 300m 的田块进行。

考虑到土壤和地下水条件的空间变异性，以及边界条件的影响，每种组合沟道的数量不少于 3 条，便于方差分析。选择区域的土壤、地下水位、排水条件等要有代表性。

沟深和间距应结合作物耐渍（盐）能力或排渍（盐）标准，结合当地已有的经验加以确定。沟道深度一般为耐渍深度或临界深度，加上剩余水头。对综合考虑经济效益、工程投资和占地面积的试验，可在上述深度一定范围内变动，确定不同的深度水平。

排水沟间距可根据已选的沟深，在满足设计地下水位控制要求的情况下进行计算，再根据计算值进行确定。同时，明沟间距还要满足机耕要求，初选间距值 L。试验设计时，选择 $0.75L$、$1.0L$ 和 $1.5L$ 作为不同明沟间距，结合沟深，进行组合试验。

沟深影响间距。相同土质条件下，沟深越大，沟道间距越大。

暗管排水依靠田间吸水管排水。分为田间吸水管排水到末级固定沟道（一般指农沟）、排入集水管排入斗沟两种情况，集水管一般采用不透水管道。由于管道埋于地下，可不考虑占地和对田间耕作的影响。

不同土质排水沟（管）深的间距初选值 L 可参考表 14.8。

表 14.8 不同土质排水沟（管）深的间距参考值 单位：m

深度		土质		
		轻壤土、砂壤土	重壤土	黏土、重壤土
末级固定沟道	0.8~1.3	15~30	30~50	50~70
	1.3~1.5	30~50	50~70	70~100
	1.5~1.8	50~70	70~100	100~150
	1.8~2.3	70~100	100~150	—
吸水管	0.8~1.3	10~20	20~30	30~50
	1.3~1.5	20~30	30~50	50~70
	1.5~1.8	30~50	50~70	70~100
	1.8~2.3	50~70	70~100	100~150

（2）观测项目与方法。需要观测不同组合的排水、控盐效果，沟道边坡侵蚀以及作物产量等。

排水、脱盐效果需要测定距离沟道中心线不同距离的地下水位、土壤含盐量（分层）随时间的变化。各测点距沟道中心线的间距可按 3m、5m、10m、20m 等布置，距离中心线越远，间距越大。最远处布置在两沟中心。地下水位宜安装观测井进行观测，土壤含盐量可分层取土或埋设盐分传感器观测。

无降雨时，一般每 5～10d 观测一次，降雨后每天定时观测。通过分析含盐量、地下水位随时间和距离的变化，结合产量、经济效益等指标，筛选适宜的沟（管）深与间距组合。

边坡侵蚀观测主要是边坡侵蚀形式（水力侵蚀、重力侵蚀、风力侵蚀等）和侵蚀量，不同坡面防护形式的防护效果等。

排水暗管埋深与间距试验与排水明沟基本相同。观测项目主要是排水、控盐效果和作物生长情况，以及不同外包滤料的排水效果等。

5. 生态排水试验

生态排水试验的目的在于分析比较不同生态排水模式的水质净化效果及其生态环境效应，为灌排工程生态化设计提供依据。

（1）生态排水形式。常用的生态排水形式包括沟道的生态化护坡、农田控制排水、沟道排水＋湿地系统等，在保证排水效果的前提下，减少人工干预对生态系统的影响，并尽可能提高农田排水的水质。生态排水形式，应根据当地自然和经济条件进行选择。主要包括以下形式：

1）沟渠生态护坡工程形式，如采用多孔生态混凝土、三维植被网、天然材料（木桩、干砌石）等不同工程措施进行坡面生态防护的排水形式。

2）农田和沟道控制排水管理技术为主的生态排水形式，如稻田采用蓄水控灌技术、农沟采用控制排水技术，或将两者结合起来采用沟田协同控制排水，减少农田排水量和污染物负荷。

3）沟道排水＋湿地系统的生态排水形式，沟道和湿地可采用不同的水生动物、植物组合，如沟坡和沟底配置适宜的湿生和水生植物，湿地配置不同的水生植物（香蒲、芦苇等）和水生生物（草鱼、底栖动物等）。

4）生态暗沟排水形式，在石料或生物质材料丰富的地区，可在沟道中填充碎石、树枝、生物炭等，排除并净化地下水。

试验时应设置当地常用的排水形式作为对照处理，以分析生态排水形式的效果。

（2）试验观测内容。

1）不同生态排水形式和材料的坡面防护效果，包括对坡面侵蚀量和侵蚀形式的影响等。

2）生态排水形式对排水水质和水量的影响，主要包括农田排水量、排水中污染物（氮、磷、农药等）的浓度和负荷。根据研究需要，可检测排水中污染物浓度、pH 值、溶解氧、氨氮、硝态氮、重金属和持久性有机污染物、内分泌干扰物、抗生素、微塑料等新型污染物（emerging pollutants）随时间的变化等。

应在沟（管）道首段进口和末端出口处布设观测断面，便于对沟道的净化效果进行分析。根据水质指标随时间的变化，确定合理的排水时间。

3）生态排水形式对生物隔离和多样性的影响，主要观测不同生态排水形式对底栖生物、两栖生物、蛇类等小型动物种类、数量的影响；作物虫害调查等，分析不同坡面防护形式、生物通道对生物多样性的影响。

14.5.4 用水管理试验（Experiment on water utilization management）

用水管理方法的试验内容较多，一般应包括以下内容：

1. 计划用水试点

选择一条配套齐全的支渠或斗渠，实行计划用水试点工作，调查实际灌溉面积，拟定灌溉制度，按照计划水量进行配水，研究合理的水量调配制度和配水方法、渠水和塘堰水的配合利用等问题，为今后在全灌区推行计划用水提供经验。

2. 各级渠道水利用系数的测定

用流量测算渠道水利用系数时，主要是测定渠道首、尾的流量。施测时，必须尽量保持渠道流量的稳定，沿渠的分水口都要关闭。为了满足精度要求，测流的渠道应有一定的长度。当渠道流量 $Q < 1.0 \mathrm{m^3/s}$ 时，渠长不小于 $1.0 \mathrm{km}$；$Q = 1.0 \sim 10.0 \mathrm{m^3/s}$ 时，渠长不小于 $3.0 \mathrm{km}$；$Q = 10.0 \sim 30.0 \mathrm{m^3/s}$ 时，渠长不小于 $5.0 \mathrm{km}$；$Q = 30.0 \sim 100.0 \mathrm{m^3/s}$ 时，渠长不小于 $10.0 \mathrm{km}$。

3. 渠道防渗试验

研究各种防渗措施的防渗效果（实测防渗前后的渠道渗漏量）、适用条件、规格和施工方法等。

4. 田间量水、放水建筑物试验

调查研究在实践中运用较好而且比较先进的田间量水、放水建筑物，统计和分析其用料、造价、优缺点及适用条件，测定其量水公式中采用的各种参数。此外，还应研制自动化、半自动化、遥测和遥控等现代化量水、放水建筑物等。

14.6 农业用水效率测算与评估
（Measurement and evaluation of agricultural water use efficiency）

14.6.1 农业用水效率的概念（Concept of agricultural water use efficiency）

1. 农业用水效率

农业用水效率是指不同农业生产过程以及和农业农村相关的不同生产部门水资源利用效率的总称，包括农田、林草业的灌溉用水效率以及畜禽与水产养殖、乡村生活、农村工副业、人工生态补水等过程的用水效率。因为一般农业用水量的 90% 以上用于灌溉，灌溉用水效率对其影响最大。它反映了灌区工程或小型农田水利工程的完备状况以及农业水管理的技术水平，农业用水效率的测算与评估是农业水利管理的重要内容。

将水从地表或地下水源输送到田间被作物吸收利用，形成生物量及产量，主要经过三个过程，即渠系（管网）输配水过程、田间灌水过程、作物耗水与产量形成过程。这三个过程相应的用水效率分别用渠系输配水效率、田间灌水效率和作物水分生产效率表示，但我国习惯上将这三种效率分别称为渠系水利用系数、田间水利用系数和作物水分利用效率。上述前两个过程的效率在我国统称为灌区水利用系数，在国外称为灌区用水效率。如果把上述三个过程的效率统一起来则称为灌溉水生产力。

在农业用水效率评估中，灌区水利用系数、灌溉水生产力和作物水分利用效率是最重要的指标。在我国明确提出 2030 年 "碳达峰" 与 2060 年 "碳中和" 的目标下，作物碳水比也可作为用水效率评估的一个重要指标。

2. 灌区水利用系数

灌区水利用系数是进入根系层被作物吸收利用的灌溉水量和其他净用水量之和与渠（管）首引水量（或地下水抽水量）的比值。一般灌区面积越大，灌区水利用系数越小；干旱年的灌区水利用系数大，湿润年小。在当前的灌区用水管理中，通常只有灌区渠首引（提）水量及主要渠道分水量的监测数据，而进入田间的净灌水量与作物根系吸收利用的水量在一般情况下很难进行大范围监测，因此很难根据实测灌区用水资料对灌区水利用系数进行直接的定量评估。

3. 灌溉水生产力

灌溉水生产力定义为消耗单位灌溉水量所形成的作物产量，即作物产量与灌溉用水量之比值，应用中通常有农田、渠系和灌区等不同尺度的灌溉水生产力，一般农田尺度的灌溉水生产力大于灌区尺度的。通过对灌区渠首总引水量、灌溉用水量及总产量的观测，可以计算得到灌区平均的灌溉水生产力，但不能反映在区域分布上的差异。所以，一般采用试验监测获得样点的灌溉水生产力，再采用地统计学方法插值获得灌溉水生产力的空间分布，也可根据区域遥感数据和模型模拟其空间分布。

4. 作物水分利用效率

作物水分利用效率是指单位耗水量形成的作物产量，有时也称为作物水分生产力。与灌溉水生产力类似，可通过田间试验测定作物耗水量和产量而求得，但一般很难在区域范围内进行作物耗水量和产量的试验观测；利用模型模拟可以得到农田或区域尺度的作物水分利用效率，但往往需要详细的土壤、作物、用水等资料作为模型输入，靠传统的监测及统计方法也难以准确获得。

5. 作物碳水比

作物碳水比是指作物碳同化或初级生产力与水分消耗的比率，也可以称为水的固碳效率。在干旱地区，灌区内部还包含有大面积的防护林带和天然生态植被，所以在作物水分利用效率的基础上，利用碳水比，更能反映耗水与作物或植被固碳与初级生产力形成的过程，更加符合 "双碳" 目标的要求。

根据上述农业用水效率的概念，除了目前已有的灌区渠首引水量监测数据外，还需要试验测定与定量计算灌区作物需（耗）水量、作物分布、初级生产力、生物量及其产量，才能对灌区水利用系数、灌溉水生产力、作物水分利用效率或碳水比进行准确评估。传统的试验、调查统计方法不仅耗时费力，而且难以准确并及时获得作物种植面积、耗水量、初级生产力、生物量与产量的空间分布。近年来，遥感信息与分布式模型越来越广泛应用于农业水利领域，以遥感信息为基础的区域作物耗水量模型、作物空间分布识别、初级生产力与生物量及估产模型不断发展，为区域尺度灌区水利用系数、灌溉水生产力、作物水分利用效率与碳水比的定量评估提供了有效的工具。

14.6.2 农业用水效率评估（Assessment of agricultural water use efficiency）

1. 灌区水利用系数评估

（1）首尾测算法。如第9章所述，在测定了灌区供水各环节水利用系数后，灌区水利用系数等于各级固定渠道水利用系数之积，但完全测定灌区供水各环节水利用系数的工作量及投入很大。在灌区实际管理中，有时并不关心供水各环节的水利用系数，只需评估灌区水利用系数，此时可采用首尾测算法计算，即

$$\eta_{水} = \frac{\sum_{i=1}^{n} A_i M_{净i} + W_{YZ} + W_{SH} + W_{GF} + W_{ST\text{-}RG}}{W_{引}} \tag{14.42}$$

式中：$\eta_{水}$ 为灌区水利用系数；$W_{引}$ 为灌区渠（管）首的总引水量，m^3；i 为灌区种植作物的序号；$M_{净i}$ 为第 i 种作物的净灌溉定额，m^3/hm^2；A_i 为第 i 种作物的灌溉面积，hm^2；n 为灌区内种植的作物种类数量；W_{YZ} 为养殖业净用水量，m^3；W_{SH} 为生活净用水量，m^3；W_{GF} 为工副业净需水量，m^3；$W_{ST\text{-}RG}$ 为人工补给生态净用水量，m^3。

测定灌区渠（管）首的引水量和尾端的净灌溉用水量与其他净用水量，就可用式（14.42）直接计算灌区水利用系数，因此称之为首尾测算法。首尾测算法避开了灌区各环节水利用系数测定的困难，极大地减少了测定工作量。

该方法计算简单，但很难获得灌区水利用系数的空间分布特征，因而在应用中受到一定限制。

【例 14.6】 某灌区从水库引水，灌溉面积为 2.4 万 hm^2，种植小麦、夏玉米等作物。某年该灌区从水库引入渠首的总水量为 14500 万 m^3。该年灌区各种作物种植面积和灌溉定额见表 14.9。试利用首尾测算法计算本年度的灌区水利用系数。

表 14.9　　　　　　　　　某年灌区各种作物种植面积和灌溉定额表

序号	作物名称	种植面积 /万 hm^2	净灌溉定额 /(m^3/hm^2)	养殖业净用水量 /万 m^3	乡村生活净用水量 /万 m^3	工副业净用水量 /万 m^3	人工补给生态净用水量 /万 m^3
1	冬小麦	1.35	2700				
2	夏玉米	1.25	1800	600	500	700	400
3	其他果蔬、杂粮	0.60	1350				

【解】 步骤1：由表14.9数据计算各种作物的净灌溉用水量：

冬小麦净灌溉用水量：

$$W_1 = 1.35 \times 2700 = 3645（万~m^3）$$

夏玉米净灌溉用水量：

$$W_2 = 1.25 \times 1800 = 2250（万~m^3）$$

其他果蔬和杂粮净灌溉用水量：

$$W_3 = 0.60 \times 1350 = 810 (万 \ m^3)$$

步骤 2：计算灌区总净灌溉用水量：

$$W_{灌溉} = W_1 + W_2 + W_3 = 3645 + 2250 + 810 = 6705 (万 \ m^3)$$

步骤 3：计算灌区总净用水量：

$$W_{总净} = W_{灌溉} + W_{YZ} + W_{SH} + W_{GF} + W_{ST\text{-}RG}$$

$$= 6705 + 600 + 500 + 700 + 400 = 8905 (万 \ m^3)$$

步骤 4：根据该年度灌区总引水量，由式（14.48）计算灌区灌溉水利用系数：

$$\eta_水 = 8905/14500 = 0.614$$

【答】 该年度的灌区水利用系数为 0.614。

（2）遥感方法。评估灌区水利用系数，除了目前已有的灌区渠（管）首引水量和其他净用水量监测数据之外，还需要定量估算净灌溉用水量。传统的试验、调查统计方法不仅耗时费力，而且难以准确并及时获得作物种植面积及生长期内耗水量的空间分布。以遥感信息为基础的区域耗水模型、作物分布识别模型不断发展，为灌区水利用系数定量评估及其空间分布规律分析奠定了基础。

以灌区内灌溉作物生育期内总耗水量与有效降水量之差（$ET_c - P_e$）近似表示净灌溉用水量，于是有

$$\eta_水 = \frac{(ET_c - P_e) + W_{YZ} + W_{SH} + W_{GF} + W_{ST\text{-}RG}}{W_引} \tag{14.43}$$

式中：符号意义同前。

利用遥感作物耗水模型可较准确地反演作物耗水量（具体方法参见第 4 章 4.2.4 节），从而可以较为客观准确地估算灌区水利用系数。表 14.10 为利用遥感方法对某引黄灌区水利用系数的评估结果，其中各年引黄水量［第（2）栏］和其他净用水量［第（6）栏］采用相关水资源公报中提供的数据，有效降水量采用中国气象数据网提供的日降水量数据集计算［第（3）栏］，灌溉地耗水量采用遥感模型计算［第（4）栏］，灌区净灌溉用水量［第（5）栏］等于各年灌溉地耗水量［第（4）栏］减去灌溉地有效降水量［第（3）栏］，灌区总净用水量［第（7）栏］等于各年灌区净灌溉用水量［第（5）栏］加上其他净用水量［第（6）栏］，灌区水利用系数［第（8）栏］等于各年灌区总净用水量［第（7）栏］除以实际引黄水量［第（2）栏］。从表 14.10 中可以看出，该灌区 10 年的平均水利用系数为 0.508，最大值为 0.635，最小值为 0.424，分别对应的是降水量最小的 2011 年和降水量最大的 2012 年。总体上看，降水多的年份，$\eta_水$ 较小；降水量少的年份，$\eta_水$ 较高。

表 14.10　　　　　　　　　　　某引黄灌区水利用系数评估结果

年份	灌区实际引黄水量[1] $W_引$/亿 m^3	灌溉地有效降水量 P_e/亿 m^3	灌溉地耗水量 ET_c /亿 m^3	灌区净灌溉用水量 $ET_c - P_e$ /亿 m^3	灌区其他净用水量[2] $W_{其他}$ /亿 m^3	灌区总净用水量 $W_{总用}$ /亿 m^3	灌区水利用系数 $\eta_水$
(1)	(2)	(3)	(4)	(5)	(6)	(7)	(8)
2003	41.01	8.10	29.61	21.51	1.47	22.98	0.560
2004	45.31	7.93	29.31	21.38	0.91	22.29	0.492

年份	灌区实际引黄水量[①] $W_引$/亿 m³	灌溉地有效降水量 P_e/亿 m³	灌溉地耗水量 ET_c/亿 m³	灌区净灌溉用水量 ET_c-P_e/亿 m³	灌区其他净用水量[②] $W_{其他}$/亿 m³	灌区总净用水量 $W_{总用}$/亿 m³	灌区水利用系数 $\eta_水$
(1)	(2)	(3)	(4)	(5)	(6)	(7)	(8)
2005	48.34	3.55	28.44	24.89	1.13	26.02	0.538
2006	48.79	6.87	28.38	21.51	1.06	22.57	0.463
2007	48.11	6.98	29.59	22.61	1.75	24.36	0.506
2008	44.66	9.19	28.57	19.38	1.23	20.61	0.462
2009	52.49	3.98	29.25	25.27	1.04	26.31	0.501
2010	48.40	6.37	30.32	23.95	1.07	25.02	0.517
2011	45.38	2.19	29.46	27.27	1.56	28.83	0.635
2012	49.71	9.73	29.46	19.53	1.56	21.09	0.424
最大值	52.49	9.73	30.32	27.27	1.75	28.83	0.635
最小值	41.01	2.19	28.38	19.38	0.91	21.09	0.424
均值	47.22	6.49	29.22	22.73	1.28	24.01	0.508

① 表示实际引水量为渠首引水量减去泄入黄河的引水量。

② 表示其他净用水量（$W_{其他}$），包括养殖业（$W_{养殖}$）、乡镇生活（W_{SH}）、工副业（W_{GF}）和人工补给生态（W_{ST-RG}）的净用水量。

2. 灌溉水生产力评估

灌溉水生产力通常表示为单位灌溉用水量形成的作物产量，对于灌区尺度是指灌区作物总产量与渠首用于灌溉的总引水量之比，农田尺度则是作物单产与单位面积的灌溉用水量（灌溉定额）之比，即

$$IWP_{灌区} = \frac{\sum_{i=1}^{n} y_i A_i}{W_引 - (W_{YZ} + W_{SH} + W_{GF} + W_{ST-RG})} \tag{14.44}$$

$$IWP_{农田} = y_i / M_{净i} \tag{14.45}$$

式中：$IWP_{灌区}$ 和 $IWP_{农田}$ 分别为灌区尺度和农田尺度的灌溉水生产力，kg/m³；y_i 为灌区第 i 种作物的单产，kg/hm²；A_i 为第 i 种作物的灌溉面积，hm²；$M_{净i}$ 为第 i 种作物的净灌溉定额，m³/hm²；其余符号意义同前。

除了利用式（14.44）计算灌区平均灌溉水生产力外，还可以利用实测样点数据或分县统计数据，利用式（14.45）计算样点或县域灌溉水生产力，然后采用地统计学插值方法，或者利用遥感产量、作物种植面积和净灌溉用水量分布获得灌溉水生产力的空间分布。图 14.13 为西北干旱区某地根据收集的各县（市、区）主要粮食作物产量和灌溉用水量数据，分析的粮食作物灌溉水生产力的年际变化。1981—2015 年该地区粮食作物产量逐年增加，而单位面积灌溉用水量逐年减少，因此灌溉水生产力逐年增大。

3. 作物水分利用效率评估

作物水分利用效率（WUE）可按灌区尺度和农田尺度分别计算：

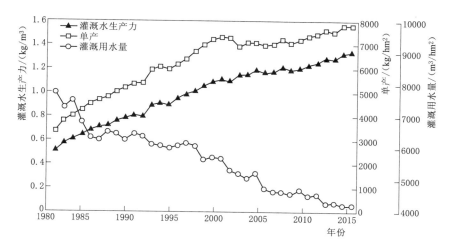

图 14.13　西北干旱区某地粮食作物灌溉水生产力年际变化

$$WUE_{灌区} = \frac{\sum\limits_{i=1}^{n} y_i A_i}{\sum\limits_{i=1}^{n} ET_i A_i} \qquad (14.46)$$

$$WUE_{农田i} = y_i / ET_i \qquad (14.47)$$

式中：$WUE_{灌区}$、$WUE_{农田i}$ 分别为灌区和农田尺度的作物水分利用效率，kg/m³；y_i 为灌区第 i 种作物的单产，kg/hm²；A_i 为第 i 种作物的灌溉面积，hm²；ET_i 为第 i 种作物的耗水量，m³/hm²；n 为灌区种植的作物种类数量。

除了利用式（14.46）计算灌区平均作物水分利用效率外，还可以利用实测样点数据或分县统计数据，利用式（14.47）计算样点或县域作物水分利用效率，然后采用地统计学插值方法，或者利用遥感产量、作物种植面积和耗水量分布获得作物水分利用效率的空间分布。

4. 作物碳水比评估

作物碳水比（Carbon-to-water ratio，CWR）定义为碳同化或初级生产力与耗水的比率，即

$$CWR = GPP / ET \qquad (14.48)$$

式中：CWR 为作物碳水比，gC/kgH_2O；GPP 为作物总初级生产力，gC/m^2，可采用 2.3.3 节的方法计算；ET 为作物耗水量，kgH_2O/m^2。

碳水比的空间分布可以通过 GPP 和 ET 遥感产品获得，也可以利用分布式水碳模型模拟得到。例如，通过构建西北某流域分布式水碳耦合模型 SWAT-TECO，在涡度相关监测的水碳通量对模型校准的基础上，模拟的该流域上中游碳水比的时空分布格局，如图 14.14 与图 14.15 所示。该区域碳水比表现为明显的阶段变化，2000 年前后的碳水比均值分别为 $1.040gC/kgH_2O$ 和 $1.067gC/kgH_2O$，表明在 2000 年后实施生态调水与流域综合治理后，碳水比有了一定程度的提升。2000 年前后碳水比空间分布差异则不显著，整体上均表现为西南至东北方向递增规律，其中低值区分布在上游高海拔区，高值区分布在中

低海拔区，这主要是由于中游平原区更高的积温和更为便利的灌溉条件，使得其碳固持能力更大。

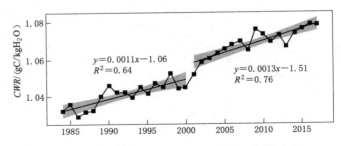

图 14.14　西北某流域碳水比（CWR）年际变化

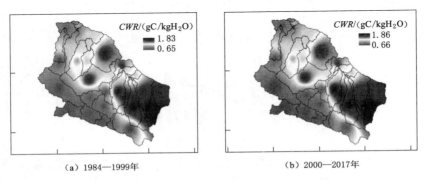

（a）1984—1999年　　　　　　　　（b）2000—2017年

图 14.15　西北某流域中上游不同时间段的碳水比（CWR）空间分布

14.7　农业水利管理体制与农业水价
（Agricultural water conservancy management system and agricultural water price）

14.7.1　农业水利管理体制（Agricultural water conservancy management system）

1. 灌区管理体制

我国灌区实行"条块结合、分级管理、专群结合"的管理体制，并通过民主管理整合灌区不同的管理主体、受益单位和个人参与灌区管理。

"条块结合"指灌区和行政机构间的行政管理关系。其中，"条"指灌区接受水行政主管部门的业务指导。水利部是中央一级的水行政主管部门，主要负责农业灌溉的行业指导以及宏观管理。市、地区水利局或县水利局负责大多数灌溉工程的管理，受益范围跨两个市以上的大型灌溉工程直接由省水利厅管理。"块"指灌区接受政府的行政领导。我国灌区一般实行以地方政府行政管理为主、水行政主管部门行业指导为辅的双重领导体制。例如，受益范围在一个县的灌区管理机构属于县级政府的下属机构，接受县政府管理，该管理属于"块"类管理；同时，该灌区管理机构接受县级水行政主管部门的业务指导，该管理属于"条"类管理。

"分级管理"指根据灌区的受益范围，按行政区域确定灌区的行业管理部门。受益范围在一个行政区域内的灌区由该行政区水行政主管部门负责行业管理。受益范围跨两个以上行政区的灌区，由上一级行政区水行政主管部门负责行业管理。

"专群结合"是由专业管理机构管理骨干工程，由群管组织管理末级渠系和田间工程的灌区内部管理关系。其中，"专管"指灌区按灌域或水系组建专业管理机构进行管理。灌区专业管理机构（灌区管理局、处、所等）接受灌区管理委员会的指导，是事业法人单位，负责灌区日常运行管理和维护。灌区的专业管理机构在灌区管理工作中起着关键作用。"群管"指由农户或非专业人员组成的群众管理组织对灌溉设施进行管理。这类组织由段长、斗长（管水员）和技术员、巡渠养护专业队、浇地队（放水员）等组成，采取与当地农业生产责任制相适应的形式。我国绝大多数灌区都采用不同程度的"专群结合"方式，一般以支渠为"专群结合"分界点，支渠以上工程为专管部分，支渠以下工程为群管部分。

灌区民主管理的组织机构是灌区代表大会及灌区管理委员会。灌区经过民主协商选举代表，成立灌区代表大会。代表中一般包括用水户代表、管理单位代表、地方政府代表和有关部门的代表。代表大会定期召开，平时由灌区管理委员会开展工作。灌区管理委员会由政府或水行政主管部门负责组建。

灌区管理委员会由用水户代表、受益地区地方政府、灌区资产所有者、水行政主管部门、灌区专业管理机构法人代表和熟悉灌区管理的专家等方面人员组成，其职责是审定灌区管理制度，审议专业管理机构工作报告及供水方案，研究灌区发展、改革、建设、管理中的重大问题，协调灌区内外工作关系和用水矛盾，监督灌区专业管理机构工作。灌区管理委员会不定期召开会议，每年至少召开一次。

2. 小型农田水利工程管理体制

小型农田水利工程面广量大，对保障农村水安全和农业生产发挥着重要作用，但管理难度大。在我国农村实行家庭联产承包责任制前，耕地和小型农田水利工程归公社或生产大队集体所有，由集体进行管理，管理效果较好。农村实行家庭联产承包责任制后，耕地分配到农户，小型农田水利工程难以分割，依然归集体所有，由集体进行管理。由此造成小型农田水利工程的所有主体和使用主体不一致，农民缺乏投资和管理农田水利工程的积极性。为此，我国开展了小型农田水利工程改革，按"谁受益、谁负担，谁投资、谁所有"的原则明晰工程所有权，并引入市场机制采取灵活多样的管理形式。目前，小型农田水利工程的管理形式有：用水合作组织经营管理、用水合作组织聘用"能人"经营管理、承包、租赁、拍卖经营管理权等。

承包管理指小型农田水利工程的所有者与承包者间订立承包经营合同，将工程的"经营管理权"全部或部分在一定期限内交给承包者，由承包者对工程进行经营管理，并承担经营风险及获取收益的行为。承包者的报酬来自水费收入或服务费收入等。

租赁管理是指在约定的期间内，小型农田水利工程的所有者将工程使用权转让给承租人并获取租金，由承租人负责工程的经营管理并自负盈亏的管理方式。租赁适用于经营效益较好的小型农田水利工程，如小水库、塘坝等。

拍卖是在规定的时间与场所，按照一定的章程和规则，将小型农田水利工程的经营权向买主展示，公开叫价竞购，最后由拍卖人把经营权卖给出价最高的买主的一种交易方式。竞拍成功的买主与工程所有者签订承包经营合同，对工程进行承包经营管理。拍卖只适用于盈利性强的工程。在拍卖型管理合同中，需要对水价、工程的公益性任务做出约定以保障小型农田水利工程的公益性功能。

3. 农民用水合作组织

（1）参与式灌溉管理。我国农民群众管水组织如村级管水小组、支渠委员会等承担着大量工程维护与灌水服务等工作。但由于群管组织没有法人地位，其管理受到村级行政机构的影响较大，容易产生搭车收费、水费截留或挪用等问题。虽然有些灌区设有灌区代表大会，章程规定是灌区的最高决策和权力组织，但多数未真正充分发挥作用。灌区管理机构仅仅把农民视作供水对象，用水户利益与灌区经营状况关系不紧密，用水户对灌区的管理、经营、建设等事务漠不关心。为此，20 世纪 90 年代中期以来，各地积极探索实行参与式灌溉管理（participatory irrigation management，PIM），即在政府的宏观调控和扶持下，让用水户以"主人"身份参与灌区建设与管理的部分或全部事务，并充分考虑灌区的特殊要求经营管理灌区，使灌区良性运行。用水户参与管理主要采取"灌区管理单位＋用水户协会＋用水户"的方式，即由用水户选举代表组成用水户协会，作为具有法人地位的服务实体，对协会所有的田间工程设施或受委托经营管理的资产进行自主经营管理，并参与灌区其他部分的管理。

（2）农民用水合作组织。它是参与式灌溉管理模式与我国农村实际相结合的结果，是非营利的农民互助合作、自我服务的农村专业合作组织，由农户、新型农业经营主体等各类农村水利服务的提供者、利用者按照自愿参加、民主管理、合作互助的原则组建。一般按渠系组建，实行独立的财务核算，通过民主选举负责人，建立规章和制度进行民主管理。涉及水费计收、渠系改造、用水户投工等重大事项，需要征求全体用水户意见或召开用水户代表会议，按少数服从多数（2/3 以上同意）原则通过有关决议，并组织实施。农民用水合作组织的主要职责有：参与农田水利工程建设、组织用水户管理、维护农田灌溉工程设施；向灌区专业管理机构申请购水，组织用水户公平、有序、高效灌水；向用水户收取水费并按合同向灌区专业管理机构缴付水费；为农业种植、养殖业提供灌溉排水、抗旱排涝等涉农用水服务等。

14.7.2 农业水价（Agricultural water price）

1. 农业水价的构成

一般包括水利工程水费、机电排灌水费、末级渠系维护费和水资源费等四项。其中的水资源费，不少地方政府为了减轻农民负担，暂免征收。因此，一般农业生产用水收费项目为前三项。

（1）水利工程水费。2002 年 10 月实施的《中华人民共和国水法》明确规定：使用水工程供应的水，应当按照国家规定向供水单位缴纳水费。供水管理单位为了向灌溉用户提供用水，建设拦、蓄、引、提等水利工程设施，并对其进行运行、养护、维修与更新改造，这期间产生的建设和运维费用，应按照相关规定通过水利工程有偿供水来补偿。

（2）机电排灌水费。在非自流灌区和半自流灌区，因提水灌溉而产生的费用，主要包括工资及附加费、油料及电力费、基本折旧费、大修理费、维修费和管理费等，一般由各地物价、水利部门联合制定实施细则和具体标准，同时报有关部门备查。

（3）末级渠系维护费，主要用于补偿乡镇及以下供水渠系维护管理的合理成本。

2. 农业水价计费方式与计费标准

计费方式有计量（按方）收费和按面积收费的方式。在装置有计量设备的渠（管）系，其控制面积可实行计量收费，在还没有安装计量设施的灌溉面积，则采取按亩收费的方式。对一些小型提水灌区，还可采用以电折水的方式（率定每度电可提水量，将电费换算成水量）收费。关于计费标准，1985 年国务院发布了《水利工程水费核定、计收和管理办法》；2007 年水利部以水财经〔2007〕470 号文印发了《水利工程供水价格核算规范（试行）》，作为水利工程水费计收与核定的政策依据。

我国目前农业水费推行的水价由供水生产成本、费用、利润和税金构成。依据水利工程供水实行分类定价的原则，农业用水价格按补偿供水生产成本、费用的原则核定，不计利润和税金。因此，农业水价主要由供水生产成本、供水生产费用两部分组成。

（1）供水生产成本，是指正常供水生产过程中发生的直接工资、直接材料费、其他直接支出以及制造费用，即

$$供水生产成本＝直接工资＋直接材料费＋其他直接支出＋制造费用 \tag{14.49}$$

式中：直接工资为直接从事生产运行人员和经营人员的工资、奖金、津贴、补贴，以及社会保障支出等；直接材料费为生产运行和经营过程中消耗的原材料、原水、辅助材料、备品备件、燃料、动力等；其他直接支出为直接从事生产运行人员和经营人员的职工福利费以及供水工程实际发生的工程观测费、临时设施费等；制造费用包括折旧费、维护费、水资源费、保险费、办公费以及供水经营者所属生产经营、服务部门的管理人员工资、职工福利费等。

（2）供水生产费用，是指为组织和管理供水生产经营而发生的合理销售费用、管理费用和财务费用，统称期间费用，即

$$供水生产费用＝销售费用＋管理费用＋财务费用 \tag{14.50}$$

式中：销售费用为供水经营者在供水销售过程中发生的各项费用；管理费用为供水经营者的管理部门为组织和管理供水生产经营活动所发生的各项费用；财务费用为供水经营者为筹集资金而发生的费用，包括供水经营者在生产经营期间发生的利息净支出、汇兑净损失、金融机构手续费以及筹资发生的其他财务费用。

思 考 与 练 习 题

1. 加强农业水利管理有何重要意义？具体包括哪些内容？

2. 灌区用水计划的内容是什么？配水水量、配水流量和配水时间如何计算？

3. 如何确定水源供水流量和渠首可能引取的流量？

4. 简述排水管理的要点。

5. 小型农田水利工程管理的主要任务是什么？

6. 农业量水装置的主要类型有哪些？

7. 灌区生态环境管理有何意义？具体包括什么内容？

8. 灌溉排水可能会造成哪些生态环境影响？

9. 灌溉排水试验包括哪些内容？选择试验场地应注意什么问题？

10. 作物需水量或耗水量的测定方法有哪些？各有什么优缺点？

11. 排水试验中，影响测坑和测筒试验的非设计因素有哪些？如何降低这些因素的影响？

12. 渍涝胁迫对作物的影响机制基本相同，在试验中如何将二者结合起来进行？

13. 试述农业水效率评价的概念和内容。

14. 什么是灌区水利用系数测算的首尾方法？在具体应用中需要注意什么问题？

15. 灌区管理体制改革的目的是什么？

16. 简述我国灌区的管理体制，农民用水合作组织的概念和作用。

17. 农业水价构成包括哪几部分？如何确定农业水价计费标准？

18. 我国目前农业水费推行的主要计价形式有哪些？各有什么特点？

19. 某水库灌区总灌溉面积为 $10000hm^2$，共有 4 条支渠，采用续灌配水方式。各支渠控制面积分别为一支渠 $3000hm^2$、二支渠 $2000hm^2$、三支渠 $2600hm^2$、四支渠 $2400hm^2$。某次灌水渠首引水流量为 $9.0m^3/s$，若不考虑水量损失，试按灌溉面积比例计算各支渠的配水流量为多少？

20. 已知巴歇尔量水槽的喉道宽度 W 为 $1.0m$，测得上游水深 h_1 为 $0.64m$，下游水深 h_2 为 $0.40m$。试求过槽流量是多少？

21. 某引水灌区灌溉面积为 0.9 万 hm^2，主要种植冬小麦、玉米、果蔬及谷子等旱作物，各种作物种植面积和净灌溉定额见表 14.11。某年从渠首引入的总水量为 6000 万 m^3。试计算灌区综合净灌溉定额，并利用首尾测算法计算该年度的灌区水利用系数。

表 14.11　　　　　　　　某年灌区各种作物种植面积和净灌溉定额表

序号	作物名称	种植面积/万 hm^2	净灌溉定额/(m^3/hm^2)
1	冬小麦	0.45	3000
2	夏玉米	0.45	1800
3	果蔬	0.20	1650
4	谷子等杂粮	0.20	1350

推 荐 读 物

[1] Hoffman G J, Howell T A, Solomon K H (Eds). Management of Farm Irrigation Systems [M]. ASAE, 1990.

[2] 段爱旺，肖俊夫，宋毅夫. 灌溉试验研究方法 [M]. 北京：中国农业科学技术出版社，2015.

[3] 水利部农村水利司. 灌溉管理手册 [M]. 北京：水利电力出版社，1994.

[4] 马兰努，鲍·胡夫根. 灌溉排水系统管理 [M]. 张俊峰，苗长运，张厚玉，译. 郑州：黄河水利出版社，2005.

[5] 尚松浩，于兵，蒋磊，等. 农业用水效率遥感评价方法 [M]. 北京：科学出版社，2021.

[6] 贾宏伟，郑世宗. 灌溉水利用效率的理论、方法与应用 [M]. 北京：中国水利水电出版社，2013.

数 字 资 源

14.1 中国农业大学石羊河实验站

14.2 葡萄园水碳通量的涡度相关观测试验

14.3 作物需水量和水热盐综合观测试验系统

14.4 一种 U 形渠道流量智能测控装置

14.5 灌区量测水技术

14.6 农业用水效率测算与评估微课

14.7 渠道量水技术微课

14.8 云南元谋农业水利管理体制改革

参 考 文 献

［1］ 郭元裕. 农田水利学［M］. 3 版. 北京：中国水利水电出版社，1997.

［2］ 蔡焕杰，胡笑涛. 灌溉排水工程学［M］. 3 版. 北京：中国农业出版社，2020.

［3］ 中华人民共和国水利部. 灌溉与排水工程技术管理规程：SL/T 246—2019［S］. 北京：中国水利水电出版社，2019.

［4］ 中华人民共和国水利部. 灌溉试验规范：SL 13—2015［S］. 北京：中国水利水电出版社，2015.

［5］ 中华人民共和国水利部. 农田排水试验规范：SL 109—2015［S］. 北京：中国水利水电出版社，2015.

［6］ 刘小勇，王冠军，王健宇，等. 小型农田水利工程产权制度改革研究：进展情况及问题诊断［J］. 中国水利，2015（2）：11－13，16.

［7］ 张彦，李平，梁志杰，等. 灌区水生态环境风险评估研究进展［J］. 水资源保护，2021，37（5）：159－168.

［8］ 彭尔瑞，王春彦，尹亚敏. 农村水利建设与管理［M］. 北京：中国水利水电出版社，2016.

［9］ 郭相平，张展羽，殷国玺. 稻田控制排水对减少氮磷损失的影响［J］. 上海交通大学学报（农业科学版），2006（3）：307－310.

［10］ 罗纨，贾忠华，方树星，等. 灌区稻田控制排水对排水量及盐分影响的试验研究［J］. 水利学报，2006（5）：608－612，618.

［11］ 张义强，刘慧忠，付国义. 灌区量水实用手册［M］. 北京：中国水利水电出版社，2016.

［12］ 吕宏兴，朱凤书，马孝义，等. U 形渠道平底抛物线形无喉段量水槽流量公式的改进［J］. 灌溉排水，1999，18（3）：30－34.

［13］ 朱凤书，王智. 灌溉渠系量水技术［J］. 山西水利科技，1996（3）：92－94.

［14］ 谢崇宝. 大中型灌区高效用水全程量测控技术模式构建［J］. 中国水利，2021（17）：18－23.

［15］ 高军，谈晓珊，周亚平，等. 测控一体化闸门在灌区的研究与应用［J］. 中国农村水利水电，2020（9）：45－48.

［16］ 尚松浩，于兵，蒋磊，等. 农业用水效率遥感评价方法［M］. 北京：科学出版社，2021.

［17］ 贾宏伟，郑世宗. 灌溉水利用效率的理论、方法与应用［M］. 北京：中国水利水电出版社，2013.

［18］ 邹民忠. 黑河流域农区灌溉用水风险及水生产力提升研究［D］. 北京：中国农业大学，2021.

第 15 章
农业水利现代化与智慧灌区

　　农业水利现代化是实现水利现代化和农业现代化的前提和基础。农业水利现代化是一个不断发展的概念，在不同时期，由于科技发展和社会进步，其内涵也会发生一定变化。当前农业水利现代化一般指遵循人与自然和谐相处的原则，运用现代先进的科学技术和管理手段，以粮食安全、水安全和生态环境安全为目标，以优化配置与调控水资源为中心，充分发挥水资源多功能性，不断提高农业用水效率和效益，改善生态环境，实现水资源可持续利用，保障经济社会可持续发展。灌区是农业水利最重要的载体，智慧灌区是农业水利现代化的重要组成部分，通过融合大数据和人工智能等现代信息技术，实现灌区数字孪生、智慧预警、智慧调度/调控及智慧决策。

15.1　农业水利现代化的主要特征与任务
(Main characteristics and tasks of agricultural water conservancy modernization)

15.1.1　农业水利现代化的主要特征 (Main characteristics of agricultural water conservancy modernization)

　　农业水利现代化是水利现代化的重要内容，相关学者结合国内外水利现代化实践，归纳了农业水利现代化应具备的主要特征。

　　(1) 全面性。农业水利现代化水平主要是由其生产力决定的，生产力的基本要素包括劳动者、劳动资料和劳动对象，此外科学技术和管理也是生产力的重要组成部分。农业水利现代化应包括以下几个方面的内容：①具有高素质的农业水利工作者，主要表现在生产经验、劳动技能和科学知识等方面；②采用先进的农业水利建设和管理设备与设施，建成比较完善的水利基础设施体系；③农业水利的范围不断扩大，把非常规水资源纳入水资源配置与利用体系；④具有先进的水利科学技术；⑤具有完善的农业水利管理体制、机制和制度。

　　(2) 先进性。农业水利现代化就是要从根本上改造传统农业水利。随着经济社会快速发展以及全球气候变化等不利因素的影响，水资源短缺已成为全世界普遍面临的共同问题。只有不断保持农业水利的先进性，才能保障经济社会的可持续发展。

　　(3) 阶段性。农业水利发展与经济社会发展关系密切，不同经济社会发展阶段对农业水利的要求不同，代表当时先进水平的农业水利现代化内容也不同。

　　(4) 差异性。农业水利现代化不能从某一方面、角度、层次加以把握，应从共性和个性、一般性和特殊性两方面加以考虑。一方面，农业水利现代化要以国际水平为标准，要达到世界公认的现代一般的先进水平；另一方面，农业水利现代化的具体实现形式又是多种多样的，在不同的国家会依各自具体国情而有着不同的实现形式，即使在同一个国家，由于资源禀赋、经济社会发展水平等的差异，农业水利现代化的具体内容也会有所不同。

农业水利现代化是一个内容广泛、内涵丰富的概念，并且是一个动态的概念，它的内容和内涵处在不断发展的过程之中。一个国家、地区要推进农业水利现代化进程，必须依据区域社会经济发展水平，特别是水利发展现状，做出符合实际的决策。

15.1.2 农业水利现代化的主要任务（Main tasks of agricultural water conservancy modernization）

农业水利现代化是一个逐步发展、不断成熟、全面实现的过程，其目标是充分利用水资源的多功能性，提高水资源利用效率和效益，改善生态环境。农业水利现代化建设的主要内容是构建防灾抗灾有力、农村饮水安全、灌排设施完善、灌溉用水高效、生态环境健康、管理运行高效的农业水利工程与管理体系。

（1）防灾抗灾有力。建成完善的农业农村防洪、除涝体系，防洪工程达到规定的设计防洪标准，经济集中区域防洪标准可适当提高；具有完善的减灾调度决策与应急响应系统，提高抗御洪涝灾害能力。

（2）农村饮水安全。不断提高农村居民用水质量，不仅是广大农村居民的强烈愿望，也是建设美丽宜居乡村、实现乡村振兴的基本要求，更是增加农民"隐性财富"收入的有效手段。建成完善的乡村供水网络，推进城乡供水一体化，实现城乡居民"同网、同质、同价、同服务"，供水水量和水质满足正常生活需求。

（3）灌排设施完善。农业水利工程是农业生产的重要物质基础，加快农业水利基础设施更新改造步伐，建成完善的水资源高效利用的农田灌排工程体系，渠、沟、田、林、路综合治理，农田灌排工程设计标准达到规范要求，工程设施完好；按照"土地平整、格田成方、沟渠通畅、道路相连、设施配套、管护落实"的要求，集中连片推进旱涝保收高标准农田建设。实现农田高产高效，满足机械化、集约化生产要求；灌溉用水计量设施完善，基本实现农业水利工程管理与用水管理信息化。

（4）灌溉用水高效。农业节水是一项方向性、战略性、长期性工作，在做好与水源工程、灌区续建配套与节水改造等骨干工程衔接的基础上，因地制宜大力发展喷灌、滴灌和低压管道输水灌溉等高效节水灌溉工程。根据水资源条件和作物需水特征，采用非充分灌溉等高效节水灌溉模式。建立完善的灌溉用水"总量控制、定额管理"制度。

（5）生态环境健康。进行农村河道综合治理和小流域综合治理，减少水土流失。实现乡村工业污废水达标排放，对集中居住点生活污水进行处理；建立健全农村河道综合治理长效机制，农村河流满足生态环境要求，水功能区水质基本达标，美化农村生活环境。

（6）管理运行高效。加强基层水利服务体系建设，建立完善的专管与群管相结合的农村水利管理体系；建立有效支撑农业水利现代化发展的技术开发、产品制造与科技创新体系，具有完善的灌溉试验等基础研究设施和科技成果转化基地；形成基本完善的技术标准体系，推广应用新材料、新设备、新工艺以及自动监测与控制、信息化等技术；建立基层水利技术与管理人员培训制度，形成实用型、复合型、创新型农业水利专业人才队伍；深化小型农田水利工程产权制度改革，建立可持续的工程维护与运行的有效管理体制，管理维护经费满足工程运行管护需求。以健全农业水价形成机制为核心，推进农业水价综合改革，形成可持续的农业用水精准补贴机制和节水奖励机制，提高农业用水效率和效益。

15.1.3 农业水利现代化指标体系与综合评价（Index system and comprehensive evaluation of agricultural water conservancy modernization）

1. 指标体系建立的原则

反映农业水利现代化各个侧面的指标较多，有些指标之间相关性比较强，全部考虑就显得十分复杂，且不宜操作，同时还有一些指标不易取得准确的数据。因此，在选择评价指标时要考虑以下原则：

（1）系统性。指标的设置应能从各个侧面比较完整地反映农业水利现代化发展的关键因素。

（2）可比性。同一指标对所有的评价对象应具有相同的基准尺度，便于指标间相互比较和分析。尽量少选或不选区域特征明显的指标。

（3）简捷性。指标的含义要明确具体，避免指标之间内容相互交叉和重复，同时在不影响指标系统性的原则下，尽量减少指标的数量。

（4）可操作性。建立评价指标体系的目的是为了实际应用，形成的指标体系应易于进行综合评价与比较，可操作性强。

（5）数据易得。评价指标要易于通过统计年鉴、行业统计公报等获得，或易于通过调研分析、量测、统计等手段获得。

（6）反映最终达到的结果。尽量选取表征结果的指标，而不采用中间过程指标或描述工作性质的指标。

2. 指标体系框架

农业水利现代化指标体系的建立应根据我国社会经济发展、乡村振兴、粮食安全等对农业水利现代化的要求，借鉴相关研究成果，并结合我国农业水利发展实际确定。韩振中等提出我国农业水利现代化评价指标体系分为安全保障、生活供水、农业灌溉排水、水资源利用效率、生态环境、管理、发展支撑等 7 类 24 个指标，其中定量评价指标 21 项，定性评价指标 3 项。邱元锋等按照二次现代化理论，根据中国基本国情及国家、行业的相关标准，在借鉴以往水利现代化研究成果和发达国家水利现代化标准的基础上，采用按水利现代化自身属性划分的方法，选取了具有代表性的 17 项指标，见表 15.1。根据二次现代化理论，农业水利一次现代化主要是满足国家工业化对水利工程的要求，在水利上表现为指标以基础设施准则为主。农业水利二次现代化的评价指标以质量效益和良治准则为主。指标标准值即水利现代化要实现的目标值，是在收集国民经济、水利、农业等相关统计资料的基础上，以中国实现现代化所要求的水利支撑条件为目标，对比世界银行等国际组织和发达国家的一些农业水利现代化指标，确定的农业水利一次现代化、二次现代化的指标标准值见表 15.1。

3. 现代化水平综合评价

农业水利现代化水平综合评价采用多因子直观综合评价法，即权重法。

（1）权重确定。权重是目标或指标在决策中相对重要程度的一种主观评价和客观反映的综合度量，权重的确定直接影响评价的结果，因此选择适合农业水利现代化综合评价的

表 15.1   农业水利现代化评价指标特性表征及指标定义

目标层	准则层	序号	指标层	指标定义	目标值		权重	
					一次现代化	二次现代化	一次现代化	二次现代化
农业水利现代化	基础设施	1	旱涝保收能力	旱涝保收面积占有效面积的比例/%	85	100	0.254	0.056
		2	工程配套维护水平	工程配套程度与维护水平/%	80	100	0.213	0.058
		3	农村饮水保障程度	农村清洁饮水保障程度/%	90	100	0.237	0.057
		4	减灾实际达标水平	工程减免洪涝旱灾的实际标准/%	70	85	0.296	0.059
	质量效益特征	5	土地精细整理	精细整理面积占有效面积的比例/%	—	100	—	0.050
		6	农民投入水平	农民投入的农田基本建设和工程维护费用/(元/hm^2)	—	450	—	0.053
		7	科技投入水平	科技信息投入占总投入的比例/%	—	5	—	0.054
		8	单方灌溉水效益	单方灌溉供水的粮食产量/(kg/m^3)	—	2	—	0.058
		9	单方农业供水效益	单方农业供水的农业产值/(kg/m^3)	—	25	—	0.058
		10	河道水质水平	好于三级（含三级）河道占总长的比例/%	—	100	—	0.106
		11	污废水处理水平	人均污废水处理运行费用/(元/人)	—	≥80	—	0.052
		12	水资源开发程度	评价区内水资源开发程度/%	—	≤20	—	0.057
		13	水、绿、湿地水平	水面、绿地和湿地面积/%	—	≥70	—	0.059
		14	水费实际征收水平	成本价水费收取率/%	—	100	—	0.055
		15	用水户参与水平	用水户自治和参与决策的程度/%	—	≥80	—	0.056
		16	水权界定及交易水平	水权界定和可交易程度/%	—	100	—	0.060
		17	管理人员素质	管理人员大专文化水平以上所占的比例/%	—	≥50	—	0.052

权重确定方法至关重要。现行方法包括层次分析法、熵值法和相关度法等。邱元锋等选择模糊综合评判法和循环迭代算法相结合的模糊聚类迭代模型，并采用基于重要性互补的二元一致性方法统筹考虑主观权重和客观权重确定的指标权重见表 15.1。

（2）综合评价。根据评价对象指标值与目标值对比进行评分，然后加权平均得到评价对象的综合得分。

15.2　灌区现代化改造
（Modernization of irrigation district）

15.2.1　灌区现代化的内涵（Connotation of modernization of irrigation district）

灌区现代化内涵目前还没有统一的认识，但它应体现山、水、田、林、湖、草、居共同体理念，将现代灌排工程与绿色高效技术结合，现代经营管理与社会化服务体系结合，科技创新驱动发展与友好生态环境结合，全面提升灌区生产、生活、生态及精神文明水平，具体应包括以下主要内容：

（1）健全的基础设施。灌排设施完善，工程配套齐全；拥有精准、可靠的用水计量设施。主要体现在灌区水源工程、输配水工程、排水工程、配套建筑物工程等设施完备。

（2）有效的安全保障体系。灌区防洪、除涝、减灾体系完备，能在大灾年份保障灌区人民生命与财产安全，水土流失能够有效治理。

（3）先进适用的信息化设施。灌区应具有现代化的信息监测、采集和决策支持系统。

（4）完善的管理与服务。具有健全的管理体系和完善的管理制度，工程管理与运行管理高效，运行管理和维修养护经费满足工程运行管护正常需求。

（5）良好的生态环境。山、水、林、田、路统一规划，旱、涝、盐、渍、沙综合治理；河湖塘库水质满足水功能区的要求，农田排水水质达标排放；灌区河流、湖泊、湿地及林草地等生态需水得到有效保障；灌区水工建筑物与景观设计有机结合。

（6）较高的效率与效益。节水灌溉工程与技术得到全面应用，用水效率得到有效提升，灌区内农民具有较高的收入水平，粮食稳产增产，具有较高的水分生产效率和效益。

15.2.2　灌区现代化改造的目标任务（Objectives and tasks of modernization of irrigation district）

灌区现代化改造应结合灌区实际、围绕"节水高效、设施完善、管理科学、生态良好"等要求，制定灌区发展的总体目标，其主要任务是科学布局工程体系，完善灌区管理体系和生态体系，建设供水保障多水源联合调度工程、配套齐全的输配水骨干灌排工程、现代管理与优质服务工程、信息化工程、生态文明工程等，推动节水、生态、智慧灌区建设。

15.2.3　灌区现代化改造的主要内容（Main contents of modernization of irrigation district）

灌区现代化改造是一个综合性工程，应与各部门的规划相衔接，与当地经济社会发展相适应，要因地制宜、总体规划、分步实施。应根据灌区的现状水平和实际能力，确定发展目标、建设标准和建设任务。灌区现代化改造应在规划基础上进行，主要内容包括灌区现状调查分析与评估、优化配置灌区水土资源、完善灌区工程体系、健全灌区管理体系、构建灌区水生态文明体系、推进灌区信息化与自动化建设等。

（1）灌区现状调查分析与评估。根据规划需要，组织开展灌区基础调查，摸清灌区具体情况。现状调查分析与评估主要包括自然条件、灌区范围及面积、水源、水利设施、经济社会条件、农业种植状况、管理基本情况、用水户意向、生态环境、相关规划实施、水文化、信息化建设等。

（2）优化配置灌区水土资源。水土资源优化配置是根据各种条件变化，在灌区调查的基础上，对灌区实施改造后的供需水进行预估，复核灌区水土资源平衡情况，根据"以水定地""适水发展"的原则，在水资源"三条红线"分配可用水量内，有效配置水资源，复核灌区发展规模和用水结构，分析灌溉面积可能发生的变化，确定现代化改造的经济性和必要性。

（3）完善灌区工程体系。根据设计代表年份的灌区供水、排水调度运行方案，以及特殊干旱年份或干旱季节、或遭遇超标准洪涝、水环境突发事件时的灌排工程应急运行、调度预案，做出水源、骨干输配水渠道、排水沟道等工程布局优化调整方案。

（4）健全灌区管理体系。灌区效益发挥，管理是关键。灌区现代化改造应进一步明晰灌区管理体制、改革灌区运行机制，推进灌区规范化管理、健全农业水权分配制度、深化农业水价综合改革等，提高灌区服务能力与水平。

（5）构建灌区水生态文明体系。灌区建设应坚持节约优先、保护优先、自然恢复为主，加大灌区库塘渠沟保护和监管力度，推进库塘渠沟休养生息，实施水生态保护和修复工程，建设和谐优美的灌区水环境。灌区水生态建设主要内容包括沿河、沿渠（沟）、沿库塘水系生态走廊优化，生态渠道、生态沟道配套；水系连通提升、渠畔绿化、库塘渠沟湿地水生态保护；坡耕地综合治理、植被恢复；农田与林网供水，水肥一体化与节水减排工程措施等。南方灌区以灌排渠沟系为基础，构建库塘联通的水网体系，加强水田的生态建设和环境保护，构筑灌区水生态屏障体系，形成点线面相结合、全覆盖、多层次、立体化的水生态安全网络。北方灌区应以水资源调度与高效节水配水相匹配的高效供水系统建设为基础，考虑冬灌水、压盐水、渠沟堤农田林网供水等需求，保护灌区生态系统。

（6）推进灌区信息化与自动化建设。按照灌区工程管理运行、调度方案，完善灌区信息化、自动化建设方案，建设智慧灌区，实现灌区工程信息化、骨干工程自动化、运行调度智能化。

15.2.4　灌区信息化（Irrigation district informatization）

1. 灌区信息化建设的目标

灌区信息化建设是一项结构复杂、功能众多、涉及面广的重要工作，应结合当地水利发展现状，针对灌区业务的特点，以数字化、网络化、智能化为主线，以数字化场景、智慧化模拟、精准化决策为路径，构建数字化灌区管理体系。形成高效和可持续的灌区水资源合理调配体系，实时精准的灌区智能监控体系，智慧高效的灌区用水管理决策体系，绿色宜居的水生态环境承载体系，科学高效的管理体制机制保障体系。

2. 灌区信息化平台的主要内容

灌区信息化平台应利用物联网、大数据、AI、云平台、云边端一体化等新技术，对灌区关键业务进行智能监管，实现物理与数字的有效融合，打造完整的智慧水服务系统。

灌区信息化系统总体内容包括智慧应用、服务平台、基础设施、感知体系、控制体系等主体部分，以及业务与数据标准、信息安全防护、统一运维服务、智慧融合与运营管理等支撑保障。智慧应用，一是灌区调度智慧中心，实现灌区"一张图"和灌区数字孪生、多级数据分析监测辅助决策支持以及与上级部门的联动指挥；二是实现供需水感知和预报、水资源管理与调度、水旱灾害防御、用水管理、工程管理、水政监察、水公共服务等业务应用。服务平台包含各类公共基础应用、基础模型、基础能力，为智慧应用提供统一的服务和管理支撑，做到资源融合、数据共享、场景互联互通。基础设施包括通信及控制网络、存储、服务器、虚拟化等内容，满足灌区水网信息化系统的计算、通信基础要求，利用基础设施云等手段，提升基础设施利用率。感知体系则指面向水、雨、农、工、气象、图像以及其他采集观测要素建立的各类的采集、感知，形成面向灌区水网的立体感知体系。控制体系包括灌区各类控制、联动终端或单元。

15.3　智慧灌区建设
(Construction of smart irrigation district)

15.3.1　智慧灌区的定义与基本功能（Definition and basic functions of smart irrigation district）

1. 智慧灌区的定义

智慧灌区指具有智能监测、解译、模拟、预警、决策和调控能力的灌区。其全面实时感知灌区水情、农情、工情、生态环境等信息，快速、精准、自主调控水源、输配水及排水系统等工程设施与设备，实现水量、水质和生态等多目标的最优化管理。智慧灌区是灌区信息化、自动化和数字化的高级形式，它融合了人工智能技术，具备自主学习、分析和优化能力。智慧灌区依赖于灌区场景的机器智能，其在感知、认知、管理灌区方面具备强大的智慧化能力。

2. 智慧灌区的基本功能

不同于传统灌区，智慧灌区借助物联网、云计算、大数据、人工智能等信息技术，无缝连接灌区管理者、用户和各种设施及设备，在感知、认知和决策等方面实现智能化。为实时精准地实施抗旱、防洪、排涝、排渍、控污，以及满足生产、生活、生态的用水需求，达到水土资源的最优利用以及生态环境保护的目的，智慧灌区应具有如下功能：

（1）依托物联网、空天地一体化、人工智能等前沿技术，能够在不同尺度对灌区要素进行观测，全方位、立体化获取灌区蓄、引、提、输、配、用、排全过程关键基础数据。

（2）能够从多源数据中准确解译出灌区的水情、农情、生态、环境、工情等定量特征数据，自动识别出灌区干旱、涝渍、盐碱、水土流失、生态退化、环境污染等表征指标。

（3）针对规模大、复杂的灌区系统，能够准确描述灌区的水分、盐分、养分、污染物迁移转化以及作物生长和生态系统演化，具备动态自主建模能力和模型进化能力，具有观测数据之外的推理能力。

（4）能够自主、精准、实时制定水资源配置和调度、水旱灾害防治、水环境修复、生物多样性保护等措施，可准确评估各管理行为的效应和效益，并具备动态调整的能力。

3. 智慧灌区的体系结构

智慧灌区在构成上应包括灌区总览、灌区管理"一张图"、信息采集监测、闸门远程监控、量测水管理、配水调度管理、综合信息管理、设备管理、水费管理、工程管理、运行维护支撑管理、防汛抗旱监测预警、移动智能终端等功能，并以丰富的图形、数据界面展示，简化的操作应用模块，做到贴近灌区管理实际，为灌区智慧化、信息化提供高效管理和数据支撑服务。智慧灌区应包括信息感知、数据传输、数学模拟、数据治理和存储、应用服务、智慧应用等 6 个层次，以及若干外部接入数据和应用。

（1）信息感知层。主要获取灌区的各种数据，包括雨情、水情、农情、工情、水质、气象等要素。随着传感技术和物联网技术的不断发展与成熟，灌区可以获取更多种类数据、采集覆盖更全面、时空更连续，从而为灌区"数字孪生"提供数据基础。

（2）数据传输层。为智慧灌区提供高速、稳定、全覆盖的网络通信基础设施，在三网融合和 4G/5G 技术应用的驱动下，进一步实现宽带化、移动化、泛在化、融合化、智能化，为智慧灌区的数据生产和应用拓展提供更多的可能性。

（3）数学模拟层。数学模拟层作为智慧灌区大脑，对灌区状态进行数学模拟和仿真。

（4）数据治理和存储层。按照数据库的标准结构，负责对多源异构数据进行清洗、标准化、整合等业务。运用数据挖掘、知识发现等大数据特有的技术方法，对数据进行分析加工，为应用提供不同加工层级的数据成果。数据治理和存储层是以大数据为基础的智慧灌区的核心。

（5）应用服务层。应用服务层处于智慧应用层与数据治理和存储层之间，是将大数据资源转换为具体应用的中介，结合更多的灌区业务规则对数据进行深度计算处理，满足智慧应用层的各种应用提出的请求。

（6）智慧应用层。主要是指在数据治理存储和应用服务之上建立的各种业务应用和跨领域应用，包含三种类型：一是灌区各具体业务部门的线上业务系统；二是基于业务协同的跨层级、跨部门的综合协同系统，包括条与块等维度的衔接；三是以信息共享为主题，面向服务对象和公众的在线服务、信息分享、意见表达平台。

15.3.2　灌区信息的智能感知（Intelligent perception of information in irrigation district）

1. 智能感知的定义

智能感知是指快速、准确获取灌区的数字化表示，包括地形，土地利用类型，土壤水分、盐分和养分状态，作物（植被）生长状态，生物多样性，农田管理信息，气象要素，干旱和洪涝状态，水库、湖泊、河道和沟渠水位、水质、流量、流速，地下水位和水质，设备和建筑物（闸门、泵站、沟渠等）运行状态等主要数据。智能感知不仅包括通过各种传感器获取外部信息的能力，也包括通过记忆、学习、判断、推理等过程，达到认知环境和对象类别与属性的能力。智能感知的发展方向：①智能硬件的大规模部署，特别是数据预处理、解译和分析能力的不断增强；②空天地立体监测网的构建；③灌区数字孪生体系的开发，即从数据角度对灌区进行还原重建。

2. 智慧灌区建设中的智能感知技术

智慧灌区建设首先是要实现灌区的信息智能感知，构建空天地一体的灌区智能感知体系。利用新一代信息技术，聚焦灌区调度、工程运行、智慧灌溉、应急处置、便民服务等方面，构建灌区水系、水利基础设施体系、管理运行体系三位一体的网络平台，建设各层级、各专业和相关行业的大数据，构建业务支撑、决策支持、公共服务的大系统。采集信息种类包括雨情、水情、工情、作物、墒情、水质、工程安全监测，以及智慧水管理系统所需各类信息，实现灌区供水远程控制、闸门远程启闭、渠道水情实时测报、用水量自动采集和图像实时监控等多项功能，灌区信息采集系统结构如图 15.1 所示。下面介绍几种常见的灌区信息智能感知与控制技术。

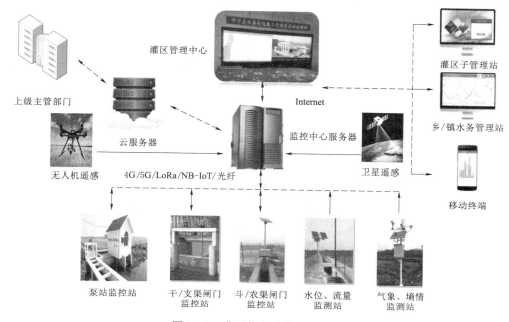

图 15.1　灌区信息采集系统结构

　　（1）干旱智能感知技术。如 3.2.5 节所述，土壤含水量和作物水分胁迫指数分别是最为常用的基于土壤（接触式测量技术）和基于作物（非接触式测量技术）的干旱指标。随着遥感监测的快速发展，特别是土壤热惯量和微波方法的兴起，非接触式的干旱监测技术日益成熟。非接触式干旱监测方法通过地表的近中远红外、热红外信号以及穿透冠层的微波信号来反映干旱，应用更为便捷，且易搭载于无人机、卫星等移动平台。非接触式干旱感知技术虽在成本上更有优势，但更加依赖于对数据的解译和分析。以基于地表温度-植被指数的水分亏缺指数为例，该指标的计算依赖于对卫星数据中隐含的非线性规律的挖掘。该类新型干旱感知技术涉及海量数据的处理和复杂的算法设计，学者们已经为其开发相应的机器学习和深度学习技术。

　　（2）精准量测水技术。精准的量测水可为灌区管理中的计划、引水、调度、评价和验证提供可靠数据支持。灌区量测水的感知终端包括数据采集、数据管理和后备电源，实现对现场数据的实时采集、处理、存储及保护。数据采集由模拟量输入模块、数字量输入模块组成，实现现场数据的实时采集；数据处理是包含数据采集控制、数据预处理、数据存储保护、数据通信控制等模块的单片机应用系统，在数据采集终端允许的条件下，对采集到的数据做适当的运算处理，并对其进行可靠保护，为数据通信做好准备。灌区量测水感知终端中可提取的主要感知要素包括流量、水量、水位、水质、降水量等信息，超声波、雷达、电磁等先进感知技术已在灌区量测水中得到应用。

（3）机电设备的远程一体化自动控制技术。智慧灌区在实现精准量测水的前提下，可实行科学按需供水。水量分配的过程可通过对灌区内闸阀泵的远程自动化控制实现。根据调度管理中心的水量分配指令，通过远程控制水源处的取水口闸门启闭和闸门开度或泵站流量调节等，以及各级渠系管道闸阀、泵的工作状态，实现科学精准的水量控制。灌区感知体系通过获取闸阀泵的工情信息，通过灌区控制网下发控制指令，实现对灌域内设备的远程自动化控制。对于干渠（管）及其他重要的大型闸门、泵站等设施，通过互联网环境下的计算机监控实现各闸门、泵站电机与辅助设备的现场和远程操作，运行参数的实时监测、现场运行过程的动态模拟，实现各闸泵的遥测遥控及输配水自动化。可对其进行实时控制，完成对设备参数和运行工况的实时监测，有效地提高设备的可靠性和自动化水平与管理，改善管理人员的工作条件。

3. 灌区大数据分析平台建设

灌区大数据分析平台主要包括数据的预处理、存储、提取、操作、分析等服务。数据服务应确保主题明确、分析到位；层次清晰、内容简洁；流程简便、处理快速；主动推送、及时响应；针对不同的服务对象提供不同的信息服务需求。

（1）大数据存储服务。灌区大数据具有数据容量庞大、数据分析延迟、存储成本高等问题。大数据存储是将这些数据集持久化到计算机中，这就需要高性能、大容量的基础设备。

（2）数据智能分析服务。根据灌区状态的实时变化，对灌区数据开展全面的在线分析。实现灌区数据接入、数据质量诊断、数据异常智能研判、综合监控及管理等。

（3）多源数据融合服务。集成、融合多业务系统分散数据，以公众为中心创新服务新业态。对灌区泵站、引水闸、分水闸引配水信息，工程安全监测信息，气象和墒情监测信息以及行政业务办理规定等进行分析处理，通过网络、微信公众号、多媒体等多渠道向社会业务对象公布业务办理通知公告，向灌区及用水户实时推送相关信息。

（4）决策支持服务。基于农业水利业务提供规划、执行、管理、应急层面的智能决策服务。同时通过无人机或者卫星图的解译，对灌区的水情、作物长势，甚至病虫害情况等信息进行诊断，适时在灌区范围内发布信息，并提出解决方案等。

数据自动分析和多源数据融合是灌区机器智能的重要体现，也是感知智能与传统灌区监测的重要区别。

15.3.3 灌区智能认知模型系统（Intelligent cognitive model system of irrigation district）

认知模型，是人类对真实世界进行认知的过程模型，目的是从某些方面探索和研究人的思维机制，特别是人的信息处理机制，同时也为设计相应的人工智能系统提供新的体系结构和技术方法。灌区智能认知模型包括灌区所有过程对应的模型，如作物水肥产量模型、灌区水土环境保护与生态修复模型、灌区水土资源优化调度与灌溉配水模型、灌区雨洪利用与排水调度模型，等等。灌区智能认知的主要发展方向：一是数据与机理模型、半经验-半机理模型的结合；二是机器学习（特别是深度学习）技术的快速发展；三是知识发现和数据挖掘技术的萌发。智能认知要求计算机能够像人类一样思考，具备理解数据、过程并解释现象的能力。下面介绍两种常见的灌区智能认知。

（1）数据同化。目前应用于灌区管理的模型和软件众多，包括 SWAT、TOPMOD-

EL 和 SHE 等概念性流域水文模型，WOFOST、AquaCrop、ORYZA、EPIC 和 CropSyst 等作物模型，Fluent、MODFLOW 和 HYDRUS 等水动力学模型，SWAP、DRAINMOD、DSSAT 和 AHC 等田间水管理模型及其他等。由于灌区环境的复杂性，这些模型仍不足以支撑灌区精准化和智能化的管理。为弥补经典模型的不足，学者们尝试将机理模型与观测相结合，用于提高模型的性能，该过程被称为数据同化。数据同化以灌区过程的数学模型为基础，通过融合观测数据，不断调整模型的参数和状态，并通过对观测和模型模拟的加权获得模型参数和状态的最优估计。常见的数据同化方法包括集合卡尔曼滤波和粒子滤波等。

（2）深度学习。深度学习直接从数据出发，通过构建多层神经网络来描述物理过程，包括卷积神经网络、循环神经网络、生成对抗网络、深度强化学习等。卷积神经网络是深度学习的代表性方法，已在自动驾驶、翻译和游戏等领域得到成功应用。卷积神经网络有别于传统的机器学习，主要体现在计算机自动提取特征、可移植性佳、引入了梯度反向传播等。近年来，卷积神经网络在动力学问题中获得广泛的关注。循环神经网络作为一种递归性网络架构，也在降雨、地下水位预测等时序问题中取得了极大的成功。在灌区许多问题中，深度学习的预测精度高于传统模型，但缺乏可解释性、模型设计复杂、硬件要求高是其不足。

智能认知中最为前沿的技术是数据挖掘和知识发现，目前的技术还仅限于方法研究层面，尚未在灌区中得以应用。

15.3.4　灌区智能决策支持系统（Intelligent decision support system for irrigation district）

智能决策是在对环境和对象智能感知的基础上，为达到某种目的，经过再次记忆、学习、判断、推理等过程，给出行为决策的能力。在"互联网＋"时代，大数据、云计算、物联网等新一代信息技术发展迅猛，管理模式不断革新，灌区管理信息化水平不断提升，特别是国家水资源监控能力建设项目的实施，全国各地水资源感知监测体系不断完善，数据资源日益丰富，基于数据驱动的决策模型得到应用，灌区信息化水平得到有效提升。但与此同时，还存在灌区信息孤立不共享、业务系统林立不协同等问题。建立灌区管理决策支持平台，有助于解决灌区数据资源"信息孤岛"和灌区业务应用"各自为政"等问题，对于提升灌区现代化管理水平具有重要意义。

灌区决策支持系统是指灌区管理人员在人和计算机组成的系统中，以计算机为辅助工具完成灌区各种信息的分析、处理等工作，产生可供比较的方案，帮助决策者进行问题识别，并达到灌区合理规划和决策，及时有效地利用资源，获得最大期望效益的目的。灌区决策支持系统应以支持灌区辅助管理和决策为落脚点，提高灌区优化配水、安全排涝和抗旱减灾等方面的管理决策水平；界面友好，交互操作方便、灵活；模型库可以不断更新和完善，且数据库能与其他外部数据资源共享。

1. 决策支持系统的体系结构

灌区决策支持系统通常由三部分组成，分别是信息管理子系统（information management system，IMS）、地理信息系统（geographic information system，GIS）和决策支持系统（decision - making support system，DSS），其中决策支持系统是该系统的核心，也是系统较难实现的部分。在灌区决策模型中，主要是用水管理决策模型，而该模型影响的因素很多，外界条件有气象、降雨、土壤墒情、作物种植和生命需水过程等，灌区本身条件有水源、渠道系统规划布置、渠系建筑物情况、渠道工作制度等，如此众多的影响因素，决定了灌区决策支持系统是一个综合、复杂和多变量的系统。IMS 为其提供了基础数据支持，而 GIS 则从空间信息处理到空间决策提供了平台和工具。其体系结构如图15.2 所示。

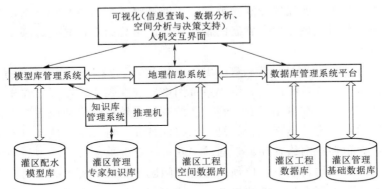

图 15.2　灌区决策支持系统体系结构

2. 智能决策模型开发

在智能决策领域，强化学习是一种强大的、已在多个领域获得成功应用的技术。强化学习是机器学习中的一个领域，强调如何基于环境而行动，以取得最大化的预期利益。其灵感来源于心理学中的行为主义理论，即有机体如何在环境给予的奖励或惩罚的刺激下，逐步形成对刺激的预期，产生能获得最大利益的习惯性行为。强化学习从最早的动态规划方法演变而来，本质上属于采用神经网络作为值函数估计器的一类方法，其主要优势在于它能够利用深度神经网络对状态特征进行自动抽取，避免了人工定义状态特征带来的不准确性。

3. 灌区决策支持系统开发

灌区决策支持系统应采用较流行的开发技术进行开发，设计为用户层、Web 界面层、业务层和数据库层，层次结构如图 15.3 所示。

（1）在用户层上，用户通过客户端实现与决策支持系统的交互。

（2）在 Web 界面层上，Web 界面提供用户与系统的通信接口，系统的界面实现主要采用 JSP/Servlets 等技术，通过 Java 数据库连接（Java database connectivity，JDBC）技术实现 Java 程序访问数据库，实现数据的输入输出功能。

（3）在业务层上，负责决策支持系统的业务功能，提供水量预测、水资源分配方案制定等功能，使用 Spring 对 SpringMVC Action、MyBatis DAO 和 Service（业务逻辑层）的所有 JavaBean 进行管理，提供依赖的注入。

（4）在数据层上，主要功能是管理数据库、模型库等。通过使用 MyBatis，通过应用字段映射和对象关系的映射可以直接将数据库的表映射到 Java 类中，替代传统的 JDBC 操作数据库的元数据，极大地提高了和数据库交互的能力和开发效率，而且可以支持不同的数据库，做到了数据库间的平滑移植。DAO 主要为服务层提供数据库访问接口。

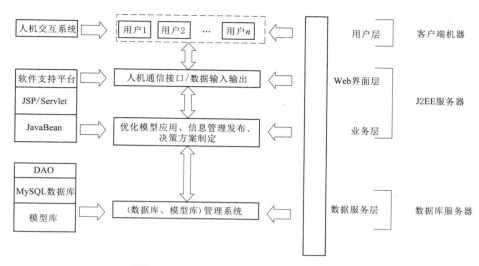

图 15.3　灌区决策支持系统开发层次结构

4.灌区决策支持系统开发的特点

全国灌区处在不同地区，由于各地水源情况不同，所以灌溉和供水方式也有所差别，因此，灌区决策支持系统中灌溉决策模块应有所不同侧重，表现在以下方面：

（1）水库灌区。基于水库配水子模型，根据灌区可引水量和作物与其他需水情况，优化灌区水量分配，制定各级渠系优化配水方案，提高灌区用水管理水平和经济效益，对解决有限供水条件下的灌区配水问题效果比较明显。

（2）大中型提水灌区。制定不同提引外水水源总量控制、不同水平年的提水泵站（群）的经济运行方案，以降低运行成本；确定渠（管）道轮灌工作制度，提高灌溉与供水效率。

（3）南方山丘区蓄引提"长藤结瓜"灌区。确定不同水平年的雨洪利用方案、引水泵站运行与蓄水水库（群）及塘坝调蓄优化准则、灌区水资源优化调度与水量配置方案，提高水资源利用效率。

（4）南方大型平原自流、半自流灌区。确定不同水平年、不同渠（管）首水权控制情况下，灌溉渠（管）系及工程的优化工作制度、灌区配水方案，以提高灌区自流灌溉面积，减低灌区灌溉成本。

（5）北方干旱半干旱地区灌区。在关注上述问题的同时，还要关注地下水地表水联合调度、水盐调控等问题。

15.3.5　智慧灌区规划与实施（Planning and implementation of smart irrigation district）

1.智慧灌区规划

（1）规划的基本原则。

1）统一规划，分步实施。灌区综合水管理涉及供水、用水、排水及水生态环境保护等各个过程，各项业务应协调推进、统筹考虑；应根据现实与可能，远近结合、分步实施。

2）统一整合，优化资源。整合分散各站、科、室的信息，利用已建信息化成果，强化物联网、云计算中心等基础设施建设，建立统一的平台体系，实现信息和资源共享。

3）统一标准，充分共享。遵循相关规范或业界主流标准，方便与其他系统的集成，灵活的二次开发手段，具有较强的跨系统平台的能力。遵循统一设计、有效提取、保证交换等原则和采用集中与分布式相结合的系统，实现信息充分共享功能。

4）统一部署，便于维护。系统应统一部署，注重系统故障的可排除性、系统的开放性、可扩充性和可管理性。

（2）主要任务。

1）灌区数据立体感知体系。采用多样化的监测手段，自动采集与人工采集相结合，直接监测与相关行业间接监测相结合，常规监测与应急监测相结合。针对不同管理对象，监测、采集不同的数据内容。

2）模型构建体系。对灌区所有过程，包括引水、输水、配水、用水、排水、回用及环境管理等建立相对应的模型。

3）智慧应用体系。根据取、供、用水管理的业务需要，实施精准仿真、精确诊断、智能预警、智慧调度。

4）自动控制体系。利用智能终端与互联网相结合方法，实施闸、阀、泵站以及田间高效用水等的自动控制。

5）主动服务体系。建立基于物联网、云计算的灌区综合管理平台，为灌区的水管理、安全运行、防灾减灾、水质监测、水费计收及多源信息实时处理等关键业务提供统一业务信息管理平台。充分利用信息化手段，有针对性地收集各类信息，借助现代控制理论方法，依靠各种数学建模优化算法，对灌区实时运行数据、视频监控数据、日常管理等相关数据进行集中管理、统计分析、数据挖掘，为不同层面的供、用、排水运行管理者提供即时、丰富的运行信息。

6）支撑保障体系。统一数据标准，构建 4G/5G、光纤为融合协同的一体化传输网络，建立数据中心和云服务平台。

2. 智慧灌区的实施

智慧灌区实施应注意如下几个问题：

（1）规划设计。规划设计要根据灌区的建设目标，先进行规划，然后做好项目设计。设计应以规模适当、配置适用、系统互联和技术适度超前为原则，依据灌区规模和重要性确定建设规模，避免不计效益而片面追求规模的问题。

（2）规范项目招投标。规范招标是保证建设质量的重要内容，硬件和软件应选择先进成熟的主流产品，避免采用三无产品等问题的发生。在评标工作中宜采用综合评分法，并适当加大技术方案分值比例，避免因中标价过低造成的质量风险。

（3）强化施工方案的质量管理。施工方案是施工组织设计的核心，方案的优劣对项目质量有重要影响。施工方案包括项目详细设计、进度计划和项目组织管理等内容，项目详细设计是其重点。项目详细设计除文字说明外，主要施工图纸至少应包括总体结构图、平面布置图、柜体布置图、柜体端子图、设备接线图、线缆敷设图、设备安装图、接地制作图等。

（4）重视安装、调试和试运行阶段的质量管理。智慧灌区项目建设安装调试阶段，施工单位按设计要求将系统设备及线缆安装到位并调试，是控制项目质量的重要阶段。要依据设计要求对系统进行功能检查和必要的性能检测。通过人工模拟数据采集、通信信道数据传输和应用系统运行等方式对系统进行测试，特殊设备应由设备制造商或代理商提供现场技术服务。

（5）加强运行维护阶段质量管理。提升智慧灌区项目质量必须认真做好运行维护质量管理。管理单位须具备运行维护人员和维护资金，制定运行维护管理办法。运行人员应认真做好运行记录，及时发现质量问题。对于运行的质量问题，可要求施工单位提出初步解决方案，组织专家进行专题研究并提出处理意见，施工单位及时按处理意见解决质量问题。

思 考 与 练 习 题

1. 我国农业水利现代化的主要任务是什么？
2. 如何进行农业水利现代化综合评价？
3. 灌区现代化的具体指标有哪些？
4. 灌区现代化改造的主要任务是什么？
5. 谈谈你对智慧灌区的理解，并对其进行展望。
6. 灌区智能感知技术包括哪些内容？
7. 灌区智能决策系统由哪些部分构成？
8. 智慧灌区建设项目实施过程中应注意哪些方面的问题？

推 荐 读 物

[1]　Samiha O，Abd EI - Hafeez Z. Climate - Smart Agriculture：Reducing Food Insecurity [M]. Springer，2022.

[2]　美国内务部垦务局. 现代灌区自动化管理技术实用手册 [M]. 高占义，谢崇宝，程先军，译. 北京：中国水利水电出版社，2004.

[3]　谢崇宝. 灌区用水管理信息化结构体系 [M]. 北京：中国水利水电出版社，2010.

数 字 资 源

15.1　农业节水化
与灌区现代化
改造 　　15.2　内蒙古河套
灌区信息化关键
技术开发及应用 　　15.3　智慧灌区
建设微课

参 考 文 献

［1］ 庞靖鹏，张旺，王海锋. 关于中国特色水利现代化道路的思考［J］. 中国水利，2011，（21）：17－19.

［2］ 康绍忠. 加快推进灌区现代化改造，补齐国家粮食安全短板［J］. 中国水利，2020，（7）：1－5.

［3］ 韩振中，鲁少华. 农村水利现代化发展思路与评价指标［J］. 灌溉排水学报，2012，31（1）：5－9.

［4］ 邱元锋，孟戈，雷声隆. 中国农村水利现代化指标体系构建［J］. 农业工程学报，2016，32（20）：171－178.

［5］ 孙金华，陈成，颜志俊，等. 基于环境友好型农业的农村水利现代化建设［J］. 南水北调与水利科技，2013，11（4）：161－165，205.

［6］ 韩振中. 大型灌区现代化建设标准与发展对策［J］. 中国农村水利水电，2016，（7）：69－74.

［7］ 谢崇宝，张国华. 灌溉现代化核心内涵及水管理关键技术［J］. 中国农村水利水电，2017，（7）：28－32.

［8］ 戴玮，李益农，章少辉，等. 智慧灌区建设发展思考［J］. 中国水利，2018，（7）：48－49.

［9］ 刘德龙，李夏，李腾，等. 智慧水利感知关键技术初步研究［J］. 四川水利，2020，（1）：111－115.

［10］ 史良胜，查元源，胡小龙，等. 智慧灌区的架构、理论和方法之初探［J］. 水利学报，2020，51（10）：1212－1222.

［11］ 陈兴，程吉林，蒋晓红. 基于GIS灌区决策支持系统的研究［J］. 扬州大学学报，2006，9（2）：43－47.

［12］ 吴险峰，李翊. 智慧型灌区：大中型灌区现代化治理的创新路径［J］. 中国农村水利水电，2020，（9）：7－50.

第16章

区域水土综合治理

随着经济社会发展，人类改造自然的范围、内涵越来越广，就农业水利措施而言，其内容也日益丰富，不仅要发展灌溉排水技术，还要进行区域水土综合治理。通过区域水土综合治理，协调经济发展与生态保护关系，优化水土资源配置，消除农业旱涝渍碱灾害，提升水生态修复与水环境保护水平，支撑区域农业绿色发展和乡村振兴，为农村居民提供山青、水美、林茂、田沃、路畅的宜居环境。

16.1 区域水土综合治理的概念和基本原则
(Concepts and basic principles of comprehensive control of regional water and land systems)

16.1.1 区域水土综合治理的概念与内涵（Concepts and connotation of comprehensive control of regional water and land systems）

区域水土状况主要指区域水土资源的数量、质量与分布情况及其动态，它主要和自然地理与水文气象等因素有关。区域水土综合治理就是保护、改良与合理利用水土资源，维护和提高土地生产力，以利于充分发挥水土资源的经济、生态和社会效益，建立良好生态环境，支撑经济社会的可持续发展。区域水土综合治理的主要内容包括防洪除涝、水土资源综合利用、水生态保护与修复、水土流失治理、水景观提升等。

16.1.2 区域水土综合治理的基本原则（Basic principles of comprehensive control of regional water and land systems）

区域水土综合治理应遵循以下原则：

（1）水土资源平衡与适水发展原则。坚持以水定地、以水定产，量水而行、因水制宜，推动适水发展，严格水资源开发利用总量、用水效率和水功能区限制纳污的"三条红线"管理，推动区域农业农村发展与水资源水环境承载能力相适应，控制水资源开发利用的不利环境影响，保障水资源可持续利用和农业可持续发展。

（2）山水林田湖草沙综合治理原则。山水林田湖草沙生命共同体是由多种要素构成的有机整体，彼此联系，互为依托，需要统筹各要素进行综合治理，促进经济社会可持续发展，实现人与自然和谐共生。因此，在区域水土综合治理中，应正确认知和处理人与自然、局部与整体的关系，保证各自然和经济单元相互协调和紧密衔接。

（3）生产与生态协调原则。坚持生产发展与生态环境承载力相匹配。绿水青山就是金山银山，保护生态环境就是保护生产力，改善生态环境就是发展生产力。须充分考虑农业基础设施建设与生态环境的协调性，合理统筹生活、生产、生态用水，在不断推进社会经济发展的同时，促进自然资源节约、集约利用和生态环境健康。

（4）因地制宜原则。坚持宜林则林、宜灌则灌、宜草则草、宜荒则荒。针对区域特点精准施策，在农业生产与水土资源匹配较好地区，稳定发展有比较优势、区域性特色农业和乡村产业；在资源过度利用和环境问题突出地区，适度休耕，调整结构，治理污染；在生态脆弱区，实施退耕还林还草、退牧还草等措施，提升农业生态系统功能。

（5）经济合理原则。坚持与当地经济社会发展水平及群众的需求相匹配。要针对不同区域的生态经济特征，因地制宜地确定治理目标。要根据不同地区的社会经济情况，区域农业生产与生态需求，进行适度治理，不过分强调投资、一味追求超前。

我国幅员辽阔、自然地理与水文气象条件差异大，本章就山丘区、南方平原圩区、北方平原区的农业水土资源特点，分别介绍区域水土综合治理的方法和措施。

16.2　山丘区水土综合治理
（Comprehensive control of water and land systems in mountainous and hilly areas）

16.2.1　山丘区水土资源特点与综合治理要求（Characteristics of water and land resources in mountainous and hilly areas and their control guidance）

1. 山丘区水土资源特点

我国山丘区分布很广，面积约占全国总土地面积的 2/3，耕地占全国总耕地面积的 50% 以上。山丘区地势起伏剧烈，地面高差大，坡度陡，一遇暴雨，汇流迅速，往往山洪成灾，并造成严重的土壤流失；无雨期间沟溪常常干涸，因水源不足而出现旱象。

山丘区的地形条件和众多峡谷，有利于筑坝建库、兴建塘坝，以蓄水抗旱、雨洪利用；地形坡度大，易于自流引水灌溉；宜林宜草面积大，有利于生态植被涵养。应根据山丘区自然地貌特点，正确制定水土保护与综合治理方案，促进山丘区农业可持续发展和生态环境保护。

2. 综合治理要求

应以保护水土资源、改善生态环境、促进农业产业结构调整、推动山丘区经济发展、提高农民生活质量为目标，以小流域或片区为单元，以水源工程建设、水土流失防治为核心。注重山、水、林、田、路、渠、村统筹规划，综合治理，切实做到开发与保护、治理与利用、开源与节流、工程措施与非工程措施并举；广辟水源，科学拦蓄地表水，合理开发地下水，以蓄为主，蓄、引、提、调相结合。南方地区坚持"建塘筑库，以蓄为主，以提补蓄，库塘相连，'长藤结瓜'，蓄、引、提相结合"，最大限度地利用降雨径流；北方地区坚持节水优先，发展各类节水工程与节水农业技术，注重地下水与地表水统一调度；全面改善山丘区生产、生活和生态条件，实现山水林田湖草沙空间格局优化，呈现出山清水秀、生态优美的自然风貌。

16.2.2　山丘区灌溉系统（Irrigation systems in mountainous and hilly areas）

1. 山丘区灌溉系统

我国山丘区灌溉系统大致经过了塘坝工程，引水灌溉系统，大中小、蓄引提相结合的"长藤结瓜"式灌溉系统等三个发展阶段。

（1）塘坝工程，又称塘堰。一般由小型蓄水、引水设施与田间渠道系统组成。小型蓄水设施一般有山塘、平塘和小型水库。小型引水设施有小型壅水坝，又称堰坝等。在丘陵岗地，大多修建小水库和塘坝；在冲洼河沟，可利用天然坡降，分段筑坝，节节拦蓄，形成梯级堰坝，以灌溉冲沟两旁不同高程的农田，具有上坝灌下田、下坝蓄上水的特点。塘坝工程不受地形、地质条件限制，便于就地取材；且技术简单，投资少、见效快。但过去的小型塘堰工程大多为分散的孤塘、孤堰，水源保证率低。

（2）引水灌溉系统。为了解决山丘区塘坝工程水源不稳定、供水保证率低的问题，山丘区发展引水灌溉系统。这类灌溉引水系统一般沿山麓布置，引水高程相对较低，往往不能控制更大的灌溉面积，而且引水渠道也没有与灌区内部的塘坝工程连接，不能充分发挥塘坝工程的调蓄作用。

（3）大中小、蓄引提相结合的"长藤结瓜"式灌溉系统。这类系统可充分利用山丘区水源，在非灌溉季节，利用渠道引取河水灌塘，以便用水紧张季节河水、塘水同时灌田；可提水上山，盘山开渠，扩大山丘区灌溉面积；能充分发挥灌区内部塘堰调蓄作用，提高塘堰的复蓄次数及抗旱能力，有效缩小调蓄工程的调蓄容积与输水渠（管）道断面；可充分利用内部的塘库（特别是小型水库）调蓄河川径流，提高水资源利用效率。由于输水渠（管）道系统和补水引提线路似"藤"、内部中小型水库与塘坝等蓄水工程似"瓜"，故名为"长藤结瓜"式灌溉系统。

2. "长藤结瓜"式灌溉系统组成

"长藤结瓜"式灌溉系统一般包括三部分：一是渠首引水或蓄水工程（似"瓜根"），二是骨干补水线、输水配水渠道（似"藤"），三是沿线分散布置的水库、塘堰（似"瓜"），如图 16.1 所示。该类系统具有良好的调蓄能力，有效调节水资源的时空分布，不仅具有灌溉功能，还有供水、防洪、发电、航运等其他功能。通过统一规划、调配和管理，综合考虑配水过程中各种功能，有利于提高水资源利用效率，实现水资源综合效益最大化。

例如，作为我国三大灌区之一，横贯安徽省中部丘陵地区的淠史杭灌区（图 16.2），就是典型的"长藤结瓜"式灌溉系统。灌区以几条河流上的磨子潭、佛子岭、响洪甸、梅山、龙河口、白莲崖等 6 座水库作为其多河取水的渠首，加上灌区内部的地表径流，通过塘堰和中、小型水库的调节，共灌溉耕地 70.67 万 hm^2，年发电量 4000 万 $kW \cdot h$，主要河道可通航吨位为 $100 \sim 200t$ 的轮船，并承担着合肥、六安城市以及庐江、肥东等县城约 500 万城镇人口的饮水安全任务。

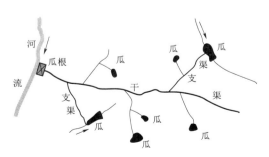

图 16.1　"长藤结瓜"式灌溉系统

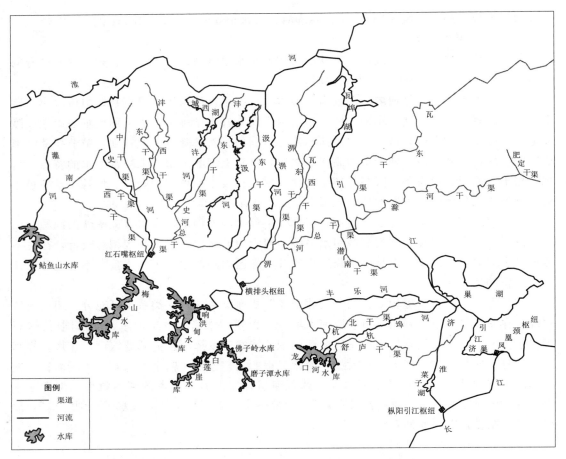

图 16.2　安徽省淠史杭灌区"长藤结瓜"式灌溉系统

16.2.3　"长藤结瓜"式灌溉系统的水利计算与水资源配置（Hydraulic calculation and water resources allocation for canals joining reservoirs type irrigation systems）

1. 塘堰供水量计算

塘堰供水量是指塘堰每年能供作物灌溉和其他用途的总水量，常用复蓄次数法、抗旱天数法与塘堰径流法计算。

（1）复蓄次数法。复蓄次数是指塘堰的供水量为其有效容积的倍数。塘堰供水量可用不同年份塘堰的复蓄次数进行估算，即

$$W = NV \tag{16.1}$$

式中：W 为年塘堰供水量，万 m^3；V 为塘堰有效容积，万 m^3；N 为塘堰复蓄次数，小者 0.5 左右，大者 2.0 左右，可实地调查或参考表 16.1 确定。

（2）抗旱天数法。塘堰的抗旱天数综合反映供水能力大小。通过对干旱年份塘堰抗旱天数和作物日耗水量的调查，可以推算出塘堰的平均供水能力，即

$$W = 10t ET_d A / \eta \tag{16.2}$$

式中：W 为塘堰年供水量，m^3；t 为干旱年份塘堰抗旱天数，d；ET_d 为作物日耗水量，

mm/d；A 为灌溉面积，hm^2；η 为灌溉水利用系数。

表 16.1 塘堰复蓄次数参考值

项目		湖南	湖北	
复蓄次数	孤立塘堰	0.7～1.2	丰水年或平水年	1.5～2.0
			中旱年	1.0～1.5
			干旱年	0.5～1.0
	结瓜塘堰	1.2～1.5	比孤立塘堰大	0.5～1.0

注　摘自《水工设计手册》（第 2 版）第 9 卷《灌排、供水》。

如灌区较大，应分区调查，丘陵地区塘堰的抗旱天数一般为 20～30d 左右，但有些塘堰较少的地区，抗旱天数只有 10～20d。

（3）塘堰径流法。

$$W=(10\alpha Pf-S)A \tag{16.3}$$

或

$$W=10\alpha PfA\xi \tag{16.4}$$

式中：W 为塘堰年供水量，m^3；P 为年降雨量，mm；α 为径流系数，根据汇水面积径流观测试验确定，一般为 0.2～0.6；f 为塘堰承雨面积系数，以每公顷灌溉面积的承雨面积表示，湖北各地区一般在 0.8～1.5 范围内；A 为灌溉面积，hm^2；S 为塘堰蓄水损失，包括塘堰蒸发、渗漏、废弃等损失，m^3；ξ 为塘堰蓄水利用系数，一般为 0.2～0.5。

2. 河坝引水量估算

从河坝引水主要有两方面作用：①跨流域引水，补充骨干蓄水工程水源不足；②在灌区内部直接从小河筑坝引水，以减轻骨干工程负担。河坝引水量取决于河坝与引水渠（管）拦截的集雨面积、年径流及其径流利用率，可用下式计算：

$$W_{引}=\frac{1}{10}Fy\varepsilon \tag{16.5}$$

式中：$W_{引}$ 为河坝年可引水量，万 m^3；F 为河坝与引水渠拦截的集雨面积，km^2；y 为年径流深，mm；ε 为径流利用率，与年径流量的大小、引水渠的大小及沿渠土质有关。

如果需要多年的河坝引水量，则可按上述方法进行逐年计算。

3. 小型机井工程可供水量计算

山丘区小型机井工程可供水量计算，可参考 8.3.4 节相关内容。

4. 小型水库兴利库容与供水量计算

（1）小型水库兴利库容估算。

1）按来水估算：

$$V_{兴}=\beta W_0=\frac{1}{10}\beta \overline{y}F \tag{16.6}$$

式中：$V_{兴}$ 为兴利库容，万 m^3；β 为库容系数，一般为 0.7～0.9；W_0 为多年平均年径流量，万 m^3；$\overline{y}$ 为多年平均年径流深，mm；F 为水库集流面积，km^2。

2）按用水估算：

$$V_{兴}=M+\varphi \tag{16.7}$$

式中：M 为灌区实际用水量，万 m^3；φ 为水库水量损失，一般以用水量的百分数计，如

取 $\varphi=10\%M$。

(2) 小型水库供水量估算。在水库兴利库容确定的条件下，小型水库供水量可根据计算年份水库的来用水（量）过程，按照水库兴利调度准则进行调蓄计算，确定水库供水过程与供水量。

5. "长藤结瓜"式灌溉系统的水量调配计算

(1) "长藤结瓜"式灌溉系统水量调配方法。"长藤结瓜"式灌溉系统的水量调配计算是指一个灌区、一个水系内或跨流域水利工程系统中各项工程所能提供水量的联合调配计算。

由于水利工程系统中地形条件、水源分布、工程布局及管理体制的差异，水量调配方式也有所不同，一般有下列两类：

1) 分片包干。分片包干主要是指灌区内的水库和引水、提水工程采取分别划定灌溉面积，自成分片灌溉系统，单独进行水量平衡计算。

在分片包干的水库调蓄计算中，用水量主要考虑灌溉用水、养殖业用水、生活用水、工副业用水和生态用水量，可供水量考虑本地径流量和回归水量（包括内部塘堰、拦河坝等工程调蓄、引水量）。通过逐时段水量平衡计算，得到水库各时段蓄水（量）和缺水（量）过程。

2) 联合调度。"长藤结瓜"式灌溉系统的水量联合调度，可在分片包干的基础上，利用骨干蓄引提工程、内部补水线工程进行水量联合调度。

在干旱年份，进行大、中、小型水库的联合运行，即以大、中型水库为中心，通过输水渠道，连接部分小型水库、塘堰及拦河坝等蓄水引水工程，对系统水资源进行统一调配。在某个具体时段，当小型水库缺水时，首先通过大、中型水库调节各水库之间水量，满足供水需求；当大、中型水库也不能满足供水需求时，可以通过补水工程提引境外河湖（过境）水源进行水量补充。

为充分发挥系统的调蓄作用，水量调配应尽量做到：在充分调蓄、利用当地径流的前提下，引调区外（或其他流域）水量；最大限度地调蓄水资源和满足综合利用要求，在优先满足灌区用水的前提下，做到一水多用，先用后耗；充分发挥渠、库、塘的引蓄作用。

具体做法：分片计算，总体平衡；自下而上，逐级推算；先用活水，后用蓄水；巧用低瓜，腾空充蓄；忙时用水，闲时补库；库塘结合，削减高峰；骨干工程，综合利用。

在大、中型水库调蓄计算中，用水总量主要包括各部门用水量（主要包括灌溉、养殖、生活、工副业和生态用水等）、小型水库缺水量（参与大、中型水库联合调度的小型水库），可供水量有本地径流量和灌溉回归水量（包括内部塘坝工程与河坝引水工程的调蓄、引水量）。通过逐时段水量平衡计算，获得大、中型水库各时段的蓄水量和缺水量过程。

大、中型水库调蓄计算的逐时段缺水量过程，可以通过补水工程引提区外河（湖）水量补渠、补库，扩大水资源供给能力。

对于区外河（湖）水量补给困难的地区，可以大、中型水库联合周围小型水库，充分利用当地径流，调蓄当地地表水量；在大、中、小型水库联合调度的基础上，进一步优化塘坝工程布局，扩大当地表水资源利用率，适度开发浅层地下水资源；同时，通过推广节水农业技术、种植业结构调整，或减少其他用水等措施，提高供水保证率。

（2）"长藤结瓜"式灌溉系统水量调配步骤。以蓄为主、蓄引提相结合的"长藤结瓜"式灌溉系统为例，说明其水量平衡计算的基本步骤：

1）划分水量平衡片区，分片统计灌溉面积、现有蓄水工程设施数量。

2）分片计算各类蓄水、引提水工程拦蓄径流的可利用水量及其过程。

3）分片计算各部分综合用水量（生产、生活与生态用水量）及其过程。

4）拟定水量调配原则与方案。

5）自下而上分片水量平衡计算，求得各片区的余、缺水量及其过程。

6）汇总各片区的水量平衡结果，其缺水总量即补水工程供水量（第一次水量调配完成——"分片包干"）。

7）补水工程的河川径流特性分析与径流可利用量计算。

8）补水工程联合调度的水量调配平衡计算，确定补水工程的规模及分散调蓄的工程措施（第二次水量调配完成——"联合运行"）。

（3）"长藤结瓜"式灌溉系统水量调配计算实例。下面以江苏省南京市六合区金牛山"长藤结瓜"式灌溉系统为例，说明其水量调配计算过程。

该灌区干渠起点于滁河支流八百河，途经八百河—金牛山水库—尖山翻水线—赵桥与川桥水库（川桥水库位于安徽境内），干渠全长 38.10km，灌溉面积 0.796 万 hm²。干渠沿线串联 2 座中型水库（金牛山和川桥水库），4 座小（1）型水库（毛营、唐公、南阳和赵桥水库），形成该区域的"长藤结瓜"式灌溉系统，如图 16.3 所示。供水时以这 2 座中型水库和 4 座小（1）型水库为主要供水水源，通过它们辐射的水库干、支渠串联区内分散布置的小型库塘，以此，充分调蓄区内地表水资源。

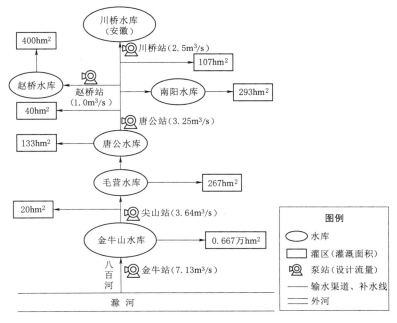

图 16.3　江苏省南京市六合区金牛山"长藤结瓜"式灌溉系统概化

在干旱年份补水时，由八百河上的金牛山站提水至金牛山水库，形成以金牛山水库为基础，以蓄为主、引提为辅、蓄引提相结合、"藤瓜"相连的补水网络。补充至金牛山水库的水量通过尖山站与其他补水线补充至毛营水库、唐公水库等沿线库塘，进而向北可补水至川桥水库。

1）分片包干典型小水库水量调配方案。小水库用水量主要考虑农业灌溉用水和生态用水量，可供水量主要考虑本地径流量和灌溉回归水量。通过逐时段水量平衡计算，得到小型水库各时段蓄水量和缺水量过程，缺水由骨干水库补水。

典型小水库的水量调配，以赵桥水库供水量及供水过程计算为例。该水库为年调节水库，总库容为 473 万 m³，兴利库容为 261 万 m³，设计灌溉面积为 0.04 万 hm²，集水面积为 6.16km²，75％频率年降雨过程见表 16.2。第一是根据作物种植布局、灌溉制度推算水库灌溉用水过程（表 16.2 第 2 项）；第二是生态用水量估算，可参考 7.1.1 节介绍的方法（水库生态用水量主要包括水库渗漏量、水面蒸发量以及为维护水生生物正常生长与水体自净能力所需要的水量，根据赵桥水库运行管理多年的经验，水库渗漏量以年蓄水量的 12％计，蒸发量以平水年的水面蒸发量计）（表 16.2 第 3 项）；第三是计算总用水量（表 16.2 第 4 项），其值等于灌溉用水量（表 16.2 第 2 项）与生态用水量（表 16.2 第 3 项）之和；第四是根据年降雨过程、水库集水面积、径流系数推求年径流量，由长系列降雨、径流关系统计得 75％频率下径流系数为 0.223〔径流量（表 16.2 第 6 项）等于降雨量（表 16.2 第 5 项）×径流系数 0.223×水库面积 6.16km²〕；第五是估算灌溉回归水量，根据典型年的灌溉过程和灌溉回归水系数确定，灌溉回归水系数取 8％（表 16.2 第 7 项等于第 2 项灌溉用水量乘以灌溉回归水系数 0.08）；第六是计算入库水量（表 16.2 第 8 项），其值等于径流量（表 16.2 第 6 项）与灌溉回归水量（表 16.2 第 7 项）之和；第七是计算缺水量（表 16.2 第 10 项），根据总用水量（表 16.2 第 4 项）合计减去入库水量（表 16.2 第 8 项）合计得到缺水量合计（136.87 万 m³），并令其在补水期（6 月上旬至 8 月下旬）平均分配，得到各旬缺水量（表 16.2 第 10 项），也即各旬补水量；最后进行该水库现状水平年 $P=75\%$ 的调配平衡计算，从 10 月开始，水库水量变化（表 16.2 第 9 项）等于水库初始水量（表 16.2 第 9 项的初始值 96.79 万 m³）与入库水量（表 16.2 第 8 项）之和，减去用水总量（表 16.2 第 4 项），再加上补水量（补水量等于表 16.2 第 10 项的缺水量），如此逐月计算。

表 16.2　　　　　赵桥水库现状水平年（来水频率 $P=75\%$）的调蓄过程

日期	用水量/万 m³			来水量				平衡计算/万 m³	
月旬	灌溉用水量	生态用水量	总用水量	降雨量/mm	径流量/万 m³	灌溉回归水量/万 m³	入库水量/万 m³	水库水量变化	缺水量
(1)	(2)	(3)	(4)	(5)	(6)	(7)	(8)	(9)	(10)
								96.79	
10 月	4.93	0.97	5.90	93.00	12.78	0.39	13.17	104.06	
11 月	7.23	1.10	8.33	62.00	8.52	0.58	9.10	104.83	
12 月		1.09	1.09	20.20	2.77		2.77	106.51	

续表

日期	用水量/万 m³			来水量				平衡计算/万 m³	
月旬	灌溉用水量	生态用水量	总用水量	降雨量/mm	径流量/万 m³	灌溉回归水量/万 m³	入库水量/万 m³	水库水量变化	缺水量
(1)	(2)	(3)	(4)	(5)	(6)	(7)	(8)	(9)	(10)
1 月		1.07	1.07	51.70	7.10		7.10	112.54	
2 月		1.12	1.12	25.80	3.54		3.54	114.96	
3 月		1.14	1.14	52.70	7.24		7.24	121.06	
4 月		1.15	1.15	61.40	8.43		8.43	128.34	
5 月	0.81	1.16	1.97	75.20	10.33		10.33	136.70	
6 月上旬	46.28	0.40	46.68	13.70	1.88	3.70	5.58	109.29	13.69
6 月中旬	18.83	0.29	19.12	108.30	14.88	1.51	16.39	120.25	13.69
6 月下旬		0.35	0.35	28.40	3.90		3.90	137.49	13.69
7 月上旬	29.91	0.37	30.28	6.70	0.92	2.39	3.31	124.21	13.69
7 月中旬	29.07	0.30	29.37	84.50	11.61	2.33	13.94	122.47	13.69
7 月下旬	57.18	0.32	57.50	2.50	0.34	4.57	4.91	83.57	13.69
8 月上旬	46.26	0.18	46.44	33.20	4.56	3.70	8.26	59.08	13.69
8 月中旬	17.99	0.09	18.08	137.20	18.85	1.44	20.29	74.97	13.69
8 月下旬	15.88	0.21	16.09	33.40	4.59	1.27	5.86	78.42	13.68
9 月上旬		0.22	0.22	24.30	3.34		3.34	95.22	13.68
9 月中旬		0.27	0.27	15.30	2.10		2.10	97.05	
9 月下旬		0.33	0.33	0.50	0.07		0.07	96.79	
合计	274.37	12.13	286.50	930.00	127.75	21.88	149.63		136.87

可见，当赵桥水库现状水平年（来水频率 $P=75\%$）时，年缺水量为 136.87 万 m³。

2）联合运行水量调配。金牛山水库实际灌溉面积为 0.667 万 hm²，集水面积为 124.14km²，兴利库容为 5165 万 m³，库下有金牛站（设计流量 7.13m³/s）通过八百河提取滁河水补水入金牛山水库；库区上有尖山站（设计流量 3.64m³/s），提取金牛山水库水量，通过唐公站和赵桥站与小型水库（赵桥、南阳、唐公和毛营水库）联合调度，由补水线向小型水库灌区补水。

在赵桥、南阳、唐公和毛营水库分片包干调蓄计算的基础上，缺水由金牛山水库补水；金牛山水库除了承担小型水库的补水外，还要承担该水库控制区内的灌溉、生态、工副业用水量。金牛山水库的工副业用水，主要来自南京钢铁集团冶山矿业有限公司水厂取水，年核定许可取水量为 274.84 万 m³，近 3 年实际取水量平均为 118.39 万 m³。金牛山水库现状水平年 $P=75\%$ 的水量调蓄过程见表 16.3，其具体的调配平衡计算过程类似于表 16.2，此处不再赘述。现状水平年 75% 来水频率的缺水量为 2905.19 万 m³。

可见，金牛山水库在 6 月上旬至 9 月上旬缺水量均为 290.52 万 m³，同时根据当地管理习惯，该缺水量需在 5～6d 之内通过金牛站补库完毕；此外，金牛山水库同时承担向安徽省川桥水库的补水任务，补水流量为 2.5m³/s。通过计算分析，现状金牛站总设计流量为 7.13m³/s，能满足设计保证率补水要求。

表 16.3　　　　金牛山水库现状水平年（来水频率 $P=75\%$）的调蓄过程

日期	用水量/万 m³					来水量				平衡计算/万 m³	
月旬	灌溉用水量	生态用水量	工业用水量	小型水库缺水量	总用水量	降雨量/mm	径流量	灌溉回归水量	入库水量	水库水量变化	缺水量
(1)	(2)	(3)	(4)	(5)	(6)	(7)	(8)	(9)	(10)	(11)	(12)
										2085.50	
10 月	82.20	60.73	9.90		152.83	93.00	257.37	6.60	263.97	2196.64	
11 月	120.40	48.47	9.90		178.77	62.00	171.58	9.60	181.18	2199.05	
12 月		42.65	9.90		52.55	20.20	55.90		55.90	2202.40	
1 月		38.40	9.90		48.30	51.70	143.08		143.08	2297.18	
2 月		58.26	9.90		68.16	25.80	71.40		71.40	2300.42	
3 月		68.50	9.90		78.40	52.70	145.84		145.84	2367.86	
4 月		80.97	9.90		90.87	61.40	169.92		169.92	2446.91	
5 月	13.50	82.88	9.90		106.28	75.20	208.11	1.10	209.21	2549.84	
6 月上旬	771.40	16.04	3.30	50.00	840.74	13.70	37.91	61.70	99.61	2099.23	290.52
6 月中旬	313.90	13.82	3.30	50.00	381.02	108.30	299.71	25.10	324.81	2333.54	290.52
6 月下旬		16.09	3.30	50.00	69.39	28.40	78.60		78.60	2633.27	290.52
7 月上旬	498.50	15.78	3.30	50.00	567.58	6.70	18.54	39.90	58.44	2414.65	290.52
7 月中旬	484.40	16.27	3.30	50.00	553.97	84.50	233.85	38.80	272.65	2423.85	290.52
7 月下旬	953.10	19.20	3.30	50.00	1025.60	2.50	6.92	76.20	83.12	1771.89	290.52
8 月上旬	771.10	16.13	3.30	50.00	840.53	33.20	91.88	61.70	153.58	1375.46	290.52
8 月中旬	299.80	15.36	3.30	45.00	363.46	137.20	379.69	24.00	403.69	1706.21	290.52
8 月下旬	264.60	14.94	3.30	41.00	323.84	33.40	92.43	21.20	113.63	1786.52	290.52
9 月上旬		10.57	3.30	30.00	43.87	24.30	67.25		67.25	2100.41	290.51
9 月中旬		13.07	3.30	24.00	40.37	15.30	42.34		42.34	2102.38	
9 月下旬		14.96	3.30		18.26	0.50	1.38		1.38	2085.50	
合计	4572.90	663.09	118.80	490.00	5844.79	930.00	2573.70	365.90	2939.60		2905.19

6. "长藤结瓜"式灌溉系统水量优化配置方法

(1) "一库一站"水量优化配置。

1) 系统概化。以带有补库泵站的水库水量优化配置加以说明，如图 16.4 所示，为一座水库带有一座补库泵站的灌溉系统，该类系统是南方山丘区蓄引提灌溉工程的典型形式。

2) 优化模型。对于水量相对丰沛且年内时空变化大的南方山丘区，年调节水库的水量优化配置模型，以系统年内各时段水量供需偏差的平方和最小为目标函数：

$$\min F = \sum_{t=1}^{N} (X_t - YS_t)^2 \qquad (16.8)$$

式中：F 为系统年内各时段供需水量偏差的平方和；X_t 为时段 t 内的水库供水量；YS_t 为时段 t 内的灌区需水量；N 为年内划分的时段总数；其余符号意义同前。

主要约束条件如下：

a. 系统总可供水量约束。系统总供水量不应超过水库年可供水量以及补库泵站年可提水量之和：

$$\sum_{t=1}^{N} X_t \leqslant SK + BZ \qquad (16.9)$$

式中：SK 为水库年可供水量；BZ 为补库泵站年可提水量；其余符号意义同前。

b. 水库调度准则约束。水库在运行期间，任一时段蓄水量应始终处于规定的上下限之间：

$$V_t^{\min} \leqslant V_t \leqslant V_t^{\max} \qquad (16.10)$$

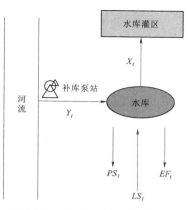

图 16.4　"一库一站"系统概化

X_t—时段 t 内的水库供水量；LS_t—时段 t 内的水库来水量；PS_t—时段 t 内的水库弃水量；EF_t—时段 t 内的水库水量损失；Y_t—时段 t 内的补库泵站提水量；t—时段编号，$t=1$, 2, $\cdots$, N

式中：V_t 为时段 t 内的水库蓄水量；$V_t^{\min}$ 为时段 t 内的水库蓄水量下限，通常为死库容或者旱限水位对应的蓄水量；$V_t^{\max}$ 为时段 t 内的水库蓄水量上限，通常为兴利水位或者汛限水位所对应的水库蓄水量。

根据水量平衡方程，水库各时段蓄水量按下式计算：

$$V_t = V_{t-1} + LS_t - X_t + Y_t - EF_t - PS_t \qquad (16.11)$$

若 $V_t^{\min} \leqslant V_t \leqslant V_t^{\max}$，则水库该时段弃水量 PS_t 和补水量 Y_t 均为 0。

若 $V_t > V_t^{\max}$，则水库应进行弃水，该时段弃水量 PS_t、补水量 Y_t 和蓄水量 V_t 如下：

$$PS_t = V_t - V_t^{\max} \qquad (16.12)$$

$$Y_t = 0 \qquad (16.13)$$

$$V_t = V_t^{\max} \qquad (16.14)$$

若 $V_t < V_t^{\min}$，则水库由补库泵站进行补水，该时段弃水量 PS_t、补水量 Y_t 和蓄水量 V_t 如下：

$$PS_t = 0 \qquad (16.15)$$

$$Y_t = V_t^{\min} - V_t \qquad (16.16)$$

$$V_t = V_t^{\min} \qquad (16.17)$$

c. 其他约束。灌区最大需水量，各时段的水库供水量不应超过该时段灌区需水量：

$$X_t \leqslant YS_t \qquad (16.18)$$

泵站提水能力，补库泵站各时段内的补水量不应超过其最大提水能力：

$$Y_t \leqslant Y_t^{\max} \qquad (16.19)$$

式中：$Y_t^{\max}$ 为补库泵站在时段 t 内的最大提水量。

3）求解方法。以时段 t 为阶段变量，各时段水库供水量 X_t 为决策变量，上述模型可采用一维动态规划方法求解。

约束 a 为水库供水量 X_t 的耦合约束，即转化为状态转移方程。

约束 b 为水库引提补水和排水的调度准则约束。递推过程中，利用每个 X_t 的离散值按式（16.11）计算水库蓄水量 V_t，并检验蓄水量上下限约束［式（16.10）］，根据式（16.12）～式（16.17）计算弃水量 $PS_{i,t}$ 或补水量 $Y_{i,t}$，从而修正蓄水量。

约束 c 为各时段水库供水量上限［式（16.18）］、泵站引提补水量上限［式（16.19）］等，这类约束均可转化为对应决策变量的可行域（变量离散范围）。

4）"一库一站"水量优化配置案例。以江苏省南京市六合区河王坝水库为例介绍水库水量优化配置过程。河王坝水库集水面积为 35.1km²，总库容为 2191 万 m³，兴利库容为 1136 万 m³，汛前限制库容为 907 万 m³，死库容为 457 万 m³，承担灌溉（由 5 条干渠引水库水灌溉 2666.67hm²）、供水（承担河王湖社区、东王社区约 1500 人的饮水安全）、工副业与生态用水。河王坝水量不足时，由库下河王坝一级站从中干渠提水补库，设计提水流量为 2.1m³/s，形成蓄引提"一库一站"联合配置系统，如图 16.5 所示。

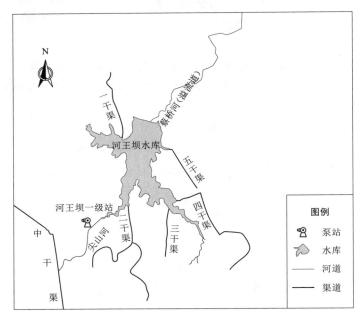

图 16.5 江苏南京河王坝水库及其补库泵站平面布置

常规配置：在水库蓄水量不低于死库容的前提下，最大限度地保障用水户的水量供给；当水库蓄水量低于死库容时，利用河王坝一级站逐时段提水补库至死库容，以此调蓄计算。在现状水平年 $P=75\%$，河王坝一级站年补水量（核订水权）719 万 m³ 时，通过来用水平衡计算（水库起始蓄水量为 576 万 m³，调蓄计算末蓄水量为 462 万 m³），该年水库未蓄满，全年各时段无弃水；年缺水量为 91 万 m³，缺水量集中在 8 月下旬与 9 月上旬，分别为 57m³、34 万 m³。可见，常规配置水库缺水量集中，存在较大的供水矛盾。

优化配置：应用"一库一站"水量联合配置优化模型，采用一维动态规划求解，求解过程中决策变量的离散步长取 1 万 m³，优化配置结果见表 16.4。

　　经过优化配置，现状水平年 $P=75\%$ 由于水库没有弃水，因此，河王坝一级站年补水量为 719 万 m^3 时，年缺水量不变依旧为 91 万 m^3，但时段最大缺水量仅为 6 万 m^3。可见，优化配置消除了灌区严重缺水的时段，有利于减小供需矛盾、提高供水效益。

表 16.4　　　　　现状水平年（来水频率 $P=75\%$）河王坝水库优化配置过程　　　　单位：万 m^3

序号	月旬	水库						灌区	
		来水量 LS_t	水量损失 EF_t	供水量 X_t	弃水量 PS_t	补水量 Y_t	水库蓄水量 V_t	需水量 YS_t	缺水量 YS_t-X_t
							576		
1	10 月	73	11	54	0	0	584	59	5
2	11 月	15	8	74	0	0	517	79	5
3	12 月	1	5	12	0	0	501	17	5
4	1 月	36	3	11	0	0	523	16	5
5	2 月	10	3	18	0	0	512	23	5
6	3 月	9	7	22	0	0	492	27	5
7	4 月	37	11	26	0	0	492	31	5
8	5 月	206	16	30	0	0	652	35	5
9	6 月上旬	136	8	41	0	0	739	46	5
10	6 月中旬	84	8	455	0	97	457	460	5
11	6 月下旬	28	8	39	0	19	457	44	5
12	7 月上旬	57	9	178	0	130	457	183	5
13	7 月中旬	51	9	171	0	129	457	176	5
14	7 月下旬	57	9	194	0	146	457	199	5
15	8 月上旬	35	10	100	0	75	457	105	5
16	8 月中旬	105	9	73	0	0	480	78	5
17	8 月下旬	18	9	127	0	95	457	132	5
18	9 月上旬	30	7	51	0	28	457	57	6
19	9 月中旬	31	7	23	0	0	458	23	0
20	9 月下旬	38	7	27	0	0	462	27	0
合计		1057	164	1726	0	719		1817	91

　　（2）蓄引提相结合的"长藤结瓜"式灌溉系统水量优化配置。

　　1）系统概化。典型的蓄引提相结合的"长藤结瓜"式灌溉系统概化如图 16.6 所示，系统由 1 座骨干水库（序号为 0），L 座小型水库（序号为 1，2，…，L）组成。

　　2）优化模型。同样地，以系统年内各时段水库供需水量偏差的平方和最小为目标函数：

$$\min F = \sum_{i=0}^{L} \sum_{t=1}^{N} (X_{i,t} - YS_{i,t})^2 \qquad (16.20)$$

式中：F 为系统年内各时段供需水量偏差的平方和；$YS_{i,t}$ 为水库灌区 i 在 t 时段的需水量；其余符号意义同前。

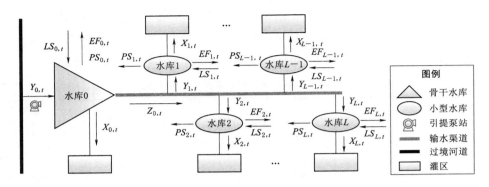

图 16.6　典型蓄引提相结合的"长藤结瓜"式灌溉系统概化

$LS_{i,t}$—时段 t 内水库 i 的来水量；$X_{i,t}$—时段 t 内水库 i 的供水量；$Y_{i,t}$—时段 t 内水库 i 的补水量；

$PS_{i,t}$—时段 t 内水库 i 的弃水量；$EF_{i,t}$—时段 t 内水库 i 的水量损失；

$Z_{0,t}$—时段 t 内骨干水库的外调水量；i—水库编号；t—时段编号

主要约束条件如下：

a. 系统总可供水量约束。系统年总供水量不应超过各水库年可供水量与泵站引提区外水量之和：

$$\sum_{i=0}^{L}\sum_{t=1}^{N}X_{i,t} \leqslant \sum_{i=0}^{L}SK_i + BZ \tag{16.21}$$

式中：SK_i 为水库 i 的年可供水量；BZ 为泵站引提区外水对水库 0 的年补库总水量（图 16.6）；其余符号意义同前。

b. 水库可供水量约束。各水库的年供水量不应超过该水库的年可用水量：

$$\sum_{t=1}^{N}X_{i,t} \leqslant SK_i \quad i=1,2,\cdots,L \tag{16.22}$$

c. 水库调度准则约束。水库运行过程中各时段的蓄水量必须处于其上下限之间：

$$V_{i,t}^{\min} \leqslant V_{i,t} \leqslant V_{i,t}^{\max} \quad i=0.1,2,\cdots,L \tag{16.23}$$

式中：$V_{i,t}^{\min}$，$V_{i,t}^{\max}$ 分别为 t 时段水库 i 的蓄水量下限和上限；$V_{i,t}$ 为 t 时段水库 i 的蓄水量。

各时段水库的蓄水量可根据水量平衡方程计算，对于骨干水库和小型水库分别为

$$V_{i,t}=\begin{cases}V_{i,t-1}+LS_{i,t}-X_{i,t}+Y_{i,t}-Z_{i,t}-PS_{i,t}-EF_{i,t} & i=0\\ V_{i,t-1}+LS_{i,t}-X_{i,t}+Y_{i,t}-PS_{i,t}-EF_{i,t} & i\neq0\end{cases} \tag{16.24}$$

若 $V_{i,t}^{\min} \leqslant V_{i,t} \leqslant V_{i,t}^{\max}$，则水库该时段弃水量 $PS_{i,t}$ 和补水量 $Y_{i,t}$ 均为 0。

若 $V_{i,t} > V_{i,t}^{\max}$，则水库应进行弃水，该时段弃水量 $PS_{i,t}$、补水量 $Y_{i,t}$ 和蓄水量 $V_{i,t}$ 为

$$PS_{i,t}=V_{i,t}-V_{i,t}^{\max} \tag{16.25}$$

$$Y_{i,t}=0 \tag{16.26}$$

$$V_{i,t}=V_{i,t}^{\max} \tag{16.27}$$

若 $V_{i,t} < V_{i,t}^{\min}$，骨干水库有泵站提取区外来水补库；小水库则有骨干水库补水。该时段弃水量 $PS_{i,t}$、补水量 $Y_{i,t}$ 和蓄水量 V_t 为

$$PS_{i,t}=0 \tag{16.28}$$

$$Y_{i,t}=V_{i,t}^{\min}-V_{i,t} \tag{16.29}$$

$$V_{i,t}=V_{i,t}^{\min} \tag{16.30}$$

d. 其他约束。包括水库各时段的最大供水量上限、引提外水泵站的各时段最大提水量约束等，均可以转化为决策变量的可行域范围。

3) 求解方法。对于这类蓄引提相结合的"长藤结瓜"式混联水库供水系统，水量配置优化模型中决策变量为 $X_{i,t}$、$Y_{i,t}$、$Z_{0,t}$（$i=1,2,\cdots,L$；$t=1,2,\cdots,N$），具有 $L+1$ 个耦合约束（状态变量），是 $L+1$ 维动态规划问题。如果直接采用动态规划求解，对于三维及以上优化问题则易引起"维数灾"。如果采用遗传、粒子群等现代启发式算法求解，则很难高效处理模型中的等式约束（水量平衡方程）和判断性约束（水库调度准则）。因此，建议采用分解-动态规划聚合算法，优化方法与步骤可查阅相关文献。

16.2.4　山丘区水土保持（Soil and water conservation in mountainous and hilly areas）

由于山区和丘陵地区地面坡度较大，如果森林被砍伐，天然覆盖遭到破坏，或垦殖后耕作技术不合理，就会使地面保水能力降低，引起雨水的大量流失。由于雨水对土壤的冲击、浸润与冲刷作用，会使土壤和成土母质遭到破坏，并随水分流失，这种水分和土壤流失的现象，称为水土流失。水对土壤的破坏作用称为水蚀；风力同样会促使表层土壤的迁移与破坏，称之为风蚀。在比较干旱、植被缺乏的地区，特别是风速大于 $4\sim5\mathrm{m/s}$ 时，风蚀危害就比较显著，广义的水土流失也包括风蚀在内。西北黄土高原区，黄土厚深、土质疏松、沟壑密布、坡陡沟深，气候干旱、暴雨集中，是我国水土流失最严重的地区，也是黄河泥沙的主要来源地。南方山区、丘陵区一般地面覆盖较好，水土流失较轻，但由于暴雨多、强度大，如植被遭到破坏，也会引起水土流失现象，特别是南方某些红壤地区、高砂土地区，水土流失现象也较严重。

水土的大量流失，给农业生产和环境带来很大危害，引起地力减退，产量降低和面源污染；在水利方面，由于水土流失，引起河流、水库和渠道淤积，加重了洪、涝、旱灾，影响水利资源的开发利用，给水利工程的建设和管理带来许多困难。此外，水土流失同样给厂矿、交通和城镇等带来严重的危害和损失。

1. 影响水土流失的主要因素

一般分为自然因素和人为因素两类。

（1）自然因素。

1）降雨。雨滴对土壤的冲击力和由降雨形成的地表径流对土壤的冲刷力是产生土壤流失的主要动力。降雨总量、降雨强度和降雨量分布都对水土流失有影响，而以降雨强度对水土流失的影响为最大，在其他条件相同时，降雨强度越大，径流量越大，冲蚀能力越强，因而水土流失量也越大。

2）土壤。水土流失量的大小，一方面决定于径流对土壤的冲刷作用，另一方面也决定于土壤的抗蚀性能。质地黏重的土壤，其透水性差，在降雨情况相同时，容易形成较大的地表径流，因而径流对土壤的冲刷破坏作用也较大。松散无结构的土壤，抵抗雨滴打击和径流冲蚀的能力均较差，水土流失也较大。

3）地形。地面坡度、坡长均直接影响径流的流速和水土流失量的大小。一般情况下，地面坡度越陡，流速越大，土壤流失量越大。随着坡度加大，汇集水量增加，冲刷能力也随之增强，因而，土壤流失量也急剧增加。

4）植被。植被覆盖可以保护土壤免受雨滴的冲击，减少土壤结构的破坏；可以截留大量的水分，减少地表径流，增加地面粗糙度，减缓径流的流速，从而可以降低水流的冲蚀能力；植物根系还能增加土壤的有机质，提高土壤肥力，改善土壤结构和增加土的抗冲能力，因此，植物覆盖越好，土壤流失量越小。

上述各种因素不是彼此孤立而是互相影响、互相依赖的。植物的生长，在很大程度上取决于降雨和土壤条件，而植物覆盖又影响着土壤物理性状、径流形成和土壤侵蚀；而径流的侵蚀作用又影响着地形的变化和土壤条件，等等。因此，在探讨各种因素对水土流失的影响时，必须全面地、综合地进行分析和研究，才能制订正确的措施和取得良好的效果。

（2）人为因素。陡坡开荒、破坏森林、不合理的耕作方式和不合理的放牧，以及大规模的工程建设等，都会破坏地表土壤和植被，使表土遭受冲刷，造成水土流失。人为因素是影响水土流失的重要条件。不合理的经营活动会使自然条件恶化，加速水土流失；而合理的经营方式，则可以改善自然条件，减少或防止水土流失。水土保持工作即是防止水土流失，改造不利自然条件的一项根本措施。

在一定的自然因素组合下，在明确的区间内，年土壤流失的总量基本确定。根据这一特性，可以采用数学方法来估算年土壤流失量。这类数学方程的形式有很多，如采用多元线性、多元非线性回归方程等。我国许多水土保持试验研究单位，应用各地区试验站的典型小流域实测资料，以降雨、地形、土质和植被等因素的特征值为参数，建立土壤流失量计算经验公式，在各自适用范围内，具有一定的精度。但目前国内外应用最普遍的还是美国通用土壤流失方程（universal soil loss equation，USLE），其基本形式为

$$A = RKLSCP \tag{16.31}$$

式中：A 为单位面积的土壤流失量，t/km^2；R 为降雨侵蚀力因子；K 为土壤可蚀性因子；L 为坡长因子；S 为坡度因子；C 为植被覆盖和经营管理因子；P 为水土保持措施因子。

通过试验，可以求得这些因子，从而利用上述方程估算土壤的流失量。

2. 水土保持措施

水土保持是改变山丘区自然面貌，减少自然灾害，促进农林牧业全面发展的一项重要工作，它涉及农、林、牧合理安排，上下游统筹兼顾，必须按流域、按山系进行统一规划，对山、水、林、田、湖、草、沙系统进行综合治理。要注意近期与远期相结合，大中小工程相结合，治沟与治坡相结合，生物措施与工程措施相结合，在积极开展水土保持工作的同时，促进农林牧业发展。水土保持措施主要有工程、林草和农业耕作措施等。

（1）工程措施。

1）坡面工程措施。

a. 梯田。修筑梯田是山区丘陵区最主要的一种水土保持措施，也是建设基本农田的主要形式之一。梯田有坡式梯田和水平梯田两种。坡式梯田一般田面向外（顺原有地坡）倾斜，它的水土保持效果较差，大多在南方坡地的林地上采用。水平梯田的田面基本水平

或向内微倾，水土保持效果好。水平梯田在一般降雨时可有效拦蓄雨水，暴雨时也可拦蓄大部分径流；可控制大部分泥沙，基本上做到水不出田，泥不下坡。水平梯田的粮食产量比未治理的坡地有较大幅度提高，高者可达 1～3 倍。因此，坡地开垦种植时，应优先采用水平梯田，避免水土流失。

梯田规格主要指田面宽度、田坎高度和田坎坡度，这三者是相互关联的。梯田规格要根据原来的地面坡度和土壤情况而定，同时也要考虑施工和机耕的要求。田面宽度不能太窄和太宽，太窄了机耕不方便，田坎占地多；太宽了平土量太大，耗费劳力多，保熟土困难。田坎高度要根据土质好坏、坡度大小和机耕要求确定。据陕北经验，田坎以不高于3m 为宜。田坎需修成一定的侧坡才能稳定，一般 70°左右为宜，田坎越高，侧坡应越缓。田坎内缘还应高出田面 0.2m 左右作为田埂，以便蓄存雨水。

在修筑梯田时，除加固田埂或砌石做埂外，还必须修建防洪、排水设施。如果在整片梯田上部有较大集雨面积，则应在梯田上部开挖截流沟，拦截山水，并将其引入泄水的沟道或蓄水池中。在田块内侧（靠上一级梯田的一侧），应修建坡地的排水输水系统，将梯田的地表径流输送到蓄水池或山沟之中。排水输水沟比降一般取 1/100～1/150，不大于1/50，否则容易冲毁沟坝，造成新的水土流失。此外，还应对梯田的取水措施、输配水系统等同时做出规划。

b. 水平条田。水平条田是地面坡度平缓的塬区基本农田的形式之一，也是塬面主要水土保持措施之一。水平条田的田面形状规整，田面宽度和长度均比水平梯田大，它主要沿等高线方向布设，呈水平长条形农田。水平条田可把大部或全部降雨拦蓄在土壤里，可防止地表径流冲刷，是抗旱保墒和根治洪水危害的有效措施，也为灌溉和机耕提供了有利条件。

水平条田的地块宽度应根据土地平整、机耕和灌溉等要求，按地形坡度陡则田块窄、坡度缓则田块宽的原则确定。田块长度主要根据农业机械化程度而定，目前以 200～300m 为宜，随着机械化程度提高，可两块连成一块，使长度达 400～600m。

2）沟道工程措施。

a. 淤地坝。在沟里筑坝，滞洪拦泥，固定沟道、变荒沟为良田，这种坝称为淤地坝，淤成的地称为坝地。在一个小流域内，对淤地坝的布设应进行统一规划，以便做到费工少、收效大；能拦蓄较多的洪水泥沙，淤成较多的坝地；并保证安全生产，尽快实现沟底川台化、水利化。在进行坝系规划时，应注意沟坡兼治，全面制定治坡与治沟规划。此外，还应注意从上下游、干支沟全面考虑，因地制宜布设淤地坝，形成一个生产、拦泥、防洪、灌溉的完整坝系。

淤地坝的密度和高度有密切的关系，坝体高则坝数少，密度小；坝体低则坝数多，密度大。一般应根据沟底比降、沟道地形以及坝间川台相接的原则来确定。坝地是靠落淤形成的，但落淤后的坝地又受洪水的威胁，因此，必须注意做好坝地防洪工作。坝地防洪最重要的措施是加强坡面治理，可从根本上减少洪水威胁。但在治坡取得显著成果以前，可以因地制宜地采取防洪措施。例如，在一条沟的若干坝都已淤出坝地的情况下，可以采取轮蓄轮种、蓄种相间、交替加高各淤地坝的防洪措施。当下游坝蓄洪，上游坝耕种时，应在上游坝地修建排洪沟，以便将洪水排到下坝拦蓄（图 16.7）。而对于坝系已经形成、治坡较好的情况，可以在坝地建立排水滞洪系统，以部分洪水漫地滞涝，部分洪水下排。

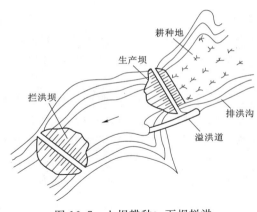

图 16.7　上坝耕种、下坝拦洪

b. 谷坊。谷坊是在小沟中分段修建的小坝。它可以减缓沟底和水流比降，拦截径流和泥沙，从而固定沟床，防止两岸崩塌，淤出的台状土地可种植林木和作物。

谷坊有土谷坊、石谷坊、枝梢谷坊、插柳谷坊及其他混合材料修建的谷坊等。土谷坊坝体全部用泥土筑成，坝高一般多在 1～5m。石谷坊坝体是用石块砌筑而成，坝高也多为 1～5m，但较土谷坊牢固，造价比土谷坊高，技术要求也较高，适于在溢洪流量较大，沟口狭窄的地方建造。枝梢谷坊坝体用树木枝梢和泥土或块石修筑，坝高一般为 1～3m，适于在集雨面积不大，沟床坡降较陡、不便于修筑土石谷坊的侵蚀沟中建筑。插柳谷坊是在沟底打入若干排柳桩，柳桩成树后即可起到缓流留淤的作用。

谷坊规划设计，应注意正确选择坝址。坝址应选在沟底平缓，口小肚大，基础好的地方，以节省工料，并拦截较多的径流和泥沙。保证谷坊安全的一个重要环节是合理确定谷坊溢流口的尺寸、形状和位置，使过堰洪水的流速不超过谷坊建筑材料的允许流速。根据各地修建谷坊的经验，在沟中修建谷坊时，要自上而下层层修建，节节拦截径流和泥沙，分段控制水土流失。为了更有效地防治沟道侵蚀和山口崩塌，最好能一次修成谷坊群。

c. 其他工程措施。为了避免集中水流的冲刷，而使沟头继续延伸，常采取沟头防护措施。在沟头上方的一定距离内筑堤挖沟（一道或数道）拦蓄径流，使其不能入沟。在来水量大和蓄水容积不足的地方，也可采取带有消能设备的泄水式沟头防护，将来水引导至集中地点下泄入沟。

引洪漫地是利用从河流、山沟、荒坡地流下来的肥沃泥水淤漫耕地、荒滩和砂地，用以改良土壤，提高作物产量和扩大耕地面积的一种水土保持措施。用这种方法不但可以服务于农业生产，还可起到拦蓄径流和泥沙、削减洪峰等水土保持作用。

（2）林草措施。造林种草既能改变小气候，又能减少地表径流，防止土壤冲刷，保持水土。根据陕北无定河流域的观测资料分析，造林种草可以减少径流 30%～80%，减少土壤流失高达 90%。大面积的水土保持工作单靠工程措施几乎是不可能完成的，它必须与林草措施相配合。造林种草也是增加经济收入的一个有效途径。造林种草的具体措施如下：

1）沟坡造林。沟坡造林应选择合适的树种，分别配置于沟坡的不同部位，如岇顶、坡面和沟底等处。沟坡造林的整地形式可选择水平沟、水平阶和鱼鳞坑等几种形式。水平沟多用于不平整的坡地，沿等高线开筑，呈"品"字形排列，一般沟深 0.3～0.5m，上口宽 0.5～0.8m，底宽 0.3～0.4m，沟长 4～6m，沟间距离上下 2m，左右 1m。水平阶多用于比较平整的坡面，沿等高线里切外垫，作成 1m 左右的小台阶，外高里低，呈倒坡形，阶距 2m 左右。鱼鳞坑用在较陡坡面及支离破碎的沟坡上，沿等高线挖成月牙状，呈"品"字形排列。坑埂高 0.3m 左右，坑底为倒坡。

2）封山育林。在地广人稀劳力缺乏的地区，大力推广封山育林育草，能够在较短的时间内恢复植被，控制水土流失。

3）种草。种草采用草田轮作，可以增加饲草和肥料。它是一种投工少，见效快的水土保持措施。在一般情况下，首先利用现有荒山、荒坡种草，随着农业生产的不断发展，可以有计划地逐步退耕部分坡耕地用以种草，实行草田轮作、草田带状间作等合理的耕作制度。

（3）农业耕作措施。水土保持的农业耕作措施，是指在遭受水蚀和风蚀的农田中采用改变微地形，增加地面覆盖和土壤抗蚀力，实现保水、保土、保肥、改良土壤、提高作物产量的系列农业耕作方法，对防治水土流失、促进农业增产具有十分重要的作用。它同林草措施、工程措施并称为水土保持的三大措施。根据所起的作用可分为三大类：①以改变微地形为主的，如等高耕作、等高带状间作、等高沟垄种植等；②以增加地面覆盖为主的，如秸秆覆盖、留茬、密植等；③以增加土壤入渗为主的，如深松耕、免耕等。

从 2000 年开始，我国在水土流失严重的水蚀区和风蚀区实施的退耕还林还草工程是世界上投资最大、政策性最强、涉及面最广、群众参与程度最高的生态工程，是构建人与自然生命共同体最具标志性的世界超级生态工程，创造了世界生态建设史上的奇迹，为全球生态治理树立了典范。退耕还林还草就是从保护和改善生态状况出发，将水土流失严重的耕地，沙化、盐碱化、石漠化严重的耕地以及粮食产量低而不稳的耕地，有计划、有步骤地停止耕种，因地制宜地造林种草，恢复植被。退耕还林还草工程的实施，改变了农民祖祖辈辈垦荒种粮的传统耕作习惯，实现了由毁林开垦向退耕还林还草的历史性转变，取得了显著的综合效益。据美国航天航空局（NASA）2019 年研究结果，我国的退耕还林还草工程贡献了全球绿色净增长面积的 4% 以上。

16.2.5　山丘区小流域综合治理（Comprehensive control of small watersheds in mountainous and hilly areas）

山丘区小流域综合治理以山水林田湖草沙系统治理为原则，是在传统小流域水土保持综合治理的基础上，将水资源保护、水土流失防治、面源污染控制、农村垃圾及污水处理等统筹兼顾、综合治理。其目标是山丘区行洪安全、坡面侵蚀与沟道侵蚀强度控制在轻度以下、水体清洁且非富营养化、生态系统良好。

1. 小流域综合治理的主要内容

山丘区小流域综合治理，是从水土资源保护利用的源头入手，对资源和环境进行综合、系统的整治，转变不合理、不可持续的发展方式，保护资源和环境，实现绿色可持续发展，为生态农业和人居环境营造提供良好的水土生态环境。主要包括以下内容：

（1）水土流失综合治理。在小流域内开展水土流失治理和灌排设施配套建设，实施坡耕地改造、沟道治理、塘坝疏浚等工程，营造水土保持林草。通过以上措施基本控制农地、荒坡地、河沟塘坡面等水土流失，可使洪水归槽排泄，库、塘调蓄，从而减轻水土流失的危害。

（2）生态自然修复。在山丘区林区通过封山育林和疏林补密等措施进行生态修复。在小流域内开展坡耕地改造、荒坡地治理、农业结构调整，增加经济林和生态林面积，提高林草覆盖率。

（3）河道综合整治。主要包括河道疏浚、堤坝整治、河堤坡植物防护、坡面排水和沟口防护工程等，以及重点段生态防护和景观提升工程等，通过河道综合整治和长效管理营造生态健康水环境。

（4）人居环境综合整治。对村庄环境进行综合整治，推进社会主义新农村建设，建设农民幸福生活的美好家园。通过整治村庄沟塘，防治村庄水土流失，营造良好的农村人居环境。

（5）生态农业建设。选择适合当地发展的特色农业，开展诸如茶园、有机水稻、苗木、果园生产基地等农业建设项目，同时配套完善的灌排渠系工程。

（6）面源污染综合防治。对居民比较集中和有条件的地区，建立集中式污水处理工程，达标排放，实现生活垃圾集中管运；推广绿色、无公害技术，减少化肥使用量，使用低残留农药防治病虫害，推广施用有机肥料、生物农药，控制和减少农业面源污染；采用生物防治措施，在库、塘、河堤岸营造植物缓冲带、生物塘，通过植物和土壤的吸附、过滤，以及微生物降解，提高污染物降解效果。

2. 小流域综合治理模式

山丘区小流域综合治理基本模式，是以小流域为治理单元，山、水、林、田、湖、草、沙综合治理为基础，突出水土流失的坡耕地和沟道治理、河库塘水环境治理、村庄生态环境综合整治，实现小流域内"山青、水洁、村美、田沃"的目标。针对不同类型小流域，可采取以下治理模式：

（1）水源保护型小流域综合治理模式。在河流源头、重要水源地保护区，注重生态环境保护，以涵养水源、防治面源污染、保护水质为目标，建设水源保护型生态小流域。主要措施以生物措施为主，工程措施为辅。

（2）生态休闲型小流域综合治理模式。在具有山水、民俗旅游资源优势的区域，以资源环境承载力为基础，以保护原生态和水环境为重点，打造山水景观，挖掘民俗文化，提升山水环境品质，建设生态休闲型小流域。主要措施包括植被保育与景观林营造、水土环境治理与提升、人居环境改善等。

（3）防洪减灾型小流域综合治理模式。在山洪、滑坡、泥石流等灾害严重的地区，建设防灾减灾型生态小流域。以确保生命财产安全为重点，合理布设控制性工程措施和植物措施，以工程措施为主、植物措施为辅，达到改善人居环境的目标。

（4）绿色产业型小流域综合治理模式。在农业生产条件较好的地区，以"村容整治，生产发展"为切入点，通过水土流失治理和水环境保护，推动农业集约化生产和农村人居环境改善，调整农业生产结构，引进龙头企业或大户承包，发展特色林果、有机作物种植等，创建品牌效应、培育绿色产业。

16.3　南方平原圩区水土综合治理
（Comprehensive control of water and land systems in polder lands of Southern Plain）

16.3.1　南方平原圩区主要特点与综合治理要求（Main characteristics of polder lands in Southern Plain and their comprehensive control guidance）

1. 南方平原圩区主要特点

我国南方圩区主要是指沿江滨湖的低洼易涝地区以及受潮汐影响的三角洲，这些地区均系江湖冲积平原，土壤肥沃，水网密布，湖泊众多，水源充沛，加上一般年份雨量丰沛，所以自古以来，劳动人民就在江河两岸和沿湖滩地筑堤围垦，形成了大面积的水网圩区。

圩区的主要特点是地形平坦，大部分地面高程在江、河（湖）洪枯水位之间，每逢汛期，外河（湖）水位常高于田面，特别大水年份，一旦圩堤决口，严重影响人民群众生命财产安全；圩内渍涝水无法自流外排，渍涝容易成灾。圩区地下水位较高，耕作层土壤排水困难，作物易受渍害，且影响农业机械下田耕作；另外，由于年度降雨不均，非汛期也经常出现干旱。

2. 圩区综合治理要求

圩区综合治理是指平原低洼地区在一定范围内通过修建圩堤、兴建泵站、整治河道等措施，解决圩区的防洪、除涝、降渍、灌溉与水生态环境等问题。

针对圩区特点，应高度重视防洪除涝能力建设，通过实施圩堤达标、加固改造圩口闸、配套排涝泵站、疏浚圩内沟渠河网水系等措施，确保圩区人民群众生命财产安全、农田旱涝保收；同时，应保护圩区水面，加强圩区水生态环境修复。

圩区综合治理应做到"四分开、三控制"，即圩内圩外水系分开、灌溉排水系统分开、高田低田分开、水田旱田分开，控制内河水位、控制地下水位、控制土壤含水量；着力恢复圩内水面，保护圩区水环境，修复圩区水生态，打造"河畅、水清、鱼跃、鸟飞、蝉鸣、岸绿、景美"的"水美乡村"，再现滨湖圩区"小桥、流水、人家"的田园风光与传统人文景观。

16.3.2　圩区综合治理规划布局（Planning and layout of comprehensive control of polder lands）

1. 圩区规模确定

圩区面积的大小影响圩区综合治理效果。

小圩区的主要优点是易于管理，灌排矛盾较少。缺点是单位面积堤防长度相对较长，防洪标准较低，难以抵御高标准洪水；圩堤渗漏相对较大，地下水位高，影响作物产量与品质。

将小圩联圩并圩成大圩，具有单位面积堤线短，投资省，造价低，设备利用效率高，并可增加圩内调蓄水面积，易于集中防守等优点。缺点是规模过大的联圩并圩会抬高洪水位，使得圩区外河河道防洪排涝压力增大，加重防洪排涝的困难；河道水流过分集中，会导致河床冲刷加重；航道改变，过船等建筑物增多，给水上交通带来不便；圩外水面积减少，缩小了圩外河网的调节和排水功能。

圩区规模确定主要考虑以下几个方面的因素：

（1）防洪排涝安全。确保防洪排涝安全是确定联圩规模的总原则。联圩并圩不仅需注重圩区本身的防洪排涝安全，还应考虑圩外骨干河道的泄洪能力，以及对周围乃至整个区域河道防洪除涝能力的影响。在联圩过程中，不堵断主要行洪河道，特别是不能占用或堵断流域性、区域性引、排、航等重要河道。

（2）圩外河道水位。圩区规模与圩外河道的水头大小关系密切。通常挡水水头越大，圩区规模越大。在湖南、湖北、江西、安徽等省的沿江圩区挡水水头可达 6m 以上，防洪任务重、压力大，圩区规模就比较大，一般为几千公顷至上万公顷甚至十几万公顷。江苏苏南圩区大部分挡水水头仅高出堤后地面 0.5~1.5m 左右，圩堤的堤防断面比较小，圩区规模大多在 350hm² 以下。

（3）堤线长度。在圩区防洪排涝工程建设中，堤防工程的投入占据主要部分。通常多个小圩区在经过联圩并圩后，堤线长度只有原来的 1/3~1/5 左右，因此，联圩并圩可以减少堤防工程投入。尽管联圩规模越大，堤防工程投入越少，且单位耕地承担的堤线长度越小，但联圩规模达到一定程度时，堤线长度与圩区面积的比值变化趋于稳定。例如，根据江苏昆山、常州部分乡镇 100 多座圩区的面积与堤线长度的统计分析表明，当圩区面积大于 3.5km² 时，堤线比（即单位圩区面积的堤线长度）的变化率趋于稳定。

（4）地形条件。联圩并圩时要考虑圩内地形条件，尽量不要把地面高差过大的圩区实施联圩。因为圩内地形相差悬殊，高低片、高低田的灌排矛盾就比较大，特别是控制圩内高低分开时，需要增加分级控制建筑物，容易形成"圩中圩"现象，不利于圩区高效管理与运行。所以联圩的范围要适当，地面高差大的，联圩宜小；高差较小，地势平坦的，联圩可稍大一些。一般圩内地面高差以不超过 1.0m 为宜，同时还应注意圩形的方整。

2. 联圩并圩

用筑堤或建闸的方法堵塞不再承担泄洪的支流汊河，将沿河两岸分散的小圩连成一个

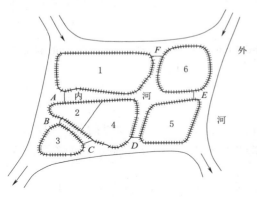

图 16.8 联圩并圩

大圩的工程措施称为联圩并圩。如图 16.8 所示，将 A、B、C、D、E、F 各处堵口筑堤或建涵修闸，将原来的 6 个小圩连成 1 个大圩，使原来小圩的部分外河，变成了大圩的内河。

联圩并圩的主要优点如下：缩短防洪战线，减轻防洪负担；缩短堤线，有利于控制圩内水位；增加圩内水面率，可提高调蓄能力；便于综合治理，改造老河网。

联圩并圩的实施涉及圩内和圩外水系、闸站等建筑物和排涝系统等调整改造，如果处理不当，也可能产生新的矛盾，改变后的工情、水情会加大周边地区的防洪排涝压力，并对区域水面率维持、圩内自然河道生态保护等带来不利影响。例如河道堵塞过多，会抬高洪水位，加重防洪和排涝困难；河道水流集中，将加剧河道冲刷；航道改变、过船等建筑物增多，可能给交通带来不便；还会影响圩内河道水质与河湖生物多样性。可根据流域、区域与圩区的自然、水文水资源条件与防洪排涝工况，建立河网非恒定流模型，模拟不同联圩方案对圩区防洪、排涝、航运、供水、水环境与水生态的影响，进行综合评价，确定适宜的联圩面积、水系格局与圩区排水泵站等建筑物布局。

3. 分圩

圩区凡有以下情形，可考虑分圩。一是现有圩区面积过大，高低田、排与灌、交通、行政区划和管理矛盾较大，可根据圩内生产要求予以分圩；二是圩区切断或占用主要干支

河道，占有较大湖荡，对邻区或整个地区排水、引水及通航有较大影响。另外，对原有圩外河道断面积较小、外形又很不规则的圩区，也可以不受原有圩区边界的限制，重新规划开挖新河圈新圩。

4. 圩区水系治理规划

圩区水系治理是防洪安全、水环境改善的重要保障，也是农村人民生活品质提升和建设美丽乡村的重要途径，具体措施包括河道清障、清淤疏浚、生态护坡（岸）、水系连通、水源涵养与水土保持等。应以河道排水通畅、水系格局清晰、岸线完整、河面清洁、水循环条件得到改善为重点，形成水畅景美、人水和谐的水美乡村，让良好的水生态环境成为农村居民幸福生活的增长点。

圩区河网可分为"三网"，一是圩外河网，二是圩内河网，三是田间沟、塍网。圩外河网除了承担防洪、排涝功能外，一般还具有供水、通航、水生态环境、旅游景观等一种或多种功能。圩内河网除了主要承担农田排涝、降渍功能外，还可能具有引水与滞涝蓄水等补充灌溉水源、通航、养殖、维护水生态环境、营造景观旅游等多种功能。田间沟、塍网的主要作用是防止农田耕层土壤含水量过高，消除农田涝渍灾害、保障农业机械及时下田作业；在受土壤盐渍化威胁地区，控制农田地下水位，防止土壤返盐。

历史上，圩内河网存在着弯、浅、断、乱等问题。有的圩区有网无纲，疏密不均，深浅不一；有的圩区圩内河沟稀少、水面率低。圩内水系治理的主要任务是对圩内老河网进行改造，建立新的河网工程体系。该工程体系主要包括：经过整治的圩内水系，一般由中心河（相当于中沟）和生产河（相当于小沟）两级组成，以及分布在中心河、部分生产河河口的圩口涵闸及排涝泵站工程。

圩区形状一般不规则，但多数接近长方形，如果面积不太大，在圩区的中心位置或接近中心的位置，布置一条中心河，垂直中心河两侧均匀地布置若干条生产河，构成如图16.9所示的"丰"字形河网。中心河是纲，位置要适中，便于承受各方向的来水；生产河要分布均匀，可以缩短流程，加快排涝速度，并起降低地下水位作用。实践证明，"丰"字形河网是一种基本河网。如果圩区规模较大，圩形接近方形，"丰"字形河网可扩大为"井"字形，其竖横方向河道并不限于两条，依范围大小而增减，如图16.10所示。

综上所述，无论是"丰"字形还是"井"字形河网，实际上是由纵（南北向）、横（东西向）两级交叉河道组成的，干支分明，方向清晰。

对潮差大、有自灌自排条件的沿江圩区规划，若原有通江港河较密，可适当改造为排、引相向的河道，口门分别

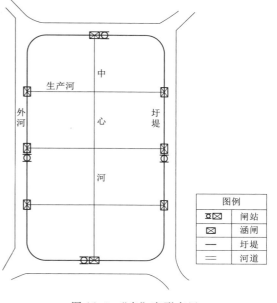

图例	
⊡⊠	闸站
⊠	涵闸
—	圩堤
＝	河道

图 16.9 "丰"字形布置

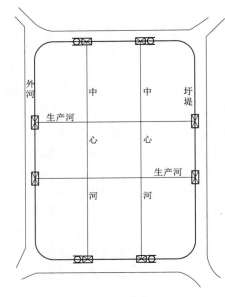

图 16.10 "井"字形布置

建涵闸控制。涨潮时引潮灌溉，落潮时腾空河道，以便滞涝调蓄，做到水系高低分开、灌排分开，有利于排、灌、降，调度运用自如。

对于沿江（湖）、后靠丘陵地区或高地的半山半圩地区，需首先把山水撇掉，确保山水不入圩；圩内河网布局和上述要求相同，但要注意对伸进圩内少量高地的处理，尽可能利用高地径流或灌溉回归水对低地进行灌溉。

圩区河道规格。圩区中心河间距一般为 800～1000m、深 3～4m，生产河间距一般为 200m 左右、深 2.5～3.0m。对城镇化程度较高的城镇圩或工业圩，为满足排水要求，便于雨水管道的布置，中心河间距一般为 1000m，生产河间距一般为 500m 左右。农业圩区田块一般垂直于生产河，生产河间距不能过密，需适应机耕要求，但间距过大，会导致田块过长，给农田平整和田间灌排带来困难，且达不到控制地下水位要求。

16.3.3 圩区防洪工程规划（Flood control projects planning in polder lands）

圩区防洪工程建设，首先要服从流域和区域防洪需要，合理规划蓄、泄、分（撇）洪等工程，正确处理流域和地区、干流和支流、上游和下游以及洪、涝、旱、渍等各方面矛盾，进行统一规划和综合治理，以抵御设计洪水。防洪工程主要包括堤防、分洪蓄洪和截流撇洪等工程。

1. 堤防

圩堤是抵御江湖洪水入侵，确保圩区生产和人民生命财产安全的重要工程措施。堤防工程设计主要包括以下几个方面：

（1）圩堤堤线。堤线布置根据防洪规划，地形、地质条件，河流或海岸线变迁，结合现有及拟建建筑物的位置、施工条件、已有工程现状以及征地拆迁、文物保护、行政区划等因素，经过技术经济比较后综合分析确定。

（2）堤防防洪标准及级别。圩堤防洪标准需根据保护区内保护对象的防洪标准、历史洪水灾害情况和经审批的流域防洪规划、区域防洪规划综合研究确定。城镇防护区根据政治、经济地位的重要性、常住人口或当量经济规模指标分为四个防护等级，其防护等级和防洪标准可参照表 16.5 选定；乡村防护区根据人口或耕地面积分为四个防护等级，其防护等级和防洪标准可参照表 16.6 选定。堤防工程上的闸、涵、泵站及其它建筑物的设计防洪标准，不低于堤防工程防洪标准。

堤防防洪设计标准一般采用实际年法和频率法确定。滨海平原圩区的海堤，以防御台风风暴潮为主，其设计标准各省均有具体规定。堤防工程级别需根据保护对象的防洪标准确定，见表 16.7。

（3）圩堤堤顶高程。圩堤堤顶高程由下式确定：

$$Z = H + Y \tag{16.32}$$
$$Y = R + e + A \tag{16.33}$$

式中：Z 为堤顶高程，m；H 为设计洪水位，m；Y 为堤顶超高，m；R 为设计波浪爬高，m，与斜坡坡度、斜坡糙率、设计风速、堤前水深等因素有关，可按照《堤防工程设计规范》(GB 50286—2013) 附录 C.3.1 公式计算；e 为设计风壅增水高度，m，与摩阻系数、设计风速、水域平均水深、风向等因素有关，可按照《堤防工程设计规范》(GB 50286—2013) 附录 C.2.1 公式计算；A 为安全加高，m，可按表 16.8 确定。

表 16.5 城市防护区的防护等级及防洪标准[1]

防护等级	重要性	常住人口 /万人	当量经济规模[2] /万人	防洪标准 /[重现期（年）]
Ⅰ	特别重要	≥150	≥300	≥200
Ⅱ	重要	<150，≥50	<300，≥100	200～100
Ⅲ	比较重要	<50，≥20	<100，≥40	100～50
Ⅳ	一般	<20	<40	50～20

[1] 引自《防洪标准》(GB 50201—2014)。

[2] 当量经济规模为城市防护区人均 GDP 指数与人口的乘积，人均 GDP 指数为城市防护区人均 GDP 与同期全国人均 GDP 的比值。

表 16.6 乡村防护区的防护等级及防洪标准

防护等级	人口/万人	耕地面积/万亩	防洪标准/[重现期（年）]
Ⅰ	≥150	≥300	100～50
Ⅱ	<150，≥50	<300，≥100	50～30
Ⅲ	<50，≥20	<100，≥30	30～20
Ⅳ	<20	<30	20～10

注 引自《防洪标准》(GB 50201—2014)。

表 16.7 堤防工程的级别

防洪标准/[重现期（年）]	≥100	<100，≥50	<50，≥30	<30，≥20	<20，≥10
堤防工程级别	1	2	3	4	5

注 引自《堤防工程设计规范》(GB 50286—2013)。

表 16.8 堤防工程的安全加高值 单位：m

堤防工程的级别		1	2	3	4	5
安全加高值 A	不允许越浪的堤防	1.0	0.8	0.7	0.6	0.5
	允许越浪的堤防	0.5	0.4	0.4	0.3	0.3

注 引自《堤防工程设计规范》(GB 50286—2013)。

大多数农村堤防堤顶和背水侧边坡没有采取有效的工程保护措施，一旦越浪将有可能使堤顶和背水侧边坡冲蚀破坏，造成洪水漫顶而失事，因此，一般堤防不允许越浪。

平原河网地区，对于洪水位变幅小、高水位持续时间短、且与市政道路相结合城区段堤防，堤顶道路宽度在 10m 以上，堤身经护砌后的安全度较高，允许短时间越浪；这类堤防的安全加高可适当降低，而在堤身结构和基础防渗等方面增加一定的安全度，做到既安全又美观。

（4）堤防标准断面。堤防标准断面的拟定，需综合考虑圩堤所在的地理位置、重要程度、堤址地质、堤防高度、筑堤材料、水流和风浪特征、施工条件、运用和管理要求、环境景观、工程造价等各方面因素，经过技术经济比较，综合确定断面型式和尺寸，一般做成梯形断面。

堤顶宽度需根据防汛、管理、施工、构造及其他要求确定，当堤顶作为交通道路时，堤顶宽度需满足相应等级公路的有关规定；如无交通要求，仅为防汛和检修需要，则堤顶宽度需根据堤防级别和重要性而定。1 级堤防不宜小于 8m，2 级堤防不宜小于 6m，3 级及以下堤防不宜小于 3m，考虑中型农业机械通行，一般为 4～5m。为了排除降雨时堤顶雨水，堤顶应做成向一侧倾斜或向两侧倾斜，使堤顶表面具有 2%～3% 的横向坡度。

堤坡需根据堤防级别、堤身结构、堤基、筑堤土质、风浪情况、护坡形式、堤高、施工及运用条件，经稳定计算确定。1、2 级土堤的堤坡不宜陡于 1:3。一般圩堤的边坡迎水坡比背水坡要缓，这是由于迎水坡经常淹没在水中，处于饱和状态，并遭受河道水位变化和风浪的作用，稳定性较差的缘故。在外河河面宽、风浪大、堤身高的沿江沿湖堤段以及通航频繁的堤段，外坡可放大到 1:2～1:3。通常根据上述条件初步选定堤防的边坡坡度后，还要根据稳定计算、渗透计算和技术经济分析才能最后确定。

为了防止风浪、浮冰、雨水、温度变化和河道中水位变化等因素对防护堤边坡的影响，防护堤的迎水坡和背水坡需进行护坡。具有通航要求，或易冲刷、不稳定的河段堤岸，可采用近自然工法，推广应用石笼、生态袋、砌石、生态混凝土块等护岸（坡）形式；其他堤岸可采用草皮、植物等自然生态护岸（坡）形式。

河道堤防可改变堤顶同高、边坡均同的设计方式。在满足水利规范要求的堤身宽度、高度、边坡条件下，充分利用天然堤防、自然地形等条件，形成微地形堤防，也可将堤防暗藏在绵延起伏的高尔夫地形中，满足景观要求；同时，在满足防洪要求的基础上，构筑能透水透气、生长植物的生态护岸，通过栽种花草和乔灌木等营造河畅、水清、岸绿、景美的河岸生态景观。

2. 分洪蓄洪

分洪蓄洪是江河中下游一项极为重要的战略性防洪措施。江河中下游主要靠堤防保护两岸农田以及城镇工矿，但现有堤防只能防御一定标准的设计洪水，一旦发生特大洪水，须有计划地采取分洪蓄洪措施。如防护区附近有洼地、坑塘、废墟、民垸、湖泊等承泄区（分洪区），能够容纳部分洪水时，可利用上述承泄区临时滞蓄洪水，在河道洪水消退或在汛末，再将承泄区中的部分洪水排入原河道。

为了解决圩区耕地少、人口密集、农民生活生产问题，有些行蓄洪圩区可以安排蓄洪垦殖，即"退人不退耕""小水收，大水丢"。当河道洪水将超过保证水位或流量将超过安全流量时，为保证重点保护区安全，通过泄洪闸等建筑物分泄超额洪水，进入行蓄洪区；小水年份，外河水不进入行蓄洪区，农民可以耕种受益；大水年份，则放弃种植的作物。这种既有利于防洪，又利于农业生产的工程措施，称之为蓄洪垦殖工程。

分洪蓄洪工程规划主要包括原有河道泄洪能力分析、分洪蓄洪区选择、分洪蓄洪工程（分洪闸、分洪道、蓄洪区围堤、安全区等）布局、各项工程联合控制运用方案拟定、控制断面上水位流量推求、各项具体工程规模的拟定以及技术经济比较分析等。

分洪蓄洪工程规划要在流域规划的基础上进行，同时注意以下几点：①分洪区位置尽量选在被保护地段上游，以发挥最大防护作用；②尽量选择圩内地面高程低，蓄洪容积大，淹没损失和堤防费用少的地区分洪蓄洪，可提高分洪效果，而且蓄洪淤积可抬高老圩地面高程，改善垦殖条件；③要注重如分洪闸、分洪道、蓄洪区等工程的优化布局与规模论证，以及工程运行与联合调度，充分发挥效益；④退人不退耕的行蓄洪区，只能在小水年份正常耕作，遇大水年份须服从防洪和保障整体利益的需要，分洪蓄洪。

3. 截流撇洪

撇洪工程主要包括河道改道或开挖撇洪沟（河）及其溢洪、泄洪建筑物等。撇洪工程规划主要包括选择撇洪沟（河）线路、计算沟（河）设计洪水、分析外河设计水位、确定沟（河）及其堤防断面尺寸和建筑物规模等。

撇洪沟线路的选择关系到防洪除涝效益、工程建设的难易程度与安全。一般要求撇洪沟线路尽可能短、直、平、顺，尽量少占耕地、减少拆迁，尽量避免过多交叉建筑物，避免山体滑坡。

撇洪沟设计流量的拟定，一般分两种情况：一是以设计洪峰流量为撇洪沟设计流量；二是以设计洪峰流量的一部分作为撇洪沟设计流量，其余部分通过撇洪沟上的溢洪堰或泄洪闸排入湖泊或圩区，暂时滞蓄或由提水泵站排出。撇洪沟的设计流量一般较大，为了减少设计断面和沟道土方量，常选用较大的沟底比降和设计流速，为了防止沟道局部冲刷，断面常常需要采取防冲工程措施。

撇洪沟断面通常采用复式断面，如图 16.11 所示。在枯水时，水流集中在主槽，可以维持一定的水深，防止局部冲淤，保持河道稳定；在汛期，洪水漫过边滩，由主槽和边槽一起宣泄设计洪水。

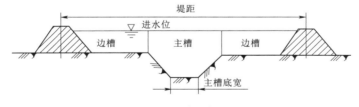

图 16.11　撇洪沟断面结构

4. 圩外行洪河道河网优化与断面校核

（1）圩外行洪河道河网优化与断面校核方法。规划中可首先对圩外骨干河网进行概化，在此基础上建立河网水动力学模型。考虑流域、区域遭遇设计洪水，规划区域遭遇设计暴雨，圩口闸全部关闭，圩内排涝泵站开机排涝，并在排涝过程中控制圩内中心河、生产河的水位在日常水位和最高水位之间。以此模拟不同的圩外河网规划方案与不同河道断面尺寸时，圩外各行洪骨干河道的水位变幅情况，校核各行洪河道断面，优化圩外骨干河网规划方案。

（2）圩外行洪河道河网优化与断面校核水动力学模型及求解方法。圩区圩外河道（河网）及其沿线的水位变化，受规划区遭遇的暴雨及过程、流域边界河道河口遭遇的洪水顶托（对赶潮河道还要考虑潮位涨落），以及圩区内涝泵站的运行开机方案等影响，属于随时间变化的非恒定流流态，可采用圣维南明渠非恒定流方程（即一维河网非恒定流模型）进行计算：

$$B\,\frac{\partial Z}{\partial t}+\frac{\partial Q}{\partial x}=q \tag{16.34}$$

$$\frac{\partial Q}{\partial t}+\frac{\partial(Q^2/A)}{\partial x}+gA\,\frac{\partial Z}{\partial x}+gAS_f=0 \tag{16.35}$$

式中：Z 为水位；Q 为流量；B 为水面宽度；A 为过水断面面积；q 为单位长度河道的旁侧入流量；g 为重力加速度；S_f 为摩阻比降；t 和 x 分别为时间和沿河的空间坐标。摩阻比降 S_f 由下式计算：

$$S_f=\frac{Q|Q|}{C^2A^2R} \tag{16.36}$$

其中：C 为谢才系数；R 为水力半径；其余符号意义同前。

1）初始条件：包括初始水位和初始流速。初始水位一般采用河网常水位，初始流速一般设为 0，由于流速变化极快，所以这不会影响最后的结果。

2）边界条件：如考虑区域遭遇设计暴雨，圩外设计洪水位顶托，河道沿线的闸门关闭，排涝泵站开机抽排，并控制圩内河道的水位在最低和最高控制水位之间。

该方程组可采用数值求解方法，大多应用 Preissmann 四点隐式格式建立差分方程，对于划有 N 个断面的河道，有 $N-1$ 个河段，共可写出 $2(N-1)$ 个代数方程，加上上游和下游边界条件，形成阶数为 $2N$ 的代数方程组，可以解出 N 个断面处的水位 Z 和流量 Q。

$$Q_{j+1}^{n+1}-Q_j^{n+1}+C_j^nZ_{j+1}^{n+1}+C_j^nZ_j^{n+1}=D_j^n \tag{16.37}$$

$$E_j^nQ_j^{n+1}+G_j^nQ_{j+1}^{n+1}+F_j^nZ_{j+1}^{n+1}-F_j^nZ_j^{n+1}=\phi_j^n \tag{16.38}$$

式中：各变量的上标为 Q 或 Z 的时间坐标（计算时刻），下标为 Q 或 Z 的空间坐标（计算河段编号）。

各系数分别为

$$C_j^n=\frac{B_{j+\frac{1}{2}}^n\Delta x_j}{2\Delta t\theta} \tag{16.39}$$

$$D_j^n=\frac{q_{j+\frac{1}{2}}\Delta x_j}{\theta}-\frac{1-\theta}{\theta}(Q_{j+1}^n-Q_j^n)+C_j^n(Z_{j+1}^n+Z_j^n) \tag{16.40}$$

$$E_j^n=\frac{\Delta x_j}{2\theta\Delta t}-u_j^n+\left(\frac{g|u|}{2\theta C^2R}\right)_j^n\Delta x_j \tag{16.41}$$

$$G_j^n=\frac{\Delta x_j}{2\theta\Delta t}+u_j^n+\left(\frac{g|u|}{2\theta C^2R}\right)_{j+1}^n\Delta x_j \tag{16.42}$$

$$F_j^n=gA_{j+\frac{1}{2}}^n \tag{16.43}$$

$$\phi_j^n=\frac{\Delta x_j}{2\theta\Delta t}(Q_{j+1}^n+Q_j^n)-\frac{1-\theta}{\theta}\left[(uQ)_{j+1}^n-(uQ)_j^n\right]-\frac{1-\theta}{\theta}gA_{j+\frac{1}{2}}^n(Z_{j+1}^n-Z_j^n) \tag{16.44}$$

式中：Δx_j 为第 j 河段的长度；Δt 为时间步长；θ 为加权系数，$0\leqslant\theta\leqslant1$。

此方程组可采用追赶法求解。

（3）圩外行洪河道河网优化与断面校核案例。以江苏省昆山市域圩外骨干行洪河道河网优化与断面校核为例，加以说明。

昆山市地处太湖下游碟形洼地的中部，是太湖流域洪水北排长江和东排黄浦江的重要环节。地理位置的特殊、城市化进程的加快、太湖流域防洪情势的变化，加剧了昆山所面临的防洪排涝压力。一方面，原来以农业为主的农村圩区逐步向城镇圩区转变，排涝标准不断提高，排涝动力不断加大；另一方面，20 世纪 90 年代以来的联圩并圩、半高地筑堤框圩工程，使圩外水面缩减，河道泄洪能力降低，洪水期外河水位高涨，下降缓慢。一旦区域发生设计洪水，市域遭遇设计暴雨，防洪形势非常严峻。采用圣维南明渠非恒定流方程对昆山市域圩外骨干行洪河道断面进行校核，确定圩外河道治理方案。具体方法与步骤如下：

1）河网概化。根据昆山市河道分级，市域骨干河道 84 条，其中流域性（一级）河道吴淞江 1 条，区域骨干（二级）河道七浦塘、浏河等 18 条，市级骨干（三级）河道 23 条，镇级（四级）圩外骨干河道 42 条。市域范围内圩外骨干行洪河道的概化如图 16.12 所示。

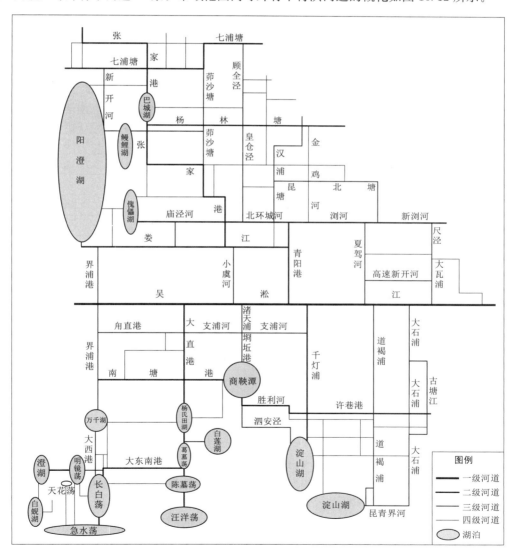

图 16.12　江苏省昆山市域范围内圩外骨干行洪河道概化

2）边界条件。根据昆山市防洪设计标准，考虑现状与设计工况两种情况：

a. 现状工况下，考虑区域遭遇 50 年一遇设计洪水，市域遭遇 20 年一遇设计暴雨，圩外河道沿线闸门关闭，排涝泵站开机抽排，控制圩内水位在最低和最高控制水位之间。

b. 设计工况下，考虑区域遭遇 100 年一遇设计洪水，市域遭遇 20 年一遇设计暴雨，圩外河道沿线闸门关闭，排涝泵站开机抽排，控制圩内水位在最低和最高控制水位之间。

3）模拟分析与断面优化。在河网概化的基础上，考虑边界条件，通过圣维南明渠非恒定流方程，在现状工况和设计工况下，对昆山市域范围内的骨干河道洪水位进行模拟分析。不同工况下昆山市域部分骨干河道最高水位计算成果见表 16.9，部分骨干河道断面 24h 水位变化如图 16.13 所示。

表 16.9　　　　　不同工况下昆山市域部分骨干河道最高水位计算成果表

河道名称	级别	河道最高水位/m	
		现状工况	设计工况
吴淞江	一级	3.92	4.02
娄江	二级	3.88	3.98
浏河	二级	3.80	3.95
七浦塘	二级	3.84	3.94
杨林塘	二级	3.83	3.94
张家港	二级	3.83	3.94
青阳港	二级	3.92	4.02
北环城河	二级	3.82	3.97
庙泾河	二级	3.84	3.97
金鸡河	二级	3.80	3.94
叶荷河	三级	3.85	3.98
大直港	二级	3.90	4.01
张华港	二级	3.90	4.01
千灯浦	二级	3.98	4.03
南塘江	二级	3.90	4.01
胜利河	二级	3.93	4.02
汤灯港	二级	3.93	4.02
配金港	二级	3.93	4.02
许巷港	二级	—	4.03

河道初始断面结合流域、区域规划要求及河道现状断面、工程实施的可行性等先初步拟定，根据最高洪水位的模拟分析结果，对水位壅高较严重的河道（段），调整其断面尺寸或新开分流河道，反复进行模拟分析，最终确定合理的河道治理方案。

经模拟分析，实施界浦港连通工程、大石浦-淀山湖骨干河道整治等工程后，昆南腹地河道的最高洪水位降低 5~10cm，可一定程度上改善昆南地区行洪排涝条件。

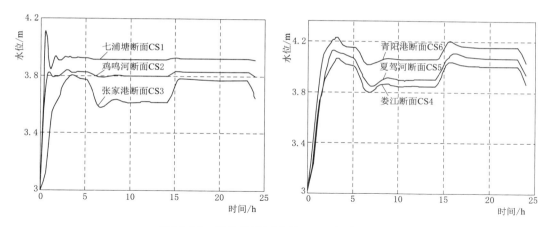

图 16.13　部分骨干河道断面 24h 的水位变化

16.3.4　圩区水面率与排涝工程规划（Water surface ratio and drainage projects planning in polder lands）

1. 圩区水面率

圩区水面率是指圩区内具有调蓄功能的水面积与圩区总面积的比率。该水面一般包括圩内小型湖泊、河道、坑塘水面、湿地等在日常水位以下的面积，不包括海域和耕地上开挖的鱼塘。

圩区水面率是水系规划的重要指标，确定适宜的水面率，既是防洪治涝的保障，也是营造水生态景观、降低河道面源污染的必备条件；而且一个地区的水面率，同样涉及当地的自然环境、气候调节、文化传承等诸多因素。江苏省圩区现状水面率大多在 10%～20%之间，浙江省《河道建设规范》（DB33/T 614—2016）要求圩区的水面率应达到 10%以上，广东省要求珠江三角洲及沿海河网城市的水面率不低于 10%。

2. 排涝设计流量

汛期，圩区外河水位经常高于圩内地面高程，圩内涝水不能自流排出，主要依靠配备机电动力进行提水排涝，排涝设计流量是确定圩内排涝动力的主要依据。对于农业为主的水网圩区和抽水排涝地区，由于河网具有一定调蓄能力，且在不超过作物允许耐淹历时的条件下，可以允许地面径流在短时间内漫出沟槽，因此，圩区不论排水面积大小，均可采用平均排除法。

随着圩区经济社会发展，城镇化进程的推进，许多农业圩区已发展成为农业和城镇混合圩区，短时间受淹也会造成较大的经济损失。因此，这类圩区排涝模数或排涝流量的计算，不能采用平均排除法，可采用圩区设计暴雨产汇流-排涝泵站开机排涝的河网逐时段水量调蓄计算方法。

3. 排涝泵站站址与布局优化

排涝泵站规划，主要是根据排水出路和地形条件，正确处理自排与提排、内排与外排、排田（抢排）与排湖（内河）的关系，尽量减少排涝泵站的装机容量，降低工程投资。泵站布局，应从整体出发，既有利于挡洪、灌溉、排涝、降渍，也要有利于机耕、交通、绿化、生态和环境保护等。

（1）站址选择。站址要服从圩区治理需要，根据圩区自然条件（地形、地质、河网水系等）和社会经济状况（行政区划、水利、输电、交通等）拟定各种方案，择优选定。

1）集中建站与分散建站：一般而言，对于排水面积较大、地势平坦，蓄涝容积集中且较大；或排水面积不大，但地势平坦、蓄涝容积较大、排水出口和行政区划单一的地区，宜集中建站。对于水网密集、排水出口分散，或地势高低不平的地区，宜分散建站。集中建站，泵站通常布置在圩内一级河道两端，集中排除涝水，此种布置方式泵站座数少，单位装机容量造价低，输电线路短，便于集中管理。分散建站，泵站通常布置在圩内一级及部分二级河道上，相对分散地排除涝水，此种布置方式工期短，收效快，工程量小，挖占耕地面积少，有利于结合灌溉，排灌及时，但由于泵站座数多，管理相对较难。

2）一级排水和二级排水：排涝泵站无论集中建站或分散建站，都有两种排水方式，即一级排水与二级排水。所谓一级排水就是由排涝站直接将涝水排入承泄区，或由排涝站将涝水先排入蓄涝区，而蓄涝区的涝水，待外河水位降低时，开闸自排。二级排水方式，即在低洼地区建小站，将涝水排入蓄涝区内，这种站称为二级站或内排站，一般排水扬程较低；而蓄涝区内的涝水则需要另外建站提排，这种站称为一级站或外排站。对于面积较小的圩区，一般只设外排站；而对于面积较大、高差也相差较大的圩区，则可设置内排站与外排站相结合的布置方式。哪种方法更合理，需要结合具体圩区的地形地貌与河网情况，多方案比较确定。

（2）布局优化。根据排涝设计标准，计算确定圩区总排涝流量后，各排涝泵站位置及规模将直接影响圩内骨干河道的排涝水位及涝水排除时间，影响圩区的排涝效果。因此，在确定排涝泵站位置及装机容量时，可提出几种排涝泵站布局组合方案，进行优化比选。考虑圩外洪水顶托、圩内遭遇设计暴雨，建立一维河网非恒定流模型，针对不同的圩口排涝泵站布局组合方案，泵站全力开机抽排，内河水位控制在最低水位和控制水位之间，模拟比较圩内各骨干河道的水位变化、排水时间等，并以此确定圩内泵站布局的最优方案。

4. 圩区除涝措施

（1）分片排涝，等高截流。分片排涝，等高截流，高水高排，低水低排，是圩区除涝的重要经验。划分排水区尽可能满足内外水分开、高低水分开，并可充分利用自流排水条件。内外水分开主要是洪涝分开，避免外河洪水侵入圩内；高低水分开就是要求等高截流，高水高排、低水低排。如果高水汇集到低地，就会加长排水时间，产生或加重涝害。实现高水高排，也是避免高水汇集到低地，增大低地的排涝压力，甚至引起高、低区之间的排水纠纷；另外由于高水往往有自排的可能，充分利用时机，可及时自流排水。

如图16.14中的圩区，根据地形条件和高低分排的原则，划分成两个排水区，即一个高排区和一个低排区。在高、低区之间的分界处，布置高排沟（又称截流沟），分别将高排区的涝水由B、C两处排水闸分散自流排出，低排区由低排沟在A处排出。

半山半圩地区由于汛期外水位高于圩内农田，同时高处客水又流向下游，易成涝灾。排水分区时，在山圩分界处大致沿承泄区设计外水位高程的等高线，开挖截流沟或撇洪沟，使山圩分排，高低分排，减少泵站的装机容量。

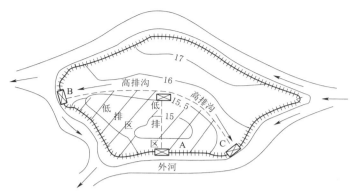

图 16.14　圩区高低分开排水

（2）保留滞蓄水面，排蓄结合。平原圩区在外河水位高于圩内地面高程时，排水系统及排水闸不能自流外排，此时需充分利用圩内原有的河塘洼地，滞蓄关闸期间的全部或部分涝水，以降低抽排流量，这是圩区行之有效的除涝措施。

随着近几十年来，我国国民经济快速发展，许多地区的河湖水系已围垦成城镇、农田。因此，在这些地区应对圩内圩外河道水面进行严格管理，确保圩区按规划水面率实施，防止城镇化过程中出现大量填埋河塘、侵占河道、污染水面、河湖塘与湿地日渐萎缩、水环境不断恶化、滞蓄容量逐步缩小的现象。

（3）力争自排，辅以抽排。在汛期，圩区的外河水位一般高于地面，除部分高片或沿江圩区可利用落潮间隙争取自排外，圩区自流排涝机会较少，加上圩区内部的滞涝河湖有限，因此单靠自流外排与内湖滞涝，一般仍不能免除涝灾威胁，需要辅以抽排。为了尽量减少抽排设备和抽排费用，在规划和管理时，应尽量利用和创造自流排水条件。

在设置排涝站的同时，要修建自流排水涵闸或保留原有排水涵闸；根据圩区具体情况，分别研究采用集中建闸、分片设站或合站分闸等有利于各地自排的布置方式；为了合理规划排涝站，在尽可能创造自排条件和减少抽排面积的同时，还要处理好外排与内排的关系，对外排站和内排站进行合理的布局；要利用圩内河湖汛期滞涝，汛后自排；抓住汛期外河水位短期回落的时机，进行自流抢排等；在地势特别低洼或距排水口较远的地区，则建立泵站排除涝水。

16.4　北方平原区水土综合治理
（Comprehensive control of water and land systems in Northern Plain）

16.4.1　北方平原区水土资源特点与综合治理要求（Characteristics of water and land resources in Northern Plain and their comprehensive control guidance）

1．水土资源特点

我国北方平原区，地域辽阔，各地的自然地理、地形地貌、水文气象、土壤植被等各不相同，发展农业生产的水土资源状况差异甚大。

(1) 黄淮海平原。包括黄河下游南部的淮北平原和北部的海河平原，是我国重要农业区之一。除河北省中南部的衡水一带年降水量小于500mm外，大多地区的年降水量为500～900mm，属于易旱地区。黄河以南地区年降水量为700～900mm，基本上能满足两熟作物的生长需求。平原西部和北部边缘的太行山东麓、燕山南麓，年降水量可达700～800mm，但冀中的束鹿、南宫、献县一带年降水量仅400～500mm，夏季降水量占全年50%～75%，且暴雨频繁，尤其在迎受夏季风的山麓地带，暴雨常形成洪涝灾害；低洼地区排水不畅，容易发生渍涝灾害。这些地区土壤和地下水中常含有一定盐分，干旱季节蒸发强烈，在地下水位埋深较小的地区，又容易发生土壤盐渍化，而且有的地区已存在部分盐渍化土地；由于上游水土流失，河水含沙量较大，不仅使下游河道淤塞，水位抬高，加重汛期洪涝威胁，同时泥沙淤积也给灌溉引水配水造成困难。洪、涝、旱、碱、淤等均为本区域发展农业生产的重要障碍。

(2) 东北平原。包括北部的松嫩平原、东部的三江平原和南部的辽河平原，也是我国重要的农业区。大部分地区年降水量为400～800mm，气温较低，冰冻期长，适宜于农作物生长的季节短。松嫩平原的二级、三级阶地，表层覆盖着不同厚度的黄土质黏土，透水性差，容易形成上层滞水，不少地方存在积水洼地。地下水一般矿化度不高，但含有苏打成分。这样的气候条件与水文地质条件，有利于沼泽土和苏打盐渍土等的形成。松嫩平原水土治理的重点是防洪、排涝和沼泽土、苏打盐渍土的防治；夏季可能有短期干旱，需要灌溉。

(3) 冀北、晋陕河谷盆地。大部分属于黄土地区，水土流失严重，下游河流挟带大量泥沙，给平原地区的灌溉引水造成困难。暴雨时容易引起山洪暴发，危害农业生产。由于降雨量较少，干旱和土壤盐渍化威胁普遍存在。盆地中普遍沉积了深厚的河流冲积物，一般地下水储存条件良好。从山前到盆地中心，地下水埋藏变浅，矿化度升高，有的地方出现地下水溢出，溢出带及其下游一定范围内，土壤有沼泽化和盐渍化现象。

(4) 宁蒙河套平原。该地区年降水量为200～250mm，属于干旱荒漠气候。由于有黄河灌溉之利，水源丰沛，所以自古是重要的粮食生产基地。灌溉事业长期的发展，打破了河套平原荒漠草原与荒漠这一地带性的束缚，呈现阡陌相连，沟渠纵横，绿荫弥望的景色。栗钙土和棕钙土只在局部地区残存，大部地区已为灌淤土。由于灌溉与排水系统不完善，管理制度不健全，不合理的灌溉使灌溉水大量渗入地下，灌区次生盐渍化严重，对该区农业生产发展威胁大。随着灌区现代改造进展，灌区灌溉条件逐步改善，灌溉面积不断增加；灌区水利发展面临着用水总量、发展方式和生态环境等约束的挑战。

(5) 西北内陆盆地。包括甘肃河西走廊、青海柴达木盆地、新疆塔里木盆地和准噶尔盆地等。由于地处大陆内地，周围受高山阻隔，气候特别干燥，属干旱荒漠地带。除塔城和伊犁谷地外，年降水量均不足200mm；最干旱的塔里木盆地，年降水量在50mm以下；有些地方终年无雨。河流主要以高山融雪为水源，下游以内陆湖泊为归宿，或消失在沙漠中。湖泊没有出口，其主要的排泄出路是蒸发，所以形成大量的咸水湖。冲积平原上部地区，地下水埋藏较浅或出露地面，水质尚好。处于冲积平原下游的盆地中部，往往为沙漠地带，该处地下水的矿化度一般较高。这类地区在水利建设上首先要发展灌溉，没有灌溉就没有农业；并且在发展灌溉的同时，还须注意防止土壤次生盐渍化。

2. 综合治理要求

（1）以水资源承载力为依据，科学确定灌溉农业发展规模，以水定地，适水发展。我国水资源与其他社会资源的空间分布不匹配，北方地区国土面积、耕地面积、人口、GDP 分别占全国 64％、46％、60％和 44％，但其水资源量仅占全国的 18.6％。由于没有考虑水资源承载力，盲目扩大灌溉面积，特别是在一些水资源短缺地区，农业的过度开发，农业用水量大、效率低，进一步加重了区域水资源短缺，引发了突出的生态环境问题。如华北平原，灌溉发展和农业熟制变化，在农业产能大幅度提高的同时，出现了严重的地下水位下降，成为世界上面积最大的地下水漏斗区；西北内陆干旱区塔里木河、石羊河、黑河流域，农业开发规模超过了水资源承载能力，导致流域下游土地沙化、沙进人退、绿洲萎缩；东北西辽河流域，大规模抽取地下水发展灌溉，引起了地下水位大幅下降和草地退化、土地沙化；东北三江平原，大面积改种水稻，造成了地下水位下降、湿地萎缩；河套平原随着灌溉条件的改善，灌溉面积逐年扩大，加上水权转让，原来紧缺的水资源供需矛盾更加突出。同时，土壤积盐，生态问题也日显突出，亟须解决。因此，在水资源极度紧缺的北方平原区，水土综合治理一定首先要考虑水资源的承载力，它是某一地区的水资源，在一定社会历史和科学技术发展阶段，在不破坏社会和生态系统时，最大可承载（容纳）的农业、工业、城市规模和人口的能力，是一个随着社会、经济、科学技术发展而变化的综合指标，要以此为依据，以水定地、以水定产，适水发展。依靠科技和政策制度创新，发展高水效农业，大规模提高农业用水效率，这是北方平原区农业可持续发展的必由之路。

（2）因地制宜，旱、涝、碱综合治理。北方平原地区虽然具有许多共同特点，但由于所处的自然地理位置和气象条件的差异，各地存在的问题也就各不相同。西北内陆干旱区的主要问题是干旱和土壤盐渍化，淮北平原的主要威胁是易涝易旱，华北、东北等地则是旱、涝、碱问题并存。即使在同一地区，不同部位，由于地形地貌条件、水文地质条件和水源分布情况不同，存在的问题也有很大的差异。例如，山前平原和平原河道的上游地区，地势较高，排水通畅，涝碱威胁并不严重，干旱问题则比较突出；冲积平原和河流中下游平原坡水区，干旱现象虽有所减轻，但涝碱威胁则较上游加重；沿河湖洼地和滨海地区，地势低洼，排水不畅，涝碱问题则是该地区的主要矛盾。因此，须根据各地区不同部位的具体状况，因地制宜，分区治理。

（3）全面规划，正确处理排、灌、蓄关系。在进行水土综合治理时，应以充分利用地表水和合理开发地下水为总要求，根据地区地表水和地下水资源的分布情况、工农业、生活和生态用水需求，对地表水利用和地下水开发进行科学评估、统筹安排、全面规划。在水源严重不足的地区，还须适当引用外来水。为充分利用降水、地表水、地下水、再生水等各种水资源，北方平原地区治理须采用沟渠、水井和坑塘等多种水利设施，取长补短，互相配合。例如沟、渠与河流相通，便于引水灌溉和除涝排水，但根据防渍治碱要求，骨干沟渠水位应控制在地面以下一定深度，利用村边坑塘蓄水，不占耕地，工程量小，与沟渠连通，可以互相补充，充分发挥排、灌、蓄、滞的作用。沟渠、坑塘引水蓄水灌溉，容易抬高地下水位，不利于除涝、防渍和治碱，但沟渠、坑塘却有入渗补给地下水，增加水井出水量的作用。在有浅层地下淡水的地区，利用水井抽水灌田，一方面可补充地表水源不足，另一方面又可以腾空地下库容，起到除涝防碱作用。所以，机井在易旱易涝易碱地区兼有灌溉、排水、防渍和治碱等多种效益，并对调蓄利用地表水和地下水资源起着重要作用，在各项水利设施中居于重要地位，因而搞好机井建设，做到井渠结合，对北方平原的许多地区具有十分重要的意义。

（4）与河湖水系治理相结合，统筹水环境、水生态与水景观。北方平原区水土综合治理应与河湖水系治理相结合，构建以县域为单元，以河流水系为脉络，统筹自然生态各要素，把水生态文明建设与美丽乡村建设紧密联系起来，以农村水系综合整治，带动水源地保护、生态林建设、水土保持、堤岸绿化、生境营造等综合提升，构筑河湖田林草沙系统的总体格局，全方位、全地域、全过程改善农村水生态环境。应以河湖两岸岸坡整洁，水体连通，季节性河流不断流，河湖保持一定水面，河湖面清洁为重点，形成水润乡村，自然蜿蜒的农村河湖水系。

16.4.2　北方平原区水土分区综合治理措施（Comprehensive control measures for different water and land systems in Northern Plain）

北方平原地区水土综合治理，在确保防洪安全的基础上，本着蓄泄兼筹，因地制宜的原则，在上游山区开展水土保持、兴建水库控制洪水，在中下游采用疏浚河道、整治堤防、治理水环境、修复水生态、利用洼淀（湖泊）蓄洪、增辟新河分洪等措施，全面解决地区的防洪与水生态环境保护问题。北方平原防洪措施与南方圩区基本相同，此处不再赘述。下面将北方平原按其自然地理条件分为三类地区，分区介绍防洪除涝以外的综合治理措施。

1. 山前平原和平原河道上游地区

在山前平原和平原河道上游，地势较高，排水条件较好，渍涝威胁并不严重，但干旱问题比较突出。这类地区，如果地表水比较丰富，而地下水资源相对较少（例如两河冲积扇间地带）时，应充分利用地表水，以发展渠灌为主。在有条件的地区应采用自流灌溉系统，而当地下水质良好，降雨入渗和山区地下径流补给充沛时，则应以发展井灌为主，优先开发地下水，而将地表水输送至下游缺水地区使用。

在以渠灌为主，地下水质又符合灌溉要求的地区，可以利用渠灌入渗补给地下水，发展井灌，实行井渠结合。一方面可以用井灌补渠灌之不足，节约地表水资源，扩大渠灌面积；另一方面也可以通过井灌，增加地下水消耗，降低地下水位，起到井排作用，达到防止土壤过湿和避免土壤盐渍化的目的。

由于北方降水量较小，许多地区地下水的天然补给量不能全部满足灌溉用水要求，因此，在以井灌为主时，须采取措施拦蓄地表径流，增加降水对地下水的补给，一般年份应不允许有地表径流外排，但为了保证大水年份不发生渍涝现象，可修建由排水沟道和坑塘组成的排水蓄水系统。在采取上述措施后，如仍不能满足灌溉用水要求时，为了保证长期供水，还应采取人工回灌措施，引蓄汛期或汛后河流来水补充地下水源。

山前平原地区，除修建井渠结合灌溉系统外，为了排除暴雨径流，控制地下水位和预防土壤盐渍化，应建立排水系统。在地上水源有保证，不需要利用沟渠蓄水，且地面有一定坡降，水位控制条件较好，地面排水比较通畅的地区，一般采用灌排分开的自流灌溉排水系统。如河南省白沙灌区、薄山灌区，河北省石津灌区，陕西省泾、洛、渭惠渠灌区等均属于这种类型。在这些地区，改善水环境、修复水生态也是水土综合治理的重要内容，它不仅可为灌溉发展提供良好水质的水源条件，还可为人们幸福生活创造美好的水生态景观。

2. 冲积平原和河流中下游平原

该区地面坡度平缓，地下水位较高，涝碱威胁一般较山前平原和河流上游地区严重。在一些地表水源充足，排水条件较好的地区，采用灌排分开形式，修建独立的自流灌溉排水系统，通过排除涝水和控制地下水位，起到除涝防渍和防止土壤次生盐渍化。通过灌溉系统引取河水进行自流灌溉或冲洗压盐；并在排水系统作用下，达到改良土壤和淡化地下水的目的。

土壤盐碱化威胁比较严重的地区，为了防止土壤积盐，可采用挖方渠道进行引水配水，并使渠道水位经常保持在地面以下一定深度，通过提水灌溉农田。由于采用挖方渠道，因此可以将灌溉渠道与排水沟道结合，灌排合渠。发展井渠结合、地表水与地下水联合运用的灌溉系统是黄淮海平原区水利建设的成功经验，这一经验对解除旱、涝、碱威胁和合理利用水资源，调节控制地下水位具有关键作用，对北方冲积平原具有普遍指导意义。

井渠结合的灌溉系统有两种主要形式：一种是以渠灌为主的井渠结合形式，地表水是主要灌溉水源，井灌可以起到控制地下水位和补充灌溉水源的作用。多用于灌区的上部或靠近河流地表水比较充足的地区，井灌的开采量主要决定于控制地下水位的要求。黄淮海平原每年 3—4 月蒸发强烈，降水稀少，是土壤易于积盐的临界时期，在此时期通过确定适宜的井灌和渠灌用水量比例，使地下水位控制在防止土壤返盐的深度（轻质土为 2～2.2m，黏质土为 1.2～1.4m）。7—9 月为雨季，这一时期湿润年份降水量可达 300～400mm，为了拦蓄利用入渗的雨水，应通过井灌在雨季到来之前使地下水位降低至地面以下 3～5m；为了防止渍涝威胁，在汛末应使地下水埋深控制在地面以下 0.5～0.8m。雨季以后至来年春季返盐季节以前，在井灌并排的作用下使地下水再回降至控制返盐的深度。

井渠结合灌溉系统的另一种形式是以井灌为主利用沟渠引蓄地表水补充地下水源的灌溉系统。这种形式多用于灌区的下游部分。在这一地区灌溉季节地表水源缺乏，主要利用浅层地下水进行灌溉。由于春季大量开采地下水，造成地下水位的急剧下降，为了补充地下水源，汛期（或汛后）在不致影响防洪和排涝的前提下，应尽量利用河道、沟渠（干、支沟）、坑塘、洼淀（湖泊）引蓄河流来水和本区降雨径流，对地下水含水层进行回灌，以供旱季灌溉。

3. 沿河沿湖洼地和滨海平原地区

这类地区地形平缓，地势低洼，汛期内有暴雨径流汇集，外受洪水或潮水顶托，容易渍涝成灾；干旱年份或干旱季节还受到旱灾威胁；沿河低洼盐碱地区和滨海地区，土壤盐渍化问题比较严重。

遇涝能排。应采取截岗圈圩，挖沟排水，建闸建站等措施，在沿河沿海多设排水出口，做到内外分开，高低分开，高水高排，低水低排，利用落潮和外河低水时机通过水闸自流抢排；在无自流排水条件地区，则利用机电排灌站进行抽排，排除涝水，降低地下水位，以达到除涝防渍的目的。

遇旱有水。在当地地表水充足地区，宜修建引水工程和提水泵站，以便引（提）水灌田。在当地地表水不足时，需利用河道和沟道引水、蓄水的地区，常采用排、灌、蓄结合的沟网系统；在地下水质较好的地区，应利用地下水发展井灌，实行井渠结合。

沿河低洼盐碱地区和土壤盐渍化问题严重的滨海地区，在有灌溉水源的条件下，应在水平排水或竖井排水的基础上，冲洗压盐、种稻洗盐、利用高含沙量的河水放淤改碱，并结合农业措施改良土壤，淡化地下水。在有淡水来源的地下咸水地区，还应利用明沟、竖井排除咸水，或利用水井抽取地下咸水与淡水混合进行灌溉；在淡水资源缺乏的地区应利用微咸水进行灌溉，降低地下水位，腾空地下库容，以拦蓄入渗雨水和人工回灌的淡水，补充地下水资源，达到排咸补淡，逐步改造咸水的目的。

16.4.3 灌区地表水与地下水等多水源联合配置（Joint allocation of regional surface water, groundwater and other water sources in irrigation districts）

北方平原区的可利用水资源主要由外围山区汇入的地表水（河川径流）和区域内部的浅层地下水等组成。过去我国北方农业旱涝、土壤盐渍化治理中，地表水与地下水缺乏统一调配，发展单一渠灌区和井灌区，并把蓄水抗旱、排水除涝、防治土壤盐渍化等工作孤立分开。这种开发水源发展灌溉和治水的模式，没有达到预期效果。因此，需要通过对地表水与地下水资源联合调度与优化配置，实现区域水资源的可持续利用。

下面仅以地表水和地下水为例介绍多水源联合配置方法。为便于论述，可将灌区分为若干子区，在灌区内各种作物种植面积一定的条件下，通过地表水和地下水联合调度，确定各子区内以及区间地表水和地下水在各时段的水量优化配置，以使灌区产出的综合效益最大。如图 16.15 所示，将作物各生育阶段的地表水与地下水量优化配置子系统作为第一层，子区内不同作物之间的地表水与地下水量优化配置子系统作为第二层，灌区子区间地表水量配置的大系统优化作为第三层，通过地表水与地下水量联合优化配置将一层、二层、三层联系起来，构成灌区地面水与地下水联合配置大系统优化问题。

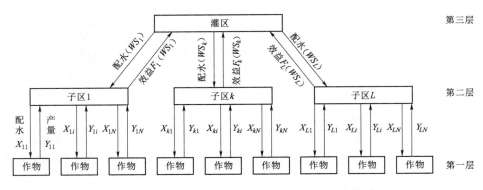

图 16.15 灌区多水源联合配置优化分级配水关系

1. 单一作物灌溉水量与产量关系

作为灌区地面水与地下水联合配置模型的第一层，参考作物水分生产函数詹森（Jensen）模型，构建灌溉作物产量 Y 与不同生育期的灌溉水量 X 之间的关系：

$$Y = Y_{\max} \prod_{j=1}^{mu} \left(\frac{X_{1j} + X_{2j}}{YS_j} \right)^{h_j} \tag{16.45}$$

式中：Y 为某一作物的灌溉产量；$Y_{\max}$ 为该作物充分灌溉时的产量；mu 为该作物的生育阶段总数；h_j 为该作物在第 j 生育期对产量的缺水反应敏感指数；X_{1j}、X_{2j} 分别为该作物第 j 生育期井灌地下水、渠灌地面水的实际灌溉水量；YS_j 为第 j 生育期充分灌溉的作物需水量。

2. 子区内地表水和地下水联合调度模型与求解

灌区划分为 L 个子区（图 16.15），建立子区内地表水和地下水联合调度优化模型，以主要作物各时段灌溉水量 X 为决策变量，以灌溉净效益年值作为目标函数：

（1）目标函数：

$$\max F_k(X) = \sum_{i=1}^{N} \varepsilon \gamma_i (Y_i - Y_{i0}) A_i P_i - CG - CS \tag{16.46}$$

式中：$F_k(X)$ 为第 k 子区灌溉净效益年值；ε 为灌溉效益分摊系数；γ_i 为第 i 作物考虑副产品收入的折算系数；Y_i、Y_{i0} 为第 i 作物灌溉和非灌溉的单位面积产量；A_i 为第 i 作物种植面积；P_i 为第 i 作物单价；N 为作物总数；CG、CS 分别为井灌地下水、渠灌地面水的年支出费用。其中

$$CG = \sum_{j=1}^{m} (a_1 X_{1j}^{b_1} + c_1) \tag{16.47}$$

$$CS = \sum_{j=1}^{m} (a_2 X_{2j}^{b_2} + c_2) \tag{16.48}$$

式中：a，b，c 为回归统计参数；m 为一年所分的时段数。

（2）约束条件。

1）子区年总供需水量平衡约束：

$$\sum_{i=1}^{N} A_i [E_i(Y_i) - \sigma_i P_i] - \sum_{j=1}^{m} [\eta_1 X_{1j} + \eta_2 X_{2j}] \leqslant \sum_{i=1}^{N} WC_i \tag{16.49}$$

式中：$E_i(Y_i)$ 为第 i 作物产量 Y_i 时的全生育期需水量，在干旱和半干旱地区，旱作物需水量与产量呈非线性关系；σ_i 为第 i 作物降雨利用系数；P_i 为第 i 作物全生育期的降水量；η_1、η_2 为井灌地下水和渠灌地表水的灌溉水利用系数；WC_i 为第 i 作物全生育期作物根系加深而增加的水量与可利用的地下水补给量之和。

2）子区地下水含水层年开采量不得超过可开采量：

$$\sum_{j=1}^{m} X_{1j} + E_A + G_O - G_1 - G_R - \alpha PA - \sum_{j=1}^{m} (\lambda_{1j} X_{1j} + \lambda_{2j} X_{2j}) \leqslant \Delta S \tag{16.50}$$

式中：E_A 为地下水的年潜水蒸发量；G_O、G_1 为地下水年出流和年入流量；G_R 为河渠沟槽的年入渗量；α、P、A 为降雨入渗补给系数、年降水量、子区面积；λ_{1j}、λ_{2j} 为渠灌和井灌的入渗补给系数；ΔS 为允许超采水量，即多年调节补偿水量；其余符号意义同前。

3）子区渠灌地表水年分配水量约束：

$$\sum_{j=1}^{m} X_{2j} \leqslant WS_k + \sum_{j=1}^{m} (\lambda_g X_{1j} + \lambda_s X_{2j}) \tag{16.51}$$

式中：WS_k 为分配给第 k 子区的地表水量；λ_g、λ_s 为井灌地下水和渠灌地表水时的回归水系数。

4）各时段地下水开采能力约束：

$$X_{1j} \leqslant WG_j \tag{16.52}$$

式中：WG_j 为第 j 时段的地下水最大开采能力。

5）各时段渠灌水量不能超过子区供水量：

$$X_{2j} \leqslant WS_{kj} + \lambda_g X_{1j} + \lambda_s X_{2j} \tag{16.53}$$

式中：WS_{kj} 为第 k 子区第 j 时段的地表水可供水量。

6）作物种植面积与产量关系约束，即各种作物的总产量不低于计划总产量：

$$A_i Y_i \geqslant YP_i \tag{16.54}$$

式中：YP_i 为第 i 作物的计划总产量。

（3）求解方法。上述数学模型，以灌区灌溉净效益年值作为目标函数，以各时段的井灌地下水 X_{1j}、渠灌地表水 X_{2j} 为决策变量；由式（16.45）可知，作物实际产量 Y_i，同样取决于决策变量（X_{1j}，X_{2j}）；模型包括子区供需水平衡、井灌地下水含水层开采、渠灌地面水资源配给等多维耦合约束，是一高维复杂非线性模型。理论上讲可以采用遗传算法、蚁群算法、粒子群算法等启发式算法求解，获得对应于分配给第 k 子区地表水供水量 WS_k 的一系列子区最优目标值：$F_k(WS_k) \sim WS_k$。具体求解过程可参考有关优化算法教程。

3. 灌区地表水与地下水多水源联合配置优化模型与求解

按照各子区内地表水和地下水联合配置优化成果，可聚合成灌区地表水与地下水多水源联合配置优化模型：

$$\max F(X) = \sum_{k=1}^{L} F_k(WS_k) \tag{16.55}$$

$$\sum_{k=1}^{L} WS_k \leqslant WL \tag{16.56}$$

式中：$F(X)$ 为灌区灌溉净效益年值；WL 为灌区年可供地表水总量；其余符号意义同前。

可见，上述模型可采用一维动态规划方法求解。

16.4.4 防治土壤盐渍化的灌排综合模式（Integrated irrigation and drainage model for preventing soil salinization）

1. 井渠结合、井灌代排模式

在北方冲洪积扇地下水溢出带和冲积平原灌区，地下含水层导水性能适于打井的淡水区，可以因地制宜地采用不同形式的井渠结合、井灌代排联合利用地表水地下水的灌排模式。其优点是可以将地下水位降低到较大的深度，减少蒸发，防止土壤返盐，又可以利用浅层地下水调蓄降水和灌溉对地下水补给的水量，供缺水季节灌溉之用。不同地区的降雨量、地下水状况影响井渠结合灌排的工程模式如下：

（1）半湿润地区的井渠结合灌排模式。半湿润地区，多年平均降水量在 500mm 以上，灌区地下水有较多的降水和灌溉水补给。根据陕西泾惠渠灌区和河南人民胜利区灌区经验，地下水可采水量一般可达到地表引水量的 40%～60%。在土壤非盐渍化地区，井灌代排任务主要是通过调整地表水和地下水的灌水量，将来自地表水灌溉的盐分带至深层，并通过调节和控制地下水位，减少土壤和潜水蒸发，保持作物根层和耕地盐分平衡，防止返盐。在长期井渠结合条件下，由于灌溉河水带来一定盐分，如无外排水量仍会造成积盐，因此，在这些地区仍需修建明沟排水系统排除地下水，以保持盐分平衡。在地下水埋深较大，明沟排水系统不能起到排除多余地下水的作用时，从长远看则仍需要专门利用机井抽取部分地下水，通过沟道排水，以保持盐分平衡。

（2）干旱半干旱地区、地下水淡水区的井渠结合灌排模式。例如宁蒙河套灌区、河西走廊东中部和新疆北部的一些灌区，多年平均降水量为 150～200mm，降水对地下水的补给有限，地下水主要靠河渠和灌溉水补给，由于本地区土地利用率较低，灌溉耕地上获得的地下水补给有相当一部分将消耗于非耕地的生态耗水，因此，地下水可采水量小于半干旱半湿润地区，一般仅占地表引水量的 20%～25% 以下。在地下水淡水区，为了控制土壤积盐和缓解水资源紧缺，可以采用井渠结合、以灌代排地表水地下水联合运用的灌排模式。这种模式可以有效地控制地下水位，防止根层积盐，但应注意地下水采补平衡，严格控制地下水超采。河西走廊西部地区、新疆南疆塔里木河流域以及东疆吐哈盆地的一些灌区，多年平均降水量在 50～100mm 以下，降水对地下水补给极少，地下水可采水量更小，一般仅占地表引水量的 15% 以下。这一地区应以渠灌为主，在地下水淡水区为了控制土壤积盐和缓解水资源紧缺，可以适当开采地下水灌溉，以灌代排。但由于可采地下水量较小，更应严格控制地下水超采。

（3）地下水为微咸水和咸水地区的井渠结合灌排模式。在地下水矿化度为 2～3g/L 的微咸水区可采用井渠结合灌溉模式，咸水区采用 3～5g/L 的半咸水与渠水混合灌溉，在河北南皮等地已有成功经验。在地下水含水层导水性能较好的地区，可以采用地表水灌溉与竖井排水或井渠结合灌溉、井灌代排的灌排模式。作物苗期采用渠水，苗期以后井渠结合采用地下微咸水或咸水与渠道淡水混灌。由于用于灌溉的微咸水和咸水的含盐量较高，灌溉的河水也会带来一定盐分，因此，在这些地区田间需修建明沟（暗管）排水系统排除地下水，必要时还需要专门利用机井抽取一部分高矿化度的地下水，通过明沟排水系统排出区外，以保持盐分平衡。在利用河水灌溉的地下咸水区或土壤含盐量高的地区，不宜利用井水灌溉。但含水层导水性较好时，可以采用机井抽排。

2. 地表水灌溉、水平排水的灌排模式

冲洪积扇地区的上游灌区，地下水埋深较大，地形坡度较陡，地下水含水层导水性能较好，具有良好的天然排水条件，在这类地区仅需修建骨干排水沟系。这种模式在甘肃河西走廊和新疆天山北坡各灌区的上部均有许多成功经验。在灌区内部土地利用系数较低，非耕地、天然植被区以及灌区边缘的荒漠区，可以起到"干排水"作用。如果地表水灌溉除满足作物需水和淋盐要求外，水平排水系统结合天然排水和干排水的作用，能够将地下水位控制在防盐要求的深度。这种模式在宁夏青铜峡灌区的银南地区、新疆叶尔羌河灌区的上部、阿克苏的渭干河灌区等西北内陆干旱区灌区有许多成功的案例。

在灌区的下游，无良好含水层，土层透水性差，不适于打井的地区，或地下水矿化度很高不能用于灌溉时，应采用水平排水系统，控制地下水位和排除多余盐分，防治土壤次生盐渍化。如土壤易于塌坡，明沟排水占地过多或难以维持较大的沟深时，则需要采用渠水灌溉与暗管排水相结合的工程模式。

干旱半干旱地区的不少灌区均存在不同程度的土壤盐渍化现象，为了保证土壤脱盐和春季小麦生长早期有足够的墒情。常采用大定额灌水压盐。例如，宁夏银北灌区采用大定额的冬灌、春灌、伏泡、白露水进行压盐；内蒙古河套灌区采用秋浇水压盐。冬灌和秋浇的灌水量很大，一般至少有 $1800 \sim 2100 \mathrm{m}^3 / \mathrm{hm}^2$，甚者达 $2700 \sim 3000 \mathrm{m}^3 / \mathrm{hm}^2$，占全部灌溉用水量的近 1/3。秋浇后地下水位常上升至地面以下 0.5m 甚至地表。但在缺乏天然地下排水出流和人工排水的条件下，冬灌或秋浇后灌溉水中的盐分和土壤中原有的盐分将主要停留在地下水位以上的土层中，地下水位的下降主要依靠潜水蒸发，盐分又随蒸发重新回到表层，使土壤根层再度产生积盐。为防止秋浇后土壤返盐，须通过井渠结合、以灌代排或修建水平排水系统将地下水位降低至地面以下 1.5m。在井渠结合条件下，秋浇前如果地下水位埋藏较浅，则可以利用机井抽取地下水进行秋浇，降低地下水位，以减少由于潜水蒸发带向表层的盐分，因而可以减少灌水压盐定额。由于利用地下水进行秋浇，时间上不受渠灌配水限制，灌水时间可以推迟至临近土壤冻结之前，可以减少秋浇至翌年春播前土壤蒸发量和土壤积盐量，因而可以减少秋浇定额，既不影响土壤脱盐，又可保证春播墒情。干旱半干旱地区，通过排水控制地下水位在一定深度并将淋洗盐分水量排出区外，是防治盐渍化的关键措施。

16.4.5 华北平原地下水超采综合治理（Comprehensive control of overexploited groundwater in North China Plain）

受气候变化和人类活动影响，20 世纪 70—80 年代以来，华北地区水资源呈衰减趋势。随着社会经济的快速发展，地下水开采规模不断增大，导致了地下水位下降、河湖水面萎缩、地面沉降等一系列生态环境问题，对保障国家用水安全和区域可持续发展构成严重威胁。

1. 治理思路与治理目标

坚持"节水优先、空间均衡、系统治理、两手发力"的治水思路，通过采取"一减、一增"综合治理措施（"一减"即通过强化节水、禁采限采、农业结构调整等措施，压减地下水超采量；"一增"即利用当地水和外调水置换地下水开采等多渠道增加水源补给，实施河湖地下水回补，提高区域水资源水环境承载能力），系统推进华北地区地下水超采治理，逐步实现地下水采补平衡，降低流域和区域水资源开发强度，切实解决华北地区地下水超采问题，为促进经济社会可持续发展提供有力支撑。

2. 综合治理措施

（1）强化重点领域节水。

1）推进农业节水增效。加快灌区续建配套建设和现代化改造，依托高标准农田建设项目统筹推进高效节水灌溉规模化、集约化，大力发展喷灌、微灌、管道输水灌溉。开展农业用水精细化管理，科学合理确定灌溉定额。积极推广测墒灌溉、保水剂应用等农艺节水措施，推行作物水肥一体化，实施规模养殖场节水改造和建设，发展节水渔业。

2）加快工业节水减排。大力推进工业节水改造，定期开展水平衡测试及水效对标，对超过取用水定额标准的企业，限期实施节水改造。加快高耗水行业节水改造，加强废水深度处理和达标再利用。推进现有工业园区开展以节水为重点内容的绿色转型升级和循环化改造。新建企业和园区要统筹供排水、水处理及循环利用设施建设，推动企业间的用水系统集成优化。强化企业内部用水管理，建立完善计量体系。

3）强城镇节水降损。加快实施供水管网改造建设，降低供水管网漏损，深入开展公共领域节水。从严制订洗浴、洗车、高尔夫球场、人工滑雪场、洗涤、宾馆等行业用水定额，工业生产、城市绿化、道路清扫、车辆冲洗、建筑施工及生态景观等行业用水，应优先使用再生水。推动城镇居民家庭节水，普及推广节水型用水器具。

（2）严控开发规模和强度。

1）调整农业种植结构。重点在地下水严重超采区，根据水资源条件，推进适水种植和量水生产。严格控制发展高耗水农作物，扩大低耗水和耐旱作物种植比例。在无地表水源置换和地下水严重超采地区，实施轮作休耕、旱作雨养等措施，减少地下水开采。

2）优化调整产业结构。在地下水超采地区，推动产业有序转移流动，优化调整产业结构和布局，鼓励创新性产业、绿色产业发展，结合供给侧结构性改革和化解过剩产能，依法依规压减或淘汰高耗水产业不达标产能，推进高耗水工业结构调整。

（3）增加多渠道水源供给。

1）用足用好南水北调水量。随着南水北调中线一期工程配套建设与东线一期北延应急供水工程的实施，应加强科学调度，优化南水北调水、当地地表水与地下水的多水源水量联合配置，为北方供水区地下水超采治理创造条件。同时，在保障南水北调正常供水目标的前提下，根据工程调水能力与水源地及沿线河湖水资源状况，相机为京津冀河湖水系进行生态补水，回补地下水。

2）适度增加引黄水。根据黄河来水情况和流域内用水需求，在现状用水基础上和来水条件具备的情况下，相机为海河流域增加补水量。

3）加大当地水和非常规水利用。做好当地水利用挖潜，用于地下水压采和回补地下水。推进非常规水源利用，加大城镇污水收集处理及再生利用设施建设，逐步提高再生水利用率。结合海绵城市建设，推进雨水集蓄利用。在有条件的沿海城镇，将淡化海水作为市政新增供水及应急备用水源。推动矿井水和微咸水利用，因地制宜修建矿井水利用和净化设施。

4）实施地下水水源置换。加快城镇供水水源置换。充分利用当地水和外调水，加快配套供水工程建设，加大水源置换力度，强制性关闭自备井，有效压减城镇生活和工业地下水开采量。对具有地表水水源条件的超采区，农村乡镇和集中供水区应加快置换水源。充分利用南水北调工程通水后城市返还给农业的水量，加大雨洪水和非常规水等水源利用，适当利用外调水，实现农业水源置换，压减农业对地下水的开采量。

（4）实施河湖地下水回补。

1）实施河湖清理整治。考虑补水水源、入渗条件、地下水补给效果、河湖区位重要性等因素，实施河湖清理整治，为生态补水和地下水回补提供稳定、清洁的输水廊道。

2）实施河湖生态补水。根据当地水、外调水、大气水等水源条件，充分挖潜开源、科学调度，增强水源调蓄能力。通过多水源联合调度，在保障城乡生活生产正常用水的前提下，对完成整治任务的河湖，相机实施生态补水。

3）开展地下水回补试点。考虑南水北调中线和上游水库等补水水源、河道入渗条件、地下水补给效果、河流区位重要性等因素，可在河北等地下水超采严重的地区开展地下水回补试点工作。

（5）严格地下水利用管控。

1）强化地下水禁采限采管理。在地下水禁采区，除临时应急供水和无替代水源的农村地区少量分散生活用水外，严禁取用地下水，已有的要限期关闭；在地下水限采区，一律不新增地下水开采量。

2）关停城镇自备井和农灌井。按照"应关尽关、关管并重、能管控可应急"的原则，着力推进超采区机井封填工作，加快关停城镇集中供水覆盖范围内的自备井。对成井条件好、出水稳定、水质达标的予以封存，作为应急备用水源。在利用地表水灌溉、水源有保障的区域和退耕实施雨养旱作的区域，对农业灌溉机井实施封填；在深层承压水漏斗区，对农业灌溉取用深层承压水的机井，应有计划予以关停。

3）严格水资源承载力刚性约束。坚持以水定城、以水定地、以水定人、以水定产，加强重大规划和建设项目水资源论证，促进区域发展、城镇规模、产业布局与水资源承载力相均衡。实行严格的产业准入制度，对地下水超采地区，严把取水许可关口，不得新建扩建高耗水项目。严格用水定额管理，对节水不达标的工业企业、城镇用水户、灌区，大力推行节水。加强对地下水用水大户、特殊用水行业用水户的监督管理。

4）健全地下水监测计量体系。完成国家地下水监测工程建设，建立覆盖地下水超采区的地下水监测体系。健全地下水取用水户监控与计量，城市和工业用水严格按照国家技术标准安装计量设施；农村暂不具备安装用水计量的地区，要推广"以电折水"等方法，实现用水计量。

5）推进水权水价水资源税改革。落实水资源税改革要求，确保超采区地下水税额标准高于非超采地区，特种行业取用水税额标准高于其他行业；从严核定用水限额，对超过限额的农业生产用水征收水资源税。建立统一的综合水价体系，使取用地下水的成本明显高于外调水和当地地表水。落实城镇居民用水阶梯价格、城镇非居民用水超定额、超计划累进加价制度、工业用水差别价格政策，建立健全农业用水精准补贴和节水奖励机制，加大农业水价综合改革力度。推进水权制度改革，将用水总量逐级分解落实到不同行政区域和用水户，明晰水权，制定农业水权交易细则，引导农业用水户将水权额度内节余水量进行交易。

思 考 与 练 习 题

1. 试述区域水土综合治理的概念、内涵与主要内容。
2. 简述山水林田湖草沙系统综合治理的内涵。
3. 简述南方山丘区蓄引提相结合的"长藤结瓜"式灌溉系统组成，以及水量分片包干与联合配置方法和渠道设计特点。

4. 试述南方水资源丰沛地区与北方缺水地区的水库与补水泵站系统的水资源优化配置方法和步骤。

5. 简述通用土壤流失方程式的内涵和各项的意义。

6. 简述山丘区小流域综合治理的主要内容与典型模式。

7. 简述平原圩区水土资源特点与综合治理要求。

8. 试说明圩区水面率的定义以及适用圩区水面率确定的方法。

9. 简述联圩并圩、分圩、分洪与蓄洪垦殖、截流撇洪等工程措施与适用条件。

10. 试述圩外行洪河道（河网）优化与断面校核方法及其步骤。

11. 简述北方平原区水土资源特点与治理原则及主要措施。

12. 简述北方平原区地面水、地下水优化配置的思路与方法。

13. 试述北方平原区控制土壤盐渍化的主要灌排模式与适用条件。

14. 简述华北平原区地下水超采综合治理的思路、目的与主要措施。

15. 山湖水库是江苏省南京市六合区的第二大水库（图 16.16），属于中型水库，总库容为 2473 万 m^3，兴利库容为 1457 万 m^3，汛限（6—9 月）水位对应蓄水量为 1031 万 m^3，主要提供灌溉用水，设计灌溉面积为 1667hm²。干旱年水库初始蓄水量、各时段入库水量、损失水量（蒸发和渗漏）以及灌区需水量见表 16.10。

（1）试完成水库调蓄计算。

（2）现有库下肖庄站从西干渠提水补库，设计提水流量为 2.1m³/s，年提水量上限为 435 万 m^3，形成蓄引提"一库一站"联合调度。试根据上述资料建立水库水资源优化配置模型，对山湖水库"一库一站"联合调度过程进行优化。

表 16.10　　　　　　　山湖水库现状水平年（$P=75\%$）调蓄过程　　　　　　　单位：万 m^3

序号	时间	水库调蓄计算			灌区需水量
		入库水量	损失水量	蓄水量	
				847	
1	10 月	115	22		37
2	11 月	45	18		33
3	12 月	11	16		27
4	1 月	32	9		17
5	2 月	12	10		11
6	3 月	28	14		25
7	4 月	32	19		19
8	5 月	187	29		33
9	6 月上旬	157	11		63
10	6 月中旬	106	12		365
11	6 月下旬	82	10		126
12	7 月上旬	87	12		87

序号	时间	水库调蓄计算			灌区需水量
		入库水量	损失水量	蓄水量	
13	7月中旬	73	12		22
14	7月下旬	52	12		68
15	8月上旬	91	13		128
16	8月中旬	75	13		109
17	8月下旬	91	13		147
18	9月上旬	56	9		95
19	9月中旬	43	10		77
20	9月下旬	24	10		71
合计		1399	274		1560

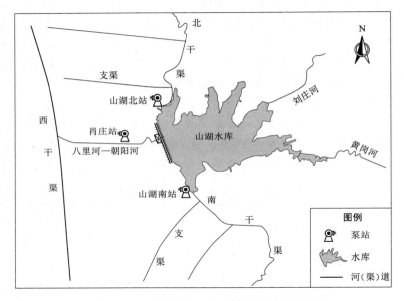

图 16.16　江苏南京山湖水库灌区平面布置

推 荐 读 物

[1]　Schwab G O，Fangmeier D D，Elliot W J，et al. Soil and Water Conservation Engineering ［M］. 3rd edition. New York：John Wiley & Sons，Inc.，1993.

[2]　Waller P，Yitayew M. Irrigation and Drainage Engineering ［M］. Switzerland：Springer International Publishing，2016.

[3]　王铁生. 长藤结瓜灌溉系统的水利计算 ［M］. 北京：水利电力出版社，1984.

[4]　张展羽，俞双恩. 水土资源规划与管理 ［M］. 3 版. 北京：中国水利水电出版社，2017.

数　字　资　源

16.1　农村水系整治与水美乡村建设　　16.2　南涧沟小流域水土保持示范工程　　16.3　新疆生产建设兵团南疆垦区盐碱地改良　　16.4　北京市海绵城市建设技术与管理　　16.5　"长藤结瓜"式灌溉系统水量优化配置方法微课

参　考　文　献

［1］ 郭元裕. 农田水利学 ［M］. 3 版. 北京：中国水利水电出版社，1997.

［2］ 江苏省水利厅. 江苏农村水利 ［M］. 北京：中国水利水电出版社，2021.

［3］ 武汉水利电力学院农田水利教研室. 农田水利学 ［M］. 北京：水利电力出版社，1980.

［4］ 郭元裕. 灌排最优规划与管理 ［M］. 北京：水利电力出版社，1994.

［5］ 自然资源部，财政部，生态环境部. 山水林田湖草生态保护修复工程指南（试行）［R］，2020.

［6］ 康绍忠. 贯彻落实国家节水行动方案 推动农业适水发展与绿色高效节水 ［J］. 中国水利，2019（13）：1－6.

［7］ 康绍忠. 水安全与粮食安全 ［J］. 中国生态农业学报，2014，22（8）：880－885.

［8］ 董安建，李现社. 水工设计手册 第 9 卷：灌排、供水 ［M］. 2 版. 北京：中国水利水电出版社，2014.

［9］ 水利电力部水利建设司. 农田基本建设规划 ［M］. 北京：水利电力出版社，1978.

［10］ Gong Z H，Jiang X H，Cheng J L，et al. Optimization method for joint operation of a double reservoir-and-double-pumping-station system：a case study of Nanjing，China ［J］. Journal of Water Supply：Research and Technology-AQUA，2019，68（8）：803－815.

［11］ Wei C，Cheng J L，Gong Y，et al. Optimal water allocation method for joint operation of a reservoir and pumping station under insufficient irrigation ［J］. Water Supply，2021，21（6）：2709－2719.

［12］ 王礼先. 水土保持工程学 ［M］. 北京：中国林业出版社，2000.

［13］ Kunst S，Kruse T，Burmester A. Sustainable Water and Soil Management ［M］. Berlin：Springer International Publishing，2002.

［14］ 毕小刚. 生态清洁小流域理论与实践 ［M］. 北京：中国水利水电出版社，2011.

［15］ Rattan L. Integrated Watershed Management in The Global Ecosystem ［M］. Boca Raton：CRC Press，1999.

［16］ 崔韩，刘俊，高成. 圩区排涝模数计算方法研究 ［J］. 水利学报，2007（S1）：461－464.

［17］ 周建康，朱春龙，罗国平. 平原圩区设计排涝流量与水面率关系研究 ［J］. 灌溉排水学报，2004（4）：64－66，70.

［18］ 刘耀辉，洪理健. 东南沿海平原河网地区水生态修复与治理模式探讨 ［J］. 华北水利水电大学学报（自然科学版），2021，42（1）：53－59.

［19］ Carlo S. Sustainable Water Ecosystems Management in Europe：Bridging the Knowledge of Citizens，Scientists and Policy Makers ［M］. London：IWA Publishing，2012.

数 字 资 源 清 单

序　号	资　源　名　称	资源类型
资源 1.1	水-水利与水安全	视频
资源 1.2	水资源空间格局的合理调配	视频
资源 1.3	灌溉排水与食物安全	视频
资源 1.4	农业适水发展与高水效农业	视频
资源 1.5	农村供水与人畜饮水安全	视频
资源 1.6	内蒙古河套灌区	视频
资源 1.7	四川都江堰灌区	视频
资源 1.8	安徽淠史杭灌区	视频
资源 1.9	新疆坎儿井	视频
资源 1.10	水润河套	视频
资源 1.11	河套水赋	视频
资源 1.12	Hetao Irrigation District in Inner Mongolia	视频
资源 2.1	土壤水分运动微课	视频
资源 2.2	土壤盐分运移微课	视频
资源 2.3	农田生态系统生产力与碳平衡微课	视频
资源 2.4	土壤入渗试验	视频
资源 3.1	无人机遥感作物表型监测系统	视频
资源 3.2	玉米水肥一体化滴灌系统配置与设备选择	视频
资源 3.3	玉米水肥一体化滴灌水肥管理制度	视频
资源 3.4	玉米水肥一体化系统安装与调试	视频
资源 3.5	玉米水肥一体化的田间管理	视频
资源 3.6	玉米水肥一体化滴灌系统管护	视频
资源 3.7	玉米水肥一体化滴灌设备收存与处理	视频
资源 4.1	参考作物蒸发蒸腾量 ET_0 计算微课	视频
资源 4.2	遥感反演作物耗水量 ET 微课	视频
资源 4.3	作物节水调质高效灌溉制度微课	视频

序　号	资　源　名　称	资源类型
资源 5.1	卷盘式喷灌机	视频
资源 5.2	玉米中心支轴式喷灌技术	视频
资源 5.3	玉米滴灌技术	视频
资源 5.4	玉米膜下滴灌技术	视频
资源 5.5	玉米地下滴灌技术	视频
资源 6.1	暗管排水微课	视频
资源 6.2	控制地下水位的末级排水沟（管）间距计算微课	视频
资源 6.3	千岛湖典型流域氮磷转化过程监测与净水农业示范	视频
资源 6.4	浙江平湖市农业节水减排控制面源污染模式	视频
资源 7.1	灌区需、用水量对变化环境的响应与预测微课	视频
资源 8.1	地表取水微课	视频
资源 8.2	地下取水微课	视频
资源 8.3	横向环流微课	视频
资源 8.4	非常规水资源开发利用微课	视频
资源 8.5	Rainwater Harvesting and Integrated Water Management	视频
资源 8.6	天津武清区农村生活污水处理	视频
资源 10.1	生态渠道	视频
资源 11.1	管道灌溉系统设计	视频
资源 11.2	用图论原理优化管网布置方案微课	视频
资源 13.1	西北旱区农业水事活动的生态环境效应与节水固碳减排	视频
资源 13.2	内蒙古乌梁素海水生态环境保护	视频
资源 13.3	黑河流域灌溉农业发展的生态环境影响微课	视频
资源 14.1	中国农业大学石羊河实验站	视频
资源 14.2	葡萄园水碳通量的涡度相关观测试验	视频
资源 14.3	作物需水量和水热盐综合观测试验系统	视频
资源 14.4	一种 U 形渠道流量智能测控装置	视频
资源 14.5	灌区量测水技术	视频
资源 14.6	农业用水效率测算与评估微课	视频
资源 14.7	渠道量水技术微课	视频
资源 14.8	云南元谋农业水利管理体制改革	视频
资源 15.1	农业节水化与灌区现代化改造	视频

续表

序　号	资　源　名　称	资源类型
资源 15.2	内蒙古河套灌区信息化关键技术开发及应用	视频
资源 15.3	智慧灌区建设微课	视频
资源 16.1	农村水系整治与水美乡村建设	视频
资源 16.2	南涧沟小流域水土保持示范工程	视频
资源 16.3	新疆生产建设兵团南疆垦区盐碱地改良	视频
资源 16.4	北京市海绵城市建设技术与管理	视频
资源 16.5	"长藤结瓜"式灌溉系统水量优化配置方法微课	视频

登录行水云课平台 www.xingshuiyun.com 或关注行水云课公众号，输入激活码（见封底），免费学习数字教材及数字资源，享受增值服务！

行水云课
数字教材学习指南